U0301303

# 聚合物乳液
# 合成原理
# 性能及应用

## 第三版

曹同玉　刘庆普　胡金生　等编著

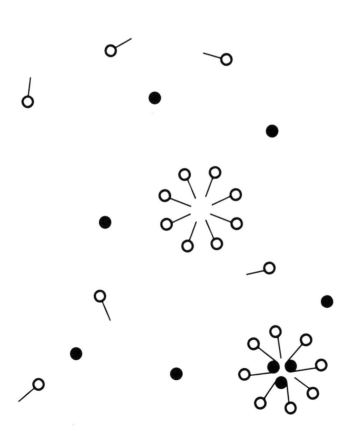

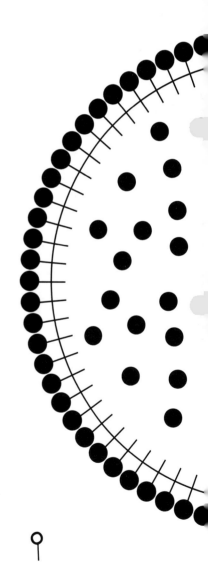

化学工业出版社

·北京·

**内容简介**

乳液聚合是生产聚合物的重要方法之一。与其他聚合方法相比，它具有很多独特的优点，因此乳液聚合技术和理论均发展很快。本书介绍了乳液聚合的定性和定量理论；构成乳液聚合体系的各个组分，即乳化剂、引发剂、单体、调节剂、介质、电解质、终止剂及螯合剂等；乳液聚合物的工业生产及乳液聚合技术的进展；聚合物乳液的稳定性、性能测试以及关于聚合物乳液的应用等内容。

本书为第三版，在第二版的基础上进行了认真、全面的修订和重新审定，并增补了一些新内容。

本书可作为高等院校相关专业的教学参考书，也可供从事高分子合成和应用工作的科技人员、教师及研究生学习参考。

**图书在版编目（CIP）数据**

聚合物乳液合成原理性能及应用 / 曹同玉等编著
. —3 版. —北京：化学工业出版社，2022.6
ISBN 978-7-122-40868-6

Ⅰ.①聚⋯　Ⅱ.①曹⋯　Ⅲ.①高聚物-乳液聚合-研究　Ⅳ.①TQ316.33

中国版本图书馆 CIP 数据核字（2022）第 034334 号

---

责任编辑：高　宁　仇志刚　杨欣欣
责任校对：边　涛
装帧设计：李子姮

---

出版发行：化学工业出版社
　　　　　（北京市东城区青年湖南街 13 号　邮政编码 100011）
印　　装：河北鑫兆源印刷有限公司
787mm×1092mm　1/16　印张 35¾　字数 823 千字
2022 年 9 月北京第 3 版第 1 次印刷

---

购书咨询：010-64518888
售后服务：010-64518899
网　　址：http://www.cip.com.cn
凡购买本书，如有缺损质量问题，本社销售中心负责调换。

---

定　　价：198.00 元

# 前言

在 20 世纪 80 年代，化学工业出版社组织相关高等院校、研究单位和生产单位编写了一套高分子化学丛书，共分十册，其中《乳液聚合》一册由天津大学编写，于 1986 年完稿，1987 年由化学工业出版社首次出版发行。由于读者对这本书需求量很大，销路一直很好，重印了多次后，化学工业出版社在 1997 年和 2007 年先后又对其进行了两次再版。因为《乳液聚合》这个书名涵盖不了该书的全部内容，再版时根据编辑同志的意见，将书名改为《聚合物乳液合成原理性能及应用》，并把 1997 年版和 2007 年版分别定为第一版和第二版。由于《乳液聚合》一书是第一版和第二版的前身，所以有人戏称《乳液聚合》一书为"第 0 版"。

在本书编写与修订过程中，得到了中国乳液聚合技术的先驱者——在聚合物乳液制备和应用领域里耕耘一生，并做出了卓著贡献的教授级高级工程师黄志启老先生的亲身指教；本书也曾有幸呈请高分子化学家、中国科学院院士、南开大学教授何炳林老先生以及浙江大学高分子化学资深教授潘祖仁老先生的审阅和指点，两位专家对本书均给出了很高的评价；此外，本书还曾获得过中国石油和化学工业协会优秀科技图书一等奖。

本书（先后经历了"第 0 版"、第一版和第二版）出版发行 35 年以来，一直得到广大读者的关注，有不少读者来电、来函、通过网络、甚至光临寒舍共同探讨、切磋有关乳液聚合的学术问题与聚合物乳液的生产及应用问题，并提出了许多宝贵意见和建议，使编者受益匪浅，编者不胜感激。

自 1987 年至今这本书一直处于热销状态。由于前两版已经绝版，于是在市场上出现了盗版、盗印和哄抬书价现象，说明这本书现在仍然有较大的市场需求。在这种情况下，化学工业出版社决定再次修订这本书，即拟出此第三版。编者认为，本书的销路之所以如此之热，能长盛不衰，其主要原因是它顺应了化学产品水性化的发展潮流。传统的黏合剂、涂料等诸多化学产品大多是溶剂型的，所有的有机溶剂易燃、易爆、有毒、有味，会造成环境污染，施工条件差，同时有机溶剂价格昂贵，致使成本提高；与此相反，聚合物乳液所用的介质大多为水，水不燃、不爆、无毒、无味、不会污染环境，同时，水又便宜、易得，能显著降低产品成本，因此，随着人们环保意识的增强及安全生产法规的建立，各相关化工企业竞相开展乳液聚合物生产技术、性能和应用的研发，在这一背景下，本书也就成为这个行业里工作者们的一本重要参考资料。

从本书第二版问世至今十五年的时间里，人们对乳液聚合理论与技术的研究又有了新进展，出现了许多新成果、新技术和新产品，涌现出了大量相关论文、著作和专利，这就为本书的修订与再版提供了素材和依据。基于此，《聚合物乳液合成原理性能及应用》第三版是对第二版进行了全面审定，进而对其进行了认真的修订、勘误、删节与增补而成书的。

全书共分12章，其中第1章、第2章、第6章、第7章、第8章、第10章、第11章、第12章由曹同玉编写，第3章和第4章由曹同玉与刘庆普编写，第5章由刘庆普及曹同玉编写，第9章由曹同玉、胡金生、袁才登、郭睿威与王艳君编写，最终全书由曹同玉统审、定稿。在编写过程中，承蒙赵万里、袁才登、许涌深、陈奕安、郭锦棠、李江涛、何跃华、谢洪云、曹汇川和李淑荣等同志进行了审阅与校核，提出了许多宝贵意见，并给予了多方面的帮助，深表谢意。

限于编者水平，书中难免会有不少不尽如人意之处，恳请读者批评指正。

编者

2022年2月6日于天津大学

# 第一版前言

　　乳液聚合技术萌生于 20 世纪早期， 30 年代见于工业生产，目前乳液聚合已成为高分子科学和技术的重要领域，是生产聚合物的重要方法之一。许多高分子材料，如合成橡胶、合成树脂、涂料、胶黏剂、浸渍剂、整理剂、絮凝剂、油田堵水调剖剂、光亮剂、添加剂、医用高分子材料、抗冲击共聚物以及其他许多特殊用途的合成材料等，都可以大量地采用乳液法生产。每年世界上通过乳液法生产的聚合物数以千万吨计，用乳液聚合法生产的合成橡胶占其总产量的 65% 以上。当今世界上不少工业出现不景气、萧条和倒闭，而乳液法生产聚合物的工业却一直处于稳定发展之中，这是因为和其他的聚合方法相比，乳液聚合法有许多不可多得的优点。乳液聚合体系黏度低，易散热；既具有高的聚合反应速率，又可以制得高分子量的聚合物；合成聚合物乳液可以直接用作乳胶漆、胶黏剂，并可作皮革、纸张、织物等的涂饰剂和处理剂等；乳液聚合以水作介质，生产安全，污染环境问题小，且成本低廉；同时，所用的设备及生产工艺简单，操作方便，灵活性大。这些宝贵的特点赋予乳液聚合方法以强大的生命力。

　　早在 20 世纪 40 年代人们就已经开始致力于乳液聚合的研究，并取得了引人注目的成就，迄今仍在不断发展深化，每年都有大量关于乳液聚合的论文发表，新产品、新方法不断出现。尽管这样，乳液聚合的理论仍然还大大落后于实践，还很不成熟，远远不能满足指导生产实际的需要，有很多理论问题仍然处在争论之中。因此，为满足人们对三大合成材料日益增长的需求，继续开发乳液聚合技术，系统而深入地研究乳液聚合理论，确定关于乳液聚合的正确机理，建立起合理的、经得起实践反复考验的乳液聚合动力学模型，并用以指导乳液聚合的科学研究、生产控制及乳液聚合反应器的最佳设计和放大，乃是摆在这个领域里的工作者面前的重要任务。

　　本书主要参照英国 Blackley❶ 的《乳液聚合》、美国 Piirma❷ 主编的《乳液聚合》及英国 Warson❸ 的《合成树脂乳液的应用》三本书，并参考了近年来国内外有关乳液聚合及聚合物乳液应用技术的专著及论文编写而成。本书的前身是高分子化学丛书《乳液聚合》一书，在原书基础上，

---

❶　Blackley D C. Emulsion Polymerization. London：Applied Science Publisher Ltd.，1975
❷　Piirma I. Emulsion Polymerization. New York：Academic Press，1982
❸　Warson H. The Application of Synthetic Resin Emulsions. London：Ernest Benn Ltd.，1972

进行了大量修改和充实，尤其是大大加强了与生产实际和应用有关的内容，并对乳液聚合科学和技术的进展以及派生出来的新分枝着重进行了介绍。

全书共分十二章，编写工作的分工情况为：第一、二、六、七、八、十、十一及十二章由曹同玉编写，第五章由刘庆普编写，第三和第四章由曹同玉和刘庆普编写，第九章由曹同玉、胡金生、王艳君和袁才登编写。在编写过程中承蒙哈润华、戴俊燕、姚兆玲、许湧深、张敏莲、孙经武、龙复和苏蕴诚等同志进行了审阅和校核，提出了许多宝贵意见，并给予了多方面帮助，深表谢意。限于编者水平，书中可能会有不少错误，望读者批评指正。

编者
1997 年 1 月

# 目录

# 081 第3章 乳化剂

# 140 | 第 4 章 引发剂

## 174 | 第5章 单体

## 339 | 第 9 章　乳液聚合技术进展

438 | 第10章   聚合物乳液的稳定性

450 | 第11章   聚合物乳液性质及有关参数的测定

## 474 | 第 12 章　合成聚合物乳液的应用

# 第1章
# 绪论

乳液聚合技术的开发起始于20世纪早期，20年代末期就已有和目前生产配方类似的乳液聚合过程的专利出现。20世纪30年代初，乳液聚合方法已见于工业生产。第二次世界大战期间，由于各参战国对合成橡胶需求量剧增，激发了人们对乳液聚合理论与技术的研究和开发，取得了较大进展。现在，乳液聚合技术对商品聚合物的生产具有越来越大的重要性。在许多聚合物产品，如合成橡胶、合成树脂、涂料、黏合剂、添加剂、浸渍剂、整理剂、改性剂、絮凝剂、防水剂、防油剂、光亮剂等的生产中，乳液聚合已成为主要的方法之一，每年世界上通过乳液聚合方法生产的聚合物以千万吨计。然而，尽管乳液聚合有如此之大的经济意义，有如此之久的生产发展历史，并且工艺上已经比较成熟，但是关于乳液聚合的定量的详尽的内部规律还没有完全被人们所掌握，乳液聚合的机理和动力学理论，还远远落后于生产实践。在某种情况下提出来的数学模型，常常不能用于另一种条件和其他单体，不然就会出现很大的误差。因此，为发展高分子工业，满足人们对三大合成材料日益增长的需求，系统、深入地研究乳液聚合理论，开发乳液聚合技术，确属一项很重要的工作。

## 1.1 乳液聚合的定义

生产聚合物的方法主要有四种，即本体聚合、溶液聚合、悬浮聚合及乳液聚合。本体聚合是单体本身或单体再加入少量引发剂（或催化剂）的聚合过程；溶液聚合是在单体和引发剂溶于某种溶剂所构成的溶液中进行的聚合过程；悬浮聚合是在悬浮于水中的单体珠滴中的聚合过程，体系主要由单体、水、溶于单体的引发剂及分散介质四种基本组分组成；乳液聚合则是由单体和水在乳化剂作用下配制成的乳状液中进行的聚合过程，体系主要由单体、水、乳化剂及溶于水的引发剂四种基本组分组成。

在目前的工业生产中，乳液聚合大多数是自由基加成聚合，所用的单体大多数是烯烃及其衍生物，所用的介质大多是水，故有人认为乳液聚合就是指以在水乳液中进行烯类单体自由基加成聚合的方法来生产聚合物的一种技术。

很显然，这种说法并没有反映出乳液聚合过程的内部机理，应加以修正。首先在乳液聚合体系中，乳化剂以四种形式存在：以单分子的形式存在于水中，形成真溶液；以胶束的形式存在于溶液中；被吸附在单体珠滴表面上，使单体珠滴稳定地悬浮在介质中；被吸附在乳胶粒表面上，使聚合物乳液体系稳定。其次，乳胶粒主要是由胶束形成的，即胶束成核机理。乳液聚合的聚合反应实际上主要发生在乳胶粒中。因为在乳胶粒表面上吸附了一层乳化剂分子，使其表面带上某种电荷，静电斥力使其不能发生相互碰撞而聚并到一起，这样就形成了一个稳定的分散体系。无数个彼此孤立的乳胶粒稳定地分散在介质中，每个乳胶粒中都相当于一个进行间断引发本体聚合的小反应器，都进行着聚合反应。而单体珠滴仅仅作为贮存单体的仓库，单体源源不断地由单体珠滴通过水相扩散到乳胶粒中，以补充聚合反应对单体的消耗。根据这一机理，又有人提出：乳液聚合是指在水乳液中按照胶束机理形成彼此孤立的乳胶粒中，进行烯类单体自由基加成聚合来生产聚合物的一种技术。

随着乳液聚合理论及乳液聚合技术的发展，人们对乳液聚合过程的认识日趋深化，逐步了解到在乳液聚合体系中不仅可以进行烯类单体的自由基型聚合反应，而且可以进行离子型聚合反应[1]；既可用水作介质，也可用其他液体作介质[2]。尽管聚合反应主要发生在胶束和乳胶粒中，但是人们又发现在单体珠滴中也会发生少量的聚合[3,4]。通常认为乳胶粒形成是按胶束成核机理进行的，但人们对在临界胶束浓度（CMC）以下的乳液聚合体系（即无皂乳液聚合或低皂乳液聚合体系）的研究发现，在胶束不存在的情况下，仍然可以形成乳胶粒，聚合反应仍然可以进行。所以人们又提出了生成乳胶粒的低聚物（oligomer）机理，即低聚物成核机理[5]。一般认为，当有胶束存在时，乳胶粒形成主要是按胶束成核机理进行；而无胶束存在时则按低聚物成核机理来进行。根据这一情况，对乳液聚合可给予一个较为完善的定义：乳液聚合是在用水或其他液体作介质的乳液中，按胶束成核机理或低聚物成核机理生成彼此孤立的乳胶粒，并在其中进行自由基加成聚合或离子加成聚合来生产聚合物的一种聚合方法。

## 1.2　乳液聚合技术发展简史

自开始对乳液聚合进行研究至今已有 100 多年的历史。一般公认最早见于文献的是德国 Bayer 公司的 Hofman[6] 始于 1909 年的工作。他在一篇专利中公布了关于烯类单体以水乳液的形式进行聚合的研究成果，这是乳液聚合的萌芽。Gottlob[7] 于 1915 年申请了关于丁二烯在蛋清、淀粉、明胶等胶体水溶液中进行聚合来制备橡胶状物质的专利。1929 年 Dinsmore[8] 在一篇题为"合成橡胶及其制备方法"的专利中报道了用烯类单体，以油酸钾和蛋清混合物作乳化剂，在 50~70℃下反应 6 个月，制得了坚韧、有弹性、可进行硫化的合成橡胶。这篇专利被看作是第一篇真正的乳液聚合的文献。1932 年 Luther 和 Henck[9] 在他们的一篇专利中介绍了以脂肪酸皂、异丁基萘磺酸钠及土耳其红油作乳化剂在短波光照下进行的乳液聚合反应。同年他们又申请了一项专利[10]，内容是关于异戊二烯以过氧化氢为引发剂在 50℃下保温两天进行乳液聚合反应，得到了胶乳状物质，然后用亚硫酸氢钠破坏过量的引发剂，经沉析后得到白色产物。这一工作标志着乳液聚合技术又有了新的发展。1940 年以前，虽然曾出现了大量的关于乳液聚合的专利，但这方面的论文却很少公开报道。Balandina 等[11] 于 1936 年发表了一篇关于乳液聚合的论文，报道了丁二烯在肥皂及过氧化物存在时，在不同温度下进行的乳液聚合过程。在 20 世纪 30 年代末期，人们开始了对乳液聚合机理的研究。Fikentscher[12] 在 1938 年提出乳液聚合的中心在水相，而不是在单体珠滴中，单体珠滴可看作是单体的"仓库"，由这个"仓库"源源不断地补充聚合反应所消耗掉的单体，但没有说明在水相进行聚合反应的确切位置。

20 世纪 40 年代，在乳液聚合研究中比较有代表性的是 Harkins、Smith 及 Ewart 的工作。Harkins[13-15] 定性阐明了在水中溶解度很低的单体的乳液聚合反应机理及物理概念（详见第 2 章）。后来，Smith 和 Ewart[16-18] 在 Harkins 理论的基础上，建立了定量理论，确定了乳胶粒数目与乳化剂浓度及引发剂浓度之间的定量关系。并根据乳液聚合机理提出了乳液聚合的三种情况及乳液聚合过程的三个阶段：乳胶粒生成阶段（即成核阶段，阶段Ⅰ）、乳胶粒长大阶段（阶段Ⅱ）及乳液聚合完成阶段（阶段Ⅲ）（详见第 2 章）。这些工作标志着乳液聚合理论和实践已发展到了一个新的阶段，为乳液聚合技术和理论的进一步发展奠定了基础。这一理论被后人看作是乳液聚合的经典理论。

自从 Harkins、Smith 和 Ewart 的经典理论建立以来，出现了研究乳液聚合的热潮，先后发表了大量的论文，进一步修正和发展了这一理论。Gardon[19]、Harada 等[20]、Parts 等[21]、Sundberg 等[22] 及其他工作者[23-25] 分别利用不同的数学方法，对乳液聚合阶段Ⅰ的经典理论进行了重新计算和引申。Stockmayer[26] 及 O'Toole[27] 则对乳液聚合阶段Ⅱ的数学模型用解析法进行了求解。Ugelstad[28] 利用稳定状态假设，而 Gardon[29] 及其他工作者[30,31] 则利用非稳态假设，对乳液聚合阶段Ⅱ慢速终止反应过程用数值法对经典理论进行了求解。Katz 等[32] 还用统计法对阶段Ⅱ快速终止的情况进行了求解。以上这些工作均较成功地预计了乳胶粒尺寸及其分布、乳胶粒中的平均自由基数及含不同数量自由基的乳胶粒数的分布。Zimmit[33]、Benson 等[34]、Burkhart[35]、Friis 等[36,37] 及Hui 等[38] 在研究乳液聚合阶段Ⅲ时着重研究了 Trommsdorff 效应[39]，即凝胶效应。

Gershberg[40]、Ledwith 等[41]、Goodall 等[42]、Roe[43]、Fitch[44]、Friis 等[45] 及其他工作者[46-49] 研究了在水中溶解度较大的单体的乳液聚合，发现这类单体进行乳液聚合时，对单体的反应级数低，反应速率慢，且平均一个乳胶粒中的自由基数少。对水溶性较大的单体来说，易发生水解反应而使大分子链末端生成离子基团（部分末端离子基团是由水溶性引发剂带入的）。这些末端离子基团起乳化剂的作用，故有时可在不加乳化剂的情况下进行乳液聚合，即无皂乳液聚合。同时还研究了溶解度较大的单体进行乳液聚合时的乳胶粒形成机理。由于水相中单体浓度较大，则在水相中进行的聚合反应的比例相当可观，故按照低聚物成核机理在水相中产生乳胶粒的比例增大。

Morton 等[50]、Gardon[51]、Torza[52]、Gonzalez[53]、Sundberg 等[54]、赵科 等[55]、阚成友等[56] 不少工作者研究了被单体溶胀的乳胶粒的热力学。认为当混合自由能变化和表面能变化建立起平衡时，在乳胶粒内部就达到了溶胀平衡。由此理论可以预计乳胶粒的形态以及乳胶粒中的单体浓度。这样就使乳液聚合动力学理论进一步深化。关于乳胶粒形态问题，Medvedev[57-59] 提出在乳胶粒表面上吸附一层胶束，聚合反应就发生在这一胶束层内，而 Williams[60] 则提出了核壳理论。后来人们提出了"粒子设计"概念[61-63]，即在不改变原料组成、不增加产品的原料成本的前提下，利用高分子化学、高分子物理、分子设计、乳胶粒结构形态的热力学及动力学等基本原理，通过巧妙的构思、精心的设计，制订合理的合成工艺，选择适当的聚合条件，有目的地制备出具有某种特定结构形态的乳胶粒，来赋予乳液聚合物更优异的性能和特殊的功能。国内外很多工作者致力于利用粒子设计概念，进行具有不同乳胶粒结构形态的聚合物乳液和乳液聚合物的研究与开发，在乳胶粒结构形态的控制、核壳结构化工艺、乳胶粒结构形态的表征、乳胶粒结构形态对乳液聚合物性能的影响机理等诸多方面做了大量深入细致的工作，并且取得了许多引人注目的研究成果[64-68]。

较早期的乳液聚合研究大多是在间歇反应器中进行的，后来有许多人在连续聚合方面做了大量工作。进行乳液聚合所用的连续反应器有单釜连续反应器（CSTR）、多釜连续反应器（CSTRs）和管式反应器（CLTR）。由于采用 CSTR 常会出现严重的瞬态现象[69,70]，在聚合反应过程中操作过程参数及产品质量会发生周期性的波动，所以在大规模的工业生产中大多采用 CSTRs，通常为 2～12 釜串联。在中小型规模的生产中，常采用半连续釜式乳液聚合反应器。而 CLTR 又有直通管式和循环管式乳液聚合反应器之分，后者已见于工业生产，国内已有循环管式 VAE 乳液生产装置[71]。Sato 等[72,73]、Omi等[74,75] 及 Nomura 等[76] 基于 Smith 及 Ewart 提出的模型对釜式连续反应器进行了研究；而 Gershberg 等[77]、Gerrens[78] 及 De Graff 等[79] 则研究了乳胶粒在理想混合反应器中的停留时间分布。Stevens[80] 用总体平衡法建立了在单釜连续反应器中进行的乳液聚合的数学模型。国内外工作者也对半连续釜式乳液聚合反应器进行了研究[81-83]，对其建立了数学模型，并进行了数值模拟[84,85]。而 Rollin[86] 则研究了在管式反应器中进行的乳液聚合反应课题。此外，又出现了脉冲填充塔式（pulsted packed column）及涡流式（couette-taylor vertex flow reactor）连续乳液聚合反应器[87-89]。

Min 和 Ray[90-93] 自 1974 年以来做了大量工作，综合了前人从不同角度所提出的关于乳液聚合的数学模型，提出了一个系统而全面的乳液聚合综合数学模型，并对部分单体取得了理论预计和试验结果的一致。

另外，多年来国内外有许许多多的工作者在辐射乳液聚合[94-100]、非水介质中进行的正相乳液聚合[101]、反相乳液聚合[102,103]、分散聚合[104,105]、反应性聚合物微凝胶的制备[106,107]、微乳液聚合[108,109]、细乳液聚合[110,111]、无皂乳液聚合[112,113]、乳液聚合物互穿网络[114,115]、单分散、大粒径聚合物微球的制备[116,117]、中空乳胶粒的制备[118,119]、乳液定向聚合[120]、高固含量聚合物乳液的制备[121,122]、超浓乳液聚合[123,124]、原位乳液聚合[125,126]、活性自由基乳液聚合[127,128] 及悬浮-乳液偶合聚合[129] 等方面的研究、开发、生产及应用中做了大量工作，为乳液聚合科学与技术的发展作出了重大贡献。

目前世界上有很多人从事乳液聚合的研究，每年都涌现出大量关于乳液聚合的论文。尽管其理论还很不成熟，很多问题仍在争论之中，但是乳液聚合的理论和实践都在不断地深化。确定关于乳液聚合的正确机理，建立起合理的经得起实践反复考验的乳液聚合数学模型，实现乳液聚合工业反应器的最佳设计与合理放大以及开发出更多高质量的聚合物乳液及乳液聚合物新产品等，是摆在该领域工作者面前的重要课题。

## 1.3 乳液聚合的特点

在自由基聚合反应的四种实施方法中，乳液聚合与本体聚合、溶液聚合及悬浮聚合相比有其可贵的、独特的优点。

烯类单体聚合反应放热量很大，其聚合热约为 $60\sim100kJ/mol$。在聚合物生产过程中，反应热的排除是一个关键性的问题。它不仅关系到操作控制的稳定性和能否安全生产，而且严重地影响着产品的质量。对本体聚合和溶液聚合来说，反应后期黏度急剧增大，可达几十甚至几百帕秒。这样一来，散热问题就成了难以克服的困难，即使采用高效的换热装置及高效搅拌器，也很难将所产生的反应热及时排除。散热不良必然会造成局部过热，使分子量分布变宽，还会引起支化和交联，使产品质量变坏，严重时会引起暴聚，使产品报废，甚至发生事故。

但是，对乳液聚合过程来说，聚合反应发生在分散于水相内的乳胶粒中，尽管在乳胶粒内部黏度很高，但由于连续相是水，使得整个体系黏度并不高，并且在反应过程中体系的黏度变化也不大。在这样的体系中，由内向外传热就很容易，不会出现局部过热，更不会暴聚。同时，像这样的低黏度体系容易搅拌，便于管道输送，容易实现连续化操作。另外，乳液聚合和悬浮聚合散热情况类似，但也有区别。对悬浮聚合来说，聚合反应发生在水相中的单体珠滴中，单体珠滴的直径在 $50\sim2000\mu m$ 范围之内；而在乳液聚合体系中，乳胶粒直径一般在 $0.05\sim1\mu m$ 之间。若把悬浮聚合中的一个单体珠滴比作一个 $10m$ 直径的大球，那么乳胶粒仅像一个绿豆粒那么大。所以从乳胶粒内部向外传热比从悬浮聚合的珠滴内部向外传热要容易得多。故在乳液聚合体系的乳胶粒中的温度分布要比在悬浮聚合体系的珠滴中的温度分布均匀得多。

在烯类单体的自由基本体聚合、溶液聚合及悬浮聚合中，当引发剂浓度一定时，要想提高反应速率，就得提高反应温度。而反应温度的提高，又会加速引发剂的分解，使自由基总浓度增大。因为链终止速率与自由基浓度平方成正比，故随自由基总浓度增大链终止速率显著增大，这样就会引起聚合物平均分子量减小；反过来，要想提高聚合物平均分子量，就必须降低反应温度，这又会造成反应速率降低。也就是说，要想提高分子量，必须降低反应速率；而要想提高反应速率，就必须牺牲分子量的提高。故二者是矛盾的。但是乳液聚合可以将二者统一起来，既有高的反应速率，又可得到高分子量的聚合物。这是因为乳液聚合的机理与其他聚合方法不同。在乳液聚合体系中，引发剂溶于水相，且在水相中分解成自由基。自由基从水相扩散到胶束中或乳胶粒中，在其中引发聚合。聚合反应就发生在一个个彼此孤立的乳胶粒中。假如由水相向某一乳胶粒中扩散进一个自由基，那么就在这个乳胶粒中进行链引发和链增长，形成一条大分子链。当第二个自由基从水相扩散进入这个乳胶粒中以后，就和这个乳胶粒中原来的那个自由基链发生碰撞而终止。即在第二个自由基扩散进入以前，在这个乳胶粒中的链增长反应一直在进行。在本体聚合体系中，任意两个自由基都有相互碰撞而使链反应被终止的可能性。而在乳液聚合体系中，一个个自由基链被封闭在彼此孤立的乳胶粒中，由于乳胶粒表面带电而相互产生静电斥力作用，使其不能碰撞到一起而聚并。此时不同乳胶粒中的自由基链碰撞到一起而使链反应终止的概率等于零。也就是说，乳胶粒中的自由基链只能和由水相扩散进来的初始自由基发生链终止反应。故在乳液聚合中自由基链的平均寿命比其他聚合方法要长，自由基有充分的时间增长到很高的分子量。另外，在乳液聚合体系中有着巨大数量的乳胶粒，其中封闭着巨大数量的自由基进行链增长反应，自由基的总浓度比其他聚合过程要大。故乳液聚合反应比其他聚合过程的反应速率要高。自由基分别被隔离在彼此孤立的乳胶粒中，提高了聚合反应速率，同时又增大了聚合物分子量，这种现象称为隔离效应（compartmentliza-tion effect）。存在隔离效应是乳液聚合的一个最重要的特点。高的反应速率会使生产成本降低，而高的分子量则是生产高弹性的合成橡胶所必需的。

另外，大多数乳液聚合过程都以水作介质，避免了采用昂贵的溶剂以及回收溶剂的麻烦，同时减少了引起火灾和环境污染的可能性。再者，在某些可以直接利用合成乳液的情况下，如乳胶漆、黏合剂、皮革/纸张/织物处理剂以及乳液泡沫橡胶等，采用乳液聚合法会带来更多的方便。

当然，乳液聚合也有其自身的缺点。例如在需要固体聚合物的情况下，需经凝聚、洗涤、脱水、干燥等一系列后处理工序，才能将聚合物从乳液中分离出来，这就增加了成本。再者，尽管经过了后处理，但产品中的乳化剂也很难完全除净，这就使产物的电性能、耐水性、光学性能等下降。还有一个缺点就是乳液聚合的多变性：若严格按照某特定的配方和条件，生产可顺利地进行；但如果想使产品适合某种特殊需要，而将配方或条件加以调整，常常会出问题，要么生产不正常，要么产品不合格。乳液聚合和溶液聚合、悬浮聚合一样，与本体聚合相比有一个共同的缺点，那就是由于加入了介质或溶剂而减少了反应器的有效利用空间。例如对于典型的工业乳液聚合反应过程来说，单体占总体积的 $40\%\sim55\%$。在这种情况下，反应器的有效体积为单体本身所占体积的两倍到两倍半，故设备利用率低。

尽管乳液聚合过程有上述这些缺点，但是它难得的优点仍决定了它具有很大的工业意义。丁苯橡胶、丁腈橡胶、氯丁橡胶、聚丙烯酸酯、聚氯乙烯、聚乙酸乙烯酯、聚四氟乙烯、ABS 树脂等许多聚合物产品均可用乳液聚合法进行大规模工业生产。

# 1.4　本书各章内容简介

全书分为 12 章，系统地介绍了乳液聚合的理论和实践。

第 2 章对某些典型的且已被公认的乳液聚合理论，按照乳液聚合过程阶段Ⅰ、阶段Ⅱ及阶段Ⅲ的顺序，分别作了较全面、较系统的介绍，并对聚合物乳胶粒的尺寸分布及在连续反应器中进行的乳液聚合等问题进行了较深入的讨论，为乳液聚合的基本理论部分，是后续各章的理论基础。

乳化剂是在乳液聚合过程中起重要作用的一类物质。第 3 章集中讨论了在乳液聚合过程中乳化剂的作用机理，对各类乳化剂的性质与特点进行了介绍、分析并阐明了选择乳化剂的原则。

引发剂是乳液聚合配方中最重要的组分之一，引发剂的种类和用量直接地影响着聚合物的质量和聚合反应速率。在第4章中讨论了各种热分解引发剂与氧化还原引发体系的自由基产生及引发聚合的机理，并讨论了各种因素对引发剂分解速率的影响。

不同单体的乳液聚合反应机理是不同的。在第5章中集中讨论了几类重要单体乳液聚合反应的规律及特点。

调节剂用来控制乳液聚合物的分子量和分子结构，以改善其性能。第6章对各类调节剂作了简要介绍，并概括地讨论了各种因素对调节剂调节效率的影响。

第7章介绍了乳液聚合体系中的其他组分，如分散介质、电解质、螯合剂及终止剂等对乳液聚合反应的影响，加入这些组分有的是用以保证乳液聚合过程能够顺利地进行，有的是用以改善聚合物乳液的性质，也有的则是用以提高乳液聚合物的性能。

在上述各章的基础上，第8章讨论了一个乳液聚合过程是怎样在大规模工业生产中实施的，对各种乳液聚合工艺进行比较，讨论影响乳液聚合物生产正常进行及产品质量好坏的各种因素，并列举出若干个典型的聚合物乳液工业生产实例。

第9章介绍了乳液聚合技术的进展及在常规乳液聚合基础之上派生出来的新的乳液聚合方法，如乳液定向聚合、反相乳液聚合、辐射乳液聚合、在非水介质中的乳液聚合、分散聚合、反应性聚合物微凝胶的制备、聚合物微球的制备、细乳液聚合、超浓乳液聚合、高含量聚合物乳液的制备、中空乳胶粒的制备、微乳液聚合、无皂乳液聚合以及制备具有核壳结构及互穿网络乳胶粒的聚合物乳液的乳液聚合等。

第10章讨论了聚合物乳液的稳定性，着重介绍稳定性理论及各种因素对聚合物乳液稳定性的影响。

第11章介绍了聚合物乳液性质及有关参数的测定方法。

最后一章介绍了聚合物乳液在作黏合剂、涂料、织物处理剂、纸张处理剂及水泥添加剂等各方面的应用情况。

## 参考文献

[1] Weyenberg D R，Findlay D E，Cecapa J R，Bey A E. J Poly Sci：Part C，1969，27：27.

[2] Garr E L，Johnson P H. Ind Eng Chem，1949，41：1588.

[3] Hansen F K，Ofstad E B，Ugelstad J. Theory and Practice of Emulsion Technology. London：Academic Press，1976：13-21.

[4] Ugelstad J，Hansen F K，Lange S. Makromol Chem，1974，175（2）：507.

[5] Roe C P. Ind Eng Chem，1968，60：20.

[6] Hofman F Delbrück K，Farbenfabriken Bayer A G. Ger Pat. 250690，1909.

[7] Gottlob K. U S Pat. 1149577，1915.

[8] Dinsmore R P. U S Pat. 1732795，1929.

[9] Luther M，Henck C. U S Pat. 1864078，1932.

[10] Luther M，Henck C. U S Pat. 1860681，1932.

[11] Balandina V，Berezan K，Dobromyslova A，Dogadkin B，Lapuk M. Bull Acad Sci U S S R：Ser. 7，1936，（379）：423.

[12] Fikentscher H. Angew Chem，1938，54：433.

[13] Harkins W D. J Chem Phys，1945，13：381.

[14] Harkins W D. Ibid，1946，14：47

[15] Harkins W D. J Amer Chem Soc.，1947，69：1428.

[16] Smith W V. Ibid，1948，70：3695.

[17] Smith W V，Ewart R H J Chem Phys，1948，16：592.

[18] Smith W V. J Amer Chem Soc，1949，71：4077.

[19] Gardon J L. J Polym：Sci：A-1，1971，9：2763.

[20] Harada M，Nomura M，Kojima H，Eguchi W，Nagata S. J Appl Polym Sic，1972，16：811.

[21] L Parts A G，Moore D E，Watterson J G. Macromol Chem，1965，89：156.

[22] Sundberg D C，Eliassen J D. Inpolymer Colloids，New York：Plenum，1971.

[23] 曹同玉，Merry A J，Wilson M P. 天津大学学报，1981，4：44-58.

[24] 曹同玉，袁才登，戴俊燕等. 高等学校化学工程学报，1996，10（3）：371-378.

[25] 袁才登，缪爱花，王艳君等. 高等学校化学工程学报，2003，17（5）：486-491.

[26] Stockmayer W H. J Polym Sci，1957，24：314.

[27] O'Toole J T. J Appl Polym Sci，1965，9：1291.

[28] Ugelstad J，Mork P C，Aasen J O. J Polym Sci：A-1，1967，5：2281.

[29] Gardon J L. J Polym Sci：A-1，1968，6：665.

[30] 曹同玉，Merry A J，Wilson M P. 化工学报，1982，1：14-25.

[31] Cao T Y，Merry A J，Wilson M P. J of Chem Ind and Eng（China），Selected Paper，1983，2：112-126.

[32] Katz S，Saidel G M. Polym Preprints，1966，7：737.

[33] Zimmit W S. J Appl Sci，1959，1：323.

[34] Benson S W，North A M. J Amer Chem Soc，1962，84：935.

[35] Burkhart R D. J Polym Sci：A-3，1965：883.

[36] Friis N，Hamielec A E. Ibid，1973，11：3321.

[37] Friis N，Hamielec A E. J Appl Polym Sci，1974，12：251.

[38] Hui A W，Hamielec A E. Ibid，1972，16：749.

[39] Trommsdorff E，Koble H，Leqally P. Makromol Chem，1947，1：169.

[40] Gershberg D A. I Chem E-I Chem E Symp：Series No3. Lodon Inst. Chem. Eng.，1965：4.

[41] Ledwith A，Russell P J. J Polym Sci：Polym Lett，1975，13：109.

[42] Goodall A R，Wilkinson M C，Hearn J. J Polym Sci：Polym Chem Ed，1977，15：2193.

[43] Roe C P. Ind Eng Chem，1968，60：20.

[44] Fitch R M，Tsai C H. Inpolymer Colloids. New York：Plenum Press，1971，73：103.

[45] Friis N，Nyhagen L. J Appl Polym Sci，1973，17：2311.

[46] 曹同玉，刘素芳，甘志华，等. 天津大学学报，1989，3：1-8.

[47] 曹同玉，甘志华，许湧深. 化工学报，1994，45（6）：Ⅰ 643-650；Ⅱ 651-657.

[48] Cao Tongyu，Gan Zhihua，Wang Yanjun，et al. Chinese J Chem Eng，1995，3（4）：212-219.

[49] 曹同玉，赵汉英，王艳君，等. 高分子学报，1996，5：571-578.

[50] Morton M，Kaizerman S，Altier M W. J Colloids Sci，1954，9：300.

[51] Gardon J L. J Polym Sci：A-1，1968，6：2859.

[52] Torza S，Masor S. J Colloid Interface Sci，1970，33：67.

[53] Gonzalez O L J，Asua J M J. Macromolecules，1995，28：3135-3145.

[54] Sundberg E J，Sundberg D C. J Appl Polym Sci，1993，47：1277-1294.

[55] 赵科，孙培勤，刘大壮，应用化学，2002，19（7）：642-645.

[56] 阚成友，杜奕，刘德山，等. 化学学报，2002，60（6）：1129-1133.

[57] Medvedev S S. Proceeding of the International Symposium on Makromolecular Chemistry. New York：Prague，Pergamon，1958：174.

[58] Medvedev S S. Kinetic Mechanical Polyreactions，IUPAC International Symposium on Makromolecular Chemistry，Plenay Lecture，1969：39.

[59] Medvedev S S，Gritskova I A，Zuikov A V，Sedakova L I，Bereznoi G D. J Makromol Sci-Chem：A-7，1973：715.

[60] Williams D J. J Polym Sci：Polym Chem Ed，1973，11：143.

[61] Okubo M，Yamada A，Matsumoto T. J Polym Sci：Polymer Chem Ed，1980，16：3219.

［62］ Okubo M，Ando M，Yamada A，et al. J Polym Sci：Polymer Letter Ed，1981，19：143.

［63］ Okubo M，Katsuta Y，Matsumoto T. J Polym Sci：Polymer Letter Ed，1982，20：45.

［64］ Cao Tongyu，Xu Yongshen，Su Yuncheng. et al. J Appl Polym Sci，1990，41：2087-2097.

［65］ 张心亚，徐伟萍，陈焕钦. 化学工程师，2002，91（4）：19-22.

［66］ US 6 214 500.

［67］ Zhao Ke，Sun Peiqin，Liu Dazhuang，et al. J Appl Polym Sci，2004，92（5）：3144-3152.

［68］ 曾重，郭朝霞，于建. 石油化工，2006，35（2）：103-112.

［69］ Azpurua I，Barandiaran M J. Polymer，1999，40（14）：4105-4115.

［70］ Nomura M，Sasaki S，Xue W，et al. J Appl Polym Sci，2002，86（11）：2748-2754.

［71］ 刘冰坡，王克友. 中国胶黏剂，2005，14（7）：24-26.

［72］ Sato T，Taniyama I. Kogyo Kagaku Zasshi，1965，68：106.

［73］ Taniyama I，Sato T. Kagaku Kogaku，1968，32：708.

［74］ Omi S，Ueda T，Kubota H. J Chem Eng，1969，2：193.

［75］ Ueta T，Omi S，Kubota H. Ibid，1971，4：50.

［76］ Nomura M，Kojima H，Harada M，Eguchi W，Nagata S. J Appl Polym Sci，1971，15：675.

［77］ Gershberg D B，Longfield J E. 45th American Institute of Chemical Engineers Meeting. New York：1961，Preprint No10.

［78］ Gerrens H，Kuchner K. Brit Polym J，1970，2：18.

［79］ De Graff A W，Poehlein G W. J Polym Sci：A-2，1971，9：1955.

［80］ Stevens J D，Funderburk J O. Ind Eng Chem Process Des Develop，1972，11：360.

［81］ 王文俊，李伯耿，于在璋，等. 高分子通报，1995，1：44.

［82］ 许湧深，曹同玉，龙复，等. 高分子材料科学与工程，1992，1：19-25.

［83］ Chern C S，Hsu H. J Appl Polym Sci，1995，55（4）：571.

［84］ 陈志明，陈甘棠. 东南大学学报，1998，28（4）：161-166.

［85］ 赵科，孙培勤，刘大壮. 高分子材料科学与工程，2003，19（4）：75-78.

［86］ Rollin A L，Patterson W I，Archambault J，Bataille P. Polymerization Reaction Processes. Washington，1979：113.

［87］ 彭慧，程时远. 合成橡胶工业，2006，29（4）：310-312.

［88］ Mayer M J J，Meuldijk J，Thoenes D. Chem Eng Sc，1996，51（13）：3441-3448.

［89］ Wei Xue，Takahashi H，Sato S，et al. J Appl Polym Sci，2001，80（11）：1931-1942.

［90］ Min K W，Ray W H. -Rew Macromol Chem，C11. J Macromol Sci，1974：177.

［91］ Min K W，Ray W H. J Appl Polym Sci，1978，22：89.

［92］ Min K W，Ray W H. ACS Symposium Series，1976，24：369.

［93］ Min K W，Gostin H I. Chem Prod Dev Ind Eng，1979，18（4）.

［94］ Polikarpov V V，Lukhovitskii V I，Pozdeeza R M，Karpov V L. Polym Sci，1974，16：2559.

［95］ Senrui S，Suwa T，Konishi K，Takehisa M. J Polym Sci，1974，12：83.

［96］ Stannett V T，Gervasi J A，Kearney J J，Araki K J. Appl Polym Sci，1969，13：1175.

［97］ Ishigure K，Yoshida K，Stannett V. J Macromol Sci：A-7，1973，813.

［98］ Barriac J，Knorr R，Stahal E P，Stannett V. Adv Chem Set，1976，24：142.

［99］ Khan F，Ahmad S R，Kronfli E. Advances in Polymer Technology，2002，21（2）：132-140.

［100］ 戴秋，张志城，葛学斌，等. 高分子材料科学与工程，2004，20（1）：72-74.

［101］ Warson H，Finch C A. Applications of Synthetic Resin latices Vl. New York：John Wiley & Sons，Ltd，2001：178-179.

［102］ 刘庆普，王燕军，哈润华. 材料研究学报，1997，11（2）：222-224.

［103］ 王凤贺，卢时，雷武，等. 化工学报，2006，57（6）：1447-1452.

［104］ 曹同玉，戴兵，戴俊燕，等. 高分子材料科学与工程，1998，14（1）：31-34.

［105］ 伍绍贵，刘白玲. 中国科学院研究生院学报，2006，23（3）：323-330.

［106］ 袁才登，王艳君，许湧深等. 热固性树脂，2000，15（1）：16-18.

［107］ Dupin D，Fujii S，Armes S P，et al. Langmuir，2006，22（7）：3381-3387.

［108］ Yildiz U，Capek I. Polymer，2003，44（8）：2193-2200.

［109］ 许湧深，刘颖，赵宁，等. 化工学报，2006，57（6）：1464-1467.

[110] Biswas M. New Polymerization Techniques and Sythetic Methodologies. Berlin：Springer，2001：102.

[111] 谢钢，张和鹏，张秋禹，等. 高分子学报，2003，5：626-630.

[112] Guven G，Tuncel A，Piskin E. Colloid & Polymer Science，2004，282（7）：708-715.

[113] Soltan D M，Sharifi S N，Naderi N. J Appl Polym Sci，2006，101（3）：2409-2414.

[114] Cheng Xiuli，Chen Zhengxia，Shi Tong Shun，et al. Colloids and Surface A，2007，292（2）：119-124.

[115] Zhang Jide，Yang Majie，Zhu Yangrong，et al. Polymer International，2006，55（8）：951-960.

[116] Huang Junsheng，Wan Shourong，Gao Miao，et al. J of Materials chem，2006，16（46）：4535-4541.

[117] 曹同玉，戴兵，戴俊燕，等. 高分子学报，1997，2：158-165.

[118] Minami H，Kobayashi H，Okubo M. Langmuir，2005，21：5655-5658.

[119] Charles J M，Michael J D. Advances in colloid and Interface Science，2002，99：183-213.

[120] Blackley D C，Mattham R K. British Polymer J，1970，2：25.

[121] Schneider M，Graillat C，Guyot A，et al. J Appl Polym Sci，2002，84（10）：1916-1934.

[122] Tang C，Chu F. J Appl Polym Sci，2001，82：2352.

[123] 张洪涛，王岸林，操建华. 高分子学报，2003，1：23-29.

[124] Becu L，Grondin P，Colin A，et al. Colloids and Surface，2005，363（1-3）：146-152.

[125] 刘国军，张桂霞，李建宗，等. 中国胶黏剂，2006，15（7）：1-4.

[126] 申屠宝卿，高其标，黄志明，等. 浙江大学学报：工学版，2004，38（4）：513-517.

[127] 万小龙，应圣康. 高分子学报，2000，1：27-31.

[128] 彭慧，程时远. 化学与生物工程，2004，4：31-33.

[129] 张震乾，包永忠，黄志明，等. 化工学报，2005，56（11）：2207-2211.

# 第2章
# 乳液聚合原理

## 2.1 胶束的本质及其增溶作用

12个碳原子以上的羧酸盐、铵盐、烷基硫酸盐、烷基磺酸盐之类的物质属于表面活性物质，可以作乳液聚合的乳化剂。当向纯水中加入乳化剂时，将形成乳化剂水溶液。人们发现，当乳化剂浓度低时，空气-水界面上的表面自由能随着乳化剂浓度增大而直线降低，而溶液的渗透压、冰点下降等性质随着乳化剂浓度的增大而成正比地提高；但是当乳化剂浓度增加到一定值以后，出现反常现象，即表面张力不再随乳化剂浓度而有明显的变化，而渗透压、冰点下降等参数随着乳化剂浓度增大而增加的幅度大大减小，如图 2-1(a)～(c) 所示。同时还发现，某些不溶于水的有机液体，却可以溶于乳化剂溶液中。以上反常现象经研究确认是由乳化剂这类物质的特殊本质所决定的。

每一个乳化剂分子上一般都具有两个基团：一是亲水（或疏油）的极性基团，另一是亲油（或疏水）的非极性基团。以下列硬脂酸钠分子为例：

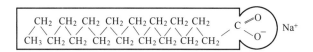

碳氢链部分是非极性的亲油基，可溶于油相而不溶于水相；而羧基部分是极性的亲水基，可溶于水相而不溶于油相。常以符号"⊸"表示乳化剂分子。即一个乳化剂分子好似一根"火柴"，"火柴头"为亲水基，而"火柴杆"为亲油基。当乳化剂分子分散到水中去时，其亲水基受到水的亲和力，而亲油基受到水的排斥力，以致倾向于使较多的乳化剂分子聚集在空气-水界面上。亲水端朝向水，而亲油端则指向空气。这样，一部分空气-水的界面被乳化剂分子的亲油端所占据，变成空气-油的界面。因为油的表面张力比水小，故在加入少量乳化剂以后，水的表面张力就会降低。并且随着乳化剂量的增加，被乳化剂分子亲油端所覆盖的界面面积也增大，导致表面张力减小，因而就出现了像图 2-1(a) 所示的那

样，在低浓度下，表面张力随乳化剂浓度的增大而直线降低的情况。但是这种降低并不能无止境地进行下去。当达到一定的乳化剂浓度时，界面上就形成了乳化剂单分子层，全部空气-水界面变成空气-油界面，即液面被乳化剂分子所饱和。此时若再增大乳化剂浓度，界面上的乳化剂量不可能再增加，则表面张力也不会再变小，因此就出现了像在图 2-1(a) 中所示的那样，在高乳化剂浓度［S］下，表面张力不再随乳化剂浓度［S］变化而发生变化的现象。

当液体表面被乳化剂分子饱和以后，乳化剂分子的亲油基团仍然受到水的排斥作用，这种排斥力迫使每 50～200 个乳化剂分子彼此并靠在一起，形成一个聚集体，叫作胶束。胶束中乳化剂分子的亲油端聚集在胶束内部，而亲水端朝外指向水相，其平均直径约为 5nm。很多人认为胶束是球形的，但经过精确地测定证明，胶束的形态有多种，并不仅仅有球形。Tartav[1] 证明，由十二烷基磺酸钠形成的胶束是扁球状的，长轴和短轴之比为 1.13。

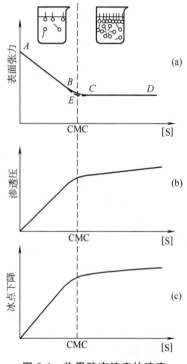

**图 2-1　临界胶束浓度的确定**

图 2-1(a) 中 AB 和 CD 两条直线的延长线的交点 E 的横坐标为临界胶束浓度（CMC）。对于某特定的乳化剂来说，在一定温度下 CMC 为一定值。例如 50℃时硬脂酸钠的 CMC 值为 0.13g/L，而月桂磺酸钠为 0.5g/L。在水中的乳化剂若是以自由分子或离子的形式出现的，则为真溶液。在达到临界胶束浓度以后，若乳化剂浓度再增大，就开始形成胶束。有人认为[2]，这个观点太绝对，应把胶束形成过程看作是一可逆过程。远在达到临界胶束浓度以前就有少量的胶束存在，只不过在低于临界胶束浓度时，只有极少量的胶束，但是在大于临界胶束浓度时，大多数过量的乳化剂是以胶束形式存在的。

现在再来看一下上面讨论的乳化剂浓度和表面张力之间的关系。当乳化剂浓度小于 CMC 值时，自由乳化剂浓度随乳化剂浓度增大而增大，故表面张力随乳化剂浓度的增大而直线地降低；而当乳化剂浓度大于 CMC 时，自由乳化剂浓度不再改变，故表面张力不随乳化剂浓度变化而变化。

下面再考察一下关于依数性质的变化问题。像渗透压、冰点下降等参数均属于溶液的依数性参数。在乳化剂溶液中，这些参数均随乳化剂浓度发生"反常"的变化。即在临界胶束浓度以下，渗透压、冰点下降等参数均随乳化剂浓度增大而直线地上升。而在临界胶束浓度处，乳化剂浓度与依数性的依赖关系发生突然转折。高于临界胶束浓度时曲线变得比低于临界胶束浓度时平坦得多，如图 2-1(b) 及 (c) 所示。这与胶束的形成密切相关。当乳化剂浓度低于 CMC 值时，在水中乳化剂以单分子的形式存在，溶解一个乳化剂分子就增加一个质点，依数性和这些质点的数目成正比，所以渗透压和冰点下降等随乳化剂浓度增大而显著地增加。但是当乳化剂浓度跃过临界胶束浓度后，再加入的乳化剂就以胶束的形式出现。此时，不是多一个乳化剂分子就多一个质点，而是由 50～200 个乳化剂分子聚集到一块儿才能形成一个质点（即胶束），故形成质点的数目大大减少，因而渗透压、冰点下降等溶液的依数性质均随乳化剂浓度变化而变化的幅度大大减小。

许多油类和烃类（包括单体）在水中的溶解度很小。但是向水中加入少量乳化剂后，其溶解度显著增大，这种现象称作增溶现象。增溶现象对于乳液聚合来说很重要。增溶作用也是由于胶束的作用而造成的。因为形成胶束的乳化剂分子亲水端朝外，而亲油端朝里。亲油端彼此靠在一起并形成水相中的"油相"。根据"相似者相容"原理，胶束倾向于吸收一定量加入到乳化剂溶液中的"油"到它的中心，而使这些被吸收的"油"稳定地分散在水相中，使油在水相中的溶解度加大，导致增溶作用。

## 2.2　乳液聚合体系的物理模型

20 世纪 40 年代末期，Harkins 就提出了关于乳液聚合的定性理论[3-6]，后来又有人引申和发展了这一理论[7,8]。近代的关于乳液聚合定量的模型，都是在上述乳液聚合定性的物理模型的基础上发展起来的。

对于在充分混合的间歇反应器中进行的乳液聚合过程来说，根据反应机理可以将转化率-时间关系分成四个阶段，即分散阶段、阶段 Ⅰ（乳胶粒生成阶段或成核阶段）、阶段 Ⅱ（乳胶粒长大阶段）及阶段 Ⅲ（聚合反应完成阶段），如图 2-2 所示。以下根据乳液聚合定性理论分别对上述各阶段进行描述。

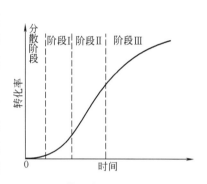

图 2-2　转化率-时间曲线示意图

### 2.2.1　分散阶段

在许多情况下单体的分散过程和阶段 Ⅰ 同时进行，为了便于讨论，把它们看作是分成两个阶段进行的。

将单体分散阶段，即还没加引发剂时的乳液聚合体系的物理模型示于图 2-3 中。

在向间歇搅拌釜中加入引发剂以前，先向反应器中加入水，并逐渐加入乳化剂。开初加入的乳化剂，以单分子的形式溶解在水中，体系为真溶液。当乳化剂浓度达到 CMC 值后，再加入的乳化剂，就开始以胶束的形式存在。每个胶束由 50～200 个乳化剂分子组成，尺寸为 5～10nm，每毫升水中所含胶束数目约为 $10^{18} \mathrm{mL}^{-1}$。宏观

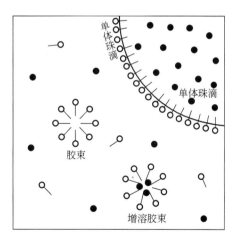

图 2-3　分散阶段乳液聚合体系示意图
——○ 乳化剂分子；● 单体分子

上看，稳定状态时，单分子乳化剂浓度和胶束乳化剂浓度均为定值。但在微观上，单分子乳化剂和胶束乳化剂之间建立了动态平衡。

向体系中加入单体以后，在搅拌作用下，单体分散成单体珠滴。部分乳化剂被吸附在单体珠滴表面上，形成单分子层，乳化剂分子的亲水端指向水相，而亲油端指向单体珠滴中心，以使其稳定地悬浮在水相之中。分散程度的大小与乳化剂种类和用量、搅拌转速、搅拌器叶轮形式及直径有关。一般说来，单体珠滴直径为 $10\sim20\mu m$，单体珠滴数目约为 $10^{12}mL^{-1}$。单体在水中溶解度一般很小，例如 25℃时苯乙烯在水中的溶解度为 0.027%。尽管如此，仍会有少量的单体分子由单体珠滴扩散到水相，以单分子形式存在，为真溶液。另外，由于胶束的增溶作用，还会将一部分溶解在水中的单体由水相吸收到胶束中来，形成所谓的增溶胶束。在增溶胶束中含单体的量可达单体总量的 1%。增溶的结果可使胶束的体积胀大至原来的 2 倍。实际上单体在单体珠滴、水相及胶束之间建立起动态平衡。单体和乳化剂在单体珠滴、水相及胶束间的动态平衡关系可用图 2-4 表示。

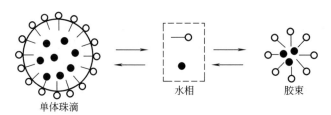

**图 2-4　分散阶段乳化剂和单体的平衡**
—○ 乳化剂分子；● 单体分子

由图 2-4 可见，在分散阶段乳化剂分子以单分子溶解在水相中、形成胶束和被吸附在单体珠滴表面上三种形式而存在；加入体系中的单体也有三个去向，即存在于单体珠滴中，以单分子的形式溶解在水相中以及被增溶在胶束中。

在分散过程中，适度的搅拌是很重要的，若无搅拌或搅拌强度不够，小的单体珠滴倾向于聚结成大的珠滴，甚至分层。

## 2.2.2　阶段 I

阶段 I 乳液聚合体系的物理模型示意于图 2-5 中。

当水溶性引发剂加入到体系中以后，在反应温度下引发剂在水相中开始分散出自由基。在聚合反应进行以前，常常要经历一个不发生聚合反应的诱导期。在这期间，所生成的自由基被体系中的氧气或其他阻聚剂捕获，而不引发聚合。诱导期的长短取决于体系中阻聚剂的含量，将单体及各种添加剂经过提纯以后虽然可以缩短诱导期，但却很难避免诱导期。

诱导期过后，过程进入一个反应加速期，即

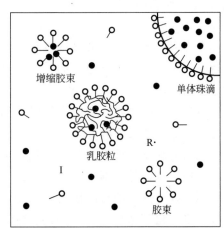

**图 2-5　阶段 I 乳液聚合体系示意图**
—○ 乳化剂；● 单体；I 引发剂；
R· 自由基；∿∿ 聚合物链

阶段Ⅰ。因为乳胶粒的生成主要发生在这一阶段，故也称乳胶粒生成阶段，又称成核阶段。

在阶段Ⅰ，引发剂分解出的自由基可以扩散到胶束中，也可以扩散到单体珠滴中。扩散进单体珠滴中的自由基，就在其中引发聚合，其机理就像悬浮聚合一样[9,10]，只不过因为单体珠滴的数目太少，大约每100万个胶束才有一个单体珠滴，所以自由基向胶束扩散的机会要比向单体珠滴扩散的机会多得多，故在一般情况下绝大部分自由基进入胶束。当一个自由基扩散进入一个增溶胶束中以后，就在其中引发聚合，生成大分子链，于是胶束就变成一个被单体溶胀的聚合物乳液胶体颗粒，即乳胶粒。这个过程就称为胶束的成核过程。聚合反应主要发生在乳胶粒中。随着聚合反应的进行，乳胶粒中的单体逐渐被消耗，水相中呈自由分子状态的单体分子不断扩散到乳胶粒中进行补充，而水相中被溶解的单体又来自单体的"仓库"——单体珠滴。就这样，单体分子源源不断地由这个"仓库"通过水相扩散到乳胶粒中，以满足乳胶粒中进行聚合反应的需要。微观上讲，在这一阶段中，单体在乳胶粒、水相和单体珠滴之间建立起了动态平衡。由于在乳胶粒中进行的聚合反应不断消耗单体，所以平衡不断沿单体珠滴→水相→乳胶粒方向移动。

一个自由基在一个乳胶粒中引发聚合以后，所形成的活性单体就在这个乳胶粒中进行链增长。但是这个增长过程并不会永恒地进行下去。当第二个自由基扩散进入这个乳胶粒中以后，就会和乳胶粒中原来的那个自由基链发生碰撞而进行终止反应，使这个乳胶粒成为不含自由基的乳胶粒，称为"死乳胶粒"。而含有自由基且正在进行链增长的乳胶粒叫作"活乳胶粒"。若向死乳胶粒中再扩散进去一个自由基，就在这个乳胶粒中又一次进行引发聚合，重新开始一个新的链增长过程，直至下一个自由基进入为止。在整个乳液聚合过程中，此两类乳胶粒——死乳胶粒和活乳胶粒——不断相互转化，而使乳胶料逐渐长大，单体转化率不断提高。

上面提到，自由基是在水相中生成的，在水相中又有少量呈真溶液状态的自由单体分子。可以想象，当在水相中生成的自由基和水相中的单体相遇时，同样也可以进行引发聚合。但是一方面由于在水相中单体的浓度很低，另一方面由于聚合物在水中的溶解度随分子量的增大急剧地降低，所以自由基链还没有来得及增长到比较大的分子量就沉析出来。沉析出来的低聚物会从周围水相中吸收某些乳化剂分子，以使其稳定地悬浮在水相中。它还能从水相中吸收单体分子和自由基，并引发聚合，于是就生成了一个新的乳胶粒。这就是生成乳胶粒的低聚物成核机理[8,11]。一般来讲，如果单体在水中溶解度很小，如苯乙烯，那么按低聚物机理生成的乳胶粒数可以忽略不计；但是如果单体在水中有一定溶解度，如乙酸乙烯酯、丙烯酸甲酯等的溶液，按照低聚物成核机理生成的乳胶粒数就会有明显的增加，应加以考虑。

在阶段Ⅰ，乳化剂有四个去处，即形成胶束、以单分子形式溶解在水中、吸附在单体珠滴表面以及吸附在乳胶粒表面。它们之间也建立起动态平衡。

单体、乳化剂及自由基三者在单体珠滴、乳胶粒、胶束和水相之间的动态平衡可用图2-6表示。

随着成核过程的进行，将生成越来越多的新乳胶粒。同时随着乳胶粒尺寸不断长大，乳胶粒的表面积逐渐增大。这样，越来越多的乳化剂从水相转移到乳胶粒表面上，使溶解

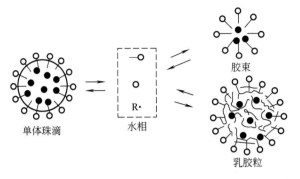

图 2-6　在阶段 I 单体、乳化剂及自由基的动态平衡

在水相中的乳化剂不断减少，这就破坏了溶解在水相中的乳化剂与尚未成核的胶束之间的平衡，使平衡向胶束→水相→乳胶粒方向移动。因而使胶束乳化剂量逐渐减少，部分胶束被破坏，再加上成核过程本身也要消耗胶束，致使胶束数目越来越少，以致最后胶束消失。实验证明，每生成一个乳胶粒要消耗约 100 个胶束。从诱导期结束到胶束耗尽这一期间就为阶段 I。乳化剂用量越大时，阶段 I 就越长。

## 2.2.3　阶段 II

在阶段 I 终点，胶束消失了，靠胶束成核机理生成乳胶粒的过程停止了。如上所述，乳胶粒主要来自胶束，靠低聚物均相成核机理生成乳胶粒的数量很少，常常可以忽略，尤其是单体在水相中溶解度小时更是这样。因此可以认为在阶段 II 乳胶粒的数目将保持一个定值。对于采用典型配方的乳液聚合过程来说，乳胶粒的数目可达 $10^{16} \, \mathrm{mL}^{-1}$。

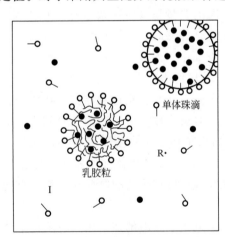

图 2-7　在阶段 II 乳液聚合体系示意图
● 单体；—◦ 乳化剂；I 引发剂；
R· 自由基；〰〰 聚合物链

图 2-7 为阶段 II 乳液聚合体系的物理模型，在该阶段，引发剂继续在水相中分解出自由基。因为乳胶粒的数目要比单体珠滴的数目大得多，大约 1 万个乳胶粒才有一个单体珠滴，所以自由基主要向乳胶粒中扩散。在乳胶粒中引发聚合，使得乳胶粒不断长大。另外在乳胶粒中自由基也会向水相扩散，当单体在水相中的溶解度较大时，这一扩散过程就趋于明显。于是在水相和乳胶粒之间就建立起了动态平衡，自由基不断地被乳胶粒吸收，又不断地从乳胶粒向外解吸。

在阶段 II，胶束消失了，乳化剂将分布在三种位置上，即溶解于水相、被吸附在乳胶粒表面以及吸附在单体珠滴表面。此三种状态乳化剂也处于动态平衡状态。随着乳胶粒逐渐长大，其表面积增大，需要从水相吸附更多的乳化剂分子，覆盖在新生成的表面上，致使在水相中的乳化剂浓度低于临界胶束浓度，甚至还会出现部分乳胶粒表面未能被乳化剂分子完全覆盖的现象，称之为"秃顶"现象（bald phenomenon），这样就会导致乳液体系表面自由能提高，使得乳液稳定性下降，以致破乳。

图 2-8 表明，在阶段 Ⅱ 单体、乳化剂及自由基在乳胶粒、单体珠滴及水相之间的动态平衡。

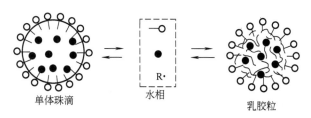

**图 2-8　在阶段 Ⅱ 单体、乳化剂及自由基的动态平衡**

在反应区乳胶粒中单体不断被消耗，单体的平衡不断沿单体珠滴→水相→乳胶粒方向移动，致使单体珠滴中的单体逐渐减少，直至单体珠滴消失。由胶束耗尽到单体珠滴消失这段时间间隔称为阶段 Ⅱ。

在阶段 Ⅰ 及阶段 Ⅱ，乳胶粒中的单体和聚合物的比例保持一个常数[12]。这是由乳胶粒的表面自由能和在乳胶粒内部单体和聚合物的混合自由能之间的平衡决定的。表面自由能变化是单体向乳胶粒中扩散的阻力，而混合自由能变化则是单体向乳胶粒扩散并和其中的单体-聚合物溶液进行溶混的推动力。在阶段 Ⅱ 及阶段 Ⅰ，这两种自由能始终可以保持平衡状态，故在乳胶粒中单体（或聚合物）的浓度为一常数。表 2-1 中列出了不同乳液聚合体系在阶段 Ⅰ 及阶段 Ⅱ 乳胶粒中单体所占的体积分数 $\phi_m$[13]，又称相比。

**表 2-1　在乳液聚合阶段 Ⅰ 与阶段 Ⅱ 乳胶粒中单体体积分数**

| 单　　　　体 | $\phi_m$ | 单　　　　体 | $\phi_m$ |
| --- | --- | --- | --- |
| 氯乙烯 | 0.30 | 甲基丙烯酸甲酯 | 0.73 |
| 甲基丙烯酸丁酯 | 0.60 | 乙酸乙烯酯 | 0.8145 |
| 苯乙烯 | 0.604 | 丙烯酸甲酯 | 0.85 |
| 丙烯酸丁酯 | 0.65 | | |

上面提到，体系中同时存在着死乳胶粒和活乳胶粒，即不同乳胶粒中的自由基数是不一样的。经典理论认为[14-16]，当一个自由基进入一个活乳胶粒中时，两个自由基间的终止反应是瞬时进行的，在一个乳胶粒中最多只能有一个自由基。从概率观点出发，在此情况下，只有一半为活乳胶粒，而另一半则为死乳胶粒，所以平均一个乳胶粒中的自由基数为 0.5。根据经典理论，在阶段 Ⅱ 因为在反应区，即在乳胶粒中，反应物浓度不变，同时因为体系中乳胶粒数为定值，且平均一个乳胶粒中的自由基数也保持常数（即 0.5），所以聚合反应速率为常数，即为零级反应。表现在时间-转化率曲线上在阶段 Ⅱ 应为一条直线。但是通过精确的试验证明[17,18]，在阶段 Ⅱ 时间-转化率曲线虽然接近直线，但是并非直线，原因是在乳胶粒中自由基瞬时终止的假设是不成立的。乳胶粒虽然很小，但毕竟有一定体积，处于同一个乳胶粒中的两个自由基扩散到一起而进行碰撞总得走一段距离。我们知道，在乳胶粒中聚合物浓度很高，故黏度很大，长链自由基扩散会受到很大的阻力。两

个自由基在同一乳胶粒中扩散到一起而进行碰撞总会需要一段时间，两个或多个自由基会在一定时间内共存于同一乳胶粒中，所以平均一个乳胶粒中的自由基数实际上应大于0.5。并且转化率越高时，乳胶粒体积越大，两个自由基相互碰撞所需走的路程就更长，平均一个乳胶粒中的自由基数就更多，致使反应速率越来越快。由此可见，在阶段Ⅱ时间-转化率曲线不应是一直线。这种现象是由于乳胶粒体积不断长大而引起的，所以称为体积效应（volumetric effect）[17]。

### 2.2.4 阶段Ⅲ

在阶段Ⅲ乳液聚合体系的物理模型示于图2-9。

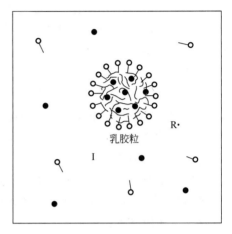

在阶段Ⅲ，不仅胶束消失了，而且单体珠滴也不见了。此时仅存在着两个相，即乳胶粒和水相。乳化剂、单体和自由基的分布由在该两相间的动态平衡决定（见图2-10）。

在阶段Ⅲ，因为单体珠滴消失了，在乳胶粒中进行聚合反应只能消耗自身贮存的单体，而得不到补充，所以在乳胶粒中聚合物的浓度越来越大，内部黏度越来越高，大分子彼此缠结在一起，致使自由基链的活动性减小，两个自由基扩散到一起而进行终止的阻力加大，因而造成了随着转化率的增加链终止速率常数 $k_t$ 急剧下降，例如苯乙烯在50℃时进行乳液聚合 $k_t$ 可下降5个数量级之多。终止速率常数的降低就意味着链终止速率的降低，也意味着自由基平均寿命延长，这样就使反应区（乳胶粒）中自由基浓度显著地增大，平均一个乳胶粒中的自由基数增多。在阶段Ⅲ随着转化率的提高，反应区乳胶粒中单体浓度越来越低，反应速率本来应该下降，但是恰恰相反，在反应后期反应速率随转化率的增加而迅速升高（如图2-11所示）。这种现象叫作 Trommsdorff 效应[19]，或凝胶效应。

**图 2-9 在阶段Ⅲ乳液聚合体系示意图**
● 单体；○ 乳化剂；Ⅰ 引发剂；
R· 自由基；～ 聚合物链

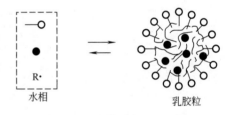

**图 2-10 阶段Ⅲ单体、乳化剂及自由基的动态平衡**

另外，对某些单体的乳液聚合过程来说，在阶段Ⅲ后期，当转化率增至某一值时，转化速率突然降低至零，如图2-11所示。这种现象叫作玻璃化效应。因为在阶段Ⅲ乳胶粒中聚合物浓度随转化率增大而增大，单体-聚合物体系的玻璃化转变温度 $T_g$ 也随之提高。当转化率增大到某一定值时，就

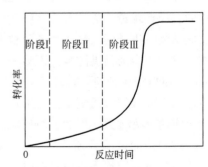

**图 2-11 甲基丙烯酸甲酯乳液聚合反应转化率-时间曲线**

使得玻璃化转变温度刚好等于反应温度。此时在乳胶粒中，不仅活性分子链被固结，而且单体也被固结。使链增长速率常数 $k_p$ 急剧地降低至零，故使链增长速率也急剧地降低至零。

# 2.3 阶段 I 动力学理论

乳液聚合的阶段 I 又可称作乳胶粒生成阶段或成核阶段。因为绝大部分乳胶粒是在该阶段按照胶束机理生成的。到阶段 I 终点，按胶束机理生成乳胶粒的过程停止，故可将在阶段 II 与阶段 III 期间的乳胶粒数近似地看作常数。本节主要介绍 Smith-Ewart 及 Gardon 关于乳液聚合阶段 I 的动力学理论，以及介绍乳胶粒生成的自由基吸收机理。至于乳胶粒生成的低聚物机理以及单体珠滴机理并不是阶段 I 所独有的，将在后续章节中进行讨论。

## 2.3.1 Smith-Ewart 关于阶段 I 的动力学理论

20 世纪 40 年代末期，Smith 及 Ewart[14-16] 在 Harkins[3-6] 乳液聚合物理模型的基础上对生成乳胶粒的胶束机理提出了定量的理论。

### 2.3.1.1 乳胶粒的生成（成核）

为了简化起见，Smith 及 Ewart 假定：

① 阶段 I 开始时，向体系中投入的乳化剂全部形成胶束，忽略在单体珠滴表面上吸附的以及在水中溶解的乳化剂；

② 进入阶段 I 以后，乳化剂完全在胶束和乳胶粒表面之间进行分配；

③ 不管在胶束中还是在乳胶粒上，单位质量同种乳化剂的覆盖面积相等；

④ 在阶段 I，乳胶粒中聚合物与单体的比例不变；

⑤ 在阶段 I，每一个乳胶粒中聚合反应速率相等。

根据以上假设则有

$$S = S_m + S_p \tag{2-1}$$

式中　$S$——水相中乳化剂的总浓度，$g/mL$；

　$S_m$——水相中胶束乳化剂浓度，$g/mL$；

　$S_p$——水相中乳胶粒表面吸附的乳化剂浓度，$g/mL$。

在阶段 I 的起点处，$S_p = 0$，$S_m = S$，即全部乳化剂形成胶束。进入阶段 I 以后，乳胶粒不断生成，且不断长大，所以 $S_p$ 不断增大，这需要通过消耗胶束乳化剂来实现，致使 $S_m$ 不断降低。当胶束耗尽时，$S_m = 0$，而 $S_p = S$，此时全部乳化剂被吸附在乳胶粒表面上。这时，新乳胶粒生成过程停止，阶段 I 结束。

根据基本假设可导出如下关系式。

$$\frac{A}{S} = \frac{A_m}{S_m} = \frac{A_p}{S_p} = a_1 \tag{2-2}$$

式中　$A$——每毫升水中胶束和乳胶粒的总表面积，$m^2/mL$，即每毫升水中乳化剂所能提供的总覆盖面积；

$A_m$——每毫升水中胶束表面积，$m^2/mL$；

$A_p$——每毫升水中乳胶粒表面积，$m^2/mL$；

$a_1$——每克乳化剂所能提供的覆盖面积，$m^2/g$。

Smith 及 Ewart 研究了如下两种极端的情况：

① 假定所有的自由基全被胶束捕获而不进入乳胶粒，即所生成的自由基全部用于形成新的乳胶粒。这样，自由基生成速率将刚好等于新乳胶粒生成速率，则

$$\frac{dN_p}{dt} = \rho \tag{2-3}$$

式中　$N_p$——每毫升水中的乳胶粒数，$mL^{-1}$；

　　　$t$——在阶段 I 的任一时间，min；

$\frac{dN_p}{dt}$——乳胶粒生成速率，$(mL \cdot min)^{-1}$；

　　　$\rho$——引发剂分解生成自由基的速率，$(mL \cdot min)^{-1}$。

若假定引发剂分解速率不变，即 $\rho$ 为常数，则

$$N_p = \rho t_{I-II} \tag{2-4}$$

式中　$t_{I-II}$——从反应开始到胶束耗尽所经历的时间，即阶段 I 持续时间。

再者，根据上述 Smith-Ewart 假设的第五条，在阶段 I，每一个乳胶粒中聚合速率相等，则

$$\frac{dv}{dt} = \mu \tag{2-5}$$

式中　$v$——在经时间 $t$ 后一个正在生长的乳胶粒的体积，$cm^3$；

　　　$\mu$——一个乳胶粒体积增长的速率，$cm^3/min$。

若一个乳胶粒在时刻 $\tau$ 生成，到时刻 $t$ 它的体积 $v(\tau,t)$ 可由式（2-6）计算。

$$v(\tau,t) = \mu(t-\tau) + v_0 \tag{2-6}$$

式中　$v_0$——成核前一个胶束的体积。

和长大后的乳胶粒的体积相比 $v_0$ 很小，可以忽略，则

$$v(\tau,t) = \mu(t-\tau) \tag{2-7}$$

若乳胶粒为球形，则上述乳胶粒在 $t$ 时刻的表面积应为 $a(\tau,t) = 4\pi[r(\tau,t)]^2$，而 $v(\tau,t) = \frac{4}{3}\pi[r(\tau,t)]^3$，其中 $r(\tau,t)$ 为上述乳胶粒到 $t$ 时刻的半径。故可求得 $a(\tau,t) = \sqrt[3]{36\pi[v(\tau,t)]^2}$，则

$$a(\tau,t) = (36\pi\mu^2)^{1/3}(t-\tau)^{2/3} \tag{2-8}$$

令

$$\theta = (36\pi\mu^2)^{1/3} \tag{2-9}$$

则

$$a(\tau,t) = \theta(t-\tau)^{2/3} \tag{2-10}$$

为了计算每毫升水中在时刻 $t$ 所含有的乳胶粒总表面积，先来考查在一个微元时间间隔内所生成的粒子对这个面积的贡献。在 $\tau$ 至 $\tau+d\tau$ 微元时间间隔之内，所生成的乳胶粒

数应为 $\rho d\tau$。这些乳胶粒中的每一个到时刻 $t$ 都具有面积 $a(\tau,t)$。在此微元时间间隔内所生成的乳胶粒对到时刻 $t$ 每毫升水中乳胶粒总表面积的贡献应为 $\rho a(\tau,t)d\tau$。若用 $A_p(t)$ 代表时刻 $t$ 时每毫升水中所含有的乳胶粒的总表面积，则有

$$A_p(t) = \int_0^t \rho a(\tau,t)d\tau = \int_0^t \rho\theta(t-\tau)^{2/3}d\tau$$

积分得

$$A_p(t) = \frac{3}{5}\rho\theta t^{5/3} \tag{2-11}$$

到时刻 $t = t_{\mathrm{I\text{-}II}}$，胶束全部消失，则 $A_p(t_{\mathrm{I\text{-}II}}) = A = a_1 S$。由式（2-11）可得到

$$\frac{3}{5}\rho\theta t_{\mathrm{I\text{-}II}}^{5/3} = a_1 S \tag{2-12}$$

所以

$$t_{\mathrm{I\text{-}II}} = \left(\frac{5a_1 S}{3\rho\theta}\right)^{3/5} \tag{2-13}$$

由式（2-4）及式（2-13）可得

$$N_p = \rho t_{\mathrm{I\text{-}II}} = \rho^{2/5}\left(\frac{5a_1 S}{3\theta}\right)^{3/5} \tag{2-14}$$

由式（2-9）及式（2-14）可得

$$N_p = 0.53\left(\frac{\rho}{\mu}\right)^{2/5}(a_1 S)^{3/5} \tag{2-15}$$

事实上，因为所生成的自由基仅部分地进入胶束，而另一部分则进入乳胶粒，进入乳胶粒的那一部分自由基并不会用于形成新乳胶粒，所以用式（2-15）求得的乳胶粒数势必要比实际生成的乳胶粒数多。其计算结果可作为乳胶粒数的上限，故式（2-15）叫作上限方程。

② Smith 和 Ewart 在求解第二种极端情况时假定：不管粒子大小如何，单位表面积上单位时间内捕获自由基的能力都是一样的。这是违背扩散定律的。根据扩散定律，单位粒子表面上单位时间内所捕获的自由基数与粒子的半径成反比。就是说粒子越大，捕获自由基的能力越弱。胶束的体积要比乳胶粒的体积小得多，故胶束捕获自由基的能力比乳胶粒要强。但是上述假设却认为胶束和乳胶粒在单位表面积上捕获自由基的能力都是一样的，这样就过高估计了乳胶粒捕获自由基的能力，而过低估计了胶束捕获自由基的能力。因此根据这一假设所求得的乳胶粒数必须要比实际乳胶粒数偏低。故在此种情况下所计算的结果可作为乳胶粒数的下限。

根据上述假设，胶束面积在乳化剂所能提供的总覆盖面积中所占的分数为 $\dfrac{A_m}{A}$，即为每分钟在每毫升水中所生成的自由基数 $\rho$ 中扩散到胶束内而使胶束成核的自由基所占的分数。所以 $\rho\dfrac{A_m}{A}$ 为自由基向胶束扩散的速率，即乳胶粒生成的速率。因此则有

$$\frac{dN_p}{d\tau} = \rho\frac{A_m}{A} \tag{2-16}$$

而

$$A_m = A - A_p \tag{2-17}$$

则
$$\frac{A_m}{A} = 1 - \frac{A_p}{A} \tag{2-18}$$

所以
$$\frac{dN_p}{d\tau} = \rho\left(1 - \frac{A_p}{A}\right) = \rho\left(1 - \frac{A_p}{a_1 S}\right) \tag{2-19}$$

设 $\dfrac{dN_p}{d\tau}$ 为在经 $t$ 时间后的乳胶粒生成速率，则 $\left(\dfrac{dN_p}{d\tau}\right)d\tau$ 为在从 $\tau$ 到 $\tau + d\tau$ 时间间隔内所生成的乳胶粒数。而在此微元时间间隔内生成的一个乳胶粒到时刻 $t$ 时所具有的表面积同样可用式（2-10）来计算。那么在 $d\tau$ 这段时间间隔内生成的所有的乳胶粒对在时刻 $t$ 每毫升水中乳胶粒总表面积的贡献应为

$$\theta(t-\tau)^{2/3}\left(\frac{dN_p}{d\tau}\right)d\tau$$

所以在时刻 $t$ 每毫升水中所有乳胶粒的总表面积应为

$$A_p(t) = \int_0^t \theta(t-\tau)^{2/3}\left(\frac{dN_p}{d\tau}\right)d\tau \tag{2-20}$$

将式（2-20）代入式（2-19）则得

$$\frac{dN_p}{d\tau} = \rho - \frac{\rho\theta}{a_1 S}\int_0^t (t-\tau)^{2/3}\left(\frac{dN_p}{d\tau}\right)d\tau \tag{2-21}$$

式（2-21）属于第二类 Volterra 方程，将其求解可得最终乳胶粒数。

$$N_p = 0.37\left(\frac{\rho}{\mu}\right)^{2/5}(a_1 S)^{3/5} \tag{2-22}$$

式（2-22）叫做下限方程，用该式计算所得的乳胶粒数偏低，可作为乳胶粒数的下限。

可以看到，上限方程式（2-15）与下限方程式（2-22）形式相同，系数稍有不同。可用如下通式来表示。

$$N_p = X\left(\frac{\rho}{\mu}\right)^{2/5}(a_1 S)^{3/5} \tag{2-23}$$

在上限方程中 $X = 0.53$，在下限方程中 $X = 0.37$，在实际情况下 $X$ 介于两者之间，即 $0.37 < X < 0.53$。

### 2.3.1.2 反应速率

在乳胶粒中的聚合反应速率可以用一般的速率方程式来表达。

$$-\frac{d[M]}{dt} = k_p[M][R] \tag{2-24}$$

式中　　[M]——在反应区乳胶粒中单体的浓度，kmol/L；

　　　　$k_p$——链增长速率常数，L/(kmol·min)；

　　　　[R]——乳胶粒中自由基的浓度，kmol/L。

现在来考查一个乳胶粒，若这个乳胶粒的体积为 $v(cm^3)$，其中有 $\Omega(mol)$ 的单体已经转化成了聚合物。那么在这个乳胶粒中的聚合反应速率为

$$\frac{d\Omega}{dt} = -v\frac{d[M]}{dt} = vk_p[M][R] \tag{2-25}$$

若该乳胶粒中含有 $i$ 个自由基，则

$$[R] = \frac{i}{N_A v} \tag{2-26}$$

式中　$N_A$——阿伏伽德罗常数，$mol^{-1}$。

则
$$\frac{d\Omega}{dt} = v k_p [M] \frac{i}{N_A v} = \frac{k_p}{N_A}[M]i \tag{2-27}$$

设每毫升水中乳胶粒数目为 $N_p$，则每毫升水中的聚合反应速率为

$$\frac{d}{dt} \sum_{j=1}^{N_p} \Omega = \frac{k_p}{N_A}[M] \sum_{j=1}^{N_p} i \tag{2-28}$$

设 $P_m$ 为每毫升水中生成聚合物的单体的量，则

$$P_m = \sum_{j=1}^{N_p} \Omega$$

设 $I$ 为平均一个乳胶粒中的自由基数，则每毫升水中的自由基数为

$$N_p I = \sum_{j=1}^{N_p} i$$

则式（2-28）变为

$$\frac{dP_m}{dt} = \frac{k_p}{N_A}[M]N_p I \tag{2-29}$$

根据 Smith-Ewart 理论，当单体在水中的溶解度很小，且可把自由基在乳胶粒中的终止反应看成瞬时进行的时候，那么平均一个乳胶粒中的自由基数 $I = 0.5$，在此情况下，每毫升水中聚合反应速率为

$$\frac{dP_m}{dt} = \frac{1}{2} \times \frac{k_p}{N_A}[M]N_p \tag{2-30}$$

由式（2-23）及式（2-30）可得

$$\frac{dP_m}{dt} = \frac{X}{2} \times \frac{k_p}{N_A}[M]\left(\frac{\rho}{\mu}\right)^{2/5}(a_1 S)^{3/5} \tag{2-31}$$

每克乳化剂所提供的覆盖面积 $a_1$ 为常数；在阶段 I 粒子的体积增长速率 $\mu$ 为常数（假设5）；在阶段 I 乳胶粒中单体浓度 $[M]$ 也为常数；且反应温度恒定时链增长速率常数也为定值。则聚合反应速率和自由基生成速率 $\rho$ 的 2/5 次方成正比，与乳化剂浓度 $S$ 的 3/5 次方成正比。

自由基生成速率可以计算如下。

$$\rho = 2k_d f [I]N_A \tag{2-32}$$

式中　$k_d$——引发剂分解速率常数；

　　$f$——引发剂引发效率；

　　$[I]$——引发剂物质的量浓度。

式（2-32）说明自由基生成速率也与引发剂浓度成正比，不过在乳液聚合中的聚合反应速率正比于引发剂浓度的 2/5 次方，而在本体聚合和溶液聚合反应中则正比于引发剂浓度的 1/2 次方。在本体聚合时反应速率方程的幂指数 1/2 是由于两个自由基互相作用而进行双基终止引起的，在乳液聚合时反应速率方程中的幂指数 2/5 和链终止没有任何关系，

而是由乳胶粒的几何性质，即乳胶粒的表面积和体积的关系决定的。

　　式(2-30)和式(2-31)还说明，乳液聚合反应速率和乳胶粒数目成正比，和乳化剂浓度的 3/5 次方成正比。但是这一结论并非在任何情况下都成立。比如说，若自由基生成速率 $\rho$ 为常数，那么当乳化剂浓度 $S$ 越高的时候，乳化剂耗尽所需的时间就拉长，成核阶段，或阶段 I，就延长。当 $S$ 极高的时候，就会使阶段 I 持续很长时间，以致造成阶段 I 还没有结束，就达到最终转化率，整个过程都是阶段 I 而无阶段 II 了。此时，胶束乳化剂浓度始终很高，大大地多于被吸附在乳胶粒表面上的乳化剂量，所生成的自由基绝大部分被胶束捕获，生成新乳胶粒。此时，乳胶粒生成速率等于引发剂引发速率，而与乳化剂浓度无关，即 $N_p \propto S^\circ$。另一方面，当乳化剂浓度极低的时候，胶束数目很小，与生成的自由基数可以相比拟。极端的情况是，每一个胶束在一个很短的时间间隔内都吸收一个自由基，进行成核，变成乳胶粒。在这样的情况下，所生成的乳胶粒的数目必然正比于乳化剂的浓度，即 $N_p \propto S$。因此，乳胶粒数与乳化剂浓度之间真正的关系应在 $N_p \propto S$ 和 $N_p \propto S^\circ$ 之间，视乳化剂用量而波动。而 Smith 及 Ewart 却得到了 $N_p \propto S^{3/5}$ 这一固定的关系。

　　再者，Smith 及 Ewart 在进行式(2-15)的推导时，假定自由基只进入胶束而不进入乳胶粒，这与他们推论出的平均一个乳胶粒中的自由基数为 1/2 的结果相矛盾。假若自由基只进入胶束的说法成立，且在阶段 I 平均一个乳胶粒中的自由基数为 1/2，那么在靠近阶段 I 终点处聚合反应速率必然会出现一个峰值，大量的试验证明，这一峰值并不存在。所以 Smith 及 Ewart 的上述假设是有误差的。

## 2.3.2　Gardon 关于阶段 I 的动力学理论

　　20 世纪 60 年代末，Gardon[20,21] 在 Harkins 物理模型的基础上，重新考查和计算了 Smith 及 Ewart 关于乳液聚合阶段 I 的数学模型，引申和发展了经典理论，为建立合理的乳液聚合数学模型做出了贡献。Gardon 理论可以预计所产生的乳胶粒的数目及尺寸、时间-转化率曲线、所得聚合物的分子量以及乳化剂、引发剂和单体浓度对各参数的影响等定量关系。

　　Gardon 在建立他的乳液聚合数学模型时作了如下几点假设：

　　① 相对于聚合反应速率来说，引发剂分解速率很低，引发剂浓度和自由基生成速率均可看作常数；

　　② 自由基由水相到胶束及乳胶粒的吸收过程是不可逆的，即自由基由胶束和乳胶粒向水相解吸速率为零；

　　③ 相对于总的乳化剂浓度来说，临界胶束浓度及被吸附在单体珠滴表面上的乳化剂量均很小，可以忽略；

　　④ 单体珠滴仅作为单体的"仓库"，它的作用是在阶段 I 及阶段 II 维持单体在水相中的饱和浓度，并补充乳胶粒中由于聚合反应对单体的消耗，忽略在单体珠滴中少量的引发聚合；

　　⑤ 只要有单体珠滴存在，在乳胶粒中的单体和聚合物的比例不变，且此比例也不随乳胶粒尺寸而变化。

#### 2.3.2.1 自由基的吸收速率和乳胶粒表面积的关系

Gardon首先证明了每个粒子由水相吸收自由基的速率正比于其表面积。有人认为在实际过程中，并不是所有的自由基都能被乳胶粒和胶束吸收。那些没有被吸收的自由基将引发溶解在水相中的单体，形成低聚物。当其达到临界尺寸时，会从水相中沉淀出来并形成新的乳胶粒，然后它们将从水相中吸收单体和自由基，并不断长大。Gardon认为，低聚物的沉淀是不会发生的，因为在胶乳中胶束和乳胶粒数目甚多，其表面积极大，致使自由基链还没有增长到临界沉淀尺寸就被胶束或乳胶粒捕集。因此他认为，一定存在着一个临界平均扩散自由程 $L^*$，如果自由基扩散距离超过 $L^*$，水相中的低聚物就会达到它的临界尺寸而沉淀出来。但是实际上，自由基不能够从它的生成点移动比 $L^*$ 更长的距离而不被胶束或乳胶粒吸收，或者说 $L^*$ 要比胶束及乳胶粒间的平均距离大得多。

为了证明吸收自由基的速率和粒子的表面积成正比，设想有一个自由基在 $O$ 点形成，如图2-12(a) 所示，它离某个半径为 $r$ 的球形粒子的最短距离为 $l$，若由 $O$ 点到粒子表面的切线长为 $L$，$L<L^*$。若一个自由基在 $O$ 点形成，它只有在图2-12(a) 中画阴影的圆锥体范围内向粒子方向运动，才可以进入乳胶粒，否则该自由基就不会被粒子吸收。故这个自由基进入粒子的概率为画阴影的圆锥体的体积和以 $O$ 点为中心以 $L$ 为半径的球体体积之比。由图2-12(a) 知

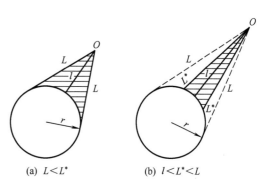

**图 2-12　粒子吸收自由基的几何模型**

(a) $L<L^*$　　(b) $l<L^*<L$

$$L^2=(l+r^2)-r^2=2rl+l^2 \tag{2-33}$$

阴影部分锥形的体积为

$$V_A=\frac{\pi l^2 r^2}{3(r+l)} \tag{2-34}$$

所以当 $L<L^*$ 时，自由基和乳胶粒碰撞的概率为

$$P_A(r,l)=\frac{V_A}{\frac{4\pi}{3}L^3}=\frac{l^2 r^2}{4(r+l)L^3} \tag{2-35}$$

当 $L^*=L$ 时，为出现图2-12(a) 的有效极限，此时 $l=l_c$，$l_c$ 为自由基可以为粒子吸收的临界距离，大于这个距离就不能被吸收。$l_c$ 可由式(2-36) 计算

$$l_c=-r+(r^2+L^{*2})^{0.5} \tag{2-36}$$

当 $l<L^*<L$ 时，如图2-12(b) 所示。在 $O$ 点形成的自由基只有在如图2-12(b) 所示的画阴影的圆锥体范围内向粒子扩散时才能被粒子吸收。这个自由基被该粒子吸收的概率应为图2-12(b) 中画阴影的圆锥体的体积和以 $O$ 点为中心，以 $L^*$ 为半径的球体体积之比。该圆锥体的体积为

$$V_B=\frac{\pi}{3}\left[\frac{(L^{*2}-r^2)rl}{l+r}-\frac{(L^{*2}-l^2)^2}{4(l+r)}\right] \tag{2-37}$$

则该自由基被这个粒子吸收的概率为

$$P_{\mathrm{B}}(r,l)=\frac{V_{\mathrm{B}}}{\frac{4}{3}\pi L^{*3}}\tag{2-38}$$

为了计算自由基进入一个粒子中的速率$\dfrac{\mathrm{d}w}{\mathrm{d}t}$（$w$ 为进入该粒子的自由基数），可研究一个离开球状粒子表面 $l$ 处厚度为 $\mathrm{d}l$ 的球壳，该壳体的体积为 $4\pi(r+l)^2\mathrm{d}l$。若 $\rho$ 为每毫升水中每分钟所产生的自由基数，则在上述壳体中每分钟产生的自由基数为 $4\pi(r+l)^2\rho\mathrm{d}l$。因而每分钟进入一个粒子中的自由基数应为

$$\frac{\mathrm{d}w}{\mathrm{d}t}=4\pi\rho\int_0^{l_c}P_{\mathrm{A}}(r,l)(r+l)^2\mathrm{d}l+4\pi\rho\int_{l_c}^{L^*}P_{\mathrm{B}}(r,l)(r+l)^2\mathrm{d}l\tag{2-39}$$

积分得

$$\begin{aligned}\frac{\mathrm{d}w}{\mathrm{d}t}\times\frac{1}{\pi r^2 L^*\rho}=&2\left[\left(1-\frac{L^{*2}}{r^2}\right)^{1/2}-1\right]\frac{r^2}{L^{*2}}+2\left[\left(1+\frac{L^{*2}}{r^2}\right)^{3/2}-1\right]\frac{r^4}{3L^{*4}}-\\&\frac{r^2}{L^{*2}}+1-2\frac{r}{L^*}\ln\left[\frac{L^*}{r}+\left(\frac{L^{*2}}{r^2}+1\right)^{1/2}\right]\end{aligned}\tag{2-40}$$

可以证明，若将式(2-40) 简化成如式(2-41)，在 $0<\dfrac{L^*}{r}<\infty$ 范围内其误差小于 $1\%$。

$$\frac{\mathrm{d}w}{\mathrm{d}t}=\pi r^2 L^*\rho\frac{2.5+\dfrac{L^*}{r}}{10+\dfrac{L^*}{r}}\tag{2-41}$$

由式(2-41) 知

当 $\dfrac{L^*}{r}=0$ 时，$\dfrac{\mathrm{d}w}{\mathrm{d}t}\times\dfrac{1}{\pi r^2\rho L^*}=0.25$

当 $\dfrac{L^*}{r}=\infty$ 时，$\dfrac{\mathrm{d}w}{\mathrm{d}t}\times\dfrac{1}{\pi r^2\rho L^*}=1$

则

$$0.25\leqslant\frac{\mathrm{d}w}{\mathrm{d}t}\times\frac{1}{\pi r^2\rho L^*}\leqslant1\tag{2-42}$$

在阶段 I 乳胶粒和胶束体积都很小，则 $L^*>r$，在这种情况下可以得到

$$\frac{\mathrm{d}w}{\mathrm{d}t}=\pi r^2 L^*\rho=\frac{(4\pi r^2)L^*\rho}{4}\tag{2-43}$$

式中，$4\pi r^2$ 为粒子的表面积，因此这就证明了每一个乳胶粒由水相吸收自由基的速率正比于其表面积。

因为式(2-43) 中（$4\pi r^2 L^*\rho/4$）为每分钟进入一个粒子中的自由基数。若 $A$ 为每毫升水中胶束和乳胶粒的总表面积，则 $AL^*\rho/4$ 为每分钟每毫升水中进入粒子中的自由基总数。粒子吸收自由基的速率 $AL^*\rho/4$ 不可能大于在水相中自由基产生的速率 $\rho$，所以在 $AL^*/4=1$ 的时候，即 $A=4/L^*$ 的时候，自由基被乳胶粒和胶束吸收的速率等于在水相中产生自由基的速率 $\rho$。就是说当 $A\geqslant4/L^*$ 时，就不会在水相中成核。

#### 2.3.2.2 成核微分方程的建立

式(2-32)中的参数 $\rho$ 是自由基生成速率，即每分钟每毫升水中生成的自由基数，其单位是（cm$^3$·min）$^{-1}$。

每毫升水中乳化剂所提供的覆盖面积 $A$ 可用式(2-44)计算。

$$A = Sa_1 \tag{2-44}$$

式中　$a_1$——每克乳化剂的覆盖面积，cm$^2$/g；

　　　$S$——乳化剂浓度，g/cm$^3$。

如上所述，每一个粒子吸收自由基的速率都正比于它的表面积，以下的处理就是在这一前提下进行的。

如果 $n_i$ 为在时刻 $t$ 每毫升水中半径为 $r_i$ 的乳胶粒数，则每一个这样的乳胶粒的表面积均为 $4\pi r_i^2$，那么每毫升水中乳胶粒的总表面积应为 $4\pi\sum n_i r_i^2$。进入乳胶粒的自由基不会生成新的乳胶粒，自由基只有进入胶束时才能成核。若 $N(t)$ 代表在时刻 $t$ 每毫升水中的乳胶粒数，则成核微分方程为

$$\frac{\mathrm{d}N(t)}{\mathrm{d}t} = \rho\left(1 - \frac{4\pi\sum n_i r_i^2}{A}\right) \tag{2-45}$$

在阶段 I 胶束乳化剂将有两种归宿：一是胶束吸收自由基成核而变成乳胶粒；二是逐渐被吸附在乳胶粒表面上。当胶束乳化剂被耗尽的时候，乳胶粒的生成过程就停止了。因此，式(2-45)的极限是 $4\pi\sum n_i r_i^2 \leqslant A$。

#### 2.3.2.3 乳胶粒体积增长速率

Gardon 研究了一个乳胶粒增长的速率。从常规自由基聚合反应动力学方程式出发，可得到式(2-27)。

$$\frac{\mathrm{d}\Omega}{\mathrm{d}t} = \frac{k_p}{N_A}[M]i$$

式中　$\Omega$——一个乳胶粒中已生成了聚合物的单体的物质的量，mol；

　　　$\dfrac{\mathrm{d}\Omega}{\mathrm{d}t}$——在该乳胶粒中聚合反应速率，mol/min；

　　　$k_p$——链增长速率常数，L/(kmol·min)；

　　　$N_A$——阿伏伽德罗常数，mol$^{-1}$；

　　　$[M]$——在乳胶粒中单体的浓度，kmol/L；

　　　$i$——该乳胶粒中的自由基数。

设 $\phi_m$ 代表在阶段 I 及阶段 II 乳胶粒中单体所占的体积分数；$V_M$ 表明单体的摩尔体积（L/kmol），则有

$$[M] = \frac{\phi_m}{V_M} \tag{2-46}$$

将式(2-46)代入式(2-27)中得到

$$\frac{\mathrm{d}\Omega}{\mathrm{d}t} = \frac{k_p}{N_A} \times \frac{\phi_m}{V_M} i \tag{2-47}$$

在上述乳胶粒中聚合物的体积为

$$\frac{\Omega V_M d_m}{d_p} = v(1 - \phi_m) = \frac{4}{3}\pi r_p^3 (1 - \phi_m)$$

式中　　$d_m$——单体的密度，$g/cm^3$；

$\qquad d_p$——聚合物的密度，$g/cm^3$；

$\qquad v$——该乳胶粒的体积，$cm^3$；

$\qquad r_p$——该乳胶粒的半径，$cm^3$。

将式(2-47)整理可得

$$r_p^3 = \frac{3}{4\pi} \times \frac{V_M d_m}{d_p (1 - \phi_m)} \Omega \tag{2-48}$$

对式(2-48)进行微分得

$$\frac{dr_p^3}{dt} = \frac{3}{4\pi} \times \frac{V_M d_m}{d_p (1 - \phi_m)} \times \frac{d\Omega}{dt} \tag{2-49}$$

将式(2-47)代入式(2-49)可得

$$\frac{dr^3}{dt} = \frac{3}{4\pi} \times \frac{k_p}{N_A} \times \frac{d_m}{d_p} \times \frac{\phi_m}{1 - \phi_m} i$$

令

$$K = \frac{3}{4\pi} \times \frac{k_p}{N_A} \times \frac{d_m}{d_p} \times \frac{\phi_m}{1 - \phi_m} \tag{2-50}$$

式(2-50)中右边各参数在一定反应条件下均为常数，所以 $K$ 为常数，该参数表明一个活乳胶粒的体积增长速率，和 Smith-Ewart 方程中 $\mu$ 值［式(2-5)］的关系为

$$\mu = \frac{4\pi}{3} K$$

在阶段 I，乳胶粒很小，在乳胶粒中自由基扩散路径很短，故可以认为链终止反应是瞬时进行的，所以可以近似地认为在一个活乳胶粒中仅含一个自由基，即 $i = 1$，则有

$$\frac{dr_p^3}{dt} = K \tag{2-51}$$

设此乳胶粒在时刻 $\tau$ 形成，当 $t = \tau$ 时，$r_p = 0$；当 $t = t$ 时，$r_p = r_p$。对式(2-51)积分得

$$\int_0^{r_p^3} dr_p^3 = K \int_\tau^t d\tau$$

则

$$r_p^3 = K(t - \tau) \tag{2-52}$$

$$r_p^2 = K^{2/3} (t - \tau)^{2/3} \tag{2-53}$$

式中，$(t - \tau)$ 为该活乳胶粒的年龄。

### 2.3.2.4　阶段 I 持续时间及最终乳胶粒数的计算

利用以上所推导的结果，可以确立阶段 I 每毫升水中乳胶粒的总表面积随时间而变化的关系。假定在从反应开始后的某一时刻 $\tau$ 到时刻 $\tau + d\tau$ 的时间间隔内形成了 $dN_p$ 个乳胶粒，每一个这样的乳胶粒到时刻 $t$ 的表面积均为 $4\pi K^{2/3} (t - \tau)^{2/3}$，故在时刻 $t$ 时，每毫

升水中乳胶粒的总表面积为

$$A_p(t) = 4\pi K^{2/3} \int_0^{N(t)} (t-\tau)^{2/3} \, dN(t) \tag{2-54}$$

由式(2-54)及式(2-45)得

$$A_p(t) = 4\pi K^{2/3} \rho \int_0^t \left(1 - \frac{4\pi \Sigma n_i r_i^2}{A}\right)(t-\tau)^{2/3} \, d\tau \tag{2-55}$$

式(2-55)的有效范围是 $0 \leqslant 4\pi \Sigma n_i r_i^2 \leqslant A$，当 $4\pi \Sigma n_i r_i^2 = A$ 时，生成乳胶粒的过程就停止了，此时胶束消失了，全部乳化剂转移到了乳胶粒的表面上。

Gardon 用数值法对式(2-55)进行了求解，得到了阶段Ⅰ持续时间 $t_{\text{Ⅰ-Ⅱ}}$，即

$$t_{\text{Ⅰ-Ⅱ}} = 0.365 \left(\frac{A}{\rho}\right)^{3/5} \left(\frac{1}{K}\right)^{2/5} \tag{2-56}$$

对式(2-45)从 $t=0$ 至 $t=t_{\text{Ⅰ-Ⅱ}}$ 积分，可得到在阶段Ⅰ终点被固定下来的乳胶粒数，即最终乳胶粒数。

$$N_p = \rho \int_0^{t_{\text{Ⅰ-Ⅱ}}} \left(1 - \frac{4\pi \Sigma n_i r_i^2}{A}\right) d\tau \tag{2-57}$$

用数值积分法由式(2-57)得到

$$N_p = 0.208 A^{3/5} \left(\frac{\rho}{K}\right)^{2/5} \tag{2-58}$$

由该方程预计的结果可以很好地符合试验数据。

### 2.3.2.5 阶段Ⅰ时间-转化率关系

如前所述，在阶段Ⅰ任一瞬间每毫升水中所生成的聚合物量正比于该瞬间每毫升水中乳胶粒的总体积。在从 $\tau$ 至 $\tau+d\tau$ 的时间间隔内所生成的 $dN_p$ 个乳胶粒中，每一个乳胶粒到时刻 $t$ 时的体积均为 $\frac{4}{3}\pi K(t-\tau)$。到时刻 $t$ 时每毫升水中所含有的乳胶粒的体积 $V$（$cm^3/cm^3$）为

$$V = \frac{4\pi \rho K}{3} \int_0^t \left(1 - \frac{4\pi}{A} + \Sigma n_i r_i^2\right)(t-\tau) \, d\tau \tag{2-59}$$

式(2-59)的有效范围是 $0 \leqslant 4\pi \Sigma n_i r_i^2 \leqslant A$。

若用每毫升水中所含有的聚合物体积 $P$（$cm^3/cm^3$）来表示单体的转化率，则 $P$ 和 $V$ 之间的关系为

$$P = (1-\phi_m)V \tag{2-60}$$

$P$ 不是分数转化率，而是绝对转化率，分数转化率与单体的初始加料量有关，而绝对转化率与初始加料量无关。

Gardon 对式(2-59)及式(2-60)进行了数值积分，得到

$$P = 1.47(1-\phi_m)K\rho t^2 \left[1 - 1.65 K^{0.62} \left(\frac{\rho}{A}\right)^{0.93} t^{1.55}\right] \tag{2-61}$$

当 $t \leqslant \dfrac{t_{\text{Ⅰ-Ⅱ}}}{2}$ 时，$1.65 K^{0.62} \left(\frac{\rho}{A}\right)^{0.93} t^{1.55} \ll 1$，可忽略，故式(2-61)变为

$$P = 1.47(1-\phi_m)K\rho t^2 \tag{2-62}$$

由式（2-50）及式（2-62）得

$$P = 3.51 \frac{k_p}{N_A} \times \frac{d_m}{d_p} \phi_m \rho t^2 \tag{2-63}$$

式（2-63）说明，在阶段Ⅰ初期转化率正比于时间的平方及引发剂浓度，而与乳化剂浓度无关。Gardon 还得到阶段Ⅰ终点的转化率 $P_{\text{I-Ⅱ}}$ 为

$$P_{\text{I-Ⅱ}} = 0.209 A^{1.2} \left(\frac{K}{\rho}\right)^{0.2} (1 - \phi_m) \tag{2-64}$$

### 2.3.2.6 讨论

从生成某乳胶粒的那一瞬间算起到某一时刻所经历的时间为该乳胶粒的年龄，用 $t^*$ 标明。为简化起见，假定刚生成时乳胶粒的半径为零，当经过 $t^*$ 这段时间以后，该乳胶粒的半径为 $r_p$，表面积为 $4\pi r_p^2$，则每分钟进入该乳胶粒中的自由基数为

$$\frac{\mathrm{d}w}{\mathrm{d}t^*} = 4\pi r_p^2 \frac{\rho}{A} \tag{2-65}$$

式中，$w$ 为一个乳胶粒从 $t^* = 0$ 到 $t^* = t^*$ 所捕获的自由基数。如前所述，自由基生成速率 $\rho$ 和乳化剂所提供的总覆盖面积 $A$ 均为常数。

在 $t^*$ 时刻，由式（2-52）知，该乳胶粒的半径应为 $r_p = (Kt^*)^{1/3}$，代入式（2-65）则可得

$$\frac{\mathrm{d}w}{\mathrm{d}t^*} = 4\pi \frac{\rho}{A} (Kt^*)^{2/3} \tag{2-66}$$

对式（2-66）积分得

$$w = 4\pi K^{2/3} \frac{\rho}{A} \int_0^{t^*} t^{*2/3} \mathrm{d}t^* = \frac{12\pi}{5} K^{2/3} \frac{\rho}{A} t^{*5/3} \tag{2-67}$$

现定义 $t_1$ 为一个自由基在一个乳胶粒中的平均逗留时间。若平均一个乳胶粒中只进入一个自由基，即 $w = 1$，由式（2-67）可得

$$t_1 = \left(\frac{5}{12\pi}\right)^{3/5} \left(\frac{A}{\rho}\right)^{3/5} \left(\frac{1}{K}\right)^{2/5} \tag{2-68}$$

由式（2-56）及式（2-68）则得

$$t_1 = 0.81 t_{\text{I-Ⅱ}} \tag{2-69}$$

这就是说，自由基在一个乳胶粒中的平均逗留时间 $t_1$ 近似等于阶段Ⅰ持续时间的 $80\%$。

由式（2-68）或式（2-69）所得到的 $t_1$ 偏高，因为在推导这些式子的过程中认为当 $t^* = 0$ 时，$r_p = 0$。其实不然，当 $t^* = 0$ 时，其直径应当为胶束的直径，不应当为零，这样的简化必然会带来一定误差。

从时刻（$t_{\text{I-Ⅱ}} - t_1$）到时刻 $t_{\text{I-Ⅱ}}$ 期间所生成的乳胶粒除了最初成核时所吸收的自由基之外，不再吸收其他自由基。根据式（2-57）从时刻（$t_{\text{I-Ⅱ}} - t_1$）到时刻 $t_{\text{I-Ⅱ}}$ 积分可得在这一时间间隔内所生成的乳胶粒数约等于 $67.3\%$ 的最终乳胶粒数。

假定当一个自由基进入一个年龄为 $t_1$ 的活乳胶粒中的时候终止反应可以瞬时发生，那么所得到的含有一个死聚合物链的乳胶粒的平均直径为 $(K\bar{t}_1)^{1/3}$，这样的死乳胶粒在第三个自由基进来之前不会再增长。自由基进入这样的死乳胶粒中去的速率为

$$\frac{\mathrm{d}w}{\mathrm{d}t^*} = 4\pi \left(\frac{\rho}{A}\right)(Kt_1)^{2/3} \tag{2-70}$$

对其进行和以上类似的处理，可求出从第二个自由基进入乳胶粒中的时间 $t_2$ 应为

$$t_2 = 0.486t_{\text{I-II}} \tag{2-71}$$

显然 $t_1 + t_2 > t_{\text{I-II}}$。Gardon 认为在阶段 I 进入一个乳胶粒中去的自由基数不会超过 2。有 67.3% 的乳胶粒只进入一个自由基，而仅有 32.7% 的乳胶粒才进入第二个自由基。

由式（2-58）计算而得的每毫升水中乳胶粒所吸收的自由基总数为

$$(0.673 + 2 \times 0.327)N_{\text{p}} = 0.275A^{3/5}\left(\frac{\rho}{K}\right)^{2/5} \tag{2-72}$$

而在阶段 I 生成的自由基总数为

$$\rho t_{\text{I-II}} = 0.365A^{3/5}\left(\frac{\rho}{K}\right)^{2/5} \tag{2-73}$$

由式（2-72）及式（2-73）可知，根据式（2-58）预计的乳胶粒数最多只有 25% 的误差。出现这一误差的原因是在式（2-58）的推导过程中忽略了由于第二个自由基的进入对乳胶粒生成速率的影响。

由以上推导还可以看到，到阶段 I 终点，平均一个乳胶粒中自由基数为 0.673。

## 2.3.3 球形粒子对自由基吸收机理

正如以上所述，Gardon[20,21] 对粒子吸收自由基的速率建立了模型，并进行了推导，所得到的结论是粒子吸收自由基的速率正比于粒子的表面积。后来很多人[22-28] 对于在 Gardon 理论中没有考虑粒子的内部和外部自由基的浓度梯度的影响提出异议，并对乳液聚合体系中自由基的扩散过程进行了大量的研究，提出了球形粒子对自由基的吸收机理。

根据费克第一扩散定律[29]，组分 A（自由基）在静止介质 B（水）中在球形吸收粒子周围的扩散速率可用式（2-74）表达。

$$\frac{\mathrm{d}w}{\mathrm{d}t} = -4\pi r^2 D_{\text{w}} C_{\text{t}} \left(\frac{\mathrm{d}X_{\text{A}}}{\mathrm{d}R}\right)_{R=r} \tag{2-74}$$

式中　$w$——在水中扩散进入半径为 $r$ 的某粒子中去的自由基数，kmol/L；

　　$\dfrac{\mathrm{d}w}{\mathrm{d}t}$——自由基向该粒子中扩散的速率，kmol/(L·min)；

　　$R$——一个低聚物自由基离开该粒子中心的距离，cm；

　　$D_{\text{w}}$——在水相中自由基扩散系数，kmol·cm/(L·min)；

　　$C_{\text{t}}$——在水相中自由基的总物质的量浓度，kmol/L；

　　$X_{\text{A}}$——自由基在水相中的分子分数。

负号的意义是传质方向与浓度梯度增加的方向相反，即指向粒子中心。

假定在某粒子外存在着一个厚度为 $\delta$ 的静止扩散层，如图 2-13 所示，则有

$$\frac{\mathrm{d}X_{\text{A}}}{\mathrm{d}R} = \frac{r}{R^2} \times \frac{r+\delta}{\delta}(1-X_{\text{A}})\ln\frac{1-X_{\text{Aa}}}{1-X_{\text{Aw}}} \tag{2-75}$$

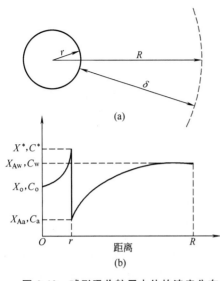

图 2-13 球形吸收粒子内外的浓度分布

$C$—自由基的浓度；$X$—自由基的分子分数

式中 　$X_{Aa}$——自由基在粒子表面外侧的分子分数；

　　　$X_{Aw}$——在水相主体中自由基的分子分数；

　　　$X_A$——在粒子外厚度为 $\delta$ 的扩散层内某点处的自由基的分子分数。

当 $R=r$ 时，$X_A=X_{Aa}$，则由式（2-74）及式（2-75）得

$$\frac{\mathrm{d}w}{\mathrm{d}t}=-4\pi rD_w\frac{r+\delta}{\delta}C_t(1-X_{Aa})\ln\frac{1-X_{Aa}}{1-X_{Aw}}$$
（2-76）

因为自由基在水相中的浓度比水的浓度小得多，所以 $1-X_{Aa}\approx1$，而 $\ln(1-X_{Aa})\approx X_{Aa}$ 及 $\ln(1-X_{Aw})\approx X_{Aw}$，则

$$\frac{\mathrm{d}w}{\mathrm{d}t}=-4\pi rD_w\frac{r+\delta}{\delta}(C_w-C_a)\qquad（2-77）$$

此处　　　　　　$C_w=C_wX_{Aw}$　　　　　（2-78）

　　　　　　　　$C_a=C_tX_{Aa}$　　　　　（2-79）

在阶段 I 胶束和乳胶粒均很小，在 $2\sim20$nm 范围内，而 $\delta$ 值在不同搅拌转速下是不同的。当搅拌强度增加时，$\delta$ 减小，但一般说来其数量级为 $10\mu$m，要比粒子的半径大得多，即 $\delta\gg r$，所以可将式（2-77）简化成式（2-80）。

$$\frac{\mathrm{d}w}{\mathrm{d}t}=-4\pi rD_w(C_w-C_a)\qquad（2-80）$$

以上内容是关于低聚物自由基和粒子间无静电斥力时的情况，当有静电斥力时，情况要复杂得多，此时，自由基扩散速率可用式（2-80）描述。

$$\frac{\mathrm{d}w}{\mathrm{d}t}=\frac{-4\pi rD_w(C_w-C_ae^Z)}{W'}\qquad（2-81）$$

式中，$Z=e\psi_o/k_BT$；而 $W'$ 为

$$W'=r\frac{r+\delta}{\delta}\int_r^{r+\delta}\exp\left(\frac{e\psi_o}{k_BT}\right)\frac{\mathrm{d}R}{R^2}\qquad（2-82）$$

式中 　$e$——电子电荷；

　　　$\psi_o$——有效表面电位；

　　　$W'$——单位电荷克服向粒子表面扩散的能量势垒所需的活化能因子，其值可根据式（2-82）用数值积分法进行计算；

　　　$e^Z$——玻耳兹曼因子，代表克服粒子表面上的扩散能量势垒而被粒子吸收所需要的活化能；

　　　$k_B$——玻耳兹曼常数；

　　　$T$——热力学温度。

因为胶束和乳胶粒均为自由基良好的"吸收剂"，故在粒子表面上要比在水相主体中的自由基浓度小得多，即 $C_w\gg C_ae^Z$，则式（2-81）可简化成

$$\frac{\mathrm{d}w}{\mathrm{d}t} = -\frac{4\pi r D_w C_w}{W'} \tag{2-83}$$

式(2-83) 代表自由基由水相主体向粒子表面进行不可逆扩散的情况，适用于较大粒子的场合。

下面讨论在粒子内部的扩散问题。其方程的推导基于 Danckwerts[30] 的伴有化学反应的扩散方程。

$$\frac{\mathrm{d}w}{\mathrm{d}t} = -4\pi r D_p C^* (X \coth X - 1) \tag{2-84}$$

式(2-84) 表明在粒子内部稳定状态下的扩散速率，式中 $r$ 为粒子半径；$D_p$ 为在粒子内部自由基的扩散系数；$C^*$ 为粒子表面内侧的自由基浓度；负号表示自由基扩散流方向指向粒子中心；$X$ 代表在粒子内部化学反应速率与扩散速率的比例，可用下式来计算。

$$X = r\left(\frac{K}{D_p}\right)^{1/2} \tag{2-85}$$

$$K = k_p [M]_p + \frac{n k_{tp}}{v_p} \tag{2-86}$$

式中　$k_p$——链增长速率常数，L/(kmol·min)；

$[M]_p$——粒子内部单体物质的量浓度，kmol/L；

$k_{tp}$——粒子内部双基链终止速率常数，L/(kmol·min)；

$v_p$——一个粒子的体积，$cm^3$；

$n$——该粒子中的自由基数。

假定自由基在粒子内外的分布很快地建立起平衡，即可求得总的吸收速率。若在粒子界面上无自由基积累，自由基由粒子外向粒子扩散的速率$\left[式(2-83) 中的 \dfrac{\mathrm{d}w}{\mathrm{d}t}\right]$应当等于在粒子内部向中心的扩散速率$\left[式(2-84) 中的 \dfrac{\mathrm{d}w}{\mathrm{d}t}\right]$。在粒子表面的内侧和外侧自由基浓度之间有如下平衡关系。

$$C^* = a C_a \tag{2-87}$$

式中　$C_a$——粒子表面上外侧的自由基浓度，kmol/L；

$a$——平衡常数。

由式(2-83) 或式(2-84) 及式(2-85) 可导出向一个乳胶粒的总传质速率。

$$\frac{\mathrm{d}w}{\mathrm{d}t} = 4\pi r D_w C_w F \tag{2-88}$$

式中　$F$——有效吸收系数，可用式(2-89) 计算。

$$\frac{1}{F} = \frac{D_w}{a D_p} \times \frac{\mathrm{e}^Z}{X \coth X - 1} + W' \tag{2-89}$$

式(2-88) 的右边为正号表明粒子对自由基吸收速率。

下面分三种不同情况进行讨论。

① 若过程是由粒子内部的化学反应控制的，则 $W' \approx 1$，在式(2-89) 中 $W'$ 可以忽略。

并且粒子内部的反应速率大大地小于内扩散速率，即 $X \ll 1$，或 $r\left(\dfrac{K}{D_p}\right)^{1/2} \ll 1$，那么 $(X \coth X - 1) \approx \dfrac{X^2}{3}$，则式(2-89)变为

$$\frac{1}{F} = \frac{3D_w}{ar^2 K} e^z \tag{2-90}$$

故式(2-88)变为

$$\frac{\mathrm{d}w}{\mathrm{d}t} = \frac{4}{3} \pi r^3 a K C_w e^{-z} \tag{2-91}$$

由式(2-91)可以看出，该情况下在水相中及在粒子内部的浓度梯度的影响均可忽略，粒子吸收自由基的速率正比于粒子的体积而不是正比于粒子的表面积。

② 若过程是外扩散控制的，则自由基在水相中向粒子扩散的位阻很大，致使自由基由水相向粒子表面扩散速率很慢，即 $W' \gg \dfrac{D_w}{aD_p} \times \dfrac{e^z}{X \coth X - 1}$，此时式(2-89)变为 $\dfrac{1}{F} = W'$；而式(2-88)变为

$$\frac{\mathrm{d}w}{\mathrm{d}t} = \frac{4\pi r D_w C_w}{W'} \tag{2-92}$$

此式与式(2-83)形式相同，因为在此种情况下是外扩散控制的，粒子吸收自由基的速率等于由水相主体向粒子表面上的扩散速率。同时由式(2-92)还可发现，在外扩散控制的情况下，粒子吸收自由基的速率和粒子半径成正比。

③ 若过程是内扩散控制的，则 $W' \approx 1$，在式(2-89)中可将其忽略。在此情况下反应速率远大于扩散速度，即 $X \gg 1$，或 $r\left(\dfrac{K}{D_p}\right)^{1/2} \gg 1$，此时 $X \coth X - 1 \approx X$，则式(2-89)变为

$$\frac{1}{F} = \frac{D_w}{ar(KD_p)^{1/2}} e^z \tag{2-93}$$

故式(2-88)变为

$$\frac{\mathrm{d}w}{\mathrm{d}t} = 4\pi r^2 a (KD_p)^{1/2} e^{-z} \tag{2-94}$$

由式(2-94)可以发现，在该情况下，在水相中自由基的浓度梯度的影响可以忽略不计，自由基在粒子内部向中心的扩散速率是控制因素，此时粒子吸收自由基的速率正比于粒子的表面积，在此情况下所得到的结果和 Gardon 吸收方程式(2-42)所预计的结果应当是一致的。

# 2.4 阶段 Ⅱ 动力学理论

对某特定的单体来说，当温度一定时，乳液聚合反应的速率取决于两个因素：一个是乳胶粒数目；另一个是平均每个乳胶粒中的自由基数。如前所述，乳胶粒是进行乳液聚合

的反应区，一个乳胶粒就相当于一个间断地进行反应的本体聚合釜。这样的反应区数目越多，聚合反应当然就越快。聚合反应速率正比于乳胶粒数。乳胶粒在阶段Ⅰ形成，在阶段Ⅰ终点乳胶粒的数目被固定下来，在阶段Ⅱ乳胶粒的数目保持常数。另一方面，聚合反应速率还正比于反应区自由基浓度，若平均每一个乳胶粒中的自由基数越多，在反应区自由基的浓度就越大，则聚合反应速率必然越快。

一般来说，阶段Ⅰ持续时间很短，乳胶粒都还没来得及长大，故其体积都很小，因此在计算反应速率时，假定平均一个乳胶粒中的自由基数为 0.5 不会出现很大误差。但是在阶段Ⅱ情况就不同了，随着转化率增加乳胶粒逐渐长大，两个自由基在乳胶粒中的终止反应不可能再瞬时地进行，此时若再假定平均一个乳胶粒中的自由基数为 0.5，显然就不合理了。实际上对于如苯乙烯之类的在水中溶解度很小的单体来说，在阶段Ⅱ平均一个乳胶粒中的自由基数要大于 0.5。但是对于像乙酸乙烯酯、丙烯酸甲酯之类在水中溶解度大的单体来说，由于自由基从乳胶粒向水相解吸严重，则平均一个乳胶粒中的自由基数要小于 0.5。

关于乳胶粒数的理论预计问题，前节已经解决，余下的是要想解决阶段Ⅱ聚合反应速率问题，就必须解决乳胶粒中的自由基数问题，这就是本节所要讨论的核心问题。

### 2.4.1 Smith-Ewart 关于阶段Ⅱ的动力学理论

首先对含有 $i$ 个自由基的乳胶粒数进行平衡，然后再分几种情况进行讨论。

设 1mL 水中含有 $N_p$ 个乳胶粒，每分钟每毫升水中进入乳胶粒中 $\rho$ 个自由基，那么自由基进入到一个乳胶粒中去的速率为 $\rho/N_p$；若 $N_i$ 和 $N_{i-1}$ 分别为每毫升水中含 $i$ 个和 $i-1$ 个自由基的乳胶粒数，则 $N_i\rho/N_p$ 和 $N_{i-1}\rho/N_p$ 分别为由于自由基从水相扩散进入乳胶粒中而导致每毫升水中减少和增加的含 $i$ 个自由基的乳胶粒数。

设 $\overline{a}$ 和 $\overline{v}$ 分别为一个乳胶粒的平均表面积和平均体积；$k_0$ 为自由基从乳胶粒向水相解吸速率常数；$i/\overline{v}$ 为在乳胶粒中自由基的浓度；$\overline{a}N_i$ 为每毫升水中含有 $i$ 个自由基的乳胶粒的总表面积。则 $k_0\overline{a}N_i i/\overline{v}$ 和 $k_0\overline{a}N_{i+1}(i+1)/\overline{v}$ 分别为由于自由基从乳胶粒向水相解吸而导致的每毫升水中减少和增加的含 $i$ 个自由基的乳胶粒数。

设 $k_t$ 为链终止速率常数；$N_A$ 为阿伏伽德罗常数；$(i-1)/\overline{v}$ 为可以和在一个乳胶粒中的 $n$ 个自由基中的任何一个进行反应的自由基的浓度。则 $\dfrac{k_t}{\overline{v}N_A}i(i-1)N_i$ 和 $\dfrac{k_t}{\overline{v}N_A}(i+2)(i+1)N_{i+2}$ 分别为由于在乳胶粒中的链终止反应而导致的每毫升水中减少和增加的含 $i$ 个自由基的乳胶粒数。

Smith 及 Ewart 考虑了以上讨论的三种因素，导出了如下对含 $i$ 个自由基的乳胶粒的总体平衡式。

$$N_{i-1}\left(\frac{\rho}{N_p}\right)+N_{i+1}k_0\overline{a}\left(\frac{i+1}{\overline{v}}\right)+N_{i+2}k_t\frac{(i+2)(i+1)}{\overline{v}N_A}=N_i\left[\frac{\rho}{N_p}+k_0\overline{a}\left(\frac{i}{\overline{v}}\right)+k_t\frac{i(i-1)}{\overline{v}N_A}\right]$$

$$(2\text{-}95)$$

式（2-95）的意义是在阶段Ⅱ，处于稳定状态时，每分钟每毫升水中生成的含 $i$ 个自由基的乳胶粒数正好等于每分钟每毫升水中消失的含 $i$ 个自由基的乳胶粒数。

Smith 及 Ewart 没有求出该递推方程的解，他们仅对三种极限的情况进行了讨论：

（1）平均一个乳胶粒中的自由基数远小于 1（情况 1） 当自由基从水相向乳胶粒扩散的速率远远地小于自由基从乳胶粒向水相解吸的速率的时候，即 $\rho/N_p \ll k_0\,\overline{a}i/\overline{v}$，那么自由基刚进入乳胶粒就马上又被解吸出来，这样一来，只有很少的乳胶粒能含有自由基，在那些少量含自由基的乳胶粒中最多也只能有一个自由基。即 $N_2=N_3=\cdots=0$，$N_0 \gg N_1$，$N_1 \approx 0$，$N_0 \approx N_p$，则 $N_1\rho/N_p$，$N_2 k_0 \overline{a}\left(\dfrac{2}{\overline{v}}\right)$ 及链终止项均可忽略，则式（2-95）变为

$$N_0\frac{\rho}{N_p}=N_1 k_0 \frac{\overline{a}}{\overline{v}} \tag{2-96}$$

因为 $N_0 \approx N_p$，所以

$$N_1=\frac{\rho\overline{v}}{k_0\overline{a}} \tag{2-97}$$

因为每毫升水中含有乳胶粒数目为 $N_p$，而在这些乳胶粒中又有 $N_1$ 个乳胶粒含有 1 个自由基，所以每毫升水中聚合反应速率为

$$\frac{\mathrm{d}M}{\mathrm{d}t}=\frac{k_p}{N_A}[\mathrm{M}]\frac{\rho\overline{v}}{k_0\overline{a}} \tag{2-98}$$

式中　$M$——每毫升水中已生成了聚合物的单体的量，kmol/L；

$[\mathrm{M}]$——乳胶粒中单体的物质的量浓度，kmol/L。

设 $V_p$ 代表 1mL 水中乳胶粒的体积；$C_p$ 代表在乳胶粒中自由基的平均物质的量浓度；$C_p V_p$ 为每毫升乳胶粒中自由基的量（mol），则每毫升水中聚合反应速率也可以表示为

$$\frac{\mathrm{d}M}{\mathrm{d}t}=\frac{k_p}{N_A}[\mathrm{M}]C_p V_p \tag{2-99}$$

链终止反应可能发生在水相，也可能发生在乳胶粒中，需分别进行讨论。

① 链终止反应主要发生在水相　在水相中自由基终止速率为

$$R_t=k_{tw}C_w^2 \tag{2-100}$$

式中　$k_{tw}$——在水相链终止速率常数，L/(kmol·min)；

$C_w$——自由基在水相中的浓度，kmol/L。

当达到稳定状态时，自由基在水相中生成的速率 $R_f$ 应当等于自由基在水相中终止的速率

$$R_f=k_{tw}C_w^2 \tag{2-101}$$

$$C_w=\left(\frac{R_f}{k_{tw}}\right)^{1/2} \tag{2-102}$$

若自由基在水相和在颗粒相中的分配系数为 $\alpha$，则 $\alpha=C_p/C_w$，则

$$C_p=\alpha C_w=\alpha\left(\frac{R_f}{k_{tw}}\right)^{1/2} \tag{2-103}$$

则式（2-99）变为

$$\frac{\mathrm{d}M}{\mathrm{d}t}=\frac{k_p}{N_A}[\mathrm{M}]V_p\alpha\left(\frac{R_f}{k_{tw}}\right)^{1/2} \tag{2-104}$$

除了聚合反应速率以外，在乳胶粒中自由基的平均寿命$\bar{\tau}$是另一个重要参数，$\bar{\tau}$应当等于每毫升水里的乳胶粒中的自由基数除以每毫升水中自由基终止的速率，即

$$\bar{\tau}=\frac{V_p C_p}{k_{tw} C_w^2}=\frac{\alpha V_p}{k_{tw} C_w}=\frac{\alpha V_p}{(k_{tw} R_f)^{1/2}} \tag{2-105}$$

② 链终止反应主要发生在乳胶粒中　假设乳胶粒足够小，在乳胶粒中自由基的终止反应可瞬时地进行，此时链终止速率等于自由基进入已经含有自由基的乳胶粒中速率的 2 倍，即

$$R_t=-2N_1\left(\frac{\rho}{N_p}\right) \tag{2-106}$$

由式(2-97) 及式(2-106) 得

$$R_t=-\frac{2\rho^2}{N_p}\times\frac{\bar{v}}{k_0\bar{a}} \tag{2-107}$$

当达到平衡状态时，链终止速率应当等于自由基在水相中的生成速率，则

$$R_f=\frac{2\rho^2}{N_p}\times\frac{\bar{v}}{k_0\bar{a}}$$

或

$$\rho=\left(\frac{R_f N_p k_0 \bar{a}}{2\bar{v}}\right)^{1/2} \tag{2-108}$$

将式(2-108) 代入式(2-98) 得

$$\frac{dM}{dt}=\frac{k_p}{N_A}[M]\left(\frac{R_f N_p \bar{v}}{2k_0\bar{a}}\right)^{1/2}$$

因为

$$V_p=N_p\bar{v}$$

所以

$$\frac{dM}{dt}=\frac{k_p}{N_A}[M]\left(\frac{R_f V_p}{2k_0\bar{a}}\right)^{1/2} \tag{2-109}$$

在乳胶粒中自由基平均寿命为

$$\bar{\tau}=\frac{N_1}{2\frac{\rho}{N_p}N_1}=\frac{N_p}{2\rho} \tag{2-110}$$

将式(2-108) 代入式(2-110) 得

$$\bar{\tau}=\left(\frac{V_0}{2k_0\bar{a}R_f}\right)^{1/2} \tag{2-111}$$

为了找到两种链终止机理各自的适用范围，Smith 及 Ewart 作了这样的简化假设：自由基进入一个乳胶粒的速率等于自由基从浓度为 $C_w$ 的无限介质中向一个半径为 $r$、其中自由基浓度为零的乳胶粒中扩散的速率，这个速率为

$$\frac{\rho}{N_p}=4\pi Dr C_w \tag{2-112}$$

式中　$D$——自由基通过水相的分子扩散系数，$mol\cdot cm/(cm^3\cdot min)$。

由式(2-107) 及式(2-112) 可以得到自由基在乳胶粒中的链终止速率为

$$R_t=-\frac{2N_p\bar{v}}{k_0\bar{a}}\left(\frac{\rho}{N_p}\right)^2=-\frac{2V_p}{k_0\bar{a}}(4\pi Dr C_w)^2 \tag{2-113}$$

如果自由基在水相中的终止速率远远大于在乳胶粒中的终止速率，那么需要满足下列条件。

$$k_t C_w^2 \gg \frac{2V_p}{k_0 \overline{a}} (4\pi Dr C_w)^2$$

因为 $\overline{a} = 4\pi r^2$，则需满足

$$k_t \gg \frac{8\pi D^2 V_p}{k_0} \tag{2-114}$$

（2）一个乳胶粒中自由基平均数等于 0.5（情况 2）　若自由基解吸活化能很高，扩散进入乳胶粒中的自由基很难再从乳胶粒中重新扩散回到水相里面去。在这种情况下，一个自由基一经进入某乳胶粒，就在该乳胶粒中保持其活性，直到第二个自由基进入这个乳胶粒将其终止为止。此外，假定两个自由基在同一乳胶粒中终止的概率很大，致使进行该终止反应所需要的平均时间比自由基在乳胶粒中的平均停留时间短得多，可认为自由基终止过程是瞬时进行的。以上假设就意味着 $k_0 = 0$，即 $k_0 \overline{a}/\overline{v} \ll \rho/N_p$；同时还意味着 $\rho/N_p \ll k_t i(i-1)/\overline{v}$ 或 $\rho/N_p \ll k_t/\overline{v}$，若令 $\beta = k_t N_p/\rho\overline{v}$，则 $\beta \gg 1$。式（2-95）变为

$$N_{i-1} + \beta N_{i+2}(i+2)(i+1) = N_i + \beta N_i i(i-1) \tag{2-115}$$

Smith 及 Ewart 证明了当 $\beta \gg 1$ 时上述递推方程的近似解为

$$\frac{N_{i-1}}{N_i} = 1 + \beta i(i-1) \tag{2-116}$$

根据式(2-115)，当 $i=0$ 时有

$$N_2 = \frac{N_0}{2\beta} \tag{2-117}$$

当 $i=1$ 时

$$N_0 + 6\beta N_3 = N_1 \tag{2-118}$$

根据式（2-116）及式（2-117）且当 $i=3$ 时有

$$N_3 = \frac{N_2}{1+6\beta} = \frac{N_0}{2\beta(1+6\beta)} \tag{2-119}$$

由式（2-118）及式（2-119）得

$$N_1 = N_0 + \frac{3N_0}{1+6\beta} = N_0 \frac{4+6\beta}{1+6\beta} \tag{2-120}$$

继之根据式（2-116）可求得 $N_4$、$N_5$、$N_6$、……

而每毫升水中的乳胶粒总数 $N_p$ 可用式（2-121）计算。

$$N_p = N_0 + N_1 + N_2 + N_3 + \cdots \tag{2-121}$$

每毫升水中自由基总数 $Q$ 可用式（2-122）计算。

$$Q = N_1 + 2N_2 + 3N_3 + \cdots \tag{2-122}$$

将含有不同自由基数的乳胶粒数 $N_i$ 代入式（2-121）及式（2-122）中，经过数学处理可得式（2-123）。

$$Q = \frac{N_p}{2}\left(1 + \frac{1}{\beta} - \frac{1}{3\beta^2} + \cdots\right) \tag{2-123}$$

当 $\beta \gg 1$ 时，$Q = N_p/2$，或 $Q/N_p = 0.5$，即平均一个乳胶粒中自由基数为 $0.5$。

则每毫升水中聚合反应速率为

$$\frac{\mathrm{d}M}{\mathrm{d}t} = \frac{1}{2} \times \frac{k_p}{N_A}[M]N_p \tag{2-124}$$

若忽略在水中的链终止反应，那么在水相中所产生的自由基全部进入乳胶粒中，即 $\rho = R$。于是自由基在乳胶粒中的平均停留时间 $\tau$ 为

$$\tau = \frac{N_p}{2\rho} \tag{2-125}$$

由式(2-124)及式(2-125)可以看到，聚合反应速率与自由基在乳胶粒中的平均停留时间均正比于每毫升水中的乳胶粒数，就是说在这种情况下，若乳胶粒越多，则聚合反应速率越快，且所得聚合物分子量越高。

(3) 平均一个乳胶粒中的自由基数远大于 1（情况 3） 当平均一个乳胶粒的体积 $v$ 特别大的时候；或当转化率很高，凝胶效应表现得很严重，致使 $k_t$ 值大幅度下降的时候，使得 $\rho/N_p \gg k_t/\overline{v}$，就会出现平均一个乳胶粒中的自由基数远远大于 1 这种情况。

当乳胶粒中的自由基数目很大时，假定每个乳胶粒中含自由基数均相同，是较为符合实际的。在此假设前提下，当达到稳定状态时有

$$\frac{\rho}{N_p} = k_t \frac{\overline{i}^2}{\overline{v}}$$

或

$$i = \left(\frac{\rho\overline{v}}{k_t N_p}\right)^{1/2} \tag{2-126}$$

则每毫升水中的聚合速率为

$$\frac{\mathrm{d}M}{\mathrm{d}t} = \frac{k_p}{N_A}[M]N_p i = \frac{k_p}{N_A}[M]\left(\frac{\rho V_p}{k_t}\right)^{1/2} \tag{2-127}$$

自由基在乳胶粒中的平均寿命为

$$\tau = \frac{i}{k_t \overline{i}^2/\overline{v}} = \left(\frac{V_p}{k_t \rho}\right)^{1/2} \tag{2-128}$$

## 2.4.2　关于 Smith-Ewart 递推公式的通解

Stockmayer[31] 利用贝塞尔函数求得了 Smith-Ewart 递推方程的通解。若令

$$\alpha = \frac{\overline{v}\rho N_A}{N_p k_t} \tag{2-129}$$

$$m = \frac{k_0 \overline{a} N_A}{k_t} \tag{2-130}$$

则式(2-95)可变成如下形式

$$(i+2)(i+1)N_{i+2} + m(i+1)N_{i+1} + \alpha N_{i-1} = N_i[i(i-1) + mi + \alpha] \tag{2-131}$$

设法找到一个函数 $f(\xi)$，可用 $\xi$ 的幂级数的形式来表示。

$$f(\xi) = \sum_{i=0}^{\infty} N_i \xi^i \tag{2-132}$$

式中，$N_i$ 为第 $i+1$ 项的系数，它为正实数，并能同时满足式（2-131）及式（2-132）。用对 $f(\xi)$ 取矩的方法，可得平均一个乳胶粒中的自由基数 $I$。

$$I = \frac{\sum i N_i}{\sum N_i} = \frac{f'(1)}{f(1)} \tag{2-133}$$

Stockmayer 证明了 $f(\xi)$ 一定满足如下二阶微分方程式。

$$(1+\xi)f''(\xi) + mf'(\xi) - \alpha f(\xi) = 0 \tag{2-134}$$

式中

$$f'(\xi) = \sum_{i=0}^{\infty} i N_i \xi^{i-1} \tag{2-135}$$

$$f''(\xi) = \sum_{i=0}^{\infty} i(i-1) N_i \xi^{i-2} \tag{2-136}$$

将式（2-132）、式（2-135）及式（2-136）代入式（2-134）得

$$(1+\xi)\sum_{i=0}^{\infty} i(i-1) N_i \xi^{i-2} + m\sum_{i=0}^{\infty} i N_i \xi^{i-1} - \alpha \sum_{i=0}^{\infty} N_i \xi^i = 0 \tag{2-137}$$

将式（2-137）经过整理以后可得 $\xi$ 的幂级数，其中第 $i+1$ 项的幂为 $\xi^i$，该项的系数如式（2-138）左边所示。要使幂级数式（2-137）等于零，需使各项的系数等于零，故式（2-138）右边为零。

$$(i+2)(i+1)N_{i+2} + (i+1)i N_{i+1} + m(i+1)N_{i+1} - \alpha N_i = 0 \tag{2-138}$$

对于第 $i$ 项来说，幂为 $\xi^{i-1}$，该项的系数为

$$(i+1)i N_{i+1} + i(i-1)N_i + mi N_i - \alpha N_{i-1} = 0 \tag{2-139}$$

式（2-138）减去式（2-139）可得原始递推方程式（2-131），这说明上述二阶微分方程式（2-134）正确地描述了乳胶粒中自由基的变化过程。

为了求解 $f(\xi)$ 的微分方程（2-134），设

$$x^2 = 4\alpha(1+\xi) \tag{2-140}$$

$$y = \frac{f(\xi)}{x^{1-m}} \tag{2-141}$$

则式（2-134）变为

$$x^2 \frac{\mathrm{d}^2 y}{\mathrm{d}x^2} + x\frac{\mathrm{d}y}{\mathrm{d}x} - [(1-m)^2 + x^2]y = 0 \tag{2-142}$$

此即修正贝塞尔方程的标准形式。Stockmayer 求得了其特解。

$$y = I_p(x) = i^{-p} J_p(ix) \tag{2-143}$$

式中，$p = |1-m|$；$I$ 为 $p$ 级第一类修正贝赛尔函数。

Stockmayer 根据式（2-133）、式（2-140）、式（2-141）及式（2-143）求得平均一个乳胶粒中的自由基数 $I$。

$$I = \frac{\sum\limits_{i=0}^{\infty} i N_i}{\sum\limits_{i=0}^{\infty} N_i} \begin{cases} \dfrac{1-m}{2} + \dfrac{h I_{m-2}(h)}{4 I_{m-1}(h)} & (m \geqslant 1) \\[3mm] \dfrac{h I_m(h)}{4 I_{m-1}(h)} & (0 < m \leqslant 1) \\[3mm] \dfrac{h I_0(h)}{4 I_1(h)} & (m = 0) \end{cases} \tag{2-144}$$

式中 
$$h = (8\alpha)^{\frac{1}{2}} \tag{2-145}$$

在引发速率低时，或在乳胶粒体积小的情况下，其 $\alpha$ 值远远小于 1。在该场合下，将级数展开得到

$$I = \begin{cases} \dfrac{1-m}{2} + \dfrac{\alpha}{2-m} & (m \leqslant 1) \\[3mm] \dfrac{\alpha}{m} & (m \geqslant 1) \end{cases} \tag{2-146}$$

如果 $m$ 和 $\alpha$ 都很小，式(2-146)中第一个式子就简化成了描述"理想乳液聚合"的模型（即 Smith-Ewart "情况 2"，$I = 0.5$）。

根据方程(2-146)，对不同的 $m$ 值来说，将 $I$ 随 $h$ 的变化规律标绘在图 2-14 中。因为 $h = (8\alpha)^{\frac{1}{2}}$，所以图 2-14 又相当于聚合速率对引发速率平方根的图线。

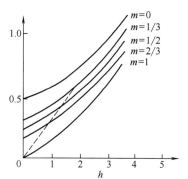

**图 2-14** $I$ 对 $h$ 及 $m$ 的图线

通过原点的虚线来自本体聚合动力学方程

### 2.4.3 Ugelstad 曲线

Ugelstad 等[32] 研究了自由基解吸和再吸收机理，计算了平均一个乳胶粒中的自由基数，并将计算的结果作为三个参数的函数以曲线的形式表达出来，如图 2-15 所示。

Ugelstad 等人认为，由于自由基由乳胶粒向水相解吸的结果，会增加自由基在水相中的浓度；而被解吸的自由基和其他自由基一样，可以重新扩散到乳胶粒中去。自由基由水相进入乳胶粒的净速率 $\rho$ 可由下式计算：

$$\rho = R_f + k_0 \sum_{i=0}^{\infty} i N_i - k_{tw}(C_{Rw})^2 \tag{2-147}$$

式中 $R_f$——水相中的自由基数生成速率，$(cm^3 \cdot min)^{-1}$；

$k_0$——自由基解吸速率常数，$cm/min$；

$k_{tw}$——在水相中自由基双基终止速率常数，$cm^3/(mol \cdot min)$；

$C_{Rw}$——稳定状态时自由基在水相中的浓度（每毫升水中的自由基数），$cm^{-3}$。

自由基向乳胶粒中扩散的速率 $\rho$ 正比于在水相中自由基的浓度 $C_{Rw}$，即

$$\rho = K_a C_{Rw}$$

则
$$C_{Rw} = \frac{\rho}{K_a} \tag{2-148}$$

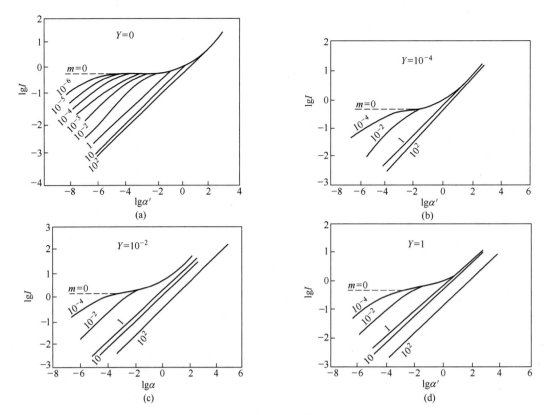

图 2-15  Ugelstad 曲线

式中  $K_a$——乳胶粒从水相吸收自由基的吸收系数，cm/min。

将式（2-147）各项乘以 $\overline{v}/k_{tp}N_p$ 并将式（2-148）代入，得

$$\alpha = \alpha' + mI - Y\alpha^2 \tag{2-149}$$

式中

$$\alpha = \frac{\rho\overline{v}}{N_p k_{tp}} = \frac{\rho V_p}{N_p^2 k_{tp}} \tag{2-150}$$

$$\alpha' = \frac{R\overline{v}}{N_p k_{tp}} = \frac{R V_p}{N_p^2 k_{tp}} \tag{2-151}$$

$$m = \frac{k_0 \overline{v}}{k_{tp}} = \frac{k_0 V_p}{N_p k_{tp}} \tag{2-152}$$

$$Y = \frac{2k_{tw} k_{tp} N_p}{K_a^2 \overline{v}} = \frac{2k_{tw} k_{tp} N_p^2}{K_a^2 V_p} \tag{2-153}$$

式中  $V_p$——每毫升水中乳胶粒的总体积，$cm^3/cm^3$；

　　　$\overline{v}$——平均一个乳胶粒的体积，$cm^3$；

　　　$k_{tp}$——在乳胶粒中链终止速率常数，L/(kmol·min)；

　　　$k_{tw}$——水相中链终止速率常数，L/(kmol·min)。

根据 Stockmayer 所求得的特解，可以求得平均一个乳胶粒中的自由基数。

$$I = \frac{h}{4} \times \frac{I_m(h)}{I_{m-1}(h)} \qquad (0 < m \leqslant 1) \tag{2-154}$$

聚合物乳液合成原理性能及应用
（第三版）

将式（2-154）展开[32] 可得

$$I = \frac{1}{2} \times \frac{2\alpha}{m} + \frac{2\alpha}{m+1} + \frac{2\alpha}{m+2} + \cdots \tag{2-155}$$

在某给定的 $m$ 值下，选定一系列的 $\alpha$ 值，根据式(2-154)即可算得一系列相应的 $I$ 值，在某特定的 $Y$ 值下，利用式(2-149)计算出一系列相应的 $\alpha'$ 值，将计算所得的数据在对数坐标上进行标绘，即得各条在某特定 $Y$ 值和特定 $m$ 值下的 $\lg I$-$\lg \alpha'$ 关系曲线，见图 2-15。

图 2-15(a) 为当 $Y=0$ 时，在很宽的 $m$ 范围内 $\lg I$ 对 $\lg \alpha'$ 的关系曲线。$Y=0$ 意味着在水相中的链终止反应可以忽略不计。从图 2-15(a) 可以看出：当 $I$ 值低时，$\lg I$ 正比于 $\lg \alpha'$，其斜率为 1/2。这就是说，聚合反应速率和水相中引发剂浓度的 0.5 次方成正比。同时还可以看出：当 $m$ 值低时，$I$ 对 $\alpha'$ 的级数随 $\alpha'$ 值的增大而减小，直到变为零级（即 $I$ 对 $\alpha'$ 的级数为零）；在 $\alpha'$ 值很高时，$I$ 对 $\alpha'$ 的级数增至 0.5，此时 $I$ 值和 $m$ 值无关。此外由图 2-15 还可发现，在 $m$ 值高时，$I$ 值和 $m$ 值无关，且 $I$ 对 $\alpha'$ 的级数为 1/2。

图 2-15(b)～(d) 分别为在 $Y=10^{-4}$、$Y=10^{-2}$ 及 $Y=1$ 时，在不同 $m$ 值下的 $\lg I$-$\lg \alpha'$ 关系曲线。由这些图可以发现，当 $Y>0$ 时，即在水相中存在链终止反应时，$I$ 值将降低。当 $Y=10^{-4}$ 时，如果 $\alpha'<10^{-3}$、$m<10$，那么图 2-15(b) 中的图线和图 2-15(a) 中的图线相同，即在水相中的链终止反应可以忽略不计；当 $Y=10^{-2}$ 时，如果 $\alpha'<10$、$m<1$，在水相中的终止反应可以忽略；当 $Y=1$ 时，如果 $\alpha'<10^{-1}$、$m<10^{-2}$，那么在水相中的链终止反应也可以忽略。

## 2.4.4 Gardon 关于阶段 II 的动力学理论

Gardon 除了对乳液聚合阶段 I 作了理论探讨之外，还对阶段 II 的理论作出了贡献[17,18]。他研究了阶段 II 时间-转化率关系、乳胶粒尺寸分布及聚合物分子量，并在非稳态假设的基础上对慢速终止反应乳液聚合过程进行了研究。在此仅就他提出的在阶段 II 的反应速率问题进行讨论。

### 2.4.4.1 聚合反应速率

若 $\Omega_j$ 代表第 $j$ 个乳胶粒中已转化成了聚合物的单体的物质的量；$V_M$ 为单体的摩尔体积；$N_p$ 为每毫升水中的乳胶粒数；$d_m$ 为单体的密度；$d_p$ 为聚合物的密度，则每毫升水中聚合物的体积 $P$ 可用式(2-156)计算。

$$P = \frac{V_M d_m}{d_p} \sum_{j=1}^{N_p} \Omega_j \tag{2-156}$$

将式(2-156)微分得

$$\frac{dP}{dt} = \frac{V_M d_m}{d_p} \sum_{j=1}^{N_p} \frac{d\Omega_j}{dt}$$

将式(2-47)代入上式中，则可得

$$\begin{aligned}
\frac{dP}{dt} &= \frac{k_p}{N_A} \times \frac{d_m}{d_p} \phi_m \sum_{j=1}^{N_p} i \\
&= \frac{k_p}{N_A} \times \frac{d_m}{d_p} \phi_m N_p I
\end{aligned} \tag{2-157}$$

因为在第Ⅰ阶段终点处，即当 $t = t_{\text{Ⅰ-Ⅱ}}$ 时，乳胶粒生成过程停止，故在 $t \geq t_{\text{Ⅰ-Ⅱ}}$ 时，即在第Ⅱ阶段和第三阶段，每毫升水中的乳胶粒数 $N_p$ 保持常数。

在阶段Ⅰ，$\phi_m$ 被看作常数，但是在阶段Ⅱ，这是一个值得商榷的问题。比如说某单体可能以任意比例和所生成的聚合物相溶混，当该单体进行乳液聚合时，其混合自由能应当促使单体由水相无休止地进入乳胶粒中去。但是微小乳胶粒的比表面积很大，当单体进入乳胶粒而使其溶胀的时候，其表面积要增大，表面能要提高。表面能提高又会阻止单体向乳胶粒内扩散。当这些小乳胶粒中的聚合物被单体溶胀时，由于乳胶粒表面积的增加而导致的表面张力的增大，使表面能将达到和符号相反的混合自由能具有同样的数量级，甚至表面张力可以达到和混合自由能完全相互抵消的程度，于是乳胶粒就达到了溶胀平衡。对于同样质量的聚合物来说，当乳胶粒体积大时，其数目就小；而乳胶粒小时，其数目就大。因此当同量的单体进入同量聚合物中时，乳胶粒体积大的体系的表面积要比乳胶粒小的体系表面积增加得少，故对乳胶粒体积大的体系来说 $\phi_m$ 值应大一些。对同一体系来说，随着反应的进行，乳胶粒体积不断长大，$\phi_m$ 似乎也应不断增大。

但从另一方面来看，在阶段Ⅰ，乳胶粒的表面被乳化剂所饱和；而在阶段Ⅱ，每毫升水中乳胶粒的总表面积要比乳化剂所能提供的总表面积大，并且此种现象随着转化率的提高而趋于明显，因此乳胶粒的表面就越来越不能被乳化剂分子完全覆盖，表面张力就要升高。而每个乳胶粒表面积都随着转化率升高而增大，故表面张力随乳胶粒体积增大而增大，致使 $\phi_m$ 值随乳胶粒的体积增大而减小。

从以上分析可知有两种相反的倾向：一是 $\phi_m$ 值随乳胶粒体积增大而增大；二是 $\phi_m$ 值随乳胶粒体积增大而减小。此两种相反的倾向一定程度地相互抵消而使 $\phi_m$ 值在阶段Ⅱ变化不大。

$\phi_m$ 维持常数值的一个先决条件是在乳液系统中必须有足够量的单体存在，以使水相达到饱和溶解度，使颗粒相达到溶胀平衡，这只有在 $t \leq t_{\text{Ⅱ-Ⅲ}}$ 时，即在阶段Ⅰ和阶段Ⅱ期间才能够满足。$\phi_m$ 维持常数的另一个条件是单体由水相向乳胶粒中扩散的速率应当比在乳胶粒中由于聚合反应而消耗单体的速率快得多，实践证明，这是事实。

### 2.4.4.2　一个乳胶粒中的平均自由基数

一个乳胶粒中平均自由基数 $I$ 的多少与在乳胶粒中的终止反应的速率有关，Gardon 讨论了快速终止和慢速终止两种情况。

（1）快速终止　若两个自由基在乳胶粒中进行链终止反应的速率很快，只要第二个自由基一经扩散进来，两个自由基之间的终止反应就会瞬时地完成。在乳胶粒中的自由基被终止以后，就不再含有自由基，这样的乳胶粒称为"死乳胶粒"。直到第三个自由基扩散进来，这个乳胶粒又开始生长，"死乳胶粒"才又变成"活乳胶粒"。因此，不可能有两个或两个以上的自由基共存于同一个乳胶粒中。乳胶粒只有两类：一类是不含自由基的"死乳胶粒"；而另一类则是只含有一个自由基的"活乳胶粒"。在这种情况下，平均一个乳胶粒中含有 0.5 个自由基，自由基进入乳胶粒中去的平均时间间隔 $N_p/\rho$ 为常数。这个观点和 Smith-Ewart "情况 2"观点一致，此时式（2-157）变为

$$B = \frac{\mathrm{d}P}{\mathrm{d}t} = 0.5 \frac{k_p}{N_A} \times \frac{d_m}{d_p} \phi_m N_p \tag{2-158}$$

　聚合物乳液合成原理性能及应用
（第三版）

由式(2-50)、式(2-58)及式(2-158)可得

$$B = 0.185\left(\frac{k_p \phi_m S d_m}{d_p N_A}\right)^{0.6}\left[\rho(1-\phi_m)\right]^{0.4} \tag{2-159}$$

$B$ 叫做 Smith-Ewart 速率，根据 Smith-Ewart 理论，在阶段Ⅱ，$B$ 为一常数。

将式(2-158)在从 $t=t_{I-II}$，$P=P_{I-II}$ 到 $t=t$，$P=P$ 范围内积分可得

$$P = Bt + (P_{I-II} - Bt_{I-II}) \tag{2-160}$$

式(2-160)说明，如果这种机理成立，那么转化率-时间关系为一条不通过原点的直线。

(2) 慢速终止[33]　　在烯类单体的自由基聚合过程中，链终止过程是扩散控制的，链终止速率常数 $k_t$ 决定于体系的黏度，在反应区黏度越高，$k_t$ 值越小。在本体和溶液聚合体系中，随着转化率的增大，聚合物的浓度增大，黏度增大，所以 $k_t$ 值随转化率增大而逐渐减小。在乳液聚合过程的阶段Ⅱ，情况就不一样，在该阶段 $\phi_m$ 值为一常数，即在反应区乳胶粒中聚合物浓度不变，故乳胶粒中黏度为定值，因此在阶段Ⅱ，$k_t$ 保持常数值，与转化率无关。

在 Smith-Ewart 模型中，认为平均一个乳胶粒中的自由基数为 0.5，假如可以把乳胶粒的体积看作无穷小，这当然是对的，因为在这种情况下，自由基扩散路径为零，致使每当一个自由基进入到一个"活乳胶粒"中去的时候，链终止反应瞬时地进行。但是在阶段Ⅱ期间，乳胶粒不断长大，从自由基进入乳胶粒到和其中另一个自由基相互碰撞而终止所走的平均路径不断加长。在这种情况下，两个自由基之间的碰撞总得需要一定时间，而不会瞬时地进行。因此两个或多个自由基有可能在一定时间间隔内共存于同一个乳胶粒中。结果平均一个乳胶粒中的自由基数 $I$ 必然会大于 0.5，且乳胶粒越大，$I$ 值也越大。上述一个乳胶粒中平均自由基数增大的现象，不是由于凝胶效应使 $k_t$ 下降而引起的（因为在阶段Ⅱ，$k_t$ 为常数），而是由于在阶段Ⅱ乳胶粒体积不断长大而造成的，故这种现象叫做"体积效应"。

由于在阶段Ⅱ期间平均一个胶粒中的自由基数随着乳胶粒尺寸的增大而增加，所以认为 $dN_i/dt=0$ 的稳态假设是不成立的。故 Gardon 在非稳定状态假设基础上对含有 $i$ 个自由基的乳胶粒数进行了总体平衡，得出如下方程。

$$\frac{dN_i}{dt} = \frac{\rho}{N_p}(N_{i-1} - N_i) + \frac{k_t}{N_A \overline{v}}\left[N_{i+2}(i+2)(i+1) - N_i i(i-1)\right] \tag{2-161}$$

$$N_p = \sum N_i \tag{2-162}$$

$$I = \frac{\sum i N_i}{N_p} \tag{2-163}$$

在式(2-161)中，Gardon 忽略了自由基从乳胶粒向水相的解吸过程。

Gardon 对式(2-161)~式(2-163)用数值法进行了求解，取得了一系列的对应数据，然后将所取得的数据拟合成一个一元二次方程式。

$$P = At^2 + Bt + C \tag{2-164}$$

式中，$A$、$B$ 和 $C$ 均为常数；$B$ 为 Smith-Ewart 速率，可由式(2-159)计算，而 $A$ 和 $C$ 可由式(2-165)和式(2-166)计算。

$$A = 0.102 \frac{k_p^{1.94}}{k_t^{0.94}} \left(\frac{d_m}{d_p}\right)^{1.94} \left(\frac{\phi_m}{1-\phi_m}\right)^{1.94} \frac{R_f}{N_A} \qquad (2\text{-}165)$$

$$C = 0.053 \left(1 - \frac{1.14}{\Psi^{0.94}}\right)(1-\phi_m)S^{1.2}\left(\frac{K}{R_f}\right)^{0.2} \qquad (2\text{-}166)$$

式中，$\Psi$ 为链终止参数，量纲为 1，可由式(2-167)计算；$K$ 为特性常数。

$$\Psi = \frac{k_t \times d_p \times 1 - \phi_m}{k_p d_m \phi_m} \qquad (2\text{-}167)$$

由式(2-164)可以看出，在阶段Ⅱ时间-转化率曲线应当为抛物线。

# 2.5　阶段Ⅲ动力学理论

## 2.5.1　基本理论

当单体珠滴消失了的时候，乳液聚合过程就进入到了第Ⅲ阶段。如果在时刻 $t = t_{Ⅱ-Ⅲ}$ 时，聚合物和水的比例相当高，或者单体（如苯乙烯、丁二烯等）在水相中的溶解度很小，那么在水相中溶解的那一部分单体的量可以忽略不计。在这种情况下，过程从进入第Ⅲ阶段的那一瞬间开始，乳胶粒中单体的浓度就随着转化率的增大而逐渐降低；同时因为聚合物比单体密度大，所以乳胶粒的体积也将随转化率的增大而稍有收缩。但是如果在时刻 $t = t_{Ⅱ-Ⅲ}$ 时聚合物和水的比例很低，或单体（如乙酸乙烯酯、丙烯酸甲酯等）在水中的溶解度稍高，那么溶解在水中的单体的量就不能忽略。在这种条件下，在第Ⅲ阶段初期，乳胶粒中单体的浓度下降很慢；而乳胶粒的体积不但不减小，反而随着转化率增大而有所增大。这是因为此时尽管单体珠滴消失了，但是乳胶粒仍然能从水相吸收溶解的单体。当溶解在水相中的单体被耗尽的时候，随着转化率的增大，乳胶粒中单体的浓度才开始较快地下降，而乳胶粒的体积也才开始减小。

在阶段Ⅲ，随着转化率的提高，在乳胶粒中聚合物的浓度越来越大，大分子链彼此缠结在一起，致使乳胶粒内部黏度越来越高，自由基链扩散阻力越来越大，因此链终止速率常数急剧下降，对很多单体的乳液聚合过程来说，链终止速率常数可降低4~5个数量级。在这种情况下，同一个乳胶粒中两个自由基碰撞到一起而进行终止的过程不会瞬时地进行。在某一定的时间间隔内，必然会有两个或两个以上的自由基共存于同一个乳胶粒中，结果乳胶粒中的平均自由基数随着转化率的增大而逐渐增多，以至于远远大于 0.5。转化率越高，链终止速率常数越小，平均一个乳胶粒中的自由基数也就越多。这就会造成聚合反应速率的增大以及使聚合物的分子量增大，且分子量分布变宽。以上这种现象叫作Trommsdorff效应，即凝胶效应。对于本体聚合来说，在给定的反应温度下，由于凝胶效应而引起的反应速率的增大几乎和反应条件（例如引发剂浓度等）无关；但是对于乳液聚合来说，由于凝胶效应而导致的聚合反应速率的增大却与反应条件（例如引发剂浓度、乳胶粒大小和数目等）密切相关。故在乳液聚合中的凝胶效应要比本体聚合中的凝胶效应复杂得多。

当转化率很高时，对有些单体来说，单体与聚合物的混合物的玻璃化转变温度有可能上升到刚好等于反应温度，这时不仅乳胶粒中的大分子被固结下来，而且连单体、初始自由基等低分子物质也被固结下来，致使链增长速率常数 $k_p$ 和链转移速度常数 $k_f$ 突然下降至零，即聚合反应和链转移反应突然停止，这种现象即为"玻璃化效应"。

由于乳液聚合的阶段Ⅲ很复杂，所以迄今所做的有关动力学研究，都建立在以下简化假设的基础上。

① 忽略乳胶粒间可能发生的聚结，同时忽略由于胶束机理以外的其他机理而造成的新乳胶粒的生成，认为在阶段Ⅲ每毫升水中的乳胶粒数 $N_p$ 为常数，其值和在阶段Ⅰ终点被固定下来的且在阶段Ⅱ期间所保持的 $N_p$ 值相同。

② 忽略在水相中溶解的单体的影响。则从进入阶段Ⅲ的那一瞬间开始乳胶粒中单体的浓度就随转化率的增加而降低。在阶段Ⅲ，乳胶粒中聚合物的质量分数等于单体的质量分数转化率 $x_p$。故乳胶粒中单体所占的体积分数可用式(2-168)计算。

$$\phi_m = \frac{1-x_p}{1-x_p\left(1-\dfrac{d_m}{d_p}\right)} \qquad (2\text{-}168)$$

③ 当单体-聚合物混合物的玻璃化转变温度 $T_g$ 低于反应温度时，$k_p$ 保持常数；而当等于反应温度时，$k_p=0$，或聚合反应速率 $R_p=0$，即

$$\begin{cases} R_p = -\dfrac{d[M]}{dt} = \dfrac{k_p}{N_A \bar{v}}[M][I] & (T>T_g) \\[4mm] R_p = -\dfrac{d[M]}{dt} = 0 & (T \leqslant T_g) \end{cases} \qquad (2\text{-}169)$$

④ 假定稳定状态假设成立，即 $dN_i/dt=0$，则可利用稳定状态方程——Smith-Ewart 递推方程进行求解。

$$\begin{cases} N_{i-1}\left(\dfrac{\rho}{N_p}\right) + N_{i+1}k_0\bar{a}\,\dfrac{i+1}{\bar{v}} + N_{i+2}k_t\,\dfrac{(i+2)(i+1)}{N_A\bar{v}} \\[3mm] = N_i\left[\dfrac{\rho}{N_p} + k_0\bar{a}\,\dfrac{i}{\bar{v}} + k_t\,\dfrac{i(i-1)}{N_A\bar{v}}\right] \\[3mm] I = \Sigma\,\dfrac{iN_i}{N_p} \\[3mm] N_p = \Sigma N_i \end{cases} \qquad (2\text{-}170)$$

解方程组(2-170) 即可得平均一个乳胶粒中的自由基数，再利用式(2-169) 即可求得反应速率以及时间-转化率关系。但是要想求解方程组(2-170)，就必须首先知道链终止速率常数 $k_t$。而当反应温度一定时，$k_t$ 是随单体转化率而发生变化的，因此需首先找到 $k_t$ 和转化率 $x_p$ 间的函数关系，然后再进行有关动力学计算。下面仅就目前已采用的求取乳液聚合 $k_t$ 与转化率间函数关系的两种方法作一介绍。

## 2.5.2 本体聚合数据拟合法求 $k_t$

Friis 等证明[34-37]，在各种单体的乳液聚合过程中由于凝胶效应而导致反应速率的增

大这一规律，或链终止速率常数 $k_t$ 和转化率 $X_p$ 之间的关系，可以借助于本体聚合试验数据整理而得到。他们解释为：在乳液聚合体系中，一个乳胶粒可以被看作是一个很小的、进行间断引发的本体聚合反应区，因而在本体聚合中所观察到的 $k_t$ 值随转化率的增加而降低的现象，在乳液聚合体系中的一个乳胶粒内同样也应当观察到。所以从本体聚合或悬浮聚合的试验数据出发所求得的 $k_t$ 值对转化率的依赖关系，有理由被应用到描述乳液聚合过程的模型中去。

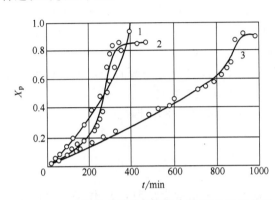

**图 2-16　三种烯类单体的本体聚合转化率-时间曲线**
1—甲基丙烯酸甲酯；2—乙酸乙烯酯；3—苯乙烯

图 2-16 表明了本体聚合的苯乙烯、甲基丙烯酸甲酯和乙酸乙烯酯的转化率-时间试验曲线。由图 2-16 可以看出，这些单体在聚合反应期间由于凝胶效应而导致了聚合反应速率的增大，其中对于甲基丙烯酸甲酯来说，凝胶效应表现得尤为严重。

为了从本体聚合转化率-时间试验曲线出发找到 $X_p$-$k_t$ 之间的函数关系，需利用均相本体聚合速率方程式。该方程式为

$$R_p = -\frac{d[M]}{dt} = k_p[M]\left(\frac{2fk_d[I]}{k_t}\right)^{1/2}$$

$$(2\text{-}171)$$

式中　$f$——引发剂引发效率；

$k_d$——引发剂分解速率常数，$min^{-1}$；

$[I]$——引发剂的浓度，kmol/L。

其他符号同前。

将式（2-171）中的物质的量浓度 $[M]$ 用转化率 $X_p$ 来表示，则可变成

$$\frac{dX_p}{dt} = k_p(1-X_p)\left(\frac{2fk_d[I]}{k_t}\right)^{1/2}$$

$$(2\text{-}172)$$

因为在反应温度下所用的引发剂的半衰期一般很长，将引发剂浓度看作常数不会带来太大误差。而 $k_p$、$f$ 及 $k_d$ 在恒定的反应温度下均为常数。由图 2-16 中的转化率-时间曲线可求得在不同转化率 $X_p$ 下的转化速率 $dX_p/dt$，将所取得的 $X_p$ 和 $dX_p/dt$ 的一系列对应数据用回归分析的方法拟合成 $X_p$-$k_t$ 之间的关联式，利用该关联式即可求得在任何转化率下的 $k_t$ 值。

以下为对于下列三种烯类单体利用上述方法拟合而得的 $X_p$-$k_t$ 关联式。

① 甲基丙烯酸甲酯

$$\frac{k_t}{k_{t0}} = \left[\frac{1}{1-X_p}\exp(BX_p + CX_p^2)\right]^2$$

$$(2\text{-}173)$$

$$B = -41.54 + 0.1082T$$

$$C = 23.46 - 0.0785T$$

式中　$k_{t0}$——在纯单体中的链终止速率常数，L/(kmol·min)；

$T$——反应温度，K。

该式的有效温度范围为：40～90℃。

② 苯乙烯

$$\frac{k_t}{k_{t0}} = \{\exp[-(BX_p + CX_p^2 + DX_p^3)]\}^2 \tag{2-174}$$

式中
$$B = 2.57 - 5.05 \times 10^{-3}T$$
$$C = 9.56 - 1.76 \times 10^{-2}T \tag{2-175}$$
$$D = -3.03 - 7.85 \times 10^{-3}T$$

该式的有效温度范围为50～200℃。

③ 乙酸乙烯酯

$$\frac{k_t}{k_{t0}} = \exp(BX_p + CX_p^2 + DX_p^3) \tag{2-176}$$

式中，$B = -0.4407$；$C = -6.7530$；$D = -0.3495$。

该式的有效温度范围为50℃。

由式(2-173)、式(2-174)及式(2-176)可以预计以上三种烯类单体在不同转化率下的链终止速度常数$k_t$，其预计的结果标绘于图 2-17 中，由图中曲线可以看出，随转化率的提高，链终止速率常数在大幅度地下降。

## 2.5.3　自由体积法求 $k_t$

Sundberg 等[38] 研究了苯乙烯和甲基丙烯酸甲酯扩散控制的乳液聚合动力学，利用扩散系数和自由体积之间的函数关系建立了计算链终止速率常数随转化率而变化的方程式，并试验证明了理论预计的$k_t$值和实际相符。

人们对于扩散控制的反应已经作了大量研究，提出了许多反应速率常数和扩散系数之间的关联式，此处仅利用其中的一个关联式[39]，其形式如下。

$$k_{AB} = CD_{AB}R_{AB} \tag{2-177}$$

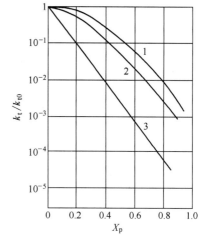

图 2-17　理论预计的 $k_t / k_{t0}$ -
$X_p$ 关系曲线

1—乙酸乙烯酯；2—苯乙烯；
3—甲基丙烯酸甲酯

式中，$k_{AB}$ 为组分 A 和组分 B 间的反应速率常数；$D_{AB}$ 为组分 A 和组分 B 间的扩散系数；$R_{AB}$ 为碰撞半径；$C$ 为常数。

对于链终止反应来说，终止速率 $R_t$ 同时和自由旋转的链段尺寸及大分子的分子量两种因素有关；而 $D_{AB}$ 则决定于两个自由基碰撞是受链段运动控制，还是受整个自由基链的移动所控制的，若受整个自由基链的移动控制，则又决定于扩散是否受大分子链之间缠结的影响。

因为在整个乳液聚合过程中链终止反应发生在扩散控制的条件下，故在反应期间链终止速率常数变化的幅度可以用不同转化率下的链终止速率常数的比值来表示。若 $k_t$ 和 $k_{t0}$

分别表明在时刻 $t$ 和反应开始时的链终止速率常数；$D_p$ 和 $D_{p0}$ 分别为在时刻 $t$ 和反应开始时的扩散系数；$R$ 和 $R_0$ 分别为在时刻 $t$ 和反应开始时的碰撞半径，则有

$$\frac{k_t}{k_{t0}} = \frac{D_p}{D_{p0}} \times \frac{R}{R_0} \tag{2-178}$$

Sundberg 等[38] 认为，在乳液聚合反应过程中链转移反应速率远大于链终止反应速率，故分子量的大小主要由链转移反应速率来决定，如前所述，在玻璃化转变温度以上，链转移速率常数为定值，所以聚合物的分子量随转化率变化不大，故可以认为自由基碰撞半径不随转化率而发生变化，即 $R/R_0 = 1$，则可得

$$\frac{k_t}{k_{t0}} = \frac{D_p}{D_{p0}} \tag{2-179}$$

人们很早就把自由体积的概念和 $k_t$ 随转化率的变化关联了起来。扩散系数和自由体积之间的关系可用式（2-180）来表示。

$$D_p = \frac{\phi_0 \delta^2}{6\varepsilon} \exp\left(-\frac{V^*}{V_f}\right) \tag{2-180}$$

式中，$\phi_0$ 为聚合物链段的跳跃频率；$\delta$ 为聚合物链段的跳跃距离；$V^*$ 为能使链段开始跳跃的临界自由体积；$V_f$ 为聚合物溶液的自由体积；$\varepsilon$ 为聚合物链中与自由旋转的链段数目有关的参数。$\varepsilon$ 决定于扩散机理是属于链段扩散，还是整个大分子扩散；若属于整个大分子扩散，则又决定于聚合物链之间是否彼此缠结。当属于链段扩散时，$\varepsilon = 1.0$；当属于没有大分子链之间的缠结的整个大分子链扩散时，$\varepsilon = N$；当属于有大分子链之间缠结的整个大分子链扩散时，$\varepsilon = N^*$。此处 $N$ 和 $N^*$ 分别为无缠结和有缠结时平均一个聚合物链的链段数。由于大分子链之间缠结的结果导致了 $N^* > N$。

Sundberg 等假定在乳胶粒中不存在大分子链之间的缠结现象，且聚合物的分子量不随单体转化率而发生变化。在这种情况下，$\delta$ 值和 $N$ 值将均不随转化率而变化，则式（2-179）即可变为

$$\frac{k_t}{k_{t0}} = \exp\left[V^*\left(\frac{1}{V_{f0}} - \frac{1}{V_f}\right)\right] \tag{2-181}$$

式中，$V_{f0}$ 为纯单体的自由体积。

若聚合物和单体的自由体积具有加和性，则聚合物溶液的自由体积可用式（2-182）表示。

$$V_f = [0.025 + \alpha_p(T - T_{gp})]\phi_p + [0.025 + \alpha_m(T - T_{gm})](1 - \phi_p) \tag{2-182}$$

式中，$T$ 为反应温度；$T_{gp}$ 和 $T_{gm}$ 分别为聚合物的玻璃化转变温度和单体的熔点；$\phi_p$ 为乳胶粒中聚合物所占的体积分数；$\alpha_p$ 为聚合物在熔融状态与玻璃态下的体积膨胀系数之差；$\alpha_m$ 为单体在熔融状态与玻璃态下的体积膨胀系数之差。

# 2.6 乳胶粒尺寸分布

乳胶粒的尺寸分布是乳液聚合的一个重要参数，直接关系着聚合物的性能，同时也反

映了乳液聚合反应进行的历程。乳胶粒尺寸分布和聚合物分子量分布两个参数之间有着内在的联系，对前者的研究是研究后者的基础。本节拟介绍怎样利用总体平衡模型来理论预计乳胶粒尺寸分布。

## 2.6.1 总体平衡模型[39]

若 $N_i(t)$ 代表在时刻 $t$ 含有 $i$ 个自由基的乳胶粒数在乳胶粒总数中所占的分数；$I$ 为平均一个乳胶粒中的自由基数，则有

$$I = \sum_{i=0}^{\infty} i N_i \tag{2-183}$$

$$\sum_{i=0}^{\infty} N_i = 1 \tag{2-184}$$

下列 Smith-Ewart 方程是描述 $N_i$ 随时间的变化规律的。

$$\frac{\mathrm{d}N_i}{\mathrm{d}t} = \rho(N_{i-1} - N_i) + \alpha[(i+1)N_{i+1} - iN_i] +$$
$$\beta[(i+2)(i+1)N_{i+2} - i(i-1)N_i] \tag{2-185}$$

式中，$\rho$ 为单位时间内一个乳胶粒所吸收的自由基数；$\alpha$ 为自由基从乳胶粒向水相解吸的一级速率常数；$2\beta$ 为由于双基链终止而使自由基减少的假一级常数。

在式(2-185) 中，当 $i=0$ 时，将出现 $i-1$ 为负值，此时将 $N_{i-1}$ 忽略掉，而双基终止仅在 $i \geqslant 2$ 的乳胶粒中才会出现。

若 $\sigma$ 为乳胶粒的尺寸，它可以为一个乳胶粒的体积，也可以为一个乳胶粒的直径；$n(\sigma,t)$ 为在时刻 $t$、尺寸为 $\sigma$ 的乳胶粒在乳胶粒总数中所占的分数；$n_i(\sigma,t)$ 为在时刻 $t$、尺寸为 $\sigma$ 且含有 $i$ 个自由基的乳胶粒在乳胶粒总数中所占的分数。则有

$$N_i(t) = \int_0^{\infty} \boldsymbol{n}_i(\sigma, t)\mathrm{d}\sigma \tag{2-186}$$

$$\boldsymbol{n}(\sigma, t) = \sum_{i=0}^{\infty} \boldsymbol{n}_i(\sigma, t) \tag{2-187}$$

$\boldsymbol{n}_i(\sigma,t)$ 为两个独立参数 $\sigma$ 和 $t$ 的函数。很多人[40-45] 求解了乳胶粒的总体平衡方程来预计乳胶粒尺寸的分布。乳胶粒总体平衡为一组偏微分方程式组的缩写式，即

$$\frac{\partial \boldsymbol{n}}{\partial t} = \boldsymbol{\Omega n} - \frac{\partial(\boldsymbol{Kn})}{\partial \sigma} + \boldsymbol{C} \tag{2-188}$$

式中，$\boldsymbol{n}(\sigma,t)$ 为一个向量，其中的第 $i+1$ 个组元代表在时刻 $t$、尺寸为 $\sigma$、含有 $i$ 个自由基的乳胶粒在乳胶粒总数中所占的分数，即为 $\boldsymbol{n}_i(\sigma,t)$；$\dfrac{\partial \boldsymbol{n}}{\partial t}$ 也是一个向量，其中第 $i+1$ 个组元为 $\boldsymbol{n}_i(\sigma,t)$ 累积的速率；$\boldsymbol{\Omega}$ 是由动力学参数 $\rho$、$\alpha$ 及 $\beta$ 构成的方阵，叫 Smith-Ewart 耦合矩阵；$\boldsymbol{\Omega n}$ 为由于乳胶粒吸收自由基，由于自由基从乳胶粒中解吸以及在乳胶粒中进行链终止反应而引起的单位时间内 $\boldsymbol{n}(\sigma,t)$ 的增加；$\boldsymbol{K}$ 是一个对角矩阵，它的第 $(i+1, i+1)$ 个组元代表一个含 $i$ 个自由基的乳胶粒生长的速率；$\boldsymbol{C}$ 也为一个向量，其中第 $i+1$ 个组元表征由于新乳胶粒的生成（阶段Ⅰ）或由于在连续过程中物料的流动而引

起的 $n(\sigma, t)$ 的增加或减少。假定

$$K_{i+1, i+1} = iK \tag{2-189}$$

$$K = k_p[M]/N_A$$

式中，$K$ 为每一个含有一个自由基的乳胶粒生长的速率；则 $iK$ 为每一个含有 $i$ 个自由基的乳胶粒生长的速率；$[M]$ 为乳胶粒中单体的物质的量浓度；$N_A$ 为阿伏伽德罗常数；$k_p$ 为链增长速率常数。$\dfrac{\partial(Kn)}{\partial \sigma}$ 表明由于尺寸为 $\sigma$ 的乳胶粒生长，即乳胶粒尺寸由 $\sigma$ 变为 $\sigma + d\sigma$ 而引起的 $n(\sigma, t)$ 的减少。

## 2.6.2 间歇乳液聚合总体平衡模型的求解

因为预计阶段 Ⅱ 的乳胶粒尺寸比其他阶段要简单，所以在此首先讨论阶段 Ⅱ。

### 2.6.2.1 阶段 Ⅱ

在阶段 Ⅱ，无新乳胶粒生成，乳胶粒数不变，体系中有单体珠滴存在，如果无乳胶粒的聚结，则式(2-188)中的向量 $C$ 为零。因为在阶段 Ⅱ 乳胶粒中的单体浓度 $[M]$ 为常数，故 $K$ 是已知的。当式(2-188)中所需要的各个参数确定后，就可以求解出不同反应时间乳胶粒的尺寸分布。求解方程(2-188)的方法有三种：解析法、差分法和矩量法。

(1) 解析法求解　一般来说，乳胶粒总体平衡方程式很复杂，很难得到它的解析解。有人对简化了的情况，即 0—1 系统（一半乳胶粒无自由基；而另一半仅含有一个自由基）进行了求解[45]，在这种情况下式(2-188)可写成

$$\frac{\partial n_0}{\partial t} = -\rho n_0 + (\rho + \alpha) n_1 \tag{2-190}$$

$$\frac{\partial n_1}{\partial t} = \rho n_0 - (\rho + \alpha) n_1 - \frac{\partial(Kn)}{\partial \sigma} \tag{2-191}$$

式中 $\rho$、$\alpha$、$\beta$ 意义与式(2-185)中相应值相同，可从动力学试验得到。式(2-190)及式(2-191)在任何初始条件下都可以得到它的解析解。为求解该方程式组，选定初始条件为：$\rho = 1$，$\alpha = 0$，$K = 1$，$\beta \gg \rho$。对于种子乳液聚合体系来说，当 $t = 0$ 时，可通过试验定出如下关系。

$$n_0(\sigma, t = 0) = 10\exp[-\pi(\sigma - 2)^2] \quad \sigma > 0$$

$$n_0(\sigma, t = 0) = 0 \qquad\qquad\qquad \sigma \leqslant 0 \tag{2-192}$$

$$n_1(\sigma, t = 0) = 0$$

由式(2-192)可知，该种子乳液中的乳胶粒的尺寸分布近似符合高斯分布。

在计算中可以选定尺寸参量 $\sigma = V$。

图 2-18 标绘出了在以上给定的初始条件下求解方程(2-190)及方程(2-191)所得的结果，即在特定时刻 $t$，当 $\rho = K = 1$ 及 $\alpha = 0$ 时，$n_0(V)$ 及 $n_1(V)$ 与体积 $V$ 间的函数关系，以及 $n(V)$-$V$ 关系曲线。

由图 2-18 可以看出：乳胶粒尺寸分布为正态分布，随着反应时间的推移，乳胶粒的

尺寸分布曲线沿着乳胶粒的尺寸轴由左向右移动，说明平均一个乳胶粒的尺寸在不断增大。同时还可发现，随着时间的推移，曲线的峰值在不断降低，曲线趋于平坦，说明乳胶粒的尺寸分布随反应时间而变宽。由图 2-18 也可以看出，乳胶粒尺寸随时间变宽的速率与当时乳胶粒尺寸分布宽窄有关。乳胶粒尺寸分散性小的体系，其尺寸分布变宽的速率大，如图 2-18(c) 所示，从 $t=0\sim2$ 乳胶粒尺寸变宽的幅度要比从 $t=2\sim4$ 变宽的幅度大，就说明了这个问题。

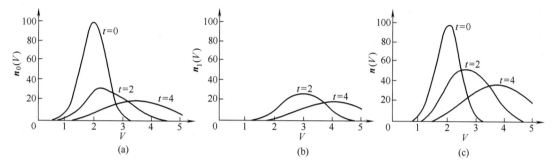

图 2-18　乳胶粒尺寸分布 $n_0$、$n_1$ 及 $n(=n_0+n_1)$

（2）差分法　差分法是一种数值求解的方法。无论方程多么复杂，利用差分法总可以求得它的数值解。但是采用差分法常常会出现数值不稳定，故计算的结果误差较大。此外采用差分法需占用相当多的机时。

（3）矩量法　对于求解乳胶粒总体平衡方程式来说，矩量法是一种切实可行的近似方法，可以将问题简化，使变数减少。例如可以定义函数 $n_i(\sigma,t)$ 对 $\sigma$ 的 $j$ 次矩为

$$m_i^j(t)=\int_0^\infty \sigma^j n_i(\sigma,t)\mathrm{d}\sigma \tag{2-193}$$

由式（2-188）及式（2-193）可以导出一组近似方程，这个方程组仅有一个有穷数 $m_i^j$，并且仅有一个变量 $t$，这样的矩量方程很容易求解，且很容易求得乳胶粒的尺寸分布 $n_i(\sigma,t)$。但是在矩量很多的场合，或当方程（2-188）为非线性的时候，却很难用矩量法求解。

### 2.6.2.2　阶段Ⅰ

在阶段Ⅰ，因为有乳胶粒生成，故式（2-188）中 $C$ 不等于零。同时除了由胶束成核机理生成乳胶粒之外，还有均相机理（低聚物成核机理），这就更增加了问题的复杂性；加之对许多乳液聚合过程来说，在阶段Ⅰ乳胶粒生长又常常为其后的阶段Ⅱ及阶段Ⅲ乳胶粒生长所掩盖，所以至今尚未求得式（2-188）对阶段Ⅰ的解。

Min 及 Ray[40] 认为，引起乳胶粒分布 $n_i(\sigma,t)$ 变化的机理有四种：①乳胶粒和胶束聚结；②乳胶粒相互聚结；③自由基进入胶束；④低聚物自由基在水相中沉析。这四种过程都会影响式（2-188）中的向量 $C$，需对上述各项分别进行计算。以乳胶粒之间的聚结为例，体积为 $V_1$ 和体积为 $V_2$ 的乳胶粒相互聚结速率正比于该两种乳胶粒数目的乘积，其比例系数由式（2-194）计算。

$$K_C=C_1\exp\left(\frac{-E^*}{k_BT}\right)(V_1V_2)^{-1/3} \tag{2-194}$$

式中，$E^*$ 为聚结活化能；$C_1$ 为常数。

实际上，相对于最终乳胶粒尺寸来说，在阶段 I 无论由哪个机理生成的乳胶粒都很小，若假定在阶段 I 乳胶粒为单分散性的，即所有的乳胶粒大小相同，对其后阶段的乳胶粒尺寸分布并不会造成很大误差。

### 2.6.2.3 阶段 III

在阶段 III，乳胶粒数不变，不存在单体珠滴。随着聚合反应的进行，乳胶粒中单体浓度逐渐下降，因此式(2-188)应当和对单体的物料平衡方程联立求解，同时需对 $K$ 值进行修正。在阶段 III 单体的消耗可以发生在乳胶粒中，也可以发生在水相中，只不过在水相中单体消耗量很少，常常将其忽略。在乳胶粒中单体消耗的速率可用如下方程表示。

$$-\frac{\mathrm{d}[\mathrm{M}]}{\mathrm{d}t}=\frac{k_\mathrm{p}}{N_\mathrm{A}\bar{v}}\,I[\mathrm{M}] \tag{2-195}$$

式中，$\bar{v}$ 为平均一个乳胶粒的体积；$I$ 为平均一个乳胶粒中的自由基数，可通过式 (2-196) 计算。

$$I=\sum_{i=0}^{\infty}\int_0^{\infty}\boldsymbol{n}_i(\sigma,t)\mathrm{d}\sigma \tag{2-196}$$

### 2.6.2.4 理论预计和试验数据的比较

很多人在这方面做过工作，以下仅举两例：Min 及 Ray[46] 将根据总体平衡模型预计的乳胶粒尺寸和 Gerrens[47] 对聚甲基丙烯酸甲酯所得的结果进行了比较，如图 2-19 及图 2-20 所示。他们进行计算时大部分参数都来自文献。

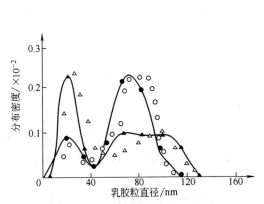

图 2-19　聚甲基丙烯酸甲酯理论预计和
试验测定乳胶粒尺寸分布的比较

●、○ $[I]_0=1.8\times10^{-3}\mathrm{g/cm^3}$；▲、△ $[I]_0=3.6\times10^{-4}\mathrm{g/cm^3}$

● 和 ▲ 由 Min and Ray 预计[46]；

○ 和 △ 来自 Gerrens 试验数据[47]

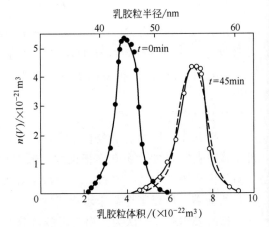

图 2-20　丙烯酸甲酯半连续乳液聚合理论
预计乳胶粒尺寸分布与试验数据的比例

－－－理论预计结果；——试验曲线

## 2.7 连续反应器中的乳液聚合

### 2.7.1 简介

连续操作乳液聚合反应器主要有两类：一类是釜式反应器；另一类是管式反应器。而在釜式反应器中又有单釜连续反应器和多釜连续反应器之分。在工业生产中，多釜连续反应器更为多见。在连续操作乳液聚合过程中，反应物料连续输入，产物连续输出，产品质量可在一个相当长的时间内维持稳定状态，生产规模可以很大。对于反应速率较高的体系采用连续操作方式可收到较大的经济效益。但是对于反应速率低、反应时间很长的情况来说，就不宜采用连续操作反应器。尤其是当处理容易结垢或容易引起堵塞的乳液聚合体系时，应采用间歇反应器或半连续反应器。同时连续反应器也不适用于需要经常改变配方的场合。

工业规模的连续乳液聚合过程已见于很多报道，如丁苯橡胶[48-51]、氯丁橡胶[52,53]以及许多其他聚合物的生产过程[54]。随着生产规模的扩大，连续反应生产方式越来越引起人们的重视。

应用最广泛的连续乳液聚合体系是多釜连续反应器，例如工业丁苯橡胶生产多采用 $10\sim15$ 台 $10\sim15m^3$ 的串联搅拌釜，采用夹套换热或装设内部换热器。在乳液聚合物的工业生产中也有采用管式反应器的，其中有的是直通管式反应器[55,56]，有的则为循环管式反应器[57]，也有的和多釜连续反应器联合使用[58]，或在多釜连续反应器前加上一个反应管作为预反应器。

### 2.7.2 在釜式连续反应器中进行的乳液聚合理论模型

作为乳液聚合的理论模型，首先必须研究乳胶粒的生成和生长问题，如果正确地解决了这两个问题，所建立的模型就可以用来预计乳胶粒数、聚合反应速率以及乳胶粒的尺寸分布。以下介绍 Gershberg 及 Longfield[59] 建立的单釜连续反应器乳液聚合理论模型，它仍是基于 Smith-Ewart[15] 第二种极端情况间歇乳液聚合理论。

（1）成核　式（2-16）是 Smith 及 Ewart 于 1948 年得到的第二种极端情况的方程，该方程可以预计间歇乳液聚合中所生成的乳胶粒数。

若 $R_i$ 代表每毫升水中每分钟所生成的自由基的量（mol）；$a_f$ 为一个乳化剂分子所能提供的覆盖面积；$[S]$ 为 $1cm^3$ 水中乳化剂的量（mol），$N_A$ 为阿伏伽德罗常数，则

$$\rho = R_i N_A \tag{2-197}$$

$$A = a_f [S] N_A \tag{2-198}$$

则式（2-16）变为

$$\frac{dN_p}{dt} = R_i N_A \frac{A_m}{a_f [S] N_A} \tag{2-199}$$

上式表明，乳胶粒生成速率正比于胶束表面积在乳化剂所提供的总覆盖面积中所占的分数 $[A_m/(a_f[S]N_A)]$。在反应开始时，无乳胶粒存在，故 $A_m = a_f[S]N_A$，则 $dN_p/dt = R_i N_A$；当胶束表面积 $A_m = 0$ 时，乳胶粒表面积 $A_p = a_f[S]N_A$，此时 $dN_p/dt = 0$，则乳胶粒生成过程停止。

在单釜连续反应器中，稳态时，乳胶粒数不随时间而变化。每毫升水中的乳胶粒数可用式（2-200）计算。

$$N_p = R_i N_A \theta \frac{A_m}{a_f[S]N_A} = R_i \theta \frac{A_m}{a_f[S]} \tag{2-200}$$

式中，$\theta$ 为物料在反应器中平均停留时间，即等于反应器的有效容积除以物料的体积流量。

要想计算乳胶粒数 $N_p$，就必须由乳胶粒尺寸分布方程来求出 $A_m$，而乳胶粒尺寸分布又取决于乳胶粒的生成速率以及物料在反应器中的停留时间分布。

（2）乳胶粒生长速率 Smith-Ewart 在讨论第二种极端情况（2.4.1"情况 2"）时假定自由基在乳胶粒中的终止反应瞬时进行，故平均一个乳胶粒中有 0.5 个自由基，即 $I = 0.5$，则平均一个乳胶粒中的聚合速率为

$$\left(\frac{d\Omega}{dt}\right)_{平均} = \frac{1}{2} \times \frac{k_p}{N_A}[M] \tag{2-201}$$

如前所述，只要体系中有单体珠滴存在，乳胶粒中单体浓度就保持一个常数，即 $[M]$ 为常数。随着在乳胶粒内聚合反应的进行，乳胶粒的体积逐渐增大，所消耗的单体由单体珠滴通过水相进行补充。在这样的条件下，不难由式（2-201）推导出平均一个乳胶粒体积增长速率

$$\frac{dv}{d\tau} = 4\pi r^2 \frac{dr}{d\tau} = \frac{1}{2} K_1[M] \tag{2-202}$$

式中，$K_1$ 为常数，与乳胶粒中单体和聚合物的比例、链增长速率常数及单体与聚合物的密度有关；$\dfrac{dv}{d\tau}$ 为平均一个乳胶粒的体积增长速率，若认为每个乳胶粒中都含有 0.5 个自由基，则每个乳胶粒体积增长速率相同 $\left(均为\dfrac{dv}{d\tau}\right)$；$v$ 为一个年龄为 $\tau$ 的乳胶粒的体积；$r$ 为该乳胶粒的半径。

对于式（2-202）进行积分则得

$$v = v_0 + 0.5 K_1[M]\tau \tag{2-203}$$

$$r^3 = r_0^3 + \frac{3K_1[M]\tau}{8\pi} \tag{2-204}$$

式中，$v_0$ 及 $r_0$ 分别为生成该乳胶粒的增溶胶束的体积和直径。式（2-203）及式（2-204）表明一个乳胶粒尺寸和它的年龄 $\tau$ 之间的函数关系。

（3）乳胶粒的年龄和尺寸分布 在单釜连续反应器中乳胶粒的年龄分布密度函数可用式（2-205）表示。

$$E(\tau) = \frac{1}{\theta} \exp\left(-\frac{\tau}{\theta}\right) \tag{2-205}$$

在 $\tau$ 至 $\tau+d\tau$ 时间间隔内所产生的乳胶粒在乳胶粒总数中所占的分数为

$$dF(\tau)=E(\tau)d\tau \tag{2-206}$$

式中　$F(\tau)$——年龄分布函数。

若以 $W(r)$ 表示乳胶粒尺寸分布密度函数，在时刻 $\tau$ 生成的乳胶粒到时刻 $t$ 半径为 $r$；在时刻 $\tau+d\tau$ 生成的乳胶粒到时刻 $t$ 半径为 $r+dr$，则在时刻 $t$ 时尺寸介于 $r$ 到 $r+dr$ 之间的乳胶粒在乳胶粒总数中所占的分数为

$$dU(r)=W(r)dr \tag{2-207}$$

式中　$U(r)$——乳胶粒尺寸分布函数。

若假定增溶胶束的直径可忽略，即 $r_0=0$，则当乳胶粒年龄为零时，乳胶粒尺寸为零，随着乳胶粒年龄的增长，乳胶粒就逐渐长大。当乳胶粒年龄分布宽时，乳胶粒尺寸分布必然亦宽。如前所述，乳胶粒年龄分布函数变化 $dF(\tau)$ 与乳胶粒尺寸分布函数变化 $dU(r)$ 均等于在时刻 $\tau$ 到时刻 $\tau+d\tau$ 时间间隔内所生成的乳胶粒数在时刻 $t$ 时的乳胶粒总数中所占的分数，故两者应相等，即 $dU(r)=dF(\tau)$，由式（2-206）及式（2-207）得

$$W(r)dr=E(T)d\tau \tag{2-208}$$

则

$$W(r)=\frac{E(\tau)}{\dfrac{dr}{d\tau}} \tag{2-209}$$

由式（2-204）、式（2-205）及式（2-209）可得

$$W(r)=\frac{8\pi r^2}{K_1[M]\theta}\exp\left[-\frac{8\pi(r^3-r_0^3)}{3K_1[M]\theta}\right] \tag{2-210}$$

对式（2-210）进行积分，并令 $r_0=0$，则得

$$U(r)=\int_0^r W(r)dr=1-\exp\left(-\frac{8\pi r^3}{3K_1[M]\theta}\right) \tag{2-211}$$

如果转化率不太高，且乳胶粒尺寸不太大，式（2-211）可以很精确地预计聚苯乙烯乳液的乳胶粒尺寸分布。图 2-21 表明聚苯乙烯乳液的乳胶粒尺寸分布曲线[60]，可以看出理论的预计很好地符合试验数据。

（4）乳胶粒数及聚合反应速率　如上所述，在式（2-200）中，每毫升水中胶束的表面积 $A_m$ 尚待求出。若忽略吸附在单体珠滴表面上的乳化剂，则 $A_m$ 应当等于乳化剂所提供的总覆盖面积与乳胶粒表面积之差，即

$$A_m=a_f[S]N_A-4\pi N\int_0^\infty r^2 U(r)dr \tag{2-212}$$

由式（2-200）、式（2-211）及式（2-212）可得到

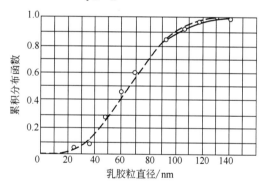

**图 2-21　聚苯乙烯乳液乳胶粒尺寸分布**
$T=70℃$；$\theta=15min$；$[S]=27.9g/L$ 水；
引发剂浓度为 $3.5g/L$ 水
乳胶粒平均直径：---- $D_p=69nm$；
—— $D_p=70nm$；○ $D_p=72nm$

$$\frac{R_i \theta N_A}{N_p} = 1 + \frac{\alpha_0 R_i \theta}{a_f [S]} \left( \frac{k_p [M] \theta}{1 - \alpha_1 [M]} \right)^{2/3} \qquad (2\text{-}213)$$

或
$$\pi_1 = 1 + \pi_2 \qquad (2\text{-}214)$$

式中，$\pi_1$ 及 $\pi_2$ 代表式(2-213)中相应的数群；$\alpha_0 = 3.85 \ (M_1 V_p)^{2/3}$；$\alpha_1 = M_1 V_m \times 10^{-3}$；$M_1$ 为单体的分子量；$V_p$ 及 $V_m$ 分别为聚合物及单体的比容。

式(2-213)右边的第二项 $\pi_2$，代表吸附在乳胶粒表面上的乳化剂量和胶束乳化剂量之比。$\pi_2 \gg 1$，故式(2-213)可以写成

$$N_p = \frac{a_f [S] N_A}{\alpha_0} \left( \frac{k_p [M] \theta}{1 - \alpha_1 [M]} \right)^{-2/3} \qquad (2\text{-}215)$$

另外，每毫升水中的聚合反应速率可用式(2-29)表示。

$$R_p = \frac{\mathrm{d} P_m}{\mathrm{d} t} = \frac{k_p}{N_A} [M] N I$$

式中    $P_m$——每毫升水中生成了聚合物的单体量，kmol/L；

$I$——平均一个乳胶粒中的自由基数。

由式(2-29)及式(2-213)可得

$$\frac{R_i \theta k_p [M]}{R_p} = 1 + \frac{\alpha_0 R_i \theta}{a_f [S]} \left( \frac{k_p [M] \theta}{1 - \alpha_1 [M]} \right)^{2/3} \qquad (2\text{-}216)$$

或
$$\pi_3 = 1 + \pi_2 \qquad (2\text{-}217)$$

式中，$\pi_3$ 及 $\pi_2$ 为式(2-216)中相应的数群。

图 2-22 及图 2-23 标绘出了在很宽的转化率范围内苯乙烯连续乳液聚合的数据和根据式(2-213)及式(2-216)预计的结果。可以看到，对聚合速率的预计以较好的精确度符合试验数据。仔细观察时可以发现，所测得的乳胶粒数稍低于理论预计的结果，原因是推导上述方程时，作了这样的假设：反应开始时乳胶粒尺寸为零，即 $r_0 = 0$。这样势必导致利

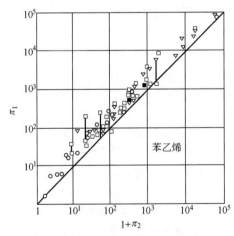

图 2-22    理论预计和试验测定乳胶粒数的比较

□、▽及○分别来自 Degraff[61]、Gershberg[59] 及

Gerrens[47] 的工作数据；

■为在假定 $I = \frac{1}{2}$ 时由 $R_p$ 计算得到的数据

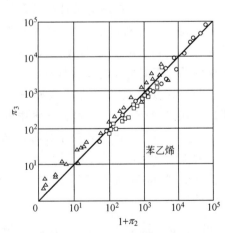

图 2-23    理论预计和试验测定聚合速率的比较

图中符号同图 2-22

用上式预计的乳胶粒数偏高；同时在测定乳胶粒数时存在着误差，尺寸小的乳胶粒不易被测出，故所测得的乳胶粒数必然偏低。

（5）和间歇反应器的比较　对间歇反应器来说，Smith-Ewart 第二种极端情况预计乳胶粒数的方程为

$$N_p = XR_i^{0.4}(a_f[S]N_A)^{0.6} \tag{2-218}$$

式中　$X$——常数。

比较式（2-213）及式（2-218）可知，对于同一乳液聚合反应来说，是在间歇反应器中还是在连续反应器中进行，其模型方程出入很大，对方程中的主要参数，如产生自由基的速率 $R_i$、乳化剂浓度 $[S]$ 及平均停留时间 $\theta$ 等所加的指数都将会有很大差别，如表 2-2 所示。因此若用间歇乳液聚合的数据来设计连续反应器就会出现很大误差。

**表 2-2**　Smith-Ewart 第二种极端情况模型方程的指数

| 参　　数 | 指　　数 | |
| :---: | :---: | :---: |
| | 间歇 | 单釜连续 |
| $R_i$ | 0.4 | 0 |
| $[S]$ | 0.6 | 1.0 |
| $\theta$ | — | −0.67 |

根据式（2-213）求 $dN/d\theta = 0$，即可求出在单釜连续反应器中最大的乳胶粒数（$N_{CSTR}$）；若 $N_B$ 为在间歇反应器中所得到的乳胶粒数，则有如下关系。

$$N_{CSTR} \leqslant 0.577N_B \tag{2-219}$$

这就是说，对同样配方的乳液聚合反应来说，在单釜连续反应器中所得到的乳胶粒数充其量仅为在间歇反应器中乳胶粒数的 57.7%。

（6）进料中阻聚剂的影响　所用的单位常常含有少量阻聚剂，这是为防止贮存时单体自聚而故意加入的。聚合前需要对单体进行净化处理，但很难将阻聚剂完全除净。其他物料诸如介质、乳化剂等也会带进少量阻聚剂。在间歇反应器中，阻聚剂的存在会推迟聚合反应开始的时间，产生一个诱导期；而在釜式连续反应器中阻聚剂的存在会引起引发速率的降低。在多釜连续反应器的第一釜中，有效引发速率由式（2-220）计算。

$$R_{i,1} = f\left(\frac{2k_d[I]_0}{1+k_d\theta_1} - \frac{f_H[H]_0}{\theta_1}\right) \tag{2-220}$$

式中　　$f$——引发剂引发效率；

$\quad\quad k_d$——引发剂分解速率常数，$min^{-1}$；

$[I]_0$，$[H]_0$——引发剂、阻聚剂初始浓度，$kmol/L$；

$\quad\quad f_H$——每一个阻聚剂分子所消耗的自由基数；

$\quad\quad \theta_1$——第一釜中物料的平均停留时间，$min$。

式（2-220）仅适用于右边为正值的场合，如果右边为负值或零，则在第一釜中就没有聚合反应发生。如果式（2-220）右边为正值，第二釜中的引发速度应当为

$$R_{i,2} = f\left[\frac{2k_d[I]_0}{(1+k_d\theta_1)(1+k_d\theta_2)}\right] \tag{2-221}$$

式中　$\theta_2$——物料在第二釜中的平均停留时间，min。

### 2.7.3　釜式连续反应体系的非稳特性

在开车、停车或遇到外界干扰的时候，会引起连续乳液聚合反应过程各种参数的波动，这就是连续乳液聚合的非稳特性，又称瞬态现象。很多因素可以导致非稳特性的发生。例如图 2-24[59] 及图 2-25[62] 分别为苯乙烯和甲基丙烯酸甲酯连续乳液聚合试验数据。由图可看出，转化率随反应时间而发生波动。有人发现苯乙烯连续乳液聚合时，会发生表面张力随反应时间而进行连续波动；也有人发现[63]，在丙烯酸甲酯连续乳液聚合过程中，乳胶粒尺寸随时间而发生无规则的变化，且看不出达到平衡的倾向。连续反应器的非稳特性将严重影响产品的质量和生产的正常进行，因此深入研究连续乳液聚合过程的非稳特性，对于反应器的操作、控制和设计来说都是很重要的。

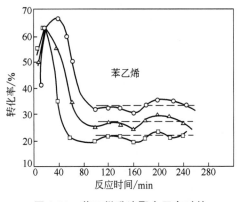

图 2-24　苯乙烯乳液聚合开车时的
转化率非稳特性

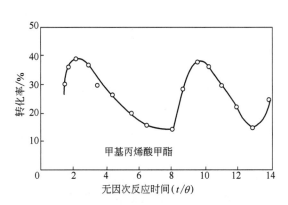

图 2-25　甲基丙烯酸甲酯转化率非稳特性

$T=40℃$；$\theta=20min$；$[S]=0.01mol/L$ 水；单体浓度为
$H_2O=0.43mol/L$，$NaHCO_3=0.03mol/L$，$NaCl=0.02mol/L$

转化率和表面张力波动的原因是由于乳胶粒增长速率和产生速率波动而造成的。假如将一单釜连续反应器充满一定浓度的乳化剂溶液，然后从加料管向反应器中连续地加入同浓度的乳化剂溶液、引发剂及单体，同时以相应的流量从反应器的出料口出料，当升温至反应温度时，引发剂开始分解。由于开始时无乳胶粒存在，故生成的自由基全部进入胶束中，成核，生成乳胶粒。因为聚合反应主要发生在乳胶粒中，乳胶粒数的快速增加就意味着反应速率很快增大，转化率很快提高。在这个时候，由于所有的乳胶粒都是刚刚生成，乳胶粒的平均尺寸都很小，其表面积当然很小，所以自由基向乳胶粒中扩散的速率和向胶束中扩散的速率相比仍然很小，因而乳胶粒生成的速率仍然很高，以致使得乳胶粒数超过其稳定状态值。后来随着乳胶粒的不断长大，其表面积越来越大，会有越来越多的乳化剂被吸附到乳胶粒表面上来，以使其饱和，这就使胶束浓率逐渐减小，以致造成胶束消失，表面张力大大提高，乳胶粒生成速率下降至零。此时乳胶粒数目很多，并且尺寸很大，所以转化率和反应速率均达到一个峰值。由于此时乳胶粒生成速率为零，而乳胶粒又不断由反应器出口向外流出，所以在反应器中乳胶粒数会越来少，故反应速率不断降低，且转化率也逐渐降低。这时，由于乳胶粒数目的减少势必导致乳胶粒表面上的乳化剂量减少，因而胶束乳化剂浓度开始增大，表面张力下降。这样一来，乳胶粒生成速率又上升，继之而来的是转化率和反应速率又回升……就这样连续地波动下去。但是波动的幅度将越来越小，最后达到一个平衡值。当乳化剂浓度小或乳胶粒生成速率高的时候，这种波动就更加显著。另外，在高转化率下，由于出现凝胶效应而使链终止速率常数降低，故在乳胶粒中平均自由基数增加，因而反应速率也提高。所以凝胶效应也会加剧转化率的波动。

有很多办法可以减少或避免连续乳液聚合反应体系的非稳特性。

① 在多釜连续反应器前加一个小预聚釜，使得在后续大反应器中由于返混而造成的非稳特性减轻。

② 向体系中加入种子乳液，使体系一开始就接近稳定状态，且由于不存在乳胶粒生成过程，避免了由此而引起的非稳特性。

③ 用光散射等手段在线监测转化率，若发现非稳特性发生的趋势，将部分物料打循环使其消除。

④ 在线监测表面张力，根据情况改变乳化剂加料速率。

# 2.8　乳液聚合综合数学模型

在总结前人工作的基础上，Min 和 Ray[40,64] 提出了一个综合性的、详尽的乳液聚合数学模型。这个模型包括体系中各种物料的平衡，用它可以预计乳胶粒尺寸及尺寸分布、所生成聚合物的分子量及分子量分布以及转化率-时间依赖关系。这个模型既能描述间歇乳液聚合过程，又能描述连续及半连续乳液聚合过程。在这个模型中除了考虑到一般的乳液聚合数学模型所考虑的因素之外，还综合考虑了以下诸因素：

① 乳胶粒既可以通过胶束成核机理生成，也可以通过均相机理（即低聚物成核机理）以及单体珠滴机理生成。

② 自由基有可能从乳胶粒向水相解吸。

③ 带有离子末端的大分子链可以起乳化剂的作用。

④ 乳胶粒之间可能发生聚结，也有可能发生乳胶粒的分裂，由一个乳胶粒生成两个或多个乳胶粒。

⑤ 在乳胶粒中会发生凝胶效应。

⑥ 乳胶粒内部可能是不均匀的，可能形成某种结构。

⑦ 在水相中的聚合应作为总聚合的一部分而被计入。

⑧ 乳胶粒的大小有一个分布，这个分布会对乳液聚合的行为发生影响。

从该模型出发，Min 和 Ray 分别对甲基丙烯酸甲酯的间歇乳液聚合过程[46] 和苯乙烯的半连续乳液聚合过程[65] 进行了计算机模拟，并用试验证明了这个模型的有效性，模型的预计既和实验室试验数据一致，又和中间工厂试验结果相符合。

## 2.8.1 定性理论

（1）聚合反应机理　这个模型采用的反应机理是标准自由基聚合反应动力学机理，即

链引发
$$I \xrightarrow{K_d} 2R\cdot$$

$$R\cdot + M \xrightarrow{K_i} P_1\cdot$$

链增长
$$P_n\cdot + M \xrightarrow{K_p} P_{n+1}\cdot$$

链转移

向单体转移
$$P_n\cdot + M \xrightarrow{K_{fm}} M_n + P_1\cdot$$

向链转移剂转移
$$P_n\cdot + T_r \xrightarrow{K_{ft}} M_n + P_1\cdot$$

链终止

偶合终止
$$P_m\cdot + P_n\cdot \longrightarrow M_{m+n}$$

歧化终止
$$P_m\cdot + P_n\cdot \longrightarrow M_m + M_n$$

（2）成核　水溶性的引发剂主要在水相分解成自由基；而溶于单体的引发剂可在单体珠滴中分解成自由基，也可在溶有少量单体的水相中以及在被单体溶胀的乳胶粒中生成自由基。在水相中的自由基可以扩散进入胶束、乳胶粒和单体珠滴中；在乳胶粒、胶束及单体珠滴中的自由基可以向水相解吸。在水相中的自由基可以在水相中引发聚合，生成低聚物，当这些低聚物的链长超过它们的溶解限度的时候，就从水相中沉析出来。刚沉析出来的低聚物很不稳定，当它们从水相中吸收了乳化剂以后，或者和胶束聚结以后，就成为稳定的新乳胶粒。在单体珠滴中的自由基可以在单体珠滴中引发聚合，这种聚合作用类似于悬浮聚合，将生成体积较大的聚合物颗粒。

（3）聚结机理　在聚合反应早期阶段，胶束和乳胶粒之间以及不同大小的乳胶粒之间会发生聚结。后来胶束消失，聚结只发生在乳胶粒之间。粒子的聚结程度与搅拌程度有关，也与粒子的性质如粒子的大小、表面电荷密度等有关。搅拌的程度可以影响聚结速率以及聚结程度，搅拌愈激烈，聚结愈快、愈严重[66]。并且搅拌转速越高，乳胶粒尺寸分布越宽。另外，搅拌强度也会影响聚合反应速率[67]；搅拌激烈时，单体珠滴变小，数目增多，每毫升水中单体珠滴的表面积增大，则吸附在单体珠滴表面上的乳化剂量增大，因而每毫升水中的胶束数目减少，新生成的乳胶粒的数目也就会减少，故聚合反应速率变慢。

一般来讲，小粒子的聚结速率要比大粒子之间的聚结速率大得多[68]。另一方面当粒子表面电荷密度越大的时候，其聚结速率越小。对于大小相等的粒子来说，聚结速率 $R_c$ 可用式(2-222)计算。

$$R_c = k_c n^2 \tag{2-222}$$

$$k_c = \frac{8k_B T}{3\eta} \exp\left(\frac{-E^*}{k_B T}\right) \tag{2-223}$$

式中　$n$——每毫升水中的粒子数目；

$k_c$——聚结速率常数，L/(kmol·min)；

$k_B$——玻耳兹曼常数；

$T$——热力学温度；

$\eta$——介质的黏度；

$E^*$——聚结活化能。

设 $\psi_d$ 为双电层的电位，$\psi_0$ 为粒子的表面电位，则有 $\psi_d \propto \psi_0$，因为两个粒子间的静电排斥势能决定于 $\psi_d^2$，而聚结活化能就是为克服两粒子间的静电排斥势能所需要的能量，所以聚结活化能 $E^* \propto \psi_0^2$。另一方面，由于表面电位正比于粒子表面的电荷密度 $\sigma_p$，所以聚结活化能 $E^*$ 可以和表面电荷密度关联起来。

$$E^* \propto \sigma_p^2 = \left(\frac{粒子表面电荷总量}{粒子总表面积}\right)^2$$

在乳液聚合体系中，表面电荷密度 $\sigma_p$ 决定于乳化剂的浓度和在乳胶粒表面上聚合物离子末端的浓度，因此有

$$E^* \propto \left(\frac{粒子表面乳化剂电核总量＋粒子表面大分子链离子末端总量}{粒子总表面积}\right)^2$$

$$= \left(\frac{\dfrac{-l_e(S_T - S_{wC} - A_m - A_d)}{a_e} + \dfrac{l_p S_p}{a_p}}{A_p}\right)^2$$

$$= \sigma_p^2 \tag{2-224}$$

式中  $l_e, l_p$——一个乳化剂分子和一个大分子离子末端的电子电荷量；

$a_e, a_p$——一个乳化剂分子和一个大分子离子末端所能覆盖的粒子表面积；

$A_p$——每毫升水中粒子的总表面积；

$S_T$——每毫升水中乳化剂所能提供的总覆盖面积；

$S_{wC}$——在临界胶束浓度下溶解在水中的乳化剂所占的覆盖面积；

$A_m$——胶束总表面积；

$A_d$——单体珠滴总表面积；

$S_p$——聚合物离子末端所能提供的总表面积。

根据式(2-222)～式(2-224)可预计粒子的聚结速率。

（4）核壳乳胶粒结构  在乳液聚合领域里，许多工作者认为乳胶粒内部是均匀的，聚合反应发生在乳胶粒中的各处。也有人认为，乳胶粒内部是不均匀的[41,42]，并证明了在阶段Ⅱ乳胶粒中单体含量随转化率而减少，而聚合反应速率却仍保持常数。可以用乳胶粒的核壳结构来解释这一现象，如图 2-26 所示。主张核壳结构的学者们认为：在乳胶粒的中心附近为一个富聚合物的核，其中聚合物含量大，而单体含量小，聚合物被单体所溶胀；在核的外围是一层富单体的壳，聚合物被单体

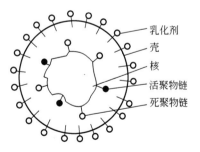

图 2-26  乳胶粒核壳结构示意图

溶解；在壳表面上，吸附有乳化剂分子而形成一单分子层，使该乳胶粒稳定地悬浮在水相中；在核与壳的界面上，分布有正在增长的或失去活性的聚合物链末端，聚合反应就是发生在这个界面上。因为在核与壳的界面上单体浓度不变，故在阶段 II 聚合反应速率保持常数。但是对于整个乳胶粒而言，单体的平均浓度即单体的含量是随转化率增大而不断降低的。有人在乳胶粒的电子显微镜照片上观察到了这种核壳结构。

Min 和 Ray 的乳液聚合数学模型，既可以处理均相乳胶粒形态，又可以处理核壳结构形态。

## 2.8.2 乳胶粒的总体平衡

在这里利用总体平衡的方法来推导乳胶粒的分布和有关量的平衡。

### 2.8.2.1 自由基数的分布

描述自由基数分布的微分方程为

$$\frac{\partial f_i(V,t)}{\partial t} + \frac{\partial [R_V f_i(V,t)]}{\partial v} = \sum_{i=1}^{9} R_i \tag{2-225}$$

式中　$f_i(V,t)$——自由基数分布密度函数；

　　　$R_V$——乳胶粒体积增长速率。

$f_i(V,t)\mathrm{d}V$ 为在时刻 $t$ 每毫升水中，体积为从 $V$ 到 $V+\mathrm{d}V$ 含有 $i$ 个自由基的乳胶粒数。

式(2-225) 中：等号左边第一项代表自由基数的分布随时间的变化；等号左边第二项代表由于乳胶粒体积增大而引起的自由基数分布的变化；等号右边从 $R_1 \sim R_9$ 各项分别为从 1~9 各因素对自由基数分布的变化所做的贡献。

以下分别 $R_1 \sim R_9$ 以及 $R_V$ 进行计算：

① $R_1$ 为由于乳胶粒从水相吸收自由基而引起的自由基数分布的变化。

$$R_1 = k_{mp} a_p N_A ([R]_w + [P]_w)(f_{i-1} - f_i) \tag{2-226}$$

式中　$k_{mp}$——自由基从水相向乳胶粒中的传质速率常数，$cm/min$；

　　　$a_p$——体积为 $V$ 的乳胶粒的表面积，$cm^2$；

　　　$N_A$——阿伏伽德罗常数，$mol^{-1}$；

　　　$[P]_w$——水相中活性链的浓度，$kmol/L$；

　　　$[R]_w$——水相中初始自由基的浓度，$kmol/L$。

② 乳化剂分子既会存在于水相中，也会存在于乳胶粒中和单体珠滴中。$R_2$ 为由于引发剂在乳胶粒中分解而导致的自由基数分布的变化。

$$R_2 = f k_d N_A V[I]_p (f_{i-2} - f_i) \tag{2-227}$$

式中　$f$——引发剂引发效率；

　　　$k_d$——引发分解速率常数，$min^{-1}$；

　　　$[I]_p$——乳胶粒中引发剂浓度，$kmol/L$。

③ 自由基可以从乳胶粒向水相扩散，但是并不是所有的在乳胶粒中的自由基链都可以进行这一扩散过程，存在着一个临界聚合度 $n_d$，只有当活性链的聚合度 $n \leqslant n_d$ 时，才有可能从乳胶粒向水相解吸。$R_3$ 为由于自由基链从乳胶粒向水相解吸而导致的自由基数

聚合物乳液合成原理性能及应用
（第三版）

分布的变化。

$$R_3 = \frac{k_0 a_p}{V} \left[ f_{i+1}(V,t) \sum_{n=1}^{n_d} g_n(i+1,V,t) - f_i(V,t) \sum_{n=1}^{n_d} g_n(i,V,t) \right] \quad (2\text{-}228)$$

式中 $k_0$——自由基解吸速率常数，cm/min。

$g_n(i,V,t)dV$ 为在时刻 $t$，体积为从 $V$ 至 $V+dV$、含有一个聚合度为 $n$ 的聚合物链且含 $i$ 个自由基的乳胶粒在乳胶粒总数中所占的分数。

$$\text{当 } n_d \to \infty \text{ 时，} \sum_{n=1}^{n_d} g_n(i,V,t) \to i$$

④ $R_4$ 为由于在乳胶粒中的链终止而引起的自由基数分布的变化。

$$R_4 = \frac{k_{tc} + k_{td}}{N_A V} \left[ (i+2)(i+1) f_{i+2} - i(i-1) f_i \right] \quad (2\text{-}229)$$

式中 $k_{tc}$，$k_{td}$——分别为偶合终止和歧化终止速率常数，L/（kmol·min）。

⑤ $R_5$ 为由于乳胶粒之间的聚结而导致的自由基数分布的变化。某些乳胶粒中含有 $j$ 个自由基。当 $j \leqslant i$ 时，含有 $j$ 个自由基的乳胶粒有可能和其他乳胶粒聚结而生成含 $i$ 个自由基的乳胶粒；当 $j=i$ 时，和自由基数为零的乳胶粒聚结也可以生成含 $i$ 个自由基的乳胶粒。但是所含自由基数大于 $i$ 的乳胶粒和其他乳胶粒聚结不可能生成任何含 $i$ 个自由基的乳胶粒。

某些乳胶粒的体积为 $v$，当 $v<V$ 时，具有体积为 $v$ 的乳胶粒有可能和其他乳胶粒聚结而生成体积为 $V$ 的乳胶粒。当 $v=V$ 时，这个乳胶粒本身就是含 $i$ 个自由基的乳胶粒。但是，体积大于 $V$ 的乳胶粒不可能和其他乳胶粒聚结而生成体积为 $V$ 的乳胶粒。因而

$$R_5 = \int_0^v \sum_{j=1}^i k_c(V-v,V,\sigma_p) f_j(V-v) f_{i-j}(v) dv - f_i(V,t) \int_0^\infty k_c(V,v,\sigma_p) F(v,t) dv$$
$$(2\text{-}230)$$

式中 $\sigma_p$——乳胶粒表面的静电密度，C/cm³；

$k_c$——聚结速率常数，L/(kmol·min)，与聚结到一起的两个乳胶粒各自的体积有关，同时还与 $\sigma_p$ 有关；

$F(v,t)dv$——在时刻 $t$ 体积为 $v$ 到 $v+dv$ 的乳胶粒总数，可用式（2-231）计算。

$$F(v,t) = \sum_{i=0}^\infty f_i(v,t) \quad (2\text{-}231)$$

⑥ $R_6$ 为由于乳胶粒和胶束聚结而导致的自由基分布的变化。

$$R_6 = k_c(V-V_m,V_m,\sigma_p) f_i(V-V_m,t) N_m - k_c(V,V_m,\sigma_p) f_i(V_m) \quad (2\text{-}232)$$

式中 $V_m$——一个胶束的体积，cm³；

$N_m$——每毫升水中的胶束数，cm⁻³。

⑦ $R_7$ 为由于均相机理而生成新乳胶粒所引起的自由基数分布的变化。假定这个速率正比于在水相中低聚物的平均链长以及聚合物的总浓度，则

$$R_7 = k_{01} \bar{n} \sum_{n=1}^\infty [M_n]_w \delta_{io} \delta(V-V_0) \quad (2\text{-}233)$$

式中 $k_{01}$——在水相中低聚物沉析的速率常数，min⁻¹；

$\bar{n}$——水相中低聚物的平均聚合度；

$[M_n]_w$——水相中链长为 $n$ 的死聚物的浓度，kmol/L；

$\sum\limits_{n=1}^{\infty}[M_n]_w$——水相中死聚物的总浓度，kmol/L；

$\delta_{io}$，$\delta(V-V_0)$——$\delta$ 函数 ❶。

$\delta_{io}$ 的含义是：当 $i=0$ 时，$\delta_{io}=1$，故 $R_7 \neq 0$，则对于由均相机理生成的不含自由基的乳胶粒来说，$R_7$ 对自由基数分布的变化有贡献；而当 $i \neq 0$ 时，$\delta_{io}=0$，故 $R_7=0$，则对于由均相机理生成的含有自由基的乳胶粒来说，$R_7$ 不会对自由基数分布的变化有影响。这就是说，从水相沉析出来的低聚物全是死聚物，因为在水相中自由基寿命很短，活性链浓度极低，所以认为活性链浓度等于零是合理的。$\delta(V-V_0)$ 的含义是：当 $V=V_0$ 时，$\delta(V-V_0)=1$；当 $V \neq V_0$ 时，$\delta(V-V_0)=0$。即只有当 $V=V_0$ 时，由均相机理生成的乳胶粒才能对自由基数分布的变化有影响，因为只有乳胶粒增长到体积 $V_0$ 时，才能从水相中沉析出来而生成新乳胶粒。

⑧ $R_8$ 为由于胶束机理生成乳胶粒而引起的自由基数分布的变化。

$$R_8 = k_{mm} A_m ([R]_w + [P]_w) \delta_{i1} \delta(V-V_m) \qquad (2\text{-}234)$$

式中　　$k_{mm}$——自由基由水相向胶束传质速率常数，cm/min；

$A_m$——每毫升水中胶束的总表面积，$cm^2/cm^3$；

$[R]_w$——水相中初始自由基的物质的量浓度，kmol/L；

$[P]_w$——水相中活性链的物质的量浓度，kmol/L；

$\delta_{i1}$，$\delta(V-V_m)$——$\delta$ 函数。

$\delta_{i1}$ 的含义是：当 $i=0$ 时，$\delta_{i1}=0$；当 $i=1$ 时，$\delta_{i1}=1$。意即若无自由基扩散到某胶束中去，这个胶束就不会成核而生成乳胶粒；而当一个自由基扩散进入一个胶束时，这个胶束就成核而成为一个乳胶粒，对自由基数分布的变化就会产生影响。$\delta(V-V_m)$ 的含义是：当 $V=V_m$ 时，$\delta(V-V_m)=1$；当 $V \neq V_m$ 时，$\delta(V-V_m)=0$。意即只有按照胶束机理生成新乳胶粒时，式(2-234) 才不等于零，即才有效。

⑨ 若乳液聚合过程在单级理想混合釜中进行，由于流入和流出而引起的自由基数分布的变化速率 $R_9$ 可用式(2-235) 计算。

$$R_9 = \frac{1}{\theta} [f_i(V,t)|_0 - f_i(V,t)] \qquad (2\text{-}235)$$

式中　$f_i(V,t)|_0$——加料流中自由基分布密度函数；

$f_i(V,t)$——出料流中自由基分布密度函数；

$\theta$——物料在反应器中的平均停留时间，$\theta = V_R/F$；

---

❶ $\delta$ 函数又叫跃迁函数，或称脉冲函数。在某一点上（或某一区域内），函数突然由零增加至某值，跃过该点（或该区域）以后，函数又突然降至零。这一点叫作奇点。$\delta$ 函数可表示为如下形式：

a. $\delta_{ij} = \begin{cases} 1 & (i=j) \\ 0 & (i \neq j) \end{cases}$

b. $\delta(A-B) = \begin{cases} 1 & (A=B) \\ 0 & (A \neq B) \end{cases}$

$V_R$——反应器的有效体积；

$F$——加料和出料的体积流量。

⑩ 乳胶粒的体积增长是由于在乳胶粒中进行聚合反应以及所生成的聚合物被单体溶胀所致。式(2-225)中的体积增长速率 $R_V$ 可用式(2-236)计算。

$$R_V = \frac{k_p}{N_A} \times \frac{d_m}{d_p} \times \frac{\phi_m}{1-\phi_m} \times i = \mu i \tag{2-236}$$

式中，$\mu = (k_p/N_A)(d_m/d_p)[\phi_m/(1-\phi_m)]$。如果希望考虑更复杂的乳胶粒结构，体积增长的速率表达式需经变更。

### 2.8.2.2 乳胶粒总尺寸分布

乳胶粒总尺寸分布密度函数定义为

$$E(V,t) = \sum_{i=1}^{\infty} f_i(V,t) \tag{2-237}$$

$E(V,t)$ 的意义是在时刻 $t$，体积为从 $V$ 到 $V+dV$ 的乳胶粒数。

乳胶粒尺寸分布微分方程式为

$$\frac{\partial F(V,t)}{\partial t} + \frac{\partial [IF(V)\mu]}{\partial V} = \sum_{j=1}^{7} R_i^* \tag{2-238}$$

式中，$\mu$ 为在式(2-236)中定义的数群；等号左边第一项为乳胶粒总尺寸分布随时间的变化；等号左边第二项为由于乳胶粒体积增大而引起的乳胶粒尺寸分布的变化；等号右边 $R_1^* \sim R_7^*$ 为从 1~7 各因素对乳胶粒总尺寸分布变化速率的影响；$I$ 为平均一个乳胶粒中的自由基数，可用式(2-239)计算。

$$I = \frac{\sum\limits_{i=0}^{\infty} i f_i(V)}{\sum\limits_{i=0}^{\infty} f_i(V)} \tag{2-239}$$

① $R_1^*$ 与 $R_2^*$ 分别为在时刻 $t$ 每毫升水中由于乳胶粒的聚结体积为 $V$ 到 $V+dV$ 的乳胶粒生成与消失的速率。

$$R_1^* = \int_0^v k_c(V-v,v,\sigma_p)F(V-v)F(v)dv \tag{2-240}$$

$$R_2^* = F(V)\int_0^{\infty} k_c(V,v,\sigma_p)F(v)dv \tag{2-241}$$

② $R_3^*$ 与 $R_4^*$ 分别为由于乳胶粒和胶束间的聚结而引起的体积为 $V$ 到 $V+dV$ 的乳胶粒生成和消失的速率。

$$R_3^* = k_p(V-V_m,V_m,\sigma_p)N_m F(V-V_m) \tag{2-242}$$

$$R_4^* = k_c(V,V_m,\sigma_p)N_m F(V) \tag{2-243}$$

③ $R_5^*$ 为由于在水相中低聚物的沉淀而生成体积为 $V_0$ 的新乳胶粒的速率。

$$R_5^* = k_{01}\sum_{n=1}^{\infty} n[M_n]_w \delta(V-V_0) \tag{2-244}$$

④ $R_6^*$ 为在连续反应器中由于流入和流出而引起体积为 $V$ 到 $V+dV$ 的乳胶粒数的变化。

$$R_6^* = \frac{1}{\theta}\left[F(V,t)|_0 - F(V,t)\right] \tag{2-245}$$

式中 $F(V,t)|_0$，$F(V,t)$——在进料和出料流中在时刻 $t$ 总乳胶粒尺寸分布密度函数。

⑤ $R_7^*$ 为由于自由基进入胶束成核而生成体积为 $V_m$ 的新乳胶粒的速率。

$$R_7^* = k_{mm}A_m([R]_w + [P]_w)\delta(V - V_m) \tag{2-246}$$

### 2.8.2.3 活性链的链长分布

在乳胶粒中活性链长分布微分方程式为

$$\frac{\partial \hat{f}_n(i,V,t)}{\partial t} + \frac{\partial(R_V f_n)}{\partial V} = \sum_{j=1}^{9} \hat{R}_j \tag{2-247}$$

式中 $\hat{f}_n(i,V,t)$——乳胶粒中活性链长分布密度函数。

$f_n(i,V,t)\mathrm{d}V$ 为在时刻 $t$，每毫升水中体积为 $V$ 到 $V+\mathrm{d}V$，且含有 $i$ 个活性链，其中一个活性链的链长为 $n$ 的乳胶粒数。

若 $g_n(i,V,t)$ 代表在时刻 $t$，在 $f_i(V,t)\mathrm{d}V$ 个乳胶粒中，体积为 $V$ 到 $V+\mathrm{d}V$，自由基数为 $i$，且含有一个链长为 $n$ 的自由基的乳胶粒在乳胶粒的总数中所占的分数，则有

$$\hat{f}_n(i,V,t) = g_n(i,V,t)f_i(V,t) \tag{2-248}$$

式（2-247）中：等号左边第一项与第二项分别为乳胶粒中活性链长分布随时间和随体积的变化率；等号右边从 $\hat{R}_1 \sim \hat{R}_9$ 各项分别为从 $1\sim9$ 各因素对活性链长分布变化速率的影响，以下分别进行计算。

① $\hat{R}_1$ 为由于自由基扩散进入乳胶粒中而引起的活性链长分布的变化。

$$\hat{R}_1 = k_{mp}a_p N_A([R]_w + [P_w])[\hat{f}_n(i-1,V,t) - \hat{f}_n(i,V,t)] + k_{mp}a_p N_A[P_n]_w f_{i-1}(V,t) \tag{2-249}$$

等号右边，第一项考虑了由于乳胶粒中自由基数的变化而引起的活性链分布的变化；而第二项则考虑了由于链长为 $n$ 的自由基由水相向乳胶粒中扩散而引起的活性链长分布的变化。

② $\hat{R}_2$ 为由于引发剂在乳胶粒中分解而导致的活性链长分布的变化。

$$\hat{R}_2 = fk_d N_A V[I]_p[\hat{f}_n(i-2,V,t) - \hat{f}_n(i,V,t)] + \hat{f}k_d N_A V[I]_p[f_{i-2}(V,t) - f_i(V,t)]\delta_{n1} \tag{2-250}$$

等号右边，第一项考虑了乳胶粒中自由基数的变化；而第二项则代表乳胶粒中链长为1的新聚合物链生成的速率。

③ $\hat{R}_3$ 为由于自由基从乳胶粒向水相解吸而导致的乳胶粒中活性链长分布的变化。

$$\hat{R}_3 = \frac{k_0 a_P}{V}\left\{\sum_{m=1}^{n_d}\left[g_m(i+1,V,t)\hat{f}_n(i+1,V,t) - g_m(i,V,t)\hat{f}_n(i,V,t)\right] - H(n_d - n)\hat{f}_n(i+1,V,t)\right\} \tag{2-251}$$

大括号中，第一项考虑到了由于解吸而导致的自由基数的变化；在第二项中 $H(n_d -$

$n$）为开关函数●，当 $n \leqslant n_d$ 时 $H(n_d-n)=1$，当 $n > n_d$ 时 $H(n_a-n)=0$，即只有当 $n \leqslant n_d$ 时，这一项才有效。也就是说，只有链长小于 $n_d$ 的活性链才能从乳胶粒向水相解吸，因此大括号中第二项的意义是由于自由基从乳胶粒向水相解吸而使乳胶粒中的链长为 $n$ 的活性链消失的速率。

④ $\hat{R}_4$ 为在乳胶粒内部进行聚合反应的各动力学步骤对活性链长分布的影响。

$$\hat{R}_4 = k_p[M]_p[f_{n-1}(i,V,t) - \hat{f}_n(i,V,t)] + k_{fm}[M]_p[if_i(V,t)\delta_{n1} - f_n(i,V,t)] -$$
$$k_{ft}[T_r]_p\hat{f}_n(i,V,t) + \frac{k_{tc}+k_{td}}{N_AV}[(i+2)(i+1)\hat{f}_n(i+2,V,t) -$$
$$i(i-1)\hat{f}_n(i,V,t) - (i+1)\hat{f}_n(i+2,V,t)] \tag{2-252}$$

式中　$k_{fm}$——向单体链转移速率常数，$L/(kmol \cdot min)$；

　　　$k_{ft}$——向链转移剂链转移速率常数，$L/(kmol \cdot min)$；

　　　$[T_r]_p$——乳胶粒中链转移剂的物质的量浓度，$kmol/L$。

式中等号右边，前两项为链增长反应对活性链长分布的影响；第三项及第四项分别代表向单体及向链转移剂进行链转移对活性链长分布的影响。如果需要考虑凝胶效应，应将 $k_{tc}$ 及 $k_{td}$ 对转化率的依赖关系引入式（2-252）。另外需要说明的是，式（2-252）为表达乳胶粒均相结构的方程式，若需考虑非均相结构，需将式（2-252）改变形式。

⑤ $\hat{R}_5$ 为乳胶粒的聚结对乳胶粒中活性链长分布的影响。

$$\hat{R}_5 = \int_0^v \sum_{j=0}^i k_c(V-v,v,\sigma_p)\hat{f}_n(j,V-v,t)f_{i-j}(v,t)\mathrm{d}v -$$
$$\hat{f}_n(i,V,t)\int_0^\infty k_c(V,v,\sigma_p)F(v)\mathrm{d}v \tag{2-253}$$

⑥ $\hat{R}_6$ 为乳胶粒和胶束聚结对乳胶粒中活性链长分布的影响。

$$\hat{R}_6 = k_c(V-V_m,V_m,\sigma_p)\hat{f}_n(i,V-V_m,t)N_m - k_c(V,V_m,\sigma_p)\hat{f}_n(i,V,t)N_m \tag{2-254}$$

⑦ $\hat{R}_7$ 为由于在水相中低聚物沉析生成新乳胶粒而引起的活性链长分布的变化。

$$\hat{R}_7 = k_{01}n[M_n]_w\delta_{10}\delta(V-V_0) \tag{2-255}$$

式中　$[M_n]_w$——在水相中链长为 $n$ 的死聚物的物质的量浓度，$kmol/L$。

⑧ $\hat{R}_8$ 为由于水相中链长为 $n$ 的自由基扩散进入胶束中生成新乳胶粒而造成的活性链长分布的变化。

$$\hat{R}_8 = k_{mm}A_m[P_n]_w\delta_{i1}\delta(V-V_m) \tag{2-256}$$

式中　$[P_n]_w$——水相中链长为 $n$ 的活性链的浓度，$kmol/L$。

---

● 开关函数（stepfunction）即与电灯的开关有相似性的函数。电灯的开关，要么断路，使电流为零；要么通路，使电流为某一定值。而开关函数要么取零值，要么为 1。这样的函数可表示为 $H(a-x)$，当 $x \leqslant a$ 时，$H=1$；当 $x \geqslant a$ 时，$H=0$ 即

$$H(a-x) = \begin{cases} 0 & (x \geqslant a) \\ 1 & (x \leqslant a) \end{cases}$$

⑨ $\hat{R}_9$ 为在连续反应器中物料的流入和流出对乳胶粒中活性链长分布的影响。

$$\hat{R}_9 = \frac{1}{\theta}\left[\hat{f}_n(i,V,t)|_0 - \hat{f}_n(i,V,t)\right] \tag{2-257}$$

式中 $\hat{f}_n(i,V,t)|_0$，$\hat{f}_n(i,V,t)$——进料流和出料流中乳胶粒内活性链长分布密度函数。

#### 2.8.2.4 死聚物链长分布

死聚物链长分布可以用和活性链长分布同样的方法进行推导。此处定义 $G_n(i,V,t)$ 为死聚物链长分布密度函数；$G_n(i,V,t)\,\mathrm{d}V$ 为在时刻 $t$，每毫升水中体积为 $V$ 到 $V+\mathrm{d}V$、含有 $i$ 个自由基、并含有一个链长为 $n$ 的死聚物链的乳胶粒数目。死聚物链长分布平衡方程式如下。

$$\frac{\partial G_n(i,V,t)}{\partial t} + \frac{\partial[R_V G_n(i,V,t)]}{\partial V} = \sum_{j=1}^{7} \overline{R}_j \tag{2-258}$$

式中，等号左边第一项与第二项分别为乳胶粒中死聚合物链长分布随时间和随体积的变化率；等号右边从 $\overline{R}_1 \sim \overline{R}_7$ 各项分别为从 1～7 各项因素对死聚物链长分布变化速率的影响。以下分别进行计算：

① $\overline{R}_1$ 为由于自由基由水相扩散进入乳胶粒中而导致的死聚物链长分布的变化。

$$\overline{R}_1 = k_{mp} a_p N_A([R]_w + [P]_w)[G_n(i+1,V,t) - G_n(i,V,t)] \tag{2-259}$$

② $\overline{R}_2$ 为由于自由基在乳胶粒中产生而引起的死聚物链长分布的变化。

$$\overline{R}_2 = f k_d [I]_p N_A V[G_n(i-2,V,t) - G_n(i,V,t)] \tag{2-260}$$

③ $\overline{R}_3$ 为由于自由基从乳胶粒向水相解吸而引起的死聚物链长分布的变化。

$$\overline{R}_3 = \frac{k_0 a_p}{V}\left[\sum_{m=1}^{n_d} g_m(i+1,V,t)G_n(i+1,V,t) - \sum_{m=1}^{n_d} g_m(i,V,t)G_n(i,V,t)\right] \tag{2-261}$$

此处只有链长 $m < n_d$ 的活性链才能够从乳胶粒中向水相解吸。在式(2-261) 中，近似地认为 $g_m(i,V,t)$ 等于 $g_m(n,i,V,t)$。

④ $\overline{R}_4$ 为在乳胶粒内部进行聚合反应的各动力学步骤对死聚物链长分布变化速率的影响。

$$\overline{R}_4 = k_{fm}[M]_p f_n(i,V,t) + k_{ft}[T_r]_p \hat{f}_n(i,V,t) + \frac{k_{tc}+k_{td}}{N_A V}[(i+2)(i+1)G_n(i+2,V,t) -$$

$$i(i-1)G_n(i,V,t)] + \frac{k_{td}}{N_A V}f_{i+2}(V,t)g_n(i+2,V,t)(i+1) +$$

$$\frac{k_{tc}}{N_A V}f_{i+2}(V,t)\left[\sum_{s=1}^{n-1}g_s(i+2,V,t)g_{n-s}(i+2,V,t)\right] \tag{2-262}$$

等号右边，前两项代表链转移反应对死聚物链长分布的影响；第三项表明由于链终止反应而引起的自由基数的变化对死聚物链长分布的影响；最后两项则表示由于链终止反应而生成链长为 $n$ 的死聚物的速率。

⑤ $\overline{R}_5$ 为由于乳胶粒之间的聚结及乳胶粒和胶束的聚结而导致的死聚物链长分布的变化。

$$\overline{R}_5 = \int_0^v \sum_{j=0}^i k_c(V-v,v,\sigma_p)G_n(j,V-v,t)f_{i-j}(v,t)\mathrm{d}v - G_n(i,V,t)\int_0^\infty k_c(V,v,\sigma_p)F(v)\mathrm{d}v +$$
$$k_c(V-V_m,V_m,\sigma_p)G_n(i,V-V_m,t) - k_c(V,V_m,\sigma_p)G_n(i,V,t)N_m \qquad (2\text{-}263)$$

⑥ $\overline{R}_6$ 为由于链长为 $n$ 的死聚物在水相中沉析生成新乳胶粒而引起的死聚物链长分布的变化。

$$\overline{R}_6 = k_{01}n[M_n]_w\delta_{10}\delta(V-V_0) \qquad (2\text{-}264)$$

⑦ $\overline{R}_7$ 为在连续反应器中由于物料的流入和流出而起的死聚物链长分布的变化。

$$\overline{R}_7 = \frac{1}{\theta}[G_n(i,V,t)|_0 - G_n(i,V,t)] \qquad (2\text{-}265)$$

式中 $G_n(i,V,t)|_0$ 和 $G_n(i,V,t)$——加料流和出料流中乳胶粒内死聚物的链长分布密度函数。

### 2.8.3 乳胶粒中其他组分的平衡

以下讨论在乳胶粒中单体、引发剂及链转移剂等的物料平衡，并对把乳胶粒看作一个均相体系和把乳胶粒看作一个带有一定结构的非均相体系两种情况分别进行讨论。

(1) 均相乳胶粒 在一个体积为 $V$ 的乳胶粒中单体变化的总速率为

$$\frac{\mathrm{d}(V[M]_p)}{\mathrm{d}t} = k_{mpm}a_p([M]_w - [M]_p^*) - (k_p[M]_p[P]_pV +$$
$$k_{fm}[M]_p[P]_pV + k_i[R]_p[M]_pV) \qquad (2\text{-}266)$$

式中 $k_{mpm}$——单体由水相向乳胶粒的传质速率常数，cm/min；

$k_i$——由于链引发而导致的在一个乳胶粒中单体消失速率常数，L/(kmol·min)；

$k_{fm}$——由于链转移而导致的在一个乳胶粒中单体消失速率常数，L/(kmol·min)；

$[M]_p^*$——乳胶粒中单体的平衡浓度，kmol/L。

等号右边，第一项为单个乳胶粒中单体由水相向乳胶粒的传质速率，mol/(min·个)；第二～四项为单个乳胶粒中由于链增长、链转移和链引发而导致的单体消失的速率，mol/(min·个)。最后两项与链增长速率相比常常可以忽略。

在一个体积为 $V$ 的乳胶粒中对引发剂和链转移剂进行平衡得

$$\frac{\mathrm{d}(V[I]_p)}{\mathrm{d}t} = k_{mpi}a_p([I]_w - [I]_p^*) - k_d[I]_pV \qquad (2\text{-}267)$$

$$\frac{\mathrm{d}(V[I]_p)}{\mathrm{d}t} = k_{mpt}a_p([T_r]_w - [T_r]_p^*) - k_{ft}[T_r]_p[P]_pV \qquad (2\text{-}268)$$

式中 $k_{mpi}$，$k_{mpt}$——引发剂和链转移剂从水相向乳胶粒中的传质速率常数，cm/min；

$[I]_p^*$，$[T_r]_p^*$——乳胶粒内部引发剂和链转移剂的平衡浓度，kmol/L。

(2) 非均相乳胶粒 假若核壳结构成立，并且在核和壳的分界面上单体的浓度发生陡然变化，在核或壳内部浓度均匀且保持恒定。在这种情况下，聚合反应速率可表示为

$$\frac{\mathrm{d}X_p}{\mathrm{d}t} = Ck_p[M]_s[P]_i \qquad (2\text{-}269)$$

式中　$X_p$——单体的转化率；

　　　　$k_p$——链增长速率常数，L/（kmol·min）；

　　　　$C$——常数；

　　　$[M]_s$——在壳处单体的浓度，kmol/L；

　　　$[P]_i$——在单体核壳界面上活性链的浓度，kmol/L。

## 2.8.4　环境平衡

除了以上介绍的对乳胶粒进行平衡之外，还必须建立对乳胶粒有影响的环境条件的平衡，例如对乳化剂、单体珠滴及水相等进行物料平衡。

（1）乳化剂的平衡　设 $S_0$ 表示乳化剂的初始浓度，$S_T$ 表示某瞬间乳化剂的浓度。$S_0$ 和 $S_T$ 两者的单位均为每毫升水中乳化剂所能提供的面积（$cm^2/cm^3$）。对间歇反应器来说，$S_T$ 和 $S_0$ 相等。对连续反应器来说，$S_T$ 是随时间而变化的，其平衡方程式可以写成如下形式。

$$\begin{cases} \dfrac{dS_T(t)}{dt} = \dfrac{1}{\theta}(S_T|_0 - S_T) \\ S_T(0) = S_0 \end{cases} \tag{2-270}$$

式中　$S_T|_0, S_T$——进料和出料中的乳化剂总浓度。

假定乳化剂传递速率非常快，并且乳化剂的分布位置的先后次序为：①在乳胶粒表面；②在单体珠滴表面上；③以单分子的形式溶解在水中；④以胶束的形式存在。随着新乳胶粒的生成以及乳胶粒的长大，需要吸收更多的乳化剂到乳胶粒表面，以使其稳定地悬浮在水相中。这些乳化剂首先由胶束提供，当胶束耗尽时，再由溶解在水相中的自由乳化剂提供。在以上乳胶粒平衡中，每毫升水中的胶束数目 $N_m$ 可用下式进行计算：

$$N_m = \frac{A_m}{a_m} \tag{2-271}$$

$$A_m = S_T - A_{cmc} - (A_p - S_p) - A_d \tag{2-272}$$

式中　$A_m$——每毫升水中胶束总表面积，$cm^2/cm^3$；

　　　$a_m$——体积为 $V_m$ 的一个胶束的表面积，$cm^2$；

　　$A_{cmc}$——临界胶束浓度所占有的乳化剂具有的无效覆盖面积，$cm^2/cm^3$；

　　　$A_p$——每毫升水中乳胶粒的总表面积，$cm^2/cm^3$；

　　　$S_p$——每毫升水中聚合物离子末端所覆盖的乳胶粒表面积，$cm^2/cm^3$；

　　　$A_d$——每毫升水中单体珠滴的表面积，$cm^2/cm^3$。

$A_p$ 可用式（2-273）计算。

$$A_p = \int_0^\infty F(V) a_p(V) dV \tag{2-273}$$

式中　$a_p(V)$——体积为 $V$ 的乳胶粒表面积，$cm^2$。

$S_p$ 可用式（2-274）计算。

$$S_p = a_{pp}\varepsilon \int_0^\infty \left[ \sum_{i=1}^\infty i f_i(V,t) + \sum_{n=0}^\infty G_n(i,V,t) \right] dV \tag{2-274}$$

式中  $a_{pp}$——被一个聚合物离子末端所覆盖的乳胶粒表面积；

$\varepsilon$——在乳胶粒表面上的聚合物链在总链数中所占的分数。

等号右边的积分表明在每毫升水里的乳胶粒中的死聚合物和活性链的总数。

$A_d$ 与搅拌的激烈程度有关。假定所有的单体珠滴的大小都为 $v_d(cm^3)$，其表面积都为 $a_d(cm^2)$，则每毫升水中单体珠滴总表面积为

$$A_d = \frac{V_d}{v_d} a_d \tag{2-275}$$

式中  $V_d$——每毫升水中单体珠滴的体积，$cm^3/cm^3$。

在式(2-272)中的 $A_m$ 降低至零时，胶束消失，此时在水相中溶解的自由乳化剂浓度 $S_w$ 会降低至 $S_{wc}$ 以下。在这种情况下

$$S_w = S_T - (A_p - S_p) - A_d \tag{2-276}$$

(2) 单体总量的平衡  通过对单体作总的物料平衡可以计算单体的转化率。设 $[M]_T$ 表示乳液中单体的总浓度（kmol/L）；$V_R$ 为反应器的有效体积（$cm^3$），对连续反应器来说则

$$\frac{d(V_R[M]_T)}{dt} = \frac{V_R}{\theta}([M]_T|_0 - [M]_T) - V_R k_p [M]_p \int_0^\infty \sum_{i=1}^\infty i f_i(V,t) dV - k_p [M]_w V_w [P]_w V_R \tag{2-277}$$

等号右边，第一项表明进料流和出料流对总反应速率的影响；第二项表明由于在乳胶粒中的链增长而使单体量的减少；第三项表明由于在水相中链增长而使单体量的减少。

在乳胶粒中单体的浓度可以根据对乳胶粒的平衡来确定，而在水相中单体的浓度可根据对水相的平衡来确定。

(3) 单体珠滴的平衡  对大多数的乳液聚合体系来说，单体珠滴的平衡并不太重要，因此下面仅给出对每毫升水中单体珠滴的总体积 $V_d$ 的平衡方程式。假定单体扩散非常快以及单体分布的先后次序为：①在乳胶粒中；②在水相和胶束中；③在单体珠滴中。因此

$$V_d = [M]_T V_M - \int_0^\infty V[M]_p V_M F(V) dV - V_w [M]_w V_M - V_m N_m [M]_m V_M \tag{2-278}$$

式中，$V_M$ 为单体的摩尔体积，L/kmol。等号右边，第一项代表每毫升水中总的单体体积；第二项代表每毫升水里的乳胶粒中单体的体积；第三项为每毫升水中单体的体积；最后一项为在胶束中单体的体积。

当 $V_d$ 降低至零的时候，单体珠滴消失，此时单体仅仅存在于水相中和乳胶粒中。

(4) 水相中的物料平衡  水相中单体、引发剂和链转移剂的平衡可以分别表示如下。

① 单体的平衡

$$\frac{d(V_w[M]_w)}{dt} = k_{mdm} A_d([M]_d^* - [M]_w) - k_{mpm} A_p([M]_w - [M]_p^*) - [k_{iw}[R]_w[M]_w +$$

$$(k_p + k_{fm})[P]_w[M]_w]V_w + \frac{V_w}{\theta}([M]_w|_0 - [M]_w) \tag{2-279}$$

式中，$V_w$ 为每毫升乳液中水相的体积，$cm^3/cm^3$；$k_{mdm}$ 和 $k_{mpm}$ 分别为由单体珠滴向水相和由水相向乳胶粒的传质速率常数，$cm/min$；$k_{iw}$ 为在水相中链引发速率常数，$L/(kmol \cdot min)$；$[M]_d^*$ 为与单体珠滴中的单体达到相平衡的水相中的单体浓度，$kmol/L$。等号右边，第一项代表由于单体由单体珠滴向水相扩散而引起水相中单体浓度增大的速率；第二项为由于单体由水相向乳胶粒中扩散而引起水相中单体浓度减小的速率；第三项为由于链引发、链增长和链终止而导致的在水相中单体浓度的变化；第四项为在连续反应器中由于流入和流出而导致的在水相中单体浓度的变化。

② 引发剂的平衡

$$\frac{d(V_w[I]_w)}{dt} = -V_w k_d[I]_w - k_{mpi}A_p([I]_w - [I]_p^*) - k_{mdi}A_d([I]_w - [I]_d^*) + \frac{V_w}{\theta}([I]_w|_0 - [I]_w)$$

(2-280)

式中，$k_{mpi}$ 和 $k_{mdi}$ 分别为引发剂从水相向乳胶粒和从水相向单体珠滴的传质速率常数，$cm/min$；$[I]_p^*$ 和 $[I]_d^*$ 分别为与水相中引发剂浓度相平衡的乳胶粒中和单体珠滴中的引发剂浓度。等号右边，第一项为由于引发剂在水相中分解而导致的在水相中引发剂浓度减小的速率；第二项为由于引发剂向乳胶粒中扩散而造成的水相中引发剂浓度降低的速率；第三项为由于引发剂向单体珠滴中扩散而引起的水相中引发剂浓度减少的速率；第四项为在连续反应器中由于物料的流入和流出而导致的水相中引发剂浓度降低的速率。

③ 链转移剂的平衡

$$\frac{d(V_w[T_r]_w)}{dt} = -V_w k_{ft}[P]_w[T_r]_w - k_{mpt}A_p([T_r]_w - [T_r]_p^*) -$$
$$k_{mdt}A_d([T_r]_w - [T_r]_d^*) + \frac{V_w}{\theta}([T_r]_w|_0 - [T_r]_w)$$

(2-281)

式中，$k_{ft}$ 为自由基向链转移剂的链转移速率常数，$L/(kmol \cdot min)$；$k_{mpt}$ 和 $k_{mdt}$ 分别为链转移剂从水相向乳胶粒中和向单体珠滴中的传质速率常数，$cm/min$；$[T_r]_p^*$ 和 $[T_r]_d^*$ 分别为在乳胶粒中和在单体珠滴中与水相中链转移剂达到平衡的浓度。等号右边，第一项为由于链转移反应而导致的在水相中链转移剂浓度降低的速率；第二项和第三项分别为链转移剂由水相向乳胶粒中和向单体珠滴中进行传递而引起的水相中链转移剂浓度的降低；最后一项为在连续反应器中由于物料的流入和流出致使在水相中引发剂浓度降低的速率。

在水相中活性聚合物的平衡可表示如下。

① 初始自由基的平衡

$$\frac{d(V_w[R]_w)}{dt} = \frac{V_w}{\theta}([R]_w|_0 - [R]_w) + 2fk_d[I]_w V_w - k_{iw}[R]_w[M]_w V_w -$$
$$k_{mp}A_p[R]_w - k_{mm}A_m[R]_w - k_{md}A_d[R]_w$$

(2-282)

式中，$k_{mp}$、$k_{mm}$ 和 $k_{md}$ 分别为自由基由水相向乳胶粒、向胶束和向单体珠滴中迁移的速率常数，$cm/min$。等号右边，第一项为在连续反应器中由于物料的流入和流出而引起的水相中初始自由基浓度的增加；第二项为由于引发剂的分解而导致的初始自由基浓度增加的速率；第三项为由于链引发而导致的初始自由基浓度降低的速率；第四项、第五项及第六项分别为由于初始自由基由水相向乳胶粒、向胶束及向单体珠滴中扩散而造成水相中初始自由基浓度降低的速率。

② 链长为 1 的活性链的平衡

$$
\begin{aligned}
\frac{\mathrm{d}(V_{\mathrm{w}}[P_1]_{\mathrm{w}})}{\mathrm{d}t} = & \frac{V_{\mathrm{w}}}{\theta}([P_1]|_0 - [P_1]_{\mathrm{w}}) + k_{\mathrm{iw}}[R]_{\mathrm{w}}[M]_{\mathrm{w}}V_{\mathrm{w}} - k_{\mathrm{pw}}[P_1]_{\mathrm{w}}[M]_{\mathrm{w}}V_{\mathrm{w}} - \\
& (k_{\mathrm{twc}} + k_{\mathrm{twd}})[P_1]_{\mathrm{w}}[P]_{\mathrm{w}}V_{\mathrm{w}} + V_{\mathrm{w}}k_{\mathrm{fm}}[M]_{\mathrm{w}}([P]_{\mathrm{w}} - [P_1]) - \\
& k_{\mathrm{ft}}[T_{\mathrm{r}}]_{\mathrm{w}}[P_1]_{\mathrm{w}}V_{\mathrm{w}} - (k_{\mathrm{mp}}A_{\mathrm{p}} + k_{\mathrm{mm}}A_{\mathrm{m}} + k_{\mathrm{md}}A_{\mathrm{d}})[P_1]_{\mathrm{w}} + \\
& \int_0^\infty \frac{k_0 a_{\mathrm{p}}}{V} \sum_{i=1}^\infty f_1(i,V,t)\mathrm{d}V
\end{aligned} \tag{2-283}
$$

式中，$k_{\mathrm{pw}}$ 为在水相中的链增长速率常数，L/(kmol·min)。等号右边，第一项为在连续反应器中由于物料的流入和流出而造成的水相中链长为 1 的活性链的增加；第二项为由于链引发造成的在水相中链长为 1 的活性链的增加；第三项和第四项分别为由于在水相中的链增长和链终止反应而引起的水相中链长为 1 的活性链的减少；第五项为由于自由基向单体的链转移而导致的水相中链长为 1 的活性链的增加；第六项代表由于自由基向链转移剂进行链转移而导致的水相中链长为 1 的活性链的减少；第七项为由于自由基从水相向乳胶粒、向胶束及向单体珠滴传质而导致的水相中链长为 1 的活性链浓度的变化；最后一项为由于自由基从乳胶粒向水相解吸而引起的水相中链长为 1 的活性链的减少。

③ 链长为 $n$ 的活性链的平衡

$$
\begin{aligned}
\frac{\mathrm{d}(V_{\mathrm{w}}[P_n]_{\mathrm{w}})}{\mathrm{d}t} = & \frac{V_{\mathrm{w}}}{\theta}([P_n]_{\mathrm{w}}|_0 - [P_n]_{\mathrm{w}}) + k_{\mathrm{pw}}[M]_{\mathrm{w}}V_{\mathrm{w}}([P_{n-1}]_{\mathrm{w}} - [P_n]_{\mathrm{w}}) - \\
& V_{\mathrm{w}}(k_{\mathrm{fm}}[M]_{\mathrm{w}} + k_{\mathrm{ft}}[T_{\mathrm{r}}]_{\mathrm{w}})[P_n]_{\mathrm{w}} - V_{\mathrm{w}}(k_{\mathrm{twc}} + k_{\mathrm{twd}})[P_n]_{\mathrm{w}}[P]_{\mathrm{w}} - \\
& (k_{\mathrm{mp}}A_{\mathrm{p}} + k_{\mathrm{mm}}A_{\mathrm{m}} + k_{\mathrm{md}}A_{\mathrm{d}})[P_n]_{\mathrm{w}} + \\
& H(n_{\mathrm{d}} - n)\int_0^\infty \frac{k_0 a_{\mathrm{p}}}{V} \sum_{i=1}^\infty \hat{f}_n(i,V,t)\mathrm{d}V
\end{aligned} \tag{2-284}
$$

等号右边，第一项为在连续反应器中由于物料的流入和流出而造成的链长为 $n$ 的活性链浓度的变化；第二项、第三项和第四项分别为由于链增长、链转移和链终止而引起的水相中链长为 $n$ 的活性链浓度的变化；第五项为由于自由基向乳胶粒、向胶束以及向单体珠滴进行传质而导致的水相中链长为 $n$ 的活性链浓度的变化；最后一项为由于自由基从乳胶粒向水相中解吸而导致的水相中链长为 $n$ 的活性链浓度的增加，其中的 $H(n_{\mathrm{d}} - n)$ 为开关函数，即只有链长 $n \leqslant n_{\mathrm{d}}$ 的活性链才能从乳胶粒向水相中解吸。

④ 活性链总平衡

$$
\begin{aligned}
\frac{\mathrm{d}(V_{\mathrm{w}}[P]_{\mathrm{w}})}{\mathrm{d}t} = & \frac{V_{\mathrm{w}}}{\theta}([P]_{\mathrm{w}}|_0 - [P]_{\mathrm{w}}) + k_{\mathrm{iw}}[R]_{\mathrm{w}}[M]_{\mathrm{w}}V_{\mathrm{w}} - V_{\mathrm{w}}(k_{\mathrm{twc}} + k_{\mathrm{twd}})[P]_{\mathrm{w}}^2 - \\
& (k_{\mathrm{mp}}A_{\mathrm{p}} + k_{\mathrm{mm}}A_{\mathrm{m}} + k_{\mathrm{md}}A_{\mathrm{d}})[P]_{\mathrm{w}} + \int_0^\infty \frac{k_0 a_{\mathrm{p}}}{V} \sum_{n=1}^{n_{\mathrm{d}}} \sum_{i=1}^\infty f(i,V,t)\mathrm{d}V
\end{aligned} \tag{2-285}
$$

等号右边，第一项为在连续反应器中由于物料的流入和流出而引起的活性链浓度的变化；第二项和第三项分别为由于在水相中进行链引发和链终止而引起的活性链总浓度的变化；第四项为由于自由基由水相向乳胶粒、胶束和单体珠滴中扩散而造成的活性链总浓度的变化；最后一项为由于自由基从乳胶粒向水相解吸而引起的水相中活性链总浓度的减小。

⑤ 死聚物的平衡

$$\frac{d[M_n]_w}{dt} = \frac{1}{\theta}([M_n]_w|_0 - [M_n]_w) + (k_{fm}[M]_w + k_{ft}[T_r])[P_n]_w +$$

$$k_{twd}[P_n]_w[P_w] + k_{twc}\sum_{m=1}^{n-1}[P_m]_w[P_{n-m}]_w - k_{01}n[M_n]_w \qquad (2\text{-}286)$$

等号右边，第一项为在连续反应器中由于物料的流入和流出而造成的链长为 $n$ 的死聚物浓度的增大；第二项、第三项和第四项分别为由于链转移、歧化链终止和偶合链终止而导致的链长为 $n$ 的死聚物浓度的增大；第五项为由于低聚物从水相中沉淀出来而导致的水相中链长为 $n$ 的死聚物浓度的减小。

## 2.8.5 模型的应用

通过求解以上乳液聚合综合数学模型可以预计总的乳胶粒尺寸分布 $F(V,t)$；自由基分布 $f_i(V,t)$；活性链长分布 $f_n(i,V,t)$ 以及死聚物的分子量分布 $G_n(i,V,t)$。同时还可以预计水相中聚合物、引发剂以及其他组分的浓度，也可求得转化率-时间依赖关系，如图 2-27 所示。

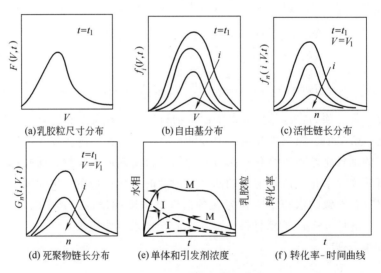

图 2-27　模型预计结果示意图

以上模型看起来很复杂，但是对于一个实际的乳液聚合过程来说，可以作某些简化处理，这就大大减少了模型的复杂性，对其进行求解的程序就会大大地简化，而所得结果也不会过于失真。例如 Min 和 Ray 利用以上模型对氯乙烯半连续乳液聚合[64] 和甲基丙烯酸甲酯间歇乳液聚合过程[46] 进行了求解，根据两个过程的不同本质，各作了不同的简化假设。他们将模型预计的结果和试验数据进行了比较，事实证明，其预计结果较好地符合实际。

# 本章符号说明

$a$——一个乳胶粒的表面积，$cm^2$

$a_d$——一个单体珠滴的表面积，$cm^2$

$a_1$——每克乳化剂所能提供的覆盖面积，$cm^2/g$

$\overline{a}$——平均一个乳胶粒的表面积，$cm^2$

$A$——每毫升水中乳化剂所能提供的总有效覆盖面积，$cm^2/cm^3$

$A_d$——每毫升水中单体珠滴表面积，$cm^2/cm^3$

$A_m$——每毫升水中胶束总表面积，$cm^2/cm^3$

$A_p$——每毫升水中乳胶粒表面积，$cm^2/cm^3$

$B$——Smith-Ewart 速率，$cm^3/(cm^3 \cdot min)$

CMC——临界胶束浓度，$g/L$

$C_p$——乳胶粒中自由基物质的量浓度，$kmol/L$

$C_w$——水相中自由基物质的量浓度，$kmol/L$

$D_p$——在粒子内部自由基的扩散系数；

$D_w$——在水相中自由基扩散系数；

$d_m$——单体的密度，$g/cm^3$

$d_p$——聚合物的密度，$g/cm^3$

$f$——引发效率

$i$——一个乳胶粒中的自由基数

$I$——平均一个乳胶粒中的自由基数

$[I]$——引发剂浓度，$kmol/L$

$[I]_p$——乳胶粒中引发剂浓度，$kmol/L$

$[I]_p^*$——乳胶粒中平衡引发剂浓度，$kmol/L$

$[I]_w$——水相中引发剂浓度，$kmol/L$

$[I]_w^*$——水相中平衡引发剂浓度，$kmol/L$

$K$——特性常数，$K = (3/4\pi)(k_p/N_A)(d_m/d_p)[\phi_m/(1-\phi_m)]$

$k_c$——乳胶粒聚结速率常数，$L/(kmol \cdot min)$

$k_d$——引发剂分解速率常数，$1/min$

$k_{fm}$——向单体链转移速率常数，$L/(kmol \cdot min)$

$k_{ft}$——向链转移剂链转移速率常数，$L/(kmol \cdot min)$

$k_{tm}$——水相中链引发速率常数，$L/(kmol \cdot min)$

$k_{md}$——自由基由水相向单体珠滴中传质速率常数，$cm/min$

$k_{mdi}$——引发剂由水相向单体珠滴中传质速率常数，$cm/min$

$k_{mdm}$——单体由单体珠滴向水相的传质速率常数，$cm/min$

$k_{mdt}$——链转移剂由水相向单体珠滴中的传质速率常数，$cm/min$

$k_{mm}$——自由基由水相向胶束的传质速率常数，$cm/min$

$k_{mp}$——自由基由水相向乳胶粒中的传质速率常数，$cm/min$

$k_{mpi}$——引发剂由水相向乳胶粒的传质速率常数，$cm/min$

$k_{mpm}$——单体由水相向乳胶粒的传质速率常数，$cm/min$

$k_{mpt}$——链转移剂由水相向乳胶粒的传质速率常数，$cm/min$

$k_0$——自由基由乳胶粒向水相解吸速率常数，$cm/min$

$k_{01}$——水相中的低聚物沉析速率常数，$min$

$k_p$——链增长速率常数，L/(kmol·min)

$k_{pw}$——水相中链增长速率常数，L/(kmol·min)

$k_t$——链终止速率常数，L/(kmol·min)

$k_{tc}$——偶合终止速率常数，L/(kmol·min)

$k_{td}$——歧化终止速率常数，L/(kmol·min)

$k_{to}$——在纯单体中的链终止速率常数，L/(kmol·min)

$k_{tp}$——在乳胶粒中链终止速率常数，L/(kmol·min)

$k_{tw}$——在水相中链终止速率常数，L/(kmol·min)

$k_{twc}$——在水相中的偶合终止速率常数，L/(kmol·min)

$k_{twd}$——在水相中的歧化终止速率常数，L/(kmol·min)

$M$——每毫升水中生成了聚合物的单体量，kmol/L

$[M]$——乳胶粒中单体的浓度，kmol/L

$[M]_d^*$——和单体珠滴中的单体平衡的水相中单体的浓度，kmol/L

$[M]_m$——胶束中单体的浓度，kmol/L

$[M]_p^*$——乳胶粒中单体的平衡浓度，kmol/L

$[M]_T$——乳液中单体总浓度，kmol/L

$[M]_w$——水相中单体的浓度，kmol/L

$[M_n]_w$——水相中链长为 $n$ 的死聚物的浓度，kmol/L

$N_A$——阿伏伽德罗常数，$mol^{-1}$

$N_m$——每毫升水中的胶束数目，$cm^{-3}$

$N_p$——每毫升水中的乳胶粒数，$mL^{-1}$

$r_o$——增溶胶束的直径，cm

$r_p$——乳胶粒的半径，cm

$R_V$——乳胶粒体积增长速率，L/(L·min)

$R_f$——水相中自由基生成速率，$cm^{-3}\cdot min^{-1}$

$R_t$——水相中自由基终止速率

$R_i$——引发速率，kmol/(L·min)

$R_p$——聚合反应速率，kmol/(L·min)

$[R]$——初始自由基质的量浓度，kmol/L

$[R]_p$——乳胶粒中初始自由基质的量浓度，kmol/L

$[R]_w$——水相中初始自由基质的量浓度，kmol/L

$S$——乳化剂的总浓度，g/mL

$S_m$——胶束乳化剂浓度，g/mL

$S_o$——乳化剂初始浓度，g/mL

$S_p$——乳胶粒表面吸附的乳化剂浓度，g/mL

$t$——时间，min

$t_{I\text{-}II}$——阶段 I 持续时间，min

$t_{II\text{-}III}$——与阶 I 与阶段 II 持续时间之和，min

$[T_r]_d^*$——单体珠滴中链转移剂平衡浓度，kmol/L

$[T_r]_p$——乳胶粒中链转移剂的浓度，kmol/L

$[T_r]_p^*$——乳胶粒中链转移剂的平衡浓度，kmol/L

$[T_r]_w$——水相中链转移剂的浓度，kmol/L

$[T_r]_w^*$——水相中链转移剂的平衡浓度，kmol/L

$v$——一个乳胶粒的体积，$cm^3$

$\upsilon_0$——一个增溶胶束的体积，$cm^3$

$\bar{\upsilon}$——一个乳胶粒的平均体积，$cm^3$

$V_f$——聚合物溶液的自由体积，$cm^3/cm^3$ 溶液

$V_m$——一个胶束的体积，$cm^3$

$V_M$——单体的摩尔体积，$cm^3/mol$

$V_o$——水相中沉淀出来的低聚物链的体积，$cm^3$

$V_p$——每毫升水中乳胶粒的体积，$cm^3/cm^3$

$V_R$——反应器的有效体积，$cm^3$

$V_w$——每毫升乳液中水相的体积，$cm^3/cm^3$

$X_p$——单体转化率，%

$\beta$——特性常数，$\beta = K t N / \rho \bar{\upsilon}$

$\eta$——黏度，$mPa \cdot s$

$\theta$——物料在连续反应器中的平均停留时间，$min$

$\mu$——一个乳胶粒增长的速度，$cm^3/min$

$\rho$——引发剂分解生成自由基的速率，$(cm^3 \cdot min)^{-1}$

$\sigma_p$——乳胶粒表面的静电密度，$C/cm^3$

$\phi_m$——在阶段Ⅰ与阶段Ⅱ乳胶粒中单体所占的体积分数

$\Omega$——一个乳胶粒中已经转化成聚合物的单体量

# 参考文献

[1] Tartav H V, Wright K A. J Am Chem Soc, 1939, 61: 539.

[2] Blackley D C. Emulsion Polymerization, Theory and Practice, London: Applied Science Publisher Ltd, 1975.

[3] Harkins W D. J Chem Phys, 1945, 13: 381.

[4] Harkins W D. J Chem Phys, 1946, 14: 47.

[5] Harkins W D. J Am Chem Soc, 1947, 69: 1428.

[6] Harkins W D. J Polym Sci, 1950, 5: 217.

[7] Duck E W. Encyclopedia of Polymer Science and Technology. New York: John Wiley, 1966, 5: 801.

[8] Roe C P. Ind Eng Chem, 1968, 60: 20.

[9] Hansen F K, Ofstad E B, Ugelstad J. Theory and Practice of Emulsion Technology, London: Academic Press, 1976: 13.

[10] Ugelstad J, Hansen F K, Lauge S. Macromol Chem, 1974, 175 (2): 507.

[11] Goodhall A B, Wilkinson M C, Hearn J. J Polym Sci, 1977, 15: 2193.

[12] Meeham E J. J Am Chem Soc, 1949, 71: 628.

[13] Gardon J L. J Polym Sci: Part A-1, 1968, 6: 2853.

[14] Smith W V. J Am Chem Soc, 1948, 71: 3695.

[15] Smith W V, Ewart R H. J Chem Phys, 1948, 16: 592.

[16] Smith W V. J Am Chem Soc, 1949, 71: 4077.

[17] Gardon J L. J Polym Sci: Part A-1, 1968, 6: 665.

[18] Gardon J L. J Polym Sci: Part A-1, 1968, 6: 687.

[19] Trommsdorff E, Kohle H, Legally P. Macromol Chem, 1947, 1: 169.

[20] Gardon J L. J Polym Sci: Part A-1, 1968, 6: 623.

[21] Gardon J L. J Polym Sci: Part A-1, 1968, 6: 643.

[22] Barrett K E J. Dispersion Polymerization in Organic Media. New York: Wiley, 1975.

[23] Ugelstad J, Hansen F K. Rubber Chem Techno., 1976, 49: 536.

[24] Hansen F K, Ugelstad J. J Polym Sci, Polym Chem Ed, 1978, 16: 1953.

[25] Fitch R M, Shih L B. Prog Colloid Polym Sci, 1975, 56: 1.

[26] Gatta G，Benetta G，Talamini G P，Vianello G. Adv Chem Ser，1969，91：158.

[27] Ugelstad J，Mφrk P C，Dahl P，Rangnes P. J Polym Sci：Part c，1969，27：49.

[28] Hansen F K，Ugelstad J. J Polym Sci，Polym Chem Ed，1979，17：3033.

[29] Bird R B，Stewart W E，Lightfood E N. Transport Phenomena. New York：Wiley，1960.

[30] Danckwerts P V. Trans Faraday Soc，1951，47：1014.

[31] Stockmayer W H. J Polym Sci，1957，24：314.

[32] Ugelstad J，Mφrk P C，Aasen J O. J Polym Sci：Part A-1，1967：2281.

[33] Gardon J L. J Polym Sci：Part A-1，1968，6：2859.

[34] Friis N，Hamielec A E. Gel-effect in Emulsion Polymerization of Vinyl Monomers. ACS Symp Ser，1976.

[35] Friis N，Hamielec A E. J Polym Sci，1973，11：3321.

[36] Friis N，Hamielec A E. J Polym Sci，1974，12：251.

[37] Friis N，Nyhagem J L. J Appl Polym Sci，1973，17：2311.

[38] Sundberg D C，Hsieh J Y，Soh S K，Baldus R F. Difusion-Controlled Kinetics in the Emulsiou Polymerization of Styrene and Methyl Methacrylate. ACS Symp Ser，1981.

[39] Allen P E M，Patrick D. Kinetics and Mechanism of Polymerization Reactions. New York：Halstde Press，1974：94.

[40] Min K W，Ray W H. J Macro Sci：Rev Macromol Chem，Cll，1974：177.

[41] O'Toole J T. J Polym Sci：Part c，1969，27：172.

[42] Sundberg D C，Eliassen J D. Polymer Colloids，New York：Plenum Press，1971：153.

[43] Pismen L M，Kuchanov S I. Vysokoml Soedin：A13，1971：1055.

[44] Lichti G，Cilbert R G，Napper D H. J Polym Sci，Polym Chem Ed，1977，15：1957.

[45] Lichti G，Hawkett B S，Gilbert R G，Napper D H，Sangster D F. J Polym Sci，Polym Chem Ed，1981，19：925.

[46] Min K W，Ray W H. J Appl Polym Sci，1978，22：89.

[47] Gerrens H. Dechema-Monograph，1964，40：53.

[48] Owen J J，Steele C T，Parket P T，Carrier E W. Ind Eng Chem，1947，39：110.

[49] Lundrie R W，McCann R F. Ind Eng Chem，1949，41：1568.

[50] Feldon M，McCann R F，Lundrie R W. Indian Rubber，1953，128（1）：51.

[51] Wolk L. US 2458456，1959.

[52] Calcott W S，Starkweather H W. US 2384277，1954.

[53] Aho C E. US 2831842，1958.

[54] Poehlein G W，Dougherty D J. Rubber Chem Technol. 1977，50（3）：601.

[55] Rollins A L，Patterson W I，Archambault J，Bataille M. Polymerization Reactors and Processes. Am Chem Soc Symp，1979.

[56] Ghosh M，Forsyth T H. Emulsion Polymerization Am Chem Soc Symp，1976.

[57] Lanthier R. US 3551396，1970.

[58] Gonzalez P R A. M. Sc. Thesis，Chem Eng Depart. Lehigh Univ，Bethlehem Pennsylvania，1974.

[59] Gershberg D B，Longfield J E. Symp Polym Kinit Catal Syst Ia：45th AIChE Meeting，New York：1961，Preprint 10.

[60] Poehlein G W，DeGraff A W. J Polym Sci：Part A-2，1971，9：1955.

[61] Degraff A W，Poehlein G W. J Polym Sci：A-29，1971，1955.

[62] Greene R K，Gonzales R A，Poehlein G W. Emulsion Polymerization. Am Chem，Soc Symp Ser24：976.

[63] Berens A. J Appl Polym Sci，1974，18：2379.

[64] Min K W，Ray W H. ACS Symp Ser24，1976.

[65] Min K W，Gostin H I. Ind Eng Chem Prod Dev，1979，18（4）.

[66] Nomura M，Harada W，Eguchi W，Nagata S. J Appl Polym Sci，1972，16：835.

[67] Omi S，Shirashi Y，Sato H，Kubota H. J Chem Eng，1969，2：64.

[68] Valentas K J，A mundoson N R. Ind Eng Chem Fundam，1966，5：533.

聚合物乳液合成原理性能及应用
（第三版）

# 第 3 章
# 乳化剂

## 3.1 概述

　　乳化剂属于表面活性剂，是可以形成胶束的一类物质，在乳液聚合中起着重要作用，同时也广泛应用在其他各技术领域和人们的日常生活中。

　　当一种物质加入到某液体中时能使其表面张力降低，即可称这种物质具有表面活性。具有表面活性的物质叫作表面活性物质。

　　表面活性物质可以分成两类：一类是随着其浓度的增大，溶液的表面张力逐渐下降，如图3-1曲线Ⅰ所示，像乙醇、丁醇、乙酸等就属于此类；另一类是在低浓度时，溶液的表面张力随其浓度的增大而急剧地下降，但增加到一定浓度以后，曲线开始变得平坦，如图3-1中曲线Ⅱ所示，像肥皂、合成洗涤剂等就属此类，这类表面活性物质叫作表面活性剂。可见具有表面活性的物质并非都是表面活性剂。

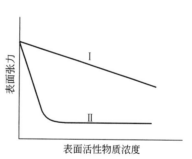

图3-1　表面活性物质浓度与
表面张力关系示意图

　　从化学结构上看，所有的表面活性剂分子都是由极性的亲水基（疏油基）和非极性的亲油基（疏水基）两部分组成的。亲水基使分子伸向水相，而亲油基则使分子离开水相而伸向油相，因此表面活性剂分子是两亲性分子。它们的亲油基是由烃基构成的，而亲水基却是多种多样的。由于表面活性剂具有很大的表面活性，故在工农业生产及日常生活中广泛用于乳化、分散、增溶、润湿、发泡、洗涤、柔软整理等各种用途。

　　表面活性剂的应用已有很长的历史，在古代就有人用草灰汁与山羊脂制成肥皂。后来又有人制得磺化蓖麻油，并将其作为去污剂用于纺织、制革等工业生产中。直到1917年才在德国第一次人工合成了表面活性剂二异丙基萘磺酸钠。20世纪20年代末期又出现了烷基硫酸钠和阳离子表面活性剂沙帕明（Sapamine）等。20 世纪 40 年代初期人们成功地由山梨醇、聚乙二醇和脂肪酸合成了非离子型表面活性剂斯盘（Span）及吐温（Tween）。尤其是近年来关于表面活性剂的科学和实践发展很快，相继出现了诸如高分子表面活性剂等许多高效能的表面活性剂，并对其结构及性能以及乳化作用的内部机理进行了深入的研究。

乳化剂是乳液聚合体系中的重要组分，并非所有的表面活性剂都可以在乳液聚合中作乳化剂。只有那些对聚合物乳液体系有着有效的稳定作用，同时又不影响聚合反应的表面活性剂，才适合作乳液聚合的乳化剂。

# 3.2 乳化剂的分类

任何乳化剂分子总是同时含有亲水基团和亲油基团。按照乳化剂分子中亲水基团性质的不同可将乳化剂分成四类，即阴离子型乳化剂、阳离子型乳化剂、非离子型乳化剂及两性乳化剂。

## 3.2.1 阴离子型乳化剂

阴离子型乳化剂的亲水基团为阴离子。这种乳化剂在碱性介质中应用效果更好。根据阴离子的种类还可将其细分如下：

（1）羧酸盐类 通式 RCOOM，式中 M 代表金属，R 可以为烷基（$C_7 \sim C_{21}$）、芳基及其他疏水基团。

（2）硫酸盐类

① 烷基硫酸盐类 通式 $ROSO_3M$，式中 R 为烷基（$C_8 \sim C_{18}$）。

在乳液聚合中常用的乳化剂十二烷基硫酸钠（SDS）就属此类。

② 硫酸化油 通式 $R(OSO_3M)COOR'$，式中 R 及 $R'$ 均为烷基。

③ 脂肪族酰胺硫酸盐 通式 $RCONHCH_2CHR'OSO_3M$，式中 R 及 $R'$ 均为烷基。

（3）磺酸盐类

① 脂肪磺酸盐 通式 $RSO_3M$，式中 R 为烃基。

② 二元脂肪酸酯磺酸盐 通式 $\begin{array}{c} ROCOCH_2 \\ ROCOCHSO_3M \end{array}$ ，式中 R 为烷基（$C_4 \sim C_8$）。

③ 脂肪酰胺磺酸盐类 通式 $RCONR'CH_2CH_2SO_3M$，式中 R 及 $R'$ 均为烷基。

④ 烷基苯磺酸盐类 通式 R—⟨⟩—$SO_3M$，式中 R 为烷基（$C_{12} \sim C_{16}$）。在乳液聚合中常用的乳化剂十二烷基苯磺酸钠（SDBS）就属此类。

⑤ 带有两个磺酸盐基团的乳化剂

a. 亚甲基双萘磺酸盐

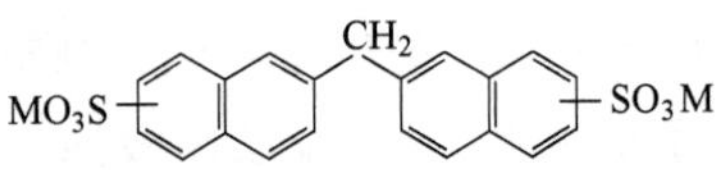

b. 2A-1

十二烷基二苯醚二磺酸钠盐

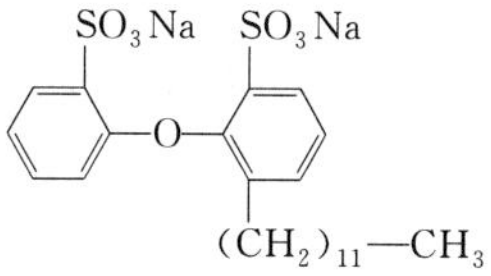

(4) 磷酸盐类　通式 $ROPO(OM)_2$，式中 R 为烷基。

## 3.2.2　阳离子型乳化剂

阳离子型乳化剂的亲水基团为阳离子，这种乳化剂在酸性介质中应用效果才更好，根据阳离子的种类还可细分如下。

(1) 季铵盐类

① 烷基季铵盐

$$RN^+(CH_3)_3Cl^-,RN^+(CH_3)_2CH_2C_6H_5Cl^-$$

② 醚结构季铵盐

③ 酰胺结构季铵盐

$$RCONHC_3H_6N^+(CH_3)_2CH_2C_6H_5Cl^-$$

④ 杂环结构季铵盐

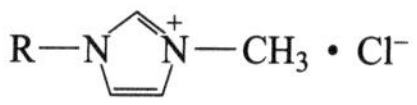

以上诸式中 R 为烷基。

(2) 其他胺的盐类

① 简单结构伯胺盐

$$RNH_2 \cdot HCl$$

② 简单结构仲胺盐

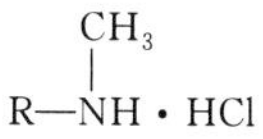

③ 简单结构叔胺盐

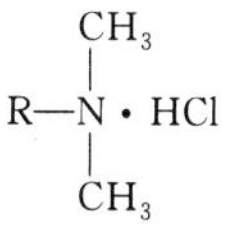

④ 酯结构胺盐

$$RCOOC_2H_4N(CH_2CH_2OH)_2 \cdot HCl$$

⑤ 酰胺结构胺盐

$$RCONHC_2H_4N(C_2H_5)_2 \cdot HCl$$

⑥ 烷基双胍盐酸盐

$$RNHC(NH)NHC(NH)NH_2 \cdot HCl$$

以上诸式中 R 为烷基。

### 3.2.3 非离子型乳化剂

非离子型乳化剂在水溶液中有不会离解成离子，这种乳化剂的效果与介质 pH 值无关。根据分子结构又可细分如下。

（1）酯类

① 聚氧乙烯羧酸酯

$$RCOO(CH_2CH_2O)_mH$$

式中，R 为烷基。

② 多元醇羧酸酯

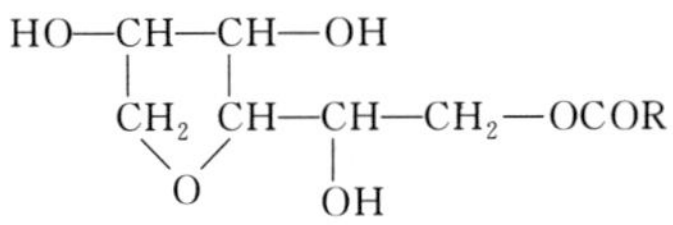

$$\begin{array}{c} HO-CH-CH-OH \\ | \quad\quad | \\ CH_2 \;\; CH-CH-CH_2-OCOR \\ \backslash\!O\!/ \quad\quad | \\ \quad\quad\quad OH \end{array}$$

在乳液聚合中常用的非离子型乳化剂斯盘（Span）就属此类。

式中，R 为长链烷基。

③ 聚氧乙烯多元醇羧酸酯

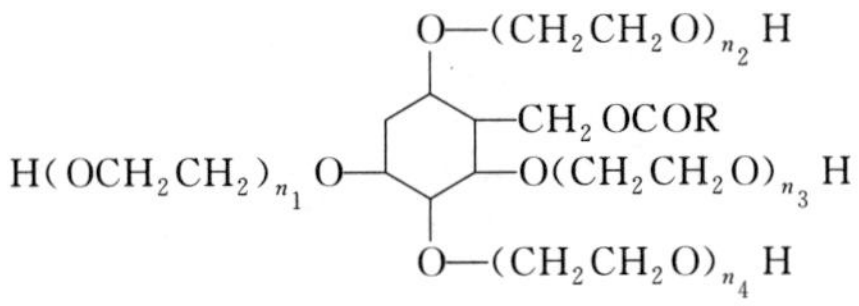

$$\begin{array}{c} O-(CH_2CH_2O)_{n_2}H \\ | \\ CH_2OCOR \\ H(OCH_2CH_2)_{n_1}O-\!\!\!\!\!\!\!\!\!\!\!\!\!\!\!\bigcirc\!\!\!\!\!\!\!\!\!\!\!\!-O(CH_2CH_2O)_{n_3}H \\ | \\ O-(CH_2CH_2O)_{n_4}H \end{array}$$

式中，R 为烷基。在乳液聚合中常用的吐温（Tween）类乳化剂就属此类。

（2）醚类

① 聚氧乙烯烷基醚

$$RO(CH_2CH_2O)_mH$$

式中，R 为烷基。

② 烷基酚聚氧乙烯醚

$$R-\!\!\!\!\!\!\!\bigcirc\!\!\!\!\!\!\!-O(CH_2CH_2O)_nH$$

式中，R 为烷基。

（3）胺类

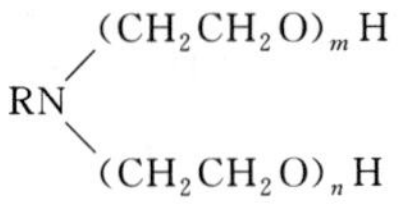

$$RN\begin{array}{c} (CH_2CH_2O)_mH \\ \\ (CH_2CH_2O)_nH \end{array}$$

式中，R 为烷基。

聚合物乳液合成原理性能及应用
（第三版）

（4）酰胺类

① 烷基醇酰胺

例如

$$RCON(CH_2CH_2OH)_2$$

式中，R 为烷基。

② 聚氧乙烯酰胺

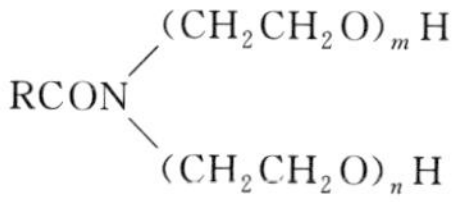

$$RCON \begin{array}{l} (CH_2CH_2O)_mH \\ \\ (CH_2CH_2O)_nH \end{array}$$

式中，R 为长链烷基。

## 3.2.4 两性乳化剂

在两性乳化剂分子中同时含有碱性基团和酸性基团，在酸性介质中可以离解成阳离子，而在碱性介质中又可离解成阴离子。故该种乳化剂在任何 pH 值下都有效。根据两种基团的种类又可细分如下。

① 羧酸类

$$RNHCH_2CH_2COOH$$

② 硫酸酯类

$$RCONHC_2H_4NHCH_2OSO_3H$$

③ 磷酸酯类

$$RCONHC_2H_4NHC_2H_4OPO(OH)_2$$

④ 磺酸类

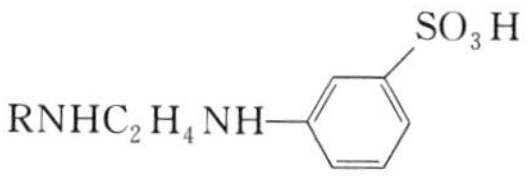

$$RNHC_2H_4NH \underset{\phantom{a}}{\bigcirc} SO_3H$$

以上诸式中 R 为长链烷基。

## 3.2.5 阴离子-非离子复合型乳化剂

有一类乳化剂在同一分子上同时带有阴离子基团和非离子基团，构成复合型乳化剂，与由离子型和非离子型两种乳化剂简单复配相比，具有更好的协同效应，常是一种更有效的乳化剂。举例如下：

（1）AES[1]　这是一种在乳液聚合中常用的乳化剂，其化学名称为脂肪醇聚氧乙烯醚硫酸钠，其结构式为：

$$R\!-\!(OCH_2CH_2)_3\!-\!OSO_3Na$$

（2）MS-1[2]　这也是一种在乳液聚合中常用的乳化剂，在同一个分子中同时带有聚氧乙烯基、磺酸根及羧酸根，其化学名称为：壬基酚聚氧乙烯(10)醚-2-磺酸基琥珀酸单酯二钠盐。其结构式为：

$$C_9H_{19}-\langle\bigcirc\rangle-\left(OCH_2CH_2\right)_{10}-O-\overset{\overset{O}{\|}}{C}-CH_2-\underset{\underset{SO_3Na}{|}}{CH}-\overset{\overset{O}{\|}}{C}-ONa$$

（3）A-501　这是新近推广的、对进行乳液聚合行之有效的乳化剂，分子中同时含有强阴离子磺酸根和弱阴离子羧酸根。其化学名称为：磺基琥珀酸单异癸酯二钠盐。其结构式为：

$$\overset{\overset{CH_3}{|}}{\underset{\underset{CH_3}{|}}{CH}}-\left(CH_2\right)_7-\overset{\overset{O}{\|}}{C}-\underset{\underset{SO_3Na}{|}}{CH}-CH_2-\overset{\overset{O}{\|}}{C}-ONa$$

（也有资料称乳化剂 A-501 为两种同系物的混合乳化剂。）

（4）CO-436　这是进行乳液聚合常用的乳化剂，乳化效果很好，其分子上同时含有聚氧乙烯非离子链段和硫酸铵基团。其结构式为：

$$CH_3\left(CH_2\right)_8-\langle\bigcirc\rangle-\left(OCH_2CH_2\right)_n-O-SO_3NH_4$$

## 3.2.6　高分子乳化剂

常规乳化剂为低分子量化合物，其分子量一般在 300 左右，个别非离子型乳化剂其分子量可达 1000～2000。目前在乳液聚合研究和生产中，出现了许多分子量很高的乳化剂，有人称之为聚合皂（polysoap）。为了和低分子量乳化剂相区别，规定分子量在 3000 以上者为高分子乳化剂[3]。有的高分子乳化剂分子量可达几百万。高分子乳化剂也有阴离子型、阳离子型、非离子型和两性型之分。同时高分子乳化剂可以是天然产物，也可以是人工合成的。

（1）合成高分子乳化剂[4-6]

① 阴离子型　例如丙烯腈、丙烯酸酯和丙烯酸共聚物的钾盐。

$$\begin{array}{ccc} -CH-CH_2- & CH-CH_2- & CH-CH_2- \\ | & | & | \\ CN & C-OR & C-OK \\ & \| & \| \\ & O & O \end{array}$$

式中，R 为烷基。

② 阳离子型

$$-CH_2-CH-\left(CH_2-CH\right)-^+, \quad Br^-$$

③ 非离子型

$$\left(\bigcirc\right)-\left(CH_2\right)_n \quad R,\ O-\left(CH_2CH_2O\right)_m-H$$

式中，R 为烷基。

聚合物乳液合成原理性能及应用
（第三版）

④ 两性型

$$\text{+}CH_2CH_2\text{—}N\text{—}CH_2CH_2\text{—}N\text{+}_n$$
$$\quad\quad\quad\quad\; |\quad\quad\quad\quad\quad |$$
$$\quad\quad\quad C_{12}H_{25}\quad\quad\quad CH_2COOH$$

（2）天然高分子乳化剂　许多天然高分子表面活性剂可以直接或经过加工后用作乳液聚合的乳化剂或保护胶体，常见的有明胶、蛋清、羧甲基（或甲基、乙基、羟乙基、乙基羟乙基等）纤维素、阿拉伯树脂、藻朊酸钠、藻朊酸丙二醇酯、黄芪胶等。

## 3.2.7　聚合型乳化剂 [7-13]

聚合型（反应型）乳化剂作为一种共聚单体加入到乳液聚合反应体系中，和其他单体发生共聚合反应，结合到聚合物链上，起内乳化作用。

（1）阴离子型

① 2-(2-烷基丙烯酸酯基)乙磺酸钠

$$\quad\quad\quad\quad\quad\quad R$$
$$\quad\quad\quad\quad\quad\quad |$$
$$CH_2\!=\!C$$
$$\quad\quad\quad\quad\quad\quad |$$
$$\quad\quad\quad\quad\quad C\!=\!O$$
$$\quad\quad\quad\quad\quad\quad |$$
$$\quad\quad\quad\quad\quad O\text{—}CH_2CH_2\text{—}SO_3Na$$

式中，R 为烷基。

② 2-丙烯酰氨基-2,2-二甲基乙磺酸钠

$$CH_2\!=\!CH$$
$$\quad\quad\quad\quad |$$
$$\quad\quad\quad C\!=\!O$$
$$\quad\quad\quad\quad |$$
$$\quad NH\text{—}C(CH_3)_2\text{—}CH_2SO_3Na$$

③ 对乙烯苯基磺酸钠

$$CH_2\!=\!CH$$
$$\quad\quad\quad |$$
$$\quad\quad\;\bigcirc$$
$$\quad\quad\quad |$$
$$\quad\quad SO_3Na$$

④ 顺丁烯二酸高级醇单酯钠盐

$$\quad\quad\quad\quad\quad\quad O$$
$$\quad\quad\quad\quad\quad\quad \|$$
$$CH\text{—}C\text{—}OR$$
$$\|$$
$$CH\text{—}C\text{—}ONa$$
$$\quad\quad\quad\quad\quad\quad \|$$
$$\quad\quad\quad\quad\quad\quad O$$

⑤ 9-丙烯酰氨基硬脂酸钠盐

$$CH_2\!=\!CH$$
$$\quad\quad\quad |$$
$$\quad\quad C\!=\!O$$
$$\quad\quad\quad |$$
$$\quad\quad NH$$
$$\quad\quad\quad |$$
$$CH_3\text{—}(CH_2)_8\text{—}CH\text{—}(CH_2)_7\text{—}COONa$$

⑥ 烯丙基琥珀酸烷基酯磺酸钠

$$CH_2=CH-CH_2-O-\overset{\overset{\displaystyle O}{\|}}{C}-\underset{\underset{\displaystyle SO_3Na}{|}}{CH}-CH_2-\overset{\overset{\displaystyle O}{\|}}{C}-C_{12}H_{25}$$

（2）阳离子型　例如十八烷基二甲基乙烯基苯基氯化铵。

$$\left[\begin{array}{c} CH_2=CH \\ \\ \\ CH_3-\overset{|}{N}-CH_3 \\ | \\ C_{18}H_{37} \end{array}\right]^+ \quad Cl^-$$

（3）非离子型

① 壬基酚聚氧乙烯醚、丁二酸和甲基丙烯酸缩水甘油酯的缩合物

$$\begin{array}{l} CH_2-O-\overset{\overset{\displaystyle O}{\|}}{C}-\overset{\overset{\displaystyle CH_3}{|}}{C}=CH_2 \\ CH-OH \\ CH_2-O-\overset{\overset{\displaystyle O}{\|}}{C}-CH_2-CH_2-\overset{\overset{\displaystyle O}{\|}}{C}-(O-CH_2-CH_2)_n\hspace{-2pt}O-\bigcirc\hspace{-12pt}\phantom{x}-C_9H_{19} \end{array}$$

② 壬基酚聚氧乙烯醚丙烯酸酯

$$\begin{array}{c} CH_2=CH \\ | \\ \overset{\overset{\displaystyle O}{\|}}{C} \\ | \\ O-(CH_2CH_2O)_n\bigcirc\hspace{-12pt}\phantom{x}-C_9H_{19} \end{array}$$

（4）两性型　例如3-(2-甲基丙烯酸酯基)-2-磺酸基丙基三甲基氯化铵。

$$\left[\begin{array}{c} \overset{\overset{\displaystyle CH_3}{|}}{CH_2=C} \\ | \\ \overset{\overset{\displaystyle O}{\|}}{C} \\ | \\ O-CH_2-\underset{\underset{\displaystyle SO_3H}{|}}{CH}-CH_2-N(CH_3)_3 \end{array}\right]^+ \quad Cl^-$$

### 3.2.8　含氟乳化剂[14]

在进行有含氟单体（如四氟乙烯、六氟丙烯、三氟氯乙烯等）参与的乳液聚合时，必须使用含氟乳化剂，或将其和非含氟乳化剂进行复配，乳化效果好，对单体增溶能力强。在此类乳液聚合中，常用的含氟乳化剂举例如下：

（1）全氟壬酸铵

$$C_8F_{17}\overset{\overset{\displaystyle O}{\|}}{C}-O^-\overset{+}{N}H_4$$

（2）全氟癸氧基苯磺酸钠

$$C_{10}F_{21}-O-\bigcirc\hspace{-12pt}\phantom{x}-SO_3Na$$

## 3.2.9 保护胶体

在某些乳液聚合体系中，需加入某些水溶性物质，以使乳液稳定，这类物质叫作保护胶体。保护胶体分子被吸附在乳胶粒表面，形成具有一定厚度的水化层，可阻碍乳胶粒相互碰撞而发生聚并。同时由于保护胶体溶于水相，增大了体系的黏度，这也增大了乳胶粒间撞合的阻力。故保护胶体是合成聚合物乳液的另一类有效的稳定剂。可作为乳液聚合保护胶体的物质有聚乙烯醇、聚（甲基）丙烯酸钠、聚乙二醇、聚乙烯基吡咯烷酮、苯乙烯-马来酸酐共聚物、羟乙基纤维素、羧甲基纤维素、阿拉伯树胶、明胶、藻朊酸盐、酪朊酸盐等。

## 3.2.10 分散聚合用分散剂

分散聚合用分散剂也是一类两亲性物质，在同一个分子上同时具有亲介质端和亲颗粒端。多种化合物，如聚乙烯基吡咯烷酮、羟丙基纤维素、聚丙烯酸钠、聚乙二醇、糊精等，都可以用作分散聚合用分散剂。人们发现，某些接枝型、嵌段型和梳型两亲性分子，其亲介质端具有很强的溶剂化作用和空间位阻效应，其亲颗粒端与聚合物颗粒结合牢度大。因此，对分散聚合体系及对某些乳液聚合体系来说，这些物质是更有效的分散剂或乳化剂。举例如下：

（1）接枝共聚物[15]　　聚甲基丙烯酸甲酯（PMMA）与聚氧乙烯❶（POE）的接枝共聚物 PMMA-$g$-POE，当共聚物分子量为 4000～9000，PEO 分子量为 1000～4000，其接枝数为 1～3 时具有很好的分散与乳化效果。

（2）嵌段共聚物[16,17]　　嵌段共聚物分散剂有 AB 型和 ABA 型两类，其分子量一般在 1000～10000 之间，举例如下。

① AB 型　　聚甲基丙烯酸甲酯-聚氧乙烯嵌段共聚物 PMMA-$b$-POE，当 PMMA 分子量为 800，POE 分子量为 2000，POE 所占质量分数为 71% 时有很好的分散效果。

聚苯乙烯（PSt）-聚氧乙烯嵌段共聚物 PSt-$b$-POE，在 PSt 聚合度为 10、POE 所占质量分数为 75%～90% 时，具有很好的分散效果。

② ABA 型　　聚异丁烯（PIB）-聚氧乙烯嵌段共聚物 PIB-$b$-POE-$b$-PIB，在 POE 所占质量分数为 70% 时，有良好的分散效果。

（3）梳型分散（乳化）剂　　梳型分散剂可分两类：一类是具有亲水性侧链的亲水侧链型；另一类是具有疏水性侧链的疏水侧链型。

① 亲水侧链型[18]　　这种分散剂的侧链（梳齿）为亲水基团，适用于以水为介质或亲水介质的体系。例如：

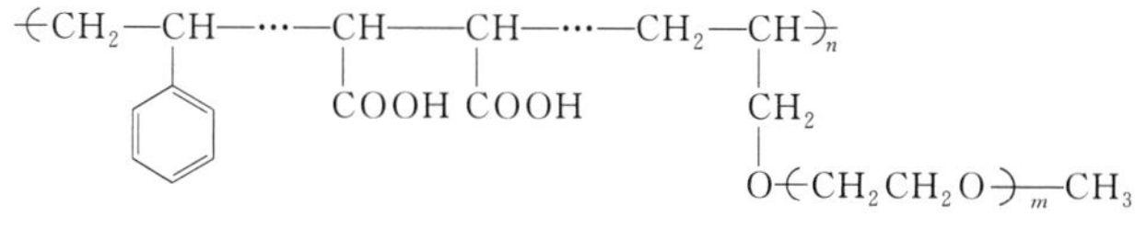

---

❶　即聚环氧乙烷，由环氧乙烷单体聚合而成。聚氧乙烯为其行业惯用名称。

当 $m=20\sim60$，苯乙烯链节摩尔分数为 $5\%\sim20\%$ 及马来酸链节摩尔分数为 $50\%$ 时，分散效果良好。

② 疏水侧链型[19]　这种分散剂的侧链（梳齿）为疏水基团，适用于以烃类等为介质的体系。例如：

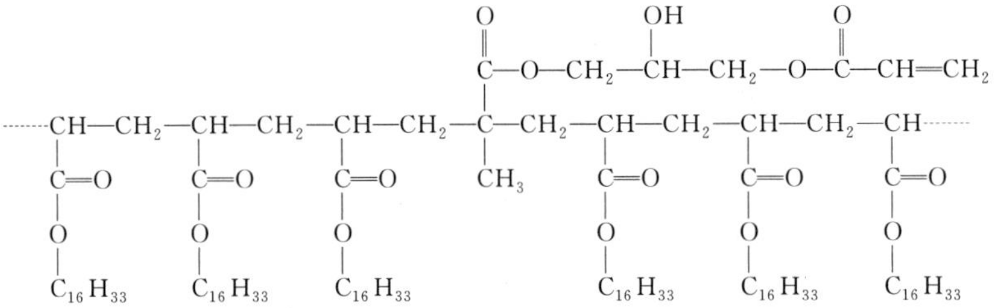

这种梳型分散剂亲介质端具有很强的溶剂化作用和空间位阻效应，其"梳背"上带有双键，可参与聚合反应，将该分散剂分子以共价键的形式牢固地锚定在聚合物颗粒表面上。这就赋予了这种分散剂极好的分散效果。

# 3.3　在乳液聚合中乳化剂的作用

乳化剂是乳液聚合体系中主要组分之一，一般来说，它并不参加化学反应，但是在乳液聚合过程中却起着举足轻重的作用。

## 3.3.1　降低表面张力

每种液体都具有一定的表面张力，当向水中加入乳化剂以后，其表面张力会明显下降，并且乳化剂种类及用量不同，其表面张力下降的程度也不相同。图 3-2 及表 3-1 表明在不同乳化剂水溶液中，在不同温度下，表面张力 $\alpha$ 随乳化剂浓度变化的情况。

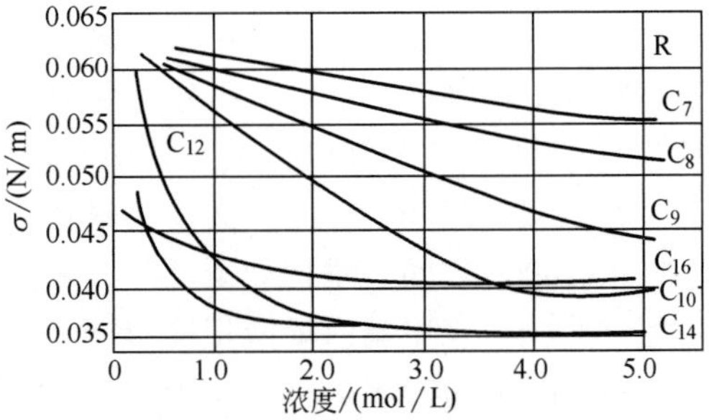

图 3-2　对正烷基苯磺酸钠（ R—⟨苯环⟩—SO₃Na ）

水溶液 75℃ 时表面张力与浓度的关系

R 为烷基；$C_7\sim C_{16}$ 表示烷基中 C 原子数

**表 3-1**　几种乳化剂对水表面张力的影响

| 乳　化　剂 | 温度/℃ | 浓度/（mol/L） | $\sigma$/（N/m） |
|---|---|---|---|
| 纯水 | 20 | — | $72.75\times10^{-3}$ |
| 十八烷基硫酸盐 | 40 | 0.0156 | $34.80\times10^{-3}$ |
| 十二烷基硫酸盐 | 60 | 0.0156 | $30.40\times10^{-3}$ |
| 正十二烷基苯磺酸盐 | 75 | 0.005 | $36.20\times10^{-3}$ |
| 正十四烷基苯磺酸盐 | 75 | 0.005 | $36.00\times10^{-3}$ |

水中加入乳化剂后，乳化剂的亲水基团溶于水，而亲油基团却被水推开指向空气，部分或全部水面被亲油基团覆盖，将部分水-空气界面变成了亲油基团-空气界面。因为油的

表面张力小于水，故乳化剂水溶液的表面张力（以及乳液聚合体系中水相的表面张力）小于纯水的表面张力。

## 3.3.2 降低界面张力

油（单体）和水之间的界面张力很大。若在水中加入少量乳化剂，其亲油基团必伸向油相，而亲水端则在水相中。因为在油水相界面上的油相一侧，附着上一层乳化剂分子的亲油端，所以就将部分或全部油-水界面变成亲油基团-油界面，这样就降低了界面张力。例如水-矿物油的界面张力为 0.045N/m，若向水相中加入乳化剂，让其浓度为 0.1%，则其界面张力将降低到 0.001～0.010N/m。

## 3.3.3 乳化作用

乳液聚合所采用的单体和水互不相溶，单凭搅拌不能形成稳定的分散体系。当有乳化剂存在时，在搅拌作用下，单体形成许多珠滴。在这些单体珠滴的表面上吸附上一层乳化剂，其亲油基团伸向单体珠滴内部，而亲水基团则留在水相。若所采用的是阴（阳）离子型乳化剂，那么在单体珠滴表面上就会带上一层负（正）电荷。由于在单体珠滴之间存在着静电推斥力，故小珠滴之间难以撞合成大珠滴，于是就形成了稳定的乳状液体系。这就是乳化剂的乳化作用。

## 3.3.4 分散作用

将固体以极细小的颗粒形式均匀地悬浮在液体介质中的过程叫做分散。单纯的聚合物小颗粒和水的混合物，由于密度不同及颗粒相互黏结的结果，不能形成稳定的分散体系。但是，在加入少量乳化剂后，就会在固体颗粒表面上吸附上一层乳化剂分子，在每一个小颗粒上都带上一层同号电荷，因而使每个小颗粒都能稳定地分散并悬浮在介质中。在合成聚合物乳液中乳胶粒之所以能稳定地悬浮在水中而不凝聚，就是因为乳化剂的分散作用所致。

## 3.3.5 增溶作用

在乳化剂水溶液和单体的混合物中，部分单体以单分子分散状态溶于水中，形成饱和真溶液。另外，还将有更多的单体增溶在胶束内，这是由于单体与胶束中心的烃基部分相似相溶所造成的。不过，这种溶解与分子级分散状态的真正溶解是不同的，故称为乳化剂的增溶作用。乳化剂浓度越大，所形成的胶束就越多，增溶作用也就越显著。表 3-2 正是反映了这一规律。

## 3.3.6 导致按胶束机理成核

如第 2 章所述，向体系中加入的乳化剂，首先以单分子的形式溶解在水中形成真溶液，当达到饱和浓度以后，过量的乳化剂则以胶束的形式存在。在胶束中增溶的单体被扩散进来的自由基引发聚合，于是就生成了乳胶粒，这就是乳胶粒生成的胶束成核机理。由乳化剂构成的胶束是乳胶粒的主要来源，乳化剂浓度越大，胶束浓度就越大，所生成的乳胶粒的数目就越多，聚合反应进行得也就越快。

表 3-2　异戊二烯于 20℃ 时在不同乳化剂溶液中的溶解度　　　　　　　　单位：g/100mL

| 乳化剂浓度 | 异戊二烯溶解度 | | | |
| --- | --- | --- | --- | --- |
| | 油酸钠<br>（pH=9.6） | 油酸铵<br>（pH=9.5） | 松香皂<br>（pH=9.7） | 拉开粉<br>（pH=9.9） |
| 0.25 | 0.45 | 1.2 | — | — |
| 0.50 | 0.63 | 1.8 | — | — |
| 0.75 | — | — | 1.0 | — |
| 1.00 | — | 2.6 | — | — |
| 1.50 | 3.22 | 3.5 | 2.0 | 0.71 |
| 3.00 | 7.00 | 3.9 | 3.8 | 1.25 |
| 6.00 | — | — | 8.0 | 1.73 |

### 3.3.7　发泡作用

当向水中加入乳化剂后，降低了表面张力。与纯水相比，乳化剂溶液更容易扩大表面积，故容易起泡沫。在乳液聚合过程中，泡沫的产生会影响生产过程的正常进行，所以有时需采取某些措施来减少泡沫。

## 3.4　乳化剂的基本特征参数

### 3.4.1　临界胶束浓度

（1）基本概念　当乳化剂浓度很低时，乳化剂呈分子分散状态真正溶解在水中。当乳化剂达到一定浓度后，每 50～200 个乳化剂分子形成一个球状、层状或棒状的聚集体，它们的亲油基团彼此并靠在一起，而亲水基团向外伸向水相，这样的聚集体叫做胶束。能够形成胶束的最低乳化剂浓度叫做临界胶束浓度（critical micelle concentration，CMC）。临界胶束浓度是乳化剂性质的一个特征参数。乳化剂浓度在 CMC 值以下时，溶液的表面张力与界面张力均随乳化剂浓度的增大而迅速降低；而当乳化剂浓度达到 CMC 值以后，随乳化剂浓度的增大其表面张力和界面张力则变化甚微。溶液的其他性质如离子活性、电导率、渗透压、蒸气压、冰点下降、黏度、密度、增溶性、光散射性质以及颜色的变化等，在 CMC 值处也均会发生明显的转折。

（2）测定方法　利用乳化剂溶液达 CMC 值时其物理性质会发生突然变化这一特性就可以测定乳化剂的临界胶束浓度。最常用的方法有四种，即电导法、表面张力法、染料法和光散射法[20]。

① 电导法　乳化剂溶液电导率的大小决定于在水中以单分子形式溶解的乳化剂离子和反号离子的浓度。当这些离子分别向两极作电泳运动时，就产生电导。在 CMC 值以下时，乳化剂单分子的浓度随乳化剂加入量的增大而增大，故其电导率随乳化剂浓度增大而直线地上升。在乳化剂浓度达到 CMC 值以后，乳化剂离子浓度不再变化，再加入的乳化剂以胶束形式存在，每个胶束由 $50\sim200$ 个乳化剂分子组成，由于在胶束表面上缔合反号离子的结果，使其带电量大大减少；同时因胶束体积大，其电泳速度也显著低于自由乳化剂离子，致使乳化剂对电导率的贡献显著降低，因此在 CMC 值以上时电导率随乳化剂浓度增大而升高的幅度减小。若分别测定不同乳化剂浓度下的电导率，可得图 3-3。从图 3-3 中可以看出，在某一乳化剂浓度下，电导率曲线发生转折，转折点所对应的乳化剂浓度即为 CMC 值。由图 3-3 可知，对十二烷基硫酸钠来说，其 CMC 值为 8mmol/L。

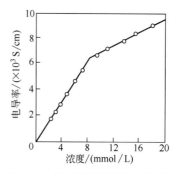

图 3-3　十二烷基硫酸钠水溶液
电导率-浓度关系曲线（30℃）

② 表面张力法　当乳化剂水溶液的浓度低于 CMC 值时，其表面张力随乳化剂浓度增大而降低，当达到 CMC 值以后，再增大乳化剂浓度，其表面张力不再发生变化或变化甚微。通过测定不同乳化剂浓度下的表面张力，并将取得的数据进行标绘，可得如图 3-4 所示的曲线，曲线转折点处所对应的乳化剂浓度即为 CMC 值。

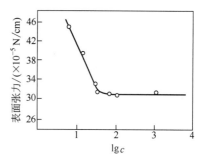

图 3-4　棕榈酸钠水溶液
表面张力-浓度关系曲线

③ 染料法　在 CMC 值处，乳化剂离子会使带相反电荷的染料离子发生颜色变化，例如在低于 CMC 值时，阴离子乳化剂会使频哪氰醇染料显红色，而在高于 CMC 值时则显蓝色。利用颜色变化即可判定 CMC 值。

④ 光散射法　在溶液中乳化剂分子缔合成胶束时会使散射光增强，在光散射仪上测定乳化剂浓度和散射光强对应数据，并标绘成曲线，由曲线的转折点即可判定 CMC 值。

（3）影响因素

① 乳化剂分子结构的影响

A. 疏水基越大，则 CMC 值越小。研究发现[3,21-24]，在同系列烃基中碳原子数 $n$ 越大时，其 CMC 值越小，不管对离子型乳化剂还是非离子型乳化剂均是这样，如图 3-5、表 3-3 及表 3-4 所示。

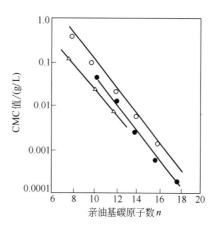

图 3-5　CMC 值与乳化剂亲油
基碳原子数的关系

○ 钾皂；● 烷基胺盐酸
盐；△ 烷基硫酸钠

CMC 值和 $n$ 之间的定量关系可用式(3-1)表示。

$$lgCMC = A - Bn \tag{3-1}$$

式中，$n$ 为乳化剂分子中憎水基上的碳原子数；$A$ 与 $B$ 均为常数。表 3-5 列出了各种乳化剂的 $A$ 值和 $B$ 值。

**表 3-3** 各种羧酸盐的 CMC 值

| 羧 酸 盐 | 温度/℃ | CMC 值/(mol/L) |
|---|---|---|
| $n\text{-}C_9H_{19}COOK$ | 26 | 0.095 |
| $n\text{-}C_{11}H_{23}COOK$ | 26 | 0.024 |
| $n\text{-}C_{13}H_{27}COOK$ | 26 | 0.006 |
| $n\text{-}C_{17}H_{35}COOK$ | 50 | 0.00045 |
| 顺 $CH_3(CH_2)_7CH=CH(CH_2)_7COOK$ | 50 | 0.0012 |
| 反 $CH_3(CH_2)_7CH=CH(CH_2)_7COOK$ | 50 | 0.0015 |
| $CH_3(CH_2)_7(CHOH)_2(CH_2)_7COOK$ | 55 | 0.008 |
| 顺 $CH_3(CH_2)_5CH(OH)CH_2CH=CH(CH_2)_7COOK$ | 55 | 0.0036 |
| 松香酸钾 | 25 | 0.012 |
| 脱氢松香酸钾 | 25 | 0.027 |

**表 3-4** 非离子型乳化剂疏水基对 CMC 值的影响

| 非离子型乳化剂 | 温度/℃ | CMC 值/(mol/L) |
|---|---|---|
| $C_4H_9O(CH_2CH_2O)_6H$ | 20 | 0.796 |
| $C_6H_{13}O(CH_2CH_2O)_6H$ | 20 | 0.074 |
| $C_8H_{17}O(CH_2CH_2O)_6H$ | 25 | 0.0098 |
| $C_{10}H_{21}O(CH_2CH_2O)_6H$ | 23.5 | 0.00092 |
| $C_{12}H_{25}O(CH_2CH_2O)_6H$ | 25 | 0.000087 |
| $C_{16}H_{33}O(CH_2CH_2O)_6H$ | 25 | 0.000001 |

**表 3-5** 各种乳化剂的 $A$ 值和 $B$ 值

| 乳化剂类型 | 温度/℃ | $A$ 值 | $B$ 值 |
|---|---|---|---|
| RCOOK | 25 | 1.63 | 0.290 |
| RCOOK | 45 | 1.74 | 0.292 |
| $RSO_3Na$ | 40 | 1.59 | 0.294 |
| $RSO_3Na$ | 50 | 1.63 | 0.294 |
| $RSO_4Na$ | 45 | 1.42 | 0.295 |
| $RNH_3Cl$ | 45 | 1.79 | 0.296 |
| $RN(CH_3)_3Br$ | 60 | 1.77 | 0.292 |
| $RCH(COOK)_2$ | 25 | 1.54 | 0.220 |
| 2-甲基苯磺酸钠 | 55 | — | 0.292 |

由表 3-5 可以看出，除了二元羧酸盐之外，在其他情况下其 $B$ 值都很接近 lg2，因此，

由式(3-1)可知，在憎水基链上每增加一个碳原子，其 CMC 值将减半。

烷基苯磺酸盐类乳化剂也符合式(3-1)所表明的对数规律，式中的碳原子数 $n$ 应等于烷基上的碳原子数再加上 3，因为苯环相当于烷基上的三个碳原子，而烷基在苯环上的位置对 CMC 值没有明显的影响，如表 3-6 所示。

**表 3-6** 各种烷基苯磺酸钠盐的 CMC 值

| 苯环上的烷基 | 温度/℃ | CMC 值/(mol/L) |
|---|---|---|
| 对己基 | 75 | 0.037 |
| 对庚基 | 75 | 0.021 |
| 邻辛基 | 55 | 0.019 |
| 对辛基 | 25~60 | 0.012~0.015 |
| 对辛基 | 35 | 0.0147 |
| 对壬基 | 75 | 0.0065 |
| 对癸基 | 50 | 0.00381 |
| 邻十二烷基 | 55 | 0.0017 |
| 邻十二烷基 | 30 | 0.00159 |
| 间十二烷基 | 30 | 0.00146 |
| 对十二烷基 | 30 | 0.00119 |
| 对十二烷基 | 60 | 0.0012 |
| 对十四烷基 | 75 | 0.00066 |

B. 烃基上带有不饱和键时，CMC 值增大。不饱和键较饱和键具有更多的剩余键能，所以其溶解度较大，故烃链上增加双键时 CMC 值增大，一般来说，每增加一个双键 CMC 值约增大 3~4 倍。由表 3-3 可以看出，50℃时硬脂酸钾 CMC 值为 0.00045mol/L，而在它的第 9 个碳原子和第 10 个碳原子间带上一个双键后就变为油酸钾，顺式油酸钾 CMC 值增加为 0.0012mol/L，而反式油酸钾则增加为 0.0015mol/L。

C. 在烃链上带有极性基团时，乳化剂的 CMC 值显著增大。这是因为带上极性基团后，烃链的极性增大，致使乳化剂分子对水的作用增强，故其溶解度提高。例如表 3-3 中硬脂酸钾的 CMC 值为 0.00045mol/L，而在第 9 个碳原子和第 10 个碳原子上各带上一个羟基以后，其 CMC 值将增加至 0.008mol/L。

D. 烃链上的氢原子被氟原子取代后，其 CMC 值将大大降低。例如 50℃时 $C_8H_{17}SO_3Na$ 的 CMC 值为 0.15mol/L，而 $C_8F_{17}SO_3Na$ 的 CMC 值将降低至 0.0065mol/L，降低了 95.7%。

E. 亲水基团越靠近烃链的中部其 CMC 值越大。例如十四烷基硫酸钠的硫酸根在链的不同位置时，其 CMC 值按表 3-7 中的规律而变化。

**表 3-7** 硫酸根位置对十四烷基硫酸钠 CMC 值的影响

| 硫酸根在碳链上的位置 | 1 | 2 | 3 | 4 | 5 | 6 | 7 |
|---|---|---|---|---|---|---|---|
| CMC 值/(mmol/L) | 2.4 | 3.3 | 4.3 | 5.15 | 6.75 | 8.3 | 9.7 |

F. 亲水基团对 CMC 值的影响符合以下规律。

a. 离子型乳化剂的亲水基团种类对 CMC 值影响较小，如表 3-8 所示。

表 3-8　亲水基团对 CMC 值的影响

| 乳　化　剂 | 温度/℃ | CMC 值/(mol/L) |
|---|---|---|
| $C_{12}H_{25}COOK$ | 25 | 0.0125 |
| $C_{12}H_{25}SO_3K$ | 25 | 0.009 |
| $C_{12}H_{25}SO_3Na$ | 25 | 0.0081 |
| $C_{12}H_{25}NH_3Cl$ | 30 | 0.014 |
| $C_{12}H_{25}N(CH_3)_3Cl$ | 30 | 0.016～0.020 |
| $C_{12}H_{25}N(CH_3)_3Br$ | 25 | 0.016 |

b. 两性乳化剂与具有相同疏水基团的离子型乳化剂的 CMC 值相近。

c. 比较表 3-3～表 3-9 可以发现，离子型乳化剂远比非离子型乳化剂的 CMC 值大，在疏水基相同时离子型乳化剂的 CMC 值约比非离子型乳化剂大 2 个数量级。

d. 对于亲水基团为聚氧乙烯的非离子型乳化剂来说，亲水基团的链长对 CMC 值并没有太大的影响。随着乳化剂分子中聚氧乙烯聚合度的增加，其 CMC 值仅稍有增大，正如表 3-9 所表明的那样。

表 3-9　聚氧乙烯醚亲水基聚合度对 CMC 值的影响

| 非离子型乳化剂 | 温度/℃ | CMC 值/($\times 10^4$mol/L) |
|---|---|---|
| $n\text{-}C_{10}H_{21}O(CH_2CH_2O)_4H$ | 25 | 6.8 |
| $n\text{-}C_{10}H_{21}O(CH_2CH_2O)_5H$ | 25 | 8.1 |
| $n\text{-}C_{10}H_{21}O(CH_2CH_2O)_8H$ | 25 | 9.0 |
| $n\text{-}C_{12}H_{25}O(CH_2CH_2O)_4H$ | 23 | 0.4 |
| $n\text{-}C_{12}H_{25}O(CH_2CH_2O)_5H$ | 23 | 0.57 |
| $n\text{-}C_{12}H_{25}O(CH_2CH_2O)_7H$ | 23 | 0.8 |
| $n\text{-}C_{12}H_{25}O(CH_2CH_2O)_9H$ | 23 | 1.0 |
| $n\text{-}C_{12}H_{25}O(CH_2CH_2O)_{12}H$ | 23 | 1.4 |
| $iso\text{-}C_8H_{17}C_6H_4O(CH_2CH_2O)H$ | 25 | 0.5 |
| $iso\text{-}C_8H_{17}C_6H_4O(CH_2CH_2O)_2H$ | 25 | 0.75 |
| $iso\text{-}C_8H_{17}C_6H_4O(CH_2CH_2O)_3H$ | 25 | 1.0 |
| $iso\text{-}C_8H_{17}C_6H_4O(CH_2CH_2O)_4H$ | 25 | 1.4 |
| $iso\text{-}C_8H_{17}C_6H_4O(CH_2CH_2O)_5H$ | 25 | 1.8 |
| $iso\text{-}C_8H_{17}C_6H_4O(CH_2CH_2O)_7H$ | 25 | 2.7 |
| $iso\text{-}C_8H_{17}C_6H_4O(CH_2CH_2O)_8H$ | 25 | 2.9 |
| $iso\text{-}C_8H_{17}C_6H_4O(CH_2CH_2O)_9H$ | 25 | 3.1 |
| $iso\text{-}C_8H_{17}C_6H_4O(CH_2CH_2O)_{10}H$ | 25 | 3.5 |

② 电解质的影响　加入少量惰性电解质对乳化剂的 CMC 值有很大影响。图 3-6 表明了乳化剂月桂酸钾、十二烷基硫酸钠、十二烷基氯化铵及癸基三甲基溴化铵的 CMC 值对

电解质氯化钾、氯化钠、硫酸钠、焦磷酸钠、氯化钡及氯化镧的浓度的依赖关系。可以看到，电解质浓度对 CMC 值的影响与电解质种类无关。还可以看出，加入少量的电解质会显著地降低乳化剂的 CMC 值，但是随着电解质浓度的增大，CMC 值降低的幅度在减小，当达到一定电解质浓度之后，它对 CMC 值的影响将变得微乎其微。由图 3-7 可以发现，lgCMC 与离子浓度的对数之间的关系为线性关系。

同时还发现，若加入水溶性非电解质（例如尿素），对乳化剂的 CMC 值几乎没有影响（图 3-6）。

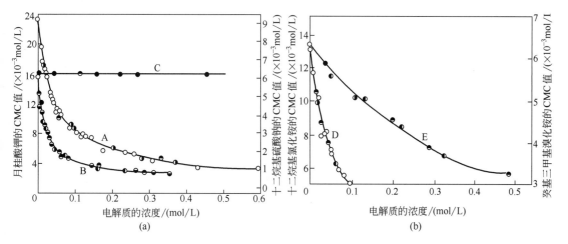

**图 3-6 电解质对乳化剂的 CMC 值的影响**

A—月桂酸钾；B—十二烷基硫酸钠；C—尿素；

D—十二烷基氯化铵；E—癸基三甲基溴化铵

○ KCl；● NaCl；◐ 焦磷酸钠；◑ 硫酸钠；◑ BaCl$_2$；● 尿素

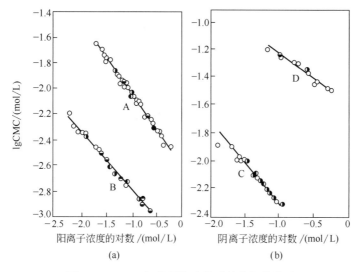

**图 3-7 lgCMC 与离子浓度的对数之间的关系**

A—月桂酸钾；B—十二烷基硫酸钠；C—十二烷基氯化铵；D—癸基三甲基溴化铵

○ KCl；● NaCl；◐ 焦磷酸钠；◑ 硫酸钠；◑ BaCl$_2$

### 3.4.2 胶束的形状、大小及荷电分率

在浓度大于 CMC 值的乳化剂水溶液中，乳化剂分子所形成的胶束可以是球状的，也可以是棒状的或层状的，甚至是由少数几个乳化剂分子所构成的单纯小型胶束，如图 3-8 所示。

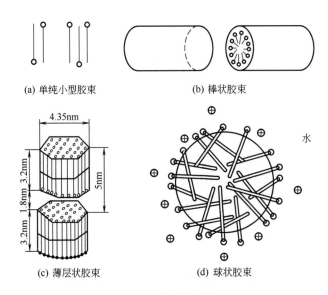

(a) 单纯小型胶束　　　　　　　　(b) 棒状胶束

(c) 薄层状胶束　　　　　　　　(d) 球状胶束

**图 3-8　胶束模型图**

在一个特定的乳液体系中，胶束的形状取决于乳化剂的种类、浓度、温度以及有无共存物质等条件。

由电子显微镜观察得知，球形胶束的平均直径约为 5nm，胶束的四周是一层乳化剂分子，每个分子的亲水端指向外围水相，而疏水端则指向胶束中心。

胶束的大小通常用聚集数来表明。所谓聚集数系指平均每个胶束中的乳化剂离子或分子数，聚集数越大则胶束越大。对于离子型乳化剂来说，在胶束上所带的电荷小于聚集数与每个乳化剂离子所带电荷的乘积。这是由于在溶液中所存在的反号离子被胶束部分吸附，因而胶束中的部分电荷将被所吸附的反号离子中和。为了说明这一现象，出现了荷电分率这一概念。所谓荷电分率系指胶束的有效电荷在胶束上乳化剂离子的带电总和中所占的分数。这个分数总是小于 1。现将各种乳化剂在不同介质中的聚集数列入表 3-10 及表 3-11 中[3,25]。

**表 3-10　离子型乳化剂的聚集数**

| 乳 化 剂 | 分 散 介 质 | 胶束分子质量/u[①] | 聚集数 |
| --- | --- | --- | --- |
| $C_8H_{17}SO_4Na$ | 水 | 4600 | 20 |
| $C_{10}H_{21}SO_4Na$ | 水 | 13000 | 50 |
| $C_{12}H_{25}SO_4Li$ | 水 | 17100 | 63 |
| $C_{12}H_{25}SO_4N(CH_3)_4$ | 水 | 25800 | 76 |
| $C_{12}H_{25}SO_4Na$ | 水 | 17800 | 62 |

| 乳 化 剂 | 分 散 介 质 | 胶束分子质量/u[①] | 聚集数 |
|---|---|---|---|
| $C_{12}H_{25}SO_4Na$ | 0.02mol/L NaCl | 19000 | 66 |
| $C_{12}H_{25}SO_4Na$ | 0.03mol/L NaCl | 23500 | 72 |
| $C_{12}H_{25}SO_4Na$ | 0.20mol/L NaCl | 29500 | 101 |
| $C_{12}H_{25}SO_4Na$ | 0.50mol/L NaCl | 41000 | 142 |
| $C_8H_{17}SO_3Na$ | 水 | 6000 | 28 |
| $C_{10}H_{21}SO_3Na$ | 水 | 9900 | 40.5 |
| $C_{12}H_{25}SO_3Na$ | 水 | 14700 | 54 |
| $C_{14}H_{29}SO_3Na$ | 水 | 2400 | 80 |
| $C_{10}H_{21}N(CH_3)_3Br$ | 水 | 10200 | 86.4 |
| $C_{12}H_{25}N(CH_3)_3Br$ | 水 | 15400 | 50 |
| $C_{14}H_{29}N(CH_3)_3Br$ | 水 | 18600 | 64 |
| $C_{16}H_{33}N(CH_3)_3Br$ | 水 | 23500 | 35 |
| $C_{16}H_{33}N(CH_3)_3Br$ | 0.013mol/L KBr | 61700 | 169 |
| $C_{12}H_{25}NH_3Cl$ | 水 | 12300 | 55.5 |
| $C_{12}H_{25}NH_3Cl$ | 0.015mol/L NaCl | 20500 | 92 |
| $C_{12}H_{25}NH_3Cl$ | 0.046mol/L NaCl | 31400 | 142 |
| $C_{16}H_{33}NC_5H_5Cl$ | 0.0175mol/L NaCl | 32300 | 95 |
| $C_{16}H_{33}NC_5H_5Cl$ | 0.0584mol/L NaCl | 39800 | 117 |
| $C_{16}H_{33}NC_5H_5Cl$ | 0.438mol/L NaCl | 45900 | 135 |
| $C_{16}H_{33}NC_5H_5Cl$ | 0.730mol/L NaCl | 46600 | 137 |
| $[C_{12}H_{25}N(CH_3)_3]_2SO_4$ | 水 | 17900 | 65 |
| $(C_8H_{17}SO_3)_2Mg$ | 水 | 10400 | 51 |
| $(C_{10}H_{21}SO_3)_2Mg$ | 水 | 24300 | 104 |
| $(C_{12}H_{25}SO_3)_2Mg$ | 水 | 28600 | 107 |
| $(C_{12}H_{25})_2N(CH_3)_2Cl$ | 0.003mol/L NaCl | 43600 | 209 |
| $C_8H_{17}COONa$ | 0.013mol/L KBr | 7400 | 38 |
| $C_{11}H_{23}COOK$ | 水 | 11900 | 50 |
| $C_{11}H_{23}COOK$ | 15%~30%溶液 | — | 63±8 |
| $C_{11}H_{23}COOK$ | 0.8mol/L KBr<br>0.1mol/L $K_2CO_3$ | 27000 | 110 |
| $C_{11}H_{23}COOK$ | 1.6mol/L KBr<br>0.1mol/L $K_2CO_3$ | 87000 | 360 |
| $C_{11}H_{23}COONa$ | 0.013mol/L KBr | 12400 | 56 |
| $C_{13}H_{27}COONa$ | 0.013mol/L KBr | 23300 | 95 |
| $C_{13}H_{27}COOK$ | 0.4mol/L KBr<br>0.1mol/L $K_2CO_3$ | 48000 | 180 |
| $C_{13}H_{27}COOK$ | 0.6mol/L KBr<br>0.1mol/L $K_2CO_3$ | 18100 | 680 |
| $C_{13}H_{27}COOK$ | 0.7mol/L KBr<br>0.1mol/L $K_2CO_3$ | 270000 | 1000 |

| 乳 化 剂 | 分 散 介 质 | 胶束分子质量/u[①] | 聚集数 |
|---|---|---|---|
| $C_{13}H_{27}COOK$ | $\begin{cases} 0.8mol/L\ KBr \\ 0.1mol/L\ K_2CO_3 \end{cases}$ | 430000 | 1600 |
| $C_{13}H_{27}COOK$ | $\begin{cases} 1.0mol/L\ KBr \\ 0.1mol/L\ K_2CO_3 \end{cases}$ | 860000 | 3200 |
| $C_{15}H_{31}COONa$ | 0.013mol/L KBr | 47300 | 170 |
| 二丁基苯磺酸钠 | 水 | 66600 | 229 |
| 二丁基萘磺酸钠 | 水 | 20000 | 59 |
| 二丁基萘磺酸钠 | 0.1mol/L $Na_2SO_4$ | 27700 | 81 |
| 间十二烷基苯磺酸钠 | 水 | 19900 | 57 |
| 对十二烷基苯磺酸钠 | 水 | 8200 | 24 |
| 二己基磺基丁二酸钠 | 水 | 9300 | 24 |
| 二庚基磺基丁二酸钠 | 水 | 10100 | 26 |
| 二辛基磺基丁二酸钠 | 水 | 21300 | 48 |

① 原子质量单位。

**表 3-11** 非离子型乳化剂的聚集数

| 乳 化 剂 | 温度/℃ | 胶束分子质量/($\times 10^4$ u) | 聚集数 |
|---|---|---|---|
| $C_{12}H_{25}O(CH_2CH_2O)_{0.5}H$ | | 3.85 | 63 |
| $C_{12}H_{25}O(CH_2CH_2O)_{12}H$ | 25 | 3.20 | 45 |
| $C_{12}H_{25}O(CH_2CH_2O)_{20.8}H$ | | 6.17 | 56 |
| $C_{12}H_{25}O(CH_2CH_2O)_9H$ | | 4.03 | 67 |
| $C_8H_{17}C_6H_4O(CH_2CH_2O)_8H$ | 25～26 | 20.8 | 373 |
| $C_8H_{17}C_6H_4O(CH_2CH_2O)_8H$ | | 8.13 | 135 |
| $C_8H_{17}C_6H_4O(CH_2CH_2O)_{10}H$ | | 9.0 | 139 |
| $C_8H_{17}C_6H_4O(CH_2CH_2O)_{12}H$ | 25 | 5.35 | 73 |
| $C_7H_{15}COO(CH_2CH_2O)_{7.5}CH_3$ | | 2.55 | 52 |
| $C_9H_{19}COO(CH_2CH_2O)_{7.0}CH_3$ | | 4.15 | 84 |
| $C_9H_{19}COO(CH_2CH_2O)_{1.3}CH_3$ | 25 | 3.68 | 58 |
| $C_9H_{19}COO(CH_2CH_2O)_{11.9}CH_3$ | | 3.70 | 58 |
| $C_{11}H_{23}COO(CH_2CH_2O)_{6.0}CH_3$ | | 100.0 | 2100 |
| $C_{11}H_{23}COO(CH_2CH_2O)_{8.4}CH_3$ | 25 | 6.06 | 104 |
| $C_{11}H_{23}COO(CH_2CH_2O)_{11.2}CH_3$ | | 5.40 | 75 |
| $C_{11}H_{23}COO(CH_2CH_2O)_{12.5}CH_3$ | | 5.13 | 67 |
| $C_{10}H_{21}O(CH_2CH_2O)_8CH_3$ | 30 | 4.31 | 83 |
| $C_{10}H_{21}O(CH_2CH_2O)_{11}CH_3$ | 30 | 4.29 | 65 |
| $C_{10}H_{21}O(CH_2CH_2O)_{12}CH_3$ | 29 | 3.71 | 53 |

影响胶束大小的主要因素是乳化剂的化学结构。一般具有这样的规律：

① 在乳化剂同系物中疏水基烃链愈长者，其聚集数愈大。

② 在离子型乳化剂分子中，反号离子的半径愈大者，其聚集数愈大，荷电分率亦愈大。

③ 对非离子型乳化剂来说，亲水基愈大者，其聚集数愈小。

表 3-10 及表 3-11 充分反映了这一规律。但有一个例外：表 3-10 中十二烷基硫酸锂中锂离子的离子半径要比十二烷基硫酸钠中钠离子的离子半径小得多，根据上述规律前者的聚集数应比后者小，且前者的荷电分率亦应比后者低，但测定结果恰恰与此相反。关于这一点至今还没有找到很好的答案。

影响胶束大小的另一个因素是电解质浓度，当电解质浓度大时，其聚集数及荷电分率亦大。

## 3.4.3　增溶度

### 3.4.3.1　基本概念及测定方法

由 X 射线衍射法测定得知[27-29]，将单体加入到乳化剂溶液中之后，胶束的体积将发生膨胀，且证明了在单体加入量不太大时，胶束尺寸的增大正比于单体浓度的提高。这就证明由于胶束吸收单体而导致了单体在水相中溶解度的增加。这一现象称为增溶作用。同时还证明了在每个胶束中大约可增溶 10～50 个单体分子。这些被增溶物质的分子被吸收到胶束的内部还是表面，要由被增溶物质的化学结构来决定。分子量小的非极性物质可进入胶束的中心，例如苯乙烯、丁二烯等属于这一类；中等极性的物质例如氯乙烯、乙酸乙烯酯等，将进入胶束外侧的乳化剂分子的栅层中；而结构复杂、极性大的物质，如油溶性染料等，则仅能被吸附在胶束表面上。

乳化剂的增溶作用是有限度的，只能一定程度地增大单体在水相中的溶解度。被增溶物质在乳化剂水溶液中的最大溶解度与同温度下它在纯水中的溶解度之差称为乳化剂对这种物质的增溶度，常用浑浊点法来测定增溶度。若在激烈搅拌作用下将单体缓缓地加入乳化剂水溶液中，最初加入的单体全部溶解在水中，其溶液清澈透明。当达到一定单体浓度之后，溶液的浊度突然上升，这一点称为浑浊点，浑浊点处的单体浓度与同温度下单体在纯水中的溶解度之差即为增溶度。超过增溶度的单体将以单体珠滴的形式存在于体系中，故使液体变浑浊。

### 3.4.3.2　影响因素

影响增溶度的因素很多，主要有乳化剂分子的化学结构、乳化剂的浓度、被增溶物质的性质及电解质浓度等[30-34]。

(1) 乳化剂分子化学结构的影响　乳化剂分子中疏水基烃链越长时，胶束内部的体积就越大，就越容易容纳更多的单体，即对单体的增溶度就越大。由表 3-12 可以看到，疏水基具有十八个碳原子的油酸离子比具有十二个碳原子的月桂酸离子对有机物单体的增溶度高。由表 3-13 也可以看到，对辛酸盐乳化剂来说，每摩尔胶束乳化剂分子可以增溶的乙苯（苯乙烯的分子模型物）为 0.14～0.16mol，而对于十六碳羧酸盐来说却为

$1.0 \sim 1.5 \text{mol}$。

表 3-12　不同乳化剂对各种有机液体的增溶作用

| 有机液体 | 油 酸 钠 | | 月桂酸钾 | | 十二烷基氯化铵 | |
|---|---|---|---|---|---|---|
| | 每 100mL 溶液增溶的质量/g | 每摩尔乳化剂增溶的物质的量/mol | 每 100mL 溶液增溶的质量/g | 每摩尔乳化剂增溶的物质的量/mol | 每 100mL 溶液增溶的质量/g | 每摩尔乳化剂增溶的物质的量/mol |
| 正己烷 | 0.398 | 0.46 | 0.156 | 0.18 | 0.64 | 0.75 |
| 正庚烷 | 0.340 | 0.34 | 0.117 | 0.12 | 0.54 | 0.54 |
| 正辛烷 | 0.210 | 0.18 | 0.096 | 0.08 | 0.33 | 0.29 |
| 正壬烷 | 0.142 | 0.11 | 0.071 | 0.06 | 0.29 | 0.22 |
| 正癸烷 | 0.047 | 0.05 | 0.045 | 0.03 | 0.18 | 0.13 |
| 正十二烷 | 0.015 | 0.01 | 0.008 | 0.005 | 0.11 | 0.06 |
| 正十四烷 | 0.006 | 0.00 | 0.009 | 0.00 | 0.02 | 0.01 |
| 苯 | 0.594 | 0.76 | 0.226 | 0.29 | 0.51 | 0.65 |
| 甲苯 | 0.466 | 0.51 | 0.116 | 0.13 | 0.45 | 0.49 |
| 乙苯 | 0.419 | 0.40 | 0.214 | 0.20 | 0.40 | 0.38 |
| 对二甲苯 | 0.383 | 0.36 | 0.210 | 0.20 | 0.36 | 0.34 |
| 对甲基异丙苯 | 0.342 | 0.26 | 0.103 | 0.08 | 0.26 | 0.19 |

注：温度 25℃；乳化剂浓度：0.1mol/L。

由表 3-12 还可以看出，十二烷基氯化铵对直链烷烃的增溶度不仅比月桂酸钾高，而且也比油酸钠高，说明阳离子乳化剂比阴离子乳化剂对直链烷烃的增溶作用强。

（2）乳化剂浓度的影响　由表 3-13 及图 3-9 可以看出，各种有机液体的增溶度随乳化剂浓度的增大而增大，这是因为乳化剂浓度大时，胶束数目也随之增大而引起的。但是增溶度和乳化剂浓度之间的关系并不是线性的。

表 3-13　各种正烷基羧酸钾对乙苯的增溶作用

| 溶 液 | 乳化剂浓度 /(mol/kg) | 每千克溶液中胶束乳化剂的量/mol | 每千克溶液溶解乙苯的量 /mol | 每摩尔乳化剂溶解乙苯的量 /mol | 每摩尔胶束乳化剂增溶乙苯的量/mol | 每 150mol 胶束乳化剂增溶乙苯的量/mol |
|---|---|---|---|---|---|---|
| 纯水 | 0 | 0 | 0.0016 | — | — | — |
| 辛酸钾 | 0.30 | 0 | 0.0012 | 0.004 | — | — |
| | 0.48 | 0.085 | 0.012 | 0.025 | 0.141 | 21 |
| | 0.662 | 0.267 | 0.033 | 0.048 | 0.124 | 19 |
| | 0.827 | 0.432 | 0.066 | 0.800 | 0.152 | 22 |
| 癸酸钾 | 0.10 | 0.005 | 0.0014 | 0.014 | — | — |
| | 0.232 | 0.137 | 0.027 | 0.116 | 0.197 | 30 |
| | 0.435 | 0.340 | 0.067 | 0.154 | 0.197 | 30 |
| | 0.500 | 0.405 | 0.087 | 0.174 | 0.214 | 33 |
| | 0.717 | 0.622 | 0.145 | 0.202 | 0.233 | 35 |

| 溶 液 | 乳化剂浓度/(mol/kg) | 每千克溶液中胶束乳化剂的量/mol | 每千克溶液溶解乙苯的量/mol | 每摩尔乳化剂溶解乙苯的量/mol | 每摩尔胶束乳化剂增溶乙苯的量/mol | 每150mol胶束乳化剂增溶乙苯的量/mol |
|---|---|---|---|---|---|---|
| 十二烷酸钾 | 0.042 | 0.017 | 0.007 | 0.166 | 0.411 | 62 |
| | 0.195 | 0.170 | 0.062 | 0.318 | 0.364 | 54 |
| | 0.396 | 0.371 | 0.151 | 0.382 | 0.407 | 61 |
| | 0.500 | 0.475 | 0.212 | 0.424 | 0.446 | 67 |
| | 0.603 | 0.578 | 0.273 | 0.452 | 0.472 | 71 |
| | 0.628 | 0.603 | 0.291 | 0.463 | 0.482 | 72 |
| | 0.860 | 0.835 | 0.435 | 0.506 | 0.522 | 78 |
| 十四烷酸钾 | 0.096 | 0.090 | 0.054 | 0.563 | 0.600 | 90 |
| | 0.242 | 0.236 | 0.176 | 0.728 | 0.745 | 107 |
| | 0.347 | 0.341 | 0.272 | 0.784 | 0.798 | 120 |
| | 0.432 | 0.426 | 0.348 | 0.807 | 0.817 | 123 |
| | 0.500 | 0.494 | 0.427 | 0.855 | 0.866 | 130 |
| | 0.566 | 0.560 | 0.492 | 0.872 | 0.888 | 133 |
| 十六烷酸钾 | 0.070 | 0.068 | 0.074 | 1.06 | 1.09 | 159 |
| | 0.154 | 0.152 | 0.176 | 1.14 | 1.15 | 173 |
| | 0.228 | 0.226 | 0.302 | 1.32 | 1.33 | 190 |
| | 0.292 | 0.290 | 0.430 | 1.47 | 1.48 | 220 |

注：体系温度为25℃。

（3）被增溶物质性质的影响　由表3-12可以看出，在其他条件相同的情况下，随着被增溶物质碳原子数的增加，其增溶度减小。例如当用油酸钠作乳化剂时，每摩尔乳化剂所能增溶的己烷的物质的量为0.46mol，而所能增溶的十二烷的物质的量却为0.01mol。

在同样条件下，乳化剂对芳香族化合物的增溶度要比对链烷烃增溶度大，如图3-9所示，月桂酸钾对苯的增溶度总是大于对正庚烷的增溶度。

若在苯环上连有烷基，其烷基链越长者乳化剂对它的增溶度就越小。例如在图3-9中，月桂酸钾对乙苯的增溶度要比对苯的增溶度小，而对正丙苯的增溶度又比对乙苯的增溶度小。但试验证明，异丙苯的增溶度却比正丙苯的增溶度低。

对高极性单体如油酸、辛胺等来说，乳化剂的增溶作用有其自身特异的规律，正如表3-14所表明的那样。如前所述（表3-12），当被增溶的物质为非极性的正烷烃（如正辛烷和正十二烷）时，十二烷基氯化铵的增溶作用要比油酸钠的增溶作用大；但

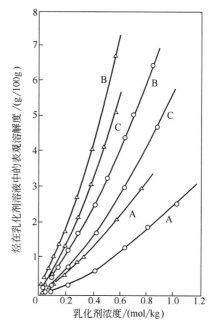

**图3-9　乳化剂浓度对有机液体增溶作用的影响**

温度为25℃

乳化剂：○ 月桂酸钾；△ 十四烷酸钾

有机液体：A—正庚烷；B—苯；C—乙苯

是当向正烷烃分子链上引入羟基增大其极性后（如正辛醇和正十二醇），十二烷基氯化铵对其的增溶作用却比油酸钠小，见表 3-14。当增溶醇类、酮类及酯类时，也会出现异常的增溶规律。例如，由表 3-12 和表 3-14 可知，在增溶正辛醇、正辛烷和辛胺时：若采用月桂酸钾作乳化剂，其增溶度（每 100 mL 溶液增溶的质量）递降顺序为正辛醇(0.385g)＞正辛烷(0.096g)＞辛胺(0.088g)；而若采用十二烷基氯化铵作乳化剂时，其增溶度递降顺序为正辛烷(0.33g)＞正辛醇(0.24g)＞辛胺(0.17g)。

**表 3-14** 各种乳化剂对极性有机液体的增溶

| 有机液体 | 油 酸 钠 | | 月桂酸钾 | | 十二烷基氯化铵 | |
| --- | --- | --- | --- | --- | --- | --- |
| | 每 100mL 溶液增溶的质量/g | 每摩尔乳化剂增溶的物质的量/mol | 每 100mL 溶液增溶的质量/g | 每摩尔乳化剂增溶的物质的量/mol | 每 100mL 溶液增溶的质量/g | 每摩尔乳化剂增溶的物质的量/mol |
| 甲酸叔丁酯 | 1.936 | 2.20 | 1.460 | 1.66 | 1.80 | 2.05 |
| 甲酸异丁酯 | 1.820 | 1.82 | 1.200 | 1.20 | 1.78 | 1.78 |
| 乙酸戊酯 | 1.990 | 1.71 | 1.038 | 0.89 | 1.69 | 1.45 |
| 异丙基叔丁醚 | 0.858 | 0.73 | 0.166 | 0.14 | 0.62 | 0.53 |
| 辛胺 | 0.088 | 0.07 | 0.088 | 0.07 | 0.17 | 0.13 |
| 正辛醇 | 0.764 | 0.59 | 0.385 | 0.29 | 0.24 | 0.18 |
| 2-乙基己醇 | 0.610 | 0.47 | 0.083 | 0.064 | 0.47 | 0.36 |
| 月桂醇 | 0.206 | 0.13 | 0.049 | 0.03 | 0.08 | 0.05 |
| 油酸 | 0.137 | 0.05 | 0.051 | 0.018 | 0.07 | 0.02 |
| 甘油三丁酯 | 1.124 | 0.37 | 0.321 | 0.11 | 0.68 | 0.22 |
| 甘油三油酸酯 | 0.000 | 0.00 | — | — | 0.00 | — |

注：温度：25℃；乳化剂浓度：0.1mol/L。

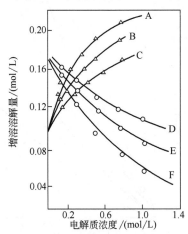

**图 3-10** 电解质对非极性物质和极性物质增溶度的影响

肉豆蔻酸钾（乳化剂）0.32mol/L

△ 正庚烷；○ 1-辛醇

A—KCl；B—$K_2SO_4$；C—$K_4[Fe(CN)_6]$；

D—$K_4[Fe(CN)_6]$；E—$K_2SO_4$；F—KCl

（4）电解质的影响　对于非极性物质，加入少量电解质可以大大地增大增溶度。因为在低乳化剂浓度下，加入电解质可以降低其 CMC 值，从而提供了更多的胶束乳化剂，形成更多的胶束，这样就使增溶作用加强。而在高乳化剂浓度下，加入电解质可以增大胶束尺寸，从而可以容纳更多的单体，因而增大了增溶度，如图 3-10 曲线 A、B、C 所示。

但是对于较强极性的被增溶物质来说，会出现异常。这是因为加入的电解质离解成离子，在这些离子的压迫作用下乳化剂分子变得密集，使胶束栅层的容积变小，故极性物质的增溶量也相应变小。所以对于极性较强的被增溶物质来说，随着电解质浓度增大，其增溶度减小，如图 3-10 曲线 D、E、F 所示。

## 3.4.4　HLB 值

### 3.4.4.1　基本概念

Griffin 提出的表面活性剂的亲油亲水平衡值（hydrophilelipophile balance，HLB）[35-38]，是一个用来衡量表面活性剂分子中的亲水部分和亲油部分对其性质所作贡献大小的物理量。每一种表面活性剂都具有某一特定的 HLB 值，对于大多数的表面活性剂来说，其 HLB 值落在 1～40 之间。HLB 值越低，表明其亲油性越大，HLB 值越高表明其亲水性越大。

表 3-15 中列出了一些商品乳化剂的 HLB 值。

**表 3-15**　一些常用商品乳化剂的 HLB 值

| 乳化剂的化学名称 | 乳化剂的商品名称 | 离子性质 | HLB 值 |
|---|---|---|---|
| 油酸 | | 非 | 1.0 |
| 失水山梨醇三油酸酯 | 斯盘-85（Span-85） | 非 | 1.8 |
| 失水山梨醇三硬脂酸酯 | 斯盘-65（Span-65） | 非 | 2.1 |
| 丙二醇单硬脂酸酯 | Emcol PO-50 | 非 | 3.4 |
| 失水山梨醇倍半油酸酯 | Arlacel 83 | 非 | 3.7 |
| 甘油单硬脂酸酯 | GMS | 非 | 3.8 |
| 失水山梨醇单油酸酯 | 斯盘-80（Span-80） | 非 | 4.3 |
| 失水山梨醇单硬脂酸酯 | 斯盘-60（Span-60） | 非 | 4.7 |
| 二乙二醇单月桂酸酯 | Atlas G-2124 | 非 | 5.1 |
| 失水山梨醇单棕榈酸酯 | 斯盘-40（Span-40） | 非 | 6.7 |
| 脂肪醇聚氧乙烯醚 | 平平加 O-3 | 非 | 6.0～7.0 |
| 聚乙二醇 400 双油酸酯 | PEG400DO | 非 | 7.0～8.0 |
| 四乙二醇单甘油酸酯 | Atlas G-2147 | 非 | 7.7 |
| 聚氧丙烯硬脂酸酯 | Atlas G-3608 | 非 | 8.0 |
| 聚氧乙烯(4)辛基酚醚 | OP-4 | 非 | 8.0～8.6 |
| 聚氧乙烯(4)壬基酚醚 | NP-4（TX-4） | 非 | 8.5～9.0 |
| 脂肪醇聚氧乙烯醚 | 平平加 O-5 | 非 | 8.5～9.5 |
| 失水山梨醇单月桂酸酯 | 斯盘-20（Span-20） | 非 | 8.6 |
| 聚氧乙烯(4)失水山梨醇单硬脂酸酯 | 吐温-61（Tween-61） | 非 | 9.6 |
| 聚氧乙烯(5)失水山梨醇单油酸酯 | 吐温-81（Tween-81） | 非 | 10.0 |
| 聚氧乙烯(20)失水山梨醇三硬脂酸酯 | 吐温-65（Tween-65） | 非 | 10.5 |
| 十二烷基苯磺酸钠 | SDBS | 阴 | 10.6 |
| 聚乙二醇 600 双油酸酯 | PEG600DO | 非 | 10.0～11.0 |
| 聚氧乙烯(20)失水山梨醇三油酸酯 | 吐温-85（Tween-85） | 非 | 11.0 |
| 聚乙二醇 400 单油酸酯 | PEG400MO | 非 | 11.4 |
| 脂肪醇聚氧乙烯醚 | 平平加 O-8 | 非 | 11.0～12.0 |
| 聚氧乙烯(7)壬基酚醚 | NP-7（TX-7） | 非 | 11.5～12.0 |
| 三乙醇胺油酸盐 | TEA-OLA | 阳 | 12.0 |

| 乳化剂的化学名称 | 乳化剂的商品名称 | 离子性质 | HLB 值 |
|---|---|---|---|
| 辛基酚聚氧乙烯(7)醚 | OP-7 | 非 | 11.5～12.5 |
| 脂肪醇聚氧乙烯醚 | 平平加 O-9 | 非 | 12.0～12.5 |
| 聚氧乙烯(8)壬基酚醚 | NP-8(TX-8) | 非 | 12.0～12.5 |
| 辛基酚聚氧乙烯(9)醚 | OP-9 | 非 | 12.7～13.4 |
| 脂肪醇聚氧乙烯醚 | 平平加 O-10 | 非 | 12.5～13.0 |
| 聚乙二醇 400 单月桂酸酯 | PEG400ML | 非 | 13.1 |
| 聚氧乙烯(10)壬基酚醚 | NP-10(TX-10) | 非 | 13.0～13.5 |
| 辛基酚聚氧乙烯(10)醚 | OP-10 | 非 | 13.3～14.0 |
| 聚乙二醇 600 单油酸酯 | PEG600MO | 非 | 13.0～14.0 |
| 聚氧乙烯(4)失水山梨醇单月桂酸酯 | 吐温-21(Tween-21) | 非 | 13.3～14.0 |
| 聚氧乙烯(12)壬基酚醚 | NP-12(TX-12) | 非 | 13.5～14.0 |
| 辛基酚聚氧乙烯(13)醚 | OP-13 | 非 | 14.0 |
| 聚氧乙烯(20)失水山梨醇单硬脂酸酯 | 吐温-60(Tween-60) | 非 | 14.9 |
| 脂肪醇聚氧乙烯醚 | 平平加 O-15 | 非 | 14.0～15.0 |
| 聚氧乙烯(15)壬基酚醚 | NP-15(TX-15) | 非 | 14.5～15.0 |
| 聚氧乙烯(20)失水山梨醇单油酸酯 | 吐温-80(Tween-80) | 非 | 15.0 |
| 辛基酚聚氧乙烯(15)醚 | OP-15 | 非 | 15.0 |
| 聚氧乙烯(20)失水山梨醇单棕榈酸酯 | 吐温-40(Tween-40) | 非 | 15.6 |
| 脂肪醇聚氧乙烯醚 | 平平加 O-20 | 非 | 15.0～16.0 |
| 辛基酚聚氧乙烯(20)醚 | OP-20 | 非 | 16.0 |
| 聚氧乙烯(21)壬基酚醚 | NP-21(TX-21) | 非 | 16.0 |
| 脂肪醇聚氧乙烯醚 | 平平加 O-25 | 非 | 16.5 |
| 聚氧乙烯(20)失水山梨醇单月桂酸酯 | 吐温-20(Tween-20) | 非 | 16.7 |
| 脂肪醇聚氧乙烯醚 | 平平加 O-30 | 非 | 16.0～17.0 |
| 辛基酚聚氧乙烯(30)醚 | OP-30 | 非 | 17.0 |
| 聚氧乙烯(40)壬基酚醚 | NP-40(TX-40) | 非 | 17.5～18.0 |
| 油酸钠 | | 阴 | 18.0 |
| 聚乙二醇 4000 单油酸酯 | PEG4000MO | 非 | 18.0～18.5 |
| 壬基酚聚氧乙烯(10)醚-2-磺酸基琥珀酸单酯二钠盐 | MS-1(OS) | 阴 | 18.9 |
| 聚乙二醇 6000 单油酸酯 | PEG6000MO | 非 | 19.0 |
| 油酸钾 | | 阴 | 20.0 |
| 十二烷基二苯醚二磺酸钠 | 2A-1 | 阴 | 21.8 |
| N-十六烷基-N-乙基吗啉基乙基硫酸盐 | Atlas G263 | 阳 | 25.0～30.0 |
| 磺基琥珀酸单异癸酯二钠盐 | A-501 | 阴 | 33.8 |
| 十二烷基硫酸钠 | SDS | 阴 | 40.0 |

### 3.4.4.2 求取方法

求取 HLB 值的方法有许多种，可以通过乳化试验法进行测定，也可以根据乳化剂的分析值或分子结构进行计算。

（1）乳化试验法[39] 选用两种 HLB 值差别较大的乳化剂 A 和 B 复配使用，组成混合乳化剂，A 的用量为 $W_A$，B 的用量为 $W_B$，且 $W_A + W_B = 10g$。在这两种乳化剂中，起码应知道其中一种的 HLB 值。

试验时，将 10g 混合乳化剂和 95g 油加入到 200mL 的广口瓶中，充分混合。加入 95mL 水，加塞摇动 3min，使之乳化。然后静置 24h，观察乳状液稳定状况。找到能使乳状液稳定的两种乳化剂的最佳用量 $W_A$ 和 $W_B$。

其计算公式为

$$HLB_0 = \frac{W_A HLB_A + W_B HLB_B}{W_A + W_B} \tag{3-2}$$

式中  $HLB_0$——被乳化油所需的 HLB 值；

$HLB_A$——乳化剂 A 的 HLB 值；

$HLB_B$——乳化剂 B 的 HLB 值；

$W_A$——乳化剂 A 的最佳用量；

$W_B$——乳化剂 B 的最佳用量。

若已知 A、B 两种乳化剂的 HLB 值，则可求出被乳化油所需的 HLB 值；若已知油所需的 HLB 值及一种乳化剂的 HLB 值，则可以求出另一种乳化剂的 HLB 值。

（2）基团重量法 对聚氧乙烯型和多元醇型非离子型乳化剂来说，其 HLB 值可用下式计算。

$$HLB = \frac{M_L}{M_L + M_O} \times \frac{100}{5} \tag{3-3}$$

式中  $M_L$——亲水基分子量；

$M_O$——疏水（亲油）基分子量。

例如对非离子型乳化剂 OP-10 来说，其分子式为

$$C_9H_{19}\text{—}\langle\bigcirc\rangle\text{—}O(CH_2CH_2O)_{10}H$$

$M_L = 457$，$M_O = 203$

则

$$HLB = \frac{457}{457 + 203} \times \frac{100}{5} = 13.9$$

（3）皂化值法 对于脂肪酸多元醇酯来说，其 HLB 值可用式（3-4）计算。

$$HLB = 20\left(1 - \frac{S}{A}\right) \tag{3-4}$$

式中  $S$——酯的皂化值；

$A$——形成酯的脂肪酸的酸值。

例如斯盘-20 为失水山梨醇单月桂酸酯，测得

$$S = 161.8，A = 280$$

则

$$HLB = 20 \times \left(1 - \frac{161.8}{280}\right) = 8.44$$

又如测得甘油单硬脂酸酯

$$S=161，A=198$$

则

$$HLB=20\times\left(1-\frac{161}{198}\right)=3.8$$

（4）Davies 法　对于其他类型的乳化剂来说，可用 Davies 方法[40] 进行处理。这种方法是将乳化剂分解为若干种基团，每种基团均对 HLB 值有贡献（正贡献或负贡献），这种贡献可用基团常数来表示。表 3-16 中列入各种基团的基团常数[41]。

**表 3-16**　计算 HLB 值的基团常数

| 亲水基团常数 | | 疏水基团常数 | |
| --- | --- | --- | --- |
| —SO$_4$Na | 38.7 | $\overset{\displaystyle\mid}{\underset{\displaystyle H}{-C-}}$ | |
| —COOK | 21.1 | | |
| —COONa | 19.1 | —CH$_2$— $\left.\begin{array}{l}\\ \\ \\ \end{array}\right\}$ | 0.475 |
| —SO$_3$Na | 11.0 | —CH$_3$ | |
| $-\overset{\displaystyle\mid}{N}-$（叔胺） | 9.4 | =CH— | |
| $-\overset{\displaystyle O}{\overset{\displaystyle\parallel}{C}}-O$（失水山梨醇环） | 6.8 | —CF$_2$— $\left.\begin{array}{l}\\ \\ \end{array}\right\}$ | 0.870 |
| $-\overset{\displaystyle O}{\overset{\displaystyle\parallel}{C}}-O$（自由） | 2.4 | —CF$_3$ | |
| —COOH | 2.1 | —CH$_2$CH$_2$CH$_2$O— | 0.15 |
| —OH（自由） | 1.9 | | |
| —OH（失水山梨醇环） | 0.5 | | |
| —O— | 1.3 | | |
| —CH$_2$CH$_2$O— | 0.33 | | |

要想求得某乳化剂的 HLB 值，需首先确定这个乳化剂具有哪些亲水基团和亲油基团，然后由表 3-16 查得与各基团相应的基团常数，然后再根据式（3-5）求知：

$$HLB=7+\sum\text{亲水基团常数}-\sum\text{疏水基团常数} \tag{3-5}$$

例如对于乳化剂 C$_{12}$H$_{25}$SO$_4$Na 来说

$$HLB=7+38.7-(12\times0.475)=40.0$$

（5）对数法　人们通过试验找到了计算 HLB 值的如下对数方程式[36]：

$$HLB=7+11.7\lg\left(\frac{M_L}{M_O}\right) \tag{3-6}$$

式中　$M_L$——亲水基团分子量；

$M_O$——疏水（亲油）基团分子量。

将对斯盘和吐温体系乳化剂用式（3-6）计算结果标绘于图 3-11 中。由图 3-11 可以看出，计算值与 Griffin 报告值基本一致。

（6）无机性基团值计算法　按照有机化合物的概念可把乳化剂划分为有机性基团（疏水基团）和无机

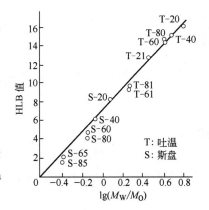

**图 3-11　HLB 对数法计算值**

— Griffin 报告值；○ 计算值

性基团（亲水基团）。一个甲基或亚甲基的有机性基团值为 20。可用式（3-7）计算乳化剂的 HLB 值[35]。

$$HLB = \left(\frac{\sum 无机性基团值}{\sum 有机性基团值}\right) \times 10 \tag{3-7}$$

表 3-17 中列出了各种基团的无机性基团值。

（7）复合乳化剂的 HLB 值　复合乳化剂的 HLB 值可将组成它的各乳化剂的 HLB 值按重量平均得到。例如对于由 45% 的斯盘-60（HLB＝4.7）和 55% 的吐温-60（HLB＝14.9）组成的复合乳化剂来说，HLB＝4.7×0.45＋14.9×0.55＝10.3。

表 3-17　无机性基团值

| 无机性基团 | 基团值 | 无机性基团 | 基团值 |
|---|---|---|---|
| 轻金属 | ＞500 | —CO—O—CO— | 110 |
| 重金属,胺,铵盐 | ＞400 | —OH | 100 |
| —AsO₃H,—AsO₂H | 300 | —Hg(有机) | 95 |
| —SO₂NHCO—,—N=N—NH₂ | 260 | 萘 | 85 |
| —SO₃H | 250 | —NH—NH—,—O—CO—O— | 80 |
| —SO₂NH— | 240 | —NH₂,—NHR,—NR₂ | 70 |
| —CONHCO— | 230 | ＼CO | 65 |
| =NOH | 220 | —COOK | 60 |
| =N—NH— | 210 | ＼C=NH | 50 |
| —CONH— | 200 | —N=N— | 30 |
| —CSSH | 180 | ＼C | 20 |
| —CSOH,—COSH | 160 | 苯核 | 15 |
| 蒽,菲 | 155 | (非芳香性)环 | 10 |
| —COOH | 150 | 三键 | 3 |
| 内酯 | 120 | 双键 | 2 |

| 有机兼无机性基团 | 有机性基团值 | 无机性基团值 | 有机兼无机性基团 | 有机性基团值 | 无机性基团值 |
|---|---|---|---|---|---|
| ＼SO₂ | 40 | 110 | —ONO₂ | 60 | 40 |
| —SCN | 70 | 80 | —N⁺≡C⁻ | 40 | 40 |
| —NCS | 70 | 75 | —NCO | 30 | 30 |
| —NO₂ | 70 | 70 | —I | 60 | 20 |
| —CN | 40 | 70 | —Br,—SH,—S— | 40 | 20 |
| —NO | 50 | 50 | —Cl,—P | 20 | 20 |

## 3.4.5　浊点

（1）基本概念　当非离子型乳化剂水溶液被加热至一定温度时，溶液由透明变为浑浊，出现这一现象时的温度称为浊点（cloud point），又叫昙点，是非离子型乳化剂的一个特征参数。离子型乳化剂没有浊点。

非离子型乳化剂遇水时将和水分子发生缔合形成水化乳化剂分子，因而能使其很好地溶解在水中形成透明溶液。例如烷基酚聚氧乙烯醚类乳化剂，其亲水基团聚氧乙烯链上的醚键的氧原子可与水分子形成氢键，围绕分子链形成很厚的水化层，因而可以很好地溶于水中。正如在图 3-12 中所示出的那样，聚氧乙烯链在失水状态下呈锯齿状，而在水溶液中则呈柱面曲折状。在水溶液中曲折的聚氧乙烯链中，疏水部位—$CH_2CH_2$—被包藏在圆柱的内部，而亲水的氧原子处于分子链的外侧，在圆柱的外部通过氢键结合了一层水分子外壳，形成水化层，故可很好地溶于水。但是升温会使水分子热运动加剧，水和乳化剂分子间缔合力减弱，致使水化层减薄。当达到某一温度时，水化层大幅度减薄，使得聚氧乙烯链在水中的溶解度减小，以致从水中沉析出来，使溶液浊度突然升高，这时的温度，即为浊点。

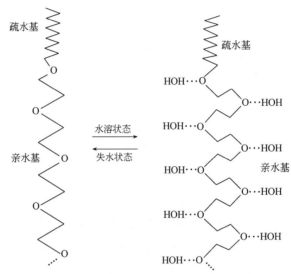

图 3-12　烷基酚聚氧乙烯醚类乳化剂的水化作用

（2）测试方法[42]　当浊点低于 95℃时，将 5mL 1% 的乳化剂水溶液置于试管中，插入温度计，在水浴上缓缓加热，至溶液完全浑浊时，立即记录温度，即为浊点。加热冷却重复 3 次，取平均值，即为测试结果。

当浊点高于 95℃时，将 1% 的乳化剂水溶液装入下端封闭的毛细管中，液柱高为 10～15mm，用橡皮筋把毛细管固定在温度计水银球处，将温度计插入装有甘油的试管中，将试管在煤气灯上加热，并不断摇动。待溶液变浑浊后，在室温下冷却，溶液变成透明液体时的温度，即为浊点。加热冷却重复 3 次，取平均值，即得测试结果。

（3）影响因素

① 亲水基团的影响　一般来说，亲水基团越大的非离

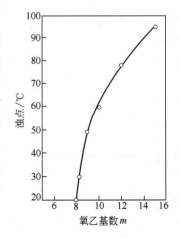

图 3-13　OP 类乳化剂的浊点

子型乳化剂的浊点越高，如图 3-13 和表 3-18 所示。

**表 3-18** $C_{13}H_{27}O$—$(CH_2CH_2O)_m$—H 的浊点

| m | 浊点/℃ | m | 浊点/℃ |
|---|---|---|---|
| 9 | 4.0 | 12 | 79.0 |
| 9.5 | 52.5 | 15 | 96.0 |
| 10 | 59.5 | | |

② 疏水基团的影响　在同系列中疏水基团越大时，非离子型乳化剂的浊点越低，如表 3-19 所示。

**表 3-19** $CH_3$—$(CH_2)_{n-1}O$—$(CH_2CH_2O)_6$—H 的浊点

| n | 浊点/℃ | n | 浊点/℃ |
|---|---|---|---|
| 6 | 83 | 14 | 45 |
| 10 | 60 | 16 | 32 |
| 12 | 48 | | |

③ 乳化剂浓度的影响　非离子型乳化剂的浊点随着其浓度增大而上升，但变化的幅度不大，如表 3-20 所示。

**表 3-20** 不同浓度辛基酚聚氧乙烯醚类 (OP) 乳化剂[①]的浊点

| 浓度/% | 浊点/℃ | 浓度/% | 浊点/℃ |
|---|---|---|---|
| 0.01 | >100 | 0.05 | 48 |
| 0.015 | >100 | 0.10 | 49 |
| 0.020 | 38 | 0.50 | 50 |
| 0.030 | 48 | 5.0 | 50 |

① 氧乙基数为 8.5。

## 3.4.6　三相点

（1）基本概念　三相点是离子型乳化剂的一个特征参数。对非离子型乳化剂来说，三相点一般低得测不出来，或者说无三相点。

图 3-14 为离子型乳化剂的溶解度曲线，表明在不同温度下离子型乳化剂的溶解状况。图 3-14 中曲线 $BKC$ 为饱和浓度曲线，在该曲线上方Ⅱ区各点，将出现固体乳化剂结晶；而虚线 $KD$ 则为 CMC 曲线，在该线上方Ⅲ区诸点将出现胶束。曲线 $BK$、$CK$ 和 $DK$ 将图划分为Ⅰ、Ⅱ、Ⅲ三个区。当乳化剂加入量很小时，落在Ⅰ区，乳化剂以单分子形式分散在水中，为真溶液，其浓度低于 CMC 值。当温度较低，且加入较多乳化剂时，

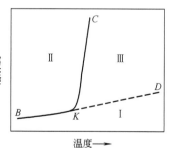

**图 3-14　离子型乳化剂
溶解度曲线**

落在Ⅱ区，部分乳化剂以单分子形式分散在水中，为真溶液，其浓度等于CMC值；而另一部分乳化剂则未被溶解，仍以固体形式存在。若温度较高，且加入较多乳化剂，则落在Ⅲ区，此时部分乳化剂以单分子的形式溶解在水中，为真溶液，其浓度等于CMC值；而另一部分乳化剂则形成胶束，图3-14中虚线KD为是否形成胶束的分界线。

由图3-14可以看出，在低温下，离子型乳化剂在水中的溶解度很低，随着温度的升高，乳化剂浓度将沿BK线仅有些微增大。但是当升高到某一特定温度时，其溶解度突然沿KC线大幅度上升，曲线转折点K所对应的温度是对特定乳化剂的特征温度。唯有在这一温度下，即在K点处，体系中有可能同时存在着三个相，即乳化剂真溶液、胶束和固体乳化剂。故而此温度得名为三相点，又称三重点，也有人称其为临界溶解温度（CST）。因这一现象是克拉夫特（Krafft）首先发现的，故三相点又常称作克拉夫特点。

（2）测定方法[43]　　如上所述，三相点为乳化剂在水中的溶解度陡增时的温度。在该温度下，乳化剂的溶解度刚好等于临界胶束浓度CMC。三相点的测定方法有多种，如光谱法、染料法及浊度法等。此处仅介绍浊度法。

利用浊度法测定乳化剂三相点的试验程序为：在低温下向水中加入1%的被测乳化剂，由于其溶解度极低，故仅有极少量溶解，其余大部分则悬浮在水中，形成浑浊的悬浮液。将其在水浴上缓缓升温，并不时摇动，注意观察并记录转变成透明溶液时的温度，即为三相点。反复冷却、升温三次，取平均值，即得测试结果。

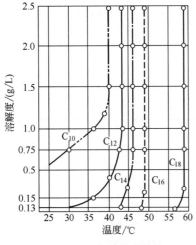

图3-15　直链苯磺酸钠
在水中的溶解度

（3）影响因素

① 疏水基团的影响

a. 在同系列疏水基中，其碳原子数越多，在水中越不易溶解，故其三相点越高，如图3-15所示[44,45]。

b. 若在疏水基上带有双键，其在水中的溶解度增大，故三相点降低[3]，例如 $C_{13}H_{27}CH_2CH_2SO_3Na$ 三相点为57℃；而 $C_{13}H_{27}CH=CHSO_3Na$ 的三相点降为36℃。

c. 若疏水基上的氢被氟取代，因其在水中的溶解度降低，故其三相点明显提高[28]，例如 $H—(CH_2)_8—SO_3Na$ 的三相点<0℃；而 $F—(CF_2)_8—SO_3Na$ 的三相点将升至75℃。

d. 当疏水基团上连有亲水基团或亲水链段时，因其在水中的溶解度增大，故三相点降低，例如 $n\text{-}C_{16}H_{33}O—(CH_2CHO)_m—H$，随m增大，其三相点降低。

| $m$ | 0 | 1 | 2 | 3 |
| --- | --- | --- | --- | --- |
| 三相点/℃ | 45 | 36 | 24 | 19 |

e. 当疏水基上的碳原子数相同，且其亲水基团相同时，若疏水基分子结构不同，其三相点也有差别[46,47]，如表3-21所示。

**表 3-21** 疏水基结构对乳化剂三相点的影响

| 疏水基分子结构 | 三相点/℃ | 疏水基分子结构 | 三相点/℃ |
|---|---|---|---|
| $H(CH_2)_{13}SO_4Na$ | 27 | $(CH_3)_3C(CH_2)_8SO_3Na$ | 47 |
| $H(CH_2)_{11}CH(CH_3)SO_4Na$ | 21 | $H(CH_2)_{12}SO_4Na$ | 15 |
| $H(CH_2)_{10}CH(CH_3)CH_2SO_4Na$ | 17 | | |
| $H(CH_2)_6CH(CH_3)(CH_2)_5SO_4Na$ | <0 | $(CH_2)_{11}CH\!-\!SO_4Na$ | 32.5 |
| $H(CH_2)_{12}SO_3Na$ | 37.5 | | |

② 亲水基团的影响 乳化剂的亲水基类型不同,其水溶性不同,故其三相点也各不相同,如表 3-22 所示。

**表 3-22** 亲水基对乳化剂三相点的影响

| 乳化剂分子式 | 三相点/℃ | 乳化剂分子式 | 三相点/℃ |
|---|---|---|---|
| $n\text{-}C_{12}H_{25}SO_4Na$ | 15 | $n\text{-}C_{12}H_{25}N(CH_3)_3Br$ | 3 |
| $n\text{-}C_{12}H_{25}SO_3Na$ | 37.5 | $n\text{-}C_{12}H_{25}O\!-\!(CH_2CH_2O)_6\!-\!H$ | <0 |
| $n\text{-}C_{12}H_{25}COONa$ | 19 | | |

③ 反号离子的影响 反号离子会影响乳化剂在水中的溶解性,故反号离子不同,其三相点也不同,例如 $n\text{-}C_{12}H_{25}SO_4Na$ 三相点为 15℃;$n\text{-}C_{12}H_{25}SO_4K$ 三相点为 34℃;$(n\text{-}C_{12}H_{25}SO_4)_2Ca$ 三相点为 50℃。

## 3.4.7 转相点

(1) 基本概念 对于采用非离子型乳化剂的油包水乳液体系来说,在低温下常常为 O/W 型乳液,当上升到某一温度时,将发生乳液类型的转变,即由 O/W 型乳液转变成 W/O 型乳液。这一温度称为相转变温度(phase inversion temperature,PIT),又叫转相点。

图 3-16 描述了乳液体系随温度而发生相转变的过程[48]。

在低温下 [图 3-16(a)],非离子型乳化剂的亲水基在其水溶液中受很强的水化作用,围绕亲水基形成很厚的水化层,因此,乳化剂的水溶性大,可溶于水中,并在水相中形成 O/W 胶束,在胶束中可吸收(增溶)部分油而形成 O/W 乳液。过量的油在静置时将分层,在搅拌作用下将形成分散在水相中的油滴。

随着温度的提高,乳化剂的亲水基水化作用减弱,水化层减薄,在水中的溶解度减小,当升至某一温度区间 [图 3-16(b)],乳化剂从水相中沉析出来,O/W 胶束消失,形成一个新相——乳化剂相。此时,乳化剂仍受一定的水化作用,仍有一定的亲水性,在静置时形成三层,即油、乳化剂和水。在搅拌时,油层将以油滴的形式分散在水中,乳化剂被吸附在油滴表面上。

随着温度进一步提高 [图 3-16(c)],乳化剂水化程度进一步减弱,尽管仍然分成油、乳化剂和水三相,静置时仍分三层,但是此时乳化剂的亲油性已超过了其亲水性。当搅拌

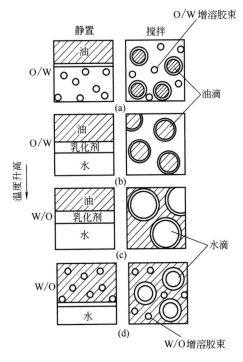

图 3-16　乳液转相过程示意图

时，水以小水滴的形式分散在油相中，乳化剂则被吸附在水滴的表面层。

当温度再升高时［图 3-16(d)］，乳化剂的水化作用减弱至趋近于零，此时乳化剂的亲油性大，可溶于油中，在油相形成 W/O 胶束。在胶束中将吸收（增溶）部分水，形成 W/O 乳液。过量的水在静置时分层，在搅拌作用下，将形成分散在油相中的小水滴。

综上所述，在油-乳化剂-水体系升温过程中，乳化剂的亲水性逐渐减小，亲油性逐渐增大，当其亲水性和亲油性刚好达到平衡时，就会出现乳液由 O/W 型向 W/O 型转变，此时所对应的温度，即为转相点。在达到转相点时体系的表面张力达到最低值，并有很强的增溶能力。

（2）测定方法[49]　在若干个盛有相同体积某种油的试管中，分别加入体积相同但浓度不同的某种乳化剂溶液，改变测定温度并垂直地摇动试管，随时用电导法、相稀释法、染料溶解法或目测法（见第 11 章 11.1.1）来确定乳状液的类型，并记录下突然发生相转变时的温度。反复测定 3 次，取平均值，即得测试结果。

（3）影响因素

① 乳化剂亲水基团的影响[50,51]　一般来说，非离子型乳化剂的亲水基越大时，其在水中的溶解度越大，故乳液转相点越高，如图 3-17 所示。

② 乳化剂疏水基团的影响[52]　和亲水基相比，乳化剂的疏水基对转相点影响较小。一般来说，随着疏水基烃链长度的增大，其疏水性提高，故乳液转相点下降。

③ 油相的影响[53]　在油相的同系物中，烃链越长，乳液转相点越高，如图 3-18 所示。

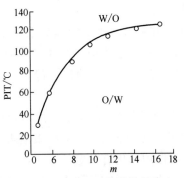

图 3-17　PIT 与 OP 类乳化剂亲水基长度关系曲线

油为石蜡油；

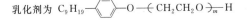

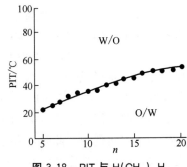

图 3-18　PIT 与 H(CH₂)ₙH 链长关系曲线

乳化剂为 $C_{12}H_{25}O\!\!-\!\!(CH_2CH_2O)_5\!\!-\!\!H$；

配料比为油：水：乳化剂＝48.5：48.5：3（体积比）

当油相的芳香性越强时，乳液转相温度越低[54]，如图 3-19 所示。

当油相为两种油的混合物时，若油 A 和油 B 所占的体积分数分别为 $\phi_A$ 和 $\phi_B$，乳液转相点分别为 $PIT_A$ 和 $PIT_B$，则混合油的转相点 $PIT_{mix}$ 可用式 (3-8) 近似计算[55]。

$$PIT_{mix} = PIT_A \phi_A + PIT_B \phi_B \qquad (3-8)$$

④ 油相与水相体积比的影响[56]　对于饱和烃来说，油相和水相的比例对转相点影响不大；而对于不饱和烃及芳香烃来说，随着烃所占比例的增大，乳液转相点升高。

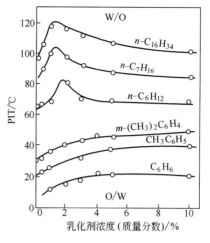

图 3-19　乳化剂浓度及油相
芳香性对 PIT 的影响
油水体积比为 1:1；乳化剂为 OP-9.6

## 3.4.8　一个乳化剂分子在乳胶粒上的覆盖面积

### 3.4.8.1　基本概念及影响因素

一个乳化剂分子在乳胶粒表面上的覆盖面积 $a_s$ 是进行乳液聚合机理与动力学研究的重要参数，同时也是衡量在乳液聚合中乳化剂效率的重要技术指标。一般来说，对于离子型乳化剂而言，乳化剂的 $a_s$ 越大，则乳胶粒表面上电荷密度越小，聚合物乳液倾向于不稳定；而对于非离子型乳化剂来说，$a_s$ 越大，表明乳化剂分子体积越大，水化作用及空间位阻越大，则使乳液体系倾向于稳定。

$a_s$ 的大小一方面决定于乳化剂的种类，另一方面决定于乳胶粒的本质。表 3-23 列出了不同乳液聚合体系及在采用不同乳化剂时一个乳化剂分子在乳胶粒表面上的覆盖面积 $a_s$。

表 3-23　一个乳化剂分子在乳胶粒表面上的覆盖面积

| 乳液聚合体系编号 | 油相聚合物组成[①] | 乳 化 剂 | $a_s/nm^2$ | 参考文献 |
| --- | --- | --- | --- | --- |
| 1 | St100 | SDBS[②] | 0.81 | [57] |
| 2 | BA100 | SDBS | 0.84 | [57] |
| 3 | MMA100 | SDBS | 1.56 | [57] |
| 4 | BA75/MMA25 | SDBS | 0.98 | [57] |
| 5 | BA52/MMA48 | SDBS | 1.11 | [57] |
| 6 | BA25/MMA75 | SDBS | 1.44 | [57] |
| 7 | St67/MMA33 | SDBS | 1.08 | [57] |
| 8 | St33/MMA67 | SDBS | 1.29 | [58] |
| 9 | EA100 | SDBS | 1.28 | [59] |
| 10 | MMA100 | SDS[③] | 0.57 | [59] |
| 11 | St100 | SDS | 0.43 | [59] |
| 12 | VAc100 | Ingepal-630[④] | 1.87 | [60] |

| 乳液聚合体系编号 | 油相聚合物组成① | 乳 化 剂 | $a_s/nm^2$ | 参考文献 |
|---|---|---|---|---|
| 13 | VAc85/BA15 | Ingepal-630 | 1.13 | [60] |
| 14 | VAc70/BA30 | Ingepal-630 | 0.96 | [60] |
| 15 | St100 | Aerosol MA⑤ | 0.45 | [59] |
| 16 | St100 | Aerosol OT⑥ | 0.85 | [59] |
| 17 | St100 | OP⑦-10 | 0.60 | [61] |
| 18 | St100 | OP-20 | 1.28 | [61] |
| 19 | St100 | OP-50 | 3.32 | [61] |

① 单体：St—苯乙烯；BA—丙烯酸丁酯；MMA—甲基丙烯酸甲酯；EA—丙烯酸乙酯；VAc—乙酸乙烯酯。
② 十二烷基苯磺酸钠。
③ 十二烷基硫酸钠。
④ 辛基酚聚氧乙烯醚。
⑤ 琥珀酸二己酯磺酸钠。
⑥ 琥珀酸二-2-乙基己酯磺酸钠。
⑦ OP—辛基酚聚氧乙烯醚，其后的数字代表分子中的乙氧基数。

一般来说，乳化剂分子体积越大时，在同样乳胶粒表面上 $a_s$ 越大。例如表3-23中15号和16号两个乳液聚合体系相比，由于所用乳化剂 Aerosol MA 的烃基比 Aerosol OT 的烃基小，故前者在 PSt 乳胶粒上的 $a_s$（$0.45nm^2$）比后者的 $a_s$（$0.85nm^2$）小；又如由17号、18号及19号三个乳液聚合体系可以看出，所用 OP 类乳化剂亲水基上的乙氧基数分别为10、20及50，其在聚苯乙烯乳胶粒上的 $a_s$ 值分别为 $0.60nm^2$、$1.28nm^2$ 及 $3.32nm^2$。

由表3-23也可以发现，构成乳胶粒的聚合物的极性越小（或疏水性越大）者，同种乳化剂分子的 $a_s$ 就越小。例如对于1号、2号、9号及3号乳液聚合物体系来说，聚合物极性顺序为 PSt＜PBA＜PEA＜PMMA，乳化剂十二烷基苯磺酸钠（SDBS）在其乳胶粒表面的覆盖面积 $a_s$ 则按如下顺序而增大：PSt（$0.81nm^2$）＜PBA（$0.84nm^2$）＜PEA（$1.28nm^2$）＜PMMA（$1.56nm^2$）。因为在构成乳胶粒的聚合物的极性不同时，乳胶粒与乳化剂疏水基之间的亲和力不同，故乳化剂分子在乳胶粒表面上所处的状态也各不相同，如图3-20所示。当乳胶粒极性小时［图3-20(a)］，与乳化剂疏水基之间的亲和力大，乳化剂疏水基将与乳胶粒有效地结合，使乳化剂分子直立于乳胶粒表面层，在乳胶粒表面上的投影面积最小。故其 $a_s$ 最小。中等极性的乳胶粒［图3-20(b)］，与乳化剂疏水基之间的亲和力较小，乳化剂分子将倾斜地结合在乳胶粒表面层，因其在乳胶粒表面上的投影面积较大，故其 $a_s$ 较大。而极性大的乳胶粒［图3-20(c)］，与乳化剂疏水基之间的亲和力小，乳化剂分子将平躺在乳胶粒表面上，因而其在乳胶粒表面上的投影面积最大，故其 $a_s$

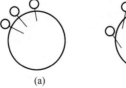

(a)　　　　　　　　(b)　　　　　　　　(c)

图3-20　乳化剂分子在乳胶粒表面上所处的状态

也最大。

由表 3-23 还可看出，对于共聚物乳胶粒来说，同种乳化剂在其表面上的覆盖面积随共聚组成而发生线性的变化。一般来说，随共聚组成中疏水性大的组分的增加，其 $a_s$ 值线性地减小。比较 1 号、7 号及 8 号；2 号、4 号、5 号及 6 号；以及 12 号、13 号及 14 号诸组乳液聚合体系均可发现这一规律。

### 3.4.8.2 测定方法 [62,63]

$a_s$ 值可用胶体滴定法及朗格缪尔等温吸附曲线外推法来测定。以下以前者为例加以介绍。

在乳液聚合阶段 I 终点，胶束消失，此时乳胶粒的表面积刚好等于有效乳化剂所能提供的覆盖面积，即进行乳液聚合时所加入的乳化剂分子刚好把乳胶粒表面盖满。第 II 阶段为乳胶粒长大阶段，乳胶粒体积不断增大，其表面积也不断长大，这时体系中的乳化剂已不能盖满全部乳胶粒表面，只有一部分乳胶粒表面被乳化剂分子所覆盖，而另一部分表面则无乳化剂，出现了所谓的"秃顶"现象，或称乳化剂的"饥饿"现象。若取一定量的这样的乳液试样，已知水中乳胶粒浓度 [P]（$g/cm^3$）、乳胶粒平均直径 $D_p$（cm）、水中初始乳化剂浓度 [S]$_0$（$g/cm^3$）、乳化剂的 CMC 值（$g/cm^3$）及单位体积水中乳胶粒的质量 $\rho_p$（$g/cm^3$），则单位体积水中乳胶粒的总表面积 $A_p$（$cm^2/cm^3$）可以计算出来。若向试样中滴加待测 $a_s$ 的乳化剂标准溶液，则滴加的乳化剂被吸附在"秃顶"的那部分乳胶粒表面，只有极微量的乳化剂溶于水相中，故随着乳化剂的加入乳液的电导值增大甚微。当所滴加的乳化剂将乳胶粒的表面刚好盖满以后，再加入的乳化剂将全部溶于水中，故乳液的电导值开始大幅度地增加。其电导曲线的转折点即为初始乳化剂和新滴加的乳化剂刚好把全部乳胶粒表面盖满时的乳化剂量，因为这两部分乳化剂量均已知，且单位体积水中乳胶粒的总表面积 $A_p$ 也已计算出来，不难计算出一个乳化剂分子在乳胶粒表面上的覆盖面积 $a_s$。这种测定 $a_s$ 的方法叫做胶体滴定法。

# 3.5 乳化剂的选择

在乳液聚合体系中，乳化剂虽然不直接参加化学反应，但它是重要的催化组分。乳化剂的种类和浓度将直接影响引发速率及链增长速率，也会影响决定聚合物性能的聚合物分子量和分子量分布，以及影响与乳液性质有关的乳胶粒数目、乳胶粒的尺寸与尺寸分布等。乳化剂选择是否合理，不仅涉及乳液体系是否稳定、生产过程能否正常进行以及其后的贮存和应用是否安全可靠，而且也关系到成品聚合物的成本。

## 3.5.1 以 HLB 值为依据选择乳化剂

如前所述，每种乳化剂都有其特定的 HLB 值，而在不同 HLB 值范围之内的乳化剂用途是不同的。表 3-24 表明不同的用途所要求的 HLB 值的范围。由表 3-24 可以看出，对于 W/O 和 O/W 乳液聚合体系来说，要求其 HLB 值分别落在 3～6 和 8～18 范围之内。

表 3-24 不同用途所要求的乳化剂的 HLB 值范围

| HLB 值范围 | 应 用 | HLB 值范围 | 应 用 |
|---|---|---|---|
| 3~6 | W/O 乳化剂 | 13~15 | 洗涤剂 |
| 7~9 | 润湿剂 | 15~18 | 增溶剂 |
| 8~18 | O/W 乳化剂 | | |

对于不同单体的乳液聚合体系来说，所要求的 HLB 值的范围不同，若所采用的乳化剂落在这个范围之内，则可达最佳效果。一个具体的乳液聚合过程的最佳 HLB 值可用 3.4 节所介绍的乳化试验法进行实地测定，也可查阅文献资料。表 3-25 列出了文献中报道的部分数据[64-67]。

表 3-25 O/W 型聚合物乳液要求的最佳 HLB 值范围

| O/W 聚合物乳液 | 温度/℃ | 最佳 HLB 值范围 |
|---|---|---|
| 聚苯乙烯 | | 13.0~16.0 |
| 聚乙酸乙烯酯 | | 14.5~17.5 |
| 聚乙酸乙烯酯 | 70 | 15.0~16.0 |
| 聚甲基丙烯酸甲酯 | | 12.1~13.7 |
| 聚丙烯酸乙酯 | | 11.8~12.4 |
| 聚丙烯酸乙酯 | 40 | 13.4 |
| 聚丙烯酸乙酯 | 60 | 15.5 |
| 聚丙烯腈 | | 13.3~13.7 |
| 甲基丙烯酸甲酯-丙烯酸乙酯共聚物(1∶1) | | 11.95~13.05 |
| 聚丙烯酸丁酯 | 40 | 14.5 |
| 聚丙烯酸丁酯 | 60 | 15.5 |
| 聚丙烯酸-2-乙基己酯 | 30 | 12.2~13.7 |

若采用非离子型复合乳化剂，例如 84 份斯盘-85 及 16 份吐温-60 混合使用，可获得良好的 W/O 型乳化效果。有人认为这是由于在乳胶粒表面上吸附上这种乳化剂之后，将会显著地增大乳胶粒聚结的位阻效应所致。研究发现，当被乳化物质的 HLB 值与乳化剂的 HLB 值之间的差较大时，乳化剂对被乳化物质的亲和力较小，其乳化效果差；另一方面，当乳化剂的 HLB 值很小时，则对水的亲和力较小，其乳化效果亦差。若将两种或多种具有不同 HLB 值的乳化剂混合使用，构成复合乳化剂，使性质不同的乳化剂由亲油到亲水之间逐渐过渡，就会大大地增进其乳化效果。图 3-21 为非离子型乳化剂单独使用与复合使用时的比较。

关于复合乳化剂的 HLB 值可按上节所介绍的方法进行计算。

对于乳液共聚合体系来说，所要求的 HLB 值可将各共聚组分的 HLB 值按各自所占的质量分数进行加权平均求取。

$$HLB = \sum(w_i HLB_i) \tag{3-9}$$

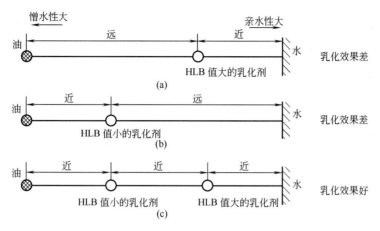

**图 3-21　非离子型乳化剂单独使用与复合使用的比较**

式中　$w_i$——共聚组分 $i$ 所占的质量分数；

HLB$_i$——共聚组分 $i$ 的均聚物所要求的 HLB 值。

以下举两个例子来说明怎样利用 HLB 值法来选择乳化剂及确定其用量。

【**例 3-1**】　对如下乳液共聚合体系来说

| 单体 | 共聚组成/% | HLB$_i$ |
|---|---|---|
| MMA | 40 | 12.1～13.7 |
| St | 60 | 13.0～16.0 |

该体系 HLB 值的上限为

$$12.1 \times 40\% + 13.0 \times 60\% = 12.64$$

HLB 值的下限为

$$13.7 \times 40\% + 16.0 \times 60\% = 15.08$$

故该乳液共聚合体系所要求的 HLB 值范围为 12.64～15.08。

【**例 3-2**】　进行乙酸乙烯酯（VAc）的乳液聚合，用十二烷基硫酸钠（SDS）和斯盘-65 作乳化剂，乳化剂用量为 3 份，求两者各自的用量。

由表 3-16 知，SDS 的 HLB 值为 40；斯盘-65 的 HLB 值为 2.1。

由表 3-24 知，PVAc 所要求的 HLB 值的平均值为 16.0，设 SDS 在乳化剂总量中所占的质量分数为 $w$，则

$$40w + 2.1 \times (1-w) = 16.0$$

所以　　　　　　　　　　　　　　$w = 36.7\%$

故 SDS 用量为 3 份 $\times 36.7\% = 1.1$ 份；而斯盘-65 用量则应为 1.9 份。

## 3.5.2　以其他特征参数为依据选择乳化剂

（1）三相点法　应确保所选用的离子型乳化剂的三相点 $t_k$ 低于反应温度和最低贮存温度 $t$，一般来说，$t - t_k \geqslant 10℃$。具体体系的 $t_k$ 可从手册或其他资料中查取，也可以按上节所介绍的方法进行实测。

（2）浊度法　在进行正相乳液聚合时所选用的非离子型乳化剂的浊度 $t_c$ 必须显著地高于反应温度和最高贮存温度 $t$，一般来说，$t_c - t \geqslant 10℃$；在进行反相乳液聚合时，所选用的非离子型乳化剂的浊度 $t_c$ 必须显著地低于反应温度和最低贮存温度 $t$，一般来说，$t - t_c \geqslant 10℃$。因为正相乳液聚合要求乳化剂水溶性大，当 $t_c$ 高时，在反应温度下乳化剂水溶性大，故体系稳定；而反相乳液聚合要求乳化剂油溶性好，当 $t_c$ 低时，在反应温度下乳化剂油溶性大，故体系稳定。

$t_c$ 值可从手册或其他资料中查取，也可以按上节所介绍的方法进行实测。

（3）转相点法　若拟采用非离子型乳化剂可用转相点法（PIT 法）来进行选择。对于正相乳液聚合来说，所选乳化剂的 PIT 值应高于乳液聚合反应温度和贮存温度 $t$，一般来说，$PIT - t = 20 \sim 60℃$；而对于反相乳液聚合来说，所选乳化剂的 PIT 值应低于乳液聚合反应温度和贮存温度 $t$，一般来说，$t - PIT = 10 \sim 40℃$。因为转相点 PIT 既与所用的乳化剂有关，又与油的本质有关，同时也随油-水相比而发生变化，故很难得到现成的数据，一般需进行实测。

（4）覆盖面积法　对离子型乳化剂来说，一个乳化剂分子的覆盖面积 $a_s$ 越大，乳胶粒表面上的电荷密度越小，体系越趋于不稳定，故应尽量选用 $a_s$ 小的乳化剂。对非离子型乳化剂来说，$a_s$ 越大，说明亲水基团越大，水化作用及空间位阻作用越强，乳液越稳定，所以应选用 $a_s$ 大的乳化剂。

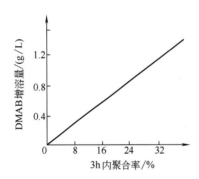

图 3-22　苯乙烯与丁二烯进行乳液共聚合阶段 I 的反应速率与在同种乳化剂溶液中二乙基氨基苯（DMAB）的增溶量之间的关系

$a_s$ 可用胶体滴定法及朗格缪尔等温吸附曲线外推法来进行测定，也可以在文献中查取。

（5）CMC 法　尽量选用临界胶束浓度 CMC 值小的乳化剂。当 CMC 值小时，无效乳化剂减少，有效乳化剂增多，胶束数目多，所生成的乳胶粒数目大，且聚合反应速率大，所得聚合物分子量高，同时还会提高聚合物乳液的稳定性。

有大量的资料可供查找乳化剂的 CMC 值，并且可以很方便地通过试验测定。

（6）增溶度法　乳化剂对单体应具有较大的增溶能力。乳化剂对单体的增溶能力越大，生成胶束的尺寸越大，增溶的单体越多，故阶段 I 聚合反应速率就越大，如图 3-22 所示。乳化剂的增溶能力对阶段 II 的聚合反应速率没有影响。可以预计，当乳化剂对单体增溶能力增强时，乳胶粒的尺寸分布变窄，阶段 I 缩短[68,69]。因此应当优先选用增溶度大的乳化剂。

### 3.5.3　经验法选择乳化剂

按照前面所介绍的两种选择乳化剂的方法并不是很精确的方法，选择的结果常常与实际有较大的出入，在实际中人们常常将前两种方法与下述经验法结合起来选择乳化剂。经验法选择乳化剂的基本原则如下：

（1）参考前人的工作　如果在现实生产中、在文献资料中及在工作中，对某一乳液聚合体系曾用过某种乳化剂或某一乳化剂体系，制成了稳定的乳液，取得了良好的效果，就可以此为借鉴，在进行相同或相似体系的乳液聚合时，采用与之相同的乳化剂。在表 3-26 中列出了多种乳液聚合物生产中所采用的行之有效的乳化剂[23]。

**表 3-26**　用于乳液聚合制造合成树脂和合成橡胶的乳化剂

| 乳 化 剂 | 聚 合 物① | | | | | | | | | | | |
|---|---|---|---|---|---|---|---|---|---|---|---|---|
| | PVC | PVDC | PE | PP | AS | PS | ABS | SBR | CR | NBR | PVAc | PACR |
| 脂肪酸皂 | | | | ○ | ○ | ○ | ○ | ○ | ○ | ○ | | |
| 歧化松香酸皂 | | | | ○ | | | ○ | | | ○ | | |
| 烷基苯磺酸钠 | | | ○ | ○ | ○ | ○ | ○ | ○ | | ○ | | |
| 烷基硫酸钠 | ○ | ○ | | | ○ | ○ | ○ | | | | ○ | ○ |
| 烷基萘磺酸钠 | | ○ | ○ | ○ | ○ | | | | | | | |
| 二烷基-2-磺基琥珀酸钠 | | | ○ | ○ | ○ | | | ○ | | | ○ | ○ |
| 二烷基己基-2-磺基琥珀酸钠 | | | | | | | ○ | | | | | |
| 烷基聚氧乙烯硫酸钠 | | | | ○ | ○ | ○ | ○ | | | | ○ | ○ |
| 烷基烯丙基聚氧乙烯硫酸钠 | | | | ○ | ○ | ○ | ○ | | | | ○ | ○ |
| 烷基聚氧乙烯磷酸钠 | | | ○ | | | | | | | | ○ | |
| 烷基烯丙基聚氧乙烯磷酸钠 | | | | | | | | | | | ○ | |
| 亚甲基双萘磺酸钠盐 | ○ | | | | | ○ | | ○ | ○ | ○ | | |
| 链烷磺酸钠 | ○ | ○ | ○ | ○ | | | | | | | | |
| 脂肪酸甘油酯 | ○ | ○ | ○ | ○ | | | | | | | | |
| 失水山梨醇脂肪酸酯 | ○ | ○ | ○ | ○ | | | | | | | | |
| 脂肪酸聚甘油酯 | ○ | ○ | ○ | | | | | | | | | |
| 脂肪酸甘油聚氧乙烯(20)醚 | ○ | ○ | ○ | ○ | | | | | | | ○ | ○ |
| 脂肪酸失水山梨醇聚氧乙烯(20)醚 | ○ | ○ | ○ | ○ | | | | | | | ○ | ○ |
| 脂肪酸聚氧乙烯乙二醇酯 | ○ | ○ | ○ | | | | | | | | | |
| 脂肪酸聚丙烯乙二醇酯 | ○ | ○ | ○ | | | | | | | | | |
| 烷基聚氧乙烯醚 | ○ | ○ | ○ | ○ | | | | | | | | ○ |
| 烷基烯丙基聚氧乙烯醚 | ○ | ○ | ○ | ○ | | | | ○ | ○ | | | ○ |
| 聚氧乙烯-聚氧丙烯嵌段共聚物 | | | ○ | ○ | ○ | ○ | ○ | | | | | ○ |
| 二烷基二甲基氯化铵 | | | | | | ○ | | | | | | |

① PVC 为聚氯乙烯树脂；PVDC 为聚偏二氯乙烯树脂；PE 为聚乙烯；PP 为聚丙烯；AS 为丙烯腈-苯乙烯共聚树脂；PS 为聚苯乙烯树脂；ABS 为丙烯腈-丁二烯-苯乙烯共聚树脂；SBR 为苯乙烯-丁二烯橡胶；CR 为氯丁二烯橡胶；NBR 为丙烯腈-丁二烯橡胶；PVAc 为聚乙酸乙烯酯树脂；PACR 为聚丙烯酸酯树脂。此外，还需要说明的是，PVAc 这一栏可选择的乳化剂对 VAc 和其他单体（如乙烯、丙烯酸酯等）的乳液共聚合反应也适用。

（2）优先选用离子型乳化剂　若有离子型和非离子型乳化剂均可供选择的时候，应优先考虑选用离子型乳化剂。一方面由于乳化剂离子带电，同时还会产生一定程度的水化作用，在乳胶粒间静电斥力和水化层的空间位阻的双重作用下，可使聚合物乳液更加稳定；

另一方面离子型乳化剂一般比非离子型乳化剂分子量小得多，加入质量相同的乳化剂时，离子型乳化剂所产生的胶束数目多，成核概率大，会生成更多的乳胶粒，聚合反应速率大，且所得到的聚合物分子量高。

（3）选择与单体分子化学结构相似的乳化剂　若选择与单体化学结构类似的乳化剂可获得较好的乳化效果。例如烃类单体可选用具有较长烃链的乳化剂，酯类单体应选用酯类乳化剂，醚类单体应选用醚类乳化剂。相似者相容，这样选择乳化剂可使乳化剂和乳胶粒结合牢固，得到好的稳定效果。

（4）离子型与非离子型乳化剂复合使用　当非离子型乳化剂和离子型乳化剂复合使用时，两者性能互补，常常可以得到更好的稳定效果。在单纯采用离子型乳化剂时，由于在乳胶粒表面上带上一层同号电荷，乳化剂离子之间会产生巨大的静电斥力，在乳胶粒表面会产生巨大的静电张力，致使乳化剂分子与乳胶粒间的结合牢度下降，这会影响乳液的稳定性。但是，当非离子型乳化剂和离子型乳化剂复合使用时，两类乳化剂分子交替地吸附在乳胶粒表面上，在离子型乳化剂分子之间"楔"（insert）入了非离子型乳化剂分子。这样一来，一方面由于拉大了乳胶粒表面上乳化剂离子之间的距离；另一方面由于非离子型乳化剂的静电屏蔽作用，大大降低了乳胶粒表面上的静电张力，增大了乳化剂在乳胶粒上的吸附牢度，因而可使聚合物乳液稳定性提高。

同时，离子型乳化剂使乳液稳定主要靠静电斥力，而非离子型乳化剂主要靠水化，若两种乳化剂复合使用，既使乳胶粒间有很大的静电斥力，又在乳胶粒表面上形成很厚的水化层，两者双重作用的结果，可使聚合物乳液具有很大的稳定性。这种作用即为乳化剂的协同效应。

（5）所选用的乳化剂不应干扰聚合反应　有些乳化剂对聚合反应有阻聚使用，会使聚合反应速率减慢及聚合物分子量降低。不应采用这样的乳化剂，而应当选用不妨碍聚合反应的乳化剂。

例如在丁苯橡胶工业生产中采用松香酸钾作乳化剂。这种乳化剂以木松香为原料。木松香是一种很复杂的混合物，由八种异构体组成，还会有少量酚类物质，其中带有共轭双键的异构体及酚类物质是苯乙烯和丁二烯进行乳液共聚的阻聚剂，因此必须经过加氢或歧化处理，以破坏共轭结构，并用吸附、蒸馏、结晶或萃取等方法除去所含有的酚类物质，然后经过皂化处理，制成无阻聚作用的松香酸钾，才能应用。

许多种类的非离子型乳化剂对某些单体的乳液聚合反应也有阻聚作用，选用时应当注意。

（6）根据乳液聚合工艺选择乳化剂　某些乳化剂尽管乳化效果好，但是在生产条件下容易起泡沫，也不宜选用。

如在乳液聚合法生产合成橡胶的过程中，所选用的乳化剂在聚合时可使乳液聚合体系稳定性好，但是在反应完成后，需要进行凝聚，所选用的乳化剂又必须能很容易地使乳液体系失去稳定。像烷基硫酸盐、烷基磺酸盐及非离子型乳化剂等，尽管可以赋予乳液很高的稳定性，但使用这样的乳化剂所制成的胶乳不易凝聚，为后处理带来很大麻烦，故不宜采用。所以在合成橡胶工业中多采用脂肪酸皂或松香酸皂作乳化剂。

（7）考虑到聚合物乳液以后的应用选择乳化剂　例如在某些情况下，需要在涂覆有电解质的模具上进行浸涂成型，要求聚合物乳液能在模具上遇电解质后很容易凝聚成一层薄膜。这就要求乳液具有较低的化学稳定性，不宜采用可赋予聚合物乳液很高化学稳定性的非离子型乳化剂和磺酸盐型乳化剂。

又如把聚合物乳液用于防水涂料、地下工程/浴室涂料及船舶涂料时，需要在潮湿多水条件下长期使用，涂层或制件易发生霉变，在这种情况下，可以考虑选择季铵盐型阳离子乳化剂。这种乳化剂有一定杀菌作用，残留在涂层或制件中可以防霉。

（8）应选择便宜易得的乳化剂　在符合以上逐项原则的前提下，所选用的乳化剂还必须货源广阔，立足国内，价格低廉。

# 3.6　乳化剂对乳液聚合反应的影响

## 3.6.1　乳化剂对聚合反应速率及聚合度的影响

根据乳液聚合经典理论[70-72]，聚合反应速率 $R_p$ 及乳液聚合物的平均聚合度 $\overline{X}_n$ 可用如下公式表示。

$$R_p = k_p [M][I]^{2/5}[S]^{3/5} \tag{3-10}$$

$$\overline{X}_n = K[M][I]^{-3/5}[S]^{3/5} \tag{3-11}$$

式中　$k_p$——链增长速率常数，$cm^3/(mol \cdot s)$；

[M]——单体浓度，kmol/L；

[I]——引发剂浓度，kmol/L；

$K$——常数；

[S]——乳化剂浓度，kmol/L。

由式（3-10）及式（3-11）可以看出，聚合反应速率 $R_p$ 及聚合物的平均聚合度 $\overline{X}_n$ 均与乳化剂浓度的 0.6 次方成正比。凡能满足这两个方程的体系叫作理想乳液聚合体系。对于在水中溶解度极小的单体，例如苯乙烯、丁二烯等，基本上符合理想乳液聚合机理。但是在水中溶解度稍大的单体却对此规律有很大偏离。

若将乙酸乙烯酯乳液聚合反应速率和乳化剂浓度的试验数据，在双对数坐标上进行标绘可得一直线，如图 3-23 所示。由图 3-23 可以看出，当乳化剂浓度越大时，聚合反应速率越大，但是其斜率为 0.15。而对于理想乳液聚合机理来说，这个值应为 0.6，这说明乙酸乙烯酯乳液聚合体系不符合理想乳液聚合机理[73]。这是因为理想乳液聚合机理忽略了如下诸因素：

① 没有考虑到 CMC 值的影响，式（3-10）及式（3-11）中的乳化剂浓度不应为乳化剂的总浓度，而应当为 [S]－CMC；

② 忽略了乳胶粒生成的低聚物机理，认为所有的乳胶粒都是由胶束机理生成的；

③ 认为聚合反应全部发生在乳胶粒中，而忽略了在水相中进行的聚合反应；

④ 认为自由基只会从水相扩散进入乳胶粒中，而忽略了在乳胶粒中的自由基向水相

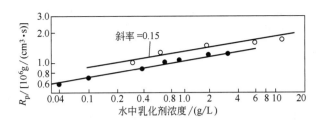

图 3-23　乳化剂浓度对乙酸乙烯酯聚合反应速率的影响

引发剂初始浓度为 1.25g/L $H_2O$；

单体初始浓度：● 0.20g/L $H_2O$；○ 0.5g/L $H_2O$

解吸的可能性；

⑤ 认为在乳胶粒内部的自由基终止反应是瞬时进行的，而忽略了在乳胶粒中自由基的扩散阻力；

⑥ 忽略了在单体珠滴中进行聚合反应的可能性。

如果在 $R_p = f([S],[I])$ 和 $N_p = f([S],[I])$ 方程中考虑到以上各因素，那么其理论预计结果必能够较好地符合试验数据。

### 3.6.2　乳化剂对乳胶粒数目及直径的影响

单位体积乳液中的乳胶粒数目及乳胶粒直径是决定乳胶性质的两个重要参数，这两个参数都随着乳化剂的浓度而发生变化。根据理想乳液聚合机理，可用式（3-12）来预计乳胶粒数目 $N_p$[69]。

$$N_p = X \left(\frac{\rho}{\mu}\right)^{2/5} (a_s[S])^{3/5} \tag{3-12}$$

式中　$\rho$——单位体积水中自由基生成速率，$(cm^3 \cdot min)^{-1}$；

$\mu$——乳胶粒体积增长速率，$cm^3/min$；

$a_s$——一个乳化剂分子在乳胶粒表面上的覆盖面积，$cm^2$；

$X$——常数，$0.37 < X < 0.53$。

由式（3-12）可以看出，$N_p \propto [S]^{0.6}$。当乳化剂浓度大时，所生成的乳胶粒数多，乳胶粒的平均直径小。在一定范围内可用调节乳化剂浓度的方法来调节乳胶粒的粒度。但是，为增大乳胶粒直径而使乳化剂浓度降低得太多，又会引起乳液稳定性变差和聚合反应速率大幅度地降低，这在工业上是不能接受的。

对于像苯乙烯、丁二烯之类的在水中溶解度小的单体来说，用式（3-12）来预计乳胶粒数可得到很满意的结果；但是对于像丙烯酸甲酯及乙酸乙烯酯之类在水中有较大溶解度的单体来说，对式（3-12）有较大偏离。图 3-24 表明了乙酸乙烯酯乳液聚合体系中乳化剂浓度和乳胶粒数之间的关

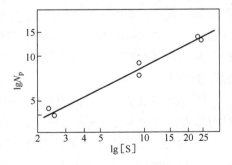

图 3-24　乳化剂浓度对乳胶粒数目的影响

乳化剂为十二烷基硫酸钠

系[71,72]。由图可以发现，$N_p \propto [S]^{0.5}$，其指数 0.5 偏离了式（3-12）中的指数 0.6，其原因是乙酸乙烯酯乳液聚合不符合理想乳液聚合机理。

在成核期间（阶段 I），乳胶粒的生成有先有后，即使同时生成的乳胶粒其增长过程也是随机变化的，因此所生成的乳胶粒不会是单分散性的，应有粒度分布。根据反应条件的不同，粒度分布有宽有窄。粒度分布的宽窄与乳化剂浓度密切相关。一般来说：乳化剂浓度越大，粒度分布越宽；乳化剂浓度越接近 CMC 值，粒度分布越窄。若反应过程中逐步加入乳化剂，控制乳化剂浓度略高于 CMC 值，可得到粒度分布很窄的乳液。另外，因为脂肪酸锂盐的水溶性不好，它们在水中的溶解度稍高于 CMC 值，所以采用油酸锂和硬脂酸锂作乳化剂可得粒度分布窄的乳液。

### 3.6.3　乳化剂对聚合物乳液稳定性的影响

保持乳液体系稳定是成功进行乳液聚合的必要条件。而乳化剂的种类、乳化剂的浓度以及影响乳化剂乳化作用的各种因素都会影响乳液的稳定性。

当乳化剂浓度低时，仅部分乳胶粒表面被乳化剂分子覆盖。在这样的条件下乳胶粒易发生聚结，由小乳胶粒生成大乳胶粒，严重时会发生凝聚，造成"挂胶"和"抱轴"，轻则降低了收率，降低产品质量，重则影响生产的正常进行，甚至发生事故。

如前所述，离子型乳化剂只有在一定的 pH 值条件下才能起到有效的乳化作用。阳离子型乳化剂适用于酸性介质，而羧酸类阴离子型乳化剂则需在碱性介质中使用。当 pH 值变化时，其乳化效果也会发生变化。因而在采用离子型乳化剂进行乳液聚合时，常常需要添加 pH 缓冲剂，将 pH 值控制在所要求的范围之内。

当向乳液体系中加入少量电解质时，可以降低临界胶束浓度。例如向 0.1mol/L 的月桂酸钾水溶液中加入少量 KCl 以后，其 CMC 值可从 0.026mol/L 降低至 0.011mol/L，这样就会使更多的乳化剂分子吸附在乳胶粒表面上，而使乳液体系更稳定。但是加入电解质的量又不能太大，电解质浓度过高会破坏乳胶粒表面的双电层，而使乳液稳定性下降。

因为醇类可以溶解乳化剂，所以乳液中少量醇的存在会将部分乳胶粒表面的乳化剂夺取到水相中，会显著地降低乳液的稳定性。

机械剪切力可减少乳胶粒表面的乳化剂，因此在搅拌作用或其他机械作用下会降低乳液的稳定性。

## 3.7　脂肪酸盐乳化剂

碳原子数为 12～20 的脂肪酸钠盐和钾盐最常用作制备 O/W 型乳液的乳化剂。而脂肪酸高价金属盐可以用于制备 W/O 型乳液。这类乳化剂要求在碱性条件下工作，一般 pH ≥10，所以这类乳化剂仅适用于能在高 pH 值条件下进行的乳液聚合过程。同时这类乳化剂对硬水很敏感，在硬水条件下，会产生脂肪酸钙盐或镁盐沉淀而使乳化剂失效。故采用这类乳化剂时，需要认真地对所用的介质水进行软化处理。

以下讨论脂肪酸盐的种类及化学结构对乳化剂性质的影响[73-79]。

## 3.7.1 烃链长度的影响

分别利用具有不同链长的脂肪酸盐作乳化剂，按照如下配方进行苯乙烯-丁二烯乳液共聚合：

| 组分 | 质量份 | 组分 | 质量份 |
| --- | --- | --- | --- |
| 苯乙烯 | 25 | 乳化剂 | 5.0 |
| 丁二烯 | 75 | 正十二烷基硫醇 | 0.5 |
| 水 | 180 | 过硫酸钾 | 0.3 |

这个配方叫做标准 GR-S 配方。将各次试验所得到的转化率-聚合时间曲线标绘在图 3-25 中。

由图 3-25 可以发现：利用十六烷酸盐和十八烷酸盐作为乳化剂时，无论反应的前期、中期或后期，其聚合反应速率几乎相同；在反应后期，二者的聚合反应速率均逐渐变慢。当乳化剂烃链长度小于 16 个碳原子时，初始聚合反应速率随烃链的变短而降低；但是在反应中期，反应逐渐减加速；在反应后期，当反应时间超过 24h 且单体转化率达到 80％以后，对烃链长为 12～18 个碳原子的所有直链脂肪酸盐乳化剂来说，单体转化率趋于接近。这是因为随着烃链加长，乳化剂分子亲油性增大，临界胶束浓度

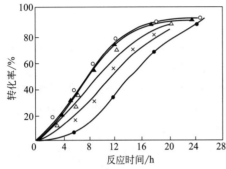

图 3-25　脂肪酸盐烃链长对乳液
转化率-聚合时间关系的影响

配方为标准 GR-S，反应温度 50℃

乳化剂：● 十烷酸盐；× 十二烷酸盐；

△ 十四烷酸盐；▲ 十六烷酸盐；○ 十八烷酸盐

减小，以胶束形式存在的乳化剂量增大，于是可形成更多的胶束；同时因为长烃链乳化剂对单体增溶作用大，可将更多的单体增溶在胶束中。长链乳化剂形成的胶束多，且胶束中增溶的单体多，所以初始（阶段 I）转化率高。但是到阶段 II 时，反应中心乳胶粒的数目成为定值，故此时反应速率与乳化剂烃链长短无关。

实验证明，$C_{17}$ 脂肪酸盐乳化剂为最佳的烃链长度，是效率最高的乳化剂；烃链长度在 $C_{15}$～$C_{19}$ 范围内的乳化剂均为高效乳化剂；烃链长度为 $C_{12}$～$C_{14}$ 及 $C_{20}$～$C_{26}$ 的乳化剂的效率仍较高；烃链长度小于 $C_{11}$ 或大于 $C_{26}$ 的乳化剂为低效率的乳化剂。

研究发现，胶乳的流动性与所利用的脂肪酸盐乳化剂的烃链长度有关。有人分别在不同烃链长度的乳化剂的条件下测定了聚合物含量和乳液黏度的对应数据，其试验结果标绘在图 3-26 中。

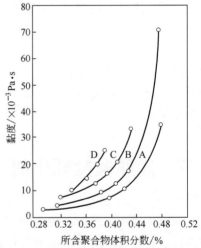

图 3-26　脂肪酸盐的链长对丁苯胶乳中
低剪切黏度-聚合物体积分数关系的影响

A—十二烷酸钾；B—十四烷酸钾；

C—十六烷酸钾；D—十八烷酸钾

由图 3-26 可以看出，在一定的聚合物含量下，随着脂肪酸盐烃链长度的增大，乳液的黏度逐渐增大。这是因为随着乳化剂尺寸的增大，乳胶粒的有效水力半径增大所造成的。对于聚氯乙烯乳液来说，却出现了反常，其乳液黏度并不是随着脂肪酸盐烃链长度的变化而逐渐地发生变化的。当采用 $C_{10}$ 脂肪酸钾时，PVC 乳液黏度很低，采用 $C_{12}$ 时，乳液黏度很高；采用 $C_{14}$ 及 $C_{16}$ 时黏度较低，而当采用 $C_{18}$ 时乳液黏度达到了最大值。

## 3.7.2 反号离子的影响

关于脂肪酸盐中反号离子（阳离子）对乳液性质的影响方面的研究尚不多见。利用同种脂肪酸的锂盐、钠盐、钾盐及铵盐作为乳化剂进行乳液聚合，分别测定其最终乳胶粒尺寸，所得乳胶粒的尺寸可反映出所用乳化剂的性质。那么可以发现，当利用钠盐、钾盐及铵盐时，所得乳胶粒尺寸差别不大，这说明这三种乳化剂相近；但是利用锂盐作乳化剂时所得乳胶粒尺寸约为利用其他盐的 2 倍。这是因为脂肪酸锂盐虽然也可以形成胶束，但是它在水中的溶解度仅略高于 CMC 值，尤其是硬脂酸锂和油酸锂更是这样。硬脂酸锂和油酸锂的临界胶束浓度分别为 $2.7 \times 10^{-4}$ mol/L 及 $1.0 \times 10^{-3}$ mol/L。由于采用脂肪酸锂作乳化剂时胶束乳化剂浓度很低，故在反应的早期阶段新乳胶粒的生成受到限制，因而可得到尺寸大而均匀的乳胶粒；但其乳胶粒数少，聚合反应速率低。

## 3.7.3 烃链上双键的影响

有人分别利用十六烷酸钾、硬脂酸钾以及油酸钾作乳化剂按照标准 GR-S 配方进行苯乙烯-丁二烯乳液共聚合。发现在这三种情况下转化率均相同。这就说明像在油酸钾之类的烃链上带有单一双键的乳化剂对乳液聚合没有影响。

在脂肪酸盐乳化剂中，常常会含有两种杂质：一种是亚油酸盐（**1**），另一种是亚麻油酸盐（**2**）。

$$CH_3(CH_2)_4CH\!=\!CH\!-\!CH_2\!-\!CH\!=\!CH(CH_2)_7COONa$$

**1**

$$CH_3CH_2CH\!=\!CH\!-\!CH_2\!-\!CH\!=\!CH\!-\!CH_2\!-\!CH\!=\!CH\!-\!(CH_2)_7COONa$$

**2**

这两种杂质都仍然是乳化剂，只不过在烃链上都有多个双键，且具有共同的结构（**3**）：

$$-\!CH\!=\!CH\!-\!CH_2\!-\!CH\!=\!CH\!-$$

**3**

研究得知，在乳化剂烃链上具有 **3** 者对乳液聚合有阻聚作用。在十六烷酸盐乳化剂中分别加入已知量的 **1** 及 **2**，按标准 GR-S 配方进行苯乙烯-丁二烯乳液共聚合，将试验结果列入表 3-27 中。由表 3-27 可知，向乳化剂中每增加 1% 的亚油酸钠（**1**），在 50℃ 温度下反应 12 h 后，其单体转化率总体平均减少 1.25%；另外还发现 **2** 的总体平均阻聚作用为 **1** 的 2.92 倍。

如果将 **1** 或 **2** 进行异构化，使之生成共轭结构：

$$—CH\!=\!CH\!-\!CH\!=\!CH—$$

将使阻聚作用消失。

若将 1,4-戊二烯加入到乳液聚合体系中，发现其阻聚作用与 **2** 相近，这是因为它含有 **3**。

因为 **3** 中的亚甲基上的氢原子易被活性自由基夺取，将自由基转移到乳化剂的烃链上，烃链上的自由基又会建立起如下共振平衡：

$$—CH\!=\!CH\!-\!\overset{\centerdot}{C}H\!-\!CH\!=\!CH—$$

$$\updownarrow \qquad\qquad \updownarrow$$

$$—CH\!=\!CH\!-\!CH\!=\!CH\!-\!\overset{\centerdot}{C}H— \quad —\overset{\centerdot}{C}H\!-\!CH\!=\!CH\!-\!CH\!=\!CH—$$

在乳化剂烃链上的这三种自由基均具有很高的稳定性，不具有引发活性，所以具有这种结构的乳化剂可阻聚乳液聚合。

**3** 的阻聚作用可用在 Ni 催化作用下及在 150℃ 的温度下加氢的方法来避免。但是没有必要完全加氢，只需部分加氢消除 **3** 就可以防止阻聚。由表 3-27 还可看出，十六烷酸钠乳化剂中存在的杂质是苯乙烯-丁二烯乳液共聚合反应的阻聚剂；它会使聚合反应速率降低，从而影响生产效率；还会减小聚合物的分子量，进而影响丁苯橡胶的质量。

**表 3-27**　十六烷酸钠的杂质亚油酸钠及亚麻油酸钠对苯乙烯-丁二烯乳液共聚合反应的影响

| 十六烷酸钠质量分数/% | 亚油酸钠或亚麻油酸钠质量分数/% | 转化率/% | |
| --- | --- | --- | --- |
| | | 亚油酸钠 | 亚麻油酸钠[①] |
| 100 | 0 | 81.5 | 79.5 |
| 99 | 1 | — | 75.0 |
| 98 | 2 | 79.0 | 73.0 |
| 97 | 3 | — | 67.0 |
| 96 | 4 | 76.5 | 67.0 |
| 95 | 5 | | 63.0 |
| 94 | 6 | 73.5 | 61.0 |
| 93 | 7 | — | 48.0 |
| 92 | 8 | 71.0 | 54.0 |
| 91 | 9 | — | 51.0 |
| 90 | 10 | 69 | 43.0 |

① 80%亚麻油酸钠，20%亚油酸钠。

注：配方为标准 GR-S；反应时间 12h；反应温度，50℃。

# 3.8　松香酸皂乳化剂

松香是一种由松树采集来的树脂状物质，在室温下为半透明的、脆性的、黄色或棕色的固体。它不溶于水，可溶于有机溶剂及强碱溶液中。

松香由大约90％的树脂酸和10％的非酸性物质组成。非酸性物质包括松香酸酯、脂肪酸酯、烃类、酚类及萜烯等。松香酸是一种复杂的酸性物质的混合物。其中主要组分的分子式为 $C_{19}H_{29}COOH$，平均每一个分子上含有两个碳碳双键。该主要组分又可分为两类：一是松香酸类，一是海松酸类。松香酸类的分子上有共轭双键，海松酸类分子上的双键不共轭。松香酸类包括松香酸（**4**）、左旋海松酸（**5**）、新松香酸（**6**）、脱氢松香酸（**7**）、二氢松香酸（**8**）及四氢松香酸（**9**）。海松酸类包括右旋海松酸（**10**）和异右旋海松酸（**11**）。其结构如下。

将商品松香经过化学处理后而得到的松香酸皂主要用作苯乙烯-丁二烯乳液共聚合的乳化剂[80-85]，其主要优点是这种乳化剂在低温下不易产生凝胶。

商品松香不能直接在乳液聚合中用作乳化剂，因为它对聚合反应有阻聚作用。在天然松香中通常含有两种阻聚剂：一种是具有共轭结构的松香酸类物质，另一种是酚类物质。在使用以前需用加氢、脱氢或歧化等方法来破坏共轭结构，并用吸附、蒸馏、结晶或溶剂萃取等方法除去所含的酚类。

还有一种除去共轭双键的方法就是将松香酸类化合物分子上的羟基进行乙酯化，并和顺丁烯二酐进行狄尔斯-阿尔德反应（Diels-Alder Reaction）。如左旋海松酸（**5**）经乙酯化和狄尔斯-阿尔德反应后，生成顺丁烯左旋海松酸乙酯钠皂（**12**）。

由于除去了共轭双键，不再起阻聚作用，故 **12** 是一种有效的乳化剂。用它作为苯乙烯-丁二烯乳液共聚合反应的乳化剂时，所得乳液的黏度及聚合反应速率均可达到正常值。

松香酸皂的浓度对聚合反应速率有着很大的影响。例如，用四氢松香酸钠作乳化剂，过硫酸盐作引发剂，在50℃下进行苯乙烯-丁二烯乳液共聚合，将所得到的动力学数据标绘在图3-27及图3-28中。由图可以看出，转化率和反应速率均随乳化剂浓度的增加而增大。与脂肪酸皂不同，松香酸皂的浓度不仅会影响阶段Ⅰ的反应速率，而且也会影响阶段Ⅱ的反应速率。当四氢松香酸皂用量在1份以下时，反应速率随乳化剂用量减少迅速下降。这是因为松香酸皂的CMC值较高（在25.8℃时，CMC$=2.5\times10^2\sim3.2\times10^2$ mol/L，这相当于2份松香酸皂），在低乳化剂浓度下，所生成的胶束量很少，由于降低乳化剂浓度而导致胶束量降低的比例会大幅度地增加。

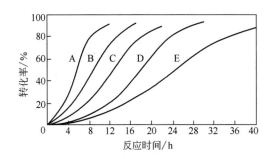

图 3-27　四氢松香酸钠用量对苯乙烯-丁二烯
乳液共聚合转化率-时间关系的影响

反应温度50℃；配方GR-S；乳化剂用量，
A—10份，B—5份，C—2.5份，D—1份，E—0.5份

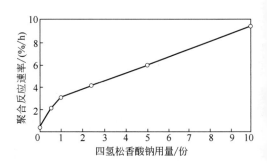

图 3-28　四氢松香酸钠用量对苯乙烯-
丁二烯乳液共聚合反应速率的影响

反应温度50℃；配方GR-S

低温乳液聚合常常采用松香酸皂和脂肪酸皂的混合物作为乳化剂。表3-28表明歧化松香皂和脂肪酸皂的相对比例，对在−10℃下进行的苯乙烯-丁二烯乳液共聚转化率-时间关系的影响。由表3-28可以看出：若单独采用松香酸皂，反应速率很低；随着脂肪酸皂相对比例的增大，反应速率很快提高。当采用3.5份歧化松香酸皂和1.5份脂肪酸皂时，就可以获得较理想的反应速率。

表 3-28　歧化松香酸皂和脂肪酸皂的相对比例对苯乙烯-丁二烯乳液共聚转化率-时间关系的影响

| 歧化松香酸钾用量 /份 | 脂肪酸钾用量 /份 | 不同反应时间的转化率/% | | |
| --- | --- | --- | --- | --- |
| | | 4h | 7h | 24h |
| 5.0 | 0.0 | 0 | 6 | 16 |
| 4.0 | 1.0 | 14 | 25 | 60 |
| 3.5 | 1.5 | 21 | 40 | 83 |
| 2.5 | 2.5 | 27 | 49 | 86 |
| 1.5 | 3.5 | 26 | 49 | 86 |
| 1.0 | 4.0 | 37 | 63 | 92 |
| 0.0 | 5.0 | 33 | 55 | 92 |

注：反应温度为−10℃。配方为苯乙烯30份，丁二烯70份，水192份，甲醇48份，乳化剂5份，$FeSO_4\cdot7H_2O$ 0.0834份，$Na_4P_2O_7\cdot10H_2O$ 0.134份，KCl 0.25份。

采用和表 3-28 中同样的反应体系和同样的反应条件，而乳化剂用量为歧化松香酸皂/脂肪酸皂＝3.5/1.5，在不同 pH 值下进行试验，将试验数据列入表 3-29 中，发现当 pH＝10.5 时，其反应速率出现最大值，这一 pH 值正好对应着 100% 的松香酸和脂肪酸被中和的化学计量点。若 pH 值过高，对聚合反应将会有明显的阻聚作用。

**表 3-29** pH 值对苯乙烯-丁二烯乳液共聚合转化率-时间关系的影响

| pH 值 | 加减量[①]/mL | 羧酸中和度[②]/% | | 不同时间的转化率/% | | | |
| --- | --- | --- | --- | --- | --- | --- | --- |
| | | 松香酸 | 总酸量 | 2h | 4h | 7h | 24h |
| 9.0 | 0.000 | 90 | 93 | 10 | 21 | 31 | 61 |
| 9.5 | 0.345 | 94 | 96 | 13 | 26 | 40 | 62 |
| 10.0 | 0.691 | 97 | 98 | 14 | 27 | 44 | 74 |
| 10.5 | 0.862 | 99 | 99 | 15 | 29 | 46 | 77 |
| 11.0 | 1.250 | 103 | 102 | 13 | 25 | 38 | 69 |
| 11.5 | 1.730 | 108 | 105 | 15 | 23 | 29 | 53 |
| 12.0 | 2.580 | 118 | 113 | 12 | 16 | 19 | 22 |

① 为了调节聚合物乳液的 pH 值，按照所设定的乳液聚合配方，向含有 100 g 单体的乳液中加入浓度为 0.1 mol/L 的碱溶液的体积。

② 被碱中和成盐的羧基所占的分数。羧酸中和度等于 100% 时，为化学计量点。所加入的超过化学计量点的那一部分碱是为了进一步提高 pH 值。

注：反应温度为 $-10$℃。配方为苯乙烯 30 份，丁二烯 70 份，水 192 份，甲醇 48 份，歧化松香酸钾 3.5 份，脂肪酸钾 1.5 份，$FeSO_4 \cdot 7H_2O$ 0.0834 份，$Na_4P_2O_7 \cdot 10H_2O$ 0.134 份，KCl 0.25 份。由加入的 KOH 量控制 pH 值。

# 3.9　硫酸盐及磺酸盐乳化剂

与脂肪酸皂及松香酸皂相比，硫酸盐类乳化剂及磺酸盐类乳化剂稳定作用大，适用范围宽。它们既可以在碱性条件下应用，又可以在酸性条件下应用。用这两类乳化剂所制备的乳液，无论是对酸还是对重金属离子都具有较大的稳定性。

通过对氯乙烯乳液聚合的研究表明（部分试验结果列入表 3-30 中及标绘在图 3-29 中）[78]：伯醇硫酸酯的钠盐乳化剂要比仲醇硫酸酯的钠盐乳化剂效率高。对于伯醇硫酸钠盐来说，链长为 $C_{10}$ 的要比链长为 $C_{12}$ 的效率低得多，链长在 $C_{12}\sim C_{18}$ 范围内的效率均较高。在伯醇单硫酸酯钠盐当中，若采用十六烷基硫酸钠盐作乳化剂，所得到的乳液聚合物分子量最高，但是当在烃链上有不饱和结构时，对乳液聚合会有阻聚作用，将使聚合速率减慢，且所得聚合物平均分子量降低。试验证明，聚氧乙烯烷苯基醚硫酸钠盐是一种高效乳化剂，其结构式为

$$R - \bigcirc - O(CH_2CH_2O)_n SO_4Na$$

**13**

一般来讲，R 为 $C_8$ 或 $C_9$ 直链烃基。

表 3-30　在氯乙烯乳液聚合中使用正烷基硫酸钠盐和正烷基磺酸钠盐的比较

| 烷基 | 碳原子数 | 正烷基硫酸钠盐 | | | | 正烷基磺酸钠盐 | | | |
|---|---|---|---|---|---|---|---|---|---|
| | | 反应时间/h | 转化率/% | 胶乳的表面自由能/(mN/m) | 聚合物的黏均分子量/($\times 10^4$) | 反应时间/h | 转化率/% | 胶乳的表面自由能/(mN/m) | 聚合物的黏均分子量/($\times 10^4$) |
| 癸烷基 | $C_{10}$ | 7.5 | 92.8 | 27.83 | 9.899 | 6 | 92.8 | 27.12 | 9.02 |
| 月桂基 | $C_{12}$ | 4.5 | 93.1 | 25.91 | 11.363 | 4 | 94.0 | 24.80 | 10.72 |
| 肉豆蔻基 | $C_{14}$ | 3.5 | 95.1 | 26.40 | 12.430 | 3 | 95.4 | 25.13 | 10.86 |
| 鲸蜡基 | $C_{16}$ | 4.0 | 94.5 | 30.12 | 13.319 | 2.5 | 95.8 | 26.75 | 11.14 |
| 硬脂基 | $C_{18}$ | 4.0 | 96.0 | 34.80 | 13.089 | 3 | 96.7 | 30.40 | 12.35 |
| 油基 | $C_{18}$ | 17.0 | 90.3 | 37.71 | 7.757 | 15.5 | 91.0 | 32.10 | 6.54 |

注：反应温度为40℃；pH＝10。配方为氯乙烯100份，水250份，过硫酸铵0.5份，NaHSO₃ 0.5份。

采用烷基磺酸钠盐乳化剂比采用相对应的硫酸钠盐乳化剂所进行的乳液聚合反应速率要高，但是所得的聚合物分子量较低。磺酸盐烃链上的不饱和结构同样有阻聚作用，会严重地影响聚合反应速率和聚合物的分子量。试验证明，丁二酸酯磺酸钠盐（**14**）是一种有效的乳化剂，R为辛基时效果最佳。

$$
\begin{array}{l}
\mathrm{ROCOCH_2} \\
\quad | \\
\mathrm{ROCOCH-SO_3Na}
\end{array}
$$
**14**

对于烷基苯磺酸钠来说，当苯环上所连的是短链烷基的时候，必须具有两个烷基才能成为有效的乳化剂。若采用正十二烷基苯磺酸钠作为乳化剂，则所得到的聚合物分子量最高。

在烷基萘磺酸钠当中，二异丁基萘磺酸钠是最有效的乳化剂。

人们发现[86]，在用硫酸钠盐及磺酸钠盐作乳化剂进行乳液聚合反应时，乳化剂来源不同所得到的转化率-时间试验结果差别很大，尤其是在烷基芳基磺酸钠的情况下更是这样，如图3-30所示。这是因为这

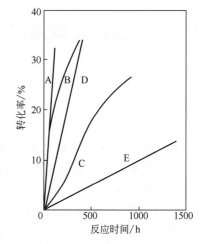

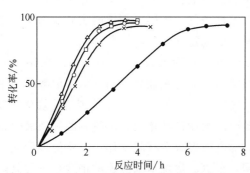

**图 3-29　正烷基硫酸钠盐的链长对氯乙烯乳液聚合转化率-时间关系的影响**

链长：● $C_{10}$，× $C_{12}$，△ $C_{14}$，○ $C_{16}$；□ $C_{18}$
反应温度为40℃；配方为氯乙烯100份，水250份，乳化剂2份，$(NH_4)_2S_2O_8$ 0.5份，NaHSO₃ 0.5份；pH值＝10

**图 3-30　用不同来源的乳化剂进行乳液聚合时的转化率-时间曲线**

反应温度为60℃；配方为苯乙烯50份，丁二烯50份，水180份，十二烷基硫酸钠或十二烷基磺酸钠5份，$K_2S_2O_8$ 0.8份；A，B，C为不同来源的十二醇硫酸钠盐；D，E为不同来源的十二烷基苯磺酸钠盐

两类乳化剂中常常会存在某些杂质，例如电解质硫酸钠等。这些杂质对聚合反应速率有着很大的影响。不同来源的乳化剂，其杂质的种类和含量不同，故乳化剂效率差别很大。

# 3.10 阳离子型乳化剂

阳离子型乳化剂可以用来制取带正电荷的聚合物乳液，这种乳液可用于浸渍织物。因为织物常带负电，对带负电荷的乳胶粒有排斥作用。如用阴离子乳液来浸渍织物，就得不到好的结果。实际上，阳离子乳液的应用并不太广泛，目前这方面的研究工作做得也较少。但由于阳离子型乳化剂不怕硬水及可在酸性条件下应用等特点，其用途有日益扩大的趋势。通常用于乳液聚合的阳离子型乳化剂有烷基铵盐（如十二烷基氯化铵）及季铵盐（如十六烷基三甲基溴化铵及十六烷基溴化吡啶鎓等）。

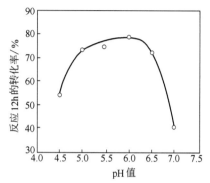

图 3-31　pH 值对苯乙烯-丁二烯乳液共聚合反应速率的影响

反应温度为 5℃；配方为苯乙烯 30 份，丁二烯 70 份，水 180 份，十二烷酸铵 3 份，混合叔硫醇 0.15 份，过氧化氢二异丁基 0.05 份，$FeCl_2$ 0.05 份，$AlCl_3 \cdot 6H_2O$ 0.3 份，KCl 0.1 份

阳离子型乳化剂可以用于高温或低温苯乙烯-丁二烯乳液共聚合反应中[87]。在低温聚合情况下，反应速率对 pH 值变化很敏感，如图 3-31所示。在 pH=6.0 附近的一个区域内，可达最佳反应速率，在 pH 值低于 5 或高于 6.5 时，聚合反应速率下降很快。对于 pH 值的控制来说，采用弱酸的铵盐要比采用强酸铵盐更为有效。有时也可以利用强酸铵盐和弱酸铵盐的混合物来控制 pH 值。

# 3.11 非离子型乳化剂

非离子型乳化剂适用于在很宽的 pH 值条件下进行的乳液聚合过程中。大多数非离子型乳化剂系由环氧乙烷与带有活泼氢的化合物加酚、醇、羧酸、胺及酰胺等反应而制得。这种乳化剂可以很方便地调节分子中亲水基和亲油基的比例，以满足不同的需要。还有一类对于乳液聚合很有用的乳化剂，商品名为斯盘和吐温，它们是以山梨醇为基础而制得的。斯盘为部分酯化的化合物，未酯化的羟基能与环氧乙烷反应，生成的产物商品名称是吐温。

对于聚环氧乙烷型非离子型乳化剂来说，可以用溶解度指数来表示其亲油性及亲水性的大小[88]，其定义为

$$\text{溶解度指数} = \frac{\text{环氧乙烷链节数}}{\text{基础分子的碳原子数}} \times 100 + C \qquad (3-13)$$

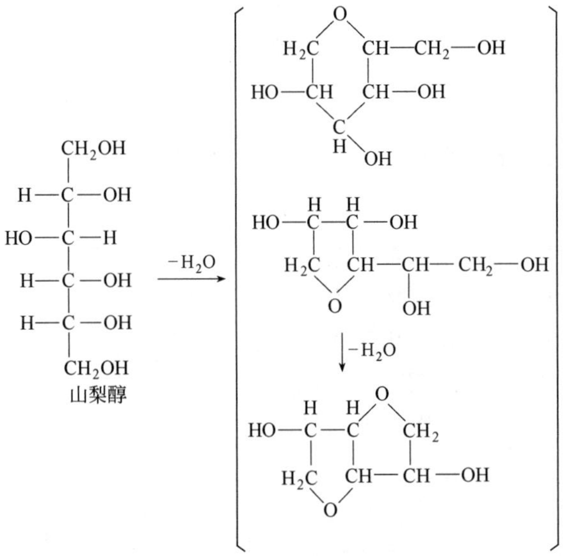

己糖醇酐和己糖二酐类

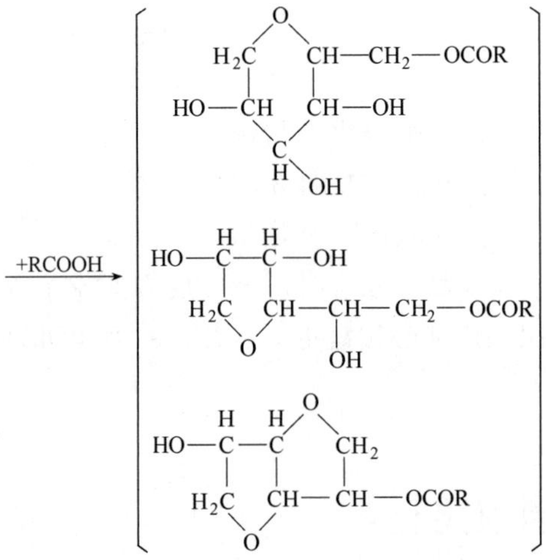

斯盘

所谓基础分子即为与环氧乙烷结合而构成非离子型乳化剂的酚、醇、羧酸、胺及酰胺等分子。式(3-13) 中的 $C$ 为与基础分子在水中的溶解度有关的常数。溶解度指数越大，乳化剂的亲水性越大。

对采用非离子型乳化剂的苯乙烯-丁二烯的乳液共聚合过程的研究表明，存在着一个最低溶解度指数，其值落在 $70\sim120$ 之间。在最低溶解度指数以下时，基本上不发生聚合反应，这是因为这种乳化剂对单体的乳化作用太弱，或者是因为乳化剂在水相中的溶解度低于 CMC 值。在最低溶解度指数以上时，有聚合反应发生，聚合反应速率随溶解度指数增大而升高。在达到某一溶解度指数以后，其反应速率与乳化剂溶解度指数无关，如表 3-31 所示。

**表 3-31** 非离子型乳化剂的溶解度指数对苯乙烯-丁二烯低温和高温乳液共聚合反应速率的影响

| 溶解度指数 | 在 5℃ 下的聚合反应速率/(%/h) | 在 50℃ 下的聚合反应速率/(%/h) |
|---|---|---|
| 44 | 0 | — |
| 100 | 1.5 | 0.5 |
| 167 | 2.9 | 1.8 |
| 212 | 2.6 | 2.4 |
| 334 | 2.9 | 1.8 |

注：低温配方（5℃）为苯乙烯 28.5 份，丁二烯 71.5 份，水 180 份，乳化剂 5 份，叔十二烷基硫醇 0.18～0.26 份，过氧化氢异丙苯 0.06～0.125 份，葡萄糖 1.0 份，$FeSO_4 \cdot 7H_2O$ 0.12 份，$K_2P_2O_7$ 0.17 份。高温配方（50℃）为苯乙烯 28.5 份，丁二烯 71.5 份，水 180 份，乳化剂 5 份，正十二烷基硫醇 0.58～0.85 份，$K_2S_2O_8$ 0.23 份。

一般来说，采用非离子型乳化剂时的聚合反应速率要比采用松香酸钾及脂肪酸钠时低得多。利用不同非离子型乳化剂所制成的乳液其稳定性有的很高，而有的则很低，差别甚大。

表 3-32 中所列入的数据为在 5℃ 时进行苯乙烯-丁二烯乳液共聚合时，采用非离子型乳化剂的聚合反应速率与采用松香酸钾的聚合反应速率的比值。可看到，与离子型乳化剂相比，非离子型乳化剂的效率是低的。

**表 3-32** 进行苯乙烯-丁二烯乳液共聚合时采用非离子型乳化剂的聚合反应速率与采用松香酸钾的聚合反应速率的比值

| 非离子型乳化剂 | $\dfrac{\text{采用非离子型乳化剂的聚合反应速率}}{\text{采用松香酸钾的聚合反应速率}}$ |
|---|---|
| $R$—〇—$O(CH_2CH_2O)_nH$ | 0.58 |
| $R$—$\overset{O}{\overset{\|}{C}}$—$O(CH_2CH_2O)_nH$ | 0.34 |
| $R$—〇—$\overset{O}{\overset{\|}{C}}$—$NHO(CH_2CH_2O)_nH$ | 0.46 |
| $RN\begin{cases} O(CH_2CH_2O)_mH \\ O(CH_2CH_2O)_nH \end{cases}$ | 0.64 |

注：反应温度为 5℃；配方为苯乙烯 28.5 份，丁二烯 71.5 份，水 180 份，乳化剂 5 份，叔十二烷基硫醇 0.18～0.26 份，过氧化氢异丙苯 0.06～0.125 份，葡萄糖 1.0 份，$FeSO_4 \cdot 7H_2O$ 0.12 份，$K_2P_2O_7$ 0.17 份。

如果将非离子型乳化剂与烷基芳基磺酸钠盐或烷苯基硫酸钠盐复合使用，可获得相当高的反应速率和很高的乳液稳定性。有人研究了以聚氧乙烯油基醚和烷基芳基磺酸盐的混合物为乳化剂的苯乙烯及乙酸乙烯酯的乳液聚合[89]，把通过苯乙烯乳液聚合试验所取得的聚合反应速率、最终平均乳胶粒直径及乳液黏度分别对混合乳化剂的 HLB 值进行了标绘，如图 3-32～图 3-34 所示。并将聚合反应速率、最终平均乳胶粒直径及乳液黏度，在两种乳化剂配比不变的情况下，分别对乳化剂用量进行了标绘，如图 3-35～图 3-37 所示。

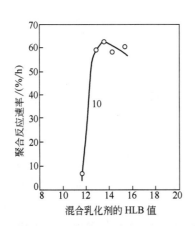

图 3-32　混合乳化剂的 HLB 值对苯
乙烯乳液聚合反应速率的影响

反应温度为 50℃；配方为苯乙烯 100 份，
水 150 份，聚氧乙烯油基醚＋烷基芳基磺
酸钠（乳化剂）10 份，$K_2S_2O_8$ 0.375 份，
$NaHSO_3$ 0 份或 0.15 份

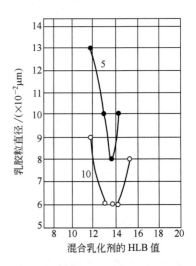

图 3-33　混合乳化剂的 HLB 值对聚
苯乙烯乳胶粒直径的影响

反应温度为 50℃；配方为苯乙烯 100 份，
水 150 份，聚氧乙烯油基醚＋烷基芳基磺
酸钠盐（乳化剂）5 份或 10 份，$K_2S_2O_8$
0.375 份，$NaHSO_3$ 0 份或 0.15 份

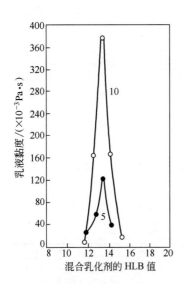

图 3-34　混合乳化剂的 HLB 值对
乳液黏度的影响

反应温度为 50℃；配方为苯乙烯 100 份，
水 150 份，聚氧乙烯油基醚＋烷基芳基
磺酸钠（乳化剂）5 份或 10 份，$K_2S_2O_8$
0.375 份，$NaHSO_3$ 0 份或 0.15 份

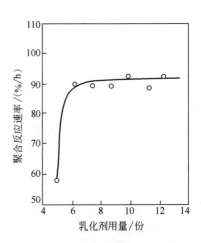

图 3-35　乳化剂用量对苯乙烯
乳液聚合反应速率的影响

反应温度为 50℃；配方为苯乙烯 100 份，
水 150 份，聚氧乙烯油基醚：烷基芳基磺
酸钠＝1∶1（质量比，乳化剂），$K_2S_2O_8$
0.375 份，$NaHSO_3$ 0 份或 0.15 份

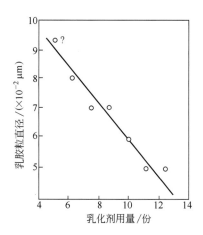

**图 3-36　乳化剂用量对聚苯乙烯
乳胶粒直径的影响**

反应温度为 50℃；配方为苯乙烯 100 份，
水 150 份，聚氧乙烯油基醚∶烷基芳基
磺酸钠＝1∶1（质量比，乳化剂），
$K_2S_2O_8$ 0.375 份，$NaHSO_3$ 0 份或 0.15 份

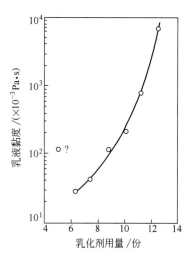

**图 3-37　乳化剂用量对聚苯乙烯
胶乳黏度的影响**

反应温度为 50℃；配方为苯乙烯 100 份，
水 150 份，聚氧乙烯油基醚∶烷基芳基
磺酸钠＝1∶1（质量比，乳化剂），
$K_2S_2O_8$ 0.375 份，$NaHSO_3$ 0 份或 0.15 份

由图 3-32～图 3-34 可以看出，大约在 HLB＝13.5 时，聚合反应速率出现最大值，乳胶粒直径出现最小值，且乳液黏度出现一个最大值。乳胶粒直径-HLB 曲线出现一很尖锐的低峰，而乳液黏度-HLB 曲线出现一很尖锐的高峰。同时还发现，HLB 值在 13～15 范围内的乳化剂，可使聚苯乙烯乳液具有极好的稳定性。

由图 3-35～图 3-37 可以看出，聚合反应速率随乳化剂浓度增大而增大，但达到一定乳化剂浓度之后，聚合反应速率几乎与乳化剂浓度无关。另外随着乳化剂浓度增大，最终平均乳胶粒直径减小，而乳液黏度增大。

利用与以上苯乙烯乳液聚合相同的乳化剂，在 70℃下进行乙酸乙烯酯乳液聚合时，其规律与苯乙烯乳液聚合相同，只是最佳 HLB 值偏高，其值大约为 15。另外，HLB 值在 15～18 范围内聚乙酸乙烯酯乳液具有很大的稳定性。

## 参考文献

［1］朱洪发．精细化工常用原料手册．北京：化学工业出版社，2003：355.
［2］赵迪麟．化工产品应用手册．上海：上海科学技术出版社，1989：408.
［3］北原文雄等．表面活性剂．孙绍曾，卫祥元，王澄华，李焕珍，译．北京：化学工业出版社，1984.
［4］JP53 10682.
［5］JP54 62237.
［6］JP57 12084.
［7］Vijayendran B R．J Appl Polym Sci，1979，23：893.
［8］Salamone J C．ACS Polymer Preprints，1985，26：196.
［9］Peiffer D G，Lundberg R D．Polymer，1985，26：1058.
［10］Chonde Y et al．J Appl Polym Sci，1981，26：1819.

[11] Ceska G W. J Appl Polym Sci，1974，18：27.

[12] Fitch R M. Polymer Colloids. New York：Plenum Press，1971.

[13] 程时远，李建宗，等．聚合物乳液通讯，1993，2：12.

[14] 梁志齐，陈溥．氟表面活性剂．北京：中国轻工业出版社，1998：299.

[15] 陈永春，程时远，曹红燕，等．高分子材料科学与工程，2003，19（3）：182-185.

[16] Winzor C L，Mrazek Z，Winnik M A，et al. Eurp Polym J，1994，30（1）：121.

[17] 程时远，徐祖顺，袁建军．高分子通报，1999，2：31-36.

[18] 公瑞煜，李建蓉，肖传健，等．化工学报，2002，53（11）：1144-1147.

[19] 袁才登，刘德华，王艳君，等．西安交通大学学报，2000，34（9）：118-122.

[20] 刘程．表面活性剂应用手册．北京：化学工业出版社，1992.

[21] Shinoda K. The Formation of Micelles，in Colloidal Suraffactnts：Some Physico Chemical Properties. New York：Academic Press，1963：1-96.

[22] Harkins W D. J Am Chem Soc，1947，69：1428.

[23] Corrin M L，Harkins W D. Ibid，1947，69：683.

[24] Shinoda，K. Solvent Properties of Nonionic Surfactants in Aqueous Solution，in Solvent Properties of Surfactant Solutions. New York：Mavcel Dekker，1967：27-63.

[25] 竹内节．乳化剂および分散剂．花王石碱（株），东京：高分子刊行会，1978.

[26] Stigter D，Mysel K J. J Phys Chem，1955，59：45.

[27] Hughes E W，Sawyer W M，Vinograd J R. J Phys Chem，1945，13：131.

[28] Harkins W D，Mattoon R W，Corrin M L. J Am. Chem Soc，1946，68：220.

[29] Harkins W D，Mattoon R W，Corrin M L. J Colloid Sci，1946，1：105.

[30] McBain J W，Richards P H. Ind Eng Chem，1946，38：642.

[31] Klevans H B. Chem. Rev.，1950，47：1.

[32] Stearns R S，Oppenheimer H，Simon E，Harkins W D. J. Chem. Phys.，1947，15：496.

[33] McBain M E L，Hutchinson E. Solubilization and Related Phenomena. New York：Academic Press，1955.

[34] 刈米孝夫．涂装涂料，1981，4，337，41～50.

[35] Griffin W C. J. Soc. Cosmet. Chem.，1949，1：311.

[36] 川上．科学，1953，23：546.

[37] Griffin W C. J. Soc. Cosmet. Chem. 1954，5：249.

[38] Grlffin W C. Encyclopedia of Chemical Technology. 3rd Edn. 1980，8，900.

[39] 刈米孝夫．界面活性剂の性质と应用．东京：幸书房，1980.

[40] Devies J T. Proc. Int. Congr. Surface Activity. 2nd Vol. London：Butterworths，1957. 426.

[41] 毛培坤．合成洗涤剂工业分析．北京：轻工业出版社，1988. 492.

[42] 小田，寺村．界面活性剂の合成と用．东京：槙书店，1957. 501.

[43] Mukajee P J. Am，Chem. Soc.，1955，77：2937.

[44] 小田良平．界面活性剂の合成と其应用，1956.

[45] 轻工业部设计院．日用化工理化数据手册．北京：轻工业出版社，1981.

[46] Finger B M. J Am. Oil Chem. Soc.，1967，44：525.

[47] Hikuta T，Meguro K. J. Am. Oil Chem. Soc.，1971，48：784.

[48] Schick M J. Nonionic Surfactants. In：Surfactant Sci. Ser. V23. 1987.

[49] Shinoda K，Arai H. J. phys. Chem.，1964，68：3486.

[50] Shinoda K. Proc. 5th Int. Cong. Surf. Activ. Subst. Barcelona：1968. 2.

[51] Olteanu M，Birer，S. Rev. Chim.，1973，24：597.

[52] Shinoda K，Saito H，Arai H. J. Coll. Interface Sci. 1971，35：624.

[53] Marszall L. Dispersion Sci. Technol.，1981，2：443.

[54] Robbins M L. Micellization，Solubilization and Microemulsions（K. L. Mittal ed.）. V. 2. New York：Plenum Press. 1977. 713.

[55] Arai H，Shinoda K. J. Coll. Interface Sci.，1967，25：396.

[56] Shinoda K，Arai，H. J. Coll. Interface Sci.，1967，25：429.

[57] Maurice A M. J. Appl. Polym. Sci.，1985，30：473.

[58] 许涌深，曹同玉，龙复，韩伟平．高分子材料科学与工程．1992，（1）：20.

［59］ Ahmed S M，El-Aasser S M，Micale R J，Poehlein G W，Wanderhoff J W. Polymer Colloids Ⅱ（R. M. Fitch，ed.）. New York：Plenum Press. 1980.

［60］ Vijayendran B R，Bone T，Gajria C. Emulsion Polymers and Emulsion Polymerization（D. R. Bassett and A. E. Hamielec. eds）. ［ACS Symp，Ser. 165］. Woshington，D. C.：Am. chem. soc.，1981.

［61］ Kronberg B. J. Colloid Interface Sci.，1983，96：55.

［62］ Moron S H. J. Colloid Sci.，1963，18：470.

［63］ Kine B B，Redlich，G H. Surfactants in Chemical Process Engineering. In：Surfactant Sci. Ser. V. 28. 1988. 263.

［64］ Greth G F，Wilson J E. J. Appl. Polym. Sci.，1961，5：135.

［65］ Jagodic F，Fajt，B. Kem. Ind. 1976，25：13.

［66］ Jagodic F，Abe M，Ogrizek N. Kem. Ind. 1975，24：591，659.

［67］ 程时远，闫翠娥. 湖北化工. 2005，（2）：19-23.

［68］ Kolthoff I M，Miller I K. J. Am. Chem. Soc.，1951，73：3055.

［69］ Kolthoff I M，Meebam E J，Carr C W. J. Polym. Sci.，1951，6：73.

［70］ Smith W V，Ewart R H. J. Chem. Phys.，1948，16：592.

［71］ Nomura M，Harada M，Eguchi S，Nagata S. Kinetics and Mechanism of the Emulsion Polymerization of Vinyl Acetate. ［ACS Symp. Ser.］. 1976.

［72］ Friis N，Nyhagen L. J. Appl. Polym. Sci.，1973，17：2311.

［73］ Carr C W. Kolthoff I M，Meeham E J，and Williams，D，E. J. Polym. Sci.，1950，5：201.

［74］ Duck E W，Waterman J A，LaHeij G E. J. Appl. Chem.，1962，12：469.

［75］ Kuznetsov V L，Lebedev A V. Soviet Rubb. Technol. 1964. 23（3）：31.

［76］ Hopff H，Fakla I. Brit. Polymer，J.，1970，2：40.

［77］ Kuznetsov V L，Lebedev A V. Soviet Rubb. Technol. 1963，22（7）：10.

［78］ Wilson J W，Pfau E S. Ind. Eng. Chem.，1948，40：530.

［79］ Carr C W，Kolthoff I M，Meeham E J，Stenberg N. J. Polym. Sci.，1950，5：191.

［80］ Stonecipher W D，Turner R W. Rosin and Rosin Derivatives，in Encyclopedia of Polymer Science and Technology. New York：John Wiley，1970. 12，139.

［81］ Hays J T，Drake A E，Pratt Y T. Ind. End. Chem.，1947，39：1129.

［82］ Azorlosa J L. Ind. Eng. Chem.，1949，41：1626.

［83］ Feldon M，Mckennon F L，Lawrence. Ind. Eng. Chem.，1952，44：1662.

［84］ Corrin M L，Klevens H B，Harkins W D. J. Chem. Phys.，1946，14：480.

［85］ Frylng C F，Follett A E. J. Polym. Sci.，1951，6：59.

［86］ Blackley D C. Emulsion Polymerization. Appl. Sci. London：Pub. Ltd，1975.

［87］ Howland L H，Neklutin V C，Brown R W，Werner H G. Ind. Eng. Chem.，1952，44：762.

［88］ Helin A F. Ind. Eng. Chem.，1953，45：1330.

［89］ Greth G C，Wilson J E. J. Appl. Polym. Sci.，1961，5：135.

# 第 4 章
# 引发剂

## 4.1 概述

　　引发剂是乳液聚合配方中最重要的组分之一，引发剂的种类和用量会直接影响产品的产量和质量，并影响聚合反应速率。乳液聚合过程对其所采用的引发剂有着特殊的要求。与本体聚合或悬浮聚合不同，乳液聚合过程所采用的引发剂大多不溶于单体，而溶于连续相，即：对于正相乳液聚合过程来说，要求引发剂溶于水相；而对于反相乳液聚合过程来说，则要求引发剂溶于油相。

　　根据生成自由基的机理可以将用于乳液聚合的引发剂分成两大类：一类是热分解引发剂，另一类是氧化还原体系引发剂。

　　热分解引发剂在受热时可直接分解出具有引发活性的自由基，一个引发剂分子可分解成两个具有引发活性的自由基。例如在乳液聚合物的工业生产中，最有意义的热分解引发剂是过硫酸盐。在热能的作用下，一个过硫酸盐引发剂分子可以简单地分解成两个硫酸根离子自由基 $SO_4^-\cdot$。

$$S_2O_8^{2-} \longrightarrow 2SO_4^-\cdot$$

　　氧化-还原引发剂体系是由两种或多种组分构成的。在这些组分中必有两种组分是主要的，一种为氧化剂，另一种为还原剂。这些组分之间进行氧化-还原反应，即可生成具有引发活性的自由基。例如在过硫酸盐-硫代硫酸盐氧化还原引发剂体系中，所采用的过硫酸盐即为氧化剂，而硫代硫酸盐则为还原剂。它们之间将进行如下的氧化-还原反应，生成具有引发活性的自由基 $SO_4^-\cdot$。

$$S_2O_8^{2-} + S_2O_3^{2-} \longrightarrow SO_4^-\cdot + SO_4^{2-} + S_2O_3^-\cdot$$

　　由于在过氧化物中加入了还原剂，就使得由过氧化物生成自由基的活化能降低。因而采用氧化-还原体系引发剂可以提高引发速率，或者可以降低聚合反应温度。

　　对于正相乳液聚合过程来说，溶于水相中的引发剂在其中进行分解反应生成自由基，这些自由基有可能再与水分子或其他物质分子发生反应生成别种自由基。在水相中所生成的各种类型的自由基中，有的具有引发活性，有的则不具有引发活性。那些具有引发活性的自由基可与溶解在水相中的单体进行反应，引发聚合，形成活性低聚物。在水相中具有引发活性的自由基或活性低聚物可由水相扩散进入被单体饱和的胶束中或被单体溶胀的聚合物乳胶粒中，在其中引发聚合反应并使碳链增长，生成长链大分子。

下面就用于乳液聚合过程的主要引发体系分别进行讨论。

# 4.2　热分解引发剂

热分解引发剂大多由单一组分组成，但是在某些情况下，为了在反应的不同阶段使聚合反应能均衡地进行，也可以采用复合引发剂，即同时加入几种不同的热分解引发剂。商品热分解引发剂大多为过氧化物，它们包括过氧化氢及其衍生物。过氧化物的特征键为过氧键（—O—O—），这种键的键能大约为 146.5kJ/mol，遇热时过氧键进行均裂而生成自由基。

$$H-O-O-H \longrightarrow 2HO \cdot$$
$$R-O-O-H \longrightarrow RO \cdot + HO \cdot$$
$$R-O-O-R' \longrightarrow RO \cdot + R'O \cdot$$

式中，R 及 R′ 代表烃基或其他基团。

对于乳液聚合来说，用作热分解引发剂的大多是过硫酸钾（$K_2S_2O_8$）和过硫酸铵 $[(NH_4)_2S_2O_8]$，而其他的过氧化物大多是在氧化还原引发体系中作氧化剂。

Smith[1] 测定了在 50℃下，在 0.175% 的过硫酸钾水溶液中自由基生成速率为 $10^3$（s·$cm^3$）$^{-1}$。

## 4.2.1　过硫酸盐在水介质中分解机理和动力学

许多人[2-10] 对溶解在水中的过硫酸盐分解动力学进行了研究。他们证实了过硫酸根离子浓度、氢离子浓度、温度以及离子强度等因素都会影响过硫酸盐在其水溶液中进行热分解时的反应速率。

### 4.2.1.1　过硫酸盐在水溶液中热分解机理

如果体系中没有可消除 $SO_4^- \cdot$ 自由基的其他物质存在，那么过硫酸盐在碱性、中性或酸性不大的溶液中进行热分解时，其主要反应历程可表示为

$$S_2O_8^{2-} \longrightarrow 2SO_4 \cdot \tag{4-1}$$

$$SO_4^- \cdot + H_2O \longrightarrow HSO_4^- + \cdot OH \tag{4-2}$$

$$2 \cdot OH \longrightarrow H_2O + \frac{1}{2}O_2 \tag{4-3}$$

其总反应可写为

$$K_2S_2O_8 + H_2O \longrightarrow 2KHSO_4 + \frac{1}{2}O_2 \tag{4-4}$$

假如系统中无 pH 缓冲剂存在，那么按照上述机理进行的过硫酸盐热分解反应会产生硫酸氢根离子 $HSO_4^-$，而 $HSO_4^-$ 会离解成氢离子和硫酸根离子，因而随着反应的进行会引起溶液 pH 值的降低。

对于在酸性溶液中进行的过硫酸盐分解反应，其主要反应机理可用下式表示：

$$S_2O_8^{2-} + H^+ \longrightarrow HS_2O_8^- \longrightarrow SO_4 + HSO_4^- \tag{4-5}$$

$$SO_4 \longrightarrow SO_3 + \frac{1}{2}O_2 \tag{4-6}$$

若反应在酸性很大的溶液中进行，还可以继续进行如下反应：

$$SO_4 + H_2O \longrightarrow H_2SO_5 \tag{4-7}$$

反应(4-5) 可能的机理为：过硫酸氢根离子 $HS_2O_8^-$ 首先形成环状的过渡状态中间产物，然后这个中间产物再进行电子转移而分解成反应(4-5) 右端的产物。

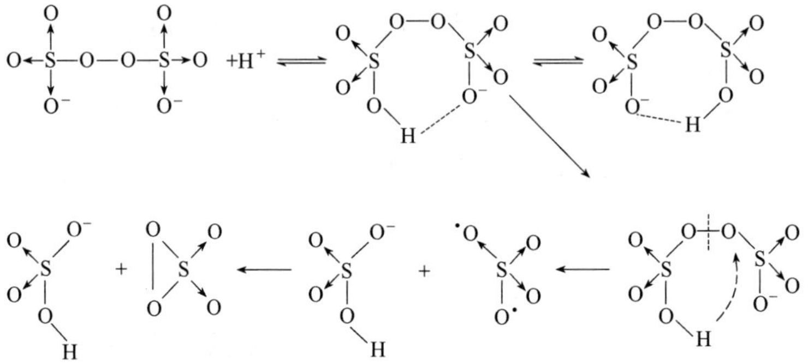

反应(4-6) 可能的机理为

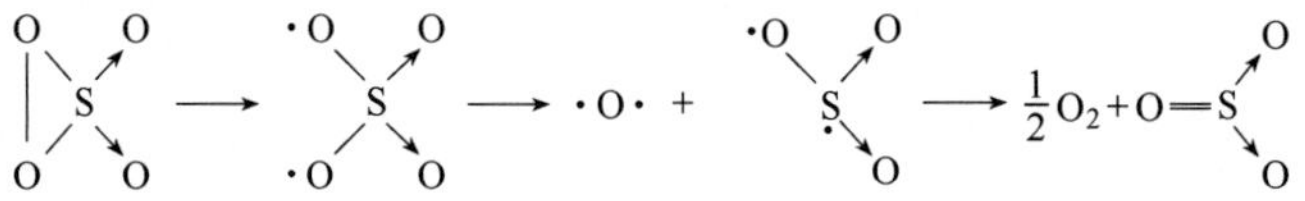

反应(4-7) 可能的机理为

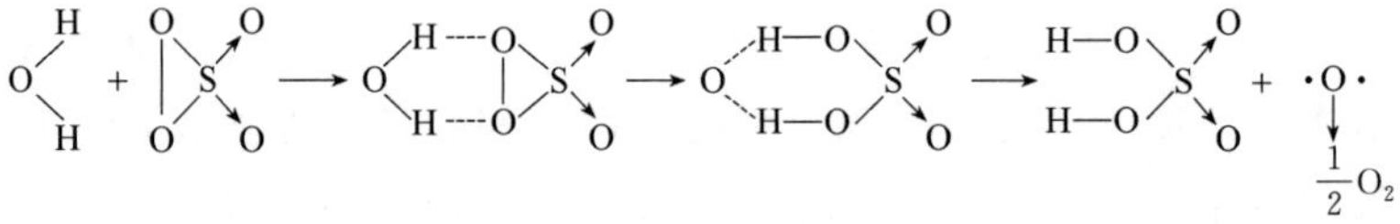

由反应(4-2)可知，第一种机理中所生成的氧气来自于水；同时由反应(4-5) 及反应(4-6)可知，第二种机理中所生成的氧气来自过硫酸根离子。表 4-1 中列出了在 90℃下，在不同 pH 值时，利用同位素试验得到的过硫酸钾在水溶液中分解时所生成的氧气中，来自水和来自 $S_2O_8^{2-}$ 的比例，即反应按第一种机理进行和按第二种机理进行的比例。

**表 4-1** 在 90℃及不同 pH 值的条件下过硫酸钾在水中热分解反应时按不同反应机理所生成氧的比例

| pH 值 | 来自水的氧/% | 来自水的氧：来自 $S_2O_8^{2-}$ 的氧 |
|---|---|---|
| 13 | 100 | ∞ |
| 10 | 98 | 49 |
| 7.2 | 96 | 24 |

| pH 值 | 来自水的氧/% | 来自水的氧：来自$S_2O_8^{2-}$ 的氧 |
|---|---|---|
| 2.1 | 77 | 3.3 |
| 1.5 | 67 | 2.0 |
| 1.0 | 33 | 0.51 |
| 0.3 | 6 | 0.06 |

#### 4.2.1.2 过硫酸盐浓度对其热分解速率的影响

过硫酸盐（如过硫酸钾）在水溶液中进行热分解的速率和过硫酸根离子浓度之间的关系可以通过试验来找到。设过硫酸钾分解试验在等温条件下进行；并且向溶液中加入 pH 缓冲剂，使得在同一次试验中溶液的 pH 值保持恒定；另外还要设法保持体系中的离子强度不变；那么其分解速率只与溶液中过硫酸钾浓度有关。此反应的速率方程式可表示为

$$-\frac{d[K_2S_2O_8]}{dt}=k[K_2S_2O_8]^n \quad (4-8)$$

式中　　$t$——反应时间，h；

　　$[K_2S_2O_8]$——过硫酸钾浓度，mol/L；

　　$k$——反应速率常数。

若在不同反应时间 $t$ 用极谱法来测定相应的过硫酸钾浓度 $[K_2S_2O_8]$，并将所得的数据标绘在 $t$-$\lg[K_2S_2O_8]$ 坐标系中，如图 4-1 所示，可以看出，在同一 pH 值下可得到一条直线。这符合一级反应规律，即

$$t=\frac{1}{k}\ln\frac{[K_2S_2O_8]_0}{[K_2S_2O_8]} \quad (4-9)$$

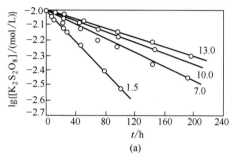

(a)

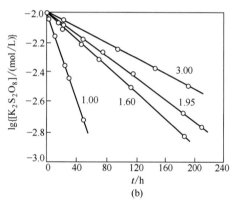

(b)

图 4-1　在 50℃ 及不同 pH 值条件下过硫酸钾在水溶液中进行热分解的动力学曲线

$[K_2S_2O_8]_0=0.01\text{mol/L}$；图中各直线上的数字为 pH 值

或

$$\lg[K_2S_2O_8]=\lg[K_2S_2O_8]_0-\frac{k}{2.303}t \quad (4-10)$$

式中　　$[K_2S_2O_8]_0$——过硫酸钾初始浓度。

以上试验证明了过硫酸钾在水中进行热分解的反应速率对于过硫酸根离子浓度 $[S_2O_8^{2-}]$（$=[K_2S_2O_8]$）为一级反应，即式(4-8) 中的指数 $n=1$。则式(4-8) 变为

$$-\frac{d[K_2S_2O_8]}{dt}=k[K_2S_2O_8] \quad (4-11)$$

式中，反应速率常数 $k$ 为一级反应速率常数。

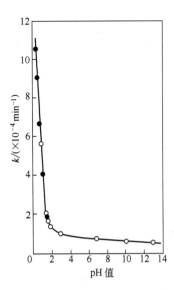

**图 4-2 pH 值对过硫酸钾在水溶液中一级热分解速率常数的影响**

温度为 50℃；离子强度=0.4

$[K_2S_2O_8]_0$ 为：○ 0.01mol/L；

● 0.1mol/L

### 4.2.1.3 氢离子浓度对过硫酸盐分解速率的影响

氢离子对过硫酸盐在水溶液中的热分解反应起催化作用。图 4-1 中所标绘的试验数据表明了溶液的 pH 值对过硫酸钾在其中进行热分解的一级速率常数的影响。由图 4-1 可以发现，一级反应速率常数 $k$（可用图中直线的斜率来代表）随 pH 值的降低而增大。更直观的情况是将 pH 值对一级速率常数的试验数据直接进行标绘，即可得到图 4-2 中的曲线。由图 4-2 可以看出，当 pH 值大于 3 时，pH 值对一级速率常数 $k$ 影响不大；当 pH 值小于 3 时，$k$ 值随 pH 值的降低而急剧地增大。

Kolthoff 和 Miller 将在不同 pH 值下进行的过硫酸盐在水溶液中分解的大量试验数据进行整理，拟合成了一级速率常数与氢离子浓度之间的关系式[11]，即

$$k = k_1 + k_2[H^+] \tag{4-12}$$

式中，$k_1$ 及 $k_2$ 在特定在温度和离子强度下均为常数。

由式（4-12）发现，可以将过硫酸盐热分解反应看作是由两个平行反应组成的：一个是没有氢离子催化的热分解反应；另一个是被氢离子催化的热分解反应。当氢离子浓度很小时，式（4-12）中右边第二项可以忽略不计，此时 $k=k_1$；但是当氢离子浓度较大时，则同时存在着上述两个平行反应，此时式（4-11）可以写为

$$-\frac{d[K_2S_2O_8]}{dt} = k_1[K_2S_2O_8] + k_2[H^+][K_2S_2O_8] \tag{4-13}$$

如上所述，由于过硫酸盐热分解反应产生硫酸氢根离子 $HSO_4^-$，故在非缓冲溶液中进行该反应时，$HSO_4^-$ 离解出的氢离子会导致溶液的 pH 值降低。所生成的氢离子又会对过硫酸盐的热分解反应起催化作用。因所生成的氢离子越来越多，体系 pH 值越来越低，故该分解反应进行得越来越快，这种现象称为自动催化。图 4-3 表明了由于自动催化而导致的一级分解速率常数随时间 $t$ 而线性增大的规律。若将图 4-3 中的试验曲线外推至 $t=0$，则所得一级分解速率常数与过硫酸盐在纯水中的分解速率常数是一致的。

### 4.2.1.4 温度对过硫酸盐分解速率的影响

温度对过硫酸盐在水溶液中的分解反应有很大的影响。温度越高，反应速率就越大。反应速率受温度影响的程度，决定于在阿仑尼乌斯方程式中的活化能的大小。在相同温度下，活化能越大时，一级分解速

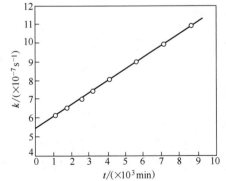

**图 4-3 在非缓冲溶液中过硫酸盐一级分解速率常数与时间的关系**

温度为 45℃；$[K_2S_2O_8]_0 = 0.2$mol/L

率常数就越小。因此在其他条件相同的情况下，活化能越大，反应进行得就越慢。试验证明，该分解反应在碱性介质中进行和在酸性介质中进行时活化能的大小是不同的。在 0.1mol/L NaOH 溶液中，活化能为 140.3kJ/mol；而在 0.1mol/L HClO$_4$ 溶液中，活化能则为 108.8kJ/mol。表 4-2 比较了过硫酸钾在不同酸碱度条件下进行热分解时的活化能及在不同温度下的一级分解速率常数的试验数据。

**表 4-2** 温度对过硫酸钾在不同酸碱度的水中一级分解速率常数的影响

| 温度/℃ | NaOH(0.1mol/L) | HClO$_4$(0.1mol/L) | |
| --- | --- | --- | --- |
| | $k/min^{-1}$ | $k_1/min^{-1}$ | $k_2/[L/(mol \cdot min)]$ |
| 50 | $6.0 \times 10^{-5}$ | $5.7 \times 10^{-4}$ | $5.1 \times 10^{-3}$ |
| 60 | $3.0 \times 10^{-4}$ | $1.9 \times 10^{-3}$ | $1.6 \times 10^{-2}$ |
| 70 | $1.4 \times 10^{-3}$ | $6.4 \times 10^{-3}$ | $5.0 \times 10^{-2}$ |
| 80 | $2.1 \times 10^{-2}$ | $6.8 \times 10^{-2}$ | $4.7 \times 10^{-1}$ |
| 活化能 | 140.3kJ/mol | 108.8kJ/mol | |

注：$[K_2S_2O_8]_0 = 0.01mol/L$。

研究发现，当过硫酸钾在水溶液中分解时，活化能 $E$ 及碰撞频率因子 $A$ 均不随过硫酸钾浓度而变化。至于这个反应的其他热力学参数，除了活化熵变化 $\Delta S$ 随着过硫酸钾浓度增大而略微增大外，其热焓变化 $\Delta H$ 及自由能变化 $\Delta G$ 等都与过硫酸钾浓度无关。表 4-3 列出了在中性溶液中过硫酸钾进行热分解时的阿仑尼乌斯参数及热力学函数与过硫酸钾浓度之间的关系。

**表 4-3** 过硫酸钾在中性溶液中分解时阿仑尼乌斯参数和热力学函数

| 项　目 | 过硫酸钾初始浓度 | | | |
| --- | --- | --- | --- | --- |
| | 0.02mol/L | 0.05mol/L | 0.10mol/L | 0.20mol/L |
| $E/(kJ/mol)$ | 131.4 | 133.2 | 135.6 | 138.8 |
| $lgA$ | 63.6 | 65.3 | 66.9 | 68.9 |
| $\Delta G/(kJ/mol)$ | 113.5 | 117.2 | 117.7 | 118.1 |
| $\Delta H/(kJ/mol)$ | 129.0 | 130.6 | 133.1 | 136.5 |
| $\Delta S/(kJ/mol)$ | 37.7 | 45.6 | 52.3 | 61.5 |

在化学动力学中，常用某反应物的半衰期表示反应进行的速率。半衰期越短，则反应进行得越快。对于过硫酸钾在水溶液中的分解反应来说，半衰期即为当过硫酸钾的浓度 $[K_2S_2O_8]$ 降低到初始浓度 $[K_2S_2O_8]_0$ 的一半时，即当 $[K_2S_2O_8] = \frac{1}{2}[K_2S_2O_8]_0$ 时所需要的时间。如上所述，这个分解反应对过硫酸钾为一级反应，根据式(4-9)可知，其半衰期 $t_{1/2}$ 可表示为

$$t_{1/2} = \frac{\ln 2}{k} = \frac{0.6931}{k} \tag{4-14}$$

过硫酸钾的初始浓度不影响半衰期的长短，但是温度对半衰期的影响却很大。温度高时，半衰期短，即反应速率快。例如，过硫酸钾在不同温度下在纯水中进行分解时，其半衰期为

| 温度/℃ | 35 | 45 | 60 |
|---|---|---|---|
| 半衰期/h | 1600 | 292 | 33 |

当温度低于50℃时，在热分解反应中过硫酸钾的半衰期要比通常乳液聚合的反应时间长得多。在这种情况下，在进行动力学计算时，为简便起见，常常可以把在反应期间的引发剂浓度看作常数；但是，当温度高于50℃时，半衰期随着温度的升高很快降低，甚至会降低到和乳液聚合反应周期处于同一个数量级，这时在进行动力学处理时，就必须考虑引发剂浓度随时间的变化，不然就会造成很大误差。同时，在选择聚合反应温度时，也必须认真考虑引发剂的半衰期问题。假如所选择的聚合反应温度太高，半衰期则很短，引发剂浓度在反应过程中变化很大，这样就会造成反应前后期反应速率不均衡，以致影响产品的质量和生产过程的正常进行。

### 4.2.1.5 离子强度对过硫酸盐分解速率的影响

根据 Debye-Hüdel 电解质电离理论，离子强度 $I$ 可表示为

$$I = \frac{1}{2} \sum_{i=1}^{\infty} C_i Z_i^2 \tag{4-15}$$

式中，$C_i$ 和 $Z_i$ 分别为第 $i$ 种离子的浓度和电荷数。

溶液中离子强度的大小，会影响过硫酸根离子热分解的速率。试验证明，在碱性溶液中，过硫酸钾分解一级速率常数 $k$ 与离子强度 $I$ 无关；而在酸性溶液中，$k$ 值则随 $I$ 值增大而下降。表 4-4 所列出的数据正说明了这一规律。表中所列出的各次试验中，其离子强度均随高氯酸钠 $NaClO_4$ 浓度增大而增大。

**表 4-4** 离子强度对过硫酸钾热分解速率的影响

| NaClO₄ 浓度/(mol/L) | $k/(\times 10^{-5} \mathrm{min}^{-1})$ | |
| --- | --- | --- |
| | 0.1mol/L NaOH | 0.1mol/L HClO₄ |
| 0 | 6.05 | 57.1 |
| 0.1 | 6.02 | 45.4 |
| 0.4 | 6.04 | 34.1 |
| 0.9 | 6.05 | 27.8 |

注：温度为50℃；$[K_2S_2O_8]_0 = 0.01\mathrm{mol/L}$。

图 4-4 也表明了在不同温度下介质的离子强度对过硫酸根离子分解速率常数的影响。由图 4-4 可以看出，当温度高时，一级热分解速率常数亦大；同时还可以看出，当离子强度大时，一级热分解速率常数减小。

## 4.2.2 在乳液聚合体系中的其他物质对过硫酸盐分解的影响

在乳液聚合体系中，除了存在引发剂和分散介质外，还会有单体、乳化剂、助乳剂、防冻剂、保护胶体，分子量调节剂、pH缓冲剂以及电解质等。这些物质对过硫酸

盐的分解反应都有影响，因此过硫酸盐在乳液聚合体系中要比在纯水中进行的分解复杂得多。在这方面前人已做了不少工作[10-13]。

（1）单体的影响　在保持一定温度、一定 pH 值、一定离子强度条件下向过硫酸盐水溶液中分别加入各种单体，然后测定在不同反应时间时的过硫酸盐分解速率。试验结果表明，单体的存在会大大地加速过硫酸盐在水中的分解反应，例如在每升水溶液中若加入 50mmol 乙酸乙烯酯单体，过硫酸盐热分解速率将提高 5 倍之多。同时还发现由试验测得的 $[K_2S_2O_8]\text{-}t$ 图线仍为直线，但是在某一点处要发生转折，斜率变小，形成由两条直线组成的折线。这说明在单体存在时过硫酸盐分解过程分为两个阶段，在该两个阶段中分解速率常数是不同的，就是说，在某特定的情况下过硫酸盐首先以某一特定的速率分解，到某一特定的反应时间后，反应速率突然转变到另一特定值。

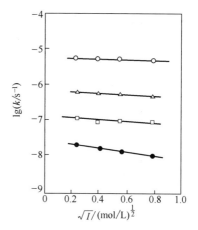

**图 4-4　介质离子强度对过硫酸根离子热分解速率的影响**

○ 60℃；△ 45℃；□ 35℃；● 25℃

表 4-5 列出了在 50℃ 及 pH＝7 的条件下，在单体存在时过硫酸钾在水溶液中一级分解速率常数的试验值。表 4-5 说明了由于单体存在会导致过硫酸盐热分解反应加速。但是不同单体，或不同浓度的同种单体使分解速率提高的幅度是不同的。同时还可以看出，在单体存在下，过硫酸盐热分解反应存在两个阶段。阶段 2 比阶段 1 分解速率低。

**表 4-5**　单体对过硫酸盐分解速率的影响

| 单　　体 | 浓度 /(mmol/L) | $k/(\times 10^{-6}\text{s}^{-1})$ | |
| --- | --- | --- | --- |
| | | 阶段 1 | 阶段 2 |
| 无单体 | 0 | 1.4 | 1.4 |
| 乙酸乙烯酯 | 50 | 7.0 | 5.2 |
| 乙酸乙烯酯 | 10 | 4.6 | 3.8 |
| 丙烯腈 | 50 | 6.8 | 2.1 |

注：温度为 50℃；pH＝7.0；$[K_2S_2O_8]_0＝0.1\text{mol/L}$。

（2）乳化剂的影响　试验证明，乳化剂的存在可以显著地加速过硫酸盐在水溶液中进行的热分解反应。但是当乳化剂浓度高于 CMC 值时，其热分解速率与乳化剂浓度无关；只有当乳化剂浓度低于 CMC 值时，其分解速率才随着乳化剂浓度的增大而增大。这是因为只有溶解在水中的、以单分子存在、形成真溶液的那部分单体才会对过硫酸盐的热分解反应起催化作用。

表 4-6 表明，乳化剂十二烷基硫酸钠（SDS）对过硫酸盐热分解反应的促进作用，表中 $k'$ 为在乳化剂影响下的一级分解速率常数，而 $k$ 为无乳化剂时的一级分解速率常数，$k'/k$ 则为由于乳化剂的促进作用而导致的过硫酸盐分解速率增大的倍数。

**表 4-6** SDS 对过硫酸盐热分解的影响

| SDS 浓度/(g/L) | $k/(\times 10^{-6}\,\mathrm{s}^{-1})$ | $k'/k$ |
|:---:|:---:|:---:|
| 0.14 | 6.5 | 2.0 |
| 1.90 | 29.7 | 9.4 |

注：温度为60℃。

对于羧酸盐类型乳化剂来说，当过硫酸盐在乳化剂溶液中进行热分解时，发现在反应过程中羧基浓度在减小，且有一定量的碳酸盐和某些新的过氧化物生成。这是由于在过硫酸盐的氧化作用下由带羧基的乳化剂形成了某些自由基中间体所致，其反应机理可表示为

$$S_2O_8^{2-} + R\!-\!\underset{\underset{O}{\|}}{C}\!-\!O^- \longrightarrow SO_4^-\cdot + R\!-\!\underset{\underset{O}{\|}}{C}\!-\!O\cdot + SO_4^{2-}$$

$$SO_4^-\cdot + R\!-\!\underset{\underset{O}{\|}}{C}\!-\!O^- \longrightarrow SO_4^{2-} + R\!-\!\underset{\underset{O}{\|}}{C}\!-\!O\cdot$$

$$R\!-\!\underset{\underset{O}{\|}}{C}\!-\!O\cdot \longrightarrow R\cdot + CO_2$$

在碱性介质中

$$CO_2 + 2OH^- \longrightarrow CO_3^{2-} + H_2O$$

自由基偶合生成新的过氧化物

$$2R\!-\!\underset{\underset{O}{\|}}{C}\!-\!O\cdot \longrightarrow R\!-\!\underset{\underset{O}{\|}}{C}\!-\!O\!-\!O\!-\!\underset{\underset{O}{\|}}{C}\!-\!R$$

（3）乳胶粒的影响 为了说明乳胶粒对过硫酸盐分解速率的影响，首先以十二烷基硫酸钠（SDS）为乳化剂对不同种类的单体进行乳液聚合，生产出聚合物乳液；然后用透析法去掉乳液中的自由乳化剂，并使得只有75％的乳胶粒表面积被乳化剂分子覆盖。用这样的乳液作为种子乳液。将一定量的种子乳液加入到一定浓度的过硫酸盐水溶液中，在某温度下（如60℃），测定其一级分解速率常数 $k'$，并且在同样的温度下测得过硫酸盐在纯水中的分解速率常数 $k = 3.25 \times 10^{-6}\,\mathrm{s}^{-1}$。现将对聚苯乙烯、聚甲基丙烯酸甲酯以及聚乙酸乙烯酯种子乳液的试验数据列入表 4-7 中。

**表 4-7** 乳胶粒对过硫酸盐热分解的影响

| 乳胶粒种类 | $k'/(\times 10^{-6}\,\mathrm{s}^{-1})$ | $k'/k$ |
|:---|:---:|:---:|
| 聚苯乙烯 | 15.4 | 4.9 |
| 聚甲基丙烯酸甲酯 | 3.54 | 1.1 |
| 聚乙酸乙烯酯 | 11.67 | 3.7 |

注：温度为60℃。

由表 4-7 可以看出，由于乳胶粒的存在会使过硫酸盐热分解速率加快。但是不同种类的聚合物乳胶粒其促进作用的大小是不同的。例如聚苯乙烯乳胶粒的存在可使过硫酸盐热分解速率加快 4 倍，但是对于聚甲基丙烯酸甲酯来说，这个促进作用却甚微。对此可作这样的解释：乳胶粒本身不溶于水，对于溶解在水相中的过硫酸盐的热分解反应并没有很大影响，对该分解反应真正起促进作用的是吸附在乳胶粒表面上的乳化剂。因而可以想象，

乳化剂分子在乳胶粒表面上的定向程度会影响引发分解反应。经测定[13]，SDS 乳化剂分子在不同种类聚合物乳胶粒表面上饱和吸附面积 $A_m$ 是不同的：聚苯乙烯 $A_m=0.47nm^2$；聚甲基丙烯酸甲酯 $A_m=1.52nm^2$。这说明 SDS 分子在该两种乳胶粒表面上定向方式是不同的。在聚苯乙烯乳胶粒表面上，SDS 分子链接近垂直于表面，分子链的亲水端伸向（溶于）水相，能充分发挥 SDS 对过硫酸钾分解的促进作用；而在聚甲基丙烯酸甲酯乳胶粒表面上，SDS 分子链接近平行于乳胶粒表面，即躺在乳胶粒的表面上，与水的亲和作用范围小，故对引发剂分解的促进作用小。

（4）其他物质的影响　为了某种特殊的目的，常常还要向乳液聚合体系中加入某些其他的物质，有时也可能由于某些偶然因素而使某些物质带入到体系中。它们也会对过硫酸盐的分解过程产生影响[14-16]。

① 甲醇的影响　研究发现，甲醇对过硫酸盐分解有很大的影响，当甲醇浓度为 1mol/L 时，其分解速率会增大 25 倍。试验证明，在这过程中甲醇被定量地氧化成甲醛。还发现，甲醇的存在不仅增大了过硫酸盐分解的速率，而且还使这个反应对过硫酸盐浓度的级数由 1 级变成为 1.5 级。在甲醇存在下过硫酸盐在水中热分解动力学方程式为

$$-\frac{d[K_2S_2O_8]}{dt}=k''[CH_3OH]^{1/2}[K_2S_2O_8]^{3/2} \tag{4-16}$$

其反应机理为

$$S_2O_8^{2-}+CH_3OH \longrightarrow HSO_4^-+SO_4^-\cdot+\cdot CH_2OH$$
$$SO_4^-\cdot+CH_3OH \longrightarrow HSO_4^-+\cdot CH_2OH$$
$$S_2O_8^{2-}+\cdot CH_2OH \longrightarrow HSO_4^-+SO_4^-\cdot+HCHO$$
$$2\cdot CH_2OH \longrightarrow CH_3OH+HCHO$$

② 乙酸乙酯的影响　若将过硫酸盐水溶液用乙酸乙酯饱和，并测定其热分解速率常数，可以发现，在有乙酸乙酯存在时，过硫酸盐水溶液的热分解反应仍为一级反应。并且发现乙酸乙酯可显著地促进这种分解反应。经测定在 80℃时，在无乙酸乙酯的情况下的热分解速率常数为 $0.248h^{-1}$；而当存在乙酸乙酯时，其热分解速率常数将增加至 $2.08h^{-1}$。

③ 金属离子的影响　试验发现，在过硫酸盐水溶液中存在的少量银离子对过硫酸盐的热分解起催化作用。此时，其分解速率方程式可表示为

$$-\frac{d[K_2S_2O_8]}{dt}=(k_1+k_2[Ag^+])[K_2S_2O_8] \tag{4-17}$$

式中　$k_1$——没有催化剂时的一级分解速率常数。

当有 $Ag^+$ 催化作用时，$k_1$ 可忽略不计。在有 $Ag^+$ 催化作用的情况下，反应活化能仅为 74.9kJ/mol。银离子的催化作用可用下述机理来表示。

$$Ag^++S_2O_8^{2-} \longrightarrow Ag^{2+}+SO_4^-\cdot+SO_4^{2-}$$
$$Ag^{2+}+OH^- \longrightarrow Ag^++\cdot OH$$

## 4.2.3　过硫酸根离子引发机理

自由基加成聚合的引发过程通常由两步构成：第一步由引发剂生成初始自由基；第二

步初始自由基与单体反应生成单体自由基。引发过程所生成的单体自由基进一步与单体反应，进行链增长，即可生成长链大分子。对于过硫酸盐的引发机理可从以下三方面进行讨论：

① 对引发聚合有效的自由基是由过硫酸盐直接分解而成的硫酸根离子自由基，还是由式(4-2)生成的氢氧自由基；

② 聚合物链引发的实际速率与过硫酸盐热分解速率的比，即引发效率；

③ 自由基由水相进入胶束或乳胶粒的机理。

(1) 导致引发的初始自由基　如上所述，在过硫酸盐热分解过程中，在不同条件下，反应历程是不同的，因此会生成不同形式的自由基，这些自由基有的可以引发聚合，有的则无引发活性。在用过硫酸盐作为引发剂的乳液聚合过程中，到底是哪种自由基起引发作用，很多人在这方面做过工作[15,17-22]。

研究者们用 $S^{35}$ 同位素示踪的过硫酸钾作为引发剂，将单体进行乳液聚合，然后将聚合物分离出来，发现这些聚合物具有放射性，这就说明了在聚合物分子中有结合硫存在。由此可以推测，由过硫酸根离子直接分解出来的硫酸根离子自由基 $SO_4^-\cdot$ 可以引发聚合。引发的结果是这些硫酸根离子自由基以硫酸根 $SO_4^-\cdot$ 的形式结合在大分子链的末端。

在中性条件下的试验表明，平均在一根大分子链上结合的硫酸根的数目接近于 2，这是因为活性大分子链的引发和终止都会消耗一个带有一个硫酸根的自由基。若在乳液聚合体系中加入链终止剂间二硝基苯，发现在所生成的聚合物中平均每个分子链上仅结合一个硫酸根离子，原因是在这种情况下链终止反应主要发生在活性链和链终止剂之间，而不是发生在自由基活性链之间。

研究发现，在某些条件下，一条大分子链上平均硫酸根离子数目总是低于 2。据认为，这是由于根据式(4-2)所生成的氢氧自由基·OH 也能起引发作用所造成的。这样一来，部分大分子链的末端是羟基而不全是硫酸根离子。若将以过硫酸钾作引发剂的聚合物乳液经离子交换处理，去掉游离的硫酸根和还没有反应的过硫酸根离子，将该乳液在 90℃下与过硫酸钾及催化剂硝酸银一起加热 6h，发现此时的高分子链的部分末端是弱酸性的羧基—COOH。这部分羧基就是末端羟基在上述条件下氧化而成的。这个试验证明了在乳液聚合物中确实有末端羧基存在。

试验发现，在大分子链末端硫酸根离子和羟基的比例，即硫酸根离子自由基 $SO_4^-\cdot$ 和氢氧自由基·OH 引发聚合的比例，与乳液聚合体系中介质的 pH 值有关。如图 4-5 所示，当 pH＝7~8 时，平均每条大分子链上的硫酸根基团数目出现最大值。有人认为[22]，当 pH 值低时，氢氧自由基·OH 和氢离子形成一种过渡状态中间产物；而在高 pH 值下，·OH 又和氢氧根离子形成另一种过渡状态中间产物。这两种中间产物的出现有利于氢氧自由基的引发聚合。而在中性条件下（pH＝7~8），氢离子浓度和氢氧根离子浓度的总和处于一最低值，所以在这种条件下，上述两种中间产物的浓度最低，因而氢氧自由基引发聚合的速率下降到一个最低值。这样一来，硫酸根离子自由基 $SO_4^-\cdot$ 的引发速率在引发总速率中所占的比例也必然增大到一最大值。

(2) 引发效率　引发效率即为引发速率和硫酸根离子自由基产生速率之比。即使在引发聚合完全是由于硫酸根离子自由基所造成的情况下，也不能保证在水相中所形成的硫酸

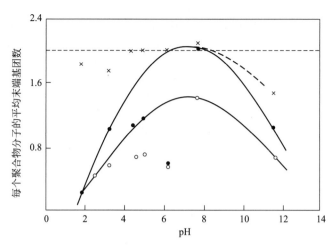

**图 4-5　乳液聚合介质的 pH 值对乳液聚苯乙烯末端基团数目和性质的影响**

引发剂为过硫酸钾（0.47%）；乳化剂为硫代丁二酸-1,3-二甲基丁酯钠盐；反应温度为 90℃

○ 定位于乳胶粒表面的硫酸基团数；● 硫酸基团总数；× 硫酸基团＋羟基的总数

根离子自由基都对引发有效。如前所述，由过硫酸钾分解而来的硫酸根离子自由基在水相中能与水分子起作用，夺走水分子中的氢原子而生成氢氧自由基。进行该反应的证据是过硫酸盐在水溶液中的热分解反应将使 pH 值下降，这是因为硫酸根离子自由基会和水发生反应［反应(4-2)］，生成硫酸氢离子和氢氧自由基，而所生成的硫酸氢根离子又会进一步分解而生成硫酸根和氢离子，增大了溶液的酸性。尽管氢氧自由基本身仍然可起引发的作用，但是由于它在水相中能很容易自相结合生成水和氧气［反应(4-3)］，因而失去引发能力。由此可见，并非过硫酸根离子所分解出的所有的硫酸根自由基都能起到引发作用，由于发生了副反应，从而消耗掉部分有引发活性的自由基，使得过硫酸盐的引发效率下降到 100% 以下。

对于用不同单体和在不同反应条件下进行的乳液聚合过程来说，过硫酸盐的引发效率是不同的。例如有人测得[23]，在 60℃ 下进行的乙酸乙烯酯乳液聚合过程中过硫酸钾的引发效率为 60%。又有人发现[19]，对于苯乙烯乳液聚合过程来说，体系中只要有胶束存在（即阶段 I），引发效率近似等于硫酸根离子自由基生成的速率，即引发效率接近 100%；但是在没有胶束存在的情况下（阶段 II 及阶段 III），引发效率比有胶束时小 10 倍。这是由于在无胶束存在时，没有乳化剂对单体的增溶作用，而导致在水相中单体浓度减小所造成的。

（3）自由基进入胶束和乳胶粒的机理　因为过硫酸盐引发剂溶解在水相中，所以它所分解出的自由基也在水相。这些自由基必须由水相扩散进入反应中心乳胶粒中或胶束中才能引发聚合。从热力学的观点来看，在强极性的水相和在非极性的颗粒相（乳胶粒或胶束）之间，强极性的硫酸根离子自由基及氢氧自由基必然强烈地倾向于分配在水相中，而极少分配在颗粒相内。加之，对于一般常用的乳化剂来说，常常使得在乳胶粒表面上带有负电荷，而硫酸根离子自由基本身也带有负电荷，因此对于硫酸根离子自由基来说，要想由水相进入颗粒相，必须要跨过水相-颗粒相界面上所建立起来的双电层的巨大能垒。因此，自由基的亲水性和负电性均对它们以扩散方式进入胶束产生阻碍作用。自由基由水相如何进入到乳胶粒或胶束的是乳液聚合理论中的一个很尖锐、很突出，而且已引起人们极大兴趣的问题。关于这个问题至今仍然存在着争论，其中已得到不少人支持的一个观点是低聚物理论。此理论认为过硫酸盐在水相中分解所产生的初始自由基首先和溶解在水中的微量单体进行反应，即在水相中引发聚合，生成低聚物，其反应式为

$$M + \cdot OSO_3^- \longrightarrow \cdot MOSO_3^-$$
$$M + \cdot MOSO_3^- \longrightarrow \cdot M_2OSO_3^-$$
$$\vdots \qquad \vdots$$
$$M + \cdot M_{n-1}OSO_3^- \longrightarrow \cdot M_nOSO_3^-$$

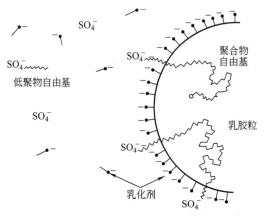

低聚物自由基

聚合物自由基

乳胶粒

乳化剂

图 4-6　乳胶粒吸收低聚物自由基机理示意图

式中，M 为单体；$n$ 为低聚物自由基链的聚合度。

有人[24] 证明，对于乙酸乙烯酯的乳液聚合来说，最大的 $n$ 值为 50。这样的低聚物自由基的硫酸根离子末端为亲水端，而带有自由电子的一端为疏水端，亲水端带有电荷，疏水端不带电荷。疏水端的出现就增大了自由基被胶束或乳胶粒吸收的趋势。结果带有自由基的疏水端很容易地扩散进入胶束或乳胶粒中，进而在其中进行链增长；而带有硫酸根离子的亲水端则被截留在乳胶粒表面，如图 4-6 所示。

### 4.2.4　过硫酸盐浓度对聚合反应速率的影响

根据 Smith-Ewart 乳液聚合的经典理论[1]，聚合反应速率和乳胶粒数目之间的关系应为：

$$R_p = k_p' [M] \frac{N_p}{2} \tag{4-18}$$

式中　$R_p$——聚合反应速率；

$k_p'$——假链增长速率常数；

[M]——在乳胶粒中单体浓度；

$N_p$——单位体积水中的乳胶粒数目；

$\frac{1}{2}$——表示平均有一半的乳胶粒为正在进行增长的，即活性乳胶粒。

经典理论认为乳胶粒是在阶段 I 由胶束生成的，在阶段 I 的终点，胶束消失，就不再生成新的乳胶粒，故在阶段 II 和阶段 III 乳胶粒数保持常数。在阶段 I 所生成的乳胶粒数目，或称最终乳胶粒数目的多少，与引发剂的初始浓度 $[K_2S_2O_8]_0$ 及乳化剂总浓度 [S] 有关。根据经典理论可以推导出如下关系式。

$$N_p \propto [S]^{0.6}[K_2S_2O_8]_0^{0.4} \qquad (4-19)$$

因为乳化剂总浓度在反应过程中不变，且在阶段Ⅱ乳胶粒中单体浓度保持常数，则有

$$R_p \propto [K_2S_2O_8]_0^{0.4} \qquad (4-20)$$

就是说，根据乳液聚合经典理论，聚合反应速率与引发剂浓度的 0.4 次方成正比。

以上式子实际上包含着以下几点基本假设。

① 乳胶粒是唯一的反应区。

② 由胶束生成乳胶粒是乳胶粒生成的唯一方式。

③ 当一个自由基进入一个活乳胶粒时，两个自由基之间的终止反应瞬时进行。

有了第①点假设，可保证聚合反应全部发生在乳胶粒中。在这种情况下式(4-18)中的单体浓度即为乳胶粒中单体浓度，只有这样才可能有上述简单关系。

根据第②点假设，乳胶粒只能来自胶束，这样就可以保证阶段Ⅰ在一定乳化剂浓度和一定引发剂浓度下，单位体积中可生成一定数量的乳胶粒，即能保证在阶段Ⅱ及阶段Ⅲ乳胶粒数 $N_p$ 为定值。只有这样才能保证在阶段Ⅱ聚合反应速率为定值。

根据第③点假设，在乳胶粒内链终止反应瞬时地进行，这样就使得有刚好一半的乳胶粒含有自由基，即刚好有一半的乳胶粒为活乳胶粒。只有这样才能使式(4-18)成立。

根据式(4-18)，假如对于某乳液聚合过程来说，从反应一开始单位体积中的乳胶粒数目就为常数，即该乳液聚合过程没有阶段Ⅰ，就是说，没有乳胶粒生成阶段，那么，聚合反应速率应与过硫酸钾浓度无关。为了证实这个推论，Smith 及 Ewart 作了这样一个试验[1]：将等量的预先制好的聚苯乙烯"种子"乳液分别加入到体积相同、浓度分别为 0.044%、0.175% 和 0.7% 的过硫酸钾水溶液中，然后在 50℃ 下进行反应，在不同的反应时间分别测定相应的单体转化率，并将该试验数据在直角坐标上进行标绘，如图 4-7 所示。

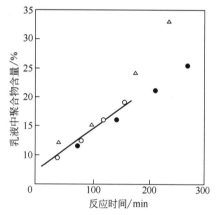

**图 4-7　过硫酸盐浓度对苯乙烯种子乳液聚合的影响**

反应温度为 50℃

$[K_2S_2O_8]$：△ 0.175%；

○ 0.7%；● 0.044%

由图 4-7 可以看出，尽管在该试验中过硫酸盐浓度变化的幅度为 16 倍，但是可以看到其聚合反应的速率很接近。这说明，对聚苯乙烯乳液聚合过程来说，只要乳胶粒数目一定，其聚合反应速率不受引发剂浓度的影响。这就说明苯乙烯乳液聚合过程的规律很接近经典理论。

自从 Smith-Ewart 经典乳液聚合理论问世以来，乳液聚合工业得到迅速发展，但随着乳液聚合理论的不断深化，人们又逐渐认识到上述经典理论有其局限性。对于在水中溶解度极小的单体来说，如苯乙烯、丁二烯等，Smith-Ewart 理论基本上是接近实际的。但是对于在水中溶解度较大的单体来说，如乙酸乙烯酯、丙烯酸甲酯等，其乳液聚合的规律和经典理论差别很大[23,25-29]，如表 4-8 所示。由表 4-8 可看出，对于溶解度较大的单体来说，例如乙酸乙烯酯，其聚合反应速率与引发剂浓度的 0.64~1.0 次方成正比，远远地偏

离了经典理论。之所以发生这样的偏离，是因为以上所作的三点假设不适用于在水中溶解度较大的单体。首先，由于单体可部分溶于水中，这就不能排除在水中进行聚合反应的可能性，实际上水相是第二个反应区，只不过在单体水溶性极小的情况下，和乳胶粒中的聚合反应相比，在水相中的反应可以忽略罢了。其次，由于部分单体溶解在水中，自由基会在水相引发聚合，所生成的低聚物达到一定聚合度以后，就沉析出来，吸收水中的乳化剂而形成新的乳胶粒，这就是乳胶粒生成的低聚物机理，是乳胶粒的第二个来源，这和上述胶束是乳胶粒的唯一来源是相矛盾的。因为乳胶粒有两个来源，所以在反应过程中乳胶粒在不断生成，不管在任何阶段，乳胶粒在数目不可能为一常数，故聚合反应速率也必然随之而发生变化。再者，因为在乳胶粒中，聚合物浓度很大，所以自由基链在其中扩散的阻力很大，故当一个自由基进入一个已含有自由基的乳胶粒中去的时候，两个自由基扩散到一起总需要一定时间，所以在乳胶粒中链终止反应不可能瞬时地进行，即快速终止的假设实际上也是不成立的。在非快速终止的情况下，平均一个乳胶粒中的自由基数目不会是1/2，而一定会大于1/2。并且随着乳胶粒直径的增大及引发剂浓度的提高，平均一个乳胶粒中的自由基数就会更大。由于以上原因，才出现了实验数据和经典理论的不一致。

**表 4-8**　不同单体乳液聚合反应速率和引发剂浓度的关系

| 单　　体 | 在水中溶解度/% | $n$ |
|---|---|---|
| 苯乙烯 | 0.0271(25℃) | 0.3～0.5 |
| 甲基丙烯酸甲酯 | 1.59(20℃) | 0.4～0.5 |
| 乙酸乙烯酯 | 2.40(20℃) | 0.64～1.0 |
| 丙烯酸甲酯 | 5.10(25℃) | 0.4～0.8 |

注：$R_p \propto [K_2S_2O_8]_0^n$。

## 4.2.5　其他热分解引发剂

对于乳液聚合来说，应用最广泛的热分解引发剂是过硫酸盐，但也可采用其他物质，如芳基偶氮氨基化合物（**15**）[30-34]、芳基偶氮硫醚（**16**）[34] 及芳基偶氮酸碱金属盐（**17**）[35] 等。

$$Ar—N=N—NH—Ar'$$
**15**
$$Ar—N=N—S—Ar'$$
**16**
$$[Ar—N=N—O]^- \ M^+$$
**17**

以上三类化合物在水溶液中的热分解反应可用下列化学反应式表示。

$$Ar—N=N—NH—Ar' \longrightarrow Ar\cdot + N_2 + \cdot NHAr'$$
$$Ar—N=N—S—Ar' \longrightarrow Ar\cdot + N_2 + \cdot SAr'$$
$$[Ar—N=N—O]^- + H_2O \longrightarrow Ar\cdot + N_2 + \cdot OH + OH^-$$

在无硫醇存在的情况下，这三类化合物可使苯乙烯及丁二烯等单体以合理的聚合速率进行乳液聚合，其引发活性可与过硫酸盐媲美。结构式 **15** 所示化合物可由芳基重氮盐

聚合物乳液合成原理性能及应用
（第三版）

$ArN_2^+ X'$ 与芳胺 $Ar'NH_2$ 制得；**16** 所示化合物可由芳基重氮盐与硫醇制得；**17** 所示化合物则可由芳基重氮盐与碱金属氢氧化物制得。

对于前两类化合物来说，若在两端的芳环上连上供电子基团，将增大分子的极性，使分子两极具有较大的相互推斥力，这样可以增大其热分解速率；相反，若在芳基上连上吸电子基团，则会使这种引发剂更难分解。所以在两端的苯环上连有供电子基团（如甲基和甲氧基等）的化合物比连有吸电子基团（如卤素等）的化合物具有更大的引发活性。

一般来说，上述前两类化合物的引发活性在同样条件下不及过硫酸盐，以其中最活泼的一种芳基偶氮氨基化合物 **18** 为例：

$$H_3C-O-\phantom{xxx}-N=N-NH-\phantom{xxx}-O-CH_3$$

**18**

若其用量为 2.75%，在 50℃下进行苯乙烯乳液聚合，要使转化率达到 70%，需反应 10h；但是若采用过硫酸盐作为引发剂，在同样条件下，转化率可达 80%。而在转化率为 70% 的时候，反应时间仅为 8.5h。

采用偶氮氨基化合物比采用过硫酸盐作为引发剂所制得的聚合物分子量要低得多。偶氮氨基化合物似乎能同时起到引发剂和分子量调节剂的作用。这种化合物所分解出的自由基 $Ar\cdot$ 主要起引发作用，而自由基 $Ar'NH\cdot$ 主要起终止剂作用。另外还发现，若采用该种引发剂进行苯乙烯的乳液聚合，在所制得的聚合物中，含有很多韧性大且不溶于苯中的凝胶，显然是发生了严重的交联反应。

偶氮硫醚对苯乙烯和丁二烯乳液共聚合来说是一种有效的引发剂。它所分解出的自由基 $Ar\cdot$ 起引发作用，而自由基 $Ar'S\cdot$ 起链终止作用。另外，自由基 $Ar'S\cdot$ 还会发生自身偶合作用而生成二芳基二硫化物，这种化合物也是一种有效的分子量调节剂。

偶氮氨基化合物与偶氮硫醚在引发活性和分子量调节方面都有很大差别。现以化合物 **18** 和以下偶氮硫醚（**19**）为例说明。

$$H_3C-O-\phantom{xxx}-N=N-S-\phantom{xxx}-O-CH_3$$

**19**

若采用化合物 **19** 为引发剂，在 50℃下进行苯乙烯乳液聚合，达到 70% 的转化离仅需 4.5h；而采用化合物 **18** 为引发剂则需 10.5h。在采用引发剂 **19** 时所制得的聚合物分子量低，具有很大的粘连性，且可完全溶于苯，这说明没有发生交联反应；而当采用引发剂 **18** 时，却会发生很严重的交联作用。实际上，化合物 **19** 的引发速率比过硫酸盐还要大。

有人研究了以偶氮酸钠盐为引发剂的苯乙烯与丁二烯的乳液共聚合过程，发现偶氮酸钠盐的对硝基苯胺衍生物 **20** 要比其他苯胺衍生物引发活性大。因为在这种情况下吸电子基团对引发剂分解起活化作用。同时还发现，当以化合物 **20** 为引发剂时，聚合反应能以合理的速率进行，并且若将所制得的聚合物进行硫化，所得到的产物性能比以过硫酸盐作引发剂时所得的产物性能还要好。这是因为采用偶氮酸盐引发剂要比采用过硫酸盐引发剂进行乳液聚合所得到的聚合物支化度和交联度都小。

$$O_2N-\phantom{xxx}-NH_2-OOC-N=N-COONa$$

**20**

除了上述三类热分解引发剂之外，近年来人们开始利用一类与偶氮二异丁腈分子结构相似的，但溶于水中的化合物来作为引发剂，其结构如下：

$$HOOCCH_2CH_2 \overset{\overset{\text{CH}_3}{|}}{\underset{\underset{\text{CN}}{|}}{C}} = N = N \overset{\overset{\text{CH}_3}{|}}{\underset{\underset{\text{CN}}{|}}{C}} CH_2CH_2COOH$$

**21**

$$Na^+\ ^-O_3SCH_2 \overset{\overset{\text{CH}_3}{|}}{\underset{\underset{\text{CN}}{|}}{C}} = N = N \overset{\overset{\text{CH}_3}{|}}{\underset{\underset{\text{CN}}{|}}{C}} CH_2SO_3^-\ Na^+$$

**22**

**23**

**24**

这些引发剂还没有在工业生产中得到应用，仅仅限于在实验室里的小型试验，其热分解机理比过硫酸钾要简单得多。当采用这种引发剂时，其自由基生成速率对引发剂浓度为一级反应，并不会受到外界条件的影响。

# 4.3 氧化还原引发剂

氧化还原引发剂与热分解引发剂产生自由基的机理是不同的。对于热分解引发剂来说，在热能的作用下，分子中的原子可获得很大的振动能量。当这些能量足以克服化学键能时，分子就会发生均裂而产生自由基。而对于氧化还原引发剂来说，则是由组成它的氧化剂和还原剂之间发生氧化还原反应而产生能引发聚合的自由基。

原则上讲，任何分子在还原剂存在时都可以产生自由基，一般地表示为

$$X + A-B \longrightarrow X^+ + B^- + A\cdot$$

反应所生成的自由基是否对聚合反应有实际意义，取决于 A—B 键的强弱及还原剂 X 的还原能力大小。例如在氯乙烷分子中，C—Cl 键的键能为 293.1kJ/mol，强度这么大的化学键必须用很强的还原剂，例如金属钠、锌汞齐等，才能将其打破而产生自由基。

$$Na + ClC_2H_5 \longrightarrow Na^+ + Cl^- + \cdot C_2H_5$$

这类强还原剂会与乳液聚合的水发生反应而放出氢气，同时也会被空气中的氧气氧化而失效。所以选择的化合物 A—B 的键能不能太高。A—B 的键能也不能太低，否则所生成的自由基活性太小，以致不能引发聚合反应。过氧键 O—O 的键能是比较适中的（146.5kJ/

mol），用普通的还原剂就可以将其还原而生成具有引发活性的自由基，因此，常常选用过氧化物作为氧化还原体系的氧化剂。其中过氧化氢、有机过氧化氢及过硫酸盐等是在工业中最常用的氧化剂。

在向氧化剂中加入还原剂以后，由于改变了生成自由基的机理而使反应活化能大为降低。表 4-9 列出了过氧化氢、过硫酸钾及异丙苯过氧化氢三种化合物在热分解时及在加入一定量还原剂以后反应活化能的变化情况。由表可以看出，由于加入了还原剂二价铁盐或亚硫酸氢钠，大幅度地降低了生成自由基的活化能。

**表 4-9** 不同引发剂体系反应活化能

| 引发剂体系 | 反 应 | 活化能/(kJ/mol) |
| --- | --- | --- |
| 过氧化氢 | $HOOH \longrightarrow 2 \cdot OH$ | 217.7 |
| 过硫酸钾 | $S_2O_8^{2-} \longrightarrow 2SO_4 \cdot$ | 140.3 |
| 过氧化氢异丙苯 | | 125.6 |
| 过氧化氢-氯化亚铁 | $HOOH + Fe^{2+} \longrightarrow HO \cdot + Fe^{3+} + OH^-$ | 39.4 |
| 过硫酸钾-氯化亚铁 | $S_2O_8^{2-} + Fe^{2+} \longrightarrow SO_4^- \cdot + SO_4^{2-} + Fe^{3+}$ | 50.7 |
| 过硫酸钾-亚硫酸氢钠 | $S_2O_8^{2-} + HSO_3^- \longrightarrow SO_4^- \cdot + SO_4^{2-} + HSO_4^-$ | 41.87 |
| 过氧化氢异丙苯-氯化亚铁 | | 50.7 |

由于采用氧化还原体系大大降低了生成自由基的活化能，所以在反应条件不变的情况下，采用氧化还原体系可以提高聚合反应速率，即可以提高生产能力；而在维持一定生产能力时，则可降低反应温度，使聚合物性能得到改善。例如在丁苯橡胶投入工业生产的早期，采用高温法，反应在 50℃ 下进行，所制得的产品性能低劣，根本无法和天然橡胶相比。后来采用了氧化还原引发体系，反应温度降至 5℃，在低温下进行乳液聚合，使所制得的聚合物中 1,2-加成比率降低，顺式结构减少，反式结构增多，支化度及交联度降低，分子量增大，分子量分布变窄。表 4-10 中列出了聚合温度对丁苯橡胶分子结构影响的实测数据。

在低温条件下所得丁苯橡胶分子结构上发生的这种变化，必将导致其性能的改变。事实证明，与高温丁苯橡胶相比，低温丁苯橡胶聚合物的弹性、拉伸强度及加工性能均大为改善，现将其部分性能的比较列入表 4-11 中。

表 4-10　不同聚合温度下丁苯橡胶的分子结构

| 聚合温度/℃ | 丁苯异构体/% | | | $\overline{M_w}/\overline{M_n}$ |
| --- | --- | --- | --- | --- |
| | 1,2-加成 | 1,4-加成,反式 | 1,4-加成,顺式 | |
| 50 | 23 | 62 | 14 | 10～15 |
| 5 | 21 | 72 | 7 | 2.5～3 |
| －20 | 19 | 81 | 0 | |

表 4-11　高温与低温丁苯橡胶性能比较

| 丁苯橡胶 | 拉伸强度/MPa | 伸长率/% | 300%定伸应力/MPa | 回弹性/% | 破坏前的弯曲次数 |
| --- | --- | --- | --- | --- | --- |
| 高温 | 22.7 | 630 | 7.2 | 33 | $1.0 \times 10^5$ |
| 低温 | 29.1 | 710 | 6.3 | 38 | $3.2 \times 10^5$ |

## 4.3.1　过硫酸盐-硫醇氧化还原引发体系

硫醇本来是作为分子量调节剂加入到乳液聚合体系中去的。但后来人们发现它对于由过硫酸盐生成自由基的反应能起活化作用和促进作用。这是因为过硫酸盐与硫醇形成了氧化还原对，在乳液聚合体系中进行氧化还原反应，生成自由基并引发聚合反应，其机理可表示为

$$S_2O_8^{2-} \longrightarrow 2SO_4^-\cdot$$
$$SO_4^-\cdot + HSR \longrightarrow HSO_4^- + \cdot SR$$
$$M_n + \cdot SR \longrightarrow \cdot M_n SR$$
$$\cdots\cdots$$

自由基 $\cdot$SR 及 $\cdot M_n$SR 要比带负电的自由基离子 $SO_4^-\cdot$ 及 $\cdot M_n SO_4^-\cdot$ 更容易进入带负电的胶束和乳胶粒中。

研究发现[36,37]，硫醇对过硫酸盐引发的苯乙烯-丁二烯乳液共聚合反应具有显著的促进作用，微量的硫醇存在就可以大大地加速聚合反应过程。例如当向该乳液聚合体系中加入 0.0005% 的伯十二烷基硫醇时，在 50℃下反应 24h，其单体转化率可达 70%；而当加入 0.005% 的伯十二烷基硫醇时，反应 12h，其转化率就已达 70%；但是在不含硫醇的条件下，反应 12h 以后，最多仅有 2% 的单体转化为聚合物。当硫醇浓度大约为 0.5% 时，其转化率就已接近最大值，如果再增大硫醇浓度，转化率也不会再增加。图 4-8 表明硫醇的浓度对苯乙烯-丁二烯乳液共聚合转化率的影响。

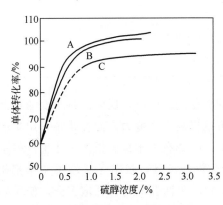

图 4-8　硫醇浓度对苯乙烯-丁二烯乳液共聚合反应速率的影响

反应时间为 20h；反应温度为 40℃
配方：亚甲基双萘磺酸钠 1 份，$K_2S_2O_8$ 1 份，
$K_3Fe(CN)_6$ 0.15 份，NaOH 0.75 份
A—伯十二烷基硫醇；B—30 号白油硫醇；
C—蒎烯硫醇

由图 4-8 可看出，当硫醇浓度低时，随着硫醇浓度增大，其转化率上升很快；但是当硫醇浓度大到一定值以后，其转化率就不再随硫醇浓度的变化而发生变化。

不同的硫醇所起的促进作用大小不同。分子量相同的叔硫醇要比伯硫醇促进效果差，浓度为 0.01% 的叔十二烷基硫醇的促进效果和浓度为 0.0005% 的伯十二烷基硫醇效果相同。图 4-9(a) 和图 4-9(b) 分别表明了不同链长的伯硫醇和叔硫醇对单体转化率的影响。由图 4-9 可以看出，不管对伯硫醇还是对于叔硫醇来说，当碳原子数为 12 时，对苯乙烯-丁二烯乳液共聚合的促进作用达到一最大值。当碳原子数小于 10 时，其促进作用随着分子量的降低很快减小；而当硫醇的碳原子数大于 12 时，其促进作用随分子量增大仅稍有下降。

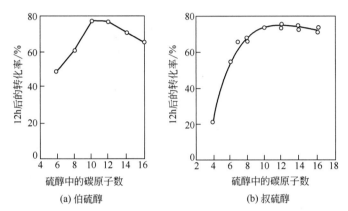

**图 4-9　脂肪硫醇分子中的碳原子数对过硫酸盐引发的苯乙烯-丁二烯乳液共聚合的促进作用**
反应温度为 50℃；配方为苯乙烯 25 份，丁二烯 75 份，水 180 份，脂肪酸皂 5 份，
$K_2S_2O_8$ 0.3 份，伯硫醇 0.5 份或叔硫醇 0.3 份

对不同单体来说，硫醇对由过硫酸盐引发的乳液聚合反应促进作用的大小是不同的。尽管硫醇对由过硫酸盐引发的苯乙烯-丁二烯乳液共聚合反应有很大的促进作用，但它对由过硫酸盐引发的苯乙烯的乳液聚合却没有明显的促进作用。在苯乙烯乳液聚合反应过程中，硫醇仅起分子量调节剂的作用。

### 4.3.2　过硫酸盐-亚硫酸氢盐氧化还原引发体系

过硫酸盐-亚硫酸氢盐氧化还原引发体系[38-40]，在工业上被用作丙烯腈、丙烯酸酯等单体乳液聚合的引发剂。该引发体系进行氧化还原反应生成硫酸根离子自由基 $SO_4^-\cdot$ 和亚硫酸氢根自由基 $HSO_3\cdot$。

$$S_2O_8^{2-} + HSO_3^- \longrightarrow SO_4^{2-} + SO_4^-\cdot + HSO_3\cdot \qquad (4\text{-}21)$$

也会发生下列副反应

$$SO_4^-\cdot + HSO_3^- \longrightarrow SO_4^{2-} + HSO_3\cdot \qquad (4\text{-}22)$$

$$2HSO_3\cdot \longrightarrow H_2S_2O_6 \qquad (4\text{-}23)$$

反应(4-22)为自由基转移反应，它不影响自由基总浓度，而反应(4-23)则会导致自由基浓度的降低。

硫酸根离子自由基和亚硫酸氢根自由基都可以引发聚合。硫酸根离子自由基引发时，大分子链末端将为硫酸根基团；而亚硫酸氢根自由基引发时，大分子末端将为磺酸根基团。在丙烯腈乳液聚合反应中，对这两种自由基来说，引发作用有两种可能：当反应(4-23) 比反应(4-21) 和反应(4-22) 快得多时，则硫酸根离子自由基的引发作用占主导地位，在这种情况下，大分子链主要以硫酸根基团封端；而当反应(4-23) 比反应(4-21) 和反应(4-22) 慢得多时，则亚硫酸氢根自由基的引发作用占主导地位，此时大分子链的末端则以磺酸根基团为主。

通过 $S^{35}$ 示踪原子试验测定得知，在大分子末端硫酸根基团和磺酸根基团都存在，但是磺酸根基团是主要的末端基团，即使亚硫酸盐的浓度比过硫酸盐的浓度小得多时也是这样。然而过硫酸盐的浓度越大，末端基团中硫酸根基团所占的比例就越大；亚硫酸盐浓度越大，磺酸根末端基团所占的比例就越大。此外，硫酸根末端基团所占的比例还随单体浓度的升高而增大。有人将聚合物中两种末端基团的比例与两种引发剂浓度以及单体浓度关联起来，就得到以下经验式。

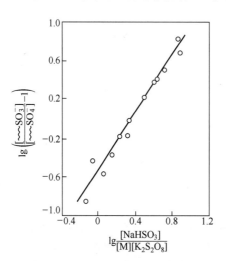

图 4-10 在聚丙烯腈乳液中硫酸根末端
基团和磺酸根末端基团的比例与亚硫酸盐
和过硫酸盐的比例之间的关系

反应温度为 25℃；初始 pH=3

$$\frac{[\sim SO_3^-]}{[\sim SO_4^-]} = 1 + 0.27 \left( \frac{[NaHSO_3]}{[M][K_2S_2O_8]} \right)^{1.5}$$

$$(4-24)$$

聚合物中两种末端基团的比例和两种引发剂的用量比之间的对应试验数据标绘在图 4-10 中。图 4-10 中的曲线是根据式(4-24) 进行标绘的，说明式(4-24) 能很理想地符合实际。

### 4.3.3 氯酸盐-亚硫酸氢盐氧化还原引发体系

氯酸盐-亚硫酸氢盐氧化还原引发体系[41,42] 是氯乙烯乳液聚合很重要的引发剂。采用这个引发体系的氯乙烯乳液聚合典型配方为

| | | | |
|---|---|---|---|
| 氯乙烯 | 19g | 亚硫酸氢钠 | 0.15g |
| 水 | 100g | 氯酸钾 | 0.028g |
| 十二烷基硫酸钠 | 0.5g | | |

在利用含有示踪原子 $S^{35}$ 的亚硫酸氢钠和没有示踪原子的氯酸钾所构成的氧化还原对作引发剂，来进行氯乙烯乳液聚合试验时发现，若采用上述配方中所列出的引发剂用量，则在每一条聚合物链上将会平均有 0.3 个硫原子。当引发剂的浓度加倍时，每一条聚合物链上将平均有 0.5 个硫原子。同时还发现，体系中有无乳化剂不会影响大分子链上结合硫

的含量。如果改用含有示踪原子 $Cl^{36}$ 的氯酸钾和无示踪原子的亚硫酸氢钠构成氧化还原对进行上述试验，对上述配方中的引发剂用量来说，在每条聚合物链上将平均有 0.08 个来自氯酸钾分子的氯原子。随着引发剂浓度的变化，末端氯含量将会有相应的变化。

该引发剂体系的引发反应相当复杂，有人提出如下的机理。

$$SO_3^{2-} + ClO_3^- \longrightarrow [O_3SOClO_2]^{3-} \longrightarrow SO_4^{2-} + ClO_2^-$$

$$[O_3SOClO_2]^{3-} + H^+ + ClCH \!=\! CH_2 \longrightarrow \cdot CH(Cl)CH_2SO_3^- + ClO_2^- + H_2O$$

还可以继续反应生成次氯酸根离子。

$$SO_3^{2-} + ClO_2^- \longrightarrow [O_3SOClO]^{3-} \longrightarrow SO_4^{2-} + ClO^-$$

次氯酸根离子再与亚硫酸离子反应生成自由基。

$$ClO^- + H^+ \Longleftrightarrow HOCl$$

$$SO_3^{2-} + HClO \longrightarrow SO_4^{2-} + HO \cdot + Cl \cdot$$

$$SO_3^{2-} + HClO \longrightarrow SO_4^{\cdot -} + HO^- + Cl \cdot$$

由于所生成的氯原子自由基引发聚合，就使部分大分子链以氯原子封端。端基氯的另一个来源为体系中由于副反应而生成的微量氯分子，这些氯分子可由两个氯原子自由基偶合而成，同时体系中的次氯酸根会被亚硫酸离子进一步还原，也可以生成氯分子。当正在增长着的大分子活性链向这些氯分子进行链转移时，在链的末端就连上了来自引发剂氯酸钾的氯原子。

## 4.3.4 过氧化氢-亚铁盐氧化还原引发体系

许多年来，在分析化学及在化合物的制备过程中，过氧化氢-亚铁盐体系常被用作氧化剂，通常称为芬顿试剂（Fenton's reagent）。后来在甲基丙烯酸甲酯及丙烯腈的乳液聚合过程中，过氧化氢-亚铁盐体系被用作氧化还原引发剂。关于该体系的引发机理已进行了大量研究[43-46]，可简单表示如下。

$$H_2O_2 + Fe^{2+} \longrightarrow OH^- + HO \cdot + Fe^{3+} \tag{4-25}$$

$$HO \cdot + H_2O_2 \longrightarrow H_2O + HO_2 \cdot \tag{4-26}$$

$$HO_2 \cdot + H_2O_2 \longrightarrow O_2 + H_2O + HO \cdot \tag{4-27}$$

$$HO \cdot + Fe^{2+} \longrightarrow Fe^{3+} + HO^- \tag{4-28}$$

该反应为连锁反应，反应(4-25)为链引发，反应(4-26)及反应(4-27)为链增长，反应(4-28)为链终止。可以看出，亚铁离子既有链引发作用又有链终止作用。若亚铁离子浓度和过氧化氢浓度相同或相近，其链终止速率必然很大，在这种情况下其有效动力学链长接近于 1。

试验证明，对于采用过氧化氢-亚铁离子氧化还原引发体系所进行的乳液聚合来说，起引发作用的自由基是按上述机理生成的氢氧自由基。在单体存在时，单体将与亚铁离子竞争氢氧自由基。若单体过量，按反应式(4-28)进行的链终止反应的速率将大大降低。若单体浓度为零，每反应一个过氧化氢分子所消耗的亚铁离子数 $n=2$；当单体浓度增加时，$n$ 值将随之减小；在单体浓度达到一个很大的值以后，$n$ 值将趋近于极限值 1。

过氧化氢-亚铁盐氧化还原对引发聚合的速率常数可用下式表示。

$$k_i = 1.78 \times 10^9 \exp(-39.4 \text{kJ}/RT) \ [\text{L}/(\text{mol} \cdot \text{min})]$$

因为该氧化还原体系的自由基生成反应活化能很小，所以在高温下引发剂将急剧分解而消失。在这种情况下聚合反应仅能达到很低的转化率。该体系引发时，初始聚合反应速率可用式(4-29)表示。

$$R_{p0} = k_p \left(\frac{k_i}{k_t}\right)^{1/2} [\text{H}_2\text{O}_2]_0^{1/2} [\text{Fe}^{2+}]_0^{1/2} [\text{M}]_0 \tag{4-29}$$

式中　$R_{p0}$——初始聚合反应速率，mol/(L·min)；

$k_p$——链增长速率常数；

$k_i$——链引发速率常数；

$k_t$——链终止速率常数；

$[\text{H}_2\text{O}_2]_0$——过氧化氢初始浓度；

$[\text{Fe}^{2+}]_0$——亚铁离子初始浓度；

$[\text{M}]_0$——单体初始浓度。

在某些情况下还可采用过氧化氢-三价铁盐体系。在这种情况下发生了下列反应。

$$\text{HO}_2^- + \text{Fe}^{3+} \longrightarrow \text{HO}_2 \cdot + \text{Fe}^{2+}$$

$$\text{HO}_2 \cdot + \text{Fe}^{3+} \longrightarrow \text{H}^+ + \text{O}_2 + \text{Fe}^{2+}$$

所生成的二价铁离子与过氧化氢构成氧化还原对，它们按以上所讨论的机理引发聚合反应。

## 4.3.5　有机过氧化氢-亚铁盐氧化还原引发体系

### 4.3.5.1　简介

有机过氧化氢和亚铁盐所构成的氧化还原对被广泛用作生产低温丁苯橡胶、丁腈橡胶等的引发剂[47-59]，其产生自由基的反应方程式可表示为

$$\text{ROOH} + \text{Fe}^{2+} \longrightarrow \text{OH}^- + \text{RO} \cdot + \text{Fe}^{3+} \tag{4-30}$$

有机过氧化氢和亚铁盐的引发体系存在着以下三个问题：

① 由反应(4-30)可知，反应过程中，二价铁离子不断被消耗，三价铁离子不断生成，要想使反应进行完全，必须加入相当多的亚铁盐，这就会使过多的铁离子残留在橡胶中而影响聚合物的耐老化性能。

② 反应初期，二价铁离子浓度大，自由基生成速率高，聚合反应难以控制；而反应后期，由于二价铁离子耗尽，自由基生成速率降为零，聚合反应将过早停止，达不到高的转化率。

③ 所生成的自由基除了进行链引发反应之外，还可以与二价铁离子发生如下副反应而被消耗掉。

$$\text{RO} \cdot + \text{Fe}^{2+} \longrightarrow \text{Fe}^{3+} + \text{RO}^- \tag{4-31}$$

自由基的量减少，使聚合反应速率降低，同时还会使分子量降低及分子量分布变宽。

为解决这些问题可采取如下措施：

① 加入助还原剂，把反应过程中生成的三价铁离子还原成二价铁离子，使失效的还原剂复活。在这种情况下亚铁盐可以看作是促进反应(4-30)的催化剂。在有助还原剂存在时，只要加入很少量的亚铁盐，就可以使聚合反应持续不断地进行下去。这样既减少了铁盐对聚合物产品的污染，也节约了原料，同时使得整个反应期间聚合速率波动不大。

② 加入络合剂，与二价铁离子及三价铁离子形成络合物，将大部分铁离子包埋起来，存在着如下平衡：

$$络合物 \rightleftharpoons 络合剂 + 铁离子$$

其平衡常数很小，游离的铁离子浓度极低，且只有被络合物释放出来的那一小部分游离二价铁离子才能与过氧化物作用而生成自由基，这样就大大减少了按反应(4-31)所进行的自由基终止反应的速率，同时使得在反应过程中引发剂分解速率均匀一致。

③ 加入沉淀剂，使铁离子形成难溶盐，悬浮在乳液聚合体系中，这些难溶盐仅能极少地溶解在水中，故在水相中的游离二价铁离子的浓度大为降低，其效果与加入络合剂相同。

④ 选用油溶性的有机过氧化氢，它溶解在单体中，并和单体一起被增溶在胶束和乳胶粒中，即处于烃相中。而亚铁离子却在水相。在低温聚合条件下（如5℃），有机过氧化氢不会分解成自由基，只有当水相中的二价铁离子扩散进入烃相内，或烃相中的氧化剂扩散进入水相中之后，才能进行氧化还原反应，生成自由基。由于以上两种情况的扩散系数均很小，所以这对于引发剂分解也会起到一定程度的控制作用，使得在反应过程中聚合反应速率比较均衡。

现将该引发剂体系中的几个组分之间的关系示于图 4-11。

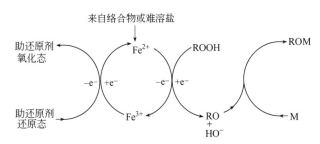

图 4-11　有机过氧化氢-亚铁盐引发系统中各组分间相互作用示意图

以下对该引发体系中各组分分别进行较详细的讨论。

### 4.3.5.2　氧化剂

(1) 常用的有机过氧化氢　许多有机过氧化氢化合物都可以用于该氧化还原引发体系，其中最常用的有：叔丁基过氧化氢（**25**）、过氧化氢异丙苯（**26**）、过氧化氢二异丙苯（**27**）、过氧化氢对蓋烷（**28**）、1-甲基环己基过氧化氢（**29**）、对甲基过氧化氢异丙苯（**30**）及 1,2,3,4-四氢化萘-1-基过氧化氢（**31**）等。

(2) 有机过氧化氢引发效率的影响因素　对于低温乳液聚合来说，所采用的有机过氧化氢的引发效率与它的分子结构、浓度、在水相及在烃相中的分配以及它和亚铁盐的分子

$$CH_3-\overset{\overset{\displaystyle CH_3}{|}}{\underset{\underset{\displaystyle CH_3}{|}}{C}}-O-OH$$

**25**

$$C_6H_5-\overset{\overset{\displaystyle CH_3}{|}}{\underset{\underset{\displaystyle CH_3}{|}}{C}}-O-OH$$

**26**

$$\overset{\displaystyle CH(CH_3)_2}{\underset{\text{（苯环）}}{}}\;\overset{\overset{\displaystyle CH_3}{|}}{\underset{\underset{\displaystyle CH_3}{|}}{C}}-O-OH$$

**27**

$$CH_3-\text{（环己基）}-\overset{\overset{\displaystyle CH_3}{|}}{\underset{\underset{\displaystyle CH_3}{|}}{C}}-O-OH$$

**28**

$$H_3C\quad OOH$$ （1-甲基环己基过氧化氢）

**29**

$$CH_3-\text{（对甲苯基）}-\overset{\overset{\displaystyle CH_3}{|}}{\underset{\underset{\displaystyle CH_3}{|}}{C}}-O-OH$$

**30**

$$\text{（四氢萘基）}\;\overset{\displaystyle H}{}\quad\overset{\displaystyle OOH}{}$$

**31**

比等因素有关。

① 有机过氧化氢分子结构的影响　对结构为 **32** 的有机过氧化氢来说，R 不同时，引发效率是不同的，一般按下列顺序而增加：

$$H < CH_3(CH_2)_2\overset{|}{C}HCH_3 < -CH_3 < CH_3(CH_2)_9\overset{|}{C}HCH_3 < (CH_3)_2CH- < Cl < (CH_3)_3C-$$

$$\overset{\displaystyle OOH}{\underset{\underset{\displaystyle R}{（苯环）}}{CH_3-\underset{}{C}-CH_3}}$$

**32**

对于结构为 **33** 的有机过氧化氢来说，当 R 为 $(CH_3)_2CH-$ 或 $(CH_3)_3C-$ 时，其活性按 $n=0,1,2\cdots$ 的顺序而增大。另外，仲丁基要比异丙基具有更大的活性。如果把氯代过氧化氢异丙苯和过氧化氢异丙苯相比较可以发现，苯环上的卤素取代基具有活化效应。

对于结构为 **34** 的有机过氧化氢来说，烷基 R 越大，其活性越小。

$$\overset{\displaystyle OOH}{\underset{\underset{\displaystyle R_n}{（苯环）}}{CH_3-\underset{}{C}-CH_3}}$$

**33**

$$\overset{\displaystyle OOH}{\underset{\underset{\displaystyle （苯环）}{}}{CH_3-\underset{}{C}-R}}$$

**34**

按照传统配方（表 4-12），以几种有机过氧化氢作引发剂，在 5℃下进行丁二烯-苯乙烯乳液共聚合，将所得到的转化率-时间数据标绘在图 4-12 中。将不同的有机过氧化氢按活性大小顺序排列在表 4-13 中。由图 4-12 和表 4-13 可以看出，不同的有机过氧化氢，其活性是各不相同的。

**表 4-12** 丁苯乳液聚合传统配方

| 物　　料 | 质量份 | 物　　料 | 质量份 |
|---|---|---|---|
| 苯乙烯 | 28 | 右旋糖 | 1.0 |
| 丁二烯 | 72 | $FeSO_4 \cdot 7H_2O$ | 0.14 |
| 歧化松香酸钾 | 4.7 | $K_4P_2O_7$ | 0.165 |
| 水 | 180 | KCl | 0.5 |
| 混合叔硫醇($C_{12}$,$C_{14}$,$C_{16}$) | 0.25 | KOH | 0.037 |
| 有机过氧化氢 | 变量 | | |

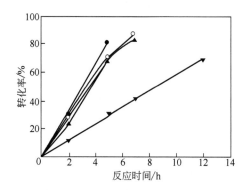

**图 4-12　各种有机过氧化氢引发乳液聚合的时间-转化率曲线**

配方为按传统配方；反应温度为 5℃

● 环己基苯基过氧化氢；○ 氯代过氧化氢二异丙苯；

▲ 1,2,3,4,4a,9,10,10a-八氢萘基过氧化氢；▶ 过氧化氢异丙苯

**表 4-13** 各种有机过氧化氢引发效率顺序表

| 有机过氧化氢 | 聚合速率 /(%/h) | 有机过氧化氢 | 聚合速率 /(%/h) |
|---|---|---|---|
| 氯代过氧化氢二异丙苯 | 15.8 | 5-(4-异丙苯基)-2-戊烯过氧化氢 | 8.2 |
| 二叔丁基过氧化氢异丙苯 | 14.7 | 1,2-双(二甲基苯基)丁基过氧化氢 | 8.0 |
| 环己基苯基过氧化氢 | 14.3 | 1,2-二苯基丁基过氧化氢 | 7.7 |
| 1,2,3,4,4a,9,10,10a-八氢萘基过氧化氢 | 13.2 | 2,2,5-三甲基己基过氧化氢 | 7.7 |
| 叔丁基过氧化氢异丙苯 | 13.1 | 对-甲基过氧化氢异丙苯 | 7.5 |
| 氯代过氧化氢异丙苯 | 11.1 | 邻、间、对-甲基过氧化氢异丙苯 | 7.3 |
| 过氧化氢三异丙苯 | 10.2 | 脂肪族烷基过氧化氢 | 6.5 |
| 对-(1-甲基十一烷基)过氧化氢甲苯 | 9.8 | 1-甲基丁基过氧化氢异丙苯 | 5.9 |
| 对-过氧化氢二异丙苯 | 9.4 | 甲基过氧化氢异丙苯 | 5.8 |
| 异丙基-1,2,3,4-四氢萘过氧化氢 | 9.1 | 1-甲基环己基过氧化氢 | 4.6 |
| 邻、间、对-过氧化氢二异丙苯混合物 | 8.8 | 1,2,3,4-四氢萘基过氧化氢 | 4.0 |
| 对-(1-甲基十一烷基)过氧化氢异丙苯 | 8.7 | 2,3-二甲基丁基过氧化氢 | 3.3 |
| 间-过氧化氢二异丙苯 | 8.6 | 仲丁基苯基过氧化氢 | 2.2 |
| 1-甲基-1,2,3,4-四氢萘基过氧化氢 | 8.3 | 5-苯基-2-戊烯基过氧化氢 | <2.0 |

注：传统配方；反应温度为 5℃。

② 有机过氧化氢与铁盐摩尔比的影响　有机过氧化氢与铁盐摩尔比对聚合速率有一定影响。试验证明，对于每一种有机过氧化氢来说，存在着一个最佳摩尔比，按照这个摩尔比可获得最大聚合速率。表 4-14 列出了按照传统配方进行试验时所取得的各种有机过氧化氢与亚铁盐的最佳摩尔比。

表 4-14　有机过氧化氢与铁盐最佳摩尔比

| 有机过氧化氢 | 最佳摩尔比 | 有机过氧化氢 | 最佳摩尔比 |
|---|---|---|---|
| 2,3-二甲基丁基过氧化氢 | 0.75 | 异丙苯-1,2,3,4-四氢萘基过氧化氢 | 1.5 |
| 甲基环己基过氧化氢 | 0.75 | 叔丁基过氧化氢异丙苯 | 1.0 |
| 过氧化氢异丙苯 | 0.75 | 二异丙基过氧化氢甲苯 | 1.0 |
| 2,2,5-三甲基乙基过氧化氢 | 0.75 | 1,2,3,4,4a,9,10,10a-八氢萘基过氧化氢 | 1.0 |
| 1,2,3,4-四氢萘基过氧化氢 | 1.5 | 5-(4-异丙苯基)-2-戊烯基过氧化氢 | 2.0 |
| 仲丁基苯基过氧化氢 | 0.75 | 1-甲基丁基过氧化氢异丙苯 | 2.0 |
| 对甲基过氧化氢异丙苯 | 1.0 | 氯代过氧化氢二异丙苯 | 0.75 |
| 脂肪烷基过氧化氢 | 1.0 | 过氧化氢三异丙苯 | 1.0～1.5 |
| 1-甲基-1,2,3,4-四氢萘基过氧化氢 | 1.0 | 1,2-二苯基丁基过氧化氢 | 1.5 |
| 2-癸烯基过氧化氢 | 1.5 | 二叔丁基过氧化氢异丙苯 | 1.0 |
| 氯代过氧化氢异丙苯 | 1.0 | 1-甲基十一烷基过氧化氢甲苯 | 2.5 |
| 环己基过氧化氢 | 0.75 | 1,2-双(二甲苯基)丁基过氧化氢 | 1.5 |
| 过氧化氢二异丙苯 | 0.75 | 1-甲基十一烷基过氧化氢异丙苯 | 2.0 |

注：传统配方；反应温度为 5℃。

按照 Fryling 配方（表 4-15）进行试验，控制过氧化氢二异丙苯与铁盐摩尔比在 0.75～2.0 之间变化，将试验结果标绘在图 4-13 中。由图可见，其最佳摩尔比为 0.75。

表 4-15　Fryling 丁苯乳液聚合配方

| 物　料 | 质量份 | 物　料 | 质量份 |
|---|---|---|---|
| 苯乙烯 | 30 | 混合叔硫醇($C_{12}$,$C_{14}$,$C_{16}$) | 0.25 |
| 丁二烯 | 70 | 有机过氧化氢 | 变化 |
| 水 | 192 | $FeSO_4 \cdot 7H_2O$ | 0.3 |
| 甲醇 | 48 | $Na_4P_2O_7 \cdot 10H_2O$ | 0.3 |
| 歧化松香酸钾 | 3.5 | KCl | 0.25 |
| 脂肪酸钾 | 1.5 | | |

③ 引发剂浓度的影响　按照 Fryling 配方进行试验，保持有机过氧化氢与铁盐的比例不变，只改变引发剂浓度，发现聚合反应速率随之发生变化，并有一最佳引发剂浓度，在这一浓度下聚合反应速率最大。过氧化氢二异丙苯的浓度与聚合转化率之间对应关系的试验数据列于表 4-16 中。

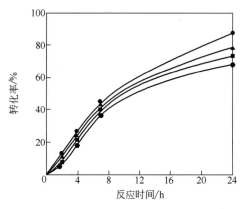

**图 4-13　过氧化氢二异丙苯与铁盐摩尔比对乳液聚合的影响**

按 Fryling 配方；反应温度为 −10℃

摩尔比为：● 0.75；▲ 1.0；■ 1.5；● 2.0

**表 4-16**　引发剂浓度对丁苯乳液聚合速率的影响

| 引发剂浓度 /（mol/100mol 单体） | 转化率/% | | | |
|---|---|---|---|---|
| | 2h | 4h | 7h | 24h |
| 0.1 | 0 | 2 | 5 | 16 |
| 0.2 | 5 | 13 | 23 | 61 |
| 0.3 | 8 | 19 | 36 | 82 |
| 0.5 | 13 | 30 | 58 | 95 |
| 0.7 | 13 | 31 | 60 | 95 |
| 1.0 | 17 | 38 | 68 | 97 |
| 1.5 | 13 | 28 | 51 | 92 |

注：Fryling 配方；反应温度为 −10℃；摩尔比为过氧化氢二异丙苯：$FeSO_4$：$Na_4P_2O_7$ = 1：1：1。

④ 有机过氧化氢在水相及烃相中分配的影响　试验发现，聚合反应速率随着有机过氧化氢分配在水相中的量的增大而降低，而以下因素会影响有机过氧化氢在水相和在烃相中的分配比例：a. 有机过氧化氢的分子结构；b. 温度；c. 有无甲醇；d. 有无乳化剂。表4-17 列出了在不同条件下不同有机过氧化氢在两相中的分配情况。可以预计，在大多数情况下，有机过氧化氢倾向于更多地分配在烃相中。在苯环上所连接的烷基越多、越大，越倾向于分配在烃相中。温度及有无甲醇存在对分配影响较小。而在有乳化剂存在的体系中，增溶作用会显著增大有机过氧化氢在水中的溶解度。

**表 4-17**　有机过氧化氢在水相和在烃相中的分配

| 有机过氧化氢 | 乳 化 剂 | 乳化剂用量/（×$10^2$ g/g 单体） | −10℃ 时有机过氧化氢分配/% | | 5℃ 时有机过氧化氢分配/% | |
|---|---|---|---|---|---|---|
| | | | 水相中 | 烃相中 | 水相中 | 烃相中 |
| 过氧化氢异丙苯 | 无 | — | 17 | 83 | 10 | 90 |
| 过氧化氢二异丙苯 | 无 | — | 10 | 90 | 8 | 92 |

| 有机过氧化氢 | 乳 化 剂 | 乳化剂用量/($\times 10^2$ g/g 单体) | -10℃时有机过氧化氢分配/% | | 5℃时有机过氧化氢分配/% | |
|---|---|---|---|---|---|---|
| | | | 水相中 | 烃相中 | 水相中 | 烃相中 |
| 过氧化氢三异丙苯 | 无 | — | 6 | 94 | 4 | 96 |
| 叔丁基过氧化氢异丙苯 | 无 | — | 2 | 98 | 2 | 98 |
| 十二烷基过氧化氢异丙苯 | 无 | — | 2 | 98 | 3 | 97 |
| 过氧化氢异丙苯 | 月桂酸钾 | 5.0 | 40 | 60 | 39 | 61 |
| 过氧化氢二异丙苯 | 月桂酸钾 | 5.0 | 21 | 79 | 17 | 83 |
| 过氧化氢三异丙苯 | 歧化松香酸钾/脂肪酸钾 | 3.5/1.5 | 16 | 84 | 15 | 85 |
| 叔丁基过氧化氢异丙苯 | 歧化松香酸钾/脂肪酸钾 | 3.5/1.5 | 10 | 90 | 9 | 91 |
| 十二烷基过氧化氢异丙苯 | 歧化松香酸钾/脂肪酸钾 | 3.5/1.5 | 10 | 90 | 12 | 88 |

注：配方为苯乙烯 30 份，丁二烯 70 份，水 192 份，乳化剂 5.0 份或无，有机过氧化氢 0.18～0.21 份，甲醇 40 份（-10℃）或 0 份（5℃）。

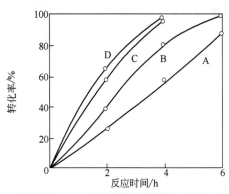

图 4-14 二价铁盐加入量对丁苯乳液共聚合过程的影响

反应温度为 5℃；配方为苯乙烯 30 份，丁二烯 70 份，水 180 份，歧化松香酸钾 4.5 份，混合叔硫醇 0.3 份，过氧化氢二异丙苯 0.15 份，甲醛次硫酸钠二水合物 0.10 份，EDTA 0.1 份，KCl 0.3 份，$FeSO_4 \cdot 7H_2O$ 变量

$FeSO_4 \cdot 7H_2O$ 加入量：
A—0.02 份；B—0.03 份；
C—0.05 份；D—0.07 份

#### 4.3.5.3 还原剂

在有助还原剂存在的情况下，作为还原剂的铁离子可以二价铁离子的形式，也可以三价铁离子的形式，加入到体系中。研究发现，采用二价铁盐时聚合反应速率比采用三价铁盐时稍快。

聚合反应速率对二价铁盐加入量有很强的依赖性，如图 4-14 所示。可以看出，聚合反应速率随二价铁盐加入量增大而增大，但是当二价铁盐 $FeSO_4 \cdot 7H_2O$ 加入量大于 0.05 质量份时，其增长的幅度减小。

#### 4.3.5.4 助还原剂

可用各种糖类作助还原剂，将三价铁离子还原成二价铁离子。不同的糖还原效果是不同的。例如在 0℃ 时，左旋糖的还原效果要比右旋糖大得多，但是如果将右旋糖在碱溶液中煮沸一段时间，其还原效果会大大改善。不是因为右旋糖转变成了左旋糖，而是因为右旋糖在碱煮条件下降解成了二羟基丙酮。该化合物是更有效的助还原剂，其还原效果既比右旋糖大，也比左旋糖大。表 4-18 列出了各种糖对丁苯乳液共聚合的影响。

经过多年的实践，发现含糖配方有许多缺点。例如，由这种配方生产的乳液在贮存过程中不稳定，因为所含的糖可被空气氧化，使 pH 值降低，形成凝胶；又如由含糖配方制成的丁苯胶乳很难制成干燥的薄膜，所含的糖会使薄膜发黏并且具有吸湿性。为克服这些缺点，出现了无糖配方。若采用硫化钠作为助催化剂，可获得很理想的转化率。试验证明，难溶于水的硫酸亚铁是一种很有效的还原剂，它既可以作为还原剂与有机过氧化氢反应生成自由基，也可以作为助还原剂将三价铁离子还原成二价铁离子。

表 4-18　糖的类型对丁苯乳液共聚合的影响

| 糖 | 8h 以后的转化率/% | 糖 | 8h 以后的转化率/% |
|---|---|---|---|
| 山梨糖 | 71 | 纤维二糖 | 22 |
| 核糖 | 65 | L(＋)阿糖 | 21 |
| 左旋糖(D-果糖) | 63 | β-乳糖 | 18 |
| 转化糖 | 52 | D(＋)半乳糖 | 17 |
| D(＋)木糖 | 39 | D(＋)甘露糖 | 14 |
| 水解密二糖 | 24 | | |

注：反应温度为15℃；配方为苯乙烯28份，丁二烯72份，水180份，脂肪酸皂1.2份，歧化松香酸皂3.5份，混合叔硫醇0.4份，过氧化氢异丙苯0.15份，糖1.0份；$FeSO_4 \cdot 7H_2O$ 1.0份，$Na_4P_2O_7 \cdot 10H_2O$ 1.0份。

目前在丁苯橡胶工业生产中广泛采用甲醛次硫酸盐（雕白粉）作为助还原剂，它具有活性大，聚合速率快等优点。图 4-15 表明了甲醛次硫酸钠用量对丁苯乳液共聚合反应的影响，可以看出：当不使用助还原剂时，聚合速率很低；但过多的助还原剂对反应速率并无多大影响。例如当甲醛次硫酸钠用量从 0.2 质量份提高到 0.3 质量份时，反应速率提高很少。但是当助还原剂用量不足时，却给反应带来很大影响，致使初期反应速率高，而后期反应速率急剧下降，故不能保证反应均匀地进行。因为在反应过程中，甲醛次硫酸钠本身被消耗掉。一般来说，助还原剂的用量都过量较多，以保证三价铁离子能充分还原成二价铁离子。

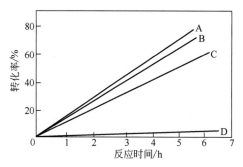

图 4-15　甲醛次硫酸钠用量对丁苯乳液
共聚合过程的影响

反应温度为5℃；配方为丁二烯70份，苯乙烯30份，
水210份，歧化松香皂6.2份，扩散剂 NF 0.4份，
过氧化氢二异丙苯0.3份，EDTA 0.096份，
硫酸亚铁0.04份，叔十二烷基硫醇0.1份，
氯化钾 1.0份
甲醛次硫酸钠用量：A—0.03份；
B—0.02份；C—0.01份；D—0份

### 4.3.5.5　难溶亚铁盐

向体系中加入或在体系中生成难溶二价铁盐是为了降低二价铁离子释放出来的速率，以使聚合反应速率在整个反应过程中均匀一致，常用的难溶亚铁盐有以下几种：

① 硫酸亚铁和焦磷酸钠生成的络合物；

② 硫化亚铁悬浮体；

③ 脂肪酸二价铁盐（作乳化剂）；

④ 硅酸亚铁胶体悬浮物。

因为这些物质仅极少量地溶于水中，因此在水相中亚铁离子浓度很小，生成自由基的控制因素是由亚铁盐释放出二价铁离子的速率。

### 4.3.5.6　铁离子络合剂

乙二胺四乙酸二钠盐（EDTA）是最常用的络合剂，它与二价铁离子及三价铁离子均能生成络合物，把铁离子"笼蔽"在络合物中间。这种络合物可发生电离。

但是其电离常数很小，故呈游离状态的铁离子浓度很小，这就减小了自由基和二价铁离子间进行链终止反应的速率。所释放出来的二价铁离子与有机过氧化氢发生反应生成自由基，并引发聚合反应。二价铁离子本身被氧化成三价铁离子，所生成的三价铁离子被助还原剂又还原成二价铁离子，这样往复循环，聚合过程就不间断地进行下去。

在有些情况下可直接加入一种铁离子络合物——亚硝基五氰络铁酸盐，这种络合物必须在碱性条件下或在伯醇存在时才能有效地引发聚合。在碱性溶液中其引发机理如下。

$$[Fe^{3+}(CN)_5NO]^{2-} + 2OH^- \rightleftharpoons [Fe^{2+}(CN)_5NO_2]^{4-} + H_2O$$

$$ROOH + [Fe^{2+}(CN)_5NO_2]^{4-} \longrightarrow RO\cdot + OH^- + [Fe^{3+}(CN)_5NO_2]^{3-}$$

## 4.3.6　有机过氧化氢-聚胺引发体系

如前所述，在聚合物中不希望有离子存在，因为离子常常会使聚合物变色，同时金属离子又往往是聚合物氧化降解的催化剂。因此开发了多种非离子型的活化剂，它们与有机过氧化氢结合成氧化还原体系，具有很好的引发效果。其中有机过氧化氢和脂肪族聚胺所构成的氧化还原对已成为很有价值的乳液聚合引发体系[60-62]。其自由基生成机理可由如下简式表示：

$$ROOH + R'NH_2 \longrightarrow RO\cdot + RNH\cdot + H_2O$$

对于在乳液体系中进行的有机过氧化氢分解反应，许多脂肪族和脂环族多亚乙基多胺可以起活化作用。过氧化氢异丙苯类的引发剂对多亚乙基多胺尤其敏感。例如若采用在100份单体中加入0.21份过氧化氢异丙苯和0.2份四亚乙基五胺作为引发剂体系，在10℃下进行乳液聚合，对于单体苯乙烯来说，在1h内转化率就可以达到73%；对于30：70苯乙烯与丁二烯共聚过程来说，在6h内转化率达70%，均比有机过氧化氢-亚铁盐引发体系效果要好。研究表明，在聚胺中，以四亚乙基五胺和五亚乙基六胺的活化效果为最好。对于分子量小于四亚乙基五胺的聚胺来说，其活化效果随分子量减小而降低；而对于分子量大于五亚乙基六胺的聚胺来说，其活化效果则随分子量增大而降低。

聚胺对有机过氧化氢分解反应的活化作用大小决定于它的分子结构，具有活化作用的聚胺必须具备如下条件：

① 在同一聚胺分子中，必须含有不同种类的氨基。若在聚胺分子中同时含有伯胺和

仲胺，或同时含有伯胺和叔胺，则具有活化作用，否则无活化作用。例如在乙二胺（**35**）分子中只含有伯胺，其活化作用甚小；$N,N'$-二烷基乙二胺（**36**）分子中只有仲胺，没有活化作用；而 $N$-单烷基乙二胺（**37**）分子中同时含有伯胺和仲胺，活化作用很强。

$$H_2N—CH_2CH_2—NH_2 \qquad\qquad RHN—CH_2CH_2—NHR$$

**35**                **36**

$$H_2N—CH_2CH_2—NHR$$

**37**

② 在聚胺分子内隔开氨基的亚烷基所含的碳原子数必须等于或小于 2。例如三氨乙基胺（**38**）及三亚乙基四胺（**39**）分子中既有伯胺又有叔胺或仲胺，同时其中亚乙基的碳原子数为 2，所以该两种化合物均具有很强的活化作用；而在三氨丙基胺（**40**）及三亚丙基四胺（**41**）分子中，尽管同时含有伯胺和叔胺或仲胺，但是其中的亚丙基的碳原子数为 3，没有活化作用。

$$N(CH_2CH_2NH_2)_3 \qquad\qquad H(HNCH_2CH_2)_3NH_2$$

**38**                **39**

$$N(CH_2CH_2CH_2NH_2)_3 \qquad\qquad H(HNCH_2CH_2CH_2)_3NH_2$$

**40**                **41**

研究发现，四亚乙基五胺可以单独用作过氧化氢异丙苯的活化剂，但是如果加入一定量的糖，会提高其活化作用。同时还发现，在某些体系中加入二价铁盐会增加聚胺的活化效果；而在另外一些情况下，加入二价铁盐反而会使聚胺的活化作用减弱。对于苯乙烯和丁二烯乳液共聚合来说，由 80% 二亚乙基三胺和 20% 四亚乙基五胺所组成的聚胺混合物可以使聚合速率均匀化。对于丁二烯和丙烯腈乳液共聚合来说，聚胺对有机过氧化氢却没有引发作用，这是因为聚胺和丙烯腈发生了腈乙基化而失去了还原作用，这可以采用向体系中加入少量 D-葡萄糖来防止或减轻，而使其恢复活化作用。

## 4.3.7 其他氧化还原引发体系

过氧化二苯甲酰和焦磷酸亚铁所构成的氧化还原对可作为丁二烯-苯乙烯乳液共聚合的引发剂[63]。对于配方为苯乙烯 25 份、丁二烯 75 份、水 200 份及脂肪酸皂 5 份的乳液聚合体系来说，引发体系中各组分的最佳用量为过氧化二苯甲酰 0.25 份，$FeSO_4 \cdot 7H_2O$ 0.50 份，$Na_4P_2O_7 \cdot 12H_2O$ 3.0 份。

铬酸钾可用作苯乙烯-丁二烯乳液共聚合氧化还原引发体系中的氧化组分[64]。与其相配合的还原组分可有多种，其中氧化砷是最有希望的还原剂。表 4-19 中列出了在 30℃ 时铬酸盐和氧化砷浓度与聚合反应速率之间的对应数据。

**表 4-19** $K_2CrO_4$ 及 $As_2O_3$ 浓度对苯乙烯-丁二烯乳液共聚合的影响

| $K_2CrO_4$ 浓度 /($\times 10^2$ g/g 单体) | $As_2O_3$ 浓度 /($\times 10^2$ g/g 单体) | 特定时间的转化率/% | | | |
|---|---|---|---|---|---|
| | | 3h | 6h | 9h | 12h |
| 0.1 | 0.3 | 7 | 16 | 23 | 31 |
| 0.3 | 0.01 | 6 | 19 | 25 | 30 |

| K$_2$CrO$_4$ 浓度 /($\times 10^2$g/g 单体) | As$_2$O$_3$ 浓度 /($\times 10^2$g/g 单体) | 特定时间的转化率/% | | | |
|:---:|:---:|:---:|:---:|:---:|:---:|
| | | 3h | 6h | 9h | 12h |
| 0.3 | 0.025 | 9 | 23 | 36 | 46 |
| 0.3 | 0.05 | 14 | 39 | 66 | 74 |
| 0.3 | 0.07 | 19 | 52 | — | — |
| 0.3 | 0.1 | 17 | 51 | 31 | — |
| 0.3 | 0.3 | 11 | 23 | 39 | 60 |
| 0.6 | 0.05 | 17 | 53 | 80 | 88 |
| 0.6 | 0.1 | 19 | 56 | 83 | 96 |
| 0.6 | 0.2 | 20 | 57 | 88 | 100 |

注：反应温度为 30℃；配方为苯乙烯 25 份，丁二烯 75 份，水 180 份，脂肪酸钠 5 份，十二烷基硫醇 0.5 份，K$_2$CrO$_4$ 变量，As$_2$O$_3$ 变量。

用 5 份十四烷酸钾、0.3 份铬酸钾和 0.07 份 As$_2$O$_3$，在 20℃ 与 30℃ 条件下，聚合速率最高。在 30℃ 下每小时转化大约 20%。若改用脂肪酸皂或烷基磺酸皂来代替上述十四烷酸钾，其反应速率将变得相当低。

过硫酸盐和二价铁盐体系产生自由基的速率很快[65,66]，其反应式为

$$Fe^{2+} + S_2O_8^{2-} \longrightarrow Fe^{3+} + SO_4^- \cdot + SO_4^{2-}$$

该系统用于引发丙烯腈的共聚合反应为二级反应，介质的离子强度会影响反应速率常数。

对于丁二烯的乳液聚合以及丁二烯与苯乙烯的乳液共聚合来说，硝酸银可以作为引发剂过氧化氢或过硫酸钾的促进剂[67]，这也是因为银离子与过氧化物形成了氧化还原体系，降低了生成自由基的活化能所致。

# 参考文献

[1] Smith W V. J Am Chem Soc，1948，70：3695.

[2] Levi M G，Migliorini E. Gazz Chem Ital，1906，36 Ⅱ：599.

[3] Kailan A，Olbrich L. Wien Akad Ber，1926，135：423.

[4] Green L，Masson O. J Chem Soc，1910，97：2083.

[5] Kailan A，Olbrich L. Momatsh，1926，47：449.

[6] Kailan A，Leisek E. Momatsh，1928，50：403.

[7] Kolthoff I M，Guss L S，May D R，Medalia A I. J Polym Sci，1946，1：340.

[8] Kolthoff I M，Miller I K. J Am Chem Soc，1951，73：3055.

[9] Hakoila E. Annales Universtatics Turkuensis，Ser. A.，1963，66：7.

[10] Morris C E M，Parts A G. Macromol Chem，1968，119：212.

[11] Kolthoff I M，Miller I K. J Am Chem Soc，1951，73：5118.

[12] Brooks B W，Makanjuola B O. Macromol Chem，1981，2：69.

[13] Piirma I，Chen S R. J Colloid Interface Sci，1980，74：90.

[14] Bartlett P D，Cotman J D. J Am Chem Soc，1949，71：1419.

[15] Barlett P D，Nozaki N. J Polym Sci，1948，3：216.

[16] Bawn C E H，Margerson D. Trans Faraday Soc，1955，51：925.

[17] Smith W V, Campbell H N. J Chem Phys, 1947, 15: 338.

[18] Smith W V. J Am Chem Soc, 1949, 71: 4077.

[19] Kolthoff I M, O'Connor P R, Hanson J L. J Polym Sci, 1955, 15: 459.

[20] Van den Hul H J, Vanderhoff J W. Br Polym J, 1970, 2: 121.

[21] Van den Hul H J, Vanderhoff J W. J Colloid and Interface Sci, 1968, 28: 336.

[22] Blackley D C. Emulsion Polymerization. London: Appl Sci Pub Ltd, 1975.

[23] Dunn A S, Taylor P A. Macromol Chem, 1965, 83: 207.

[24] Priest W J. J. Phys Chem, 1952, 56: 1077.

[25] Brodnyan J G, Cala J A, Konen T, Kelley E L. J Colloid Sci, 1963, 18: 73.

[26] Dunn A S, Chong L C H. Brit Polymer J, 1970, 2: 49.

[27] Litt M, Patsiga R, Stannett V. J Polym Sci, A-1, 1970, 8: 3607.

[28] Peggion E, Testa F, Talamini G. Macromol Chem, 1964, 71: 173.

[29] Gerrens H, Fink W, Koehnlein E. J Polym Sci, C, 1967, 16: 2781.

[30] Wolfe W D. (Wingfoot Corp.). US 2235625, 1941.

[31] Garvey B S. (B. F. Goodrich Co.). US 2376963, 1943.

[32] Fryling C F. (B. F. Goodrich Co.). US2 313 233, 1943.

[33] Walker H W. (E. I. duPont de Nemours and Co.). US 2382684, 1945.

[34] Reynolds W B, Cotten E. W. Ind Eng Chem, 1950, 42: 1905.

[35] Willis J M, Alliger G, Johnson B L. Otto Ind Eng Chem, 1953, 45: 1316.

[36] Starkweather H W. Ind Eng Chem, 1947, 39: 210.

[37] Kolthoff I M, Harris W E. J Polym Sci, 1947, 2: 41.

[38] Berry K L, Peterson J H. J Am Chem Soc, 1957, 73: 5195.

[39] Katayama M, Ogoshi T. Chemy High Polym, 1956, 13: 6.

[40] Tsuda Y. J Appl Polym Sci, 1961, 5: 104.

[41] Hill A. (Diamond Alkali Co.). US 2673192, 1954.

[42] Firsching F H, Rosen I. J Polym Sci, 1959, 36: 305.

[43] Medalia A I, Kolthoff I M. J Polym Sci, 1949, 4: 377.

[44] Harber F, Weiss J. Proc R Soc, 1934, A147: 333.

[45] Baxondale J H, Evens M G, Park G S. Trans Faraday Soc, 1946, 42: 155.

[46] Ewans M G. J Chem Soc, 1947, 266.

[47] Shearon W H, Mekenzie I P, Samaels M E. Ind Chem, 1948, 40: 769.

[48] Pryor B C, Harrington E W, Druesedow D. Ind Eng Chem, 1953, 1311: 45.

[49] Wicklatz J E, Kennedy T J, Reynolds W B. J Polym Sci, 1951, 6: 45.

[50] Fryling C F, Follett A E. J Polym Sci, 1951, 6: 59.

[51] Kolthoff E M, Medalia A I. J Polym Sci, 1950, 5: 391.

[52] Kolthoff E M, Medalia A I, Youse, M. J Polym Sci, 1951, 6: 93.

[53] Kolthoff I M, Medalia A I. J Polym Sci, 1951, 6: 189.

[54] Fryling C F, Laudes S H, StJohn W M, Uraneck C A. Ind Eng Chem, 1949, 41: 986.

[55] Neklutin V C, Westerhoff C B, Howland L H. Ind Eng Chem, 1951, 43: 1246.

[56] Smith H S, Weiner H G, Howland L H. Ind Eng Chem, 1949, 41: 1584.

[57] Kolthoff I M, Meehan E J., J Polym Sci, 1952, 9: 343.

[58] Kolthoff I M, Meehan E J., J Polym Sci, 1953, 11: 71.

[59] Brown R W, Bawn C V, Hansen E B, Howland L H. Ind Eng Chem, 1954, 46: 1073.

[60] Whitby G S, Wellman N, Floutz V W, Stephens H L. Ind Eng Chem, 1950, 42: 455.

[61] Spolsky R, Williams H L. Ind Eng Chem, 1950, 42: 1847.

[62] Embree W H, Spolsky R, Williams H L. Ind Eng Chem, 1951, 43: 2553.

[63] Marvel C S, Deanin R, Overberger C G, Kuhn B M. J Polym Sci, 1948, 3: 128.

[64] Kolthoff I M, Meehan E J. J Polym Sci, 1952, 9: 327.

[65] Bacon R G R. Faraday Soc, 1940, 42: 140.

[66] Fordbam J W L, Williams H L. J Am Chem Soc, 1951, 73: 4855.

[67] Shukla J S, Misra D C. Macromol Chem, 1973, 173: 91.

## 5.1　概述

### 5.1.1　乳液聚合单体的主要类型

　　原则上讲，凡是能进行自由基加成聚合反应的单体都可以用乳液聚合法来制备其均聚物或共聚物，不管这些单体是水溶性的还是非水溶性的。非水溶性单体可以进行正相（O/W）乳液聚合；而水溶性单体既可以与其他单体进行正相乳液聚合，也可以进行反相（W/O）乳液聚合。在表 5-1 中列出了六百余种可以进行乳液聚合和乳液共聚合的烯类单体[1]。

**表 5-1**　可在乳液中进行聚合反应及共聚合反应的单体 [1]

| I 均聚合反应 | | |
|---|---|---|
| 丙烯酸酯类 | 丙烯腈 | 2-异丙基 |
| 　正戊酯 | 丁二烯类 | 　乙烯 |
| 　正丁酯 | 　2-戊基 | 　四氟代 |
| 　二氢化全氟代烷基酯 | 　2-氯代 | 甲基丙烯酸酯类 |
| 　乙酯 | 　2,3-二甲基 | 甲基丙烯腈 |
| 　2-乙基己酯 | 　2-乙基 | 异丙基甲基酮 |
| 　甲酯 | 　2-氟代 | 苯乙烯 |
| 　正辛酯 | 　2-甲基 | 　$\beta,\beta$-二氟代 |
| 　正丙酯 | 　2-甲基-3-正丁基 | 　氯代 |
| 　异丙酯 | 　2-甲基-3-乙基 | 　$\alpha$-甲基 |
| 　四氢糠酯 | 　2-甲基-3-异丙基 | 　甲基 |

| Ⅰ 均聚合反应 | | |
|---|---|---|
| 4-硫酰氨基 | 苯甲酸乙烯酯 | 十二酸乙烯酯 |
| α,β,β-三氟代 | 辛酸乙烯酯 | 十六酸乙烯酯 |
| 乙烯基 | 氯乙烯 | |
| 乙酸乙烯酯 | 呋喃乙烯 | |

| Ⅱ 二烯烃的共聚合反应 | | |
|---|---|---|
| ①与1,3-丁二烯进行共聚合反应 | α-正戊基 | 2-异丙基 |
| 丙烯酰胺 | 氯代丙烯类 | 1,2,4-三氯代 |
| N,N-二异丁基 | β,β-二氯代 | 丁烯类 |
| α-氯代 | 氰基丙烯 | 3-氰基-3-乙酰氧基 |
| 丙烯酸酯类 | β-氰基 | 1,4-二苯基-1,4-二羰基-2- |
| β-呋喃基丙烯酯 | 丙烯醚 | 1-苯基-3-羰基-1- |
| 异戊酯 | 2-氯代 | β-香芹酮 |
| 异丁酯 | 对丙烯基苯甲醚 | 肉桂醛 |
| α-氯代 | 苯亚甲基-丙酮 | 肉桂酸酯类 |
| 2-乙氧基乙酯 | 苯亚甲基-苯乙酮 | 乙酯 |
| 二氢化全氟代烷基酯 | 2-氯代 | 乙二醇二酯 |
| 乙酯 | 苯亚甲基-噻吩乙酮 | 甲酯 |
| 氰代烷基酯 | 丁二烯类 | 2-氰基甲酯 |
| α-氢基-β-苯乙酯 | 2-乙酰氧基 | 4-硝基甲酯 |
| β-α-呋喃乙酯 | 2-正戊基 | 肉桂酸 |
| β-2-噻吩乙酯 | 1-氯代 | 肉桂酸苯酰胺 |
| 2-乙基己酯 | 2-氯代 | 邻氰基 |
| 甲酯 | 2-氯代-3-氟代 | 肉桂腈 |
| α-氰基-β-苯甲酯 | 2-氯代-3-甲基 | 丁烯酰胺 |
| β-呋喃甲酯 | 1-氰基 | N-二甲基 |
| 四氰糠酯 | 1-氰基-4-苯基 | 丁烯酰苯胺 |
| 丙烯酸 | 2-氰基 | 环戊二烯 |
| α-氰基-β-苯基 | 二氯代 | 碳酸二丙烯酯 |
| β-(α-呋喃基) | 2,3-二苯基 | 二亚苄基丙酮 |
| β-2-噻吩基 | 二对氟代-2,3-二苯基 | 二环戊二烯 |
| 丙烯腈类 | 2-乙基 | 二乙氧基甲烯脲 |
| α-氯代 | 2-氟代 | 二甲基丙烯基胺 |
| α,β-二氯代 | 2-甲基 | 二戊烯 |
| α-烷基 | 1-苯基 | 二乙烯醚 |
| α-甲基 | 1-苯基-4 氰基-4-乙酸基 | 二乙烯硫醚 |

## Ⅱ 二烯烃的共聚合反应

| | | |
|---|---|---|
| 乙烯类 | 丁烯二酰胺类 | 1,4-戊二烯 |
| 　1-溴-1-氯代 | 　N-丙烯基 | 戊烯 |
| 　1-氯代-1-氟代 | 　N-丁基 | 　2,4,4-三甲基 |
| 　1,2-二氯代 | 　N-环己基 | 佛尔酮 |
| 　1,1-二氯代-2,2-二氟代 | 甲基丙烯酸酯类 | $\beta$-蒎烯 |
| 　二苯甲酰基 | 　烯丙酯 | 丙烯类（参考丙烯基，甲基丙烯基） |
| 　乙烯硫醚 | 　丁酯 | 　2-氯 |
| 　三氯代 | 　2-氯代-2-丁烯酯 | 　1-氯-2-氰基 |
| 　三氟氯代 | 　氰代苯甲酯 | 　2-氯-3-甲氧基 |
| 　四氯代 | 　$\beta$-氰乙酯 | 　1-氰基-2-甲基 |
| 反丁烯二酸酯类 | 　二乙氨基乙酯 | 　1,1-二氯-2-甲基 |
| 　二丙烯酯 | 　二甲氨基乙酯 | 　1,1-二氯-2-甲基-3-甲氧基 |
| 　二异丁酯 | 　乙酯 | 　1,1-二乙氧基 |
| 　二-3-氯代-2-丁烯酯 | 　2-乙基己酯 | 　1,1-二苯基-3-羰基 |
| 　二甲基丙烯酯 | 　糠酯 | 　1-糠基-3-苯基-3-羰基 |
| 　二甲酯 | 　甲基丙烯酯 | 　1-羟基-2-氯代 |
| 　2-甲基-2-硝基丙酯 | 　甲氧基代甲酯 | 丙烯膦酸双二甲酰胺 |
| 糠基丙酮 | 　甲酯 | 丙烯硫醚 |
| 糠基苯乙酮 | 　2-硝基代丙酯 | 异丙烯基化合物 |
| 糠基苯乙酮-对氯代 | 　正辛酯 | 　2-异丙烯基呋喃 |
| 麸酸酰苯胺 | 　正丙酯 | 　5-溴-2-异丙烯基呋喃 |
| 　1-烯-3-乙炔基 | 　萜烯酯 | 　异丙烯基甲基酮 |
| 　3,5-二氯代 | 　乙烯酯 | 　异丙烯基吡啶 |
| 1,3-己二烯类 | 甲基丙烯酸 | 　上列化合物的卤化衍生物 |
| 　1-乙酰氧基-3-氯代 | 甲基丙烯酰胺类 | 　2-异丙烯基噻吩 |
| 　3,5,6-三氯代 | 　N-二甲氨基乙基 | 山梨酸 |
| 　1,4-己二烯 | 　N-甲基 | 　$\alpha$-氰基 |
| 　1-苯基-5-甲基-3-羰基 | 　N-十八烷基 | 苯乙烯类 |
| 二聚酮类 | 　N,N-二甲基 | 　氨基 |
| 　己二酮 | 　N-间甲苯基 | 　4-苯甲基 |
| 顺丁烯二酸酯类 | 甲基丙烯酰脲 | 　2-溴代 |
| 　二异丁酯 | 甲基丙烯腈 | 　3-溴代 |
| 　二乙基亚甲酯 | 氯代甲基丙烯 | 　4-溴代 |
| 　二甲基丙烯酯 | 亚甲基环己烷 | 　2-溴代-4-三氟代甲基 |
| 　二甲酯 | 2-亚甲基-5-甲基己二腈 | 　3-仲丁基 |
| 　2-甲基-2-硝基丙酮 | 1,3-戊二烯 | 　3-叔丁基 |
| 顺丁烯二酸甲酰胺 | 　1-甲基 | 　3-甲氧基甲酰基 |
| 　N-丁基 | 　2-甲基 | 　3-羧基 |

| Ⅱ 二烯烃的共聚合反应 | | |
|---|---|---|
| α 或 β-氯代 | 4-溴代 | 十六酸乙烯酯 |
| 2-氯代 | 3-溴代-4-甲基 | 乙烯茌油酯 |
| 3-氯代 | 3-氯代-4-甲基 | 乙烯喹啉 |
| 4-氯代 | 3,5-二溴代 | 乙烯豆油酯 |
| 4-氰代 | 4-乙氧基 | 十八酸乙烯酯 |
| α-氰代 | 2-甲基-3-氯代 | 乙烯牛油酯 |
| β-氰代 | 4-异丙基 | 乙烯硫酸酯 |
| 4-环己基 | 三氟代甲基 | 乙烯基醚类 |
| α,β-二氯代 | 3-三氟代甲基-4-氟代 | 丁基乙烯基醚 |
| 2,3-二氯代 | 3,4-亚甲二氧基 | 乙基乙烯基醚 |
| 2,4-二氯代 | 五氯代 | 二氯代乙基乙烯基醚 |
| 2,5-二氯代 | 4-苯氧基 | 甲基乙烯基醚 |
| 2,6-二氯代 | 3-苯基 | 2-甲基戊基乙烯基醚 |
| 3,4-二氯代 | 4-苯基 | 甲基乙二醇乙烯基醚 |
| 3,5-二氯代 | 4-异丙基 | 乙烯基乙炔基甲醇 |
| 4,α-二氯代 | 2-丙基-5-甲氧基 | 二甲基 |
| 3,4-二甲氧基 | 四氯代 | 2-呋喃乙烯 |
| 2,4-二甲基 | 三氯代 | 乙烯酮类 |
| 2,5-二甲基 | 3-三氟代甲基 | 氯代 |
| 3,4-二甲基 | 3-三氟代甲基-4-溴代 | 甲基 |
| 3,5-二甲基 | 2-三氟代甲基-4-氟代 | 乙烯吡啶类 |
| 4-N,N-二甲氨基 | 二氧化硫 | 2-乙烯吡啶 |
| 3,4-二甲基-α-溴代 | 1-(α-噻吩基)-1-丁烯-3-酮[①] | 3-乙烯吡啶 |
| 4-N,N-二甲磺酰氨基 | 3-苯基-1-(α-噻吩基)-1-丙烯-3-酮[②] | 4-乙烯吡啶 |
| 4-乙基 | 1,3-二噻吩基-1-丙烯-3-酮[③] | 3-溴代-5-乙烯吡啶 |
| 2-氟代 | 乙烯基类化合物 | 2,4-二甲基-6-乙烯吡啶 |
| 3-氟代 | 苯甲酸乙烯酯 | 5-乙基-2-乙烯吡啶 |
| 4-氟代 | 辛酸乙烯酯 | 2-甲基-4-乙烯吡啶 |
| 3-氟代-4-三氟代甲基 | 乙烯咔唑 | 2-甲基-5-乙烯吡啶 |
| 2-甲氧基 | 氯乙烯 | 2-甲基-6-乙烯吡啶 |
| 3-甲氧基 | 2-氯代萘乙烯 | 乙烯磺酸酯 |
| 4-甲氧基 | 4-氯代萘乙烯 | 正丁基 |
| 3-甲基 | 乙烯椰油酯 | 乙基 |
| 3-甲基-4-甲氧基 | 乙烯棉油酯 | 正己基 |
| 3-甲基-6-甲氧基 | 十二酸乙烯酯 | 甲基苯胺 |
| 4-甲基 | 乙烯亚麻仁油酯 | 乙烯噻吩 |
| 2-甲基-4-甲氧基-5-异丙基 | β-萘乙烯 | 2-溴代 |
| 2-甲基 | 油酸乙烯酯 | 5-氯代 |

| Ⅱ 二烯烃的共聚合反应 | | |
|---|---|---|
| 2,5-二氯代-3- | 乙烯基乙炔基甲醇 | 4-溴代 |
| 3,4,5-三氯代 | 二甲基 | 氯代 |
| 偏二氯乙烯 | 甲基乙基 | 2-氯代 |
| 偏二氰乙烯 | ⑤与1,5-己二烯进行共聚合反应 | 4-氯代 |
| ②与2-氯丁二烯进行共聚合反应 | 硫二羟酸、己二酸、壬二酸及其他 | 二氯代 |
| 丙烯酰胺 | ⑥与2-甲基-1,3-丁二烯(异戊二烯)进 | 2,4-二氯代 |
| α-氯代 | 行共聚合反应 | α-甲基-4-氯代 |
| 丙烯酸酯类 | 丙烯酰胺 | 3-苯基-1-(α-噻吩基)-1-丙烯-3-酮[②] |
| α-氯代 | α-氯代 | 1,3-二噻吩基-1-丙烯-3-酮[③] |
| 乙基 | 丙烯酸酯类 | 乙烯基萘 |
| 苯乙酸 | 异戊酯 | 2-氯代 |
| 乙烯基化合物 | 异丁酯 | 4-氯代 |
| 2-乙烯基呋喃 | α-氯代 | 乙烯吡啶 |
| ③与2,3-二甲基-1,3-丁二烯进行共聚 | 二氢化全氟代烷基 | 2-甲基-5- |
| 合反应 | 乙基 | 乙烯磺酸酯 |
| 丙烯酰胺 | β-2-噻吩基乙基 | 正丁基 |
| α-氯代 | 乙基己基 | ⑦与1,3-戊二烯进行共聚合反应 |
| 丙烯酸酯类 | 丙烯酸 | 丙烯酸酯 |
| α-氯代 | β-2-噻吩基 | 异戊基 |
| 乙基 | 亚苄基丙酮 | 异丁基 |
| 丙烯腈 | 亚苄基苯乙酮 | 乙基 |
| 苯乙烯 | 亚苄基-2-噻吩乙酮 | 乙基己基 |
| 2-溴代 | 肉桂醛 | 反丁烯二酸酯 |
| 4-溴代 | 肉桂酸酯 | 顺丁烯二酸酯 |
| 2-氯代 | 甲基 | 苯乙烯类 |
| 4-氯代 | 肉桂腈 | 2-溴代 |
| 2,4-二氯代 | 乙烯 | 4-溴代 |
| α-甲基-4-氯代 | 1,1-二氯代-2,2-二氟代 | 2-氯代 |
| 乙烯基化合物 | 二苯甲酰基 | 4-氯代 |
| 乙烯基萘 | 反丁烯二酸酯 | 2,4-二氯代 |
| 4-氯代 | 糠基丙酮 | α-甲基-4-氯代 |
| 2-氯代 | 糠基苯乙酮 | 乙烯萘 |
| ④与2-氟代丁二烯进行共聚合反应 | 顺丁烯二酸酯 | 2-氯代 |
| 丙烯腈 | 苯乙烯 | 4-氯代 |
| 苯乙烯 | 2-溴代 | |

| Ⅲ烯基单体的共聚合反应 | | |
|---|---|---|
| ①与丙烯酸酯进行共聚合反应 | 乙烯基异丁基醚 | 甲基丙烯酸甲酯 |
| 丙烯腈 | 丙烯酸 | 苯乙烯 |
| 丙烯酯衍生物 | 丙烯醇 | 乙烯基类化合物 |
| 碳酸丙烯酯 | 2-氯代 | 偏二氯乙烯 |
| 缩二乙二醇 | 氯乙烯 | ④与乙烯进行共聚合反应 |
| 氯代丙烯 | 乙烯醚 | 四氟乙烯 |
| 丙烯基乙基葡萄糖苷 | 2-氯乙基 | 三氯乙烯 |
| 乳酸丙烯酯 | 偏二氯乙烯 | 顺丁烯二酸二甲酯 |
| 顺丁烯二酸丙烯酯 | 乙烯酯 | 甲基丙烯酸甲酯 |
| 壬酸丙烯酯 | ②与丙烯腈进行共聚合反应 | 全氟代丙烯 |
| 邻苯二甲酸丙烯酯 | 丙烯酰胺 | 二氧化硫 |
| 丙烯基淀粉 | 丙烯酸 | 乙酸乙烯酯 |
| 亚苄基-2-噻吩乙酮 | β-2-噻吩基 | 氯乙烯 |
| 二丙烯醚 | 亚苄基-2-噻吩乙酮 | 乙烯基丁基醚 |
| 二丙烯基乙二醇 | 肉桂醛 | N-乙烯基对苯二甲酰胺 |
| 二乙烯苯 | 肉桂酸酯 | N-乙烯基丁二酸二酰胺 |
| 二乙烯醚 | 甲酯 | 偏二氯乙烯 |
| 二甲基丙烯醚 | 肉桂腈 | ⑤与甲基丙烯酸酯进行共聚合反应 |
| 顺丁烯二酸酯 | 异丁烯 | 乙基-β-2-噻吩丙烯酸乙酯 |
| 丙烯基 | 二氢化全氟代烷基丙烯酸酯 | β-2-噻吩丙烯酸 |
| 正丁基氯代 | 乙烯 | 亚苄基-2-噻吩乙酮 |
| 二正丁基 | 苯乙烯 | 肉桂醛 |
| 二-2-氯乙基 | 1-(α-噻吩基)-1-丁烯-3-酮① | 肉桂腈 |
| 二甲基氯代 | 3-苯基-1-(α-噻吩基)-1-丙烯-3-酮② | 苯乙烯 |
| 顺丁烯二酸酐 | 乙酸乙烯酯 | 乙烯基烷基醚 |
| 氯代 | 氯乙烯 | 氯乙烯 |
| 甲基丙烯酸酯 | 乙烯基烷基醚 | 乙烯基呋喃 |
| 甲酯 | 丁基 | 偏二氯乙烯 |
| 甲基丙烯酸 | 异丁基 | N-乙烯基-N-苯基-异脲 |
| 甲基丙烯腈 | 丁基 | ⑥与甲基丙烯腈进行共聚合反应 |
| 香叶烯 | 甲基 | 2-乙烯基呋喃 |
| 丙烯 | 乙烯吡啶 | ⑦与α-甲基苯乙烯进行共聚合反应 |
| 1-氯代 | 5-乙基-2- | 乙烯基甲基醚 |
| 2-氯代 | 偏二氯乙烯 | ⑧与苯乙烯进行共聚合反应 |
| 2,3-二氯代 | ③与异丁烯进行共聚合反应 | 丙烯酰胺 |
| 苯乙烯 | 氯代丙烯酸甲酯 | N,N-二苯基 |
| α-氯代 | 反丁烯二酸二乙酯 | β-2-噻吩丙烯酸乙酯 |

| Ⅲ 烯基单体的共聚合反应 | | |
| --- | --- | --- |
| 丙烯酸 α-氰基-β-苯酯 | 乙烯基磺酸正丁酯 | 顺丁烯二酸二甲酯 |
| 丙烯酸 | ⑨与二氧化硫进行共聚合反应 | 苯甲酸乙烯酯 |
| 2-氯代丙烯醇 | 1-丁烯 | 氯代乙酸乙烯酯 |
| 亚苄基丙酮 | 2-丁烯 | 乙烯基异丁基醚 |
| 亚苄基-2-噻吩乙酮 | 异庚烯 | α-甲基戊酸乙烯酯 |
| 丁二烯类 | 环己烯 | 戊酸乙烯酯 |
| 　2-正戊基 | 1-辛烯 | 偏二氯乙烯 |
| 　2-乙基 | 1-戊烯 | ⑫与乙烯基烷基醚进行共聚合反应 |
| 　2-甲基-3-正丁基 | 丙烯 | 顺丁烯二酸二丁酯 |
| 　2-甲基-3-乙基 | ⑩与乙酸乙烯酯进行共聚合反应 | 乙烯酮类 |
| 　1-甲基-3-异丙基 | 丙烯酸甲酯 | 异丙基乙烯基醚 |
| 　2-异丙基 | 肉桂醛 | 全氟代丙烯 |
| 肉桂酸甲酯 | 肉桂腈 | 全氟代丁烯 |
| 肉桂酸 | 丙烯 | ⑬与乙烯基甲基酮进行共聚合反应 |
| 2-氯代-2-氟代乙烯 | 全氟代丙烯 | 丙烯酸 α-氰基-β-苯乙酯 |
| 糠基丙酮 | 苯甲酸乙烯酯 | 亚苄基-2-噻吩乙酮 |
| 糠基苯乙酮 | 乙烯基-2-氯乙基醚 | 3-苯基-1-(α-噻吩基)-1-丙烯-3-酮② |
| 衣康酸 | 氯乙烯 | 1,3-二噻吩基-1-丙烯-3-酮③ |
| 二氧化硫 | 偏二氯乙烯 | 亚苄基氯乙烯 |
| 3-苯基-1-(α-噻吩基)-1-丙烯-3-酮② | ⑪与氯乙烯进行共聚合反应 | ⑭与偏二氯乙烯进行共聚合反应 |
| 1,3-二噻吩基-1-丙烯-3-酮③ | N,N-二异丁基丙烯酰胺 | 甲基异丙烯基酮 |
| 氯乙烯 | 异丁烯 | 乙烯基呋喃 |
| 乙烯基呋喃 | 二乙基反丁烯二腈 | |

| Ⅳ 三元共聚合反应 | | |
| --- | --- | --- |
| ①丙烯腈与丙烯酸乙酯及 | 丙烯酸 | 氯乙烯及异丁烯 |
| 丙烯酸丁酯 | 丙烯酸丁酯 | 偏二氯乙烯及异丁烯 |
| 丙烯酸丁酯及其他 | 丙烯酸甲酯 | ④丙烯酸乙酯与 |
| 双丙烯醇缩二乙二醇碳酸酯 | 2-氯代-1,3-丁二烯 | 丙烯酸甲酯及 2-甲基丁二烯 |
| 顺丁烯二酸丙烯酯 | 2-甲基丁二烯 | 顺丁烯二酸正己酯及 2-氯乙烯-乙烯基醚 |
| 丁二烯 | 异丁烯 | 氯乙烯及异丁烯 |
| 2-甲基丁二烯 | 1,3-戊二烯 | 偏二氯乙烯及异丁烯 |
| 二乙烯苯 | 乙烯豆油酯 | 氯乙烯及丁二烯 |
| 香叶烯 | 乙烯亚麻仁油酯 | ⑤丙烯酸甲酯与 |
| 1,3-戊二烯 | 偏二氯乙烯 | 丙烯酸 2-乙基己酯及顺丁烯二酸丙烯酯 |
| 环戊二烯 | ③丙烯腈与 | 丁二烯及 1,3-戊二烯 |
| 乙烯基环己烷 | 2-甲基丁二烯及二甲基乙烯基炔基甲醇 | |
| ②丙烯腈与丁二烯及 | | |

| Ⅳ 三元共聚合反应 | | |
|---|---|---|
| ⑥1,3-丁二烯与 | ⑦1,3-丁二烯与 | 丙烯酸甲酯 |
| 1,3-戊二烯及 | 苯乙烯及 | 甲基丙烯酸甲酯 |
| 　异丁烯 | 　乙烯基吡啶 | 乙酸乙烯酯 |
| 　甲基丙烯酸甲酯 | 　乙烯豆油酯 | 氯乙烯 |
| 　甲基乙烯酮 | 　乙烯牛油酯 | 2-氟代丁二烯及甲基丙烯酸丁酯 |
| 　苯乙烯 | 　偏二氯乙烯 | ⑧甲基丙烯酸酯类与 |
| 丁烯及 α-甲基苯乙烯 | 氯代苯乙烯及偏二氯乙烯 | 氯乙烯及异丁烯 |
| 苯乙烯及 | α,4-二甲基苯乙烯及乙烯椰油酯 | 偏二氯乙烯及异丁烯 |
| 　茴香脑 | 甲基苯乙烯及甲基乙烯基醚 | 乙酸乙烯酯及 2-氯丁二烯 |
| 　2-甲基丁二烯 | α-甲基苯乙烯及 | ⑨甲基丙烯腈与 |
| 　2-氟代丁二烯 | 　偏二氯乙烯 | 氯乙烯及异丁烯 |
| 　甲基异丙烯基酮 | 　甲基乙烯基酮 | 偏二氯乙烯及异丁烯 |
| 　二乙烯苯 | 偏二氯乙烯及 | |
| 　乙烯亚麻仁油酯 | 　异丁烯 | |

① 又称 2-噻吩亚甲基丙酮。

② 又称 2-噻吩亚甲基苯乙酮。

③ 又称 2-噻吩亚甲基-2-噻吩乙酮。

进行乳液聚合应用比较广泛的单体有三类：①乙烯基单体，如苯乙烯、乙烯、乙酸乙烯酯、氯乙烯、偏二氯乙烯等；②共轭二烯烃单体，如丁二烯、氯丁二烯、异戊二烯等；③丙烯酸与甲基丙烯酸系单体，如丙烯酸甲酯、丙烯酸乙酯、丙烯酸丁酯、丙烯酸 2-乙基己酯、甲基丙烯酸甲酯、甲基丙烯酸丁酯、丙烯腈、丙烯酰胺等。

能够进行乳液聚合的非烯类单体相对较少，例子有：①用乳液聚合法制备聚硫化物的单体二硫醇[2]；②用乳液聚合法制备导电高分子聚苯胺的单体苯胺、甲氧基苯胺、烷基苯胺等[3]；③制备酚醛树脂乳液的单体苯酚、甲醛等[4]；④制备环氧树脂乳液的单体聚氧乙烯缩水甘油酯、端羟基聚乙二醇、双酚 A 二缩水甘油酯等[5]；⑤制备聚氨酯乳液的单体 N-甲基二乙醇胺、2,2-二羟甲基丙酸等[6]；⑥ 制备有机硅乳液的单体八甲基环四硅氧烷、氨基硅烷等[7]。

## 5.1.2　单体性质对乳液聚合反应的影响

在选择能在乳液中聚合的烯类单体时必须具备以下三个条件：①可以增溶溶解但不是全部溶解于乳化剂水溶液；②可在发生增溶溶解作用的温度下进行聚合；③与水或乳化剂无任何活化作用，即不水解。

对共聚合单体而言，如果其中一个单体极少溶于水，而另一个单体非常容易溶于水但不溶于前一单体，则共聚合反应难以发生。苯乙烯与亚甲基丁二酸（衣康酸，**42**）就是这种情况[8]，亚甲基丁二酸溶于水但很少溶于苯乙烯中，所得共聚物在乳液中比在溶液中聚合中含有更少的亚甲基丁二酸链节。

$$\underset{HO}{O}=\overset{CH_2}{\underset{C}{\overset{\|}{C}}}-\overset{}{\underset{}{C}}-CH_2-\overset{O}{\underset{OH}{C}}$$

**42**

研究表明，单体的水溶性会影响聚合速率。不同的单体在水中的溶解度差别很大，表 5-2 列出了几种通用单体的溶解度[9]。表 5-2 中还列出了乳胶粒中单体和聚合物的质量比，可以看出不同的单体这个比值差别很大：对于水溶性小的单体如苯乙烯、丁二烯来说，这个比值大约为 1；而对于水溶性大的单体如乙酸乙烯酯、丙烯酸甲酯来说，该比值则接近于 7。这种差别决定了聚合反应区（乳胶粒内）单体的浓度，因此单体水溶性大时，会引起乳液聚合动力学的改变[10]。

**表 5-2** 不同单体在水中的溶解度及乳胶粒中单体和聚合物的质量比

| 单　体 | 温度 /℃ | 水　溶　性 | | 乳胶粒中单体和聚合物的质量比 |
|---|---|---|---|---|
| | | 质量分数/% | 物质的量浓度/(kmol/L) | |
| 二甲基苯乙烯 | 45 | $0.6 \times 10^{-2}$ | $2.7 \times 10^{17}$ | 0.9~1.7 |
| 甲基苯乙烯 | 45 | $1.2 \times 10^{-2}$ | $6.1 \times 10^{17}$ | 0.6~0.9 |
| 苯乙烯 | 45 | $3.6 \times 10^{-2}$ | $2.1 \times 10^{18}$ | 1.1~1.7 |
| 丁二烯 | 25 | $8.2 \times 10^{-2}$ | $9.1 \times 10^{18}$ | 0.8 |
| 氯丁二烯 | 25 | $1.1 \times 10^{-1}$ | $7.5 \times 10^{18}$ | 1.7 |
| 异戊二烯 | — | — | — | 0.85 |
| 氯乙烯 | 50 | 1.06 | $1.0 \times 10^{20}$ | 0.84 |
| 甲基丙烯酸甲酯 | 45 | 1.50 | $9.0 \times 10^{19}$ | 2.5 |
| 乙酸乙烯酯 | 28 | 2.5 | $1.75 \times 10^{20}$ | 6.4 |
| 丙烯酸甲酯 | 45 | 5.6 | $3.9 \times 10^{20}$ | 6~7.5 |
| 丙烯腈 | 50 | 8.5 | $9.6 \times 10^{20}$ | — |

对水溶性大的单体的乳液聚合动力学的研究[11] 发现，随着单体水溶性的增大，对乳化剂浓度的反应级数减小，如图 5-1 所示。由图 5-1 可以看出，单体溶解度和反应级数之间有一定函数关系。增加单体的水溶性最少有两个作用：①有利于在水相中的溶液聚合，而不利于在乳胶粒中的聚合；②自由基链倾向于由乳胶粒向水相解吸。单体的水溶性越

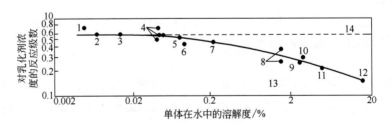

**图 5-1　单体在水中的溶解度（质量分数，%）与对乳化剂浓度的反应级数之间的关系曲线**

1—己酸乙烯酯；2—α-二甲基苯乙烯；3—α-甲基苯乙烯；4—苯乙烯；5—甲基丙烯酸丁酯；6—丙烯酸丁酯；
7—丁二烯；8—甲基丙烯酸甲酯；9—乙酸乙烯酯；10—苯乙烯在甲醇水溶液中；11—丙烯腈；
12—丙烯醛树脂；13—丙酸乙烯酯；14（虚线）—Smith-Ewart 理论值

大，聚合物的亲水性则越大。极性单体的水溶性将主要影响反应地点与成核机理。水溶性小的苯乙烯、丁二烯及氯丁二烯等单体基本符合 Smith-Ewart-Harkins 速率方程式，而水溶性较大的单体特别是丙烯酸甲酯、丙烯腈、乙酸乙烯酯等，它们都各有不同的反应地点和成核机理。

有些单体能与水作用，比如丙烯腈能与水形成腈乙醇[12]。丙烯腈还能与过氧化氢[13]、硫醇[14]、亚硫酸氢盐[15] 及胺类[16] 起作用。所有这些化合物又常是配方中的组分。然而在最佳聚合反应条件下，由于这些副反应损失的丙烯腈是很少的，所以它仍具有水溶性单体的特征，是乳液聚合的重要单体。

当单体中有溶剂或有非水溶性的稀释剂存在时，对于在乳液中的聚合反应行为有强烈的影响。如果溶剂或稀释剂不起化学反应，它们仍然起分隔聚合物链以及减少交联或支化的调节作用[17-19]。有人发现某些溶剂如庚烷能使乳液黏度增加，并使反应变慢，有些溶剂则可使乳液稳定[20]。

乳液聚合反应中对单体的质量有严格的要求，不同方法生产的单体，其成分和杂质含量有所不同，而不同聚合配方，对不同杂质的敏感性也各不相同。对单体质量的要求将分别在以下各节中加以讨论。

### 5.1.3　单体对乳液聚合物性能的影响

在乳液聚合体系中，单体是最重要的组分，单体的种类和用量决定着乳液聚合物的力学性能（如硬度、拉伸强度、断裂伸长率、冲击强度、弹性、韧性、耐磨性、耐久性、抗划伤性等）、化学性能（如耐水性、耐酸性、耐碱性、防腐性、耐油脂性、耐溶剂性等）、粘接性能（粘接强度、附着力等）、黏着性、耐候性、光学性质（如光泽性、透明性等）、透气性、抗污性及施工性能等。针对聚合物乳液的某一具体用途，合理选择进行乳液聚合的单体是至关重要的。

每种单体都具有其独到的功能，都可以赋予乳液聚合物及聚合物乳液某种独特的性能[21,22]。例如丙烯腈、甲基丙烯酰胺、甲基丙烯酸等单体，因其具有很强的极性和很高的玻璃化转变温度，故赋予乳液聚合物以很高的硬度、强度、耐油脂性、耐溶剂性、抗划痕性及粘接性能；丙烯酸与甲基丙烯酸系单体可赋予聚合物以优良的耐候性、透明性及抗污性；氯乙烯、偏二氯乙烯、氯丁二烯等单体可赋予乳液聚合物以高强度、阻燃性和耐油性；苯乙烯、丁二烯、丙烯酸高级脂肪醇酯等单体可赋予乳液聚合物以良好的耐水性；四氟乙烯、三氟氯乙烯等单体可赋予乳液聚合物以优良的憎水性、憎油性和防腐性；丙烯酸、甲基丙烯酸、衣康酸、马来酸、富马酸等单体可使乳液聚合物分子链带上羧基，制成羧基乳液，这样可以赋予聚合物乳液高的机械稳定性、冻融稳定性、碱增稠性及良好的施工性能。

硬度、强度、韧性、弹性等参数是衡量聚合物性能优劣的最基本、最重要的技术指标，这些技术指标均与聚合物的玻璃化转变温度密切相关。表 5-3 中列出了多种均聚物的玻璃化转变温度 $T_g$[21-25]。

表 5-3　均聚物的玻璃化转变温度

| 均聚物 | 玻璃化转变温度/℃ | 均聚物 | 玻璃化转变温度/℃ |
|---|---|---|---|
| 聚甲基丙烯酰胺 | 235 | 聚甲基丙烯酸正丁酯 | 22 |
| 聚 $\alpha$-甲基苯乙烯 | 155 | 聚甲基丙烯酸二甲氨基乙酯 | 19 |
| 聚丙烯酰胺 | 153 | 聚丙烯酸环己酯 | 16 |
| 聚叔丁基苯乙烯 | 132 | 聚甲基丙烯酸正戊酯 | 10 |
| 聚顺丁烯二酸 | 131 | 聚丙烯酸甲酯 | 8 |
| 聚甲基丙烯酸 | 130 | 聚丙烯酸苄基酯 | 6 |
| 聚四氟乙烯 | 127 | 聚 $C_{10}$ 叔碳酸乙烯酯 | −3 |
| 聚甲基丙烯腈 | 120 | 聚丙烯酸异丁酯 | −4 |
| 聚甲基丙烯酸异冰片酯 | 110 | 聚甲基丙烯酸正己酯 | −5 |
| 聚甲基丙烯酸叔丁酯 | 107 | 聚丙烯酸异丙酯 | −5 |
| 聚丙烯酸 | 106 | 聚丙烯酸 2-羟丙酯 | −7 |
| 聚对甲基苯乙烯 | 106 | 聚乙烯基甲醚 | −13 |
| 聚甲基丙烯酸甲酯 | 105 | 聚丙烯酸 2-羟乙酯 | −15 |
| 聚丙烯腈 | 105 | 聚甲基丙烯酸正辛酯 | −20 |
| 聚甲基丙烯酸环己酯 | 104 | 聚丙烯酸乙酯 | −22 |
| 聚苯乙烯 | 100 | 聚丙烯酸异丁酯 | −40 |
| 聚 $\alpha$-氰基丙烯酸正丁酯 | 85 | 聚 $C_{11}$ 叔碳酸乙烯酯 | −40 |
| 聚氯乙烯 | 81 | 聚乙烯基乙醚 | −42 |
| 聚甲基丙烯酸异丙酯 | 78 | 聚氯丁二烯 | −45 |
| 聚 $C_9$ 叔碳酸乙烯酯 | 70 | 聚丙烯酸正丙酯 | −48 |
| 聚甲基丙烯酸乙酯 | 65 | 聚丙烯酸正丁酯 | −54 |
| 聚甲基丙烯酸 2-羟乙酯 | 55 | 聚丙烯酸正己酯 | −60 |
| 聚甲基丙烯酸异丁酯 | 53 | 聚甲基丙烯十二烷基酯 | −65 |
| 聚偏二氯乙烯 | 52 | 聚甲基丙烯酸正癸酯 | −70 |
| 聚甲基丙烯酸异丙酯 | 48 | 聚丙烯酸 2-乙基己酯 | −72 |
| 聚甲基丙烯酸缩水甘油酯 | 40 | 聚异戊二烯 | −73 |
| 聚甲基丙烯酸正丙酯 | 33 | 聚乙烯 | −80 |
| 聚乙酸乙烯酯 | 27 | 聚丁二烯 | −86 |
| 聚甲基丙烯酸 2-羟丙酯 | 26 | 聚二甲基硅氧烷 | −123 |

聚合物乳液的最低成膜温度（MFT）是衡量乳液聚合物性能和聚合物乳液施工性能的另一个重要参数。MFT 与构成聚合物乳液的玻璃化转变温度非常接近，一般来讲其偏差落在 $-5℃ \leqslant (T_g - \text{MFT}) \leqslant 8℃$ 之间，究竟是出现正偏差、负偏差还是零偏差，与乳液的乳胶粒直径、聚合物的极性与分子量、乳化剂或保护胶体的种类与用量有关[26]。

聚合物的 $T_g$ 或聚合物乳液的 MFT 越高，乳液聚合物的硬度就越大，可以根据均聚物的 $T_g$ 将生成它的单体分成三类：①在 $T_g > 40℃$ 时生成均聚物的单体为硬单体，如甲基丙烯酸甲酯、丙烯腈、苯乙烯、氯乙烯等；②在 $T_g < -10℃$ 时生成均聚物的单体，称之为软单体，如丁二烯、乙烯、丙烯酸丁酯、丙烯酸 2-乙基己酯等即属此类；③在 $40° \leqslant T_g \leqslant -10℃$ 时生成均聚物的单体，可称之为软硬适中的单体，如乙酸乙烯酯、丙烯酸甲酯等即属此类。对一个具体用途来讲，可以根据其均聚物的 $T_g$，来选定聚合物的硬度。

市售均聚物乳液很少，一般针对不同用途设计成若干种单体的共聚物乳液，其乳液共聚物的 $T_g$ 可用下列 Fox 方程近似估算。

$$\frac{1}{T_g} = \frac{W_1}{T_{g_1}} + \frac{W_2}{T_{g_2}} + \cdots + \frac{W_i}{T_{g_i}} = \sum_{i=1}^{\infty} \frac{W_i}{T_{g_i}} \tag{5-1}$$

式中　$T_g$——共聚物的玻璃化转变温度，K；

　　　$T_{g_i}$——共聚单体 $i$ 的均聚物的玻璃化转变温度，K；

　　　$W_i$——共聚单体 $i$ 在单体总量中所占质量分数，应有 $\sum_{i=1}^{\infty} W_i = 1$。

# 5.2　乙烯基单体

## 5.2.1　苯乙烯

进行乳液聚合研究，苯乙烯（St）是一种理想的单体，这不仅是由于聚苯乙烯的工业规模，还有以下几种原因。

① 苯乙烯沸点为 145℃，与那些沸点较低的在通常状态下为气体的乙烯、丙烯、氯乙烯等单体比较，在实验室较易处理，不需要耐压容器等特殊设备，也没有危险性；并且可以适当的速率聚合；能够进行反应的温度范围很宽；在保持很大反应速率的情况下，能得到分子量较高的聚合物；聚合反应容易控制，不仅能用一般方法（改变引发剂的浓度和反应温度），也可用特殊方法（改变乳化剂的种类、浓度以及加入电解质）进行调节，因而关于苯乙烯乳液聚合的研究工作进行得较早。

② 苯乙烯在受热时（沸点以下的温度）容易发生聚合反应，既可以进行自由基（包括热聚合）聚合、阳离子聚合及阴离子聚合，也能用齐格勒催化剂进行配位聚合。通常苯乙烯可以作为比较单体的聚合性的基准物质。有关苯乙烯自由基本体聚合和溶液聚合的文献数量很多，在理论上具有重要的指导意义。

③ 其乳液聚合反应历程与本体聚合及溶液聚合一致。在乳液聚合体系中，苯乙烯的纯度对聚合反应速率具有显著影响，因此实验室和工业上对苯乙烯的纯度都有很严格的要求，如表 5-4 所示。

苯乙烯受热时会形成自由基，加热到 120℃ 以上时生成自由基的速率明显增加，因此可用热引发聚合。苯乙烯受热引发聚合的反应产物很复杂，至少有 15 种以上的低聚物生成。为防止苯乙烯在贮藏或运输过程中发生聚合，通常应添加少量的对叔丁基儿茶酚（TBC）或对叔丁基邻苯二酚 $[(2\sim4) \times 10^{-6} g/g]$，因此在用于聚合反应前需要用氢氧化钠洗涤除去。

表 5-4 　苯乙烯的规格①

| 项　　目 | 规　　格 | 项　　目 | 规　　格 |
|---|---|---|---|
| 纯度 | >99.3%（质量分数） | 氯 | <0.05%（质量分数） |
| Savbolt（塞波特比色计） | <25 | 乙苯 | <0.015%（质量分数） |
| 外观 | 透明 | 对二乙烯基苯 | <0.05%（质量分数） |
| 醛类（以苯甲醛计） | <0.02%（质量分数） | 聚合物 | <0.2%（质量分数） |
| 过氧化物（以 $H_2O_2$ 计） | <0.01%（质量分数） | 聚合物在苯中的溶解度 | 以任何比例相互溶解 |
| 硫（总硫量） | <0.02%（质量分数） | 黏度（25℃） | $<0.8×10^{-3}Pa·s$ |
| 硫（游离硫量） | <0.002%（质量分数） | 阻聚剂（对叔丁基邻苯二酚） | $(10\sim15)×10^{-6}g/g$ |

① （日）合成ゴムハンドブック，1971 年增订新版第四版。

已经发表的有关苯乙烯乳液聚合的很多工作，都和反应历程的研究有关，将在下面着重介绍。

苯乙烯难溶于水，但在浓度为 2%～5% 的肥皂溶液中，其溶解度可以增加到 0.5%～1.0%。采用的乳化剂浓度在临界胶束浓度以上时，与 Smith-Ewart 动力学相符合，但是水中有甲醇存在，或者单体中存在丙烯腈或甲基丙烯腈时，则能改变引发反应的地点，已有确切的证据证明这种引发作用发生在水相中[27]。从根本上说，类似的结论可应用于低浓度乳化剂存在时的乳液聚合[28]。对于苯乙烯于 60℃ 下的乳液聚合计算得到的 $k_p$ 值为 122L/(mol·s)，该值和本体聚合或溶液聚合非常吻合[29]。对苯乙烯的大多数研究工作采用过硫酸盐为引发剂，但正常的动力学关系与采用油溶性过氧化氢异丙苯作引发剂时相一致[30]。Vanderhoff 做了一系列实验，目的是为了检验 Smith-Ewart 理论对于每毫升水相中含有 $10^{14}$ 个粒子体系的有效性。他在实验中观察到，当转化率达到 55% 时有一个向低聚合速率的转变。在聚合反应过程中测得乳胶粒的增大程度，揭示了在反应速率上的变化发生在单体珠滴消失的那一时刻。从反应速率的测定及用电子显微镜对粒子数目的测定发现，每一个粒子中的聚合反应速率随着粒子数的 −0.83 次方而变化，而每毫升水相中粒子的含量范围是 $5×10^{14}$～$5×10^{15}$ 个。还发现比例常数取决于脂肪酸盐的性质及其浓度[31]。实验中还证实了采用脂肪酸盐乳化剂且在临界胶束浓度以上时，所形成的粒子数与 Smith-Ewart 动力学理论相符合，而随着脂肪酸盐浓度降低到临界胶束浓度以下，粒子数则显著减少。在这个浓度范围内，粒子数与引发剂的量无关，而只取决于脂肪酸盐的浓度。从聚合速率和产物分子量的数据，可以计算出终止反应的速率常数及向单体的链转移常数。终止速率常数比在水溶液中聚合得到的值要小 2～3 个数量级，这个差别是由于凝胶效应造成的。

关于苯乙烯衍生物的聚合，不少学者进行了研究[32,33]，将甲基苯乙烯、2,4-二甲基苯乙烯及苯乙烯三者的乳液聚合作了比较。在以过硫酸钾为引发剂，磺化的 $C_{18}$ 烯的碱金属盐为乳化剂，于 45℃ 下进行聚合时，这三种单体都服从 Smith-Ewart 动力学，其反应速率与乳化剂浓度的 0.6 次方及引发剂浓度的 0.4 次方成正比。在相同的硬脂酸盐及引发剂浓度条件下，用聚合速率来判断这三种单体的活性，可以明显看出依下列顺序递减，即苯乙烯＞甲基苯乙烯＞二甲基苯乙烯。同时还发现，聚苯乙烯粒子数随着硬脂酸盐及引发剂浓度的变化与 Smith-Ewart 动力学式相符合，而对另外两种单体则是不相符的。与甲基苯乙烯相对应的乳化剂和引发剂浓度的方次分别为 0.72 和 0.18，而与二甲基苯乙烯相应的方次则分别为 1.0 和 0.09。这种现象可以解释为由于甲基的存在，加大了链增长和链终止反应的空间障碍。同时还研究了苯乙烯、邻甲基苯乙烯、对甲基苯乙烯和间甲基苯乙烯与对甲基苯乙烯的混合物的乳液共聚合。采用的引发剂为过硫酸钾，乳化剂为十二烷基硫酸钠，在 30~70℃下进行聚合，发现当温度低于 70℃时与 Smith-Ewart 动力学理论基本相符。

在表 5-5 中给出了苯乙烯的典型聚合数据。

表 5-5 苯乙烯乳液聚合典型数据[34]

| 聚合温度 /℃ | 乳化剂[①] /% | $K_2S_2O_8$ /% | 聚 合 速 率 | | [η]最大值 |
| --- | --- | --- | --- | --- | --- |
| | | | /(%/min)[②] | /[×10^19 g 乳胶粒/(s·cm³ 水)] | |
| 30.5 | 0.5 | 0.172 | 0.09 | 0.42 | 17.4 |
| 50 | 0.5 | 0.172 | 0.40 | 0.78 | 9.72 |
| 70 | 0.5 | 0.172 | 1.49 | 1.44 | 5.29 |
| 70 | 0.5 | 0.516 | — | 1.25 | — |
| 70 | 2.0 | 0.172 | — | 1.95 | — |
| 90 | 0.5 | 0.172 | 4 | 2.63 | 1.43 |

① 乳化剂，以硬脂酸钠/棕榈酸钠为主。

② 由最大分子量时的聚合物收率算出的转化速率。

注：单体/水＝40/60。

由表 5-5 结果可以看出，乳化剂浓度、引发剂浓度及温度三个重要参数对体系中乳胶粒数、聚合速率和聚合度的影响规律与典型的乳液聚合机理相符合。

单分散聚苯乙烯乳液的制备可采用直接聚合法和乳液种子聚合法[35]。直接聚合法制备单分散乳液的配方如表 5-6 所示。

表 5-6 单分散聚苯乙烯乳液的聚合配方

| 原 料 | 用量/份 | 规 格 |
| --- | --- | --- |
| 苯乙烯 | 20 | 纯度≥99.9% |
| 乳化剂 | 0.75 | 商品名：Aerosol MA 磺基琥珀酸二己酯钠 |
| 引发剂（$K_2S_2O_8$） | 0.1 | 试剂级 |
| pH 调节剂（$NaHCO_3$） | 0.125 | $NaHCO_3$ 水溶液澄清除去灰尘和机械杂质 |
| 水 | 占全部反应混合物液体量的 80% | 新制的蒸馏水 |

注：反应条件为在 70℃恒温水浴中，聚合 7h，转化率接近 100%乳胶粒平均直径为 180nm。

用聚丙烯的过氧化物作大分子引发剂，并以三亚乙基四胺等作活化剂进行苯乙烯乳液聚合，可得到高分子量（100 万以上）且接近单分散的（$\overline{M}_w/\overline{M}_n = 1.01 \sim 1.13$）聚苯乙烯。同时如果将另一种单体如甲基丙烯酸甲酯（MMA）加入这种活性大分子游离基体系中，就可得 St-MMA 嵌段共聚物。

为了提高苯乙烯乳液聚合中乳胶粒的直径，工业上采用种子乳液聚合法。苯乙烯种子乳液聚合配方如表 5-7 所示。

**表 5-7** 苯乙烯种子乳液聚合阶段及配方[①]

| 第Ⅰ阶段:溶胀 | | |
|---|---|---|
| 单体 | 苯乙烯 | $[M]=10\%\sim20\%$ |
| 聚合物 | 单分散聚苯乙烯乳胶粒 | $[P]=2\%\sim8\%$ |
| 乳化剂 | Aerosol MA | $[S]=0.02\%\sim0.08\%$ |
| 水 | ≤总体积的80% | |
| 条件 | 室温,20h | |
| 第Ⅱ阶段:聚合 | | |
| 引发剂 | $K_2S_2O_8$ | $[I]=0.2\%$ |
| pH调节剂 | $NaHCO_3$ | $[R]=0.25\%$ |
| 水 | ≤总体积的100% | |
| 聚合条件 | 70℃,7h | |

① [M]、[P]、[S]、[I] 及 [R] 分别表示单体、聚合物、乳化剂、引发剂及 pH 调节剂的浓度（质量分数,%）。

对于某些特定的 [M]、[P]、[S] 和 $D_s$（种子乳胶粒的直径）值，通过种子乳液聚合得到了具有代表性的聚合物乳胶粒直径 $D_p$ 值，示于表 5-8 中。

**表 5-8** 乳液种子聚合得到的聚合物乳胶粒直径 $D_p$

| [M]/% | [P]/% | [S]/% | $D_s$/nm | $D_p$/nm |
|---|---|---|---|---|
| 20 | 2.0 | 0.075 | 180 | 400 |
| 10 | 5.4 | 0.069 | 400 | 530 |
| 10 | 6.7 | 0.054 | 530 | 730 |
| 10 | 7.2 | 0.035 | 730 | 940 |

聚苯乙烯的缺点是质脆，耐冲击性差，因而限制了它的使用范围。人们为了改进其耐冲击性，采用丙烯腈与苯乙烯共聚（AS 塑料）或甲基丙烯酸甲酯与苯乙烯共聚（MS 塑料），都取得了良好效果。经过不断研究，发现在丁二烯和苯乙烯的共聚中加入丙烯腈第三组分可使综合性能提高，既有较高抗冲击性能，亦不损害其他强度及耐热性，这就是 ABS 树脂的乳液接枝共聚物。

窄分布苯乙烯共聚物乳液配方如表 5-9 所示。

**表 5-9** 苯乙烯与二乙烯基苯的共聚配方[36]

| 组分与项目 | a配方/质量份 | b配方/质量份 | c配方/质量份 |
|---|---|---|---|
| 苯乙烯 | 113.8 | 92 | 104.5 |
| 二乙烯基苯 | 1.2 | 23 | 0.5 |
| 种子胶乳[①] | — | — | 88 |
| 水 | 60 | 67.5 | 95 |
| Triton-X100(18 g/100mL)[②] | 18 | 36.2 | — |
| Ultrawet-K(10 g/100mL)[③] | 3.75 | — | — |

聚合物乳液合成原理性能及应用
（第三版）

| 组分与项目 | a 配方/质量份 | b 配方/质量份 | c 配方/质量份 |
|---|---|---|---|
| Siponate-DS10(1 g/100mL)[④] | — | 12.1 | 5.0 |
| NaOH(0.1mol/L) | — | 7.4 | — |
| 过硫酸钾(3g/100mL) | 25 | 3.7 | 6.0 |
| 乳胶粒直径 $D_p/\mu m$ | 0.250 | 0.225 | 0.350 |
| 聚合条件 | 于 65～70℃聚合 24h | | 于 70℃聚合,乳化剂和单体在 3h 内滴加,然后到完全聚合 |

① 采用类似配方制得的乳液,胶粒直径为 0.177μm。
② 为异辛基苯酚聚氧乙烯醚。
③ 为含 10%硫酸钠的十二烷基苯磺酸钠。
④ 为提纯过的十二烷基苯磺酸钠。

## 5.2.2 乙烯

聚乙烯大多是用高压均相聚合或在低压下用配位催化剂制得的,但是乙烯的乳液聚合物和共聚物也有少量生产。可用作黏合剂、涂料及地板上光剂等。

乙烯的物理性质和聚合级乙烯规格示于表 5-10 及表 5-11。

**表 5-10** 乙烯的物理性质

| 项 目 | 指 标 | 项 目 | 指 标 |
|---|---|---|---|
| 分子量 | 28.05 | 沸点时的蒸发热/(kJ/kg) | 496 |
| 相对密度 | 0.9852 | 燃烧热/(kJ/kg) | 1412 |
| 熔点/℃ | −169.4 | 在水中溶解度(20℃)/($m^3/m^3$) | 0.256 |
| 沸点/℃ | −103.8 | 爆炸范围(空气中,体积分数)/% | |
| 临界温度/℃ | 9.9 | 上限 | 16～29 |
| 临界压力/MPa | 5.12 | 下限 | 3～3.5 |

**表 5-11** 聚合级乙烯规格

| 项 目 | 规 格 | |
|---|---|---|
| | A | B |
| 乙烯 | 99.9%(质量分数) | >99.95%(体积分数) |
| 丙烯 | — | $<10\times10^{-6}$ |
| 甲烷/$\times10^{-6}$ | }<1500 | }<1500 |
| 乙烷/$\times10^{-6}$ | | |
| 丙烷/$\times10^{-6}$ | — | $<10$ |
| 乙炔/$\times10^{-6}$ | $<5$ | $<5$ |
| $C_3$ 炔烃及二烯烃/$\times10^{-6}$ | — | — |
| 氧/$\times10^{-6}$ | $<1$ | $<2$ |

| 项　目 | 规　格 | |
| --- | --- | --- |
| | A | B |
| 二氧化碳/$\times 10^{-6}$ | <5 | <5 |
| 一氧化碳/$\times 10^{-6}$ | <5 | <5 |
| 水/$\times 10^{-6}$ | 露点约60℃ | <1 |
| 氢/$\times 10^{-6}$ | — | <5 |
| 硫/$\times 10^{-6}$ | <1 | <1 |

乙烯的乳液聚合和均相自由基聚合一样[37]，需要高压（达30.4MPa）。但是当与乙酸乙烯酯共聚时，由于乙酸乙烯酯的活性和乙烯接近，就可以在较低压力下进行。所用压力决定着乙烯在水相中的浓度，从而也就决定着乙烯在共聚物中的比例。

在31MPa的压力及80℃条件下，乙烯在水相中的溶解度为1%～2%（即0.3～0.6mol/L），大于苯乙烯在水相中的溶解度，用物质的量浓度表示时，因乙烯分子量小，其差别尤为显著。在高压下进行反应时，乙烯在水相中的溶解度随着压力的增大而提高。溶液中有丁醇存在时会提高其溶解度。在反应体系中有胶束存在时溶解度为乙烯在水相中溶解度的2倍，这是因为在胶束内有一半单体以增溶溶解形式存在。Helin等[38-40]，采用0.2%～0.3%的过硫酸钾作为引发剂，用1.7%～1.9%的脂肪酸钾（月桂酸钾、肉豆蔻酸钾和硬脂酸钾等）作为乳化剂，在85℃和20.68MPa压力下对乙烯的乳液聚合进行了研究，得到了固含量为20%～30%的乳液。用硬脂酸钾得到的乳胶粒尺寸要比用月桂酸钾和肉豆蔻酸钾得到的乳胶粒尺寸大一些。加入10%～15%的水溶性醇，例如叔丁醇，能减少聚合初期阶段形成小乳胶粒的倾向，也就是说，加入水溶性醇可以增大乳胶粒尺寸，提高聚合物的分子量，其结果如表5-12所示。在正常使用范围内，引发剂浓度对乳胶粒的平均直径无影响，但是平均直径随胶束数量的增加而减小。在聚合过程中，如果有叔丁醇存在时，乳胶粒的数量会增加，反之则乳胶粒数量减少。不存在叔丁醇时，乳胶粒的数量与乳化剂浓度的1.1次方成正比。影响乳液稳定性的因素很多，主要与三个因素有关：①加入乳液中的后稳定剂（反应结束后，为使体系稳定而加入的稳定剂）的种类和数量；②乳胶粒的平均尺寸；③固体含量。当乳液中含固量较低时（约30%），能使乳胶粒直径较大（80nm），若加入足够的后稳定剂以覆盖更多的乳胶粒表面，换句话说，如果乳胶粒表面被吸附的乳化剂完全覆盖，也能得到稳定的体系。乳液的稳定性还和每摩尔乳化剂中氧乙基链节的平均个数有关，每一个吸附分子所占有的面积随氧乙基链节的数目成线性增加，图5-2说明了这种影响。

**表 5-12**　添加叔丁醇对乳胶粒尺寸的影响[37]

| 反应介质中叔丁醇的质量分数/% | 乳液最终pH值 | 乳胶粒平均直径/μm | 乳胶粒直径的标准偏差/μm | 聚合物的特性黏数/(dL/g) |
| --- | --- | --- | --- | --- |
| 0 | 2.2 | 0.153 | 0.068 | 0.225 |
| 7.5 | 1.9 | 0.465 | 0.372 | 0.440 |
| 15 | 3.1 | 0.129 | 0.029 | 0.878 |
| 30 | 2.1 | 0.219 | 0.027 | 0.850 |

注：反应温度为90℃；反应体系为水100-$x$份，丁醇$x$份，引发剂$K_2S_2O_8$ 0.25份＋维持反应需要增加的量0.06×$10^{-2}$份，乳化剂烷基苯基聚氧乙烯醚3份。

在乙烯乳液聚合的研究中发现[41,42]，聚合物中存在有结合的乳化剂分子，显然它是乳化剂同增长的聚合物链发生链转移而产生的。聚合速率和聚合物的分子量随结合乳化剂浓度的增加而下降，结果示于图5-3及表5-13。

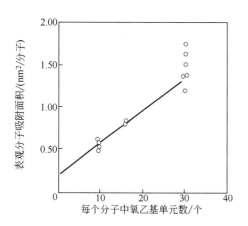

图 5-2　烷基苯基聚氧乙烯醚的表观分子吸附
面积对氧乙基单元数目的依赖关系

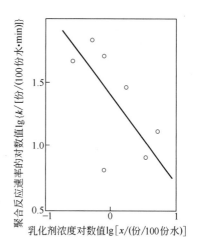

图 5-3　在乙烯乳液聚合中乳化剂浓
度对过硫酸盐引发速率的影响

反应温度为85℃；压力为31.03MPa
反应体系中：乙烯视需要而定；水100份；烷基苯基
聚氧乙烯醚，变数；过硫酸酸钾（引发剂）0.5份

**表 5-13**　聚合物特性黏数与化学结合乳化剂的关系

| 聚合物特性黏数/(dL/g) | 化学结合的乳化剂[①]/% |
| --- | --- |
| 0.87 | 1.65 |
| 0.83 | 3.90 |
| 0.44 | 5.28 |
| 0.40 | 5.62 |
| 0.34 | 6.02 |
| 0.19 | 14.51 |

① 结合乳化剂的量用红外分光光度计测定。

## 5.2.3　乙酸乙烯酯

乙酸乙烯酯均聚物及其共聚物的乳液是应用于油漆、涂料及黏合剂等方面的最大品种。乙酸乙烯酯乳液涂料具有水基漆的优点，即黏度小、分子量大以及不使用易燃溶剂等。乙酸乙烯酯乳液的特点是粘接性大，作为涂料，纸张、织物及地板均可涂用；作为黏合剂，无论木材、纸张或织物等多孔性表面都可应用。乙酸乙烯酯乳液的固体含量通常为50%，而且稳定性好，因此在工业上具有重大的经济价值。

乙酸乙烯酯的物理性质和规格示于表5-14及表5-15中。乙酸乙烯酯蒸气有毒，对中枢神经系统有伤害作用，同时刺激黏膜并引起流泪。当有极少量过氧化物存在时，乙酸乙烯酯即可聚合，当没有加稳定剂时存放时间不可超过24h（在密闭容器中可引起爆炸），在较低的温度下它可以保存比较长的时间。最有效的稳定剂为二苯胺（用量 0.01%～0.02%）、两价金属（Cu、Zn、Mg）的松脂酸盐等，乙酸乙烯酯可置于铝、铁及钢制的槽车中运输。

表 5-14  乙酸乙烯酯的物理性质

| 性　能 | 指　标 | 性　能 | 指　标 |
|---|---|---|---|
| 沸点/℃ | 72 | 聚合热/(kJ/mol) | 89.2 |
| 熔点/℃ | −100.2 | 燃烧热/(kJ/mol) | $2.07\times10^3$ |
| 相对密度 | 0.9342 | 在水中的溶解度(20℃)/% | 2.5 |
| 折射率($n_D^{20}$) | 1.3958 | 水在乙酸乙烯酯的溶解度(20℃)/% | 0.1 |
| 着火点/℃ | −8～−5 | 自燃点/℃ | 427 |
| 黏度(20℃)/Pa·s | $4.32\times10^{-4}$ | 爆炸极限(体积分数)/% | 2.6～13.4 |
| 蒸发潜热/(kJ/mol) | 32.7 | 毒性(LD$_{50}$,鼠)/(g/kg) | 0.3 |

表 5-15  乙酸乙烯酯的规格

| 项　目 | 规　格 | 项　目 | 规　格 |
|---|---|---|---|
| 相对密度 | 0.9335～0.9345 | 醛含量/% | <0.05 |
| 沸点范围(101.3kPa)/℃ | 71.8～73 | 沸腾后残渣/% | <0.05 |
| 酸度(乙酸含量)/% | <0.02 | 水分/% | <0.15 |

　　如果说苯乙烯、丁二烯等单体可以被看作几乎不溶于水的话，那么乙酸乙烯酯是水溶性较大的单体，它在水中的溶解度28℃时为 2.5%，而且容易水解，水解产生的乙酸会干扰聚合。乙酸乙烯酯的乳液聚合比苯乙烯有着更复杂的影响因素，乙酸乙烯酯的自由基比苯乙烯的自由基具有更大的反应活性，在乙酸乙烯酯乳液聚合中，向聚合体系中其他组分的链转移更加明显。在工业生产中习惯用聚乙烯醇作保护胶体，而常规的苯乙烯-丁二烯乳液共聚合则采用乳化剂。在乙酸乙烯酯乳液聚合中有时也加入一些乳化剂，但保护胶体的作用是主要的，而乳化剂的作用则是辅助性的。所用的保护胶体聚乙烯醇是由聚乙酸乙烯酯水解而来的。

　　有关乙酸乙烯酯乳液聚合的研究工作很多[43-63]，研究表明，用聚过硫酸钾作引发剂，用聚甲基丙烯酸或聚乙烯醇等作为保护胶体，对在 50～70℃下进行的乙酸乙烯酯乳液聚合来说，反应产物具有相当窄的粒度分布（和用乳化剂时相比）。随着乙酸乙烯酯与水相比例的增大，所生成的乳胶粒数急剧地下降。在过硫酸盐引发的乙酸乙烯酯乳液聚合反应中，如果采用氧化乙烯-氧化丙烯缩合物作为乳化剂，则发现乳化剂浓度对乳胶粒数的多少有明显的影响（如图 5-4 所示）。

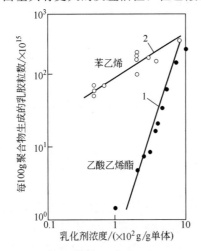

**图 5-4  乳化剂浓度对乳胶粒数的影响[45]**
1—反应温度为 65～70℃；反应体系为单体乙酸乙烯酯 55 份，水 45 份，环氧乙烷-环氧丙烷共聚物变量，K$_2$S$_2$O$_8$ 0.041 份
2—反应温度为 50℃；反应体系为单体苯乙烯（乳化剂为脂肪酸皂）100 份，引发剂（K$_2$S$_2$O$_8$ 水溶液）0.175 份，乳液固体含量 35%

研究发现，改变引发剂浓度对乙酸乙烯酯的乳液聚合反应速率有较大的影响，其结果如图 5-5 所示。但是在很宽的范围内改变引发剂浓度对乳胶粒的平均尺寸影响不大。

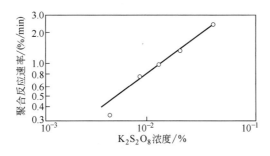

**图 5-5 引发剂浓度对乙酸乙烯酯乳液聚合反应速率的影响**

反应温度为 70℃；反应体系为乙酸乙烯酯 20 份，
1.01% 的聚乙烯醇溶液 80 份，$K_2S_2O_8$ 变量

研究还发现，若将反应温度由 50℃ 增加至 70℃，乳胶粒的平均体积将减小 3/4。若向体系中加入 NaCl，会形成更大的乳胶粒。加入少量的阻聚剂会加长诱导期，同时会减小乳胶粒尺寸，其原因是阻聚剂与过硫酸根离子的相互反应而生成了分子链末端带有过硫酸根的表面活性剂。当用月桂基硫酸钠作乳化剂时，乳胶粒的体积要比用聚甲基丙烯酸作保护胶体时小几个数量级。

有人认为，水溶液中的聚合会出现在整个转化率范围内，只要单体在水相中保持饱和浓度，新的乳胶粒就会不断生成，这与乳胶粒生成的胶束机理是不同的。初级乳胶粒最大的数目等于在聚合反应过程中所生成的分子量大到可以沉淀出来的分子数目。这个数目实际上可以被过饱和效应所减少，也可以由于几个链结合到一起形成一个乳胶粒而减少。乳胶粒聚结的倾向与表面活性剂的效率有关，月桂基硫酸钠要比聚甲基丙烯酸效率高得多。保护胶体把整个水相变成了水溶胶，使乳胶粒不能彼此靠近。

不少学者还在 70℃ 下，以过硫酸钾为引发剂，以部分水解的聚乙酸乙烯酯为保护胶体，进行了乙酸乙烯酯乳液聚合动力学的研究。他们所用的单体量远远超过 70℃ 时乙酸乙烯酯在水中的饱和溶解度，在单体浓度和引发剂浓度相同的条件下，对于四个不同的保护胶体用量进行了研究，最终得到了转化率-时间关系，发现经过 30min 的诱导期以后，直到转化率达到 70%，转化率-时间关系基本上是一条直线。这说明对于总的单体浓度为零级反应。聚合反应速率对保护胶体（聚乙烯醇）的依赖关系列入表 5-16 中。聚合反应速率对保护胶体浓度来讲是 0.6 级反应。

**表 5-16** 聚乙烯醇（PVA）浓度对乙酸乙烯酯乳液聚合反应速率的影响

| 水相中聚乙烯醇浓度 /(g/cm³) | 单位体积水中聚合反应速率 /[%/(min·cm³)] | 聚合速率 / [水相中 PVA 浓度]³/⁵ /{%/[min·(cm³)²/⁵·g³/⁵]} |
|---|---|---|
| $2.04 \times 10^{-2}$ | $3.0 \times 10^{-2}$ | 0.31 |
| $1.52 \times 10^{-2}$ | $2.35 \times 10^{-2}$ | 0.29 |

| 水相中聚乙烯醇浓度 /(g/cm³) | 单位体积水中聚合反应速率 /[%/(min·cm³)] | 聚合速率 [水相中 PVA 浓度]³ᐟ⁵ /{%/[min·(cm³)²ᐟ⁵·g³ᐟ⁵]} |
|:---:|:---:|:---:|
| $1.01\times10^{-2}$ | $1.7\times10^{-2}$ | 0.27 |
| $0.755\times10^{-2}$ | $1.2\times10^{-2}$ | 0.22 |

注：反应温度为70℃；反应体系为乙酸乙烯酯20份，聚乙烯醇溶液80份，$K_2S_2O_8$ 0.02 份。

研究发现[64]，乙酸乙烯酯在水中的乳液聚合，首先是单体溶解在水中，然后通过引发剂自由基在水相中的引发作用，才开始进行聚合。该结论似乎与 Harkins 的理论有矛盾，但是由于聚合试验是在无乳化剂胶束存在下进行的，所以实际上与 Harkins 的理论并不矛盾。进一步作了与苯乙烯的对比实验，结果发现，苯乙烯乳液聚合非常符合 Smith-Ewart 理论，而乙酸乙烯酯乳液聚合则不符合，这是由于乙酸乙烯酯单体水溶性所致[65]（图 5-6）。

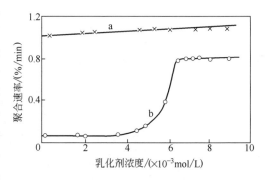

图 5-6 临界胶束浓度附近的乳液聚合速率
a—乙酸乙烯酯；b—苯乙烯

表 5-17 中给出了有关乙酸乙烯酯乳液聚合反应的数据[44]。乙酸乙烯酯自由基的高活性使之很快发生链转移，这一反应是向单体的乙酰基发生转移，形成水溶性的丁内酯自由基（**43**）。

$$
\underset{\textbf{43}}{
\begin{array}{c}
\overset{\displaystyle \cdot CH} {}\\
H_2C \qquad O\\
H_2C \qquad\\
C\\
\parallel\\
O
\end{array}
}
$$

这个自由基在水相中能引发聚合，或终止水溶性的聚合物活性链（DP＝50～300)[53,66]。详细的动力学研究表明，聚合速率直接依赖于引发剂浓度，利用种子聚合也已经证明确有上述链转移和链终止反应发生。

**表 5-17** 乙酸乙烯酯的乳液聚合

| 乳化剂[①] | $K_2S_2O_8$ /% | 聚合速率 /(%/min) | 乳化剂[①] | $K_2S_2O_8$ /% | 聚合速率 /(%/min) |
|:---:|:---:|:---:|:---:|:---:|:---:|
| 2.04 | 0.02 | 2.3 | 1.01 | 0.04 | 2.2 |
| 1.52 | 0.02 | 1.98 | 1.01 | 0.012 | 1.0 |
| 1.01 | 0.02 | 1.4 | 1.01 | 0.008 | 0.8 |
| 0.75 | 0.02 | 1.0 | 1.01 | 0.004 | 0.3 |

① 部分乙酰化的聚乙烯醇。
注：条件为温度70℃，单体20g，乳液100g。

乙酸乙烯酯乳液聚合的配方见表 5-18。在回流温度下逐渐加入单体，直至完全聚合。约 2～4h 聚合完成，得到含固量为 50%～60% 的乳液。

**表 5-18** 乙酸乙烯酯乳液聚合配方[67] 　　　　　　　　　　　　　　　　　　单位：质量份

| 项目 | | 用量 |
|---|---|---|
| 乳化剂溶液 | 负离子型：SBBS① | 2 |
| | 非离子型：OEO② | 3 |
| | 保护胶体：聚乙烯醇 | 8 |
| | 水 | 250 |
| 单体 | 乙酸乙烯酯 | 20+180(开始加 20,后滴加 180) |
| 引发剂 | $(NH_4)_2S_2O_8$(溶于 10mL 水) | 0.5 |

① 十二烷基苯磺酸钠。

② 1mol 油酸醇与 20mol 聚环氧乙烷。

为了提高乳胶粒的粒径，工业上采用种子乳液聚合方法。在种子乳液中，乳胶粒尺寸随种子对单体比例的减少而增大，但是聚合速率却不受影响[68]。显而易见，在水相引发反应的主要区域，随着聚合反应的进行，小的聚合物乳胶粒（当分子量很低时，它溶解在十二烷基硫酸钠溶液中）聚集成较大的乳胶粒，但是尚未完全确定发生聚合反应的主要地点是在水相中还是在乳胶粒表面。研究表明，该聚合反应，要比均相聚合具有较高的反应速率[51,55]。而且还发现，转化率和乳胶粒表面积有着密切的相互关系，所有这些对"乳液聚合反应主要发生在乳胶粒表面"这一观点都是很好的证据[50]。

乙酸乙烯酯在乳液中用 γ 射线引发，可得到分子量非常高的聚合物，分子量与剂量率和乳化剂的浓度无关[69]。

对很多使用目的来说，需要制备玻璃化转变温度低于室温的共聚物，这就是要制得不需要外加增塑剂的成膜聚合物。乙酸乙烯酯常与各种单体共聚，制得共聚物乳液。共聚单体多数是与乙酸乙烯酯一起加入反应器内进行共聚的。但也有先将其他单体聚合，然后再添加乙酸乙烯酯进行共聚，或者先将乙酸乙烯酯聚合制成乳液，然后再添加其他单体进行共聚的方法。

可用于共聚的单体很多，主要如下：

① 乙烯酯　丙酸乙烯酯、丁酸乙烯酯、硬脂酸乙烯酯、支链高级脂肪酸乙烯酯等。

② 不饱和羧酸酯　甲基丙烯酸甲酯、甲基丙烯酸丁酯、丙烯酸甲酯、丙烯酸乙酯、丙烯酸丁酯、丙烯酸 2-乙基己酯、马来酸丁酯、马来酯辛酯、富马酸丁酯、富马酸辛酯、甲基丙烯酸失水甘油酯、甲基丙烯酸羟乙酯、丙烯酸羟乙酯、甲基丙烯酸羟丙酯、丙烯酸羟丙酯、甲基丙烯酸二甲基氨基乙酯、丙烯酸二甲基氨基乙酯、二甲基丙烯酸乙二醇酯、二丙烯酸乙二醇酯、二甲基丙烯酸聚乙二醇酯、二丙烯酸聚乙二醇酯等。

③ 不饱和酰胺化合物　丙烯酰胺、甲基丙烯酰胺、羟甲基丙烯酰胺、丁氧基羟甲基丙烯酰胺。

④ 不饱和腈　丙烯腈。

⑤ 不饱和羧酸　丙烯酸、甲基丙烯酸、马来酸、富马酸、衣康酸、马来酸单酯、富马酸单酯、衣康酸单酯等。

⑥ 烯丙基化合物　乙酸烯丙酯、烯丙基失水甘油醚、甲基丙烯酸烯丙酯、丙烯酸烯丙酯、衣康酸二烯丙酯等。

⑦ 含氮化合物　乙烯基吡啶、乙烯基咪唑。

⑧ 不饱和磺酸　乙烯基磺酸、苯乙烯磺酸。

⑨ 碳氢化合物　乙烯、丙烯、己烯、辛烯、苯乙烯、甲基苯乙烯、丁二烯等。

⑩ 含卤化合物　氯乙烯、溴乙烯、偏二氯乙烯等。

在以上这些为数众多的共聚单体中，已在工业上有效采用的典型单体的物性列于表5-19。

**表 5-19** 广泛采用的与乙酸乙烯酯共聚单体的性质[70]

| 性　能 | 丙烯酸甲酯 | 丙烯酸乙酯 | 丙烯酸丁酯 | 丙烯酸 2-乙基己酯 | 丙烯酸羟乙酯 |
|---|---|---|---|---|---|
| 分子量 | 86 | 100 | 128 | 184 | 116 |
| 沸点/℃ | 80 | 100 | 147 | 213 | 82(0.5kPa) |
| 熔点/℃ | | | | | |
| 相对密度 | 0.950 | 0.917 | 0.897 | 0.861 | 0.983 |
| 着火点/℃ | 10 | 10 | 49 | 90 | 77 |
| 水中的溶解度/% | 5 | 1.5 | 0.2 | 0.01 | 5.5 |

| 性　能 | 甲基丙烯酸缩水甘油酯 | 丙烯酸 | 丙烯酰胺 | N-羟甲基丙烯酰胺 | 叔碳酸乙烯酯① | 乙　烯 |
|---|---|---|---|---|---|---|
| 分子量 | 142 | 72 | 71 | 101 | 198 | 28 |
| 沸点/℃ | 189 | 142 | | | 110(3.2kPa) | −103.8 |
| 熔点/℃ | | 14 | 85 | 79 | | −169.4 |
| 相对密度 | 1.074 | 1.051 | 1.122 | | 0.89 | 0.9852(空气=1) |
| 着火点/℃ | 84 | 68 | | | 75 | |
| 水中的溶解度/% | | | 2.15 | | <0.1 | 25.6cm³/100g(室温) |

① 原文为 Vinyl Versatate。

乙酸乙烯酯与上述单体的共聚，是为了对乳液进行改性。比如与 N-羟甲基丙烯酰胺的共聚乳液带有羟甲基，一经加热就会发生交联，这是提高乙酸乙烯酯乳液耐热性和耐溶剂性的典型方法。

乙酸乙烯酯与丙烯酸酯、乙烯酯、马来酸酯及富马酸酯共聚的目的有三个：

① 为了内增塑　乙酸乙烯酯的玻璃化转变温度约为 27℃，在室温下作为黏合剂及涂料时，因为不能形成完整的薄膜，所以一般需加增塑剂。用加了增塑剂的乳液制成的薄膜，会随着增塑剂的蒸发损失而变硬。为了克服这个缺点，可以与能制成柔软聚合物的单体（即内增塑单体）共聚。内增塑单体必须与乙酸乙烯酯有良好的共聚性。丙烯酸酯类与乙酸乙烯酯的共聚性良好，能很容易地制得共聚物乳液。

② 为了提高耐水性、耐碱性　乙酸乙烯酯与高级丙烯酸酯的共聚物比聚乙酸乙烯酯吸水性小，而且不易被碱皂化。这一性能符合作为黏合剂和涂料用途的要求，特别适合要

求耐碱性的混凝土粘接和涂料等用途。

③ 为了提高对塑料及金属的粘接性能 乙酸乙烯酯与丙烯酸酯共聚，增加了对塑料和金属的粘接性，因此共聚物作为聚氯乙烯树脂薄膜及铝箔的黏合剂，或者作为塑料用的涂料，性能就比较好。也可以用作涂有塑料的包装材料的胶黏剂。例如，以乙酸乙烯酯-丙烯酸丁酯共聚物作为胶黏剂，棉布与塑料薄膜的粘接强度随共聚比的改变发生变化，其结果见表5-20。

表5-20　棉布与塑料薄膜的粘接强度

| 塑料薄膜 | 不同乙酸乙烯酯-丙烯酸丁酯共聚比时的粘接强度/$(kN/m^2)$ | | | | |
| --- | --- | --- | --- | --- | --- |
| | 10∶0 | 9∶1 | 8∶2 | 7∶3 | 6∶4 |
| 聚氯乙烯薄膜 | 0 | 156.9 | 245.2 | 353 | 274.6 |
| 聚酯薄膜 | 0 | 78.5 | 117.7 | 137.3 | 156.9 |

将乙酸乙烯酯与丙烯酸酯和 $N$-羟甲基丙烯酰胺进行共聚，能制造热固性共聚物乳液[71]。乙酸乙烯酯、丙烯酸酯和甲基丙烯酸缩水甘油酯的三元共聚物，也可以制造热固性乳液[72]。叔碳酸乙烯酯与乙酸乙烯酯共聚制得的乳液，能制成具有耐水性、耐碱性、耐候性的薄膜。乙烯含量较高的乙酸乙烯酯与乙烯的共聚物用作涂料、黏合剂。例如以乙烯（20份）和乙酸乙烯酯（80份）为单体，$(NH_4)_2S_2O_8$ 为引发剂，在非离子型乳化剂（聚氧乙烯壬基苯基醚）或阴离子型乳化剂（壬基苯基醚聚氧乙烯硫酸钠或十二烷基苯磺酸钠）的存在下，进行乳液聚合所得到的总含固量为52%、粒径为0.2μm、黏度为0.17Pa·s、pH值为5~6的聚合物乳液，具有柔软性、耐水性、耐碱性和耐光性等优点[73]，与其他黏合剂配制成涂料可用于涂布纸[74]。比乙烯-乙酸乙烯酯共聚物乳液耐水性、耐碱性、耐候性更好的是乙酸乙烯酯与叔碳酸乙烯酯或氯乙烯共聚的乳液，其主要用途是作外墙涂料，耐候性可与聚丙烯酸酯乳液相媲美。与丙烯酸一起共聚的乳液，对金属的粘接性好，可以用脲醛树脂进行交联及用碱来增稠。

## 5.2.4　氯乙烯

氯乙烯单体在常温常压下是无色有醚类气味的气体，沸点为-13.4℃，临界温度为158℃，微溶于水，易溶于有机溶剂中，与空气混合其爆炸范围为4%~21.7%（体积分数）。氯乙烯的化学稳定性较大，贮存时不必加阻聚剂。工业上一般在490kPa以上的压力下将液体氯乙烯在贮罐中贮存。聚合级氯乙烯单体的规格见表5-21。

表5-21　氯乙烯单体的规格

| 项　　目 | 规格/(mg/kg) | 项　　目 | 规格/(mg/kg) |
| --- | --- | --- | --- |
| 乙炔 | <2 | 不挥发分 | <0.05% |
| 酸(以 HCl 计) | <5 | 酚 | <25 |
| 乙醛 | <5 | 硫黄(以 S 计) | <5 |
| 铁 | <0.5 | 水 | <0.03% |

乳液聚合法是工业上生产聚氯乙烯树脂的最古老的工艺，远在1931年德国法本公司就采用乳液聚合法来进行聚氯乙烯的工业化生产。1950年前后它仍然是聚氯乙烯的主要生产方法，悬浮法是后来发展起来的。1964年法国的圣戈贝恩（Saint-Gobain）公司成功开发了聚氯乙烯两段本体聚合工艺，并引起世界性的重视。但是少量用乳液法生产的聚氯乙烯树脂仍具有独特的用途，如聚氯乙烯糊。氯乙烯与乙酸乙烯酯共聚得到的固体含量约40%的乳液，可以直接用于涂布，成膜的韧性、耐化学性能及耐老化性能都比聚氯乙烯好。氯乙烯乳液聚合，如有少量的聚乙烯醇存在时，则将有部分氯乙烯接枝于聚乙烯醇主链上，因此乳液体系内既有聚乙烯醇与聚氯乙烯的接枝共聚物，又有多余的聚乙烯醇，乳胶粒径约30nm，经直接纺丝可以得到耐热、不熔、抗静电、容易染色、手感像羊毛一样的纤维。

用乳液法生产的聚氯乙烯树脂，一般保留有全部或至少绝大部分加入反应体系中的乳化剂，通常为1%～5%。这些乳化剂浓缩在珠状颗粒表面处，形成光滑的表面。当用增塑剂与这种聚氯乙烯掺混时，增塑剂将湿润聚氯乙烯乳胶粒，然后缓慢地渗透到内部去，形成一种较易流动的混合物，这就是通常所说的增塑糊。当配方中还含有一种有机溶剂时，这种液体混合物便叫做有机溶胶。

一般乳液聚合得到的聚合物乳胶粒直径在 $0.2\mu m$ 以下。改变乳化剂种类或者改变工艺条件，虽然可以使乳胶粒直径有所增加，但是要求粒径达到或超过 $1\mu m$ 则很困难。为了达到此目的，工业上发展了种子乳液聚合方法。所依据的原理是在乳液聚合体系中，如果有已生成的聚合物乳胶粒存在，当物料配比和反应条件控制适当时，单体原则上仅在已生成的乳胶粒中聚合，而不形成新的乳胶粒，即只增大原来乳胶粒（种子）的体积，而不增加反应体系中乳胶粒的数目。在这种情况下，原来的乳胶粒好似"种子"，因此称做"种子乳液聚合方法"。如果用某种聚合物乳胶粒作为种子，而用另一种单体进行种子乳液聚合，则得到"核壳"型共聚物乳液，即乳胶粒的核心与外壳分别为两种聚合物所组成，这是获得复合聚合物的方法之一。

氯乙烯还可以进行低压乳液聚合，其压力较单体在聚合温度下的饱和蒸气压为低，聚合是在气态氯乙烯被液相强烈吸收的情况下进行的，结果生成分子量较低的聚合物。这种聚合物加工时增塑剂用量少，成型温度较一般聚氯乙烯低，适于进行模压及挤出成型。

很多学者对氯乙烯乳液聚合机理进行过研究[75-84]，发现氯乙烯乳液聚合与一般的乳液聚合规律不完全符合，主要偏差表现为：①乳胶粒的数目随乳化剂浓度的变化而急剧变化，但与聚合速率的变化相对而言则很小；②粒子数目与引发剂浓度无关，但反应速率却随引发剂浓度的增加而增加；③从转化率-时间曲线可知，达到70%～80%左右的高转化率时有自动加速现象发生；④乳液聚合产物的分子量与相同反应条件下悬浮聚合法产物的分子量相似，主要与反应温度有关。

Lazor等[75]对氯乙烯的乳液聚合进行的研究中，采用过硫酸钾与亚硫酸氢钠引发体系，以十二烷基硫酸钠为乳化剂，在52℃下进行聚合，将所得到的数据，用回归分析法拟合成各种原料的浓度和乳胶粒数之间的函数关系。乳化剂浓度在临界胶束浓度以上时，上述反应体系中生成的乳胶粒数主要依赖于十二烷基硫酸钠和亚硫酸氢钠的用量；当接近临

聚合物乳液合成原理性能及应用
（第三版）

界胶束浓度时，乳化剂的用量对乳胶粒数就无影响了。这可理解为当乳化剂浓度高于临界胶束浓度时，按胶束成核机理生成乳胶粒，而当乳化剂浓度接近或等于临界胶束浓度时，乳胶粒生成主要按低聚物成核机理。采用同样的引发体系，用数种乳化剂进行研究的结果表明[76]，对过硫酸钾浓度的反应级数在0.6～0.7之间。只要乳化剂的浓度大于胶束生成所需的浓度，乳化剂浓度对聚合速率的影响就很小。并且还观察到在转化率大约为7％以上时，乳胶粒数保持恒定，与引发剂浓度无关，但随乳化剂浓度的增大而增大。研究确认，在乳液聚合反应体系中，同时存在着水相聚合和在乳胶粒中的聚合，而且乳胶粒的成核是按在水相中低聚物沉淀机理进行的。但是，当粒子数多得足以吸附全部乳化剂时，在水相中不断生成的聚合物自由基，不再生成新的乳胶粒，而是被乳胶粒所吸收。因为这时不再有足够的乳化剂使其稳定，这样就使粒子数在后期保持不变。转化率-时间关系的自催化特性，被解释为因增长着的聚合物自由基被乳胶粒吸收以后，其扩散阻力很大，相对于链增长反应而言，链终止反应受到抑制，故聚合反应速率提高。

有人采用过硫酸钾为引发剂，十二烷基苯磺酸钠为乳化剂，于50℃下，且在聚氯乙烯种子乳液存在下进行聚合反应，在低转化率时就终止聚合，发现对于直径大于100nm的反应体系来说，对引发剂浓度的反应级数是0.5，而几乎不依赖于乳胶粒直径、乳胶粒数和种子的大小[78]。对于较小的乳胶粒来说，引发剂浓度反应级数可以提高到0.6，在乳胶粒非常小时，聚合速率要比在大于100nm的乳胶粒存在下的速率大得多。此现象可以解释为，对于较大的乳胶粒，反应主要发生在水相，而对于较小的乳胶粒，反应主要发生在乳胶粒内部或其表面。此外，在50℃下以过硫酸盐为引发剂，其动力学研究结果表明[82]，对于引发剂浓度的反应级数为0.5，且聚合速率随转化率而增大，乳胶粒数在转化率10％～90％之间为恒定值，每毫升水相中有$10^{13}$～$10^{16}$个乳胶粒，对乳胶粒的反应级数为0.05～0.15。反应级数随转化率升高略有降低，并且提出了自由基不断地由乳胶粒向水相解吸的机理。聚合反应速率在转化率为70％～80％间有显著增大。50℃时，在低于饱和蒸气压的条件下，利用连续加入氯乙烯的方法进行研究的结果发现，在这样的条件下，似乎可以获得两倍于普通条件下的聚合速率。同时还观察到在此聚合过程中，与使用同样的引发剂浓度和乳化剂浓度的一般乳液聚合反应相比，乳胶粒数并没有改变。实验中逐渐地降低氯乙烯的压力，发现聚合速率在大约为饱和蒸气压的87％处有一最大值。

氯乙烯乳液聚合中，氧的阻聚作用较明显。研究发现[80]，诱导期的长短反比于引发剂浓度的平方根，正比于氧的初始量的平方根，而几乎与乳化剂浓度无关。RM·和RO·自由基间的终止反应，被认为是阻聚作用的主要原因，从而提出了其动力学预计结果与观察到的阻聚特征相一致的机理。发现在反应体系中，如果加入一定量的碱可以缩短诱导期，从而提高了聚合速率。其原因是自由基产生的速率增大，这种速率的增大又是由于氯乙烯与氧共聚形成聚氯乙烯过氧化物，受碱的催化分解所致[81]。此外还研究了诱导期和水相及气相体积的依赖关系[80]。对于氯乙烯与许多丙烯酸烷基酯的乳液共聚合也有不少研究[85]。

在氯乙烯乳液聚合反应中，对分子量的控制是一个重要的问题，高分子量聚氯乙烯具有良好的力学性能，特别是抗冲击性能。由于进行加工的温度接近于聚合物分解温度，所以使用分子量较低的聚合物和共聚物，其加工性能就好得多，特别是当需要稳定聚合物端基，以防止加热失去氯化氢时更是如此。

乳液聚合法生产聚氯乙烯树脂的典型配方见表5-22。所制得的聚合物乳液可以加入电解质来进行破乳或进行喷雾干燥，得到细粉状树脂。通常用乳液法生产的聚氯乙烯来制造聚氯乙烯糊。作为糊用树脂必须满足：①调糊时增塑剂用量低，黏度低；②糊的稳定性好，即黏度变化小。为了达到此目的，生产上采用种子乳液聚合法，这种方法有如下优点：①能够得到高稳定性乳液；②能降低乳化剂用量；③能根据种子投入量控制粒径大小，糊用树脂要求粒径在$0.2\sim2\mu m$。

**表5-22** 乳液聚合法生产聚氯乙烯的典型配方　　　　　　　　　　　　　　　单位：质量份

| 原　料 | 配　方 | |
| --- | --- | --- |
| | Ⅰ | Ⅱ |
| 氯乙烯 | 100 | 90 |
| 月桂基硫酸钠 | 3.0 | 3.5 |
| 过硫酸铵 | 0.25 | — |
| 次硫酸钠 | 0.1 | — |
| 乙二胺四乙酸 | 0.1 | — |
| 乙烯基异丁基醚 | — | 10 |
| 磷酸二氢钠 | — | 0.3 |
| 磷酸氢二钠 | — | 0.2 |
| 亚硫酸氢钠 | — | 0.2 |
| 过氧化二苯甲酰 | — | 0.25 |
| 水 | 296 | 250 |

注：1. 反应时间，21h（Ⅰ），48h（Ⅱ）。
2. 反应温度，30～40℃（Ⅰ），45℃（Ⅱ）。
3. 收率，70%（Ⅰ），75%（Ⅱ）。

工业上使用两种规格的乳液作为种子。不加种子经乳液聚合得到的乳液称为第一代种子，用第一代种子进一步进行乳液聚合得到的乳液称为第二代种子，制备配方见表5-23。采用上述两种规格的乳液作为种子，进行氯乙烯种子乳液聚合生产糊用树脂，配方如表5-24所示。

**表5-23** 氯乙烯（VC）乳液第一代及第二代种子配方　　　　　　　　　　　　单位：质量份

| 项目 | | 第一代种子聚合配方 | 第二代种子聚合配方 |
| --- | --- | --- | --- |
| 原料 | 氯乙烯 | 100 | 100 |
| | $ROSO_3Na$ | 0.6 | 0.25 |
| | $K_2S_2O_8$ | 0.1 | 0.1 |
| | 水 | 150 | 150 |
| 工艺 | pH | 8.5～10 | 7.5～8.5另加第一代种子8.75 |
| | 聚合温度/℃ | 48.0±0.5 | 45.0±0.5 |

**表 5-24** 氯乙烯种子乳液聚合配方

单位：质量份

| 配方 1 | | 配方 2 | |
|---|---|---|---|
| 原　料 | 用量 | 原　料 | 用量 |
| 氯乙烯 | 100 | 氯乙烯 | 100 |
| 水 | 150 | 水 | 145 |
| 种子 { 第一代(PVC) | 2.3 | 种子 { 第一代(PVC) | 1 |
| 第二代(PVC) | 1.4 | 第二代(PVC) | 2 |
| 乳化剂 $ROSO_3Na$ | 0.2 | 乳化剂：十二烷基硫酸钠 | 0.74 |
| 引发剂 $K_2S_2O_8$ | 0.1 | 过硫酸铵(氧化剂) | 0.067 |
| | | 亚硫酸氢钠(还原剂) | 0.025 |
| 聚合温度/℃ | 47±0.5 | 聚合温度/℃ | 50±0.5 |
| pH 值 | 8.5～9.5 | 反应时间/h | 7～8 |

　　制备产品乳液时采用了第一代与第二代种子，是为了使糊用树脂性能好，因为这些种子粒径都较大。如果树脂粒径大小非常均匀，则圆球间孔隙大；相反若使粒径分布变宽，大颗粒间空隙被小颗粒树脂填满，因而润滑性好，黏度低，流动性好，增塑剂消耗少，糊稳定性好。

　　除了聚氯乙烯均聚物乳液之外，氯乙烯同乙酸乙烯酯、烷基乙烯基醚和烯烃（如乙烯、丙烯）的共聚物也都可以用乳液方法制造[86]。

## 5.2.5　偏二氯乙烯

　　偏二氯乙烯在常温下为具有特殊气味的无色液体，易汽化，有自行聚合的倾向，易被空气氧化，所以在贮存时，在液面上须盖上一层碱的水溶液或用氮气保护，使偏二氯乙烯与空气隔绝。偏二氯乙烯被氧化后有氯气、氯化氢、光气、甲醛以及过氧化物生成。生成的过氧化物在贮存或加热时有爆炸的危险，同时这种过氧化物可促使单体聚合。偏二氯乙烯的物理性质见表 5-25。

**表 5-25** 偏二氯乙烯的物理性质

| 性　质 | 指　标 | 性　质 | 指　标 |
|---|---|---|---|
| 沸点(101.3kPa)/℃ | 31.7 | 蒸气压/kPa | |
| 相对密度 | 1.2129 | 0℃ | 28.78 |
| 黏度(15℃)/(Pa·s) | $0.377×10^{-3}$ | 20℃ | 66.03 |
| 比热容/[kJ/(kg·K)] | 1.13 | 25℃ | 79.86 |
| 燃烧热/(kJ/mol) | 1076 | 蒸发热/(kJ/mol) | 27.6 |
| 聚合热/(kJ/mol) | 18.84 | 闪点/℃ | −10 |
| 折射率($n_D^{20}$) | 1.4249 | 空气中爆炸浓度(25℃)/% | 7～16 |
| 凝固点/℃ | −222 | | |

　　偏二氯乙烯的乳液聚合最早用过氧化氢，后来亦采用过硫酸盐作引发剂，聚合温度在

30～60℃之间。因偏二氯乙烯的沸点低，故一般都在加压下聚合。将所得的乳液，用等体积的水稀释，然后再加热到90℃，加入10%的硫酸铝溶液盐析，再经过滤、水洗、干燥，即得聚偏二氯乙烯。偏二氯乙烯在其聚合物中不溶解，但它在水中的溶解度是0.5%，在0.2mol/L月桂酸钾溶液中的溶解度是1.4%。在聚合物存在下，由于单体能吸附在聚合物乳胶粒的表面上，其溶解度将大大增加。

偏二氯乙烯和氯乙烯的乳液聚合行为一样，由于生成的聚合物与其单体仅有一定的混容性，故在反应过程中会沉淀出来而变得复杂化。Wiener[87] 以过硫酸钾为引发剂，月桂酸钾为乳化剂，于25℃下考察了偏二氯乙烯乳液聚合的一般特征，单体转化率利用膨胀计或重力计来测定。在水溶液中聚合速率正比于引发剂浓度的平方根和单体浓度的一次方，可用式(5-2)表示。

$$-\frac{d[M]}{dt}=k[M][I]^{1/2} \tag{5-2}$$

式中　[M]——单体浓度；

　　　[I]——引发剂浓度；

　　　$k$——与乳化剂浓度有关的反应速率常数。

式中$k$值决定于乳化剂浓度。当乳化剂浓度由零增大到0.05mol/L时，$k$值迅速变大，但是在较高的乳化剂浓度下却不再发生变化。在乳液聚合中，聚合速率正比于引发剂浓度的平方根和乳化剂浓度的3/5次方，但与乳化的单体量无关。此规律直至高转化率时才改变。若假定反应的级数对于单体浓度（反应区乳胶粒中单体的浓度）是1，Wiener计算出在乳液聚合中与上述积分式中的$k$相对应的速率常数，得到与溶液聚合类似的值。他的实验数据与Smith-Ewart的理论相一致。还发现反应速率与乳化剂浓度有3/5次方的依赖关系，并且实验中很难区别出对单体浓度是1/2还是2/5级。他还提到了在溶解度测定中，偏二氯乙烯乳液聚合中的单体被吸附在粒子表面。此单体在聚偏二氯乙烯乳液中的溶解度是其在水中的10多倍，并且还依赖于该聚合物的量和乳化剂溶液的浓度。值得注意的是，这种单体并不能被吸收进入乳胶粒内部，因为，该聚合物通常不能被单体所溶胀，单体可能吸附在粒子表面上，进而得出此乳胶粒表面可能是反应场所的结论。

有人研究了使用十二烷基硫酸钠作为乳化剂，亚硫酸氢钠和过硫酸铵氧化还原体系作为引发剂的偏二氯乙烯的乳液聚合[88]，聚合转化率与时间的关系见图5-7。他们把反应分为三个阶段：①快速初期阶段（阶段Ⅰ）；②慢速中间阶段（阶段Ⅱ）；③较快速后期阶段（阶段Ⅲ）。在阶段Ⅰ和阶段Ⅱ的（对引发剂浓度）反应级数分别为0.6和1.0。对这种反常现象可作如下解释：①乳胶粒的成核发生在阶段Ⅰ；②阶段Ⅰ过后单体的扩散机理有所变化。他们假定聚合物乳胶粒和乳化的单体珠滴之间的碰撞变成主要因素，并且每一个乳胶粒中可能包含一个以上大分子自由基，因此出现

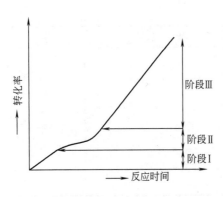

**图5-7　偏二氯乙烯乳液反应转化率-时间曲线**

反应温度为32℃；引发剂为过硫酸盐

聚合速率与粒子体积成正比地增加。此外，搅拌速率对乳液聚合中三个阶段的影响是不同的，随着搅拌速率的提高，在阶段Ⅰ聚合速率降低；在阶段Ⅱ则增大；在阶段Ⅲ则无影响。在阶段Ⅰ观察到的聚合速率与搅拌速率之间相反的关系，可以认为是加强搅拌而导致粒子凝聚速率增大，从而降低了单体的扩散速率而引起乳胶粒中单体供应不足。在阶段Ⅱ加强搅拌打碎了单体珠滴，这样就提高了聚合速率。当反应过程由阶段Ⅱ进入阶段Ⅲ聚合速率增加被解释为：由于增强了单体珠滴和聚合物乳胶粒的接触和由于液滴和聚合物乳胶粒间排斥力的降低（因为此时乳化效率降低）。

偏二氯乙烯可与各种乙烯衍生物（如氯乙烯、乙酸乙烯酯、苯乙烯、丙烯酸酯、甲基丙烯酸酯等）生成共聚物，并能与二烯类及其衍生物（丁二烯等）生成共聚物。以氯乙烯为主的共聚物（氯乙烯含量超过50%）的性能有很大的改变，其乳液共聚的典型配方如表5-26所示。反应于40℃下进行，得到含氯乙烯75%，偏二氯乙烯25%的共聚物。

**表 5-26** 偏二氯乙烯和氯乙烯乳液共聚合配方一

| 组　分 | 用量/质量份 | 组　分 | 用量/质量份 |
| --- | --- | --- | --- |
| 水 | 500 | $H_2O_2$(36%) | 3 |
| $CH_2$=$CHCl$ | 126 | 磷酸铵 | 0.47 |
| $CH_2$=$CCl_2$ | 42 | 乳化剂 | 4 |

用少量的氯乙烯与偏二氯乙烯共聚可以改善聚偏二氯乙烯的软化点和溶解性不良的缺点，其配方见表5-27。反应于30℃及加压下5h可以结束。

**表 5-27** 偏二氯乙烯和氯乙烯乳液共聚合配方二

| 组　分 | 用量/质量份 | 组　分 | 用量/质量份 |
| --- | --- | --- | --- |
| $CH_2$=$CHCl$ | 80 | 硫酸氢钠 | 4.2 |
| $CH_2$=$CCl_2$ | 120 | 硫代硫酸钠 | 3 |
| 过硫酸盐 | 6 | 十六烷基硫酸钠 | 600 |

由氯乙烯与偏二氯乙烯的共聚合，可以制得具有各种黏度的共聚物，供制取十分黏稠的假漆用。

采用乳液聚合法所得共聚物可用来制造弹性材料及薄膜等。丙烯腈与偏二氯乙烯的共聚物是在脂肪磺酸盐乳液中进行的，采用氧化还原引发体系，其典型配方示于表5-28中。反应温度25℃，最终得到含偏二氯乙烯60%～80%，含丙烯腈40%～20%的共聚物，平均分子量可达90万。它能溶于丙酮，适于制造坚韧和对化学试剂比较稳定的纤维。用该共聚物做成的薄膜，对烃类化合物和汽油的作用特别稳定。

**表 5-28** 偏二氯乙烯和丙烯腈乳液共聚合配方

| 组　分 | 用量/质量份 | 组　分 | 用量/质量份 |
| --- | --- | --- | --- |
| 丙烯腈 | 40 | 乳化剂 | 1～1.5 |
| $CH_2$=$CCl_2$ | 60 | $\frac{1}{1000}CuSO_4 \cdot 5H_2O$ 溶液 | 5 |
| $K_2S_2O_8$ | 0.35 | 水 | 500 |
| $NaHSO_3$ | 0.35 | | |

### 5.2.6 丙烯酰胺

丙烯酰胺为水溶性单体，是一种重要的功能性单体，其衍生物包括甲基丙烯酰胺、$N$-烷基取代丙烯酰胺、羟甲基化丙烯酰胺、磺甲基化丙烯酰胺、氨甲基化丙烯酰胺、磺甲基丙基化丙烯酰胺、氨甲基丙基丙烯酰胺、$N,N'$-亚甲基双丙烯酰胺等。它们的均聚物和共聚物（包括接枝共聚物）广泛用于生产中的改性、提高效率、回收物料、水处理、矿物浮选、石油钻探开采以及某些特殊用途。

丙烯酰胺类化合物既能溶解在水中又能溶解在很多有机溶剂中，丙烯酰胺在水中及在部分有机溶剂中的溶解情况和它的物理性质见表 5-29 和表 5-30。

**表 5-29** 丙烯酰胺在水中及在部分有机溶剂中的溶解度

| 溶　剂 | 丙酮 | 甲醇 | 乙醇 | 二噁烷 | 乙酸乙酯 | 氯仿 | 苯 | 庚烷 | 水 | |
|---|---|---|---|---|---|---|---|---|---|---|
| | | | | | | | | | 25℃ | 50℃ |
| 溶解度(30℃)/(g/100mL) | 44.5 | 110 | 74 | 30 | 12.5 | 4.0 | 0.28 | 0.03 | 204 | 426 |

**表 5-30** 丙烯酰胺的物理性质

| 性　能 | 指　标 | 性　能 | 指　标 |
|---|---|---|---|
| 分子量 | 71.08 | 125℃ | 3333 |
| 熔点/℃ | 84.5±0.3 | 结晶状态 | 薄平片状或层状 |
| 沸点(3.3kPa)/℃ | 125 | 折射率 | |
| 相对密度(30℃) | 1.122 | $n_x$ | 1.460(计算) |
| 蒸气压/Pa | | $n_y$ | 1.550±0.003 |
| 40℃ | 3.866 | $n_z$ | 1.581±0.003 |
| 87℃ | 266.6 | | |

丙烯酰胺在 10～25℃贮存比较稳定，一般使用和运输过程中无需加阻聚剂，但熔融的丙烯酰胺则易猛烈地聚合而放出大量的热，一般脱去氨后变成不溶性的聚合物。丙烯酰胺的水溶液在低于 50℃下是非常稳定的，并且可以加阻聚剂长期保存。阻聚剂有氰化钠、叔丁基羟基苯甲醚、四甲基秋兰姆、硫和铜铁灵（$N$-亚硝基苯胲胺）等。丙烯酰胺水溶液的稳定性以一种复杂的方式受 pH 值和所溶解空气的量的影响。丙烯酰胺的化学性质很活泼，其化学反应大多是酰胺基和双键的特征反应。

丙烯酰胺类水溶性单体，可以分散在含低 HLB（3～6）乳化剂的有机溶剂中，并用过氧化物如过硫酸盐等作为引发剂进行反相乳液聚合[89-94]，获得高分子量水溶性聚合物，它们是性能优异的高分子絮凝剂。以聚丙烯酰胺为基础的絮凝剂系列的分子量高（约 1000万）、品种齐全、价廉易得，发展很快。用反相乳液聚合合成的聚丙烯酰胺及其衍生物的珠状凝胶具有高效选择性吸附及类似分子筛的分离功能，可以为分离蛋白质、核酸等类化合物提供有力的手段[95]，在分子生物学、生物化学、微生物学、酶学等生物医学工程中，可望获得广泛的应用。

反相乳液聚合中对丙烯酰胺的纯度要求很高，因为它不仅影响产物的分子量，而且还影响产物的溶解性。杂质的最大允许含量见表 5-31。

**表 5-31** 丙烯酰胺所含杂质的最大允许量

| 杂 质 名 称 | 对聚合的影响 | 最大允许量 |
|---|---|---|
| 铁离子 | 阻聚 | $<0.4\text{mg/kg}$ |
| 丙烯醛和乙醛 | 阻聚、交联 | $<16\text{mg/kg}$ |
| 次氮基三丙烯酰胺 | 抑止交联，降低分子量 | $<0.1\%$ |
| 丙烯酸 | 加速反应 | $<0.15\%$ |
| $\beta$-羟基丙腈 | 减慢聚合速度 | $<0.3\%$ |
| 甲醇 | 阻聚，但不影响聚合物的溶解性能 | $<0.1\%$ |
| 正丁醇不溶物（自聚物） | 无影响 | 精制后放置一月有微量 |

注：1. 单体中尚有其他杂质，如乙腈、丙腈等，对聚合影响不大，未列入。
2. 采用辐射本体聚合法。

丙烯酰胺单体大部分采用水溶液聚合法制备。反相乳液聚合法产量并不大，还在继续研究中。此法技术较复杂、耗费有机溶剂和乳化剂。其优点是设备简单、反应平稳、易于控制、副反应少、产品易溶，制备的高浓度胶乳的产品，其含固量可达 30%～70%，粒子细度$\leqslant 0.1\mu\text{m}$，溶解速度快。反相乳液聚合对水溶性聚合物的发展很有意义，所以其稳定性、聚合机理和动力学不断有人在研究，新品种也正在开发，如三相微乳液（即 W/O/W 乳液）等。此外还出现了连续反相乳液聚合的工程研究。

## 5.2.7 丙烯腈

丙烯腈的物理性质见表 5-32。丙烯腈是合成纤维腈纶的单体，也是合成丁腈橡胶及 ABS 树脂（丙烯腈-丁二烯-苯乙烯三元共聚物）的单体，在三大合成材料中占有重要的地位。耐油的丁腈橡胶（NBR）由丁二烯与丙烯腈进行乳液共聚合而制得，其丁二烯链段主要是 1,4-反式丁二烯链节。由于丁腈橡胶中有相当一部分是需要由胶乳直接加工的，因此胶乳的稳定性是重要的。乳胶粒过细或粒度过大，都会引起凝胶，一般要在 30～300nm 之间。丙烯腈在水中有较大的溶解度，20℃时为 7.35%（质量分数），比其他单体水溶性都大，但是聚合物既不溶于水又不溶于单体，而且只在高乳化剂浓度时才能形成稳定的乳液。由水溶液或在乳液中的聚合表明，丙烯腈具有水溶性单体的特征，在很多方面像氯乙烯。聚合速率在很宽的转化率范围内都保持不变，这可能是在乳胶粒表面上发生聚合的结果。

**表 5-32** 丙烯腈的物理性质

| 性 能 | 指 标 | 性 能 | 指 标 |
|---|---|---|---|
| 沸点(101.3kPa)/℃ | 77.3 | 闪点/℃ | 0 |
| 熔点/℃ | $-88.55\pm 0.05$ | 比热容/[kJ/(kg·K)] | 2.093 |
| 相对密度 | 0.8060 | 燃烧热/(kJ/mol) | 1761 |
| 蒸气的相对密度(空气=1.0) | 1.83 | 蒸发热/(kJ/kg) | 569.8 |
| 折射率($n_D^{25}$) | 1.3888 | 聚合热/(kJ/mol) | 72.4 |
| 黏度(25℃)/(Pa·s) | $0.34\times 10^{-3}$ | | |

### 5.2.8　丙烯醛

丙烯醛熔点$-87℃$，沸点$52.7℃$，相对密度$0.841$，在水中的溶解度为$20\%$（体积分数），当醛基参与聚合时会产生交联的不溶性聚合物。聚合物用二氧化硫处理则转化为水溶性的可成膜的物质，这种物质是乳液聚合的稳定剂，其分子量比普通的乳化剂高一些。

### 5.2.9　其他乙烯基单体

（1）2-甲基-5-乙烯基吡啶　2-甲基-5-乙烯基吡啶与1,3-丁二烯进行乳液共聚制成的橡胶，称作丁吡橡胶，它具有耐寒性、耐磨性以及耐油性等特点。2-甲基-5-乙烯基吡啶在水中的溶解度为$1.04g/100mL$（$60℃$）。对该单体的动力学研究发现[96]，这一单体直到转化率高达$85\%$时的聚合速率均呈线性关系，而且聚合速率并不是简单地和乳化剂浓度有关。

（2）对乙烯基苯磺酸钠　将$20\%$的对乙烯基苯磺酸钠水溶液在二甲苯中乳化，进行反相乳液聚合的研究中发现[97]，该乳化体系的聚合速率比溶液法的聚合速率快，而且随着乳化剂浓度的增加，乳胶粒会很快增加到极限值（开始时的指数大于$1.0$），聚合既在单体液滴中又在乳胶粒中进行。

# 5.3　共轭二烯烃单体

## 5.3.1　丁二烯

丁二烯沸点为$-4.5℃$，常温常压下为气体，溶解于烃类有机溶剂中，在水中的溶解度为$0.081g/100mL$（$25℃$，$101.3kPa$），通常经压缩为液体使用。聚合用丁二烯的物理性质和规格列于表5-33及表5-34。

**表 5-33**　丁二烯的物理性质[98]

| 性　　质 | 指　标 | 性　　质 | 指　标 |
|---|---|---|---|
| 外观 | 无色 | 临界温度/℃ | 163.1 |
| 臭味 | 芳香 | 凝固点/℃ | $-108.9$ |
| 分子量 | 54.088 | 沸点/℃ | $-4.41$ |
| 燃点/℃ | 450 | 闪点/℃ | $<-17.8$ |
| 相对密度 | $0.62740\pm0.00015$ | 燃烧热（气相）（$\Delta H_{298}$）/(kJ/mol) | $-2545.000\pm0.941$ |
| 爆炸极限　（空气中） | | 熔解热/(kJ/kg) | 147.7 |
| 下限 | 2.0 | 蒸发热/(kJ/kg) | 417.8 |
| 上限 | 11.5 | 临界压力/MPa | 4.32 |

**表 5-34** 聚合用丁二烯的规格[99]

| 项　目 | 规　格 | 项　目 | 规　格 |
|---|---|---|---|
| 纯度 | >98.0% | 过氧化物(以 $H_2O_2$ 计) | <10mg/kg |
| 熔点/℃ | −108.9 | 羰基(以乙醛计) | <100mg/kg |
| 沸点/℃ | −4.17 | 硫化物(以 $H_2S$ 计) | <100mg/kg |
| 相对密度 | 0.618 | 炔烃(以乙烯基乙炔计) | <0.1%(质量分数) |
| API 相对密度(15.55℃)① | 94.9 | 不挥发组分 | <0.1%(质量分数) |
| 丁二烯二聚物 | <0.4%(质量分数) | 阻聚剂 TBC② | 100~200(质量分数) |

① API 相对密度——美国石油协会密度指数。
② TBC——对叔丁基邻苯二酚。

　　丁二烯是易燃、易爆的物质，容易自聚，受热及受氧、铁、灰分等杂质的作用会加速丁二烯自聚，生成聚合物或过氧化物。因此在贮存或运输过程中应当加阻聚剂对叔丁基邻苯二酚（TBC），并且防止与空气接触。生成聚合物会引起管道和设备堵塞事故，生成过氧化物则可能引起爆炸和燃烧等严重事故。乙腈、丁二烯二聚物和乙烯基乙炔等杂质会影响聚合反应速率。聚合前阻聚剂 TBC 可用浓度为 10%~15% 的氢氧化钠溶液于 30℃下进行洗涤除去。

　　丁二烯聚合乳液制得的聚丁二烯橡胶是 1950 年由美国橡胶公司研究成功的，美国得克萨斯公司于 1964 年实现了工业化。乳液聚合聚丁二烯通常是用两类体系制备的：一类是采用过硫酸钾和饱和的脂肪酸皂在 50℃下制造；另一类是用油溶性的氢过氧化物和水溶性的还原剂，于 5~10℃用以松香为基础的皂类或混合的脂肪酸/松香酸皂作乳化剂。转化率-时间曲线的特征是，最初反应速率较慢，然后是或多或少的恒速区，直到转化率为 60%~70%，超过这个转化率反应就减慢下来，当达到出现多支化和凝胶的转化率时，反应即被终止。

　　丁二烯在水中的溶解度较小，其聚合速率仍接近符合 Smith-Ewart 动力学。从聚合速率并假定 $\bar{n}=0.5$ 算出的增长速率常数是 8.4L/(mol·s)（10℃)[100]。在研究丁二烯动力学时发现[101]，测定转化率和丁二烯蒸气压的依赖关系是具有很大现实意义的。通过这个关系可以研究确定丁二烯乳液聚合动力学，可以判明反应的进程。对于共聚反应来说可以得知其瞬时共聚物组成。由图 5-8 可以看到，对于丁二烯在 50℃时的乳液均聚反应来说，蒸气压随转化率变化的情况是：当转化率<50%时，蒸气压保持定值，与转化率无关；而当转化率>50%时，蒸气压随转化率的增大而陡然下降。之所以有这一规律，就是因为在转化率<50%时有单体珠滴存在，故蒸气压保持定值。当转化率大约在 50%时单体珠滴消失，所以此后随转化率的增大，乳胶粒中单体浓度急剧下降，故丁二烯蒸气压也下降。因而在反应后期通过测定丁二烯的蒸气压就可以方便而准确地确定其转化率。

　　不少学者[102-106]研究了聚合温度对聚丁二烯微观结构含量的影响，如图 5-9 所示。可以看出，聚合物中 1,2 结构单元的比例，在聚合温度为 −20~100℃范围内变化不大，约为 20%。但是顺式-1,4 和反式-1,4 结构单元之间的比例受聚合温度的影响却很大，随着聚合温度的降低顺式-1,4 结构单元与反式-1,4 结构单元的比率要下降。在低温下得到的聚丁二烯中大约含有 70%的反式-1,4 结构单元，20%的 1,2 结构单元和 10%的顺式-1,4

结构单元。而在高温下得到的聚丁二烯却含有大约 50% 的反式-1,4 结构，30% 的顺式-1,4 结构及 20% 的 1,2 结构单元。低温橡胶的物理性能在很大程度上取决于反式-1,4 结构的增加所引起的结构规整性增大。对影响聚丁二烯微观结构及其物理性能的因素有如下的结论[107]。

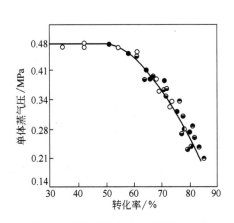

图 5-8　单体蒸气压-转化率关系曲线

反应温度为 50℃；反应体系为丁二烯 100 份，
水 180 份，脂肪酸皂变数，正十二
烷基硫醇 0.5 份，$K_2S_2O_8$ 0.3 份，
● 10，◐ 5，◓ 5/4，○ 5/8

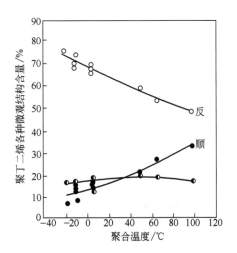

图 5-9　聚合温度对丁二烯各种微观结构
百分含量的影响

○ 反式-1,4 结构；● 顺式-1,4 结构；
◓ 1,2 结构

① 在丁二烯的乳液聚合中，三种结构单元的含量主要取决于聚合反应温度。

② 另外一些因素，如物料配比（包括共聚单体的存在）相对来说对于三种结构单元的组成影响则很小。

③ 在相同温度下，制得的聚丁二烯物理性能的不同，除上述原因外，很可能是由于聚合物化学结构不同所致，比如平均分子量的不同，分子量的分布情况不同等。

在丁二烯乳液聚合过程中，存在着一个很特殊的问题，就是端聚物（popcorn）的形成。这种聚合物在丁二烯的生产和回收时都会遇到。若在体系中有少量的端聚物存在，会以它为种子促使端聚物进一步生成。研究结果表明[108,109]，这种物质的生成量，随时间呈指数式增长。端聚物的形成会造成丁二烯脱气设备的严重堵塞，甚至会导致管道的破裂。形成端聚物的原因很多，主要是铁和氧的影响。有人还提出了端聚物增长的机理[110]。他们认为端聚物种子的形成是一个很慢的过程，而且很容易被阻止，但是一旦形成"种子"，其增长速率很快，而且很难控制。这种端聚物"种子"的增长需要具备两个条件：① 此"种子"在它所处的单体中，必须是不溶的，但是能被单体所溶胀；② 此"种子"必须含有相当数量能产生自由基的基团。他们认为这种"种子"的增长是由于过氧化物基团的存在，并且还找到了"种子"中过氧化物组分和"种子"活性之间的定量关系。

丁二烯均聚物及其共聚物具有重大的经济价值。在很多特定的应用中需使用丁二烯胶乳，例如泡沫橡胶、黏合剂和地毯背衬等[111]。这些应用对黏度、力学性能和冻融稳定性以及凝聚性有特殊要求，通常使用高浓度（50%～60%）的胶乳。自由基乳液聚合制得的溴遥爪液体聚丁二烯，对玻璃、金属、木材、漆膜乃至混凝土等均具有优良的粘接能力。20世纪60年代初美国Phillips石油公司合成出的端羧基聚丁二烯（CTPB）胶乳是一种链两端带有活性羧基官能团的液体聚丁二烯，除具有通用型黏合剂的性能外，还具有改善制品复现性和提高力学性能等优点，其配方见表5-35。

**表 5-35** 丁二烯乳液聚合配方

| 组　　分 | 用量/质量份 | 组　　分 | 用量/质量份 |
| --- | --- | --- | --- |
| 丁二烯 | 100 | 硫酸亚铁 | 29.4～38.4 |
| 水 | 500 | 过氧化环己酮-丙酮溶液 | 13～17 |
| 乳化剂（OP） | 18～22 | | |

注：反应条件温度（20±1）℃，时间3～4h。

以乳液聚合方法生产丁二烯-苯乙烯橡胶是历史悠久、技术成熟及最廉价的方法，生产工艺可作为乳液聚合生产合成橡胶的典型。自1948年实现工业化生产以来，世界上已有三十多个国家建立了低温聚合丁苯橡胶胶乳生产装置，乳液法生产丁苯橡胶一直是全世界范围内年产量最大的一个合成橡胶品种。所得到的丁苯共聚物是无规结构的，顺式-1,4结构只有12%～18%，而且乳液聚合法比本体聚合法可以得到更高分子量产物。通用型丁苯橡胶的苯乙烯含量在20%～30%范围内，工业生产要求为23.5%±1.0%。在50℃下，对苯乙烯-丁二烯乳液共聚动力学的研究表明，单体比为25/75的苯乙烯和丁二烯乳液共聚有类似图5-8的曲线，见图5-10。反应初期生成的共聚物中含有的丁二烯结构单元，要比加料时单体混合物中含有的丁二烯多得多。因此随着反应的进行，残余单体混合物中丁二烯所占的比例要下降，这可以从丁二烯的蒸气压连续降低看出来。图5-10中的虚线是按理想体系乳液聚合的机理标绘的。当转化率达到50%时，推断出的结果是符合实际的，当转化率再高时可以观察到实际测得的蒸气压要比计算出的蒸气压值低得多。值得注意的是：混合单体的蒸气压随着转化率的变化方式，决定于数种单体在反应中的消耗速率和每种单体各自的蒸气分压。在仍存在单体珠滴时，可能会出现

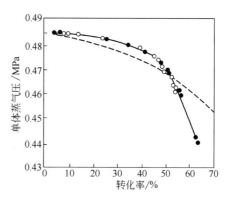

**图 5-10　单体蒸气压-转化率关系曲线**
反应温度为50℃；反应体系为苯乙烯25份，丁二烯75份，水180份；● 脂肪酸皂5份；○ 正十二烷基硫醇0.5份，$K_2S_2O_8$ 0.3份

混合蒸气压的下降、保持恒定或者升高，这就取决于共聚物组成中较易挥发单体的比例是大于、等于或者是小于此时的单体混合物中所含有的易挥发单体的比例。

研究丁苯胶乳乳胶粒的组成表明[101]，苯乙烯/丁二烯比例和总单体浓度随转化率而下降。在聚合过程中测定交联度得到 $k_x/k_p = 7.5 \times 10^{-5}$（5℃），$E_x - E_p = 20.3 kJ/mol$❶。$k_x/k_p$

---

❶ $k_x$ 和 $k_p$ 分别为终止和增长速率常数［L/(mol·s)］；$E_x$ 和 $E_p$ 分别为终止和增长反应活化能（kJ/mol）。

比值取决于共聚物组成和聚合温度，在较高温度下交联反应增加，也是由于硫醇调节指数随温度的升高而下降所致。

众所周知，硫化丁苯橡胶的物理性质主要取决于苯乙烯和丁二烯共聚时的温度，在通常情况下聚合温度越低，橡胶的支化和交联程度就越小，凝胶成分就越少，硫化橡胶的性能（如拉伸强度）就越高。Smith 等[102] 的研究结果（见图 5-11）表明，硫化以后的丁苯橡胶的胶乳沉积物的拉伸强度与聚合温度的降低近似呈线性关系。

研究表明，决定苯乙烯和丁二烯共聚物凝胶含量的重要因素是转化率。开始时凝胶含量相当低，随着反应的进行（转化率的提高）凝胶含量逐渐增加，同时凝胶的紧密性也随之增高。图 5-12 说明：当转化率低于 20％时，聚合物不会形成凝胶；当转化率超过 20％时，聚合物中凝胶含量几乎随转化率的提高线性增大。研究发现[112]，最初形成的凝胶在某种程度上取决于聚合体系的组成，特别是决定于胶束的本质。他们还发现，不管转化率有多大，加入适量调节剂可以防止凝胶的形成。

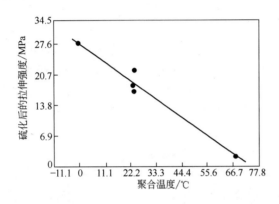

图 5-11　聚合温度对硫化丁苯橡胶（71/29）
拉伸强度的影响

硫化配方：橡胶 100 份，ZnO 3 份，二硫化
二丁基黄原酸盐 0.5 份，巯基苯并噻唑
酸锌 1.5 份，硫 2 份

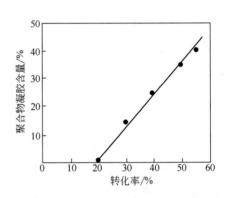

图 5-12　转化率对丁苯乳液共聚物
凝胶含量的影响

反应温度为 5℃；反应体系为苯乙烯 30 份，丁二烯
70 份；乳化剂为二丁基萘磺酸钠；引发体系为
含有过氧化氢异丙苯的氧化还原体系

关于转化率对苯乙烯-丁二烯乳液共聚物特性黏数的影响如图 5-13[113] 及表 5-36[114] 所示。可以看出，转化率至少在达到 60％时，对丁苯乳液共聚物的特性黏数影响仍很小（此时用了一种有效的链调节剂——叔十二烷基硫醇）。

此外，转化率对产物分子量大小及分子量分布影响的研究表明[114]，分子量随转化率的升高而增大，但是转化率对产物分子量分布的影响却很小。

表 5-36　转化率对丁苯乳液共聚物的特性黏数及门尼值及平均分子量的影响

| 转化率 | 特性黏数 /(dL/g) | 门尼值 | 平均分子量 | | |
|---|---|---|---|---|---|
| | | | $\overline{M}_w$ | $\overline{M}_n$ | $\overline{M}_w/\overline{M}_n$ |
| 50 | 1.78 | 44 | $3.20 \times 10^5$ | $1.07 \times 10^5$ | 2.98 |
| 61 | 1.90 | 53 | $3.39 \times 10^5$ | $1.14 \times 10^5$ | 2.95 |
| 70 | 2.12 | 64 | $3.72 \times 10^5$ | $1.12 \times 10^5$ | 3.08 |

注：反应温度为 5℃。

在丁二烯均聚和共聚反应中，分子量的控制几乎都是用硫醇作调节剂。乳液体系中调节剂的作用比本体聚合或溶液聚合更为复杂。常用的调节剂为 $C_8 \sim C_{18}$ 的伯烷基、仲烷基、叔烷基硫醇。其调节效率，一方面决定于调节剂链转移活性，另一方面决定于调节剂由单体珠滴通过水相向乳胶粒扩散的速率。由于硫醇的增溶溶解是由分子中最长的碳链决定的，因而伯硫醇比分子量相同的仲或叔硫醇扩散得慢，其典型扩散系数值分别是 $1.32 \mathrm{g/cm^2}$、$2.09 \mathrm{g/cm^2}$ 和 $2.37 \times 10^{-4} \mathrm{g/cm^2}$。对于伯、仲、叔的 $C_{12}$ 硫醇来说，它们同自由基的反应速率却相反，是按下列次序递减，即伯＞仲＞叔，在实际体系中，这两种相反的倾向使获得最佳特性硫醇的碳链为 $C_{10} \sim C_{12}$。采用混合硫醇能提高效率，而且通过增量加入硫醇可使聚合物的 $\overline{M}_w / \overline{M}_n$ 比值变小[115]。所使用的硫醇结构对分子量的分

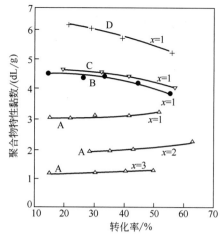

**图 5-13　转化率对丁苯乳液共聚物特性黏数的影响**

反应温度为 5℃；反应体系为苯乙烯 30 份，丁二烯 70 份，水 194 份，歧化松香酸钠 4.3 份，硫醇 0.0784$x$，过氧化氢二异丙苯 0.1 份，甲醛次硫酸钠 0.1 份，$FeSO_4 \cdot 7H_2O$ 0.020 份，EDTA 0.0333 份，$Na_2HPO_4 \cdot 12H_2O$ 1.15 份

A—叔十二烷基硫醇；B—正十二烷基硫醇；C—叔十四烷基硫醇；D—叔十六烷基硫醇

布曲线影响很小，对典型的丁苯聚合物来说，当转化率约为 25％时，分子量分布开始向高分子量一端移动，分子量峰值为 50 000 左右。随着转化率的提高，由于链转移减少和聚合物同自由基链之间发生二级反应，使分子量分布中高分子量尾部增大。在高转化率时，分子量分布变得更宽，此时得到双结（binodal）分布，分布曲线的形状明显地依赖于所用硫醇的结构。硫醇的活性常用 $-\mathrm{dln}S/\mathrm{d}X = rS$ 所给定的系数 $r$ 来表示，式中 $S$ 是硫醇的浓度，$X$ 是单体转化为聚合物的转化率。对一定量的链转移剂来说，通过分子量降低所测得的最适宜调节活性是 $r = 2 \sim 4$，该值相当于转化率为 60％ $\sim$ 70％时硫醇消耗 70％ $\sim$ 90％[116]。对丁苯聚合物来说，当 $r$ 值很小时，已经看到它和理论计算相当一致，而且发现分子量分布是相当窄的（$\overline{M}_w / \overline{M}_n = 2.73 \sim 3$）单峰分布。如果 $r$ 值大，则分子量分布变宽（$\overline{M}_w / \overline{M}_n = 4 \sim 16$）。

在乳液法生产丁苯橡胶中，大约 80％采用冷法生产（5℃下聚合），所得橡胶质量、加工性能、均匀性等方面都是较好的。丁苯乳液聚合典型配方及反应条件示于表 5-37。

**表 5-37　丁苯乳液聚合典型配方及反应条件**　　　　　　　　　　　　　　单位：质量份

| 原料、辅助材料及反应条件 | | 冷　法 | 热　法 |
| --- | --- | --- | --- |
| 单体 | 丁二烯 | 72 | 71 |
| | 苯乙烯 | 28 | 29 |

| 原料、辅助材料及反应条件 | | 冷 法 | 热 法 |
|---|---|---|---|
| 分子量调节剂 | 叔十二碳醇 | 0.16 | 0.50 |
| 反应介质 | 水 | 195 | 190 |
| 脱氧剂 | 保险粉 | 0.025~0.04 | |
| 乳化剂 | 脂肪酸钠 | — | 5 |
| | 歧化松香酸钠 | 4.62 | — |
| 引发体系 过氧化物 | $K_2S_2O_8$ | — | 0.3 |
| | 过氧化氢对蓋烷 | 0.06~0.12 | — |
| 活化剂 还原剂 | 硫酸亚铁 | 0.01 | — |
| | 甲醛次硫酸钠 | 0.04~0.10 | — |
| 螯合剂 | EDTA | 0.01~0.025 | — |
| 电解质 | $K_3PO_4$ | 0.24~0.45 | — |
| 终止剂 | 二甲基二硫代氨基甲酸钠 | 0.10 | — |
| | $NaNO_2$ | 0.02~0.04 | — |
| | $Na_2S_x$ | 0.02~0.05 | — |
| | 其他 | 多亚乙基多胺 0.02 | 氢醌 0.1 |
| 反应条件 | 聚合温度/℃ | 5 | 50 |
| | 转化率/% | 60 | 72 |
| | 聚合时间/h | 7~10 | 12 |

低温乳液聚合要求新鲜单体的纯度为：丁二烯≥99%，苯乙烯≥99.6%。一般说来，不同方法生产的单体及杂质成分和含量也有所不同，而不同的聚合配方对不同杂质的敏感性也各不相同[117]。单体中对聚合影响较大的杂质有：乙烯基乙炔（一种交联剂），含量在 $4×10^{-4}$ g/g 时可使门尼值上升 10 个单位，一般控制在 $1.5×10^{-4}$ g/g 以下；丁二烯二聚体（一种阻聚剂），含量为 0.2%~0.3% 时可使聚合时间延长 10%，一般含量应低于 0.1%。为防止苯乙烯自聚，新鲜苯乙烯中自聚物含量应控制在 10~50mg/kg 之间，目前国内单体生产所达到的质量见表 5-38 及表 5-39。

**表 5-38** 国内乙腈法抽提丁二烯的质量指标[118]

| 项 目 | 指标(实际值) | 项 目 | 指标(实际值) |
|---|---|---|---|
| 外观 | 透明、无机械杂质 | 气相氧(体积分数)/% | <0.05 |
| 纯度(质量分数)/% | >99.2 | 二聚物(质量分数)/% | <0.12 |
| 总炔烃/(mg/kg) | <247 | 羰基化合物/(mg/kg) | <22 |
| 甲(乙)基乙炔/(mg/kg) | <398 | 过氧化物/(mg/kg) | <2 |
| 乙烯基乙炔/(mg/kg) | <28 | 阻聚剂/(mg/kg) | >2.5 |
| 不挥发物(质量分数)/% | <0.01 | 乙腈/(mg/kg) | <10 |
| 硫(以 $H_2S$ 计)/(mg/kg) | <1 | | |

表 5-39　国内乙苯催化脱氢制苯乙烯的质量指标[118]

| 项　　目 | 指标(实际值) | 项　　目 | 指标(实际值) |
|---|---|---|---|
| 外观 | 透明,无悬浮物 | 阻聚剂(TBC)/(mg/kg) | 符合指标≥10～15 |
| 纯度(质量分数)/% | ＞99.8 | 黏度(25℃)/Pa·s | ＜0.71×10⁻³ |
| 醛(以苯甲醛计)(质量分数)/% | ＜0.04 | 相对密度(25℃/25℃) | 0.9046 |
| 过氧化物(以 $H_2O_2$ 计)(质量分数)/% | 检不出 | 硫黄(质量分数)/% | ＜0.0005 |
| 聚合物含量/(mg/kg) | ＜50 | 氯化物(以 Cl 计)(质量分数)/% | ＜0.003 |

　　丁苯橡胶随其苯乙烯含量的增加,得到弹性下降而塑性增大的树脂状共聚物。一般把结合苯乙烯量在 45%～70% 者称为高苯乙烯橡胶,而把结合苯乙烯量在 70% 以上者称高苯乙烯树脂,高苯乙烯树脂的配方示于表 5-40。

表 5-40　高苯乙烯树脂基本配方[119]

| 原　料 | 质　量　份 | 原　料 | 质　量　份 |
|---|---|---|---|
| 丁二烯 | 15 | 电解质 | 0～0.4 |
| 苯乙烯 | 85 | 调节剂 | 0.08～0.18 |
| 水 | 130～300 | 引发剂 | 0.1～0.35 |
| 乳化剂 | 3.15～7.35 | 除氧剂 | 0～0.05 |
| 扩散剂 | 0～0.2 | | |

　　注:聚合温度为 40～80℃,反应时间为 8～12h。

　　乳液聚合丁苯橡胶由于长期研究的结果,已成为具有综合性能优良的合成橡胶,但由于受到分子结构的限制,其主要性能还赶不上天然橡胶。为了弥补这个缺欠,出现了立构规整性好的聚丁二烯橡胶(BR)和被称之为合成天然橡胶的聚异戊二烯橡胶(IR)。

　　今后,应重点研究制备用于乳液聚合的高效引发剂,选用反应性乳化剂或生物分解性乳化剂,以提高生产效率和有利于三废治理。苏联研究者采用过氧化异丙基环己苯,可使过程强化,提高单体转化率[120]。他们还采用了可生物分解的乳化剂如歧化松香酸皂(RA)和脂肪酸皂(FA),两者可单独使用。在某些特殊牌号的橡胶生产中,则采用烷基硫酸钠皂,其中以十二烷基硫酸钠为最好[121]。在丁苯胶乳生产中也有采用烷(苯)基磺酸钠(或钾)作为乳化剂的,最近还采用了阴离子表面活性剂和高级脂肪醇的混合乳化体系。同时他们还采用了生物分解性的分散剂。

　　作为耐油橡胶的丁腈橡胶(NBR),是由丁二烯-丙烯腈乳液共聚合而得,其丁二烯链段主要是 1,4-反式丁二烯链节,具有很好的耐油性和较好的耐低温性,可在 −20～120℃ 之间应用。配方举例见表 5-41。

　　丁二烯-丙烯腈共聚物的反应历程比其他共聚物研究得少。丁二烯-苯乙烯-乙烯基吡啶的三元共聚物已有大规模生产。丁二烯和带羧基的单体的共聚物在黏合剂、地毯背衬和泡沫衬里织物的应用中,受到普遍的重视。生产羧基丁苯胶乳的典型配方如表 5-42所示。

表 5-41　丁二烯-丙烯腈乳液共聚配方与条件　　　　　　　　　　　　　　　　　　单位：质量份

| 项　目 | 配方 I | 配方 II |
|---|---|---|
| 丁二烯 | 75 | 74 |
| 丙烯腈 | 25 | 26 |
| 乳化剂 | 4.5（脂肪酸皂） | 4（油酸钠） |
| 脂肪酸 | 0.6（硬脂酸） | 1（油酸） |
| 水 | 180 | 180 |
| 叔十二烷基硫醇 | 0.5 | 0.5 |
| NaOH | — | 0.05～0.10 |
| KCl | 0.3 | — |
| 缓冲剂 | 0.1（Na$_3$PO$_4$） | 0.3（焦磷酸钠） |
| K$_2$S$_2$O$_8$ | — | 0.3 |
| H$_2$O$_2$（20%） | 0.35 | — |
| FeSO$_4$ | 0.02 | — |
| 聚合温度/℃ | 30 | 40 |
| 聚合时间/h | 24 | 约 14 |
| 转化率/% | 约 90 | 约 75 |

**表 5-42**　羧基丁苯胶乳配方 [122,123]　　　　　　　　　　　　　　　　　　单位：质量份

| 项　目 | 苏联 БСК65/3 | 美国 Dow Latex 620 | 英国 Revinex-82L10 |
|---|---|---|---|
| 丁二烯 | 35 | 40 | 40 |
| 苯乙烯 | 65 | 60 | 60 |
| 丙烯酸或甲基丙烯酸 | 3.0 | 0～10 | 2.5 |
| 水 | 110 | 150 | 170 |
| K$_2$S$_2$O$_8$ | 0.2 | 1～5 | 0.1 |
| 乳化剂 | 4.0① | 1～5② | 4.0③ |
| 乙二胺四乙酸二钠 | 0.04 | — | — |
| 螯合剂 | — | — | 0.05 |
| 调节剂 | — | — | 0.4 |

① 烷基苯磺酸钠。

② 十二烷基苯磺酸钠二苯醚。

③ 月桂基磺酸钠。

　　许多关于丁二烯共聚方面的研究，都是希望得到性能比丁苯橡胶及丁腈橡胶更好的供一般用途的合成橡胶。例如丁二烯与氯代苯乙烯的共聚物耐高温，丁二烯与乙烯基吡啶的共聚物硫化较快。此外，由于丁二烯-苯乙烯和其他共聚物胶乳在泡沫橡胶、薄膜和黏合剂中具有使用价值，已经有很多研究工作通过直接聚合来发展高浓度胶乳。

### 5.3.2　异戊二烯

　　异戊二烯在常温下是一种无色、易挥发、易流动的液体。分子量 68.11，相对密度 0.6861（15.6℃）、熔点−146℃、沸点 34.08℃、折射率 $n_D^{20}$ 1.4216，不溶于水，但易溶于乙醇、乙醚等有机液体中。异戊二烯能够燃烧，并能和空气形成爆炸性混合物，其爆炸下限为 1.5%（体积分数）。在贮存过程中，异戊二烯易氧化和聚合，通常需加入 0.05%～0.06%的

稳定剂，如对苯二酚等。这些稳定剂可用氢氧化钠的水溶液洗涤除去。异戊二烯的乳液聚合物作弹性体价值并不大。由于是共轭二烯烃的关系，其各种反应与丁二烯完全相同。与丁二烯、二甲基丁二烯相比，异戊二烯的主要特点是链增长速率常数低，如表5-43所示。

**表5-43** 二烯烃的增长速率常数（$k_p$）[124]

| 项 目 | $A$ | $E$ | $k_p(60℃)$[①] |
|---|---|---|---|
| 丁二烯 | $1.2×10^8$ | 9.3 | 100 |
| 异戊二烯 | $1.2×10^8$ | 9.8 | 50 |
| 2,3-二甲基丁二烯 | $8.9×10^9$ | 9.0 | 120 |

① $k_p = Ae^E$。

异戊二烯能与很多单体包括丁二烯、苯乙烯和丙烯腈共聚。但是只有与丙烯腈的共聚才有重要价值。其共聚物胶乳具有黏度低、含固量高等特点，共聚组成比为异戊二烯/丙烯腈＝70/30。更有价值的是共聚物胶乳铸塑薄膜无需用填料增强就具有高强度，其耐油溶胀性可与丁二烯-丙烯腈共聚物相比拟[125]。

## 5.3.3　2,3-二甲基丁二烯与1,3-戊二烯

2,3-二甲基丁二烯和其他二烯烃单体一样，聚合时很快发生支化，但是支化速率要比用异戊二烯和丁二烯时低。聚合物黏度升到最大值后，随着转化率的提高支化度将下降。在低温下聚合可以制得支化较少的聚合物。乳液聚合中采用过硫酸盐和过氧胺（peroxamine）为引发剂，采用烷基磺酸盐皂和阴离子与非离子型乳化剂复合[126,127]。

1,3-戊二烯的聚合尚未进行更多的研究工作，没有多大实际价值。但是在与丁二烯或丁二烯-苯乙烯的共聚合中[128]，由于1,3-戊二烯的存在可以分离出顺式结构和反式结构的聚合物，因此它对研究自由基的动力学将是很有意义的。

## 5.3.4　氯丁二烯

氯丁二烯为无色液体，沸点为59.4℃，相对密度0.9585，具有一定的毒性，受光及催化剂作用易于聚合。氯丁二烯稍溶于水（0.11%），当有乳化剂存在时水溶性还会增大，它在2%的十二烷基硫酸钠溶液中溶解度达到1%。氯丁二烯的纯度对橡胶质量有很大的影响，国内外对单体的质量要求都很高，见表5-44。

**表5-44** 氯丁二烯的规格[①]

| 项 目 | 规 格 | 项 目 | 规 格 |
|---|---|---|---|
| 2-氯-1,3-丁二烯 | ≥99.5%(98.5%)[②] | 乙烯基乙炔 | ≤0.2% |
| 1-氯-1,3-丁二烯 | ≤1.0% | 醛类 | ≤0.01%(≤0.2%)[②] |
| 3,4-二氯-1-丁烯 | ≤0.01% | 二聚体 | ≤0.01% |
| 聚合物和酮类 | 无 | 过氧化物 | ≤1mg/kg |

① 法国 Distugil 工厂规定指标。
② 国内指标。

如果氯丁二烯中过氧化物含量过多，会影响产品的平均聚合度。因为在聚合条件下，过氧化物会活化分解成自由基并参与引发聚合，这就相对地增加了引发剂的浓度，从而导致平均聚合度的下降。据估算，若氯丁二烯中过氧化物含量增加 30mg/kg，则每升乳液中就可增加 $1.2 \times 10^{18}$ 个自由基，这是个不应忽视的数字[129]。当引发聚合后，单体中的过氧化物不仅参与引发聚合，同时在长链分子间还会参与支化和交联反应。国内生产的氯丁二烯聚合物分子量偏低，且低分子级分的分布较宽。造成这一现象的原因之一就是氯丁二烯单体中过氧化物含量过高。

为了便于氯丁二烯单体的贮运，一般都在氯丁二烯中加入阻聚剂，常用的阻聚剂有烷基酚、芳基酚、二苯胺等。聚合前需用酸性活性白土将阻聚剂除去，以便提高胶乳质量[130]。

氯丁二烯的聚合比较复杂，单体很快自动氧化形成活性引发剂并得到二聚体，该二聚体能够参与链增长反应。聚合为放热反应，聚合转化率一般与胶乳相对密度呈线性关系，转化率增高，胶乳相对密度亦增大。氯丁二烯的乳液聚合引发剂采用过硫酸盐、水溶性的铁氰化物、氮的硫化物等，典型配方见表 5-45。

**表 5-45** 氯丁二烯乳液聚合配方

| 项　目 | 配方　Ⅰ | 配方　Ⅱ |
|---|---|---|
| 氯丁二烯 | 100 | 100 |
| 水 | 150 | 180 |
| 乳化剂 | 4（松香皂） | 3（十二烷基苯磺酸钠） |
| NaOH | 0.8 | — |
| 分散剂 | 0.7 | 0.5 |
| 调节剂 | 0.6（硫黄）① | 0.5（十二烷基硫醇） |
| $K_2S_2O_8$ | 0.2～1.0 | 0.4 |

① 利用硫作调节剂，有使氯丁生胶早期硫化的弊端，因此产品难以长期贮存，所以近年来使用硫醇作调节剂。

注：反应温度 40℃；反应时间约 2h；转化率约 90%。

氯丁橡胶既可以是含硫的均聚物，又可以是含硫的共聚物。均聚物的分子量是通过加入硫醇链转移剂来控制的，而高分子量的含硫聚合物（含硫量约为 0.5%）通过用某种橡胶硫化促进剂，特别是二烷基二硫化秋兰姆，在碱性介质中处理，转化为可加工的物料。

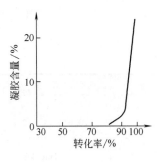

**图 5-14** 凝胶含量与转化率关系

调节剂采用硫黄，用量为 0.5%

这类促进剂可以断裂聚合物中的多硫键并使端基稳定。

氯丁橡胶主要含 1,4-反式聚氯丁二烯（>95%），而 1,2 加成链节只有 3%～5%。氯丁橡胶有很好的耐热性、气密性、耐磨性、耐化学性及耐燃性，但其耐寒性差（−35℃）及相对密度大（约 1.23）。

氯丁胶乳凝胶含量经常会出现偏高现象。主要原因是氯丁二烯偶极矩大，活性高，所以在聚合时，即使采用硫或秋兰姆类调节剂，当转化率达 80%～90% 时还是会出现凝胶，高于 90% 时则凝胶急剧增加，见图 5-14。这是大分子结构化作用的结果。

研究者对二烯类的乳液聚合进行研究后[131] 提出了交联密度方程。

$$\rho = -2K[1 + x^{-1} \times \ln(1-x)] \tag{5-3}$$

式中，$K = k_x/k_p$，$k_x$ 交联速率常数，$k_p$ 链增长速率常数。

当聚合反应温度超过一定限度时，$k_x$ 增加的速率就大于 $k_p$ 增加的速率，此时交联密度 $\rho$ 随转化率 $x$ 的增加而急剧上升。所以为了降低凝胶含量，必须严格控制聚合反应温度和单体转化率。

有人发现氯丁二烯乳液聚合反应速率对引发剂的依赖关系[132]：在引发剂浓度比较低时符合正常的乳液聚合规律，但是在引发剂和乳化剂浓度较高时，聚合速率和引发剂与乳化剂的浓度无关[133]。

1977 年美国杜邦公司已研究出 L-100 系列羧基氯丁胶乳[134,135]，特点是聚合物链上含有羧基官能团，胶乳粒由非离子表面活性剂聚乙烯醇稳定，胶乳粒直径分布较窄，具有较高的化学稳定性、力学稳定性和热稳定性。

# 5.4 丙烯酸与甲基丙烯酸系单体

## 5.4.1 简介

丙烯酸与甲基丙烯酸系单体是一类非常重要的乳液聚合单体，因其聚合物和共聚物乳液具有优良的力学性能、成膜性、耐候性、耐老化性、透明性、粘接强度、耐水性、耐油性、抗污性等性能，且其原料成本适中，所以在涂料、黏合剂、纸品加工、纺织、印染、皮革、喷胶棉、油墨、弹性体、水处理、抗冲改性剂、医用高分子、纳米材料等许多技术领域里得到了广泛的推广应用，成为一类发展势头迅猛的不可缺少的材料。

丙烯酸与甲基丙烯酸系单体在国内外均得到快速的发展，已知该系单体有上千种，其中有重大工业价值的有数十种，已经投入大批量工业生产的有丙烯酸、甲基丙烯酸、丙烯酸甲酯、丙烯酸乙酯、丙烯酸正丁酯、丙烯酸异丁酯、丙烯酸 2-乙基己酯、甲基丙烯酸甲酯、甲基丙烯酸丁酯等。

## 5.4.2 丙烯酸与甲基丙烯酸系单体的物理性质[136]

丙烯酸与甲基丙烯系单体一般为无色透明液体，有刺激性臭味，可燃。表 5-46 中列出了常用丙烯酸与甲基丙烯酸系单体的物理性能。

**表 5-46** 常用丙烯酸与甲基丙烯酸系单体物理性能

| 单体名称 | 沸点 /℃ | 相对密度 ($d^{25}$) | 折射率 ($n_D^{25}$) | 闪点 /℃ | | 溶解度 (25℃)/(份/100 份) | | 比热容 /[J/(g·℃)] | 聚合物玻璃化转变温度/℃ | 聚合物脆化点 /℃ |
|---|---|---|---|---|---|---|---|---|---|---|
| | | | | 开杯 | 闭杯 | 单体/水 | 水/单体 | | | |
| 丙烯酸 | 141.6 | 1.0445 | 1.4185 | 55 | 46 | | | 3.9 | 106 | |
| 丙烯酸甲酯 | 80.5 | 0.9574 | 1.401 | 10 | -1 | 5 | 2.5 | 2.0 | 8 | 4 |

| 单体名称 | 沸点/℃ | 相对密度($d^{25}$) | 折射率($n_D^{25}$) | 闪点/℃ 开杯 | 闪点/℃ 闭杯 | 溶解度(25℃)/(份/100 份) 单体/水 | 溶解度(25℃)/(份/100 份) 水/单体 | 比热容/[J/(g·℃)] | 聚合物玻璃化转变温度/℃ | 聚合物脆化点/℃ |
|---|---|---|---|---|---|---|---|---|---|---|
| 丙烯酸乙酯 | 100 | 0.917 | 1.404 | 10 | -2 | 1.5 | 1.5 | 1.97 | -22 | -4 |
| 丙烯酸正丁酯 | 147 | 0.894 | 1.416 | 49 | 39 | 0.2 | 0.7 | 1.93 | -54 | -45 |
| 丙烯酸异丁酯 | 62 (6.7kPa) | 0.884 | 1.412 | 30 | 32 | 0.2 | 0.6 | 1.93 | -40 | -24 |
| 丙烯酸-2-乙基己酯 | 213 | 0.881 | 1.433 | 90 | | 0.01 | 0.15 | 1.93 | -70 | -55 |
| 丙烯酸-2-羟乙酯 | 82 (0.67kPa) | $0.983^{20}$ | $1.427^{20}$ | 77 | | 5.5 | 2.5 | 1.88 | -15 | |
| 丙烯酸 2-羟丙酯 | 77 (0.67kPa) | $1.057^{20}$ | $1.445^{20}$ | 90 | | | | | -7 | |
| 甲基丙烯酸 | 160 | $1.105^{20}$ | 1.4288 | 72 | 68 | | | | 130 | |
| 甲基丙烯酸甲酯 | 101 | 0.940 | 1.412 | 13 | 2 | 1.59 | 1.2 | 1.88 | 105 | 92 |
| 甲基丙烯酸乙酯 | 115 | 0.911 | 1.4115 | 58 | 51 | | | 1.88 | 65 | |
| 甲基丙烯酸正丁酯 | 160 | 0.895 | 1.4215 | 49 | 45 | | | 1.55 | 20 | |
| 甲基丙烯酸 2-乙基己酯 | | 0.884 | 1.4383 | | | | | | | |
| 甲基丙烯酸 2-羟乙酯 | 95 (1.3kPa) | 1.074 | 1.4515 | 104 | | | | | 55 | |
| 甲基丙烯酸 2-羟丙酯 | 96 (1.3kPa) | 1.027 | 1.446 | | | | | | 26 | |

丙烯酸酯在贮存和运输过程中，尤其是在混入水分及含铁杂质时，或者在较高温度下，会发生自聚，所以要求在低于25℃的温度下贮存，并要加入阻聚剂。常用的阻聚剂有对羟基二苯胺、2,5-二叔丁基苯酚及对苯二酚单甲醚等，其加入量一般为 10～30mg/kg。阻聚剂会影响其后的聚合反应，在使用前可用碱洗法、蒸馏法或离子交换法把阻聚剂除去。

丙烯酸酯，尤其是低级酯，在较高温度下贮存时，易形成端聚物。端聚物外观上是一种多孔、不溶的白色玉米花状物质；微观上它是由于在单体中存在的微量引发剂，在丙烯酸酯 α 氢位置上引发交联反应，而生成的一种三维结构的产物。若在25℃以下贮存，且设法尽量降低水含量及加入阻聚剂，就可以避免或减轻端聚物的生成。

丙烯酸与甲基丙烯酸系单体，尤其是丙烯酸低级酯，有一定毒性，对眼睛、黏膜及皮肤有刺激作用，应控制其在空气中最大蒸气浓度≤75mg/kg，应保持车间通风。车间除臭的办法是：把有污染的空气集中，用导管将其导入以铂族金属为催化剂的氧化装置中，将空气中的单体氧化成二氧化碳和水。

## 5.4.3　丙烯酸与甲基丙烯酸系单体的共聚合

在实际中，很少有进行丙烯酸与甲基丙烯酸系单体的均聚合的，一般都进行乳液共聚。可以进行丙烯酸与甲基丙烯酸系单体之间的共聚，也可以进行丙烯酸、甲基丙烯酸系单体与乙烯基单体、共轭二烯烃或其他单体之间的二元或多元共聚合，通过共聚来提高乳液聚合物的性能，或赋予乳液聚合物及聚合物乳液以特殊的功能，以适应具体应用的需要。

目前市场上出现了种类繁多、性能各异、用途广泛的丙烯酸与甲基丙烯酸系共聚物乳液[137,138]，主要有以下几种：

（1）纯丙乳液　丙烯酸与甲基丙烯系单体之间进行乳液共聚合反应所制备的一类共聚物乳液称纯丙乳液。纯丙乳液聚合物具有良好的力学性能、耐候性、耐老化性和成膜性，已广泛地应用于涂料、黏合剂、织物整理剂、压敏胶、抗冲改性剂、纸品加工等技术领域。

（2）苯丙乳液　丙烯酸、甲基丙烯酸系单体与苯乙烯进行乳液共聚所制备的一类共聚物乳液称苯丙乳液。由于在纯丙聚合物中引入了苯乙烯链节，提高了耐水性、耐碱性、硬度、抗污性能，主要用于涂料、黏合剂和纸品加工。

（3）乙丙乳液　由乙酸乙烯酯与丙烯酸、甲基丙烯酸系单体进行乳液共聚所制备的一类乳液称乙丙乳液。这类乳液共聚物在耐水性、耐寒性及力学性能等方面显著优于乙酸乙烯酯均聚物，主要用于内墙涂料、纸张涂布、覆膜胶、封口胶等技术领域。

（4）硅丙乳液　由丙烯酸、甲基丙烯酸系单体与乙烯基有机硅单体进行乳液共聚所制备的一类乳液称硅丙乳液。由于在纯丙共聚物中引入了有机硅链节，赋予这种共聚物非常优异的耐候性、耐老化性、耐水性、耐碱性，显著拓宽了纯丙聚合物的使用温度范围，消除了纯丙聚合物"热黏冷脆"的弊端。这类共聚物乳液可用于制造高档的外墙涂料，还可用于皮革涂饰、织物整理等诸多领域。

在乳液共聚合中，各种单体的反应活性是不同的，故不同单体进入到共聚物链上的速率是不同的，则所得聚合物的共聚组成将因单体的活性比而异。另外，在反应过程中，随着不同单体以不同的速率参与共聚反应，其单体的比例也在发生变化。活性大的单体所占的比例将随反应时间延长而减少；而活性小的单体所占的比例则将随反应时间延长而增加。这又会引起反应前期和反应后期所得聚合物共聚组成的差别。共聚物的性能是与其共聚组成密切相关的。共聚组成的变化就意味着共聚物性能的变化及产品质量的下降。单体的共聚活性是用单体之间进行共聚的竞聚率来表示的。竞聚率是共聚合的重要参数，利用竞聚率可以预计聚合物的共聚组成，并可以帮助我们为得到共聚组成均匀的共聚物，提高聚合物产品质量而制定出合理的共聚合工艺。表5-47中列出了丙烯酸、甲基丙烯酸系单体与其他单体进行共聚合的竞聚率。

**表 5-47**　丙烯酸、甲基丙烯酸系单体与其他单体共聚合的竞聚率[22-24, 136]

| 单体 $M_1$ | 单体 $M_2$ | 竞聚率 $r_1$ | 竞聚率 $r_2$ | 反应条件/℃ |
|---|---|---|---|---|
| 丙烯酸 | 乙酸乙烯酯 | 2.00 | 0.10 | 70 |
| 丙烯酸 | 苯乙烯 | 0.25 | 0.15 | 60 |
| 丙烯酸 | 丙烯腈 | 1.15 | 0.35 | 50 |
| 丙烯酸 | 丙烯酸丁酯 | 0.91 | 1.02 | |
| 丙烯酸甲酯 | 丁二烯 | 0.05 | 0.76 | 50 |
| 丙烯酸甲酯 | 苯乙烯 | 0.14 | 0.68 | |
| 丙烯酸甲酯 | 丙烯腈 | 1.26 | 0.67 | 60 |

| 单体 M₁ | 单体 M₂ | 竞聚率 $r_1$ | 竞聚率 $r_2$ | 反应条件/℃ |
|---|---|---|---|---|
| 丙烯酸甲酯 | N-羟甲基丙烯酰胺 | 1.30 | 1.90 | |
| 丙烯酸甲酯 | 乙烯 | 11.00 | 0.20 | 150(100MPa) |
| 丙烯酸甲酯 | 氯乙烯 | 9.00 | 0.08 | |
| 丙烯酸甲酯 | 偏二氯乙烯 | 0.84 | 0.99 | |
| 丙烯酸甲酯 | 乙酸乙烯酯 | 9.00 | 0.10 | |
| 丙烯酸乙酯 | 苯乙烯 | 0.16 | 1.01 | |
| 丙烯酸乙酯 | 丙烯腈 | 0.95 | 0.44 | |
| 丙烯酸乙酯 | C₉叔碳酸乙烯酯 | 6.00 | 0.10 | |
| 丙烯酸乙酯 | N-羟甲基丙烯酰胺 | 1.40 | 1.40 | |
| 丙烯酸丁酯 | 苯乙烯 | 0.21 | 0.82 | |
| 丙烯酸丁酯 | 乙酸乙烯酯 | 3.07 | 0.06 | |
| 丙烯酸丁酯 | 氯乙烯 | 4.40 | 0.07 | |
| 丙烯酸丁酯 | 乙烯 | 11.90 | 0.30 | 90(100MPa) |
| 丙烯酸丁酯 | N-羟甲基丙烯酰胺 | 0.87 | 0.61 | |
| 丙烯酸丁酯 | 丙烯腈 | 1.00 | 1.00 | |
| 丙烯酸丁酯 | 丁二烯 | 0.08 | 0.99 | 50 |
| 丙烯酸丁酯 | 甲基丙烯酸甲酯 | 0.43 | 1.88 | |
| 丙烯酸异丁酯 | 苯乙烯 | 0.28 | 0.97 | |
| 丙烯酸-2-乙基己酯 | 苯乙烯 | 0.26 | 0.94 | |
| 甲基丙烯酸甲酯 | 乙烯 | 17.00 | 0.20 | |
| 甲基丙烯酸甲酯 | 偏二氯乙烯 | 1.00 | 1.00 | 60 |
| 甲基丙烯酸甲酯 | 丁二烯 | 0.25 | 0.75 | 90 |
| 甲基丙烯酸甲酯 | 丙烯腈 | 1.22 | 0.15 | 80 |
| 甲基丙烯酸甲酯 | 苯乙烯 | 0.20 | 0.75 | 70 |
| 甲基丙烯酸甲酯 | 马来酸二乙酯 | 20.00 | 0 | 60 |

# 5.5 交联单体

　　为了赋予乳液聚合物以更优异的拉伸强度、硬度、耐磨性、抗蠕变性、粘接强度、耐水性、耐碱性、耐溶剂性、耐热性、抗污性等性能，常常要将线型乳液聚合物进行交联，生成三维网状结构。最常用的交联方法是在共聚单体中引入带有交联官能团的单体，使所得到的乳液共聚物在分子链上带有交联基团。在其后聚合物乳液成膜过程中，在一定条件下，通过在共聚物分子链上交联基团之间的化学反应，或通过分子链上的交联基团与外加交联剂之间的化学反应，生成交联键，形成交联聚合物[21,139]。

制备可交联型聚合物乳液常用的交联单体可以按照所提供的交联基团的性质进行分类。

## 5.5.1 多双键型交联单体 [140]

这类交联剂至少带有两个双键,将其作为共聚单体进行乳液共聚合时,由于空间障碍,一个该种交联单体分子大多仅有一个双键参与聚合反应,生成仅有轻度交联的乳液聚合物;在其后的成膜过程中,在更高的反应条件下,再进一步进行深度交联。常用的多双键型交联单体有二乙烯基苯、乙二醇双丙烯酸酯、三乙二醇双丙烯酸酯、聚乙二醇(400)双丙烯酸酯、三丙二醇双丙烯酸酯、三羟甲基丙基三丙烯酸酯、乙氧基三羟甲基丙烷三丙烯酸酯、马来酸二烯丙酯、季戊四醇三烯丙酯、对苯二甲酸二烯丙酯、亚甲基双丙烯酰胺等。

## 5.5.2 羧酸型交联单体 [137]

这类交联单体是带双键的羧酸,当作为共聚单体将其引入共聚物中后,就使共聚物分子链上带有羧基,这就为交联反应提供了交联点。当然这些羧基之间并不发生交联反应,它需和分子链上或和外加交联剂分子上所带的羟基、环氧基、金属离子等发生化学反应才能形成交联结构。常用的羧酸型交联单体有丙烯酸、甲基丙烯酸、衣康酸、马来酸、富马酸等。

## 5.5.3 N-取代丙烯酰胺衍生物型交联单体 [21, 141]

这类交联单体应用最多的是 *N*-羟甲基丙烯酰胺,在进行乳液聚合过程中,作为共聚单体加入反应体系,使共聚物的分子链上带上 *N*-羟甲基。在其后的成膜过程中,*N*-羟甲基之间,或 *N*-羟甲基与分子链上的其他基团(如羧基、羟基、氨基、酰氨基等)之间发生缩合反应而形成交联键。*N*-羟甲基丙烯酰胺化学性质比较活泼,存放期较短,同时在存放或交联过程中会释放出有毒的甲醛。为了克服这一缺点,人们又开发了多种化学性能稳定且无毒的 *N*-取代型丙烯酰胺衍生物交联单体,如 *N*-甲氧甲基丙烯酰胺、*N*-异丙氧甲基丙烯酰胺、*N*-丁氧甲基丙烯酰胺、*N*-异丁氧甲基丙烯酰胺、*N*-辛氧甲基丙烯酰胺、*N*-羧甲氧甲基丙烯酰胺等。

## 5.5.4 羟基型交联单体 [136]

在这种交联单体的分子上同时带有双键和羟基,作为共聚单体参与乳液共聚合反应后,就把羟基引入到共聚物分子链上。在其后的成膜过程中,在一定条件下,羟基可以和分子链上的其他基团(如羧基、氨基、环氧基)等发生化学反应,或者分子链上的羟基与外加交联剂发生交联反应而形成交联聚合物。常用的羟基型交联单体有丙烯酸-*β*-羟乙酯、丙烯酸-$\beta$-羟丙酯、甲基丙烯酸-$\beta$-羟乙酯、甲基丙烯酸-$\beta$-羟丙酯等。

### 5.5.5 环氧型交联单体

在这种交联单体分子上同时带有双键和环氧基团,参与乳液共聚反应后,就把环氧基团引入到共聚物分子链上,在其后的乳液成膜过程中,在一定条件下,环氧基团可与分子链上的或外加交联剂分子上的羧基、氨基、羟基等基团发生反应而生成交联键。常用的环氧型交联单体有甲基丙烯酸缩水甘油酯、丙烯酸缩水甘油酯、烯丙基缩水甘油醚等。

### 5.5.6 羰基型交联单体 [139, 142]

这种交联单体是一种在同一个分子上同时带有双键和羰基的化合物,如双丙酮丙烯酰胺、羟甲基双丙酮丙烯酰胺等。这种单体参与共聚合反应后,就把羰基引入到共聚物分子链上,这就提供了交联点——羰基。在羰基之间不会发生交联反应,若加入二元或多元酰肼,在室温下就可以与羰基发生反应,生成交联键。可应用的酰肼有己二酰肼、碳酸二酰肼、草酸二酰肼、丁二酸二酰肼以及 N-氨基丙烯酰胺等。

## 参考文献

[1] 席尔奈希特 C E. 高分子方法. 朱秀昌,等,译. 北京:科学技术出版社,1964.

[2] Marvel C S, et al. J Am Chem Soc, 1978, 72:5026.

[3] 李贵新,李碧峰,黄美容. 塑料,2003,32 (6):32-45.

[4] 张洋,马榴强. 北京化工大学学报,1997,24 (1):14-18.

[5] 徐龙贵,刘娅莉,于占峰,等. 现代涂料与涂装,2003,6:11-13.

[6] 程时远,陈正国,王国成. 聚合物乳液通讯,1997,16 (1):16-21.

[7] 俞鹏勇,周洁,詹晓力,等. 日用化学工业,2004,34 (1):17-20.

[8] Fordyce R G, et al. J Am Chem Soc, 1947, 69:695.

[9] Lindemann M K. Vinyl Polymerization. New York:Dekker, Vol. 1. PtI, 1967:260.

[10] 潘祖仁,孙经武. 高分子化学. 北京:化学工业出版社,1980:121-128.

[11] Gershberg D A I Ch E t. Chem E Symposium Series, №. 3, 1965, (3).

[12] Naunton W J S, et al. B I O S 1166;Bayer, O Angew Chem, 1949, 61:229.

[13] Orr R J, et al. Discussions Faraday Soc, 1953 14:170.

[14] Beesing D O, et al. Anal Chem, 1949, 21:1073.

[15] Morton M, et al. J Am Chem Soc, 1952, 74:3523.

[16] Embree W H, et al. Ind Eng Chem, 1951, 43:2553.

[17] Weidlein E R. Jr Chem Eng News. 1946, 24:771.

[18] Youker M A, et al. F I A T:717.

[19] Marvel C S. F I A T:618.

[20] Harrison. S A U S. 2471743.

[21] 耿耀宗,现代水性涂料,北京:中国石化出版社,2003.

[22] 林宣益. 乳胶漆. 北京:化学工业出版社,2004.

[23] Odian G. Principles of Polymerization. New York:Mcgraw-Hill Book Company, 1970.

[24] 林尚安,陆耘,梁兆熙. 高分子化学. 北京:科学技术出版社,1982.

[25] 涂料工艺编委会. 涂料工艺. 下册. 北京:化学工业出版社,1997.

［26］ Warson H. The Application of Synthetic Resin Emulsion，London；Ernest Benn Lid，1972.

［27］ Okmura S，Motoyama T. Polymer Sei，1962，58：221.

［28］ Roe C P. Ind Eng Chem，1968，60（9）：20.

［29］ Vanderhoff B M E. J Polymer Sci，1960，44：241.

［30］ Vanderhoff B M E. J Phys Chem，1956，60：1250.

［31］ Breitenbach J W，Kuchner K，Fritze H Tarnawiecki H. British Polymer J，1970，2：13.

［32］ Gerrens H，Kohnlein E Z. Elektrochem，1960，64：1199.

［33］ Paoletti K P，Billmeyer F W. J Polym Sci，Pt A，1964，2：2049.

［34］ Smith W V. J Amer Chem Soc，1948，70：3695；1949，71：4077.

［35］ 马尔瓦尼 J E. 高分子合成：第六卷. 北京：科学技术出版社，1983.

［36］ Woods M E，Dodge J S，Krieger I M J Paint Technol，1968，40：544；Dodge J. S，Woods M E，Krieger I M. Ibid，1970，42：71；Papir Y S，Woods M E，Krieger I M. Ibid，1970，42：571.

［37］ Helin A F，Stryker H K，Mantell G J. J Appl Polymer Sci，1965，9：1797.

［38］ Helin A F，Stryker H K，Mantett G J. J Appl Polym Sci.，1965，9：1797，1807.

［39］ Stryker H K，Mantell G J，Helin A F. J Polym Sci，1969，（27）：35.

［40］ Stryker H K，Mantell G J，Helin A F. Mechanism of the emulsion Polymerization of ethylene in Vinyl Polymerization. Vol. 1. New York：Dukker，1969：175-86.

［41］ Mantell G J，Stryker H K，Helin A F，Jamieson D R，Wright C H. J Appl Polym Sci，1966，10：1845.

［42］ Stryker H K，Mantell G J，Helin A F. J Appl Polym Sci，1967，11：1.

［43］ Priest W J. J Phys Chem，1952，56：1077.

［44］ O'Donnell J T，Mesrobian R B，Woodward A E. J Polym Sci，1958，28：171.

［45］ Frech D M. J Polym Sci，1958，32：395.

［46］ Patsiga R，Litt M，Stannett V. J Phys Chem，1960，64：801.

［47］ Okamura S，Motoyama T. J Polym Sci，1962，58：221.

［48］ Napper D H，Parts A G. J Polym Sci，1962，61：113.

［49］ Napper D H，Alexander A E. J Polym Sci，1962，61：127.

［50］ Elgood B G，Gulbekian E V，Kinsler D. Polymer Letters，1964，2：257.

［51］ Dunn A S，Taylor P A. Makromolek Chem，1965，83：207.

［52］ Netschey A，Napper D H，Alexander A E. Polymer Letters，1969，7：829.

［53］ Litt M，Patsiga R，Stannett V. J Polym Sci，PtA-1，1970，8：3607.

［54］ Breitenbach J W，Kuchner K，Fritze H，Tarnowiecki H. Br Polym J，1970，2：13.

［55］ Dunn A S，Hchong C H. Br Polym J，1970，2：49.

［56］ Noro K. Br Polym J，1970，2：128.

［57］ Shiraishi M. Br Polym J，1970，2：135.

［58］ Litt M，Stannett V T，Vanzo E. Polymer Preprints，1972，13（1）：434.

［59］ Klein A，Kuist C H Stannett V T. J Polym Sci，Polymer Chemistry Edn，1973，11：2111.

［60］ Friis N，Nyhagen L. J Appl Polym Sci，1973，17，2311.

［61］ Elgood B G，Gulbekian E V. Br Polym J，1973，5：249.

［62］ Lidemann M K. The Mechanism of Vinyl Acetate Polymerization in Vinyl Polymerization（Ham G E，ed），New York：Dekker，1967：207-329.

［63］ Gulbekian E V，Reynolds G E J. Polyvinyl Alcoholinemnlsion Polymerization in Polyvinyl Alcohol：Properties and Applications.（Finch C A ed）. London：John Wiley，1973，427-460.

［64］ 冈村：工化 49、20、22、23、24，日本出版配给式会社，1946.

［65］ 冈村，本山 . J Polymer Sci，1962，58：221.

［66］ Palit S R，Konar R S. J Polymer Sci，1962，58.

［67］ 冯新德. 高分子合成化学. 北京：科学技术出版社，1981：68.

［68］ Patsiga R，Litt M，Daltion F L. J Polymer Sci，1963，A1：3009.

［69］ Stannete V，Gervasi J A，Keamey J J，Araki K. J App Polymer Sci，1969，13：1175.

［70］ 本上卓彦. 酢酸乙烯树脂乳液，1980.

［71］ 西德公开专利 2150296，1975.

［72］ 西德公开专利 2153038，1972.

[73] 土原豊治. 日本接着协会志，1982，18（9）：20-25.

[74] Описание изобретение к авторскому свидетемь СТВУ СССР.，779479，1980.

[75] Lazor J T. J Appl Polym Sci，1959，1：11.

[76] Peggion E，Testa F，Talamini G. Makromolek Chem，1964，71：173.

[77] Hopff H Fakla I. Makromole Chem，1965 88：54.

[78] Giskehaug K. Kinetics of the emulsion Polymerisation of Vinyl Chloride in the Chemistry of Polymeristion Processes [S. C. 1，Monograph]，London，1966.

[79] Testa F，Vianello G. Polymer Preprints. USA 7641 1966.

[80] Mørk P C. European polymer J，1969，5：261.

[81] Mørk P C，Ugelstad J. European Polymer J，1969，5：483.

[82] Ugelstad J，Mørk P C，Dahl P，Rangnes P. J Polym Sci，1969，27：49.

[83] Ugelstad J，Mørk P C. Br Polym J，1970，2：31.

[84] Hopff H Fakla I. Br Polym J，1970，2：40.

[85] Ley D E Fowler W F. J Polym Sci，Pt A. 1964，2：1863.

[86] Cantow M J，Cline C W，Heiberger C A，Huibers D Tb A，Phillips R. Modern Plastics，1969：126.

[87] Wiener H. J Polym Sci，1951，7：1.

[88] Hay P M，et al. J Apple Polym Sci，1961，5：23.

[89] Куренков ВФ，et al. Высоколалекулярные Соедине-ниекрамкие Собраидение，1978，20（9）：647.

[90] B. P 1489046.

[91] U. S. 3979348. 1976.

[92] U. S. 3284393. 1966.

[93] 昭 47-40304. 1972.

[94] Vander Hoff J W，et al. Polymerization and Polyconden sation Processes ed. N Y：N A I Platzer，1962.

[95] Davis B J，Annals N Y. Acad Sci，1964，121：404.

[96] Crescentini L，Gechele G B，Pizzol M. European Polymer J，1965，1：293.

[97] Vander Hoff J W，Bradford E B，Tarkowski H L，Shaffer J B，Wiley R M. Aduancesin Chem，1962，34：32.

[98] Pamphlet Butadiene Petro-Tex Chem，Co，1958.

[99] 神原周，川崎京市，北島孙一，古谷正之编集. 合成ゴムハンドブッグ. 增订新版第四版. 日本东京：朝仓书店（株），1971.

[100] Morton M，Salatiello P P，Eamdfield H. J Polymer Sci，1952，8：215.

[101] Burnett G M，Cameron C G. Thorat P L. J Polymer Sci，Al，1970，8：3435，3443.

[102] Smith H S，Werner H G，Madjgan J C，Howland L H. Ind Engng Chem，1949，41：1584.

[103] Howland L H，Messer W E，Neklutin V C，Chambers V S. Rubb Age，1949，64：459.

[104] Johnson P H，Bebb R L. Ind Engng Chem，1949. 41：1577.

[105] Brown R W，Messer W E，Howland L H. Ind Engng Chem，1953，45：1322.

[106] Hampton R R. Anal Chem，1949，21：923.

[107] Condon F E. J Polym Sci，1953，11：139.

[108] Welch L M，et al. Ind Engng Chem，1947，89：826.

[109] Miller G H，Alumbaugh R L，Brotherton R. J Polym Sci，1952，9：453.

[110] Kharasch M S，et al. Ind Engng Chem，1947，39：830.

[111] Rubber Statistical Bulletin，1978，33（1）：49；1980，34（7）：49；1982，36（10/11）：49；1983，38（2）：49.

[112] Poddubnyi I Ya，Rabinerzon M A. J Appl Polym Sci，1965，9：2527.

[113] Vaclavek V. J Appl Polym Sci，1967，11：1903.

[114] Uraneck C A，Burleigh J E. J Appl Polym Sci，1970，14：267.

[115] Uranek C A，Burleigh J E. J Apply Polymer Sci，1965，9：1273；Booth C，Beason L R，Baily J T. J App Polymer Sci，1961，5（13）：116.

[116] Uranek C A，Burleigh J E. Kaut. Gummi. Knnst，1966，19：532；J App Polymer Sci，1970，14：267.

[117] IEC，1955，47（9）：1724.

[118] 兰州化学工业公司设计院. 丁苯橡胶的生产技术及其发展. 合成橡胶工业，1983（6）.

[119] 兰州化学工业公司. 高苯乙烯橡胶的研制及应用. 合成橡胶工业, 1983 (2).

[120] Каучуки Резина, 1976 (9): 3.

[121] Соболев В М, бородина И б. Промные Синт, каучуки. Изд. ХимиЯ Москва, 1977, 125-141.

[122] Под Редакчией И В. ГАРмоноВА Синтетический Каучук, 603-613, ИздАТЕЛЬСТВО Химия ленинсрадское отделние, 1976.

[123] 张贵修. 合成橡胶工业, 1985 (1).

[124] Morton M, Gibbs W E. J Polymer Sci, 1963, A1: 2679.

[125] Stewart R A, Angove S N, Graham E S, Hilditch G, W-hite F L. Rubber World 1965, 152 (6): 52; Trans. Inst Rubber ind, 1966, 42, T1.

[126] Morton M, Gibbs W E. J Polymer Sci, 1963, A1: 2679.

[127] Sattlemeyer R, Bereznoi G D. Makromol Chem, 1966, 93: 280.

[128] Livshitz I A, et al. Soviet Rubber Tech, 1961.

[129] 周国安. 合成橡胶工业, 1983 (6).

[130] U. S. 3074899, 1962.

[131] Norbert A J, Platzer Ed. Polymerrization Kinetics and Technology In: American Chemical Society, 1973.

[132] Manyasek Z, Rezabek A. J Polymer Sci, 1962, 56: 47.

[133] Krishan T, Margaritova M. J Polymer Sci, 1961, 52: 139.

[134] Coe D. Polymers Paint and Colour Journal, 1978, 168: 60-70.

[135] Matulewicz C M, Snow A M, Jr Adhesives Age, 1981, 24 (3): 40-43.

[136] 大森英三. 丙烯酸酯及其聚合物 II. 朱传榮译. 北京: 化学工业出版社, 1985.

[137] 瓦尔森 H, 芬奇 C A. 合成聚合物乳液的应用 (第3卷). 曹同玉等, 译. 北京: 化学工业出版社, 2004.

[138] 袁才登. 乳液胶黏剂. 北京: 化学工业出版社, 2004.

[139] 余樟清, 李伯耿, 潘祖仁. 高分子通报, 1999 (2): 22-30.

[140] 王莲芝. 丙烯酸化工与应用, 2003, 16 (3): 9-12.

[141] 刘方方, 孙立明, 牛魁哲, 等. 河北化工, 2000, (1): 7-9.

[142] 蒋硕健. 丙烯酸化工与应用, 2003, 16 (3): 1-8.

# 第6章
# 调节剂

调节剂又称为链转移剂。在自由基型聚合反应过程中，为了控制聚合物的分子量，常常需要加入调节剂。在聚合反应体系中，调节剂是一类很活泼的物质，它很容易和正在增长的大分子自由基进行反应，将活性链终止，同时调节剂分子本身又生成了新的自由基。这种自由基的活性与大分子自由基活性相同或者相近，因而可以继续引发聚合。加入调节剂以后可降低聚合物的分子量，而对聚合反应速率则没有太大的影响。另外，对于二烯烃的自由基型聚合反应过程来说，加入调节剂，除了可以控制分子量之外，还可以减少聚合物分子链上的1,2结构或1,3结构，这样也就减少了聚二烯烃发生支化、交联及产生凝胶。

绝大多数乳液聚合反应属于自由基型反应。由于大分子自由基被封闭在彼此孤立的乳胶粒中，只有由水相扩散到乳胶粒中的初始自由基（或分子量极低的活性链），才能与乳胶粒中原来的自由基链发生链终止反应，而不同乳胶粒中的自由基则没有彼此互相碰撞而发生链终止的可能。与其他自由基型聚合反应过程相比，由于隔离效应，乳液聚合反应链终止速率低，大分子自由基的寿命长，可以有充分的时间进行链增长，因此由乳液法制得的聚合物的分子量要比采用其他聚合方法大得多。同时，在乳胶粒中进行的聚合反应大多为无规聚合，故用乳液法制得的聚二烯烃容易含有更多的1,2结构或1,3结构。因此加入调节剂来控制聚合物的分子量及分子结构对于乳液聚合过程来讲就显得更加重要。

乳液聚合体系为多相系统，所用调节剂都是油溶性的。在反应过程开始时，所加入的调节剂都溶解到单体珠滴中，而聚合反应却发生在后来生成的乳胶粒中，所以调节剂必须经历下列步骤才能起到调节作用。

① 调节剂分子由单体珠滴内部扩散到外表面上。

② 由单体珠滴外表面扩散进入水相主体。

③ 由水相主体扩散到乳胶粒表面上。

④ 由乳胶粒表面扩散进入乳胶粒内部。

⑤ 在乳胶粒内部与大分子自由基发生链转移反应。

以上五个步骤中的任意一步都有可能成为速度控制步骤。假若整个过程属于化学反应

聚合物乳液合成原理性能及应用
（第三版）

控制的（第⑤步），调节剂会有效地起到调节作用；若过程属于扩散控制的（前四步），由于在乳胶粒中所消耗的调节剂得不到及时补充，调节剂的调节作用就得不到充分发挥，甚至会失去控制。

# 6.1 调节剂的种类

许多含硫、氮、磷、硒及有不饱和键的化合物均可在乳液聚合系统中作为调节剂。

对许多单体的乳液聚合过程来说，应用最多的调节剂是硫醇，其中包括正硫醇和带支链的硫醇，并且伯、仲、叔硫醇均可应用。研究发现，用作调节剂的硫醇分子中的碳原子数一般为5~14。例如在丁苯橡胶生产过程中，采用十二烷基硫醇可获得很好的调节效果。

在一些情况下，有时也采用硫醇的衍生物来作为乳液聚合的调节剂。例如有人曾采用过如下9种硫醇的衍生物[1] 作为调节剂。

① 正十二烷基硫醇乙酸酯

$$CH_3COS(CH_2)_{11}CH_3$$

② 丁二酸单正十二烷基硫醇酯

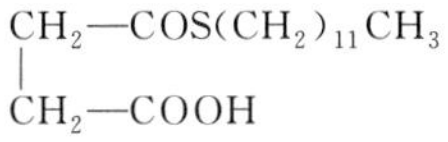

$$CH_2—COS(CH_2)_{11}CH_3$$
$$|$$
$$CH_2—COOH$$

③ 乙二酸二正十二烷基硫醇酯

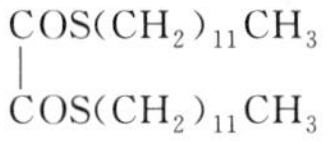

$$COS(CH_2)_{11}CH_3$$
$$|$$
$$COS(CH_2)_{11}CH_3$$

④ 苯甲酸正十二烷基硫醇酯

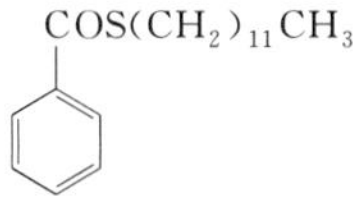

$$COS(CH_2)_{11}CH_3$$

⑤ 正十二烷硫基磺酸钠

$$CH_3(CH_2)_{11}—S—SO_3Na$$

⑥ 三（正十二烷硫基）甲烷

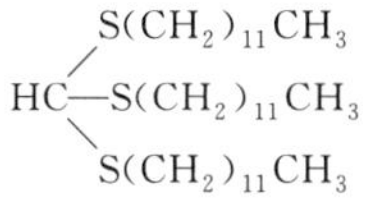

$$S(CH_2)_{11}CH_3$$
$$|$$
$$HC—S(CH_2)_{11}CH_3$$
$$|$$
$$S(CH_2)_{11}CH_3$$

⑦ 三硫代碳酸二正十二烷基酯

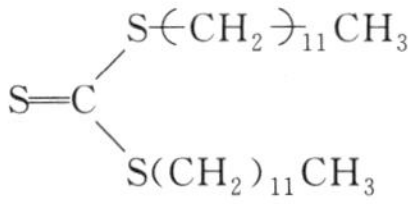

$$S—(CH_2)_{11}CH_3$$
$$|$$
$$S=C$$
$$|$$
$$S(CH_2)_{11}CH_3$$

⑧ 1-正十二烷硫基-2,2,2-三氯乙醇

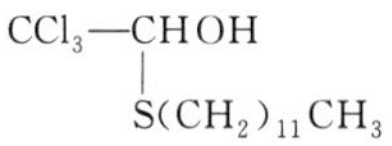

$$CCl_3—CHOH$$
$$|$$
$$S(CH_2)_{11}CH_3$$

⑨ （2-苯基-2-正十二烷硫基）乙基苯基酮

$$\underset{\underset{(CH_2)_{11}CH_3}{\overset{\displaystyle O}{\overset{\|}{C}}-CH_2-CH}}{\phantom{}}$$

自 20 世纪 40 年代以来，就有人采用二硫化二烷基黄原酸酯（**44**）和二硫化四烷基秋兰姆（**45**）在乳液聚合中作调节剂[2]，其一般结构为

$$R-O-\overset{S}{\overset{\|}{C}}-S-S-\overset{S}{\overset{\|}{C}}-O-R$$

**44**

$$\underset{R'}{\overset{R}{\phantom{}}}N-\overset{S}{\overset{\|}{C}}-S-S-\overset{S}{\overset{\|}{C}}-N\underset{R'''}{\overset{R''}{\phantom{}}}$$

**45**

式中，R、R′、R″及R‴一般为碳原子数 1～8 的烷基。例如在丁腈橡胶和低温丁苯橡胶生产中采用 R 及 R′均为异丙基的二硫化黄原酸酯，又称调节剂丁；在氯丁橡胶生产过程中采用二硫化四甲基秋兰姆，其结构式为

$$\underset{H_3C}{\overset{H_3C}{\phantom{}}}N-\overset{S}{\overset{\|}{C}}-S-S-\overset{S}{\overset{\|}{C}}-N\underset{CH_3}{\overset{CH_3}{\phantom{}}}$$

Frank 等[3]　研究了二芳酰二硫化物（**46**）乳液聚合调节剂，其通式为

$$Ar-\overset{O}{\underset{\|}{C}}-S-S-\overset{O}{\underset{\|}{C}}-Ar$$

**46**

式中，Ar 可以是苯基、对甲氧基苯基、3,4-二甲氧基苯基、对溴苯基、对甲基苯基及对-$N,N$-二甲基氨基苯基等。

除了以上介绍的几种调节剂之外，文献中还报道了各种各样的调节剂在乳液聚合中的应用[4,5]，例如四氯化碳、氯仿、碘代苯、烷基碘化物、卤化硅、硫代异氰酸酯、二噻唑硫醚、联氨、硝基化合物、席夫（Schiff）碱、二偶氮化合物、硫、硒、不饱和脂肪酸、二甲基丙酸、乙二醇、异丙醇等。

# 6.2　衡量调节剂效率的技术指标[6]

对本体聚合来说，可以用转移系数 $C_f$ 来衡量调节剂的效率。转移系数 $C_f$ 数值等于链转移速率常数 $k_{ft}$ 与链增长速率常数 $k_p$ 之比。按照自由基聚合动力学可以将链增长反应和向调节剂的链转移反应简写如下。

$$P_n + M \xrightarrow{k_p} P_{n+1}$$

$$P_n + T_r \xrightarrow{k_{ft}} M_n + T_r\cdot$$

式中，$P_n$ 代表聚合度为 $n$ 的自由基；M 为单体；$T_r$ 为调节剂；$M_n$ 代表聚合度为 $n$ 的死聚物；$T_r \cdot$ 为调节剂自由基。这种自由基的活性与活性大分子链的活性相当，能以与活性大分子链相同（或相近）的速率引发聚合。

链增长速率可以表示为

$$-\frac{d[M]}{dt} = k_p[M][P] \tag{6-1}$$

式中，$[M]$ 为单体的物质的量浓度；$[P]$ 为自由基的总物质的量浓度。

自由基向调节剂链转移的速率可表示为

$$-\frac{d[T_r]}{dt} = k_{ft}[P][T_r] \tag{6-2}$$

式中，$[T_r]$ 为调节剂的物质的量浓度。

将式（6-1）与式（6-2）相除得

$$\frac{d[T_r]}{d[M]} = \frac{k_{ft}[T_r]}{k_p[M]} = C_f \frac{[T_r]}{[M]} \tag{6-3}$$

即

$$\frac{d\lg[T_r]}{d\lg[M]} = C_f \tag{6-4}$$

将式（6-4）积分可得

$$\lg\frac{[T_r]}{[T_r]_0} = C_f \lg\frac{[M]}{[M]_0} \tag{6-5}$$

式中，$[M]_0$ 和 $[T_r]_0$ 分别为当 $t=0$ 时单体和调节剂的浓度；而 $[T_r]/[T_r]_0$ 和 $[M]/[M]_0$ 分别表示在时刻 $t$ 未反应的调节剂和单体在各自的初始量中所占的分数。若将 $\lg([T_r]/[T_r]_0)$ 对 $\lg([M]/[M]_0)$ （或 $\lg[T_r]$ 对 $\lg[M]$ ）进行标绘，将得到一条直线，该直线的斜率即为本体聚合的转移系数 $C_f$。

对同样的单体和调节剂来说，在乳液聚合中的转移系数和本体聚合中的转移系数未必相同。为了和本体聚合的转移系数相区别，将乳液聚合的转移系数定名为表观转移系数，用 $C_f'$ 来表示。

一般来说，在乳液聚合反应中，如果聚合反应速率比扩散速率低，则过程是处于聚合反应控制的，此时表观转移系数等于本体聚合的转移系数，即 $C_f' = C_f$。如果聚合反应速率比扩散速率高，则过程是处于扩散控制的，此时 $C_f' < C_f$。$C_f'$ 越小，则其调节剂的效率越低。在一定温度下，对于某特定的单体和调节剂来说，$C_f'$ 应当为一特定的常数。最理想的情况是 $C_f' = 1$，这表明单体消耗速率等于调节剂消耗速率，则式（6-5）可变为

$$\frac{[T_r]}{[M]} = \frac{[T_r]_0}{[M]_0} \tag{6-6}$$

这表明当 $C_f' = 1$ 时，在乳液聚合体系中调节剂与单体的比例不随时间而变化，即在反应的各个阶段，调节效果均相同。这样一来，将会使在各个反应阶段所得到的聚合物的质量均

匀一致。因此，在选择调节剂时应使其表观转移系数尽量接近 1。

在乳液聚合的阶段 II，聚合反应为（或接近）零级反应，则有

$$-\frac{d[M]}{dt} = k'_p[P] \tag{6-7}$$

式中，$k'_p$ 为零级链增长速率常数。

由式（6-2）及式（6-7）可得

$$\frac{d[T_r]}{d[M]} = \frac{k_{ft}}{k'_p}[T_r] \tag{6-8}$$

积分可得

$$\lg\frac{[T_r]}{[T_r]_0} = \frac{k_{ft}}{k'_p} \times \frac{[M]}{[M]_0} = \alpha \frac{[M]}{[M]_0}$$

或

$$\lg[T_r] = \alpha \frac{[M]}{[M]_0} - \lg[T_r]_0 \tag{6-9}$$

若将 $\lg[T_r]$ 对 $[M]/[M]_0$ 进行标绘，所得直线的斜率即为 $\alpha$ 值。$\alpha$ 称作调节剂的调节指数，是衡量调节剂效率的另一个技术指标。

# 6.3 影响调节剂效率的因素

## 6.3.1 调节剂的分子量及分子结构的影响

研究发现[7]，在采用烷基硫醇为调节剂的丁二烯乳液聚合过程中，当烷基链长在 10 个碳原子以下时，硫醇消耗速率与其分子量大小无关。但是对于 10 个碳原子以上的正烷基硫醇来说，随硫醇分子量增大，其消耗速率逐渐变慢。在苯乙烯乳液聚合中也有同样的趋势，如图 6-1 及图 6-2 所示。同时发现，在以烷基硫醇为调节剂的丁二烯本体聚合过程中，硫醇效率与其分子量无关。以上现象可作如下解释：当硫醇中碳原子数小于 10 时，由于分子很小，容易扩散，所以过程处于化学反应控制。分子量不同的硫醇活性差异不大，故链转移速率相同，即硫醇效率不随其分子量而发生变化。而当硫醇中的碳原子数大于 10 时，由于分子较大，扩散速率慢，过程处于扩散控制。在这种情况下，硫醇效率决定于其由单体珠滴向乳胶粒扩散的速率。硫醇分子量越大，其扩散速率越低，硫醇的效率也就越小。但是在本体聚合过程中，始终是化学反应控制的，扩散速率对链转移反应没有影响，所以硫醇的效率与硫醇分子量无关。

如上所述，表观转移系数 $C'_f$ 反映了在乳液聚合反应中调节剂的调节效率。人们对不同的单体和调节剂体系进行了研究，取得了调节剂的分子量与 $C'_f$ 之间的关联式。

有人对在 5℃下进行的苯乙烯和丁二烯乳液共聚合进行了研究[8]，所采用的反应体系为：单体为苯乙烯和丁二烯；调节剂为叔硫醇；引发剂体系为过氧化氢异丙苯、$FeSO_4 \cdot 7H_2O$ 和甲醛次硫酸钠络合物；乳化剂为歧化松香皂。研究发现，对该体系来说，表观转

移系数 $C'_f$ 和叔硫醇中的碳原子数 $n$ 呈如下线性关系：

$$\lg C'_f = 1.747 - 0.138n \tag{6-10}$$

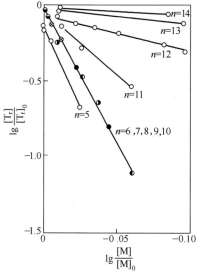

图 6-1 在以正烷基硫醇为调节

剂的丁二烯乳液聚合中

$\lg \dfrac{[T_r]}{[T_r]_0}$-$\lg \dfrac{[M]}{[M]_0}$ 关系

反应温度为 50℃

○ $C_nH_{2n+1}SH$；● 己硫醇；⊗ 庚硫醇；

◓ 辛硫醇；● 壬硫醇；◐ 癸硫醇

反应体系为丁二烯 70 份，水 100 份，脂肪酸皂 3.5 份，

硫醇 0.1～2.0mL，过硫酸钾 0.21 份

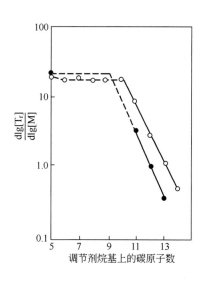

图 6-2 在丁二烯及苯乙烯乳液

聚合中正烷基硫醇烷基上碳原子

数对比值 $\dfrac{d\lg[T_r]}{d\lg[M]}$ 的影响

反应温度：○ 丁二烯 50℃；● 苯乙烯 40℃

反应体系与图 6-1 同

若将以上体系改用二硫化二烷基黄原酸酯（**44**）作调节剂，可以发现[9]，烷基 R 的大小可以影响聚合反应速率，且随着烷基的增大，表观转移系数迅速减小。表 6-1 表明 **44** 中烷基的大小对表观转移系数及聚合反应速率的影响；图 6-3 则表明调节剂 **44** 烷基上的碳原子数与表观转移系数之间的关系。

**表 6-1** 二硫化二烷基黄原酸酯（**44**）烷基的大小及本质对 $C'_f$ 及聚合反应速率的影响

| 44 中的 R | $C'_f$ | 聚合反应速率/(%/h) |
|---|---|---|
| $CH_3$— | 16.43 | 2.1 |
| $CH_3CH_2$— | 8.43 | 3.8 |
| $CH_3(CH_2)_2$— | 4.42 | 5.1 |
| $CH_3(CH_2)_3$— | 2.42 | 5.9 |
| $CH_3(CH_2)_4$— | 1.45 | 6.1 |
| $CH_3(CH_2)_5$— | 0.75 | 6.4 |
| $CH_3(CH_2)_6$— | 0.41 | 6.5 |
| $CH_3(CH_2)_7$— | 0.23 | 6.6 |
| $(CH_3)_2CH$— | 2.83 | 5.9 |

| 44 中的 R | $C_f'$ | 聚合反应速率/(%/h) |
|---|---|---|
| $(CH_3)_2CHCH_2-$ | 1.87 | 6.2 |
| $(CH_3)_2CH(CH_2)_2-$ | 1.21 | 6.3 |
| $C_2H_5CH(CH_3)-$ | 1.65 | 6.2 |
| $(CH_3)_3CCH_2-$ | 1.01 | 4.8 |
| $\begin{array}{c} CH_2-CH_2 \\ H_2C \qquad CH- \\ CH_2-CH_2 \end{array}$ | 1.78 | 5.6 |

注：反应温度为5℃；反应体系为苯乙烯30份，丁二烯70份，水195份，歧化松香酸钠4.3份，调节剂0.1份，过氧化氢异丙苯0.1份，甲醛次硫酸钠0.1份，$FeSO_4 \cdot 7H_2O$ 0.015份，EDTA 0.025份，NaCl 0.387份。

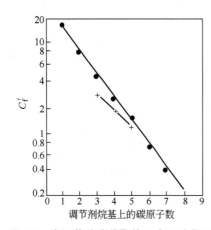

**图 6-3　在丁苯乳液共聚体系中二硫化二烷基黄原酸酯（44）烷基上的碳原子数与表观转移系数关系曲线**

反应温度为5℃；反应体系为苯乙烯30份，丁二烯70份，水195份，歧化松香酸钠4.3份，调节剂0.1份，过氧化氢异丙苯0.1份，甲醛次硫酸钠0.1份，$FeSO_4 \cdot 7H_2O$ 0.015份，EDTA 0.025份，NaCl 0.387份

● 调节剂中的烷基为正烷基；× 调节剂中的烷基为异烷基

当二硫化二烷基黄原酸酯中的烷基是直链时，其表观转移系数 $C_f'$ 与烷基上的碳原子数 $n$ 之间的关系可用式(6-11)表示。

$$\lg C_f' = 1.454 - 0.263n \qquad (6\text{-}11)$$

当二硫化二烷基黄原酸酯分子中的烷基为异烷基时，其表观转移系数 $C_f'$ 与烷基上的碳原子数 $n$ 之间的关系则可变为

$$\lg C_f' = 1.007 - 0.184n \qquad (6\text{-}12)$$

另外，分子量相同，分子结构不同的调节剂其调节效率也是不同的。例如对于碳原子数相同的伯、仲、叔硫醇来说，在同样的反应条件下其消耗速率差别很大（如图6-4～图6-6所示）。由图可以看出：硫醇消耗的速率按伯、仲、叔顺序而减小。这也是由于它们的扩散速率不同所造成的。

### 6.3.2　反应条件的影响

（1）乳化剂的影响　人们发现[12]，表观转移系数 $C_f'$ 很大程度上与乳化剂的种类及用量有关。图6-7正是说明了这个问题。由图可以看出，在用二硫化二异丁基黄原酸酯为调节剂的丁苯乳液共聚中，在采用不同乳化剂时，其表观转移系数 $C_f'$ 按如下顺序减小：二丁基萘磺酸钠＞歧化松香酸皂＞油酸钠＞$C_{14}$～$C_{20}$ 烷基磺酸钠。$C_{14}$～$C_{20}$ 烷基磺酸钠具有很强的离子化作用，且在乳胶粒表面上具有很强的吸附作用，会形成较厚的、很牢固的水化层，为调节剂由水相进入乳胶粒造成很大的空间障碍，大大地降低了调节剂向乳胶粒的穿透速率，因而采用这种乳化剂就造成了调节剂的表观转移系数的降低。而二丁基萘磺酸钠具有中等的离子化作用，且在乳胶粒表面上具有较弱的吸附性，故只能形成较薄且较松散的水化层，使得调节剂分子由水相扩散到乳胶粒中所遇到的阻力不大，故采用这种乳化剂可以提高表观转移系数。

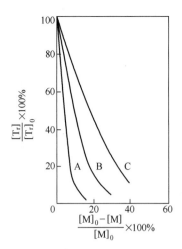

图 6-4　在苯乙烯和丁二烯乳液
共聚合中伯、仲、叔辛硫醇浓度
与单体转化率的关系[10]

A—伯辛硫醇；B—仲辛硫醇；
C—叔辛硫醇

反应温度为 50℃；反应体系为苯
乙烯 25 份，丁二烯 75 份，水
180 份，脂肪酸皂 5 份，辛硫醇 0.5 份

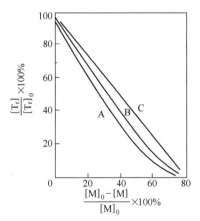

图 6-5　在苯乙烯和丁二烯乳液
共聚合中伯、仲、叔十二烷基硫醇
浓度与单体转化率的关系

A—伯十二烷基硫醇；B—仲十二烷基硫醇；
C—叔十二烷基硫醇

反应条件与反应体系同图 6-4

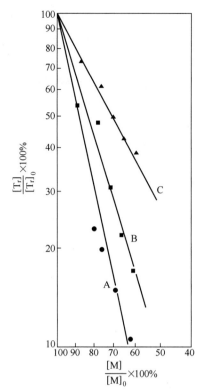

图 6-6　在丙烯腈和丁二烯乳液共聚合中伯、仲、
叔十烷基硫醇浓度与单体浓度的关系[11]

A、B 及 C 分别为伯、仲、叔十烷基硫醇；反应温度为 5℃；
反应体系为丙烯腈 20 份，丁二烯 80 份，水 180 份，脂肪
酸钾 4.6 份，磺酸酯稳定剂 0.20 份，硫醇 0.5 份，
过氧化氢异丙苯 0.061 份，甲醛次硫酸钠 0.055 份，
FeSO$_4$·7H$_2$O 0.11 份，EDTA 0.032 份，
KCl 0.3 份，氢氧化钾 0.03 份

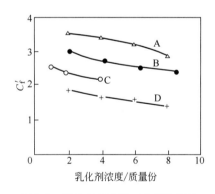

图 6-7　乳化剂浓度对 $C'_f$ 值的影响

A—二丁基萘磺酸钠，B—歧化松香皂；C—油酸钠；
D—C$_{14}$～C$_{20}$ 烷基磺酸钠

反应温度为 5℃；反应体系为苯乙烯 30 份，丁二烯
70 份，水 195 份，二硫化二异丁基黄原酸酯 0.1 份，
过氧化氢异丙苯 0.1 份，甲醛次硫酸钠 0.1 份，Fe-
SO$_4$·7H$_2$O 0.015 份；EDTA 0.25 份

（2）水相 pH 值的影响　研究发现[7]，在用正硫醇为调节剂的丁二烯乳液聚合体系中，当硫醇中的碳原子数 $n$ 小于 10 时，硫醇效率与水相 pH 值无关；当 $n$ 大于 10 时，调节剂效率随 pH 值升高而增大。这是因为当 $n>10$ 时，过程为扩散控制的。在较高 pH 值下，硫醇分子可以离解成硫醇离子 $RS^-$ 而溶入水中，这就显著增大了硫醇在水相中的溶解度。虽然硫醇离子本身不能起调节作用，但是它们可以按照如下平衡方程式转化成硫醇分子。

$$RS^- + H_2O \rightleftharpoons RSH + OH^-$$

在 pH 值高时由分子扩散变为离子扩散，而离子浓度又较大，故提高了扩散速率，因而调节剂消耗速率随 pH 值的提高也将会显著地提高。因为烷基硫醇在水中的电离常数为 $1 \times 10^{-11}$，所以在 pH 值大于 11 时，pH 值才会对硫醇离子浓度有显著影响，进而对硫醇消耗速率的影响也就会更加明显。另一方面，当硫醇中的碳原子数小于 10 时，过程是处于化学反应控制的，所以 pH 值对硫醇消耗速率影响不大。如图 6-8 所示。

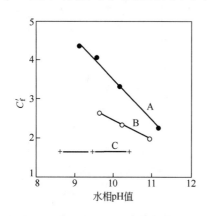

图 6-8　水相中的 pH 值对 $C_f'$ 的影响

A—正十二烷基硫醇；B—正十一烷基硫醇；
C—正己硫醇

反应温度 5℃。反应体系（质量份）：丁二烯 70，苯乙烯 30，去离子水 210，歧化松香酸钾 5，对过氧化氢二异丙苯 0.3，$FeSO_4 \cdot 7H_2O$ 0.04，甲醛次硫酸钠 0.2，EDTA 0.1，氯化钾 1.0

（3）电解质的影响　乳化剂的反号离子也会影响调节剂的表观转移系数 $C_f'$。不同种类和不同浓度的反号离子对 $C_f'$ 影响的程度也不同，如表 6-2 所示。向以歧化松香酸钾作为乳化剂的丁苯乳液聚合反应体系中分别加入电解质 KCl、NaCl 和 LiCl，发现其 $C_f'$ 值的大小次序为 $K^+ < Na^+ < Li^+$。在松香酸钾皂、钠皂和锂皂中，以钾皂离子化程度为最大，可在乳胶粒表面上形成很厚的离子化层，为调节剂通过水相向乳胶粒中扩散造成很大的空间障碍，因而调节剂的表观转移系数 $C_f'$小。当向以歧化松香酸钾皂为乳化剂的乳液聚合体系中加入 NaCl 或 LiCl 后，钠离子和锂离子部分地取代松香酸钾中的钾离子而生成松香酸钠或松香酸锂。歧化松香酸钠和歧化松香酸锂，尤其是歧化松香酸锂，离子化程度小，水化层薄，扩散阻力小，所以导致调节剂转移系数增大。

（4）其他影响因素　研究发现[13]，向在 50℃下进行的过硫酸盐引发的苯乙烯乳液聚合体系中加入少量甲醇，会导致硫醇的消耗速率显著地增大。这并不是因为加入甲醇后增大了硫醇的扩散系数，而是因为加入甲醇增大了硫醇在水相中的溶解度，从而提高了调节剂的消耗速率。

提高反应温度既会提高链转移反应速率，也会增大调节剂的扩散速率。所以温度越高，硫醇消耗速率越大。

搅拌转速与搅拌器的类型也是调节剂消耗速率的重要影响因素。当过程处于扩散控制状态时，搅拌可以加快传质速率，故搅拌速度越大，硫醇消耗速率也越大。

表 6-2　乳化剂的反号离子对 $C'_f$ 的影响

| 乳化剂的反号离子 | 乳化剂浓度<br>/（$\times 10^{-2}$g/g 单体） | 电解质 | 电解质浓度<br>/（$\times 10^{-2}$g/g 单体） | $C'_f$ |
|---|---|---|---|---|
| $Li^+$ | 4.08 | LiCl | 3.20 | 3.20 |
| $Na^+$ | 4.30 | NaCl | 2.74 | 2.74 |
| $K^+$ | 4.50 | KCl | 2.39 | 2.39 |

注：反应温度为 5℃；乳化剂为歧化松香酸钾；反应体系同图 6-7。

反应温度为 5℃；反应体系为苯乙烯 30，丁二烯 70，水 195，乳化剂（用量见下表），二烷基二硫代黄原酸酯 0.1，异丙苯过氧化氢 0.1，甲醛次硫酸钠 0.1，$FeSO_4 \cdot 7H_2O$ 0.015，EDTA 0.025，电解质（用量见下表）

| 曲线 | 乳　化　剂 | | 电解质 | |
|---|---|---|---|---|
| | 类型 | 用量/质量份 | 类型 | 用量/质量份 |
| A | 歧化松香钠皂 | 4.3 | $Na_2HPO_4$ | 0.939 |
| B | 油酸钠 | 2.0 | NaCl | 0.387 |
| C | $C_{14} \sim C_{20}$ 烷基磺酸钠 | 4.0 | $Na_2HPO_4$ | 0.939 |

# 6.4　调节剂对聚合物分子量及分子量分布的影响

一般来说，聚合物的数均分子量仅与调节剂总的消耗量有关。但是其重均分子量、黏均分子量、z 均分子量以及聚合物的分子量分布不仅与调节剂消耗量有关，而且与调节剂消耗历程有关。试验发现，调节剂的消耗历程可以影响所得聚合物溶液的特性黏数，而特性黏数又是与聚合物的平均分子量及分子量分布密切相关的重要参数。

有人[14,15]采用 GR-S 标准配方，于 50℃下，以过硫酸盐为引发剂而进行丁二烯-苯乙烯乳液共聚合，在不同转化率下测定硫醇消耗量，并测得在不同转化率下所得到的聚合物在苯中的特性黏数，将所取得的数据拟合成了如下经验式。

$$[\eta] = \left[\frac{0.22X_\infty}{AY_\infty} + \frac{1.12}{A}\int_0^{X_\infty}\left(\frac{dX}{dY}\right)dX\right]^{0.66} \tag{6-13}$$

式中，$X$ 为单体转化率；$X_\infty$ 为最终单体转化率；$Y$ 和 $Y_\infty$ 分别为在单体转化率为 $X$ 时和反应终点时已参与了链转移反应的调节剂量在调节剂初始量中所占的分数；$A$ 为纯硫醇的初始用量（$\times 10^{-8}$）。公式等号右边括号中的第一项反映了调节剂总量对聚合物的分子量及分子量分布的影响；而第二项则反映了调节剂的消耗历程对分子量及分子量分布的影响。根据分子量和特性黏数之间的关系以及根据式（6-13）可得式（6-14）

$$10^{-5}\overline{M}_v = \frac{0.2X_\infty}{AY_\infty} + \frac{1}{A}\int_0^{X_\infty}\left(\frac{dX}{dY}\right)dX \tag{6-14}$$

式中，$\overline{M}_v$ 为聚合物的黏均分子量。

利用式（6-14）可以根据硫醇消耗的实验数据直接预计所得聚合物的黏均分子量。

为了找到在一定 $\overline{M}_v$ 和 $X_\infty$ 时调节剂用量 $A$ 的最小值，需要对式（6-14）作如下变换。

$$A = \frac{0.2X_\infty}{10^{-5}\overline{M}_v Y_\infty} + \frac{1}{10^{-5}\overline{M}_v}\int_0^{X_\infty}\left(\frac{dX}{dY}\right)dX \qquad (6-15)$$

在 $X_\infty$ 和 $\overline{M}_v$ 一定时，若在达到最终转化率 $X_\infty$ 时调节剂 $100\%$ 被消耗，此时 $Y_\infty = 1$，则式(6-15)中右边第一项将出现最小值。

若设法保证以下两个条件：

① 在整个聚合反应过程中，$\dfrac{dX}{dY}$ 保持常数；

② 在反应终点，即 $X = X_\infty$ 时，调节剂全部被消耗掉。

则式(6-15)中右边第二项将出现最小值，此时该项中的定积分等于 $X_\infty^2$。

因此调节剂的理论最小用量 $A_0$ 可用式(6-16)计算。

$$A_0 = \frac{X_\infty}{10^{-5}\overline{M}_v}(0.2 + X_\infty) \qquad (6-16)$$

在一个给定的乳液聚合体系中，比值 $A/A_0$ 可以作为所利用的调节剂的效率。在转化率低时，调节剂的效率 $A/A_0$ 也低。随着转化率增大，$A/A_0$ 值增大，然后达到一个最大值。越过最大效率以后，若再提高转化率，$A/A_0$ 值将降低。对于某些调节剂来说，仅 $10\%$ 的转化率下，就出现最大效率；而对另外一些调节剂来说，却在转化率高达 $80\%$ 时才出现最大效率。表 6-3 列出了在丁苯乳液共聚合中某些调节剂的最大效率及在出现这个最大效率时的单体转化率。

**表 6-3** 不同调节剂的最大效率及相应的转化率

| 调 节 剂 | 最 大 效 率 | 与最大效率相对应的单体<br>转化率/% |
|---|---|---|
| 伯十烷基硫醇 | 0.70 | 22 |
| 伯十二烷基硫醇(商) | 0.65 | 40～50 |
| 正十二烷基硫醇(纯) | 0.80 | 68 |
| 叔十二烷基硫醇 | 0.80～1.0 | 60 |
| 叔辛硫醇 | 0.80 | 55 |
| 叔十六烷基硫醇 | 在 0～80% 转化率范围<br>内无最大值 | >80 |
| 1,1-二甲基环乙硫醚的<br>正丁硫醇加成化合物 | 0.90 | 41 |
| 4-正丁基-1-辛硫醇 | 0.85 | 62 |
| $\beta$-二正戊氨基乙硫醇 | 0.70 | 11 |

注：反应温度为 $50\,^\circ\!C$；反应体系为苯乙烯 25 份，丁二烯 75 份，水 180 份，脂肪酸皂 5 份，调节剂 0.5 份，$K_2S_2O_8$ 0.3 份。

试验发现[10]，在低转化率（约 $5\%$）下所制得的聚合物的分子量反比于调节剂的用量。如表 6-4 所示。

聚合物乳液合成原理性能及应用
（第三版）

**表 6-4** 在低转化率下硫醇用量对聚合物分子量的影响

| 调节剂用量 /($\times 10^{-2}$ g/g 单体) | 特性黏数 | 黏均分子量 $\overline{M}_n$ | $\overline{M}_n \times$调节剂用量 |
|---|---|---|---|
| 0.3 | 1.14 | $1.10 \times 10^5$ | $3.3 \times 10^4$ |
| 0.24 | 1.31 | $1.35 \times 10^5$ | $3.2 \times 10^4$ |
| 0.18 | 1.62 | $1.87 \times 10^5$ | $3.4 \times 10^4$ |
| 0.12 | 2.16 | $2.90 \times 10^5$ | $3.5 \times 10^4$ |
| 0.06 | 3.80 | $6.80 \times 10^5$ | $4.0 \times 10^4$ |
| 0.03 | 4.85 | $9.80 \times 10^5$ | $2.9 \times 10^4$ |
| 0.015 | 4.95 | $1.00 \times 10^6$ | $1.5 \times 10^4$ |

注：反应温度为50℃；单体最终转化率为5%；反应体系为苯乙烯25份，丁二烯75份，水180份，脂肪酸皂5份，正十二烷基硫醇变量，$K_2S_2O_8$ 0.3份。

在较高转化率下，聚合物的分子量随调节剂浓度的变化呈现复杂的关系。实验证明，在较低转化率下所生成的聚合物分子量低；但是当转化率增大时，例如当达到20%以上时，聚合物的分子量会大幅度地增大，将会得到特性黏数极高仅能部分溶于苯中的聚合物。这是由于若将调节剂在反应开始前一次加入，调节剂将随转化率增大而逐渐被消耗所致。为了在整个聚合反应期间得到分子量均匀的聚合物，可采取连续或分批加入调节剂的方法。在表 6-5 中将调节剂的分批加入法和一次加入法作了对比[16]。由表可以看出，对于低温丁苯乳液共聚合来说，分批加入调节剂时，在不同转化率下所得到的聚合物的对数比浓黏度几乎保持常数；但是在一次加入调节剂的情况下，所得聚合物的黏度却随转化率的提高而增大。

**表 6-5** 在丁苯乳液共聚合中调节剂的加入方式对聚合物黏度的影响

| 单体转化率/% | 对数比浓黏度 | |
|---|---|---|
| | 分批加入调节剂 | 一次加入调节剂 |
| 10 | 2.1 | 1.0 |
| 20 | 2.1 | 1.1 |
| 30 | 2.1 | 1.2 |
| 40 | 2.1 | 1.4 |
| 50 | 2.1 | 1.6 |
| 60 | 2.0 | 1.8 |

注：反应温度为5℃；引发体系为过氧化氢-铁-甲醛次硫酸钠；乳化剂为脂肪酸皂与松香酸皂混合物。

## 参考文献

[1] Frank R L，Drake S S，Smith P V，Stevens：C J Polym Sci，1948，3：50.

[2] US Pat. 2248107，1947.

[3] Frank R L，Blegen J R，Deutschman H. J Polym Sci，1948，3：58.

[4] Brit. Pat. 349499，1931.

[5] Seymour R B，Patel V. J. Macromol Sci Chem，1973，A7：961.

［6］ Blackley D C. Emulsion Polymerization，Theory and Practice. London：Apllied Science Publisher Ltd，1975.

［7］ Smith W V. J Am Chem Soc，1946，68：2059.

［8］ Vaclavek V. J Appl Polym Sci，1967，11：1903.

［9］ Vaclavek V. J Appl Polym Sci，1967，11：1881.

［10］ Kolthoff I M，Harris W E. J Polym Sci，1947，2：49.

［11］ Uraneck C A，Burleigh J E. J Appl Polym Sci，1968，12：1075.

［12］ Vaclavek V. J Appl Polym Sci，1967，11：1893.

［13］ Meehan E J，Kolthoff I M，Sinha P R. J Polym Sci，1955，16：471.

［14］ Harris W E，Kolthoff I M. J Polym Sci，1947，2：72.

［15］ Harris W E，Kolthoff I M. J Polym Sci，1947，2：82.

［16］ Booth C，Beason L R，Bailey J T. J Appl Polym Sic，1961，5：116.

# 第 7 章
# 乳液聚合体系中的其他组分

在乳液聚合反应体系中，除了包括以上介绍过的单体、乳化剂、引发剂及调节剂之外，还可能包括介质、电解质、多价螯合剂以及终止剂等组分。其中介质对于任何乳液聚合反应过程来说都是不可缺少的，而其他组分是为了适应乳液聚合反应过程的需要，或者为控制最终聚合物的性能而有选择性地加入的，其用量很少。本章将对这几种组分分别予以介绍。

此外，偶尔还会加入 pH 值调节剂（如 KOH，NaOH、Na₂CO₃、NaHCO₃、氨水、盐酸及硫酸等）、pH 值缓冲剂（如磷酸盐、碳酸盐等）、表面张力调节剂（戊醇、己醇及辛醇等）、增塑剂以及无机填料等。这几种组分对于大多数乳液聚合来说并不重要，故不拟讨论。

## 7.1 电解质

向乳液聚合体系中加入适量的电解质可以起如下四个作用。
① 提高聚合反应速率[1-4]。
② 增大聚合物乳液的稳定性[5]。
③ 改善聚合物乳液的流动性[6,7]。
④ 在 0℃以下的乳液聚合体系中作为防冻剂。
本节将讨论前三个问题，至于第四个问题将留在 7.2 节（分散介质）中进行讨论。

### 7.1.1 电解质对聚合反应速率的影响

如果向乳液聚合体系中加入适量的电解质，一般来说将会增大初期聚合反应速率。但是在高转化率时，在所有的乳化剂被吸附在乳胶粒表面上以后，电解质将起阻聚作用。尤其是在乳化剂浓度低时，阻聚作用就更加明显。

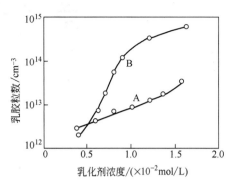

**图 7-1　乳胶粒数与乳化剂浓度及**
**电解质用量之间的关系**

反应温度为 50℃；A—[K$^+$]=0.01mol/L；
B—[K$^+$]=0.1mol/L；反应体系为苯乙烯 20 份，
水 250 份，月桂酸钾变量，K$_2$S$_2$O$_8$ 0.3 份，
电解质 K$_2$CO$_3$-KHCO$_3$ 变量（控制 pH=10）

根据盐析作用原理，若向乳液聚合体系中加入电解质，它将溶于水相，使原来溶解在水相中且达到饱和溶解度的乳化剂的溶解度降低，即可以降低临界胶束浓度。这样一来就将原来溶解在水中以单分子形式存在的乳化剂分子部分地解放出来，变成胶束。胶束浓度增大就必然会生成更多的乳胶粒，而如前所述（见第 2 章），聚合反应速率正比于乳胶粒数，所以由于加入了电解质而增大了聚合反应速率。图 7-1 说明了乳化剂用量及电解质用量和所生成的乳胶粒数之间的关系。由图可以看出，在乳化剂浓度为 1.0mol/L 水的情况下，当水相中钾离子浓度由 [K$^+$]=0.01mol/L 增大至 [K$^+$]=0.1mol/L 时，所生成的乳胶粒数将由 1.0×10$^{13}$ cm$^{-3}$ 剧增至 1.2×10$^{14}$ cm$^{-3}$。这是因为乳化剂月桂酸钾在 50℃ 下水中的 CMC 值相当高，达 4.5g/L；在加入电解质后可使 CMC 值下降至 1.2g/L。这就是说，由于电解质的加入，每升水中将有 3.3g 月桂酸钾由自由分子状态变成胶束，因此势必会生成更多的乳胶粒。

在反应后期，胶束消失了，乳胶粒数不会再按照胶束成核机理而增大。随着聚合反应的进行，乳胶粒体积不断长大，乳化剂分子已不能覆盖全部的乳胶粒表面，并且转化率越高，未被覆盖的面积所占的分数就越大，这就使乳液聚合体系在反应后期趋于不稳定。当有电解质存在时，它会从乳胶粒周围的水化层中夺取水而使水化层减薄，同时电解质的加入又会使乳胶粒表面的 ζ 电位下降，这就更增加了不稳定因素。此时就会发生乳胶粒的撞合或凝聚，使乳胶粒减少，因而也就使聚合反应速率降低。

如前所述，加入少量电解质会提高前期聚合反应速率，但又会降低后期聚合反应速率。其总的结果究竟会使聚合反应总速率提高还是降低主要取决于电解质的本质和用量。

表 7-1 表明不同的电解质对丁苯乳液共聚合转化率及聚合物乳液黏度的影响。由表可

**表 7-1　各种电解质对聚合转化率及乳液黏度的影响**

| 电　解　质 | 17.5h 后的转化率/% | 乳液流动性 |
| --- | --- | --- |
| NaF | 86 | 流动性好 |
| Na$_3$PO$_3$ | 81 | 凝胶化 |
| (CHOHCO$_2$K)$_2$ · $\frac{1}{2}$H$_2$O | 81 | 流动性好 |
| Na$_3$Co(NO$_2$)$_6$ | 80 | 黏稠 |
| Na$_2$CO$_3$ | 80 | 黏稠 |
| HOC(CO$_2$K)(CH$_2$CO$_2$K)$_2$ · H$_2$O | 78 | 黏稠 |
| K$_2$HPO$_4$ · H$_2$O | 77 | 黏稠 |
| HOC$_6$H$_4$CO$_2$K | 76 | 黏稠 |

| 电 解 质 | 17.5h 后的转化率/% | 乳液流动性 |
|---|---|---|
| $NaH_2PO_2 \cdot H_2O$ | 74 | 黏稠 |
| KSCN | 72 | 黏稠 |
| $C_6H_5CO_2Na$ | 70 | 黏稠 |
| 空白实验(没加电解质) | 64 | 黏稠 |
| $NaHCO_3$ | 60 | 黏稠 |
| $Na_2B_4O_7$ | 58 | 预凝聚,黏稠 |
| $NaHSO_4$ | 55 | 预凝聚,流动性好 |
| $K_4Fe(CN)_6$ | 49 | 流动性好 |
| KCN | 38 | 黏稠 |
| $K_2S_2O_8$ | 8 | |
| $KIO_3$ | 1 | |
| $NaBO_3 \cdot 4H_2O$ | 0 | |
| $NaBrO_2$ | 0 | |

注:反应温度为-10℃;反应体系为苯乙烯30份,丁二烯70份,水180份,甲醇40份,月桂酸钾5份,混合叔硫醇0.12份,过氧化氢异丙苯0.177份,$FeSO_4 \cdot 7H_2O$ 0.31份,$Na_4P_2O_7 \cdot 10H_2O$ 0.56份,电解质0.14份。

以看出,在同样的体系中,反应同样的时间(17.5h),当所用的电解质不同时,所达到的最终转化率是不相同的,所得到的聚合物乳液的黏度也有很大的差异。

电解质浓度直接关系着聚合反应速率。当电解质浓度小时,正如以上所谈到的那样,由于降低了胶束浓度,增加了乳胶粒数,故使聚合反应总速率增大,反应时间缩短;但是当电解质浓度很大时,却会引起乳胶粒的聚结或凝聚,造成乳胶粒数减少,使总的聚合反应速率降低。一般来说,当电解质浓度低时,总聚合反应速率随着电解质浓度的增大而提高,当达到一定的电解质浓度时,总聚合反应速率达到一个最大值;若再增大电解质浓度,总聚合反应速率将随着电解质浓度的增大而降低。若将总聚合反应速率对电解质浓度作图,将会得到一条钟形的曲线。表7-2中的数据可以说明反应速率的变化。由表可以看出,在反应7h和24h以后,在KCl浓度为(0.05~0.1)$10^{-2}$g/g单体时,转化率出现了最大值,即总反应速率最大。在这种情况下 $0.1 \times 10^{-2}$g/g单体应为电解质的最佳用量。

**表7-2** 电解质用量对转化率-时间关系及乳液流动性的影响

| KCl 浓度 /($\times 10^{-2}$g/g 单体) | 在规定时间的转化率/% | | | 反应 24h 后的流动性 |
|---|---|---|---|---|
| | **4h** | **7h** | **24h** | |
| 0.00 | 27 | 33 | 36 | 黏稠 |
| 0.05 | 27 | 45 | 76 | 黏稠 |
| 0.10 | 22 | 40 | 76 | 稍黏稠 |
| 0.15 | 19 | 30 | 71 | 稍黏稠 |
| 0.20 | 22 | 35 | 73 | 轻度黏稠 |

| KCl 浓度 /(×10$^{-2}$g/g 单体) | 在规定时间的转化率/% | | | 反应 24h 后的流动性 |
|---|---|---|---|---|
| | 4h | 7h | 24h | |
| 0.25 | 18 | 32 | 71 | 轻度黏稠 |
| 0.30 | 18 | 31 | 71 | 流动性好 |
| 0.50 | 14 | 22 | 58 | 流动性好 |
| 0.75 | 12 | 17 | 40 | 流动性好 |
| 1.00 | 10 | 15 | 40 | 流动性好 |

注：反应温度为 $-10$℃；反应体系为苯乙烯 30 份，丁二烯 70 份，水 192 份，甲醇 48 份，歧化松香钾皂 3.5 份，脂肪酸皂 1.5 份，混合叔十二烷基硫醇 0.25 份，过氧化氢二异丙苯 0.3mmol，$FeSO_4 \cdot 7H_2O$ 0.0834 份，$Na_4P_2O_7 \cdot 10H_2O$ 0.134 份，KCl 变量。

## 7.1.2 电解质对乳液稳定性的影响

向乳液聚合体系中加入适量的电解质，除了可以提高聚合反应速率之外，还可以增大乳液的稳定性。有人发现[5]，在 50℃下进行的丁苯乳液共聚合体系中，如果不加入电解质，可以生成多达聚合物含量为 30% 的预絮凝颗粒；但是当加入少量电解质硫酸钾以后，可以减少或避免预絮凝颗粒的生成。正如图 7-2 所示，对于每一个乳液聚合体系来说，都存在着一个最小电解质浓度，若低于这个浓度，则体系不稳定；若等于或略高于这个浓度，就不会生成预絮凝颗粒。事实上，在稳定状态和不稳定状态之间，存在着一个过渡区，在这个过渡区中，电解质浓度的稍微变化都会引起乳液稳定性的剧变。另外，由图 7-2 还可以看出，乳液聚合体系的稳定性受电解质影响的程度与水含量关系很大。

当然并不是说向乳液聚合体系中加入的电解质越多，体系就越稳定。事实恰恰相反，当电解质加入量很大的时候，水相中的反号离子浓度将会很大，它们会压迫乳胶粒的双电层，使 ζ 电位降低，以致使乳液失去稳定性，发生乳胶粒的撞合而造成凝聚或破乳。目前在用乳液法生产合成橡胶的工艺中就是采用加入氯化钙、氯化镁、氯化钡、氯化铝、氯化钠及乙酸等电解质作为凝聚剂进行破乳，使橡胶和水分离的。

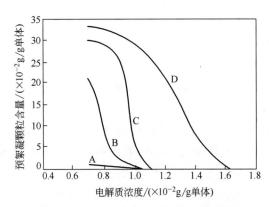

图 7-2 电解质的浓度对乳液稳定性的影响

水含量：A—60mg/100kg；B—70mg/100kg；C—85mg/100kg；D—100mg/100kg

反应温度为 50℃；反应体系为苯乙烯 30 份，丁二烯 70 份，妥尔油钾皂 1.25 份，烷基萘磺酸钾 1.5 份，过氧化氢二异丙苯 0.22 份，甲醛次硫酸钠 0.052 份，$FeSO_4 \cdot 7H_2O$ 0.10 份，$K_4P_2O_7$ 0.25 份，$K_2SO_4$ 变量，KOH 0.02 份

## 7.1.3　电解质对乳液流动性的影响

如表 7-1 及表 7-2 所示，乳液的黏度受电解质的本质和浓度的影响，采用不同电解质，乳液流动性不同。当电解质浓度增大时，乳液变稀，流动性增大。在实际中，为了保证聚合物乳液的流动性，常常需要加入一些电解质。

有人对完全没有电解质存在的乳液聚合体系进行了研究[6,7]。他们采用非电解质引发剂，如 1,3-二苯基三嗪、偶氮二异丁腈及环己酮过氧化氢等，乳化剂则采用阴离子型乳化剂或阳离子型乳化剂。在这样的乳液聚合反应中所得到的乳液为不可逆凝胶，体系完全不能流动。但是如果加入少量电解质到这样的体系中去以后，不可逆凝胶就又转变成可以自由流动的乳液，这叫做胶溶现象。

不可逆凝胶的产生和胶溶可按如下机理来解释：将一个聚合物乳胶粒看作是一个很大的、球形的聚电解质分子，在这个球形分子的表面吸附着许多长链羧酸钾分子，乳化剂的烃链牢固地嵌入乳胶粒内的聚合物中，而羟基朝向水相。由于乳胶粒表面的羧酸根负离子基团具有强大的静电引力，它必然会将绝大部分的反号钾离子吸附在乳胶粒的周围，形成许多离子对。所以在水相主体中 $K^+$ 浓度是很低的。这些离子对又会和水分子缔合，结果在每一个乳胶粒的周围都围绕着一层很厚的被固定的水分子。当乳胶粒的浓度足够大时，所有的水分子将全被乳胶粒所吸附，除了具有巨大水力半径的水化乳胶粒之外，再也没有多余的自由水相。由于各乳胶粒之间水分子层的空间障碍作用，就使得乳胶粒不会发生聚结，仍然可以保持乳液的稳定。由于这些水化的乳胶粒接近电中性，所以乳胶粒可以彼此靠近，于是就在各邻近的乳胶粒的水化层之间形成氢键，结果乳液中众多的乳胶粒彼此以氢键的形式结合起来，形成三维网状结构，于是整个乳液体系就生成具有一定强度的不可逆凝胶，体系就失去了流动性。若向已形成不可逆凝胶的聚合物乳液体系中加入少量电解质，这些电解质电离而生成的离子也要发生水化，它们将要从各水化乳胶粒上夺取水分，这样就使乳胶粒上的水化层减薄，使乳胶粒水化层之间所形成的氢键破坏。同时由于新加入的电解质水化的结果，就形成了一个不属于任何乳胶粒的连续的水相，而乳胶粒则为不连续的分散相。被吸引在乳胶粒周围的部分反号离子（$K^+$）有可能由于热运动扩散到水相中去，使乳胶粒上负电性增大，$\zeta$ 电位升高，故仍可以使乳液体系稳定。但是由于电解质的加入破坏了乳液体系内部的立体结构，故体系发生胶溶变成可自由流动的乳液。

在某些乳液聚合情况下，利用聚丙烯酸作为保护胶体。在这样的体系中，当乳液的 pH 值低时，体系黏度小；加入 NaOH 或氨水以后，使 pH 升高，发现乳液变得很黏稠，流动性变差。这和上述机理是不同的。因为聚丙烯酸是水溶性的，它以溶液的形式存在于水相中或被吸附在乳胶粒表面上，加入碱后，就生成聚丙烯酸的盐（铵盐或钠盐），盐电离的结果就使聚丙烯酸分子链上带负电。这就增大了分子链内旋转势能，大分子柔性减小，分子链伸直，宏观上表现出水相的黏度升高，因而使乳液体系变得黏稠。

# 7.2 分散介质

分散介质对于任何乳液聚合过程来说都是不可缺少的。对于用作乳液聚合分散介质的物质的主要技术要求有：

① 必须能够溶解乳化剂和引发剂；

② 应当能使被溶解的乳化剂分子聚集在一起形成胶束，且能够使所加入的大部分乳化剂以胶束的形式存在；

③ 应当不溶或仅能微溶单体；

④ 对自由基聚合反应不起阻聚作用；

⑤ 黏度要低，以利传热和传质；

⑥ 应当能够保证在很宽的温度和压力范围内进行聚合反应。

在乳液聚合过程中应用最多的分散介质是水。水便宜易得，没有任何危险，并且能够满足以上所提出的对乳液聚合分散介质的大部分技术要求。乳液聚合科学与技术之所以迄今为止越来越多地引起人们的重视，一直处于快速发展过程之中，最主要的原因就是它以水作介质。至于在乳液聚合过程中利用其他介质的问题，研究还不充分，应用也不多见。本节中主要介绍用水作介质的情况。至于非水介质将留待第 9 章介绍。

因为水的冰点是 0℃，而某些乳液聚合过程要求在 0℃ 以下进行，在这种情况下，需要加入抗冻剂，以降低水的冰点来扩大其应用温度范围。最常用的抗冻剂有两大类：一类是非电解质抗冻剂，如醇类和二醇类等；另一类是电解质抗冻剂，如无机盐。

最常用作非电解质抗冻剂的物质是甲醇。工业上在 −18℃ 下进行的丁苯乳液共聚合反应中，要向水相中加入 25％ 的甲醇。实际上要想将冰点降低到 −18℃ 这样的温度用不着 25％ 甲醇浓度。对于在实验室里的小设备中进行的实验来说采用如此之大的甲醇用量似乎是不合理的，但是对于工业大设备来说，由于釜内物料和釜壁之间存在着较大的温差，因此必须采用高达 25％ 的甲醇用量。

有人对于以脂肪酸皂和歧化松香酸皂为乳化剂及以甲醇为抗冻剂的丁苯乳液聚合体系进行了研究[8]。发现，乳化剂的临界胶束浓度与甲醇用量、反应温度及当电解质与甲醇共存时电解质的用量有关，如图 7-3 所示。由图 7-3(a) 可以看出，乳化剂的临界胶束浓度随甲醇浓度的增大而增大。这是因为甲醇的存在降低了水相的极性，减小了水分子形成有序结构的能力，使得乳胶粒周围的水化层减薄。同时由于甲醇的加入减轻了水相对乳化剂分子亲油端的推斥力，就会使更多的乳化剂分子以单分子的形式溶入水相，即随着甲醇浓度的增大，其临界胶束浓度增大。图 7-3(b) 表明水相中甲醇含量为 25％ 时，反应温度对临界胶束浓度的影响，可以看出，随着温度的降低，乳化剂临界胶束浓度增大。图 7-3(c) 表明，在甲醇浓度为 25％ 时，电解质用量对临界胶束浓度的影响，可以看出，在有甲醇时，电解质的存在对临界胶束浓度的影响并不太大。另外，由图 7-3(a)～(c) 均可看出，在同样条件下，歧化松香酸皂的临界胶束浓度要比脂肪酸皂大得多。但是这对于歧化松香酸皂在低温乳液聚合体系中的应用并无多大妨碍，因为它的临界胶束浓度与它的用量相比还是很小的。

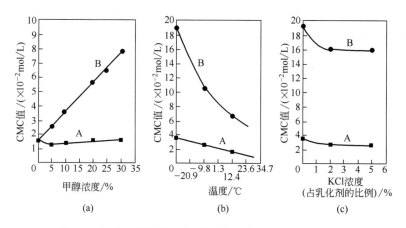

**图 7-3　温度、甲醇及电解质用量对临界胶束浓度的影响**

（a）在 26.7℃下甲醇浓度对 CMC 的影响；（b）甲醇浓度为 25％时温度对 CMC 的影响；

（c）在 −17.8℃下在甲醇浓度为 25％时 KCl 含量对 CMC 的影响

A—脂肪酸皂；B—歧化松香酸皂

同时发现，在以甲醇为抗冻剂于 60℃下进行的丁苯乳液共聚合反应中，聚合反应速率与松香酸皂和脂肪酸皂的比例有很大关系。如图 7-4 所示。当松香酸皂在乳化剂总量中所占的分数小于 50％的时候，聚合反应速率随两种乳化剂的比例变化不大。但是当松香酸皂所占的分数大于 50％的时候，聚合反应速率将随松香酸皂所占的比例的增大而很快地下降。由图 7-3 可以看出，若松香酸皂所占的分数由 20％增加至 80％，那么达到 60％的转化率所需的反应时间将增加 3 倍，即聚合反应速率将大为减慢。

除了利用甲醇作为抗冻剂之外，还可以利用其他的非电解质抗冻剂，例如乙醇、乙二醇、丙酮、甲酰胺、乙二醇单烷基醚、甘油、异丙醇、乙腈及二噁烷等。人们利用在 5℃下进行的丁苯乳液共聚合体系对以上部分抗冻剂进行了试验[9]，其试验结果列入表 7-3 中。由表中的数据可以看出，这些抗冻剂都具有一定的阻聚作用。相对而言其中的乙二醇和甘油的阻聚作用要小一些。但是若在低温条件下

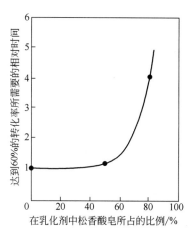

**图 7-4　松香酸皂和脂肪酸皂的比例对在 −17.8℃下进行的丁苯乳液共聚合反应速率的影响**

反应体系为苯乙烯 29 份，丁二烯 71 份，水 180 份，甲醇 60 份，乳化剂总量 4.7 份，亚甲基双萘磺酸钠 0.05 份，叔十二烷基硫醇 0.20 份，过氧化氢二异丙苯 0.16 份，三亚乙基四胺 0.29 份，$K_2SO_4$ 0.50 份，$FeSO_4 \cdot 7H_2O$ 0.002 份，EDTA 0.025 份，KOH 0.02 份

（−10℃及 −18℃）进行试验，用乙二醇作抗冻剂时的聚合反应速率与利用甲醇时相当。

**表 7-3** 各种非电解质抗冻剂对转化率-时间关系的影响

| 抗 冻 剂 | 抗冻剂：水 | 规定时间后的转化率/% | | |
|---|---|---|---|---|
| | | 4h | 7.5h | 24h |
| 无抗冻剂 | 0：250 | 68 | | |
| 异丙醇 | 50：200 | 1 | | 3 |
| 乙醇 | 50：200 | 0 | | 4 |
| 甲醇 | 50：200 | 16 | 30 | 62 |
| 丙酮 | 50：200 | 4 | | 25 |
| 乙腈 | 50：200 | 24 | 36 | 38 |
| 二噁烷 | 50：200 | 13 | 30 | 60 |
| 乙二醇 | 50：200 | 47 | 71 | 88 |
| 甘油 | 75：175 | 61 | 70 | 72 |

注：反应温度为5℃；反应体系为苯乙烯30份，丁二烯70份，水 $250-x$ 份，抗冻剂 $x$ 份，歧化松香酸钠皂5份，混合叔硫醇0.4份，2-(4-甲氧基苯二偶氮巯基)萘0.3份，$K_3Fe(CH)_6$ 0.3份，$Na_3PO_4 \cdot 12H_2O$ 0.5份。

研究发现[10]，以甲酰胺为抗冻剂有其独特的优点。在以烷基芳基磺酸盐为乳化剂，以过氧化二苯甲酰-蔗糖为氧化还原引发剂，在-10℃进行的 25/75 苯乙烯-丁二烯乳液共聚合体系中：若用甘油为抗冻剂，所得的聚合物乳液黏度为 2.6Pa·s；若用甲酰胺为抗冻剂，其黏度则为 0.026Pa·s。另外，在极低的温度下进行反应时，若采用甲醇为抗冻剂，则甲醇的浓度会很高，单体在介质中的溶解度会很大；而采用甲酰胺作抗冻剂时，单体在介质中的溶解度却很小。

如前所述，除了可以采用非电解质作抗冻剂之外，还可以采用电解质作抗冻剂。与非电解质抗冻剂相比，电解质抗冻剂便宜易得，可以降低乳化剂的临界胶束浓度，这样就使那些分子量较低、临界胶束浓度很高的表面活性物质也可以用来作乳液聚合的乳化剂。

研究发现[11]，所用的电解质抗冻剂会影响聚合反应速率。在-10℃下，以烷芳基聚乙二醇作乳化剂，以过氧化氢-铁-焦磷酸盐作引发剂所进行的丁苯乳液共聚合中，采用 $NaCl$、$KCl$ 及 $CaCl_2$ 为抗冻剂，发现反应 72h 以后其单体转化率分别为 15%、23% 及 42%。

在前人大量工作的基础上，人们筛选出几种可以与电解质匹配的乳化剂，包括低分子量的烷基硫酸酯和烷基磷酸酯、低分子量的脂肪酸皂和脂肪胺盐、烷基芳基磺酸盐、烷芳基聚乙二醇以及某些其他的环氧乙烷加成物。另外所用的电解质除了以上所提到的以外还常用乙酸钠、氯化铝及氯化镁等。

# 7.3 螯合剂

在乳液聚合反应体系中可能会含有微量的重金属离子，例如 $Ca^{2+}$、$Mg^{2+}$、$Fe^{2+}$ 及 $Fe^{3+}$ 等。这些重金属离子可能有以下几个来源。

① 随分散介质水或其他各种组分而带入到反应体系中。

② 来自反应器内壁或衬里。

③ 在装料、反应、清理及检修过程中由于某些偶然的因素而被带入到反应器内。

④ 作为乳液聚合反应体系中的一个组分而被加入到反应器中，例如低温丁苯乳液聚合氧化还原引发体系中的还原剂 $FeSO_4 \cdot 7H_2O$。

这些重金属离子即使含量极微也会对乳液聚合反应起阻聚作用，严重地影响聚合反应的正常进行，还会降低聚合物的质量和延长反应时间。为了减轻重金属离子的干扰，常常需要向反应体系中加入少量的螯合剂。最常用的螯合剂是乙二胺四乙酸（EDTA）及其碱金属盐，它可以与重金属离子形成络合物，建立起如下化学平衡。

式中，$Me^{n+}$ 为 $n$ 价重金属离子。

该反应的平衡常数很大，绝大部分重金属离子被笼蔽在络合物中而失去了阻聚活性，这样就使具有阻聚活性的自由重金属离子的浓度大大降低，阻聚作用大为减小。表 7-4 表明，在乳液聚合体系中有 $Ca^{2+}$ 或 $Mg^{2+}$ 存在时，螯合剂 EDTA 对聚合反应速率的影响。可以看出，在加入螯合剂以后，重金属离子的阻聚作用减小，达到 60% 的单体转化率所需要的反应时间可以缩短，即反应速率增大。

**表 7-4** 在低温丁苯乳液共聚合中钙镁离子及 EDTA 对聚合反应速率的影响[12]

| 重金属离子含量/$\times 10^{-6}$ | | EDTA 用量 /($\times 10^{-2}$g/g 单体) | 达 60% 转化率所需反应时间/h |
|---|---|---|---|
| $Ca^{2+}$ | $Mg^{2+}$ | | |
| 4 | 0 | 0 | 12.0 |
| 4 | 0 | 0.025 | 10.4 |
| 8 | 0 | 0 | 13.0 |
| 8 | 0 | 0.025 | 10.4 |
| 16 | 0 | 0 | 13.7 |
| 16 | 0 | 0.025 | 11.7 |
| 0 | 4 | 0 | 15.5 |
| 0 | 4 | 0.025 | 9.9 |
| 0 | 8 | 0 | 反应终止 |
| 0 | 8 | 0.025 | 12.2 |
| 0 | 16 | 0 | 反应终止 |
| 0 | 16 | 0.025 | 反应终止 |

注：采用标准 GR-S 体系；引发系统为过氧化氢-二价铁盐-焦磷酸钠-蔗糖；乳化剂为歧化松香酸皂。

以重金属盐作为乳液聚合氧化还原引发体系的一个组分时，例如加入 $FeSO_4 \cdot 7H_2O$ 时，如果不加入螯合剂，就会发生在反应初期 $Fe^{2+}$ 浓度过大，自由基生成速率过快，因而反应速率过高的现象。随着反应的进行，$Fe^{2+}$ 逐渐被消耗，其浓度逐渐降低，又会导致反应后期聚合反应速率过慢，这样就加大了前期热负荷，使反应不好控制，同时使所得聚合物的分子量分布加宽。如果加入了螯合剂 EDTA，使大部分 $Fe^{2+}$ 被笼蔽在络合物中而被贮存起来，使水相中 $Fe^{2+}$ 的浓度大大降低，但是这个浓度仍能够使氧化还原引发体系以足够的速率产生自由基。随着反应的进行，$Fe^{2+}$ 离子逐渐被消耗，上述平衡方程式的化学平衡不断向逆向移动，不断释放出 $Fe^{2+}$，使反应体系中的自由二价铁离子浓度始终保持一个常数，则反应前期和后期聚合反应速率可以保持均衡。

# 7.4 终止剂

在乳液共聚合反应中，由于单体的竞聚率不同，其共聚物的组成将随转化率的升高而发生变化。表 7-5 表明，在丁苯乳液共聚合反应中，无论是低温聚合还是高温聚合，共聚物中苯乙烯含量随转化率的升高而增大；但是随转化率升高而增大的幅度是不均匀的，在较低的转化率下增大的幅度小，而在高转化率下增大的幅度大。由表 7-5 可以看出，若反应温度为 5℃，当转化率由零升高至 60% 时，共聚物中苯乙烯的平均含量将从 22.2% 增加至 22.8%，只增大了 0.6 个百分点；而当转化率由 60% 升高至 100% 时，共聚物中苯乙烯的平均含量却由 22.8% 增加至 28%，增大了 5.2 个百分点。这说明在转化率小于 60% 时，共聚组成变化是不大的；而当转化率大于 60% 时，所得共聚物的共聚组成随转化率的升高变化很大。因此在工业生产中为了有效地控制共聚组成，当达到一定的转化率后，加入一种叫作终止剂的物质，使聚合反应停止，以制得共聚组成均一的高质量产品。例如对丁苯乳液聚合来说应当在转化率达 60% 时，加入终止剂停止反应。

**表 7-5** 共聚物中结合苯乙烯含量与转化率的关系

| 单体转化率/% | 共聚物中苯乙烯含量(质量分数)/% | |
| --- | --- | --- |
| | 反应温度为 50℃ 时 | 反应温度为 5℃ 时 |
| 初始转化率 | 19.3 | 22.2 |
| 20 | 20.0 | 22.3 |
| 40 | 20.9 | 22.5 |
| 60 | 22.0 | 22.8 |
| 80 | 23.7 | 23.9 |
| 90 | 25.2 | 25.3 |
| 100 | 28.0 | 28.0 |

注：进料中苯乙烯所占的质量分数为 28%。

此外，转化率不仅会影响聚合物的共聚组成，而且会影响聚合物的平均分子量、分子量分布以及分子结构。在达到一定转化率以后，阶段 II 结束，单体珠滴消失，乳胶粒中单体浓度不能再保持常数，此时，随着转化率的升高，在反应区（乳胶粒）内聚合物浓度增大，因而发生支化和交联的速率增大。同时，随着聚合反应的进行，调节剂逐渐被消耗，其浓度减小，调节剂抑制支化和交联的能力降低。再加上由于乳胶粒中聚合物的浓度增大而引起的凝胶效应，使链终止速率常数大幅度地降低，导致聚合物平均分子量增大，分子量分布加宽，支化和交联度增大，使产品质量变坏。由图 7-5 可以看出，随着转化率升高，聚合物的平均分子量也在增大。因此，很有必要在达到适当的反应程度以后，加

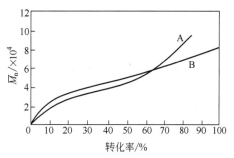

**图 7-5 在丁苯乳液共聚合过程中**
**分子量-转化率关系曲线**
A—实验曲线；B—由动力学理论预计的曲线

入终止剂，将转化率控制在一定范围之内，以保证产品质量。

由于大分子自由基之间的偶合终止和歧化终止的反应活化能很低，链终止反应速率极快，因此许多高温聚合反应体系，当达到所要求的转化率后将物料温度降低至室温，引发剂分解反应及聚合反应即可自行停止，无需加入终止剂。但是对于采用氧化还原引发体系的低温乳液聚合过程来说，必须加入终止剂，才能使反应停止。

终止剂可有两个作用：①大分子自由基可以向终止剂进行链转移，生成没有引发活性的小分子自由基；也可以和终止剂发生共聚合反应，生成带有终止剂末端的没有引发活性的大分子自由基。虽然不能进一步引发聚合，但是它们可以与其他的活性自由基链发生双基终止反应，而使链增长反应停止。②终止剂可以与引发剂或者引发剂体系中的一个或多个组分发生化学反应，将引发剂破坏掉。这样既可以使聚合反应过程停止，也避免了在以后的处理和应用过程中聚合物性能发生变化。

作为一个理想的终止剂应当能够满足以下几点要求：

① 仅加入少量终止剂就可以使聚合反应停止。

② 在后续处理过程（如单体脱除等）中，终止剂仍然起作用。

③ 不应当影响乳液的稳定性。

④ 不应当对聚合物的化学性质及物理性质有不良影响。

⑤ 被终止的聚合物乳液出料后，终止剂应当很容易从反应器中除净。否则，将会对下一批聚合反应起严重的阻聚作用。

⑥ 不应当引起聚合物变色。

⑦ 应当便宜，易得，没有危险。

⑧ 为了便于处理起见，所用的终止剂应当易溶于水中，并且能够以水溶液的形式长期贮存。

⑨ 适用性广，在同一单体采用不同的聚合方法时，所用的终止剂均能满足以上 8 项要求。

具有如下结构或可以形成如下结构的物质都可以作为终止剂：醌、硝基化合物、亚硝基化合物、芳香多羟基化合物以及许多含硫的化合物。在高温乳液聚合反应中常用的终止剂有对苯二酚、二硫化二异丙基黄原酸酯（防老剂丁）、木焦油、对叔丁基邻苯二酚、二

叔丁基对苯二酚及氧气等。在低温乳液聚合反应中，常用的终止剂有二甲基二硫代氨基甲酸钠、二乙氨基二硫代氨基甲酸钠、多硫化钠及亚硝酸钠等。此外有时也用如下物质作为终止剂：对苯基苯酚、$p,p'$-二羟基苯硫化物、二硫化四甲基秋兰姆、硫化钠、硫、二硝基苯、2,4-二硝基氯苯、2,4-二硝基硫醇及 2,4-二硝基苯基吡啶氯化物等。

在以过硫酸盐为引发剂的高温乳液聚合反应中应用最多的终止剂为对苯二酚，它可被过硫酸盐氧化生成对苯醌而将引发剂破坏掉。它具有很高的终止效率。表 7-6 显示了在以过硫酸钾为引发剂在 50℃下进行的丁苯乳液共聚合中对苯二酚的终止效率[13]。由表 7-6 可以看出，在加入终止剂以后，再反应 24h，单体转化率无变化，Williams 塑性、弹性回缩、凝胶含量及特性黏数也没发生太大的变化，这说明对苯二酚是一种有效的终止剂。

**表 7-6** 在丁苯高温乳液共聚合中对苯二酚的终止效率

| 性　　质 | 加终止剂时 | 加终止剂后 24h |
| --- | --- | --- |
| 单体转化率/% | 72 | 72 |
| Williams 塑性/mm | 2.89 | 2.95 |
| 弹性回缩/mm | 0.42 | 0.52 |
| 凝胶含量/% | 1.1 | 0.9 |
| 特性黏数 | 2.05 | 1.95 |

注：反应温度为 50℃；反应体系为苯乙烯 25 份，丁二烯 75 份，水 180 份，脂肪酸皂 5 份，十二烷基硫醇 0.45 份，过硫酸钾 0.3 份，对苯二酚 0.25 份。

终止剂的效率在一定程度上与它的用量有关。即使是很好的终止剂，用量太小也不能使聚合反应完全停止。表 7-7 表明，当终止剂对苯二酚的用量小于 0.05 份时，加入 15h 以后，其转化率仍有一定程度的提高，说明聚合反应并没有完全停止，并且终止剂用量越少时，加终止剂后转化率升高的幅度越大[14]。

**表 7-7** 终止剂浓度对终止效率的影响

| 终止剂用量/质量份 | 加终止剂时的转化率/% | 15h 后的转化率/% | 转化率增加/% |
| --- | --- | --- | --- |
| 0.00 | 51.5 | 99.0 | 47.5 |
| 0.01 | 60 | 79.5 | 19.5 |
| 0.025 | 49.5 | 62.0 | 12.5 |
| 0.05 | 48.0 | 49.0 | 1.0 |
| 0.10 | 47.5 | 48.0 | 0.5 |

注：反应体系为 GR-S 配方；终止剂为对苯二酚。

在采用氧化还原引发体系的低温乳液聚合过程中，应用最多的终止剂是二甲基二硫代氨基甲酸钠[8,15]。这种终止剂的优点是终止效率高、便宜、无毒、不会使橡胶变色和污染；同时因为它是水溶性的，故能很好地发挥其终止作用。另外，这种终止剂本身是硫化促进剂，若残留在产物中对其后的加工过程还有益处。其缺点是加入这种终止剂降低了聚合物乳液的稳定性，有时会造成部分凝聚。但是如果在终止剂溶液中加入少量乳化剂可以使它的凝聚作用消除或减轻。

终止剂二烷基二硫代氨基甲酸钠对聚合过程的终止反应可能有以下三种机理[16]。

① 二烷基二硫代氨基甲酸负离子直接破坏氧化还原体系中的过氧化物，生成了二硫化四烷基秋兰姆。

$$2\ \underset{R}{\overset{R}{N}}{-}\underset{S}{\overset{||}{C}}{-}S^- + R'OOH + H_2O \longrightarrow \underset{R}{\overset{R}{N}}{-}\underset{S}{\overset{||}{C}}{-}S{-}S{-}\underset{R}{\overset{R}{C}}{-}\underset{}{N} + R'OH + 2OH^-$$

一个二硫化四烷基秋兰姆分子可以分解成两个自由基，这些自由基没有引发活性，不能引发聚合，但是它们可以与大分子自由基进行双基终止反应。

$$\underset{R}{\overset{R}{N}}{-}\underset{S}{\overset{||}{C}}{-}S{-}S{-}\underset{R}{\overset{R}{C}}{-}N \longrightarrow 2\ \underset{R}{\overset{R}{N}}{-}\underset{S}{\overset{||}{C}}{-}S\cdot$$

$$\underset{R}{\overset{R}{N}}{-}\underset{S}{\overset{||}{C}}{-}S\cdot + P_n\cdot \longrightarrow \underset{R}{\overset{R}{N}}{-}\underset{S}{\overset{||}{C}}{-}S{-}M_n$$

式中，$P_n\cdot$ 和 $M_n$ 分别表示聚合度为 $n$ 的大分子自由基和死聚物分子链。

② 大分子自由基与二烷基二硫代氨基甲酸负离子直接反应生成带巯基末端的大分子链和一个没有活性的自由基，这个自由基可以进行双基终止反应。

$$P_n\cdot + H_2O + {}^-S{-}\underset{R}{\overset{||}{C}}{-}\underset{R}{\overset{R}{N}} \longrightarrow M_nSH + \cdot \underset{S}{\overset{||}{C}}{-}\underset{R}{\overset{R}{N}} + OH^-$$

$$P_n\cdot + \cdot\underset{S}{\overset{||}{C}}{-}\underset{R}{\overset{R}{N}} \longrightarrow M_n{-}\underset{S}{\overset{||}{C}}{-}\underset{R}{\overset{R}{N}}$$

③ 二烷基二硫代氨基甲酸负离子与初始自由基作用生成一个二硫化碳分子和一个仲胺自由基。

$$R'O\cdot + {}^-S{-}\underset{S}{\overset{||}{C}}{-}\underset{R}{\overset{R}{N}} \longrightarrow R'O^- + CS_2 + \cdot\underset{R}{\overset{R}{N}}$$

式中，$R'O\cdot$ 为初始自由基。

所生成的仲胺自由基没有引发活性，但可以终止大分子自由基。

$$P_n\cdot + \cdot\underset{R}{\overset{R}{N}} \longrightarrow M_n{-}\underset{R}{\overset{R}{N}}$$

## 参考文献

[1] Bovey F A, Kolthoff I M, Medalia A I, Meehan E J. Emulsion Polymerization. New York：Interscience, 1955.
[2] Roe C P. Ind Eng Chem, 1968, 60（9）：20.
[3] Roe C P, Brass P D. J Polym Sci, 1957, 24：401.
[4] Fryling C F, Follett A E. J Polym Sci, 1951, 6：59.
[5] Howland L H, Neklutin V C, Brown R W, Werter H G. Ind Eng Chem, 1952, 44：762.
[6] Fryling C F, John W M St. Ind Eng Chem, 1950, 42：2164.
[7] Fryling C F, Gindler E M. Proceedings of International Rubber Conference, Washington, 1959.

[8] Howland L H，Neklutin V C，Provost R L，Mauger F A. Ind Eng Chem，1953，45：1304.

[9] Fryling C F，Landes S H，John W M St，Uraneck C F. Ind Eng Chem，1949，41：986.

[10] Carr E L，Johnson P H. Ind Eng Chem，1949，41：1588.

[11] John W M St，Uraneck C A，Fryling C F. J Polym Sci，1951，7：159.

[12] Pryor B C，Harrington E W Druesedow D. Ind Eng Chem，1953，45：1311.

[13] Wakefield L B，Bebb R L. Ind Eng Chem，1950，42：838.

[14] Kluchesky E F，Wakefield L B. Ind Eng Chem，1949，41：1768.

[15] Smith H S. Werner Westerhoff C B，Howland L H. Ind Eng Chem，1951，43：212.

[16] Blackley D C. Emulsion Polymerization，Theory and Practice. London：Applied Science Publisher Ltd，1975.

# 第8章
# 聚合物乳液的工业合成

在以上各章节中，详细讨论了乳液聚合的定性理论和定量理论，系统地介绍了乳液聚合体系中乳化剂、引发剂、单体、调节剂及其他各组分的种类、作用及其选择。在此基础上，本章将要说明聚合物乳液及乳液聚合物在大工业中是怎样进行生产的，将对乳液聚合设备及生产工艺的选择和工艺条件的确定进行讨论，并将举出几个主要聚合物乳液品种的生产实例。

## 8.1 乳液聚合生产工艺评介

生产聚合物乳液和乳液聚合物有多种工艺可供选择。如间歇工艺、半连续工艺、连续工艺、补加乳化剂工艺及种子乳液聚合工艺等。对同种单体来说，若所采用的生产工艺不同，则所制造的产品质量、生产效率及成本各不相同，因此可根据具体应用对产品性能的要求和不同生产工艺的不同特点，来选择合理与可行的生产工艺。

### 8.1.1 间歇乳液聚合

在进行间歇乳液聚合时，首先向反应器中加入规定量的分散介质（水）、乳化剂、单体、引发剂及其他各种所需要的添加剂，然后升温至反应温度，于是聚合反应就开始了。经历阶段Ⅰ、阶段Ⅱ和阶段Ⅲ以后，达到了所要求的单体转化率，聚合反应即告完成，最后经降温、过滤，就得到了聚合物乳液。在许多情况下，聚合物乳液即为产品，可以将其应用于许多方面；而在另外某些情况下，则需要粉状或块状的乳液聚合物，故还需对所制成的聚合物乳液进一步进行凝聚、水洗、过滤、干燥等后处理过程。

对间歇乳液聚合来说，乳胶粒在阶段Ⅰ生成，在阶段Ⅱ和阶段Ⅲ乳胶粒数就不再发生变化。阶段Ⅰ持续时间很短，一般仅 2～5min，则在反应过程中乳胶粒的年龄几乎相同，故其尺寸几乎相等，所制成的乳液乳胶粒直径分布窄，这有利于改善聚合物乳液的流变性和成膜性。同时间歇乳液聚合过程所用设备简单，操作方便，生产灵活性大，因此在进行小批量、多品种的精细产品生产时，可以考虑选用间歇乳液聚合法进行生产。

但是，除了以上优点之外，间歇乳液聚合工艺也存在着不少缺点。

① 间歇乳液聚合过程会出现前期和后期反应不均衡，常常会导致反应失控。这是由两个原因造成的：a. 对于半衰期短的引发剂来说，引发剂浓度随反应时间延长而明显降低，造成反应前、后期自由基生成速率不同。通过将分解快与分解慢的引发剂复合使用，或采用分批加入引发剂的方法，可使由此而引起的反应不均衡问题得到一定程度的缓和，但无法解决根本问题。b. 对于某些单体例如丙烯酸酯等的乳液聚合来说，凝胶效应特别严重，在反应早期就出现聚合反应剧烈地自动加速现象，甚至自反应开始 $10\sim20min$ 以内就能达到 90% 以上的转化率[1]。由于以上两个原因，间歇乳液聚合在反应过程中常常会出现一个很大的放热高峰，所放出的热量很难及时散发出去，会使釜内温度急剧升高，若超过单体或水的沸点，会造成"冲料"现象，酿成事故，也会导致乳液聚合物分子量分布变宽，影响产品质量。

② 对于乳液共聚合来说，各种单体的竞聚率不同，竞聚率大的单体过早地被消耗掉，而留下竞聚率小的单体，这样势必导致反应前期和后期所得到的聚合物共聚组成不同，这会严重地影响产品的质量。

③ 由于间歇乳液聚合在反应开始时把单体一次投入聚合釜中，在搅拌和乳化剂的作用下分散成单体珠滴。在阶段Ⅰ和阶段Ⅱ乳液聚合体系中一直存在着大量的单体珠滴。单体珠滴存在会造成以下不良影响：一方面是单体珠滴成核概率增大，会生成更多大直径的聚合物颗粒，以这些大颗粒为核心，使乳胶粒发生聚结而生成凝胶，致使乳液聚合体系稳定性下降；另一方面，单体珠滴表面会吸附乳化剂，以使其自身稳定悬浮，这样就使胶束数目减少，成核概率降低，因而导致所生成的乳胶粒数目减小，粒径变大。

④ 从能量利用的角度来看，间歇乳液聚合也有不尽合理之处。在反应开始时需要加热升温；因为自由基聚合为放热反应，所以反应开始后又需要冷却；在过程后期反应接近完成，反应速率放慢，此时又需要加热。这样一会儿加热，一会儿冷却，致使能量得不到合理利用，造成浪费。同时，如上所述，在间歇乳液聚合过程中会出现放热高峰，要想在一定时间内把放出的热量传递出去，就必须增大传热面积，这样一来，常常要比按平均放热速率所设计的传热面积高出 $2\sim3$ 倍，这无形中是一个浪费。若不增加传热面积，为了散热就必须延长聚合反应时间，这又会使生产能力下降。

⑤ 一般来说，间歇乳液聚合只能制备具有均相乳胶粒结构的聚合物乳液。为了赋予乳液聚合物某种性能，常常需要制成具有异形结构如核壳型、梯度型等乳胶粒的聚合物乳液。这需要通过种子乳液聚合工艺及连续或半连续乳液聚合工艺来实现，而间歇乳液聚合工艺对此无能为力。

综上所述，由于间歇乳液聚合工艺存在着诸多固有的缺点，所以除了生产小批量的聚合物乳液或乳液聚合物之外，在大规模工业生产中一般不采用间歇乳液聚合工艺，而是采用半连续或连续工艺，在特殊需要时也可以采用预乳化工艺或种子乳液聚合工艺。

## 8.1.2 半连续乳液聚合

半连续乳液聚合过程：首先将部分单体和引发剂、乳化剂、分散介质等组分投入反应釜中，聚合到一定程度以后，再把余下的单体、引发剂、还原剂等在一定的时间间隔内按照一定的策略连续地加入到反应器中继续进行聚合，直至达到所要求的转化率，反应即告结束[2]。半连续乳液聚合可处于单体的饥饿态、半饥饿态和充溢态三种状态[3]。当单体加料速率 $R_{add}$ <聚合反应速率 $R_p$ 时，体系处于饥饿态；当 $R_{add}$ > $R_p$ 时，体系处于充溢态；若将一种（或某几种）单体先全部加入体系中，然后再按一定程序滴加另一种（或另几种）单体，且滴加速率小于其消耗速率，即为半饥饿状态。在实际工业生产中这三种状态下的半连续乳液聚合工艺均有应用。

半连续乳液聚合工艺有以下特点：

① 在采用饥饿态加单体工艺时，单体加料速率和实际的聚合反应速率相等。这样可以通过加料快慢来控制聚合反应速率和放热速率，可保证体系温度恒定和聚合反应平稳进行，这就避免了像在间歇乳液聚合中那样的放热高峰的出现。

② 因为单体一旦加入到体系中，马上就发生了聚合反应，无单体累积，所生成的聚合物的共聚组成和加料中单体组成相同，所以采用饥饿态加单体工艺可以有效地控制乳液聚合物的共聚组成[4]。

③ 在处于单体饥饿态的半连续乳液聚合体系中，乳胶粒内部单体浓度较间歇乳液聚合低，且在乳胶粒内部存在单体浓度梯度，故所生成的乳液聚合物的分子量与间歇法相比偏小，且其分子量分布偏宽。

④ 该半连续乳液聚合体系中，乳胶粒内部聚合物浓度大于间歇乳液聚合时的聚合物浓度，故自由基链向聚合物链转移的概率大，因此采用半连续乳液聚合法所制得的乳液聚合物支化度偏高。

⑤ 在单体饥饿态半连续乳液聚合体系中无单体珠滴存在，且无大的温度波动，故乳液聚合体系稳定性高。

⑥ 单体饥饿态半连续乳液聚合操作弹性较大，但其生产周期要比间歇乳液聚合长，故其生产效率较低。然而若用半饥饿法取而代之，则可以缩短生产周期，提高生产效率[5]。

⑦ 在加料中带入阻聚剂的情况下，阻聚剂对半连续乳液聚合和间歇乳液聚合的影响规律是不同的。对于间歇乳液聚合来说，存在阻聚剂时，将在聚合反应开始前出现一个诱导期；而对于半连续乳液聚合来说，阻聚剂将降低自由基浓度和聚合反应速率，但在物料加完以后，可能会出现一个聚合高峰。

⑧ 按照一定程序半连续地补加一定量的乳化剂可避开间歇乳液聚合阶段Ⅱ末期乳液稳定性的低谷，使乳液聚合体系在整个乳液聚合过程中处于较高的稳定状态，因此可以通过采用半连续地补加乳化剂的乳液聚合工艺来制造高浓乳液。

⑨ 在采用半连续地滴加引发剂溶液和乳化剂溶液工艺时，很难保证自由乳化剂浓度在临界胶束浓度 CMC 值以下，也很难保证体系中引发剂浓度为常数，因此常常会将成核

期拉长，这样会导致半连续法要比间歇法所制得的聚合物乳液粒度分布宽。

⑩ 若在乳液聚合配方中有功能单体，加料方式将对乳液性能产生影响。例如在制备乙酸乙烯酯-丙烯酸酯共聚物乳液时，采用甲基丙烯酸（MAA）作功能单体，且采用半连续的加料方式，有人发现[6]，滴加 MAA 的时机会影响乳液的碱增稠效果：在较早加入 MAA 时，乳液碱增稠效果好。这是由于加料时机不同，羧基在乳胶粒表面和在其内部分布的比例不同。

由于半连续乳液聚合工艺有以上诸多特点，故在工业生产中已获得广泛的应用，许多聚合物乳液和乳液聚合物是通过半连续法生产的，我们在开发新产品和把一个聚合物乳液推向大工业生产时，应优先考虑选用半连续工艺。

## 8.1.3  连续乳液聚合

连续操作的乳液聚合反应器主要分两类：一类是釜式反应器；另一类是管式反应器。釜式反应器又可分为单釜连续反应器和多釜连续反应器。管式反应器则可分为直通管式反应器[7] 和循环管式反应器[8]。应用最多的连续乳液聚合反应器是多釜连续反应器，广泛应用在丁苯橡胶、氯丁橡胶和其他乳液聚合物的生产过程中。单釜连续反应器和管式反应器大多用于试验研究，或只用于乳液聚合物小规模的工业生产。

连续乳液聚合工艺与间歇工艺相比有如下特点：

① 在间歇反应器中，乳胶粒在很短的阶段 I 生成，乳胶粒年龄分布很窄，故其粒度分布窄。而在釜式连续反应器中，尤其是在单釜连续反应器中，物料停留时间分布宽，乳胶粒年龄分布宽，致使乳胶粒尺寸分布宽。

② 在进行乳液聚合时，在间歇反应器中所得聚合物的共聚组成将随时间而发生变化，先生成的共聚物含有更多活性较大的单体。而在单釜连续反应器中，达稳态时，釜内各种物料（包括活泼单体和非活泼单体）的浓度是不变的，故所生成的聚合物的共聚组成不随时间而发生变化。若乳液聚合反应发生在多釜连续反应器中，将生成几种具有不同共聚组成的聚合物的混合物。

③ 在间歇反应器中，聚合反应的不同阶段放热速率是不同的，能否快速地移除在反应高峰期所产生的热量，常常是增加产量和提高产品质量的关键。而在釜式连续反应器中，达稳态时，放热速率均衡，可保持恒温操作，产品质量稳定。

④ 在间歇反应器中随物料带入的少量阻聚剂在聚合反应开始以前的一段时间间隔（诱导期）内被消耗掉，此后聚合反应以正常的速率进行。但在釜式连续反应器中，物料中所含的阻聚剂随着物料流连续地进入反应器中，使聚合反应速率降低。

⑤ 乳液聚合常用的引发剂多为水溶性的电解质，对连续聚合过程来说，常以水溶液的形式连续地加入到体系中。若所加入的引发剂溶液浓度过高、加入方式不当或混合速度不够快，会在体系内部出现电解质局部过浓，因而会导致凝胶的生成，甚至发生破乳。而间歇乳液聚合过程就不存在这个问题，因为引发剂是在聚合反应前的分散阶段加入的，并已充分混合均匀，不会产生引发剂局部过浓，所以不至于因此而产生凝胶。

⑥ 乳液聚合能否实现连续化的一个关键问题在于能否合理地解决粘釜和挂胶问题。

粘釜和挂胶后必须停车清理，这样会使运行周期缩短，大大降低生产效率。因此易发生粘釜和挂胶的体系，不宜采用连续反应器，而应选用间歇或半连续反应器。后两者在每批出料后可进行一次清理。

⑦ 对间歇乳液聚合体系来说，在反应区乳胶粒中的聚合物浓度有一个由低到高的过程（阶段Ⅲ），最后达到最终转化率，须聚合物的质量浓度接近100%。而对于釜式连续反应器来说，若和间歇过程达到同样的单体转化率，须在乳胶粒中始终保持高的聚合物浓度，故所生成的乳液聚合物具有较高的支化度。

## 8.1.4 预乳化工艺

在进行连续或半连续乳液聚合时，常常要采用单体的预乳化工艺[9]。预乳化操作在预乳化罐中进行。先把去离子水投入预乳化罐中，然后加入乳化剂，搅拌、溶解，再将单体缓缓加入，在规定的时间充分搅拌，把单体以单体珠滴的形式分散在水中，即得到稳定的单体乳状液。在连续或半连续乳液聚合过程中，按照预先安排好的程序，将单体乳状液加入到反应体系中，以使反应正常进行。预乳化工艺有如下几个特点：

① 若不采用预乳化工艺，而是把单体按一定程序直接连续加入到体系中，所加入的单体在搅拌作用下形成单体珠滴。这些单体珠滴会从水相中吸附乳化剂，也会从附近的乳胶粒上夺取乳化剂，甚至会把部分乳胶粒吸收并溶解在单体珠滴中，使乳液体系稳定性降低，易产生凝胶，甚至招致破乳。但是若把要加入的单体首先进行预乳化，在进入聚合釜以前在预乳化罐中就已经形成了单体珠滴，并在其表面上吸附了一层乳化剂分子，在将其加入到乳液聚合体系中以后，这些单体珠滴不会再从周围吸附乳化剂。故预乳化工艺可在乳液聚合过程中使体系稳定。

② 在乳液聚合阶段Ⅱ末期，乳胶粒体积趋于最大，单位体积水中乳胶粒的总表面积也趋于最大，而乳化剂在乳胶粒表面上的覆盖率趋于最小，此时乳液稳定性下降到最低点，很容易破乳，因此这一段时间间隔是乳液聚合过程的危险期。但若采用预乳化工艺，在预乳化液中含有乳化剂，加入乳化液就等于补加了乳化剂，这样就提高了乳化剂在乳胶粒表面上的覆盖率，使之避开了危险期，故乳液体系更加稳定。

③ 若不采用预乳化工艺，而是把要补加的乳化剂直接加入到乳液聚合体系中，这样会在物料中产生乳化剂局部过浓，在局部产生胶束，会导致新乳胶粒的生成，致使乳胶粒尺寸分布变宽，或者出现双峰分布，这会影响乳液的性能。但若采用预乳化工艺，在预乳化液中乳化剂被吸附在单体珠滴表面上，且分散得比较均匀，在聚合过程中，当聚合反应将单体珠滴消耗完以后，这部分乳化剂又逐渐转移到乳胶粒表面上，不存在形成胶束和产生新乳胶粒的问题。

④ 在采用预乳化工艺时，乳化剂不是在反应开始时一次加入，而是除了在反应初期加入部分乳化剂外，在以后的反应过程中，随着预乳化液再加入一部分乳化剂，这样可使所生成的乳胶粒数目减少，粒径增大。故采用预乳化工艺可以有效地控制乳胶粒尺寸。

⑤ 在采用混合共聚单体时，通过预乳化可把单体混合均匀，这样有利于乳液聚合正常进行并使共聚组成均一。

### 8.1.5 种子乳液聚合

种子乳液聚合即先制备种子乳液，然后在种子的基础上进一步进行聚合，最终得到所需要的乳液。种子乳液是在种子釜中制成的，其过程为：先向种子釜中加入水、乳化剂、水溶性引发剂和单体，再于一定温度下进行成核与聚合，生成数目足够大、粒度足够小的乳胶粒。为进行种子乳液聚合，取一定量的种子乳液投入聚合釜中，还要加入去离子水、乳化剂、水溶性或油溶性引发剂及单体，以种子乳液的乳胶粒为核心，进行聚合反应，使乳胶粒不断长大。在进行种子乳液聚合时要严格控制乳化剂的补加速度，以免形成新的胶束和新的乳胶粒。种子乳液聚合法有以下特点：

① 在连续乳液聚合过程中，若采用种子乳液聚合法可以克服如图 2-24 和图 2-25 所示的非稳特性。非稳特性出现在非种子连续乳液聚合过程中。在反应初始阶段，乳化剂浓度大，成核速率大，生成了很多乳胶粒，故聚合反应速率大。在乳胶粒长大的过程中，其表面积逐渐增大，在其表面上会吸附大量的乳化剂，破坏大量胶束，使胶束数目大幅度下降，致使成核速率变慢，乳胶粒数目减少，造成聚合反应速率降低。随着乳化剂的不断加入，成核速率又增大，聚合反应速率又出现峰值。就这样聚合反应速率将出现多次反复的波动，逐渐趋于稳定状态。乳液聚合过程的非稳特性，会影响乳胶粒尺寸及粒度分布，也会影响传质、传热和产品质量。但若采用种子乳液聚合，以一定速率向反应器中加入种子乳液，在聚合过程中不再产生新的乳胶粒，这样一来，在反应釜内乳胶粒数目不变，故聚合反应速率不变，可使反应平稳地进行，这就避免了在常规连续乳液聚合过程中很难避免的非稳特性。

② 采用种子乳液聚合法可以有效控制乳胶粒直径及其分布。在单体量不变的前提下，增加种子乳液用量，可使粒径减小；而减少种子乳液用量，则可使粒径增大。种子乳液中的乳胶粒直径很小，年龄分布和粒径分布都很窄，有利于改善乳液的流变性质。在聚氯乙烯糊树脂的生产过程中就成功地采用了种子乳液聚合法来控制乳胶粒尺寸、尺寸分布及改善最终产品性能[10]。例如为了降低增塑剂吸收量，改善糊的流动性及稳定性，要求产品粒度大（$1\sim2\mu m$）且粒度分布宽，故采用了加入第一代和第二代混合种子乳液的方法，这样既可以制成大粒径乳胶粒的糊树脂，又可以使其粒径呈双峰分布。用这样的方法解决了增塑剂和能量的浪费问题。

③ 利用种子乳液聚合法可以制造具有异形结构乳胶粒的聚合物乳液，这将赋予聚合物乳液特殊的功能和优异的性能。关于这部分内容将留在第 9 章作详细介绍。

## 8.2 乳液聚合生产过程及产品质量的影响因素

在乳液聚合体系和乳液聚合过程中，很多因素如乳化剂种类和浓度、引发剂种类和浓度、搅拌强度、反应温度、相比及电解质种类和浓度等工艺参数都会对乳液聚合过程能否正常进行、聚合物乳液及乳液聚合物的产量和质量产生至关重要的影响。

聚合物乳液合成原理性能及应用
（第三版）

## 8.2.1 乳化剂的影响

乳化剂种类和浓度对乳胶粒直径 $D_p$ 及数目 $N_p$、聚合物分子量 $\overline{M}_n$、聚合反应速率 $R_p$ 和聚合物乳液的稳定性等均有明显的影响。

(1) 乳化剂浓度的影响 对于在合理的乳化剂浓度 [S] 范围内进行的正常乳液聚合来说，[S] 越大，胶束数目 $N_m$ 越多，按胶束机理生成的乳胶粒数目也就越多，即 $N_p$ 就越大，$D_p$ 就越小。对于亲水性小的单体来说，$N_p \propto$ [S]$^{0.6}$。

[S] 对 $\overline{M}_n$ 和 $R_p$ 有什么影响呢？对于在水中溶解度很小的单体的乳液聚合来说，可以忽略自由基从乳胶粒向水相的解吸及在水相中的链终止反应，利用自由基生成速率 $R_d$ 和乳胶粒数目 $N_p$ 计算而得到的在乳液聚合阶段 Ⅱ 自由基在乳胶粒中的寿命 $\tau$ 为：若 $R_d = 10^{13}$ (cm$^3$ · s)$^{-1}$ 及 $N_p = 10^{13}$ cm$^{-3}$，则 $\tau = 1$s；若 $R_d = 10^{13}$ (cm$^3$ · s)$^{-1}$ 及 $N_p = 10^{14}$ cm$^{-3}$，则 $\tau = 10$s；若 $R_d = 10^{13}$ (cm$^3$ · s)$^{-1}$，$N_p = 10^{15}$ cm$^{-3}$，则 $\tau = 100$s。就是说，当自由基生成速率一定时，$N_p$ 越大，自由基在乳胶粒中的平均寿命就越长。这样一来，当 $N_p$ 大时，自由基就有充分的时间进行链增长，故可达到很大的分子量 $\overline{M}_n$。同时，当 $N_p$ 越大时，反应中心数目就越多，故聚合反应速率 $R_p$ 也越大。所以当 [S] 越大时，$\overline{M}_n$ 越高，且 $R_p$ 越大。对于在水中溶解度不大的单体的乳液聚合来说，其关系为：$\overline{M}_n \propto$ [S]$^{0.6}$，$R_p \propto$ [S]$^{0.6}$。

(2) 乳化剂种类的影响 乳化剂种类不同，其特性参数临界胶束浓度 CMC、聚集数及单体的增溶度等各不相同。当乳化剂用量和其他条件相同时，CMC 值越小、聚集数越大或增溶度越大的乳化剂成核概率越大，所生成的乳胶粒越多，即 $N_p$ 越大，$D_p$ 越小，$R_p$ 越大及 $\overline{M}_n$ 越高。

## 8.2.2 引发剂的影响

引发剂浓度 [I] 增大时，自由基生成速率增大，链终止速率亦增大，故使聚合物的平均分子量 $\overline{M}_n$ 降低，对于亲水性不大的单体来说[11]，有 $\overline{M}_n \propto$ [I]$^{-0.6}$。

同时，当 [I] 和自由基生成速率增大时，水相中自由基浓度增大，这一方面会导致在阶段 Ⅰ 自由基从水相向胶束中扩散速率增大，即成核速率增大；另一方面会导致在水相中按低聚物机理成核速率增大，这两种情况都会引起乳胶粒数目增大，直径减小及聚合反应速率增大。对于亲水性较小的单体来说，有 $N_p \propto$ [I]$^{0.4}$，$R_p \propto$ [I]$^{0.4}$。

## 8.2.3 搅拌强度的影响

在乳液聚合过程中，搅拌的一个重要作用是把单体分散成单体珠滴，并有利于传质和传热。但搅拌强度又不宜太高，搅拌强度太高时，会使乳胶粒数目减少，乳胶粒直径增大及聚合反应速率降低[12,13]，同时会使乳液产生凝胶，甚至招致破乳。因此对乳液聚合过程来说，应采用适度的搅拌。

（1）搅拌强度对乳胶粒直径的影响　在某种单体的悬浮聚合中，在反应器结构和尺寸一定及搅拌器形式和尺寸一定的条件下，搅拌转速大时，单体就会被分散成更小的珠滴。因为聚合反应发生在单体珠滴中，一个单体珠滴将形成一个聚合物颗粒，故搅拌转速越大，所得聚合物颗粒直径就越小，数目就越多。而在乳液聚合中则恰恰相反，搅拌转速越大，所得乳胶粒直径却越大，乳胶粒数却越少。这是因为在乳液聚合分散阶段，搅拌转数大时，单体被分散成更小的单体珠滴，单位体积水中单体珠滴的表面积就更大，在单体珠滴表面上吸附的乳化剂量就增多，致使单位体积水中胶束数目减少，在阶段Ⅰ成核概率下降，故所生成的乳胶粒数 $N_p$（$cm^{-3}$）减少。若初始单体量一定，乳胶粒直径就会增大。所以搅拌强度增大时，乳胶粒直径非但不减小，反而增大。

（2）搅拌强度对聚合反应速率的影响　如上所述，搅拌强度增大时，单位体积水中乳胶粒数目减少，反应中心减少，因而导致聚合反应速率降低；另一方面，搅拌强度大时，混入乳液聚合体系中的空气增多，空气中的氧是自由基反应的阻聚剂，故会使聚合反应速率降低。为了避免空气对聚合反应的影响，在某些乳液聚合过程中需通氮气保护，或在液面上装设浮子，以隔绝空气。

（3）搅拌对乳液稳定性的影响　过于激烈的机械作用会使乳液产生凝胶或破乳，失去稳定性。这是由以下原因造成的：①搅拌作用将赋予乳胶粒以动能，当乳胶粒的动能超过了乳胶粒间的斥力或空间位阻作用时，乳胶粒就会聚结而产生凝胶；②乳化剂在乳胶粒表面上有一定的结合牢度，当搅拌强度增大时，乳胶粒表面与周围水介质间的摩擦作用增强，乳胶粒上的乳化剂会被瞬时拉走，而使乳化剂在乳胶粒表面上的覆盖率降低，故使稳定性下降；③非离子型乳化剂对乳液的稳定作用靠水化，当搅拌强度增大时，乳胶粒和水相间的摩擦力增大，致使水化层减薄，故稳定性下降。

## 8.2.4　反应温度的影响

（1）反应温度对聚合反应速率和聚合物平均分子量的影响　反应温度高时，引发剂分解速率常数大。当引发剂浓度一定时，自由基生成速率大，致使在乳胶粒中链终止速率增大，故聚合物平均分子量降低。同时当温度高时，链增长速率常数也增大，因而聚合反应速率提高。

（2）反应温度对乳胶粒直径和数目的影响　反应温度升高会使乳胶粒数目增大，平均直径减小。这是由以下两个原因造成的：①反应温度高时，自由基生成速率大，使水相中自由基浓度增大，导致自由基从水相向乳胶粒中扩散速率增大，即成核速率增大，可生成更多的乳胶粒，乳胶粒数目增多，粒径减小。②当温度高时，自由基生成速率大，致使水相中自由基浓度增大；同时，当温度升高时，在水相中的链增长速率常数增大。所以随着温度的升高，在水相中的聚合反应加速，可生成更多的低聚物链，使水相成核速率增大，故使乳胶粒数目增多，粒径减小。

（3）反应温度对乳液稳定性的影响　当反应温度升高时，乳胶粒布朗运动加剧，使乳胶粒之间进行撞合而发生聚结的速率增大，故导致乳液稳定性降低。同时，温度升高时，会使乳胶粒表面上的水化层减薄，这也会导致乳液稳定性下降，尤其是当反应温度升高到等于或大于乳化剂的浊点时，乳化剂就失去了稳定作用，此时就会招致破乳。

## 8.2.5　相比的影响

相比是乳液聚合体系中初始加入的单体和水的质量比。因为乳胶粒在很短暂的阶段Ⅰ生成，阶段Ⅰ终点处的单体转化率很小（约2%～5%），在该阶段大部分单体贮存在单体珠滴中，故单体加入量对成核影响不大，因而乳胶粒数目几乎不随相比而发生变化。但是在乳胶粒数目不变的前提下，单体加入量大时，乳胶粒的体积就会增大。故在乳化剂用量一定时乳胶粒的平均直径随相比的增大而增大。

另外，对某一特定乳液聚合体系，当乳化剂浓度、引发剂浓度和反应温度一定时，若单体加入量大，单体由单体珠滴通过水相扩散到乳胶粒中，并在其中进行聚合反应所需要的时间就会拉长，所以，相比越大时，单体转化速率就越低。

## 8.2.6　电解质的影响

乳液聚合体系的稳定性和电解质的含量及其种类密切相关。不少人认为，聚合物乳液最怕电解质，只要体系中含有电解质，乳液的稳定性就会下降，甚至发生凝聚。这也不尽然。此处有个量的问题。当电解质含量少时，它不但不会降低聚合物乳液的稳定性，反而会使其稳定性有所提高。这是因为含有少量电解质时，由于盐析作用，使乳化剂临界胶束浓度CMC值降低。例如在50℃时水中月桂酸钾CMC＝4.5g/L；而当加入0.2%的氯化钾后，其CMC值降至1.2g/L。这就使无效乳化剂减少，有效乳化剂增多，故使乳液稳定性提高。同时由于含有少量电解质时，有效乳化剂量增大的结果，使胶束数目增多，成核概率增大，故可使乳胶粒数目、聚合物分子量及聚合反应速率增大，而使乳胶粒直径减小。例如在生产低温乳液丁苯橡胶的配方中要加入1份氯化钾，除为了改善乳液体系流动性和抗冻以外，更主要的是为了提高乳液稳定性和减小乳胶粒直径。当然加入电解质的量不宜过大，电解质会降低乳胶粒表面和水相主体间的 $\zeta$ 电位，这样会使乳液稳定性下降，当 $\zeta$ 电位下降到一定值以后，乳液就失去稳定性而破乳。再者，当电解质浓度相同时，若电解质中的反号离子价数越高，则其对乳液的凝聚作用就越大，如 $Na^+$、$Mg^{2+}$ 和 $Al^{3+}$ 对聚合物乳液的凝聚效力分别为1、64和729。

# 8.3　在聚合物乳液生产过程中凝胶的生成及防止措施

## 8.3.1　凝胶现象及其危害

在乳液聚合过程中，常常由于聚合物乳液局部胶体稳定性的丧失而引起乳胶粒的聚结，形成宏观或微观的凝聚物，这就是凝胶现象。所产生的凝胶多为大小不等、形态不一的块状聚合物，小的像砂粒甚至更小，大的像核桃甚至更大。有的发软、发黏，有的则发硬、发脆、多孔。在搅拌条件下，这些凝胶可分散在乳液中，大多可用沉降法或过滤法除去。但有时会形成大量肉眼看不到的微观凝胶，用普通的方法很难分离出去。这些微观凝胶颗粒的存在使乳液蓝光减弱、颜色发白、细腻感消失、外观变得粗糙。在某些情况下，在乳液聚合过程中，整个乳液体系失去稳定性，产生大量凝胶，甚至整个体系完全凝聚，造成"抱轴"，使产品报废。而在另外一些情况下，在乳液聚合期间，凝聚物会沉积在反应器壁面、顶盖、挡板、搅拌轴及搅拌器叶轮、内部换热器、温度计套管以及其他内部构件上，越积越多，结上厚厚的一层凝聚物，这种现象叫作粘釜或挂胶。粘釜和挂胶是另一种形式的凝聚现象。

在乳液聚合过程中出现的凝胶现象会带来如下一系列的危害：

① 凝胶的产生及粘釜或挂胶现象的出现会使聚合物产率降低。

② 若在聚合物乳液中含有非常小的，甚至肉眼看不见的凝胶颗粒，会使乳液聚合物的力学性能大幅度下降；同时这样的乳液在作乳液涂料时会使涂膜变得粗糙，光泽度和透明度显著降低。因此凝胶现象的发生会降低乳液聚合物产品质量。

③ 粘釜和挂胶会使反应器内壁面上黏附上一层热导率很小的聚合物，大大降低了反应器的总传热系数，会严重地影响反应器的传热。

④ 对于间歇乳液聚合反应器来说，粘釜或挂胶出现后需要彻底清釜，延长了非生产时间，降低了生产效率。对连续反应器来说，粘釜和挂胶达到一定程度后，必须停工进行清理，会缩短运转周期，影响正常生产。

⑤ 乳液聚合过程中所产生的凝胶含有大量单体，其中的聚合物被单体溶胀，有毒，难以处理，堆放时会造成公害。量大时需设专门火化场进行火化销毁，也会污染环境。如将其深深掩埋，又会遗害后人。

## 8.3.2 凝胶的成因及其防止措施

凝胶现象会招致许多麻烦，所以很有必要深入研究在乳液聚合过程中凝聚物生成机理，以及寻找避免或减少凝聚的方法。

根据 DLVO 理论，两乳胶粒间的总势能 $V_T$ 等于静电推斥势能 $V_R$、范德华引力势能 $V_A$ 与空间障碍势能 $V_S$ 之和。总势能 $V_T$ 越大，乳胶粒就越不易聚结。只有所具有的能量足以克服聚结能量势垒 $\Delta V_f$ 的那些乳胶粒，才能进行相互碰撞而发生聚结。乳胶粒的这个能量可能来自布朗运动，由此而发生的聚结称为扩散控制聚结；也可能来自搅拌作用，由此而产生的聚结称为剪切力诱导聚结。扩散控制聚结的速率与乳胶粒数的平方成正比，而剪切力诱导聚结取决于剪切速率和乳胶粒直径。当乳胶粒直径小于 $1\mu m$ 时，扩散控制聚结占主导地位；而当乳胶粒直径大于 $1\mu m$ 时，以剪切力诱导聚结为主。在实际乳液聚合过程中，常常有这种情况，在反应初期，乳胶粒直径小，聚结过程为扩散控制；随着反应的进行，乳胶粒直径逐渐长大，由扩散控制聚结逐渐转变成剪切力诱导聚结。

（1）适当补加乳化剂 在乳液聚合过程中，乳液稳定性会发生变化。在乳液聚合阶段 Ⅰ 终点处，胶束刚刚耗尽，此时乳化剂正好把乳胶粒表面盖满，即乳化剂在乳胶粒表面上的覆盖率为100%。进入阶段Ⅱ以后，乳胶粒不断长大，乳化剂在乳胶粒表面上的覆盖率逐渐下降，这使乳胶粒表面上的电荷密度减小，$\zeta$电位降低，故使乳液的稳定性下降。在阶段Ⅱ终点处，乳胶粒表面积达最大值，乳化剂覆盖率达到最低点，乳液稳定性也达最低限，此阶段为在乳液聚合过程中稳定性的危险期，故此时最容易产生凝胶。为了避开乳液稳定性的这一危险期，可按一定程序适当补加一定量的乳化剂，控制其覆盖率在30%～70%之间，这样就可以控制乳液稳定性的下降不致达到产生凝胶的程度。

（2）控制 pH 值　在采用过硫酸盐引发剂时，随着聚合反应的进行和引发剂的分解，体系的 pH 值会逐渐下降，这将导致聚合物乳液稳定性的降低，故易出现凝胶现象。为了减少凝胶，可向乳液聚合体系中加入 pH 缓冲剂或 pH 调节剂，把 pH 值控制在一定的范围内。

（3）搅拌器　进行乳液聚合的反应装置要求设有搅拌器，通过搅拌把单体分散成单体珠滴，同时可以强化传质和传热，使体系混合均匀，保持恒温，防止局部过热。但是搅拌作用既不能太强，也不能太弱，一定要适度。

搅拌太弱时，单体分散不好，会发生单体局部过浓，甚至发生分层现象，局部进行本体聚合，而导致凝胶的产生。这些单体局部过浓区还会从乳液中捕集乳胶粒，又助长了凝胶的生成。而且搅拌太弱时，体系传热不良，在不同区域产生温差，高温区乳液容易丧失稳定性，而产生凝胶。

搅拌太强时，物料内部剪切作用太大，这一方面会导致乳胶粒表面电荷脱吸，或水化层减薄；另一方面过强的搅拌将赋予乳胶粒很大的动能，当乳胶粒的动能超过乳胶粒间的势能屏障时，乳胶粒就会发生聚结，产生凝胶现象。

对于间歇乳液聚合过程来说，最理想的是不同阶段采用不同的搅拌强度：在反应开始前的分散阶段，应采用激烈的搅拌，以使所加入的单体以很小的珠滴的形式分散到水相中，形成稳定的乳状液；在乳液聚合阶段Ⅰ和阶段Ⅱ，应当采用中等强度的搅拌，以保证单体珠滴稳定分散而不发生聚并，又可提供良好的传热条件，使体系保持恒温；在乳液聚合阶段Ⅲ应采用较缓和的搅拌，仅为保持良好的传热与混合，防止凝胶的产生。

进行乳液聚合所选择的搅拌器应当既有剪切作用，又会产生对流；既有轴向混合，又有径向混合。大量的实践证明，透平式搅拌器和折叶桨式搅拌器是进行乳液聚合理想的搅拌器。在乳液法合成橡胶生产过程中所采用的框式搅拌器或 Brumagin 式搅拌器均为桨式搅拌器的变种。

（4）反应器　反应器结构不合理会导致凝胶的产生。在反应器内壁面上和内部构件上很容易产生凝胶。反应器内壁面应当光滑、无缺陷，最好采用玻璃衬里或搪瓷釜，若采用不锈钢釜，其内壁面应当充分抛光。在清理反应釜时应绝对保证不损伤其内壁面，因损伤后的疤痕将成为凝胶产生的核心。若在反应器内部存在死角或盲区，会造成反应不均衡而产生凝胶，所以反应器的底部应设计成折边形的或球形的。应尽量减少反应釜的内部构件。在必须设置挡板等内部构件时，应当考虑到物料的流动畅通，以消除死角和盲区。对连续反应器来说，反应器的进料口或出料口应安装在适当的位置，以保证进入反应器中的物料和反应器中的原有物料迅速混合均匀，可减少凝胶的生成。

如果乳液聚合反应器传热不良，温度控制不严格，在反应器内温度不均匀或温度变化无常时容易产生凝胶。所以在设计乳液聚合反应器时应当设置足够的传热面积，且让换热夹套尽量多地覆盖反应器外表面。这样可使壁面温度均匀，减小壁面和物料主体之间的温差；并可减少温度随时间的波动，以减少凝胶的生成。

（5）减少单体珠滴成核　在乳液聚合过程中，除了胶束成核和低聚物均相成核外，还存在单体珠滴中的聚合反应，生成新的乳胶粒。这部分乳胶粒直径很大，不稳定，容易以其为核心发生乳胶粒的聚结而产生凝胶。为了避免或减少单体珠滴成核，可采用单体饥饿法半连续乳液聚合工艺，在反应过程中连续地滴加单体。单体一旦加入反应体系，马上就进行了聚合反应。这样一来，在体系中无单体的积累，把单体珠滴的数目减少到最低限度，并缩短了单体珠滴在体系中存在的时间，有效减少了单体珠滴中的成核，因而减少了凝胶。

（6）减少低聚物生成　在乳液聚合体系中，在水相会溶有一定量的单体，水溶性引发剂在水相中分解成自由基，于是就在水相中引发聚合，生成低聚物。同时在反应釜液面上方的气相中，有单体分压，又有可产生自由基的氧气，故在气相中也会发生聚合反应，生成低聚物，达到一定分子量以后，落入釜内液体中。低聚物分子量小，粘连性大，碰到釜壁或内部构件，就黏结在上面。黏结层会吸收乳液中的单体，也可吸收自由基，故可发生表面聚合，越积越厚，结果就导致了粘釜或挂胶。为了克服由此而产生的凝胶现象，可采取如下技术措施：

① 采用种子乳液聚合法。在进行种子乳液聚合时，选用油溶性引发剂，这样可减少在水相中的聚合反应，抑制在水相中低聚物的生成。对于连续种子乳液聚合来说，可以克服非稳特性，防止釜内乳胶粒浓度、乳化剂浓度和乳液的表面张力发生波动，减少凝胶的生成。

② 在连续或半连续乳液聚合过程中把单体加料管通入液面以下，以减少单体挥发，降低气相中的单体浓度。

③ 在液面上方加浮子，以防止单体挥发和气相中的低聚物向乳液中滴落。

④ 采用满釜装料，以消除气-液相界面和避免气相聚合。

⑤ 在反应过程中通氮气保护，以降低气相中氧的浓度。

（7）其他　为了避免凝胶，应尽量减少乳液聚合体系中的总电解质浓度；在后加入引发剂和电解质时应尽量稀释到很低的浓度；所选用的乳化剂的 HLB 值应与乳液体系相匹配，力求乳化效果好；在乳液聚合配方中单体和水的质量比，即相比不应太大等。

# 8.4　聚合物乳液及乳液聚合物工业生产实例

目前乳液聚合法被广泛用于制造合成橡胶、合成塑料、黏合剂、涂料等。已投入大规模工业生产的产品品种有乳液丁苯橡胶、丁腈橡胶、氯丁橡胶、聚乙酸乙烯酯及其共聚物乳液、聚（甲基）丙烯酸酯及其共聚物乳液、聚氯乙烯及其共聚物乳液、ABS树脂、聚偏二氯乙烯共聚物等。下面对几个主要品种乳液聚合的生产工艺及设备进行简单介绍。

## 8.4.1 乳聚丁苯共聚物及丁苯类共聚物乳液的生产

### 8.4.1.1 乳聚丁苯橡胶的生产

（1）简介 乳聚丁苯橡胶是以丁二烯和苯乙烯为单体，用乳液聚合法合成的高分子弹性体，是目前最重要的通用合成橡胶品种，生产历史悠久，生产和加工工艺成熟，生产能力、产量和消费量在合成橡胶中均占首位。乳聚丁苯橡胶具有优良的综合性能，其力学性能、加工性能和产品的使用性能都接近天然橡胶，尤其是其耐磨性、耐热性、耐老化、抗永久形变、硫化速率等性能还优于天然橡胶。所以乳聚丁苯橡胶广泛应用于制造轮胎、胶鞋、胶管、胶带、汽车零部件、电线电缆及其他多种橡胶制品[14]。

乳聚丁苯橡胶自 1937 年工业化以来，得到快速发展，其生产能力、产量逐年增大，产品质量不断提高，产品牌号逐渐增多，生产工艺日趋完善。

（2）生产配方，原料规格及作用 在乳聚丁苯橡胶工业化生产初期，聚合反应是在50℃下进行的，所生产的橡胶性能较差。后来人们开发出用于丁苯橡胶生产的氧化还原引发体系，把聚合反应温度降低至 5℃，大幅度提高了乳聚丁苯橡胶的性能，故目前丁苯橡胶的大规模生产大多采用低温法。现将冷丁苯胶乳和热丁苯胶乳的生产配方[15] 列入表 8-1 中。

**表 8-1** 丁苯胶乳生产配方

| 组　　分 | | 用量/质量份 | |
|---|---|---|---|
| | | 热丁苯胶乳 | 冷丁苯胶乳 |
| 单体 | 丁二烯 | 75 | 70 |
| | 苯乙烯 | 25 | 30 |
| 介质 | 水 | 180 | 210 |
| 乳化剂 | 硬脂酸钠 | 5.0 | — |
| | 歧化松香酸钾 | — | 6.2 |
| | 扩散剂 NF | — | 0.4 |
| 引发体系 | 过氧化氢二异丙苯 | — | 0.3 |
| | EDTA | | 0.096 |
| | 硫酸亚铁 | | 0.04 |
| | 甲醛次硫酸钠 | | 0.2 |
| | 过硫酸钾 | 0.3 | — |
| 调节剂 | 正十二烷基硫醇 | 0.5 | — |
| | 叔十二烷基硫醇 | — | 0.1 |
| 电解质 | 氯化钾 | — | 1.0 |
| 终止剂 | 二甲基二硫代氨基甲酸钠 | 0.2 | 0.2 |

低温法生产丁苯橡胶所用的单体为苯乙烯和丁二烯，二者进行乳液共聚合即得丁苯橡胶。所用的丁二烯，沸点为-4.5℃，纯度应大于 99%，其中所含的杂质乙腈、丁二烯二

聚物、乙烯基乙炔、醛类和硫化物等会影响聚合反应速率和丁苯橡胶的门尼黏度，故应严格控制。当所含的阻聚剂对叔丁基邻苯二酚含量低于 10mg/kg 时，对聚合反应影响不大；若阻聚剂含量太高，应当用 10%～15% 的氢氧化钠溶液洗涤除去。所用的苯乙烯，沸点145.2℃，纯度应大于 99.6%，对其中所含的醛类、过氧化物、硫化物、对叔丁基邻苯二酚等的含量应当严格控制，用前必须用 10%～15% 的氢氧化钠溶液洗涤。

所用的分散介质——水，应当是去离子水，其中所含的钙离子、镁离子等可降低乳胶粒表面的 ζ 电位，并会与所用的乳化剂生成不溶性的盐，故会影响乳液的稳定性。因此，水中的离子含量应控制在 10mg/kg 以下。若水中溶有氧气，会起阻聚作用。在每 100 份单体中加入 0.04 份保险粉，则可除去氧气。

所用的乳化剂是歧化松香酸皂。因天然松香酸中，含有部分共轭异构体，会对聚合反应起阻聚作用，因此必须对其进行加氢或歧化处理，以消除其中的共轭双键。所用的扩散剂 NF 起助乳化作用。

配方中包含电解质氯化钾，可降低乳化剂的临界胶束浓度，减少无效乳化剂含量；也可以降低体系黏度，改善流动性，有利于传质和传热；同时还起抗冻作用，防止乳液在冷却壁面上结冰。

所用的引发剂为氧化还原体系：氧化剂是过氧化氢二异丙苯；还原剂是硫酸亚铁，可在低温下分解出自由基。所用的 EDTA 为螯合剂，可与铁离子生成螯合物，其离解常数很小，可显著降低游离铁离子的浓度，避免了铁离子的阻聚作用和破乳作用。所用的甲醛次硫酸钠（雕白粉）为二级还原剂，可以把三价铁离子还原成二价铁离子，使亚铁盐用量显著减少。

所用的调节剂为叔十二烷基硫醇，可以调节丁苯橡胶的分子量，改善其门尼黏度。终止剂是在反应结束后终止反应用的。

(3) 主体设备　生产乳聚丁苯橡胶的主体设备是聚合釜，其基本结构如图 8-1 所示[15]。

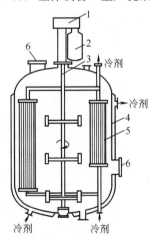

**图 8-1　丁苯胶乳生产聚合釜结构图**

1—变速箱；2—电动机；3—搅拌器；
4—夹套；5—冷却列管；6—人孔

冷法丁苯橡胶生产可用容积为 14～26m³ 的聚合釜，大型的设备已达 30～40m³。一般采用连续操作，8～12 个釜串联。从上游输送来的物料从底部进入聚合釜，釜中的物料从顶部流出，然后再从底部进入下一釜。聚合釜材质多为碳钢，用不锈钢衬里。釜的长径比一般为 1：1～1：1.5，混合效果较好的搅拌装置有框式搅拌器和 Brumagin 型搅拌器，后者为折叶桨式搅拌器的变种，搅拌转速一般在 70～120r/min 范围内。反应器的传热面积一般由换热夹套提供。若传热面积不够，可装设内冷竖直列管。成排的列管既用作换热器，又起挡板的作用。冷法乳聚丁苯橡胶生产多用液氨作冷却介质。

(4) 主要质量控制指标[14-16]　乳液丁苯橡胶生产的主要质量控制指标是共聚组成和门尼黏度。聚合物的力学性能与其共聚组成密切相关，结合苯乙烯含量大时，硫化丁苯橡胶的拉伸强度高，伸长率和回弹性降低，且

聚合物乳液合成原理性能及应用
（第三版）

永久形变增大。综合性能较好的通用丁苯橡胶中结合苯乙烯含量为23.5%左右。而门尼黏度则决定橡胶的加工性能，门尼黏度低时橡胶易于加工，但会使硫化胶力学性能变差。但门尼黏度过高将使橡胶变得坚韧，难于加工。门尼黏度主要受聚合物的共聚组成、分子量、分子量分布及分子结构的影响。结合苯乙烯含量越大、分子量越高、支化度和交联度越高，门尼黏度越大。对不同用途的橡胶规定了不同的门尼黏度值，通用型生胶门尼黏度值一般控制在52±6。

为了达到控制聚合物共聚组成和门尼黏度的目的，可通过控制单体转化率和聚合反应温度来实现。

在5℃下进行苯乙烯和丁二烯的乳液共聚合时，丁二烯的竞聚率为1.38，而苯乙烯的竞聚率为0.64，说明丁二烯比苯乙烯活性大，更容易进行聚合反应，消耗更快。故随着反应进行，共聚物中结合苯乙烯含量随单体转化率的升高越来越高，而结合丁二烯含量则越来越低。表8-2中列出了在5℃下初始单体比丁二烯：苯乙烯=72：28时苯乙烯结合量随单体转化率的变化规律。

**表8-2** 丁苯橡胶中结合苯乙烯含量与单体转化率的关系

| 单体转化率/% | 初始转化率 | 20 | 40 | 60 | 80 | 90 | 100 |
|---|---|---|---|---|---|---|---|
| 结合苯乙烯含量/% | 22.2 | 22.3 | 22.5 | 22.8 | 23.9 | 25.3 | 28.0 |

由表8-2可以看出，单体转化率在60%之前，结合苯乙烯量由22.2%增加到22.8%，共聚组成仅有0.6个百分点的变化；而由60%到80%时，转化率仅增加20%，但共聚组成却由22.8%增加到23.9%，即净增大1.1个百分点。若转化率再增加时，共聚组成变化幅度将会更大。因此把单体转化率控制在一个低水平下，是获得均匀共聚物的有效方法。在丁苯橡胶实际生产中一般控制单体转化率在60%左右。

聚合温度是影响产品质量的一个最主要的工艺参数。一方面温度波动会引起聚合物分子量和分子量分布的变化；另一方面提高反应温度，交联和支化反应速率加快。例如将反应温度从5℃提高到15℃时，交联反应速率和线性链增长速率之比将从$7.0 \times 10^{-5}$增加至$9.4 \times 10^{-5}$。因此必须严格控制聚合反应温度，通常要求温度变化不得超过规定温度的±0.5℃。

（5）低温丁苯橡胶生产工艺　典型的低温丁苯胶乳生产工艺流程如图8-2所示。

低温丁苯胶乳生产工艺流程简述如下：

① 通过泵5a和泵5b按规定量把苯乙烯和丁二烯分别由苯乙烯贮槽1和丁二烯贮槽2输送至油相配制槽3中。把油相配制槽3中的物料通过泵5c打循环使之混合均匀。然后通过泵5d连续送至预乳化釜6中。

② 把乳化剂、活化剂、电解质、扩散剂和软水投入水相配制槽4中，在搅拌作用下使之溶解。然后通过泵5e和过滤器12a送至预乳化釜6中。

③ 在预乳化釜6中，在强烈搅拌和乳化剂的作用下，使单体以单体珠滴的形式分散到水相中，形成预乳化液。

④ 把一定浓度的引发剂水溶液投入引发剂计量槽7中，然后通过计量泵11a送入第一聚合釜10a的入口管路中。

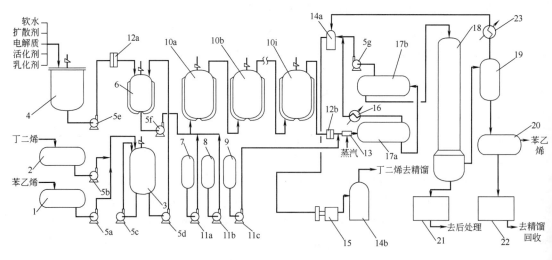

图 8-2　低温丁苯胶乳生产工艺流程示意图

1—苯乙烯贮槽；2—丁二烯贮槽；3—油相配制槽；4—水相配制槽；5—泵；6—预乳化釜；7—引发剂计量槽；8—调节剂计量槽；9—终止剂计量槽；10—聚合釜；11—计量泵；12—过滤器；13—换热器；14—气液分离器；15—压缩机；16—冷凝器；17—闪蒸罐；18—脱气塔；19—捕集器；20—苯乙烯-水分离器；21—胶浆贮槽；22—含苯乙烯水贮罐；23—回流冷凝器

⑤ 把调节剂投入调节剂计量槽 8 内，然后通过计量泵 11b 送入第一聚合釜 10a 的入口管中。

⑥ 用泵 5f 按规定流量把预乳化液从预乳化釜 6，连同来自计量泵 11a 和 11b 的引发剂和调节剂一起从底部输入第一聚合釜 10a。第一釜 10a 中的物料从顶部流出，再从底部进入第二釜 10b……直到从末釜 10i 顶部流出。釜内反应温度为 5～7℃，操作压力为 0.25MPa，平均停留时间 8～10h。控制末釜 10i 单体转化率为 60%±2%。

⑦ 从聚合釜 10i 顶部流出的物料，通过过滤器 12b，过滤出胶乳中的凝胶块，经换热器 13，用蒸汽加热后，进入第一闪蒸罐 17a。

⑧ 把阻聚剂水溶液投入终止剂计量槽 9 中，用计量泵 11c 将其定量地送入换热器 13 上游的管路中，以终止聚合反应。

⑨ 在第一闪蒸罐 17a 中压力由 0.25MPa 表压突然降至 0.04MPa 时，大部分丁二烯被闪蒸出来，通过冷凝器 16a 冷凝后进入气液分离器 14a。胶乳经第一次闪蒸后，由第一闪蒸罐 17a 底部流出，进入第二闪蒸罐 17b，压力再次降低至 0.01MPa 时，蒸出的丁二烯通过真空泵 5g，进入气液分离器 14a。丁二烯气体离开气液分离器 14a 后，进入压缩机 15，再通过气液分离器 14b 后，输送至蒸馏 I 段进行回收。

⑩ 由第二闪蒸槽 17b 流出的胶乳输送至脱气塔 18 顶部，在脱气塔 18 中用真空蒸汽蒸馏法脱除苯乙烯。塔中温度 55℃，绝对压力 20.0kPa。

⑪ 从脱气塔侧壁导出的饱和蒸气中含有约 16.7% 的苯乙烯、83.3% 的水和微量的丁二烯。把这部分混合气体首先送入捕集器 19 中。由于在输送过程中及在捕集器中物料温度降低，会凝结成液滴或雾，被器壁或挡板捕集，顺着器壁或挡板流到器底和下部的苯乙烯-水分离器 20 中；没有被捕集的蒸气，向上通到回流冷凝器 23 中，所形成的冷凝液回

流到捕集器 19 内；没有被冷凝的微量丁二烯送到气液分离器 14a 中。

⑫ 将胶浆贮槽 21 中的胶乳输送到后处理工序，经凝聚、脱水、干燥，送去称重、压块和包装，即制得成品丁苯橡胶。

#### 8.4.1.2 丁苯胶乳的生产

(1) 简介 丁苯胶乳是丁二烯和苯乙烯两种单体的共聚物乳液。因其具有良好的力学性能、粘接强度和耐水性，且其价格相对低廉，故被广泛应用于地毯、纸品加工、无纺布、建材等技术领域。根据丁苯胶乳固含量、结合苯乙烯含量、所用乳化剂与引发剂的种类，以及乳胶粒的直径及其分布的不同，已有四百余种商品牌号面市[17]。

苯乙烯是硬单体（其均聚物 $T_g = 100℃$），丁二烯是软单体（其均聚物 $T_g = -85℃$），随着丁苯共聚物中苯乙烯链节的增多，其胶膜强度提高，硬度增大，弹性降低。当结合苯乙烯含量达到 70% 以上时，丁苯胶乳的最低成膜温度（MFT）将高于室温。按照其结合苯乙烯含量的大小，可将丁苯胶乳分为三种：结合苯乙烯含量为 20%～30% 时，称低苯乙烯丁苯胶乳；结合苯乙烯含量为 40%～60% 时，称中苯乙烯丁苯胶乳；结合苯乙烯含量为 70%～90% 时，称高苯乙烯丁苯胶乳[18]。

丁二烯和苯乙烯两种单体的活性不同，丁二烯的竞聚率为 1.37，而苯乙烯 0.78，丁二烯的活性大于苯乙烯。若采用间歇乳液聚合工艺进行生产，在共聚物链上的结合苯乙烯含量在反应前期小于反应后期，如表 8-3 所示。若共聚组成不均匀，有的分子链苯乙烯链节多，另一些分子链丁二烯链节多，会严重影响产品的性能。故应设计出合理的聚合工艺，以确保反应前期和反应后期所得共聚物的共聚组成均匀一致，才能保证得到高质量的聚合物产品。为达此目的，采用间歇乳液聚合工艺显然是不合理的，应采用连续或半连续单体加入方式，或分批加料方式。且在反应前期的加料中应含有较多的共聚活性较小的苯乙烯，这样可使反应前后期所制得的聚合物共聚组成趋于均匀。

**表 8-3** 丁苯共聚中在不同转化率下的结合苯乙烯含量[18]

| 单体转化率/% | 不同丁二烯与苯乙烯质量比时，共聚物中结合苯乙烯含量(质量分数)/% | | |
| --- | --- | --- | --- |
| | 87.5 : 12.5 | 75 : 25 | 50 : 50 |
| 初始转化率 | 8.2 | 17.2 | 38.4 |
| 20 | 8.5 | 17.9 | 39.7 |
| 40 | 9.0 | 18.7 | 41.1 |
| 60 | 9.5 | 19.7 | 42.8 |
| 80 | 10.3 | 21.2 | 45.4 |
| 90 | 11.0 | 22.5 | 47.2 |
| 100 | 12.5 | 25.0 | 50.0 |

(2) 生产配方与生产工艺实例 生产丁苯胶乳有低温法和高温法两种工艺，低温法聚合反应温度为 4～10℃，而高温法则在 40～70℃ 之间。采用高温法者居多[19]，生产的丁苯胶乳可在各领域中直接使用。低温法一般都采用氧化还原引发体系，如过氧化氢物/甲醛次硫酸氢钠/$FeSO_4 \cdot 7H_2O$；而高温法则多采用过硫酸盐作引发剂，如过硫酸钾、过硫酸铵等。应用最多的乳化剂是歧化松香酸皂、脂肪酸皂和油酸皂，常常还要加入少量助乳

化剂甲醛萘磺酸钠缩合物。同时还要加入螯合剂 EDTA 及分子量调节剂叔十二烷基硫醇[20]。

低温法一般控制单体转化率在 60%～72%，转化率太高会产生弊端：一方面转化率太高会因反应时间过长（如 56h）而降低生产效率；另一方面转化率太高会使聚合物的共聚组成的变化幅度拉大，同时也会生成更多的支链和交联结构，这都会影响共聚物的性能。因此在达到预定单体转化率后，向体系中加入链终止剂二甲基二硫代氨基甲酸钠来终止聚合反应。未反应的丁二烯用闪蒸法蒸出并回收，未反应的苯乙烯用汽提法进行回收。表 8-4 中列出了一个低温法生产丁苯胶乳的配方[21]，其反应温度为 6℃。

**表 8-4** 低温法生产丁苯胶乳配方实例

| 组　　分 | 质量份 | 组　　分 | 质量份 |
|---|---|---|---|
| 丁二烯(分两批加入) | 105 | EDTA | 2.31 |
| 苯乙烯(分两批加入) | 45 | 油酸钾 | 2 |
| 水 | 180 | 氢氧化钠 | 1.27 |
| 过氧化氢异丙苯 | 0.05 | 烷基萘磺酸钠 | 0.1 |
| 结晶亚硫酸铁 $FeSO_4 \cdot 7H_2O$ | 0.75 | 叔十二烷基硫醇 | 0.14 |
| 甲醛次硫酸钠 | 0.05 | 乙二胺四乙酸四钠盐 | 0.01 |

某些生产丁苯胶乳的热法工艺可以使单体转化率接近 100%。在此情况下，不用加入终止剂来终止反应，也不用进行单体回收。表 8-5 中列出了一个高温法生产丁苯胶乳的配方实例[22]，其反应温度为 60℃。

**表 8-5** 高温法生产丁苯胶乳配方实例

| 组　　分 | 质量份 | 组　　分 | 质量份 |
|---|---|---|---|
| 丁二烯 | 60 | 歧化松香酸皂 | 2.5 |
| 苯乙烯 | 40 | 氯化钾 | 0.1～1.0 |
| 水(分三批加入) | 100 | 十二烷基硫醇 | 0.5 |
| 过硫酸钾 | 0.3 | | |

在用乳液聚合法生产丁苯胶乳时，通常把其固含量控制在 30%～40%，粒径为 65～75nm，且其粒度分布很窄[23]。这样的乳液对某些用途来说，可以直接使用，而不需要进一步的加工处理。但是对另外一些用途来说，例如在将其用于制作泡沫橡胶时，则要求固含量在 63% 以上的高固丁苯胶乳。为了由低固胶乳制成高固胶乳，需要对低固胶乳进行浓缩，除去部分水分以提高固含量。但是固含量高、乳胶粒直径小且粒度分布窄的丁苯胶乳黏度很高，其最低凝胶成糊固含量远远低于 60%，所以要想提高丁苯胶乳的固含量并降低其黏度，需对胶乳进行附聚处理，使乳胶粒直径增大、粒度分布变宽。对丁苯胶乳进行附聚处理有多种方法，如冷冻法、压力法、加电解质法、加溶剂法、皂中和法等。图 8-3 示出了生产高固丁苯胶乳的工艺流程[15]。

### 8.4.1.3　羧基丁苯胶乳的生产

（1）简介　羧基丁苯胶乳是将单体苯乙烯、丁二烯和少量不饱和羧酸进行乳液共聚合

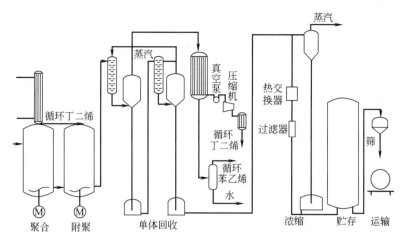

图 8-3　高固含量丁苯胶乳生产流程图

而制成的一种聚合物乳液，是一种最重要的改性丁苯胶乳。

在丁苯聚合物分子链上引入羧基以后，增大了聚合物的极性，提高了与基材之间的亲和性，增大了聚合物的内聚力，故显著提高了丁苯聚合物的粘接强度和力学性能[24]。由于引入到大分子链上的羧基亲水，趋向于靠近水相，于是更多的羧基定位于乳胶粒表面，在乳胶粒周围形成水化层，可以阻止乳胶粒发生撞合而导致聚结。同时，羧基在碱性条件下可形成负离子，使乳胶粒带上负电，在乳胶粒和水相之间产生了电位，致使乳胶粒间产生静电斥力，因此，羧基的引入使丁苯胶乳的稳定性大为提高；再加上因为羧基是以共价键的形式和大分子链相连的，故羧酸离子就牢固地锚定在乳胶粒表面上，这就不至于像通常的乳化剂那样因剪切力的作用而使其从乳胶粒上脱吸，就赋予了羧基丁苯胶乳以优异的聚合稳定性、机械稳定性和化学稳定性，同时也赋予了羧基丁苯胶乳以良好的流变性和加工性能[24-28]。同时，羧基的引入又为聚合物提供了交联点，可以用非硫黄硫化体系进行硫化，以进一步提高羧基丁苯聚合物的性能；另外，加入共聚单体不饱和羧酸以后也改善了丁苯聚合物的耐紫外线性能，使其在光照后泛黄程度减轻；同时，引入羧基也增进了聚合物膜的光泽性、适印性和印刷光泽性[24,29]。由于羧基丁苯胶乳具有更优异的性能，所以得到了快速发展，其产量逐年增多，应用领域日益扩大。现在羧基丁苯胶乳已大量地用作纸张涂布黏合剂和地毯背衬胶，同时也广泛地应用于涂料、泡沫橡胶、水性油墨、改性沥青、建筑材料、土壤保护、无纺布、制鞋、印染、制品浸渍等许多技术领域[30,31]。

生产羧基丁苯胶乳所用单体是丁二烯、苯乙烯和不饱和羧酸，根据对产品的性能的要求不同及不同的用途，丁二烯、苯乙烯、不饱和羧酸的配比一般为（40～60）：（60～40）：（1～5）[32]。所用的不饱和羧酸大多为丙烯酸和甲基丙烯酸，有时也用衣康酸、马来酸、富马酸、丁烯酸等。为了赋予羧基丁苯胶乳某些特殊性能，有时也加入其他改性单体，如甲基丙烯酸甲酯、丙烯酸酯、丙烯腈、乙酸乙烯酯等。所用的乳化剂一般为十二烷基硫酸钠、十二烷基苯磺酸钠和OP-10[33]，其用量一般为0.5～2.0份；也有采用歧化松香酸皂和脂肪酸皂的[34]，其用量一般为0.2～2.0份。所用的引发剂多为过硫酸盐，如过硫酸钾、过硫酸铵等，用量一般为 0.1～0.6 份；也有采用氧化还原引发体系的。因为乳液聚合的隔离效应，致使所制得的聚合物的分子量往往偏大，常常可达百万，甚至几百万。对许多应用来说，这样的平均分子量太高，影响其加工性能和使用性能，所以在生产羧基丁苯胶乳的乳液聚合体系中，一般都加入链转移剂，如正十二烷基硫醇、叔十二烷基硫醇等，用量一般在 0.1～1.0 份。为了使乳液聚合体系稳定，有时需加入少量的络合剂 EDTA，把体系中影响乳液稳定性的重金属离子笼蔽起来。在羧基丁苯乳液聚合体系中有时还需加入 pH 调节剂、pH 缓冲剂等。此外，为了赋予羧基丁苯胶乳某些方面的性能，在聚合反应完成以后，有时还需要加入后添加剂，如消泡剂、杀菌剂、稳定剂、防冻剂、防老剂等[27]。

（2）生产配方与生产工艺实例　生产羧基丁苯胶乳一般采用半连续工艺，其典型的生产配方如表 8-6 所示[35]，典型的工艺流程如图 8-4 所示[36]。

**表 8-6　羧基丁苯胶乳典型生产配方**

| 组　分 | 质 量 份 | 组　分 | 质 量 份 |
|---|---|---|---|
| 丁二烯 | 40～60 | 乳化剂 1 | 0.01～3.0 |
| 苯乙烯 | 40～60 | 乳化剂 2 | 0.01～3.0 |
| 羧基单体 1 | 1～5 | EDTA | 0.05 |
| 羧基单体 2 | 1～5 | 叔十二烷基硫醇 | 0.05 |
| 引发剂 | 0.1～2.0 | 去离子水 | 90～130 |

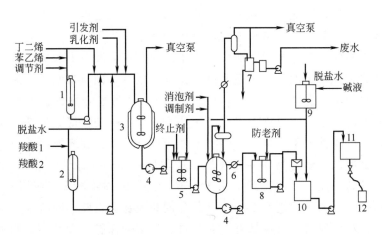

图 8-4　羧基丁苯胶乳生产流程示意图

1—油相槽；2—水相槽；3—聚合釜；4—过滤器；5—中间罐；6—脱气釜；
7—分离器；8—调制罐；9—碱液槽；10—成品罐；11—高位槽；12—包装

生产羧基丁苯胶乳有时也采用连续工艺，表 8-7 示出了一个连续工艺配方实例[37]。丁二烯、苯乙烯和衣康酸的乳液共聚合在二釜连续反应器中进行，在两串联的等容积釜式反应器中的平均停留时间各为 4.5h，第一釜反应温度控制在 80～85℃ 之间。第二釜控制在 85～90℃ 之间，所得丁苯胶乳的固含量为 51%～53%，黏度为 250～350mPa·s，其平均乳胶粒直径为 170～190nm。

为了赋予羧基丁苯胶乳某些性能，也有人采用分阶段乳液聚合工艺，制成具有核壳结构乳胶粒的羧基丁苯胶乳，表 8-8 就是一个两阶段乳液共聚合法生产羧基丁苯胶乳的实例[38]。为了提高胶膜的力学性能，引入了硬单体甲基丙烯酸甲酯和交联单体丙烯酸-$\beta$-羟乙酯。其工艺过程大体为：先将第一阶段物料在 65℃下进行间歇乳液聚合至转化率为 70%，然后开始滴加第二阶段物料，在 7h 内滴完，再进一步反应 3h，转化率达 98%。

**表 8-7** 连续工艺生产羧基丁苯胶实例

| 组　分 | 质量份 | 组　分 | 质量份 |
|---|---|---|---|
| 丁二烯 | 48 | EDTA | 0.03 |
| 苯乙烯 | 50 | 叔十二烷基硫醇 | 0.8 |
| 衣康酸 | 2 | 过硫酸铵 | 0.85 |
| 十二烷基苯磺酸钠 | 1.5 | 去离子水 | 102 |
| 碳酸钾 | 0.6 | | |

**表 8-8** 两阶段法生产羧基丁苯胶乳实例

| 组　分 | 质量份 | | 组　分 | 质量份 | |
|---|---|---|---|---|---|
| | 阶段 1 | 阶段 2 | | 阶段 1 | 阶段 2 |
| 丁二烯 | 2.0 | 15 | 过硫酸钾 | 1.0 | — |
| 苯乙烯 | 7.0 | 63 | 二苯甲酮 | 0.001 | 0.006 |
| 甲基丙烯酸甲酯 | 1.0 | 9.0 | 叔十二烷基硫醇 | 0.05 | 0.05 |
| 富马酸 | 1.0 | — | 碳酸氢钠 | 0.3 | — |
| 丙烯酸 $\beta$-羟乙酯 | 1.0 | — | 去离子水 | 100 | — |
| 十二烷基苯磺酸钠 | 0.3 | — | | | |

### 8.4.1.4　丁苯吡胶乳的生产

（1）简介　丁苯吡胶乳是以丁二烯、苯乙烯和 2-乙烯基吡啶（或 5-甲基-2-乙烯基吡啶及 5-乙基-2-乙烯基吡啶）为单体，进行乳液共聚合而制成的一种三元共聚物乳液。这种乳液被大量地用作纤维增强橡胶制品的骨架材料（由人造丝、尼龙、聚酯等纤维制造的帘子布、帘子线、线绳等）的浸渍剂。丁苯吡胶乳在丁苯大分子链中引入了吡啶基团，显著增大了共聚物的极性，同时吡啶基团上的强极性氮原子可与纤维上的羧基、羟基、酰氨基等基团之间形成氢键。这就赋予了橡胶和纤维之间很大的粘接强度，因此就使得丁苯吡胶乳成为一种比天然胶乳、丁苯胶乳等更优异的橡胶-纤维浸渍黏合剂。例如，在采用丁苯吡胶乳作浸渍剂时，可使人造纤维和橡胶间的粘接强度比采用天然胶乳时高出 50%～70%，可使尼龙纤维及聚酯纤维与橡胶间的粘接强度比采用天然胶乳时高出 1～2 倍[17,39,40]。由于丁苯吡胶乳具有如此之优异的纤维-橡胶粘接性能，已广泛地应用于轮胎、胶带、胶管、胶布、胶鞋等各种橡胶-纤维复合制品的制造中，对于制造高质量的橡胶制品来说，丁苯吡胶乳已成为一种其他材料无法代替的、不可缺少的粘接材料[41]。

此外，丁苯吡胶乳还可以在钢丝增强橡胶制品的制造中作浸渍剂。高乙烯基吡啶含量的丁苯吡胶乳可用于制造聚酯纤维与丁腈橡胶复合材料的浸渍黏合剂。阳离子耐热丁苯吡胶乳可用于纸品加工、纤维处理、地毯制造、无纺布成型、水性涂料、土木建筑等领域[42]。

（2）丁苯吡胶乳生产方法　生产丁苯吡胶乳有三种方法：乳化剂水溶液分批加入聚合法、种子乳液聚合法和两段聚合法。

① 乳化剂水溶液分批加入聚合法　日本瑞翁公司采用乳化剂水溶液分批加入聚合法生产丁苯吡胶乳[43]。其过程为：在反应开始前加入 90 份水和 2 份歧化松香酸钾皂，然后加入由 70 份丁二烯、15 份苯乙烯和 15 份 2-乙烯基吡啶所组成的混合单体，在搅拌下升温至 60℃ 进行聚合反应。在聚合过程中分 3 次加入余下的乳化剂和水：当单体转化率达 40% 时加入由 1 份歧化松香酸钾和 3 份水配制而成的乳化剂水溶液；当转化率达 60% 时，加入由 1 份歧化松香酸钾和 5 份水配制而成的乳化剂水溶液；当转化率达 80% 时加入由 2 份歧化松香酸钾和 5 份水配制而成的乳化剂水溶液。当转化率达 95% 时终止反应，该法可制得大乳胶粒直径、宽粒度分布的丁苯吡胶乳。

② 种子乳液聚合法　种子乳液聚合法需先制备种子乳液，然后取少量的种子乳液再加入水、单体和其他物料，进一步进行聚合，使乳胶粒逐渐长大，最终制得成品乳液。制备种子乳液需加入更多的乳化剂，以生成直径小、数目大的乳胶粒。在进行种子乳液聚合时，应加入较少的乳化剂，以确保在整个反应过程中乳化剂处于半饥饿状态，以免形成新的胶束和新的乳胶粒。采用种子乳液聚合法可以避免在采用连续乳液聚合工艺时出现非稳特性，且可以有效地控制乳胶粒直径和粒度分布。种子乳液聚合方法尤其适用于制造大乳胶粒直径的聚合物乳液，可采用一代种子法、二代种子法或多代种子法。

日本 Zeon 公司采用三代种子乳液聚合法来生产大粒径丁苯吡胶乳[44]。在制备第一代种子乳液时，加入 6 份之多的乳化剂歧化松香酸钾（分四次加入，在反应开始前加 2 份，在单体转化率达 40%、60% 及 80% 时，分别加入 1 份、1 份及 2 份）。所加入的混合单体中包含丁二烯 70 份、苯乙烯 15 份及 2-乙烯基吡啶 15 份，加入水 112 份，引发剂过硫酸钾 0.3 份，同时还加入其他助剂。在 60℃ 下反应至转化率达 95% 以上时，终止反应，即得第一代种子乳液，其乳胶粒直径为 70nm。

在制备第二代种子时，取 4 份第一代种子乳液，用水 101.5 份，乳化剂歧化松香酸皂仅 1 份（分两次加入，反应开始前加入 0.5 份，在转化率达 60% 时再加入 0.5 份），引发剂过硫酸钾 0.3 份。所加入的混合单体中包含丁二烯 67.2 份、苯乙烯 14.4 份及 2-乙烯基吡啶 14.4 份。同时，还加入其他助剂。在 60℃ 下反应至单体转化率达 95% 时，终止反应，即得第二代种子乳液，其乳胶粒直径为 190nm。

在制备第三代种子乳液时，取 4 份第二代种子乳液，其水、单体、其他物料的用量、反应过程及反应条件与制备第二代种乳液完全相同。当单体转化率达 95% 时，终止反应，即得第三代种子乳液，其乳胶直径为 560nm。

在制备成品丁苯吡胶乳时，取 4 份第三代种子乳液，其水、单体、其他助剂的用量、反应过程及反应条件与制备第二代种乳液完全相同。当单体转化率达 95% 时，终止反应，真空脱除残余单体，即得成品乳液，其乳胶粒直径为 1510nm。

③ 二段聚合法　二段聚合法将乳液聚合反应分成两个阶段进行，两阶段或者所用的

单体种类不同，或者共聚组成不同。用这种方法可以制成具有核壳结构乳胶粒的聚合物乳液，可赋予聚合物比均相乳胶粒乳液聚合物更优异的性能。另外，采用二段聚合法，也可以在两阶段的共聚单体中加入交联单体，制成互穿网络乳液聚合物，这种聚合物具有突出的力学性能和粘接强度[42]。

日本住友瑞加塔克公司[45]采用二段聚合法，以歧化松香酸钾作乳化剂，以萘磺酸钠甲醛缩合物作助乳化剂。第一阶段混合单体组成为丁二烯49份、苯乙烯17.5份、2-乙烯基吡啶3.5份，在50℃下反应至单体转化率80%～90%。然后加入第二阶段混合单体，其组成为丁二烯21份、苯乙烯1.5份、2-乙烯基吡啶7.5份。在50℃下进行第二阶段聚合，至单体转化率达90%～95%。其最终共聚组成为：丁二烯70份、苯乙烯19份、2-乙烯基吡啶11份。用此胶乳浸渍尼龙帘子线，其粘接强度达149N/cm。而由丁二烯70份、苯乙烯15份、2-乙烯基吡啶15份用一段法所制备的胶乳浸渍帘子线，其粘接强度仅为122N/cm。可见，由二段法制成的核壳结构乳胶粒，既提高了粘接强度，又节省了昂贵的单体2-乙烯基吡啶。

（3）生产配方与生产工艺实例 各生产厂家的聚合配方均属保密内容，不公开发表。表8-9归纳了某些专利提供的配方。

**表 8-9** 丁苯吡胶乳生产配方

| 组　分 | 质　量　份 | 组　分 | 质　量　份 |
|---|---|---|---|
| 丁二烯 | 70 | 调节剂 | 0.3～1.0 |
| 苯乙烯 | 15 | 电解质 | 0.2～0.5 |
| 2-乙烯基吡啶 | 15 | EDTA | 0.05～1.0 |
| 乳化剂 | 2.5～6.0 | 去离子水 | 100～120 |
| 引发剂 | 0.25～1.5 | 终止剂 | 0.05～1.0 |

丁苯吡胶乳的生产工艺通常由六个单元组成，即单体贮存单元、助剂溶液配制单元、聚合单元、脱气单元、胶乳整理单元以及产品贮存与装运单元。图8-5为一个典型的生产丁苯吡胶乳的工艺流程示意图。

① 单体贮存单元 丁二烯（Bd）、苯乙烯（St）和2-乙烯基吡啶（2-VP）贮存在该单元备用，2-VP贮存温度应保持在-10℃以下。助剂也在该单元贮存。

② 助剂溶液配制单元 将乳化剂、引发剂等助剂配制成所需浓度的溶液备用。

③ 聚合单元 丁苯吡胶乳一般采用间歇工艺进行生产，且大多采用高温法（50～60℃），仅有个别牌号采用低温法（5～10℃）。反应开始前，先将规定量的单体、助剂和去离子水泵送至聚合釜中，然后在搅拌下升温至反应温度，开始进行聚合反应，当单体转化率达95%以上时，加入终止剂终止聚合反应。

④ 脱气单元 聚合反应完成后，将物料送至脱气单元，在减压下蒸出未反应的单体，经冷凝（冷却）后，送到回收工序。

⑤ 胶乳整理单元 将经脱气后的胶乳送到该单元的胶乳贮罐中，用软水调至所要求的固含量，用碱溶液将其调至所规定的pH值。

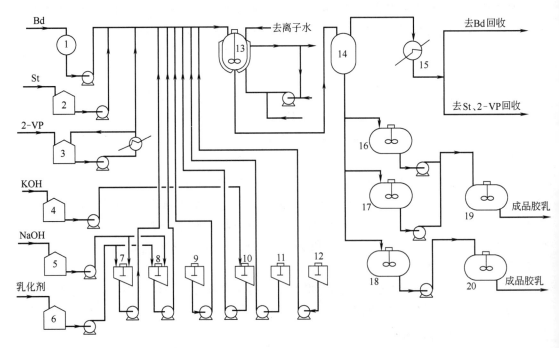

图 8-5　丁苯吡胶乳生产工艺流程示意图

1—Bd 贮槽；2—St 贮槽；3—2-VP 贮槽；4—KOH 贮槽；5—NaOH 贮槽；6—乳化剂贮槽；7—乳化剂配制槽 A；
8—乳化剂配制槽 B；9—引发剂配制槽；10—化学品配制槽 A；11—化学品配制槽 B；12—化学品配制槽 C；
13—聚合釜；14—脱气釜；15—冷凝器；16—胶乳贮罐 A；17—胶乳贮槽 B；18—胶乳贮罐 C；
19—成品贮罐 A；20—成品贮罐 B

⑥ 产品贮存及装运单元　将经整理后的成品胶乳贮存在该单元的成品贮罐中，然后装桶或用槽车运输。胶乳的贮运温度应保持在5℃以上。

(4) 羧基丁苯吡胶乳[46-50]　近年来，用丁苯吡胶乳浸渍的聚酯纤维在轮胎中的应用比例呈上升势头，因为聚酯纤维具有良好的尺寸稳定性、伸长率小、性价比高等特点。但是，众所周知，在车辆运行过程中，轮胎会发热升温，致使轮胎的性能下降，故聚酯纤维在载重汽车轮胎上的应用受到了限制。为了解决这一问题，人们开发出了羧基丁苯吡胶乳。这种胶乳是在丁苯吡共聚物分子链上引入一种或几种不饱和羧酸而制成的四元或多元共聚物乳液。所用的含羧基不饱和单体可以为丙烯酸、甲基丙烯酸、衣康酸、马来酸、富马酸单酯、马来酸单酯等，加入量一般为 0.8～8.0 份。我们知道，在硫化橡胶中会加有胺类硫化促进剂，这种胺类物质会从橡胶区向聚酯纤维迁移，因而会导致聚酯纤维发生胺解，故而造成轮胎性能下降。若用羧基丁苯吡胶乳来作帘子线浸渍剂就可以抑制轮胎的高温性能下降。其原因有二：一是羧基和吡啶基团之间会产生氢键，形成一层致密的网络结构黏合剂膜，这层膜可以阻止低分子胺类物质由橡胶区向聚酯纤维的扩散；二是胺类物质的氨基和亚氨基与羧基之间可以发生化学反应而将胺类物质固定下来。

### 8.4.1.5　MBS 树脂的生产

(1) 简介　MBS 树脂是以丁二烯、苯乙烯和甲基丙烯酸甲酯为单体，分段进行乳液聚合制备而成的核壳结构乳液聚合物粉末。其乳胶粒的核通常是丁苯橡胶，有少数为聚丁二烯[51,52]；乳胶粒的外壳为苯乙烯和甲基丙烯酸甲酯的共聚物；核与壳之间的过渡层多为接枝结构的，也有互穿网络结构的[53,54]。

MBS 树脂被广泛地用作聚氯乙烯（PVC）制品的抗冲改性剂。这种树脂于 20 世纪 50 年代由美国罗姆-哈斯公司开发成功，于 60 年代初由日本钟渊公司正式投入生产[55]，其后得到了快速发展。

（2）MBS 树脂的性能及应用　聚氯乙烯（PVC）树脂的抗冲击性能、热性能及加工性能较差，限制了其应用范围。若加入抗冲改性剂，就可以克服 PVC 制品的这些性能缺陷。MBS 树脂就是一种优良的 PVC 抗冲改性剂，已在 PVC 加工行业中大量应用。

MBS 树脂的加入之所以能给 PVC 制品带来优异的抗冲击性能，主要有以下三个原因：①MBS 和 PVC 的共混物是一个非均相体系，许许多多的尺寸约为 100nm 的 MBS 微区作为分散相均匀分布在 PVC 连续相中，呈现海岛状结构。MBS 微区的核心是弹性很大的橡胶，可以吸收和分散冲击能量，且可抑制微观裂纹的生成。②MBS 乳胶粒外壳的溶解度参数与 PVC 的溶解度参数非常接近（$\delta_{MBS} = 19.2 \sim 19.4 J^{\frac{1}{2}}/mL^{\frac{1}{2}}$，$\delta_{PVC} = 19.4 \sim 19.8 J^{\frac{1}{2}}/mL^{\frac{1}{2}}$），具有优异的热力学相容性。MBS 与 PVC 共混后，MBS 的外壳就与其周围的 PVC 均匀地融合在一起，使 MBS 微区和 PVC 连续相之间没有明显的相界面，所以就不会存在力学薄弱环节。③因为 MBS 核壳乳胶粒的核与壳之间以接枝或互穿网络结构牢固地联结在一起，避免了在 MBS 乳胶粒的核层与壳层之间的界面上存在微观上的力学薄弱环节和力学缺陷。

实践证明，若向 PVC 树脂中加入 5%～10%的 MBS 树脂，可使改性 PVC 制件的冲击强度提高 4～15 倍，且其耐寒性、加工流动性、抗应力白化性能等也得到了改善。

另外，一方面，因为 MBS 树脂的折射率与 PVC 树脂的折射率非常接近（$n_{4,MBS}^{20} = 1.528 \sim 1.540$，$n_{4,PVC}^{20} = 1.530 \sim 1.538$），光线通过其共混物时，几乎无光散射和反射；另一方面，因为在共混物中 MBS 微区尺寸仅为 100～250nm，而可见光波波长范围为 400～700nm，二者相差较大，在光线通过共混物时，遇到 MBS 微区很容易发生绕射和衍射，所以共混物中的 MBS 微区不会影响 PVC 制件的透明性[56]。所以对于制备透明 PVC 制品来说，MBS 树脂是首选的抗冲改性剂。

再者，MBS 树脂是一种无毒、无味的材料，达到了美国食品药品监督管理局（FDA）第 21CFR178.3790 项对食品包装用途的要求[57]，故用 MBS 改性的 PVC 制品可以用来包装食品和药品。

由于 MBS 用作 PVC 树脂的抗冲改性剂可赋予 PVC 制品各种优异的性能，所以 MBS 和 PVC 的共混物已广泛地用来制作硬质、半硬质和软质饮料瓶、食用油瓶、医药及化妆品的包装容器及各种透明板材、片材、薄膜、管材、异型材等各种制件和材料[58]。

（3）MBS 树脂的制备方法　MBS 树脂是一种核壳结构乳液聚合物，其制备过程可以分为核乳液制备、核壳结构 MBS 胶乳制备及后处理三部分。

① 核乳液制备（制核阶段）[59,60]　MBS 的核乳液一般为乳胶粒玻璃化转变温度

在-40℃以下的丁苯胶乳，也有的为聚丁二烯胶乳。为了制备高透明度的改性PVC制品，应将MBS核乳液的乳胶粒直径控制在120nm以下。为了制备具有高抗冲击性能的改性PVC制品，应制成大乳胶粒直径的MBS核乳液，最好将粒径控制在200～500nm范围之内。制备大粒径丁苯胶乳有两种方法：一是种子乳液聚合法；二是扩径法。种子乳液聚合法，即先制备小粒径初级丁苯种子乳液，然后向种子乳液中加入单体进行种子乳液聚合，直到乳胶粒长大到所需要的直径为止。扩径法，即先制备小粒径丁苯胶乳，然后加入适量的无机盐，使乳液稳定性适度降低，进而小乳胶粒聚并成大乳胶粒。

在制备核乳液时加入少量交联剂，使在乳胶粒内的丁苯橡胶发生轻度交联，可以增大橡胶核的强度，以确保在高温和高剪切应力作用下共混物中的橡胶微区不致遭到破坏。

② 核壳结构MBS胶乳的制备（包壳阶段）[55,61]　将甲基丙烯酸甲酯（MMA）、苯乙烯（St）及助剂加入到核胶乳中，继续进行乳液聚合反应，所生成的MMA-St共聚物包覆在丁苯橡胶核乳胶粒外围，形成核壳结构MBS乳胶粒。因为作为核的丁苯共聚物有剩余双键，处在乳胶粒表面的这些双键也会参与聚合反应，所以在包壳期间，尤其是在包壳阶段初期，所生成的部分MMA-St共聚物是接枝在乳胶粒核表面的，结果就使乳胶粒的核与壳之间以共价键的形式牢固地连接在一起，避免了在核与壳的界面上存在力学薄弱环节，有效地提高了改性PVC的抗冲击强度等力学性能及耐热性。

在生产实际中，包壳有四种加料方式：a. 将St和MMA的混合物一次加入；b. 分两批加料，第一批混合单体中含较多St，而第二批加料含较多MMA；c. 分两批加料，第一批加入St，而第二批加入MMA；d. 分两批加料，第一批加入MMA，第二批加入St。从MBS对PVC改性机理的角度来看，MMA与PVC的溶解度参数更为接近，两者具有更好的相容性，若在壳的最外层含有较多的MMA链节，有利于MBS乳胶粒与PVC的融合，从而可以提高改性PVC制品的抗冲击性能和其他力学性能。

MBS乳胶粒的核/壳比也会影响改性PVC的性能。适当增大核/壳比，即增加橡胶核的相对含量，有利于共混物中的橡胶微区吸收冲击能量，故可以提高抗冲击性能；但是，若核/壳比太大，即壳层太薄，则会减弱MBS的壳层与PVC连续相的融合，这样反而会使改性制件的抗冲击性能下降。实践证明，橡胶核所占的质量分数在40%～60%范围之内最为合理。

形成壳层的两种单体的比例（质量比）也会影响改性PVC的性能，因产品牌号而异，一般都在MMA：St＝（3：7）～（7：3）范围之内。

③ MBS胶乳的后处理[62,63]　乳液聚合过程完成之后，首先要进行凝聚，凝聚工艺对MBS产品颗粒形态及加工性能有至关重要的影响。一般采用多段连续凝聚工艺，用无机酸或无机盐作凝聚剂，通过控制各凝聚釜的温度、搅拌速度、物料流量等工艺参数来控制MBS产品的颗粒形态。凝聚后再经离心脱水、洗涤、干燥、筛分及包装，即得产品。

（4）生产配方与生产工艺实例　表8-10中列出了罗姆-哈斯公司、钟渊公司及吴羽公司生产MBS树脂制核阶段配方，表8-11中列出了钟渊公司制备Kane Ace B-11A及B-12型MBS产品包壳阶段配方[63]。

**表 8-10** 三个公司生产 MBS 树脂制核阶段配方实例

| 物料名称及工艺条件 | 用量(质量份)及其他参数 | | |
| --- | --- | --- | --- |
| | 罗姆-哈斯公司 | 钟渊公司 | 吴羽公司 |
| 丁二烯 | 70 | 75 | 75 |
| 苯乙烯 | 30 | 25 | 25 |
| 去离子水 | 150 | 76 | 180 |
| 十二烷基硫酸钠 | 5 | — | — |
| 十二烷基硫酸钾 | — | — | 5 |
| 油酸 | — | 3 | — |
| 氢氧化钾 | — | 0.04 | 0.3 |
| 氯化钾 | — | 0.55 | — |
| 过硫酸钾 | 0.2 | — | 0.3 |
| 过氧化氢异丙苯 | — | 0.1 | — |
| $FeSO_4 \cdot 7H_2O$ | — | 0.005 | — |
| EDTA | — | 0.02 | — |
| 甲醛次硫酸钠 | — | 0.1 | — |
| 十二烷基硫醇 | 0.05 | — | 0.5 |
| 聚合温度/℃ | 60 | 5 | 50 |
| 聚合时间/h | 24 | 39 | 41.5 |

**表 8-11** 钟渊公司生产 MBS 树脂包壳阶段配方实例

| 物料名称及工艺条件 | 用量(质量份)及其他参数 | |
| --- | --- | --- |
| | B-11A | B-12 |
| 核乳液(干基计) | 47~48 | 51~52 |
| 甲基丙烯酸甲酯 | 40~41 | 36~37 |
| 苯乙烯 | 30~31 | 31~32 |
| 去离子水 | 160 | 160 |
| 硫醇 | ≤1 | ≤1 |
| 烷基磺酸盐 | 2~3 | 2~3 |
| 氧化还原引发体系 | 适量 | 适量 |
| 聚合温度/℃ | 60 | 60 |
| 聚合时间/h | 8.5 | 8.5 |

随着我国聚氯乙烯工业的快速发展,与其配套的(包括 MBS 树脂在内)各种改性剂的研制也提到了日程,全国不少企业、研究单位和高等院校为 MBS 树脂的研究、开发和生产做了不少工作,尤其是齐鲁石化公司研究院,对 MBS 的开发做了大量深入细致的工作,作出了重要贡献。现以齐鲁石化研究院 1500t/a 的试生产装置为例,来说 MBS 树脂的生产工艺流程(图 8-6)[64]。

MBS 树脂生产工艺简述如下:

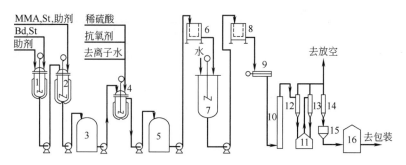

图 8-6　MBS 树脂生产工艺流程示意图

1—制核釜；2—包壳釜；3—MBS 胶乳贮槽；4—凝聚釜；5—凝聚液贮槽；6—1 号离心机；7—打浆洗涤罐；

8—2 号离心机；9—输送机；10—气流干燥器；11—沸腾干燥床；12—1 号旋风分离器；13—2 号旋风分离器；

14—3 号旋风分离器；15—振动筛；16—料仓

① 将乳化剂、引发剂及其他各种助剂经配制后放入各自的贮罐中，待用。

② 按配方将规定量的丁二烯（Bd）、苯乙烯（St）、去离子水、乳化剂、引发剂等各种物料投入制核釜中，开动搅拌，升温至反应温度，进行制核反应，反应时间为 8～12h，待各项控制指标符合要求后，即得核乳液。

③ 按照配方将规定量的核乳液、去离子水、苯乙烯、乳化剂、引发剂及其他助剂泵送至包壳釜中，开动搅拌，升温至反应温度，进行第一阶段包壳反应。待单体转化率达到中空指标后，加入规定量的甲基丙烯酸甲酯（MMA）和其他助剂，进行第二阶段包壳反应，待各项控制指标合格后，将所制得到的 MBS 胶乳放入 MBS 胶乳贮槽中。

④ 将规定量的 MBS 胶乳、去离子水、稀硫酸、抗氧剂等物料投入凝聚釜中，开动搅拌，进行凝聚和熟化过程，然后把所得到的凝聚液放入凝聚液贮槽中。

⑤ 将凝聚液泵送至 1 号离心机中，经离心脱水后，将滤饼送入打浆洗涤罐中，然后将经洗涤的物料泵送到 2 号离心机中，离心脱水后，得到 MBS 树脂湿料，再通过输送带将其送至干燥系统。

⑥ 在干燥系统中，先将湿料进行气流干燥，然后再进行沸腾干燥，最后在振动筛中进行筛分，即得 MBS 树脂粉末。

## 8.4.2　丁腈橡胶及丁腈胶乳的生产

### 8.4.2.1　丁腈橡胶的生产

（1）简介　丁腈橡胶是以丁二烯和丙烯腈为单体进行乳液共聚合而制备的无规共聚物，是最常用的橡胶品种之一。商品丁腈橡胶一般含结合丙烯腈 18%～50%。按照结合丙烯腈含量可以把丁腈橡胶分成超高腈（≥42%）、高腈（36%～41%）、中高腈（25%～30%）、中腈（25%～30%）及低腈（≤24%）五个品级。品级不同，其用途不同，其中最常用的是结合丙烯腈含量为 28%～40% 的产品[15]。

丁腈橡胶具有优良的耐油性、耐溶剂性、耐热性、耐寒性、耐磨性、气密性、耐老化性等性能，故被广泛地应用于制作胶带、胶布、胶管、工业胶辊、印刷滚筒、密封垫、耐油胶鞋、电线电缆、油箱衬里、建筑材料等产品，并大量地用于聚合物改性[65,66]。

（2）生产配方与生产工艺实例[15,23]　　生产丁腈橡胶有高温法和低温法两种方法。高温法聚合反应在30~50℃下进行，采用氧化还原引发体系，常用过硫酸盐氧化剂和胺类还原剂，其反应时间为15~18h。低温法聚合反应在5~10℃下进行，采用有机过氧化氢-硫酸亚铁-甲醛次硫酸钠氧化还原体系，以EDTA为络合剂，其反应时间为10~12h。聚合温度会影响丁腈共聚物的微观结构，低温法丁腈橡胶结构规整性高，丁二烯链节有较多的1,4结构，其凝胶含量少，门尼黏度较低，易溶解，加工性能好，故大多采用低温法进行生产。

在丁腈橡胶生产中一般将其单体转化率控制在70%~75%之间。随着单体转化率的提高，共聚物的分子量和支化度趋大，且结合丙烯腈含量降低，若单体转化率太高会影响丁腈橡胶的加工性能和力学性能。同时在聚合过程中，一般采取分批加入单体的方式，这样可以得到序列分布较均匀的丁二烯-丙烯腈共聚物，可得到耐油性、低温性能和回弹性三者均优的丁腈橡胶。

生产丁腈橡胶有间歇法和连续法两种工艺，间歇法生产的丁腈橡胶有较低的门尼黏度，有较高的弹性和流动指数，其加工性能好。但间歇法聚合稳定性较差，且生产效率较低，一般适用于多品种小批量丁腈橡胶的生产。在大规模生产中，一般采用低温、多釜连续聚合工艺进行生产。

表8-12中列出了几个生产丁腈橡胶的配方实例。

**表8-12**　丁腈胶乳典型生产配方

| 组　分 | | 用量(质量份)及聚合温度 | | | |
|---|---|---|---|---|---|
| | | 配方Ⅰ | 配方Ⅱ | 配方Ⅲ | 配方Ⅳ |
| 单体 | 丁二烯 | 74 | 74 | 64 | 64 |
| | 丙烯腈 | 26 | 26 | 36 | 36 |
| 介质 | 水 | 150 | 200 | 250 | 180~200 |
| 乳化剂 | 拉开粉 | 3.6 | 4.0 | — | — |
| | 脂肪酸钾皂 | — | — | 5.0 | — |
| | 扩散剂 | — | — | — | 0.5 |
| pH调节剂 | 氢氧化钠 | 0.05~0.10 | 0.05 | — | — |
| | 氢氧化钾 | — | — | 0.14 | — |
| | 碳酸钠 | — | — | — | 0.5 |
| | 焦磷酸钠 | 0.3 | 0.3 | — | — |
| 氧化还原体系 | 二乙胺类 | — | 0.3 | — | — |
| | $FeSO_4 \cdot 7H_2O$ | — | — | 0.0278 | — |
| | EDTA | — | — | — | 0.006 |
| | 甲醛次硫酸钠 | — | — | — | 0.2 |
| | 过硫酸钾 | 0.2 | 0.3 | 0.27 | — |
| | 过氧化氢二异丙苯 | — | — | — | 0.03 |
| 调节剂 | 调节剂丁 | 0.3 | 0.3~0.5 | — | — |
| | 叔十二烷基硫醇 | — | — | 0.7 | 0.5 |
| 聚合温度/℃ | | 30 | 30 | 5 | 5~10 |

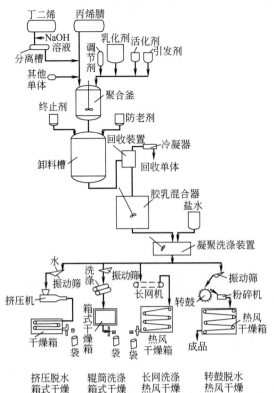

图 8-7　丁腈橡胶的生产工艺流程

丁腈橡胶生产车间由原料配制工序、乳液聚合工序、单体回收工序及后处理工序组成，现将丁腈橡胶生产工艺流程图[15]示于图 8-7 中。

#### 8.4.2.2　丁腈胶乳的生产

（1）简介　丁腈胶乳是丁二烯和丙烯腈的共聚物乳液，其固含量一般为 40%～50%，乳胶粒直径一般为 0.05～0.20μm。这类丁腈聚合物具有优良的耐油性、耐溶剂性、耐磨性、耐热性、耐寒性等性能，且与纤维、皮革等极性物质有很大的亲和力，与淀粉、干酪素、乙烯基聚合物、酚醛树脂、脲醛树脂等极性聚合物有良好的相容性，故通用型丁腈胶乳广泛地应用于耐油海绵制品、纸品加工、耐油手套、地毯背衬、轮胎帘子线浸渍、玻璃纤维及石棉纤维浸胶、胶乳水泥、胶乳沥青、胶乳黏合剂及胶乳涂料等方面[15,67]。

通用丁腈胶乳根据其结合丙烯腈含量的不同可以分为低腈（20%～25%）、中腈（25%～33%）和高腈（33%～45%）三个品级。适度提高结合丙烯腈量，可以提高丁腈聚合物的力学性能、耐油性、耐磨性和黏结强度。但是若结合丙烯腈含量太高却会导致共聚物低温性能、耐水性和介电性能的下降。实际应用的丁腈胶乳的结合丙烯腈含量一般控制在 30%～45%范围内[68]。

为了进一步提高丁腈胶乳的性能，可以引入不饱和羧酸作为第三单体，制成羧基丁腈胶乳，常用的不饱和羧酸为丙烯酸和甲基丙烯酸，其用量以 2.5～3.0 份为宜。因为在丁腈共聚物分子链上引入了羧基，提供了交联点，所以羧基丁腈胶乳可用氧化锌、氧化铝等无机物进行离子交联（硫化），也可以用酚醛树脂、脲醛树脂、密胺树脂、环氧树脂等外加交联剂以共价键的形式进行交联。羧基丁腈胶乳要比通用丁腈胶乳具有更优良的黏结性能和力学性能，并具有更大的胶乳稳定性，所以被大量地应用作无纺布黏合剂、耐油涂料、耐油浸渍剂、皮革整理剂、人造革涂层剂等用途[68,69]。

（2）生产配方与生产工艺实例　和生产丁腈橡胶相同，生产丁腈胶乳和羧基丁腈胶乳也有低温法和高温法之分。低温法聚合温度一般为 5～10℃，采用过氧化氢物-甲醛次硫酸钠-EDTA-亚铁盐氧化还原引发体系；而高温法聚合温度一般在 30～50℃之间，采用过硫酸盐引发剂。与丁腈橡胶生产工艺不同的是，生产丁腈胶乳大多采用高温法，把单体转化率控制在一个较高的水平，有的甚至接近 100%。

表 8-13 中列出了几个生产丁腈胶乳与羧基丁腈胶乳的配方实例[15,23]。

**表 8-13** 丁腈胶乳与羧基丁腈胶乳生产配方实例

| 物料及工艺参数 | 用量(质量份)和其他条件 | | | |
|---|---|---|---|---|
| | 配方 1 | 配方 2 | 配方 3 | 配方 4 |
| 丁二烯 | 74 | 60 | 60 | 60 |
| 苯乙烯 | 26 | 40 | 40 | 40 |
| 甲基丙烯酸 | — | — | — | 3 |
| OP[①]-7 | — | — | 10 | — |
| OP-10 | 8 | — | — | — |
| OP-20 | — | 8 | — | — |
| 磺酸盐 | — | — | — | 3.0 |
| 亚甲基双萘磺酸钠 | — | — | — | 0.5 |
| 过硫酸钾 | 0.3 | 0.3 | — | 0.3 |
| 三乙醇胺 | 3.15 | 3.15 | — | — |
| 过氧化氢异丙苯 | — | — | 0.3 | — |
| 甲醛次硫酸钠 | — | — | 0.04 | — |
| $FeSO_4 \cdot 7H_2O$ | — | — | 0.05 | 0.1 |
| EDTA | — | — | 0.05 | 0.2 |
| 终止剂 | 0.15 | — | 0.2 | — |
| 调节剂 | — | — | — | — |
| 去离子水 | 150 | 150 | 200 | 200 |
| 聚合温度/℃ | 30 | 30 | 5 | 35 |
| pH 值 | 9 | 9.4 | — | <7.5 |
| 聚合时间/h | 17.5 | 20 | 24 | — |
| 最终单体转化率/% | 69 | 100 | 78 | 98 |

① 辛基酚聚氧乙烯醚，数字表示分子中的氧乙基数。

　　生产丁腈胶乳和生产丁腈橡胶在后处理以前的工艺流程大体相同，以下将丁腈胶乳的生产工艺流程示意图[69] 示于图 8-8 中，按照该工艺既可以生产通用丁腈胶乳，又可以生产羧基丁腈胶乳。

## 8.4.3　氯丁橡胶与氯丁胶乳的生产

### 8.4.3.1　氯丁橡胶的生产

　　(1) 简介　氯丁橡胶是一种以 2-氯-1,3-丁二烯为单体通过乳液聚合而制得的弹性体，也是常用的橡胶品种之一。氯丁橡胶分为通用型和专用型两类。通用型根据所用调节剂的种类又可分为硫调型、非硫调型和混合调节型三种。若用硫黄或秋兰姆作调节剂，则为硫调型的；若用硫醇作调节剂，则为非硫调型的；若同时采用硫醇和硫黄或秋兰姆作调节剂，则为混合调节型的。专用型氯丁橡胶又分为黏合剂型和特殊用途型两种。

　　氯丁橡胶综合性能很好，它具有优良的力学性能、阻燃性、气密性、耐水性、耐油

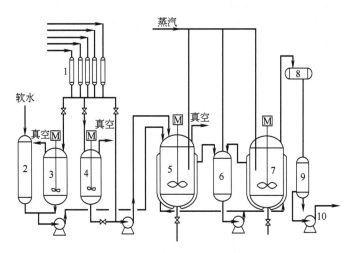

**图 8-8　丁腈胶乳生产工艺流程示意图**

1—计量槽；2—软水计量罐；3—水相配制槽；4—油相配制槽；5—聚合釜；

6—热水槽；7—脱气釜；8—冷凝器；9—真空缓冲槽；10—真空泵

性、耐化学腐蚀性、耐热性、耐老化及耐臭氧性、耐疲劳性等性能，所以氯丁橡胶广泛用于制造胶带、胶管、密封垫、汽车零部件、胶辊、建筑防水片板及密封条、防腐衬里、气袋、气垫、高空气球、橡皮水坝、汽车及自行车内胎、电线电缆等，并大量地用于配制黏合剂。氯丁橡胶黏合剂具有很高的粘接强度，广泛地用于玻璃、钢铁、硬聚氯乙烯、木材、铝、橡胶、皮革等材料的粘接[15,70-72]。

氯丁橡胶的开发始于 20 世纪 30 年代。1934 年美国杜邦公司首先采用乳液聚合法进行了生产。后来在世界上获得了较快的发展，成为合成橡胶的重要品种之一。

（2）生产配方　表 8-14 列出了生产硫调节型、非硫调节型和混合调节型三种氯丁橡胶的典型的生产配方[15]。

**表 8-14　氯丁橡胶生产典型配方**

| 组　　分 | | 用量/质量份 | | |
| --- | --- | --- | --- | --- |
| | | 硫调节型 | 非硫调节型 | 混合调节型 |
| 单体 | 氯丁二烯 | 100 | 100 | 100 |
| 乳化剂 | 松香酸 | 4 | — | — |
| | 歧化松香酸皂 | — | — | 5 |
| | 十二烷基苯磺酸钠 | — | 3 | — |
| 分散剂 | | 0.7 | 0.5 | 0.5 |
| 分子量调节剂 | 硫黄 | 0.6 | — | 0.85 |
| | 十二烷基硫醇 | — | 0.5 | 0.7 |
| 引发剂 | 过硫酸钾 | 0.2~1.0 | 0.4 | 0.4 |
| pH 调节剂 | 氢氧化钠 | 0.8 | — | 1.0 |
| 介质 | 软水 | 150 | 180 | 150 |

（3）生产工艺　氯丁橡胶间歇生产工艺流程[15] 标绘于图 8-9 中。

工艺流程简要说明如下：

① 把调节剂输送至调节剂贮槽 1，再由贮槽 1 将其放至调节剂计量槽 2，计量后将调节剂加入单体计量槽 4。将规定量的单体氯丁二烯投入单体计量槽 4 中，搅拌溶解后待用。

② 把规定量的软水和乳化剂投入水相配制计量槽 3 中，搅拌溶解后待用。

③ 把规定量的过硫酸钾和软水配制成引发剂溶液待用。

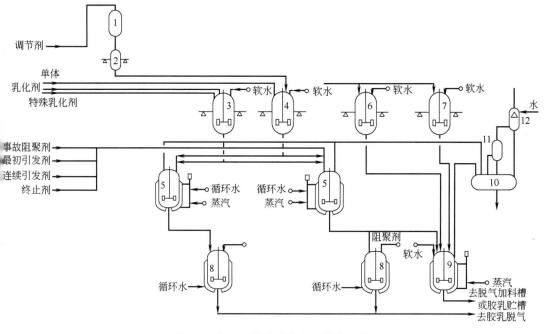

**图 8-9　氯丁二烯胶乳生产工艺流程图**

1—调节剂贮槽；2—调节剂计量槽；3—水相配制计量槽；4—单体计量槽；5—聚合釜；6—终止剂配制槽；7—抗氧剂配制计量槽；8—脱气加料槽；9—终止釜；10—事故泄料槽；11—分离器；12—水洗塔

④ 把规定量的终止剂、软水和乳化剂投入终止剂配制槽 6 中，在搅拌下乳化后待用。对于硫调节型橡胶，还要加入二硫化四乙基秋兰姆等分子量调节剂。

⑤ 把规定量的抗氧剂、软水和乳化剂投入抗氧剂配制计量槽 7 中，在搅拌下乳化后待用。

⑥ 把溶有调节剂的单体由单体计量槽 4 放入聚合釜 5 中，再由水相配制计量槽 3 加入规定量的水。开动搅拌，乳化一段时间后，通蒸汽升温，待温度升至低于反应温度 3～5℃时，加入适量引发剂，引发聚合。物料温度自行升高，待温度平稳后，连续滴加引发剂溶液，直至达到所要求的单体转化率。以硫黄作调节剂时，其最终单体转化率控制在 90% 左右；而非硫调节时，其最终转化率控制在 70% 左右。合成不同牌号的氯丁橡胶要求不同的聚合反应温度。对于高结晶度的产品来说，要求聚合温度在 8～20℃ 之间。而对于中等结晶度和低结晶度的产品来说，则要求其聚合反应温度为 40℃ 左右。其聚合反应时间一般为 2～8h 不等。

⑦ 聚合完成后加入终止剂终止反应和防老剂等，然后送去进行脱气及后处理。

### 8.4.3.2 氯丁胶乳的生产

氯丁胶乳是由2-氯-1,3-丁二烯或加入某种第二单体进行乳液聚合而制成的一种均聚物或共聚物乳液。一般其总固含量为34.5%~61%，乳胶粒直径为50~190nm。大部分氯丁胶乳为凝胶型的，其聚合物轻度交联，不溶于芳烃溶剂，门尼黏度很高，交联结构可赋予氯丁胶乳良好的粘接力和力学性能。少数氯丁胶乳则是溶胶型的，其共聚物无交联结构，能溶于芳烃溶剂，门尼黏度较低。

氯丁胶乳可分为通用型胶乳和特种胶乳两类。通用型胶乳是氯丁二烯的均聚物乳液；特种胶乳则为氯丁二烯和其他单体，如苯乙烯、丙烯腈、甲基丙烯酸等的共聚物乳液。引入少量共聚单体苯乙烯可以改善氯丁胶乳制品的耐寒性，引入丙烯腈可以提高其耐溶剂性，引入甲基丙烯酸制成羧基氯丁胶乳，可使产品具有更好的粘接性能、弹性及成膜性[15]。

若要求高固含量的氯丁胶乳，可以用乳液聚合法直接生产，也可以用膏化法进行制备。所谓膏化法是向低固含量的氯丁胶乳中加入膏化剂，析出清液，使乳液分层，倾掉上清液，下层即为膏化胶乳，其固含量可由50%提高到60%。常用的膏化剂为1%的藻酸铵水溶液。

要想提高氯丁胶乳的黏度可用增稠剂银菊树脂、甲基纤维素、聚丙烯酸钠、陶土等进行增稠。

制备氯丁胶乳常采用阴离子型乳化剂，如烷基硫酸盐、歧化松香酸皂等，所制成的胶乳是阴离子型胶乳；也可以采用阳离子型乳化剂，如烷基季铵盐等，制成阳离子氯丁胶乳，阳离子氯丁胶乳对水泥、玻璃、金属等基材有特别大的粘接力[73,74]。

氯丁胶乳制品具有和天然橡胶类似的弹性，其耐油性、耐溶剂性、耐水性、耐臭氧、耐日光、耐老化、耐曲挠等性能还优于天然橡胶，故氯丁胶乳可广泛地应用于黏合剂和涂料的配制、纸品加工、水泥改性、沥青改性、制品浸渍以及密封件、海绵、雨具、帐篷、劳保服、地毯等产品的制作[75-77]。

除后处理工序外，生产氯丁胶乳和生产氯丁橡胶所用设备和工艺流程基本相同，此处不再赘述。表8-15中列出了高固含氯丁胶乳的生产配方和工艺条件[15]。

**表8-15　高固含氯丁胶乳生产配方与工艺条件**

| 组分与工艺参数 | 用量(质量份)<br>与其他参数 | 组分与工艺参数 | 用量(质量份)<br>与其他参数 |
|---|---|---|---|
| 氯丁二烯 | 70 | 氯化钠 | 0.32 |
| 松香 | 2.1 | 过硫酸钾 | 0.28 |
| 氢氧化钠 | 0.45 | 去离子水 | 57.5 |
| 石油磺酸钠 | 1.0 | 聚合温度/℃ | 40±2 |

## 8.4.4　丙烯酸系聚合物乳液及乳液聚合物的生产

### 8.4.4.1　概述

丙烯酸系聚合物乳液及乳液聚合物是以丙烯酸系化合物为主要单体进行乳液聚合而制

备的性能各异用途广泛的一大类工业产品，在国民经济中占重要地位。

早在 20 世纪 30 年代，就开始了丙烯酸系化合物的工业化生产[78]，随着下游产品的不断开发及应用领域逐渐拓宽，激发了丙烯酸系化合物工业的快速发展。

丙烯酸及其酯类生产技术的开发和引进，带动了我国丙烯酸系聚合物乳液及乳液聚合物的研究、开发与生产，纯丙型、苯丙型、醋丙型、硅丙型、氯丙型、聚氨酯改性型等各种型号、性能各异的丙烯酸系共聚物乳液，以及聚丙烯酸酯橡胶、PVC 抗冲改性剂 ACR 等乳液共聚物应运而生，快速发展。在我国，丙烯酸系聚合物乳液的应用领域不断扩大，已广泛用于制造乳液涂料、压敏胶、涂布纸黏合剂、建筑密封胶、水泥改性剂、无纺布黏合剂、喷棉胶、织物印花黏合剂、织物上浆剂、地毯背衬等[79,80]。

在工业生产中制造丙烯酸系聚合物乳液及乳液共聚物常用的丙烯酸酯单体有：丙烯酸甲酯、丙烯酸乙酯、丙烯酸正丁酯、丙烯酸 2-乙基己酯、丙烯酸异丁酯、甲基丙烯酸甲酯、甲基丙烯酸乙酯、甲基丙烯酸丁酯等。除了丙烯酸酯进行均聚或共聚制造聚丙烯酸酯乳液以外，为了赋予乳液聚合物以所要求的性能，常常要与其他单体共聚，制成丙烯酸酯共聚物乳液。常用的共聚单体有乙酸乙烯酯、苯乙烯、丙烯腈、顺丁烯二酸二丁酯、偏二氯乙烯、氯乙烯、丁二烯、乙烯等。在很多情况下还要加入功能单体（甲基）丙烯酸、马来酸、富马酸、衣康酸、（甲基）丙烯酰胺、丁烯酸等，以及交联单体（甲基）丙烯酸羟乙酯、（甲基）丙烯酸羟丙酯、N-羟甲基丙烯酰胺、双（甲基）丙烯酸乙二醇酯、双（甲基）丙烯酸丁二醇酯、三羟甲基丙烷三丙烯酸酯、二乙烯基苯、用亚麻仁油和桐油等改性的醇酸树脂等。含羟基单体及交联单体的加入量一般为单体总量的 1.5%～5%。不同的单体将赋予乳液聚合物不同的性能，如表 8-16 所示。

表 8-16 不同单体赋予乳液聚丙烯酸酯的主要性能

| 单 体 | 赋予聚合物的特性 |
| --- | --- |
| 甲基丙烯酸甲酯、苯乙烯、丙烯腈、（甲基）丙烯酸 | 硬度、附着力 |
| 丙烯腈、（甲基）丙烯酰胺、（甲基）丙烯酸 | 耐溶剂性、耐油性 |
| 丙烯酸乙酯、丙烯酸丁酯、丙烯酸-2-乙基己酯 | 柔韧性 |
| （甲基）丙烯酸的高级酯、苯乙烯 | 耐水性 |
| 甲基丙烯酰胺、丙烯腈 | 耐磨性、抗划伤性 |
| （甲基）丙烯酸酯 | 耐候性、耐久性、透明性 |
| 低级丙烯酸酯、甲基丙烯酸酯、苯乙烯 | 抗沾污性 |
| 各种交联单体 | 耐水性、耐磨性、硬度、拉伸强度、附着力、耐溶剂性、耐油性等 |

在丙烯酸酯链上引入羧基可赋予聚合物乳液以稳定性、碱增稠性，并提供交联点，加入交联单体可提高乳液聚合物的耐水性、耐磨性、硬度、拉伸强度、附着力、耐溶剂性和耐油性等。交联可分为自交联和外交联两种，按交联温度也可分为高温交联和室温交联。大分子链之间的直接交联反应即为自交联，是通过连在分子链上的羧基、羟基、氨基、酰氨基、氰基、环氧基、双键等进行的；外交联常常是在羧基胶乳中加入脲醛树脂或三聚氰胺甲醛树脂等进行的。室温交联有两种情况：一种是加入亚麻仁油、桐油等改性的醇酸树脂共聚单体的聚合物乳液在室温下进行氧化交联；另一种是羧基胶乳中加入 Zn、Ca、

Mg、Ac 盐等进行离子交联。

### 8.4.4.2 纯丙乳液的生产

人们把纯粹用丙烯系和甲基丙烯酸系单体，有时也采用丙烯腈和（甲基）丙烯酰胺，所制成的聚合物乳液，称作纯丙乳液。制备这类乳液常用的硬单体是甲基丙烯酸甲酯和丙烯腈，常用的软单体是丙烯酸丁酯、丙烯酸乙酯和丙烯酸-2-乙基己酯，一般还要加入少量（甲基）丙烯酸、（甲基）丙烯酸羟乙酯、（甲基）丙烯酸-$\beta$-羟丙酯、N-羟甲基丙烯酰胺等功能单体，以改善纯丙乳液的粘接性能、稳定性、着色性和施工性能，并提供交联点。纯丙乳液所形成的皮膜具有优异的耐候性、透光性、光泽性、力学性能及耐水性，大量地用于乳液涂料及乳液黏合剂配制、皮革涂饰及皮革填充织物整理，无纺布制造、纸品加工等。

生产纯丙乳液的典型配方如表 8-17 所示[81]。

**表 8-17　纯丙乳液配方**

| 组　　分 | | 用量/质量份 |
|---|---|---|
| 单体 | 丙烯酸丁酯 | 65 |
| | 甲基丙烯酸甲酯 | 33 |
| | 甲基丙烯酸 | 2 |
| 乳化剂 | 烷基苯聚醚磺酸钠 | 3 |
| 引发剂 | 过硫酸铵 | 0.4 |
| 介质 | 水 | 125 |

在许多型号的纯丙乳液生产中，采用预乳化、半连续工艺，并在反应后期加入氧化还原引发剂，以除去残余单体。表 8-18 中列入了一个采用预乳化工艺生产纯丙乳液的配方实例[82]。

**表 8-18　预乳化工艺纯丙乳液生产配方实例**

| 组　　分 | | 用量/质量份 |
|---|---|---|
| 预加料 | 去离子水 | 42.1 |
| | 烷基硫酸盐 | 1.34 |
| | 乙烯基磺酸钠 | 0.25 |
| | 碳酸氢钠 | 0.06 |
| 预乳化单体 | 去离子水 | 23.0 |
| | 烷基硫酸盐 | 2.46 |
| | 脂肪醇聚氧乙烯醚 | 0.28 |
| | 甲基丙烯酸甲酯 | 54.0 |
| | 丙烯酸丁酯 | 44.0 |
| | 甲基丙烯酸 | 2.0 |
| 预加引发剂溶液 | 去离子水 | 2.0 |
| | 过硫酸钾 | 0.16 |
| 滴加引发剂溶液 | 去离子水 | 11.0 |
| | 过硫酸钾 | 0.24 |

| 组　　分 | | 用量/质量份 |
|---|---|---|
| 氧化还原引发剂 | 叔丁基过氧化氢(70%) | 0.045 |
| | 甲醛次硫酸钠 | 0.045 |
| | 去离子水 | 0.75 |
| 消泡剂溶剂 | 去离子水 | 1.0 |
| | 消泡剂 | 0.6 |
| 中和剂 | 氨水 | 适量(调 pH 值至 7~8) |

其生产工艺过程如下。

① 将规定量的去离子水、乳化剂及单体投入预乳化罐中，在激烈搅拌下配制成单体预乳化液。

② 按配方将预加料各组分投入聚合釜中，开动搅拌，通气升温至 80~81℃，快速加入预加引发剂溶液，过 5min 后，加入占总量 5% 的单体预乳化液，不久，成核聚合反应即开始，物料温度自行上升，釜内物料由乳白色变为蓝色。

③ 待釜内温度趋于平稳后，在 82~84℃ 温度下，开始同时滴加余下的单体预乳化液和滴加引发剂溶液。约在 2.5h 内滴完。

④ 在 82~84℃ 下保温 1h 后，降温至 60℃，缓慢加入叔丁基过氧化氢，反应 15min 后，加入甲醛次硫酸钠溶液，再反应 15min。

⑤ 待冷却至 30℃ 后，加入消泡剂溶液，并用氨水调 pH 值至 7~8。

⑥ 出料，过滤，包装。

### 8.4.4.3　苯丙乳液的生产

苯乙烯和丙烯酸系单体的共聚物乳液称为苯丙乳液。苯乙烯是一种硬单体，亲水性很小，它的引入可以显著提高乳液聚合物的耐水性，苯乙烯的价格相对较低，可以降低聚合物乳液的成本。加之苯乙烯和丙烯酸酯进行乳液共聚合，可以克服聚苯乙烯质脆、不耐冲击，且长期受紫外线照射易变黄等缺点。由于苯丙乳液具有合理的性价比，所以被大量地用来配制内、外墙乳胶漆、板纸涂布浆料、喷棉胶等产品。

生产苯丙乳液的典型配方实例列入表 8-19 中[81]。

**表 8-19**　苯丙乳液生产配方实例

| 组　　分 | | 用　　量 | |
|---|---|---|---|
| | | /质量份 | /kg |
| 单体 | 丙烯酸丁酯 | 47.8 | 321.60 |
| | 苯乙烯 | 47.0 | 310.00 |
| | 甲基丙烯酸甲酯 | 4.0 | 27.00 |
| | 甲基丙烯酸 | 2.1 | 14.00 |
| 乳化剂 | MS-1 | 5.1 | 33.50 |
| 保护胶体 | 聚甲基丙烯酸钠 | 2.9 | 19.10 |
| 引发剂 | 过硫酸铵 | 0.51 | 3.35 |

| 组　分 | | 用　量 | |
|---|---|---|---|
| | | /质量份 | /kg |
| pH 缓冲剂 | 碳酸氢钠 | 0.46 | 3.05 |
| 介质 | 水 | 101.7 | 682.50 |

生产工艺为：将乳化剂溶解于水中，加入混合单体，在激烈搅拌下进行乳化。然后把乳化液的 1/5 投入聚合釜中，加入 1/2 的引发剂，升温至 70～72℃，保温至物料呈蓝色，此时会出现一个放热高峰，温度可能升至 80℃ 以上。待温度下降后开始滴加混合乳化液，滴加速度以控制釜内温度稳定为准，单体乳液加完后，升温至 95℃，保温 30min，再抽真空除去未反应单体，最后冷却，加入氨水调 pH 值至 8～9。

#### 8.4.4.4　乙丙乳液的生产

人们常常把丙烯酸酯-乙酸乙烯酯共聚物乳液简称为乙丙乳液。向乙酸乙烯乳液聚合物中引入丙烯酸酯链节可以改善聚乙酸乙烯酯涂膜的耐水性、耐碱性、耐寒性及力学性能。目前，乙丙乳液大量地用于配制内墙涂料、水泥改性剂、喷棉胶、纸品覆膜胶、封口胶、板纸涂布浆料等产品。

现将生产乙丙乳液的由软到硬四个配方列入表 8-20 中[81]。

**表 8-20　乙丙乳液生产配方实例**

| 组　分 | | 用量/质量份 | | | |
|---|---|---|---|---|---|
| | | 1 | 2 | 3 | 4 |
| 单体 | 乙酸乙烯酯 | 81 | 85 | 87 | 91 |
| | 丙烯酸丁酯 | 10 | 10 | 10 | 6 |
| | 甲基丙烯酸甲酯 | 9 | 5 | 3 | 3 |
| | 甲基丙烯酸 | 0.6 | 0.55 | 0.5 | 0.44 |
| 乳化剂 | OP-10 | 1.0 | 1.0 | 0.8 | 0.8 |
| | MS-1(40%水溶液) | 2.0 | 2.0 | 1.6 | 1.6 |
| 引发剂 | 过硫酸钾 | 0.5 | 0.5 | 0.5 | 0.5 |
| pH 缓冲剂 | 磷酸氢二钠 | 0.5 | 0.5 | 0.5 | 0.5 |
| 介质 | 水 | 120 | 120 | 120 | 120 |

乙丙乳液的生产工艺为：首先将规定量的水和乳化剂加入聚合釜中，升温至 65℃，把甲基丙烯酸一次投入反应体系，然后将混合单体的 15% 加入到釜中，充分乳化后，把 25% 的引发剂和 pH 缓冲剂加入釜内，升温至 75℃ 进行聚合，当冷凝器中无明显回流时，将其余的混合单体、引发剂溶液及 pH 缓冲剂溶液在 4～4.5h 内滴加完毕。保温 30min 后，将物料冷却至 45℃，即可出料，过滤，包装。

#### 8.4.4.5　硅丙乳液的生产

用有机硅改性的丙烯酸系共聚物乳液称作硅丙乳液。聚硅氧烷具有优良的耐低温性能和耐高温性能，用其对丙烯酸系聚合物乳液进行改性，可以克服丙烯酸系乳液聚合物"热黏冷脆"这一致命的缺点；可以赋予乳液聚合物非常优异的耐候性、耐水性、抗污性、透气性、保光性、保色性、光泽性、抗粉化性等性能；可以使共聚物乳液具有良好的成膜性、粘接性及施工性能；可以显著延长乳液聚合物的使用寿命。因此，有机硅改性丙烯酸系聚合物乳液可以用来配制高档的外墙涂料，并可用于黏合剂制造、织物整理、皮革涂饰、金属材料的底涂、机器设备的涂装等[83-86]。

用有机硅改性丙烯酸系聚合物乳液有物理改性法和化学改性法两种方法。物理改性法是把硅树脂乳液和丙烯酸系共聚物乳液按一定比例进行共混，以达改性的目的[87]。由于共混乳液稳定性较差，且改性效果有一定局限性，故目前更多采用化学改性法。化学改性法是通过有机硅单体和丙烯酸系单体的乳液聚合反应制成无规共聚物乳液[88,89]，或制成具有嵌段结构或接枝结构聚合物分子的共聚物乳液[90]。人们把核壳结构化乳液聚合技术[91]、乳液聚合物网络技术[92]及无皂乳液聚合技术[93]用于制备有机硅改性丙烯酸系共聚物乳液，已取得了可喜的进展，制成了性能更优异的乳液产品。

表 8-21 中列出了生产硅丙乳液的配方实例[82]。

**表 8-21** 硅丙乳液生产配方实例

| 组　　分 | 用量/质量份 | 组　　分 | 用量/质量份 |
|---|---|---|---|
| 甲基丙烯酸甲酯 | 33.3 | 保护胶体 PM(25%) | 5.8 |
| 丙烯酸丁酯 | 50.0 | $FeSO_4$ 水溶液(2%) | 0.3 |
| 丙烯酸 | 2.8 | 过硫酸铵 | 0.6 |
| 乙烯基三乙氧基硅烷 | 13.9 | 氢氧化钠水溶液(10%) | 适量 |
| 乳化剂 NP-1(25%) | 4.2 | 去离子水 | 139.2 |

有机硅改性丙烯酸系共聚物乳液的生产工艺可分为间歇法（一次投料法）、种子乳液聚合法、预乳化半连续法、预乳化全连续法、非预乳化全连续法、单体滴加法及引发剂滴加法七种[86,94]。采用不同的生产工艺所制得的聚合物乳液和乳液聚合物的性能是不同的。

常规乳液聚合温度常在 80℃以上，但在该温度下硅氧烷在水相中易发生水解及缩聚交联，这会严重地影响丙烯酸系单体与有机硅氧烷的共聚合反应，因此，最好采用氧化还原引发剂，尽量降低聚合温度，试验证明，将反应温度控制在 60～62℃之间是合理的[82]。

此外，酸和碱都会对有机硅氧烷的水解及缩聚交联起催化作用，故聚合反应需在 pH 值为 6～7 的中性条件下进行。

### 8.4.4.6　聚氨酯改性丙烯酸系聚合物乳液的生产

聚氨酯具有优异的强度、柔韧性、耐热性、耐寒性、耐磨性、耐有机溶剂性，且粘接力大；但聚氨酯乳液稳定性及自增稠性较差，且固含量不宜太高，皮膜耐水性、耐碱性及光泽性也不够理想，易变黄，成本较高。若用聚氨酯对丙烯酸系聚合物乳液进行改性，可避开二者各自的缺点，兼具各自的优点，做到性能互补，既解决了聚丙烯酸酯"热黏冷脆"等问题，又克服了聚氨酯不耐老化、易变黄等缺陷，同时又可以制得稳定、固含量高并且有自增稠性的聚合物乳液。聚氨酯改性丙烯酸系聚合物乳液已有诸多型号的商品问市，在涂料、黏合剂、织物整理剂、金属底漆、皮革涂饰剂、生物医学等诸多领域里有着广阔的推广应用前景[82,95]。

制备聚氨酯改性丙烯酸系聚合物乳液可以通过四条途径：①聚氨酯乳液与丙烯酸系聚

合物乳液进行共混；②带双键并带异氰酸的单体与丙烯酸系单体进行乳液共聚合；③以聚氨酯乳液作为种子进行种子乳液聚合；④先制成溶剂型的氨基甲酸酯-丙烯酸酯乳液共聚物，然后脱除溶剂，再进行中和与乳化。国内外对聚氨酯改性聚丙烯酸酯乳液的合成及应用进行了较深入的研究，利用"粒子设计"新概念，通过改变原料组成、合成工艺及反应条件，制成了在乳胶粒内部具有接枝结构、核壳结构及互穿网络结构的聚氨酯改性丙烯酸系聚合物乳液，进一步改善了性能，拓宽了应用领域[96-98]。

表 8-22 中列出了生产聚氨酯改性丙烯酸系聚合物乳液的配方实例[99]。

**表 8-22** 聚氨酯改性丙烯酸系聚合物乳液生产配方实例

| 组　分 | 用　量 | | 组　分 | 用　量 | |
| --- | --- | --- | --- | --- | --- |
| | /质量份 | /kg | | /质量份 | /kg |
| 甲基丙烯酸甲酯 | 41 | 82 | $FeSO_4 \cdot 7H_2O$ | 0.005 | 0.01 |
| 丙烯酸丁酯 | 57 | 114 | 链调节剂(30%) | 0.6 | 1.2 |
| TMI | 2 | 4 | 碳酸氢钠 | 0.2 | 0.4 |
| 十二烷基苯磺酸钠 | 1.5 | 3 | 去离子水 | 120 | 240 |
| 过硫酸铵 | 0.5 | 1 | | | |

在表 8-22 中 TMI 为 $m$-异丙烯基-$\alpha$,$\alpha$-二甲苄基异氰酸酯，其结构式为

$$
\begin{array}{c}
\text{NCO} \\
| \\
H_3C - C - CH_3 \\
| \\
CH_3 \\
H_2C = C - \bigcirc
\end{array}
$$

TMI 可与丙烯酸系单体进行共聚，同时其分子上的异氰酸基又为共聚物提供了交联点。按照该配方所生产的共聚物乳液在室温下稳定，干燥速度快，与纯丙烯酸系聚合物乳液相比，用其所制成的涂膜力学性能提高了近 50%，耐磨耗性提高了 10 倍，其硬度、光泽度等性能也有所提高。

### 8.4.4.7 其他改性丙烯酸系聚合物乳液的生产

（1）氯丙乳液的生产[100-102]　用氯乙烯改性的丙烯酸系聚合物乳液称为氯丙乳液。经共聚改性后制得的氯丙乳液所成涂膜，既具有聚氯乙烯的耐化学药品性、耐磨性、耐燃性、低水溶胀性、无粘连性及抗污性，又具有聚丙烯酸酯的耐老化性和持久的韧性，且所制备的氯丙乳液具有良好的成膜性、稳定性及施工性能。氯丙乳液性价比合理，可用来配制物美价廉的外墙涂料。

近来人们采用乳液接枝共聚和核壳乳液聚合相结合的合成工艺开发出了氯乙烯-丙烯酸酯-乙酸乙烯酯三元共聚物乳液，其合成工艺为：先以十二烷基硫酸钠为乳化剂制备氯乙烯种子乳液，然后用丙烯酸酯与乙酸乙烯酯混合单体对种子进行溶胀，并进行接枝共聚，最后再滴加丙烯酸酯单体进行包壳反应，制成核壳结构三元氯丙乳液。这种乳液可以用来配制性能优良、成本较低的织物涂层浆料。

（2）有机氟改性丙烯酸系共聚物乳液的生产[83,103]　丙烯酸系单体和有机氟单体进行乳液共聚合所制成的乳液为有机氟改性丙烯酸系聚合物乳液。通过氟改性后，除了仍保

持丙烯酸系乳液聚合物原有特性外，还有效地提高了共聚物的化学惰性、耐候性、抗污性、耐水性及防腐性，可用于配制高档的外墙涂料、防污涂料、汽车涂料、光学及电子元件的保护涂料、织物涂层剂、纸品涂布浆料等。其生产配方和制备工艺将在"8.4.6.3 含氟聚合物乳液的生产"中进行详细讨论。

（3）环氧改性丙烯酸系共聚物乳液的生产[104-106]　　在乳液聚合体系中加入环氧树脂，使其与丙烯酸酯单体或丙烯酸系聚合物发生化学反应，可以制备成环氧改性丙烯酸系聚合物乳液。这种乳液共聚物把环氧树脂和丙烯酸系聚合物两者的优异性能有机结合起来，使得其粘接强度、抗污性、耐候性、耐水性、耐溶剂性、光泽性等性能指标均优于普通丙烯酸系乳液聚合物。这类聚合物可溶出物少，已成功地用作啤酒、罐头、果汁容器的内壁涂料；也用于配制汽车涂料、通用机械涂料及无纺布黏合剂等产品。

用环氧树脂对丙烯酸系聚合物乳液进行改性可以通过两条途径：其一是通过自由基反应把丙烯酸系单体接枝到环氧树脂分子链上；其二是让环氧树脂分子链上的环氧基团与丙烯酸系聚合物分子链上的羧基、氨基等活性基团进行化学反应，生成新的大分子。无论采用哪种方法来制备环氧改性丙烯酸系聚合物乳液，都需要加入足够量的不饱和羧酸，如丙烯酸、甲基丙烯酸等，以引入羧基。这样既提供了交联点，又可以使所制得的聚合物乳液稳定。另外，常常还需要加入如 N-羟甲基丙烯酰胺等内交联单体，或加入像多亚乙基多胺、氨基树脂等外交联剂，以增大交联度，可赋予乳液聚合物以更优异的性能。

（4）叔碳酸乙烯酯改性丙烯酸系共聚物乳液的生产[107-111]　　叔碳酸乙烯酯是一类重要的乳液聚合物改性单体，其化学结构式为

$$CH_2{=}CH{-}O{-}\overset{\displaystyle O}{\overset{\|}{C}}{-}\overset{\displaystyle CH_3}{\overset{|}{\underset{|}{\underset{\displaystyle R_2}{C}}}}{-}R_1$$

其分子上的叔烷基是高度支化的饱和烃基，其中的 $R_1$ 和 $R_2$ 取代基可以是直链烷基，也可以是支链烷基。用于改性聚合物乳液的叔碳酸乙烯酯有三种牌号，即 VeoVa9、VeoVa10 和 VeoVa11，其均聚物的玻璃化转变温度分别为 $70℃$、$-3℃$ 和 $-40℃$。

把叔碳酸乙烯酯作为一种共聚单体与丙烯酸系单体进行乳液共聚合，就可以制得叔碳酸乙烯酯改性丙烯酸系共聚物乳液。这种乳液成膜后，其叔碳酸乙烯酯链节上庞大的叔烷基就定位于涂膜的表面，起隔离屏蔽作用，显著地提高了乳液聚合物的耐水性、耐碱性、耐候性、抗污性、抗开裂性、抗粉化性，并提高了对基材的湿附着力和力学性能。这种乳液可以用于配制高档建筑涂料。该涂料可以直接涂覆于水泥、石棉等碱性基材上。其涂膜经过 10 年以上的曝晒而不破坏；还可以用来配制性能优异的木器清漆、色漆、防腐涂料、纸张上光剂等产品。

丙烯酸系单体与叔碳酸乙烯酯的共聚可以用常规乳液聚合法来进行，但由于叔碳酸乙烯酯分子上庞大的支链烷烃存在，影响了其共聚活性，故应对常规乳液聚合工艺稍加调整。一般可以先把叔碳酸乙烯酯加入反应釜中，然后以过硫酸盐为引发剂及在 $80\sim85℃$ 的反应温度下，慢慢滴加丙烯酸系单体，以使叔碳酸乙烯酯充分反应。

### 8.4.4.8　丙烯酸系聚合物乳液通用生产工艺流程

丙烯酸酯单体聚合反应放热量大，凝胶效应出现得早，很难采用间歇乳液聚合工艺进

行生产。若采用间歇乳液聚合工艺，在反应前期反应太剧烈，会出现很大的放热高峰，反应很难控制，常常会发生事故，也为产品质量带来不良影响。同时聚丙烯酸酯及其共聚物乳液一般用作涂料、黏合剂、浸渍剂、特种橡胶等，品种繁多，配方与生产工艺各异，大多为精细化工产品，一般产量都不是特别大，故很少采用连续操作。目前进行丙烯酸酯乳液聚合一般采用半连续工艺，其通用生产工艺流程如图 8-10 所示。

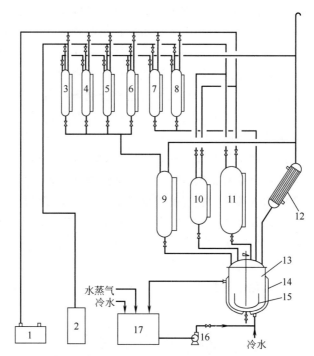

**图 8-10　聚丙烯酸酯及其共聚物乳液通用工艺流程示意图**

1—真空泵；2—物料贮罐；3～6—单体计量槽；7—乳化剂计量槽；
8—pH 缓冲剂溶液计量槽；9—混合单体计量槽；10—引发剂溶液
计量槽；11—软水计量槽；12—回流冷凝器；13—聚合釜；
14—夹套；15—搅拌器；16—热水泵；17—热水池

通用工艺流程特点如下：

① 该工艺流程采用半连续操作，单体、乳化剂和引发剂均可在反应过程中连续滴加。

② 采用真空抽料方式，可减少大量的人力。

③ 反应体系用水加热和冷却，反应平稳。

④ 可用其进行种子乳液聚合，也可用来制造具有核壳结构、梯度结构等异形结构形态乳胶粒的聚合物乳液。

### 8.4.4.9　聚丙烯酸酯橡胶的生产 [15, 112-114]

聚丙烯酸酯橡胶是以丙烯酸系单体为主要成分，与少量带有活性基团的单体进行乳液共聚合而制成的一种特种橡胶。其主链为饱和结构，同时在侧链上带有极性基团，所以具有优异的耐高温、耐油、耐老化、耐疲劳等优异性能。其使用温度可达 175～200℃，高于丁腈橡胶，仅次于硅橡胶和氟橡胶，故这种橡胶特别适用于制作在高温条件下使用的耐油橡胶制品，已成为性价比最适宜的特种合成橡胶。

较早期生产的聚丙烯酸酯橡胶所用交联单体多为 2-氯乙基乙烯基醚、氯乙酸乙烯酯等含氯化合物。因用这种交联剂所制备的聚丙烯酸酯橡胶的耐寒性和耐水性较差，且对金属有腐蚀性，故目前多用环氧单体和丙烯酰胺衍生物，如烯丙基缩水甘油醚、丙烯酸缩水甘油酯及N-羟甲基丙烯酰胺等作交联剂，可以使产品的耐水性、耐寒性、加工性能及对金属的防腐蚀作用均有所改善，用其所制成的聚丙烯酸酯橡胶可在 −35～175℃下长期使用。目前，80%的聚丙烯酸酯橡胶用于汽车工业，可用来制作输油管、密封垫、转动轴油封、防尘罩、火塞帽等，也可以用来制作电缆、建筑密封胶、堵水材料、防腐衬里、耐热黏合剂等。

选择聚丙烯酸酯橡胶的主要单体应根据对硫化胶的性能要求来进行，合成强度较高的耐油及耐汽油型橡胶，主要单体应选用丙烯酸乙酯；而合成耐寒性橡胶，则可选用丙烯酸丁酯。第二共聚单体常选用 2-氯乙基乙烯基醚和丙烯腈。表 8-23 中列出了传统型聚丙烯酸酯橡胶的乳液聚合配方[15]。

**表 8-23** 传统型聚丙烯酸酯橡胶乳液聚合配方

| 组　分 | | 用量/质量份 | |
| --- | --- | --- | --- |
| | | 配方 I | 配方 II |
| 单体 | 丙烯酸乙酯 | 95 | — |
| | 2-氯乙基乙烯基醚 | 5 | — |
| | 丙烯酸丁酯 | — | 88 |
| | 丙烯腈 | — | 12 |
| 乳化剂 | 十二烷基硫酸钠 | 2 | — |
| | 聚乙二醇十二烷基醚 | 2 | — |
| | 阴离子型乳化剂(カオユマール-10) | — | 2 |
| | 非离子型乳化剂(エマルグー)-120 | — | 4 |
| 引发剂 | 过硫酸钾 | 0.4 | 0.05 |
| 调节剂 | 十二烷基硫醇 | 0.02 | — |
| 分散介质 | 水 | 200 | 150 |

以下将聚丙烯酸酯橡胶生产工艺流程示于图 8-11 中[15]。

合成聚丙烯酸酯橡胶可采用间歇乳液聚合工艺，也可采用半连续乳液聚合工艺。

（1）间歇合成工艺　将脱除阻聚剂的规定量的单体、软水和乳化剂加入带有搅拌器和冷却夹套的预乳化槽中，充分混合，使其乳化，控制其温度在10℃以下，然后把预乳化液放入带有搅拌器、换热夹套和回流冷凝器的聚合釜中，加入规定量的引发剂，加热，进行聚合反应，通过回流冷凝器和夹套通冷却水来控制釜内温度，待单体转化率达到95%左右时，停止反应。

（2）半连续工艺　按上述间歇合成工艺同样的方法对单体进行预乳化。先向釜中加入15%～20%的预乳化液，在搅拌的同时加热至反应温度，加入引发剂引发聚合，然后将剩余单体在2～3h内连续滴加完。加完单体后在反应温度下保温1～1.5h，其转化率达95%左右，反应即告结束。

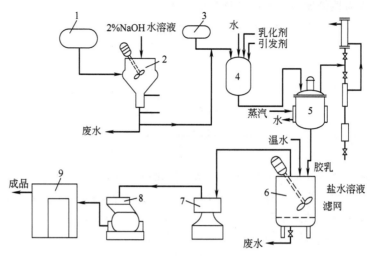

**图 8-11　聚丙烯酸酯橡胶生产工艺流程**

1—原料单；2—洗涤槽；3—丙烯腈贮槽；4—物料配制槽；5—聚
合釜；6—凝聚水洗槽；7—离心分离机；8—锤磨机；9—干燥器

### 8.4.4.10　ACR 聚氯乙烯改性剂的生产

ACR 塑料改性剂分为加工改性剂和抗冲改性剂两类，其聚合物共聚组成、分子结构、合成工艺、颗粒形态及作用机理各不相同。这种改性剂因主要用于 PVC 改性，故常称之为 ACR 聚氯乙烯改性剂[115-119]。

若以改善 PVC 塑料加工性能为目的，则为 ACR 加工改性剂，通常是由甲基丙烯酸甲酯和丙烯酸酯为主要单体进行乳液共聚合而制成的乳液共聚物。在进行 PVC 加工时，加入 ACR 加工改性剂可以改善传热和剪切应力的传递，增进熔体的流动性和均匀度，缩短塑化时间及降低塑化温度。另外，这种 ACR 加工改性剂还起外部润滑作用，可赋予 PVC 制品光泽、整洁的外观。

若以改善塑料的抗冲击性能为目的，则为 ACR 抗冲改性剂，通常是采用核壳结构化乳液聚合技术制成的乳液聚合物。其乳胶粒具有两层或多层的核壳结构形态，其内核为轻度交联的聚丙烯酸酯橡胶，外壳为与 PVC 相容性好的聚甲基丙烯酸甲酯或甲基丙烯酸甲酯-苯乙烯共聚物。核与壳之间的过渡层通过化学接枝将内核与外壳紧密地锚定在一起。在用 ACR 改性的制品中，分散着许许多多聚丙烯酸酯橡胶微粒，可以有效地吸收冲击能量，赋予 PVC 制件以优异的抗冲击性能，并可以改善 PVC 塑料的耐候性，而且还可以最大限度地保持 PVC 所固有的优异力学性能和热性能。在诸多 PVC 抗冲改性剂中，ACR 抗冲改性剂具有优异的综合性能。这种 ACR 抗冲改性剂除了已大量地应用于 PVC 的抗冲改性外，也可以用于聚甲基丙烯酸甲酯、聚苯乙烯、尼龙、聚碳酸酯及环氧树脂等硬而脆性材料的增韧。

ACR 接枝聚氯乙烯树脂（ACR-g-PVC）是 ACR 改性剂的一个应用方向。这种树脂可以通过两种途径来制备：①在氯乙烯悬浮聚合体系中引入 ACR 乳液[120]；②以 ACR 乳液为种子乳液，与氯乙烯进行核壳乳液共聚合反应[121]，将 PVC 分子链通过化学键与 ACR 颗粒紧密地结合起来，同时也使 ACR 微粒更均匀地分散在 PVC 连续相中，因而取得了更好的改性效果。

早在 20 世纪 50 年代，美国罗姆-哈斯公司就开始了 ACR 加工改性剂和 ACR 抗冲改性剂的研究开发，并实现了商品化生产，随后法国、德国、日本和韩国也开始了该产品的开发与生产。自 20 世纪 70 年代以来，随着 PVC 硬塑料制品产量的迅速增加，ACR 加工助剂和 ACR 抗冲改性剂也得到快速发展和广泛的应用。

我国对 ACR 产品的开发始于 20 世纪 70 年代，于 20 世纪 80 年代初上海珊瑚化工厂最早投入生产，后来获得了较快的发展。随着我国硬塑料制品产业的不断发展，对于 ACR 加工助剂和 ACR 抗冲改性剂的需求量也在不断增大。因此，加速发展我国的 ACR 加工助剂和抗冲改性剂，增加产量，提高质量，是摆在业内工作者们面前的重要课题。

生产 ACR 加工助剂和 ACR 抗冲改性剂可以采用间歇工艺、半连续工艺和连续工艺，目前一般都采用半连续预乳化生产工艺。图 8-12 给出了一个典型的 PVC 抗冲改性剂 ACR 生产工艺流程示意图。

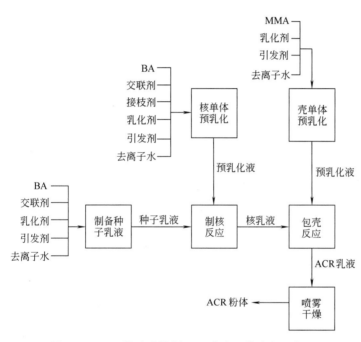

**图 8-12　PVC 抗冲改性剂 ACR 生产工艺流程示意图**

工艺过程说明如下：

① 首先向种子釜中加入规定量的去离子水、乳化剂、丙烯酸丁酯（BA）和交联剂（常用十二烷基硫酸钠或十二烷基苯磺酸钠作乳化剂，其总用量约 2 份；常用交联剂有二乙烯基苯、邻苯二甲酸二烯丙酯、乙二醇双甲基丙烯酸酯、丁二醇双丙烯酸酯等，其用量常为 1 份），搅拌乳化，并加热至反应温度后，加入引发剂（常用水溶性引发剂，如过硫酸钾、过硫酸铵等，其总用量为 0.3～0.6 份）引发聚合反应，当反应至单体转化率达 95％后，即得到种子乳液。

② 将规定量的去离子水、乳化剂和引发剂投入核单体预乳化槽中，待溶解后，再加入由丙烯酸丁酯、交联单体和接枝剂（所用接枝剂常为甲基丙烯酸烯丙酯）。接枝剂

分子上的两个双键共聚活性不同，在制核反应中，大半只有一个双键参与共聚合反应，而另一个双键则残留在核乳胶粒的分子链上，以使在包壳期间与壳单体进行接枝共聚，在核壳间形成接枝共聚物过渡层，使 ACR 的抗冲改性效果和改性 PVC 制品的性能得到提高（接枝剂用量一般为 0.5～0.8 份）。组成的混合单体，经激烈搅拌，配制成核单体预乳化液。

③ 取规定量的种子乳液投入反应釜中，在搅拌下升至反应温度后，开始滴加核单体预乳化液，进行制核反应，当单体转化率达规定值后，即得核乳液。

④ 把规定量的去离子水、乳化剂和引发剂投入壳单体预乳化槽中，待溶解后，投入壳单体甲基丙烯酸甲酯（MMA）（有时用甲基丙烯酸酯和苯乙烯的混合物作壳单体），激烈搅拌，配制成壳单体预乳化液。研究表明，核/壳质量比为（6∶4）～（7∶3），所制成的 ACR 可达最佳改性效果。

⑤ 制核反应完成后，开始滴加壳单体预乳化液，进行包壳反应，反应完成后，即得具有核壳乳胶粒结构形态的 ACR 乳液。

⑥ 将所制得的 ACR 乳液进行喷雾干燥（有些厂家采用凝聚、离心过滤、干燥工艺），即制成 ACR 抗冲改性剂粉体。

### 8.4.5　乙酸乙烯酯均聚物及共聚物乳液的生产

#### 8.4.5.1　概述

聚乙酸乙烯酯乳液俗称"白乳胶"，又有人称"白胶"，是大批量生产的聚合物乳液品种之一，在我国其产量仅低于丙烯酸系聚合物乳液，居第二位。这种聚合物乳液粘接强度大、无毒、使用方便，且价格便宜，已广泛地应用于木材粘接、织物层合、商品包装、纸品加工、皮革整饰等诸多工业部门。但聚乙酸乙烯酯乳液聚合物耐水性、耐热性、抗冻性及抗蠕变性差，大大限制了其应用范围。长期以来，人们一直致力于聚乙酸乙烯酯乳液的改性研究[122-126]，通过共聚、共混、交联、后缩醛化等方法来克服聚乙酸乙烯酯乳液聚合物固有的缺点，改善了聚合物的性能，大大拓宽了其应用领域。在诸多改性聚乙酸乙烯酯乳液中，用乙烯改性生产的 VAE 乳液、用丙烯系单体改性生产的乙丙乳液、用顺丁烯二酸二丁酯改性所生产的顺乙乳液以及用叔碳酸乙烯酯改性的叔乙乳液等均已见于工业规模生产。

#### 8.4.5.2　聚乙酸乙烯酯乳液的生产

聚乙酸乙烯酯乳液的研究始于 1912 年，于 1937 年在德国首次实现了工业化生产，尤其是自从法本公司发明了以聚乙烯醇为保护胶体的乳聚合方法以来，聚乙酸乙烯酯乳液工业得到了快速的发展。

20 世纪 50 年代末期，我国已开始了聚乙酸乙烯酯乳液的研发，1958 年原重工业部化工公司组织十省市会战，建成了生产能力为 158 吨每年乙酸乙烯酯单体的中试装置，次年在天津有机化工实验厂第一次合成出了聚乙酸乙烯酯乳液。1964 年在北京有机化工厂建成了生产能力为 3000 吨每年聚乙酸乙烯酯乳液的生产装置，后扩建成 2 万吨每年的生产规模。此后在山西维纶厂、福建维尼纶厂、湖南维尼纶厂、贵阳有机化工厂、四川维尼纶厂等许多单位相继投产。

生产通用型聚乙酸乙烯酯乳液的标准配方[81,127]示于表 8-24 中。

**表 8-24** 通用型聚乙酸乙烯酯乳液生产配方

| 组 | 分 | 用量/质量份 |
|---|---|---|
| 单体 | 乙酸乙烯酯 | 100 |
| 保护胶体 | 聚乙烯醇(1788) | 5.4 |
| 乳化剂 | OP-10 | 1.1 |
| 增塑剂 | 邻苯二甲酸二丁酯 | 10.9 |
| 引发剂 | 过硫酸钾 | 0.2 |
| pH 调节剂 | 碳酸氢钠 | 0.3 |
| 介质 | 蒸馏水 | 100 |

通用型聚乙酸乙烯酯乳液常用半连续乳液聚合法进行生产，其生产工艺流程示于图 8-13 中。

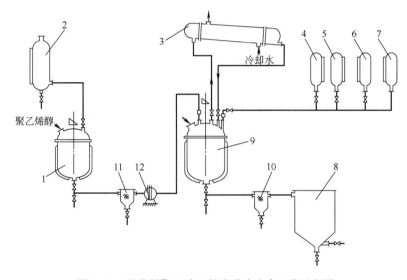

**图 8-13　通用型聚乙酸乙烯酯乳液生产工艺流程图**

1—聚乙烯醇溶解釜；2—软水计量槽；3—回流冷凝器；4—单体计量槽；

5—增塑剂计量槽；6—pH 调节剂计量槽；7—引发剂计量槽；

8—乳液贮罐；9—聚合釜；10,11—过滤器；12—隔膜泵

工艺流程简述如下：

① 把软水经软水计量槽 2 计量后放入聚乙烯醇溶解釜 1 中。

② 把规定量的聚乙烯醇由人孔投入聚乙烯醇溶解釜 1 内。

③ 向聚乙烯醇溶解釜 1 的夹套中送入水蒸气，升温至 80℃，搅拌 4～6h，配制成聚乙烯醇溶液。

④ 把乙酸乙烯酯投入单体计量槽 4 内。把邻苯二甲酸二丁酯投入增塑剂计量槽 5 内。并把预先配制的规定量的 10% 过硫酸钾溶液和 10% 碳酸氢钠溶液分别投入引发剂计量槽 7

和 pH 缓冲剂计量槽 6 内。

⑤ 把聚乙烯醇溶液由聚乙烯醇溶解釜 1 通过过滤器 11 用隔膜泵 12 输送到聚合釜 9 中，并由人孔加入规定量的 OP-10，开动搅拌使其溶解。

⑥ 由单体计量槽 4 向聚合釜 9 中加入 15 份单体乙酸乙烯酯，并通过引发剂计量槽 7 加入占总量 40% 的过硫酸钾溶液，在搅拌下乳化 30min。

⑦ 向聚合釜 9 夹套内通水蒸气，将釜中物料升温至 60~65℃，此时聚合反应开始。因为是放热反应，故釜内温度自行升高，可达 80~83℃。在这期间，釜顶回流冷凝器 3 中将有回流出现。

⑧ 待回流减少时，开始通过单体计量槽 4 向聚合釜 9 中滴加乙酸乙烯酯，并通过引发剂计量槽 7 滴加过硫酸钾溶液。通过滴加速率控制聚合反应温度在 78~80℃ 之间，大约 8h 滴完。单体加完后，加入全部余下的过硫酸钾溶液。

⑨ 加完全部物料后，通蒸汽升温至 90~95℃，并在该温度下保温 30min。

⑩ 向聚合釜 9 夹套内通冷水冷却至 50℃，通过 pH 调节剂计量槽 6 加入规定量的碳酸氢钠溶液，并通过增塑剂计量槽 5 加入规定量的邻苯二甲酸二丁酯，然后充分搅拌使其混合均匀。

⑪ 最后出料，通过过滤器 10 过滤后，进入乳液贮槽 8。

### 8.4.5.3 EVA 乳液的生产

最大的乙酸乙烯酯共聚物乳液品种是乙酸乙烯酯-乙烯共聚物（EVA）乳液。乙烯链节的增塑作用和化学惰性大大改善了乙酸乙烯酯乳液聚合物的柔韧性、耐水性、耐碱性、抗冻性、耐候性等性能，因而 EVA 乳液广泛用于黏合剂、涂料、水泥改性、织物加工、纸品加工、无纺布制造、地毯背衬、汽车内饰、商品包装、卫生材料等领域，成为一种不可缺少的重要材料[128,129]。

EVA 乳液于 20 世纪 60 年代由美国气体产品公司最先实现工业化生产，随后得到了快速发展。

我国于 20 世纪 70 年代就开始了 EVA 乳液的研发。1976 年北京有机化工厂建成了 20 吨每年的中试装置。1982 年上海化工研究院建成 50 吨每年的小型装置，进行了小批量生产。20 世纪 80 年代后期，北京有机化工厂和四川维纶厂从美国 Reichheld 化学公司各引进了一套生产能力为 1.5 万吨每年 EVA 乳液的生产装置，分别于 1988 年和 1991 年投产。

生产 EVA 乳液所用单体为乙酸乙烯酯和乙烯，根据牌号，共聚压力控制在 3.0~6.5MPa，其共聚组成乙酸乙烯酯链节含量为 30%~95%，乙烯嵌入量一般在 2%~40% 之间。有些牌号需加入一定量改性单体，如丙烯酸丁酯、丙烯酸、N-乙烯基甲酰胺、甲基丙烯酸缩水甘油酯等。有时需加入少量交联剂，如邻苯二甲酸二烯丙酯、三聚氰酸三丙酯、三羟甲基丙烷三丙烯酸酯等。常用聚乙烯醇或羟乙基纤维素为保护胶体，有时也采用非离子和阴离子复合乳化剂。可采用热分解引发剂，有时也采用氧化还原引发剂。所生产的 EVA 乳液固含量一般为 55%，乳胶粒直径在 0.2~3μm 之间，黏度在 500~4000mPa·s 之间，pH 值为 4~4.5。

表 8-25 中为 EVA 乳液预乳化半连续法合成配方实例[130]。

表 8-25　EVA 乳液合成配方实例

| 组　分 | 用量/g | 组　分 | 用量/g |
|---|---|---|---|
| 连续相 | | 乙烯 | 4.69MPa |
| PVA1[①] | 350 | 引发剂 | |
| PVA2[②] | 721 | 叔丁基过氧化氢/水 | 15/250 |
| 非离子表面活性剂[③] | 16.1 | 异抗坏血酸/水 | 10/250 |
| 羧酸钠聚电解质(30%) | 4.2 | 预乳化单体 | |
| 硫酸亚铁(1%水溶液) | 7.5 | 水 | 700 |
| 甲醛次硫酸钠 | 2 | PVA1 | 50 |
| 水 | 1400 | PVA2 | 100 |
| 初始单体 | | 非离子表面活性剂 | 5.4 |
| 乙酸乙烯酯 | 2660 | 乙酸乙烯酯 | 1140 |

① 低黏度聚乙烯醇溶液，聚乙烯醇水解度 88%，浓度 25%。
② 中等黏度聚乙烯醇溶液，聚乙烯醇水解度 88%，浓度 10%。
③ 烷基酚聚氧乙烯醚，氧乙基单元数为 40。

图 8-14 为 EVA 乳液聚合生产工艺流程实例[39]。

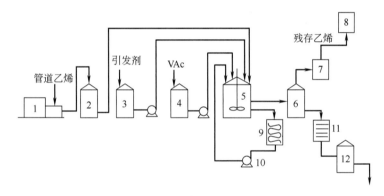

**图 8-14　EVA 乳液聚合工艺流程图**

1—乙烯压缩机；2—高压乙烯贮罐；3—引发剂贮罐；4—乙酸
乙烯贮罐；5—聚合釜；6—脱泡塔；7—分离器；8—火炬；
9—换热器；10—循环泵；11—过滤器；12—成品槽

　　反应系统由聚合反应釜、循环泵、换热器、体外散热循环系统组成。生产过程如下：将部分乙酸乙烯酯和表面活性剂等先加入聚合反应器中，当达到一定的温度和压力时，连续加入规定量的单体及引发剂进行聚合反应，由循环泵将反应物循环。当残存乙酸乙烯酯含量达到规定值时，终止反应，利用釜内余压将生成物压入脱泡槽，把残存乙烯解吸出来，经分离、过滤、包装，即得成品。

　　生产 EVA 乳液一般采用釜式反应器，利用间歇、半连续或预乳化半连续中压工艺进行生产。在环形管反应器中进行的连续乳液聚合受到了人们的关注。利用管式反应器进行连续乳液聚合反应，比传热面积大，反应易控制。在管中物料流动接近平推流，所有物料在反应器中经历相似，平均停留时间相同，无非稳特性，因而产品质量稳定均一。管式反应器可承受高压，聚合反应可以在高于 12MPa 的压力下进行。管式反应器容积小，生产强度高。但是环管式反应器不适于聚合稳定性小的乳液聚合体系，粘釜和挂胶会导致运转周期缩短和产品质量下降。

2000 年，北京有机化工厂从英国引进两套高压环形管式反应装置，于 2001 年 11 月顺利试车成功，投入正常运转，并利用该设备成功地开发了多个 EVA 乳液新品种，取得了良好的效果。

图 8-15 中示出了高压环形管式反应装置图[131]。

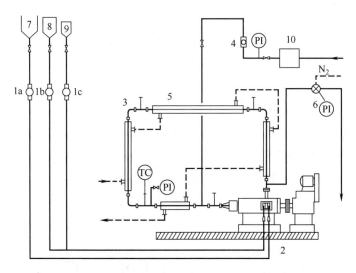

图 8-15　高压环形反应装置

1—高压计量泵（1a 为水相计量泵，1b 为乙酸乙烯酯计量泵，1c 为氧化剂计量泵）；
2—高压螺杆式循环泵；3—高压反应环管；4—乙烯流量调节阀；5—冷却水
自动控温系统；6—反应器出口备压阀；7—包括聚乙烯醇、还原剂、缓冲剂
的水相高位槽；8—乙酸乙烯酯高位槽；9—氧化剂高位槽；10—乙烯槽

#### 8.4.5.4　叔醋乳液的生产

叔醋乳液是叔碳酸乙烯酯和乙酸乙烯酯的共聚物乳液。在叔碳酸乙烯酯（VeoVa）链节上，庞大的、高度支化的烷基具有非极性和疏水性。当叔醋乳液成膜时，这些烷基倾向于定位在涂膜的表面，朝向空气，形成一空间位阻很大的屏蔽层，不仅把自身的酯基保护起来，还对乙酸乙烯酯链节的酯基起保护作用，以防止其水解，大大地改善了乳液聚合物的耐水性、耐碱性及耐候性。另外，叔碳酸乙烯酯和乙酸乙烯酯竞聚率相近且均小于 1，例如乙酸乙烯酯-VeoVa10 共聚物 $r_{VAc}=0.99$、$r_{VeoVa10}=0.92$，乙酸乙烯酯-VeoVa9 共聚物 $r_{VAc}=0.93$、$r_{VeoVa9}=0.90$，故该两种叔碳酸乙烯酯单体很容易与乙酸乙烯酯共聚，形成序列分布较均匀的无规共聚物，有利于支链烷基均匀分布，可更好地发挥 VeoVa 链节的屏蔽作用[132-134]。

由于叔醋乳液具有优异的性能，故可以用于配制高耐候性的外墙涂料和高性能、高颜基比的无光内墙乳胶漆，可用于涂饰水泥、石棉、石膏等碱性壁面。叔醋乳液还可以用作耐水黏合剂、水泥改性剂以及高档防水装饰腻子的基料。自从 20 世纪 90 年代以来，在国

外，尤其在西欧，叔醋乳液得到了快速发展，叔醋乳胶漆市场占有率迅速增大[135,136]。

一般采用预乳化、半连续工艺生产叔醋乳液。叔碳酸酯的用量（质量份）一般为 25～30，有些配方还要加入少量改性单体，如丙烯酸、丙烯酸丁酯等。常用过硫酸盐引发剂，也有的采用氧化还原引发体系。在其生产配方中：有的只用聚乙烯醇或羟乙基纤维素作保护胶体来使体系稳定；有的将保护胶体和非离子乳化剂复合使用；也有的不用保护胶体，而是用阴离子-非离子复合乳化剂。

表 8-26 中列出了一个叔醋乳液生产配方实例[137]。

**表 8-26** 叔醋乳液生产配方实例

| 组　分 | 用量/质量份 | 组　分 | 用量/质量份 |
|---|---|---|---|
| 乙酸乙烯酯 | 75 | 过硫酸钾 | 0.33 |
| VeoVa10 | 25 | 叔丁基过氧化氢(70%) | 0.04 |
| 十二烷基硫酸钠 | 0.19 | 甲醛次硫酸钠 | 0.04 |
| 羟乙基纤维素 | 2.0 | 乙酸钠 | 0.25 |
| 壬基酚聚氧乙烯醚 | 2.0 | 去离子水 | 138 |

其生产工艺如下：

① 将规定量的乙酸乙烯酯和 VeoVa10 投入单体槽中，搅拌混合。

② 将引发剂和还原剂分别配制成各自的水溶液。

③ 将余下的水加入反应釜中，然后在搅拌下依次加入乙酸钠、羟乙基纤维素、十二烷基硫酸钠和壬基酚聚氧乙烯醚。

④ 升温至 72℃，加入 1/4 的过硫酸钾溶液，随后加入 10% 的混合单体，此时聚合反应开始，釜内物料自行升温至 80℃ 以上。

⑤ 待釜内物料温度回落至 80℃ 时，开始滴加余下的混合单体和过硫酸钾溶液，4～4.5h 滴完；在滴加期间，釜内物料温度保持在 80～82℃ 之间。

⑥ 物料滴完后，保温 1h，然后降温至 60℃，加入甲醛次硫酸钠溶液和叔丁基过氧化氢溶液，以消除残余单体。

⑦ 降温至 40℃ 以下，出料，过滤，包装，即得叔醋乳液。

### 8.4.5.5　顺醋乳液的生产[138, 139]

用顺丁烯二酸二丁酯对聚乙酸乙烯酯乳液进行改性所生产的共聚物乳液简称顺醋乳液。顺丁烯二酸二丁酯是一种软单体，在其与乙酸乙烯酯的共聚物中起内增塑作用，可提高共聚物的柔韧性。聚乙酸乙烯酯乳液一般要加入邻苯二甲酸二丁酯进行外增塑，增塑剂会挥发或向基材渗透而使涂膜变脆，使用寿命缩短。若用顺丁烯二酸二丁酯进行内增塑，就克服了聚乙酸乙烯酯均聚物乳液的这一弊端。同时引入顺丁烯二酸二丁酯链节，还可以提高共聚物的耐候性、耐水性、耐碱性和抗粉化性。这种聚合物乳液可以用来配制性能较好的外墙涂料，在国外发展很快，已成为乳胶漆的一个重要品种。

顺丁烯二酸二丁酯和乙酸乙烯酯能够很好地共聚。在其聚合物乳液用作外墙涂料时，顺丁烯二酸二丁酯的用量要根据对漆膜性能的要求及乳胶漆的配方、颜填比等通过试验来确定，一般用量为 15～25 份，更多的选用 25 份顺丁烯二酸二丁酯和 75 份乙酸乙烯酯。

生产顺醋乳液可以用聚乙烯醇为保护胶体，也可采用其他保护胶体，也有采用保护胶体和阴离子乳化剂复合稳定剂的。生产中，一般采用半连续生产工艺，其中有的滴加混合单体，有的则滴加单体预乳化液。

表 8-27 中列出了两个顺醋乳液生产配方实例，配方 1 采用混合单体滴加半连续工艺，而配方 2 则采用预乳化工艺。

**表 8-27** 顺醋乳液生产配方实例

| 组　分 | 用量/质量份 | |
| --- | --- | --- |
| | 配方 1 | 配方 2 |
| 乙酸乙烯酯 | 75 | 75 |
| 顺丁烯二酸二丁酯 | 25 | 25 |
| 聚乙烯醇（乙酰基 10%～12%） | 5 | 5 |
| 丁二酸 2-乙基己酯磺酸钠 | — | 0.25 |
| 过硫酸钾 | 0.2 | 0.5 |
| 去离子水 | 95 | 95 |

利用配方 1 时的聚合工艺为：先将聚乙烯醇在反应釜中用去离子水进行溶解，再加入 15 份混合单体和 0.08 份过硫酸钾，升温至 68℃，聚合反应开始进行，此时开始滴加混合单体，控制在 8h 内滴完，并且每小时加入 0.01 份过硫酸钾，在滴加期间控制反应温度在 68～72℃ 之间，当单体滴加完毕后，逐渐升温至 90℃，当基本无回流时，抽真空脱除残余单体，然后冷却，并用碳酸氢钠调 pH 值至 5～6，即得顺醋乳液。

利用配方 2 时的生产工艺为：先把聚乙烯醇和丁二酸 2-乙基己酯磺酸钠在预乳化槽内配制成水溶液，再加入混合单体，在激烈搅拌下进行预乳化，配制成预乳化液。再向已加入蒸馏水的反应釜中加入 10%～15% 单体预乳化液，用甲酸调 pH 值至 3.5～4，加入过硫酸钾总量的 40%，然后加热至 70℃，当釜内物料变蓝后，连续滴加单体预乳化液和部分过硫酸钾溶液，在 7～8h 内加完，单体加完后，加入余下的过硫酸钾溶液，当基本无回流时，冷却，加入碳酸氢钠，调 pH 值至 5～6，即得顺醋乳液。

## 8.4.6　含卤乳液聚合物及聚合物乳液的生产

### 8.4.6.1　聚氯乙烯糊树脂的生产

（1）简介　聚氯乙烯糊树脂是制备聚氯乙烯糊的专用树脂，是用乳液聚合法或微悬浮聚合法生产的。因为微悬浮聚合动力学规律与乳液聚合相近，故可把其看成乳液聚合的一个分支。PVC 糊是由 PVC 糊树脂和增塑剂配制而成的 PVC 溶胶。该种液态物料较易配制，使用方便，价格较低，且制品性能优良，广泛用于制造人造革、壁纸、篷布、地板革、输送带、彩钢板涂层、玩具、手套、纱窗等领域[10,140]。

早在 20 世纪 30 年代，人们就开始了对 PVC 糊树脂的研究开发，于 1937 年由德国法本公司投入工业生产，后来得到了持续发展。我国于 20 世纪 50 年代着手开发 PVC 糊树脂，60 年代已开始了小批量生产，到 1985 年全国总生产能力达 1.65 万吨/年，实际产量为 1.3 万吨/年。为了适应我国对 PVC 糊树脂的需求，从 80 年代中期开始，许多厂家先后从国外引进了先进生产技术，使我国 PVC 糊树脂的生产上了一个新台阶，其产量和质量均得到了大幅度提高。

（2）生产配方与生产工艺 PVC 糊树脂可采用多种方法来合成，如间歇乳液聚合法、半连续乳液聚合法、种子乳液聚合法、微悬浮聚合法及连续乳液聚合法等。这些方法各有其特点。其中种子乳液聚合法是常用的制造聚氯乙烯糊树脂的方法，它可以克服连续乳液聚合的非稳特性（瞬态现象），同时也可以有效地控制所制糊树脂的粒度及粒度分布，以改善加工性能和提高最终产品的质量。以下仅对种子乳液聚合法合成聚氯乙烯糊树脂的配方及生产工艺加以介绍。

利用种子乳液聚合法制造聚氯乙烯糊树脂常常利用两种规格的乳液作为种子，即第一代种子和第二代种子。所制成的聚合物乳液的乳胶粒直径呈双峰分布，这样既可降低增塑剂吸收量，又可改善树脂的加工性能。用不加种子的乳液聚合法所制成的乳液称为第一代种子；而在第一代种子乳液的基础上继续聚合所制得的乳液称为第二代种子。表 8-28 列出了制备第一代种子乳液和第二代种子乳液的配方[10]。

氯乙烯种子乳液聚合配方列入表 8-29 中。

**表 8-28** 制备第一代和第二代聚氯乙烯种子乳液的配方

| 组　　分 | | 用量/质量份 | |
| --- | --- | --- | --- |
| | | 第一代种子乳液 | 第二代种子乳液 |
| 单体 | 氯乙烯 | 100 | 100 |
| 乳化剂 | 十二烷基硫酸钠 | 0.6 | 0.3 |
| 引发剂 | 过硫酸钾 | 0.1 | 0.1 |
| 介质 | 去离子水 | 150 | 150 |
| pH 调节剂 | 氢氧化钠 | 调 pH＝10～10.5 | — |

**表 8-29** 氯乙烯种子乳液聚合配方

| 组　　分 | | 用量/质量份 | |
| --- | --- | --- | --- |
| | | 配方 I | 配方 II |
| 单体 | 氯乙烯 | 100 | 100 |
| 引发剂 | 氧化剂　过硫酸钾 | 0.2 | 0.07 |
| | 还原剂　亚硫酸氢钠 | — | 0.02 |
| 介质 | 去离子水 | 150 | 150 |
| 种子乳液 | 第一代种子 | 1 | 1 |
| | 第二代种子 | 2 | 2 |
| pH 调节剂 | 氢氧化钠 | 调 pH＝10～10.5 | 调 pH＝10～10.5 |

利用种子乳液聚合法制备聚氯乙烯糊树脂的生产工艺流程示于图 8-16 中。

氯乙烯种子乳液聚合工艺流程简述：

（1）物料准备与配制

① 将规定量的软水和十二烷基硫酸钠投入乳化剂溶液配制槽 9 中，开动搅拌，并升

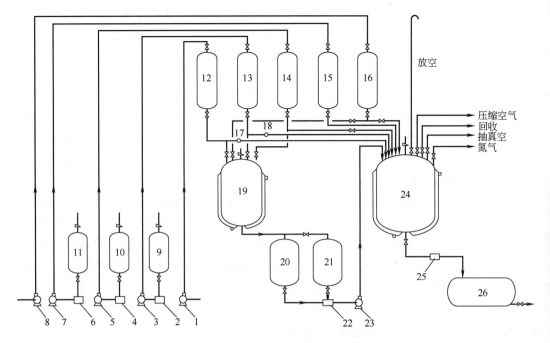

**图 8-16 利用种子乳液聚合法制造聚氯乙烯糊树脂工艺流程**

1—单体输送泵；2,4,6,22,25—过滤器；3—乳化剂溶液输送泵；5—引发剂溶液输送泵；7—碱液输送泵；
8—软水输送泵；9—乳化剂溶液配制槽；10—引发剂溶液配制槽；11—碱液配制槽；12—单体计量槽；
13—乳化剂溶液计量槽；14—引发剂溶液计量槽；15—碱液计量槽；16—软水计量槽；17,18—计量泵；
19—种子釜；20—第一代种子乳液贮槽；21—第二代种子乳液贮槽；23—种子乳液输送泵；
24—聚合釜；26—乳液贮槽

温至 50℃，让其充分溶解。然后把乳化剂溶液由 9，经过滤器 2，通过乳化剂溶液输送泵 3 送到乳化剂溶液计量槽 13 中，待用。

② 将规定量的软水和过硫酸钾投入到引发剂溶液配制槽 10 中，开动搅拌，使其溶解。配制温度不得超过 30℃。然后把引发剂溶液由 10，经过滤器 4，通过引发剂溶液输送泵 5 送到引发剂溶液计量槽 14 中，待用。

③ 将规定量的软水和氢氧化钠投入碱液配制槽 11 中，开动搅拌，使其溶解。然后把碱液由 11，经过滤器 6，通过碱液输送泵 7 送到碱液计量槽 15 中，待用。

④ 将氯乙烯通过单体输送泵 1 送到单体计量槽 12 中，待用。

⑤ 将软水通过软水输送泵 8 送到软水计量槽 16 中，待用。

（2）种子的制备

① 由软水计量槽 16 和乳化剂溶液计量槽 13 向种子釜 19 中分别加入规定量的软水和乳化剂溶液。并开动搅拌，使其混合。

② 由单体计量槽 12 向种子釜 19 中加入部分单体，搅拌一定时间，让其充分乳化。

③ 向种子釜 19 的夹套内通入热水，加热至 50℃。

④ 由引发剂溶液计量槽 14，向种子釜 19 中加入规定量的引发剂溶液。聚合反应即开始进行。夹套内通 15~17℃ 的水带走反应热量。在聚合过程中，通过控制向釜内滴加单体

的速率，来控制反应温度。

⑤ 单体滴完后保温一段时间，即得第一代或第二代种子乳液，将其分别输送至第一代种子乳液贮槽 20 和第二代种子乳液贮槽 21 中，待用。

（3）种子乳液聚合

① 通过软水计量槽 16 向聚合釜 24 内加入配方规定量的软水；再通过乳化剂溶液计量槽 13 投入规定量的起始乳化剂；然后通过碱液计量槽 15 向釜内加入碱溶液，调 pH＝9.5～10.5；由第一代种子乳液贮槽 20 和第二代种子乳液贮槽 21，经过滤器 22，用种子乳液输送泵 23，分别将规定量的第一代种子乳液和第二代种子乳液送至聚合釜 24 内。

② 用压缩空气试压合格后，再将釜内抽真空至真空度为 0.05MPa，然后充氮气，反复抽真空，充氮三次。

③ 由单体计量槽 12 通过计量泵 17 向聚合釜 24 内加入规定量的氯乙烯单体，开动搅拌，乳化 30min。

④ 向聚合釜 24 的夹套内通入热水，在 1h 内均衡地升温至反应温度，此时聚合反应开始进行。随着单体逐渐聚合，釜内压力将降低，此时通过计量泵 17 和计量泵 18 向釜内分别均衡地注入单体和乳化剂溶液，以补充其消耗。反应期间严格控制反应温度在（48～52）℃±0.5℃之间。

⑤ 待釜内压力降至 0.4MPa 时停止搅拌，并打开通往气柜的阀门，回收单体。

⑥ 反应完成后，将反应釜 24 中的聚氯乙烯乳液通过过滤器 25 放至乳液贮罐 26 中，最后送至后续工段进行后处理。

### 8.4.6.2 氯偏乳液的生产

氯偏乳液是氯乙烯和偏二氯乙烯的共聚物乳液。为了改性，有时还要加入第三单体如丙烯酸酯、丙烯腈等，制成三元共聚物乳液。氯偏乳液聚合物具有优异的耐水性、耐油性、耐化学药品性、阻燃性、气密性、耐磨性、粘接性、光泽性、透明性等性能，主要用于防水、防潮、防腐、防霉、防污涂料、地坪涂料、包装用保鲜膜涂料、壁纸涂料、汽车底漆等用途[141,142]。

氯偏乳液典型的生产配方如表 8-30 所示[143]。

**表 8-30** 氯偏乳液生产配方

| 组　　分 | | 用　　量 | |
| --- | --- | --- | --- |
| | | /质量份 | /kg |
| 单体 | 氯乙烯 | 25 | 175 |
| | 偏二氯乙烯 | 70 | 490 |
| | 丙烯酸丁酯 | 5 | 35 |
| 乳化剂 | OP-10 | 1.5 | 10.5 |
| | $C_{12}$～$C_{16}$ 烷基磺酸钠 | 4 | 28 |
| 引发剂 | 过硫酸铵 | 0.17 | 1.19 |
| 还原剂 | 亚硫酸氢钠 | 0.137 | 0.959 |
| 种子乳液 | | 1.5 | 10.5 |
| 介质 | 去离子水 | 112 | 784 |

其生产工艺如下。

① 将 3kg $C_{12}$～$C_{16}$ 烷基磺酸钠用 117kg 去离子水稀释，将其等分为两桶，其中第一桶加入 0.64kg 亚硫酸氢钠，第二桶加入余下的亚硫酸氢钠。

② 将去离子水 667kg、OP-10 10.5kg、$C_{12}$～$C_{16}$ 烷基磺酸钠 25kg、过硫酸铵 1.19kg 及种子乳液 10.5kg 加入反应釜中，用氮气试压合格后，抽真空，吸入丙烯酸丁酯、偏二氯乙烯和氯乙烯。

③ 将釜内物料快速搅拌预乳化 10min，升温至 53℃，并在 53℃±0.5℃ 下保温 30min。

④ 然后开始加入第一桶 $C_{12}$～$C_{16}$ 烷基磺酸钠-亚硫酸氢钠溶液，每 10min 加入 2kg，此时聚合反应开始，在此期间，如若反应过快（温度升高或压力增大）可以适当放慢加液速度或暂停加溶液，严格控制釜内压力不超过 0.6MPa。

⑤ 当压力降低至 0.25MPa 时，聚合反应接近终点，此时快速加入第二桶 $C_{12}$～$C_{16}$ 烷基磺酸钠-亚硫酸氢钠溶液，并在 53～55℃ 温度下继续反应 30min，进行后消除❶，并且防止由于"秃顶现象"❷（bald phenomenon）而使乳液稳定性下降。

⑥ 后消除到时后，进行排气，使釜内压力降至 0.01MPa 以下，最后降温至 40℃，出料。

### 8.4.6.3 含氟聚合物乳液的生产

含氟聚合物乳液是指以有机氟单体进行乳液聚合，或以有机氟单体为主，与其他单体进行乳液共聚合而制备的聚合物乳液。含氟乳液聚合物具有超常的耐候性、憎水性、憎油性和抗污性，并且有优异的力学性能、防腐性、耐热性、耐磨性、抗盐雾性、电性能、自润滑性等。

合成含氟聚合物乳液常用的有机氟单体有：氟乙烯、偏二氟乙烯、三氟乙烯、四氟乙烯、三氟氯乙烯、六氟丙烯、（甲基）丙烯酸氟烷基酯、氟烷基乙烯基醚等。若纯粹由上述有机氟单体所合成的均聚物或共聚物乳液，虽然具有许多优异的性能，但是其溶解性、成膜性、与颜填料的相容性等性能较差。所以常常把有机氟单体和其他单体（如乙烯、α-烯烃、乙烯基醚、乙烯基酯、丙烯酸酯等）共聚合，同时还需要引入少量功能单体，如（甲基）丙烯酸等不饱和羧酸、N-羟甲基丙烯酰胺、（甲基）丙烯酸羟丙酯、（甲基）丙烯酸缩水甘油酯、双丙酮丙烯酰胺等，向聚合物分子链上引入酯基、醚键、羟基、羧基、环氧基、羰基等极性基团，来赋予含氟乳液共聚物以溶解性及交联性，并可以赋其共聚物乳液以良好的成膜性、稳定性、与颜填料的相容性及施工性能[144,145]。

合成含氟聚合物乳液可以采用常规乳化剂，但更多地采用含氟乳化剂。最好将常规乳

---

❶ 关于后消除：对于乳液聚合来说，其最终转化率很难达到 100%，在所制备的乳液中总会含有少量的残余单体，会对其后续的应用过程带来环境污染。所以在乳液聚合后期常常要补加少量低温引发剂，使残余单体充分聚合，以消除其不良影响。这一操作人们常称其为"后消除"。

❷ 关于秃顶现象：在特定的乳液聚合体系中，每一个乳化剂分子在乳胶粒表面上都有一个特定的覆盖面积 $a$，（见本书 3.4.8.1 部分），在乳液聚合阶段 I 和阶段 II 交界点处，所有的乳化剂刚好全部覆盖在乳胶粒表面，此时乳化剂在乳胶粒表面上的覆盖率为 100%。在阶段 II 乳胶粒不断长大，乳胶粒的表面积不断增大，此时没有足够的乳化剂把乳胶粒表面完全覆盖，覆盖率<100%，于是就出现了"秃顶现象"。只要覆盖率>30%（ζ电位>37mV），乳液就处于稳定状态，不然就会破乳。为了确保乳液稳定，在反应后期人们常常要补加一定量的乳化剂，以提高乳液的稳定性。

化剂和含氟乳化剂相复配，调节到一个合理 HLB 范围内，这样可以获得最优的稳定效果。大多采用水溶性引发剂（如过硫酸盐等），但是若采用种子乳液聚合法，可以采用油溶性引发剂（如偶氮二异丁腈、过氧化苯甲酰等），在有些场合也可采用氧化还原引发剂。为了控制聚合物分子量，常用四氯化碳、十二烷基硫醇或辛硫醇等调节剂。另外，为了提高聚合反应速率和体系的稳定性，有时还要加入少量溶剂，可用的溶剂有甲基乙基酮、丙酮、三氯三氟丙烷、甲基异丁基酮、环己酮、乙酸乙酯等[144,145]。

当采用丙烯酸氟烷基酯、氟烷基乙烯基醚等液态单体时，只需进行常压乳液聚合反应即可；而当采用氟乙烯、偏二氟乙烯、四氟乙烯、三氟氯乙烯等气态单体时，则需首先在高压下将其液化，然后在高压下进行乳液聚合，其生产装置如图 8-17 所示[146]。

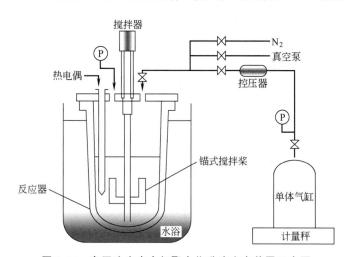

图 8-17　高压法生产含氟聚合物乳液生产装置示意图

表 8-31 中列出了用高压法生产含氟聚合物乳液的配方实例[147]。

**表 8-31**　高压法生产含氟聚合物乳液配方实例

| 组　　分 | 用量/质量份 | 组　　分 | 用量/质量份 |
| --- | --- | --- | --- |
| 三氟氯乙烯 | 43.63 | 过硫酸钾 | 0.26 |
| 丁酸乙烯酯 | 20.52 | 十水碳酸钠 | 0.13 |
| 叔碳酸乙烯酯 VeoVa9 | 33.81 | 非离子乳化剂 Newcol 566 | 6.06 |
| 十一碳酸 | 1.42 | 阴离子乳化剂 Newcol 293 | 1.29 |
| 双丙酮丙烯酰胺 | 0.64 | 去离子水 | 100.65 |

其生产工艺过程为：首先向高压釜中加入规定量的丁酸乙烯酯、叔碳酸乙烯酯 VeoVa9、十一碳酸、双丙酮丙烯酰胺、去离子水、过硫酸钾、十水碳酸钠、非离子乳化剂 Newcol 566 及阴离子乳化剂 Newcol 293，其后将釜封闭，用冷冻水降温，通氮气加压至 4.9MPa，再排气至 1.3MPa，然后再向高压釜内导入规定量的三氟氯乙烯，升温，在 50℃ 下反应 24h。反应到时后，冷却至室温，排出残余气体，最后用氨水调 pH 值至 7.5～8，即得含氟聚合物乳液。

## 8.4.7 ABS 树脂的生产

### 8.4.7.1 概述

ABS 树脂是丙烯腈-丁二烯-苯乙烯三元共聚物，是通过核壳结构乳液聚合法，或者通过乳液聚合与本体聚合或乳液聚合与悬浮聚合相结合的方法而生产的一种热塑性通用工程塑料。这种树脂微观上具有"海岛"结构，许许多多核壳结构乳胶粒的聚丁二烯橡胶内核，以微胞的形式作为分散相均匀地分解在由苯乙烯-丙烯腈共聚物（SAN）构成的连续相中。这些聚丁二烯橡胶微胞赋予 ABS 制品以韧性、抗冲击性和耐低温性能；丙烯腈链节赋予其耐化学药品性和耐热性；而苯乙烯链节则赋予其刚性和表面光泽性。乳胶粒核与壳之间的过渡层具有接枝结构，SAN 共聚物链部分地接枝在聚丁二烯橡胶核上，将核与壳之间以共价键的形式牢固地结合起来，消除了核与壳之间鲜明的相界面，也就是消除了力学薄弱环节，进一步提高了 ABS 树脂的力学性能。因此，ABS 树脂具有高刚性、抗冲击、耐热、耐化学药品、耐低温、易加工、表面光泽等特性，综合性能优异，成为一种产量最大、用途最广的通用型工程塑料，广泛应用于汽车、机械、电子电器、仪器仪表、建材、纺织、办公用品、玩具等领域，在国民经济中成为一种不可缺少的重要材料[148]。

早在 1947 年美国橡胶公司就开发成功了掺和法 ABS 树脂，并实现了工业化生产。随后，于 1954 年美国 Borg-Warner 公司最先开发的乳液接枝法 ABS 树脂也投入了生产。后来，尤其是 20 世纪 70 年代以来，ABS 树脂工业获得了快速发展。

### 8.4.7.2 ABS 树脂的生产方法 [149-151]

ABS 树脂有多种生产方法，主要有机械共混法和化学接枝掺混法。

机械共混法是一种古老的方法，就是把 SAN 树脂和橡胶一起进行机械共混，再进行造粒；或者是先把橡胶乳液与 SAN 乳液掺混在一起，然后再进行凝聚、脱水、干燥及造粒。用这种方法生产的 ABS 树脂抗冲性能不好、产品质量不易控制、耐老化性能较差且加工性能不理想，故这种方法趋于被淘汰。

化学接枝掺混法又可分为连续本体法和乳液接枝掺混法。

连续本体法生产工艺简单、污染程度低且投资少，是一种有发展前景的方法，已成为许多厂家竞相研发的热点课题，已取得了较大进展，且实现了工业化生产。但其生产工艺尚不够成熟，目前尚不能用此法生产橡胶含量在 20% 以上的 ABS 树脂，橡胶颗粒粒度不易控制，且抗冲强度和光泽度相对较差，故该项技术尚待进一步发展和完善。

在采用乳液接枝掺混法生产 ABS 树脂时，需要制备一种具有核壳结构乳胶粒的接枝共聚物乳液。这种乳液中乳胶粒的核为橡胶，可以为聚丁二烯橡胶、丁苯橡胶、丁腈橡胶，也可以为聚丙烯酸酯橡胶。为了使所生产的 ABS 树脂具有更优异的耐寒性，大多采用玻璃化转变温度最低的聚丁二烯（PB）橡胶（$T_g = -86℃$）。故为了制备 ABS 接枝共聚物乳液，首先要制备聚丁二烯胶乳，然后以聚丁二烯胶乳的乳胶粒作为核，以丙烯腈和苯乙烯作为壳单体进行包壳反应，形成具有 PB/SAN 核壳结构乳胶粒的聚合物乳液。由于聚丁二烯分子链上具有剩余双键和 $\alpha$-氢原子，所以在包壳期间，尤其是在包壳反应初期，SAN 可以部分地接枝到聚丁二烯核上，在核与壳之间形成具有接枝结构的共聚物

（PB-g-SAN）过渡层。因为在所生成的核壳乳胶粒中含有接枝结构聚合物，所以常将其称之为 ABS 接枝共聚物乳液。核壳乳液聚合完成后，还可以再进一步对所制得的乳液进行凝聚、脱水、洗涤及干燥，得到 ABS 接枝共聚物粉料。

乳液接枝掺混法又有三个分支，即乳液接枝 ABS/本体 SAN 掺混法、乳液接枝 ABS/悬浮 SAN 掺混法和乳液接枝 ABS/乳液 SAN 掺混法。前两种方法是先将 ABS 接枝共聚物粉料分别与用本体聚合法生产的 SAN 和用悬浮聚合法生产的 SAN 进行掺混，然后在螺杆挤出机上进行挤出造粒，即得 ABS 树脂粒料；后一种方法是先把 ABS 接枝共聚物乳液与SAN 乳液预混合，然后将其凝聚、脱水、洗涤、干燥，最后进行造粒，得到 ABS 树脂粒料。因为后一种方法所制得的 ABS 树脂杂质含量较多、性能稍差，且加工性能也不够理想，所以在实际生产中应用较少。

### 8.4.7.3 ABS 接枝共聚物乳液生产配方与生产工艺

（1）ABS 树脂专用聚丁二烯胶乳的合成　聚丁二烯胶乳的合成与其后的乳液接枝共聚合是 ABS 树脂生产的核心技术，聚丁二烯胶乳及进而制备的 ABS 接枝共聚物乳液的乳胶粒的结构形态、粒径及粒度分布、交联度、分子量大小及其分布、接枝率、乳液的稳定性等参数，都直接影响着最终产品的性能，而这些参数又是由生产配方与乳液聚合工艺决定的。各个厂家、不同牌号的 ABS 树脂的生产配方和聚合工艺各不相同，以下列举出其中一些实例。

生产聚丁二烯胶乳既可采用低温（<10℃）法，又可采用高温法（50～80℃）。表 8-32中给出了其典型的生产配方及工艺条件[152]。

**表 8-32　生产聚丁二烯胶乳的典型聚合配方及工艺条件**

| | 配方与条件 | 低温聚合/质量份 | 高温聚合/质量份 |
|---|---|---|---|
| 组分 | 丁二烯 | 100 | 100 |
| | 水 | 160～200 | 120～190 |
| | 歧化松香酸皂 | 2～3 | 3～4 |
| | 脂肪酸皂 | 3～2 | — |
| | 叔十二烷基硫醇 | 0.2～0.4 | 0.2～0.6 |
| | 引发剂 | 0.15～0.4 | 0.15～0.4 |
| | 活化剂 | 0.2～0.3 | 0.2～0.3 |
| | 电解质 | — | 0.2～0.5 |
| | 磷酸钾 | — | 0.3～0.5 |
| | 过硫酸钠 | — | 0.2～0.4 |
| 工艺条件 | 聚合温度/℃ | 5±1 | 50～80 |
| | 聚合时间/h | 8～10 | 8～14 |
| | 单体转化率/% | >95 | >95 |

聚丁二烯乳液高温法生产工艺流程实例[152] 示于图 8-18 中。

其工艺过程大体如下：

① 将单体丁二烯、乳化剂溶液、去离子水、引发剂、活化剂及调节剂通过混合泵输送至四釜串联连续反应器的第一釜中。

② 在反应器中进行乳液聚合反应，釜内物料温度为 50～80℃，其平均停留时间为 8～

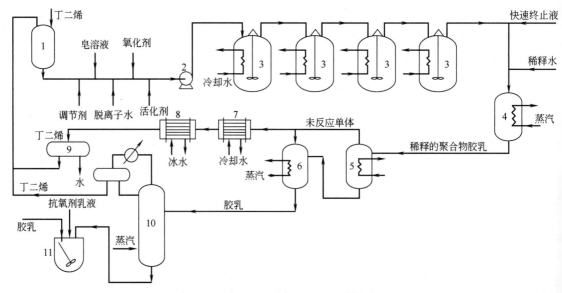

**图 8-18 聚丁二烯胶乳的生产工艺流程**

1—混合槽；2—混合泵；3—聚合釜；4—泄料槽；5—高压闪蒸槽；6—低压闪蒸槽；

7—冷凝器；8—冷却器；9—分离器；10—胶乳汽提塔；11—胶乳贮槽

14h，由末釜流出的聚丁二烯胶乳单体转化率达 95%。

③ 向由聚合釜流出的物料中加入终止剂溶液，终止聚合反应，用水稀释后送入泄料槽中。

④ 然后将物料经高压闪蒸、低压闪蒸与汽提，脱除残余丁二烯，并回收。

⑤ 最后把聚丁二烯胶乳输送至胶乳罐中，待用。

由以上工艺所制备的为小粒径聚丁二烯胶乳，其乳胶粒径一般为 $0.1\mu m$ 左右。为了使 ABS 树脂具有足够高的抗冲击强度，要求乳胶粒径大于 $0.25\mu m$，故需要用附聚法进行扩径。附聚是在某种条件下使胶乳稳定性降低，乳胶粒发生聚并，由小乳胶粒变成大乳胶粒的过程，分为冷冻附聚、压力附聚、机械搅拌附聚、化学附聚及高分子胶乳附聚五种方法。其中高分子胶乳附聚法是一种新型的附聚方法，具有很好的附聚效果。

（2）ABS 接枝共聚物乳液的合成　在以上所制备的聚丁二烯胶乳的基础上，加入丙烯腈与苯乙烯的混合单体及其他物料，进行包壳反应，即可制得在过渡层具有接枝结构的聚合物乳液，其配方实例[153] 如表 8-33 所示。

**表 8-33** ABS 接枝共聚物乳液合成配方实例

| 组　分 | 用量/质量份 | 组　分 | 用量/质量份 |
|---|---|---|---|
| 聚丁二烯胶乳[①] | 200 | 过硫酸钾(2) | 0.20 |
| 苯乙烯 | 60 | 氢氧化钾 | 0.20 |
| 丙烯腈 | 20 | 叔十二烷基硫醇 | 0～2 |
| 歧化松香酸皂(10%) | 10 | 去离子水 | 500 |
| 过硫酸钾(1) | 0.35 | | |

① 乳胶粒直径 $0.30\sim0.35\mu m$；固含量 55%。

其工艺过程如下：

① 先把苯乙烯、丙烯腈和硫醇混合得混合单体，备用。

② 向反应器中加入去离子水、过硫酸钾（1）、氢氧化钾及聚丁二烯胶乳。

③ 通氮气保护。

④ 在搅拌下升温至70℃，加入10%的混合单体。

⑤ 然后向反应釜中滴加混合单体，在3h内加完。在滴加期间分四次加入过硫酸钾（2）。

⑥ 物料加完后，继续反应1h，即得ABS接枝共聚物乳液。

## 8.4.8　用后乳化法合成聚合物乳液及乳液聚合物改性用乳液的工业生产

### 8.4.8.1　后乳化法制备聚合物乳液概述

绝大多数的聚合物乳液在工业上是通过常规乳液聚合法生产的，但也有的通过反相乳液聚合、细乳液聚合、微乳液聚合、无皂乳液聚合等方法制备。这些方法都是在聚合过程中直接形成聚合物乳液，聚合与乳化同步进行。但是这些直接形成聚合物乳液的乳液聚合法并不是制备聚合物乳液的唯一途径。在不少情况下会将制备过程分为两步：首先用溶液聚合、悬浮聚合、本体聚合等方法制备出聚合物（也有可能是天然聚合物）；然后再将其乳化，制成聚合物乳液。这种方法称作后乳化法。实现后乳化常采用三种工艺，即高速剪切乳化工艺、转相乳化工艺及自乳化工艺。

（1）高速剪切乳化工艺　高速剪切乳化工艺，在生产中又称高能法、直接乳化法、外乳化法、机械法或强制乳化法等，即借助于高速分散机、胶体磨、球磨机、砂磨机、超声破碎机或高压均质机等高强度剪切设备，把预先制备的聚合物在乳化剂溶液中强力破碎成微小（微米级甚至纳米级）的颗粒，这些聚合物颗粒在乳化剂的保护作用下，稳定地悬浮在水相中，于是就形成了乳白色的或半透明的，甚至近乎透明的聚合物乳液。高速剪切乳化工艺，生产工艺简单，操作方便，厂房占地面积小；但是需要用昂贵的高档设备（如高压或超高压均质机），能耗很高，维修频繁，且费用不菲，无形中增加了生产成本；另外采用这种工艺需要加入较多的外加乳化剂，残留的乳化剂常常会影响乳液涂膜的性能。

（2）转相乳化工艺　转相乳化工艺也称为相转变乳化法或低能乳化法。对于同一个"油-乳化剂-水"体系来说，随着乳化条件（所用乳化剂亲水性或亲油性的大小、温度、水相/油相体积比等）的变化，W/O型乳液可能转变成O/W型乳液，同时O/W型乳液也可以转变成W/O型乳液，这种转变就是所谓的乳液转相。根据转相驱动力的不同，转相乳化工艺可以分为两大类：一类是通过逐渐改变（降低或提高）体系的温度，使体系温度达到转相点而发生转相，这种工艺称为变温转相法，人们又常称其为PIT（phase inversion temperature，相转变温度）转相法；另一类则是通过逐渐改变水相（或油相）在油-水混合物中所占的体积分数（即组成），使体系达到转相点而发生转相，这种工艺称为变组成转相法，人们又常称其为PIC（phase inversion composition，相转变成分）转相法或EIP（emulsion inversion point，乳液反转点）转相法。体系的PIT和PIC即为该体系的转相点。对于一个特定的乳液体系来说，其转相点是一个固定的特征参数。在转相点处，由于乳液内部结构的变化，油-水之间的界面张力降低至最小值（趋近于0），乳液的黏度大幅度升高（甚至有时黏度蹿升至使乳液呈膏状），只要在反应釜中加以快速搅拌，不需要像高压均质机那样的高能耗设备的高速剪切，用常规的快速搅拌设备就可以把聚合物分散成直径很小的乳胶粒，其粒度可达微米级甚至纳米级。因此人们把转相法称作低能法并不过分。

对于用变温转相法来生产 O/W 型聚合物乳液来说，其生产过程一般为：先把聚合物投入反应釜中，升温（<100℃）熔化（或加溶剂溶解），再加入规定量的非离子型乳化剂（在 25℃ 温度下 HLB=10～16，例如带聚氧乙烯基团的非离子型乳化剂）的同温水溶液，快速搅拌，制成 W/O 型乳液，然后慢慢降温，待越过转相点（PIT）后，就从 W/O 型乳液转相成了 O/W 型乳液。

乳化剂分子的聚氧乙烯链段为亲水基团，而烃基为亲油基团。在水溶液中，由于聚氧乙烯链段和水分子之间的氢键作用，在低温下，会在聚氧乙烯链周围形成很厚的水化层（多层），该链段越长，温度越低，亲水性就越大，其 HLB 值越高，就更容易形成 O/W 型乳液；在高温下，聚氧乙烯链段和水分子之间的氢键作用减弱，导致水化层减薄，使得乳化剂的亲水性降低，水溶性减小，亲油性增大，HLB 值减小。当提高到某一温度时，乳化剂的亲油性超过了其亲水性，温度就达到了乳化剂的浊点以上，变成了亲油性乳化剂，于是体系就由 O/W 型乳液转变为 W/O 型乳液。反之，如果把一个 W/O 型乳液逐渐降低温度，乳化剂的亲水性增大，亲油性减小，当降低到某一温度时，其亲水性和亲油性达到了平衡，这时就到达了转相点（PIT），此时体系黏度达到最大值（甚至可呈膏状），若继续降温，体系就从 W/O 型乳液，转变成了 O/W 型乳液，此时，乳液的黏度又降低到了常态。

在采用变组成转相法时，可以选用阴离子型、阳离子型、非离子型及离子型复配乳化剂。先把油相和乳化剂加入高速分散设备中，熔化或溶解，然后在快速搅拌条件下慢慢加入水，加水前期由于水相/油相体积比小，水不足以形成连续相，此时在乳化剂的作用下体系形成 W/O 型乳液。随着水的不断加入，水/油体积比不断增大；当达到了转相点时，水量足以形成连续相，大量亲水性乳化剂从油相转移到水相中，体系黏度突然增大；若继续加入水，物料又变稀，此时越过了转相点，由 W/O 型乳液转变成了 O/W 型乳液。由于在转相点油相与水相之间的界面张力降至最低值，因此不用对其做太多的功，利用常规高速分散设备对物料进行快速剪切，就可以把分散相打成很小的乳胶粒，制备出稳定的 O/W 型乳液。

一般来讲，乳化剂的 HLB 值越低（如在 25℃ 温度下 HLB=2～6），乳液的相转变温度（PIT）就越低，就越容易形成在转相点以上稳定的 W/O 型乳液；而乳化剂的 HLB 值越高（如在 25℃ 温度下 HLB=10～16），乳液的相转变温度（PIT）就越高，就越容易形成在转相点以下稳定的 O/W 型乳液。

用转相乳化工艺生产聚合物乳液，设备简单，操作方便，生产效率高，且能量消耗很低，故此法受到多方青睐。

（3）自乳化工艺　自乳化工艺也称化学乳化法或内乳化法。自乳化工艺的基本过程是：首先在制备预聚体的过程中，向聚合物分子链上引入一定量的羧基、羟基、羰基、氨基、聚氧乙烯基、季铵基等亲水性基团，赋予聚合物以自乳化性能；然后慢慢加入规定量的去离子水，不用另外加入乳化剂，必要时加入适量的碱（或酸）来调节 pH 值，将预聚体分子链上的亲水性基团离子化，以增强其自乳化能力；通过中等或较高强度的搅拌，在适当的温度下进行乳化，即可得到稳定的聚合物乳液。

自乳化工艺，生产工艺简单，操作方便，能耗较少，无外加乳化剂残留而造成的对涂膜性能的不良影响，因此已被人们广泛采用。

### 8.4.8.2　后乳化法生产聚氨酯乳液

（1）简介　聚氨酯（PU）乳液属于水性聚氨酯（APU）的范畴。APU是指把PU溶于或分散于水中的液态物料。一般将其分成三类，即PU溶液（分子尺寸＜0.001μm，透明）、PU胶态分散液（粒径0.01～0.05μm，半透明）及PU乳液（粒径0.05～0.50μm，乳白色，不透明）。其中PU胶态分散液乳胶粒直径落在微乳液范围内，故也可称作PU微乳液。在实际中，PU乳液及PU微乳液应用最多，而PU溶液应用则较少。

众所周知，PU是一种综合性能非常优异的高分子材料，但PU产品需要使用大量的有机溶剂，会造成环境污染。而PU乳液以水为介质，具有不燃、无毒、不污染环境、节能、易施工等特点，加之乳液聚氨酯还具有一般聚氨酯所固有的优异的力学性能、粘接性能、耐磨性、柔韧性、耐低温性能、耐疲劳性、可室温固化等性能，故广泛地应用于木器漆、皮革涂饰剂、汽车涂料、建筑涂料、织物整理剂、水性油墨、水性黏合剂等产品中[39,154]。

早在1942年，Schlack就试制成功了APU。1953年，美国Du pond公司将端异氰酸酯聚氨酯预聚体的甲苯溶液分散在水中，再用乙二胺进行扩链，成功地合成了PU乳液。1967年，PU乳液在美国实现了工业化。其后于1972年，德国Bayer公司率先将APU用作了皮革涂饰剂。自20世纪70年代以来，随着世界各国环保意识的增强和环保法规的相继建立，APU得到了快速发展，美国、德国、日本等国多种牌号、不同用途的APU相继投放市场[155,156]。

在我国，20世纪70年代初，原化工部兰州涂料研究所就开始了PU乳液的研制工作。20世纪70年代中后期，天津、沈阳、广州等地的皮革研究所及厂家也相继开设了PU乳液的研究课题。20世纪80年代以来，成都、安徽、南京、天津、山东、山西、辽宁等地的大专院校和研究单位做了大量工作，开发出了许多新配方、新工艺和新产品，先后在四川、安徽、江苏、广东、河南、浙江等地建厂投产，并将其应用于皮革涂饰、木材加工、织物整理等技术领域，取得了很好的效果[157,158]。

在工业生产中，用后乳化法制备聚氨酯乳液主要采取两种工艺[99,155,159-161]：高速剪切乳化工艺和自乳化工艺。

（2）高速剪切乳化工艺制备聚氨酯乳液　制备PU乳液最早的工艺方法是高速剪切乳化工艺，即在乳化剂或保护胶体的稳定作用下，通过高速搅拌或其他机械设备的强力剪切作用，把疏水性的PU分散在水中。用这种方法所制成的PU乳液乳胶粒直径大（约1μm），稳定性差，易分层或凝聚，成膜性不好，且涂膜外观也较差，同时，外加乳化剂也会对聚合物的质量产生不良影响。因此，高速剪切乳化工艺目前较少用于聚氨酯乳液的制备。

（3）自乳化工艺制备聚氨酯乳液　现今制备PU乳液多用自乳化工艺，又叫内乳化法。采用这种方法不需要外加乳化剂，但要在PU分子链上引入亲水性基团，这些亲水基

团可以是阴离子基团、阳离子基团、非离子基团，也可以是两性基团，如—OH、—O—、—NH$_2$、$\left(CH_2CH_2O\right)_{\overline{n}}$、$-\overset{O}{\overset{\|}{C}}-\overset{O}{\overset{\|}{C}}-NH-$、—COOM、—SO$_3$M、—N$^+$R$_3$·X$^-$、—NR—R$'$—SO$_3$M 等。在这些亲水性基团的乳化作用下，通过中等强度的搅拌作用，即可制成稳定的 PU 乳液，根据生产工艺和所用原料可以把自乳化工艺分为熔融分散法、端基保护法、潜扩链剂法和丙酮法等。

① 熔融分散法　熔融分散法是一种不用有机溶剂来制备 PU 乳液的方法。采用这种方法，首先要制备以—NCO 封端且引入自乳化基团（如—COOM、—SO$_3$M、—N$^+$R$_3$·X$^-$ 等)的预聚体，然后加入尿素，在高温下进行反应（≥130℃），形成端缩二脲基团（H$_2$N—$\overset{O}{\overset{\|}{C}}$—NH—$\overset{O}{\overset{\|}{C}}$—NH—）聚氨酯，其后再加入甲醛和水，与缩二脲基团进行反应，以 N-羟甲基封端，并进一步缩聚，实现扩链和交联反应，同时在较大剪切力的搅拌作用下进行自乳化，制得稳定的 PU 乳液。这种方法不用有机溶剂，设备简单，操作方便反应容易控制，是一种很有发展前途的 PU 乳液生产方法。

② 端基保护法　采用端基保护法制备 PU 乳液，需首先制备以—NCO 封端且引入自乳化基团（如—COOM、—SO$_3$M、—N$^+$R$_3$·X$^-$ 等)的预聚体，再用封闭剂把端—NCO 基团保护起来，再加入扩链剂、交联剂等，然后在搅拌作用下将其在水中进行乳化，即可制得 PU 乳液。在施工过程中，通过加热解封，再生出游离的—NCO 基团，它可与 PU 链上或基材上的活泼氢进行交联反应。常用的封闭剂有异丙醇、苯酚、二苯胺、ε-己内酰胺、乙酰乙酸酯、丙二醇二乙酯、亚硫酸氢钠等。采用此法成败的关键在于选择一种有效的封端剂。该法工艺简单，但所制得的 PU 乳液稳定性稍差，故其生产工艺尚待进一步完善。

③ 潜扩链剂法　该法是采用潜扩链剂来制备 PU 乳液的方法。所用的潜扩链剂为封闭型的二元胺（酮亚胺）或封闭型的肼（酮连氮）。二元胺和肼在无水条件下遇到酮时，可分别进行如下反应，并分别生成酮亚胺和酮连氮。

$$H_2N-R-NH_2 + 2O=C\overset{R_1}{\underset{R_2}{}} \rightleftharpoons \overset{R_1}{\underset{R_2}{}}C=N-R-N=C\overset{R_1}{\underset{R_2}{}} + 2H_2O$$

二元胺　　　酮　　　　　　　酮亚胺

$$H_2N-NH_2 + 2O=C\overset{R_1}{\underset{R_2}{}} \rightleftharpoons \overset{R_1}{\underset{R_2}{}}C=N-N=C\overset{R_1}{\underset{R_2}{}} + 2H_2O$$

肼　　　　酮　　　　　　酮连氮

以上两个反应为可逆反应，在无水条件下，反应向正向进行，分别生成酮亚胺和酮连氮，从而把二元胺和肼保护起来；而当遇水时，反应向逆向进行，又分别重新释放出二元胺和肼。因为酮亚胺和酮连氮对—NCO 基团呈惰性，只有当遇水后再生出二元胺和肼，才会对 PU 起扩链作用，故把酮亚胺和酮连氮称作潜扩链剂。除此之外醛连氮或腙也可以用作潜扩链剂。

采用该方法制备 PU 乳液，需首先制备以—NCO 基团封端且引入自乳化基团

（—COOM、—SO₃M、—N⁺R₃·X⁻等）的预聚体，再加入潜扩链剂酮亚胺或酮连氮，然后加入水，潜扩链剂发生水解反应，该反应要快于水和—NCO基团的反应，所以水解放出的二元胺和肼很快对PU进行扩链，在强烈的搅拌作用下就制成了稳定的PU乳液。该法生产工艺简单，不用有机溶剂，且可制得高质量的PU乳液。

④ 丙酮法　该法首先用聚酯二醇或聚醚二醇和多异氰酸酯制成以—NCO封端的黏稠预聚体，再加入丙酮进行稀释，然后加入磺酸盐取代二胺（如 $H_2N$—$CH_2CH_2$—NH—$CH_2CH_2$—$SO_3M$）、N-甲基二乙醇胺或二羟甲基丙酸等亲水性扩链剂进行扩链，其后再在搅拌作用下将离子化PU分散于丙酮和水的混合液中，最后蒸出丙酮，即制成阴离子型或阳离子型PU乳液。采用丙酮法反应易控制、重现性好、乳液稳定，且涂膜性能好，产品质量高，是目前制备PU乳液最常用的方法。其缺点是溶剂消耗量大，生产效率较低。

（4）后乳化法生产聚氨酯乳液实例[139]　以丙酮法为例说明用后乳化法生产聚氨酯乳液的配方及工艺过程。表8-34中列出了用丙酮法生产PU乳液的配方实例。

表 8-34　丙酮法生产 PU 乳液配方实例

| 组　　分 | 用量/质量份 | 组　　分 | 用量/质量份 |
|---|---|---|---|
| 聚乙二醇（分子量2000） | 100 | 硫酸二甲酯 | 6.3 |
| N-甲基二乙醇胺 | 5.95 | 无水丙酮 | 15.0 |
| TDI① | 34.8 | 壬基酚聚氧乙烯醚 | 预聚体总量的2% |
| | | 去离子水 | 230 |

①甲苯二异氰酸酯。

其生产工艺如下：

① 向反应器中投入规定量的聚乙二醇，加热，并减压脱水。

② 将釜内物料冷却至25℃，加入规定量的N-甲基二乙醇胺，搅拌均匀。

③ 加入规定量的TDI，进行缩聚反应，通过控制换热器水温移走反应热。

④ 反应高峰过后，在55℃下保温1.5h。

⑤ 加入规定量的硫酸二甲酯和无水丙酮，在60～70℃温度下反应1h，得到聚醚型季铵化预聚体，其—NCO含量为5%。

⑥ 加入规定量的壬基酚聚氧乙烯醚，混合均匀。

⑦ 加入规定量的去离子水，剧烈搅拌1h。

⑧ 减压蒸出丙酮，即得阳离子型PU乳液。

该产品固含量40%，黏度15mPa·s，膜硬度（邵氏）A80～82，膜拉伸强度13MPa，膜伸长率690%。

### 8.4.8.3　后乳化法生产环氧树脂乳液

（1）简介[159,160]　环氧树脂是一种历史悠久、性能优良、用途广泛的高分子材料，但因含有有机溶剂，会造成环境污染。水基环氧树脂正是为了解决这一问题而发展起来的。水基环氧树脂可分为水溶性环氧树脂和水乳型环氧树脂两类。水溶性环氧树脂不能制备高固含量的产品（一般在20%以下），水分挥发困难，能耗大，应用受到了限制。而环氧树脂乳液可以制得高固含量（其固含量可达70%）、低黏度的产品，水分挥发快，易施工，它还秉承了溶剂型环氧树脂的诸多优点，同时还具有无毒、无味、无刺激性、无污染、成本低等特点，所以发展很快，已大量地应用于高档建筑涂料、设备底漆、地坪涂料、防水涂料、水泥制品的修补等用途。由于环氧树脂乳液在潮湿环境下仍然具有很高的附着力，所以特别适用于地下工程、隧道、密封船舱、浴室、冷库等场合的应用。

生产环氧树脂乳液主要利用高速剪切乳化工艺和自乳化工艺，也可以采用转相乳化工艺进行制备。

（2）用高速剪切乳化工艺制备环氧树脂乳液

① 低分子量环氧树脂（液态）乳液的制备　对于低分子量的液态环氧树脂（其环氧当量约190），先将其加热，以降低其黏度，再加入乳化剂，混合均匀，然后在超声波震荡器或均质机中，边加水，边进行乳化，把环氧树脂分散在水中，形成粒度足够小的环氧树脂乳液。

② 高分子量环氧树脂（固态）乳液的制备　对于在室温下为固体的环氧树脂来说，可先用球磨机、砂磨、均质机等设备，将其粉碎成粒度足够小的粉体，然后加入乳化剂水溶液，通过高速搅拌，将颗粒分散在水中，形成环氧树脂乳液。

③ 热熔环氧树脂（固态或高黏液态）乳液的制备　对于在室温下为固体或黏度特别高的液态环氧树脂（环氧当量约500）来说，可先升温，并加入少量惰性有机溶剂，配制成黏度较低的液体，再加入乳化剂和水，然后在均质机中进行乳化，最后蒸出溶剂，即得环氧树脂乳液。

表8-35为高速剪切乳化工艺制备环氧树脂乳液的配方实例[162]。

**表 8-35**　高速剪切乳化工艺制备环氧树脂乳液配方实例

| 组　　分 | 用量/质量份 |
| --- | --- |
| 双酚 A 二缩水甘油醚 | 58.82 |
| 聚丙二醇缩水甘油醚 | 12.21 |
| 双酚 A | 10.08 |
| 二聚酸（$C_{18}$ 脂肪酸二聚体） | 6.46 |
| 对叔丁基苯酚 | 0.88 |
| 乙基三苯基乙酸鏻（70%甲醇溶液） | 0.044 |
| 壬基酚聚氧乙烯-b-聚氧丙烯醚乳化剂 | 2.65 |
| 去离子水 | 42.86 |

其生产工艺如下：

a. 把规定量的双酚 A 二缩水甘油醚、聚丙二醇缩水甘油醚、双酚 A、二聚酸和对叔丁基苯酚投入反应器中，开动搅拌，混合15min。

b. 加入规定量的乙基三苯基乙酸鏻70%的甲醇溶液，混合均匀。

c. 在40min内由室温升温至165～200℃，并在此温度范围内保温90min，该聚合过程为放热反应，应注意散热，以控制反应温度。

d. 在50min内冷却至40℃。

e. 加入规定量的壬基酚聚氧乙烯-b-聚氧丙烯醚嵌段共聚物乳化剂，其分子量为2700，

HLB 值为 12.0。再加入规定量的乙二醇单丁醚，混合均匀，即得环氧当量为 400 的环氧树脂。

f. 将该树脂投入带有高速推进式搅拌器的反应器中，在 1000～2000r/min 的转速下分数批加入等量的水，每批加水量为环氧树脂总量的 10%，在加入每批水后高速搅拌 5～10min，该项操作完成后，即得黏度为 8000mPa·s，固含量为 70% 的环氧树脂乳液。

该乳液具有较大的稳定性，其乳液聚合物具有良好的粘接强度、力学性能、耐溶剂性和耐化学药品性，可用于配制金属涂料。

（3）用自乳化工艺制备环氧树脂乳液[39,163] 要想实现环氧树脂自乳化，就必须首先在环氧树脂分子链上引入—COOM、$-O-\overset{\overset{O}{\parallel}}{\underset{\underset{O}{|}}{P}}-OM$、$-O-\overset{\overset{O}{\parallel}}{\underset{\underset{OM}{|}}{P}}-OM$、$\left(CH_2-CH_2-O\right)_{\overline{n}}$、$\left(CH_2CH_2CH_2-O\right)_{\overline{n}}$ 等亲水基团，所制得的环氧树脂可以在不加任何乳化剂的情况下通过中等强度的机械搅拌，即可将其分散在水中，制成环氧树脂乳液。引入亲水基团的方法有很多，例如：

① 利用对羟基苯甲酸或巯基乙酸等化合物，与环氧树脂链上的羟基进行醚化反应，再用碱中和成盐，即得—COOM 型可自乳化环氧树脂。

② 利用酸酐与环氧树脂中的羟基进行酯化反应，于是就把—COOM 基团连接到了环氧树脂分子链上。

③ 利用磷酸和环氧树脂链上的羟基进行酯化反应，形成单磷酸酯或双磷酸酯，然后用胺进行中和，即可形成阳离子型自乳化环氧树脂。

④ 把丙烯酸通过自由基反应接枝到环氧树脂主链上，形成带有聚丙烯酸侧链的环氧树脂，经中和后，即得自乳化型环氧树脂。

⑤ 将聚氧乙烯二醇、聚氧丙烯二醇和环氧氯丙烷反应，制成分子量为 4000～20000、以环氧基封端的环氧树脂；再将其和环氧当量为 190 的环氧树脂进行反应，以三苯基膦化氢为催化剂，即可制得含有 $\left(CH_2CH_2O\right)_{\overline{n}}$ 和 $\left(CH_2CH_2CH_2O\right)_{\overline{n}}$ 亲水链段的自乳化环氧树脂。

（4）用转相乳化工艺制备环氧树脂乳液 前述用高速剪切乳化工艺来制备环氧树脂乳液的生产工艺相对简单，但是在采用耗能较低的设备时，所制得的乳液粒径大，稳定性差，且成膜性能不尽如人意；若采用高能设备，比如说高压均质机，可以制成粒径小（可达纳米级）、产品稳定、成膜性好的环氧树脂乳液，但设备昂贵，能耗很大，故其生产成本高。另外，用高速剪切乳化工艺，需外加较多小分子乳化剂，会影响涂膜的耐水性。若采用自乳化工艺，所制备的环氧树脂乳液乳胶粒直径小，产品稳定性好，不需外加乳化剂，故其涂膜耐水性好；但其制备工艺复杂，生产成本较高。故与其他方法相比，转相乳化工艺所制得的环氧树脂乳液粒径小，稳定性好，而且工艺简单，操作方便，无需高能设备故成本较低。所以转相乳化法是一种比较理想的环氧树脂乳液生产工艺，目前越来越受到人们的重视。行业内的工作者们在利用转相乳化工艺制备环氧树脂乳液方面做了大量工作。

有研究者[163,164] 以斯盘-80（Span-80）和十二烷基硫酸钠（SDS）为复合乳化剂（其质量比为 2:1，HLB 值为 16.2，乳化剂用量为 9%），用变组成转相法（PIC 转相法）将双酚 A 型环氧树脂 E-51（其环氧当量为 0.48～0.54）乳化成了 O/W 型乳液。其反应过程为：先将规定量的环氧树脂 E-51 和复合乳化剂加入反应器中，开动搅拌，混合均匀，再升至一定温度（约 50℃），然后在高速搅拌下慢慢加入蒸馏水，体系就形成了 W/O 型乳液，此时的物料应当非常黏稠；当达到某一加水量（8.6%～12.0%）时，体系黏度又突然下降，此时刚刚越过了转相点（PIC），发生了转相，从 W/O 型乳液转变成了 O/W 型乳液；再继续高速搅拌一段时间，加完所有的蒸馏水，于是就得到了平均粒度为 100～250nm 的稳定的环氧树脂乳液。

也有研究者[165]为了提高环氧树脂乳液的稳定性，设法提高乳化剂和环氧树脂乳胶粒之间的亲和力，制备出了在乳化剂的分子上带有环氧树脂链段的乳化剂，相似相容，使乳化剂的亲油端（环氧树脂链段）牢固地锚定在乳胶粒表面层，使乳化剂分子不容易脱离乳胶粒，这样可以有效地提高环氧树脂乳液的机械稳定性、高温稳定性和存放稳定性等性能。

① 非离子型水性环氧树脂专用乳化剂的制备　将环氧树脂 E-44 和表面活性剂 OP-10 及聚乙二醇（PEG-4000）按一定比例投入反应器中，搅拌混合，并加热至适当温度，待环氧树脂溶解完全后，在搅拌条件下加入适量的催化剂三乙醇胺，然后再升至一定温度后，回流反应 3h，加蒸馏水稀释，即制得非离子型水性环氧树脂专用乳化剂水溶液。

② 利用转相乳化工艺制备环氧树脂乳液　将溶有环氧树脂的乙二醇溶液与非离子水性环氧树脂乳化剂溶液按照一定比例加入反应器中，搅拌均匀后，边搅拌边缓缓滴加蒸馏水，密切注视体系黏度变化；当体系黏度由高黏稠状态突然下降时，表明刚刚越过了转相点（PIC），此时加快搅拌速度，经过一段时间后，加适量蒸馏水进行稀释，于是就得到了水性环氧树脂乳液。

（5）环氧树脂乳液的固化剂[166,167]　用以上方法生产的环氧树脂乳液，在使用前需加入与环氧树脂相容性好的固化剂，这些固化剂可以是水溶性的，也可以是分散型的。可用的环氧树脂乳液固化剂有脂肪族多胺、间苯二胺、曼尼希碱、多亚乙基多胺等。由于这些多胺的溶度参数与环氧树脂相差太大，相容性差，故需要对其进行改性：①利用 $C_{18}$ 脂肪酸和多元胺进行缩聚；②利用 $C_{36}$ 二聚酸和多亚乙基多胺进行缩聚；③利用多胺和环氧化合物进行加成。这样就减少了在固化剂中的伯胺，一方面改善了与环氧树脂的相容性；另一方面，因为仲胺和环氧树脂交联反应较慢，故降低了固化速率，从而延长了含固化剂环氧树脂乳液的使用期。

近年来，人们开发出了一种既起固化作用又起乳化作用的固化-乳化剂，其制备过程为：将双酚 A 型环氧树脂和过量的二亚乙基三胺反应，形成胺封端环氧树脂加成物，然后进行真空蒸馏，除去未反应的二亚乙基三胺，再加入单环氧基化合物，将伯胺氢反应掉，最后用酸中和，即得环氧树脂固化-乳化剂。将其分散于水中，再加入环氧树脂，不用再加其他乳化剂，通过机械搅拌，即可制成环氧-胺复合乳液。这种乳液可以用作室温固化环氧清漆。

除此之外，研究者们已经开发出了环氧树脂固化剂纳米微胶囊乳液。以聚合物作为囊壁把活性大的固化剂作为囊芯包封起来，将其添加到环氧树脂（乳液）中。囊壁把环氧树脂和固化剂隔离开，在保存或运输过程中不发生反应；在施工时通过加热或加压，把囊壁破坏，释放出固化剂，而将环氧树脂固化。其详情请参见本书9.15.4.2。

#### 8.4.8.4 后乳化法生产酚醛树脂乳液 [168-174]

（1）简介 酚醛树脂是最早实现商品化生产的合成高分子化合物，广泛应用于层压材料、模塑制品、摩擦材料、绝缘材料、黏合剂、涂料、浸渍剂等产品的生产。从前，人们所使用的酚醛树脂多以水溶液、醇或其他溶剂的溶液及模塑粉的形式出现。水溶液中的酚醛树脂分子量低，含有较多游离苯酚和游离甲醛，在生产车间会对人体造成伤害；溶剂型酚醛树脂含有机溶剂，会造成环境污染和带来安全隐患；酚醛树脂模塑粉生产工艺长，生产设备复杂，能耗多，故其成本高，且其只能在固定的模具中进行热压加工，使其应用范围受到了限制。为了克服这些缺点，人们在致力于开发酚醛树脂乳液。这种产品不含有机溶剂，游离苯酚和游离甲醛少，故生产安全，环境污染问题较小。加之酚醛树脂乳液固含量高（可达60%以上），体系黏度小，易施工，能耗少，且其体系稳定，成本低，所以得到了快速发展。酚醛树脂乳液在黏合剂、涂料、层压材料、摩擦材料、纸张增强剂、织物浸渍剂等技术领域里有着广阔的应用前景。

酚醛树脂乳液的制备过程为：首先通过酚类单体、醛类单体和改性剂在催化剂的作用下，进行缩聚反应，制成酚醛树脂，然后再加入水和表面活性剂或保护胶体，在强烈的机械作用下进行后乳化而得其乳液产品。

所用的酚类单体可以是苯酚、甲基苯酚、对叔丁基苯酚、苯二酚、双酚A、对氯苯酚等。

所用的醛类单体可以是甲醛、三聚甲醛、多聚甲醛、乙醛、糠醛、乙二醛、六亚甲基四胺等。

所用的改性剂可以是聚（甲基）丙烯酰胺、三聚氰胺、尿素、硫脲、苯胺、双氰胺、苯磺酰胺等。

所用的催化剂可以是无机碱（如氢氧化钠、氢氧化钾、氢氧化锂、氢氧化钙、氢氧化钡等）、各种胺（如氨水、三乙胺、苯胺等）、无机酸（如盐酸、硫酸、磷酸等）、有机酸（如甲酸、乙酸、草酸、氨基磺酸、对甲基苯磺酸等）。

所用的表面活性剂或保护胶体有聚乙烯醇、聚丙烯酸、烷基酚聚氧乙烯基醚、硫酸2-乙基己酯钠盐、干酪素、聚乙烯基吡咯烷酮、亚甲基双萘磺酸盐、苯乙烯-马来酸酐共聚物、改性淀粉、羧甲基（羟甲基、羟乙基）纤维素等。

（2）用后乳化法生产酚醛树脂乳液实例 表8-36列举了用变组成转相法后乳化生产酚醛树脂乳液的配方实例。

**表8-36** 用变组成转相法后乳化生产酚醛树脂乳液的配方实例

| 组　分 | 用量/质量份 | 组　分 | 用量/质量份 |
|---|---|---|---|
| 苯酚 | 100 | 尿素 | 6.50 |
| 37%甲醛溶液 | 85 | 干酪素 | 5.40 |
| 三聚氰胺 | 5 | 28%氨水 | 0.94 |
| 50%氢氧化钠溶液 | 1.66 | 水 | 36 |
| 乙醇 | 5 | | |

其生产工艺如下：

① 将规定量的尿素溶于 7.4 质量份水中，然后加入干酪素，调成糊状，再加入规定量的 28% 的氨水，搅拌 30min，即配制成干酪素溶液，待用。

② 将规定量的苯酚、37% 的甲醛、三聚氰胺和 50% 的氢氧化钠溶液投入反应釜中，加热，开动搅拌，在 100～103℃ 的温度下回流 80min，然后将物料温度降至（50±2）℃，在此温度下抽真空脱水，直至折射率达 1.60。脱水完成后，加入规定量的乙醇和上述干酪素溶液，混合均匀后，即得具有流动性的琥珀色酚醛树脂。

③ 向反应釜中边搅拌边逐渐加入水，开始时，形成油包水型乳液。随着水的加入，物料黏度逐渐增大，将出现一最大黏度值；再继续加入水，黏度开始下降，一直下降到一个较低黏度。黏度出现最大值时为转相点。在这一点体系由油包水型乳液转变成水包油型乳液。在加入所有规定量的水后就得到了黏度较低的水包油型酚醛树脂乳液。该乳液贮存稳定性和机械稳定性良好，可用水无限稀释。

### 8.4.8.5 后乳化法生产醇酸树脂乳液

（1）简介 醇酸树脂是由多元醇、多元酸和一元酸缩聚而成的一类聚酯树脂，这种树脂原料易得，成本较低，综合性能优异，已广泛应用于油漆、涂料、油墨、黏合剂等技术领域。在涂料用合成树脂中，醇酸树脂是产量最大、应用最广的树脂品种。但目前所生产的醇酸树脂大多含有大量的有机溶剂，是涂料工业中 VOC 的主要来源，所以对醇酸树脂进行水性化势在必行。为了减轻环境污染，在这个行业里的工作者们一直致力于水性醇酸树脂的开发，已取得许多研究成果，并将其应用于木器涂料、铁道车辆涂料、防锈涂料、金属底漆等用途[175-178]。

生产醇酸树脂乳液主要利用自乳化工艺和转相乳化工艺中的变组成转相法。

（2）用自乳化工艺制备醇酸树脂乳液 采用这种方法需向醇酸树脂分子链上引入亲水基团，如 $-\!\!\left(CH_2CH_2-O\right)_n\!\!-$ 链段，以赋予醇酸树脂以自乳化性能。但聚氧乙烯用量太多又会影响涂膜的硬度和回黏性，一般其用量在 10%～20% 之间。制备醇酸树脂乳液应选用干燥性好的干性油，常常还需要加入季戊四醇。

以下给出一个典型的自乳化法生产醇酸树脂的实例[179]。其生产配方如表 8-37 所示。

**表 8-37 自乳化法生产醇酸树脂乳液配方实例**

| 组 分 | 用量/质量份 | 组 分 | 用量/质量份 |
|---|---|---|---|
| 椰子脂酸 | 190 | 丙二醇 | 90 |
| 聚乙二醇（分子量 3000） | 48 | 乙二醇乙醚乙酸酯 | 60 |
| 季戊四醇 | 120 | 二乙二醇单乙醚 | 60 |
| 邻苯二甲酸酐 | 250 | 10% 对甲基苯磺酸水溶液 | 54 |
| 2-氨基-2-乙基丙二醇 | 21 | 去离子水 | 950 |

其生产工艺如下：

① 把规定量的椰子脂酸、聚乙二醇、季戊四醇、邻苯二甲酸酐及丙二醇投入反应釜中，用混合二甲苯作共沸剂，升温至 200～220℃ 进行酯化反应，至酸值为 15。

② 加入 2-氨基-2-乙基丙二醇，在 140～190℃ 下反应至酸值低于 2。

③ 加入规定量的乙二醇乙醚乙酸酯和二乙二醇单乙醚，混合均匀，并冷却至室温。

④ 在搅拌下加入规定量的 10% 的对甲基苯磺酸水溶液，混合均匀。

⑤ 在激烈搅拌下加入规定量的去离子水，充分混合，即得醇酸树脂乳液。

（3）用变组成转相法制备醇酸树脂乳液　这种方法是先用通常的方法制备具有一定油度的醇酸树脂，然后在乳化剂的分散作用下进行后乳化，制成粒径为 $0.2\sim50\mu m$ 的醇酸树脂水乳液。

所用的乳化剂可以是阴离子型的、阳离子型的、非离子型的，也可以用两性乳化剂。据报道，最适合醇酸树脂乳化的是非离子型乳化剂，如壬基酚聚氧乙烯基醚、脂肪醇聚氧乙烯基醚、聚氧乙烯-聚氧丙烯嵌段共聚物、聚乙烯醇等有较好的乳化效果[99]。

以下列举一个用变组成转相法生产醇酸树脂乳液的实例[37,180]，其生产配方如表 8-38 所示。

**表 8-38**　用变组成转相法生产醇酸树脂乳液配方实例

| 组　　分 | 用量/质量份 | | |
| --- | --- | --- | --- |
| | 配方Ⅰ（短油度） | 配方Ⅱ（中油度） | 配方Ⅲ（中油度） |
| 分散相原料 | | | |
| 　三羟甲基丙烷 | 27.3 | 27.0 | — |
| 　乙二醇 | — | — | 6.4 |
| 　季戊四醇 | — | — | 15.0 |
| 　邻苯二甲酸酐 | 33.5 | 34.7 | 30.7 |
| 　妥尔油脂肪酸① | 39.2 | — | 47.9 |
| 　大豆油脂肪酸 | — | 31.1 | — |
| 　苯甲酸 | — | 7.2 | — |
| 　二甲苯 | — | 4.6 | 4.7 |
| 预加乳化剂 | | | |
| 　Igepal CO-880② | 0.33 | 0.33 | 0.33 |
| 　Igepal CO-430③ | 0.67 | 0.67 | 0.67 |
| 水相原料 | | | |
| 　去离子水 | 100.0 | 100.0 | 100.0 |
| 　28%氨水 | 1.0 | 1.0 | 1.0 |
| 　Igepal CO-880 | 0.33 | 0.33 | 0.33 |
| 　Igepal CO-430 | 0.67 | 0.67 | 0.67 |
| 固化催化剂（金属与醇酸树脂比例） | | | |
| 　环烷酸铅乳化液 | 0.5% | 0.5% | 0.5% |
| 　环烷酸钴乳化液 | 0.05% | 0.05% | 0.05% |
| 　环烷酸锰乳化液 | 0.025% | 0.025% | 0.025% |

① 妥尔油脂肪酸是半干性酸，是造纸副产品。

② 水溶性壬基酚聚氧乙烯醚。

③ 油溶性壬基酚聚氧乙烯醚。

其生产工艺如下：

① 对配方Ⅰ和配方Ⅱ来说，先向反应釜中加入所有分散相原料，加热至245℃，并在此温度下进行反应，直至酸值降低至<10。

② 对配方Ⅲ来说，先加入一半的邻苯二甲酸酐和乙二醇，加热至190℃，并在此温度下反应30min，然后加入剩余的所有分散相原料，在190℃下反应1h，然后升温至245℃进行反应，直至酸值降低至<10。

③ 对配方Ⅱ和配方Ⅲ来说，蒸馏脱除二甲苯。

④ 降温至120℃，并在此温度下加入规定量的预加乳化剂，混合均匀。

⑤ 冷却至90～100℃。

⑥ 向带有搅拌器的容器中加入所有的水相物料，混合均匀，即得水相料液，待用。

⑦ 将搅拌提至高速，然后以0.75～1.25质量份/min的速度向反应釜中加入水相料液，此后黏度逐渐升高，在达到一最大值后，物料黏度又突然下降，黏度峰值处即为转相点。在跨过转相点后，将水相料液加入速度提高至2.50～3.75质量份/min。

⑧ 当已加入12.5质量份水相料液时，根据施工和具体应用的要求，选择性地加入表8-42中所列出的三种乳化剂乳化液之一，其加入量由表中所提供的"金属与醇酸树脂比例"及乳化液中环烷酸盐的含量进行换算。

⑨ 混合均匀后降至室温，即得醇酸树脂乳液。

### 8.4.8.6 后乳化法生产有机硅树脂乳液

（1）简介　有机硅树脂是以—Si—O—Si—为主链，在硅原子上连接着有机基团的交联型半无机聚合物。它兼具有机物和无机物两者的特性，具有许多优异的性能，如疏水性、耐化学药品性、透气性、耐候性、绝缘性、生理惰性等。在实际应用中，在很多情况下有机硅树脂是以乳液或微乳液的形式出现的，因为这两种形式最为经济、方便，且符合环保要求。随着乳液聚合理论和技术的不断发展，很多研究者在致力于有机硅树脂乳液的研发工作，已取得了很大的成就，开发出了阴离子硅乳、阳离子硅乳、非离子硅乳及自乳化硅乳等型号、用途不同的有机硅树脂乳液。在此基础上，人们又向有机硅体系中引入了其他单体和聚合物，进而制备出了有机硅共聚物乳液、共混乳液及复合乳液。目前有许多品种的有机硅树脂乳液已投入了工业生产，已广泛应用于织物整理剂、皮革涂饰剂、化妆品、涂料、黏合剂、消泡剂、防水材料、光敏材料、生物医学材料等诸多技术领域。

在工业生产中制备纯有机硅树脂乳液常用的方法可归结为两类：一类是有机硅单体的乳液聚合法，另一类是有机硅树脂的后乳化法。关于有机硅单体的乳液聚合法，在此笔者不拟展开介绍，若读者确有需要，可参见文献［181-183］。至于向有机硅树脂中引入其他单体或聚合物，而生产共聚、共混及复合乳液方面的内容在以上章节（8.4.4.5）中已有阐述。在此仅介绍一下关于纯有机硅树脂的后乳化法。

在用后乳化法进行有机硅树脂乳液生产时，需要首先将有机硅单体进行硅烷水解缩聚或非水解缩聚反应，制成有机硅树脂。在制备过程中，根据需要，可以加有机溶剂，也可不加有机溶剂。在进行有机硅树脂的后乳化时，可以采用自乳化工艺、高速剪切乳化工艺以及转相乳化工艺［39,99,184,185］。

（2）用自乳化工艺制备有机硅树脂乳液　在进行有机硅树脂的合成时，在有机硅树脂分子链上引入羧基、聚氧乙烯基、氨基、羟基、羰基、季铵基等亲水性基团，制成具有自乳化功能的有机硅树脂，然后慢慢加入规定量的去离子水，必要时加入适量的碱（或酸）来调节 pH 值，将预聚体分子链上的亲水性基团离子化，以增强其自乳化能力。这样就可以在不外加乳化剂的情况下，利用具有中等搅拌强度的常规反应釜，在一定的反应条件下，通过自乳化法来生产有机硅树脂乳液。

（3）用高速剪切乳化工艺制备有机硅树脂乳液　在用高速剪切乳化工艺进行后乳化时，可以用阴离子型乳化剂（如十二烷基苯磺酸钠等）及阳离子型乳化剂（如十二烷基苄基氯化铵等），也可以用非离子型乳化剂（如十二烷基聚氧乙烯醚等）。需要用高速剪切设备进行乳化，尤其是当所处理的有机硅树脂是黏度较大的液体时，需要在高温下，利用高压均质机进行高强力剪切来进行后乳化，也可以利用超声波破碎机进行后乳化。

表 8-39 列出了用高速剪切乳化工艺制备有机硅树脂乳液的配方实例。

**表 8-39**　高速剪切乳化工艺制备有机硅树脂乳液的配方实例

| 组分 | 用量/质量份 |
| --- | --- |
| 三氟甲基硅烷 | 83.8 |
| 二氯二甲基硅烷 | 40.4 |
| 苯基三氯硅烷 | 25.8 |
| 85％的烷基酚聚氧乙烯醚水溶液 | 25.0 |
| 85％的三甲基壬基酚聚氧乙烯醚水溶液 | 25.0 |
| 二甲苯 | 100.0 |
| 溶剂油 | 100.0 |
| 10％的聚乙烯醇水溶液 | 100.0 |
| 蒸馏水 | 300.0 |

其生产工艺如下：

① 使规定量的三氯甲基硅烷、二氯二甲基硅烷及苯基三氯硅烷发生共水解缩聚反应，制得有机硅树脂。

② 然后加入规定量的烷基酚聚氧乙烯醚 85％水溶液和三甲基壬基酚聚氧乙烯醚 85％水溶液，混合均匀。

③ 再加入规定量的二甲苯、溶剂油、10％的聚乙烯醇水溶液以及蒸馏水，充分搅拌，混合均匀，然后进行高强力剪切后乳化，即制成固含量为 24.7％、稳定的有机硅树脂乳液，其黏度为 1420mPa·s（25℃），固化后可得平整光滑、拒水性及力学性能优异的涂膜。

（4）用变组成转相法制备有机硅树脂乳液　在制备有机硅树脂时，加入适量的有机溶剂，制成黏度较低的有机硅树脂溶液，在这种情况下，可以通过逐步加入乳化剂水溶液，然后用变组成转相法（PIC 转相法）来生产有机硅树脂乳液。可以制得外观均匀细腻、粒径小、粒度分布窄、稳定性高的有机硅乳液产品。

表 8-40 列出了用变组成转相法制备有机硅树脂乳液的配方实例。

**表 8-40** 用变组成转相法制备有机硅树脂的配方

| 组分 | 用量/质量份 |
| --- | --- |
| 二甲基硅油(350mPa・s) | 14.00 |
| 二甲基硅油(1000mPa・s) | 10.00 |
| 斯盘-80 | 1.40 |
| 吐温-80 | 1.20 |
| 异构醇聚氧乙烯醚 TO-5 | 2.20 |
| 异构醇聚氧乙烯醚 TO-8 | 1.20 |
| 蒸馏水 | 70.00 |
| 总计 | 100.00 |

其制备工艺为：

① 把规定量的斯盘-80、吐温-80、异构醇聚氧乙烯醚 TO-5 及异构醇聚氧乙烯醚 TO-8 加入反应器中，开动搅拌，混合均匀。

② 再向反应器中加入二甲基硅油（350mPa・s）及二甲基硅油（1000mPa・s），搅拌均匀。

③ 然后向反应器中缓缓加入去离子水，加快搅拌速度，在室温条件下，在快速剪切作用下，将体系乳化成 W/O 型乳液。

④ 大约在加水 30min 时，体系黏度突然增大，物料呈膏状，说明已经到达了转相点，此时停止加水，继续快速搅拌 10min，让体系从 W/O 型乳液转变成 O/W 乳液。

⑤ 此后继续慢慢加入去离子水，继续搅拌 20min，然后快速加入余下的去离子水，再搅拌 30min，于是就制得了平均粒径为 $4.2\mu m$、稳定的二甲基硅油乳液。

### 8.4.8.7 后乳化法生产乳化蜡

（1）简介 乳化蜡又称蜡乳液，是将蜡类物质进行水乳化制成的一种胶粒很小的乳状液。人们在生产和生活中常用的蜡大体可分三类，即矿物蜡（如石油蜡、褐煤蜡等）、动植物蜡（蜂蜡、棕榈蜡等）及合成蜡（如聚乙烯蜡、聚丙烯蜡等）。对于制备乳化蜡来说，常用的蜡是石油蜡与合成蜡，因为这些蜡性能优异、来源丰富、价格低廉。为了便于乳化，改善乳化蜡的性能，人们还常常通过氧化、接枝等化学反应对原蜡进行改性。

由于乳化蜡粒度可小到微米级，甚至纳米级，这就使其具备了很好的流动性和渗透性，很容易迁移进入材料的毛细孔道内部，或在材料表面上形成一层蜡膜。蜡具有很强的拒水性，可以赋予材料以防水、防潮、防渗漏等性能。因此乳化蜡在造纸、纺织、建材、皮革、脱模、材料保护、陶瓷制造、农林园艺、机械加工、橡胶工业、各种表面去污上光等诸多领域里获得了广泛应用。同时由于乳化蜡是一种水性物料，很容易与其他物质的水溶液或水乳液配伍使用，还可以省去加热熔融或用溶剂溶解等过程，所以又具有安全、环保、节能、高效、附加值高、生产方便等特点，在国内外市场上深受消费者青睐。

我国是炼油和聚烯烃生产大国，石油蜡与合成蜡年产量以百万吨计。遗憾的是，我国生产蜡乳液的技术水平与生产规模和国外相比尚存在很大的差距，其产量和质量远远满足不了国内消费者的需求，需要大量进口。我国每年都不得不将大量的蜡廉价出口到西方发达国家，他们又运用先进的生产技术制造出高质量的乳化蜡系列产品，再以高出我国出口原料几十倍甚至上百倍的价格重新打入我国市场，使我国的经济利益受到了极大损害。目前我国在这一行业的工作者们正在致力于乳化蜡的新技术、新产品的研发，并且已经取得了可喜的进展。相信我们国家一旦大量生产出我们自己的高质量的乳化蜡，把我国自产的蜡转化成乳化蜡等高端系列产品，将其打入国内乃至国外市场，必将会带来巨大的经济效益和社会效益。

在乳化蜡的生产方面，一些研究者按照乳化剂的加入方式把乳化蜡的制备工艺简单地分成四种：①剂在水中法（把乳化剂先溶解在水相中）；②剂在油中法（把乳化剂先溶解在油相中）；③初生皂法（把高碳脂肪酸溶解在油相中，高碳脂肪酸不起乳化作用。把碱溶解在水相中，在搅拌分散时，在油水界面上脂肪酸和碱分子相遇而形成脂肪酸盐乳化剂）；④轮流加液法（将水和蜡多次轮流加入乳化剂溶液中）。笔者认为，这种制备乳化蜡方法的分类并不准确，也不全面。其实，和利用后乳化法生产其他聚合物乳液一样，乳化蜡也是采用高速剪切乳化工艺、自乳化工艺以及转相乳化工艺（包括变温转相法和变组成转相法）来进行生产的。实际上，在前述四种分类方法中，①、③和④的区别在于乳化剂的加入方式和加入时机不同，这可能会有些微的差别，但是若在普通的搅拌设备中采用这三种方法对蜡进行乳化，一般不会得到太好的结果。要想制备出粒径小，粒度分布均匀，且稳定的乳化蜡，这三种制备方法均需高速剪切设备作支撑。故笔者认为，该三种方法均应归属于高速剪切工艺。至于方法②，应归属于变组成转相法（在此前 8.4.8.1 中已述及），可以采用一般的快速搅拌设备制备出高质量的石蜡乳液。再者，现在这个行业的工作者们正在致力于开发用氧化、接枝等方法对蜡进行改性，向蜡的分子链上引入羧基、氨基、羟基、羰基、聚氧乙烯基等极性基团，然后采用常规的快速搅拌设备，通过自乳化工艺也可以制成粒径小、稳定性高的乳化蜡。

（2）用高速剪切乳化工艺制备乳化蜡　用高速剪切乳化工艺生产乳化蜡所用的原料一般是石油蜡与合成蜡，一般在乳化蜡中所占的质量分数在 20%～30% 范围内。所用的乳化剂主要是非离子型乳化剂（如斯盘、吐温、平平加等）、阳离子型乳化剂（如十八烷基三甲基氯化铵、三乙醇胺单硬脂酸酯甲酸盐等）以及阴离子型（如十二烷基苯磺酸钠、十二烷基硫酸钠等）和非离子型复配乳化剂，其 HLB 值范围一般为 10～16，乳化剂用量一般为石蜡质量的 20%～25%。乳化温度一般宜控制在 85～90℃，通常适宜的乳化时间为 20～50min。

表 8-41 中列出了一个用高速剪切工艺制备皮革去污上光用乳化蜡的典型配方[186]。

**表 8-41**　用高速剪切工艺制备阳离子型皮革去污上光用乳化蜡配方

| 组分 | 用量/质量份 |
| --- | --- |
| 石蜡 | 12.5 |
| 微晶蜡 | 8.0 |
| 硬脂酸 | 8.5 |
| 三乙醇胺 | 5.5 |
| 蒸馏水 | 70.0 |

其生产过程一般是先把规定量的蜡加热熔化，再加入规定量的乳化剂、热水和其他助

剂，在一定温度下混合均匀，然后用高速剪切乳化机等高能设备将其乳化成乳化蜡。

目前在我国不少乳化蜡生产厂家采用搅拌釜等常规快速搅拌机械，因其授资小，生产成本低。但是利用这种设备所生产的蜡乳液粒径大，粒度分布宽，且稳定性差。因为蜡亲油性大，亲水性小，油-水界面能高，要想用剪切法制备出高质量的乳化蜡，必须利用射流分散机、胶体磨、高剪切乳化机、高压均质机等高能设备[187]对物料做巨大的机械功。

（3）用转相乳化工艺制备乳化蜡　有研究者[188]采用单硬脂酸甘油酯（GMS）与聚氧乙烯(100)硬脂酸酯（MYRJ59）作为非离子型复合乳化剂，通过变组成转相法（PIC转相法），成功地制备出了稳定的、高固含量的58号半精炼石蜡的非离子型蜡乳液。这是一项很有意义的工作。

表 8-42 列出了经过优化的利用变组成转相法制备非离子型、高固含量的乳化蜡配方。

**表 8-42** 用变组成转相法制备非离子型高固含量乳化蜡配方

| 组分 | 用量/质量份 |
| --- | --- |
| 58 号半精炼石蜡 | 45.0 |
| GMS | 2.5 |
| MYRJ59 | 2.5 |
| 消泡剂 | 0.5 |
| 蒸馏水 | 49.5 |
| 总计 | 100.0 |

其制备工艺如下：

① 将规定量的 58 号半精炼石蜡投入搅拌釜中，加热至乳化温度 85℃，在搅拌条件下使其完全熔化。

② 加入规定量的非离子型复合乳化剂 GMS 和 MYRJ59（HLB 值为 13.0），充分搅拌，混合均匀。

③ 把规定量的蒸馏水加热至乳化温度 85℃，备用。

④ 在釜内物料保持 85℃温度条件下，开启 MF200 型高剪切乳化分散机，将其转速调至最高速。

⑤ 然后分三批逐步加入已经加热至 85℃ 的热水。初期加入的水，和釜内物料形成石蜡-乳化剂-水共存体系，在高剪切乳化分散机的强力剪切作用下，形成了 W/O 型乳液。随着水的进一步加入，水/油体积比（组成）逐渐发生了变化，水占比逐渐增大，油占比逐渐减少，当水/油组成达到某一值时，就达到了转相点（PIC），于是就发生了转相，从 W/O 型乳液转变成了 O/W 型乳液。在转相期间，物料的物理性质发生了突变（如界面张力降低，物料黏度升高等），此时辅以高剪切作用，就很容易地把石蜡颗粒破碎成很小的胶粒，然后继续加入剩余的 85℃ 的水，进行稀释，搅拌均匀。胶粒在乳化剂的保护作用下，稳定地悬浮在水相中。于是就形成了稳定的高固含量的石蜡乳液。

⑥ 最后加入消泡剂，搅拌混合均匀，然后再向搅拌釜夹套内通冷水，降至室温，即得成品乳化蜡。

利用该工艺所制备的蜡乳液，外观乳白色，固含量为 51%，蜡含量为 45%，粒度分布 0.3～5.0μm，涂-4 杯测黏度为 15s，存放稳定性好，在室温下放置 3 个月不分层。

（4）用自乳化工艺制备乳化蜡　蜡类物质在常温下大多为固体，使其直接利用受到限制，故人们设法通过加入乳化剂，在机械作用下，将其分散在水中，制成蜡乳液，使其很方便地与其他的水性物料配伍，也可以直接使用。但是由于蜡属于强疏水性物质，将其乳化非常困难，需要加入大量乳化剂，其用量常常高达石蜡质量的 20%～25%，含有如此之多的亲水性小分子物质，不仅会影响乳化蜡的性能，而且会显著增加产品成本。为了解决这一问题，多年来研究者们一直致力于对蜡进行改性，利用接枝、氧化、酯化、酰胺化等方法，向蜡分子链上引入羧基、氨基、羟基、羰基、聚氧乙基等极性基团，然后采用一般的搅拌设备通过自乳化工艺，即可制成粒径小、稳定性高的乳化蜡。

例如有研究者[189] 利用单体马来酸酐和苯乙烯，以过氧化苯甲酰为引发剂，在氮气保护和温度为 140℃条件下，在高温高压反应釜中，采用熔融本体聚合法，使聚乙烯蜡发生接枝反应，得到了马来酸酐和苯乙烯接枝聚乙烯蜡，其接枝率可达 7.26%，其接枝反应式如下：

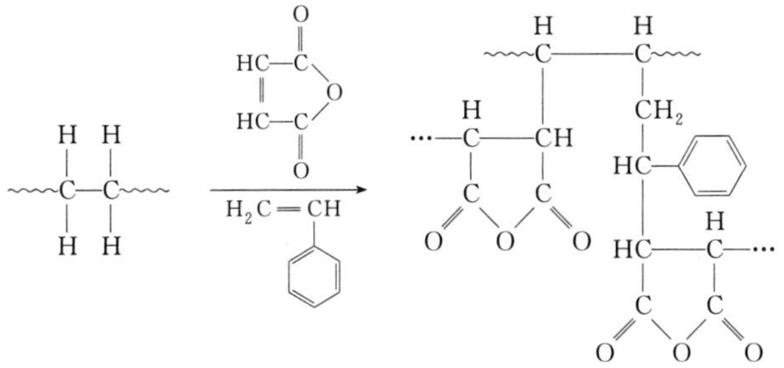

然后在高温高压反应釜中用 30%的 NaOH 溶液进行中和反应，得到皂化马来酸酐-苯乙烯接枝聚乙烯蜡，其反应式如下：

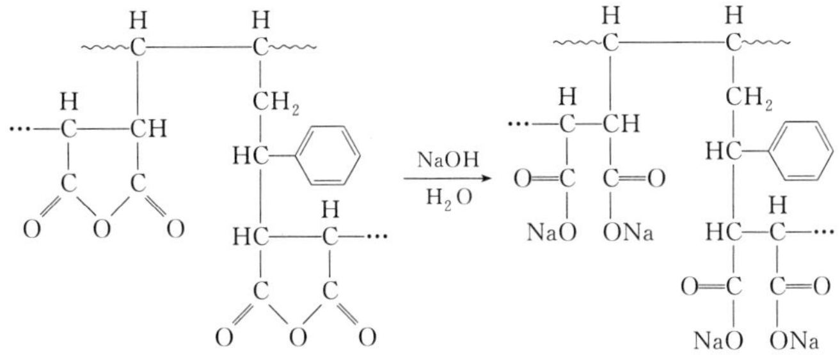

实验证明，所制得的皂化马来酸酐-苯乙烯接枝聚乙烯蜡具有很好的自乳化性能。根据经优化的工艺条件，制定出如下自乳化工艺：

① 把接枝率为 6.58%的皂化马来酸酐-苯乙烯接枝聚乙烯蜡加入乳化机中，加热至120℃将其熔化。

② 随后升温至 130℃。

③ 然后在较低的剪切速率下，用蠕动泵向乳化设备中慢慢加入 90℃的去离子水。

④ 在加水过程中，待体系黏度忽然增大时，快速加入剩余的 90℃的去离子水，然后将剪切速率调至最大值，并在 130℃的温度下继续乳化 30min。

⑤ 乳化到时后，放慢乳化速度，将物料降至室温，然后出料。于是就制得了稳定的、

平均粒径为 1.88μm 的聚乙烯蜡乳液。

### 8.4.8.8　后乳化法生产丙烯酸系聚合物水溶胶 [190-194]

（1）简介　聚合物水溶胶是粒度介于聚合物乳液和聚合物溶液之间的透明或半透明的聚合物微乳液，其乳胶粒直径一般在 10～100nm 之间。因水溶胶平均粒径小，粒度分布均匀，所用的表面活性剂较少，且分子量适中，故其具有机械稳定性高、流平性好、湿膜均匀细腻、平整光滑、无颗粒、干燥速度快等特点。经交联后的水溶胶干膜的力学性能、耐水性、耐久性、光泽度、透明度等性能都十分优异。另外，水溶胶对底材和基体材料有良好的润湿力和渗透力，粘接力强，其经固化的涂膜具有优异的耐干、湿摩擦性能。聚合物水溶胶分子链具有一定的自乳化能力，易溶解，易稀释，易施工，其最低成膜温度（MFT）比相同组成的聚合物乳液低。可以说水溶胶兼具了聚合物溶液和聚合物乳液二者的优点。因此，水溶胶可以用于配制高档水性涂料、水性油墨、水性黏合剂等产品，在木材加工、汽车制造、家用电器、仪器仪表、航空材料、皮革涂饰、纸品加工、建筑工业等技术领域里有着广阔的应用前景，目前水溶胶型涂料已经发展成为水性涂料的一个新的门类，并且成为水胶代替油胶的一个重要选项，因此对水溶胶产品的研究、开发、生产和应用已经成为人们致力于研发的热门课题。

因为目前人们对丙烯酸系聚合物水溶胶开发利用较多，所以在此主要对其加以介绍。

（2）水溶胶预聚物的制备　水溶胶的预聚物可以通过悬浮聚合法、乳液聚合法、无皂乳液聚合法以及溶液聚合法来制备，可以根据对最终产品的性能要求来设计聚合配方。但是无论利用哪种聚合方法，都离不开可以赋予聚合物链以自乳化功能的亲水性单体，如丙烯酸（AA）、甲基丙烯酸（MAA）、衣康酸（IA）、N-羟甲基丙烯酰胺（N-HAM）、丙烯酸羟乙酯（HEA）、丙烯酸羟丙酯（HPA）、甲基丙烯酸羟乙酯（HEMA），甲基丙烯酸羟丙酯（HPMA）、富马酸等单体，这些亲水性单体在单体总用量中所占的质量分数一般在 4%～8% 之间。

① 悬浮聚合法　将加有亲水性单体的混合单体加入反应釜中，再加入油溶性引发剂 [如偶氮二异丁腈（AIBN）、过氧化苯甲酰（BPO）等]，搅拌溶解至透明溶液，然后再加入介质去离子水和分散剂（或称稳定剂，如聚乙烯醇、明胶等），在强力机械搅拌作用下，将单体分散成无数小珠滴，升温至一定温度后，就开始聚合反应。因为油溶性引发剂只溶于单体珠滴中而不溶于水相，所以聚合反应只在单体珠滴内进行，而不发生在水相。亲水性单体可溶于水，也可以溶于油相（单体珠滴），根据分配定律，在油相和水相之间有个分配系数。随着在单体珠滴中聚合反应的进行，其中的水溶性单体逐渐被消耗，溶解在水相中的单体不断向单体珠滴中迁移，以达到溶解平衡。随着单体转化率的提高，在水相中的单体也都逐渐扩散到单体珠滴中参与了聚合反应。聚合反应完成后，进行脱水干燥，就得到了水溶胶预聚体粉末。然后把水溶胶预聚体粉末加入反应釜中，在搅拌下加入醇-醚类混合溶剂和去离子水，升温到一定温度，充分搅拌，即得水溶胶预聚体分散液。

② 乳液聚合法　许多工作者采用半连续乳液聚合法来制备水溶胶预聚体，常用的乳化剂为十二烷基硫酸钠（SDS）、OP-10、MS-1 等，其用量一般为单体总量的 2%～3%。常用的引发剂为过硫酸铵（APS）、过硫酸钾（KPS）等，其用量一般为单体总量的 0.3%～0.5%。有的还需要加少量分子量调节剂十二烷基硫醇（DS）。其工艺过程一般为：把约

4/5 的去离子水和约 4/5 的乳化剂加入预乳化釜中,搅拌溶解,然后加入全部含有亲水性单体的混合单体,激烈搅拌 30min,即得单体预乳化液,待用。另外用 1/10 的去离子水和引发剂配制成引发剂溶液,倒入引发剂计量槽中,待用。同时把余下的 1/10 的去离子水、1/5 的乳化剂和 1/20 的单体预乳化液加入聚合反应釜,升温至 75℃,加入 1/5 的引发剂溶液,经过一段诱导期后,聚合反应开始,釜内温度自行升高(可升至 85℃以上),物料变蓝,当温度回落到 80~82℃时,开始同时滴加单体预乳化液和引发剂溶液,3~4h 加完,然后再保温 1h,降温,即得水溶胶预聚体乳液。

③ 无皂乳液聚合法  利用其他方法制备的水溶胶预聚体难免会带入乳化剂或有机溶剂,会造成环境污染,也会降低涂膜的耐水性、透明度及力学性能。为了解决水溶胶产品存在的这些问题,人们致力于研究利用无皂乳液聚合法来制备水溶胶预聚体。这种方法既不用乳化剂,也不用有机溶剂,这就排除了有机溶剂对环境带来的危害。同时粒子表面比较洁净,无乳化剂,这就避免了小分子乳化剂对产品性能带来的危害。所以无皂乳液聚合法制备水溶胶预聚体得到了普遍重视。

用无皂乳液聚合法制备水溶胶预聚体的工艺过程与常规乳液聚合基本相同,不同的是无皂乳液聚合不加乳化剂。无皂乳液体系之所以得以稳定主要靠如下因素:

a. 用过硫酸盐作引发剂,过硫酸盐在一定温度下分解成硫酸根自由基·$SO_4^-$,在引发聚合后,硫酸根就连在聚合物链末端,起大分子乳化剂的作用。

b. 在制备水溶胶预聚体的单体中,加有 4%~8% 的亲水性单体,聚合后,分子链上的极性基团定位于乳胶粒表面,可以提高乳液的稳定性。

c. 引入带有强离子基团或带有亲水性非离子基团的共聚单体,如对苯乙烯磺酸钠、以苯乙烯封端的聚氧乙烯等。

④ 溶液聚合法  利用溶液聚合法制备水溶胶预聚体所用的溶剂必须既能溶解单体和预聚体,又能溶于水,常用的有甲醇(b. p. 65℃)、乙醇(b. p. 78℃)、异丙醇(b. p. 82.5℃)、1,4-二噁烷(b. p. 101℃)、正丁醇(b. p. 117.5℃)、乙二醇丁醚(b. p. 171℃)等。常用的引发剂有偶氮二异丁腈(AIBN)、过氧化苯甲酰(BPO)等。所用的单体和亲水性单体需根据对最终产品的要求进行分子设计。所用的引发剂量一般为单体用量的 0.4%~0.6%。

在采用高沸点的溶剂(如乙二醇丁醚、丁醇和二噁烷)时,可以用间歇法进行制备;而在采用低沸点的溶剂(如甲醇、乙醇和异丙醇)时,因为容易过热爆釜、冲料,易出事故,则应当采取半连续法进行制备。在底料聚合完成后,将剩余的单体、溶剂及引发剂配制成溶液,采取慢慢滴加的方式加入,以防过热,以便平稳地进行聚合反应。

(3)铵化反应  因为在水溶胶预聚体分子链上带有羧基,可以加入氨水等铵化剂进行铵化反应,将羧基—COOH 转化成羧酸铵离子基团—$COO^-NH_4^+$,这就增大了预聚物的自乳化能力。同时因为经铵化后,聚合物分子链带上负电,同性相斥,把原来聚结得很紧密的大分子链彼此推开,把大分子链之间的距离拉大,使得分子间力减小,致使聚合物颗粒膨大、松散,如果再予以快速搅拌,就很容易把大颗粒破碎成 10~100nm 的小颗粒。大分子链上的羧酸根负离子—$COO^-$ 定位于聚合物颗粒的表面上,起阴离子乳化剂的作用,使体系稳定,于是就形成了无色透明或半透明的水溶胶。

所用的铵化剂大多是浓度为 25%~28% 的氨水,也可以用三乙醇胺和二乙醇胺,也有用 NaOH 和 KOH 的。在外文资料中对铵化反应有不同的称谓，如 ammoniate（铵化或氨化）、subdivide（细化）及 pulverize（破碎）；在中文资料中也有一些作者称其为"氨化"。笔者认为称为"铵化"最为恰当。

（4）水溶胶涂膜的交联反应　在水溶胶共聚物分子链上都连有大量的亲水性基团，在涂覆并干燥后，这些亲水性基团将均匀地分布在其涂膜内部，致使涂膜的耐水性、耐有机溶剂性、耐碱性及力学性能变差，因此必须引入交联剂，进行深度的交联反应。常用的交联剂有六羟甲基三聚氰胺（HMMM）、N-羟甲基丙烯酰胺（N-HAM）、亚乙基亚胺（氮丙啶）、双丙酮丙烯酰胺-己二酰肼（DAAM-DAH）、锌氨配位化合物等。前二者需在高温下交联，而后三者则可在室温下交联。在一定的条件下，使水溶胶分子链上的亲水性基团和交联剂发生交联反应，形成致密的网状结构，使得涂膜的耐水性、耐有机溶剂性、耐碱性、耐干湿摩擦性、表面的抗粘性、附着力、耐污性及力学性能等都得到大幅提升。

### 8.4.8.9　后乳化法生产石油树脂乳液

（1）简介　石油树脂（hydrocarbon resin）是由石油裂解的 $C_5$ 和 $C_9$ 馏分，通过前处理、聚合、蒸馏等工艺过程所生产的一种热塑性树脂，是分子量介于 300～3000 之间的低聚物。$C_5$ 聚合物是脂肪族石油树脂，而 $C_9$ 聚合物则是芳香族石油树脂。石油树脂乳液是石油树脂系列产品的一个分支，是将固态或液态的石油树脂与水在乳化剂的作用下，一起进行剪切乳化而制成的稳定的乳化分散液。石油树脂乳液和其他水性产品相容性优异，可以大量用作聚丙烯酸酯乳液、天然橡胶乳液、丁苯胶乳、丁腈胶乳、氯丁胶乳等各种乳液及水性涂料和水性黏合剂的增黏剂，还可以用作造纸工业的施胶剂与涂层剂等，它可以显著提高制品的耐水性、耐候性、对基材的附着力、耐腐蚀性等。在用作压敏胶的增黏剂时，有着良好的附着力与内聚力的综合平衡，可以大幅提高对 PE、PP、PET、PC、ABS、PVC、APO、木材、金属、UV 涂层等基材表面的附着力及初粘性。再加上石油树脂来源丰富，价格低廉，所以石油树脂乳液具有广阔的开发利用前景。

目前在工业上制备石油树脂乳液一般采用两种工艺：机械剪切乳化工艺和转相乳化工艺。

（2）用高速剪切乳化工艺制备石油树脂乳液　在一项美国专利[195] 中，他们采用先加油相（石油树脂）与高级脂肪酸，熔化并混合均匀后，再加碱的水溶液来进行后乳化（似乎很像前述的"初生皂法"）的方法来制备石油树脂乳液。它们都需要利用高能设备进行高强力剪切进行乳化，可以乳化成直径为微米级的乳胶粒，从而得到稳定的石油树脂乳液。但是这种生产工艺能耗很大，在生产过程中物料产生泡沫多，设备维护费很高，这就提高了生产成本。为了解决上述问题，中国石化上海石油化工股份有限公司的研究者们对 $C_5$、$C_9$ 及 $C_5$ 和 $C_9$ 的共混石油树脂水性化做了大量工作，找到了合理的配方和制备工艺，申请了一项题为"一种石油树脂乳液的制备方法"的中国专利[196,197]。他们先把高级脂肪酸（油酸）和石油树脂一起熔化，然后加入乙醇胺的水溶液，利用常规快速搅拌釜，在高速机械搅拌作用下进行乳化，制成了稳定的石油树脂乳液。他们所制备的石油树脂乳液的平均乳胶粒直径小于 $0.5\mu m$，其固含量高达 50% 以上，黏度适中，且在生产过程中及其后使用过程中产生泡沫少。他们为石油树脂水性化做了一项很有意义的工作。

他们分别采用了六种在室温下呈固态、具有不同软化点（其软点在 80～105℃ 之间）的间戊二烯石油树脂（石油树脂 A～石油树脂 F）为原料，采用油酰乙醇胺作为阳离子型乳化剂，制备了六种石油树脂乳液，其生产配方列入表 8-43 中。

**表 8-43** 用高速剪块乳化工艺制备石油树脂乳液配方

| 原料名称 | 软化点/℃ | 用量/质量份 | | | | | | | |
| --- | --- | --- | --- | --- | --- | --- | --- | --- | --- |
| | | 1 号 | 2 号 | 3 号 | 4 号 | 5 号 | 6 号 | 7 号 | 8 号 |
| 石油树脂 A | 80 | 45.00 | — | — | — | — | — | — | — |
| 石油树脂 B | 85 | — | 45.00 | — | — | — | — | — | — |
| 石油树脂 C | 90 | — | — | 45.00 | 40.00 | — | — | — | — |
| 石油树脂 D | 95 | — | — | — | — | 45.00 | 45.00 | — | — |
| 石油树脂 E | 100 | — | — | — | — | — | — | 45.00 | — |
| 石油树脂 F | 105 | — | — | — | — | — | — | — | 45.00 |
| 油酸 | — | 4.50 | 4.50 | 4.00 | 4.50 | 4.50 | 4.50 | 4.50 | 4.50 |
| 乙醇胺溶液 | — | 2.67 | 3.34 | 2.54 | 3.16 | 3.34 | 3.03 | 2.67 | 3.34 |
| 热蒸馏水 | — | 24.00 | 30.00 | 18.00 | 30.00 | 25.00 | 25.00 | 25.00 | 25.00 |
| 平均胶粒直径/μm | | 0.35 | 0.46 | 0.48 | 0.46 | 0.37 | 0.33 | 0.43 | 0.35 |

其生产工艺如下：

① 将规定量的乙醇胺和一定量的蒸馏水在容器中配制成一定浓度的乙醇胺溶液，将其倒入乳化剂溶液滴加槽中，并升温至 98℃，待用。

② 把规定量的固体间戊二烯石油树脂投入可以调速的常规搅拌釜中，开动搅拌，并开始加热，将物料升温至 140℃，使树脂完全熔化。

③ 在继续搅拌情况下，把物料冷却至 120℃，加入规定量的油酸，继续搅拌，将物料混合均匀。

④ 然后把釜内物料冷却至 98℃，在快速搅拌条件下，开始滴加温度为 98℃ 的乙醇胺溶液，开始乳化，在约 45min 内滴加完。

⑤ 滴加结束后，加入余下的升温至 98℃ 的蒸馏水，在快速搅拌条件下继续进行乳化，直至乳化成均匀细腻的石油树脂乳液。从开始滴加乙醇胺溶液算起，整个乳化时间控制在 90～120min 之间。

⑥ 最后把物料降温至 60℃ 以下，出料、过滤，即得产品。

（3）用高速剪切乳化工艺+转相乳化工艺制备石油树脂乳液　有研究者[198] 以平平加 O-25 和单硬脂酸甘油酯（GMS）做复合乳化剂，以 56 号半精炼石蜡作稀释剂，利用转相乳化工艺制成了粒径小、稳定性高的 $C_5$ 石油树脂非离子型乳液。

由于所采用的 $C_5$ 石油树脂软化点高，需要加热至 120℃ 以上才能完全熔化，且熔体黏度较大（在 100℃ 时黏度为 1874.2mPa·s），致使后序乳化操作很难进行，因而必须设法将其稀释，降低黏度，才有可能制备出合格的 $C_5$ 石油树脂乳液。考虑到 56 号半精炼石蜡与 $C_5$ 石油树脂化学结构相似，与 $C_5$ 石油树脂相容性好，熔点低（m.p.56℃），熔体黏度小（在 100℃ 时黏度为 5.7mPa·s），因此可以把 56 号半精炼石蜡作为 $C_5$ 石油树脂理想的稀释剂。

通过优化确定：56 号半精炼石蜡在油相中占 30%（质量分数），乳化剂和油相的质量比为 0.16，溶解乳化剂用水占总水量的 1/3，复合乳化剂的最佳 HLB 值为 10.75（由此估算出两种乳化剂的质量比为平平加 O-25∶GMS＝1.21∶1），最佳乳化温度为 98℃，最佳 W/O 乳化时间为 20min，利用高剪切分散乳化机进行第一步乳化操作，在乳液产品中固体（石油树脂＋石蜡）质量占总质量（固体＋总水量）的 40%。

其生产配方列入表 8-44 中。

**表 8-44　用高速剪切乳化工艺＋转相乳化工艺制备非离子型乳化石油树脂配方**

| 组分 | 用量/质量份 |
| --- | --- |
| $C_5$ 石油树脂 | 70.00 |
| 56 号半精炼石蜡 | 30.00 |
| 平平加 O-25 | 8.76 |
| 单硬脂酸甘油酯(GMS) | 7.24 |
| 蒸馏水 | 174.00 |
| 总计 | 290.00 |

其生产工艺如下：

① 将 174 质量份的蒸馏水加入带有加热装置的加料槽中，开动搅拌，并加热升温至 98℃，待用。

② 把规定量的 $C_5$ 石油树脂和 56 号半精炼石蜡投入高剪切分散乳化机中，开动慢速搅拌，并开始加热，升温至 140℃，使物料完全熔化。

③ 然后把物料降温至 120℃，加入规定量的复合乳化剂平平加 O-25 与单硬脂酸甘油酯（GMS），充分搅拌，混合均匀。

④ 混合完成后，把釜内物料冷却至 98℃，将高剪切分散乳化机的剪切速度提升最高转速，开始从加料槽中滴加 43.5 质量份（总水量的 1/4）、温度为 98℃ 的蒸馏水，开始乳化，在 20min 内滴加完。滴加结束后，再剪切约 20min，此时体系被乳化成为 W/O 型乳液。

⑤ 然后逐渐加入余下的已经升温至 98℃ 的蒸馏水，在快速搅拌条件下继续进行乳化，在越过转相点（PIC）后，就由 W/O 型乳液转变成了 O/W 型乳液。

⑥ 最后把物料降温至 50℃ 以下，出料、过滤，即得到均匀细腻、黏度低、稳定性好（60d 不分层）平均胶粒直径＜1.0μm、粒度分布为 0.3～5.0μm 的 O/W 型 $C_5$ 石油树脂乳液产品。

## 参考文献

[1] 李克友，冯新沪，邵诗清. 涂料工业，1986，(3)：1.
[2] 王文俊，李伯耿，于在璋，等. 高分子通报，1995，(1)：44.
[3] 陆强，李伯耿，于在璋. 化工进展，1995，(3)：37.
[4] Chern C S，HSu H. J Appl Polym Sci，1995，55 (4)：571.

［5］ Arzamend G，Asua J M. J Appl Polym Sci，1989，(38)：49.

［6］ 大森英三．高分子加工，1973，22 (1)：5-15.

［7］ Ghosh M，Forsyth T H，Emulsion Polymerization. Am Chem Soc Sympser，1976：367.

［8］ Labbademe A，Bataille P. J Appl Polym Sci.，1994，51 (3)：503.

［9］ 邱光鸿．涂料工业，1994，(1)：20.

［10］ 司业光，韩光信，吴国贞．聚氯乙烯糊树脂及其加工方法．北京：化学工业出版社，1993.

［11］ Gardon J L. J Polym Sci：Part A-1，1968，6：643.

［12］ 曹同玉，Merry A J，Wilson M P. 化工学报，1982，(1)：14.

［13］ Nomura M，Harada M，Eguchi W. J Appl Polym Sci.，1972，(16)：64.

［14］ 刘大华，等．合成橡胶工业手册．北京：化学工业出版社，1991.

［15］ 佐伯康治．聚合物制造工艺．杨大海译．北京：化学工业出版社，1977：247.

［16］ 赵德仁．聚合物合成工艺学．北京：化学工业出版社，1981.

［17］ 胡又牧，魏邦柱．胶乳应用技术．北京：化学工业出版社，1990：42.

［18］ 奥田平，稻垣宽．合成树脂乳液．黄志启译．北京：化学工业出版社，1989：38.

［19］ Morton M，Rubber Technology. New York：Applied Science Publishers Ltd，1987：567-579.

［20］ 孙晓．安庆师范学院学报：自然科学版，2002，8 (3)：36-40.

［21］ Cavallotti P. Rubber Latex of High Solid Content，US 3607807，1996.

［22］ Carsarico A. Treatment of Synthetic Rubber Lattices. US 2475053，1949.

［23］ 魏邦柱．胶乳·乳液应用技术．北京：化学工业出版社，2003.

［24］ 瓦尔森 H，芬奇 C A. 合成聚合物乳液的应用．曹同玉，等译．北京：化学工业出版社，2004.

［25］ 张杰．造纸化学品，2004，(2)：34-37.

［26］ 解洪梅，刘春胜，鲁晓．合成橡胶工业，2001，24 (6)：376-378.

［27］ 韩秀山．吉化科技，1996，(3)：10-17.

［28］ 韩秀山，逯春平．化工时刊，2002，(10)：50-52.

［29］ 严传新，张金声，牟明明．造纸化学品，1999，(4)：4-6.

［30］ 卢晓，解洪梅，刘春胜．齐鲁石油化工，2002，30 (2)：126-128.

［31］ 王天普．弹性体，2001，11 (4)：58-61.

［32］ 燕化公司研究院．燕山油化，1990，(2)：70-79.

［33］ 杨继纲．合成橡胶工业，1993，16 (2)：82-86.

［34］ 林庆菊，李永茹，赵秀红，等．弹性体，1999，(4)：12-14.

［35］ 杨仲篪．兰化科技，1996，14 (1)：33-37.

［36］ 蓝其盈，张友顺，包季欣，等．合成橡胶工业，1994，17 (5)：266-271.

［37］ Warson H，Finch. C A. Applications of Synthetic Resin Latices，V1. New York：John Wiley & Sons Ltd，2001.

［38］ Fujiwara W，et al. JP 17511，1993.

［39］ 袁才登．乳液胶黏剂．北京：化学工业出版社，2004.

［40］ 薛秀，陆书来．橡胶工业，2004，51 (11)：665-669.

［41］ 张威，付岩．齐鲁石油化工，1993，(4)：334-338.

［42］ 张淳，隆中华，朱中南．化学反应工程与工艺，2001，17 (3)：272-276.

［43］ 久木博，瀧浪悟，關矢正良．日本公開特許公報昭 63-41851，1988.

［44］ Hisaki H，Nakano Y，Takahashi N，et al. US 4，569，936，1986.

［45］ 座古宽三郎，三柴三郎．日本公開特許公報．昭 58-2370，1983.

［46］ 倪玉志，吴增华，华润稼．江南大学学报：自然科学版，2004，3 (5)：521-524.

［47］ 陆书来，柳富华．弹性体，1999，9 (1)：54-58.

［48］ Lyenger Y. J Appl Polym Sci，1971，(15)：627.

［49］ Hisaki H，Takinami. S，et al. 日本橡胶协会会誌，1998，61 (10)：728-736.

［50］ Hisaki H，Takinami S，et al. 日本橡胶协会会誌，1999，62 (8)：515-522.

［51］ EP99530A2.

［52］ JP 昭 42 20847.

［53］ Okubo M J. Polym Sci，1982，(20)：45.

［54］ 于元章，魏文杰，卢晓．塑料工业，2002，30 (2)：15-16.

[55] 李晶. 聚氯乙烯, 2005, (1): 6-9.

[56] 赵静. 聚氯乙烯, 1998, (5): 46-49.

[57] 郭秀春. 聚氯乙烯, 1995, (4): 52-56.

[58] 孟宪谭, 朱卫东, 韩晶杰. 石油化工, 2002, 31 (8): 626-628.

[59] CN 85104049A.

[60] 卢晓, 吕秀玲, 张效全. 化工科技, 2000, 8 (4): 18-22.

[61] 赵静, 孟宪谭, 张秀坤. 聚氯乙烯, 2001, (1): 37-41.

[62] 卢晓, 于元章, 王世和, 等. 齐鲁石油化工, 2000, 28 (4): 260-264.

[63] 黄金霞, 赵金德, 赵阳, 等. 弹性体, 2005, 15 (4): 61-65.

[64] 于元章, 栾祥山, 卢晓, 等. 齐鲁石油化工, 1997, 25 (2): 79-84.

[65] 周文荣, 中国橡胶, 2003, 19 (4): 6-8.

[66] 汪多仁. 世界橡胶工业, 2000, 27 (1): 42-43, 60.

[67] 徐文强. 弹性体, 2001, 11 (5): 20-22.

[68] 马艳丽, 石宝忠. 化工科技市场, 2002, 25 (4): 4-7.

[69] 赵小龙, 刘静平, 严曾涛. 石化技术与应用, 2001, 19 (2): 76-83.

[70] 黄云翔. 化工物资, 1995, (3): 28-32.

[71] 杨清芝. 现代橡胶工艺学. 北京: 中国石化出版社, 1997.

[72] 中国石油和化学工业学会. 中国石油和化工生产信息, 2002, (24): 8.

[73] 肖然. 原材料, 1994, (2): 5-7.

[74] 罗素娥. 腐蚀与防护, 1997, 18 (5): 24-25, 35.

[75] 郭济中. 原材料, 1994, (4): 5-8.

[76] 秦德福, 陈良恕. 化学建材, 1990, (6): 22-27.

[77] 吴明. 中国建筑防水材料, 1995, (4): 12-16.

[78] 大森英三. 丙烯酸酯及其聚合物. 朱传榮译. 北京: 化学工业出版社, 1985.

[79] 路敏俊. 丙烯酸化工, 1999, 12 (1): 1.

[80] 曹同玉. 高分子通报, 1999, 3: 22-27.

[81] 刘国杰. 耿耀宗. 涂料应用科学与工艺学. 北京: 中国轻工业出版社, 1994.

[82] 林宜益. 乳胶漆. 北京: 化学工业出版社, 2004.

[83] 汪长春, 包启宇. 丙烯酸酯涂料. 北京: 化学工业出版社, 2005.

[84] 陈红梅, 马承银, 王松等. 江苏化工, 2002, 30 (5): 23-26.

[85] 桑秀刚, 王大喜. 有机硅材料, 2005, 19 (1): 32-35.

[86] 王剑, 储富祥. 中国胶粘剂, 2002, 12 (5): 52-55.

[87] Otto H D, et al. Europ Coatings J, 1998, (9): 632-637.

[88] 孔祥正, 阚成友, 罗东, 等. 高等学校化学学报, 1995, 16 (11): 1810-1813.

[89] 王建国. 化学建材, 2000, (6): 31-35.

[90] 邬润德, 童筱莉, 周安业, 等. 涂料工业, 1999, (5): 5-8.

[91] 范青华, 黄英, 刘香鸾. 应用化学, 1995, 12 (3): 52-56.

[92] 王镛先. 应用化学, 1997, 14 (4): 33-36.

[93] 张心亚, 涂伟萍, 等. 合成材料老化与应用, 2001, (4): 24-27.

[94] 黄光速, 李克友. 合成橡胶工业, 1994, 17 (4): 224-227.

[95] 孙志娟, 张心亚, 黄洪, 等. 中国黏合剂, 2004, 14 (1): 40-47.

[96] 林霞, 谢奕, 柏松, 等. 聚氨酯工业, 2004, 19 (6): 37-40.

[97] 张旭东, 陈焕钦. 化工进展, 2004, 23 (4): 380-384.

[98] 胡剑青, 涂伟萍, 李侃. 中国皮革, 2004, 33 (5): 10-13.

[99] 刘国杰. 水分散体涂料. 北京: 中国轻工业出版社, 2004.

[100] 谢雷, 王书忠. 聚氯乙烯, 2002, (6): 25-28.

[101] 谢雷. 聚氯乙烯, 2004, (4): 26-27.

[102] 蒋美捷. 上海氯碱化工信息, 2002, (4): 6-9.

[103] 张庆华, 詹晓力, 陈丰秋. 化工进展, 2004, 23 (12): 1302-1307.

[104] 孙绍辉, 孙培勤, 刘大壮. 化工进展, 2004, 23 (9): 984-989.

[105] 杨瑞芹, 崔天放, 陈尔凡, 等. 化学世界, 2002, (1): 22-24.

［106］杨琴，延卫．中国胶黏剂，2002，12（5）：12-15.

［107］谷立广．新型建筑材料，1998，（3）：13.

［108］陈元武．涂料工业，2002，32（12）：20-22.

［109］于翔，孔红春，孙兰波．涂料工业，2002，32（11）：38-41.

［110］Bassett D R．丙烯化工与应用，2003，16（3）：34-39.

［111］朱延安，曹树潮，张心亚，等．涂料工业，2005，35（1）：31-35.

［112］李贺．中国橡胶，2002，18（7）：17-25.

［113］王敏．天津橡胶，1999，（3）：42-43.

［114］陈继明，罗舜浩．甘肃化工，2005，21（1）：106-107.

［115］韩秀山．四川化工与腐蚀控制，2002，5（1）：45-47.

［116］包永忠，黄志明，翁志学．塑料助剂，2005，3：7-9.

［117］李杰，郑德．塑料助剂与配方设计技术，北京：化学工业出版社，2005.

［118］翟密林．山西建筑，2005，31（10）：115-116.

［119］林润雄，王基伟．化工科技，2000，8（6）：1-4.

［120］缪晖．聚氯乙烯，2005，（2）：26-30.

［121］潘明旺，张留成，袁金凤，等．高分子学报，2005，（1）：47-51.

［122］孙付霞，章悦庭．建筑材料学报，2002，5（3）：356-362.

［123］何灵芝，刘艳鹏．林业科技，2004，29（2）：38-40.

［124］周广荣，顾继波，刘海英．中国胶黏剂，2004，13（1）：50-53.

［125］陶红森，吴魁．四川化工，2005，（2）：15-17.

［126］罗文飞，王嘉图，张彪．中国胶黏剂，2005，14（5）：45-48.

［127］燃料化学工业部涂料技术训练班组织编写．涂料工艺：第七分册．北京：化学工业出版社，1983.

［128］卢爱连．金山油化纤，2000，（4）：31-35.

［129］李子东，李广宇，于敏．粘接，2001，22（6）：27-30.

［130］US 5571860，1996.

［131］刘冰坡，王克友．中国胶黏剂，2005，14（7）：24-26.

［132］朱延安，曹树潮，张心亚，等．涂料工业，2005，35（1）：32-35.

［133］王其超，张心书．河北化工，2002，（2）：39-40.

［134］朱延安，张心亚，陈焕钦．粘接，2004，25（1）：4-7.

［135］周新华，涂伟萍，夏正斌．粘接，2003，24（6）：25-27.

［136］汪保林，维纶通讯，2002，22（1）：7-10.

［137］涂料工艺编委会．涂料工艺．北京：化学工业出版社，1997.

［138］燃料化学工业部涂料技术训练班组织编写．涂料工艺：第七分册．北京：化学工业出版社，1983.

［139］耿耀宗．现代水性涂料．北京：中国石化出版社，2003.

［140］沈爱华．上海氯碱化工，2003，（6）：1-5.

［141］朱云新．聚氯乙烯，1991，（6）：19.

［142］黄云翔．中国氯碱，1998，（2）：32-34.

［143］锦西化工研究院．聚氯乙烯，1979，（1）：32.

［144］夏正斌，涂伟萍，陈焕钦．化学建材，2003，（2）：4-7.

［145］管从胜，王威强．氟树脂涂料及应用．北京：化学工业出版社，2004.

［146］Nobuhiko Tsuda．Fluoropolymer Emulsion for High-Performance Coating．European Coatings，1999，（18）：23.

［147］张虹．有机氟工业，2001，（4）：15-20.

［148］焦宁宁．现代塑料加工应用，2001，13（4）：58-61.

［149］陆书来，成国祥．弹性体，2004，14（1）：48-50.

［150］陈朝阳．广东化工，2003，（1）：55-58.

［151］崔小明．塑料技术，2003，3：7-17.

［152］黄立本，张立基，赵旭涛．ABS树脂及其应用．北京：化学工业出版社，2001.

［153］谭志明，何浩会，张明耀，等．塑料工业，2003，31（4）：41-43.

［154］黄永华，陈正国，程时远．湖北化工，1998，（1）：4-6.

［155］丛树枫，喻露如．聚氨酯涂料．北京：化学工业出版社，2003.

[156] 李绍雄，刘益军. 聚氨酯黏合剂. 北京：化学工业出版社，1997.

[157] 卿宁，张晓镭，俞从正，等. 中国皮革，1999，28（7）：5.

[158] 李建宗，李士杰. 聚氨酯工业，1997，（4）：11.

[159] 徐龙贵，刘娅莉，于占峰，等. 现代涂料与涂装，2003，（6）：11-13.

[160] 刘小平，郑天亮. 涂料工业，2000，（10）：33-35.

[161] 陶永忠，陈键，顾国芳. 涂料工业，2001，（1）：36-38.

[162] US 5344856.

[163] 张黎，舒武炳. 涂料工业，2002，（8）：28-30.

[164] 刘金凤，刘立柱，张笑梅. 相反转法水性环氧树脂的制备. 化工进展，2015，34（9）：3388-3391.

[165] 黄四平. 相反转法合成一种水性环氧树脂乳液的研究. 应用化工，2014，43（6）：1061-1063.

[166] 王丰，刘娅莉，徐龙贵，等. 涂料工业，2004，34（8）：29-33.

[167] US 4246148.

[168] 蒋文玲，张振，臧家庆. 工程塑料应用，2003，31（1）：45-48.

[169] 张洋，马榴强. 北京化工大学学报，1997，24（1）：14-18.

[170] US 6245882.

[171] US 5708121.

[172] US 4179427.

[173] US 4115327.

[174] US 4048125.

[175] 曹立安，王吉胜. 现代涂料与涂装，2002，（3）：8-9.

[176] 刘毅，阚成友，刘德山. 化学建材，2004，（1）：17-20.

[177] 翟金清，文秀芳，杨卓如，等. 化学工业与工程，2001，18（6）：372-378.

[178] 胡涛，陈美玲，高宏，等. 中国涂料，2004，（5）：41-42.

[179] US 4132687.

[180] US 3223658.

[181] 张墩明，蒋锡群，杨昌正. 有机硅材料，2003，17（1）：17-21.

[182] 许湧深，戴建华，赵宁. 应用化学，2005，22（2）：148-151.

[183] US 6013683.

[184] 沈萍萍，冯钦邦，吴利民，等. 甲基硅油乳液的制备研究. 有机硅材料，2017，31（2）：107-110.

[185] 罗运军，桂红星. 有机硅树脂及其应用. 北京：化学工业出版社，2002.

[186] 任晓光，刘嘉敏. 皮革去污上光用乳化蜡的研制. 精细石油化工，2002，9：39-41.

[187] 郑立辉，盛奎龙，潘金亮，等. 石油蜡的生产及深加工. 北京：化学工业出版社，2008：192-212.

[188] 郝家宝. 高固含量石蜡稳定乳状液的制备及性能研究 [D]. 合肥：安徽大学，2013.

[189] 吴迪. 聚乙烯蜡的亲水改性及乳化研究 [D]. 长春：长春工业大学，2018.

[190] 侯有军，任力，朗雪梅，等. 苯丙水溶胶的合成与性能研究. 离子交换与吸附，2002，18（4）：319-326.

[191] 徐斌，钟明强，项赛飞. 乳液法制备水性纸张表面涂层胶的研究. 中国胶粘剂，2006，15（5）：28-30.

[192] 贾锂，魏德卿，刘宗惠，等. 丙烯酸皮革涂饰材料的发展及无皂水溶胶的合成. 中国皮革，1999，28（15）：2-6.

[193] 袁才登，王艳君，许涌深，等. 丙烯酸系聚合物水溶胶的合成及性能. 天津：天津大学学报，1999，32（4）：491-495.

[194] 张洪涛，黄锦霞. 水性树脂制备与应用. 北京：化学工业出版社，2012：154-155.

[195] US，4486563.

[196] CN02111259.2.

[197] 李东光. 聚合物乳液配方与工艺. 北京：化学工业出版社，2012：444.

[198] 郝家宝，夏茹，苗继斌，等. 低熔融黏度 $C_5$ 石油树脂水基乳液的制备. 精细化工，2012，29（10）：998-1040.

**聚合物乳液合成原理性能及应用**
（第三版）

# 第9章
# 乳液聚合技术进展

## 9.1 概述

由于乳液聚合方法有其独特的优点，故世界各国竞相对乳液聚合技术进行开发，在乳液聚合理论研究方面已经取得了很大进展。乳液聚合理论的发展促进了乳液聚合工业技术的进步，表现在乳液聚合物产量逐年增加，质量不断提高，品种日益增多，生产工艺渐趋合理、完善。除此而外，乳液聚合技术也在不断创新，派生出了不少乳液聚合的新分枝，出现了许多乳液聚合新方法，如反相乳液聚合、无皂乳液聚合、乳液定向聚合、微乳液聚合、非水介质中的正相乳液聚合、分散聚合、乳液缩聚、辐射乳液聚合，以及制备具有异形结构乳胶粒的聚合物乳液的乳液聚合等。这些新的乳液聚合方法和分枝的出现，大大丰富了乳液聚合的内容，也为乳液聚合理论研究提出了新的课题。以下介绍几种乳液聚合的新方法。

## 9.2 非水介质中的乳液聚合

一般所讲的乳液聚合通常都是以水为分散介质，所用单体不溶于水。但有时也采用不同种类的其他非水物质来作为分散介质。在非水介质中的乳液聚合有以下几种情况：

（1）反相乳液聚合 通常限于水溶性单体，而以与水不互溶的有机溶剂作为分散介质。采用能将亲水单体稳定分散于非水介质中的乳化剂。若采用油溶性引发剂，则这种乳液聚合体系与正相乳液聚合体系恰成"镜式"对照。

（2）在非水分散介质中进行的正相乳液聚合 和常规正相乳液聚合一样，所用单体也是油溶性的，引发剂是水溶性的，所不同的仅仅是采用甲酰胺、甲酸、液氨等极性介质来代替水作分散介质。

（3）在有机相中的分散聚合　所用的单体能溶于有机相，故起始为均相溶液聚合，所生成的聚合物不溶于有机相，将析出。在某种条件下所析出的聚合物能呈细粒状，稳定分散于有机相中。这种分散体获得了越来越广泛的应用。

下面对这三种乳液聚合分别予以简述。

## 9.2.1　反相乳液聚合

反相乳液聚合[1]是将水溶性单体溶于水中，然后借助于乳化剂分散于非极性液体中形成 W/O 乳液而进行的聚合。这种聚合可采用油溶性或水溶性的引发剂。若是前者，则体系与常规 O/W 的乳液聚合恰成"镜式"对照，故称之反相乳液聚合。

可用于反相乳液聚合的水溶性单体有丙烯酸、（甲基）丙烯酰胺、乙烯基对苯磺酸钠、甲基丙烯酸二甲氨基乙酯季铵盐、N-乙烯基-2-吡咯烷酮等。

作为反乳液的分散介质可选择任何与水不互溶的有机液体，通常为烃类、卤烃及芳烃，如链烷烃、环烷烃、石油醚、甲苯、二甲苯、白油、煤油等。

使水分散于油的乳化剂，按胶体化学原则，应选择其亲水/亲油平衡（HLB）值在 5 左右的。通常采用非离子型乳化剂。如斯盘（Span）系的斯盘-60、斯盘-80、斯盘-85 等，其成分为失水山梨糖醇酯。此外，还有烷基酚、脂肪醇分别与环氧乙烷的加成物（商品的系列代号为 OP 和 MOA）等。也有采用具有聚环氧乙烷链节的接枝或嵌段共聚物的，如 PMMA-$g$-PEO 等；还有利用阴离子型乳化剂和阳离子型乳化剂的。

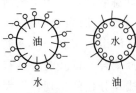

**图 9-1　正相与反相乳胶粒分散稳定作用比较**
—o 阴离子型乳化剂；
—● 非离分型乳化剂

（a）水包油型（正相）乳液
（b）油包水型（反相）乳液

制备油包水乳液之所以多采取上述非离子型乳化剂是因为这种乳液的连续相为油，在其中不存在离子，因此分散的液滴不是靠在其上吸附的乳化剂产生的离子电荷来稳定。非离子型乳化剂一般只提供一合适的油水亲和力。此外由于乳化剂的分子量一般较大，可产生较大的位障作用，即在粒子间产生机械阻隔（图 9-1）。总地说来，由于上述稳定作用力的差异，粒子的分散稳定性远较常规的乳液为差。这对聚合过程和产品应用来说是一固有的困难。

反相乳液聚合为水溶性单体提供了一个理想的聚合方法。它与正相乳液聚合一样，聚合引发时，自由基从连续相非成对地进入胶束，然后成核，反应在互相隔离的场所（乳胶粒）中进行，因此链终止少，聚合速率及产物聚合度都高，是其他聚合方法（溶液聚合、本体聚合）所没有的（后二者这两项指标变化常相反）。乳液聚合还具有反应条件缓和、易于散热、易控制等特点，且产品可直接应用，如易于溶解，也可经凝聚、蒸发、干燥做成粉状产品。

然而，反相乳液聚合的连续相是油，且采用非离子型乳化剂，研究者对其中是否存在胶束，以及单体的增溶、成核、聚合是怎样进行的，一直存在疑惑和争论。下面仅就 Vanderhoff 等[2] 对乙烯基苯磺酸钠反相乳液聚合的工作介绍其理论与实际。

首先将乳化剂（斯盘-60）溶解于二甲苯，然后加入乙烯基苯磺酸钠水溶液，搅拌使之分散、乳化。引发剂过氧化苯甲酰经溶解后加入（油溶性，进入连续相）。粗乳液若再用均化器处理，可降低乳胶粒的尺寸，增加乳液的稳定性。然后将乳液通氮驱氧，并逐渐加热到聚合温度（50～70℃），维持搅拌及保持温度使聚合进行，经数小时转化完全。最后得乳液黏度为 0.4Pa·s（高于相同固含量的聚苯乙烯在水中的聚合物乳液黏度 0.01Pa·s），乳胶粒直径约 30nm，是经水溶胀的聚合物球形粒子，容易溶解。若将乳液加热，使油水共沸蒸出，脱除水分，则聚合物析出，得粉状产物。

图 9-2 为乙烯基苯磺酸钠在油溶性引发剂过氧化苯甲酰引发下反相乳液聚合于 50℃、60℃、70℃下的聚合转化率-时间曲线。它们的形状与通常正相水包油的乳液聚合十分相似，其聚合速率也是十分快的，70℃下仅 10min 就完成了聚合。乳化剂对聚合速率的影响见图 9-3。由图 9-3 可见，50℃时聚合速率与乳化剂用量无依赖关系，60℃、70℃时聚合速率随乳化剂用量的增大而增大。

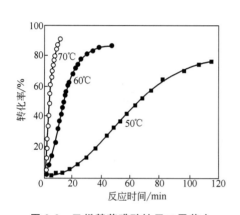

图 9-2　乙烯基苯磺酸钠于二甲苯中
反相乳液聚合的转化率-时间曲线

配方为乙烯基苯磺酸钠 6 份，邻二甲苯 70 份，
斯盘-80 0.875 份，过氧化苯甲酰 1.4 份

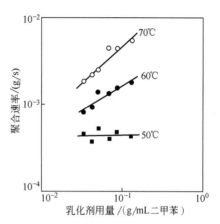

图 9-3　乳化剂用量对聚合速率的影响
聚合体系及条件同图 9-2

乳化剂用量对乳液最后粒子数的影响如图 9-4 所示。由图 9-4 得知，在低用量时，乳胶粒数随乳化剂用量的增大而急剧增加（从双对数曲线图得出粒子数正比于乳化剂浓度的 2.5～4.5 次方）；在高用量时，粒子数渐与乳化剂用量无关。这一结果与乳液聚合的

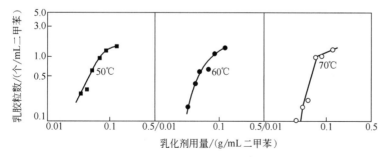

图 9-4　乳化剂用量对乳胶粒数目的影响
聚合体系及条件同图 9-2

Smith-Ewart 理论偏离（为 0.6 次方），而与 French 理论相近（为 3 次方关系）。

图 9-4 也显示了温度对乳胶粒数目的影响。高乳化剂用量下粒子数不依赖于温度；用量低时，温度升高，粒子数下降。

图 9-5 给出了按每个粒子计算的聚合速率对粒子平均体积的关系，以对数作图为直线，但是聚合速率对粒子体积的依赖却随温度增加而减小。

数据得出，产物的聚合度随乳化剂用量的增大而增大，随温度的升高而减小。但数据波动较大，总的聚合度在 $3 \times 10^6$ 上下。

Vanderhoff 及其同事对上述乳胶粒数随乳化剂用量及温度的变化解释为：这一乳液聚合的引发场所除常规乳液聚合认为的胶束外（上述实验体系乳化剂浓度均已超过临界胶束浓度，故胶束存在），被乳化的单体水溶液液滴因其尺寸很小，也提供了引发的重要场所。其主要结论是：反相乳液聚合中反应的引发、粒子的成核发生于这两个场所。

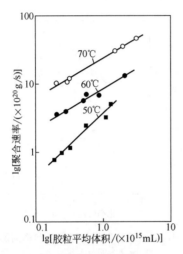

图 9-5　每个乳胶粒中的聚合
速率及粒子的平均体积
聚合体系及条件同图 9-2

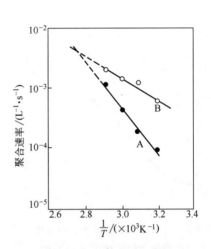

图 9-6　温度对聚合速率的影响
A—0.2% 过硫酸钾引发的 20% 乙烯
基苯磺酸钠的水溶液聚合；
B—过氧化苯甲酰引发的乙烯基苯磺
酸钠于二甲苯中的反相乳液聚合

Vanderhoff 也进行了上述体系以水溶性引发剂过硫酸钾引发的聚合。其聚合速率大大快于相应的溶液聚合。两者的转化率-时间曲线相似，而乳液聚合 50℃ 下的聚合速率相当于溶液聚合 90℃ 下的速率，见图 9-6。由此可以得出反相乳液聚合的机理必不全是微滴中的溶液聚合的结论。

对反相乳液聚合研究得最多的要数丙烯酰胺，其次是丙烯酸、丙烯酸盐及某些阳离子单体的均聚合与共聚合，美国[3]、法国[4]、苏联[5]、德国[6] 及我国许多研究者[7-14] 对其机理、动力学规律做了大量工作，表 9-1 中列出了反相乳液聚合动力学部分研究结果。但由于各研究者的体系不尽相同（尤其乳化剂与引发剂），测定的项目不一致，处理的着眼点不同，因此所得结论、观点分歧颇多，难以比较、统一。有一点值得一说，许多研究者都提出反相乳液体系不稳定，带来测定困难、数据波动，对处理结论影响甚大。

聚合物乳液合成原理性能及应用
（第三版）

**表 9-1** 近年来反相乳液聚合动力学部分研究结果

| 序号 | 单体 | 乳化剂 | 引发剂 | 连续相 | 动力学方程 | 文献 |
|---|---|---|---|---|---|---|
| 1 | AM | 斯盘-80 | KPS | 链烷烃 | $R_p = k[I]^{0.48}[S]^{0.17}[M]^{1.61}$ | [14] |
| 2 | AM | 斯盘-80 | KPS | 正庚烷 | $R_p = k[I]^{0.27}[S]^{0.53}[M]^{1.88}$ | [7] |
| 3 | AM | 斯盘-80,OP-10 | EHP | 白油 | $R_p = k[I]^{0.81}[S]^{0.60}[M]^{2.28}$ | [15] |
| 4 | AM | 斯盘-80 | ADVN | 甲苯 | $R_p = k[I]^{0.50}[S]^{-0.45}[M]^{1.0}$ | [16] |
| 5 | AM | ASMS | APS | 白油 | $R_p = k[I]^{0.38}[S]^{0.12}[M]^{1.68}$ | [17] |
| 6 | AM | 斯盘-60 | AIBN | 己烷 | $R_p = k[I]^{0.50}[S]^{0.27}[M]^{1.30}$ | [18] |
| 7 | AM | 斯盘-80 | ADVN | 异构烷烃 | $R_p = k[I]^{1.0}[S]^{-0.1}[M]^{1.0}$ | [19] |
| 8 | AM | 斯盘-80 | ADVN | 异辛烷 | $R_p = k[I]^{0.8}[S]^{-0.4}[M]^{1.2}$ | [20] |
| 9 | AM | 斯盘-80 | AIBN | 异构烷烃 | $R_p = k[I]^{1.0}[S]^{-0.2}[M]^{1.0}$ | [19] |
| 10 | AM | HB239 | AIBN | 异构烷烃 | $R_p = k[I]^{1.0}[S]^{0}[M]^{1.0}$ | [21] |
| 11 | AM | PMMA-$g$-PEO | AIBN | 甲苯 | $R_p = k[I]^{0.67}[S]^{0.18}[M]^{1.04}$ | [22] |
| 12 | AM | PSt-$g$-PEO | AIBN | 甲苯 | $R_p = k[I]^{0.70}[S]^{0.23}[M]^{1.09}$ | [23] |
| 13 | AM-AA | 斯盘-80,吐温-60 | KPS,Na$_2$SO$_3$ | 甲苯 | $R_p = k[I]^{1.39}[S]^{0.94}[M]^{1.39}$ | [24] |
| 14 | AM-NaAA | 斯盘-80,OP-10 | EHP | 白油 | $R_p = k[I]^{0.65}[S]^{0.34}[M]^{2.30}$ | [15] |
| 15 | AM-DMMC | 斯盘-80,OP-10 | EHP | 白油 | $R_p = k[I]^{0.76}[S]^{0.19}[M]^{2.38}$ | [15] |
| 16 | AM-DADMAC | 斯盘-80,OP-10 | KPS,Na$_2$SO$_3$ | 白油 | $R_p = k[I]^{1.31}[S]^{0.73}[M]^{0.68}$ | [25] |
| 17 | NaAA | 斯盘-80 | KPS | 链烷烃 | $R_p = k[I]^{0.47}[S]^{0.04}[M]^{1.59}$ | [14] |
| 18 | NH$_4$AA | 斯盘-80 | KPS | 链烷烃 | $R_p = k[I]^{0.52}[S]^{0.20}[M]^{1.60}$ | [14] |

注：AM 为丙烯酰胺；AA 为丙烯酸；NaAA 为丙烯酸钠；NH$_4$AA 为丙烯酸铵；DMMC 为 2-甲基丙烯酰氧乙基三甲基氯化铵；DADMAC 为二烯丙基二甲基氯化铵；ASMS 为丙烯酰基失水山梨醇单硬脂酸酯；HB239 为由 12-羟基硬脂酸和聚氯乙烯缩合而成的嵌段共聚物；EHP 为过氧化二碳酸二-2-乙基己酯；[I]、[S] 和 [M] 分别为单位体积分散介质中引发剂、乳化剂和单体的浓度。

## 9.2.2 非水介质中的正相乳液聚合

采用非水分散介质进行常规乳液聚合最早由 Carr 及 Johnson[26] 提出设想，并就某些乙烯基单体的均聚及苯乙烯与丁二烯的共聚进行了试验。他们按照常规乳液聚合的原则，采用极性液体作为分散介质，以使与非极性聚合单体不互溶。他们选择的极性介质有甲酰胺、甲酸和液氨。乳化剂有脂肪酸皂、脂肪族硫酸盐或磺酸盐及某些季铵盐。引发剂采用过硫酸盐及偶氮化合物。其试验结果均存在不同的问题，都不及以水为介质的乳液聚合。例如以甲酸为介质对自由基有捕集损失。液氨可以与许多单体混溶或一定程度地混溶，加之乳化剂和引发剂在低温下（−24℃）又不能溶于液氨，这就失去了能够进行乳液聚合的两个必要条件：①主要单体和所生成的聚合物不能和介质混溶；②引发剂与还原剂必须不能溶于介质。假设若用液氨作分散介质进行乳液聚合，所生成的聚合物必然会很容易分离出来，生成大块凝胶而导致乳液聚合反应失败。甲酰胺能使乳化剂如月桂基硫酸钠及引发剂过硫酸钾较好地发挥作用。例如把 25/75 的苯乙烯和丁二烯在甲酰胺中采用上述乳化剂和引发剂进行聚合，得到可流动、稳定性良好的乳液，存放 1.5 年不凝聚，但聚合速率缓慢，大大低于相应的用水的体系。这一聚合中硫醇在甲酰胺中不是有效的链调节剂，而氢醌溶于甲酰胺，可用作链终止剂。

人们还研究了在超临界 $CO_2$ 中的乳液聚合[27]。最早的工作以超临界 $CO_2$ 为介质，以丙烯酸二氢全氟辛酯为反应型乳化剂，它可以作为共聚单体参与聚合反应。所生成的共聚物分子链上的有机氟侧基（全氟辛烷基）可以溶于超临界 $CO_2$ 中，是亲介质（$CO_2$）的基团；而共聚物的其他部分不溶于超临界 $CO_2$ 中，是憎介质基团。因此，这样的共聚物分子链就像在正常情况下的乳化剂一样，具有两亲性，故可以稳定该特殊的乳液聚合体系。这类乳化剂的乳化效果取决于三种因素：①这种反应型乳化剂分子中在乳胶粒表面上的锚定基团（乙烯基部分）的种类；②亲介质（$CO_2$）的可溶性基团（氟烃基部分）的种类与结构；③亲介质的可溶性基团在共聚物主链上的分布状况。人们利用这样的乳化剂，以超临界 $CO_2$ 为介质，以偶氟二异丁腈为引发剂，在 $11\sim34MPa$ 的压力下进行了丙烯酸的乳液聚合反应。反应完后，使 $CO_2$ 挥发，留下粉末状的聚合物。

后来又有人以超临界 $CO_2$ 为介质，以嵌段硅氧烷为乳化剂，进行了苯乙烯的乳液聚合；也有人以超临界 $CO_2$ 为介质，采用嵌段硅氧烷为乳化剂，以过氧化苯甲酰-$N,N$-二甲基苯胺为氧化还原引发剂，进行了甲基丙烯酸甲酯和丙烯酸的乳液共聚合，制成了具有核壳结构乳胶粒形态的乳液聚合物。

在超临界 $CO_2$ 中进行乳液聚合，只能制备固体粉末状聚合物，且其聚合反应温度必须控制在次级转变点（$T_g$）以上。

## 9.2.3 分散聚合

### 9.2.3.1 简介

常见的聚合物乳液有两大类：一类是把油（聚合物）分散在水中，即 O/W 乳液，又叫正相乳液；另一类则是把水（聚合物水溶液）分散在油中，即 W/O 乳液。又出现了聚合物的非水分散液，又称非水乳液，这种乳液是把油（聚合物）分散在油中，即油包油型（O/O）乳液，简称 P-OO 型乳液。非水乳液大多是通过分散聚合法制备的。

分散聚合于 20 世纪 70 年代初由英国 ICI 公司的研究者们最先提出[28]。严格来讲，分散聚合是一种特殊类型的沉淀聚合，单体、稳定剂和引发剂都溶解在介质中，反应开始前为均相体系。所生成的聚合物不溶解在介质中，聚合物链达到临界链长后，从介质中沉析出来。和一般沉淀聚合的区别是沉析出来的聚合物不是形成粉末状或块状的聚合物，而是聚结成小颗粒，借助于分散剂悬浮在介质中，形成类似于聚合物乳液的稳定分散体系，即 P-OO 乳液。

用分散聚合法合成的非水乳液具有以下特点：

① 固含量大，可高达 50% 以上。

② 用其制成的产品耐水性、光泽性、透明性及力学性能好，性能接近溶剂型产品，优于水乳型产品。

③ 黏度小，无拉丝性，干燥快，不会使基材变形和生锈。可在低温下使用，故其施

聚合物乳液合成原理性能及应用
（第三版）

工性能良好。

④ 可选用毒性低和危险性小的分散介质，减少污染和公害。

⑤ 聚合物颗粒球形性好，粒径大，粒度分布窄。

由于具有以上特点，所以非水乳液可以广泛用于汽车和建筑涂料、黏合剂、高性能聚氨酯发泡体及油墨色载体等，并可用于纤维制品、塑料薄膜、建材及纸品等产品的加工。同时，用分散聚合法制备的单分散大粒径聚合物微球已广泛应用于生物医学、免疫技术、分析化学、情报信息等领域。所以分散聚合法越来越多地引起人们的关注，成为人们致力于研究的热门课题。

### 9.2.3.2 分散聚合配方中各组分的作用与选择

(1) 单体 原则上讲，不管是油溶性单体还是水溶性单体，都可以用分散聚合法进行聚合，例如苯乙烯、丙烯腈、乙酸乙烯酯、丁二烯、丙烯酸、丙烯酸酯、甲基丙烯酸、甲基丙烯酸酯、氯乙烯、偏二氯乙烯、丙烯酰胺、二乙烯基苯、乙烯、丙烯等单体的分散聚合与共聚合，已有资料报道[29-31]。研究发现，单体浓度 [M] 是分散聚合的重要参数，聚合反应速率随 [M] 增大而增大，且只有在一定 [M] 范围内聚合物颗粒才可以保持其单分散性。

(2) 分散介质 分散聚合要求所用的分散介质能溶解单体、稳定剂和引发剂，而不溶所生成的聚合物。其黏度应小于 $2\sim3Pa\cdot s$，以利于反应期间物质的扩散。一般来说，对于非极性单体来说，如苯乙烯、丁二烯、丙烯酸与甲基丙烯酸的 $C_4$ 以上高级醇酯等，可选用极性大的介质，如低级醇、酸、胺等；对极性大的单体，如乙酸乙烯酯、丙烯酸及甲基丙烯酸，以及它们的 $C_4$ 以下低级醇酯等，应当选用非极性介质，如脂肪烃等；而对于能生成高结晶度聚合物的单体，如乙烯、丙烯、氯乙烯、偏二氯乙烯、丙烯腈等，则可供选用的介质范围较宽，可选用非极性介质、高极性介质及像芳烃、酯、酮之类的具有中等极性的介质。此外，为了合成单分散、大粒径的聚合物微球，若采用甲醇-水或乙醇-水的混合物作分散介质，可得到最好的效果。一般来说，醇水比越大，所得微球直径越大，但粒度分布变宽，若控制介质的溶解度参数在 $11.5\sim11.9$ 之间，可制得单分散性的聚苯乙烯微球[32,33]。除此而外，考虑到非水乳液其后的应用，应尽量选择毒性小、燃点低、污染轻、气味小及成本低的分散介质。甲醇、乙醇、异丙醇等是理想的极性介质；而链烷烃或环烷烃，例如汽油等，应是首选的非极性介质。

对于某些特殊用途的非水乳液来说，可根据具体需要来合理选择分散介质。例如利用分散聚合法来合成聚合物聚醚多元醇（polymer polyether polyol，PPP）就是一个很好的例子。在进行苯乙烯、丙烯腈等单体的分散共聚合时，选用聚醚多元醇作为分散介质，聚合后得到苯乙烯、丙烯腈等的共聚物以颗粒的形式（颗粒直径一般小于 $1\mu m$）在聚醚多元醇中的分散体，即 PPP。将 PPP 作为制造聚氨酯泡沫塑料的原料，由于共聚物颗粒的填充增强作用，故可制造高回弹、高强度的聚氨酯泡沫塑料产品。此外，聚醚多元醇既是前一步的分散介质，又是后一步进行聚氨酯发泡的反应物，既节约了原料，又改善了产品的性能，同时也不会造成环境污染。这样的构思非常巧妙[34,35]。

(3) 引发剂 在分散聚合体系中，大多采用油溶性引发剂，应用最多的是过氧化苯甲酰和偶氮二异丁腈。引发剂浓度 [I] 一般为 $0.1\sim0.4$ 份每 100 份单体。[I] 会明显地影

响聚合反应速率 $R_p$ 和聚合物分子量 $\overline{M}_n$：当 [I] 越大时，$R_p$ 越大，而 $\overline{M}_n$ 则越低，其关系为 $\overline{M}_n \propto [I]^{-0.5}$。

（4）分散剂　在分散聚合体系中，常用的分散剂有聚乙烯基吡咯烷酮、羟丙基纤维素、聚丙烯酸、聚乙二醇及糊精等。由于这类分散剂可吸附或接枝在聚合物颗粒表面，在颗粒间产生很大的空间位阻效应，故有很好的稳定效果[36]。预先制成的嵌段和接枝共聚物是极有效的位阻型稳定剂[37,38]。嵌段共聚物分散剂的分子结构有 AB 型和 ABA 型两种。接枝共聚物分子有的是树枝状的，也有的是梳状的。这两种分散剂的分子由两部分构成：一部分是亲聚合物的；而另一部分则是亲介质的。这两部分的质量比一般需在 0.33～18 之间。

有人认为[27]，凡是在分子链上具有活泼氢的均聚物在适当的体系中都可以作分散聚合的分散剂，例如聚甲基丙烯酸 2-乙基己酯在三甲基戊烷和羟丙基纤维素存在下，在醇水混合介质中是一种很有效的稳定剂。有人发现[39]，在进行分散聚合时，加入带有庞大亲介质基团的大分子单体，如丙烯酸聚乙二醇酯等，可以在不加入其他分散剂的情况下进行分散聚合，有很好的分散效果。

有人在进行分散聚合时，除了加入分散剂外，还加入助分散剂。实验证明，助分散剂对体系稳定性、聚合物分子量及聚合物颗粒直径及其分布均有影响。但有人发现[30]，在分散剂浓度足够大时，加入助分散剂对分散聚合无明显作用。

一般来说，在采用同种稳定剂进行某特定的分散聚合时，分散剂用量越大，聚合反应速率越快，所得聚合物颗粒直径越小，其粒度分布亦越窄。

多年来，笔者在分散聚合工作中逐步认识到，能否成功地进行分散聚合，关键在于能否寻找一种行之有效的分散剂。在利用分散聚合法制备聚合物微凝胶分散体和聚合物微球的初期阶段，苦于没有能找到一种对所研究体系高效的分散剂，致使这项工作在很长一段时间内停滞不前。后来自行合成出一种锚接式的梳形分散剂（分散剂 D）以后，才使这项工作很快取得了突破性的进展[40-42]。分散剂 D 的合成路线及分子结构如图 9-7 所示，其"梳齿"为亲介质端，"梳背"为亲聚合物端。

一个有效的分散聚合分散剂应具备三个条件：①亲介质端应具有很强的溶剂化作用；②亲介质端应具有很大的空间位阻效应；③亲聚合物端应和聚合物颗粒应有很大的结合牢度，因为若结合牢度小，在受力时，分散剂分子易脱离聚合物颗粒表面，故会使体系稳定性下降。在笔者所研究的体系中，所用的分散介质是烃类。分散剂的梳齿烃链与分散介质之间具有很大的亲和力，故有很强的溶剂化作用，可以在聚合物颗粒周围形成一很厚的溶剂化层。并且梳齿烃链伸向溶剂会产生很大的空间位阻效应。同时分散剂 D 带有双键，所以它既是分散剂，又是大单体，可参与共聚反应，这样就使分散剂的梳背以共价链的形式牢固地锚接（anchoring）在聚合物颗粒表面，因此有非常好的分散效果。图 9-8 示意性地描绘了分散剂 D 的稳定机理。

### 9.2.3.3　成核与稳定机理

关于分散聚合的理论研究，在这个领域里的工作者们从不同角度提出了某些简单的机理和模型，且见到了一定成效，但其理论尚远非成熟，有待于进一步发展和完善。Lu 等[43] 研究了分散聚合动力学，Douglas 等[44] 提出了分散聚合的动力学模型，研究了分

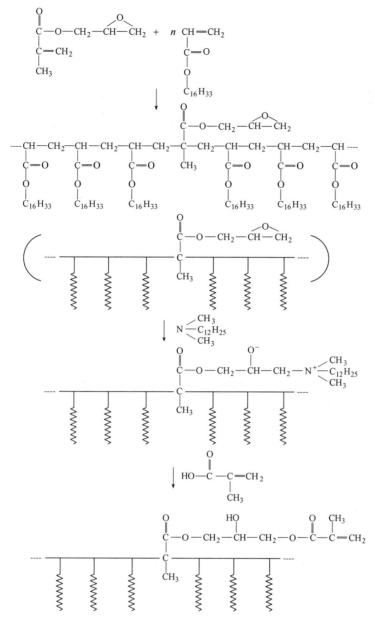

图 9-7　梳形分散剂 D 合成反应方程式

散聚合体系中聚合物颗粒内的溶胀现象及单体、引发剂和溶剂在颗粒内外的分布，得到了可以接受的预计结果。Paine[45] 研究了分散聚合体系稳定机理、溶剂的作用及聚合反应场所，提出了一个简单的分散聚合机理模型，根据这个模型可以较成功地预计聚合物颗粒直径。

对分散聚合颗粒生成和增长机理的研究尚不充分，有人提出了一些构思，且得到了一定的实验证明，但是还不能定论。人们主要倾向于两种机理：一是低聚物沉淀机理[29]；二是接枝共聚物聚结机理[32]。

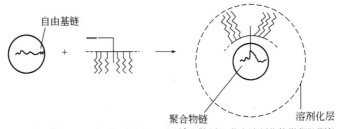

(a) 聚合物颗粒　　(b) 梳形分散剂 D　　(c) 被分散剂 D 稳定溶剂化的微凝胶颗粒

**图 9-8　梳形分散剂 D 对微凝胶的稳定机理**

图 9-9 为低聚物沉淀成核机理示意图。图 9-9（a）说明在反应开始前，单体、分散剂、助分散剂和引发剂溶解在介质中，形成均相体系；图 9-9（b）说明在上升到反应温度后引发剂分解成自由基，并引发聚合，生成溶于介质中的低聚物；图 9-9（c）表明当达到临界聚合度时，低聚物从介质中沉析出来，并吸附分散剂和助分散剂到其表面，形成稳定的核；图 9-9（d）表明所生成的核从连续相中吸收单体和自由基，形成被单体溶胀的颗粒，并在其中进行聚合反应，直到单体耗尽。图 9-10 为接枝共聚物聚结成核机理示意图。由图 9-10 可以看出，反应开始前为均相体系，升温至反应温度后，产生自由基，并在分散剂分子链活泼氢位置上进行接枝反应，形成接枝共聚物。这些接枝共聚物中的聚合物链聚结到一起形成核，而分散剂链则伸向介质，其位阻效应使颗粒稳定地悬浮在介质中。颗粒不断从介质中吸收单体并进行聚合反应，不断长大，直到反应结束。

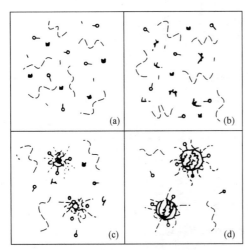

**图 9-9　低聚物沉淀成核机理**

〰〰 分散剂；⌒◦ 助分散剂；〰 低聚物或聚合物链；

⌐ 引发剂；● 单体

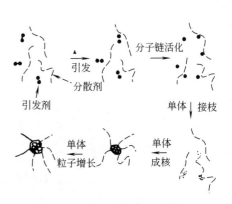

**图 9-10　接枝共聚物聚结成核机理**

### 9.2.3.4　聚合动力学

聚合反应动力学研究表明[46]，与其他聚合方法相比，分散聚合具有很快的反应速率。图 9-11 为甲基丙烯酸甲酯（MMA）三种不同形式的自由基型聚合的动力学曲线的比较。可以看到，分散聚合速率最快，沉淀聚合次之，溶液聚合速率最慢。这是由于以下四个原因造成的[47]：

（1）**富集效应**　由于单体在聚合物中要比在分散介质中的溶解度大，单体更多地分配在聚合物相，致使粒子内部的单体浓度显著地高于液相中初始单体浓度，故聚合反应速率高。而在溶液聚合中则不然，体系中单体浓度自始至终是均匀的，且随着反应进行，单体浓度越来越低于初始单体浓度，故聚合反应速率低。

（2）**隔离效应**　在溶液聚合中，任意两个自由基都有相互碰撞而进行终止的可能性，则链终止速率高，自由基浓度小，故反应速率慢。而对分散聚合来说，和常规乳液聚合一样，自由基分别被封闭在各个彼此相隔离的聚合物粒子中，粒子间的自由基没有相互碰撞而终止的可能性，则链终止速率低，使反应区自由基浓度增大，故反应速率高。

（3）**体积效应**　随着聚合反应的进行及单体向粒子中的迁移，粒子不断长大。这将导致在同一个粒子内部的自由基扩散到一起进行碰撞而发生链终止反应所要走的平均路径拉长，致使终止速率下降，平均一个粒子中的自由基数增大，聚合反应速率随着反应进行而增大。

（4）**凝胶效应**　随着单体转化率的提高，粒子内部黏度逐渐增大，自由基扩散阻力增大，致使链终止速率降低和粒子中自由基浓度增大，造成聚合反应速率随反应进行而增大。尽管在溶液聚合中也有凝胶效应出现，但是在分散聚合中凝胶效应来得更早，且更严重。

由图9-11还可看出，沉淀聚合动力学曲线与分散聚合相似，这说明两者的反应机理是相同的，是由于两者都存在以上四种效应造成的。只是由于在沉淀聚合中无分散剂存在，在反应过程中发生了粒子的聚并，使粒子数目减少，隔离效应减弱，故沉淀聚合的反应速率显著地低于分散聚合的反应速率。

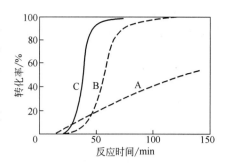

**图 9-11　MMA 分散、悬浮、溶液聚合动力学曲线的比较**

反应温度为 80℃；AIBN　0.1 份；单体浓度为 50%；A—溶液聚合，苯溶剂；B—沉淀聚合，正十二烷为介质，无分散剂；C—分散聚合，正十二烷为介质，加入梳状分散剂

# 9.3　无皂乳液聚合

## 9.3.1　简介

在传统的乳液聚合中都要加入乳化剂，以使体系稳定和成核，但会将乳化剂带入最终产品中。尽管可以通过水洗等工艺过程将其除去，但很难完全除净。含有乳化剂会影响乳液聚合物的电性能、光学性质、表面性质及耐水性等，使其应用受到限制。同时乳化剂通常价格昂贵，加入乳化剂会增加产品成本。为了克服由于加入乳化剂而带来的弊端，人们开发了无皂乳液聚合技术。

无皂乳液聚合是指在反应过程中完全不加乳化剂或仅加入微量乳化剂（其浓度小于临界胶束浓度 CMC）的乳液聚合过程。又称无乳化剂乳液聚合。无皂乳液聚合的发展最早可以追溯到 1937 年由 Gee、Davies 和 Melville[48]在乳化剂浓度小于 CMC 条件下进行的丁二烯乳液聚合。此后 Matsumoto 和 Ochi[49]又于 1960 年在完全不用乳化剂的条件下，合成了具有粒度单分散性乳胶粒的聚苯乙烯、聚甲基丙烯酸甲酯以及聚乙酸乙烯酯乳液。此后便相继出现了许多有关无皂乳液聚合研究的报道[50-52]。

### 9.3.2 无皂乳液聚合理论

#### 9.3.2.1 无皂乳液聚合的成核及稳定机理

基于 Harkins[53-55]、Smith 及 Ewart[56]的理论发展起来的经典乳液聚合理论认为，乳液聚合是首先通过在水相中生成的自由基扩散进入单体增溶胶束，在胶束内引发聚合而成核的。体系中胶束的消失是成核阶段或阶段 I 结束的标志。而对于体系中完全不含乳化剂及单体增溶胶束的无皂乳液聚合来说，这种胶束成核机理显然是不成立的。无皂乳液聚合技术的出现，无疑是对经典乳液聚合理论的挑战。自 20 世纪 70 年代开始，人们便对无皂乳液聚合的成核机理进行了广泛深入的研究。目前普遍被人接受的可归纳为均相成核和低聚物胶束成核两种机理。

(1) 均相成核机理　无皂乳液聚合的均相成核机理是 1969 年由 Fitch[50,57]等首先提出的，而后 Goodwin[58]、Hansen 和 Ugelstad[59]以及 Feeney[60]等又对这一机理进行了完善和充实。该理论的主要观点是，聚合反应的最初阶段是在水相中进行，并进一步成核的。引发剂首先在水相中分解生成自由基，继而将溶于水中的单体分子引发聚合并进行链增长。反应遵从均相反应动力学。如以过硫酸盐为引发剂时，在水相中的引发及链增长反应过程可表示为

$$M+SO_4^- \cdot \longrightarrow SO_4^- M \cdot \tag{9-1}$$

$$SO_4^- M \cdot + M \longrightarrow SO_4^- MM \cdot \tag{9-2}$$

$$SO_4^- MM \cdot + M \longrightarrow SO_4^- MMM \cdot \tag{9-3}$$

这样便形成了一端带有亲水性基团（引发剂碎片—$SO_4^-$）的自由基活性链。随着链增长反应的进行，自由基活性链聚合度增大，在水中溶解性逐渐变差。当活性链增长至临界链长时，便自身卷曲缠结，从水相中析出，形成基本初始粒子。该过程可以用图 9-12[57]来描述。

聚合物粒子开始析出时的单体转化率不受引发剂浓度的影响。但成核初期聚合物粒子的生成速率 $\dfrac{dN}{dt}$ 等于水相中引发速率或自由基有效生成速率与粒子对低聚物自由基的捕捉速率之差。

$$\frac{dN}{dt} = R_i - R_c \tag{9-4}$$

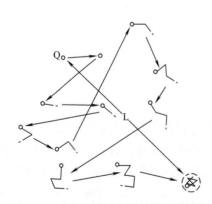

图 9-12　水相中基本初始粒子形成过程

式中 $R_i$——自由基有效生成速率；

$R_c$——聚合物粒子对自由基链的捕捉速率。

基本初始粒子一旦形成，便会捕捉水相中的自由基活性链而继续增长，形成基本粒子。基本粒子直径仍然很小[60]（对 PSt 大约为 5nm），极不稳定。需要通过粒子间的进一步聚并来提高粒子的稳定性。这种粒子间的聚并是影响成核速率的一个重要因素。因此聚合物粒子的生成速率应确切表达为[57-61]

$$\frac{\mathrm{d}N}{\mathrm{d}t}=R_i-R_c-R_f \tag{9-5}$$

式中 $R_f$——聚合物粒子的聚并速率。

在成核反应初期，$R_i-R_c>R_f$。其中自由基有效生成速率 $R_i$ 可视为常数。聚合物粒子开始出现不久，粒子对自由基链的捕捉速率 $R_c$ 会迅速增加至与 $R_i$ 相当，而粒子聚并速率 $R_f$ 在成核初期是很小的。当 $R_c$ 及 $R_f$ 增加至 $R_i-R_c=R_f$ 时，$\frac{\mathrm{d}N}{\mathrm{d}t}=0$，即聚合物粒子数达最大值。继而粒子间聚并速率迅速增大，聚合物粒子数目开始逐渐减少。同时聚合物粒子的体积增大，表面电荷密度增加，界面张力减小，粒子稳定性不断提高而使聚并速率 $R_f$ 减缓。最终形成稳定的聚合物乳胶粒，粒子数目不再变化，成核期结束。图 9-13(a) 为均相成核过程，图 9-14 为水相低聚物浓度和粒子数目变化规律。

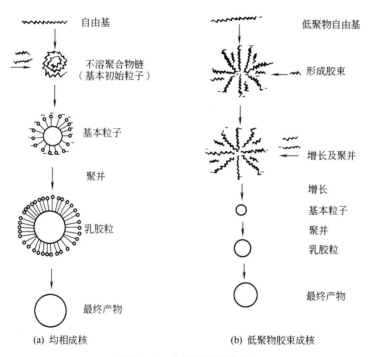

图 9-13 成核机理示意图

（2）低聚物胶束成核机理　Goodwall 等[62] 利用 GPC、透射电镜及扫描电镜等手段通过对以过硫酸钾（KPS）为引发剂的苯乙烯（St）无皂乳液聚合反应的研究，提出了低聚物胶束机理。即在聚合反应初期，首先在水相生成大量具有一定长度疏水链段的低聚物，链的一端带有亲水性的引发剂碎片—$SO_4^-$ 基团，使低聚物本身具有表面活性剂的作用。当这些低聚物达到临界胶束浓度时，彼此并靠在一起形成低聚胶束，并增溶单体，引发反应而成核。低聚物胶束成核过程如图 9-13（b）所示。低聚物胶束成核机理在 Goodwin[58] 及 Vanderhoff[61] 等的工作中也曾有提及。Vanderhoff 利用均相反应动力学理论计算出 KPS/St 体系水溶液聚合的产物是平均聚合度为 7 的低聚物，并具有表面活性剂性质。它的球形半径和表面电荷密度与十二烷基硫酸钠非常接近。这与 Goodwall 的反应初期生成的粒子内主要是分子量在 1000 左右的低聚物的结果非常吻合。

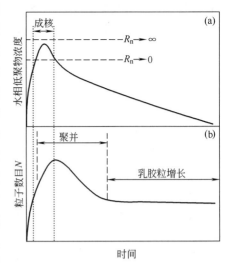

图 9-14　水相低聚物浓度（a）及聚合物粒子数目（b）随时间变化规律

　　此外，Song[63,64] 等根据自己的工作及在低聚物胶束成核理论的基础上提出了两阶段模型，即 KPS/St 体系的无皂乳液聚合的成核期包括低聚物胶束形成和粒子增长、聚并两个阶段。在两阶段理论模型中，首先要明确两个概念：

　　① 表面活性剂的临界胶束浓度 CMC 随低聚物链长的增大而减少[65]。

$$CMC = C_o \exp(-D_o j) \qquad (9-6)$$

式中　$C_o$，$D_o$——常数；

　　　　$j$——聚合物链长。

　　② 聚合物粒子内的聚合物分子量越高，表面电荷密度越低，稳定性越差。

　　图 9-15 是基于以上假设向 St 体系的低聚物胶束内引入不同分子量聚合物链对粒子表面电荷密度影响的理论计算结果。其中低聚物胶束由 100 条分子量为 1000 的低聚物链组成[66]。

　　a. 反应初期形成的聚合物粒子全部由分子量 1000 的低聚物组成。

　　b. 聚合物分子链的两个端基均为—$SO_4^-$ 基团，并且全部分布在聚合物粒子表面。

　　在聚合反应初期，首先生成较长的低聚物链，其临界链长 $n^*$ 较长。当浓度达到相应的临界胶束浓度时，开始胶束化形成低聚物胶束。但由于胶束数目有限，体积又相当小，

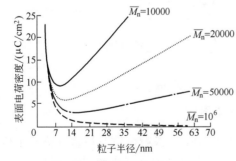

图 9-15　聚合物分子量对粒子表面电荷密度的影响

水相中自由基被捕捉的概率很小，大部分仍在水相中终止生成低聚物。当低聚物的浓度不断增加时，临界链长 $n^*$ 会不断减小，并加速低聚物胶束的形成。这种早期成核的特征是临界链长 $n^*$ 不是定值，随着反应的进行 $n^*$ 不断下降。将这一阶段定义为第一阶段成核期，又称阶段 I。该阶段的主要特征是 $n^*$ 为变数。

　　随着胶束数目的逐渐增加，以及胶束自身由于增长反应体积增大，水相中自由基活性链被捕捉的概率也逐渐增加。水相中由于自由基

　聚合物乳液合成原理性能及应用
（第三版）

终止而生成的低聚物浓度不断下降，最终低聚物临界链长 $n^*$ 不再下降而成为恒定值。此时开始进入第二阶段成核期即阶段Ⅱ。该阶段的主要特征是 $n^*$ 为定值。

在第二成核期，已经存在的乳胶粒及胶束不断捕捉水相中的活性自由基。活性自由基进入乳胶粒或胶束后，继续进行链增长反应，生成高分子量聚合物。乳胶粒内高分子量聚合物的生成必然使粒子表面电荷密度大大降低。因而使体系的稳定性下降，发生粒子聚并。随着粒子间聚并及粒子增长反应的进行，乳胶粒体积增大，稳定性提高，聚并速率下降。最终使体系的乳胶粒数目达到一个恒定值，于是成核期结束。

### 9.3.2.2　无皂乳液聚合动力学

经典乳液聚合理论认为，在阶段Ⅱ乳胶粒内单体和聚合物比例为一个常数，单体浓度保持恒定。体系内的聚合速率为

$$R_p = N_p k_p \overline{n}[M] \tag{9-7}$$

式中　$R_p$——单体消失速率；

　　　$N_p$——单位体积水中乳胶粒数目，个/mL；

　　　$k_p$——链增长速率常数；

　　　$\overline{n}$——平均一个乳胶粒内的自由基数目；

　　　$[M]$——乳胶粒内单体浓度。

对常规乳液聚合，一般取 $\overline{n} = 0.5$（Smith-Ewart 理论"2"），故而 $R_p$ 为常数，即阶段Ⅱ为反应恒速期。如对苯乙烯的乳液聚合，阶段Ⅱ即恒速期应在转化率达 40% 左右时结束。但在苯乙烯体系的无皂乳液聚合中，单体转化率的 2/3 次方与反应时间呈线性关系，这种关系，可一直持续到转化率达 50%。而且所得到的聚合物乳胶粒具有核壳结构形态[67-69]。即在乳胶粒的生长过程中，乳胶粒内部的聚合反应主要是在壳层进行的。无皂乳液聚合过程中的乳胶粒内壳层增长机理主要是由于乳胶粒内部自由基不均匀分布造成的。

在无皂乳液聚合体系中，在水相生成的自由基首先吸附在乳胶粒表面，并进行链增长反应。由于单体溶胀的乳胶粒内单体浓度要远远高于水相，所以自由基链增长反应朝着富集单体的方向即乳胶粒内部进行。使活性自由基逐渐深入到粒子表层内侧。自由基的另一端由于带有亲水性基团（$—SO_4^-$），仍定位于乳胶粒-水界面上，不易进入粒子内部，从而形成了活性自由基浓度在乳胶粒内的不均匀分布。处于粒子内部或水相中的单体向处于壳层的自由基活性点扩散，进行链增长反应，从而引起了乳胶粒的壳层增长。

由于乳胶粒内自由基链的亲水端位于表面，因而活性自由基在乳胶粒内可达到的深度取决于自由基链长。因此乳胶的壳层厚度应该与聚合物分子尺寸均方末端距相当。而且壳层增长只有对粒径较大（大于 0.20μm）的乳胶粒才会出现。根据 Flory 方程，$\theta$ 条件下聚合物链的均方末端距与分子量的关系为

$$[(\overline{r^2})^{1/2} M_w]^{1/2} = 0.071\text{nm} \tag{9-8}$$

式中　$(\overline{r^2})^{1/2}$——聚合物的均方末端距；

　　　$M_w$——聚合物链的分子量。

无皂乳液聚合所得聚合物的分子量一般在 $10^5$ 数量上，计算出相应的均方末端距为 22.5nm。对苯乙烯体系，当粒径大于 0.2μm 时，壳层厚度计算值为 10～40nm[68]，正好

与大分子尺寸一致。此外，Vanderhoff[70] 的工作表明，KPS/St 体系无皂乳液聚合生成的乳胶粒内聚合物链末端的—$SO_4^-$ 基团大部分都分布在粒子表面。这无疑是对上述壳层增长机理的有力支持。

对于无皂乳液聚合乳胶粒增长阶段中的 $t$-$x^{2/3}$❶ 的线性关系，是与 Smith-Gardon 理论当乳胶粒内平均自由基数 $\bar{n} \gg 1$ 时用于壳层增长的理论预计是完全一致的[71]。当单体珠滴消失时，由于乳胶粒内单体浓度下降及凝胶效应对反应的影响相互补偿，使 $t$-$x^{2/3}$ 线性关系一直保持到较高转化率。

# 9.4　粒子设计概念及核壳乳液聚合物的合成、性能及应用

## 9.4.1　关于粒子设计概念

早期为了提高聚合物的性能，人们最常用的方法是分子设计，或称分子剪裁。就是通过选择单体的种类，改变聚合物的分子量及其分布、共聚组成及序列分布、分子结构（接枝、嵌段、交联、互穿网络等）、大分子构型、聚集状态、结晶程度等，有目的地制备具有不同性能、适合不同用途的聚合物。

大约从 20 世纪 60 年代开始，尤其是 80 年代以来，人们对聚合物乳液中的乳胶粒结构形态进行了深入的研究，发现乳胶粒结构形态不同，其乳液聚合物的性能大不相同，乳胶粒的结构形态与聚合物的性能有对应关系。于是人们提出了"粒子设计"（particle design）这一概念[72-76]。所谓粒子设计就是在不改变原料组成，不增加产品成本的前提下，利用高分子化学、高分子物理、分子设计、乳胶粒形态热力学及乳胶粒形态动力学等基本原理，通过巧妙的构思、精细的设计，制订合理的合成工艺，选择适当的聚合条件，有意识有目的地制备出具有某种特定结构形态的乳胶粒，来赋予乳液聚合物以优异的性能和特殊的功能。例如通过粒子设计可以显著提高乳液聚合物的拉伸强度、抗冲击强度、粘接强度、耐磨性、耐水性、耐候性、抗污性、抗辐射性、透明性等性能，并可以显著改善聚合物乳液的施工性能。

粒子设计是一门科学，更是一门艺术。利用相同的原料，其产品成本相同（或相近），只是采用不同于常规乳液聚合的加工工艺（聚合工艺及反应条件等），即可大幅度提高聚合物的性能，应该说是一件事半功倍、很有意义的工作，有着广阔的发展前景。国内外很多工作者利用粒子设计概念，进行了具有不同乳胶粒结构形态的聚合物乳液和乳液聚合物的研究与开发，在乳胶粒结构形态的控制、核壳结构化工艺、功能基团在乳胶粒内部和在表面的分布、乳胶粒的直径及粒度分布、乳胶粒的表面处理、乳胶粒结构形态热力学、乳胶粒结构形态的演化动力学（在乳液聚合过程中及在其后的存放与应用过程中）、乳胶粒结构形态的表征，以及乳胶粒结构形态对乳液聚合物性能的影响机理等诸方面，做了大量

---

❶　$t$ 为无皂乳液聚合反应在乳胶粒增长阶段（阶段Ⅱ）的聚合反应时间；$x$ 是在时刻 $t$ 的单体转化率。通过对实验得到的无皂乳液聚合的动力学数据或曲线拟合得知，$t$ 和 $x^{2/3}$ 二者线性相关。

深入细致的工作，并且已经取得了引人注目的成就。

## 9.4.2　乳胶粒结构形态的分类及不同结构形态的成因

多年来，人们对于各种单体，采用不同的聚合工艺和反应条件，制备了各种各样结构形态的乳胶粒，并采用诸多测试手段表征了各种乳胶粒的结构形态[77]。现将其分类于图9-16中，并将各种结构形态的乳胶粒示意于图9-17中。

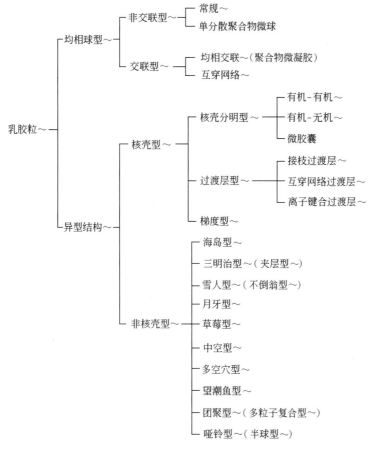

图 9-16　乳胶粒结构形态分类图

用常规乳液聚合法所制成的乳胶粒大多都是均相球型聚合物颗粒，这种乳胶粒通常是非交联型的，且有一定的粒度分布，在工业中所生产的聚合物乳液一般都属于此类。但是若采用特殊乳液聚合工艺，如无皂乳液聚合（见9.3节）或分散聚合（见9.2.3）法，也可以制成单分散聚合物颗粒，或称单分散微球（见9.8节）。若在乳液聚合过程中或在其后的后处理过程中加入交联剂（交联单体或外加交联剂），可以制成交联型乳胶粒，若达到足够大的交联度，即为聚合物微凝胶（见9.5节）；若采用特定的聚合工艺，也可以制得两种聚合物的单互穿网络或全互穿网络结构的乳胶粒（见9.6节）。

若采用特定的聚合工艺和反应条件，对特定单体进行乳液聚合，也可以制得非均相或

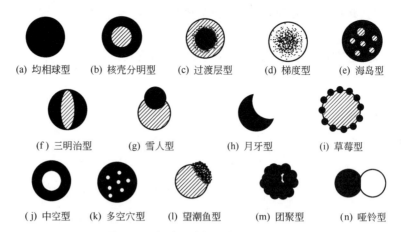

(a) 均相球型　(b) 核壳分明型　(c) 过渡层型　(d) 梯度型　(e) 海岛型

(f) 三明治型　(g) 雪人型　(h) 月牙型　(i) 草莓型

(j) 中空型　(k) 多空穴型　(l) 望潮鱼型　(m) 团聚型　(n) 哑铃型

图 9-17　各种乳胶粒结构形态示意图

具有异型结构的乳胶粒，如核壳型乳胶粒（见 9.4.4）或非核壳异型乳胶粒。

核壳型乳胶粒可分成核壳分明型乳胶粒、过渡层型乳胶粒和梯度型乳胶粒三种。核壳分明型乳胶粒的核与壳之间有分明的分界面，核与壳是完全不同的两种物质：其壳一般为有机均聚物或共聚物；而其核可以是有机聚合物，可以是无机物，还可以是低分子液态或固态物质，如药物、阻燃剂、显色剂等物质。过渡层型乳胶粒在核与壳之间有一（接枝、互穿网络或离子键合）个过渡层，通过过渡层把核层与壳层以化学键的形式紧密地结合起来，可以消除由于分明的相界面存在而产生的力学缺陷，这可以显著提高核壳乳液聚合物的力学性能。梯度型乳胶粒[78] 是在进行乳液聚合时采用梯度加料法（也称幂级加料法）[79,80] 制成的。在这种乳胶粒中，聚合物的共聚组成（或共混组成）由乳胶粒中心到其外壳表面按照一定的函数关系呈梯度逐渐变化，这样可以赋予所制成的乳胶粒以更优异的性能。

在非核壳型异型结构乳胶粒中，草莓型、雪人型、三明治型、海岛型、哑铃型及望潮鱼型等乳胶粒，是由于在乳液聚合过程中还没有来得及达到热力学平衡形态，因工艺（或动力学）的原因而被固定下来而形成。这样的乳胶粒在以后的放置过程中，或当所处环境改变时（如温度升高、接触增塑剂等），还会向热力学平衡形态方向移动，致使乳胶粒的结构形态进一步发生变化。月牙型乳胶粒源于雪人型乳胶粒，是由于雪人型乳胶粒被部分溶蚀、脱落等原因而失去了一相，造成乳胶粒缺损而成月牙状。团聚型乳胶粒是这样形成的：对于稳定性较低的聚合物乳液来说，在乳液聚合过程中，或在其后的放置过程中，乳胶粒发生有限团聚（agglomeration），若干个乳胶粒形成一个簇，靠范德华力松散地结合在一起，而没有发生完全融结，于是就形成了像一串串葡萄一样的团聚乳胶粒。在海岛型乳胶粒中有多个核，就像海洋中的群岛一样，分散在由壳聚合物形成的连续相中。形成海岛型乳胶粒，除了上述在两阶段乳液聚合过程中第二阶段生成的聚合物发生相分离的原因之外，还有其他形态机理。例如在合成 ABS 树脂和 MBS 树脂过程中，有一道工艺是附聚扩径，多个乳胶粒聚并到一起最终形成多个橡胶颗粒分散在乳胶粒内部的海岛结构，这样可以赋予产品更优异的抗冲击性能（见 8.4.1.5 及 8.4.7）。另外，在中空乳胶粒和多空穴乳胶粒内部，存在着一个或多个空穴，包藏着空气或其他气体，这种乳胶粒可以采用内部生气法、聚合物膨润法或聚合物收缩法等工艺来制造（见 9.9 节）。

## 9.4.3 乳胶粒结构形态热力学和动力学

进行一个乳液聚合过程所得到的乳胶粒结构形态取决于热力学和动力学两种因素。乳胶粒结构形态热力学和乳胶粒结构形态动力学是乳液聚合理论的重要内容，是进行粒子设计不可缺少的重要工具。对其进行深入研究，全面掌握热力学和动力学内部规律，对于准确预计每一个具体乳液聚合过程的乳胶粒结构形态，乃至准确预测最终乳液聚合物的性能，进行合理的粒子设计，具有不可低估的重要意义。

### 9.4.3.1 乳胶粒结构形态热力学简介

制备具有某种结构形态乳胶粒的聚合物乳液常用两阶段或多阶段乳液聚合法。从热力学的角度来看，最后一阶段所得到的乳胶粒位能越低，所对应的乳胶粒结构形态稳定性就越高。以下对两阶段乳液聚合体系作一简单的热力学分析。

进行两阶段乳液聚合首先要制备第一阶段聚合物乳液。假如其乳胶粒是由聚合物 A 构成的，故在第一阶段乳液中只存在聚合物 A 和水之间的界面。而在第二阶段得到聚合物 B，在第二阶段完成后，达到热力学平衡状态时，乳胶粒可能会出现四种极限情况：①形成正向核壳乳胶粒 $P_A/P_B$，即以聚合 A 为核，而以聚合物 B 为壳；②形成反向核壳乳胶粒 $P_B/P_A$，即以聚合物 B 为核，而以聚合物 A 为壳；③两种聚合物都不能完全相互包容，形成 A、B 两种聚合物共存于同一个乳胶粒的不同部位而构成的半球型乳胶粒 $P_A$-$P_B$；④$P_A$ 和 $P_B$ 两种乳胶粒分别分散于水相中，为处于相互孤立状态的乳胶粒 $P_A + P_B$。

人们经过多年的工作，提出了多种乳胶粒结构形态热力学预测方法，现作一简要介绍。

（1）亲水性原则　该法只通过比较第一阶段聚合物 A 与水相间的界面张力 $\gamma_{AW}$ 和第二阶段聚合物 B 与水相间的界面张力 $\gamma_{BW}$ 进行预测[81]：

$$若 \gamma_{AW} > \gamma_{BW}，形成正向乳胶粒；$$
$$若 \gamma_{AW} < \gamma_{BW}，形成反向乳胶粒。$$

这种方法过于简化，误差很大，只能进行粗略估计。

（2）铺展系数法　早在 20 世纪 70 年代，Torza 和 Moaso[82] 就提出了铺展系数法判别原则，认为聚合物 A 和聚合物 B 之间的界面张力 $\gamma_{AB}$ 及 A 和 B 两种聚合物与水相之间的界面张力 $\gamma_{AW}$ 和 $\gamma_{BW}$ 决定着乳胶粒平衡结构形态。他们提出了一个计算铺展系数的通式。若在某三元共存体系中，i、j、k 为三个互不相容的相，其铺展系数定义为

$$S = \gamma_{jk} - (\gamma_{ij} + \gamma_{ik}) \tag{9-9}$$

式中　$S$——铺展系数；

　　$\gamma_{jk}$——相 j 与相 k 之间的界面张力；

　　$\gamma_{ij}$——相 i 与相 j 之间的界面张力；

　　$\gamma_{ik}$——相 i 与相 k 之间的界面张力。

对于以水为介质的两阶段乳液聚合来说，究竟形成哪种乳胶粒热力学平衡形态，可以

按照下列规则来预测。

$$若\ S=\gamma_{AW}-(\gamma_{BW}+\gamma_{AB})>0，形成正向乳胶粒；$$
$$若\ S=\gamma_{BW}-(\gamma_{AW}+\gamma_{AB})>0，形成反向乳胶粒；$$
$$若\ S=\gamma_{AB}-(\gamma_{AW}+\gamma_{BW})>0，形成\ A、B\ 孤立粒子。$$

需要指出的是，这种方法带有很大局限性，只适用于两阶段聚合物 A 和 B 的体积之比相等或者相近的特殊情况，其他情况只能用其进行粗略的估计。

（3）界面自由能变化最小原则

① Gonzalez 综合算图法　为了预测两阶段乳液聚合最终乳胶粒热力学平衡结构形态，Gonzalez 等[83] 定义了两个参数 $T$ 和 $U$。

$$T=\frac{|\gamma_{AW}-\gamma_{AB}|}{\gamma_{AW}} \tag{9-10}$$

$$U=\frac{\gamma_{AB}}{\gamma_{BW}} \tag{9-11}$$

根据所测得、计算或查取的各相间的界面张力，由式（9-10）和式（9-11）计算出参数 $T$ 和 $U$。将处于平衡形态的乳胶粒的几何参数与综合参数 $T$、$U$ 之间的函数关系做成算图。在应用时，根据所研究的一个具体的两阶段乳液聚合体系计算得到的综合参数 $T$ 和 $U$，去查阅算图，可以很方便地进行乳胶粒结构形态的预测。例如，若在计算中查得

$$T<\frac{|1-U|}{1+U}，\qquad 则形成正向乳胶粒\ P_A/P_B；$$
$$T>1、U<1，\qquad 则形成反向乳胶粒\ P_B/P_A；$$
$$T>1、U>1，\qquad 则形成孤立乳胶粒\ P_B+P_A；$$
$$其他情况，\qquad 则形成半球形乳胶粒\ P_A\text{-}P_B。$$

我国学者赵科[84]、孙培勤[85,86] 等对乙酸乙烯酯和丙烯酸丁酯两阶段乳液聚合体系进行了研究，利用上述综合参数算图法进行了乳胶粒热力学平衡形态预测，其预测结果与实际相符。

② Sundberg 计算法　20 世纪 80 年代末期，Sundberg 等[87,88] 以界面自由能变化最小作为乳胶粒最终热力学平衡形态的判据，他们同时考虑了界面张力和乳胶粒的几何因素。

对于一个两阶段乳液聚合，第一阶段结束后，体系中只有由聚合物 A 构成的乳胶粒 $P_A$；在此基础上加入第二阶段单体，进行第二阶段乳液聚合，新生成的聚合物 B 和第一阶段生成的聚合物 A 形成复合乳胶粒。其间，界面自由能变化 $\Delta G$ 可由下式计算。

$$\Delta G=\sum(\gamma_{ij}A_{ij})-\gamma_{AW}A_{o} \tag{9-12}$$

式中　$\Delta G$——界面自由能变化；

$\quad\gamma_{ij}$——组分 i 和组分 j 之间的界面张力；

$\quad A_{ij}$——组分 i 和组分 j 之间的相界面积；

$\quad\gamma_{AW}$——第一阶段聚合物 A 和水相间的界面张力；

$\quad A_o$——第一阶段聚合物乳液乳胶粒的总表面积。

为了计算方便，将上式转化为

$$\Delta\gamma = \frac{\Delta G}{A_o} = \frac{\sum(\gamma_{ij}A_{ij})}{A_o} - \gamma_{AW} \tag{9-13}$$

根据式(9-13)对四种最终热力学平衡形态分别进行计算，其单位面积自由能变化 $\Delta\gamma$ 最小者为所研究体系的最终热力学平衡形态。由于几何参数 $A_{ij}$ 不易确定，故 Sundberg 对式(9-13)作了进一步变换，向式中引入了第二阶段聚合物 B 所占的体积分数 $\phi_B$。

$$\phi_B = \frac{V_B}{V_A + V_B} \tag{9-14}$$

式中　$V_A$——第二阶段终点处聚合物 A 的体积；

　　　$V_B$——第二阶段终点处聚合物 B 的体积。

通过一系列的推导，得到了如下四种最终热力学平衡形态的表达式：

a. 正向核壳

$$\Delta\gamma_{CSAB} = \gamma_{AB} + \gamma_{BW}(1-\phi_B)^{-\frac{2}{3}} - \gamma_{AW} \tag{9-15}$$

b. 反向核壳

$$\Delta\gamma_{CSBA} = \gamma_{AW}\left[(1-\phi_B)^{-\frac{2}{3}} - 1\right] + \gamma_{AB}\left(\frac{\phi_B}{1-\phi_B}\right)^{\frac{2}{3}} \tag{9-16}$$

c. 孤立粒子

$$\Delta\gamma_{IAB} = \gamma_{BW}\left(\frac{\phi_B}{1-\phi_B}\right)^{\frac{2}{3}} \tag{9-17}$$

d. 半球型

$$\Delta\gamma_{HS} = (1-\phi_B)^{-\frac{2}{3}}\left\{\gamma_{BW}\left(\frac{h}{2R}\right) + \gamma_{AW}\left[1-\left(\frac{h}{2R}\right)-(1-\phi_B)^{\frac{2}{3}}\right] + \gamma_{AB}\left(\frac{h}{2R}\right)\left[1-\left(\frac{h}{2R}\right)\right]\right\} \tag{9-18}$$

式中，$\Delta\gamma_{CSAB}$、$\Delta\gamma_{CSBA}$、$\Delta\gamma_{IAB}$ 和 $\Delta\gamma_{HS}$ 分别为四种热力学平衡形态正向核壳、反向核壳、孤立粒子和半球型乳胶粒的单位面积自由能变化；$\gamma_{AB}$、$\gamma_{AW}$ 和 $\gamma_{BW}$ 意义与以上讨论相同；$\left(\frac{h}{2R}\right)$ 为一个几何数群。若把相互结合的两个半球看作一个直径为 $2R$ 的大圆球，聚合物 B 为上球冠，聚合物 A 为下球冠，上球冠的高为 $h$，则 $\left(\frac{h}{2R}\right)$ 为上球冠高与球直径之比。数群 $\left(\frac{h}{2R}\right)$ 可由下式计算。

$$4\phi_B = 6\left(\frac{h}{2R}\right) - 1 + \left[1 - 2\left(\frac{h}{2R}\right)\right]^3 \tag{9-19}$$

利用式(9-14)～式(9-19)进行计算，其 $\Delta\gamma$ 最小者为最终乳胶粒热力学平衡形态。

Sundberg 等利用 PMMA-正癸烷及 PMMA-矿物油为模拟体系分别进行了计算，证明了该计算方法的可行性。他们还将其用于三组分复合乳液聚合体系，也得到了很好的结果[89]。其后 Chen 等[90-92] 在 Sundberg 方法的基础上，建立了一组更为复杂的方程式，可以在更宽的范围内预计乳胶粒最终热力学平衡形态。

③ 阚成友计算法　我国学者阚成友等[93] 综合考虑了界面能因素和乳胶粒的几何因素，利用自由能变化最小原则，推导出了如下三组预测乳胶粒最终热力学结构形态的方程。

a. 在满足如下方程式组时形成正向核壳结构乳胶粒 $P_A/P_B$

$$\begin{cases} \dfrac{\gamma_{AW}-\gamma_{BW}}{\gamma_{AB}} > \phi_A^{\frac{2}{3}} - \phi_B^{\frac{2}{3}} \\[3mm] \dfrac{\gamma_{AW}-\gamma_{BW}}{\gamma_{AB}} > \dfrac{1-\phi_B^{\frac{2}{3}}}{\phi_A^{\frac{2}{3}}} \end{cases}$$

式中，$\gamma_{AW}$、$\gamma_{BW}$ 和 $\gamma_{AB}$ 意义同上；$\phi_A$ 和 $\phi_B$ 分别为在最终乳胶粒中第一阶段聚合物 A 和第二阶段聚合物 B 所占的体积分数。

b. 在满足如下方程式组时形成反向核壳结构乳胶粒 $P_B/P_A$

$$\begin{cases} \dfrac{\gamma_{AW}-\gamma_{BW}}{\gamma_{AB}} < \phi_A^{\frac{2}{3}} - \phi_B^{\frac{2}{3}} \\[3mm] \dfrac{\gamma_{BW}-\gamma_{AB}}{\gamma_{AW}} > \dfrac{1-\phi_A^{\frac{2}{3}}}{\phi_B^{\frac{2}{3}}} \end{cases}$$

c. 在满足如下方程式组时形成孤立粒子 $P_A + P_B$

$$\begin{cases} \dfrac{\gamma_{AW}-\gamma_{AB}}{\gamma_{BW}} > \dfrac{1-\phi_B^{\frac{2}{3}}}{\phi_A^{\frac{2}{3}}} \\[3mm] \dfrac{\gamma_{BW}-\gamma_{AB}}{\gamma_{AW}} > \dfrac{1-\phi_A^{\frac{2}{3}}}{\phi_B^{\frac{2}{3}}} \end{cases}$$

对于某特定的乳液聚合体系来说，当温度和压力恒定时，各界面张力 $\gamma_{AW}$、$\gamma_{BW}$ 及 $\gamma_{AB}$ 均为定值，可以测定、计算或从文献中查取，而 $\phi_A$ 和 $\phi_B$ 可以通过配方进行计算。有了这些数据就可以根据以上三组方程式很方便地预测最终乳胶粒结构形态。

阚成友等为了验证所推导出的乳胶粒结构形态预测方程，对有机硅氧烷（BA）和甲基丙烯酸酯（MMA）共聚（BA:MMA=2:1）的两阶段乳液聚合体系进行了研究，证明了理论预计结果和实验数据基本吻合。

### 9.4.3.2　乳胶粒结构形态动力学简介

进行两阶段（或多阶段）乳液聚合，反应结束后到底得到什么样结构形态的乳胶粒，一方面取决于乳胶粒形态热力学，另一方面则取决于乳胶粒形态动力学。通过乳胶粒形态热力学，可以确定所研究的乳液聚合体系（如两阶段乳液聚合物体系）最终可以达到的某一极限的平衡颗粒形态，是正向核壳、反向核壳、A-B 两半球型的，还是 A、B 两种聚合物各自孤立粒子的。但是在进行某一特定的乳液聚合过程短短的几个小时内，在当时、当地的反应条件下，判断是否能够达到这种最终热力学平衡形态，这就是乳胶粒形态动力学所要解决的问题了。

在两阶段（或多阶段）乳液聚合过程中，到底能否达到最终热力学平衡形态，乳胶粒内部黏度起至关重要的作用。假如乳胶粒内部黏度足够低，此时相分离速率与聚合反应速率相等，这样在第二阶段新生成的聚合物 B 发生相分离的速率能够跟得上聚合物 B 的生成速率，即聚合物 B 一旦生成，就可以马上发生相分离，此时乳胶粒向热力学平衡形态的演化过程是聚合反应控制的。在这种情况下，乳液聚合反应生成的乳胶粒，就可以达到所预计的乳胶粒最终热力学平衡形态。反之，假如乳胶粒内部黏度特别大，在第二阶段乳胶粒中所生成的聚合物 B 的扩散受阻，致使相分离速率远远低于新聚合物 B 生成的速率。此时，乳胶粒向热力学平衡形态的演化过程是处于扩散控制的，在这种情况下，在乳液聚合期间，没有足够大的推动力，也没有足够长的时间达到所预计的乳胶粒最终热力学平衡形态。待到乳液聚合反应结束，体系温度降至室温，乳胶粒内部黏度急剧增大，于是就把当时正在进行的相分离状态（即正在向热力学平衡形态演化的中间乳胶粒结构形态）固定下来，结果就形成了海岛型、草莓型、三明治型、雪人型、望潮鱼型等各种各样、千奇百怪结构形态的乳胶粒。实际上这些乳胶粒处于热力学不稳定状态，在以后长期放置过程中，或者在遇到高温、溶剂等可能使乳胶粒内部黏度降低的环境时，还会向最终热力学平衡乳胶粒结构形态慢慢演化。

Gonzalez 等[83,94,95]考虑到乳胶粒内部黏度对乳胶粒结构形态的影响，提出了簇迁移理论，其基本观点是：

① 在两阶段乳液聚合的第二阶段，在乳胶粒内部进行聚合反应生成聚合物 B 分子链。

② 若聚合物 B 和第一阶段聚合物 A 不相容，就会发生相分离，多条 B 大分子链聚集在一起形成一个簇。

③ 簇的体积增大可以减少吉布斯自由能，可向热力学平衡形态方向移动。单体在簇内发生聚合反应、聚合物 B 单分子链向簇内扩散及簇与簇之间聚并都会使簇体积增大。其中大分子链向簇内扩散和簇的聚并都会受到乳胶粒内部黏度的影响。簇迁移的推动力是范德华力，它可驱使簇增大而向热力学平衡方向移动，导致乳胶粒向平衡形态演化；簇迁移的阻力是乳胶粒内部的黏滞力，这种阻力使簇迁移速率减小，这就减慢了向热力学平衡形态演化的过程。簇迁移方程式为

$$m_j \frac{d^2 x_j}{dt^2} = F_j - b_j \mu \frac{d x_i}{dt} \tag{9-20}$$

式中　$m_j$——簇 j 的质量；

　　　$x_j$——簇 j 的位置向量；

　　　$t$——簇迁移时间；

　　　$b_j$——摩擦系数；

　　　$\mu$——乳胶粒内部黏度。

乳胶粒内部黏度 $\mu$ 与反应温度、乳胶粒中聚合物浓度、聚合物的分子量及分子量分布、交联度、接枝率等参数有关，凡是影响 $\mu$ 的因素，都会影响簇的迁移速率及达到热力学平衡结构形态所需要的时间。

簇迁移理论的提出者用其理论模拟了 Chen 等[90-92]的实验，得到了其模拟结果与实验数据相符的结论。孙培勤、赵科等[96-98]利用簇迁理论模拟了 PVAc-PBA 及 PBA-St-co-MMA 乳胶结构形态演化过程，得到了很好的模拟结果。

### 9.4.4  核壳聚合物乳胶的合成、性能及应用

人们常常把制备具有核壳结构乳胶粒聚合物乳液的方法叫作核壳乳液聚合。核壳结构乳胶粒是通过特殊的乳液聚合工艺制备出的一类具有两层或多层结构的聚合物粒子。每层的聚合物种类、共聚组成及分子结构各不相同。这类聚合物是研究最多、应用最广的，具有异型结构乳胶粒的乳液聚合物。美国罗姆-哈斯公司于 1956 年开发出了具有核壳结构乳胶粒、牌号为 Aeryloid KMzzo 的 MBS 聚氯乙烯抗冲改性剂[99]。20 世纪 80 年代以来，世界各国工作者研发了多种具有核壳结构乳胶粒的聚合物乳液，在核壳聚合物乳液的研究、开发、生产和应用诸方面已取得了引人注目的成就。

#### 9.4.4.1  核壳聚合物乳液的合成

具有核壳结构乳胶粒的聚合物乳液一般用分阶段乳液聚合法来制备。在第一阶段（制核阶段），先将规定量的水、乳化剂、引发剂和其他助剂加入反应釜中，再用间歇法或半连续法加入第一阶段单体（核单体），在一定条件下进行乳液聚合反应，制成第一阶段聚合物乳液（核乳液）。然后进入第二阶段（包核阶段），将第二阶段单体（壳单体）及其他助剂，按照预先设计好的加料程序加入到核乳液中，进行包壳乳液聚合反应，这样就可以制成具有两层核壳结构乳胶粒的聚合物乳液。根据对乳液聚合物的性能要求，还可以按照同样的包壳方法继续进行第三阶段或多阶段包壳乳液聚合反应，最终制成多层核壳结构乳胶粒。据报道，有人制成了多达七层的核壳结构乳胶粒，其乳液聚合物具有独特的功能，并有其特定的应用目的。

但是，在很多情况下，即使按照多阶段加料法进行乳液聚合，也不一定能得到预想的与加料顺序相同的两层或多层核壳结构的乳胶粒。对于一个特定的乳液聚合体系来讲，最终究竟能得到什么样结构形态的乳胶粒，要由乳胶粒形态热力学和乳胶粒形态动力学来决定，所有的热力学和动力学因素都会对最终乳胶粒结构形态产生影响。具体来说，单体的种类、用量、配比、加入方式及聚合反应速率等，聚合物的分子量及分子量分布、共聚组成及序列分布、不同聚合物之间的相容性、聚合物的亲水性，反应区乳胶粒内的黏度、交联度、接枝率等，引发剂、乳化剂及其他助剂的种类、用量及加入方式，聚合反应温度、反应时间，搅拌强度、体系的 pH 值及有无惰性溶剂存在等诸多因素都会影响乳胶粒的结构形态。

一个具体的乳液聚合过程是否能得到核壳结构乳胶粒，进一步讲，是否能得到所预计的那种正向核壳结构乳胶粒，主要由以下四种因素来决定。

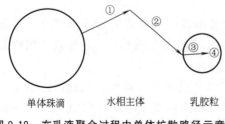

图 9-18　在乳液聚合过程中单体扩散路径示意图

（1）包壳阶段反应过程必须是内扩散控制的　在乳液聚合过程中，单体源源不断地由单体珠滴通过水相扩散到乳胶粒中，在乳胶粒中进行聚合反应，其单体扩散和聚合反应过程可以分成四个步骤（如图 9-18 所示）。

① 单体由单体珠滴扩散到水相主体。

② 由水相主体扩散到乳胶粒表面。

③ 由乳胶粒表面扩散到乳胶粒内部。

④ 在乳胶粒中（包括表面层和内部）进行聚合反应。

第①步和第②步发生在乳胶粒外部的水相中，称作外扩散。第③步发生在乳胶粒的内部，称作内扩散。在一个由一连串步骤组成的过程中，哪一步进行得最慢，则整个过程就处于这一步的控制之下，整个过程的速率就约等于这一步的速率。若第①步或第②步进行得最慢，过程处于外扩散控制。若第③步进行得最慢，过程处于内扩散控制。若第④步进行得最慢，则过程处于聚合反应控制。

在包壳期间，若过程处于聚合反应控制，即聚合反应速率慢，而扩散速率快，壳单体能及时扩散到位，聚合反应发生在乳胶粒内部，在此情况下，倾向于形成均相乳胶粒。若壳聚合物与核聚合物相容性不好，也可能形成反向核壳乳胶粒或海岛型乳胶粒。

在包壳期间，若乳胶粒内部黏度足够大，壳单体或自由基向乳胶粒内部的扩散会受到巨大的阻力。此时，扩散速率慢，而聚合反应速率快，过程处于内扩散控制，壳单体由水相刚刚扩散到乳胶粒表面上，还没有来得及向乳胶粒内部扩散，就立刻在乳胶粒表面或表面层发生了聚合反应，生成了壳聚合物。壳聚合物大分子链更难以扩散到乳胶粒内部去，故所生成的壳聚合物只能一层一层地包覆在乳胶粒表面，形成乳胶粒的外壳，就得到了正向核壳结构的乳胶粒。因此，要想得到正向乳胶粒的一个重要条件是：在包壳阶段反应过程必须是内扩散控制的。

由此可见，所形成的乳胶粒的结构形态与乳胶粒内部黏度密切相关，凡是影响乳胶粒内部黏度的因素，都会影响乳胶粒的结构形态。以下总结出几条规律：

① 乳胶粒的内部黏度决定于核聚合物的本质。在各种条件相同的前提下，不同聚合物，黏度不同。一般来说，在同样的温度下，玻璃化转变温度越高的聚合物黏度越大；而带有庞大内增塑基团的聚合物，玻璃化转变温度较低，在相同外界条件下，其黏度较低。若把第一阶段乳胶粒设定为高黏度聚合物，则易形成正向核壳结构乳胶粒[100]。

② 对于同一种核聚合物来说，分子量越高，乳胶粒内部黏度就越大。因此，设法提高核聚合物的分子量，有利形成正向核壳型乳胶粒[101]。

③ 在核单体中加入交联剂，使之形成具有交联结构聚合物的核乳胶粒，可以显著增大乳胶粒的内部黏度，也就大大增加了单体、自由基与壳聚合物的扩散阻力，因此就更容易形成正向核壳结构乳胶粒[102-104]。

④ 在制核阶段乳液聚合反应完成后，以饥饿态加料方式加入可交联的单体，在乳胶粒表面形成交联聚合物层，然后再加入壳单体进行包壳反应，壳单体、自由基和新生成的壳聚合物很难穿越这一黏滞阻力巨大的交联聚合物层。这样就使新生成的壳聚合物包覆在核乳胶粒的表面上，形成具有互穿网络过渡层的正向核壳结构乳胶粒[105]。

⑤ 在第一阶段，首先制成带有剩余双键或带有 α-氢的核聚合物乳胶粒；然后以饥饿加料法加入壳单体，与核乳胶粒表面的双键或 α-位碳原子进行接枝共聚反应，形成黏滞阻力巨大的扩散屏障——接枝共聚物层。在这种情况下，壳单体的聚合反应发生在乳胶粒表面上，形成具有接枝聚合物过渡层的正向核壳结构乳胶粒[106,107]。

⑥ 当聚合反应温度高时，会导致乳胶粒内部黏度降低。同时，当反应温度升高时，引发剂分解速率加快，可以降低核聚合物分子量，这又进一步导致乳胶粒内部黏度降低。

另外，温度升高还会导致单体、自由基及聚合物链热运动加剧，扩散速率加快。总之，聚合反应温度升高不利于生成正向核壳结构乳胶粒。因此，降低聚合反应温度更容易形成正向核壳结构乳胶粒[108]。

⑦ 若向核乳液中加入惰性有机溶剂、增塑剂等低分子物质，会使核聚合物变软，玻璃化转变温度降低，致使乳胶粒内部黏度减小。这不利于形成正向核壳结构乳胶粒[109]。

(2) 壳聚合物的亲水性应大于或接近核聚合物　单体及聚合物的亲水性对乳胶粒结构形态有很大影响[110-112]。亲水性大的聚合物趋向于接近水相而定位于乳胶粒的外层。即使亲水性大的聚合物已被包覆在乳胶粒的内部，在一定条件下，还会翻转到乳胶粒的外层而形成反向核壳乳胶粒。有时在翻转过程中，还会因为条件变化，把正在演化过程中的中间结构形态暂时固定下来，而形成雪人型、草莓型、三明治型、望潮鱼型等异型结构乳胶粒。例如，苯乙烯（St）在室温下在水中的溶解度为 0.027%，而丙烯酸乙酯（EA）的溶解度为 1.5%，故 PEA 要比 PSt 亲水性大。不论将 EA 还是将 St 作为第一阶段单体，亲水性小的 PSt 总是为核，而亲水性大的 PEA 总是为壳。亲水性大的聚合物由核向壳迁移的现象称作翻转现象（inverse phenomenon），如图 9-19 及图 9-20[113]。在图 9-20 中，Ⅰ St/Ⅱ EA 表示以 St 为第一阶段单体、而以 EA 为第二阶段单体所制得的乳胶粒；Ⅰ EA/Ⅱ St 表示以 EA 为第一阶段单体、而以 St 为第二阶段单体所制成的乳胶粒。

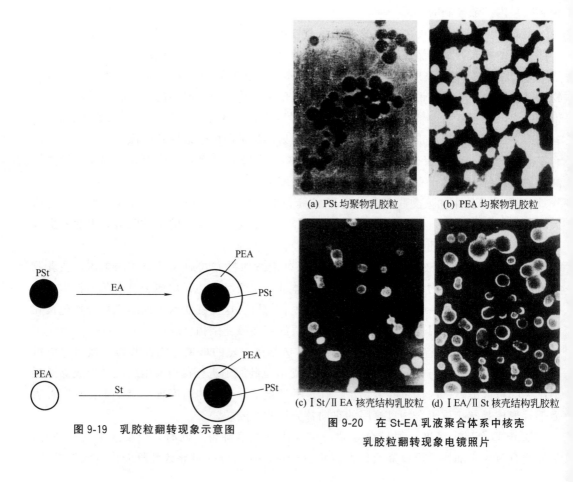

(a) PSt 均聚物乳胶粒　(b) PEA 均聚物乳胶粒

(c) Ⅰ St/Ⅱ EA 核壳结构乳胶粒　(d) Ⅰ EA/Ⅱ St 核壳结构乳胶粒

图 9-19　乳胶粒翻转现象示意图

图 9-20　在 St-EA 乳液聚合体系中核壳乳胶粒翻转现象电镜照片

但是，如果设法增大 PSt 链的亲水性，使其能接近 PEA 的亲水性，PSt 也可能作为壳包覆在 PEA 核的周围而形成正向核壳乳胶粒。

① 若以 PEA 乳液作为第一阶段乳液，向第二阶段单体 St 中加入苯乙烯磺酸钠等亲水性单体，即可得到以 PEA 为核、以 PSt 为壳的正向核壳结构乳胶粒（如图 9-21 所示）。

**图 9-21　亲水性单体对乳胶粒结构形态影响示意图**

② 若以 PEA 乳液作为第一阶段乳液，在进行第二阶段乳液聚合时，加入足量的水溶性引发剂，如过硫酸盐，于是在 PSt 链的末端就带上了硫酸根阴离子基团，这就增大了 PSt 链的亲水性，可以制成正向核壳结构乳胶粒（如图 9-22 所示）。

**图 9-22　过硫酸盐引发剂对乳胶粒结构形态影响示意图**

此外，乳液聚合体系的 pH 值也会影响聚合物的亲水性，进而影响乳胶粒的结构形态[109,114]。例如若聚合物分子链中含有羧基，在碱性条件下羧基以羧酸根形式存在，可使这种聚合物的亲水性增大。若其为核，提高 pH 值将使其倾向于向外壳迁移。若聚合物分子链上带有氨基，在酸性条件下，以铵盐的形式存在，可使该聚合物具有更大的亲水性。若其为核，提高 pH 值将有利于乳胶粒保持其正向核壳结构。

（3）在包壳期间应采用适当的单体加入方式　通过采用不同的单体加入方式，可以人为地控制乳胶粒结构形态[115-118]。在包壳期间，有三种常用的单体加入方式，即间歇法、半连续法和平衡溶胀法。

间歇法是指在包壳反应开始前，向核乳液中一次性加入全部单体，然后进行聚合反应；半连续法是指在包壳期间以一定的速率向核乳液中滴加单体，边加边进行聚合反应；平衡溶胀法即向第一阶段乳液中加入全部单体后，在 0℃ 的温度下，慢速搅拌 48h，使之达到溶胀平衡，然后再升温进行聚合反应。不同的单体加入方式所形成的乳胶粒结构形态不同。其规律大体如下：

① 采用平衡溶胀法时，第一阶段乳胶粒被单体长时间充分溶胀，有足够的时间使单体向乳胶粒内部扩散，可达到溶胀平衡。此时，几乎所有的单体都被吸收在乳胶粒中。升温聚合后，倾向于得到均相乳胶粒，或反向核壳乳胶粒。

② 采用间歇法加入单体时，在包壳反应开始前向核乳液中一次性加入全部单体，这些单体形成单体珠滴均匀分散在乳液体系中。在反应过程中，单体源源不断地由单体珠滴通过水相扩散到乳胶粒表面，然后再由乳胶粒表面扩散到乳胶粒内部并进行聚合反应。在这种情况下，究竟形成哪一种形态的乳胶粒，要视乳胶粒内部黏度而定。若乳胶粒内部黏

度很大，单体、自由基及壳聚合物由乳胶粒表面向其内部扩散受阻，单体就在乳胶粒表面或表面层进行聚合反应，这样就形成了正向核壳乳胶粒；相反，若乳胶粒内部黏度不够大，单体能够以足够大的速率向乳胶粒内部扩散，在乳胶粒内部进行聚合反应，就形成均相乳胶粒或反向核壳乳胶粒。

③ 采用半连续法加入单体时，在包壳期间向核乳液中慢慢滴加单体，边滴加，边聚合。若滴加单体的速率足够慢，可使乳胶粒处于对单体的"饥饿"（starving）状态。这种加料方法称作饥饿加料法，意指加单体的速率小于聚合反应速率，使单体处于一种供不应求的状态，只要单体一扩散到乳胶粒表面，就马上发生聚合反应，所生成的聚合物包覆在乳胶粒的外层，形成乳胶粒的壳。故这种壳单体加入方式有利于制得正向核壳结构乳胶粒。

若壳单体滴加速率较快，使单体加入速率大于聚合反应速率，此时体系中将有单体积累，单体处于充溢（overflowing）态。在这种情况下，所得乳胶粒的结构形态取决于乳胶粒内部的黏度，这种单体加入方式对乳胶粒结构形态的影响规律与间歇法相同或相近。

（4）包壳期间应使自由乳化剂浓度低于 CMC　与常规乳胶粒相比，核壳乳胶粒一般较大，为了使乳液聚合体系稳定，在包壳期间常常需要补加乳化剂。但补加乳化剂应有所节制，不能过多、过快，应保证在水相中自由乳化剂的浓度低于临界胶束浓度 CMC。若高于 CMC 会产生新的胶束，会进一步成核生成新的乳胶粒[119]。新生成的乳胶粒是由壳单体的聚合物构成的，是均相乳胶粒，将使乳液变成具有不同结构形态乳胶粒的混合体系，会影响乳液聚合物的性能。但是，乳化剂浓度也不能太低。过低的乳化剂浓度将导致乳化剂在乳胶粒表面的覆盖率大幅度降低，会在乳胶粒表面上出现所谓的"秃顶现象"（bald phenomenon），致使乳胶粒表面与水相之间的 ζ 电位降低至临界点 32mV 以下，使体系趋于不稳定，导致乳胶粒聚结，产生凝胶，乃至破乳。一般认为，乳化剂在乳胶粒表面的覆盖率应在 30%～70% 之间，高于 70% 易形成新的胶束，而低于 30% 则体系不稳定。乳化剂的补加量可根据聚合配方及工艺参数进行计算[120,121]。

### 9.4.4.2　核壳聚合物乳胶粒的结构表征[122-124]

（1）成像法　成像法是直观、便捷且较准确测定乳胶粒结构形态的有效手段，包括透射电镜法、扫描电镜法、原子力显微镜法以及核磁显微成像法。

① 透射电镜法　透射电镜法（TEM）是最常用的观察和拍照乳胶粒结构形态的方法。制样时，先把乳液稀释至固含量为 50mg/kg，然后将其滴在特制的铜网上，并在室温下晾干，即可在 TEM 下观察。也可以把分离出的乳胶粒包埋到特种环氧树脂中，经超薄切片，在 TEM 下观察或拍照。

一般来说，不同聚合物电子云密度不同，不同电子云密度的物质在电子显微镜下颜色深浅不同，由此可以判别乳胶粒的结构形态。但是在 TEM 下乳胶粒与衬底之间及乳胶粒中不同组分之间的反差常常较小，故其图像常常不够清晰。为增大反差，最常用的方法是对乳胶粒进行染色。常用的染色剂有四氧化锇（$OsO_4$）[125,126]、四氧化钌（$RuO_4$）[127]、磷钨酸（PTA）[113,128,129] 等。人们发现，$OsO_4$ 只可对含碳碳双键的聚合物染色；$RuO_4$ 可对含有醚键、羟基、芳环、胺等基团的聚合物染色；PTA 可对 PSt 及 PVAc 等聚合物染色。

对于最低成膜温度 MFT 低于室温的聚合物来说，在制样时的干燥过程中，乳胶粒在铜网上会发生塌陷而变成扁平状，且乳胶粒图像周边变得粗糙，或呈不规则形状[130,131]。若在第二阶段的单体中加入交联单体，使壳聚合物发生交联，变硬，MFT 提高，然后再制样，用 TEM 观察和拍照发现不再出现塌陷现象[132]，但交联会影响乳胶粒形态和粒径。

② 扫描电镜法　扫描电镜（SEM）也可以用来研究乳胶粒结构形态[133]。制样时，需要用离子溅射器在乳胶粒表面上喷金，金涂层厚度约为 5nm[124]。在 SEM 下只能观察固体样品，而且不能直接识别乳胶粒的结构形态。如果把扫描电镜和宽角 X 射线（WAXS）分析法结合起来，则可以确定乳胶粒的核壳结构。

③ 原子力显微镜法　有人利用原子力显微镜（AFM）来研究乳胶粒的结构形态[134]。用该法能够得到具有纳米级分辨率的三维结构乳胶粒图像，并可以定量地确定乳胶粒表面的粗糙程度。同时因为采用这种方法可以在空气或在液体介质中进行观察与拍照，因此可以避免因制样时的干燥操作导致乳胶粒发生形变而带来的误差。

④ 核磁显微成像法[123]　已有人开始用核磁显微成像法来研究乳胶粒结构形态。与其他方法相比，这种方法有其独到之处。

（2）滴定法

① 肥皂滴定法　肥皂滴定法是用来测定聚合物乳液中乳胶粒尺寸和尺寸分布的一种手段（见 11.7.3），将其实验数据进行处理可以计算出乳胶粒直径、乳胶粒数目和一个乳化剂分子在乳胶粒表面覆盖的面积。对于一种特定的乳化剂来说，在某一特定的聚合物乳胶粒表面上的覆盖面积是一个定值（见表 3-23）。在乳液聚合过程前期，成核完成时，在水相中自由乳化剂的浓度刚好等于临界胶束浓度 CMC。此时，没有胶束存在，其有效乳化剂分子以单分子层刚好盖满所有乳胶粒表面，覆盖率为 100%。后来，随着乳液聚合的进行，乳胶粒不断长大，乳胶粒表面积逐渐增大。在这种情况下，并没有更多的乳化剂覆盖在乳胶粒的全部表面上。待乳液聚合结束时，在所制得的聚合物乳液中，乳胶粒表面并没有被乳化剂分子全部覆盖（覆盖率<100%）。在对这种聚合物乳液进行肥皂滴定时，以自由乳化剂浓度达到 CMC 值确定滴定终点（由电导曲线或表面张力曲线的转折点来确定），则可以测定出没有被覆盖的那一部分乳胶粒的表面积。因此，在用其他方法测定了乳胶粒的表面积 $A_s$[cm$^2$/cm$^3$ 水]以后，可以根据聚合配方中乳化剂的用量、乳化剂的 CMC 值及肥皂滴定所消耗的乳化剂量来计算一个乳化剂分子在乳胶粒表面上的覆盖面积 $a_s$[135]。由所得的 $a_s$ 值可以得到判别乳胶粒表面层到底是哪种聚合物的信息，由此即可判定乳胶粒的结构形态[118]。

② 酸碱滴定法　酸碱滴定法只适用于测定羧基乳液及大分子链上带有阳离子链节（如季铵盐等）的聚合物乳液中乳胶粒的结构形态。例如 Lee 等[110] 向以丙烯酸乙酯和甲基丙烯酸（9∶1）为单体的第一阶段羧基乳液中加入疏水性单体，进行第二阶段乳液聚合反应，然后分别对第一阶段乳液和第二阶段乳液，利用 pH 滴定仪、用碱滴定法分别确定其乳胶粒表面上的羧基量。研究发现，两阶段乳液的滴定曲线是一致的，由此证明了在第二阶段乳液聚合过程中发生了反转现象，最终聚合物乳液中的乳胶粒为反向核壳结构的。

对于带有阳离子基团的聚合物乳胶粒来说，则可以用酸滴定法来确定乳胶粒的结构形态。

（3）乳胶粒直径及数目测定法　利用光散射法、消光法、肥皂滴定法、离心法、电镜法、水动力色谱法等手段（见 11.7 节），由测定数据分别计算得到单位体积的第一阶段乳液和第二阶段乳液的乳胶粒数目 $N_p$（$cm^{-3}$）、乳胶粒直径 $D_p$。通过比较两阶段 $N_p$ 的多少、$D_p$ 的大小，可以判断是否形成了复合乳胶粒以及在反应过程中有无新乳胶粒产生[124]。若将这种方法与其他测试方法相结合，则可以进一步判断是否为核壳乳胶粒，是正向核壳，还是反向核壳乳胶粒。

（4）膜性能测定法　乳液聚合物膜的性能与乳胶粒结构形态密切相关。利用示差扫描量热仪、动态力学谱仪、流动黏弹谱仪等仪器，测定第一阶段乳液聚合物、单独用第二阶段单体（不加第一阶段乳液）进行乳液聚合所制成的乳液聚合物以及进行两阶段乳液聚合所制成的乳液聚合物的玻璃化转变温度 $T_g$、比热容-温度曲线等热学参数和动态力学参数，对所得到的图谱进行对比，可获得是否有核壳结构乳胶粒形成的信息[136]。

（5）薄层色谱法　利用薄层色谱（TLC）对于第一阶段聚合物、第二阶段单体单独进行乳液聚合所制得的聚合物及两阶段法乳液聚合物分别进行检测，或将 TLC 法和火焰离子检测法联用（TLC-FID）[107]、将 TLC 与核磁共振谱联用（TLC-NMR）[124]，或将 TLC 法与透射电子显微镜（TEM）相结合[108]，可以鉴别核壳结构乳胶粒结构形态，并可以确定核、壳及中间过渡层的组成。

（6）聚合物乳液最低成膜温度测定法　将第一阶段聚合物乳液、第二阶段单独进行乳液聚合所制得的聚合物乳液、两阶段法制备的聚合物乳液，以及在不同条件下采用不同的加料方式所制备的聚合物乳液，分别在最低成膜温度测定仪上测定其最低成膜温度 MFT。根据 MFT 数据可以大体判定是否形成了核壳结构乳胶粒，并可估计在乳液聚合过程中是否发生了翻转现象，即所生成的是正向乳胶粒还是反向乳胶粒[100,129,130]。

（7）乳胶粒表面成分分析法　利用 X 射线光电子能谱（ESCA）仪、表面增强的拉曼光谱（SERS）仪及飞行次级离子质谱（TOF-SIMS）等仪器进行乳胶粒表面成分分析，以确定乳胶粒表面的聚合物组成，通过对各阶段乳胶粒的图谱进行比较，可以确定是否制成了具有核壳结构的乳胶粒[137,138]。

（8）荧光标记法　在核壳乳胶粒内部存在相界面或过渡层，核与壳之间有一定的相互结合，如接枝、互穿网络、离子键合及两种聚合物的梯度过渡层。这些结构会影响到聚合物的光谱吸收特性，若采用两种不同的荧光基团，分别对第一阶段和第二阶段生成的聚合物进行标记，这两种荧光基团互相接触后可以形成能量转移络合物。若有核壳结构形成表现出特殊的荧光吸收，以此来判断是否形成了核壳结构乳胶粒形态[139]。

### 9.4.4.3　核壳结构聚合物乳液及乳液聚合物的应用

如上所述，通过粒子设计，采用特定的聚合工艺和反应条件，可以制成具有核壳结构乳胶粒的聚合物乳液和乳液聚合物，在不改变原料组成的前提下，能够赋予聚合物更优异的性能和特殊的功能。目前，乳胶粒的核壳结构化技术已被人们进行了较深入的研究，开发出了很多核壳聚合物乳液及乳液聚合物新产品，已实现了产业化，且已应用到了许多技术领域。以下举出几个关于核壳结构聚合物乳液及乳液聚合物的应用实例。

【例 9-1】　日本东陵工业公司制成了一种 PS-PAN 核壳结构热塑性塑料[140]，与组成相同的非核壳结构乳液聚合物相比，其抗冲击强度有大幅度提高。

核壳结构聚合物  1.78J/cm²

非核壳结构聚合物  0.95J/cm²

【例9-2】  ABS树脂是一种大规模生产的、性能优良的通用工程塑料，在国内的产能和需求增长很快[141]。实际上，ABS树脂就是一种典型的核壳结构乳液聚合物。

制备ABS乳液分两阶段进行：在第一阶段进行制核反应，制备出聚丁二烯（PBu）核乳液；然后在第二阶段，加入苯乙烯（St）和丙烯腈（AN）混合单体，进行包壳反应，制成以PBu为核，以St-AN共聚物为壳的、内软外硬的核壳结构乳胶粒，在核与壳之间形成St-AN共聚物接枝在PBu核上的接枝共聚物过渡层（如图9-23所示）。

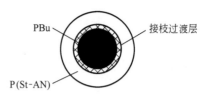

图9-23  ABS乳胶粒结构示意图

在进行热加工时，ABS树脂乳胶粒的外壳（St-AN共聚物）形成连续相，而核聚合物PBu以微胞的形式均匀分散在连续相中，形成分散相。连续相与分散相依靠化学接枝紧密地结合在一起。连续相St-AN共聚物的$T_g$很高，可赋予ABS树脂很大的强度和硬度；而分散相PBu是橡胶，柔软而有弹性，可吸收冲击能量，赋予聚合物以韧性。故ABS塑料是一种坚而韧的通用工程塑料，力学性能非常优异，其应用市场非常广阔。

【例9-3】  美国孟山都公司[142]以St、AN、丙烯酸丁酯（BA）及马来酸单烷基酯为单体，制成了一种核壳结构聚酰胺增韧剂。加入少量这种增韧剂后所制成的尼龙66制件，与加入同量的共聚组成相同的非核壳结构增韧剂相比，制品的性能有了大幅度提高。其数据如下：

| | 冲击强度/(J/m²) | 成品率 |
| --- | --- | --- |
| 加入核壳增韧剂 | 450～920 | 100%（无脆坏） |
| 加入非核壳增韧剂 | 49～60 | 13%～90%（10%～81%脆坏） |

【例9-4】  MBS树脂是一种大量应用的PVC抗冲改性剂，也是一种核壳结构乳液聚合物，其乳胶粒结构如图9-24所示。

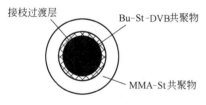

图9-24  MBS乳胶粒结构示意图

Bu—丁二烯；St—苯乙烯；DVB—二乙烯基苯；MMA—甲基丙烯酸甲酯

其乳胶粒的核为Bu-St-DVB三元共聚物，其中Bu链节占到65%～85%，故是一种橡胶。其外壳为MMA-St共聚物；核与壳之间是接枝过渡层。在核单体中加入二乙烯基苯（DVB）是为了提高核的强度，并可以提高核与壳间的接枝率。作为抗冲改性剂，其外壳MMA-St共聚物与连续相PVC有很好的相容性，可赋予PVC塑料制品更好的力学性能；其橡胶核可以吸收冲击能量，赋予PVC制品以高的冲击强度（详见8.4.1.5）。

【例9-5】  ACR树脂是另一种在PVC加工中用量很大的加工改性剂和增韧剂，它也是一种核壳结构乳液聚合物。其乳胶粒的核为轻度交联的PBA，外壳为PMMA，核与壳之间为PBA-g-MMA过渡层。其坚硬的外壳PMMA与PVC有很好的相容性，且赋予了PVC塑料以优良的力学性能；而其柔软的内核赋予了PVC制品以优异的冲击强度。加入和不加 ACR 的 PVC 缺口冲击强度比较如下[143]：

|  | 23℃ | −10℃ |
| --- | --- | --- |
| PVC | 6.3kJ/m² | 2.3kJ/m² |
| PVC+ACR | 31.2kJ/m² | 6.2kJ/m² |

【例 9-6】 有人以甲基丙烯酸甲酯（MMA）、丙烯酸乙酯（EA）及甲基丙烯酸（MAA）为单体，制成了一种内软外硬的三层结构乳胶粒的聚合物乳液[144]。当把这种乳液用于配制金属涂料时，与组成相同的非核壳均相结构聚合物乳液相比，涂膜附着力及乳液的加工性能得到了很大提高。其数据如下：

|  | 附着力/MPa | 干燥时间/h | 施工性能 |
| --- | --- | --- | --- |
| 三层结构乳液 | 0.62 | 20 | 好 |
| 非核壳乳液 | 0.44 | 40 | 差 |

【例 9-7】 美国道化学公司[145,146]利用分阶段乳液聚合法制成了一种具有三层结构的丁苯乳液。第一阶段将一定比例的 St 和 Bu 混合单体进行乳液聚合，制备出 $T_g$ 较低的核乳胶粒；第二阶段向核乳液中滴加硬单体 St，制成 $T_g$ 很高的中间层；在第三阶段，向第二阶段乳液中滴加 St-Bu 混合单体，其组成与第一阶段单体相同。研究发现，这种三层核壳结构的乳液聚合物的力学性能优于其共聚组成相同的非核壳乳液聚合物，如图 9-25 所示。

由图 9-25 可以看出，在断裂伸长率相同时，核壳乳液聚合物的拉伸强度显著高于共聚组成相同的非核壳结构乳液聚合物。而且利用这种具有软/硬/软三层核壳结构乳胶粒的聚合物乳液所制成的压敏胶产品，显示出更优异的初粘力、粘接力、内聚力及粘基力。

【例 9-8】 有人对 MMA-EA 体系进行了系统的研究[147,148]。用 EA 与 MMA 配比不同的单体混合物，分别合成出了 PMMA（核）/PEA（壳）、PEA（核）/PMMA（壳）、MMA-EA 均匀共聚物等一系列聚合物乳液，并分别测定了它们各自的最低成膜温度 MFT。将所制得的各种聚合物乳液的 MFT 对共聚组成进行了标绘（如图 9-26 所示）。

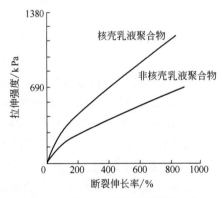

图 9-25 核壳与非核壳乳液聚合物
力学性能比较

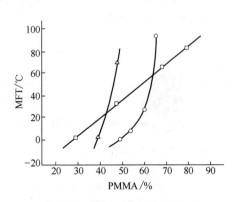

图 9-26 最低成膜温度 MFT 与
乳胶粒结构形态的关系

○ PMMA 为核，PEA 为壳；△ PEA 为核，
PMMA 为壳；□ 共聚物乳液

由图 9-26 可以看到，聚合物乳液的 MFT 强烈依赖于乳胶粒的结构形态：在聚合物中

两种单体的质量比为 1∶1 时，PMMA/PEA 核壳结构乳液 MFT＝0℃；PEA/PMMA 乳液 MFT＝87.5℃；而 MMA-EA 共聚物乳液，MFT＝38℃。假如把这些聚合物乳液配制成涂料，PMMA/PEA 乳液在 0℃ 即可成膜，故可以在室温下施工；MMA-EA 均匀共聚物乳液，在 38℃ 以上才能成膜，故这种涂料只有在夏天最热的时候才能在室温下施工；而 PEA/PMMA 乳液则需在 87.5℃ 以上才能成膜，就是说，这种涂料一年四季在室温下都不能施工。可见，乳胶粒的结构形态严重地影响聚合物乳液的施工性能，乳液的施工性能可以通过粒子设计得到大幅度地改善。

在其他体系中，如 MA（丙烯酸甲酯）-BA-MMA、MMA-BA-MAA 及 St-BA-MAA 等体系[149]，以及 MMA-BA、St-EA 等体系[113]，也找到了类似的规律。

【例 9-9】 广义上讲，可以把微胶囊看成一种核壳结构聚合物，它能够用乳液聚合法来制备。把液态、固态或分散体等工作物质以微滴或微粒的形式分散在介质中，作为囊芯；再加入单体进行乳液聚合，形成聚合物外壳（作囊壁），就制成了具有核壳结构的微胶囊。微胶囊可以广泛应用于工业、农业、生物医学、日常生活等许多领域。

① 无碳复写纸用微胶囊　无碳复写纸又叫压敏纸。把微胶囊化的无色染料（如结晶紫内酯）加入涂料中，涂布于纸的正面；再把加有酸性瓷土的涂料涂布于纸的反面，就制成了正反面都有涂层的白色无碳复写纸。当其受到带尖物体施加的压力时，微胶囊被划破，无色染料与酸性瓷土接触，就使其显色[150,151]。

② 化妆品微胶囊　向膏、乳、霜、奶、液等品类的化妆品中加入微胶囊化的维生素、氨基酸、激素、营养剂、润湿剂、溶菌酶、木瓜蛋白酶等物质，可以赋予化妆品以营养、保健、柔软、滑爽、润湿、杀菌等功能[152]。

③ 药物缓释微胶囊　把药物作为囊芯，聚合物作为囊壁的药物微胶囊植埋于人体皮下，使药物缓慢释放，可用于治疗慢性病，也可用于避孕。若把药物微胶囊涂布于织物上，可制成长效药布[153-155]。

④ 食品用微胶囊　微胶囊技术可应用于许多食品中。例如，将食用酒精和挥发性芳香添加剂微胶囊化，制成固体粉末。粉末不易挥发，且携带、运输方便，用水稀释即可使用[156]。

⑤ 感光材料微胶囊　把微胶囊化的显影液和定影液涂布在底版或相纸上，通过压辊把微胶囊压破即可显影和定影[152]。

⑥ 阻燃剂微胶囊　把阻燃剂微胶囊化，将其添加到涂料中或其他易燃材料中，一旦着火烧坏囊壁，即可释放出阻燃剂，起到阻燃作用[157]。

⑦ 化肥缓释微胶囊　将化肥微胶囊化可防止化肥结块，施肥后，养分缓慢缓放，可延长肥料有效期，可防止因短期化肥过浓而造成的对农作物的伤害[152]。

⑧ 香水缓释微胶囊　把香水微胶囊化，将其涂布与织物上，或加入内墙涂料中，可以缓慢释放香气，使衣物或居室长期保持芳香气氛[158]。

【例 9-10】 将无机物以纳米级尺寸分散于水中，加入单体进行乳液聚合反应，制成具有以无机物颗粒为核、以有机聚合物为壳的无机-有机核壳结构复合乳胶粒。无机-有机复合乳液可用作涂料、黏合剂、浸渍剂等。由于引入了 $SiO_2$、$CaCO_3$、$Al_2O_3$、$SbO_2$、$TiO_2$、$BaSO_4$ 等无机粒子作乳胶粒的内核，有机、无机材料性能互补，使涂膜具有更好的力学性能、耐溶剂性、耐候性、耐水性、阻燃性、透气性、粘接强度等性能[159,160]。由核壳结构乳胶粒制得的无机-有机复合聚合物粉末,可用作塑料增韧剂,并可用于生物医学领域。例如,把具有磁性的 $Fe_3O_4$ 分散到水中制成胶体溶液,称作磁流体,然后以磁流体为种子,加入单体 MMA 或 St,进行包壳反应,就制成了有机(PMMA 或 PSt)包无机($Fe_3O_4$)的核壳结构乳液。分离后可以制成粉末状磁性聚合物微球。这种磁性微球广泛应用在生物医学领域,用于细胞分离、细胞标记、示踪分析、亲和色谱、固定化酶、抗体克隆、临床造影等[161,162],有着广阔的应用前景。

# 9.5 反应性聚合物微凝胶

## 9.5.1 简介

根据其分子结构,可以把聚合物分成四大类:①线型大分子,这种分子链在溶液中呈无规线团状,如图 9-27(a) 所示,聚碳酸酯、聚苯乙烯等即属此类;②支链大分子,在主链上连有许多支链,呈树枝状,如图 9-27(b) 所示,支链淀粉等即属此类;③聚合物微凝胶,如图 9-27(c) 所示;④大网络聚合物,大分子链间充分交联,整块聚合物为一个大分子,为空间网状结构,如图 9-27(d) 所示,硫化橡胶、C 阶酚醛树脂等即属此类。

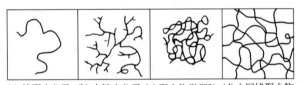

(a) 线型大分子  (b) 支链大分子  (c) 聚合物微凝胶  (d) 大网络聚合物

**图 9-27　聚合物分子结构示意图**

聚合物微凝胶又称 $\mu$-凝胶,其分子结构介于支链大分子和大网络聚合物之间,一个微凝胶颗粒即为一个大分子,这个大分子被限定在一定区域内,进行分子内交联而形成网状结构,在微凝胶颗粒之间,没有任何化学键相连接,如图 9-27(c) 所示。Funke[163] 把微凝胶定义为尺寸范围在 1~100nm 的亚微米级交联聚合物颗粒。后来人们合成出并研究了具有相同性质的聚合物凝胶颗粒,故人们又将其定义修正为:凡具有胶体尺寸(1nm~1μm)且分子内交联的颗粒都叫微凝胶。

聚合物微凝胶颗粒可以分散在有机介质中,称为非水聚合物微凝胶分散液;也可以分散在水中,称为水基聚合物微凝胶分散液。若将聚合物微凝胶分散液进行共沸蒸馏、喷雾干燥或冷冻干燥,将微凝胶与分散介质分离,即可制得粉状微凝胶颗粒。

聚合物微凝胶分散液一般为无色透明液体,但在颗粒较大时,可呈蓝色或浅黄色。

微凝胶颗粒在其分散液中可被介质溶胀,但不会溶解。溶胀是有一定限度的,溶胀的程度取决于聚合物的交联度、温度、pH 值、电场强度及离子强度等。就溶胀行为而言,微凝胶分散液显示出对环境条件的敏感性。

若在聚合物微凝胶颗粒的表面或内部，带有可以进一步反应的基团，即为反应性聚合物微凝胶。这种微凝胶可以通过多官能度单体进行聚合而制成。在聚合反应过程中，由于空间障碍，并非所有的官能团都参与了网状结构的形成，部分未反应的基团，如双键、羧基、羟基、氨基、环氧基及带卤素的基团等，可残留在微凝胶颗粒表面或内部。这些残余基团在适当条件下可以进一步与其他单体进行聚合反应而生成具有非均相结构的网状聚合物，如图 9-28 所示。

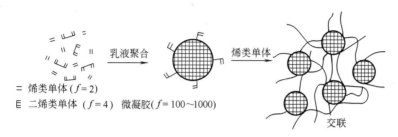

图 9-28　反应性微凝胶生成与交联示意图

反应性聚合物微凝胶具有许多独特的优异性能，可用于制造高档汽车涂料、热固性树脂增韧剂、增强剂及改性剂、聚合物分散体的流变性控制剂、生物医学材料等，涌现出了较多相关专利[164]。

## 9.5.2　反应性微凝胶的合成

反应性聚合物微凝胶是在适当体系中将多官能度单体进行聚合，或将多官能度单体和二官能度单体共聚合而得到的。常用的多官能度单体有二乙烯基苯、乙二醇双甲基丙烯酸酯、乙二醇双丙烯酸酯、三羟甲基丙烷三丙烯酸酯、甲基丙烯酸烯丙基酯、对苯二甲酸二烯丙基酯、异氰尿酸三丙烯酸酯等。所采用的合成方法有乳液聚合法、分散聚合法、溶液聚合法和沉淀聚合法等，以下分别予以介绍。

（1）乳液聚合法[165-172]　　制造反应性聚合物微凝胶最有效的方法是乳液聚合法，其中包括常规乳液聚合法、无皂乳液聚合法和微乳液聚合法。隔离效应把聚合反应和交联反应限定在一个个彼此孤立的反应区——乳胶粒内，在乳胶粒间无聚合反应和交联反应发生，一个乳胶粒即为一个反应性微凝胶颗粒。

用乳液聚合法制造反应性微凝胶分散液常用的乳化剂为十二烷基硫酸钠等，常用的引发剂有过硫酸钾、过硫酸铵、4,4'-偶氮二(4-氰基戊酸)、过硫酸盐/亚硫酸氢钠氧化还原体系以及 2,2'-偶氮二(2-脒基丙烷)等。前四者可向乳胶粒（聚合物微凝胶颗粒）表面引入硫酸根、磺酸根、羧基等阴离子基团，而最后者则可引入阳离子基团脒基，这些离子基团对乳液可起稳定作用，因而在某些情况下可采用无皂或低皂乳液聚合法来制备反应性聚合物微凝胶。

聚合物微凝胶颗粒尺寸、尺寸分布、交联度以及微凝胶产率等参数决定于聚合条件。一般来说，固含量大时会发生颗粒间的聚并和化学反应，致使微凝胶产率降低，尺寸变大、粒度分布变宽；离子强度大时，粒径增大；反应温度高时，粒径减小。

有人[172] 把分子量为 2000～3000，并带有羧基的不饱和聚酯作为多官能度单体，与苯乙烯、丙烯酸酯及甲基丙烯酸酯等单体进行乳液共聚合，并进行了分离，制成了多种粉状反应性聚合物微凝胶，且已应用到了许多方面。以下以不饱和聚酯与苯乙烯的反应为例来说明其制造过程。其生产工艺流程如图 9-29 所示。

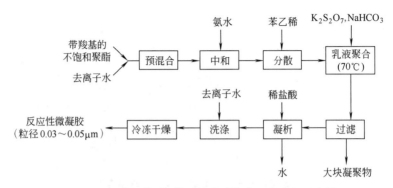

图 9-29　不饱和聚酯/苯乙烯乳液聚合工艺流程示意图

其生产过程为把带羧基的不饱和聚酯和规定量的去离子水加入反应釜中，进行预混合，然后加入氨水进行中和，把—COOH 转变成—COO⁻NH₄⁺，在搅拌下及在—COO⁻的稳定作用下，将不饱和聚酯和苯乙烯混合物分散成极细的液滴。此后，升温至 70℃，加入引发剂过硫酸钾和 pH 调节剂 NaHCO₃，在 70℃下进行乳液聚合。聚合完成后，过滤掉可能产生的大块凝聚物，然后加入稀盐酸对微凝胶分散液进行凝析，并和水进行分离，凝析出的微凝胶用去离子水洗涤后，再经冷冻干燥，即得粒径为 0.03～0.05μm 的反应性聚合物微凝胶粉体。这种微凝胶颗粒的上带有羧基、硫酸根、磺酸根及不饱和双键等反应性基团。

（2）分散聚合法[166,173]　　用分散聚合法可以制造反应性聚合物微凝胶的非水介质分散液。所用的分散介质多为脂肪烃或烃的混合物，所用介质的沸点最好和反应温度相同，这样在聚合过程中可以通过介质的回流冷凝带走反应热。为了防止微凝胶颗粒凝聚，可加入空间位阻型稳定剂，这些稳定剂的极性基团可以物理吸附，也可以接枝在微凝胶颗粒表面上，其亲油基团则伸向介质。事实证明，最有效的位阻型稳定剂为梳形接枝共聚物，它是用分子量为 1700 的端乙烯基聚（12-羟基硬脂酸）和甲基丙烯酸甲酯共聚而成。这种稳定剂的聚甲基丙烯酸甲酯主链为极性基团，被吸附在微凝胶颗粒表面；而诸多的聚（12-羟基硬脂酸）支链（作为梳子的"齿"）为该稳定剂分子的亲油基团，伸向介质中，起空间位阻稳定作用，以使微凝胶颗粒稳定地分散在体系中。

进行该分散聚合常用偶氮型引发剂，如偶氮二异丁腈，而不用过氧化物引发剂。因为前者进入颗粒所要克服的势垒低于后者。

为了制造高固含量（40%～60%）和小粒径的聚合物微凝胶颗粒分散液，可采用种子分散聚合法。这种方法为先用 10% 的单体及加入 25% 的稳定剂和引发剂进行聚合，制成粒径极小的（约 80nm）微凝胶分散液，再将其作为种子在几小时内逐渐加入余下的单体、稳定剂和引发剂，使颗粒逐渐增长到最终尺寸（约 300nm）。其反应温度保持在 80℃左右，反应在惰性气体保护下及在介质回流条件下进行。

用分散聚合法制备的反应性聚合物微凝胶 TEM 照片[174] 如图 9-30 所示。

（3）溶液聚合法[165,175]　反应性聚合物微凝胶可以在稀溶液中用自由基聚合法来制备。根据 Ziegler 稀释律，溶液越稀，进行分子内交联的概率就越大。这是因为链末端自由基处在微凝胶颗粒内部或表面，而在微凝胶分子上带有较多的反应性基团（如双键等）。当溶液很稀时，这些基团在微凝胶颗粒内部和表面的浓度远远大于在分散介质中溶解的单体的浓度。因此，在稀溶液中进行分子内交联的概率大，主要进行分子内交联。所以在溶液稀释至某一特定值后，就不再生成大网络交联聚合物，而仅生成微凝胶颗粒。

图 9-30　分散聚合法制备的反应性
聚合物微凝胶 TEM 照片

一般来说，当交联单体用量大时，更适合利用溶液聚合法来制备反应性聚合物微凝胶。在这种情况下，与分子间交联反应相比，分子内交联更占优势。

（4）沉淀聚合法[176,177]　沉淀聚合法也可以用于合成反应性聚合物微凝胶，这种方法目前还只用于进行反应性微凝胶生成机理的研究。人们用沉淀聚合法进行了 $N,N'$-亚甲基二丙烯酰胺、丙烯酰胺和甲基丙烯酸的三元共聚合，制成了三元水凝胶微球。这些微球是聚合反应的中心。在一个微球中仅有一个自由基链，这条链和其他自由基链相隔离，在微球内进行链增长反应，并进行分子内交联反应。其反应速率要比均相聚合来得快。当微球长到一定大小以后，就从分散介质中沉淀出来。

## 9.5.3　反应性微凝胶的性能

### 9.5.3.1　反应性微凝胶分散液的加工性能

与聚合物溶液型（即溶剂型）产品相比，反应性微凝胶具有以下重要特性：

（1）黏度低且黏度随聚合物分子量变化小　聚合物微凝胶颗粒的尺寸与在溶液中的线型大分子无规线团及支链大分子的尺寸相当。一般来说，线型大分子及支链聚合物溶液黏度均很高，尤其是在分子量高时更是这样，这是因为在稀溶液中无规线团高度地伸展，增强了大分子链间及大分子链和溶剂分子间的相互作用所致。但是对于微凝胶分散液来说情况则有所不同。因为在聚合物微凝胶颗粒内部有较深度的交联结构存在，致使大分子链紧密堆砌，微凝胶颗粒之间以及微凝胶颗粒和分散介质之间的相互作用小，所以即使在高固含量下（40%～60%）体系黏度也很低，尤其是在交联度高时更是这样。且微凝胶分散液的黏度受聚合物分子量影响较小，表现在大分子黏度定律通式（即特性黏数 $[\eta]$ 和聚合物分子量 $\overline{M}_V$ 间的关系式 $[\eta]=K\overline{M}_V^\alpha$）中的指数 $\alpha$ 值显著地低于化学结构类似的线型聚合物。表 9-2 中将聚合物微凝胶分散液和具有类似化学结构的线型聚合物的 $[\eta]$ 及 $\alpha$ 值进行了比较。

**表 9-2**　微凝胶分散液与线型聚合物　[η] 和 α 值的比较

| 单体 | 聚合方法 | 聚合物种类 | 溶剂 | [η]/(mL/g) | α |
|---|---|---|---|---|---|
| 1,4-DEB | 溶液聚合 | 微凝胶 | 甲苯 | 9.7 | 0.23 |
| 1,4-DEB | 乳液聚合 | 微凝胶 | 二乙基酮 | 3.5 | 0 |
| 1,4-DEB/St(60/40) | 溶液聚合 | 微凝胶 | 甲苯 | 9.5 | 0.22 |
| 不饱和聚酯/St(60/40) | 乳液聚合 | 微凝胶 | 二噁烷 | 3.1 | 0.13 |
| St | 溶液聚合 | 线型聚合物 | 甲苯 | 234 | 0.7 |
| St | 乳液聚合 | 线型聚合物 | 甲苯 | 222 | 0.7 |

注：$\overline{M}_V = 10^6$；$T = 20{}^\circ\!C$。DEB—二乙烯基苯。

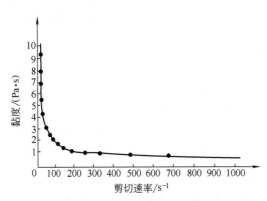

**图 9-31　微凝胶分散液流变曲线**

由表 9-2 可以看出，聚合物微凝胶分散液的 [η] 和 α 值均要比线型聚合物低得多。

（2）呈现很大的假塑性　反应性聚合物微凝胶分散液呈现很大的假塑性。在静置或低剪切速率下，黏度很高，而随着剪切速率的增大，黏度大幅度地下降（如图 9-31 所示）。

在静止状态下黏度大，可使体系在存放过程中不分层，涂在垂直面上后不发生流挂；而在高剪切速率下黏度减小便于施工，有利涂刷均匀，尤其是有利于喷涂。

（3）干燥速率快　和溶剂型产品相比，聚合物微凝胶分散液干燥速度快，原因如下。

① 聚合物微凝胶分散液体系黏度低，溶剂分子易扩散，故溶剂蒸发速率大。

② 微凝胶分子堆砌密实。线型大分子在溶液中无规线团当量密度低于 $0.01 g/cm^3$；而聚合微凝胶分散液中颗粒的当量密度可高达 $0.3 g/cm^3$。因此微凝胶中的聚合物溶剂化作用小，故溶剂迁移并蒸发的阻力小。

③ 由于聚合物微凝胶分散液黏度小，故可以把固含量提高达 40%～60%，这样一来，在相同涂层厚度的前提下，单位涂层面积上所需挥发的溶剂量少。

干燥速率快会大大缩短施工时间，可显著提高工作效率。

#### 9.5.3.2　反应性微凝胶的膜性能

在反应性微凝胶分子内部有较大的交联密度，在其表面又带有许多反应性基团，这些基团可以和其他单体进一步聚合，生成具有非均相结构的网状聚合物，如图 9-28 所示的那样。这种非均相结构叫作"石垣结构"。由反应性聚合物微凝胶所制成的涂膜外观上为连续而透明的致密薄膜，但在显微镜下观察却为不均匀结构，许多致密的聚合物微凝胶颗粒镶嵌在涂膜内部，就像混凝土中的小石子那样，这样的结构就赋予了聚合物以优异的拉伸强度、冲击强度、耐水性、耐候性、耐光性及耐久性等性能。

## 9.5.4  反应性聚合物微凝胶的应用

由于反应性微凝胶具有优异的加工性能和涂膜性能，故可以广泛地应用于许多领域。

反应性微凝胶可应用于涂料工业中[178-182]，它可以改善涂料的流变性质和涂膜性能。若将其添加到涂料中，可赋予涂料以假塑性或触变性，使涂料在静置时或在低剪切速率下具有很高的黏度或具有屈服应力，可以抑制涂料的流挂现象，并可防止涂料分层。在汽车工业和工业涂装中，广泛采用含有片状金属颜料的涂料。用这种涂料进行涂装后，具有非常漂亮的外观，从不同角度观察可有不同的反射效果。若向这种涂料中添加一定量的反应性微凝胶颗粒，可有效控制片状金属颜料定向排列，以确保良好的"片状"效果。加入微凝胶还可以改善涂料的成膜性，提高涂膜光泽度、冲击强度和耐久性。

若向醇酸树脂中添加反应性微凝胶，其涂膜性能可得到大幅度的改善。常规醇酸漆在空气中长期使用时交联度会逐渐增大，漆膜伸长率下降，变硬变脆，冲击强度减小，甚至会发生开裂和剥离，漆膜遭到破坏。向常规醇酸漆中添加一定量反应性聚合物微凝胶，可以显著降低漆膜的氧化脆化作用，使漆膜耐久性大大提高，如图 9-32 所示[173]。

若向不饱和聚酯树脂中添加反应性聚合物微凝胶，可显著改善其力学性能，如图 9-33 所示。

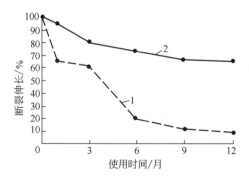

图 9-32　添加反应性微凝胶对醇酸漆耐久性的影响
1—常规醇酸漆；2—添加微凝胶的醇酸漆

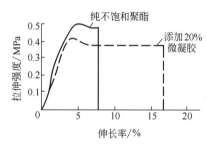

图 9-33　添加反应性微凝胶对不饱和聚酯力学性能的影响

由图 9-33 可以看出，若向不饱和聚酯树脂中添加 20% 的反应性聚合物微凝胶，可在不大幅牺牲拉伸强度的前提下，显著提高不饱和聚酯树脂的伸长率，可使其拉断伸长率得到明显提高。

将不饱和聚酯和丙烯酸丁酯共聚，可以制成带有羧基且具有柔韧性的反应性微凝胶，它可以用作环氧树脂的增韧固化剂。加入这种微凝胶，可显著提高环氧树脂的抗剪切强度、撕裂强度及剥离强度等性能。

有人[183] 以聚酯的水分散体作为种子乳液，加入其他单体进行无皂乳液聚合，制成了用于汽车涂料的微凝胶，可以显著增强涂料的金属光泽效果。也有人[184] 采用水性丙烯酸系聚合物微凝胶分散体对环氧树脂进行改性，可以制得用于食品罐装的低 VOC 涂料，其乳胶粒直径小于 1μm，尤其可用作啤酒罐内表面涂料。

有人[185]把反应性聚合物微凝胶分散液添加在喷墨印刷油墨中，可以改善印刷品图案的干燥速率和耐水性。若用微凝胶乳液浸渍纤维水泥板，可以提高抗冻性[186]。若加入少量粒径小于100nm的反应性聚合物微凝胶，可以提高橡胶的加工性能。反应性微凝胶可以同染料和颜料进行键合（例如表面带—$CH(Br)CH_3$基团的微凝胶颗粒，可以和苯胺系碱性染料发生键合），以提高染料或颜料的色牢度或遮盖力。

由于反应性聚合物微凝胶具有巨大的比表面积，故可以用于聚合物表面反应的研究；在生物化学和医学领域中，反应性聚合物微凝胶可以用作酶的载体或用于临床诊断等。

# 9.6 乳液互穿聚合物网络

## 9.6.1 简介

互穿聚合物网络（interpenetrating polymer network，IPN）是两种共混的聚合物分子链相互贯穿并以化学键的方式各自交联而形成的网络结构[187]。一般说来，IPN含有两种聚合物材料，其中至少一种聚合物是网状的。这种网络结构一般由一种聚合物在另一种聚合物直接存在下进行聚合或交联，或者既聚合又交联而得到[188-191]。"互穿聚合物网络"这一名词是由Millar于1960年第一次提出的[192]，但对具有IPN结构的材料的研究可以追溯到19世纪Goodyear进行的橡胶的硫化或交联[193]。进入20世纪后，一些科技工作者在IPN方面进行了一些工作[194,195]，但真正对IPN进行深入的研究始于Millar。20世纪60年代初，他制成了聚苯乙烯/聚苯乙烯（PS/PS）的同质IPN离子交换树脂材料[192,196]。继Millar之后，越来越多的工作者在IPN的研究及应用方面做了大量的工作[197]。从此IPN被广泛用作抗冲击材料、离子交换树脂、噪声阻尼材料、热塑性弹性体和其他材料。

构成复合材料互穿聚合物网络的两种聚合物相均为连续相，相区尺寸小，一般在10~100nm，远远小于可见光的波长，故常呈透明状，这种相结构使得两相的玻璃化转变区发生偏移并变宽，其阻尼峰既大又宽。这种结构特征决定了IPN可能兼具良好的静态和动态力学性能以及较宽的使用温度范围。IPN不同于简单的共混、嵌段或接枝聚合物，在性能上的明显差异有两点：一是IPN在溶剂中溶胀但不能溶解；二是IPN不发生蠕变和流动。

根据合成方法的不同，可将IPN分成不同类型。按反应的时间次序，可以将IPN分为顺序IPN和同时IPN（simultaneous interpenetrating newworks，SIN），顺序IPN先制备聚合物Ⅰ，再用加有交联剂的单体Ⅱ溶胀聚合物Ⅰ，然后再引发聚合，制备聚合物Ⅱ；而SIN则是将单体Ⅰ、单体Ⅱ及交联剂、引发剂等同时加入反应体系并引发聚合，从而同时形成聚合物Ⅰ和聚合物Ⅱ。IPN的制备过程可以采用相互溶解、搅拌、溶胀和乳液聚合等混合技术。

20世纪70~80年代，Sperling等采用乳液聚合方法合成了IPN[198-200]，即所谓的乳液互穿聚合物网络（latex interpenetrating polymer networks，LIPN）。合成LIPN时，几乎总是采用分步乳液聚合（即种子乳液聚合或核壳乳液聚合）法。通常先合成出作为种子

聚合物乳液合成原理性能及应用
（第三版）

的交联聚合物Ⅰ乳液，然后用单体Ⅱ（或混合单体）、交联剂与引发剂对聚合物Ⅰ种子乳液进行溶胀，在未补加新的乳化剂的情况下引发反应，使单体Ⅱ在种子乳胶粒的表面层进行聚合和交联，从而生成LIPN。因而LIPN一般都具有核壳结构。采用乳液聚合法合成的LIPN不同于一般的IPN，所形成的网络都局限在各个乳胶粒范围之内，所以也称为微观IPN。

不同的合成技术，生成的IPN结构也不一样，这将影响到IPN的性能。一般来说，IPN的性能决定于这样一些因素：相的连续性、两种网络的混合、相区的大小和构成LIPN的聚合物的玻璃化转变行为。LIPN是采用乳液聚合方法合成得到的，其乳胶粒的结构形态是人们致力于研究的核心问题。合成工艺、单体及聚合物的物化性质、引发剂等对LIPN乳胶粒结构形态的影响可以参考9.4.4的有关内容。

## 9.6.2　LIPN的性能

### 9.6.2.1　聚合物的相容性

不管是一般聚合物共混物、嵌段共聚物、接枝共聚物，还是LIPN，这些多组分聚合物的特异性能一般都来源于这些材料的相分离性质。严格地说，几乎所有的两种聚合物的结合物都形成不相容的两相，甚至当两种聚合物链连接在一起形成同一分子（如接枝共聚物或嵌段共聚物）时，也会产生一定的相分离。当谈到相分离时，一般用"相容性"来描述。两种聚合物"相容性"越好，相分离程度也就越低。LIPN的相容性实质上属于其形态学范畴，与之相提并论的还有界面张力、网络的交联密度、聚合方法和LIPN的网络组成。如前所述，多组分聚合物的性能很大程度上受到相容性（相分离）的影响，尽管在这里把"相容性"与其他的性能并列提出，但是在某种意义上可以说"相容性"是"因"，而下面所要讲到的"玻璃化转变"等性能则是"果"。

LIPN的形成可以增进聚合物之间的相容性，因为通过采用特定的合成工艺所产生的三维结构把两种聚合物贯穿起来，阻止了相分离的发生，故由此而导致的相容称作强迫相容。相分离一般是在聚合过程中产生的，高相容性体系的相区尺寸比低相容性体系的要小，由聚合而产生的相区尺寸通常比由机械共混技术得到的要小得多。

聚合物的相容性是由分子链结构及其相互作用决定的[201,202]，有重要的热力学意义[203,204]。支配聚合物相容性的是溶解度参数 $\delta$。Krause[205,206] 曾提出一个用于预计不同聚合物体系相容性的半经验方法，也可以用来预计LIPN的相容性[207]。

$$x_{12} = \frac{V_r}{RT}(\delta_1 - \delta_2)^2 \tag{9-21}$$

$$(x_{12})_{Cr} = \frac{1}{2}(n_1^{-0.5} - n_2^{-0.5})^2 \tag{9-22}$$

式中，$x_{12}$ 表示两种聚合物的相互作用参数；$(x_{12})_{Cr}$ 表示某特定两相体系相图上临界点处两种聚合物的相互作用参数；$\delta_1$ 和 $\delta_2$ 分别为两种聚合物的溶解度参数；$n_1$ 和 $n_2$ 分别是两种聚合物的聚合度；$V_r$ 为构成聚合物分子的重复单元的摩尔体积。如果 $x_{12} > (x_{12})_{Cr}$，则两种聚合物存在一定的相分离。这两个参数相差越大，两种聚合物的相容性越差，其相分离程度越大。

### 9.6.2.2 玻璃化转变温度[207]

如前所述，聚合物的相容性对 LIPN 的玻璃化转变也有影响。完全相容的两种聚合物的共混物，只有一个玻璃化转变温度（$T_g$），而不完全相容的聚合物形成的共混物则表现出两个玻璃化转变温度（如图 9-34 所示）。

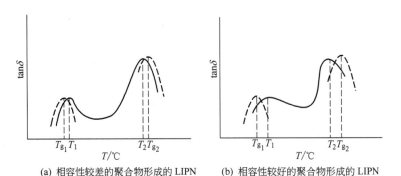

(a) 相容性较差的聚合物形成的 LIPN    (b) 相容性较好的聚合物形成的 LIPN

**图 9-34　LIPN 的玻璃化转变温度示意图**

在图 9-34 中，$T_{g_1}$ 和 $T_{g_2}$ 分别表示形成互穿聚合物网络的两种聚合物各自单独存在时的玻璃化转变温度，而 $T_1$ 和 $T_2$ 则分别为在互穿聚合物网络中两种聚合物的玻璃化转变温度。可以看出，互穿聚合物网络的两个玻璃化转变温度 $T_1$ 和 $T_2$ 分别接近各自聚合物的玻璃化转变温度 $T_{g_1}$ 和 $T_{g_2}$，但 $T_1$ 和 $T_2$ 落在 $T_{g_1}$ 和 $T_{g_2}$ 之间，即 $T_{g_1} < T_1 < T_2 < T_{g_2}$。如果两种聚合物相容性越好，则 $T_1$ 和 $T_2$ 就越接近，且其玻璃化峰也明显拓宽；而相容性较差的聚合物所形成的 LIPN 其 $T_1$ 和 $T_2$ 与聚合物的玻璃化转变温度 $T_{g_1}$ 和 $T_{g_2}$ 相差较小，而且其玻璃化转变峰较窄。所以通常也可以用 LIPN 的玻璃化转变温度来表征所形成的 LIPN 的相容性。

### 9.6.2.3 其他性能[208-210]

由于形成了互穿聚合物网络，提高了构成 LIPN 两聚合物相的相容性，使其相区尺寸缩小，所以 LIPN 常常是透明的。加之采用核壳乳液聚合法制备的 LIPN，和普通具有核壳结构乳胶粒的乳液聚合物一样，有可能兼具构成 LIPN 的各种聚合物的优良性能。与一般的组成相同的乳液均匀共聚物相比，其许多性能，如成膜性、拉伸伸长率、耐磨性、流变性能等，都得到明显提高。这就拓宽了聚合物的应用范围。

## 9.6.3　LIPN 的应用

当高分子材料的玻璃化转变温度与使用温度一致时，链段运动对外力的响应处于一种半滞后状态。在此情况下，若声能作为一种外力施在这种材料上，将使聚合物链段运动，产生内摩擦，而将声能转化成热能。此时，这种材料对噪声或振动有阻尼作用。普通聚合物的玻璃化转变区一般在 20～30℃ 范围之内，因此仅在一个较窄的温度范围内有阻尼作用。与此不同，互穿聚合物网络材料由两种或多种交联聚合物互相交织，互相贯穿，形成双连续相，使两种聚合物强迫互容，实际上处于一种半相容状态。网络中两种聚合物的玻璃化转变温度靠近，叠加，致使其 $T_g$ 范围大大拓宽，使 IPN 的阻尼因子峰显著增高、变宽，可在很宽的温度范围内保持高阻尼性。因此，互穿聚合物网络成为一类用于减振、降噪的优异阻尼材料[211;212]。

图 9-35 为由甲基丙烯酸乙酯、丙烯酸丁酯和交联剂制成的乳液互穿聚合物网络（LIPN）与其他商品阻尼材料阻尼性能的比较。图 9-35 中曲线 A 为 LIPN，曲线 B、C、D、E 及 F 为其他商品阻尼材料。由图 9-36 可以看出，A 峰很高，且在很宽的范围内出现两个阻尼峰；而其他材料仅在一个温度较窄的范围内出现一个阻尼峰。

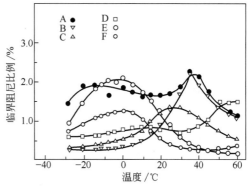

**图 9-35　LIPN 与商品阻尼材料阻尼作用的比较**
A—LIPN（75％PEMA/25％PBA）；B—聚乙酸乙烯酯阻尼材料；C—聚乙酸乙烯酯阻尼材料；D—组成未知商品阻尼材料；E—组成未知商品阻尼材料；F—组成未知商品阻尼材料；PEMA—聚甲基丙烯酸乙酯；PBA—聚丙烯酸丁酯

如前所述，LIPN 采用种子乳液聚合法制得，因而乳胶粒常常具有核壳结构，在核与壳之间，可能发生接枝、交联或互相贯穿。与一般的乳液聚合物相比，在没有改变成本的前提下，通过对聚合工艺的改进，就赋予了产品更多的优良性能，明显提高了聚合物的耐磨、耐水、耐候性，也提高了聚合物的抗冲击强度、拉伸强度和粘接强度等性能。而且 LIPN 并不仅仅只能具有两层结构，根据具体要求，设计出不同的合成方法，可以制备具有三层或多层结构的 LIPN。在合成 LIPN 时，选择各层的交联状况（各层都交联、部分交联或都不交联）及聚合物的性能（聚合物的软、硬，一般软组分相称为橡胶相，硬组分相称为塑料相），可以制备具有不同性能，满足不同需求的复合材料。

成功的 LIPN 合成工艺大多为专利。例如美国工作者制备了具有三层结构的用于 PVC 改性的 LIPN[213]；釜田正和采用半连续乳液聚合方法合成了具有软-硬-软三层结构的丁苯橡胶/聚丙烯酸酯的 LIPN[214]；森京一郎[215] 则合成了硬-软-硬三层结构的 LIPN 来对烯丙基树脂进行改性；Charles[216] 等也合成了具有多层结构的聚丙烯酸酯类 LIPN，并将其应用于涂料、黏合剂等。在表 9-3 中还具体列出了一些 LIPN 专利中聚合物的组成及其应用实例。

**表 9-3　LIPN 聚合物组成及其应用举例**

| 作者和专利号 | 聚合物 I | 聚合物 II | 用　途 |
| --- | --- | --- | --- |
| M. Baer<br>USP 3041309(1962) | 丙烯酸系共聚物 | 甲基丙烯酸系共聚物 | 用于增韧塑料 |
| B. Vollmert<br>USP 3055859(1962) | 聚丙烯酸正丁酯 | 丙烯酸丁酯-苯乙烯共聚物 | 用于抗冲击材料 |
| C. F. Ryan，R. J. Crochowski<br>USP 3426101(1969) | 聚丙烯酸正丁酯 | 聚苯乙烯 | 用于冲击改性剂 |

| 作者和专利号 | 聚合物 I | 聚合物 II | 用　途 |
|---|---|---|---|
| L. H. Sper ling<br>USP 3681475(1972) | 聚丙烯酸正丁酯 | 丙烯酸正丁酯-叔丁基苯乙烯共聚物 | 用于抗冲击材料 |
| T. A. Solak 和 J. T. Duke<br>USP 3426102(1969) | 聚丁二烯 | 丙烯腈-丙烯酸乙酯共聚物 | 用于抗冲击材料 |
| K. C. Frisch, H. L. Frisch<br>D. Klempnel<br>Ger Pat 2153897(1972) | 聚丙烯酸酯 | 聚氨酯 | 用于增韧弹性体、薄膜及塑料 |
| L. H. Sper ling, D. A. Thomas<br>USP 3833404(1974) | 聚甲基丙烯酸乙酯 | 聚甲基丙烯酸正丁酯 | 用于噪声阻尼涂层 |

　　LIPN 已经广泛应用于塑料改性、橡胶增强、涂料、黏合剂、阻尼材料、医用高分子、皮革涂饰剂等方面。

## 9.6.4　LIPN 与乳液半-IPN 和 IEN

　　LIPN 一般是指广义上的乳液互穿聚合物网络。按照组成这种互穿聚合物网络的聚合物是否交联，可以将 LIPN 分成两种，即 LIPN 和乳液半-IPN。前者是指形成互穿网络的两种聚合物均发生了交联，而后者则是指在两种聚合物中仅有一种发生了交联而另一种是线形的。还可以将乳液半-IPN 具体地分为半 I-IPN（聚合物 I 为线型）和半 II-IPN（聚合物 II 为线型）。

　　与 LIPN 相近还有一种互穿聚合物网络，称为胶乳互穿弹性体网络（interpenetrating elastomeric network，IEN），其中的两种聚合物一般都是弹性体。常用的合成方法是[217-221]：先分别合成出两种线型的聚合物乳液，再把它们与交联剂、催化剂混合在一起，然后加热使之同时交联，即可得到 IEN。

## 9.6.5　典型的 LIPN 合成举例

　　【例 9-11】　聚甲基丙烯酸甲酯/聚丙烯酸酯 LIPN[198]

　　将 50mL 10％的十二烷基硫酸钠溶液加入到 250mL 去离子水中，搅拌，升温到 60℃，加入 5mL 5％的过硫酸钾溶液，加入含有 0.4％双甲基丙烯酸四甘醇酯（TEGDM，交联剂）的单体 I（甲基丙烯酸甲酯，MMA），以每分钟 2mL 的速度滴加。单体 I 滴加完毕后，反应 1h。然后再加入 5mL 过硫酸钾溶液，并滴加单体 II（丙烯酸乙酯、丙烯酸正丁酯等），单体 II 中也含有 0.4％的交联剂 TEGDM。所得乳液的总固体含量约为 30％。

　　该产品可以用于制造噪声阻尼材料[198,222-225]。

　　【例 9-12】　PVC/丁腈橡胶 LIPN[226]

　　先制备交联的聚氯乙烯（PVC）作为聚合物 I，其配方如下。

| 组分 | 质量份 | 组分 | 质量份 |
|---|---|---|---|
| 氯乙烯 | 100 | 双甲基丙烯酸四甘醇酯 | 0.4 |
| 十二烷基硫酸钠 | 1.5 | 去离子水 | 575 |
| 过硫酸钾 | 1.25 | | |

经过滤除去凝胶的 PVC 乳液用作第二阶段聚合的种子乳液。加入引发剂溶液（0.25g/10mL 水）和交联剂 TEGDM（丙烯腈和丁二烯总质量的 0.4％）；在氮气保护下搅拌 5min，将丙烯腈直接加在 PVC 乳液中，占 PVC 质量的 50％；把液化丁二烯引入瓶子里直接加在漂浮的丙烯腈表面上。盖好瓶子，放到 40℃ 的水槽里，至少反应 12h，得到产物。

用所合成出的 LIPN 可以模塑成有用的片材。

# 9.7  微乳液聚合及聚合物微乳液

## 9.7.1  微乳液概念

传统乳液的定义是珠滴直径在 1～10μm 范围内，不透明的非热力学稳定体系。与传统的乳液不同，微乳液一词最早是由 Hoar 和 Schalmer[227] 于 1943 年提出的。是由水（或盐水）、表面活性剂及助表面活性剂形成的外观透明、热力学稳定的油-水分散体系。分散相的珠滴直径在 10～100nm 范围内。其中助表面活性剂为极性有机物，一般采用醇类。在微乳液体系中，微珠滴是靠乳化剂与助乳化剂形成的一层复合物薄膜或称界面层来维持其稳定的[228,229]。

微乳液区别于传统乳液的另一个显著特征是微乳液结构的可变性大。传统的乳液基本上可分为 W/O 型和 O/W 型两种类型。而微乳液则可以连续地从 W/O 型结构向 O/W 型结构转变。当体系内富有水时，油相以均匀的小珠滴形式分散于连续相水中，形成 O/W型正相微乳液；当体系内富有油时，水相以均匀小珠滴的形式分散于油连续相中，形成 W/O 型反相微乳液；而在体系内水和油的量相当的情况下，水相和油相同时为连续相，两者无规连接，称为双连续相结构，此时体系处于相反转区域。微乳液这种结构上的多样化为微乳液聚合反应场所提供了多种选择。图 9-36 为表面活性剂（S)-油-水体系的相图[230]。

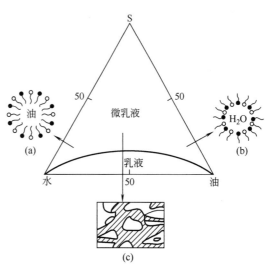

图 9-36  微乳液体系的相图

O/W 型微乳液体系的表面活性剂浓度很高，而且需要助乳化剂。相对而言，在 W/O 型微乳液中，单体可以部分地分布在油-水相界面上，起到助乳化剂的作用。因此制备反相微乳液比制备正相微乳液要来得容易。

## 9.7.2　研究聚合物微乳液的意义

聚合物微乳液是用微乳液聚合方法制备而成的。尽管微乳液早已被人们所认识，但是直到 20 世纪 80 年代初期，才开始对其进行较广泛和较深入的研究。由于聚合物微乳液有其独到的特点，故已逐渐引起人们的重视，已合成出不少聚合物微乳液产品，并且已经开发出诸多的用途。

① 由于聚合物微乳液乳胶粒直径非常小，且表面张力非常低，故它们有极好的渗透性、润湿性、流平性和流变性，可渗入具有极微细凹凸图纹、微细毛细孔道和几何形状异常复杂的基体表面，因而它可以作为涂料、黏合剂、浸渍剂及油墨等制品对木器、石料、混凝土、纸张、织物及金属制件等进行高质量加工和进行高光泽性涂装。可用以代替相应的溶剂型产品。

② 聚合物微乳液所形成的涂膜具有类似于玻璃的极好的透明性，可作金属等材料表面透明保护清漆。若将其和蜡系化合物配伍，可制成具有高透明性、光泽性和滑泻性的抛光材料；还可作透明材料的填料，以改善其平滑性和光泽性，并可用于光引发聚合及其他光化学反应的研究。

③ 若向常规聚合物乳液（粒径 $0.1\sim0.5\mu m$）中，加入 10%～30% 的聚合物微乳液，微乳胶粒可渗入大尺寸乳胶粒所不能及的空隙和毛细孔道内部，并可填塞于大乳胶粒之间的空隙中，这样可实现两种乳液性能互补，可以显著提高皮膜的强度、附着力、平滑性和光泽性。

④ 目前，聚丙烯酰胺（PAM）常用作油田堵水调剖剂，有溶剂型、固体干粉和油包水型聚合物微乳液三种。PAM 溶液聚合物含量低，一般仅为 8%～10%，包装、贮存、运输、施工很不方便，且产品中凝胶含量较高，溶解性差，难以施工；粉剂产品分子量分布宽、残余单体含量高，溶解时间长，且溶解不完全，常有不溶物存在，会堵塞地层，降低原油渗透率；而 W/O 型 PAM 微乳液分子量分布窄、分子量高（可逾 1000 万）、易控制水解度、无凝胶物存在、可速溶、残余单体含量低、现场施工方便且成本低。故而PAM 反相微乳液是理想的油田堵水调剖剂。

⑤ 将玻璃化转变温度高的聚合物微乳液以最密填充状态制成皮膜，可得到一种具有 $5\mu m$ 以下超微细孔径的超滤膜。

⑥ 人们发现，聚合物微乳液可具有与生物体的反应性，可望在高分子催化、酶的固定及药物载体等方面得到应用。

## 9.7.3　O/W 型微乳液聚合

对 O/W 型或正相微乳液聚合研究较深入的是苯乙烯体系的微乳液聚合。各组分的典型配比见表 9-4[231]。

**表 9-4** 苯乙烯微乳液聚合典型配方

| 组 分 名 称 | 用量(质量分数)/% | 组 分 名 称 | 用量(质量分数)/% |
|---|---|---|---|
| 苯乙烯(St) | 4.85 | 去离子水 | 82.5 |
| 十二烷基硫酸钠(SDS) | 9.05 | 过硫酸钾(KPS) | 0.27 |
| 1-戊醇 | 3.85 | | |

微乳液体系中乳化剂及助乳化剂的浓度很高，单体浓度很低。单体主要以微珠滴形式分散于水中，并有少量（约占单体总量的 5%）存在于界面层内。大部分助乳化剂（约 60%）存在于界面层，同时有一部分溶于单体珠滴及水相中。在 O/W 型微乳液聚合过程中，单体浓度稍稍增加几个百分点，就可能出现相分离或聚合物颗粒的聚并。因此目前还不能够制备具有足够高固含量的 O/W 型聚合物微乳液。

### 9.7.3.1 成核机理

O/W 微乳液聚合是首先以单体微珠滴成核为主，之后又以混合胶束内成核为主的。在整个聚合反应过程中一直有新的乳胶粒生成。

微乳液内单体微珠滴尺寸极小（直径 10～100nm），远远小于传统乳液聚合中的单体珠滴（直径约 1000nm），与乳液聚合体系中单体增溶胶束的尺寸（40～50nm）是相当的。因此反应初期，单体微珠滴具有相当大的表面积，极易捕捉水相中自由基而成核。此时主要以单体微滴成核为主。聚合物乳胶粒一旦形成，微乳液体系原有的平衡即被破坏，各组分在不同相内的分配需重新建立平衡。微珠滴内的单体将不断扩散到连续相，再从连续相不断扩散进入乳胶粒内，以保证乳胶粒中的聚合物被单体溶胀平衡，以及粒子内部聚合反应对单体的需求。由于乳胶粒数目不断增多，体积不断增大，需要的单体也越来越多。所以在反应初期（转化率约 4%）单体微珠滴就消失了。单体微珠滴消失后，体系内存在的大量乳化剂、助乳化剂及少量单体形成混合胶束。这些混合胶束的表面积很大，即使在聚合反应完全后仍比聚合物乳胶粒的表面积大出 8 倍左右。因此，在单体微珠滴消失后，混合胶束继续捕捉水相中的自由基而成核。直到反应结束为止。O/W 微乳液聚合的反应机理如图 9-37 所示[232]。

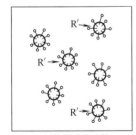 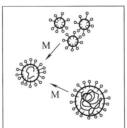 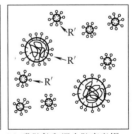

(a) 单体微珠滴成核　　(b) 单体扩散过程　　(c) 乳胶粒和混合胶束竞相捕捉水相自由基

**图 9-37　微乳液聚合反应机理示意图**

在 Guo[232] 等的工作中发现，苯乙烯微乳液聚合在反应初期（转化率约 2%）形成的乳胶粒内只有一条聚合物链。而且随着反应的进行，粒子内平均分子链数逐渐增加，乳胶粒粒径分布也同时不断变宽，如图 9-38 及图 9-39 所示。这些现象表明，在微乳液聚合过程中不断有新的乳胶粒生成。乳胶粒间不存在聚并，乳胶粒通过不断捕捉水相中自由基及单体进行链增长反应而实现自身体积增大。

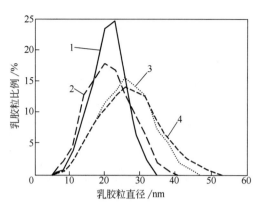

图 9-38　苯乙烯微乳液聚合体系不同
转化率下乳胶粒粒径分布

反应温度为 70℃；反应配比见表 9-4

转化率：1—2％；2—13％；3—43％；4—77％

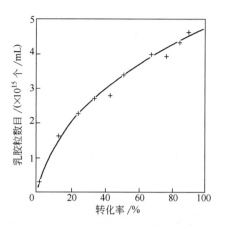

图 9-39　乳胶粒数目随转化率变化规律

反应温度为 70℃；反应物配比见表 9-4

### 9.7.3.2　聚合反应动力学

在传统的乳液聚合过程中，由于存在明显的成核期和乳胶粒增长期，故反应动力学有明显的恒速期。微乳液聚合由于反应过程中一直有新的乳胶粒生成，反应过程中反应活性点数目不恒定，故而不存在反应恒速期。图 9-40 为典型的微乳液聚合反应速率随转化率变化曲线。反应初期，反应速率不断增加，但当达到一定转化率后，反应速率又开始随转化率的提高而下降。整个反应过程不存在恒速期，这是微乳液聚合反应动力学区别于传统乳液聚合的一个特征。

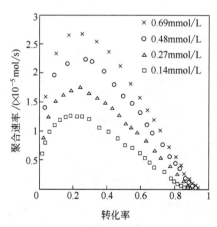

图 9-40　不同引发剂（KPS）浓度下苯乙烯体系微乳液聚合速率随转化率变化曲线

反应温度为 70℃；配方见表 9-4

微乳液聚合区别于传统的乳液聚合的另一个典型特征是乳胶粒内平均自由基数 $\bar{n}$ 的变化规律不同。经典的乳液聚合理论认为，反应过程中乳胶粒内平均自由基数为 0.5，而且随着反应的进行，由于凝胶效应和体积效应的影响，乳胶粒内平均自由基数 $\bar{n}$ 呈不断增加趋势。而微乳液聚合过程中，乳胶粒平均自由基数 $\bar{n}$ 小于 0.5，且随着反应的进行 $\bar{n}$ 呈下降趋势。如图 9-41 为苯乙烯微乳液聚合体系不同引发剂浓度下 $\bar{n}$ 随转化率变化规律计算结果。

在微乳液聚合反应中，乳胶粒内自由基活性链的终止不是通过双基终止，而是通过向单体链转移来完成的。由于体系内单体微珠滴或混合胶束的表面积一直远远大于聚合物乳胶粒的表面积，乳胶粒捕捉到水相中自由基的概率很小。Guo 等通过计算表明，一个乳胶粒捕捉到第二个自由基的时间（大于 164s），要远大于乳胶粒内活性自由基实现向单体链转移所需要的时间（9～18s）。因此乳胶粒内的自由基活性链是通过向单体链转移而终止反应的。链转移产生的单体自由基极易向水相解吸。乳胶粒体积越小，越有利于单体自由基向水相解吸[233]，所以微乳液聚合反应单体自由基的解吸速率很高。单体自由基的解吸必然导致乳胶粒内平均自由基数 $\bar{n}$ 减少。而且随着反应的进行，乳胶粒数目越来越多，每个乳胶粒捕捉到自由基的概率越来越小，致使 $\bar{n}$ 也不断下降。

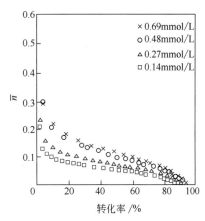

图 9-41　不同引发剂（KPS）浓度下 $\bar{n}$ 随转化率变化规律

反应温度为 70℃

## 9.7.4　W/O 型微乳液聚合

（1）聚合反应机理　W/O 型微乳液聚合常见的是丙烯酰胺均聚及其与丙烯酸或丙烯酸钠共聚体系的微乳液聚合。通常丙烯酰胺单体会部分分布在油-水界面层中，起助乳化剂作用。W/O 型微乳液聚合与 O/W 型微乳液聚合有许多相似的特征：反应过程没有恒速期；成核反应一直贯穿于整个反应过程；反应初期以单体微珠滴内成核为主，待单体微珠滴消失后，继续在胶束内成核。

W/O 型微乳液聚合反应不同于 O/W 型微乳液聚合反应的特征是：在 W/O 型微乳液

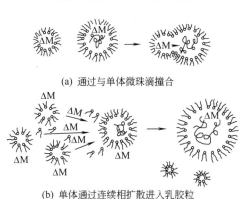

(a) 通过与单体微珠滴撞合

(b) 单体通过连续相扩散进入乳胶粒

图 9-42　乳胶粒增长过程示意图

乳胶粒的增长过程中存在着单体与微珠滴的撞合。在单体微珠消失之前，乳胶粒增长所需单体既可以通过连续相扩散入乳胶粒，又可以直接与单体微珠滴撞合来提供。在 W/O 型分散体系中，由于分散相（乳胶粒或单体微珠滴）表面的乳化剂离子基团朝向粒子内侧，而亲油端朝外侧伸展在油相介质中，分散粒子间没有静电排斥作用，尤其是单体微珠滴表面结构比较松散，所以易于与乳胶粒撞合[231]。图 9-42 是丙烯酰胺微乳液聚合反应中乳胶粒增长机理示意图。

（2）乳胶粒结构形态　通过微乳液聚合得到聚合微乳液乳胶粒粒径分布比常规乳液聚合得到的乳胶粒径分布要窄得多。此外，每个微乳液乳胶粒内最多不超过几条聚合物链，所得到的聚合物分子量很高，在 $10^6$ 以上。在聚合物微孔液乳胶粒内的聚合物分子链是以紧密折叠链形式存在的。微乳液乳胶粒的这些特点都与常规乳液乳胶粒不同。

## 9.8 单分散大粒径聚合物微球的合成与应用

### 9.8.1 简介

1955 年美国里海大学乳液聚合物研究所 Vanderhoff 和 Bradford 教授[234] 发表了关于成功合成了单分散聚合物微球的论文，为高分子科学开辟了一个新的研究领域。目前多功能、高性能聚合物微球的合成及应用已成为国内外学者们致力于研究的一个热点，并获得了引人注目的发展。单分散、大粒径（即微米级）、具有不同聚合物分子量、不同颗粒形态和表面特征的聚合物微球已经应用到许多科学技术领域，尤其是已在某些高新技术领域中成为不可缺少的材料和工作物质。

合成既具有大的颗粒直径又具有单分散性的聚合物微球难度很大，其反应条件往往非常苛刻，制备工艺常常十分复杂、烦琐，反应控制要求异常严格。Vanderhoff 等[235,236] 曾在宇宙飞船上的失重条件下用种子乳液聚合法制成了粒径为 $2 \sim 30 \mu m$ 的单分散聚苯乙烯微球，其中 $10 \sim 30 \mu m$ 的样品已被美国国家标准局收藏，但毕竟其成本太高，接近 1 亿美元每千克，比黄金还要贵 5000 倍，而且这样的条件在地面上不易获得，故该项技术难以普及推广。如何在地球表面的通常条件下制备出大粒径、单分散聚合物微球是为研究者提出的重要课题。

### 9.8.2 合成方法

制备聚合物微球的传统方法是乳液聚合法和悬浮聚合法。前者只能制备小于 $0.5 \mu m$ 的颗粒，而用后者制成的聚合物微球粒径则落在 $100 \sim 1000 \mu m$ 之间，且是多分散性的，后来人们采用无皂或低皂（<临界胶束浓度 CMC）乳液聚合法制成了粒径接近 $1 \mu m$、单分散的聚合物微球，但对许多应用来说，粒径仍然太小。20 世纪 70 年代以来，国外学者开发出多种行之有效的合成聚合物微球的技术，其中最重要的是分散聚合法和溶胀法。用这些方法根据需要可以制成不同粒径级别（$1 \sim 100 \mu m$）且具有单分散性的聚合物微球。现将各种制备聚合物微球方法的比较列入表 9-5 中。

**表 9-5** 制备聚合物微球方法的比较

| 比较项目 | 乳液聚合 | 无皂乳液聚合 | 悬浮聚合 | 分散聚合 | 无重力种子聚合 | 溶胀法 |
|---|---|---|---|---|---|---|
| 单体存在场所 | 单体球滴，乳胶粒，胶束，介质(少量) | 单体珠滴，乳胶粒，水相(少量) | 颗粒,介质(少量) | 介质,颗粒 | 单体珠滴，颗粒，介质(少量) | 颗粒介质(少量) |
| 引发剂存在场所 | 介质 | 介质 | 颗粒 | 介质,颗粒 | 颗粒 | 颗粒 |
| 稳定剂 | 不需要 | 不需要 | 需要 | 需要 | 不需要 | 需要 |

| 比较项目 | 乳液聚合 | 无皂乳液聚合 | 悬浮聚合 | 分散聚合 | 无重力种子聚合 | 溶胀法 |
|---|---|---|---|---|---|---|
| 乳化剂 | 需要 | 不需要 | 不需要 | 不需要 | 需要 | 需要 |
| 聚合反应前状态 | 多相 | 多相 | 二相 | 均相 | 多相 | 二相 |
| 粒径范围/$\mu m$ | 0.06～0.50 | 0.5～1.0 | 100～1000 | 1～20 | 2～30 | 1～100 |
| 粒径分散性 | 分布较窄 | 分布窄 | 分布宽 | 单分散 | 单分散 | 单分散 |

分散聚合法和种子溶胀法是合成单分散、大粒径聚合物微球最有效的方法，研究最多，应用最广。图 9-43 为用分散聚合法制备的单分散大粒径聚合物微球电镜照片[237]。

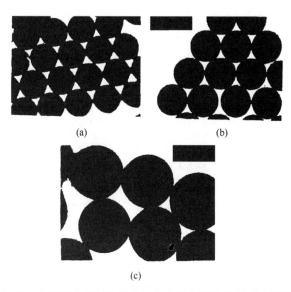

(a)        (b)

(c)

**图 9-43　分散聚合法制备的单分散大粒径聚合物微球电镜照片**

关于分散聚合法前面已作过介绍（见 9.2.3），以下着重说明种子溶胀法。

所谓种子溶胀法就是先用无皂乳液聚合、分散聚合或雾化法等方法制成小粒径单分散聚合物颗粒，然后以此为种子用单体进行溶胀，使颗粒长大，再引发聚合，这样就可以制得单分散、大粒径聚合物微球。根据合成工艺又可将种子溶胀法分成常规溶胀法、逐步溶胀法、两步溶胀法及动态溶胀法四种，以下分别予以介绍。

（1）常规溶胀法　　Okubo 等[238,239] 用常规种子溶胀法制成了大粒径单分散聚合物微球。他们首先通过分散聚合制成直径约为 $2\mu m$ 的单分散聚苯乙烯颗粒，然后在 0℃ 下用 St-氯甲基苯乙烯或 St-DVB 单体混合物溶胀 24h，最后进行聚合反应，制成了粒径约 $3\mu m$ 的单分散微球。

（2）逐步溶胀法[240,241]　　逐步溶胀法是指把种子颗粒进行多次溶胀，多次聚合，最终制得聚合物微球的方法。根据 Morton 分散颗粒热力学方程[242] 可以计算出种子颗粒被单体溶胀后体积将增大 2 倍，粒径将增大 1.4 倍。反复溶胀，反复聚合即可得到大粒子。从理论上讲，小粒子增长速率大于大粒子，经过一连串溶胀聚合步骤以后，粒度分布应当趋于变窄，但若控制不好，每一步都有可能产生新的小颗粒，故逐步溶胀法很难得到单分散的微球。另外，这种方法需要很长时间，这样会造成颗粒间相互碰撞而导致聚结，使体系稳定性变差，且粒度分布变宽[243]。

（3）两步溶胀法　在20世纪70年代末，Ugelstad等[244-247]发明了一种制备大粒径、单分散聚合物微球行之有效的新方法——两步溶胀法。用这种方法可以制得粒径为$1\sim100\mu m$，分散系数<2%的聚合物微球。

这种方法第一步是向种子分散体中引入一种低聚物O或一种低分子化合物Y（如硬脂酸辛酯），这样可使颗粒溶胀度提高1000倍。所选用的O及Y在水中的溶解度必须比单体还要低，被聚合物颗粒吸收后不能再向介质中扩散。为了加速Y向颗粒中扩散，可先向介质中加入水溶性溶剂，待Y扩散进入颗粒中以后，设法把溶剂除去以防止Y由颗粒内部向介质中扩散。为了向颗粒中引入低聚物O，可先用单体、分子量调节剂和引发剂对种子颗粒进行溶胀，然后再进行聚合。

第二步把经第一步溶胀的种子分散体系用单体和油溶性引发剂进行溶胀，待达到溶胀平衡后，升温进行聚合反应，即可得到大粒径单分散聚合物微球。若第二步用单体和交联剂的混合物进行溶胀，将生成核壳型聚合物颗粒，外层为高度交联的壳。

（4）动态溶胀法　动态溶胀法是由日本神户大学Okubo教授提出来的一种制备大粒径单分散聚合物微球的新方法[248-250]。这种方法不需要加入溶胀剂，而是直接用单体和引发剂对种子一步溶胀即可完成，可显著提高效率。

用动态溶胀法制备大粒径、单分散微球是这样进行的：先用分散聚合法制备粒径约$1.8\mu m$的单分散种子分散体系，再向该分散体系中加入单体、引发剂、稳定剂及某种溶剂，然后慢慢加入水，使单体在介质中的溶解度降低，以改变单体在颗粒和介质间的分配系数，使更多的单体进入聚合物颗粒，溶胀成约$8\mu m$的单分散颗粒。最后升温进行聚合反应，即可制得直径约为$6\mu m$的单分散微球。

动态溶胀法适用于各种疏水性单体的聚合，可用甲醇、乙醇、异丙醇、乙二醇及丙二醇等水溶性溶剂作介质，可采用聚乙烯醇（PVA）、甲基纤维素、聚丙烯酸（PAA）、聚丙烯酰胺（PAM）及聚乙二醇等作稳定剂，可采用过氧化二苯甲酰（BPO）及偶氮二异丁腈（AIBN）等油溶性引发剂。

在动态溶胀中加水的目的是为了降低单体在介质中的溶解度，其技术关键是如何使水缓慢而均匀地进入体系，而不至于出现水的局部过浓。为达此目的，可以采用半透膜加水；或把水结合在某种物质如交联聚合物或微胶囊中，让水在溶胀过程中逐渐释放出来；以及水蒸气加水等方式。要降低单体在介质中的溶解度，还可以采取降低温度、蒸发溶剂或用某种物质来吸收溶剂等方法。

### 9.8.3　单分散大粒径聚合物微球的应用

单分散、大粒径、具有不同聚合物分子量、不同结构形态与表面特征以及在表面引入不同功能基团的聚合物微球，具有比表面大、吸附性强、凝集作用大及表面反应能力强等特异性质，在许多领域里有着广阔的应用前景[77,243,251-253]，在美国、英国、日本、瑞典等许多国家已有多种牌号的聚合物微球商品生产。现把其在各领域里的应用情况简介如下。

① 单分散、大粒径聚合物微球可用作标准计量的基准物，可用作电镜、光学显微镜及 Coulter 粒径测定仪等仪器的标准粒子，可用于胶体体系和聚合物乳液的研究以及半透膜孔径的测定，还可在电子工业检测仪器中作标准物质。

② 聚合物微球在医学和生物化学领域中应用日益广泛[243,254]，可用于临床检验、药物释放、癌症和肝炎的诊断，细胞的标记、识别、分离和培养，放射免疫固相载体及免疫吸收等方面。若在聚合物微球内引入染料、荧光物质或放射性标记物质，可使微球易于用光学显微镜进行观察及便于放射自显影检测；若在合成聚合物微球时在反应体系中有磁流体存在，则可以制成磁响应性聚合物微球，这样可使被标记的细胞很方便地在磁场中进行分离；若在微球表面上接枝上丙烯醛，再和抗原或抗体形成共价键，就大大提高了抗原及抗体的附着力，这样可以显著提高免疫效果。

③ 在分析化学中可以作高效液相色谱填料，适当粒径的单分散微球可大大提高分离效果及检测精确度，并可改善流动性。利用快速蛋白液相色谱，以多孔型单分散聚合物微球为填料，可实现蛋白质、肽及核苷酸的快速而精密的分离。

④ 在化学工业中大粒径、单分散并具有多孔结构的聚合物微球可用作催化剂载体，其催化活性高，副反应少，反复利用率和选择性高，并且易于回收催化剂。这种聚合物微球还可用作高效离子交换树脂。

⑤ 可作液晶片之间的间隙保持剂，将其施加在晶片之间，可准确控制和保持间距，这样就大大提高了液晶显示的清晰度。

⑥ 单分散、大粒径聚合物微球还可用作高档涂料和油墨添加剂，能显著提高其遮盖力；可用作干洗剂、化妆品的润滑材料（能改善其附着性和吸汗性）；也可用于电子印刷的照相材料及作光电摄影调色剂等。

# 9.9　中空结构聚合物乳胶粒的制备

## 9.9.1　简介

早在 20 世纪 60 年代，人们就已经把用乳液聚合法所制成的聚合物乳胶粒作为塑料颜料添加到涂料中，其中应用最多的是粒径为 $0.2\sim0.5\mu m$ 的聚苯乙烯实心乳胶粒。尽管在较大用量时可获得较好的遮盖效果，但是在一般的情况下涂膜的遮盖力、光泽度等性能却不尽如人意。

20 世纪 70 年代，人们致力于开发中空结构聚合物乳胶粒[255]，于 80 年代初实现了产业化[256]。中空乳胶粒内部可能是单空腔结构的，也可能是多空腔结构的，空腔内大多是空气；也有的是水、烃类等易挥发溶剂，或者包封某种具有特殊功能的物质。一方面由于乳胶粒外壳的聚合物及涂料基料中的聚合物和内部空腔中空气的折射率相差很大，会造成入射光强烈的散射和折射；另一方面由于中空乳胶粒具有球形结构且洁净的外表面及球形结构或不规则结构的内表面，可对入射光进行多向反射，所以中空结构乳胶粒对光线有很强的遮蔽作用，故可用于制造高性能塑料颜料。用其所配制的涂料所成涂膜，遮盖力强、白度大，且光泽度高，可用来代替或部分代替昂贵的金红石钛白粉，既提高了产品的质量，又降低了成本，同时还可以使涂料轻质化[257,258]。此外，中空乳胶粒还可以用作缓释控释材料、抗震吸音材料、信息记录材料、隔热材料、紫外线吸收材料、胶片消光剂、化妆品添加剂、油墨添加剂、生物载体、催化剂载体等，广泛应用于涂料、油漆、建筑、纸品加工、皮革、化妆品、宇航、原子能、生物医学、情报信息、化学工业、印刷工业等领域[259-261]。近年来，中空乳胶粒的研究、开发、生产及应用方面的工作已取得了骄人的成绩。

### 9.9.2 中空聚合物乳胶粒的制备

多年来，人们通过大量的工作找到了多种制备中空乳胶粒的方法，如干燥法、萃取法、碱溶胀法、碱/酸或酸/碱分段处理法、变相乳液聚合法、动态溶胀法、碱/冷却处理法、自组装法、模板法、微乳液聚合法、原位聚合封装非溶剂法、悬浮聚合法等，以下仅对和乳液聚合有关系的方法简要予以介绍。

#### 9.9.2.1 碱溶胀羧基聚合物法[256, 262-264]

用这种方法制备中空乳胶粒的过程如下：

（1）制核反应　将由大约 10 份（单体总量为 100 份）的不饱和酸（丙烯酸、甲基丙烯酸、马来酸、富马酸、衣康酸等）和约 90 份烯类化合物组成的混合单体在一定条件下进行乳液共聚合反应，制成以在分子链上带有羧基的聚合物为乳胶粒的核乳液。

（2）包壳反应　在反应温度下向核乳液中滴加不含或少含不饱和酸的壳单体（苯乙烯、丙烯酸酯、甲基丙烯酸酯、丙烯腈等）。滴加单体的速率应足够慢，使乳胶粒处于对单体的极度饥饿状态，在此情况下，单体加入速率低于聚合反应速率。壳单体一旦加入体系中并扩散到乳胶粒表面上或表面层，还没来得及向乳胶粒内部扩散，就已经发生了聚合反应，于是就制成了以羧基聚合物为乳胶粒内核的核壳聚合物乳液。

（3）碱溶胀　把所制得的上述核壳结构聚合物乳液升温到壳聚合物的玻璃化转变温度 $T_{gs}$，或略高于 $T_{gs}$，然后加入碱（氨水、NaOH、KOH 等）溶液。碱溶液穿过处于高弹态的乳胶粒的壳层，扩散渗透进入核的内部，与核聚合物分子链上的羧基发生中和反应，将羧基转化成羧酸根离子，使核聚合物的亲水性显著增大，水化作用大大增强。由此所产生的巨大的渗透压驱使连续相中的水进入乳胶粒内部，形成核聚合物亲水链的水化层，致使核的体积膨胀几倍至几十倍。此时，聚合物处于高弹态，具有很大的弹性，也具有一定的塑性。随着核的增大，乳胶粒的外壳也被胀大而紧紧地包覆在被水溶胀的核的周围。

若向壳单体中加入少量的（约 1 份）不饱和酸，赋予壳聚合物一定的亲水性，这有助于碱溶液通过壳向核穿透。另外，若向乳液体系中加入少量对壳聚合物起增塑作用的溶剂，也有助于碱溶液通过壳向核扩散，并可以降低溶胀温度，也可以减少壳单体中不饱和酸的用量。

（4）降温固定　在碱溶胀达到所要求的程度后，将乳液体系的温度降至室温。此时，体系温度大大低于壳聚合物的玻璃化转变温度 $T_{gs}$，壳聚合物由高弹态转化为玻璃态，乳胶粒外壳变得坚硬而且具有很大的强度，于是乳胶粒的结构形态即被固定下来。

（5）干燥脱水　将以上制得的乳液在室温或低于室温条件下进行真空干燥，先除去乳液中的游离水，然后乳胶粒内部的水逐渐向外扩散而挥发掉。失去水的核聚合物发生收缩，黏附于乳胶粒内壁面上，于是就形成了粉末状中空乳胶粒，或在乳胶粒内部形成结构复杂的多空腔乳胶粒。

若在水性涂料中使用中空乳胶粒，可以把经碱溶胀后的核壳聚合物乳液直接添加到涂料中，其脱水过程在涂料干燥过程中来完成。

图 9-44 为用碱溶胀法制备的聚苯乙烯中空乳胶粒 TEM 照片；图 9-45 为用碱溶胀法制备的中空乳胶粒冷冻断面 SEM 照片[265]。

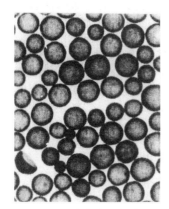

图 9-44　碱溶胀法制备的中空
乳胶粒 TEM 照片

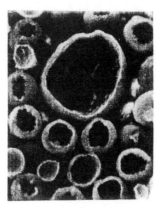

图 9-45　碱溶胀法制备的中空乳
胶粒冷冻断面 SEM 照片

### 9.9.2.2　碱溶胀非聚合酸法

在利用上述碱溶胀羧基聚合物法制备中空乳胶粒时，为了得到足够大的空腔，需要在核单体中加入多于 10 份的不饱和酸，在所制备的核聚合物大分子链上就会带有太多极性很大的羧基，这样一来，一方面会使核乳胶粒不易吸附乳化剂分子，致使核乳液稳定性降低，易产生凝胶，甚至造成破乳；另一方面会因为核乳胶粒亲水性太大而导致在包壳期间疏水性的壳单体难于被核乳胶粒吸附而进行包壳反应[266]。为了解决这一问题，有人[267]在核单体中只加入低于 5 份的不饱和酸，制成具有低酸含量乳胶粒的核乳液，再向核乳液中加入非聚合酸，如 $C_6 \sim C_{12}$ 饱和羧酸或苯甲酸等。这些非聚合羧酸被核乳胶粒吸收到其内部，然后向核乳液中加入疏水性的壳单体，就可以很容易地进行包壳反应，制成稳定的核壳结构聚合物乳液。此后将温度升至壳单体的玻璃化转变温度 $T_{gs}$，或略高于 $T_{gs}$，并在此温度下加入碱溶液，碱和水将穿过壳层进入核乳胶粒内部，把大分子链上的羧基与非聚合酸的羧基同时中和，将羧基转化成羧酸根离子。其水化作用大大增强，将把大量的游离水变成水化水，束缚在大分子链上的羧酸根与非聚合酸羧酸根的周围，形成水化层，使乳胶粒的核大幅度地膨胀。乳胶粒高弹性的外壳也随之被胀大，其体积可以增大几十倍。最后经降温固定和脱水干燥过程，就制成了粉末状的中空乳胶粒。利用该法可以制成稳定的核壳乳液，并能改善乳胶粒的结构形态。

#### 9.9.2.3　碱/酸（酸/碱）分段处理法 [259, 268-272]

碱/酸（酸/碱）分段处理法制备中空乳胶粒分成以下三个阶段进行。

（1）乳液聚合阶段　先把加有不饱和羧酸（或含氨基，如甲基丙烯酸二甲氨基乙酯）单体及少量交联单体和烯类单体混合，配制成混合单体（共 100 质量份）。将部分混合单体（约 5 份）进行第一步乳液聚合反应，制得其乳胶粒直径约为 100nm 的共聚物乳液。然后滴加余下的单体，进行第二步乳液聚合反应。为了确保不再生成新乳胶粒并使体系稳定，单体滴加速度应足够慢，使体系处于对单体的饥饿状态。反应完成后，就制成了乳胶粒直径大约为 300nm 的，含羧基（或含氨基）的共聚物乳液。

一般来讲，不饱和酸（或含氨基）单体用量越多，所得中空乳胶粒直径越大，其空腔体积也越大，其适宜用量约为 8 份（17.5 份）。为了提高乳胶粒的强度和控制乳胶粒内部空腔的结构，常常需要加入交联剂，但其用量不宜太多，否则会使空腔体积减小及数目增多。

（2）碱（酸）溶胀阶段　在这阶段，先升温至构成乳胶粒的聚合物的玻璃化转变温度 $T_g$ 或略高于 $T_g$。再加入惰性有机溶胀剂，如丁酮等，对乳胶粒进行溶胀，然后再加入碱（酸）溶液，使羧基（氨基）转化成羧酸根（伯、仲、叔铵盐）离子，使其亲水性增大，使乳胶粒进一步溶胀。

在这阶段，升温和加入溶剂是为了拉大聚合物分子链间的距离，增大链的活动性，以便于碱（酸）溶液向乳胶粒内部渗透。碱（酸）及溶胀剂用量越多，其最终中空乳胶粒的直径就越大，其内部空腔体积也越大。在一般情况下把碱（酸）用量控制在 12 质量份（2 质量份）左右为宜。

（3）酸（碱）处理阶段　在上述碱（酸）溶胀阶段，待乳胶粒膨胀到一定尺寸后，加入盐酸（KOH 溶液），将 pH 值调至 2.2 左右，大分子链上的羧酸根（铵）离子又转化成羧基（氨基），致使其亲水性大幅降低，水化作用大为减小，羧基（氨基）周围的水化层减薄，大分子链彼此靠近，羧基（氨基）之间产生较强的氢键，使分子链重排，导致聚合物体积紧缩，形成一层较为致密而坚硬的外壳，这样就有效地阻止了乳胶粒的体积收缩。这时乳胶粒内部的空间被自由水所占据，在这些水挥发以后，就得到了结构完整的中空或多空腔乳胶粒。

图 9-46 为各种因素用碱/酸分段处理法所制备的中空乳胶粒结构形态影响示意图。由图可以看出，随着不饱和酸用量的增大与交联剂用量的减少，以及随着在碱处理阶段 pH 的提高与溶胀剂用量的增大中空乳胶粒直径增大，乳胶粒内部空腔数目减少，空腔的体积增大。

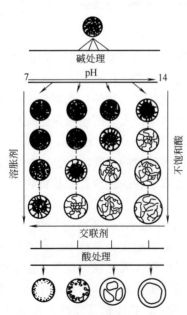

**图 9-46　各种因素对中空乳胶粒结构影响示意图**

#### 9.9.2.4　复相乳液聚合法 [273-276]

用上述溶胀法所制备的中空乳胶粒存在两个问题：①一方面在核聚合物分子链上带有相当多的羧基、氨基等亲水性基团，另一方面由于使用了碱或酸作溶胀剂，在水挥发以后，在乳胶粒内部会残留水溶性物质，这就增大了乳胶粒的湿敏感性，故而降低了聚合物的耐水性；②由于加入了碱（或酸），在溶胀时，会加速碱（或酸）敏感性聚合物的水解，致使聚合物性能变坏。近年来人们提出的复相乳液聚合法，在聚合物分子链上不引入亲水性基团，同时也不需要加入碱或酸进行体积膨胀，而是直接让被包藏在乳胶粒内部的水挥发，这样可以制得耐水性好的中空结构乳胶粒。

复相乳液聚合法又叫 W/O/W 法，利用这种方法来制备中空乳胶粒分成以下四步进行。

（1）制备 W/O 乳浊液　W/O 型乳浊液即为油包水型乳浊液，其中的油相为疏水性烯类硬单体，其水相则为 HLB 较低的乳化剂（如斯盘-80，HLB＝4.3）的水溶液，有时也加入助乳化剂。制备时将油相和水相混合在一起，通过强烈搅拌，或采用超声波乳化法将其分散成 W/O 型乳浊液。

（2）制备 W/O/W 复相乳浊液　W/O/W 乳浊液为将 W/O 乳浊液以小液滴的形式分散到第二水相中而形成的水包油再包水的复相乳液。第二水相是 HLB 较高的乳化剂（如十二烷基硫酸钠，HLB＝40）的水溶液。在实际中，为了使体系稳定，在第二水相中常常还需要加入增稠剂（如聚乙烯醇、羟乙基纤维素等）。在制备时，把以上所制得的 W/O 乳浊液，在强烈的搅拌作用下加入到第二水相中，分散均匀，即得 W/O/W 复相乳浊液。图 9-47 即为 W/O/W 复相乳浊液的形成过程。

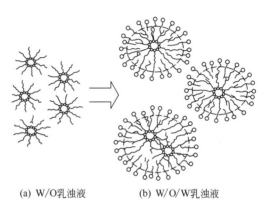

(a) W/O乳浊液　　　(b) W/O/W乳浊液

图 9-47　W/O/W 复相乳浊液形成过程示意图

（3）W/O/W 复相乳液聚合　　向以上所制得的 W/O/W 复相乳浊液中加入水溶性引发剂，并升至规定温度进行乳液聚合反应，于是就制成了 W/O/W 复相聚合物乳液。

（4）脱水　　先把 W/O/W 复相聚合物乳液的温度降至室温，然后进行真空脱水，即可制得中空乳胶粒粉末。

### 9.9.2.5　动态溶胀法 [277-280]

动态溶胀法是 Okubo 等于 1991 年提出来的制备单分散、大粒径聚合物微球的方法（见本章 9.8 节）。他们又采用这种方法来制备中空聚合物颗粒，把用分散聚合法制备的聚苯乙烯微球粉末作为种子，用动态溶胀法成功地制备了单分散、大粒径中空聚苯乙烯（PSt）/聚二乙烯基苯（PDVB）颗粒，取得了很好的效果。

先把种子 PSt 微球分散到由醇/水（7∶3）介质、DVB、二甲苯（或甲苯）、过氧化二苯甲酰（或偶氮二异丁腈）配制成的溶液中，形成分散液。在该分散液中 DVB 和二甲苯按照分配定律在介质和颗粒之间以一定的比例进行分配。由于介质量很大且醇的比例较大，故在开始时绝大部分 DVB 和二甲苯溶解在介质中。然后用微型加料器以很慢的速率向分散液中加入水，使介质的醇水比逐渐降低，改变了分配系数，致使 DVB 和二甲苯在介质中的溶解度降低。随着水的慢慢加入，DVB 和二甲苯逐渐由介质转移到 PSt 颗粒中，对颗粒进行溶胀。当水量加到足够多以后，就把绝大部分的 DVB 和二甲苯压迫进入颗粒中，可使颗粒体积增大几十倍。这个过程即为动态溶胀。

动态溶胀完成后，把分散液升温至 70℃，使 DVB 在颗粒内部进行聚合反应，生成交联聚合物 PDVB，它不溶于二甲苯，将沉积在颗粒的表面层，形成强度足够大且被二甲苯溶胀的聚合物颗粒的外壳，而 PSt 的二甲苯溶液则被挤压到颗粒的内部。待聚合反应结束后，脱除醇与水，并使溶剂二甲苯慢慢挥发，PSt 就逐渐涂覆于壳的内侧，于是就形成了球形性很好的单分散、大粒径中空聚合物颗粒。

### 9.9.3 中空聚合物乳胶粒的应用

#### 9.9.3.1 在建筑涂料中的应用 [281-283]

很久以前，人们就发现了若在建筑涂料中加入带有空气泡囊的颗粒状填料，或向涂料中加入某种溶剂，在成膜过程中产生小气泡，可以大大提高涂膜的遮盖力。但是用这种方法所引入的气泡大小不一，且在涂膜中分布不均匀，且会增大涂膜孔隙率而影响其力学性能。近年来开发出的中空聚合物乳胶粒，是向涂膜中引入空气微泡的有效方法。微泡大小均一，在膜中分布均匀，且不增大涂膜的孔隙率，因此就使中空乳胶粒成为一种制备高性能建筑涂料有效的遮盖添加剂。

中空乳胶粒外壳是聚合物，内部空腔中充满空气。由于壳聚合物及涂膜中的黏合剂与空气的折射率相差很大，会造成入射光的散射和折射。同时，由于中空乳胶粒具有球形的外表面及球形结构或结构不规则的内表面，会使入射光多向、多次反射，进而发生多次散射和折射。这种对入射光的多重累积作用，就赋予了涂膜非常优异的遮盖力，所以可以将中空乳胶粒用作高性能的塑料颜料。用其所配制的建筑涂料遮盖力强、白度大、光泽度高、耐擦洗性好。可用中空乳胶粒代替或部分代替价格昂贵的金红石钛白粉，配制出高档的建筑涂料，既提高了产品质量，又降低了成本，还可以使涂层轻质化，同时还可以赋予涂层隔热、阻尼等性能。

人们利用光散射理论计算出了建筑涂料用中空乳胶粒的最佳几何参数，即最佳乳胶粒直径为 $0.5\sim0.6\mu m$，最佳空腔直径为 $0.25\sim0.30\mu m$。目前市售中空乳胶粒直径一般为 $0.4\sim0.5\mu m$，其空腔占比为 25％～40％ （体积分数）。

#### 9.9.3.2 在纸张涂布中的应用 [284, 285]

按照配方把黏合剂、颜填料及其他助剂相混合即可配制成纸张涂布浆料，用辊涂、刮涂或气刀涂布等方法将其涂覆于灰板纸、箱板纸、白板纸或铜板纸的表面上，经过焙烘、压光等操作就加工成了涂布纸。通过涂布加工可以改善纸的外观和性能。过去所用的颜填料多为轻钙、瓷土、钛白粉等无机物。轻钙和瓷土遮盖效果较差，而钛白粉价格又太贵，且无机颜填料密度很大，会使涂布纸重量增加。

中空聚合物乳胶粒问世之后，人们将其作为塑料颜料来部分代替无机颜填料，尤其是用来代替钛白粉，取得了良好的效果。中空乳胶粒的内部为空腔结构，故密度很低，且具有优异的遮光性能。中空乳胶粒的外壳多为热塑性聚合物，在高温压光时，在涂层表面上的乳胶粒会发生变形。因此用中空乳胶粒来作塑料颜料可制得轻质涂布纸，其白度、不透明度、平滑度、光泽度、印刷光泽度、防潮性、耐磨性等性能都得到了明显提高，且可以降低成本。

在把中空乳胶粒用于纸张涂布时，在一定范围内，乳胶粒的内部空腔越大，其效果越好，其空腔所占的体积分数最好在 $50\%\sim55\%$ 之间。

### 9.9.3.3  在皮革工业中的应用[286, 287]

以甲基丙烯酸甲酯和丙烯酸为单体进行乳液聚合并经过中空化处理，可以制成具有中空结构乳胶粒的聚合物乳液。其乳胶粒的外壳玻璃化转变温度很高，很坚硬，乳胶粒直径分布窄，球形性好。这种乳液在室温下不能成膜，在乳胶粒内充满了水，经干燥后，水分挥发，变为内充空气的中空乳胶粒。在皮革加工中，这种具有中空结构乳胶粒的聚合物乳液可用作皮革复鞣剂、皮革涂饰剂的添加剂及皮革消光剂等，可赋予皮革特殊的性能。

中空乳胶粒对入射光的散射、折射和反射作用，可使皮革具有白度大、丰满、有丝光感、色泽艳丽等特性。由于中空乳胶粒密度很小，故用其所加工的皮革质轻、柔软。坚硬、球形性好、粒度均一的乳胶粒在复鞣等皮革加工过程中填充于皮革纤维之间，聚合物空心微球在皮革内可以滑动或滚动，这样可以降低皮革的摩擦系数，因此就赋予了皮革制品粒面平细、滑爽、手感好等特殊性能。选用丙烯酸系单体来制备中空乳胶粒，可使皮革制品的耐光老化性能得以提高。

### 9.9.3.4  在生物医学领域中的应用[288-292]

人们将药物封装到中空乳胶粒内，可以实现药物的缓释、控释。纳米级的中空乳胶粒可以作为药物的传递系统，能把药物有效地传递到病灶部位。中空乳胶粒还可以用于生物大分子，如蛋白质、酶及核酸的微胶囊化，并进行迁移及释放；还可以用于基因疗法及制备人造血液等用途。中空乳胶粒在生物医学领域具有广阔的应用前景。

### 9.9.3.5  在其他方面的应用

除了上述用途之外，中空乳胶粒还可以用于水性油墨的配制，可使水性油墨遮盖力增大，产生丰满、鲜艳的印刷效果；可用于橡胶改性，能提高橡胶的抗撕裂性能和弯曲强度；可用作化妆品添加剂，能防止紫外线对人体造成的伤害，保护人的皮肤和头发；可用作微型反应器，以制备无机或有机微粒子；可用作低密度、吸音、隔热复合材料的添加剂；可用作催化剂的载体。在原子能工业中，中空乳胶粒可用作惯性约束裂变燃料容器（靶丸）；在宇航工业中，中空乳胶粒可用作航天器抗紫外线涂料添加剂。另外，中空乳胶粒还可以用作胶片消光剂、情报信息载体材料等。目前人们正在致力于开拓中空乳胶粒更广阔的应用领域，展现出不可低估的应用前景。

# 9.10  乳液定向聚合

## 9.10.1  简介

利用定向聚合方法可以制得立构规整性的聚合物，这种聚合物比无规聚合物具有更优异的性能。例如无规聚丙烯的玻璃化转变温度为 $-25\,^\circ\!C$，其拉伸强度仅为 $1.18\sim1.47MPa$，应用面很窄。等规聚丙烯却具有优异的性能，其玻璃化转变温度可达110℃以上，拉伸强度接近39.2MPa。等规聚丙烯已投入大规模工业生产，获得了广泛的应用，成为不可缺少的材料。

众所周知，利用 Ziegler-Natta 催化剂将烯类单体或二烯类单体在非极性溶剂中进行定向聚合，可以制得规整性很高的聚合物。Ziegler-Natta 催化剂的主要组分是有机金属化合物，在水及空气中或在其他极性物质存在时极易分解，故在利用这种催化剂时，反应必须在无水及无其他极性物质存在的条件下进行。由于乳液聚合多以水作介质，故这种催化剂不能用于乳液定向聚合。在进行乳液定向反应时一定要采用对水稳定的催化剂。元素周期表中第ⅧB族❶金属化合物和适当的乳化剂相配合，可以用作乳液定向聚合的催化剂。可以利用的金属化合物有：$RhCl_3 \cdot 3H_2O$、$Rh(NO_3)_3 \cdot 2H_2O$、$(NH_4)_3RhCl_6 \cdot 1.5H_2O$、$Na_3RhCl_6 \cdot 18H_2O$、$(C_8H_{12}RhCl)_2$［氯化（1,5-环辛二烯）铑二聚物］、$PdCl_2$、$(NH_4)_2PdCl_4$、$IrCl_3$、$RuCl_3$、$CoSiF_6$、$PdBr_2$、$K_2PdCl_6$、$K_2PdCl_4$、$Pd(CN)_2$、$PdSO_4$、$Pd(NO_3)_2$ 等。可利用的乳化剂有烷基芳磺酸盐、烷基硫酸盐等。

## 9.10.2 反应机理

在乳液定向聚合反应中应用最多的金属化合物催化剂是 $RhCl_3 \cdot 3H_2O$。它和烷基磺酸盐乳化剂配合使用时所进行的丁二烯聚合反应机理可表示如下[293]：

① 链引发

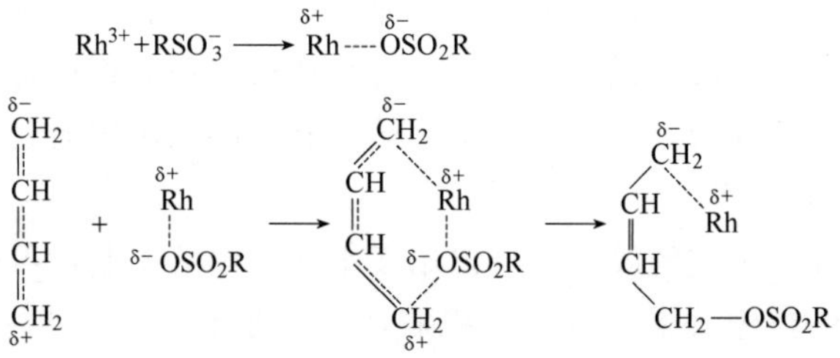

② 链增长

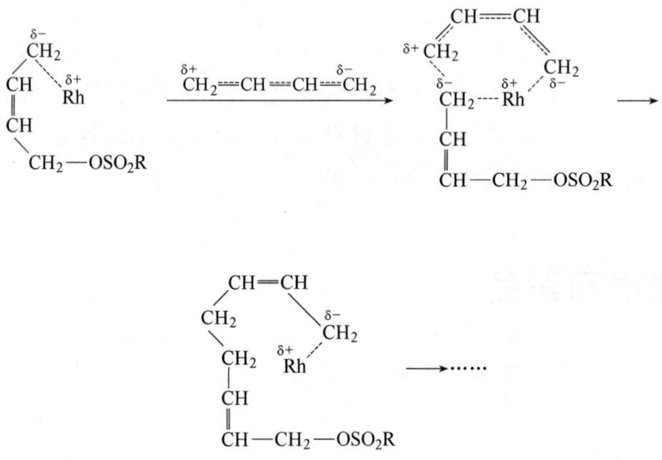

---

❶ 在 2019 版 IUPAC 元素周期表中为第 8~10 族。

③ 链终止

$$—CH_2—CH=CH—\overset{\delta-}{C}H_2\cdots Rh+\overset{\delta+}{H^+} \longrightarrow —CH_2—CH=CH—CH_3+Rh^+$$

聚合反应也可以分为链引发、链增长和链终止三个阶段。链引发反应阶段的第一步，铑离子和磺酸根结合到一起生成初始络合物，这个络合物中的 Rh---O 键具有很大的极性，可以引发聚合，与丁二烯生成六元环中间络合物。这个中间络合物不稳定，易发生电子重排而生成一端带有磺酸基而另一端带有强极性的 $CH_2$---Rh 键的活性单体分子链，它可以继续与丁二烯单体发生反应，开始链增长过程。在链增长反应阶段中，单体活性分子链中的强极性 $CH_2$---Rh 配位键，可与丁二烯分子生成新的不稳定六元环中间络合物，经电子重排生成更长的活性分子链，这样的分子链可以继续与丁二烯反应。这样一直增长下去，即可生成规整的长链大分子。当活性大分子链遇到氢离子时，可将 Rh---$CH_2$ 键破坏，生成没有活性的大分子和铑离子，但链终止反应为一可逆反应，失去活性的分子在一定条件下还可以恢复活性。

## 9.10.3　聚合动力学

研究表明，在采用不同的过渡金属离子催化剂时，其催化效果是不同的；即使采用同样的金属离子催化剂，配位体不同时，其催化效果差别也很大，如表 9-6 所示[294]。由表可以看出，在用 $RhCl_3$、$IrCl_3$ 及 $(C_8H_{12}RhCl)_2$ 作催化剂时，可得反式-1,4 结构接近 100% 的聚合物；而当用 $CoSiF_6$ 作催化剂时，则顺式-1,4 结构占优势；若采用 $(NH_4)_2PdCl_4$ 作催化剂则主要得到 1,2 结构的聚合物。

**表 9-6**　第Ⅷ B 族金属化合物对丁二烯乳液定向聚合反应催化效果的比较

| 催 化 剂 | 反应温度 /℃ | 催化剂与丁二烯分子比 | 聚合物微观结构比例/% | | |
| --- | --- | --- | --- | --- | --- |
| | | | 顺式-1,4 | 反式-1,4 | 1,2 |
| $RhCl_3$ | 50 | 1:2000 | — | 95.5+ | <0.5 |
| $(C_8H_{12}RhCl)_2$ | 50 | 1:20000 | — | 95.5+ | <0.5 |
| $PdCl_2$ | 50 | 1:20 | | 17 | 83 |
| $(NH_4)_2PdCl_4$ | 50 | 1:20 | | 2 | 98 |
| $IrCl_3$ | 50 | 1:30 | | 99~100 | — |
| $CoSiF_6$ | 50 | 1:200 | 88 | 8 | 4 |

试验证明[295]，乳液定向聚合反应的转化率-时间关系与常规乳液聚合存在着本质的区别。图 9-48 表明，在用 $RhCl_3 \cdot 3H_2O$ 作催化剂及以十二烷基苯磺酸钠为乳化剂来进行丁二烯乳液定向聚合时所得到的转化率-时间呈线性关系。由图 9-48 可以看到该反应无诱导期存在，其反应速率随温度的升高而直线地升高。

人们还发现[294,296]，乳化剂的分子结构和浓度对聚合反应速率及聚合物的规整性有着很大的影响，如表 9-7 所示。

由表 9-7 可知，聚合反应速率及聚合物中微观结构的多少皆因有无乳化剂及乳化剂的种类而异。

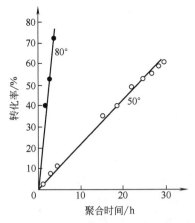

**图 9-48  乳液定向聚合转化率-时间曲线**

反应体系为丁二烯 100 份，水 200 份，RhCl₃·3H₂O 1 份，十二烷基苯磺酸钠 5 份

**表 9-7  乳化剂对丁二烯乳液定向聚合反应速率及聚合物分子结构的影响**

| 催 化 剂 | 乳 化 剂 | 反应 88h 以后的转化率/% | 聚合物微观结构比例/% | |
|---|---|---|---|---|
| | | | 反式-1,4 | 1,2 |
| PdCl₂ | 无 | 29 | 2 | 98 |
| PdCl₂ | 十六烷基苯磺酸钠 | 25 | 17 | 83 |
| PdCl₂ | 聚氧乙烯异辛苯基醚 | 18 | 6 | 94 |
| PdCl₂ | 十二烷基三甲基氯化铵 | 24 | 2 | 98 |
| (NH₄)₂PdCl₄ | 无 | 30 | 2 | 98 |
| (NH₄)₂PdCl₄ | 十六烷基苯磺酸钠 | 34 | 2 | 98 |
| (NH₄)₂PdCl₄ | 十二烷基三甲基氯化铵 | 14 | 2 | 98 |

注：反应温度为 50℃。

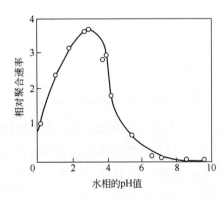

**图 9-49  pH 值对丁二烯乳液定向聚合的影响**

反应温度为 50℃；反应体系为丁二烯 19 份，水 50 份，十六烷基苯磺酸钠 1.5 份，RhCl₃·3H₂O 0.46 份，用 HCl 调节 pH 值

向乳液定向聚合体系中加入无机电解质将会显著降低聚合反应速率。向系统中加入电解质以后，阴离子总浓度将增大，系统中阴离子（例如氯离子）浓度升高必导致在以上所列出的反应机理中链引发平衡反应向左边移动，这样就使得铑离子和磺酸根之间所形成的初始络合物的浓度降低，即会使反应活性中心浓度降低，所以就造成了聚合反应速率下降。

乳液定向聚合反应速率还与氢离子浓度密切相关。在 pH 值很大或很小时聚合反应速率均低，当 pH＝3～4 时，聚合反应出现一最大值。如图 9-49 所示[297]。

研究发现[298]，在高 pH 值下，氢氧根离子浓度大，会严重影响聚合反应速率。一方面因为氢氧根离子会封闭初始络合物的配位中心，故当 pH 值高时将使引发速率降低，进而也使聚合反应速率降低；另一方面，当 pH 值很低时，氢离子浓度大，这会使链终止反应速率提高，使活性中心浓度减小，因而随着 pH 值的降低，聚合反应速率将减小。同时为了降低 pH 值需加入酸，会带入酸根负离子，这将使链引发平衡反应向左边移动，因而降低了初始络合物的浓度，故这也导致了聚合反应速率的降低。在适当的 pH 值（pH＝3～4）下，氢离子、氢氧根离子及其他负离子的浓度都不算太大，此时这些离子对引发速率和终止速率的影响最小，故聚合反应速率出现了极大值。

有人发现[298]，其他二烯烃的存在对丁二烯的乳液定向聚合会有很大影响。图 9-50 表明在以 RhCl$_3$·3H$_2$O 为催化剂，于 55℃下进行的丁二烯（BD）乳液定向聚合中，反应 12h 以后，各种其他二烯烃的加入量和聚合物产率之间的依赖关系。由图可以看出，1,3-环己二烯（1,3-CHD）及 1,3-戊二烯（1,3-PD）的存在，使丁二烯聚合产率大大提高；而当系统中含有异戊二烯（IP）、2,3-二甲基丁二烯（2,3-DMBD）以及 1,5-环辛二烯（1,5-COD）时，则会使丁二烯聚合产率显著降低。实验证实，不同的共轭二烯烃与 Rh---O 键生成的六元环中间络合物的稳定性是不同的。例如在图 9-50 中所列出的六种二烯烃与 Rh---O 键所生成的六元环中间络合物的稳定性按下列顺序减小：1,5-COD＞2,3-DMBD＞IP＞BD＞1,3-PD＞1,3-CHD。1,3-环己二烯与活性链生成的中间络合物稳定性最小，即活性最大，比丁二烯与活性链生成的中间络合物的活性要大得多，故很容易发生电子重排而进行链增长。所以 1,3-环己二烯的加入可以大大提高丁二烯乳液定向聚合产率。1,5-环辛二烯与活性链生成的中间络合物活性最小，分解活化能最高，实际上将大部分活性链封闭起来，使之失去了反应活性。所以 1,5-环辛二烯的加入大大降低了聚合产率。

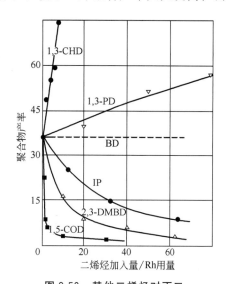

图 9-50　其他二烯烃对丁二烯乳液定向聚合的影响

反应温度为 55℃；反应时间为 16h

# 9.11　辐射乳液聚合

## 9.11.1　简介

辐射乳液聚合是一种在高能射线辐照下使介质水分解成自由基而引发乳液聚合的方法。用于进行辐射乳液聚合的射线大多为 γ 射线及 β 射线。常采用的辐射源有 $^{60}$Co γ 辐射源、钽 γ 辐射源以及电子加速器。由辐射源释放出来的中子或电子具有较高的能量，足以使体系中水分子的电子位能提高到激发状态。

$$HOH \longrightarrow [H\cdots OH]^*$$

处于激发态的水分子可能会释放出能量而又回到稳定状态；也有可能分解成两个自由基，即氢原子和氢氧自由基：

$$[H\cdots OH]^* \longrightarrow H\cdot + \cdot OH$$

衡量辐射源对某系统辐射强度的参数叫剂量率。所谓吸收剂量是指辐射线传给单位质量物质的能量，其单位是 Gy，$1Gy = 1J/kg$。过去曾用单位 rad 表示吸收剂量，$1rad = 10^{-2}Gy$。所谓吸收剂量率是指单位时间内的吸收剂量的增量，其单位是 Gy/s。

在辐射化学中还常用辐射化学产额 G 来表示电离辐射与物质相互作用的化学效能，单位为 mol/J，常用单位是 $(100eV)^{-1}$。$1(100eV)^{-1}$ 的物理意义为每吸收 100eV 的能量所引起化学变化的分子数目。在乳液聚合中则用 $G(M)$ 值来表示辐射产生有效自由基的效率，即产生能够引发聚合的自由基的效率。$G(M)$ 的物理意义为每吸收 1000keV 辐射能量分解为有效自由基的水的分子数。例如在 0℃下在纯苯乙烯乳液聚合系统中 $G(M)$ 值为 87 000；对于 60%（分子分数）苯乙烯和 40%（分子分数）丁二烯乳液共聚合系统，$G(M)$ 值为 3800；而对于 21.5%（分子分数）苯乙烯和 78.5%（分子分数）丁二烯乳液共聚合系统，$G(M)$ 值为 1000。

辐射乳液聚合的研究始于 20 世纪 50 年代早期[299]。很多人对不同单体（例如苯乙烯[300,301]、丙烯腈[302]、甲基丙烯酸甲酯[303]、乙酸乙烯酯[304]、氯乙烯[305]、乙烯[306]、偏二氯乙烯[307]、丁二烯[308]、丙烯酸甲酯[300]、丙烯酸乙酯[300]、丙烯酸丁酯[300]，以及各种不同单体的共聚物[308,309]）采用不同辐射源（$^{60}$Co γ 辐射[300]、Ta γ 辐射[301] 及电子加速器[310]），在不同条件下进行了试验。大量的中试实践证明，它是一种行之有效的、具有工业生产价值的乳液聚合方法。

## 9.11.2　辐射乳液聚合的特点

和其他引发聚合方法相比，辐射乳液聚合方法有其不可多得的优点。

① 辐射乳液聚合自由基生成速率变化范围很大，其低限为零，高限可达相当于 $10^3$ mmol/(L·min) 数量级的引发剂（水）分解成自由基的速率。并且可以很容易地通过控制辐射剂量率来调节自由基生成速率。这就便于采用现代化手段，按照预先编排好的程序来控制乳胶粒与分子量的大小及分布。

② 在引发剂引发的乳液聚合反应中，由于引发剂浓度随着时间而降低，故生成自由基的速率也随时间而减小；而在进行辐射乳液聚合时，不需要加入引发剂，只要控制剂量率不变，自由基生成速率就可保持一个常数。

③ 采用辐射聚合方法可使聚合活化能大大降低。在引发剂引发乳液聚合体系中，聚合活化能约为 83.6kJ/mol，而辐射聚合反应活化能仅仅为 29.3kJ/mol，因而反应可以在低温下进行，这有利于散热和避免暴聚发生。

④ 在乳液聚合反应中，对于苯乙烯和乙烯之类极性小的单体来说，由于低温时链增长速率低，所以在低温下生产的聚合物聚合度也低，如图 9-51 所示。而对于乙酸乙烯酯、氯乙烯之类的极性单体来说，聚合度主要受自由基向单体的链转移所支配，当温度低时，

链转移速率变慢，所以在低温下生产的聚合物分子量大。故可以通过控制温度的高低来调节分子量的大小。

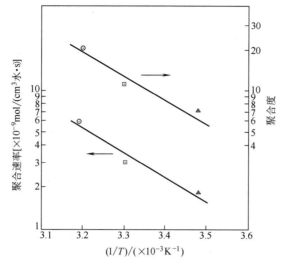

**图 9-51　苯乙烯辐射乳液聚合速率及聚合度对温度的依赖关系**

吸收剂量率 $0.093 \times 10^4 Gy/h$

⑤　在引发剂引发体系中，水溶性引发剂分解而形成的离子大半是酸性的，故随着反应的进行 pH 值逐渐降低，见表 9-8。在某些乳液聚合体系中，需加入缓冲剂来控制 pH 值。而在辐射乳液聚合系统中，被辐照的水分子分解生成氢原子和氢氧自由基，这两种自由基都是中性的，故系统中的 pH 值较高，不需加入缓冲剂。

**表 9-8　引发剂引发和辐射引发苯乙烯乳液聚合比较**

| 性　　能 | $K_2S_2O_8$ | $\gamma$ 射线 | |
| --- | --- | --- | --- |
| | 60℃ | 60℃ | 0℃ |
| pH | 3.8 | 9.2 | 7.9 |
| 表面张力/($10^{-3}$N/m) | 61.1 | 68.9 | 69.0 |
| 乳胶粒直径/$\mu$m | 0.13 | 0.10 | 0.07 |
| 黏均分子量 | 2 700 000 | 1 664 000 | 413 000 |

⑥　在辐射乳液聚合体系中产生的氢原子和氢氧自由基体积很小，运动快，故要比过硫酸根离子产生的硫酸根自由基以及各种氧化还原体系更有效。

⑦　有人用甲基丙烯酸对天然橡胶进行接枝[311]，比较了采用 $\gamma$ 射线引发（辐射接枝）和氧化还原体系引发（化学接枝）所制得的聚合物的性能。研究发现：辐射接枝所得产物干燥后为强韧连续的薄膜；而化学接枝时却为易开裂或带有很多裂纹的薄膜。原因是辐射接枝比化学接枝效率高，且辐射接枝所得侧链的分子量要比化学接枝时大。实验证明，化学接枝仅接在乳胶粒表面上或接近表面处；而辐射接枝可深入到乳胶粒内部。

除了具有以上优点之外，人们还发现辐射引发聚合所得乳胶粒尺寸分布比化学引发时要窄，如图 9-52 所示，所得聚合物的分子量分布也窄，例苯乙烯辐射乳液聚合所得聚合物的分散指数 $D=\overline{M}_{\mathrm{w}}/\overline{M}_{\mathrm{n}}=3$；而采用过硫酸钾作引发剂时分散指数 $D=6$。人们还发现，聚合物的分子量及聚合速率和所采用的乳化剂离子类型有关，它们按照下列顺序减小：阴离子＞非离子＞阳离子。

另一方面，辐射乳液聚合方法也有其以下缺点。

① 所生成的聚合物无离子末端，大分子起不到像乳化剂那样的增加系统稳定性的作用，系统的表面张力要比用过硫酸钾作引发剂时高，如表 9-8 所示。

② 高能射线除可以照射到水以外，还可以照射到其他组分，如乳化剂、聚合物等。照射到乳化剂会使聚合物链产生少量小的接枝，而照射到聚合物则会发生支化。

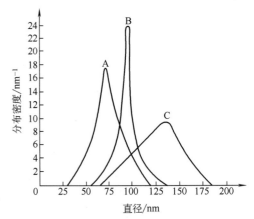

图 9-52　聚苯乙烯乳胶粒微分尺寸分布

A—0℃、$^{60}$Coγ；B—60℃、$^{60}$Coγ；C—过硫酸钾引发

由于辐射乳液聚合方法有以上重要的特点，为一般的引发方法所不能比拟，所以该方法已经引起广泛重视，并进行了大量的研究工作，辐射聚合的理论和技术都得到了快速发展。

### 9.11.3　辐射乳液聚合的实施方法

进行辐射乳液聚合的装置因单体种类和操作方式而异。以下仅给出两个实例。一个是乙烯进行间歇辐射乳液聚合流程图[306]，如图 9-53 所示；另一个是氯乙烯（VC）和乙酸乙烯酯（VAc）进行连续辐射乳液共聚合的流程图[312]，如图 9-54 所示。

为进行一批间歇辐射乳液聚合，打开操作控制阀门，将乙烯气体由钢瓶 1 通过气动自动升压器 2 升压至 19.6MPa，然后进入装有乳化剂水溶液的 500mL 不锈钢聚合釜 3 中，开动搅拌，转数为 600r/min，将 $^{60}$Coγ 辐射源 5 调节至适当剂量率进行照射。反应可在 80℃ 以下的任何温度进行，反应温度通过釜外油浴 4 来控制。在反应过程中可通过取样管 7 进行取样测试。在达到一定转化率后，停止辐照，通过闪蒸器 6 卸压后出料。因为是高压操作，全部

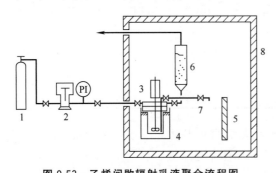

图 9-53　乙烯间歇辐射乳液聚合流程图

1—乙烯钢瓶；2—气动自动升压器；3—聚合釜；4—油浴；
5—$^{60}$Coγ 辐射源；6—闪蒸器；7—取样管；8—隔离室

带压装置都置于隔离室 8 中。

在进行如图 9-54 所示的氯乙烯（VC）和乙酸乙烯酯（VAc）连续辐射乳液共聚合时，将氯乙烯、乙酸乙烯酯单体及乳化剂溶液和溶剂通过计量泵打入乳化槽内，在强烈搅拌作

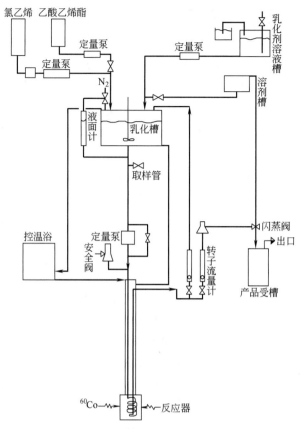

图 9-54　VC 和 VAc 连续辐射乳液共聚合流程示意图

用下在其中进行预乳化。然后将预乳化液通过定量泵连续地打入管式反应器内，在$^{60}$Co 辐射源发出的 γ 射线照射下，在其中进行乳液聚合反应。反应器和乳化槽内的温度通过控温浴来控制。由反应器出来的物料通过闪蒸阀除去溶剂后进入产品受槽，即可得到合格的聚合物乳液。

# 9.12　细乳液聚合

## 9.12.1　简介

疏水性单体（油）和水是互不相溶的，但是在一定量乳化剂存在下，通过机械作用，可将单体以珠滴的形式分散在介质水中，形成单体乳液。按照单体珠滴的大小可以将其分为常规乳液（conventional emulsion 或 macroemulsion，$D_d = 0.5 \sim 10.0 \mu m$）、细乳液（miniemulsion，$D_d = 50 \sim 500 nm$）和微乳液（microemulsion，$D_d = 10 \sim 50 nm$），在表9-9 中对这三种乳液的特征进行了比较[313]。

表 9-9　三种乳液特征的比较

| 比较项目 | 常规乳液 | 细乳液 | 微乳液 |
|---|---|---|---|
| 珠滴直径 | $0.5\sim10.0\mu m$ | $50\sim500nm$ | $10\sim50nm$ |
| 乳化剂与助稳定剂用量[①]/质量份 | 1~3（无助稳定剂） | 共约 5 | 共 10~30 |
| 外观 | 乳白色 | 乳白色 | 透明或半透明 |
| 存放稳定性 | 很快分层 | 稳定数小时至数月 | 热力学稳定 |

① 单体用量为 100 份。

在这三种乳液中进行的聚合反应分别叫作（常规）乳液聚合（conventional emulsion polymerization）、细乳液聚合（miniemulsion polymerization）和微乳液聚合（microemulsion polymerization）。

对常规乳液聚合来说，首先在搅拌作用下把疏水性单体以珠滴的形式分散在乳化剂水溶液中，此时很少量单体溶于水相中，其乳化剂用量超过 CMC，形成大量胶束或含有单体的增溶胶束。在加入水溶性引发剂以后，在反应温度下所生成的自由基有三个去向：① 扩散进入胶束；② 扩散进入单体珠滴；③ 和溶于水中的单体进行聚合反应。若是第①种情况，进入增溶胶束中的自由基就在其中引发聚合反应，于是增溶胶束就变成了乳胶粒，这是胶束成核；若是第②种情况，自由基在单体珠滴中引发聚合，生成乳胶粒，即为单体珠滴成核；若是第③种情况，在水相中生成自由基链，达到临界链长以后，从水相中沉析出来，若干条分子链聚集在一起形成一个乳胶粒，此即均相成核。但是由于单体珠滴直径相当大，约为 $0.5\sim10.0\mu m$，而胶束直径却非常小，仅为 5~10nm，胶束总表面积要比单体珠滴的总表面积大好几个数量级，因此，自由基进入胶束要比进入单体珠滴的概率大得多。故对常规乳液聚合来说，绝大部分乳胶粒是按胶束机理生成的，少数按均相机理生成，单体珠滴成核则是微乎其微。单体珠滴仅仅起"单体库"的作用。在常规乳液聚合中，乳胶粒一经形成，就在其中开始进行聚合反应，所需要的单体从"单体库"通过水相源源不断地扩散进入乳胶粒中。这样一来，就为常规乳液聚合带来了局限性：为了制备耐水性乳液涂料，常常需要引入高疏水性单体（如甲基丙烯酸十八烷基酯等），而此类单体在水中的溶解度极小，由单体珠滴通过水相向乳胶粒中扩散非常困难，致使常规乳液聚合无法进行[314]。

1973 年美国 Lehigh 大学 Ugelstad 教授首次发现[315]，如果能把单体珠滴分散得足够细，在乳液聚合中珠滴成核可以成为乳胶粒生成的主要方式。人们[316]发现，在乳化剂［如十二烷基硫酸钠（SDS）等］和助稳定剂［如十六醇（CA）、十六烷（HD）等］的共同作用下，通过强力的均化作用，可以制得单体珠滴直径在亚微米（50~500nm）级的细乳液。细乳液中的单体珠滴具有巨大的总表面积，将把大部分乳化剂吸附在其表面，这就使胶束数目大大减少，甚至消失，并使在水相中溶解的乳化剂也有所减少，因此就大大减少或避免了胶束成核，同时也减少了均相成核。在细乳液聚合过程中，单体在水相的扩散不再是聚合反应的必要条件。自由基从水相扩散进入单体珠滴中以后，就在其中引发聚合，于是单体珠滴就变成了乳胶粒。通过调控乳化剂种类及用量、引发剂种类及用量、均化强度以及反应条件等参数，可以制备出粒度适宜且稳定性高的聚合物乳液。同时细乳液聚合法也有其独到之处：由于单体在单体珠滴中原位进行聚合，不再需要通过水相的扩散过程，这样就使得某些本来不能进行常规乳液聚合的单体（如高疏水性单体等），可以用细乳液聚合法合成出各种品级的聚合物乳液。这就丰富了乳液聚合的内容，拓展了乳液聚合法实施范围。

自20世纪80年代开始，细乳液聚合法日渐引起人们的关注[317]；90年代，国外涌现出许多关于细乳液聚合的论文。进入21世纪，国内研究者也开始着手进行这方面的工作[318-323]。学者们在细乳液的稳定机理、细乳液的制备方法、构成细乳液的组分、细乳液聚合动力学、细乳液聚合技术的应用诸方面进行了较系统而深入的研究。

## 9.12.2　细乳液稳定机理

在单体的常规乳液和细乳液中，主要有两种力使其倾向于失去稳定性。

其一是单体珠滴间的范德华吸引力，它会促使珠滴聚并而使乳液倾向于失稳。但是若加有足量的乳化剂，使其在单体珠滴表面的覆盖率足够大，即可在单体珠滴之间产生足够大的静电斥力或空间障碍，抵消单体珠滴间的吸引力，这样就可以避免单体珠滴聚并，使乳液体系稳定。

其二是大珠滴和小珠滴间的拉普拉斯（Laplace）压差。在乳液体系中，单体珠滴直径分布是不均匀的，尽管大珠滴和小珠滴都吸附有乳化剂，且在其表面的覆盖率均相同，但是大珠滴和小珠滴的稳定性却是不同的。小珠滴比大珠滴的比表面积大，表面能较高，即化学势较高，于是在小珠滴和大珠滴间就产生了拉普拉斯压差。这个压差迫使小珠滴中的单体通过水相向大珠滴中扩散，导致小珠滴进一步减小，大珠滴进一步变大，以降低化学势。这种在拉普拉斯压差作用下通过扩散而使小珠滴减小或消失的现象称作珠滴的扩散衰减（diffusional degradation of droplet），又称作奥氏熟化（Ostwald ripening）作用[324]（如图9-55所示）。

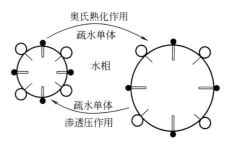

图9-55　大、小珠滴间单体传递机理
●—助稳定剂
○—乳化剂

在常规单体乳液中，奥氏熟化作用将导致小珠滴中的单体全部进入大珠滴，使小珠滴消失，珠滴将越来越大，最终丧失稳定性而分层。

在细乳液中，在单体中溶解的高疏水性的助稳定剂（如CA、HD等）将使单体珠滴内产生渗透压，且助稳定剂的浓度越大，珠滴内渗透压也越高。同时助稳定剂的高疏水性使其不会通过水相在单体珠滴间进行扩散。所以在奥氏熟化作用使部分单体由小珠滴扩散进入大珠滴中以后，大珠滴中助稳定剂浓度降低，而小珠滴中助稳定剂浓度增大，这就造成了大珠滴内渗透压降低，而小珠滴内渗透压升高，大、小珠滴之间渗透压差增大。渗透压差增大会驱使大珠滴中的单体又部分地返回到小珠滴中去（如图9-55所示），以降低渗透压差。渗透压作用有效地抵消了不同体积的珠滴之间的拉普拉斯压差，减少了不同尺寸珠滴间的单体扩散，抑制了细乳液的奥氏熟化作用，使小珠滴稳定性提高而不消失，使细乳液具有足够的动力学稳定性[325]。

适合的乳化剂和助稳定剂的协同作用，可以使细乳液达到热力学亚稳状态，能稳定储存数小时至数月[326]。

### 9.12.3　单体细乳液的制备及细乳液聚合

为了进行细乳液聚合，需要首先制备单体细乳液。构成细乳液的主要成分有水（连续相）、单体（分散相）、乳化剂、助稳定剂、引发剂、分子量调节剂等。

细乳液属热力学亚稳体系，不能自发形成，必须依靠机械功克服油相内聚能和形成单体珠滴所增加的表面能，使单体均匀分散在水中。制备细乳液必须使用高强度均化器。常用的均化设备有旋转高剪切型均化器、超声波均化器和高压喷射均化器。其中旋转高剪切均化器和超声均化器主要用于实验室研究，分散效率较低；而高压喷射均化器则具有更高的分散效率，可用于大量分散。在分散过程中，单体相经受拉伸、剪切和空化作用，发生变形和破碎，形成细单体珠滴。珠滴所能达到的最小尺寸取决于分散设备的结构和强度（如超声功率、转速和喷射速率等）。在分散过程中，单体珠滴间也会发生碰撞而聚并，聚并速率与珠滴的大小、液膜性质和碰撞频率有关。加入乳化剂可以降低珠滴聚并速率。破碎与聚并的平衡决定了最终单体珠滴的尺寸及其分布。在早期研究中，多采用低强度分散设备，发现均化时物料的加料顺序会影响分散效果；但是在采用高效均化器后，加料顺序对均化效果及最终单体珠滴尺寸及其分布并无影响。图 9-56 为进行细乳液聚合的常见工艺流程示意图。

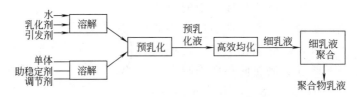

图 9-56　细乳液聚合工艺流程示意图

细乳液聚合过程为：先将乳化剂和水溶性引发剂溶于水中，配制成水溶液，同时将助稳定剂和分子量调节剂溶于单体中，配制成油溶液。然后将两种溶液投入预乳化器中，通过机械搅拌进行预乳化。再将其通过高效均化器进行细乳化，制成细乳液。最后将细乳液输入聚合反应器中，在一定条件下进行细乳液聚合反应，即得稳定的聚合物乳液[314]。

因为在进行聚合反应之前已经通过强力的均化作用制成了稳定性很高的细乳液，至少在进行聚合反应最初的几个小时内可以保持体系稳定，所以在聚合反应期间不需要高强力的剪切作用，只需采用混合强度适中的搅拌装置就可以成功进行细乳液聚合反应。

### 9.12.4　构成细乳液聚合体系的组分

细乳液聚合体系除了前述组分外，有时还要加入少量聚合物。以下予以简要介绍。

### 9.12.4.1　单体

适用于进行细乳液聚合的单体既包括常见疏水性单体，如苯乙烯、甲基丙烯酸甲酯等[326,327]，也包括亲水性单体，如乙酸乙烯酯、丙烯腈、氯乙烯等[328,329]。某些高疏水性单体或聚合物参与的聚合体系，如氟代单体、有机硅单体、（甲基）丙烯酸高级醇酯、大分子单体、缩聚型单体、聚合物杂混体系等，无法实现常规乳液聚合，但却很容易进行细乳液聚合[330]。细乳液聚合显著拓宽了乳液聚合方法的应用范围，为乳液聚合技术开辟了一条新路。

另外，在细乳液共聚体系中，珠滴成核及珠滴内聚合，减少了单体在连续相的扩散，使单体可以保持正常的竞聚率，不再依赖单体在水相中的溶解度和扩散速率，从而使共聚体系中单体组合更加方便。少量水溶性共聚单体也可以用于细乳液聚合体系，以提高乳液的稳定性和粘接性能。但水溶性较大单体的存在，会使均相成核概率增大，甚至成为主要的成核方式。

### 9.12.4.2　乳化剂

乳化剂在细乳液聚合中主要起着稳定单体珠滴和聚合物乳胶粒的作用，避免单体珠滴或聚合物乳胶粒间发生碰撞而聚并。乳化剂的种类和用量直接影响着细乳液形成过程中单体珠滴的大小及其分布[331]。在足够均化强度下，随着乳化剂用量增大，珠滴尺寸减小，乳化剂的表面覆盖率增大，细乳液稳定性增强，聚合速率升高。但过高的乳化剂用量会使细乳液中产生胶束，增大胶束成核或均相成核的概率，导致聚合物乳胶粒尺寸分布变宽。一般来说，合理的乳化剂用量为4～5份（基于单体用量为100份）。有人发现，当乳化剂用量在5份时，其在单体珠滴上的覆盖率仅为30%[332]，这表明细乳液中乳化剂具有高效率。

细乳液聚合常用阴离子型、阳离子型、非离子型及复合型等四类乳化剂。离子型乳化剂可以产生同性电荷相斥作用，可以有效避免单体珠滴或聚合物乳胶粒相互撞合，故对细乳液聚合是一种高效乳化剂。常用的乳化剂有十二烷基硫酸钠、十二烷基磺酸钠、十二烷基三甲基溴化铵（DTAB）等[333,334]。

在常规乳液聚合中，非离子型乳化剂大部分溶于单体珠滴中，对乳液的稳定作用相对较小，特别是对均相成核所形成的聚合物乳胶粒的稳定作用更小。然而，细乳液聚合成核场所主要是单体珠滴，非离子型乳化剂的稳定作用得到了显著提高。常用的非离子型乳化剂有斯盘系列、吐温系列、聚氧乙烯醚/酯、聚乙烯醇等[335-337]。

### 9.12.4.3　助稳定剂

在细乳液中所加入的高疏水性化合物，有人称作助乳化剂（coemulsifier），但是在大多数情况下，从本质上讲它们的作用在于产生渗透压，并无表面活性（尽管 CA 具有复合乳化作用），因此 Asua 建议使用助稳定剂（costabilizer）这一术语[314]。在合适的乳化剂和助稳定剂共同作用下，细乳液可达热力学亚稳定状态，可以稳定储存数天甚至数月。

制备细乳液成功与否，助稳定剂的作用是决定性的，是细乳液得以稳定存在的关键。研究表明，助稳定剂的作用是在单体珠滴内产生渗透压，抵消珠滴间的拉普拉斯压差，降低单体在珠滴间的扩散速率，消除奥氏熟化效应，使单体珠滴尺寸分布变窄。助稳定剂的作用显著依赖于其分子量、浓度、与单体的相溶性以及疏水性大小（在水中的溶解度要求

低于 $10^{-7}\mathrm{g/cm^3}$）等参数[338]。

实验表明，助稳定剂的亲水性越小，对细乳液的稳定作用就越大，而且这种稳定作用不受助稳定剂化学性质的影响[339]。助稳定剂的用量是影响细乳液稳定性的又一因素。助稳定剂用量增大，细乳液的稳定性增强，在贮存过程中单体珠滴大小的变化就较小；但是在用量超出一定限度后，其稳定作用趋于恒定[340]。

细乳液常用 CA 或 HD 作助稳定剂。CA 具有一定的表面活性，与乳化剂（如 SDS 等）在相界面处可以形成复合乳化膜，阻碍单体珠滴聚并和单体扩散，可以起稳定细乳液的作用，这也是文献中将 CA 以及其他某些疏水化合物称作助乳化剂的原因。在以 CA 作助稳定剂时，采用合适的混合方式，在高速搅拌下就可以得到稳定的细乳液。但在该条件下 HD 的稳定作用却较差。而在采用高效均化器时，CA 和 HD 都可以形成稳定的细乳液，且 HD 的稳定作用更好[314]。当采用 CA 时，它与乳化剂用量之间常存在一个最佳比值，在该比值下可使细乳液达到最稳定状态。有人发现[341]，CA 与 SDS 的摩尔比等于 1/3 时，细乳液达到最稳定状态。由于 HD 均匀分散在单体珠滴内部，与相界面处的 SDS 没有相互作用，因此对 HD 来说似乎不应存在这样的理想比例[342]。很多文献报道[343,344]，在 CA 作助稳定剂时，细乳液成核期较长，聚合速率达到最大值需要较长时间，这被认为是由于致密的复合膜阻碍了自由基的扩散，降低了自由基进入单体珠滴引发成核的效率所致。

助稳定剂的分子量是另一个重要参数。低分子量的助稳定剂在相同质量比下可以产生较大的渗透压，可更有效地稳定细乳液。高分子量化合物稳定效率较低。但分子量过小时，助稳定剂的水溶性增大，可以通过水相扩散，故降低了稳定作用，甚至失去稳定作用。

除加入惰性助稳定剂外，还有多种组分可作为助稳定剂，尤其是反应型助稳定剂，如（甲基）丙烯酸十二烷基酯、（甲基）丙烯酸十八烷基酯[342]、十二烷基硫醇[345]、低分子染料[346]、过氧化月桂酰[338]、乙烯基硅橡胶[347] 等，都对细乳液聚合体系起稳定作用。在聚合反应期间，它们作为单体、引发剂或分子量调节剂参与反应，以共价键的形式结合到聚合物分子链上，可以减少低分子量化合物对最终聚合物产品造成污染或影响产品质量。

### 9.12.4.4 外加聚合物

在细乳液聚合体系中加入聚合物（如聚苯乙烯等）可以显著提高单体珠滴成核比例，增加乳胶粒数目，减小乳胶粒尺寸，延长成核期，大幅度提高聚合速率，克服细乳液聚合速率较慢的缺点，可以进一步拓宽细乳液聚合方法的应用范围。

目前，外加聚合物在细乳液聚合中的作用机理尚无统一的观点。有人认为[327,348,349]，外加聚合物的存在使单体珠滴捕捉自由基的能力显著增强，提高了单体液滴的成核比例，乳胶粒数目增多，故聚合速率加快。当外加聚合物用量为 1 份时，可使几乎所有单体珠滴都转化为聚合物乳胶粒。他们把聚合物能够提高自由基捕捉能力归结为以下三种原因：①聚合物增加了单体珠滴的内部黏度，使自由基进入单体珠滴变得容易，一旦进入又不容易解吸，这就延长了活性种的寿命；②聚合物改变了乳化剂和助稳定剂在单体珠滴/水界面上排列结构，降低了对自由基进入单体珠滴的阻碍作用；③聚合物能够有效地稳定未经引发的单体珠滴，以免其消失，等待自由基进入后，最终引发成核。

### 9.12.4.5 引发剂

进行细乳液聚合既可以用水溶性引发剂（如过硫酸钾等），又可以用油溶性引发剂（如偶氮二异丁腈、过氧化二苯甲酰、过氧化双月桂酰等）。当采用水溶性引发剂进行外相引发时，保持了常规乳液聚合的主要动力学特征，乳胶粒数目与引发剂用量有关，聚合速率与乳胶粒数成正比，故聚合速率受引发剂影响较大。而当采用油溶性引发剂时，引发剂处于各个单体珠滴中，乳胶粒数目主要由细乳化过程中所形成的单体珠滴数目来决定，故引发剂浓度对聚合速率的影响较小[350]。

当单体在水相中的溶解度较大时，会发生较大程度的均相成核，致使细乳液聚合中成核复杂化，乳胶粒数目会受到引发动力学的影响。若采用氧化还原引发体系（如过硫酸铵/亚硫酸氢钠体系等），在较低温度下（如 45℃）引发聚合，能有效抑制均相成核，可以制得单分散的乳胶粒[351]。

油溶性引发剂溶解在单体珠滴中，它既适用于具有一定水溶性的单体，也适用于高疏水性的单体。对于具有一定水溶性的单体来说，采用油溶性引发剂可以避免均相成核；而对于高疏水性单体来说，采用油溶性引发剂则可以避免发生水相中低聚物自由基难以向单体珠滴和乳胶粒中扩散的问题。

## 9.12.5 细乳液聚合的动力学特点

细乳液聚合与常规乳液聚合有着不同的成核机理和不同的动力学规律，图 9-57 和图 9-58 为常规间歇乳液聚合与细乳液聚合反应速率 $R_p$ 和单体转化率 $X_p$ 关系的比较[352,353]。

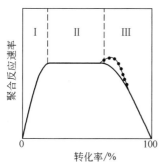

图 9-57　常规间歇乳液聚合
$R_p$ 随 $X_p$ 变化曲线

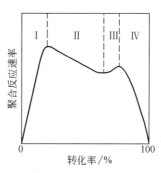

图 9-58　细乳液聚合
$R_p$ 随 $X_p$ 变化曲线

图 9-57 表明，常规间歇乳液聚合动力学曲线可以分成三个阶段。阶段 I 为升速期，也称成核阶段。在该阶段，按胶束机理或均相成核机理生成乳胶粒，随着反应中心乳胶粒数目的增大，反应速率升高，但成核期很短（约几分钟），在很低的 $X_p$ 下（<5%），就完了成核过程，只要体系稳定，乳胶粒数目就不再变化。阶段 II 为恒速期，单体不断地由单体珠滴通过水相扩散进入被单体溶胀的乳胶粒内，在其中进行聚合反应，因反应中心乳胶粒数目不变，且乳胶粒中单体浓度为一个常数，故 $R_p$ 曲线出现一个平台。阶段 III 为降速期，在阶段 III 的起点（阶段 II 的终点）处（$X_p$ 为 30%~50%），单体珠滴消失，靠消

耗单体珠滴内部的单体维持聚合反应，在乳胶粒中单体浓度逐渐降低，故 $R_p$ 逐渐降低。实际上，对许多单体的常规乳液聚合来说，$R_p$ 的恒速期会延续至第Ⅲ阶段（如至 $X_p =$ 70%～80%），这是因为反应区乳胶粒内单体浓度下降而导致的 $R_p$ 下降被因为凝胶效应而导致的 $R_p$ 上升所抵消，对个别凝胶效应严重的体系，平台后期还会出现一个小高峰（如图 9-57 中的虚线所示）。

和常规乳液聚合不同，细乳液聚合分成四个阶段，动力学曲线出现两个高峰，不出现平台，即无恒速期，如图 9-58 所示。阶段Ⅰ为第一升速期，阶段Ⅱ为第一降速期，阶段Ⅲ为第二升速期，阶段Ⅳ为第二降速期。在阶段Ⅰ，在水相中生成的自由基扩散到单体珠滴中，成核形成乳胶粒，随着乳胶粒（反应中心）数目的增大，$R_p$ 升高，随后达到一个最大值。和成核期很短的常规乳液聚合不同，细乳液聚合成核期很长，可持续到 40%～60% 的单体转化率，这是细乳液聚合动力学的一个重要特点。在跨越第一高峰后，还会继续成核，在阶段Ⅱ乳胶粒数目继续增大，只不过成核速率在逐渐减小罢了。另一方面，在阶段Ⅱ，随着聚合反应的进行，乳胶粒内部的单体浓度逐渐下降，致使 $R_p$ 下降，故在该阶段动力学曲线上不出现平台。但是 $R_p$ 下降的幅度并不大，这是因为由于单体浓度下降而导致 $R_p$ 的降低被因乳胶粒数目的增大而引起的 $R_p$ 上升部分抵消所致。在阶段Ⅲ出现第二次升速是因为达到一定 $X_p$ 后，在乳胶粒内部黏度增大所引起的凝胶效应所致。在阶段Ⅳ出现的 $R_p$ 第二次下降是因为乳胶粒内部单体浓度大幅度降低而引起的。

## 9.12.6　细乳液聚合技术的应用

以单体珠滴成核为特征的细乳液聚合除了具有常规乳液聚合的诸多优点外，还具有某些常规乳液聚合所不具备的独到的特征，故而使细乳液聚合法具有更广泛的用途，特别在如下几个技术领域里有着广阔的应用前景。

① 因为细乳液聚合成核期长，可制得直径大、粒度分布宽的乳胶粒，所以可用于高固含量、低黏度聚合物乳液的制备[354]。

② 适合进行连续乳液聚合[355]，因为细乳液聚合为单体珠滴成核，成核期很长，在聚合过程中单体珠滴和乳胶粒数目不会大幅度波动，所以不会出现象常规连续乳液聚合那样的非稳特性，且连续乳液聚合还可以降低生产成本和提高产品质量。

③ 适合于进行可控/活性自由基乳液聚合[356]，因为细乳液聚合不需要单体或催化剂通过水相进行扩散，同时由于隔离效应（compartmentalization effect），活性种和单体被封闭在各个彼此孤立的乳胶粒中，使链终止速率降低，活性链寿命延长，故可同时提高 $R_p$ 和聚合物分子量。

④ 适用于通过常规乳液聚合法不能进行的非自由基型乳液聚合，如逐步聚合[357]、开环易位聚合[358]、烯烃的催化聚合[359]、阴离子型聚合[360] 等。

⑤ 因为不需要单体在水相中的扩散，所以细乳液聚合适用于高疏水单体的乳液聚合[330]。

⑥ 适用于聚合物杂化粒子（分散体）的制备[361]。

⑦ 适用于无机粒子的胶囊化[362]。

⑧ 适用于制备具有异型结构乳胶粒的聚合物乳液[363]。

# 9.13 超浓乳液聚合

## 9.13.1 简介

1988 年，美国纽约州立大学 Ruckenstein 教授等率先发表了关于超浓乳液聚合的论文[364]，随后他们对超浓乳液聚合的实施方法、体系稳定性及反应动力学等方面做了一系列开创性的工作[365-369]。由于这种乳液聚合新方法在制备选择性渗透膜、亚微米级微胶囊、高固含量聚合物乳液、高分子量单分散亚微米级微球、自增容共混聚合材料、导电高分子材料、增韧橡胶材料等诸多技术领域里有着广阔的应用前景，故引起了世界各国业内人士的多方关注，许多学者也相继开展了这方面的工作[370-372]。我国不少学者，尤其是湖北大学[373-378]、北京化工大学[379-383] 和中科院[384] 的同行们，也先后开设了超浓乳液聚合方面的研究课题，并已取得了不少研究成果。

## 9.13.2 超浓聚合物乳液的内部结构

相同直径的刚性球在最紧密排列时，球所占的体积分数最大为 74％，其余 26％ 则为球间空隙所占的体积分数。因此，若将聚合物乳液体系中的乳胶粒视为直径相同的刚性微球，那么分散相的最大含量不能超过 74％（体积分数）。但是，聚合前的单体液滴可以发生形变，在一定条件下球形的单体液滴可以变成多面体形液胞，它们比球形液滴可以更加紧密堆砌，因此由这些液胞经聚合后所形成的乳胶粒在体系中所占的体积分数可以大于74％，甚至可以高达 99％。分散相所占的体积分数超过 74％的聚合物乳液称作超浓聚合物乳液[385,386]，在超浓乳液体系中进行的聚合反应称作超浓乳液聚合。

在超浓乳液聚合体系中，在聚合前的液胞和聚合后的乳胶粒表面上吸附乳化剂。这些乳化剂所产生的 ζ 电位与溶剂化作用使乳液体系稳定，乳胶粒之间靠连续相液膜分开。这种乳液因为分散相所占的体积分数太大，乳胶粒堆砌密度很高，致使体系不能流动，外观呈胶冻状态，其结构与液-液泡沫相似。

## 9.13.3 超浓乳液聚合的实施方法

许多单体，如苯乙烯、丙烯酸酯、甲基丙烯酸酯、二乙烯基苯、乙酸乙烯酯、丙烯腈、丙烯酰胺等，都可以进行超浓乳液聚合或共聚合。

超浓聚合物乳液有 O/W 和 W/O 两种。制备 O/W 型超浓聚合物乳液需要采用 HLB 值高的乳化剂，如十二烷基硫酸钠（SDS）、十二烷基苯磺酸钠（SDBS）、烷基酚醚磺基琥珀酸酯钠盐（MS-1）等，并采用油溶性引发剂，如偶氮二异丁腈（AIBN）、过氧化二苯甲酰（BPO）、过氧化二苯甲酰-$N,N$-二甲基苯胺氧化还原体系等；而制备 W/O 型超浓聚合物乳液则需要采用 HLB 值低的乳化剂，如斯盘-20、斯盘-40、斯盘-60、吐温-80 等，并采用水溶性引发剂，如过硫酸盐、过硫酸盐-亚硫酸氢钠氧化还原体系等。为使乳液体系稳定，还要加入助乳化剂（如十六烷醇等）及液膜增强剂（如聚乙烯醇等）。

超浓乳液聚合可按如下程序进行：先在室温下把加有引发剂的单体在搅拌条件下慢慢滴入溶有乳化剂的介质中。或者先把加有引发剂的单体在一定条件下进行预聚合，制成达到一定转化率的聚合物-单体溶液，再于室温下把该溶液慢慢滴加到乳化剂-介质溶液中。于是就形成了以单体或聚合物-单体溶液为分散相、以乳化剂-介质溶液为连续相的分散液。为使液滴堆积密实，把此分散液置于离心机上，在较缓和条件下进行离心操作。此时液滴发生了形变，形成了被连续相隔离膜分割开的多面体液胞。在这样的分散体系中，分散相所占的体积分数可达 74％以上。然后对所制成的分散液升至聚合温度进行聚合反应，当聚合程度达到所要求的转化率后，就制成胶冻状的超浓聚合物乳液。

## 9.13.4　超浓乳液聚合的特点

① 超浓乳液聚合既有高的聚合速率 $R_p$，又可得到高分子量 $\overline{M}_n$ 的聚合物。

对于本体聚合来说，升高反应温度或增大引发剂用量，将使 $R_p$ 提高，而 $\overline{M}_n$ 却下降；反之，若降低反应温度或减小引发剂用量，$R_p$ 将降低，而 $\overline{M}_n$ 将提高。即对本体聚合来说，$R_p$ 的提高和 $\overline{M}_n$ 的提高是矛盾的，两者不能同时提高。但是对于乳液聚合来说，$R_p$ 的提高和 $\overline{M}_n$ 的提高是一致的，可做到既具有高的 $R_p$，又可得到高 $\overline{M}_n$ 的聚合物。这是包括超浓乳液聚合在内的乳液聚合的共同规律。对乳液聚合体系来说，之所以 $R_p$ 和 $\overline{M}_n$ 同时得到提高，是由于隔离效应（compartmentalization effect）和凝胶效应（gel-effect）共同作用的结果。凝胶效应存在于各种聚合反应体系中，而隔离效应则只是乳液聚合所特有的，只有具有隔离效应的聚合反应体系，才符合乳液聚合的特点（见本书 1.3 节）。在乳液聚合体系中，一个个自由基链被隔离在各个乳胶粒内，不同乳胶粒中的自由基不能进行碰撞而终止，这就降低了自由基碰撞终止概率，延长了自由基寿命，增大了总自由基数目，所以既增大了聚合物分子量，又提高了聚合速率。

在乳液聚合过程中隔离效应自始至终存在，在聚合反应初期，$R_p$ 高及 $\overline{M}_n$ 大是由于隔离效应所致，并不是由于凝胶效应出现得早造成的。

凝胶效应的本质是随着聚合反应的进行，单体转化率提高，反应区聚合物浓度增大，致使乳胶粒内部黏度增大，自由基链运动受到抑制，链终止速率常数 $k_t$ 降低，致使链终止速率变慢，总自由基数目增大，寿命延长，因而导致了 $R_p$ 和 $\overline{M}_n$ 同时提高。凝胶效应仅在聚合反应后期（$X_p > 80\%$）才逐渐明显。

② 对于 O/W 型超浓乳液聚合体系来说，分散相（单体或聚合物）的疏水性越大，乳液体系就越稳定；而对于 W/O 水型超浓聚合物乳液来说，分散相的亲水性越大，其乳液体系就越稳定。

③ 一般来说，在一定范围内乳化剂用量越大，$R_p$ 和 $\overline{M}_n$ 均越高。乳化剂的种类和用量都会影响超浓聚合物乳液的稳定性，HLB 值大的乳化剂适合于 O/W 型超浓乳液聚合，

而 HLB 值小的乳化剂则适合于 W/O 型超浓乳液聚合。

④ 提高引发剂用量，聚合物 $\overline{M}_n$ 降低，但降的幅度比本体聚合要小。

⑤ 单体所占的体积分数 $\phi_m$（相比）越大，$R_p$ 越高。$\phi_m$ 在 90% 左右处 $R_p$ 出现一最大值。若再增大 $\phi_m$，$R_p$ 则会下降。

⑥ 乳液体系中电解质含量增多时，会导致乳胶粒表面上的 $\zeta$ 电位下降，因而体系稳定性越低。

# 9.14　高固含量聚合物乳液的制备

## 9.14.1　简介 [387-394]

通常的聚合物乳液固含量一般在 30%～50% 之间，一半以上是水。其设备利用率低，生产、贮存、运输成本高，且水不易挥发。水量大时，干燥时间长，能耗大。为解决上述问题，人们正致力于研究开发高固含量聚合物乳液。

如上所述，对具有单分散、球形乳胶粒的聚合物乳液来说，其最大固含量（体积分数）为 74%（见 9.13 节）。目前，人们已经开发出了固含量高达 60%～73%，且流动性好的各种牌号的商品聚合物乳液。这些乳液已应用于涂料、黏合剂、织物整理、纸张涂料、建筑密封胶、地板上光剂、皮革加工/印刷/照相助剂、化妆品等许多技术领域，充分体现出高固含量聚合物乳液生产设备利用率高，运营成本低、干燥速度快、能耗低、可减少上胶次数等特点。

人们发现，对常规乳液聚合来说，当聚合物乳液固含量超过 60% 时，黏度随固含量增大急剧上升。黏度大会带来一系列弊端：①体系黏度大时传热系数小，不易散热；②反应体系混合不均匀，易产生凝胶，甚至在反应后期会使反应无法进行；③乳液体系流动性差，运输、施工均不方便；④需要特殊的聚合设备；⑤乳液产品流平性差，不易涂布均匀，涂膜会产生缺陷。因此，如何制备高固含量、低黏度的聚合物乳液是多年来人们所关注的重要课题。

要想制备高固含量的聚合物乳液，需要设法使乳胶粒更紧密地堆砌。若设法加宽乳胶粒的粒度分布，或者制备成粒度为双峰分布或多峰分布的聚合物乳液，使小乳胶粒填充在大乳胶之间的空隙中，则可以使乳胶粒的堆砌密度增大，故可以使乳液固含量提高。

高固含量聚合物乳液的黏度与乳胶粒的水化密切相关，定位于乳胶粒表面上的乳化剂的亲水端或聚合物链上的亲水基团，靠氢键或范德华力与水结合，可形成很厚的水化层，使之成为水化乳胶粒。一方面由于大量的水化水被固定在乳胶粒周围，导致体系中的自由水减少；另一方面由于水化乳胶粒的体积要比水化前增大好多倍，这样就使得乳胶粒运动阻力增大。所以水化使乳液体系的流动性减小，黏度增大。若设法把乳胶粒表面的水化层减薄，或者设法减少乳胶粒的总表面积，以缩小水化水的总体积，就可以降低聚合物乳液的黏度，增大其流动性。

## 9.14.2 高固含量聚合物乳液的制备方法

高固含量、低黏度的聚合物乳液可以用多代种子法、补加乳化剂法、细乳液聚合法、浓缩法、附聚法、超浓乳液聚合法等许多方法来制备，以下予以简要介绍。

### 9.14.2.1 多代种子乳液聚合法

采用多代种子乳液聚合法来制备高固含量、低黏度的聚合物乳液最常见的是二代种子乳液聚合法[395,396]和三代种子乳液聚合法[397,398]。其制备过程为：首先合成出两种或三种乳胶粒直径不同的单分散聚合物乳液，然后将其分别作为第一代、第二代及第三代种子乳液，按照预先设定好的时机，加入到采用单体预乳化工艺进行的半连续乳液聚合反应体系中，使不同代的种子乳胶粒先后继续长大，直至达到所要求的乳胶粒直径和乳液固含量，这样就可以制得具有双峰或三峰粒度分布的高固含量聚合物乳液。利用这种方法可以通过控制各代种子乳液的粒度大小及加入时机，通过改变聚合条件，通过控制单体、乳化剂及引发剂的种类、用量与加入方式，来拓宽乳胶粒的尺寸分布，以达到降低聚合物乳液黏度，增大固含量以及提高乳液稳定性的目的。

### 9.14.2.2 乳化剂加入方式控制法

若在半连续乳液聚合配方中加入过量的乳化剂，可以把成核期拉长，或发生二次成核，致使乳胶粒直径分布变宽，乳液黏度下降[399]。也可以在半连续乳液聚合滴加预乳化单体的过程中一次性[400-402]或分多批[403]补加乳化剂，以引起二次成核或多次成核，使乳胶粒直径形成双峰分布或多峰分布的，以制得高固含量低黏度的聚合物乳液。

### 9.14.2.3 附聚法

制备高含量、低黏度聚合物乳液的有效途径之一是设法增大乳胶粒直径，常称扩径。因为直径增大时，在相同固含量的情况下，乳胶粒的总表面积减小，在流动时乳胶粒间摩擦阻力减小，故流动性增大，黏度降低；同时，若增大乳胶粒直径，在乳胶粒表面上的水化层厚度不变的情况下，因乳胶粒的总表面积减小，将导致被固定在乳胶粒表面上的水化水总量减少，而自由水增多，这也会使乳液黏度下降；或者说，在相同黏度的情况下，增大乳胶粒直径可以制得固含量更高的聚合物乳液。

当然，采用普通的种子乳液聚合法，通过控制种子乳胶粒的数目、加料速率及乳化剂在乳胶粒表面上的覆盖率，也可以制得直径较大的乳胶粒，但常常因其粒度分布较窄而导致乳液黏度很大[404,405]。同时，还常常因其反应过程太长及传热困难而易产生凝胶。人们发现，增大乳胶粒直径的最有效的方法是附聚法[406-408]。这种方法是通过物理化学作用，使小乳胶粒聚结成大乳胶粒，同时使粒度分布变宽，这样可以把体系黏度大幅度降低，附聚后可通过脱水工艺脱除部分水，以提高固含量。也可以再加入单体和其他助剂继续进行聚合反应，直至得到高固含量、低黏度的聚合物乳液。人们利用附聚法把固含量仅为38%的丁苯乳液制成了其黏度落在可操作范围内的，固含量高达62.1%的稳定的丁苯乳液[409]。

常用的附聚法有三种：一是压力附聚，通过加压使乳胶粒有限聚结；二是冷冻附聚，通过冷冻，使水结冰，将位于冰晶间的乳胶粒挤压而实现有限聚结；三是化学附聚，例如通过加入电解质（如碳酸氢铵等），降低乳胶粒表面上的 ζ 电位，或将水化层减薄，而实现乳胶粒的有限聚结，也可以通过加入有机溶剂（如丙酮等）或水溶性聚合物（如聚乙烯醇、聚乙二醇、羟乙基纤维素等）来进行化学附聚。

### 9.14.2.4 细乳液聚合法

利用这种方法制备高固含量聚合物乳液的过程为：先把溶有油溶性引发剂的单体、乳化剂、助稳定剂和介质水进行混合，再进行超声乳化，制成单体细乳液，然后升温至反应温度，在各个单体珠滴内引发聚合反应，可制备成粒径大、粒度分布宽、黏度低、固含量在60%以上的聚合物乳液[331,354,410]（见9.12节）。

例如，Quzineb等[411]新近采用两步种子细乳液聚合法制成了固含量为70%、黏度为350mPa·s（剪切速率为20s$^{-1}$）的甲基丙烯酸丁酯聚合物乳液以及聚甲基丙烯酸丁酯和聚苯乙烯的共混乳液。其制备工艺大体为：①先用细乳液聚合法制备种子乳液Ⅰ（乳胶粒直径为250nm，固含量为53%）及种子乳液Ⅱ（乳胶粒直径为130nm，固含量为40%）；②将种子乳液Ⅰ投入反应器中，升至反应温度后开始滴加溶有引发剂的单体，进行聚合反应，滴加速率应保证乳胶粒处于对单体的饥饿状态，制成固含量约为63%、粒度为单分散的聚合物乳液；③加入种子乳液Ⅱ，继续滴加单体进行聚合反应，两代种子平行增长，直至最终得到固含量高达70%、粒度双峰分布、低黏度的聚合物乳液。

### 9.14.2.5 浓缩法

浓缩法是先把两种或三种不同粒度的低固含量聚合物乳液相混合，然后通过离心[412]、蒸发[413,414]，或差压渗透[415]操作脱除部分水，将其固含量提高到60%以上，并使其黏度落在可使用范围之内。

离心法是在离心机中靠离心作用把乳胶粒分离出来，然后再用乳化剂水溶液将其稀释到所要求的固含量和黏度。蒸发法是先把乳液升温至65℃，然后进行真空脱水至所要求的固含量和黏度，在采用这种方法时，为了提高脱水速率和降低物料温度，有时需要加入少量共沸溶剂。加压渗透法是在加压条件下让乳液中的部分水通过半透膜渗透除去而达到浓缩目的的一种方法。

### 9.14.2.6 超浓乳液聚合法

如前所述（见9.13节），超浓乳液聚合法也可以用来制备高固含量聚合物乳液[368]。在超浓乳液聚合体系中，乳胶粒发生了形变，可制得固含量高达90%以上的聚合物乳液。但令人担忧的是其体系黏度太大，呈胶冻状态，不能流动，使应用受到了限制。此外，采用这种方法制备高固含量聚合物乳液放热量大，传热条件差，需要专用设备和采用特殊的制备工艺，这为生产带来了麻烦。

以上所介绍的几种方法常常单独使用，有时将其中两种或多种方法联合使用，以期更有效地制备出固含量高、黏度低、稳定性好的聚合物乳液。

# 9.15 微胶囊乳液及纳米微胶囊乳液

## 9.15.1 简介[416-418]

微胶囊的形貌类似核桃，是核壳结构的，其外壳称为囊壁，构成它的材料叫作壁材；

其内核称为囊芯，构成它的材料叫做芯材。常用的壁材有：天然高分子，如明胶、纤维素、阿拉伯胶、蛋白质类物质、β-环糊精等；半合成高分子，如羧甲基纤维素、羟丙基纤维素、三硬脂酸甘油酯等；合成聚合物，如密胺树脂、脲醛树脂、聚氨酯、聚苯乙烯、（甲基）丙烯酸系聚合物等。微胶囊的囊壁一般是单层的，也有的是双层的或多层的；囊芯大多是单核的，也有的是多核的（也称海岛型）。囊芯可能是固体、液体或气体，被包覆的芯材可以是药物、食品、颜料、香料、相变材料、防腐剂、农用化学品、化学药品、记忆材料、空气等。微胶囊的形状一般是球形的，也有的是椭球形的、柱状的、米粒的、无定形的等。微胶囊的外表面大多是光滑的，也有的是有褶皱的或有凹陷的。微胶囊的尺寸大小因制备方法而异，其平均颗粒直径在 $10^0 \sim 10^3 \mu m$ 范围内，一般在 $5 \sim 500 \mu m$ 之间。近年来，随着研究的深入，新技术、新方法的涌现，人们又开发出了纳米级的微胶囊。

20 世纪 50 年代，美国 NCR 公司的 K. Green 用相分离复合凝聚法制备出了含油明胶微胶囊，并用这种微胶囊开发出了压敏性无碳复写纸，并实现了大规模商品化，从此微胶囊技术得到了迅速发展，开创了一个微胶囊技术新时代，同时也为高分子材料开辟了一个新的应用领域。采用不同的制备方法和不同的材料，可以赋予微胶囊以不同的特殊功能，如控制缓释、隔离活性成分、降低物质的毒性、屏蔽不良味道或气味、降低物质的表观密度等。将某些易挥发、易氧化、具有光敏性或热敏性的物质微胶囊化，可以避免其与光、热或空气直接接触，抑制其挥发或变质。特别是近年来研发的纳米微胶囊，平均粒径小、比表面积大，用该技术制成的药品具有优良的靶向性、低不良反应率、低刺激性、优异的缓释性等特性，十分引人注目，成为人们争相研究、开发和推广应用的热门课题。目前微胶囊已经广泛地应用于医药、食品、化妆品、农用化学品、染料、颜料、涂料、胶黏剂、纺织、化工、造纸、建筑、阻燃剂、抗氧剂、光稳定剂、油墨、记录材料等诸多领域。

制备微胶囊的方法多种多样，据不完全统计至少有 200 多种，例如界面聚合法、原位聚合法、锐孔法、相分离复合凝聚法、空气悬浮法、喷雾干燥法、悬浮聚合法、复相乳化法、乳波聚合法、细乳液聚合法等。在此仅能对利用乳液聚合法及利用乳液聚合物制备微胶囊的方法加以简单介绍。

## 9.15.2 用乳液聚合法制备微胶囊

### 9.15.2.1 用乳液聚合法制备液-固相变储能微胶囊

液-固相变储能是指在液态物质凝固或固态物质熔化时释放或吸收潜能的过程。当相变材料熔化时，将从环境中吸收能量；而当相变材料凝固时，则将向环境中释放能量。与其他相变储能材料相比，液-固相变储能材料具有其独到的特点。如在相转变过程中温度保持恒定、潜热（即储热密度）较大、相转变过程可逆、材料可以反复使用、相变前后体积变化小等。所以液-固相变储能材料在实际生产中被广泛应用。

常用的有机液-固相变储能材料有石蜡、高级烷烃、高级脂肪酸、高级脂肪醇、高级脂肪酸烷基酯、芳香烃等。这类相变储能材料化学性质稳定、无毒、无腐蚀性。但是这类材料在熔化后变为液体，容易流失，所以人们采用了多种方法，其中包括用乳液聚合法进行微胶囊化，用聚苯乙烯、聚甲基丙烯酸甲酯等聚合物将相变储能材料包封，将其制成微米级甚至纳米级微胶囊，大大提高了其储能效率。

近年来，关于对这类相变材料的研究开发及在建筑材料、空调系统和纺织等领域应用的报道日趋增多。以下列举一个用乳液聚合法制备聚苯乙烯包覆正十四醇相变储能微胶囊的实例。

正十四醇是一种相变潜热很高的材料，其相变熔值为 220J/g，对环境无毒、无害、无污染，且价格低廉，其相变点为 38℃，接近人体正常体温 36～37℃。以正十四醇作为芯材制备的微胶囊最适用于制作户外运动服装，可以达到防寒及保暖的目的。

研究者们[419]用乳液聚合法制备聚苯乙烯包覆正十四醇相变储能微胶囊的配方实例如表 9-10 所示。

**表 9-10** 乳液聚合法制备聚苯乙烯包覆正十四醇相变储能微胶囊的配方实例

| 组分 | | 配比/质量份 | 用量/g |
|---|---|---|---|
| 芯材 | 正十四醇 | 100.00 | 10.00 |
| 壁材单体 | 苯乙烯 | 40.00 | 4.00 |
| 交联剂 | 季戊四醇四丙烯酸酯 | 15.00 | 1.50 |
| 引发剂 | 过硫酸钾 | 4.00 | 0.40 |
| 乳化剂 | 吐温-80 | 3.25 | 0.325 |
| | 斯盘-80 | 0.75 | 0.075 |
| 保护胶体 | 聚乙烯基吡咯烷酮 | 5.00 | 0.50 |
| 介质 | 去离子水 | 2000.00 | 200.00 |

制备工艺：

① 把规定量的芯材正十四醇、交联剂季戊四醇四丙烯酸酯、保护胶体聚乙烯基吡咯烷酮、复配乳化剂（吐温-80＋斯盘-80）依次加入到反应器中。

② 升温至 60℃，并开动中速搅拌，将物料混合均匀。

③ 再加入规定量的去离子水，在快速搅拌条件下，乳化 20min，得到较稳定的乳白色乳状液。

④ 随后加入规定量的单体苯乙烯，快速搅拌 10min 后，再加入规定量的引发剂过硫酸钾，升温至 70℃，搅拌 1h 进行预聚合反应，形成稳定的 O/W 型乳状液。

⑤ 然后再升温至 85℃，并且在此温度下继续搅拌 5h，在十四醇液滴表面层进行聚合反应。

⑥ 聚合反应结束后，在室温条件下进行抽滤，并将滤饼用 80℃的热水洗涤 2～3 次，再用室温去离子水洗涤 5 次，并再次进行抽滤。然后将滤饼置于 70℃的烘箱中干燥 2h，得到的白色固体粉末即为以交联聚苯乙烯为囊壁、正十四醇为囊芯、平均直径 3μm、包埋率达 73.7％的相变储能球形微胶囊。

### 9.15.2.2 用乳液聚合法制备紫外线隔离微胶囊

日光中的紫外线会对人体的皮肤造成伤害，轻则使皮肤晒红、晒黑、老化，重则有致癌的风险。人们常常用涂防晒霜的方法来保护皮肤，因为在防晒霜中加有紫外线吸收剂用来隔离紫外线。最常用的紫外线吸收剂为 4-甲氧基肉桂酸 2-乙基己酯（2-ethylhexyl-4-methoxycinnamate），又称甲氧基肉桂酸异辛酯（octyl methoxycinnamate，OMC）。

OMC 具有很高的紫外线吸收率，高效且价廉。但是因为它是一种小分子物质，若将其加入护肤霜中，将直接和皮肤接触，会向皮肤中渗透而发生刺激作用；另外 OMC 遇到各种波长的光线都会发生降解，会降低其对紫外线的吸收效率。为了解决这些问题，研究者采用微胶囊化技术，利用聚甲基丙烯酸甲酯（PMMA）作为壁材把 0MC 包覆起来，制成微胶囊，然后再把这种微胶囊添加到防晒霜化妆品中，这样一方面避免了紫外线吸收剂与皮肤的直接接触而导致的不良反应，同时也大大减少了那些弱穿透力波段光线对 OMC 的照射，也就降低了 OMC 的光降解作用，因而增大了 OMC 对穿透力强的紫外线的吸收率。

研究者[420] 用乳液聚合法制备聚甲基丙烯酸甲酯包覆紫外线吸收剂 OMC 微胶囊的配方实例如表 9-11 所示。

表 9-11　乳液聚合法制备聚甲基丙烯酸甲酯包覆紫外线吸收剂 OMC 微胶囊的配方

| 组分 | | 配比/质量份 | 用量/g |
|---|---|---|---|
| 芯材 | OMC | 100.00 | 8.00 |
| 壁材单体 | 甲基丙烯酸甲酯 | 50.00 | 4.00 |
| 交联剂 | 季戊四醇四丙烯酸酯 | 12.50 | 1.00 |
| 引发剂 | 偶氮二异丁腈 | 2.81 | 0.225 |
| 助乳化剂 | 正己醇 | 1.25 | 0.10 |
| 乳化剂 | 吐温-80 | 3.79 | 0.303 |
| | 斯盘-80 | 2.21 | 0.177 |
| 介质 | 蒸馏水 | 2500.00 | 200.00 |

制备工艺：

① 把规定量的芯材紫外线吸收剂 OMC、交联剂季戊四醇四丙烯酸酯、助乳化剂正己醇及复配乳化剂（吐温-80＋斯盘-80）和规定量的蒸馏水依次加入反应器中。

② 升温至 50℃，并开动搅拌将物料混合均匀。

③ 在快速搅拌条件下乳化 20min，然后再超声乳化 4min，得到稳定的乳白色 O/W 型乳状液。

④ 随后调至快速搅拌，在 50℃温度下，缓慢滴加规定量的引发剂偶氮二异丁腈和单体甲基丙烯酸甲酯溶液，通氮气保护，在 50℃温度下，进行预聚合反应 30min。

⑤ 然后再升温至 85℃，并且在此温度下继续聚合 5h。

⑥ 聚合反应结束后，在室温条件下进行抽滤，并将滤饼用 50℃、20％的乙醇洗涤 3次，随后再次进行抽滤。然后将滤饼置于 60℃的烘箱中干燥 24h，得到的白色固体粉末即为以交联聚甲基丙烯酸甲酯为囊壁、以紫外线吸收剂 OMC 为囊芯、表面光滑致密的球形微胶囊。其平均直径低至 200nm，OMC 包埋率高达 56％。实验证明，该产品具有优异的耐晒性。

### 9.15.2.3　用乳液聚合法制备阿维菌素杀虫剂微胶囊

阿维菌素是一种高效的农牧业杀虫、杀螨和抗寄生虫药物，它是一种从生物体中提取的生物农药，而非人工合成的化学农药。和化学农药相比，阿维菌素毒性小，选择性强，只对标的病虫起作用，而对人体、鸟类和其他的动物无害，高效、低残留，不易产生抗药性，并且有着较高的性价比。因此，阿维菌素是当前生物农药市场中最受欢迎、竞争激烈的新产品，目前已被广泛应用于农牧业生产中。阿维菌素的制剂类型主要有乳油、微乳剂和悬浮剂，这些制剂杀虫效果都很好，但是由于阿维菌素对光解、水解及生物降解等因素的敏感性限制了其性能的发挥，同时这些剂型存在污染环境、成本高等缺陷。所以人们正致力于通过微胶囊化技术，以阿维菌素为囊芯，以聚合物为囊壁，制成阿维菌素缓释微胶囊，把阿维菌素保护起来，使其与外界环境隔离，这样就避免了光降解、水解、生物降解及环境污染等问题。

研究者们[421]采用乳液聚合法制备聚甲基丙烯酸甲酯包覆阿维菌素微胶囊的配方实例如表 9-12 所示。

**表 9-12** 用乳液聚合法制备聚甲基丙烯酸甲酯包覆阿维菌素微胶囊的配方实例

| 组分 | | 配比/质量份 | 用量/g |
|---|---|---|---|
| 芯材 | 阿维菌素 | 100.00 | 1.20 |
| 壁材单体 | 甲基丙烯酸甲酯 | 1250.00 | 15.00 |
| 引发剂 | 过硫酸钾 | 50.00 | 0.60 |
| 乳化剂与保护胶体的水溶液 | 乳化剂 十二烷基硫酸钠 | 41.67 | 0.50 |
| | 保护胶体 聚乙烯醇 | 4.17 | 0.05 |
| | 介质 蒸馏水 | 3708.33 | 44.50 |

制备工艺：

① 在机械搅拌条件下，依次把规定量的芯材阿维菌素和单体甲基丙烯酸甲酯加入到反应器中，在常温下搅拌 30min，使其充分溶解。

② 随后加入规定量的乳化剂十二烷基硫酸钠、保护胶体聚乙烯醇和引发剂的水溶液，充分快速搅拌，即得预乳化液。

③ 然后升温至 70℃，并且在此温度下中速搅拌 3h，以在液体珠滴表面进行包壳聚合反应。

④ 聚合反应到时后，即得到以聚甲基丙烯酸甲酯为囊壁，以杀虫剂阿维菌素为囊芯，稳定的阿维菌素杀虫剂球形微胶囊水乳液。其微胶囊平均直径低至 287nm，粒度分布窄，包覆率高达 99.98%，且具有优良的渗透性与传导性，杀虫活性与阿维菌素乳油相近。

### 9.15.3 用细乳液聚合法制备纳米微胶囊

细乳液聚合与常规乳液聚合的成核机理不同。常规乳液聚合按照胶束机理成核，是靠单体从单体珠滴通过水相不断向乳胶粒中扩散，在乳胶粒中进行聚合反应的。而细乳液聚合则是首先用高速剪切乳化机、超声波破碎机、高压均质机等高速剪切设备把单体细化成纳米级的小液滴，均匀分散于水相中，然后在这些小液滴中进行聚合反应的。一个小液滴就形成一个乳胶粒，不存在单体在水相中的扩散问题。用细乳液聚合法很容易制备乳胶粒平均直径为纳米级的聚合物乳液。

目前细乳液聚合法已经成为制备纳米微胶囊的有效手段，可以制备药物、香料、相变材料、染料、酶、农药、光稳定剂等材料的聚合物纳米微胶囊，已经成为材料领域里一个研究开发的热门课题。

### 9.15.3.1　用细乳液聚合法制备薰衣草香精控制释放纳米微胶囊

香味物质散发的气味能使人产生愉悦感，故香味物质被广泛应用于饮食、装饰、美容等领域。但是香精存在着易挥发、易氧化、释放速度过快、保香时间短等问题。若把香精进行微胶囊化，以香精作为囊芯，以聚合物作为囊壁，制成芳香微胶囊，把香精保护起来，让其缓慢释放并与氧气隔绝，可使之避免被氧化，持久保香。

常用的香精大多是带有羟基、醛基、羧基、酯基、羰基等极性基团的有机小分子化合物，与囊壁聚合物相比，其亲水性要大，更容易向颗粒外层甚至向水相扩散，从而导致包壳反应很难进行。为了解决这一问题，可以考虑选择一种可以与香精互溶的高沸点疏水溶剂，配制成疏水性高于壁材的香精溶液。以这种溶液作为芯材，就很容易把壁材聚合物包覆在外层，形成稳定的芳香微胶囊。

研究者们[422]采用细乳液聚合法制备聚甲基丙烯酸甲酯包覆薰衣草香精缓释芳香微胶囊的配方实例如表 9-13 所示。

**表 9-13**　用细乳液聚合法制备聚甲基丙烯酸甲酯包覆薰衣草香精缓释微胶囊的配方

| 组分 | | 配比/质量份 | 用量/g |
|---|---|---|---|
| 芯材 | 薰衣草香精 | 100.00 | 20.00 |
| 疏水溶剂 | 正十六烷 | 25.00 | 5.00 |
| 壁材单体 | 甲基丙烯酸甲酯 | 125.00 | 25.00 |
| 引发剂 | 偶氮二异丁腈 | 1.25 | 0.25 |
| 乳化剂 | 十二烷基硫酸钠 | 15.00 | 3.00 |
| 介质 | 去离子水 | 1000.00 | 200.00 |

制备工艺：

① 将规定量的乳化剂十二烷基硫酸钠和电导率 $<1\mu S/cm$ 的去离子水依次加入一容器内，搅拌溶解，配制成水相物料。

② 将规定量的疏水溶剂正十六烷、芯材薰衣草香精、包壳单体甲基丙烯酸甲酯以及引发剂偶氮二异丁腈依次加入搅拌混合器内，搅拌至充分溶解，配制成油相物料。

③ 把水相物料和油相物料在搅拌混合器内混合均匀，即得预乳化液。

④ 然后把预乳化液加入到高速乳化机中，升温至 40℃，并且在此温度下以高速乳化 20min，即得到均匀的细乳液。

⑤ 然后再把以上所制备的细乳液转移至聚合反应器中，通氮气保护，并升温至 73℃，中速搅拌 6h，使壁材单体在液体珠滴表面进行聚合反应。

⑥ 聚合反应结束后，即得到以聚甲基丙烯酸甲酯为囊壁，以薰衣草香精的正十六烷溶液为囊芯的稳定的薰衣草香精球形微胶囊水乳液。其微胶囊平均直径低至 300nm，粒度分布窄，包覆率高达 74.5%，且具有优良的缓释和留香效果。

### 9.15.3.2 用细乳液聚合法制备颜料纳米微胶囊

有机颜料是不溶性的有机物，通常是以高度分散状态施加于底物而使底物着色。在有机颜料中，有一个品种称为酞菁蓝。绝大多数酞菁蓝产品中均含有二价金属，如铜、镍、铁、锰等，其中主要的品种是含铜酞菁蓝，广泛应用于油墨、油漆、涂料及合成纤维的原浆着色，也用于织物的涂料印花以及塑料、橡胶、皮革的着色等。

有机颜料表面能低、疏水性强，颜料颗粒很容易团聚成葡萄状的大聚集体，因而在涂料印花等实际应用中往往需添加大量表面活性剂和黏合剂，进行长时间的球磨分散。但这种加工方式存在着助剂难以除去，黏合剂使用效率低等问题。为了解决这些问题，研究者们用细乳液聚合法，以苯丙或全丙聚合物为壁材，成功进行了对酞菁、偶氮、哒酮等多种有机颜料的微胶囊化，制得了三原色有机颜料纳米微胶囊。相比于传统的颜料加黏合剂共混常规印花，颜料微胶囊印花织物表现出更好的色牢度和柔软的手感，同时也避免了表面活性剂和黏合剂所造成的负面影响。

但是在实际应用中发现，当采用以聚丙烯酸系聚合物作为囊壁的颜料微胶囊制成的印花色浆时，由于聚丙烯酸系聚合物存在热黏冷脆的痼疾，而造成颜料微胶囊印花织物天热时手感发黏、天冷时硬挺，而且透气性不高等问题。尤其是把这种印花色浆应用于丝绸、尼龙绸等光滑、轻薄、致密的高档织物时，这种现象就更严重。研究者们改用硅丙聚合物做壁材，即通过向丙烯酸系单体中引入有机硅单体（如端乙烯基聚硅氧烷等），在包壳共聚合反应中形成硅丙共聚物囊壁。经印花后硅丙共聚物定位于织物上，其分子链上的有机硅链节的聚硅氧烷侧链优先伸向空气中，这就赋予印花织物以拒水性、拒油性、抗黏连性、滑爽性、柔软性、透气性、耐热性、耐污性等性能，可以有效解决上述问题。

研究者们[423]采用细乳液聚合法制备硅丙聚合物包覆铜酞菁蓝颜料微胶囊的配方实例如表 9-14 所示。

**表 9-14** 用细乳液聚合法制备硅丙聚合物包覆铜酞菁蓝颜料微胶囊的配方

| 组分 | | 配比/质量份 | 用量/g |
|---|---|---|---|
| 芯材 | 铜酞菁蓝颜料 | 100 | 0.50 |
| 壁材单体 | 甲基丙烯酸甲酯 | 700 | 3.50 |
| | 丙烯酸丁酯 | 700 | 3.50 |
| | 端乙烯基聚硅氧烷 | 600 | 3.00 |
| 引发剂 | 过硫酸钾 | 6 | 0.03 |
| 乳化剂 | 十二烷基硫酸钠 | 100 | 0.50 |
| 助稳定剂 | 正十六烷 | 40 | 0.20 |
| 分散介质 | 去离子水 | 17700 | 88.50 |

制备工艺：

① 将规定量的乳化剂十二烷基硫酸钠、引发剂过硫酸钾和去离子水依次加入一容器内，搅拌溶解，配制成水相物料。

② 将规定量的单体端乙烯基聚硅氧烷、甲基丙烯酸甲酯、丙烯酸丁酯以及芯材铜酞菁蓝颜料与助稳定剂正十六烷加入搅拌混合器内，通过高速剪切混合均匀，配制成颜料颗

粒的单体分散液，作为油相物料。

③ 将油相物料倒入水相物料中，快速机械搅拌 10min，即得预乳化液。

④ 其后把预乳化液加入带有冰水浴装置的超声波细胞粉碎机中超声乳化 10min，制得在单体液滴中含颜料颗粒的纳米级细乳液。

⑤ 然后再把以上所制备的细乳液转移到聚合反应器中，升温至 70℃，并中速搅拌 7h，以使单体在液体珠滴表面层进行共聚合反应。

⑥ 聚合反应结束后，即得到以硅丙共聚物为囊壁，以铜酞菁蓝颜料为囊芯、稳定的球形铜酞菁蓝颜料微胶囊水乳液。其微胶囊平均直径约为 200nm。用该纳米微胶囊进行的着色实验证明，其耐干擦和湿擦性能好，色牢度可达 4~5 级，适用于丝绸、尼龙绸等薄型织物的涂层及着色。

### 9.15.3.3　用细乳液聚合法制备防海洋污损纳米微胶囊

海洋污损生物也称海洋附着生物，是生长在船底和海中各种设施表面的动物、植物和微生物的通称。这些生物生长在船底、浮标、输水管道、海底电缆、木筏和浮桥上，给这些设施带来不利影响。尤其是在船底附着、生长的生物，可增加船舶的重量和航行阻力，而且能腐蚀船壳，会带来巨大的经济损失。为了防止海洋污损生物的危害，人们通常在船底涂上一层防污剂来解决。但传统的防污剂通常要加入有毒杀菌剂或重金属离子，这又会对海洋的生态环境造成污染。因此研究开发出一种无污染的防污涂料具有重要的意义。

研究证明，超疏水性表面涂层可明显抑制海洋污损生物在船底的附着。甲基硅油具有很小的表面张力，拒水性、拒油性及抗生物附着性均很强，同时具有对金属无腐蚀、无毒等优异性能，是制备抗海洋生物附着涂料添加剂的理想选择。但是直接添加会造成甲基硅油过快流失而过早失去防污效能。为了解决这一问题，研究者们[424] 以甲基硅油为芯材，以脲醛树脂为壁材，利用细乳液聚合法制成了缓释纳米微胶囊，将其添加到涂料中，涂覆后显示出良好的防污性能。

研究者们采用细乳液聚合法制备脲醛树脂包覆甲基硅油缓释纳米微胶囊的工艺如下：

① 将规定量的去离子水、乳化剂十二烷基苯磺酸钠和保护胶体聚乙烯醇依次加入反应器中，搅拌溶解（通常需要加热至 80~90℃）至呈透明溶液。

② 然后在室温下将规定量的芯材甲基硅油与助稳定剂正庚烷加入反应器内，在高速机械搅拌条件下，制备成 O/W 型乳状液。

③ 随后用氢氧化钠或盐酸把乳状液的 pH 调至 8.5。

④ 然后向反应器中加入规定量的单体尿素和 37% 的甲醛溶液，并加入交联剂氯化铵和间苯二酚，随后在中速搅拌条件下以 1℃/min 的升温速率将料液缓慢升温至 55℃，再于此温度下保温 4h，在油水界面上进行缩聚反应。所生成的聚合物包覆在甲基硅油小液滴外层，就制成了以甲基硅油为囊芯，以脲醛树脂为囊壁的，稳定的微胶囊乳液。

⑤ 最后将微胶囊乳液进行冷却、抽滤、干燥，即得到可以自由流动的微胶囊粉末。

经过对反应配方和制备工艺的优化，对产品的实际测试表明：所制得的微胶囊为表面光滑的球形颗粒，平均粒径为 870nm，对甲基硅油的包覆率为 91%。当在涂料中微胶囊的加入量为 15% 时，对菌类和藻类的抑制效率分别为 89% 和 79%。

## 9.15.4　用与乳液及乳液聚合相关的其他方法制备微胶囊

对于乳液法制备微胶囊来说，除了上述乳液聚合法和细乳液聚合法之外，还有多种制备方法与乳液及乳液聚合有关，以下列出几个实例。

### 9.15.4.1　用 Pickering 乳液作乳化剂制备防蚊微胶囊

早在 19 世纪早期人们就发现，固体颗粒可以用做乳化剂来制备乳液。于 1907 年，学者皮克林（Pickering）对用固体颗粒稳定的乳液进行了系统的研究，故这类乳液被后人称为 Pickering 乳液（或皮克林乳液），把用来稳定乳液的固体颗粒称作 Pickering 乳化剂（或皮克林乳化剂）。常用作 Pickering 乳化剂的固体粉末有黏土、二氧化硅、二氧化钛、金属氢氧化物、石墨、炭黑、淀粉等。多年来两亲性乳化剂的飞速发展和大量应用，抑制了 Pickering 乳化剂的研发、利用。其实这种乳化剂有其独到的稳定机理：乳化剂固体纳米颗粒在油-水界面整齐而密集地排列，形成类膜层，具有强有力的空间位阻作用。经改性的固体纳米粒子吸附在液滴表面，可以增加液滴间的排斥力，这样就阻止了液滴间因相互碰撞而聚并。与传统乳化剂相比，Pickering 乳化剂的界面稳定作用更强，可以制备稳定的乳液；乳化剂用量少，可以降低成本；而且不会对人体造成伤害和对环境造成污染。另外，Pickering 乳液法特别适用于微胶囊的制备，有利于提高微胶囊囊壁的抗渗性和机械强度等物理性质，还有利于使微胶囊形成均匀、光滑的球形外观。因此，Pickering 乳液的制备及应用又重新引起了业内工作者们的重视。

研究者们[425]对纳米二氧化钛用水杨酸改性，水杨酸分子上的羧基与二氧化钛颗粒表面的羟基进行反应形成改性二氧化钛颗粒，可以改善二氧化钛粒子在油/水分散体中的分散能力。然后利用改性纳米二氧化钛制备成 Pickering 乳液，将其作为乳化剂，采用界面乳液聚合法制备成了防蚊微胶囊。

防蚊微胶囊的制备工艺：

（1）纳米二氧化钛的改性　将 1 质量份的纳米二氧化钛加入 50 质量份的水杨酸饱和溶液中，在室温下中速搅拌 30min，然后再高转速搅拌至形成浅黄色分散液，然后进行过滤，洗涤，在 105℃温度下干燥 30min。最后将所得粉末研磨成细颗粒，即得水杨酸改性纳米二氧化钛粉末。

（2）Pickering 乳液的制备　取一定量经水杨酸改性的纳米二氧化钛粉末，分散到聚乙烯醇水溶液中，然后加入到一定量的二氯甲烷中，高速剪切一定时间，即制得 Pickering 乳液。

（3）防蚊微胶囊的制备

① 将一定量的聚乙二醇 400（PEG400）（总加入量的 1/2）加入到二氯甲烷中，随后滴加甲苯二异氰酸酯（TDI），在 30℃温度下进行预聚反应 15min，制备成预聚体溶液。

② 将芯材杀虫剂 NH 溶解在预聚体溶液中，再滴加溶有 Pickering 乳液和聚乙二醇 400（总加入量的 1/2）的水溶液，通过高速剪切乳化，制备成稳定的乳液。

③ 然后在反应体系（TDI 与 PEG400 的质量比为 2.5∶1，芯/壁的质量比为 2∶1）中加入适量催化剂，在中速搅摔及 30℃的温度下反应 2.5h，随后加入乙二醇进行封端反应

1h，即形成微胶囊。

④ 最后进行抽滤、冲洗、烘干，即得到以杀虫剂 NH 为囊芯，以聚氨酯为囊壁的杀虫剂微胶囊粉末。

经过对反应配方和制备工艺的优化，对产品的实际测试表明：水杨酸对纳米二氧化钛的改性，改善了纳米二氧化钛的亲油及亲水性能，可以提高乳液的稳定性。经优化制备 Pickering 乳液的条件为：水杨酸改性二氧化钛质量分数 0.75%，聚乙烯醇质量分数 1.0%，温度为室温，在高速剪切作用下乳化 7min。所制备的 Pickering 乳液粒径小、粒度分布窄、稳定性好。用 Pickering 乳液作乳化剂制备的微胶囊，外观呈规则的球形，表面光滑，包埋率为 84.02%，平均粒径为 2.867$\mu$m。

### 9.15.4.2　用变组成转相-溶剂挥发工艺制备环氧树脂固化剂微胶囊

市售环氧树脂胶按其包装形态可分为双组分胶和单组分胶。双组分胶的一个组分是环氧树脂，另一组分是固化剂，在应用时将两组分按一定比例混合均匀即可施工、固化。而单组分胶则是把环氧树脂和潜伏性固化剂预先混合到一起，在生产、运输和贮存过程中不发生反应，在施工过程中通过加热、光照、加压等措施，才能使环氧树脂快速固化成型。与双组分环氧树脂相比，单组分环氧树脂具有生产工艺简单、较少环境污染、产品质量较高、能适应大规模工业化生产等优点。

潜伏性固化剂有多种，微胶囊类环氧树脂潜伏性固化剂是其中之一。利用微胶囊化技术，以环氧树脂固化剂为囊芯，以天然或合成高分子材料为囊壁，制备成环氧树脂固化剂微胶囊，将固化剂包封起来，使其与环氧树脂隔开，在室温下存放和运输过程中不发生反应。而在施工过程中，通过升温或加压，将囊壁破坏，释放出固化剂，而使环氧树脂固化。

据文献报道，用溶剂挥发法制备环氧树脂固化剂纳米微胶囊，首先需要把作为芯材的环氧固化剂和作为壁材的固体聚合物溶解到低沸点溶剂中作为油相，另外把乳化剂水溶液作为水相，把油相和水相混合到一起，然后采用高能法，利用高速剪切乳化机、超声波粉碎机或高压均质机进行强力均化，形成 O/W 型纳米乳液。然后升到一定温度让油相中的溶剂透过连续相（水相）挥发出去，形成核/壳结构的微胶囊。

但是这种高能法能耗很大，设备维护费很高，因而大大提高了生产成本。有研究者[426] 采用变组成转相法（PIC 转相法），通过改变油相和水相的组成（即水相和油相的体积比）使体系达到转相点，发生转相，制备成功了环氧树脂固化剂微胶囊。该法节能、环保、成本低，可制得粒径小、粒度分布窄、稳定的 O/W 型环氧树脂固化剂微胶囊乳液。

制备工艺：

① 把一定量的芯材二氨基二苯甲烷（环氧树脂固化剂）和壁材聚甲基丙烯酸甲酯分别溶解于一定量的二氯甲烷中，将两种溶液依次加入反应器中，再加入亲油性乳化剂聚酰胺 650，开动搅拌混合均匀，即得油相物料。

② 将一定量的亲水性乳化剂十二烷基硫酸钠溶解到一定量的去离子水中配制成水相物料。

③ 将一定量的亲水性乳化剂十二烷基硫酸钠和保护胶体聚乙烯醇溶解到一定量的去离子水中配制成亲水性乳化剂-保护胶体溶液，待用。

④ 在快速搅拌条件下向油相物料中慢慢滴加水相物料。在水相物料滴加的前期，因为油相所占体积分数远远大于水相，于是就形成了 W/O 型乳液。随着水相物料的进一步加入，在油-水组成中，水相所占的体积分数逐渐增大，当增大到一定值时，就达到了转相点。此时，水-油之间的界面张力达到了最低值，体系黏度达最大值，若继续滴加水相物料，体系又变稀，就由 W/O 型乳液转相成了 O/W 型乳液。

⑤ 待水相物料加完后，把以上配制的亲水性乳化剂-保护胶体溶液加入 O/W 型乳液中，充分搅拌，混合均匀。

⑥ 把反应器内的物料升温至 35～40℃，搅拌 8h 以上，让低沸点溶剂二氯甲烷充分挥发。

⑦ 待二氯甲烷挥发殆尽后，把物料离心分离，将滤饼用乙醇洗涤 2～3 次，经干燥，即得到产物环氧树脂固化剂微胶囊粉末。

实验表明，亲水性乳化剂、亲油性乳化剂及保护胶体复配使用，采用变组成转相法（PIC 转相法），可以得到较稳定的环氧树脂固化剂纳米微胶囊乳液。可以形成外貌规整、光滑的球形微胶囊颗粒，且粒径较小，粒度分布较窄。

### 9.15.4.3　用原位乳液聚合法制备二氧化硅纳米微胶囊

有机聚合物与无机纳米颗粒能以物理结合的方式形成复合材料，一般是以有机聚合物为基体，无机纳米颗粒为增强体组合而成。两种材料性能互补，产生协同效应，使复合材料的综合性能显著优于原组成材料。制备复合材料常用的无机颗粒是纳米二氧化硅，由它和有机聚合物所制成的复合材料不仅保持了有机聚合物的韧性和易加工性能，而且赋予复合材料以表面效应、尺寸效应、高力学性能、尺寸稳定性、光稳定性和热稳定性等性能。

但是纳米二氧化硅和有机聚合物复合存在两个棘手的问题：一个问题是二氧化硅纳米粒子表面能高，且粒子间存在范德华力、氢键等作用力，易发生团聚，团聚体的尺度远远超过了纳米二氧化硅的粒度，故很难把纳米二氧化硅以单个粒子的形式均匀地分散到有机聚合物基体中去；另一个问题是二氧化硅与高分子材料的极性差异很大，相容性小，难以实现纳米二氧化硅粒子和有机聚合物之间的紧密结合。这两个问题都会严重影响复合材料的性能。因此，怎样将二氧化硅团聚体充分解离，使无机粒子在有机聚合物基体中实现纳米级的分散，以及怎样改善有机材料和无机材料之间的相容性，增大二者之间的结合力，成为提高复合材料性能的关键。

有研究者[427,428] 在纳米二氧化硅团聚体的解离以及改善有机聚合物和无机纳米粒的相容性方面做了一项很有益的工作，制成了粒径小、粒度分布窄、表面光滑致密的 SiO$_2$/PSt 纳米微胶囊乳液。

他们制备 SiO$_2$/PSt 纳米微胶囊乳液的工艺为：

① 先将商品纳米 SiO$_2$ 以乙醇为溶剂，在索氏抽提器中抽提 10h，去除表面杂质，然后在 100℃温度下真空干燥 24h。

② 取一定量的、经乙醇提取过的纳米 SiO$_2$ 粉末，在浓度为 0.5g/L 的十二烷基硫酸钠水溶液中超声处理 20min，使之达到吸附平衡，形成 SiO$_2$ 纳米粒子粗分散体，并能使 SiO$_2$ 团聚体得到一定程度的离解。

③ 将 SiO$_2$ 纳米粒粗分散体加入反应器中，在搅拌条件下，滴加一定量的单体苯乙烯

和引发剂过硫酸钾水溶液（浓度为 1.35g/L）。

④ 通氮气 3～5 次，以清扫反应器中的阻聚剂氧气。

⑤ 升温至 80℃，然后在此温度下，在快速搅拌条件下反应 4h，使单体苯乙烯在 $SiO_2$ 纳米颗粒上进行原位乳液聚合，即得到以纳米 $SiO_2$ 为囊芯，以聚苯乙烯为囊壁的稳定的纳米微胶囊乳液。

经过对反应配方和制备工艺的优化，研究者们对产品进行测试后有如下发现：

① 研究发现，纳米 $SiO_2$ 团聚体中的初级粒子之间存在空隙，在原位乳液聚合过程中，单体苯乙烯和引发剂过硫酸钾分子可以钻入空隙内，进行聚合反应，放出聚合热，从而减弱了纳米粒子间的范德华力和氢键作用力；同时由于单体和聚合物滞留在团聚纳米粒子的空隙内部，拉大了团聚体内纳米粒子之间的距离，这也会导致范德华力和氢键作用力的减小；再加上快速的搅拌剪切作用，就会使团聚体内的纳米 $SiO_2$ 粒子离解成初级纳米粒子。

② 实验发现，在原位乳液聚合过程中，单体苯乙烯可以在 $SiO_2$ 纳米粒子表面进行接枝反应，这可以改善囊芯无机 $SiO_2$ 纳米粒子表面和囊壁有机聚苯乙烯之间的相容性，因而提高了囊芯和囊壁之间的亲和力，使得单体苯乙烯更容易被吸附在 $SiO_2$ 纳米粒子表面，进行原位乳液聚合包壳反应，有利于形成完整、致密、光滑的球形微胶囊。

③ 微胶囊化使纳米 $SiO_2$ 粒子表面包覆了一层致密的聚苯乙烯外壳，降低了粒子的表面能，同时提供了隔离效应，有效地阻止了纳米 $SiO_2$ 粒子间的二次团聚。

④ 有机囊壁 PSt 与各种聚合物材料极性差异不大，相似相容，可以将 $SiO_2$/PSt 微胶囊均匀地分散到聚合物基体中去，并和聚合物基体紧密结合，这样就制备成了综合性能优异的复合材料。

所以业界认为，原位乳液聚合法是解决团聚无机纳米粒子离解与分散，进而制备无机/有机微胶囊，最终制备成高性能复合材料的理想方法。

## 参考文献

[1] Piirma Irja. Emulsion Polymerization，New York：Academic Press，1982.

[2] Vanderhoff J W，et al. Adv Chem Ser，1962，34：32.

[3] Vanderhoff J W，et al. J Dispersion Sci Technol，1984，5（3-4）：323-63.

[4] Graillat C，et al. J Polym Sci Polym Chem，1986，（24）：427-449.

[5] Kurenkov V F，et al. Vysokomol Soedin Ser A，1978，20（9）：647-650.

[6] Baade W，et al. 30th IUPAC，1985，129.

[7] 胡金生，等. 高分子材料科学与工程，1985，（1）：34-43.

[8] 黄鹏程. 化学学报，1996，54（3）：209-217.

[9] 刘莲英，孟晶，杨万泰. 北京化工大学学报，2002，29（2）：59-62.

[10] 哈润华，侯斯健. 高等学校化学学报，1993，14（8）：1163.

[11] 易风昌，徐祖顺，程时远，等. 高分子学报，1996，（3）：291-296.

[12] 孟晶，赵京波，张兴英. 北京化工大学学报，2004，31（5）：106-109.

[13] 刘玉勇，于善普. 精细石油化工进展，2003，4（8）：25-27.

[14] Benda D，Sunparek J，Cermak V. Eur Polym J，1997，33（8）：1345-1352.

[15] 哈润华，侯斯健，王德松，等. 高分子学报，1995（6）：745-748.

[16] Reichert K H，Baade W. Macromol Chem，1984，123：361.

[17] 彭金顺，张贵军，方华，等. 湖北大学学报，1999，21（3）：274-277.

[18] Grornov V F, et al. Vysomol Soedin Ser (A30), 1988, (1): 164.

[19] Baade W, Reichert K H. Eur Polym J, 1984 (20): 505.

[20] Hübinger W, Thesis P D. Technische Universilät. Berlin: 1988.

[21] Barajas J H, Hunkeler D J. Polymer, 1997 (2): 437-447.

[22] Xu Zushun, Yi Changfeng, Cheng Shiyuan. J Appl Polym Sci, 2001, 79 (31): 528-534.

[23] Xu Zushun, Chen Yuanchun, Zhang Guijun et al. J Polym Sci (Part A: Polym Chem), 1999, 37 (15): 2719-2725.

[24] 刘长欣. 山东师范大学学报, 1998, 13 (3): 291-294.

[25] 侯斯健, 哈润华. 高分子学报, 1995 (3): 349-354.

[26] Carr E L, Johnson P H. Lnd Eng. Chem, 1949, 41: 1588.

[27] Warson H, Finch C A. Applications of Synthetic Resin Latices, V1, New York: John Wiley & Sons Ltd, 2001, 178-179.

[28] Barrett K E J. Dlspersion Polymerization in Organic Media. New York: Interscience, 1975.

[29] Tseng C M, Lu Y Y, El-Aasser M S, Venderhoff J W. J Polym Sci (Part-A, Polym Chem Ed), 1986, 24: 2995.

[30] Shen S, Sudol E D, El-Aasser M S. J Polym Sci (Part-A, Polym Chem Ed), 1993, 31: 1393.

[31] 奥田平, 稻垣宽. 合成树脂乳液. 黄志启, 等, 译. 北京: 化学工业出版社, 1989.

[32] Lok K P, Ober C K. Can J Chem, 1985, 63: 209.

[33] 史俊杰, 孙宗华. 功能高分子学报, 1990, 3 (2): 105.

[34] 方道斌, 郭睿威, 封同波. 化工进展, 1994, (6): 21.

[35] Arshady R. Colloid and Polymer Science, 1992, 8 (270): 732.

[36] Chen Y, Yang H W. J Polym Sci: Part-A, Polym Chem Ed, 1992, 30: 2765.

[37] Dawkine J W. Taylor Polymer, 1979 (20): 599.

[38] Everett D H, Stageman J F. Colloid Polym Sci, 1977 (255): 293.

[39] Bromley C W A. Colloids and Surfaces, 1986 (17): 1

[40] 袁才登, 曹同玉, 等. 西安交通大学学报, 2000, 34 (9): 118-122.

[41] 王艳君. 分散聚合法制备单分散微米级磁性聚合物功能微球 [D]. 天津: 天津大学, 2000.

[42] 袁才登. 反应性聚合物微凝胶的合成与应用 [D]. 天津: 天津大学, 2000.

[43] Lu Y Y, El-Aasser M S. Vanderhoff J W. J Polym Sci: Part-B, Polym Phys, 1988, 26: 1187.

[44] Douglas S J, Illum T, Davis S S. J Colloid Interface Sci, 1985 (103): 154.

[45] Paine A J. Macromolecules, 1990, 23: 3109.

[46] Blackley D C. Emulsion Polymerization. London: Applied Science Publisher Ltd., 1975: 495.

[47] 曹同玉, 戴兵, 戴俊燕, 等. 高分子材料科学与工程, 1998, 14 (1): 31-34.

[48] Gee G, Davies C B, H W Melville. Trans Faraday Soc, 1939, 35: 1298.

[49] Matsumoto T, Ochi A. Kobunshi Kagaku, 1965, 22: 481.

[50] Robert M Fitch, Michael B Prenosil, Karen J Sprick. J Polym Sci Part C, 1969, 27: 95.

[51] Kotera A, Furasawa K, Takeda Y, Kolloid-Z U Z Polymere, 1970, 239: 677.

[52] Kotera A, Furasawa K, Takeda Y. Kolloid-Z U Z Polymere, 1970, 240: 837.

[53] Harkins W D. J Chem Phys, 1945, 13: 381.

[54] Harkins W D. J Chem Phys, 1946, 14: 47.

[55] Harkins W D. J Amer Chem Soc, 1947, 69: 1428.

[56] Smith W V, Ewart E H. J Chem Phys, 1948, 16: 592.

[57] Robert M Fitch. Br Polym J, 1973, 5: 467.

[58] Goodwin J W, Hearn J, Ho C C, Ottewill R H. Br Polym J, 1973, 5: 347.

[59] Hansen F K, Ugelstad J. J Polym Sci Polym Chem Ed, 1978, 16: 1953.

[60] Feeney P J, Donald H Napper, Robert G Gilber. Macromolecules, 1987, 20: 2922.

[61] John W Vanderhoff. J Polym Sci Polym Symp, 1985, 72: 161.

[62] Goodwall A R, Wilkinson M C, Hearn J. J Polym Sci Polym Chem Ed, 1977, 15: 2193

[63] Song Z, Gary W Poehlein. J Colloid Interface Sci, 1989, 128 (2): 486.

[64] Song Z, Gary W Poehlein. J Colloid Interface Sci, 1989, 128 (2): 501.

[65] Brandrup J, Immergut E H. Polymer Handbook, New York. Wiley-Interscience. 1975.

［66］ Goodwall A R，Wilkinson M C. Polym Colloids Ⅱ （R M Fitch Ed）. New York：Plenum，1980.

［67］ Chern C S，Pochlein G W. J Pdym Sci Polym Chem Ed，1987，25：617.

［68］ Chen S A，Lee S T. Macromolecules，1991，24：3340.

［69］ Chen S A，Lee S T，Lee S，Polym Interna，1993，30：461.

［70］ Vanderhoff J W. In Characterization of Metal and Polymer Surface （Lee L H Ed）. New York：Academic Press Inc，1977，365.

［71］ Ugelstad J，Hansen F K. Rubber Chem Technol，1976，49：536.

［72］ Matsumoto T，Okubo M，Onoe S. Kobunshi Ronbunshu，1974，31：576.

［73］ OKubo M，Yamada A，Matsumoto T. J Polym Sci，Polym Chem Ed，1980，16：3219.

［74］ M Okubo，Katsuta Y，Matsumoto T. J Polym Sci，Polym Lett Ed 1982，20：45.

［75］ Matsumoto T，Okubo M，Shibao S. Kobunshi Ronbunshu，1976，33：575.

［76］ M Okubo，M Ando，Yamada A，et al. J Polym Sci，Poly Lett Ed，1981，19：143.

［77］ 吴祉龙. 合成橡胶工业，1993，16（2）：71-76.

［78］ 中村友信等. 接着，1989，33（12）：25

［79］ Akto T J. Adhesion，1992，（37）：163-172.

［80］ 段洪东，孟霞. 化学与黏合，2000，（8）：138-139.

［81］ 庞兴收，成国祥，陆书来. 胶体与聚合物，2002，20（1）：30-33.

［82］ Torza S，Masor S. J Colloid Interface Sci，1970，33：67.

［83］ Gonzalez O L J，Asua J M J. Macromolecules，1995，28：3135-3145.

［84］ 赵科，孙培勤，刘大壮. 应用化学，2002，19（7）：642-645.

［85］ 孙培勤，赵科，刘大壮. 高校化学工程学报，2000，14（4）：340-345.

［86］ 孙培勤，赵科，刘大壮. 粘接，2001，22（4）：18-21.

［87］ Sundberg D C，Casassa A，et al，J Appl Polym Sci，1990，41：1425.

［88］ Berg J，Sundberg D C，Kronberg B. J Microenca，1989，6：327.

［89］ Sundberg E J，Sundberg D C. J Appl Polym Sci，1993，47：1277-1294.

［90］ Chen Y C，Dimonic V L，El-Aasser M S. J Appl Polym Sci，1991，42：1049-1063.

［91］ Chen Y C，Dimonic V L，El-Aasser M S. Macromolecules，1991，24：3779-3787.

［92］ Chen Y C，Dimonic V L，Shaffer O L et al. Polym. Int，1993，30：185-194.

［93］ 阚成友，杜奕，刘德山，等. 化学学报，2002，60（6）：1129-1133.

［94］ Gonzalez O L J，Asua J M J. Macromolecules，1996，29：383-389.

［95］ Gonzalez O L J，Asua J M J. Macromolecules，1996，29：4520.

［96］ 孙培勤，赵科，刘大壮. 高等学校化学学报，2000，14（4）：340-345.

［97］ Huo Dongxia，Liu Dazhuang，Sun Peiqin. Polym. Int，2002，51（12）：1417-1421.

［98］ 孙培勤，赵科，刘大壮. 粘接，2001，22（5）：25-28.

［99］ 樊云峰. 塑料加工，1996，24（2）：11-14.

［100］ Cho I，Lee K W. J Appl Polym Sci，1985，30：1903-1926.

［101］ Chen Y C，Dimonie V，El-Aasser M S. J Appl Polym Sci，1992，46：691-706.

［102］ 中村吉申，大久保政芳，松本恒雄. 高分子论文集，1985，33（13）：103.

［103］ Lee C F，Chen Y H，Chin W Y. Polym J，2000，32：629-636.

［104］ Teng G，Soucek M D. Polymer，2001，42：2849-2862.

［105］ Kan C Y，Kong X J，Liu D S. J Appl Polym Sci，2001，80：2251-2258.

［106］ 林润雄，王基伟. 化工科技，2000，8（6）：1-4.

［107］ Min T I，Kien A，El-Aasser M S，et al，J Polym （Sci，Part A），1983，21：2845.

［108］ Dimonie V，et al. J Polym Sci （Polym Chem Ed），1984，22：2197.

［109］ Jonsson J E，Hassander H. Macromolecules，1991，24：126-131.

［110］ Lee D I，Ishikawa T. J Polym Sci （Part A），1983，31：147.

［111］ 霍东霞，刘大壮，孙培勤. 高分子学报，2000，1：55-60.

［112］ Lee C F. Polym J，2000，32（8）：642-650.

［113］ Cao Tongyu，Xu Yongshen，Su Yuncheng，et al. J Appl Polym Sci，1990，41：1965-1972.

［114］ Enk J，Helen H，Tornell B. Macromolecules，1994，27：1932-1938.

［115］ Bucsi A，Forcada J，Gibanel S，et al. Macromolecules，1998，31：2087-2097.

聚合物乳液合成原理性能及应用
（第三版）

［116］Misra S C，Chot C P，El-Aasser M S. J Polym Sci（Polym Chem Ed），1983，21：2383-2396.

［117］Hu R，Dimonie V，El-Aasser M S. J Appl Polym Sci，1997，64：1123-1134.

［118］Ocubo M，Yamada A，Matsumoto T. J Polym Sci（Polym Chem Ed），1980，18：3219-3228.

［119］王风芳，等.涂料工业，1992，6：1-5.

［120］许湧深，曹同玉，龙复，等.化工学报，1991，6：683-689.

［121］朱岩.荆门职业技术学院学报（自然科学版），1998（1）：22-29.

［122］阚成友，洪曼青，孔祥正，等.化工科技，1999，7（2）：1-4.

［123］何卫东，潘才元.功能高分子学报，1997，10（1）：110-116.

［124］成国祥，盛京，沈宁祥.高分子通报，1989，（4）：33-37.

［125］Misra S C，Pichot C，Vanderhoff J W. J Polym Sci（Polym Letters Ed），1979，17：567-573.

［126］Siverstein M S，Talmon Y，Nakis M. Polymer，1974，47：459.

［127］John S T，Jerry I S，Peter R C. J Polym Sci，1983，16：589-598.

［128］徐伟良，田平.涂料与应用，1997，27（3）：13-15.

［129］阚成友，刘漫红，孔祥正.高等学校化学学报，1995，16（3）：477-480.

［130］Cao Tongyu，Xu Yongshen，Wang Yanjun，et al. Polym. Int，1993，32：153-158.

［131］沈宁祥，成国祥，姚康德，等.高分子材料科学与工程，1987，3（3）：21.

［132］成国祥，沈宁祥，姚康德.材料科学进展，1988，2（2）：26.

［133］Callaghan K L，Pine A J，Rudin A. J Polym Sci（Polym Chem Ed），1995，33：1849.

［134］Sommer F，Mich T，Tiri R，et al. Langmur，1995，11：440.

［135］Kine B B，Redlich G H. Surfactants in Chemical Process Engineering，Surfactant Sci. Ser（Wasan D T，Ginn M E，Shah D O），1988，28：263.

［136］Hergth W D，Brittrich H J，Eichhorn F，et al. Polymer，1989，30：1913.

［137］Pijers A P，Donners W A B. J Polym Sci（Polym Chem Ed），1985，23：453.

［138］Luk S Y，Lineton W，Keane M，et al. J Chem Faraday Trans，1995，91（5）：905.

［139］江明.高分子合金的物理化学.成都：四川教育出版社，1989.

［140］JP 8251710.

［141］钱松.中国石油和化工，2005，（6）：72-75.

［142］US 4375532.

［143］林润雄，王基伟，潘熔伟.弹性体，1999，9（4）：1-4.

［144］JP 82200412.

［145］US 4717750.

［146］US 4742108.

［147］Yamazaki S. Kobunshi Ronbunshu，1976，33（11）：663.

［148］Yamazaki S，Hattori S. Hamacima M. Kobunshi Rohbunshu，1976，33：655.

［149］Eliseeva V I，Gerasimova A S，Frantsuz Z S，et al. Vysokomol Sodin，Ser A，1984，26：1382.

［150］BP 1326572.

［151］GP 2412516.

［152］陈建山，周钢，吴宇雄，等.精细化工中间体，2003，33（6）：17-19.

［153］耿耀宗，曹同玉.合成聚合物乳液制造与应用技术.北京：化学工业出版社，1999.

［154］Kim C J，Lee P I. J Appl Polym Sci，1992，46（12）：2147.

［155］彭应旭，庄燕黎，廖工铁.中国医药工业杂志，2000，31（2）：57-59.

［156］洪雁，陈洪兴，顾正彪.西部粮油科技，2003，（5）：38-40.

［157］邱贞慧，彭著良，孙元宝，等.精细石油化工进展，2004，5（7）：41-44.

［158］周文华，杨辉荣，岳庆磊，等.香精香料化妆品，2003（4）：29-33.

［159］周小群.杭州化工，2001，31（1）：11-14.

［160］龙复，李同年.现代涂料与涂装，1996，（2）：1-3.

［161］李孝红，丁小斌，孙宗华，等.功能高分子学报，1995，18（1）：73.

［162］Li Xiaohong，Sun Zonghua. J Appl Polym Sci，1995，58（7）：1991.

［163］Funke W E. J Coat Tech，1988，60：767.

［164］美国专利主页. http：//patents. uspto. govl.

［165］Murray M J，Snowden M J. Adv In Colloid Interface Sci，1995，54：73.

[166] Bromley B W A. J Coat Tech，1989，61：39.

[167] Funke W E. British Polym J，1989，211：107.

[168] US 4528317.

[169] GB 2164050A.

[170] 约翰 J. 功能性乳液·胶乳. 徐德恒，管云林，译. 上海：上海科学技术文献出版社，1989：87.

[171] Okay O，Funke W E. Macromol. Chem.，1990，191（7）：1565.

[172] Funke W E，Walter K. Polym J，1985，71（1）：179.

[173] Downing S B. High Value Polymers，London：Royal Society of Chemstry，1989.

[174] 袁才登. 反应性聚合物微凝胶的合成与应用［D］. 天津：天津大学，2000.

[175] Autonietti M. Adv. Maters，1988，100（12）：1813.

[176] Kawaguchi H，Fugimoto K，Saito M，Kawasaki T，Urakami Y. Polym Int，1993，30：225.

[177] Hearn J，Wilkinson M C，Goodall A R. Adv Colloid Interface Sci，1981，11：173.

[178] Aihara T，Nakayama Y. Prog Org Coat，1986，14：103.

[179] Volfe M S. Polym Mater Sci Eng，1989，61：398.

[180] JP 0253803.

[181] US 4055607.

[182] Baxall J. J Oil Col Chem Assoc，1984，67：227.

[183] DE 19504015.

[184] US 5554671.

[185] JP 0356573.

[186] JP 02275784.

[187] 施良和，胡汉杰. 高分子科学的今天与明天. 北京：化学工业出版社，1994.

[188] Manson J A，Sperling L H. Polymer Blends and Composites，New York，1976.

[189] Frisch H L，Frisch K C，Klempner D. Mod Plast.，1977，54：76.

[190] Sperling L H. J Polym Sci，Macromol Rev，1977，12：141.

[191] Thomas D A，Sperling L H. In Polymer Blends. Vol 2. New York Aacadmic Chem，1978.

[192] Millar J R. J Chem Soc，1960：1311.

[193] Goodyear G. US Patent 3633，1844.

[194] Aylsworth J W. US Patent 1111784，1914.

[195] Staudinger J J P，Hutchinson H M. US Patent 2539377，1951.

[196] Millar J R，Smith D G，Marr W E. J Chem Soc，1962：1789.

[197] Sperling L H. 互穿聚合物网络和有关材料. 黄宏慈，欧玉春，译. 北京：科学出版社，1987：257.

[198] Sperling L H，Chiu T W，Thomas D A. J Appl Poly Sci，1973，17：2443.

[199] Sperling L H，Chiu T W，Gramlich R G，Thomas D A. J Pain Technol，1974，46：47.

[200] Gates J A，Thomas D A，Hickey E C，Sperling L H. J Appl Polym Sci，1975，19：1731.

[201] Flory P J. Principles of Polymer Chemistry，New York：Cornell Univ. Ithaca，1953.

[202] Bucknall C B. Toughened Plastics. Applied Science. 1977.

[203] Donatelli A A，Sperling L H，Thomas D A. J Appl Polym Sci，1977，21：1189.

[204] Meier. D J. J Polym Sci（Part C），1969，26：81.

[205] Krause S J. J Macromol Sci，Macromol Chem Rev，C7，1972，2：251.

[206] Krause S J. In Polymer Blends. Vol 1. New York：Academic，1978.

[207] Hourston D J，Satgurunathan R. J Appl Poly Sci，1984，29：2969.

[208] Hourston D J，Satgurunathan R，Varma H. J Appl Poly Sci，1986，31：1955.

[209] Hourston D J，Satgurunathan R，Varma H. J Appl Poly Sci，1987，33：215.

[210] Hourston D J，Satgurunathan R，Varma H. J Appl Poly Sci，1987，34：901.

[211] Gates J A，Thomas D A，Hickey E C，et al. J Appl Polym Sci，1975，19：1731.

[212] 李强，黄光速. 合成橡胶工业，2002，25（1）：1-5.

[213] US Patent 3562235，1971.

[214] 日本公开特许 JP 60-3848.

[215] 日本公开特许 JP 60-155215.

[216] US Patent 4515914，1985.

[217] Frisch H L，Klempner D，Frisch K C. Polym Lett，1969，7：775.

[218] Klempner D，Frisch H L，Frisch K C. J Polym Sci，A-2，1970，8：921.

[219] Matsuo M，Kwei T K，Klempner D，Frisch H L. Poylm Eng Sci，1970，10：327.

[220] Klempner D，Frisch H L. Polym Lett，1970，8：525.

[221] Klempner D，Frisch H L，Frisch K C. J Elastoplast，1971，3（1）：2.

[222] Sperling L H，Chiu T W，Hartman R G，Thomas D A. Int J Polym Mater，1972，1：331.

[223] Sperling L H. In Noise-Con 73 Proceedings，D R Tree ed. Institue of Noise Control Engineering. New York：Poughkeepsie，1973.

[224] Sperling L H，Thomas D A，Lorenz J E，Nagel E J. J Appl Polym Sci，1975，19：2225.

[225] Sperling L H，Thomas D A. US Patent 3833404，1974.

[226] Sionakidis J，Sperling L H，Thomas D A. J Appl Polym Sci，1979，24：1179.

[227] Hoar T F，Schalmer J H. Nature，1943（52）：102.

[228] Rodriguez V S，El-Aasser MS. J Polym Sci Polym（Chem Ed），1987，27（11）：3659.

[229] Quan Wang，Shoukuan Fu，Tongyin Yu. Prog Polym Sci，1994（19）：703.

[230] Herman Mark，Norbert M Bikales，Charles G Overberger，Georg Menges. Encyclopedia of Polymer Science and Engineering. Second Edition. New York：Wiley-Inter Science，1987：718.

[231] Francoise Candau，Yee Sing Leong，Genevieve Pouyet，Sauveur candau. J Colloid Interface Sci，1984（101）：167.

[232] J S Guo，E D Sudol，J W Vanderhoff，M S El-Aasser. J Polym Sci Polym Chem，1992，（30）：691.

[233] Whang B C Y，Napper D H，Ballard M J，Gilbert R G. J Chem Soc Faraday Trans，1982，1（78）：1117.

[234] Vanderhoff J W，Bradford E B. Polymer Colloid I（Fitch R M Ed）. New York：Plenum Press，1971.

[235] Vanderhoff J W，El-Aasser M S. J Dispersion Sci Technol，1984，5：231.

[236] Vanderhoff J W. Mater Rer Sym Proc，1987，87：213.

[237] 曹同玉，戴兵，戴俊燕，等. 高分子学报，1997，（2）：158-165.

[238] Okubo M，Ikegaml K，Yamymoto Y. Colloid Polym Sci，1989，267：193.

[239] Okubo M，Katayama Y，Yamamoto Y. Colloid Polym Sci，1991，269：217.

[240] All S A. Sengupta M. J Polym Mater，1991，8：243.

[241] Chungli Y，Goodwin J W，Ottewill R H. Prog Colloid Polym Sci，1976，60：163.

[242] Morton M，Kaizerman S，Altier M W. J Polym Sci，1954，9：300.

[243] Ugelstad J. J Polym Sci，Polym Symp，1985，72：225.

[244] Ugelstad J，Mork P C，Berge A，Khan A A. Emulsion Polymerization（Piirma I Ed），New York：Academic Press，1982.

[245] Ugelstad J，Kaggerud K L，Fitch R M. Polymer Colloid Ⅱ（Fitch R M Ed），New York：Linum Press，1978.

[246] Ugelstad J，Kaggerud K L，Hansen F K，Berge A. Macromol Chem，1979，180：737.

[247] Ugelstad J，Mork P C，Kaggerud K H，Ellingsen T，Berge A. Adv Colloid Interface Sci，1980，13：101.

[248] Okubo M，Nakagawa T. Colloid Polym Sci，1991，269：222.

[249] Okubo M，Nakagawa T. Colloid Polym Sci，1992，270：853.

[250] Okubo M. EP 0326383. 1989.

[251] 日方轩雄. JSR Technical Review，1992：99.

[252] 邱广明，孙宗华. 功能高分子学报，1993，6（2）：123.

[253] Nustad K，Johansen L，Schmid R，Ugestad J，Ellingsen T，Berge A. Agent Action Supl，1982，9：207.

[254] 马立人，刘耀清. 上海免疫学杂志，1982，2（1）：59.

[255] US 4469825.

[256] EP 22633.

[257] Sruauss J. Surf Coat Aust，1987，24：6.

[258] EP 367684.

[259] Okubo M，Ichikawa K，Fujimura M. Colloid Polym Sci，1994，272（8）：933-937.

[260] Gill I，Ballesteros A J. Am Chem Soc，1998，120：8587-8598.

[261] Jiang P，Bertone J F，Colvin V L. Science，2001，291：453-457.

[262] Okubo M，Nakaura M，Ito A. J Appl Polym Sci，1997，64：1947-1951.

［263］Pavlyuchenko V N，Sorochinskaya O V，Ivanchev S S，et al. J Polym Sci（Part A）Polym Chem，2001，39（9）：1435-1449.

［264］缪爱花，袁才登，曹同玉，等. 丙烯酸化工与应用，2004，（3）：9-13.

［265］McDonald C J，Devon M J. Adv Colloid Interface Sci，2002，99：181-213.

［266］US 4880842.

［267］US 5473670.

［268］阚成友，李惠慧，孙瑾. 高分子学报，1999（2）：199-203.

［269］Okubo M，Mori H，Ito A. Colloid Polym Sci，2000，278（3）：358-363.

［270］Wanderhoff J W，Park J M，et al. Polym Mater Sci Eng，1991，64：345-346.

［271］Ruckenstein E，Kong X Z. J Appl Polym Sci，1999，72：419-426.

［272］郝东梅，刘成岑，施凯，等. 应用化学，2000，17（4）：447-449.

［273］US 4973970.

［274］McDonald C J，Bonck K J，Chaput A B，et al. Macromolecules，2000，33：1593-1605.

［275］Kim J W，Joe Y G，Suh K D. Colloid Polym Sci，1999，277：252-255.

［276］Fichenx M F，Bonakdar L，et al. Langmuir，1998，14（10）：2702-2706.

［277］Okubo M，Minami H，Morikawa K. Colloid Polym Sci，2003，281（3）：214-219.

［278］Okubo M，Minami H，Yamashita T. Macromol Symp，1996，101：509.

［279］Okubo M，Minami H. Colloid Polym Sci，1996，274：433-438.

［280］Okubo M，Minami H. Colloid Polym Sci，1997，275：992-997.

［281］Seiner J A. Ind Eng Chem Prod Res，1978，17：302-317.

［282］Debnath N C，Kotkar D D. Eur Coat J，1998，4：264-269.

［283］Fitzwater S，Hook J W. J Coat Technol，1985，57（721）：39-47.

［284］Brown J T. TAPPI Proceedings 1991 Caoting Conf. 1991. 113-212.

［285］WO 9839372.

［286］魏德卿，刘宗惠，蓝振川. 中国皮革，1997，26（4）：7-8.

［287］魏德卿，刘宗惠，罗孝君，等. 皮革科学与工程，2004，14（3）：44-46.

［288］刘鹏，田军，刘维民，等. 化学进展，2004，16（1）：15-20.

［289］Gill I，Ballesteros A. J Am Chem Soc，1998，120：8587-8589.

［290］Tasset C，Barrete N，Thysman S，et al. J Controlled Release，1995，33：23-30.

［291］Kmiec E B. Am Sci，1999，87：240-242.

［292］Chang T M S. Eur J Pharm Bipharm，1998，45：3-8.

［293］Blackley D C，Mattham R K. Br Polym J，1970（2）：25.

［294］Canale A J，Wewett W A. Polymer Letters，1964，2：1041.

［295］Rinehart R E，Smith H P，Watt H S，Romeyu H. J Amer Chem Soc，1962，84（21）：4145.

［296］Blackley D C，Mustafa I. Ph D Thesis，C N A A，1972.

［297］Canale A J，Hewett W A，Shryne T M，Youngman E A. Chem and Ind，1962：1054.

［298］Dauby R，Dawans F，Teyssie P H. J Polym Sci，1967，16：1989.

［299］Ballantine D S. Brookhaven National Laboratory. New York：Rep. BNL-294（T-50），1954.

［300］Hummel D，Ley G J M，Schneider C. Adv Chem Ser，1967，66：184.

［301］Garreau H，Stannett V，Shiota H，Williams J L. J Colloid Interface Sci，1979，71：130.

［302］O'Neill T，Stannet V. J Macromol Sci Chem，A9，1974：285.

［303］Hoigne J，O'Neill T. J Polym Sci：Part A-1，1972，10：581.

［304］Araki K，Stannett V，Gervasi J A，Kearney J J. J Appl Polym Sci，1969，13：1175.

［305］Karpov V L，Smirnov A，Lukhovitskii V L，Pozdeeva R M. Plast Massy（USSR），1977，3：18.

［306］Konishi K，Senrui S，Sova T，Takihisa M. J Polym Sci，1974，12：83.

［307］Panajkar M S，Rao K N. Radiat Effects，1979，41：71.

［308］Ishigure K，O'Neill T，Stahel E P，Stannett V. J Macromol Sci Chem，1974，A8：353.

［309］Garreau H，Yoshida K，Ishigure K，Stannett V. J Macromol Sci-Chem，1980，A14：739.

［310］Kamiyama H. Ann Rep Osaka lab，JAERI5029，33，1974.

［311］Cockbain E G，Pendle T D，Turher D T. J Polym Sci，1959，39：419.

［312］Piima J. Emulsion Polymerization. New York：Academic Press，1982.

聚合物乳液合成原理性能及应用
（第三版）

[313] Biswas M. New Polymerization Techiques and Synthetic Methodologies，Berlin：Springer，2001：102.

[314] Asua J M. Prog Polym Sci，2002，27：1283-1346.

[315] Ugelstad J，El-Aasser M S，Vanderhoff J M. Polym Lett Ed，1973，11：503-513.

[316] Kabolnov A S，Shchukin E D. Adv Colloid Interface Sci，1992，38：69.

[317] Chou Y L，El-Aasser M S，Vanderhoff J W. Dispersion Sci Technol，1980，1：129-150.

[318] 谭必恩，张洪涛，胡芳，等．高分子学报，2000，2：184-189.

[319] 谢刚，张和鹏，张秋禹，等．高分子学报，2003，5：626-630.

[320] 刘宇，丁新更，谢飞，等．装饰装修材料，2004，11：24-26.

[321] 邵亚军，倪沛红，纪晓丽，等．高等学校化学学报，2004，25（11）：2176-2178.

[322] 杨雷，罗英武，李伯耿．高分子学报，2004，3：462-464.

[323] 傅和青，张心亚，黄洪，等．现代化工，2004，24（4）：62-64.

[324] Ostwald W. Phys Chem，1901，37：385.

[325] Webster A J，Cates M E. Langmuir，1998，14：2068-2079.

[326] Schork F J，Poehlein G W，Wang S，et al. Colloids and Surfaces A：Physicochemical and Engineering Aspects，1999，153：39-45.

[327] Miller C M，Sudol E D，Silebi C A，et al. Macromolecules，1995，28：2754-2764.

[328] Landfester K，Antonietti M. Macromol Rapid Commun，2000，21：820-824.

[329] Dewald R C，Hart Jr L H，WFC. Polym Sci，Polym Chem Ed，1984，22：2923-2930.

[330] Antonietti M，Landfester K. Prog Polym Sci，2002，27：689-757.

[331] Landfester K，Bechthold N，Tiarks F，et al. Macromolecules，1999，32：5222-5228.

[332] Sood A，Awasthi S K. J Appl Polym Sci，2003，88：3058-3065.

[333] Tang P L，Sudol E D，Silabi C A，et al. J Appl Polym Sci，1991，43：1059-1066.

[334] Landfester K，Bechthold N，Tiarks F，et al. Macromolecules，1999，32：2679-2683.

[335] Chern C S. Lion Y C. Polymer，1999，40：3763-3772.

[336] Dai L，Li W，How X. Colloids and Surface A，1997，125：27-32.

[337] Wang S，Schork F J. J Appl Polym Sci，1994，54：2157-2164.

[338] Reimers J L，Schork F J，Ind Eng Chem Res，1997，36：1085-1087.

[339] Ugelstad J，Mork P C，Kaggerud K，et al. Adv Colloids Interface Sci，1980，13：101.

[340] Wang C C，Yu N S，Chen C Y，et al. J Appl Polym Sci，1996，60：493-501.

[341] Choi Y T，Sudol E D，Vanderhoff J W，et al. Polym Sci，Polym Chem Ed，1985，23：2973.

[342] Landfester K，Bechthold N，Förster S，et al. Macromol Rapid Commun，1999，20：81-84.

[343] Choi Y T，El-Aasser M S，Sudo E D，et al. Polym Sci，Polym Chem Ed，1985，23：297.

[344] Delgado J，El-Aasser M S，Silebi C A，et al. Polym Mat Sci，Eng，1987，57：976.

[345] Mouran D，Reimers J，Schork F J. Polym Sci，Part A：Polymer Chemistry，1996，34：1073-1081.

[346] Chern C S，Chen T J，Lion Y C. Polymer，1998，39：3767-77.

[347] 倪沛红，李洁爱，余樟清，等．高等化学工程学报，2002，16：503-507.

[348] Miller C M，Sudol E D，Silebi C A，et al. Macromolecules，1995，28：2754-2764.

[349] Miller C M，Sudol E D，Silebi C A，et al. Macromolecules，1995，28：2772-2780.

[350] Juan A A，Jacqueline F，José M A. Macromolecules，1994，27：2256-2261.

[351] Huang H，Zhang H，Li J，et al. J Appl Polym Sci，1996，60：493-501.

[352] Gardon J L，Polym Sci，Part-A，1968，6：623.

[353] Miller C M，Sudol E D，Silebi C A，et al. Polym Sci，Part-A，Plym Chem Ed，1995，33：1391.

[354] Arbina L L D，Asua J M. Polymer，1992，33：4832-4837.

[355] Aizpurua L，Amalvy J L，Barandiaran M J. Polymer，2001，42：1417-1427.

[356] Lansal M，Davis T P，Heuts T P A. Macromolecules，2002，35：7582-7591.

[357] Tiarks F，Landfester K，Antonietti M. Polym Sci，Part-A，Polym Chem Ed，2001，39：2520-2524.

[358] Claverie J P，Viala S，Maurel C，et al. Macromolecules，2001，34：328-388.

[359] Tomov A，Broyer J P，Spitz R. Macromol Symp，2000，150：53-58.

[360] Maitre C，Ganachaud F，Ferreira O，et al. Macromolecules，2000，33：7730-7736.

[361] van Hamersveld EMS，van Es JJGS，Cuperus F P. Colloids Surface A，Physicochem Eng，1999，153：285-296.

[362] Erdem B，Sudol E D，EliAasser M S. Polym Sci，Part-A，Polym Chem，2000，38：4419-4430.

[363] Nelliappan V，El-Aasser M S，Klein A，et al. Polym Sci，Part-A，Polym Chem，1996，34：3173-3181.

[364] Ruckenstein E，Kim K J. J Appl Polym Sci，1988，36：907-913.

[365] Ruckenstein E，Ebert G，Platz J. J Colloid Interf Sci，1989，133（2）：432.

[366] Rucken Stein E，Park J S. J Appl Polym Sci，1990，40：213.

[367] Ruckenstein E，Sun F. J Appl Polym Sci，1992，46：1271-1276.

[368] Sun F，Ruckenstein E. J Appl Polym Sci，1993，48：1279.

[369] Ruckenstein E，Li H Q. Polymer Bulletin，1995，35：517.

[370] Kizling J，Kronberg B. Colloid Surf，1990，50：131.

[371] Pons R，Ravey J C，Sauvage S，et al. Colloids and Surface，1993，76：171.

[372] Becu L，Grondin P，Colin A，et al. Colloids and Surface，2005，363（1-3）：146-152.

[373] 张洪涛，林柳兰，尹朝晖. 胶体与聚合物，1999，17（4）：9-11.

[374] 张洪涛，林柳兰，尹朝晖. 高分子材料科学与工程，2001，17（1）：43-46.

[375] 张洪涛，王岸林，操建华. 高分子学报，2003，（1）：23-29.

[376] Zhang H T，Hang H，Cao J H. J Appl Poly Sci，2004，94（1）：1-8.

[377] Zhang H T，Chen M，Lu R. J Appl Polym Sci，2004，91（1）：570-576.

[378] Zhang H T，Tan B，Wang A L，et al. J Appl Polym Sci，2005，97（4）：1695-1701.

[379] 兰斌，任丽娟，桑鸿勋，等. 化学与黏合，1998，（4）：195-197.

[380] 赵军，杜杰中，李巍，等. 高分子材料科学与工程，2000，16（5）：30-34.

[381] 云祥，励杭泉. 高分子材料科学与工程，2001，17（5）：200-204.

[382] 冯猛，杜杰中，张晨，等. 北京化工大学学报，2002，29（1）：56-59.

[383] 杜杰中，张晨，励杭泉. 高等学校化学学报，2004，25（1）：184-187.

[384] 廖世平，杨玉昆. 化学与黏合，1999（2）：57-60.

[385] 张洪涛，李建宗. 高分子学报，1995（2）：99-103.

[386] Princen H M. J Colloid Interface Sci，1983，91：160.

[387] DE 4213696.

[388] JP 7861633.

[389] US 4767813.

[390] Ger 146604.

[391] DE 3013812.

[392] JP 06100751.

[393] JP 0201703.

[394] JP 59157971.

[395] Chu F，Guillat J，Guyot A. Polym Adv Technol，1998，9：851.

[396] 储富祥，唐传兵，Guyot A. 粘接，2000，（2）：1-4.

[397] Schneider M，Graillat C，Guyot A，et al. J Appl Polym Sci，2002，84（10）：1897-1915.

[398] Schneider，M，Graillat C，Guyot A，et al. J Appl Polym Sci，2002，84（10）：1916-1934.

[399] Masa J A，Forcada J，Asua J F. Polymer，1993，34：2853.

[400] Chu F，Graillat C，Guyot A. J Appl Polym Sci，1998，70：2667.

[401] 储富祥，Guyot A. 粘接，1999，20（4）：1-5.

[402] Tang C，Chu F. J Appl Polym Sci，2001，82：2352.

[403] US 2444801.

[404] 廖水姣，艾照全，李建宗. 中国胶粘剂，1998，7（6）：1.

[405] 廖水姣，艾照全，李建宗. 高分子材料科学与工程，2000，16（4）：50.

[406] 孙文元. 合成橡胶工业，1985，9：168.

[407] US 4579922.

[408] 陈锡龄. 合成橡胶工业，1982，6：419.

[409] 孙晓. 安庆师范学院学报：自然科学版，2002，8（3）：35-40.

[410] Leiza J R，Sudol E D，El-Aasser M S，et al. J Appl Polym Sci，1997，64：1797.

[411] Ouzineb K，Graillat C，Makenna T F. J Appl. Polym Sci，2005，97（3）：745-752.

[412] US 3281386.

聚合物乳液合成原理性能及应用
（第三版）

[413] US 4414375.

[414] Chu F，Guyot A. Colloid Polym Sci，2001，279：361.

[415] Greenwood R，Luckham P F，Gregorg T. J Colloid Interface Sci，1997，191：11.

[416] 刘臣臻，饶中浩. 相变储能材料与热性能. 北京：化学工业出版社，2019.

[417] 曹磊. 复合相变蓄能材料的制备及性能研究. 南京：南京大学，2015.

[418] 冯利利，李星国，王崇云. 储热材料定性相变. 北京：机械工业出版社，2019.

[419] 黄云峰，闵洁，叶琳. 聚苯乙烯包覆正十四醇微胶囊的制备及表征. 高分子材料科学与工程，2017，33（11）：139-144.

[420] 于翠. 乳液聚合法紫外隔离微胶囊的制备与表征. 上海：上海应用技术大学，2016.

[421] 宋倩，梅向东，黄殿良，等. 乳液聚合法制备阿维菌素微胶囊及其生物活性研究. 农药学学报，2009，11（3）：392-394.

[422] 王一萌，阳建军，崔贞超，等. 正十六烷在芳香微胶囊中的应用研究. 现代纺织技术，2020，28（3）：67-71.

（423） 周鹏，向忠，崔中兰，等. 细乳液法制备 P（DMS-ACR）/PB 颜料纳米胶囊. 丝绸，2018，55（10）：8-14.

[424] 李玉，汪国庆，万逸. 硅油微胶囊的制备及其仿生防污性能的研究. 涂料工业，2018，48（1）：28-36.

[425] 王森，陈英. 纳米 TiO$_2$ 稳定乳液的制备及其在微胶囊制备中的应用. 纺织学报，2020，41（5）：105-111.

[426] 杨晓军，赵李阳，李青阳，等. 乳液稳定性对溶剂挥发法制备微胶囊的影响. 北京工业大学学报，2020，46（2）：199-207.

[427] 申屠宝卿，高其标，翁志学. 团聚纳米 SiO$_2$ 在苯乙烯乳液聚合过程中的再分散过程及机理. 高分子学报，2004，（4）：495-499.

[428] 申屠宝卿，高其标，黄志明，等. 纳米 SiO$_2$ 存在下苯乙烯原位乳液聚合. 浙江大学学报：工学版，2004，38（4）：513-517.

# 第 10 章
# 聚合物乳液的稳定性

在乳液聚合体系中，由于表面活性剂的加入而降低了界面能，因而所生成的乳胶粒能稳定地分散在介质中，形成处于热力学亚稳状态的聚合物乳液。在乳液体系中，乳胶粒能否稳定地分散，一方面决定于乳胶粒的结构、形态及表面状况，另一方面决定于乳液所处的条件。在一定条件下，是稳定的乳液体系，而在另外一些条件下，如在强烈的机械力作用下、长期放置时、在低温或高温下、加入某些物质时，乳液却又成为不稳定体系，导致破乳或凝聚。聚合物乳液承受外界因素对其破坏的能力称作聚合物乳液的稳定性。在某些场合，如在乳液聚合过程中，在贮存、运输过程中，或在乳液直接利用时，希望聚合物乳液具有高的稳定性；但是在另外一些场合，例如当要求由聚合物乳液生产粉状或块状聚合物的时候，则需要创造一定条件，促使其破乳。故研究聚合物乳液的稳定性具有很大的实际意义。

聚合物乳胶粒的尺寸范围一般在 $0.01\sim1\mu m$ 之间，这个尺寸刚好在胶体颗粒粒度范围之内，故人们常把聚合物乳液称作"聚合物胶体"。因此聚合物乳液的制造和应用与广义胶体科学基础理论密切相关。胶体理论不仅可以指导怎样提高聚合物乳液的稳定性，或怎样加速凝聚过程的进行，而且也可以指导怎样合理控制胶乳的流变性质和其他特性。从胶体意义上讲，稳定的聚合物乳液应当理解为无数聚合物乳胶粒各自作为布朗运动的一个单元，能够长期悬浮在介质中的胶体体系。

## 10.1 乳胶粒的本质

每一个乳胶粒都含有许多条大分子链，其分子量在 $10^5\sim10^7$ 范围之内。根据聚合物的特性、大分子链在乳胶粒内部的排列情况及外界条件，聚合物可以呈结晶态、橡胶态或玻璃态。在乳液体系中含有单体时，乳胶粒中的聚合物被单体所溶胀。当对聚合物乳液进行干燥的时候，如果乳胶粒是软的，干燥到一定程度，乳胶粒将发生聚结，形成连续的膜；而对于硬的乳胶粒来说，干燥后则形成由无数独立的微小聚合物颗粒构成的粉状树脂。

乳胶粒的表面性质与吸附或结合在其上的起稳定作用的物质有关，这些物质有：

① 吸附在乳胶粒表面的乳化剂；

② 引发剂引入聚合物链末端的离子基团；

③ 在乳胶粒表面吸附或接枝的聚合物。

在以水作介质且采用水溶性引发剂的乳液聚合体系中，不同的引发剂将生成不同的离子末端。它们之间的关系示于表 10-1 中[1]。

**表 10-1** 所用引发剂和所引入的离子末端间的关系

| 末端离子类型 | 所用引发剂举剂 | 末端离子 |
| --- | --- | --- |
| 弱酸 | 双偶氮氰基戊酸 | 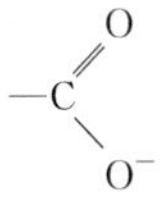 $-C\overset{O}{\underset{O^-}{\big\langle}}$ |
| 强酸 | 过硫酸盐 | $-OSO_3^-$ |
| 碱 | 偶氮二异丁脒 | 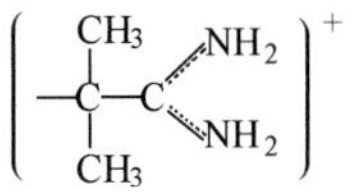 $\left(\begin{array}{c}CH_3 \\ -C- \\ CH_3\end{array}\ \overset{NH_2}{\underset{NH_2}{\big\langle}}\right)^+$ |
| 非离子 | 过氧化氢 | $-OH$ |

在乳胶粒表面上的酸性或碱性离子末端，或者吸附在乳胶粒表面的乳化剂在一定 pH 值下是以离子的形式存在的，这样就使乳胶粒表面带上一层电荷。根据乳胶粒表面离子性质的不同，其电荷可能为正，也可能为负。这一层电荷是不动的，称为固定层。在固定层周围由于静电引力会吸附一层异性离子，称为吸附层。假如温度为绝对零度，没有热运动。在这种情况下，固定层和吸附层所带电荷电量相等，符号相反，故乳胶粒本身处于电中性。但是，当温度高于热力学零度时，存在着热运动，吸附层中的一部分带电离子会扩散到周围介质中。这样就使得乳胶粒周围的介质也带上异号电荷。这样的结构称为双电层，如图 10-1 所示。在双电层中建立了静电力和扩散力之间的平衡。由于乳胶粒表面带有电荷，故在乳胶粒之间就存在着静电斥力，使乳胶粒难于接近而不发生聚结，使聚合物乳液具有稳定性。人们把双电层之间的电位差称作 ζ 电位。ζ 电位越高，乳液就越稳定。

设 $\psi_s$ 为乳胶粒对地的表面电位；$\psi_r$ 为离球形乳胶粒中心为 $r$ 的球面上的介质对地的电位，则有：

$$\psi_r = \psi_s\left(\frac{a}{r}\right)\exp[-K'(r-a)] \tag{10-1}$$

$$(K')^2 = \left(\frac{8\pi e^2 N_A}{1000\varepsilon k_B T}\right)I \tag{10-2}$$

式中，$a$ 为乳胶粒（包含吸附层）半径；$I$ 为介质中的离子强度；$e$ 为基本电子电荷量；$N_A$ 为阿伏伽德罗常数；$k_B$ 为玻耳兹曼常数；$T$ 为热力学温度。$K'$ 决定于介质中的电位随离开乳胶粒表面的距离（$r-a$）而下降（或上升）的速度，同时决定于静电力作用的范围。图 10-1 中的虚线即为静电作用范围。

当聚合物乳液在非水介质如烃类中制备的时候，在水中可电离的基团已不能为使乳胶粒稳定而提供表面电荷了。在这种情况下，为使聚合物乳液稳定，可用某种溶于介质的聚合物在乳胶粒表面上接枝。例如将聚 12-羟基硬脂酸链在十二烷介质中接枝在甲基丙烯酸甲酯乳胶粒上。这样就形成了所谓的"毛发乳胶粒"，如图 10-2 所示。长在乳胶粒表面上的"毛发"溶解在介质中，形成一个保护层，由于空间障碍使乳胶粒之间难于接近而发生聚结。图中虚线为"毛发"的空间稳定作用范围。

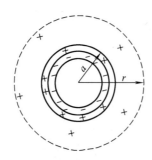 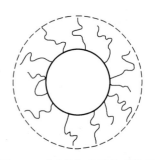

图 10-1　带负电乳胶粒双电层示意图　　　　图 10-2　"毛发"乳胶粒示意图

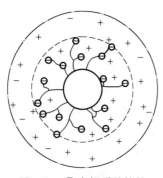

图 10-3　聚电解质链接枝
稳定乳胶粒示意图

为了增大乳胶粒的稳定性，也可以将以上两种效应结合起来，即将聚电解质链接枝在乳胶粒表面上，如图 10-3 所示。它既提供了静电稳定作用，又提供了空间稳定作用。图中虚线为空间障碍稳定作用范围；点划线为静电力作用范围。

乳胶粒稳定性的大小主要受如下 5 种作用的支配：

（1）静电力　带有同性电荷的乳胶粒相互排斥而使乳胶粒稳定分散；带有异性电荷的乳胶粒相互吸引而导致凝聚。

（2）空间障碍　在乳胶粒表面吸附和接枝的大分子链的几何构型成为乳胶粒之间发生聚结的障碍而使乳液稳定。

（3）溶剂化作用　溶于介质中的大分子可以被吸附或接枝在乳胶粒表面，形成具有一定厚度的溶剂化层，阻碍乳胶粒接近而发生聚结。

（4）亲和力　乳胶粒间的亲和力通常为范德华力，与构成乳胶粒的大分子的极性及密度有关。

（5）界面张力　乳胶粒很小，和介质间的相界面面积很大，故有巨大的界面能，它是粒子聚结的推动力。界面张力越大，乳液越不稳定。

## 10.2　憎液溶胶的稳定理论

胶体溶液可分为亲液溶胶和憎液溶胶两类。聚合物乳液属于憎液溶胶，因此研究憎液溶胶的理论，对于理解和解决乳液的稳定性问题具有指导意义。

比较权威的憎液溶胶稳定理论是 DLVO（Darjaguin Landau-Verwey Overbeek）理论。DLVO 理论认为，乳胶粒间静电推斥势能 $V_R$ 和范德华引力势能 $V_A$ 加和到一起即为乳胶粒间相互作用的总势能 $V_T$。总势能 $V_T$ 随两个乳胶粒间的距离 $h$ 而变化的规律示意于图 10-4 中。

图 10-4 中 $\Delta V_f$ 为聚结能垒，乳胶粒要想聚结就必须跨越这一能垒；$\Delta V_b$ 为胶溶能垒，要想将凝聚物分散成乳液，就必须克服这一能垒；$\gamma_d$ 为聚合物和水的相界面分散自由能；$V_m$ 为最大静电推斥势能；$h$ 为两个乳胶粒间的距离。

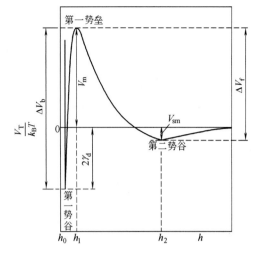

图 10-4　两乳胶粒间距离和势能关系示意图

两个乳胶粒间的聚结要经历这样一个能量变化的过程，即若两个乳胶粒由远处逐渐接近的时候，$h$ 由大变小。当 $h > h_2$ 时，两个乳胶粒各自落在对方的静电斥力作用范围之外，两个乳胶粒间仅仅存在着微弱的范德华引力。随 $h$ 的减小，范德华力在加大。当 $h = h_2$ 时，两个乳胶粒之间的势能降低至一最低值 $V_{sm}$，称为第二势谷。在越过第二势谷以后，即当 $h \leqslant h_2$ 时，两个乳胶粒间的距离落在静电斥力作用范围之内。在 $h_1 \leqslant h \leqslant h_2$ 时，乳胶粒受两种作用力，即范德华引力和静电斥力。此时，随着 $h$ 的减小，两乳胶粒间的势能呈指数式增加。当达到 $h = h_1$ 时，势能增加到一个最大值 $V_m$。在继续接近的时候，即 $h < h_1$ 时，由于范德华引力开始大幅度地增大，故势能下降很快，当 $h = h_0$ 时，达到了第一势谷，此时该二乳胶粒就发生了凝聚。所以要想使聚合物乳液凝聚就必须使之克服势垒 $\Delta V_f$；另外，要想使已凝聚了的体系再次分散成乳液，就必须克服一个比 $\Delta V_f$ 大得多的势垒 $\Delta V_b$。下列公式用于计算两乳胶粒间的静电推斥势能 $V_R$[1]。

当 $K'a < 3$ 时

$$V_R = \frac{\varepsilon a^2 \psi_s^2}{h + 2a} \exp(-K'h) \tag{10-3}$$

当 $3 \leqslant K'a \leqslant 10$ 时

$$V_R = 3.469 \times 10^{19} \frac{\varepsilon(k_B T)^2 a \gamma^2}{v^2} \exp(-K'h) \tag{10-4}$$

当 $K'a > 10$ 时

$$V_R = \frac{1}{2} \varepsilon a \psi_s^2 \ln[1 + \exp(-K'h)] \tag{10-5}$$

式中，$\varepsilon$ 为分散介质的介电常数；$k_B$ 为玻耳兹曼常数；$T$ 为热力学温度；$a$ 为乳胶粒半径；$v$ 为平衡离子的化合价数；$h$ 为两乳胶粒间的最近距离；$K'$ 可用式（10-2）计算；$\gamma$ 可由式（10-6）计算。

$$\gamma = \frac{\exp\left(\dfrac{ve\psi_s}{2k_BT}\right) - 1}{\exp\left(\dfrac{ve\psi_s}{2k_BT}\right) + 1} \tag{10-6}$$

式中，$e$ 为基本电子电荷量。

对于直径相等的两个球形乳胶粒来说，如图 10-5 所示，可用下式来计算引力势能[2]：

$$V_A = -\frac{A}{12}\left[\frac{1}{x^2+2x} + \frac{1}{x^2+2x+1} + 2\ln\left(\frac{x^2+2x}{x^2+2x+1}\right)\right] \tag{10-7}$$

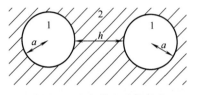

图 10-5　两个球形乳胶粒在
介质中的相互作用
1—乳胶粒；2—介质

其中

$$x = \frac{h}{2a} \tag{10-8}$$

$$A = (\sqrt{A_{11}} - \sqrt{A_{22}})^2 \tag{10-9}$$

式中，$A$ 为乳胶粒在介质中的混合 Hamaker 常数；$A_{11}$ 及 $A_{22}$ 分别为乳胶粒和介质的 Hamaker 常数。Hamaker 常数决定于构成介质和乳胶粒的物质的本质，可由式(10-10) 计算。

$$A_{jj} = \frac{3}{4}\pi^2 h \nu_j a_j^2 q_j^2 \tag{10-10}$$

$$\nu_j = c/\lambda_0$$

式中，$\nu_j$ 为物质的色散频率；$c$ 为光速；$\lambda_0$ 为色散波长；$a_j$ 为静电极化程度；$q_j$ 为单位体积物质所含的分子数。

当 $x \ll 1$ 时，式(10-7) 可以简化为

$$V_A = -\frac{Aa}{12h} \tag{10-11}$$

在根据式(10-3)～式(10-5)、式(10-7)和式(10-11) 求得乳胶粒之间的静电势能 $V_R$ 和范德华引力势能之后，即可加和求得总势能 $V_T$。

$$V_T = V_R + V_A \tag{10-12}$$

确信当 $V_m$ 大于 $10k_BT$ 时，可形成稳定的体系。当聚结活化能 $\Delta V_f$ 很高的时候，处于分散状态的乳胶粒需要越过一个很大的势能屏障才能进入第一势谷而使其聚结，即聚结活化能 $\Delta V_f$ 越高，聚合物乳液就越稳定。很明显，某聚合物乳液被凝聚以后，处于第一势谷，能量很低，要想使其重新分散就需要越过一个比聚结活化能 $\Delta V_f$ 高得多的势能屏障 $\Delta V_b$，因此需要消耗大量的机械功才能实现这一再分散过程。

# 10.3　影响聚合物乳液稳定性的因素

聚合物乳液稳定性的影响因素很多，主要有电解质、表面活性剂和保护胶体、机械作用、冻结和熔化以及放置时间的影响等。

## 10.3.1 电解质的影响

聚合物乳液的稳定性与电解质浓度有密切的关系。当介质中电解质浓度大时，异性离子向乳胶粒表面扩散的概率就大，则在吸附层中的异性离子增多。由于电中和的结果就使得 $\zeta$ 电位下降，其总电位 $V_T$ 也下降（如图10-6所示），所以乳液的稳定性减小。

图10-7表明在水介质中电解质对聚合物乳液稳定性的影响，虚线圆圈代表静电斥力作用范围。在中等电解质浓度下（约 $10^{-3}\text{mol/L}$），在乳液体系中的乳胶粒杂乱无章地排列，并且不停地进行布朗运动。当两个乳胶粒由于彼此接近，其斥力作用范围重叠在一起的时候，产生瞬时斥力，两个乳胶粒又被推开来。当电解质浓度减小到 $10^{-5}\text{mol/L}$ 时，静电斥力作用范围增大，致使乳胶粒一个个整齐地排列起来，乳胶粒之间长时间地接触，并相互推斥，乳液体系呈现很高的稳定性。当电解质浓度增加至 $0.2\text{mol/L}$ 时，双电层被压缩至一个很小的厚度，$\zeta$ 电位降低至临界点之下，此时聚合物乳液成为不稳定体系：对乳胶粒直径较大（$a>0.4\mu\text{m}$）的体系来说，将出现絮凝现象，在絮凝物中乳胶粒间呈现某种程度的微弱结合；对乳胶粒直径小（$a<0.3\mu\text{m}$）的体系来说，将出现凝聚现象，乳胶粒借助强大的吸引力紧密地结合为一体。

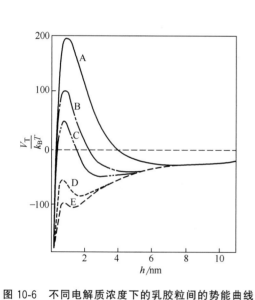

**图10-6　不同电解质浓度下的乳胶粒间的势能曲线**

乳胶粒直径 $3.24\mu\text{m}$；表面电位 $26\text{mV}$；

Hamaker 常数 $A=8\times10^{-21}\text{J}$

电解质浓度为：A—$0.05\text{mol/L}$；B—$0.10\text{mol/L}$；

C—$0.16\text{mol/L}$；D—$0.30\text{mol/L}$；E—$0.40\text{mol/L}$

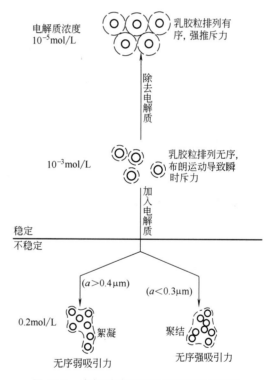

**图10-7　电解质浓度对乳液稳定性的影响**

由以上对势能曲线的讨论可知，如果最大静电推斥势能 $V_m$ 的值很大，那么分散的乳胶粒越过势能屏障而进入第一势谷的概率就很小；但是当 $V_m$ 的值很小时，或趋近于零

时，分散的乳胶粒就很容易进入第一势谷而发生凝聚。开始出现不稳定的条件为

$$\begin{cases} V_T = 0 \\ \dfrac{dV_T}{dh} = 0 \end{cases} \qquad (10\text{-}13)$$

在一定温度下，对某特定体系来说，由式（10-4）及式（10-11）可得临界 $K'_c$ 值，

$$K'_c = \alpha \frac{\gamma^2}{A v^2} \qquad (10\text{-}14)$$

式中，$\alpha$ 为常数。

对于对称电解质来说，$K'$ 可以和电解质浓度 $c$（mol/L）直接关联起来。

$$(K')^2 = \frac{8\pi v^2 e^2 N_A c}{\varepsilon k_B T \times 10^3} \qquad (10\text{-}15)$$

对于某特定情况来说，由式（10-14）及式（10-15）可得

$$c^* = \frac{\beta \gamma^4}{A^2 v^6} \qquad (10\text{-}16)$$

式中，$c^*$ 为临界电解质浓度，又称 CCC 值；$\beta$ 为常数。

在表面电位低时（$\psi_s < 25\text{mV}$），式（10-16）可进一步简化为

$$c^* = \frac{\eta \psi_s^4}{A^2 v^2} \qquad (10\text{-}17)$$

临界电解质浓度随其所生成的异性离子的化合价数的增大而减小。若 $c_1^*$、$c_2^*$ 及 $c_3^*$ 分别代表化合价为 1、2 和 3 的异性离子的临界浓度，则它们之间有如下关系。

$$c_1^* : c_2^* : c_3^* = \left(\frac{1}{1}\right)^2 : \left(\frac{1}{2}\right)^2 : \left(\frac{1}{3}\right)^2$$

CCC 值对于聚合物乳液来说是一个很重要的参数，因为它代表了聚合物乳液开始失去其稳定性的电解质极限浓度。有很多方法可以测定乳液的 CCC 值，如光散射法、乳胶粒记数法等。一个最简单的方法是：在一系列盛有同一乳液的试管中分别加入不同量的电解质，然后用肉眼观察即可测得 CCC 值。还有一个切实可行的方法，就是向聚合物乳液中加入不同量的电解质以后再测定乳胶粒的光密度。表 10-2 中列入了某些聚合物乳液 CCC 值的实测数据。

**表 10-2** 某些聚合物乳液的 CCC 值

| 乳 液 种 类 | 异性离子 | CCC 值/(mmol/L) | 参考文献 |
|---|---|---|---|
| 聚苯乙烯（乳胶粒表面带羧基） | $H^+$ | 1.3 | [3] |
| | $Na^+$ | 160 | [4] |
| | $Ba^{2+}$ | 14.3 | [5] |
| | $La^{3+}$ | 0.3 | [3] |
| 聚苯乙烯（乳胶粒表面带脒基） | $Cl^-$ | 150 | [4] |
| | $Br^-$ | 90 | [4] |
| | $I^-$ | 43 | [4] |

| 乳液种类 | 异性离子 | CCC 值/(mmol/L) | 参考文献 |
|---|---|---|---|
| 聚二乙烯苯 | $Na^+$ | 160～560 | [2] |
| 丁苯胶乳 | $Na^+$ | 200 | [6] |
| | $K^+$ | 320 | [6] |
| | $Mg^{2+}$ | 6 | [6] |
| | $Ba^{2+}$ | 6 | [6] |
| | $La^{3+}$ (pH=3) | 0.5 | [6] |
| 聚氯乙烯 | $Na^+$ | 50～200 | [7] |
| | $Mg^{2+}$ | 2～10 | [7] |

## 10.3.2 表面活性剂及保护胶体的影响

表面活性剂可分为阴离子型、阳离子型以及非离子型三类。假如乳胶粒表面（如图 10-8 所示）带负电（大分子离子末端或吸附的乳化剂电离而成的阴离子），在加入表面活性物质以后，可出现几种不同的吸附方式，对乳液起到不同的稳定作用。另外吸附或接枝在乳胶粒表面上的水溶性大分子链，也会对乳液起稳定作用。现分别介绍如下：

（1）加入带同号电荷的表面活性剂　当向乳液中加入和乳胶粒表面带电符号相同的（此处为阴离子）表面活性剂时，它的亲油端将吸附在乳胶粒的表面上，而亲水端将伸向介质，这样在乳胶粒表面上就增加了同号电荷的密度，即增加了体系的稳定性。

例如若经过充分渗析的聚四氟乙烯（PTFE）乳液乳胶粒表面带上负电荷，其 CCC 值对氯化钠来说为 $4.7\times10^{-2}$ mol/L，对 $Al(NO_3)_3$（pH=3）来说为 $1.6\times10^{-4}$ mol/L。若向这个乳液中加入表面活性剂全氟辛酸铅，加入的浓度仅为其临界胶束浓度的 20%，这就意味着该表面活性剂在水相中以自由分子（真溶液）的形式存在。在这种情况下 PTFE 乳胶粒可以从水相中吸附全氟辛酸离子，在其表面上形成单分子层，由于在乳胶粒表面上增加了负电荷，故体系趋于稳定。若向上述 PTFE 乳液中加入 $2.5\times10^{-2}$ mol/L 全氟辛酸铝以后，对氯化钠来说其 CCC 值增大为 0.22mol/L，对硝酸铝来说，其 CCC 值增大为 $5.4\times10^{-3}$ mol/L[8]，这就说明由于带同号电荷的表面活性剂的加入，乳液的稳定性大大提高了。

（2）加入带异号电荷的表面活性剂　如图 10-8 所示，若向乳胶粒表面带有负电荷的乳液体系中加入阳离子的表面活性剂，初期被吸附的表面活性剂的阳离子末端朝向乳胶粒并将乳胶粒表面上所带的负电荷中和，致使 $\psi_s=0$ 及 $V_R=0$，此时乳胶粒成为电中性的，乳液的稳定性大大降低。此后被乳胶粒进一步吸附的表面活性剂其亲油端将朝向乳胶粒表面，而阳离子末端朝向水相，乳胶粒表面将带上正电荷，乳液的稳定性重新又会提高。

（3）加入非离子表面活性物质　已被广泛研究的非离子表面活性剂的结构是一端为烃链而另一端为聚乙二醇链的一类物质，如 $C_{12}H_{25}(OCH_2CH_2)_6OH$（可缩写成 $C_{12}E_6$）等。

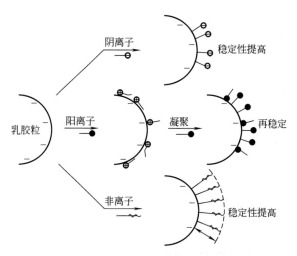

图 10-8　带有负电的乳胶粒吸附表面活性剂示意图

在向聚合物乳液（如聚苯乙烯水乳液）中加入 $C_{12}E_6$ 以后（其温度控制在浊点以下），乳胶粒从水相中将这种表面活性剂吸附在其表面，形成单分子层，烃端朝向乳胶粒，聚乙二醇端伸至水相。由于聚乙二醇溶剂化的结果，在乳胶粒表面上形成一很厚的水化层，这就为乳胶粒相互接近而发生凝聚造成了空间障碍，使体系得以稳定。对于存在凝聚空间障碍的体系来说，在总势能 $V_T$ 中需引入空间障碍势能项 $V_s$，即

$$V_T = V_s + V_A \tag{10-18}$$

若乳胶粒表面上带有电荷，则还需考虑静电势能 $V_R$，则

$$V_T = V_s + V_R + V_A \tag{10-19}$$

空间障碍势能可由式（10-20）计算[2]。

$$V_s = \frac{4\pi c_a^2 k_B T}{3 V_1 \rho_2^2}\left(\psi_1 - X_1\right)\left(\frac{\delta - h}{2}\right)^2\left(3a + 2\delta + \frac{h}{2}\right) \tag{10-20}$$

式中，$c_a$ 为吸附层表面活性剂的浓度；$V_1$ 为溶剂分子的摩尔体积；$\rho_2$ 为表面活性物质的密度；$\psi_1$ 为熵，对于理想混合情况来说 $\psi_1 = 0.5$；$X_1$ 为表征表面活性剂和溶剂作用的参数；$\delta$ 为溶剂化层厚度。由式（10-20）可以看出，如果 $\psi_1 = 0.5$，当 $X_1 < 0.5$ 时，$V_s$ 为负值，即乳胶粒间存在引力；当 $X_1 > 0.5$ 时，$V_s$ 为正值，即乳胶粒间存在斥力。

（4）水溶性大分子链在乳胶粒表面上吸附和接枝　聚电解质分子可以按多种方式联结在乳胶粒表面，有的是化学结合，也有的是物理吸附。化学结合可以是离子键、氢键或大分子的亲油端以共价键接枝在乳胶粒表面。结合在乳胶粒表面的聚电解质将会加厚乳胶粒周围的双电层。在低的电解质浓度下，双电层的厚度远远大于聚电解质层的厚度，在此情况下，$V_R$ 很大，故体系很稳定。反之，在高的电解质浓度下，双电层将要被压缩，$V_R$ 变小，甚至降低至零，在此情况下，在乳胶粒表面上仍然存在着一个很厚的大分子水化层，对凝聚造成空间障碍，故此时体系仍然是稳定的。很久以来，人们采用明胶、阿拉伯树胶等作为胶体保护剂，使胶体体系稳定，就是这样的机理。目前常用的人工合成胶体保护剂有如下一些聚电解质：甲基丙烯酸甲酯、丙烯酸丁酯、丙烯酸乙酯和衣康酸、丙烯酸的共

聚合物乳液合成原理性能及应用
（第三版）

聚物。这些共聚物在高 pH 值下均为多离子大分子链,乳胶粒将这些大分子链吸附在其表面上,形成一层如图 10-9 所示的离子外壳。

## 10.3.3 机械作用的影响

在乳液聚合过程中的机械搅拌,在乳液存放、运输过程中的泵送、转移以及在应用过程中的混合、处理等都会使聚合物乳液受到各种形式的机械剪切作用,这会给予乳胶粒相当大的能量,当这个能量超过了聚结活化能时,乳胶粒就会越过势能屏障 $\Delta V_f$ 而跃入第一势谷,使乳液失去稳定性而发生凝聚。凝聚现象常常是不希望发生的,它会给聚合物乳液的生产、各种处理及应用带来困难,尤其是在需要直接利用聚合物乳液的场合,凝聚的结果就使其失去了使用价值。因此,聚合物乳液的机械稳定性是一项重要的技术指标。

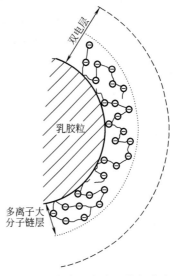

图 10-9　多离子大分子链在乳胶粒表面上吸附或接枝示意图

有人研究了"毛发"乳胶粒聚苯乙烯乳液的稳定性[9]。在表面活性剂壬基酚聚氧乙烯醚分子中,氧乙基加成分子数 $n$ 越大时,乳液的机械稳定性就越高,如图 10-10 所示。这是因为当氧乙烯加成数 $n$ 越大时,在乳胶粒表面所形成的水化层就越厚,凝聚空间障碍就越大所致。

实践证明,高分子保护胶体在乳胶粒表面形成的吸附保护层比使用表面活性剂时要强韧,故采用高分子保护胶体制备的聚合物乳液具有较高的机械稳定性。

有人研究了直链脂肪酸皂对天然胶乳机械稳定性的影响[10],发现加入少量脂肪酸钾,可以提高天然胶乳的机械稳定性。还发现,当脂肪酸皂含有 11 个碳原子的时候,出现天然胶乳机械稳定性的最佳值,如图 10-11 所示。

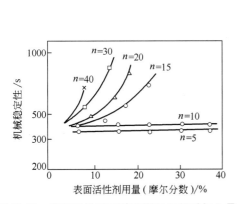

图 10-10　表面活性剂壬基酚聚氧乙烯醚加入量、氧乙基加成数 $n$ 与机械稳定性的关系

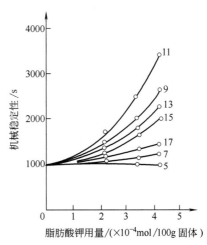

图 10-11　脂肪酸皂对天然胶乳机械稳定性的影响
图中曲线上标出的数字为脂肪酸钾分子中的碳原子数

有人还研究了正烷基硫酸钠和正烷基磺酸钠表面活性剂对天然胶乳机械稳定性的影响。发现，若加入少量该两种物质，可显著地提高天然胶乳的机械稳定性。其提高的程度与该两表面活性剂分子中烷基的链长有关，当烷基链长为 10 时，胶乳的机械稳定性出现了最佳值，如图 10-12 及图 10-13 所示。

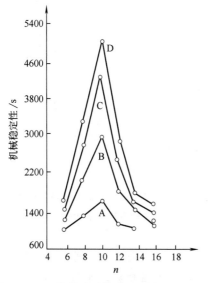

图 10-12　正烷基硫酸钠（$C_nH_{2n+1}OSO_3Na$）
对天然胶乳机械稳定性的影响
A—20mg/100g 固体；B—40mg/100g 固体；
C—60mg/100g 固体；D—80mg/100g 固体

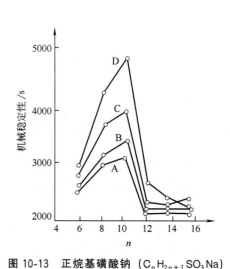

图 10-13　正烷基磺酸钠（$C_nH_{2n+1}SO_3Na$）
对天然胶乳机械稳定性的影响
A—20mg/100g 固体；B—60mg/100g 固体；
C—100mg/100g 固体；D—120mg/100g 固体

有人发现，乳胶粒的大小对乳液聚合的机械稳定性也有明显的影响，且对不同的聚合物乳液有不同的规律。有的随乳胶粒直径的增大乳液的机械稳定性减小，如聚苯乙烯乳液就属此类；有的随乳胶粒直径增大乳液机械稳定性增大，如聚乙酸乙烯酯乳液及氯乙烯-偏氯乙烯共聚物乳液符合这一规律。

还有人发现，环境条件也会影响聚合物乳液的机械稳定性，温度升高时机械稳定性下降。

## 10.3.4　冻结及融化的影响

当聚合物乳液遇到低温条件时会发生冻结，冻结和融化会影响乳液的稳定性。乳液的冻结和融化，轻则造成乳液表观黏度升高，重则造成乳液的凝聚。故在低温乳液聚合过程中或在运输及存放过程中应注意防冻。冻结之所以会影响乳液的稳定性，是因为水结冰后要发生膨胀，对聚集在冰晶之间的乳胶粒产生巨大的压力迫使其相互接近，甚至使之越过凝聚势垒 $\Delta V_b$，跃入第一势谷而聚结。最常采用的防冻措施是向乳液中加入防冻剂。最常用的防冻剂有甲醇、乙二醇及甘油等。这些物质可降低聚合物乳液的冻结温度。

## 10.3.5　长期放置的影响

聚合物乳液在长期放置过程中由于布朗运动会发生乳胶粒之间的碰撞而导致凝聚。同时由于重力的作用也会导致乳胶粒的沉降或升浮，而形成凝聚层。无论乳液具有多么高的稳定性，在长期放置过程中终将不可避免地形成不可逆的凝聚体而遭破乳。所以对于聚合物乳液应规定存放期限。实践证明，乳液放置稳定性与乳胶粒的大小、体系黏度及环境条件等因素有关。另外，在放置过程中也会发生某些化学变化，例如聚氯乙烯及聚偏氯乙烯脱氯化氢、聚乙酸乙烯酯水解等，这也会影响聚合物乳液的放置稳定性。

## 参考文献

[1] Reerink H，Overbeek J Th G. Discuss Faraday Soc，1954，18：74.

[2] Neiman R E，Lyashenko O A. Colloid J，1962，24：433.

[3] Ottewill R H，Walker T. J Chem Soc Faraday，1968（170）：917.

[4] Ottewill R H. The Stability and Instability of Polymer Latices，Emulsion Polymerization. New York：Academic Press，1982.

[5] Ottewill R H，Shaw J N. Discuss Faraday Soc，1966，42：154.

[6] Force C G，Matijevic E. Colloid Z. Z Poly，1968（224）：51.

[7] Bibeau A A，Matijevic E. J Colloid Interface Sci，1973，43：330.

[8] Ottewill R H，Rance D G. Graatica Chem Acta，1977，50：65.

[9] 室井宗一. 工业化学杂志，1965，68：1769.

[10] Blackley D C. Emulsion Polymer and Emulsion Polymerization，ACS Symp Ser.：1981.

# 第 11 章
# 聚合物乳液性质及有关参数的测定

## 11.1 乳液类型的确定

在一个乳液中，水可能是连续相，也可能油是连续相，即乳液可属于 O/W 类型，也可为 W/O 类型。在乳胶粒表面有可能带正电，也有可能带负电，这些均可通过实验测定。

### 11.1.1 O/W 型及 W/O 型乳液的确定 [1]

（1）染料溶解法　向乳液体系中加入一种只溶于水而不溶于油的染料（例如亮蓝 FCF）或只溶于油而不溶于水的染料（例如油溶红 XO），将其进行缓缓搅拌，若整个乳液体系着色均匀而连续，说明染料溶入了连续相。如果出现许多不连续的点，说明染料溶入了分散相。由此即可判断所研究的乳液是 O/W 型，还是 W/O 型的。

（2）相稀释法　对乳液进行稀释时，有这样的规律：乳液很容易被构成连续相的液体所稀释，而不容易被构成分散相的液体所稀释。试验时，将一滴被测乳液放到玻璃载片上，再将一滴构成该乳液其中一相的液体放到乳液滴上去，并用细棒轻轻搅动，然后在低倍显微镜下进行观察，若溶混得很好，说明连续相与所加入的液滴是同种液体。

（3）电导法　大多数油是不良导体，而电解质水溶液却是良导体。若乳液的连续相是油，乳液的电导值必然很小；若连续相是电解质水溶液，乳液的电导值必然很大。因此利用测电导的方法可以判定被测乳液是 O/W 型的，还是 W/O 型的。

若水是连续相，当采用离子型乳化剂时，连续相电导值很大，很容易用电导法来确定乳液的类型。但是当采用非离子型乳化剂时，乳液的电导值却很小，电导法是无效的，此时可向乳液中加入少量氯化钠，以增大水相的电导，便于测定。

（4）荧光法　许多油在紫外线照射下会发射荧光，因此在日光灯下用显微镜来观察一个乳液珠滴可以确定乳液的类型。如果在整个区域内都发出均匀的荧光，则是 W/O 类型

聚合物乳液合成原理性能及应用
（第三版）

的乳液；若仅出现一些荧光点，则是 O/W 型的乳液。

## 11.1.2 乳胶粒电性的测定[2]

在聚合物乳液中的乳胶粒有带正电的，有带负电的，也有为电中性的。电泳法可以用来测定乳液中乳胶粒的电性。首先将待测乳液稀释至固体含量大约为 10%，然后在电泳池中观察乳胶粒运动的方向。即可测知乳胶粒的电性。

测乳胶粒电性的微型电泳池是由三块显微镜玻璃载片构成的。在一块载片上开一个面积不大的长条形的洞，与另一块载片粘接在一起，构成一个微型电泳池，将第三块放到这两块上面。在微型电泳池中放入稀释后的乳液，两端各装一个微型铂电极。最上面一块载片上应开有沟槽，以容纳电极。将小电池与两电极相连通后，就产生了电流。在显微镜下观察乳胶粒的运动：若向负极移动则乳胶粒带正电；若向正极移动则乳胶粒带负电。

也可以用较大的电泳池测定乳胶粒的电性，通电后可以肉眼观察到带电的乳胶粒逐渐集中在一个电极周围。有时也可以加入油溶性染料，使乳胶粒着色，这样便于进行直接观察。但是染料本身常常可以产生带电离子，会导致乳胶粒聚结而发生凝聚，对此应特别注意。

# 11.2 乳液外观检验[3]

将成品乳液样品置于比色管中，肉眼观察其状态。若乳液均匀细腻，不分层，无沉淀，无可见凝胶块，则被视为稳定；否则，可判定乳液不稳定。对于苯丙、乙丙、纯丙等大多数聚合物乳液来说，因为乳胶粒很细，所以多半呈现半透明状，并泛蓝光。其透明度越高，蓝光越足，稳定性越大，乳液质量越高。

按照 GB/T 11175—2002 标准规定的方法，把聚合物乳液用玻璃棒刮涂在玻璃片上，进行目测。若乳液膜均匀细腻，无可见粗粒子，无异物，则被视为合格。

# 11.3 乳液固含量的测定[2,3]

将大约 2g 聚合物乳液试样放入直径为 4cm 的铝盘中，盖上铝盖，称重；然后将其置于设有通风装置的烘箱中，在 115℃下干燥 20min 后，称重；即可计算得固体含量。

若采用以上方法测定像软聚丙烯酸酯类那样容易起皮的聚合物乳液，应采取较高的干燥温度（如 120℃）。对于增塑聚合物乳液，采用以上方法将得不到满意的结果，这是由于增塑剂具有挥发性所致。在这种情况下，应采用较低的温度（如 105℃）和较长的干燥时间（如 2h）。

另外，还需要利用已知固体含量的乳液作空白试验，以校正铝盘的面积、干燥温度及增塑剂挥发性等因素对试验结果的影响。当采用易挥发增塑剂时，可以不进行空白试验，但应适当延长干燥时间，以使其完全挥发。

按照 GB/T 11175—2002 标准规定，测定聚合物乳液固含量的条件为在 105℃±2℃下烘干 60min±5min。

出现了一种快速测定聚合物乳液固含量的方法，即把盛有乳液的铝盘置于 250W 红外干燥器中，只需几分钟就能自动显示测定结果。

## 11.4　乳液黏度的测定 [3, 4]

黏度是聚合物乳液的一个重要技术指标，乳液的稳定性和施工性能与其黏度密切相关。一般来讲，乳液黏度越大，其稳定性越高。在乳液聚合及其后的输送、贮存和应用过程中，要求乳液稳定，故要求乳液具有足够的黏度；施工也要求乳液具有适当的黏度。作涂料时，若黏度太高，其流平性不好，涂膜光泽度差；而若黏度太低，涂料易流挂，同时涂料会向基质毛细孔道内渗透。涂料向基质渗透一方面会使基质变硬；另一方面会造成聚合物流失，成膜物质减少，影响产品性能。

低黏度乳液的流变行为接近牛顿流体，其黏度随剪切速率变化不大；乳液黏度较大时，一般为屈服—假塑性流体，越过屈服点后，黏度随剪切速率而下降；但黏度很大时，乳液为触变性流体，黏度随剪切时间而变化；高固含量聚合物乳液为胀塑性流体，其黏度随剪切速率增大而升高。

由于聚合物乳液大多属于非牛顿流体，故用于测定乳液黏度的仪器应能在 $0 \sim 10000s^{-1}$ 这样宽的剪切速率范围内，测定剪切应力随剪切速率变化的关系。为了测定准确，所用的黏度计最好装有冷却装置，以避免由于温度升高而引起的黏度变化。最好将其安装在恒湿恒温的房间内。若所用的黏度计能直接标绘出应力和应变的关系曲线，那么根据转换表可以将其很容易地换算成乳液的黏度。

对于要求准确度不高的场合，可以采用一般的旋转圆筒黏度计、毛细管黏度计、落球黏度计、气泡上升黏度计、涂 4 号杯等设备来近似测定聚合物乳液的黏度。

## 11.5　乳液稳定性的测定 [5, 6]

(1) 机械稳定性　聚合物乳液在制造、贮存、运输和应用过程中，免不了要进行泵送、搅拌等机械操作，若乳液机械稳定性差，在受到机械作用时，会发生乳胶粒的撞合，生成粗粒子，甚至发生凝聚，给应用带来困难，或使乳液失去使用价值，因此测定乳液的机械稳定性是很重要的。

将待测的聚合物乳液首先通过 100 目标准筛过滤，然后在特制的混合器中，在标准高速搅拌下，以一定的转速（桨端速率 6096m/min）在规定的时间（10min）内进行搅拌，再将所生成的沉淀通过 100 目标准筛过滤，并将滤出物进行干燥、称重。干态滤出物在聚合物乳液初始固含量中所占的分数即可代表乳液的机械稳定性，这个分数越大，其机械稳定性越差。

（2）冻融稳定性[5]　成品聚合物乳液在贮存或运输过程中，常常会经历低温环境，会使乳液结冰，若其冻融稳定性不好，将招致破乳，使产品报废，因此冻融稳定性也是聚合物乳液的一个重要技术指标。

其测定方法为：将 10g 聚合物乳液试样置于 15mL 的塑料瓶中，然后在 $(-20\pm1)$℃ 的冰箱中冷冻 16h，再于 30℃ 下熔化 6h，就这样反复冷冻—融化。每经历一次这样的过程若不破乳，且乳液稠度也不发生变化，则其冻融指数增加 1。冻融指数越大，乳液的冻融稳定性就越高。若冻融指数为零，则这种乳液不抗冻，必须在 5℃ 以上的温度下贮存和运输。

（3）高温稳定性　聚合物乳液在贮存或运输过程中有可能处于高温环境，有的应用过程要求在高温下进行，同时机械操作也会引起乳液温度的升高，因此测定乳液的高温稳定性具有重要意义。

高温稳定性的测定方法为：试 50g 试样装入测试瓶中，在 60℃ 下保持 5 天，观察并记录其状态变化。没有发生变化的乳液，其高温稳定性好；发生沉淀或出现凝胶的乳液，其高温稳定性差。

（4）pH 稳定性[6]　在两只测试管中各装入 5g 待测乳液试样，然后向两只测试管中分别加入 1mL（1mol/L）的盐酸和 1mL（1mol/L）的 KOH 溶液。摇匀后，分别用带有标准甘汞电极和玻璃电极的 pH 值测定仪测定两支试管中物料的 pH 值，并观察乳液是否稳定。然后将两支试管在室温下放置 24h，再观察乳液的稳定性。若没发现乳液有明显的变化，说明所测乳液的 pH 稳定性好，至少在所测定的 pH 值范围内稳定性好。

（5）钙离子稳定性[5]　人们常常用聚合物乳液承受钙离子的能力来表征其承受电解质的能力，这种能力叫作钙离子稳定性，又称化学稳定性。其测定方法为：在 20mL 的刻度试管中加入 16mL 聚合物乳液试样，再加入 4mL 0.5% 的 $CaCl_2$ 溶液，摇匀，静置 48h。若不出现凝胶且无分层现象，则钙离子稳定性合格；若有分层现象，量取清液层高度。清液高度越大，则被测乳液的钙离子稳定性越差。

（6）稀释稳定性　将乳液稀释到固体含量为 3%，再把 30mL 稀释后的乳液倒入试管中，液柱高为 20cm，放置 72h，测量上部清液和沉淀部分的体积即可知其稀释稳定性。

# 11.6　乳液最低成膜温度的测定

在一定的低温条件下，聚合物乳液中的水分挥发以后，乳胶粒仍为离散的颗粒，并不能融为一体。在高于某一特定的温度时，水分挥发以后，各乳胶粒中的聚合物会互相渗透，互相扩散，融合聚结为一体而形成连续透明的薄膜。能够成膜的温度下限值叫最低成膜温度（MFT），是聚合物乳液的一个重要的性能指标，对于聚合物乳液的生产和应用具有重要的指导意义。生产者可根据所要求的 MFT 进行配方设计，而用户则可以根据聚合物乳液的 MFT 来确定其应用条件和施工工艺。

聚合物乳液的 MFT 值在最低成膜温度测定仪上进行测定。这种仪器的主体为一块温度梯度板，在板上温度由冷端到热端均匀地分布。将待测聚合物乳液样品均匀地涂在梯度板上，待水分挥发以后，将在某一位置处出现一条分界线，在该线高温一侧形成透明而连续的薄膜，而在低温一侧则呈开裂、粉化或白垩状，这条分界线所对应的温度即为最低成膜温度。

## 11.7 乳胶粒尺寸及尺寸分布的测定

乳胶粒的尺寸及尺寸分布是聚合物乳液的重要参数。乳液聚合物的性能、聚合物乳液的许多重要性质以及在乳液聚合反应过程中的聚合反应速率等都与乳胶粒的尺寸及尺寸分布密切相关。能否准确而快速地测定乳胶粒的尺寸及尺寸分布，不仅关系到能否实现乳液聚合反应过程的合理控制，关系到产品的质量，而且关系到聚合物乳液的推广应用。最常用的乳胶粒直径的测定方法有六种：①光散射法；②消光法；③肥皂滴定法；④离心法；⑤电子显微镜法；⑥水动力色谱法。利用方法①、②及③，能测得乳胶粒的平均直径；而利用方法④、⑤及⑥，除了可以得到乳胶粒的平均直径以外，还可以得到乳胶粒的尺寸分布。

### 11.7.1 光散射法

当一束光照射在聚合物乳液中的乳胶粒上以后，就会向各个方向发生散射，在与主光束成 $\theta$ 角的方向上的散射光强与入射光强之比称为相对光强，用 $I_\theta$ 来表示，可用光散射仪来测定。$I_\theta$ 是散射角 $\theta$ 及参数 $\alpha$ 与 $m$ 的函数。此处

$$\alpha = \frac{\pi D_p}{\lambda_m} \tag{11-1}$$

$$m = \frac{n}{n_0} \tag{11-2}$$

式中　$D_p$——散射乳胶粒的直径，cm；

　　　$n$——散射乳胶粒的折射率；

　　　$n_0$——介质的折射率；

　　　$\lambda_m$——在介质中的光波长，cm。

若介质为水，则

$$\lambda_m = \frac{\lambda_0}{\left(1.7521 + \frac{8.11 \times 10^{-11}}{\lambda_0^2}\right)^{1/2}} \tag{11-3}$$

式中，$\lambda_0$ 为在真空中的波长，约等于入射单色光波长，cm。

当 $m > 1$ 时，$I_\theta$ 与 $\theta$ 之间呈复杂的函数关系。如图 11-1 所示，当 $m = 1.17$ 时，在 $1/I_\theta$ 与 $\sin^2\left(\frac{\theta}{2}\right)$ 之间的关系曲线上，出现了若干个最大值和最小值。根据出现这些最大

值和最小值的角度 $\theta$，可以求得乳胶粒的尺寸。

有人由实验研究得到了如下关系式[7]。

$$\frac{D_p}{\lambda_m}\sin\left(\frac{\theta_1}{2}\right)=1.062-0.347m \qquad (11\text{-}4)$$

式中，$\theta_1$ 为出现第一个散射光强最小值时的散射角。若已知介质和散射粒子的折射率 $n_0$ 和 $n$，则可求得 $m$ 值。同时根据入射光波长 $\lambda_0$ 由式(11-3)求得在水介质中的光波长 $\lambda_m$，而利用散射分光光度计可测得出现第一个散射光强最小值时的散射角 $\theta_1$，则可由式(11-4)计算乳胶粒直径 $D_p$。

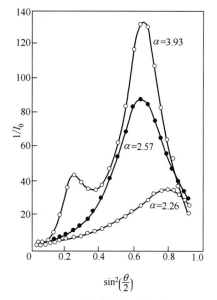

图 11-1　聚合物乳液的光散
射曲线 ($m=1.17$)

## 11.7.2　消光法[8-10]

让一束单色光通过一盛有聚合物乳液的消光池可以测定乳液的浊度。

$$\tau=\frac{1}{l}\ln\frac{I_0}{I} \qquad (11\text{-}5)$$

式中　$\tau$——乳液的浊度，$cm^{-1}$；

　　　$l$——消光池厚度，$cm$；

　　　$I_0$——入射光强，$cd$；

　　　$I$——透射光强，$cd$。

根据 Mie 散射理论[10] 又可将浊度与乳胶粒尺寸及乳胶粒浓度关联起来。

$$\tau=\frac{1}{4}K\pi D_p^2 N_p \qquad (11\text{-}6)$$

式中　$D_p$——乳胶粒的直径，$cm$；

　　　$N_p$——每毫升乳液中的乳胶粒数，$cm^{-3}$；

　　　$K$——乳胶粒的散射系数。

$K$ 与 $\alpha$ 及 $m$ 有关。$\alpha$ 由式(11-1)决定，而 $m$ 由式(11-2)决定。

乳液中乳胶粒的浓度 $C$ 可以用下式来表示

$$C=\frac{\pi}{6}D_p^3\rho N_p \qquad (11\text{-}7)$$

式中　$C$——乳胶粒的浓度，$g/cm^3$；

　　　$\rho$——乳胶粒的密度，$g/cm^3$。

由式(11-6)及式(11-7)可得

$$\tau=\frac{3KC}{2\rho D_p} \qquad (11\text{-}8)$$

将式(11-8)两边同乘以 $\lambda_m/\pi$，则

$$\frac{\lambda_m\tau}{\pi}=\frac{3KC}{2\rho}\times\frac{\lambda_m}{\pi D_p}$$

将式(11-1) 代入得

$$\frac{\lambda_{m}\tau}{\pi}=\frac{3KC}{2\rho\alpha}$$

整理得

$$\frac{K}{\alpha}=\frac{2\rho\lambda_{m}}{3\pi}\times\frac{\tau}{C}$$

为了消除粒子之间的相互作用及二次散射的影响，需外推至 $C=0$，即

$$\frac{K}{\alpha}=\frac{2\rho\lambda_{m}}{3\pi}\left(\frac{\tau}{C}\right)_{C\to0} \tag{11-9}$$

而消光系数 $E$ 可由式(11-10) 计算。

$$E=\frac{1}{l}\lg\frac{I_{0}}{I} \tag{11-10}$$

则

$$\tau=2.303E$$

代入式(11-9) 中得

$$\frac{K}{\alpha}=\frac{2\times2.303\rho\lambda_{m}}{3\pi}\left(\frac{E}{C}\right)_{C\to0}$$

或

$$\frac{K}{\alpha}=0.4887\rho\lambda_{m}\left(\frac{E}{C}\right)_{C\to0} \tag{11-11}$$

$\lambda_{m}$ 值可由式(11-3) 计算得到。$E$ 值由分光光度计测得。若将 $\left(\dfrac{E}{C}\right)$ 外推至 $C=0$，即得 $\left(\dfrac{E}{C}\right)_{C\to0}$，并可由式(11-11) 算得 $K/\alpha$ 值。由 $(K/\alpha)$-$\alpha$ 表（表 11-1 及表 11-2）查得 $\alpha$ 值，最后由式(11-1) 即可计算出乳胶粒直径 $D_{p}$ 值。由本法测得的直径为乳胶粒的平均直径。

**表 11-1** $(K/\alpha)$-$\alpha$ 对应数据（一）[12]

| $\alpha$ | $K/\alpha$ | | | | | | |
| --- | --- | --- | --- | --- | --- | --- | --- |
| | $m=0.60$ | $m=0.70$ | $m=0.75$ | $m=0.80$ | $m=0.90$ | $m=0.93$ | $m=\infty$ |
| 1 | 0.10155 | 0.061902 | 0.044518 | 0.02941 | 0.00776 | 0.00385 | 2.0359 |
| 2 | 0.2876 | 0.1871 | 0.1386 | 0.0940 | 0.02570 | 0.01292 | 1.1050 |
| 3 | 0.4047 | 0.2830 | 0.2152 | 0.1491 | 0.04274 | 0.02176 | 0.7242 |
| 4 | 0.4473 | 0.3415 | 0.2708 | 0.1961 | 0.06056 | 0.03118 | 0.5349 |
| 5 | 0.4246 | 0.3652 | 0.3077 | 0.2341 | 0.07670 | 0.04002 | 0.4232 |
| 6 | 0.3622 | 0.3588 | 0.3218 | 0.2583 | 0.09205 | — | 0.3499 |
| 7 | 0.2904 | 0.3264 | 0.3153 | 0.2714 | 0.1057 | — | 0.2981 |
| 8 | 0.1936 | 0.2802 | 0.2939 | 0.2722 | 0.1181 | — | 0.2596 |
| 9 | 0.1908 | 0.2313 | 0.2608 | 0.2632 | 0.1286 | — | 0.2299 |
| 10 | 0.1813 | 0.1870 | 0.2232 | 0.2460 | 0.1377 | 0.07852 | 0.2062 |
| 12 | 0.1820 | 0.1351 | 0.1528 | 0.1967 | 0.1505 | — | 0.1771 |

| $\alpha$ | $K/\alpha$ | | | | | | |
|---|---|---|---|---|---|---|---|
| | $m=0.60$ | $m=0.70$ | $m=0.75$ | $m=0.80$ | $m=0.90$ | $m=0.93$ | $m=\infty$ |
| 14 | 0.1622 | 0.1287 | 0.1107 | 0.1439 | 0.1564 | — | 0.1461 |
| 16 | 0.1240 | 0.1372 | 0.1008 | 0.1028 | 0.1557 | — | 0.1275 |
| 18 | 0.1050 | 0.1319 | 0.1083 | 0.0806 | 0.1494 | — | 0.1131 |
| 20 | 0.1067 | 0.1095 | 0.1143 | 0.0758 | 0.1386 | 0.1145 | 0.1017 |
| 25 | 0.0794 | 0.0753 | 0.0836 | 0.08987 | 0.1005 | 0.1106 | 0.08107 |
| 30 | 0.0717 | 0.0724 | 0.0627 | 0.07442 | 0.0634 | 0.0962 | 0.06743 |
| 35 | 0.0595 | 0.0752 | 0.0615 | 0.05285 | 0.04087 | 0.07623 | 0.05771 |
| 40 | 0.0503 | 0.0587 | 0.0482 | 0.05191 | 0.03496 | 0.05044 | 0.05603 |
| 45 | 0.0482 | 0.0430 | 0.0481 | 0.05107 | 0.03856 | 0.03969 | 0.04480 |
| 50 | 0.0401 | 0.0437 | 0.0412 | 0.03693 | 0.04237 | 0.02938 | 0.04029 |
| 55 | 0.0379 | 0.0351 | 0.0351 | 0.03736 | 0.04104 | 0.02513 | 0.03661 |
| 60 | 0.0351 | 0.0349 | 0.0354 | 0.03668 | 0.03514 | 0.02528 | 0.03354 |
| 65 | 0.0310 | 0.0307 | 0.0308 | 0.03046 | 0.02873 | 0.02745 | 0.03095 |
| 70 | 0.0301 | 0.0307 | 0.0302 | 0.02868 | 0.02534 | 0.02873 | 0.02936 |
| 75 | 0.0273 | 0.0264 | 0.0272 | 0.02803 | 0.02542 | 0.02957 | 0.02680 |
| 80 | 0.0257 | 0.0259 | 0.0244 | 0.02427 | 0.02676 | 0.02512 | 0.02789 |
| 85 | 0.0243 | 0.0241 | 0.0249 | 0.02336 | 0.02673 | — | 0.02364 |
| 90 | 0.0229 | 0.0233 | 0.0225 | 0.02396 | 0.02448 | — | 0.02232 |
| 95 | 0.0215 | 0.0210 | 0.0219 | 0.02157 | 0.02118 | 0.01842 | 0.02114 |
| 100 | 0.0207 | 0.0206 | 0.0202 | 0.01991 | 0.01868 | — | 0.02008 |

**表 11-2** （$K/\alpha$）-$\alpha$ 对应数据（二）[13]

| $\alpha$ | $K/\alpha$ | | | | | |
|---|---|---|---|---|---|---|
| | $m=1.05$ | $m=1.10$ | $m=1.15$ | $m=1.20$ | $m=1.25$ | $m=1.30$ |
| 0.2 | 0.27297 | 0.20903 | 0.21991 | 0.23463 | 0.15529 | 0.15743 |
| 0.4 | 0.11762 | 0.08196 | 0.09045 | 0.05270 | 0.05415 | 0.05586 |
| 0.6 | 0.05555 | 0.03554 | 0.03828 | 0.04206 | 0.04683 | 0.01922 |
| 0.8 | 0.04943 | 0.02980 | 0.03583 | 0.01928 | 0.03011 | 0.04325 |
| 1.0 | 0.02206 | 0.02834 | 0.01898 | 0.03406 | 0.05357 | 0.07749 |
| 1.2 | 0.01973 | 0.01248 | 0.02854 | 0.05140 | 0.08111 | 0.11766 |
| 1.4 | 0.01839 | 0.01677 | 0.03854 | 0.06904 | 0.10886 | 0.15773 |
| 1.6 | 0.01762 | 0.02088 | 0.04767 | 0.08566 | 0.13494 | 0.19568 |
| 1.8 | 0.00609 | 0.02480 | 0.05663 | 0.10206 | 0.16178 | 0.23708 |
| 2.0 | 0.00704 | 0.02878 | 0.06617 | 0.12047 | 0.19362 | 0.28823 |

| $\alpha$ | $K/\alpha$ | | | | | |
|---|---|---|---|---|---|---|
| | $m=1.05$ | $m=1.10$ | $m=1.15$ | $m=1.20$ | $m=1.25$ | $m=1.30$ |
| 2.2 | 0.00804 | 0.03315 | 0.07765 | 0.14222 | 0.23021 | 0.34320 |
| 2.4 | 0.00913 | 0.03801 | 0.08905 | 0.16444 | 0.26479 | 0.38729 |
| 2.6 | 0.01031 | 0.04314 | 0.10095 | 0.18465 | 0.29205 | 0.41827 |
| 2.8 | 0.01152 | 0.04813 | 0.11171 | 0.20156 | 0.31469 | 0.44832 |
| 3.0 | 0.01270 | 0.05278 | 0.12137 | 0.21733 | 0.33897 | 0.48547 |
| 3.2 | 0.01384 | 0.05714 | 0.13078 | 0.23413 | 0.36591 | 0.52163 |
| 3.4 | 0.01498 | 0.06144 | 0.14057 | 0.25155 | 0.39053 | 0.54665 |
| 3.6 | 0.01600 | 0.06583 | 0.15655 | 0.26792 | 0.41003 | 0.56458 |
| 3.8 | 0.01708 | 0.07031 | 0.16020 | 0.28229 | 0.42713 | 0.58521 |
| 4.0 | 0.01819 | 0.07476 | 0.16927 | 0.29575 | 0.44515 | 0.60758 |
| 4.2 | 0.01930 | 0.07911 | 0.17797 | 0.30917 | 0.46250 | 0.62179 |
| 4.4 | 0.02042 | 0.08333 | 0.18646 | 0.32193 | 0.47586 | 0.62809 |
| 4.6 | 0.02151 | 0.08744 | 0.19466 | 0.33324 | 0.48635 | 0.53596 |
| 4.8 | 0.02259 | 0.09146 | 0.20246 | 0.34358 | 0.49752 | 0.64715 |
| 5.0 | 0.02364 | 0.09541 | 0.21000 | 0.35400 | 0.50900 | 0.65146 |
| 5.2 | 0.02469 | 0.09933 | 0.21744 | 0.36417 | 0.51600 | 0.64550 |
| 5.4 | 0.02574 | 0.10324 | 0.22489 | 0.37269 | 0.51963 | 0.63989 |
| 5.6 | 0.02679 | 0.10714 | 0.23173 | 0.37927 | 0.52234 | 0.64113 |
| 5.8 | 0.02785 | 0.11093 | 0.23790 | 0.38538 | 0.52760 | 0.63967 |
| 6.0 | 0.02898 | 0.11460 | 0.24372 | 0.39213 | 0.53155 | 0.62558 |
| 6.2 | 0.02995 | 0.11804 | 0.24960 | 0.39802 | 0.52971 | 0.60766 |
| 6.4 | 0.03097 | 0.12151 | 0.25597 | 0.40360 | 0.52475 | 0.59800 |
| 6.6 | 0.03197 | 0.12497 | 0.26091 | 0.40553 | 0.52263 | 0.59206 |
| 6.8 | 0.03298 | 0.12842 | 0.26566 | 0.40813 | 0.52145 | 0.57513 |
| 7.0 | 0.03399 | 0.13176 | 0.26996 | 0.41094 | 0.51687 | 0.54996 |
| 8.0 | 0.03896 | 0.14700 | 0.28830 | 0.41179 | 0.47318 | 0.45048 |
| 9.0 | 0.04377 | 0.16026 | 0.29869 | 0.39668 | 0.41021 | 0.35141 |
| 10.0 | 0.04838 | 0.17145 | 0.30109 | 0.36852 | 0.33957 | 0.26702 |
| 11.0 | 0.05281 | 0.18041 | 0.29799 | 0.33098 | 0.27165 | 0.19905 |
| 12.0 | 0.05707 | 0.18720 | 0.28833 | 0.28811 | 0.21364 | 0.15163 |
| 13.0 | 0.06112 | 0.19188 | 0.27355 | 0.24405 | 0.16842 | 0.12892 |
| 14.0 | 0.06496 | 0.19446 | 0.25476 | 0.20239 | 0.13581 | 0.12911 |
| 15.0 | 0.06860 | 0.19499 | 0.22853 | 0.16595 | 0.11567 | 0.14655 |

消光法是一种切实可行的测乳胶粒直径的方法，虽然不能测得乳胶粒的结构形态及乳胶粒的尺寸分布，但是用来测定乳胶粒的平均直径是很方便的，很有推广的价值。

### 11.7.3 肥皂滴定法[14-19]

试验证明，大多数乳液具有相当高的表面张力，这是因为乳化剂被优先吸附在乳胶粒表面上，没有被吸附的自由乳化剂浓度很低。自由乳化剂浓度低于临界胶束浓度，不足以产生胶束。再者，尽管乳液体系已经相当稳定，但是大部分聚合物乳液中的乳胶粒的表面并没有完全被乳化剂分子所覆盖，若再加入乳化剂，没有吸附上乳化剂的那一部分乳胶粒表面，可以继续吸附新加入的乳化剂，直到所有的乳胶粒表面被乳化剂覆盖，即达到饱和为止。另外，有足够的证据表明，乳化剂总是以单分子层的形式被吸附在乳胶粒表面，即使在乳化剂大大过量的情况下也是这样。因此这就有可能利用吸附乳化剂（肥皂）的方法来测定乳胶粒的平均表面积和平均直径。

如上所述，对于一个乳胶粒表面没有完全被乳化剂所饱和的聚合物乳液来说，当利用乳化剂溶液进行滴定时，先加入的乳化剂几乎全部被乳胶粒所吸附，当乳胶粒表面完全被乳化剂分子覆盖时，再加入的乳化剂将全部以真溶液或者以胶束的形式溶解在水中。将乳胶粒表面刚刚被乳化剂饱和这一点定为滴定的终点。由初始乳化剂量和滴定乳化剂量可以确定单位质量的聚合物所吸附的乳化剂量。同时若知道了一个乳化剂分子在乳胶粒表面上所能覆盖的面积，那么就不难求出乳胶粒的平均直径。以下对此进行具体讨论。

取一待测聚合物乳液试样，已知乳化剂浓度为 $c_i$（mol/L），聚合物质量浓度为 $m_0$（g/L），因为自由乳化剂量很少，可以忽略不计，那么单位质量聚合物中初始乳化剂量为 $S_i = c_i / m_0$。将这个试样用乳化剂标准溶液进行滴定，达滴定终点时吸附在乳胶粒上的新加入的乳化剂的浓度为 $c_a$（mol/L），此时聚合物的质量浓度为 $m$（g/L），在滴定终点处单位质量聚合物所吸附的新加入的乳化剂量为 $S_a = c_a / m$（mol/g）。

最常用的指示滴定终点的方法有两个：一个是表面张力法；一个是电导法。对一个已知体积和已知浓度的聚合物乳液用乳化剂标准溶液进行滴定，同时测定在不同乳化剂加入量下的乳液的表面张力或电导率，即可作出乳化剂用量与表面张力或电导率的关系曲线，如图 11-2 及图 11-3 所示。由图 11-2 可以发现，曲线由两条直线 AB 及 BD 构成，在 AB段，表面张力随着乳化剂用量的增大直线地下降，这表明没有被乳化剂覆盖的乳胶粒表面所占的分数随乳化剂用量增大而减少。BD 线表示当达到一定乳化剂浓度后，表面张力不再随乳化剂用量而发生明显的变化，这说明全部乳胶粒表面已被乳化剂饱和，多余的乳化剂均以自由分子（构成真溶液）或胶束的形式出现，故此时乳液的表面张力与乳化剂用量无关。点 B 是两条直线的交点，代表乳胶粒表面刚刚被乳化剂饱和的起点，故 B 点即为滴定的终点。由图 11-3 也可以看出，在点 B 处，电导率随乳化剂加入量的变化发生了突然的转折，这也表明在这一点处乳胶粒表面刚刚被乳化剂所饱和，即为滴定终点。

设取样体积为 $V_0$（L），达到滴定终点时所加入的标准乳化剂溶液的体积为 $V$（L），$c_0$ 为乳化剂标准溶液的物质的量浓度。当达到滴定终点时所加入的乳化剂在体系中的浓度 $c$（mol/L）可用式（11-12）计算。

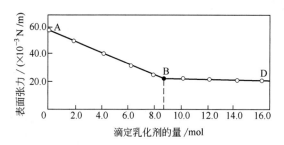
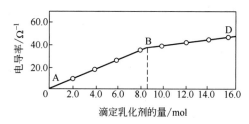

图 11-2　乳液表面张力与滴定乳化剂用量关系曲线　　图 11-3　乳液电导率与滴定乳化剂用量关系曲线

$$c = \left( \frac{V}{V_0 + V} \right) c_0 \tag{11-12}$$

而在滴定终点处聚合物的质量浓度 $m$（g/L）可用式（11-13）计算。

$$m = \left( \frac{V_0}{V_0 + V} \right) m_0 \tag{11-13}$$

在滴定终点处滴定加入的乳化剂有两个去向，一部分被吸附在乳胶粒上；另一部分以单分子的形式溶解在水中，并达到饱和，其浓度等于临界胶束浓度 CMC（mol/L），即

$$c = c_a + \text{CMC}$$

若将其加以变化，则有

$$c = \left( \frac{c_a}{m} \right) m + \text{CMC}$$
$$= S_a m + \text{CMC}$$

或

$$S_a = \frac{c - \text{CMC}}{m} \tag{11-14}$$

对于已知聚合物乳液试样来说，其体积 $V_0$、聚合物质量浓度 $m_0$ 及初始乳化剂浓度 $c_i$ 均为定值。乳化剂标准溶液的物质的量浓度 $c_0$ 也是已知数，那么由式（11-12）及式（11-13）可以计算出参数 $c$ 和 $m$。对于特定的乳化剂来说，在同样的试验条件下其临界胶束浓度 CMC 为常数（如表 11-3 所示），则可由式（11-14）计算出 $S_a$ 值。

**表 11-3**　部分乳化剂的单分子覆盖面积 $A_s$ 及临界胶束浓度 CMC

| 乳 化 剂 | $A_s/(\times 10^2 \text{nm}^2)$ | CMC/（mol/L） |
| --- | --- | --- |
| 油酸钠 | 28.2 | 0.0035 |
| 月桂酸钠 | 41.4 | 0.0215 |
| 十四烷酸钠 | 34.1 | 0.0075 |
| 十六烷酸钠 | 25.1 | 0.0021 |
| 硬脂酸钠 | 23.4 | 0.0018 |
| 木松香酸钾 | 35.2 | 0.0122 |
| 十二烷基氯化铵 | 26.0 | 0.0730 |

对于某一特定乳化剂来说，一个乳化剂分子在乳胶粒表面的覆盖面积为一定值（如表 11-3 所示）。如果试样中的乳化剂和滴定时所用的乳化剂每个分子在乳胶粒表面上的覆

盖面积分别为 $A_i$（nm$^2$）和 $A_a$（nm$^2$），那么单位质量聚合物乳胶粒的总表面积 $A_0$（nm$^2$/g）可用式（11-15）计算。

$$A_0 = (S_i A_i + S_a A_a) N_A \tag{11-15}$$

式中，$N_A$ 为阿伏伽德罗常数；$S_i = c_i/m_0$ 也为定值。

若聚合物的比容为 $v$（nm$^3$/g），则有

$$v = \frac{1 \times 10^{21}}{\rho} \tag{11-16}$$

式中，$\rho$ 为聚合物的密度。

由式（11-15）及式（11-16）可得

$$\frac{v}{A_0} = \frac{1 \times 10^{21}}{(S_i A_i + S_a A_a) N_A \rho}$$

由于乳胶粒是球形的，故有

$$\frac{v}{A_0} = \frac{\dfrac{\pi D_p^3}{6}}{\pi D_p^2} = \frac{D_p}{6}$$

式中，$D_p$ 为乳胶粒的平均直径（nm），则有

$$D_p = \frac{6 \times 10^{21}}{(S_i A_i + S_a A_a) N_A \rho}$$

或

$$D_p = \frac{9.961}{(S_i A_i + S_a A_a) \rho} \tag{11-17}$$

根据肥皂滴定所消耗的物质的量浓度为 $c_0$ 的乳化剂标准溶液的体积 $V$，可由式（11-12）及式（11-13）计算出 $c$ 和 $m$ 值，进而由式（11-14）计算出 $S_a$ 值，最后由式（11-17）即可计算得乳胶粒的平均直径。

由于乳胶粒尺寸不均匀，用不同的平均方法所求得的平均乳胶粒直径大小是不同的。用肥皂滴定法所求得的聚合物乳液乳胶粒的平均直径应符合式（11-18）。

$$D_p = \frac{\sum f_i D_i^3}{\sum f_i D_i^2} \tag{11-18}$$

式中，$f_i$ 为具有直径为 $D_i$ 的乳胶粒在乳胶粒总数中所占的分数。

## 11.7.4 离心法[10, 20]

离心法是一种方便、快速测乳胶粒直径的方法，不需要很贵重的设备，一般的离心机即可胜任；也不要求对试样做很麻烦的处理。本法不仅可以测定乳胶粒的平均直径，而且还可以测定乳胶粒的尺寸分布，并且所测得的数据具有一定精确度。

离心法测乳胶粒直径的理论基础是斯托克斯定律，即当球形固体颗粒在液体中运动时所受的拉曳力可由式（11-19）计算。

$$F_d = 3\pi \mu u D_p \tag{11-19}$$

式中 $F_d$ ——拉曳力，N；

$\mu$ ——介质黏度，Pa·s；

$D_p$——颗粒直径，nm；

$u$——颗粒相对介质的速度，nm/s。

在离心机中颗粒受向心力作用而做圆周运动。

$$F_L = w^2(\rho_f - \rho_p)V_p r \qquad (11-20)$$

式中　$F_L$——向心力，N；

$w$——角速度，$s^{-1}$；

$r$——颗粒距离轴心的半径，m；

$V_p$——颗粒体积，$m^3$；

$\rho_f$——介质密度，$kg/m^3$；

$\rho_p$——颗粒密度，$kg/m^3$。

达到稳定时，颗粒所受拉曳力即为维持其圆周运动的向心力，则有 $F_d = F_L$，即

$$3\pi\mu u D_p = w^2(\rho_f - \rho_p)V_p r$$

球形乳胶粒颗粒的体积为 $V_p = \dfrac{\pi D_p^3}{6}$，则

$$u = \frac{dr}{dt} = \frac{w^2(\rho_f - \rho_p)D_p^2}{18\mu}r \qquad (11-21)$$

假如所采用的介质密度 $\rho_f$ 小于颗粒的密度 $\rho_p$，那么在强大的离心力的作用下，在圆筒状容器中乳胶粒沿径向朝外作离心运动，势必要撞击器壁，这样会使乳胶粒发生对流而造成误差。所以在大多数情况下，应使介质密度大于乳胶粒密度，离心时，乳胶粒向轴心运动，这就避免了上述误差。在实际中，常用甘油或蔗糖的水溶液等作为工作介质，改变其浓度就可以很方便地调节介质的密度。

在离心过程中，当时间由 0 至 $t$ 时，一个颗粒由距轴心 $r_2$ 处（筒壁处）运动至 $r_1$ 处（取样点），以此为上下限将式(11-21)积分得

$$D_p^2 = \frac{18\mu}{w^2(\rho_f - \rho_p)t}\ln\frac{r_2}{r_1} \qquad (11-22)$$

在一定温度下，$\mu$、$\rho_f$ 及 $\rho_p$ 均为常数；$w$ 可以人为控制；筒壁距轴心的距离 $r_2$ 为定值；取样点固定时，$r_1$ 亦为定值。在这种情况下，式(11-22)表明了乳胶粒直径 $D_p$ 和沉降时间 $t$ 之间的函数关系。

在测定时，首先向离心机的转筒中加入一定量工作介质和待测乳液，将其混合均匀。开动离心机，经过一个预定的时间 $t$ 后，停止离心，在距离轴心 $r_1$ 处，用医用注射器取样 0.8～1.0mL，在同一个取样截面上至少要从五个点取样，并且针头距离器壁至少 1mm。取样后，由式(11-22)计算直径 $D_p$，再按照 11.3 节所提供的方法测定其固体含量。固体含量降低的百分数就代表直径大于 $D_p$ 的乳胶粒在乳胶粒总量中所占的分数。这个分数显然是个累积值。若改变离心时间，或改变转速，或从不同的取样点取样，可得到一系列的数据，进而可做成如图 11-4 所示的乳胶粒累积重均直径分布曲线。

当乳胶粒直径在 $2\mu m$ 以上时，可用静置法使乳胶粒由器底靠浮力上升，来测定乳胶粒尺寸及尺寸分布。对于直径小于 $2\mu m$ 的乳胶粒来说，可用离心法测定乳胶粒的尺寸。

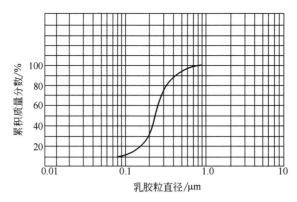

图 11-4　PVC 乳液累积重均乳胶粒直径分布曲线

该法测定乳胶粒直径的下限可在 $0.05\mu m$ 以下。若采用提高转速、增大离心力、延长离心沉降时间、增大介质与乳胶粒间的密度差 $\rho_f - \rho_p$ 等措施，还可以测定更小的乳胶粒直径。

### 11.7.5　电子显微镜法[21-26]

利用电子显微镜可以直接进行观察和测量乳胶粒直径，也可以拍摄出乳胶粒的照片，由具有代表性的照片可以直接量取至少 50 个乳胶粒的直径，由所取得的数据可作出乳胶粒尺寸分布曲线，并可求得数均乳胶粒直径。

$$D_p = \sum f_i D_i \tag{11-23}$$

式中，$f_i$ 是直径为 $D_i$ 的乳胶粒在乳胶粒总数中所占的分数。

电镜法有扫描电镜法（SEM）和透射电镜法（TEM）两种。一般来说，SEM 只能观察和拍摄乳胶粒的外部形态，而 TEM 则可以同时观察和拍摄乳胶粒外部形态和内部结构。制样时，先把乳液稀释至 $50mg/kg$，然后将其滴在特制的铜网上，在室温下晾干即可进行观察。也可以把分离出的乳胶粒包埋在特种环氧树脂中，经超薄切片，即可进行观察和拍照。为了在电镜上观察乳胶粒的内部结构，常常需要用染色剂四氧化锇（$OsO_4$）、四氧化钌（$RuO_4$）、磷钨酸（$H_3PO_4 \cdot 12WO_3$）等进行染色，以增大乳胶粒内部不同聚合物的色差，以利观察和拍摄出清晰的照片。

这个方法看起来很简单，很方便，其实不然。在制备试样时，常常要经历一个涂层、吸收、固定、多次洗涤和多次干燥等复杂的预处理程序，并且对某些试样来说很难得到可靠的结果。例如合成橡胶胶乳、天然橡胶胶乳以及某些含有增塑剂的聚合物乳液，即使在室温下其聚合物也会软化，乳胶粒会发生塌陷而变得扁平，或者彼此聚并而黏结在一起。在这种情况下，为拍摄到好的电子显微镜照片，可用如下方法：

① 将试样在低温下干燥。

② 将乳液用乙酸油酰处理，使乳胶粒固定。

③ 让乳胶粒吸附一层苯乙烯单体，然后用 $1 \times 10^4 Gy$ 的 $\gamma$ 射线照射，使之进行辐射聚合，所生成的聚苯乙烯为乳胶粒包上一层坚硬的外壳而将其固定。此法需进行聚苯乙烯体积校正。

④ 对于含有不饱和键的橡胶胶乳来说，可以将其进行溴化处理，使聚合物变硬而将乳胶粒固定。经溴化后，乳胶粒直径大约增大 10％，需要进行校正。

⑤ 向待测乳液中加入少量聚乙烯醇稀溶液，干燥后，形成聚乙烯醇薄膜，乳胶粒被包埋在此透明膜中而将其固定。

⑥ 制样时，用粒子溅射器在乳胶粒表面上喷金，金涂层厚度约 5nm，以将乳胶粒固定。

### 11.7.6  水动力色谱法[27-33]

水动力色谱法是一种简便、快速测定聚合物乳液乳胶粒直径及其分布的方法，自 20 世纪 70 年代以来，发展较快，目前在国外已经用水动力色谱仪对乳液聚合生产过程实现了在线测量。

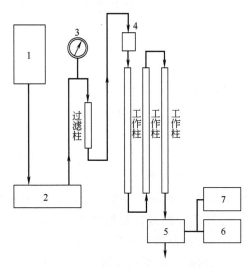

**图 11-5  水动力色谱装置示意图**

1—淋洗液高位槽；2—高压计量泵；3—压力表；4—高压进样阀；5—检测器；6—记录仪；7—计算机

图 11-5 为水动力色谱装置示意图。

水动力色谱所用的淋洗液为水。经过预净化处理的水置于淋洗液高位槽 1 内，用高压计量泵 2 将压力升至 4～6MPa，并使淋洗液以约 30～160mL/h 的流量向前流动，通过过滤柱，柱内装有填料，以进一步滤除淋洗液中的杂质。然后通过高压进样阀 4 把聚合物乳液和标识物溶液的混合物注入液流，进入工作柱。每根工作柱内装填直径为 18～20μm 的聚苯乙烯、玻璃或硅胶微球填料。三根工作柱串联使用。根据压力和流量不同，物料流出时间约在 20～150min 之间。工作柱使乳胶粒分级，粒径大的流速快，先流出，粒径小的后流出。检测器 5 所得到的信号输入计算机 7，进行处理后，其结果用计录仪 6 记录下来，即得所测聚合物乳液乳胶粒的平均粒径及粒径分布。

水动力色谱（HDC）仪的结构类似于凝胶渗透色谱（GPC）仪，但是用 HDC 来测定乳胶粒直径及直径分布与用 GPC 来测定聚合物的分子量及分子量分布的原理是不同的。GPC 所用的填料颗粒内部具有许许多多空穴，在流动过程中，小分子可以钻进空穴中逗留一段时间，而大分子却钻进不去，致使小分子停留时间长、流出慢，而大分子则停留时间短、流出快，就依此对聚合物按分子量大小进行分级。而 HDC 所用填料是尺寸分布很窄的实心微球，球内部没有空穴，这些微球堆积起来，球间形成许许多多大小不一的孔隙。微球堆积床层依据以下两种机理对乳胶粒进行分级：

① 大乳胶粒只能进入尺寸大的孔隙；小乳胶粒既可进入大的孔隙，又可进入小的孔隙，粒径越小，所能到达的孔隙就越多。即乳胶粒直径越小，可流经的总孔隙体积就越

大。标识物重铬酸钾为小分子，可到达所有的孔隙，可流经的总孔隙体积则最大。我们知道，在流动体系中，平均停留时间等于可流经的体积除以体积流量，故：大乳胶粒停留时间短，先流出；小孔胶粒停留时间长，后流出；标识物停留时间最长，最后流出。这样就可将乳胶粒按尺寸大小分级。

② 填料微球间的孔隙相当于许许多多的毛细管道，当流体在毛细管内作层流流动时，流速呈抛物面分布，管中心流速最大，靠壁处流速为零，如图 11-6 所示。设 A 为一个大乳胶粒，其半径为 $r_a$；B 为一个小乳胶粒，其半径为 $r_b$；毛细管半径为 $r_0$。A 乳胶粒中心只能出现在 $O_1$-$O_1'$ 区 [即 $2(r_0-r_a)$ 区]；B 乳胶粒中心只能出现在 $O_2$-$O_2'$ 区 [即 $2(r_0-r_b)$ 区]；而标识物则可出现在毛细管中任何区域。因为 $O_1$-$O_1'$ 比 $O_2$-$O_2'$ 更靠近毛细管中心，所以乳胶粒 A 的平均流速要比乳胶粒 B 平均流速大，故乳胶粒 A 要比乳胶粒 B 先流出，孔胶粒 B 又比标识物重铬酸钾先流出。以此达到对乳胶粒分级的目的。

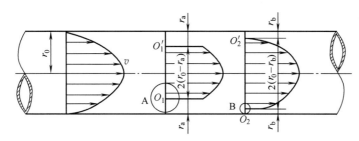

图 11-6　毛细管内层流流动流速分布图

人们常用相对流动速率 $R_F$ 来表征水动力色谱对乳胶粒的分级效果，其定义为

$$R_F = \frac{乳胶粒通过床层的流动速率}{淋洗液的流动速率} \tag{11-24}$$

众所周知，物料在毛细管中作层流流动时流速分布可用式（11-25）表示。

$$v = \frac{\Delta p r_0^2}{4\eta l}\left[1-\left(\frac{r}{r_0}\right)^2\right] \tag{11-25}$$

式中　$v$——淋洗液流速；

　　$\Delta p$——通过毛细管的压力降；

　　$r$——管中任意点到管中心的距离；

　　$r_0$——毛细管半径；

　　$l$——毛细管长度；

　　$\eta$——淋洗液黏度。

在管中心（$r=0$ 处）流速最大，所以有 $v \leqslant \Delta p r_0^2/4\eta l$，在管壁处流速为零；管中平均流速为 $0.5v$。

图 11-6 中乳胶粒 A 的平均流速 $\overline{v}_a$ 可用式（11-26）计算[30]：

$$\overline{v}_a = v_{max}\left[1-\frac{1}{2}\left(1-\frac{r_a}{r_0}\right)^2\right] \tag{11-26}$$

由上式可以看出，乳胶粒直径 $r_a$ 越大，其平均流速 $\overline{v}_a$ 就越大。

半径为 $r_a$ 的乳胶粒流过时间和淋洗液流过时间之差 $\Delta\theta$ 可用下式计算：

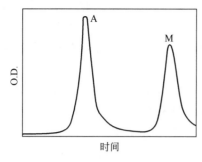

图 11-7　水动力色谱谱图

$$\Delta\theta = \frac{v_c}{q}\left[\frac{\dfrac{r_a}{r_0}\left(2-\dfrac{r_a}{r_0}\right)}{1+\dfrac{r_a}{r_0}\left(2-\dfrac{r_a}{r_0}\right)}\right] \qquad (11\text{-}27)$$

式中　　$v_c$——工作柱总孔隙体积；

　　　　$q$——淋洗液体积流量。

图 11-7 为典型的水动力色谱谱图，图中 M 峰为淋洗液峰，A 为乳胶粒峰。由图确定 $\Delta\theta$ 后，就可由式(11-25)来计算被测乳液乳胶粒直径及直径分布。

## 11.8　单体珠滴尺寸及尺寸分布测定 [34, 35]

单体珠滴尺寸及尺寸分布的测定对乳液聚合动力学研究及乳液聚合物的生产具有实际意义。常用的测定方法有显微镜照相法及计数法两种。

### 11.8.1　显微镜照相法

这种方法是在显微镜下拍摄乳液中单体珠滴的照片，然后从照片上对不同尺寸级别的单体珠滴进行测量和计数，根据所取得的数据就可作出单位珠滴尺寸分布图，并计算出单位珠滴的平均直径。

在显微镜下拍摄单体珠滴的照片按如下程序进行：首先将盛有待测乳液的瓶子轻轻摇晃，然后用 10mL 医用注射器从乳液深度的中点处取样约两滴，再将约 4mL 10％的乳化剂溶液吸入注射器，轻轻摇动，以使其混合均匀。在两个显微镜玻璃载片中间夹上两条厚度约 0.1mm 的有机玻璃窄片，使两个玻璃载片之间形成很窄的狭缝，然后将注射器内冲稀后的乳液注射到狭缝中，采用这种方法可使单体珠滴均匀地分布在狭缝中，避免了珠滴的群集，同时也避免了由于单体挥发而带来的误差。最后将载有试样的玻璃载片放到显微镜中进行观察，选择有代表性的区域拍摄照片 3～5 张，每张照片上至少包括 100 个单体珠滴。图 11-8 即为在显微镜下拍摄的聚苯乙烯乳液中单体珠滴的照片。

这种方法所测定的数据准确可靠，但需要在照片上一个一个地来测量珠滴的尺寸并进行计数，这需要花费很多时间，需作大量重复劳动。

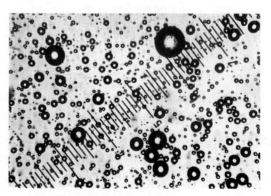

图 11-8　聚苯乙烯阶段 Ⅱ 乳液中单体
珠滴照片（放大倍数 635）

## 11.8.2　计数法

计数法所用的仪器叫做 Coulter 计数器，用于测定粒径在 $2\sim300\mu m$ 之间的固体颗粒的平均尺寸及尺寸分布，也可以用于测定液滴的尺寸和尺寸分布。图 11-9 为 Coulter 计数器的原理图。图中孔管 4 上开有一个直径约为 $100\mu m$ 的小孔 2，将其置于烧杯 3 中。在孔管 4 和烧杯 3 中均装入 1% 的 NaCl 水溶液 1，孔管 4 内外靠小孔 2 连通。孔管 4 的上部装有一根细管 6，和真空泵相连接。孔管 4 内的真空度由水银真空计 7 来指示。由于孔管 4 内为负压，所以在小孔 2 两侧产生一压差。在这一压差作用下，烧杯 3 中的 NaCl 溶液将连续地流进孔管 4 内。在真空计 7 的水平部分设有两个电极 $H_1$ 及 $H_2$，两电极间的体积为一恒定值。在小孔 2 两侧各装一个测量电极 5。如果烧杯 3 只装 1% 的 NaCl 溶液，则两测量电极 5 和电池接通后，将有一恒定电流通过。若向烧杯 3 中装入一定量的乳液，其中的单体珠滴也将不断地随着 NaCl 溶液流入孔管 4 中。每当一个单体珠滴通过小孔 2，由于单体的电导值很小，故电流会发生一次脉冲。仪器可自动记录出水银从电极 $H_1$ 流到电极 $H_2$ 这段时间内出现脉冲的次数，由此即可知道一定体积中的单体珠滴数目。

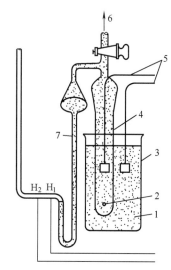

**图 11-9　Coulter 计数器原理图**
1—1% 的 NaCl 水溶液；2—孔管上的小孔；
3—烧杯；4—孔管；5—测量电极；6—细管；
7—真空计；$H_1$、$H_2$—真空计电极

在测定时，调节仪器上的旋钮，可以规定所要测定的单体珠滴直径的上下限。可将整个单体珠滴尺寸范围划分成 16 个尺寸间隔，每一次测定可以取得一个尺寸间隔内的单体珠滴数目。有了对 16 个尺寸间隔所取得的数据就不难做出单体珠滴尺寸分布曲线，并可求得其平均直径。为了校正由于某些原因而带入到电解质溶液中微量杂质的影响，在进行测定前需进行空白试验。

这种方法可以快速而方便地测定单体珠滴的直径。但是对于挥发性较大的单体来说，由于在试验过程中部分气化而影响数据的正确性和试验的重复性。

当然对于乳胶粒直径大于 $2\mu m$ 的大颗粒乳液来说，也可以利用 Caulter 计数器很方便地测定乳胶粒的平均直径及尺寸分布。

# 11.9　乳液表面张力的测定

在研究聚合物乳液时，常常需要测定乳液及用于制备乳液的各种原料的表面张力。常用的测定表面张力的方法有毛细管上升法、气泡压力法、珠滴重量法、环形丝法以及⊓形

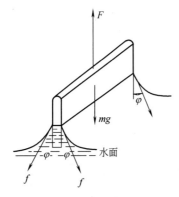

图 11-10 ∏形丝测表面张力示意图

丝法等，其中仅后三者适合于测定乳液的表面张力。现以∏形丝法和珠滴重量法为代表作简单介绍。

（1）∏形丝法 若将一个∏形金属丝浸入乳液中，然后慢慢提起，这时∏形丝的两侧都连上一层液膜。∏形丝所受的力除了向上的拉力 $F$ 及向下的重力 $mg$ 外，还要受到表面张力 $\sigma$ 的作用。$\sigma$ 与液面相切，与∏形丝的夹角 $\varphi$ 称为接触角，如图 11-10 所示。

当向上拉∏形丝时，在∏形丝的竖直面和水平液面之间有一弧形过渡，这时的接触角即为 $\varphi$。当继续向上拉∏形丝时，$\varphi$ 角逐渐减小，在液膜被撕裂的那一瞬间，接触角 $\varphi$ 接近于零，这时所受的表面张力垂直向下。由静力平衡条件可得

$$l\sigma = \frac{1}{2}(F - mg) \tag{11-28}$$

式中，$l$ 为∏形丝的长度。则

$$\sigma = \frac{F - mg}{2l} \tag{11-29}$$

式中，$F - mg$ 的数值是通过乔里秤来测定的。由虎克定律得

$$F - mg = K(S - S_0)$$

式中，$K$ 为弹簧的弹性系数；$S$ 及 $S_0$ 分别为∏形丝在液膜被撕裂时和浸入液体前乔里秤的读数。

故有

$$\sigma = \frac{K(S - S_0)}{2l} \tag{11-30}$$

若已知 $K$ 及 $l$，并测得 $S$ 及 $S_0$，即可由式（11-30）求得所测乳液的表面张力。

（2）珠滴重量法 图 11-11 为珠滴重量法测定表面张力的设备示意图。若将聚合物乳液由加料管 1 装入到球 2 中，料液将通过毛细管 3 到达毛细管末端 4。由毛细管末端 4 冒出来的乳液形成一个珠滴。珠滴之所以能悬在毛细管末端 4 处而不落下是由于表面张力的作用。当珠滴增大到其重力刚好等于表面张力的作用时，珠滴就会下落。此时

$$mg = 2\pi r\sigma \tag{11-31}$$

式中　$m$——珠滴质量，kg；

　　　$g$——重力加速度，m/s$^2$；

　　　$r$——毛细管半径，m；

　　　$\sigma$——表面张力，N/m。

实际上由毛细管末端离开的珠滴的质量总是小于由式（11-31）预计的质量，原因是珠滴不是正圆形的，同时珠滴下落时不会全部离开管端，总是留下一部分。研究发

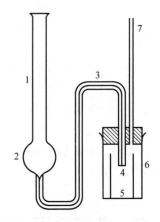

图 11-11 珠滴重量法测表面张力设备示意图

1—加料管；2—球；3—毛细管；

4—毛细管末端；5—称重瓶；

6—隔离室；7—放空管

聚合物乳液合成原理性能及应用（第三版）

现[36]，珠滴质量除了和毛细管半径 $r$ 及表面张力 $\sigma$ 有关外，它还是 $r/a$ 的函数，即

$$mg = 2\pi r\sigma f\,(r/a) \tag{11-32}$$

式中，$a$ 为毛细管常数，定义为

$$a = \left(\frac{r}{h}\right)^{1/2} \tag{11-33}$$

式中，$h$ 为被测液体在半径为 $r$ 的毛细管中的升高。而 $f(r/a)$ 又是 $(r/V^{1/3})$ 的函数，即

$$f(r/a) = \phi(r/V^{1/3})$$

式中，$V$ 为珠滴体积。

则式(11-32) 变为

$$mg = 2\pi r\sigma\phi\left(\frac{r}{V^{1/3}}\right)$$

令

$$F = \frac{1}{2}\left[\pi\phi\left(\frac{r}{V^{1/3}}\right)\right]^{-1} \tag{11-34}$$

则

$$\sigma = \frac{mg}{r}F \tag{11-35}$$

式中，$F$ 为校正系数。

校正系数 $F$ 可由表 11-4 查得。当测得由毛细管端下落的珠滴质量以后，即可由式(11-35) 计算 $\sigma$。

**表 11-4** 珠滴重量法测表面张力关系式中的校正系数

| $V/r^3$ | $F$ | $V/r^3$ | $F$ | $V/r^3$ | $F$ |
|---|---|---|---|---|---|
| 5000 | 0.172 | 2.637 | 0.26224 | 0.816 | 0.2550 |
| 250 | 0.198 | 2.3414 | 0.26350 | 0.771 | 0.2534 |
| 58.1 | 0.215 | 2.0929 | 0.26452 | 0.729 | 0.2517 |
| 24.6 | 0.2256 | 1.8839 | 0.26552 | 0.692 | 0.2499 |
| 17.7 | 0.2305 | 1.7062 | 0.26562 | 0.658 | 0.2482 |
| 13.28 | 0.23522 | 1.5545 | 0.26566 | 0.626 | 0.2464 |
| 10.29 | 0.23976 | 1.4235 | 0.26544 | 0.579 | 0.2445 |
| 8.190 | 0.24398 | 1.3096 | 0.26495 | 0.570 | 0.2430 |
| 6.662 | 0.24786 | 1.2109 | 0.26407 | 0.541 | 0.2430 |
| 5.522 | 0.25135 | 1.124 | 0.2632 | 0.512 | 0.2441 |
| 4.653 | 0.25419 | 1.048 | 0.2617 | 0.483 | 0.2460 |
| 3.975 | 0.25661 | 0.980 | 0.2602 | 0.455 | 0.2491 |
| 3.433 | 0.25874 | 0.912 | 0.2585 | 0.428 | 0.2526 |
| 2.995 | 0.26065 | 0.865 | 0.2570 | 0.403 | 0.2559 |

## 11.10　乳液相对密度的测定

对于黏度小于5Pa·s、没有气泡的聚合物乳液，可用标准韦氏相对密度天平来测定其相对密度，也可以用在空气中及在乳液中能校验标准质量的其他比重计来测定。

对于黏度大且有气泡的聚合物乳液，其相对密度很难测定。若用真空脱气，会导致水的损失而造成误差。在这种情况下，可采用如下方法来测定乳液的相对密度：在一个高型量筒中，装入已知体积的试样并进行称重，由此可以计算得近似的相对密度。在个别情况下，也可以稀释后再测乳液的相对密度，但是只有在相对密度随稀释程度的变化为线性关系时，这种方法才能使用。

## 11.11　乳液残余单体含量的测定

聚合物乳液中的单体含量既可以用物理法也可以用化学法来进行测定。

(1) 物理法[2]　物理法仅对苯乙烯、丙烯酸丁酯等在水中溶解度极小的单体有效，不适用于乙酸乙烯酯、氯乙烯、甲基丙烯酸甲酯等在水中溶解损失较大的单体。

这种方法的测定过程为：将20～25g待测聚合物乳液试样、100g水和少量消泡剂加入到Deen-Sea RK水分测试管中，在其中进行蒸馏，单体和水为馏出液，待馏出液分层后，可直接读出单体的体积。

对于共聚物乳液来说，在读出馏出液中单体体积之后，尚需采用化学法或红外光谱法来确定各种单体的相对含量。

(2) 化学法　溴化法和汞盐法是最常用的测定聚合物乳液中单体含量的化学法。但是对于不同的聚合物乳液来说，其测定程序略有出入。例如对于聚乙酸乙烯酯乳液来说，采用简单的溴化法即可获得满意的结果。但是对于易挥发的单体来说，最好是先将单体蒸馏出来，然后再测定馏出液中的单体含量。在蒸馏时，可以加入已知量的四氯化碳或氯仿等有机液体，和单体形成恒沸混合物，以便蒸出。对于某些单体，如苯乙烯等，沸点高，不易蒸出，尽管纯态苯乙烯容易溴化，但是当它在乳液中时，却不容易溴化和滴定，乳液的沉淀物会吸收溴和碘，为分析结果带来很大误差。在这种情况下应采用汞盐法。另外，对于某些单体，如马来酸酯、富马酸酯或丙烯酸酯类等单体，为了取得好的分析结果，最好在过量碱的条件下，对其首先进行加热水解，然后进行分析。对于挥发性单体还可以采用气相色谱法来进行分析，可以快速测定聚合物乳液中的单体含量。

① 碘量法　将125g溴化钠溶解到20mL溶有2-甲氧基乙醇的水中，再用水稀释至1L，然后加入1.3g溴，并进行标定，即得标准溴溶液。

在一个定碘瓶中加入2g乳液，再加入25mL乙氧基乙醇。同时向另一个定碘瓶中加入同量的乙氧基乙醇，以进行空白试验。然后用滴定管向上述两个定碘瓶中各加入10mL标准溴溶液，并加入1mL 20%（质量分数）碘溶液，盖上定碘瓶磨口盖，静置15min。

将定碘瓶摇晃，过量的溴即和碘化钾发生了反应，然后用硫代硫酸钠标准溶液滴定至呈黄色。

一个烯类单体分子将吸收两个溴原子，过量的溴将置换出等物质的量的碘。碘和硫代硫酸钠的反应为

$$2Na_2S_2O_3 + I_2 \longrightarrow Na_2S_4O_6 + 2NaI$$

单体在聚合物乳液中所占的比例 $w$（质量分数）可用式(11-36)计算：

$$w = \frac{(V-V_0)M\dfrac{c_标}{2}}{1000 \times m_乳} \times 100\% \tag{11-36}$$

式中　$V_0$——空白试验消耗 $Na_2S_2O_3$ 标准溶液的体积，mL；

　　　$V$——滴定试样消耗 $Na_2S_2O_3$ 标准溶液的体积，mL；

　　　$M$——单体分子摩尔质量，g/mol；

　　　$c_标$——$Na_2S_2O_3$ 标准溶液物质的量浓度，mol/L；

　　　$m_乳$——乳液质量，g。

② 汞盐法[37]　在甲醇中，乙酸汞和甲醇会发生如下反应：

$$Hg(CH_3COO)_2 + CH_3OH \longrightarrow Hg \begin{array}{c} OCH_3 \\ OCOCH_3 \end{array} + CH_3COOH$$

当被测试样含有双键时可发生如下反应：

$$Hg \begin{array}{c} OCH_3 \\ OCOCH_3 \end{array} + \quad C=C \quad \longrightarrow \quad \underset{OCH_3Hg-OCOCH_3}{C-C}$$

若再用过量的乙二醇和氯仿（1：1）的混合物稀释，并用 0.1mol/L HCl 标准溶液滴定，将发生如下反应。

$$\underset{OCH_3HgOCOCH_3}{C-C} + HCl \longrightarrow \underset{OCH_3HgCl}{C-C} + CH_3COOH$$

过量的乙酸汞和 HCl 发生如下反应。

$$Hg(CH_3COO)_2 + 2HCl \longrightarrow HgCl_2 + 2CH_3COOH$$

初始加入的乙酸汞的物质的量与滴定中所消耗的 HCl 的物质的量之差即为双键的物质的量。

（3）气相色谱法

气相色谱法是一种可以快速而准确地测定聚合物乳液中残余单体含量的方法。

对聚合物乳液中的残余单体进行气相色谱分析，需首先对可能含有的每一种单体绘制其标准曲线，程序如下：

① 精确称取 0.25g 某已知单体，将其置于 50mL 的容量瓶中，然后用空白乳液稀释至刻度，摇匀，得到单体含量为 5000mg/kg 的乳液。

② 在另外 4 个 50mL 的容量瓶中，将上述乳液用空白乳液分别稀释成残余单体含量为 1000mg/kg、500mg/kg、100mg/kg、50mg/kg 的乳液。

③ 在气相色谱仪上对这 5 个不同单体含量 $c$ 的样品分别进行测定，每个样品各做 3 次。然后，在色谱图上分别量取其峰高，取峰高平均值 $H$。最后，把所得到的数据标绘成 $\lg H$-$\lg c$ 关系图，得一条直线，即为所标定单体的标准曲线。

测定未知聚合物乳液中残余单体含量的程序如下：

① 向气相色谱仪注入与做标准曲线时进样量相同的未知聚合物乳液样品，进行测试。

② 在所得到的色谱图上根据峰位置确定单体的种类，并分别量取对应不同单体的峰高 $H$。

③ 对 $H$ 取对数，根据所得到的 $\lg H$ 数据在标准曲线上查得所对应的 $\lg c$，再查其反对数值，即可得到未知聚合物乳液中各种单体的残余含量 $c$。

热导池气相色谱仪与氢火焰气相色谱仪均可用来测定聚合物乳液的残余单体含量，但利用氢火焰气相色谱仪可以得到更精确的测试结果。若乳液中所含残余单体种数较多，需用程序升温法进行测定，在 20min 内即可测定一个样品。若待测乳液中单体种数较少，采用恒温测定法即可，所用时间更短。实践证明，对于测定聚合物乳液残余单体含量，气相色谱法行之有效，方便快捷，数据可靠。

# 11.12 乳液聚合物膜的检验

测定聚合物乳液所成涂膜的性能，可以使工作者们了解所研究的聚合物乳液能否满足某一具体应用的要求，同时也可以指导人们为适应这一应用目的如何来改进乳液聚合配方和实施工艺。因此，乳液聚合物膜的检验具有重要的实际意义。

乳液聚合物膜检验包括游离膜检验和样板膜检验两部分内容。游离膜检验主要项目有拉伸强度、拉断伸长率、弹性、韧性、硬度、吸水率、透明度等。样板检验项目主要有耐水性、耐酸性、耐碱性、耐溶剂性、粘接强度、耐候性、光泽度等。

由于聚合物乳液中含有乳化剂等亲水性物质，同时为了使乳液稳定，在聚合物分子链上还要引入某些亲水性基团，故和溶剂型同类产品相比，往往其耐水性差，涂膜会出现泛白、力学性能与粘接性能大幅下降等致命的缺陷。密切关注和设法改善涂膜的耐水性，对聚合物乳液的推广应用至关重要。故此处仅对乳液聚合物膜耐水性的检验方法予以简单介绍，至于其他项目的检验可参见乳液涂料、黏合剂、浸渍剂等产品的相关测试方法。

为了检验涂膜的耐水性，需先制膜。其方法为：将有代表性的乳液试样，用涂布器在玻璃板上涂布成一定厚度（如 $100\mu m$）的乳液膜，对于 MFT 低的乳液（如乳胶漆用乳液），将其在 $(35\pm2)℃$ 的烘箱中干燥 24h；而对于 MFT 高的乳液，则需要在高温下烘干。

有人用这样的方法进行耐水性测试：把涂有膜的玻璃板平放在印有 6 号字的白纸上，向涂膜滴上蒸馏水，记录从滴水至出现泛白所需时间及从滴水至看不清字迹为止所需时间。泛白时间越长，其耐水性就越好。

也有人把涂有膜的玻璃板浸泡在冷水中，观察涂膜的外观、强度、附着力等性能的变化。可根据出现泛白、碎裂、脱胶等现象的时间来判定其耐水性的优劣。

对于耐水性特好的乳液聚合物膜，为了评价其耐水性的相对高低，除了在冷水中浸泡三昼夜外，还需要进行开水煮沸试验。

## 参考文献

[1] Becher P Emulsion，Theory and Practice. New York：Reinhold Publishing Co，1957.

[2] Warson H. The Application of Sythetic Resin Emulsions. Lodon：Ernest Benn Ltd，1972.

[3] 林宣益. 乳胶漆. 北京：化学工业出版社，2004：99.

[4] 耿耀宗. 现代水性涂料. 北京：中国石化出版社，2003：127.

[5] 耿耀宗，曹同玉. 合成聚合物乳液制造与应用技术. 北京：中国轻工业出版社，1999.

[6] Warson H，Finch C A. Application of Synthetic Resin latices. V1. New York：John Wiley & Sons，2001.

[7] Maron S H，Elder M E. J Colloid Sci，1963，18：107.

[8] Bateman J B，Weneck E J，Eshler D C. J Colloid Sci，1959，14：308.

[9] Maron S H，Elder M E. J Colloid Sci，1963，18：470.

[10] 曹同玉，龙复，王健等. 高分子材料科学与工程，1986（4）：55-59.

[11] Mie G. Ann Physik，1908，25：377.

[12] Boll R H，Leacock J A，Clark G C，Churchill S W. The Tables of Light-Scattering Functions. New York：The University of Michigan Press，1958.

[13] Pangonis W J. Tables of Light-Scattering Functions for Spherical Particles. New York：Wayne State University Press，1957.

[14] Maron S H，Elder M E，Ulevitch I N. J Colloid Sci，1954，9：89.

[15] Maron S H，Elder M E，Moore C. J Colloid Sci，1954，9：104.

[16] Maron S H，Elder M E. J Colloid Sci，1954，9：263.

[17] Maron S H，Elder M E. J Colloid Sci，1954，9：347.

[18] Maron S H，Elder M E. J Colloid Sci，1954，9：353.

[19] Maron S H，Elder M E. Ulevitch I N. J Colloid Sci，1954，9：382.

[20] Nisonoff A，Messer W E，Howland U H. Anal Chem，1954，26：856.

[21] Brown W E. J Appl Phys，1947，18：273.

[22] Edward C，Manfred G，Joh W S. J Collid Sci，1954，9：185.

[23] 本山卓彦. 醋酸乙烯酯树脂乳液//新高分子文库，1980.

[24] Misra S C，Pichot C，Vanderhoff J W. J Polym Sci：Polym letter Ed，1979，17：567-573.

[25] John S T，Jerry I S，Peter R C. Coating，1983，16：589-598.

[26] 徐伟良，田平. 涂料与应用，1997，27（3）：13-15.

[27] Small H. J Colloid Interface Sci，1974，48：147.

[28] Stoisits R F，Poehlein G W，Vanderhoff J W. J Colloid Interface Sci，1976，57：337.

[29] Small H，Saurders F L，Solc J. Advance in Colloid and Interface Sci，1976，6：237.

[30] Howard G B. Mordetn Method of Particle Size Analysis. New York：Johnwiley，1984.

[31] 刘德华，袁才登，王艳君，等. 高分子通报，1999（2）：45～51.

[32] Thornton A W，Olivier J P，Smart C G，Gilman L B. ACS Symp Ser，1987.

[33] Van Gilder R L，Langhorst M A. ACS Symp Ser，1987.

[34] Cao T Y. M. Phil. Dissertation. U. K.：Debart. of Chem. Eng. Birmingham：University of Aston in Birmingham，1981.

[35] Merry A J. Ph. D. Dissertation. U. K.：Debart. of Chem. Eng. Birmingham：University of Aston in Birmingham，1980.

[36] Lohnstein T. Ann Physik，1906，20：237.

[37] Das M N. Anal Chem，1954，26：1084.

## 12.1 概述

在很多情况下，可以将合成聚合物通过注射、挤出、压延、吹塑等方法加工成所需要的制件和产品；而在另外一些情况下也能以聚合物溶液或乳液的形式进行利用，但这会带来很多弊端。大多数有机溶剂易燃、易爆、有毒、有味，施工现场劳动条件恶劣，会造成环境污染，对人体造成危害。随着世界各国劳动保护法规和环境卫生条例的相继出台，有机溶剂的使用受到了严格的限制。同时，有机溶剂通常价格昂贵，成本高，这就阻碍了聚合物溶液产品的进一步发展和推广应用。利用聚合物水乳液则有很多优点。水是最便宜的介质，没有燃烧、爆炸和中毒的危险，施工现场劳动条件优越，对人体没有危害，同时也不会带来环境污染，所以水乳型产品是当今的发展方向。同时，由乳液聚合法生产出的聚合物乳液的乳胶粒直径很小，一般为 $0.05\sim1\mu m$，可以部分地渗入被处理基材的微观裂缝和毛细孔道内，这样可以得到良好的粘接和涂覆效果，达到高的施工质量。但是以水为介质也会带来一些新的问题，和有机溶剂相比，水的沸点高、蒸发潜热大，在同样条件下蒸发速率较慢，故会影响施工速度。在许多情况下，允许有相当长的施工时间，同时也可以采取措施加速水的挥发，因此蒸发速率并不是影响聚合物乳液推广应用的决定性因素。

正因为聚合物乳液有其独特的优点，所以世界各国竞相致力于聚合物乳液的研究、开发、生产和应用，其市场潜力很大，开发应用前景十分广阔。目前应用最多的聚合物乳液品种有乙酸乙烯酯均聚物及其共聚物乳液、（甲基）丙烯酸酯聚合物及其共聚物乳液、氯乙烯及偏二氯乙烯聚合物及其共聚物乳液、丁苯胶乳、氯丁胶乳、丁腈胶乳、马来酸酯共聚物乳液、乙烯共聚物乳液、乙烯基吡啶共聚物乳液以及含氟乳液、有机硅乳液、聚氨酯乳液、环氧树脂乳液、酚醛树脂乳液、聚酯乳液等。利用这些聚合物乳液可以制成许多产品，如黏合剂、涂料、浸渍剂、密封材料、水溶性油墨、防水材料、增稠剂、改性添加剂、上浆剂、抛光剂、絮凝剂等，这些聚合物乳液产品已广泛应用在建筑工业、纺织工业、造纸工业、皮革工业、工业涂装、生物医学等领域。

# 12.2　聚合物乳液胶黏剂

## 12.2.1　对胶黏剂的基本要求

在工业生产、日常生活等各个领域中，人们常常需把两个或多个物体通过胶黏剂粘接起来。为了实现有效粘接，要求胶黏剂必须具备以下条件[1,2]。

① 固化后的胶黏剂本身力学性能要好，即胶黏剂的内聚力要大。这主要决定于所用聚合物的分子量及其分布、共聚组成、结晶度、交联度、乳胶粒的结构形态等。

② 胶黏剂和被粘物间的黏附力要大。这主要决定于胶黏剂中聚合物的极性、与被粘物间的界面张力及相容性，以及被粘物的性质与表面状况等。

③ 要求胶黏剂有适当的流变性能。胶黏剂大多为非牛顿流体，要求其屈服值尽量低，黏度要适当，从而使胶黏剂具有一定的流动性，便于施工及与被粘物的浸润。但黏度太低又会导致胶黏剂流失过多，从而降低粘接效果。

④ 要求胶黏剂具有足够的初粘性，并能快速达到最高粘接强度。

⑤ 对聚合物乳液胶黏剂来说，要求具有适宜的乳胶粒直径和乳胶粒的结构形态，这要通过"粒子设计"来实现，同时要求聚合物乳液的最低成膜温度低于胶黏剂的使用温度。

因为聚合物乳液胶黏剂在很多场合可以满足上述要求，同时因为和溶剂型胶黏剂相比有其独到的优点，所以水乳型胶黏剂发展很快，已在许多行业中得到了广泛的应用。

## 12.2.2　构成聚合物乳液胶黏剂的组分

在某些情况下聚合物乳液本身就可以直接用作胶黏剂，但在更多场合为了满足其使用要求和改善胶黏剂的性能，需加入其他的配合剂，如交联剂、增黏剂、增稠剂、增塑剂、防老剂、填料等，构成一个相当复杂的多组分体系。

（1）聚合物乳液　在乳液型胶黏剂中，聚合物乳液是最主要的组分，合理选用乳液的种类和确定其用量是决定粘接性能好坏的关键。

胶黏剂中聚合物的极性应尽可能接近被粘物的极性，在粘接两种极性不同的被粘物时，可采用以下两种方法。

① 将具有不同极性的聚合物乳液掺混，这样使胶黏剂对两种被粘物均具有较大的黏附力。

② 选用极性不同的单体的共聚物乳液，这样在大分子链上既带有极性基团的链段，又带有非极性基团的链段，就可以把极性不同的两种被粘物有效地粘接起来。

在粘接纸张、皮革、织物、木材等多孔性被粘物时，聚合物乳液的黏度、乳胶粒直径及其分布是至关重要的。若黏度太大，或乳胶粒直径太大，胶黏剂不能渗入被粘物孔隙中，粘接效果不好；若黏度太小、乳胶粒直径太小或乳胶粒直径分布太宽，胶黏剂会大量地渗透到被粘物的毛细孔道内，而使留在两被粘面之间的粘接层太薄，这也会显著降低其粘接强度。黏度、乳胶粒直径适中及乳胶粒直径分布较窄的聚合物乳液胶黏剂，向孔隙中仅有一定程度的渗透，而大部分滞留在粘接面之间形成粘接层，可达到最好的粘接效果。

最低成膜温度（MFT）是聚合物乳液的重要技术指标，在选择聚合物乳液时应认真考虑。若乳液的 MFT 高于使用温度，乳液不能形成连续的粘接层，不能实现粘接强度，故所选用乳液的 MFT 必须显著低于使用温度。

在合成聚合物乳液时，人们可以利用特殊工艺制成具有核壳结构乳胶粒的聚合物乳液。为了提高粘接强度，对极性被粘物应选用乳胶粒壳层富集极性基团的聚合物乳液，而对于非极性被粘物应选用壳层富集非极性基团的聚合物乳液。

当被粘物带静电时，所选用的聚合物乳液的乳胶粒表面电荷应和被粘物表面电荷相反，这样会产生静电引力以提高粘接效果，否则会产生斥力，影响粘接。

粘接速率在某些应用中是必须考虑的。一般来说，聚合物乳液固含量及乳胶粒直径越大，其粘接速率越高。

另外在选择聚合物乳液时，还必须考虑到其他组分的作用，有些组分对被粘物会产生污染和腐蚀，在这种情况下，应当避免选用含有这些组分的聚合物乳液。

（2）增稠剂　为了施工方便，要求乳液胶黏剂有一定的黏度，这样可以保证在涂布较厚胶黏剂层时不淌流，在粘接垂直面时不流挂。为了使胶黏剂对被粘物有适当的浸润性，以提高粘接强度，要求乳液胶黏剂有适当的稠度。增稠方法有三种，即增稠剂增稠、碱增稠及溶剂增稠。表 12-1 中列出了该三种增稠方法的特点。最常用的是增稠剂增稠和碱增稠。

**表 12-1**　不同增稠方法的特点

| 增稠方法 | 增稠乳液的流变性质 | 可达黏度 | 对耐水性的影响 | 其他效果 |
| --- | --- | --- | --- | --- |
| 增稠剂 | 有屈服值的假塑性 | 低 | 大 | 添加量大时稳定性降低 |
| 碱 | 有屈服值的假塑性 | 中 | 小～无 | 稳定性提高 |
| 溶剂 | 有高屈服值的假塑性 | 高 | 无 | 成膜温度降低 |

许多水溶性的线型聚合物都可以用作乳液黏合剂的增稠剂，如聚乙烯醇、羧甲基纤维素、羟乙基纤维素、聚丙烯酸盐、聚乙二醇、糊精、明胶、藻酸盐、阿拉伯胶、黄芪胶等。一条增稠剂分子链可以被若干个乳胶粒吸附，形成立体网状结构，故使乳液黏度增大。增稠剂分子量越大，其增稠效果越显著。

可用碱增稠的乳液多为羧基乳液，带羧基的分子链可整体溶于水相中，也可部分在乳胶粒中，而分子链的羧基部分伸向水相。在酸性或中性条件下，这些羧基以非离子—COOH 的形式存在，其分子蜷缩成无规线团。加入碱以后，羧基变成羧酸盐，电离成负离子—COO⁻，在同一条分子链上带上同号离子，由于静电斥力的作用使无规线团变为伸展开的分子链，其作用范围增大。在受外力而流动时，使大分子链间和乳胶粒间相互阻碍作用增大，宏观上表现出乳液的黏度增大。

向乳液中加入苯、甲苯、四氯化碳等有机溶剂以后，这些溶剂将被乳胶粒吸收，使乳胶粒溶胀变大，致使流动时乳胶粒间相互影响、相互阻碍作用增大，故使乳液黏度增大。除了增稠作用以外，加入有机溶剂可显著降低聚合物乳液的最低成膜温度，使较硬的聚合物乳液也可以在较低温度下加工、应用。还能使粘接层更加致密，耐水性提高，可兼有水乳胶型胶黏剂与溶剂型胶黏剂两者的优点。

（3）增黏剂　和其他胶黏剂相比，聚合物乳液胶黏剂的初粘性和耐久性均较差。但在加入适量的增黏剂后可以改善这些性能。最常用的增黏剂有萜烯树脂及其衍生物、烷基酚醛树脂、松香及改性松香等。乳液胶黏剂的黏性随增黏剂用量的增加而提高，在增黏树脂用量为 60%～70% 范围内出现峰值。若继续增加增黏树脂用量，则黏性会迅速下降。

（4）增塑剂　加入增塑剂能够提高胶黏剂的柔韧性，可以改善其耐低温性能，可降低聚合物乳液的最低成膜温度，使本来在粘接温度下不能成膜的乳液成膜。同时可以提高聚合物乳液黏度，以改善其加工性能。增塑剂的用量一般控制在 20 份以内，在此范围内增加增塑剂对其粘接强度影响不大。不同性质的乳液所用的增塑剂不同，对天然胶乳、丁二烯胶乳及丁苯胶乳来说可用矿物油增塑剂；而对氯丁橡胶、聚乙酸乙烯酯、丁腈胶乳、聚丙烯酸酯乳液，则可以用酯类增塑剂。

（5）固化剂及硫化剂　加入固化剂或硫化剂可在使用过程中使乳液胶黏剂发生交联反应，以提高胶黏剂粘接强度、硬度、拉伸强度、耐水性、耐溶剂性、耐久性、耐磨性等性能。对橡胶乳液（胶乳）胶黏剂来说，常用硫或有机过氧化物作硫化剂；而对于羧基聚合物乳液胶黏剂来说，则常用三聚氰胺-甲醛树脂、脲醛树脂、多异氰酸酯[3,4]、乙酸锌、氯化钙等作交联剂。在不少情况下采用自交联方式，即在合成聚合物乳液时加入交联单体，在大分子链上带上交联基团，以在粘接过程中进行交联反应。常用的交联单体有 N-羟甲基丙烯酰胺、（甲基）丙烯酸羟乙酯、（甲基）丙烯酸羟丙酯等。

（6）填料　聚合物乳液胶黏剂中加入填料可以提高硬度、热导率、耐热性、耐水性和耐溶剂性，可以降低收缩性和膨胀系数。常用的填料有白垩粉、高岭土、陶土、轻质碳酸钙、钛白粉、石英粉、炭黑等。其用量一般控制在 30 份以内，若用量太大会降低粘接强度。

（7）其他组分　为了在胶黏剂配制和其后的应用过程中体系稳定及改善其加工性能，常常要求加入少量稳定剂、抗冻剂、消泡剂等。对橡胶乳液，除了加入硫作硫化剂外，还要加入促进剂和活化剂。为了提高胶黏剂应用性能，常常还要加入抗氧剂、抗腐蚀剂、防霉剂、阻燃剂等。

## 12.2.3　各种聚合物乳液胶黏剂简介

（1）聚乙酸乙烯酯及其共聚物乳液胶黏剂　聚乙酸乙烯酯及其共聚物乳液是最重要的乳液胶黏剂之一。常用的乳液大多是以聚乙烯醇为稳定剂制造的，固含量一般为 50% 左右，乳胶粒直径一般为 0.5～2μm。这种胶黏剂粘接强度大，耐久性好，既能耐高温又能耐低温，粘接层坚而韧，无毒、无味，且成本低，在木材加工、土木建筑、纸加工、包装及装订等行业中得到了广泛的应用。

乙酸乙烯酯乳液均聚物的缺点是耐水性和抗蠕变性差，这可以通过以下三种方法来克服：

① 将乙酸乙烯酯和含羧基单体进行共聚，然后用氨基树脂等交联剂进行交联。这种交联聚乙酸乙烯酯胶黏剂具有良好的耐水性和抗蠕变性，可以成功地将铝、黄铜、钢、锡、铝等金属制件和木材、纸、玻璃纤维、棉等材料进行粘接。

② 将乙酸乙烯酯和乙烯进行共聚，制成 EVA 乳液胶黏剂，它具有耐水性好、抗蠕变、耐碱及粘接强度大等优点，对聚氯乙烯薄膜和板材及无纺布等材料具有良好的粘接作用。同时由于聚乙烯链段对聚乙酸乙烯酯具有内增塑作用，故不用再加入其他增塑剂，因此，产品无毒，是食品包装材料理想的胶黏剂。

③ 把乙酸乙烯酯和叔碳酸乙烯酯、或丙烯酸高级脂肪醇酯进行乳液共聚合，可以大大改善聚乙酸乙烯酯乳液黏合剂的耐水性，并可提高其柔韧性。

乙酸乙烯酯还可以和许多单体进行二元、三元及多元共聚，制成具有多种性能、多种用途的乳液胶黏剂[5]。

① 乙酸乙烯酯和马来酸二异丁酯共聚物乳液可作壁面装饰材料和胶黏剂。

② 乙酸乙烯酯和丙烯酸 2-乙基己酯的共聚物乳液和丁苯胶乳掺混，可作墙壁装饰材料的胶黏剂。

③ 乙酸乙烯酯、丙烯酸甲酯和衣康酸的共聚物乳液可作感光胶片、纤维素材料和多种合成树脂的胶黏剂。

④ 乙酸乙烯酯、丙烯酸乙酯和甲基丙烯酸钠的三元共聚物乳液可作木材-聚氯乙烯、烯类聚合物、木材-皮革及烯类聚合物-钢铁的胶黏剂。

⑤ 乙酸乙烯酯和丙烯酰胺共聚物乳液是优良的木材胶黏剂，它可将乙酸乙烯酯均聚物乳液粘接强度从 13.73MPa 提高到 29.42MPa。

（2）丙烯酸系聚合物乳液胶黏剂　　丙烯酸系聚合物乳液胶黏剂也是一类十分重要的乳液胶黏剂。丙烯酸酯系单体种类很多，包括丙烯酸酯和甲基丙烯酸酯。甲基丙烯酸酯的均聚物要比酯基相同的丙烯酸酯均聚物的玻璃化转变温度高、硬度大、强度高。在丙烯酸酯中，丙烯酸甲酯均聚物的玻璃化转变温度为 8℃，是最硬的，在室温下不发黏；在甲基丙烯酸酯中，甲基丙烯酸甲酯均聚物的玻璃化转变温度为 105℃，是很硬的聚合物。在丙烯酸系聚合物中，随着酯基碳原子数的增多，玻璃化转变温度下降，如聚丙烯酸丁酯的玻璃化转变温度为 −54℃，聚丙烯酸 2-乙基己酯的玻璃化转变温度为 −72℃，是很软的聚合物。丙烯酸系单体很容易进行乳液聚合和乳液共聚，因此可以根据需要通过分子设计和粒子设计方法合成出软硬程度不同的聚丙烯酸酯乳液胶黏剂。丙烯酸系单体还很容易和其他单体，如乙酸乙烯酯、苯乙烯、氯乙烯、偏二氯乙烯等进行乳液共聚合，制成具有各种性能的乳液胶黏剂。

丙烯酸系聚合物胶黏剂独到的优点是耐候性、耐老化性特别好，既耐紫外线老化，又耐热老化，并且具有优良的抗氧化性。这类乳液胶黏剂粘接强度高、耐水性好，比乙酸乙烯酯乳液胶黏剂弹性大，具有很大的断裂伸长率。不同的聚丙烯酸酯的耐油性和耐溶剂性差别很大：低级丙烯酸酯聚合物如聚丙烯酸甲酯的耐油性、耐溶剂性好；随着酯基增大，聚丙烯酸酯的耐油性和耐溶剂性逐渐变差，但其耐水性和对被粘物的粘接强度增大。

这类胶黏剂中聚合物的分子量一般在 1 万～5 万之间，分子量越高，粘接层的内聚力越大，粘接强度就越大[6]。

在丙烯酸系单体进行乳液聚合时，加入2%～5%的丙烯酸或甲基丙烯酸，可显著提高胶黏剂的耐油性、耐溶剂性及粘接强度，可改善乳液的冻融稳定性及对颜填料的润湿性，并可赋予聚合物乳液以碱增稠特性。若向共聚物中引入丙烯腈单体，可增进乳液胶黏剂的粘接强度、硬度和耐油性。若引入苯乙烯可以提高乳液胶黏剂的硬度及耐水性；但苯乙烯用量太大，会降低黏合剂在被粘物上的粘接力，故会降低粘接强度。

若在聚合物分子链上引入羧基、羟基、羟甲基、氨基、酰氨基、环氧基等，或外加氨基树脂等作交联剂，可制成交联型丙烯酸系聚合物乳液胶黏剂。通过交联可提高胶黏剂的粘接强度、耐油性、耐溶剂性、抗蠕变性及耐热性，并可降低其粘连性。

丙烯酸系聚合物乳液胶黏剂被大量用于制造压敏胶，用其制造的胶带、标签、招贴、壁纸等产品广泛地应用到各行各业及日常生活中。这类胶黏剂还大量用于织物贴合、织物印花、静电植绒、无纺布黏结剂、涂布纸加工、地毯制造、纸与铝箔粘接、聚氯乙烯与纤维素粘接、喷胶棉加工等各种用途。

（3）橡胶型乳液胶黏剂　橡胶型乳液胶黏剂称为胶乳胶黏剂，常用的有氯丁、（羧基）丁腈、（羧基）丁苯、丁苯吡等胶乳胶黏剂。

① 氯丁胶乳胶黏剂　氯丁胶乳型胶黏剂属于通用型胶黏剂。氯丁橡胶分子链较规整，结晶度高，分子链上有极性基团氯原子，故这种胶黏剂的力学性能优良，和被粘物黏附性好，并且有优良的耐候性、耐臭氧、耐酸碱、耐溶剂、耐油性、耐热性、耐燃性等性能，已大量地用来粘接鞋底、多种塑料、纸张、皮革、木材、泡沫塑料、水泥、金属等材料，并可以用来制造压敏胶。氯丁胶乳胶黏剂也广泛地应用在建筑、汽车、制鞋等工业中。

氯丁胶乳胶黏剂耐寒性较差[7]，为了赋予其低温柔韧性，可以添加适量的增塑剂，如癸二酸二辛酯、邻苯二甲酸二辛酯、磷酸二辛酯等，其用量一般不超过20份[3]。氯丁胶乳胶黏剂硫化一般要求较高的温度，若加入适量的硫、二硫代氨基甲酸盐和二苯胍，可在室温下进行硫化。氯丁胶乳胶黏剂中常常要加入较大量的氧化锌，一般用量为5～25份。除了起硫化作用外，氧化锌还会吸收氯丁胶乳胶黏剂慢慢脱掉的氯化氢，以防止粘接层老化。因为氯化氢是氯丁橡胶老化的催化剂。若在氯丁橡胶分子链上引入羧基，可制成羧基氯丁胶乳胶黏剂。这种胶黏剂可在室温下用多价金属氧化物进行交联，以提高胶黏剂的内聚力及和被粘物的黏附力。

② 丁腈胶乳胶黏剂　丁腈胶乳是由丁二烯和丙烯腈进行乳液共聚合而制成的。若引入少量（约3份）不饱和酸，则可制成羧基丁腈胶乳。单体比例不同，所制成的丁腈胶乳胶黏剂性能也不同。根据腈基用量可分为特高腈含量、高腈含量、中腈含量和低腈含量丁腈胶乳。丁腈胶乳胶黏剂具有很高的耐油性、耐溶剂性、耐磨性、拉伸强度、粘接性、导电性、耐老化及耐热性、低温屈挠性抗蠕变性，很少发黏。在一定范围内，胶黏剂的这些性能将随着丁腈胶乳中氰基含量增大而增加。

丁腈胶乳中加入酪素后可用作聚氯乙烯薄膜与尼龙、人造纤维织物或纸张之间的胶黏剂；丁腈胶乳中加入甲基纤维素、乙基纤维素和乙氧基纤维素等可作合成纤维及天然纤维-皮革的胶黏剂；丁腈胶乳中加入硼砂酪蛋白可作尼龙织物-聚乙烯薄膜的胶黏剂。

③ 丁苯胶乳胶黏剂　丁苯胶乳是由丁二烯和苯乙烯进行乳液共聚合而制成的。按照

苯乙烯、丁二烯及不饱和酸的比例不同有不同的牌号。根据乳液共聚合的温度不同又有高温（50℃）丁苯胶乳和低温（5℃）丁苯胶乳之分。后者的强度高、耐寒性好，性能优于前者。丁苯胶乳胶黏剂的耐热性和耐老化性均比天然胶乳胶黏剂好，即使老化后也不发黏，不软化，而是变硬。

丁苯胶乳胶黏剂中的大分子链极性小，故粘接强度较差，但价格便宜，主要用于纸加工，也可作塑料、橡胶、织物、轮胎帘子线、石棉密封垫圈和建材的胶黏剂，还可以用来制造压敏胶。为了提高丁苯胶乳胶黏剂的粘接性，可以加入松香、古马隆树脂和多异氰酸酯等；在丁苯胶乳中的大分子链上引入羧基可以制成羧基丁苯胶乳胶黏剂，能显著提高其粘接性[8,9]。

④ 丁苯吡胶乳胶黏剂　丁苯吡胶乳是丁二烯-苯乙烯-乙烯基吡啶三元共聚物胶乳。由于在胶乳中的大分子链上引入了极性很强的乙烯基吡啶基团，故丁苯吡胶乳胶黏剂具有很高的粘接性能，对合成纤维及人造纤维的粘接力明显高于天然胶乳胶黏剂及其他胶乳胶黏剂[10,11]。这种胶黏剂多用于轮胎帘子线浸渍和用于橡胶与尼龙、聚酯、人造纤维等基材的粘接。

⑤ 天然胶乳胶黏剂　天然胶乳很久以前就被用作胶黏剂。它的特点是固含量高、成膜性好、可随意调节其黏度等。但其耐老化性、耐油性、耐化学药品性、耐高温性、抗冻性差。天然胶乳胶黏剂的内聚力大、自黏性高，但由于其大分子链极性小，故与被粘物，尤其是与极性大的被粘物黏附性差。但加入一定量的增黏剂，如植物油、矿物油、萜烯树脂、松香脂、动物胶、酪素、淀粉、糊精等，就会显著地提高天然胶乳胶黏剂的极性，并使之变软，因而提高了其黏性和对被粘物的黏附性。若将天然胶乳和甲基丙烯酸甲酯进行接枝[12]，也可增大分子链的极性和提高胶黏剂的粘接性。为了提高天然胶乳黏合剂的耐热性、耐久性和耐老化性能，常常需要对其进行硫化。

天然胶乳胶黏剂主要用来粘接建材、皮革、纸张、木材、聚氨酯泡沫塑料等材料，在汽车内部装饰和制鞋工业中也有较多的应用，它还可以用来制作压敏胶。

## 12.2.4　特种聚合物乳液胶黏剂

### 12.2.4.1　压敏胶黏剂

压敏胶黏剂是一种特殊类型的胶黏剂，一旦将其贴合或施加在被粘接面上，无需溶剂或热量，仅以手指或借助其他工具轻轻压下，就可以把被粘物粘接起来。目前这种胶黏剂大量地用于制造各种各样的压敏胶制品，其中有代表性的为包装用、办公用、日常生活用及表面保护用胶黏带、修理带、电器绝缘带、医用胶带、喷涂蔽盖带、胶黏标签、招贴、道路标记以及防虫胶黏膜等。所用的基材有纸、棉布、金属箔，以及聚酯、聚氯乙烯、聚乙烯薄膜等。压敏胶产品形式多样、使用方便、适用性广，已成为广泛应用的胶黏材料。

压敏胶黏剂的粘接强度决定于它对被粘物的黏附力、胶黏剂本身的内聚力及其压敏粘接性之间的平衡。内聚力可通过增大构成压敏胶黏剂的聚合物分子量、提高交联度或采用可形成氢键的聚合物来获得；对被粘物的黏附力可通过在聚合物链上带上功能基团来增进；而压敏粘接性则与胶黏剂本身的流动性密切相关[1]。被粘物表面微观上是凹凸不平的，有"高峰"和"低谷"。如聚合物分子量太大，将导致胶黏剂内聚力太大，其硬度太大，这样的胶黏剂只能和"高峰"相接触，其粘接强度必然是很差的。而在分子量和交联度适当时，胶黏剂有一定流动性，在轻微的压力下就可以流动到"低谷"中去，这必然会提高粘接强度。

乳液型压敏胶黏剂主要由弹性体乳液和增黏剂两种组分组成。常用的弹性体乳液有天然胶乳[13]、丁苯胶乳[14]、丁腈胶乳[15]、氯丁胶乳[16]、聚丙烯酸酯乳液[17]、有机硅乳液[18]等；常用增黏剂有萜烯树脂、松香、酚醛树脂等。早期压敏胶黏剂以溶剂型为主，后来水乳型压敏胶黏剂快速发展[19]。先时以橡胶型压敏胶黏剂为主流。这种胶黏剂一般具有很好的压敏性、粘接性及内聚力，但由于聚合物链上不饱和键较多，受热时，或在空气中氧的作用下会发生降解，使其变软、变色、老化，导致粘接不良，这就是所谓的"受风现象"[20]。后来出现了以丙烯酸高级酯（碳原子数4～8个）为主要成分的聚丙烯酸酯类乳液压敏胶黏剂，具有优良的耐老化性、耐候性和耐水性，同时具有优良的压敏性和粘接性，克服了橡胶类胶黏剂固有的缺点。但和橡胶类压敏胶黏剂相比，聚丙烯酸酯系压敏胶黏剂的内聚力尚嫌不足，且具有抗蠕变性不佳的缺点。为了提高其内聚力可以采取如下几种措施[21,22]：

① 加入交联单体，制成交联型压敏胶。

② 充分利用乳液聚合过程中乳胶粒对自由基的隔离效应，制造高分子量的聚合物。

③ 加入烷基酚醛树脂等添加剂。

④ 引入乙酸乙烯酯、丙烯腈等共聚单体进行改性，这样既可以提高其内聚力，又可以增加其粘接强度。

表12-2中列出了一个丙烯酸系共聚物乳液压敏胶典型生产配方[23]。

**表12-2 丙烯酸系共聚物乳液压敏胶生产配方**

| 组　　分 | 用量/质量份 | 组　　分 | 用量/质量份 |
|---|---|---|---|
| 丙烯酸2-乙基己酯 | 80 | 亚甲基双萘磺酸钠 | 0.5 |
| 丙烯酸乙酯 | 15.5 | 过硫酸钾 | 0.25 |
| 丙烯腈 | 2.5 | 亚硫酸氢钠 | 0.03 |
| 丙烯酸 | 2.0 | 去离子水 | 102.5 |
| 磺化二苯醚(45%水溶液) | 0.8 | | |

有机硅乳液压敏胶对低表面能表面有着出色的粘接性能，同时具有优异的低温性能、高温性能和耐候性，被认为是压敏胶黏剂中很有发展前途的高档产品。

### 12.2.4.2 接触型胶黏剂

接触型胶黏剂是一种特殊形式的压敏胶，以聚合物乳液为基料配制而成。施工时把接触型胶黏剂分别涂在两个被粘接物的粘接面上，并分别烘干或在室温下晾干，在粘接面上形成不发黏的胶膜。这种膜和物体的无胶面相接触时，不会产生粘接现象。但是，若两个物体的涂胶面相接触，轻轻施压，即可产生粘接力，于是牢固地粘接在一起。因为只有在两个涂胶面相接触后才会对两个物体产生粘接作用，所以称作接触型胶黏剂。

接触型胶黏剂可以广泛地应用于纸品、木材、织物、聚合物薄膜、塑料制品、铝箔、不锈钢等材料的粘接与复合，在食品、药品、化妆品、日用品等商品的包装，在各种公文、信封、邮件、纸盒、包装箱的粘贴与封口，在刨花板、厨房台面等的制造诸方面已有大量的应用。接触型胶黏剂已成为一种别具特色、用途广泛的乳液胶黏剂[24]。

用于制备接触型乳液胶黏剂的聚合物乳液有氯丁胶乳及羧基氯丁胶乳[25]、天然胶乳[26]、氯偏乳液[27]、丙烯酸系共聚物乳液[28]、EVA乳液[29]、聚氨酯乳液[30]、氯磺化聚烯烃乳液[31]等，以及以上各种乳液的共混乳液。其玻璃化转变温度应控制在－16～0℃之间。根据需要配制接触型乳液胶黏剂，除了聚合物乳液外，常常还要加入交联剂、增黏剂（如松香酸酯、萜烯树脂、叔丁基苯酚-甲醛树脂、酚醛树脂、石油树脂等）、增稠剂、增塑剂、润湿剂、pH调节剂、抗氧剂、杀菌剂等。

表12-3列出了用预乳化法制备接触胶黏剂用苯丙乳液配方实例[32]。表12-4中列出了配制氯丁胶乳接触胶黏剂的一个配方实例[33]。

**表 12-3　接触胶黏剂用苯丙乳液生产配方实例**

| 组　分 | 用量/质量份 | 组　分 | 用量/质量份 |
| --- | --- | --- | --- |
| 丙烯酸 2-乙基己酯 | 74.64 | 十二烷基苯磺酸钠 | 1.00 |
| 苯乙烯 | 24.88 | 焦磷酸钠 | 0.40 |
| 二乙烯基苯 | 0.08 | 去离子水 | 85.59 |
| 衣康酸 | 0.40 | | |

**表 12-4　氯丁胶乳接触胶黏剂生产配方实例**

| 组　分 | 用量/质量份 | 组　分 | 用量/质量份 |
| --- | --- | --- | --- |
| 物料 A | | 物料 B | |
| 　二聚松香 | 50 | 　羟基氯丁胶乳 | 200 |
| 　甲苯 | 25 | 　氨水 | 3 |
| 　烷基酚聚氧乙烯醚 | 5 | 　氧化锌 | 3 |

在表12-4中，二聚松香为增黏剂，氧化锌为交联剂，氨水为pH调节剂。其配制过程为：先把物料A和物料B中的组分分别进行混合，然后把物料A加入物料B中，混合均匀，即得氯丁胶乳接触胶黏剂。

### 12.2.4.3　热封胶黏剂

热封胶黏剂又称热封胶，以聚合物乳液为基料的热封胶黏剂又称乳液型热封胶。热封胶黏剂和接触型胶黏剂相似，都是先把胶黏剂涂敷在粘接面上，待干燥成膜后，再进行粘接。这两种胶黏剂的区别在于接触型胶黏剂需要把胶涂在两个被粘物体的粘接面上，干燥成膜后，在室温下将两个被粘物体的膜面相接触，加压粘接；而热封胶黏剂则将胶仅涂敷在一种被粘接物体的粘接面上，干燥成膜后，在加热加压条件下，将涂胶物体的膜面和未涂胶物体相粘接。

热封胶黏剂主要用于纸张、标签、塑料薄膜、织物、金属等材料的粘接，可以用来进行药品、食品、文具、工艺品、仪器仪表、精密机器等商品的包装封口，尤其适合于粘接印刷精美的纸类包装材料和塑料薄膜。例如可用作彩印板纸的干覆膜胶，其工艺过程大体为：先通过涂布机将胶黏剂涂布在经电晕处理的聚丙烯薄膜上，一般涂布量为 $10g/m^2$，烘干，收卷，然后再通过热覆膜机的热压辊把涂胶膜粘接到彩印板纸上。

配制乳液型热封胶黏剂常用的聚合物乳液有：①聚乙酸乙烯酯乳液[34,35]；②EVA 乳液[36,37]；③乙烯-乙酸乙烯酯-丙烯酸共聚物乳液[38]；④乙烯-乙酸乙烯酯-丙烯酸 2-乙基己酯-马来酸二（2-乙基己酯）的共聚物乳液[39]；⑤把固体 EVA 树脂和氯化聚丙烯、石蜡、硬脂酰胺和聚亚乙基亚胺，以聚乙烯醇为保护胶体在高剪切作用下进行强制乳化而制成的聚合物乳液，是经轴向拉伸的聚丙烯薄膜有效的热封胶黏剂[40]。

热封温度决定于胶黏剂的种类、聚合物的分子量及其分布、有无增塑剂、填充剂或乳液稳定剂以及两种被粘面的性质等因素。加入增塑剂会导致热封接温度下降。当利用聚乙烯醇作乳液聚合体系稳定剂时，会使热封接温度升高，同时聚乙烯醇的存在又会使胶黏剂对水的敏感性增大而使胶黏剂性能变差，故常用纤维素类物质来作乳液聚合体系的稳定剂。当加入填充剂时（如瓷土、碳酸钙等），会提高热封接温度。当采用同一种胶黏剂粘接不同表面时，其热封接温度不同。例如在采用聚乙酸乙烯酯乳液作胶黏剂时，若两个被粘面都是蜡光纸，其热封接温度在 88～113℃ 范围内。而若两个被粘接面为牛皮纸，其热封接温度则在 66～93℃ 之间。热封接时间与温度及压力条件有关，温度越高，压力越大，则热封接时间越短。

### 12.2.4.4 迟效胶黏剂

迟效胶黏剂[41,42] 在室温下没有粘接性，加热时具有粘接性，再突然将其冷却时粘接性不会马上消失，而是经过一段时间慢慢的硬化而达到有效粘接。这种胶黏剂中含有的某些低分子增塑剂以微小晶体状态存在，故也叫做固体增塑剂。在室温下这种增塑剂的增塑效果不显著，故胶黏剂强度很高，没有粘接性。当加热时，固体增塑剂熔化，充分发挥其增塑作用，使胶黏剂软化，易于施工，且具有了粘接性。当将其突然冷却到室温时，在过冷条件下增塑剂结晶需要一定时间，故胶黏剂不会马上变硬，而是在一定时间内逐渐硬化，并达到最大粘接强度。迟效胶黏剂的另一优点是应用时不需要脱模剂，不会发黏。这种胶黏剂常用于标签、磁带、商标等制品的生产中。

许多聚合物乳液可作迟效胶黏剂，常用的有丙烯酸系聚合物及共聚物乳液、乙烯-乙酸乙烯酯共聚物乳液、氯乙烯-偏二氯乙烯共聚物乳液、乙烯基吡咯烷酮-苯乙烯共聚物乳液及各种合成胶乳等。

常用的固体增塑剂有间苯二甲酸二甲酯、间苯二甲酸二己酯、邻苯二甲酸二氢化枞醇酯、蔗糖八乙酸酯、柠檬酸三环己酯、三羟甲基丙烷、三苯甲酸酯、季戊四醇四苯甲酸酯、甘油三苯甲酸酯等。这些固体增塑剂的熔点一般在 49～100℃ 之间。

表 12-5 中列出了几个生产迟效胶黏剂的配方。

**表 12-5** 迟效胶黏剂配方

| 组　　分 | 用量/份 | | | |
|---|---|---|---|---|
| | 配方 1 | 配方 2 | 配方 3 | 配方 4 |
| 邻苯二甲酸二环己酯 | 58 | 65 | — | — |
| 甘油三苯甲酸酯 | 43 | 35 | 50 | 50 |

| 组　分 | 用量/份 | | | |
|---|---|---|---|---|
| | 配方 1 | 配方 2 | 配方 3 | 配方 4 |
| 季戊四醇四苯甲酸酯 | 7 | — | — | — |
| 三羟甲基丙烷三苯甲酸酯 | — | — | 50 | 50 |
| 乳液 1 | 50 | — | — | — |
| 乳液 2 | — | 50 | — | — |
| 乳液 3 | — | — | 40 | — |
| 乳液 4 | — | — | — | 60 |

表 12-5 中所用的几种聚合物乳液的共聚组成及固含量列入表 12-6 中。

**表 12-6**　几种乳液的共聚组成及固含量

| 乳液 | 共　聚　物 | 共聚组成比 | 固含量/% |
|---|---|---|---|
| 1 | 乙烯基吡咯烷酮-丙烯酸酯 | 60∶40 | 40 |
| 2 | 乙烯-乙酸乙烯酯 | 50∶50 | 50 |
| 3 | 乙烯基吡咯烷酮-苯乙烯 | 60∶40 | 40 |
| 4 | 苯乙烯-丁二烯 | 80∶20 | 60 |

### 12.2.4.5　速粘型胶黏剂 [1]

作为胶黏剂的一个重要技术指标是它的粘接性。所谓粘接性包括粘接强度和粘接速率。一种优良的胶黏剂不仅应具有高的粘接强度，而且还应具有高的粘接速率。随着人们节能、高效欲望的增强，乳液胶黏剂的速粘问题已广泛引起人们的关注。

速粘型乳液胶黏剂应具有足够大的湿粘性，即在含水状态下也具有一定的粘接强度。为达此目的，可采用以下技术措施：

① 加入增稠剂或增塑剂，使乳液型胶黏剂自身黏性提高。常用的增稠剂有聚乙烯醇、小麦粉、玉米淀粉等。聚乙烯醇水溶液自身初粘性高，加入小麦粉或玉米淀粉后，在干燥受热时会发生糊化，吸收连续相中大量的水分而使乳液黏度提高。同时，糊化淀粉本身也具有良好的初粘性。常用的增塑剂有邻苯二甲酸二丁酯、聚乙二醇酚基醚、氯化联苯、乙二醇丁醚等，其中乙二醇丁醚是临时性的增塑剂。

② 增加固含量，即降低水分含量，这样一方面使乳液本身黏性增大，另一方面使水分挥发的负荷减小，有利于速粘。若采取特定的乳液聚合配方和生产工艺，可以制得高浓乳液，其固含量可高达 65%～70%。另外，为了提高乳液型胶黏剂的固含量，可以添加无机填料，如轻钙、滑石粉、高岭土等。

③ 减小乳胶粒直径，可以增大聚合物乳液的黏性。这是因为在相同固含量时，乳胶粒直径越小，其数目越多，其比表面积就越大，对乳胶粒运动所产生的阻力增大，宏观上表现出聚合物乳液的黏性增大。

④ 加入挥发性溶剂可增大水挥发的速率。所选用的溶剂最好能溶于介质水中，在施工温度下其饱和蒸气压应尽量高，和乳胶粒（聚合物）的相容性应尽量低。常用的挥发性

溶剂有甲醇、乙醇、乙二醇、异丙醇、甲苯、二甲苯、乙酸丁酯、丁酮、含卤化合物等。

⑤ 加入交联剂可在水分未挥发完以前，在乳胶粒之间发生交联反应，使体系黏性增大。同时，交联剂也可以和基材发生交联反应，使初始粘接强度提高。常用的交联剂有脲醛树脂、三聚氰胺甲醛树脂、锌盐、硼酸-硫氰酸铵等。

#### 12.2.4.6 再湿性胶黏剂

再湿性胶黏剂[43,44]是在干态下无粘接性，而着湿后有粘接性的一类胶黏剂，主要用于粘贴邮票、信封、标签、广告、招贴、壁纸等，并大量用于制造用于工业包装和胶合板接缝的再湿性胶纸带。过去多用阿拉伯胶及糊精等再湿性胶黏剂，现在多用合成树脂，尤其是改性合成树脂乳液。最常用的为以聚乙烯醇作稳定剂的聚乙酸乙烯酯乳液。与一般聚乙酸乙烯酯乳液不同，用于再湿胶黏剂的乳液要求至少含有10%的聚乙烯醇。若聚乙烯醇为15%，胶黏剂具有很好的再湿性。为了增加树脂的柔性，常常还需加入少量的增塑剂。

表12-7中列出了再湿性胶黏剂的典型配方。在该配方中聚乙酸乙烯酯乳液和糊精并用，聚乙酸乙烯酯的平均分子量为 $30000\sim50000$，乳胶粒直径为 $0.5\mu m$，pH$=3.5\sim4.5$，黏度为 $4\sim5Pa\cdot s$，固含量为 59%，配方中的甘油起增塑作用。

**表 12-7** 再湿性胶黏剂配方

| 组　　分 | 用量/重量份 | 组　　分 | 用量/重量份 |
|---|---|---|---|
| 聚乙酸乙烯酯乳液 | 35 | 水 | 21 |
| 邻苯二甲酸二丁酯 | 3 | 甘油 | 4 |
| 糊精 | 37 | | |

乙酸乙烯酯、乙烯基吡咯烷酮、丁烯酸和马来酸单异丙酯的四元共聚物也可以作再湿性胶黏剂。

# 12.3　聚合物乳液涂料

## 12.3.1　简介

涂料是指涂覆在被涂物表面，能形成一层薄膜（涂层）的材料。涂层可以遮盖被涂面上的各种缺陷，使其美观，具有装饰性；可以控制水分，隔绝空气中的二氧化碳、二氧化硫、氯化氢等腐蚀性气体，防止气候对被涂物影响及金属底材生锈，具有保护功能；还可以赋予被涂物以隔音性、防潮性、防霉性等应用功能。

在众多的涂料中，应用最广泛的是溶剂型涂料和聚合物乳液涂料。聚合物乳液涂料又叫乳胶漆。乳液涂料的主要成分是聚合物水乳液，其中的聚合物乳胶粒是成膜物质。向聚合物乳液中加入颜料、填料、保护胶体、增塑剂、润湿剂、增稠剂、流平剂、防冻剂、消泡剂、防锈剂、防霉剂、防老剂等辅助材料后，经过研磨或分散处理，即可制成聚合物乳液涂料。和溶剂型涂料相比，聚合物乳液涂料有许多优点。

① 乳液涂料以水为介质，无毒、无味、不燃、不爆、不污染环境、不会带来因有机

溶剂挥发而造成的劳动保护问题和生产事故问题。近年来，也有人向乳液涂料中添加少量有机溶剂，以改善涂料的成膜性，但有机溶剂的用量远比溶剂型涂料少，一般不会超过条令所规定的限量。

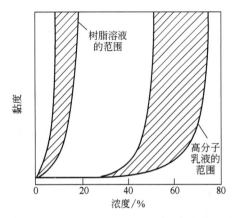

图 12-1　聚合物乳液和溶液的黏度-浓度关系

② 作为涂料必须具有好的流动性，以使其具有好的施工性能。同时，也必须具有较高的固体含量和聚合物分子量，以保证涂层的高质量。对溶剂型涂料来说，即使在低浓度下其黏度也非常高，高分子量聚合物的有机溶剂溶液更是如此。而对于乳液涂料，聚合物以彼此孤立的乳胶粒的形式分散在水相中，即使在聚合物浓度较高的情况下，其流动性也非常好（如图 12-1 所示）。由图 12-1 可以看出，在乳液涂料中，聚合物浓度即使达到 60%，仍然具有较低的黏度，具有流动性。同时乳液涂料的黏度与聚合物分子量大小无关。因此，乳液涂料要比同浓度的溶剂型涂料涂覆面积大、涂膜薄，并可得到高质量的涂膜。

③ 利用乳液涂料得到的性能优良的涂层，可具有很好的弹性和弯曲性，并与水泥、木材、石料、金属等有较高的附着力。例如交联聚丙烯酸酯乳液涂料用作钢材和海轮的表面涂料时，其性能不亚于以环氧树脂为基料的乙烯基溶剂型涂料。乳液涂料的涂膜可具有很好的耐老化性能、耐候性、耐水性、耐碱性、耐化学药品腐蚀性、耐溶剂性等性能。除了苯丙乳液涂料外还具有很好的保色性，乳液白漆不会泛黄。例如丙烯酸系聚合物乳液涂料户外使用寿命可达 10~15 年[45]。乳液涂料涂膜可具有良好的透气性，当涂膜内外温差大时，不会起泡和脱落。

④ 乳液涂料具有很好的施工性能。乳液涂料流动性好，既可以刷涂，又可以辊涂、喷涂，施工方便，技术容易掌握。干燥速率快，涂刷后水分基本挥发干净就能成膜，一天可涂装 2~3 道，有些工程一天就可以完成施工。可在潮湿表面上直接涂刷，能很好地在混凝土、木材等含水量较高的基材上涂饰，并可以直接涂在带锈的表面及粉化或老化的漆膜上。

⑤ 聚合物乳液涂料用合成树脂代替油脂，以水来取代有机溶剂，可以有效地节约资源，并可以显著降低涂料的成本。

乳液涂料也有缺点，例如：在最低成膜温度以下，涂料不能形成连续的膜；玻璃化转变温度高的聚合物，室温成膜困难；在低温、潮湿条件下，干燥慢，成膜困难；难以形成高光泽的涂膜；在金属或塑料上涂饰时，易形成凹凸不平的涂膜等。

目前节约能量、开发资源、减少污染已成为工业发展的当务之急，用水乳液涂料代替有机溶剂型涂料势在必行。作为水性涂料中主要产品的聚合物乳液涂料成为涂料工业发展的方向，越来越引起了世界各国的重视。我国对聚合物乳液涂料的研究和应用虽然起点较低，起步较晚，但发展较快，其产量和品种在逐年增多。

## 12.3.2　构成聚合物乳液涂料的组分 [46-48]

（1）聚合物乳液　聚合物乳液是乳液涂料的漆基，是主要的成膜物质，同时又是展色剂。漆基关系到涂料和涂膜的性能。

所用聚合物乳液的最低成膜温度是乳液涂料的一个重要技术指标。施工温度低于最低成膜温度时，就不能形成连续的涂膜。为了降低乳液的最低成膜温度和提高涂膜的柔韧性，可加入一定量的邻苯二甲酸二丁酯等增塑剂。但增塑剂会慢慢挥发，同时又会被基材吸收，故会使漆膜变脆。为了克服这一缺点，可以在合成聚合物乳液时引入内增塑共聚单体。常用的内增塑单体有丙烯酸 2-乙基己酯、丙烯酸丁酯、顺丁烯二酸二丁酯、反丁烯二酸二丁酯、$C_9 \sim C_{12}$ 羧酸乙烯酯、乙烯等。引入内增塑共聚单体除了可降低涂料最低成膜温度和改善涂膜柔韧性外，还可以增进漆膜的耐水性和耐碱性，但会使耐烃类溶剂的性能有所下降。

聚合物乳液中乳胶粒的粒度及粒度分布会影响漆膜的光泽度。粒径越大，粒度分布越宽，涂膜的光泽性就越差。用聚乙烯醇或纤维素类保护胶体制造的聚合物乳液，粒径为 $0.5 \sim 3\mu m$，用其制成的涂料得不到有光漆膜，只能得到平光漆膜。但用十二烷基硫酸钠或十二烷基苯磺酸钠作乳化剂制成的聚合物乳液，其粒径一般在 $0.1 \sim 0.2\mu m$ 之间，可形成光泽度 80% 以上的漆膜。人们开发了聚合物微乳液或超微乳液，其乳胶粒直径在 $0.05\mu m$ 以下 [49-51]，用其制成的涂料可达到较高光泽度。

聚合物乳液中的乳化剂会对漆膜的耐水性、透明度、电性能、光泽性及力学性能等产生不良影响。为了消除乳化剂所带来的危害，人们研究了无皂乳液聚合 [52,53]，开发出多种无皂乳液涂料。为了增进乳液涂料的性能，研究者利用"粒子设计"方法制成了具有不同乳胶粒结构形态的聚合物乳液，如核壳结构的聚合物乳液 [54,55]、胶乳互穿网络聚合物 [56,57]、交联型聚合物乳液 [58,59]、有机-无机复合聚合物乳液 [60,61]，可赋予乳液涂料和所形成的漆膜以各种不同的优异性能。这些新技术的出现为促进乳液涂料的发展，拓宽其应用范围起了至关重要的作用。

（2）体质颜料　体质颜料又称填料，将其加入乳液涂料中可增进涂料的流动性，可使涂膜消光，并对提高涂料的遮盖力有贡献，还可以降低乳液涂料的成本。但对需要高光泽度的场合，不宜在涂料中使用体质颜料。常用的体质颜料有轻质碳酸钙、重质碳酸钙、瓷土、滑石粉、云母粉、重晶石粉、二氧化硅粉、硅藻土、天然碳酸镁、硅钙粉、合成硅酸铝粉、沉淀硫酸钡等。

（3）着色颜料　着色颜料将赋予涂膜所要求的各种色泽。可直接加入到乳液中，也可以先制成色浆，再加入体系中。配制色浆需加入分散剂和增稠剂，为了提高颜料的着色力，需要充分研磨，以提高其分散程度。使用最多的白色颜料是钛白粉、立德粉（锌钡白）、氧化锌（锌白）、氧化锑等。对彩色涂料，无机颜料和有机颜料都能使用。有机颜料色彩鲜艳，但其稳定性和耐光性较差，日久易褪色或变色，故室外应用时，一般选用无机颜料。最常用的无机颜料有铁红、铁黄、铁黑、铁棕、氧化铬绿、钛铬黄、珠光颜料等。最常用的有机颜料有酞菁蓝、酞菁绿、酞菁红、耐晒黄、永固橙 RN、永固紫 RL 等。

（4）分散剂　为了使颜料充分发挥其着色作用，需向乳液涂料中加入分散剂。分散剂可把处于团聚状态的颜料颗粒分散成单个粒子，并使其稳定地分散在涂料中。常用的分散剂有三聚磷酸钠、四聚磷酸钠、六偏磷酸钠、烷基磺酸钠-甲醛缩合物、低分子量聚丙烯酸盐和低分子量苯乙烯-顺丁烯二酸盐的共聚物等。

（5）润湿剂　润湿剂能降低液体和固体间的表面张力，能使固体表面被液体所润湿，防止颜填料颗粒的聚结，有助于保持涂料的分散稳定性，并可改善涂料的流动性。常用的润湿剂有聚氧乙烯脂肪酸酯、聚氧乙烯烷基苯基醚、聚氧乙烯琥珀磺酸盐等非离子型表面活性剂。

（6）增稠剂　增稠剂能显著提高涂料的表观黏度，并赋予涂料以触变性。加入增稠剂可防止涂装时涂料流挂、在贮存过程中颜填料沉降以及涂料过多地向多孔底材中渗透，并可改善涂料涂刷时的操作性能及提高涂膜丰满性。

常用的增稠剂为水溶性的聚合物，如聚乙烯醇、聚丙烯酸钠、聚乙烯基吡咯烷酮、苯乙烯-顺丁烯二酸共聚物、甲基纤维素、羧甲基纤维素、羟乙基纤维素及羟甲基纤维素等。加入这些增稠剂之所以能使涂料稠度增大，一方面是由于提高了水相的黏度，另一方面是由于水溶性大分子链的架桥作用。一条水溶性大分子链同时和多个乳胶粒及颜填料粒子相连，形成空间网络状结构。水溶性聚合物的分子量越大，其增稠效果就越好，增稠剂用量则可以减少；但若其分子量太高时，涂料流平性变差，涂膜会产生明显的刷痕。

除了采用上述水溶性高分子化合物作增稠剂之外，有时也采用膨润土、石棉等无机增稠剂。膨润土是一种亲水性很强的物质，遇水时体积增大，形成触变性凝胶状物质，故有增稠效果。石棉是无机纤维状物质，它可赋予涂料很高的流变性。无机增稠剂可使涂料触变性增大，提高其屈服值，使涂料在遭破坏后内部结构复原速率快，故使涂料不易产生流挂。但在采用无机增稠剂时，涂料的流平性变差。

（7）流平剂[47,62]　涂料施工后，在干燥过程中，涂膜内部的物料会发生自行迁移、流动，使涂膜变得均匀、平整、光滑。涂膜自行达到均匀、平滑的特性称作涂料的流平性。流平性是涂料的一个重要的技术指标。若涂料的流平性不好，涂膜会出现刷痕、辊痕、缩孔、针孔、橘皮等缺陷，使涂层质量变差，涂饰效果变坏。添加流平剂是解决涂料流平性差的有效途径。加入流平剂可以改善涂膜的流动性，减慢介质水挥发速率，延长流平时间；可以增加涂料对底材的润湿作用，利于排除被基材吸附的气体，故可以避免缩孔、针孔的出现；在水分挥发过程中，流平剂可以在涂膜的表面逐渐形成单分子层，赋予涂膜高光亮度及高光泽性等特点。

常用的流平剂有溶剂型流平剂（如芳烃、酮、酯、醇、四氢化萘、十氢化萘等），醋丁纤维素，改性聚丙烯酸酯，有机硅类流平剂（如聚二甲基硅氧烷、聚甲基苯基硅氧烷、聚醚改性硅氧烷及聚酯改性硅氧烷等），有机氟流平剂等。

（8）助成膜剂　聚合物乳液涂料的干燥成膜是靠聚合物乳胶粒的相互融结和相互渗透。若聚合物太硬，则其最低成膜温度高。若施工温度接近或低于涂料的最低成膜温度，则乳液涂料不能形成完整的涂膜，或成膜不充分，这样会出现耐水性、耐久性下降及对基材附着力下降，涂膜光泽不好，产生微观裂纹和发色不均匀等问题。若乳液聚合物太软，尽管以上缺点可以克服，但又出现了新的问题，即涂膜力学性能下降、易划伤、耐污性降低等。另外，乳胶粒互相渗透，互相融结需要时间，故水分挥发不应太快，水蒸发越慢，乳胶粒融结越好，漆膜质量也就越高。

加入成膜助剂可以解决上述问题。成膜助剂是一种中等沸点的水溶性助剂，既能和聚合物相溶，又能溶于水相，在水相和乳胶粒间按比例进行分配。溶解到聚合物乳胶粒中的那部分助成膜剂，实际上起增塑剂的作用，可以降低涂料的最低成膜温度，有助于乳胶粒的相互渗透和融结，有助于形成质量高的漆膜。涂膜形成以后，助成膜剂又可以慢慢挥发，使漆膜变硬，强度增大，力学性能逐渐达到预期的水平。溶解到水相中的那部分助成膜剂可减慢水的挥发速率，同时增加了涂料的流动性，使其流平性提高，有利于形成均匀、完整、连续的漆膜，使得漆膜的性能显著提高。

常用的成膜助剂有乙二醇乙醚、乙二醇丁醚、乙二醇、丙二醇、己二醇、一缩乙二醇、乙二醇丁醚乙酸酯、乙二醇苯醚、二甘醇乙醚、二乙二醇丁醚、二甲苯、苄醇等。

（9）防霉剂　在聚合物乳液涂料中，不仅含有分散介质水，而且含有纤维素衍生物和乳化剂，在室温下这就构成了细菌营养源，为微生物的繁殖创造了条件，所以乳液涂料易发生霉变，会导致漆膜的污染和破坏。在室内，尤其是在浴室和厨房内，霉变就更严重。

为了防止涂料和涂膜发霉，需要加入防霉剂。以前常用的防霉剂为有机汞剂（如乙酸苯汞等）、有机锡剂（如三丁基锡等）和有机氯剂（如五氯酚钠等），防霉效果很好。但由于这些防霉剂有潜在的毒性，已被限制使用。取而代之的是以非金属化合物为主体的低毒防霉剂，如邻氯间甲酚、苄基溴代乙酸酯、四氯间苯二腈、异噻唑啉酮、六氢化吖嗪等。

（10）消泡剂　由于在乳液涂料中加有表面活性剂、增稠剂等助剂，在生产和涂刷过程中会产生泡沫，不仅给生产带来麻烦，而且会使涂膜产生针孔，降低了装饰和保护质量。所以在乳液涂料中需要添加消泡剂，以减少或消除泡沫。常用的消泡剂有 $C_8 \sim C_{12}$ 脂肪醇、磷酸三丁酯、多聚丙二醇、松油醇、某些水溶性硅油和有机硅分散液等。应当注意的是所选用的消泡剂应和乳液涂料很好地混溶，否则涂刷后会出现"油点"或"花脸"，影响涂膜质量。

（11）防冻剂　聚合物乳液的一个重要技术指标是冻融稳定性。冻融稳定性差的乳液经过冻结、再融化后会破乳，这就使乳液失去了使用价值。因此涂料用聚合物乳液一定要具有良好的冻融稳定性。在乳液聚合物分子链上引入羧基或采用聚乙烯醇为保护胶体都会提高乳液及其所配涂料的冻融稳定性。

提高乳液涂料抗冻性能的另一措施是加入防冻剂。防冻剂为水溶性物质，可以降低乳液涂料的冰点。最常用的抗冻剂为乙二醇，其他一些水溶性化合物如丙二醇、己二醇、甘油、二甘醇、乙二醇乙醚、乙二醇丁醚、乙二醇丁醚乙酸酯、尿素和硫脲等对乳液涂料也有防冻效果。

（12）防锈剂　乳液涂料可导致包装铁桶生锈腐蚀，在涂刷到钢铁表面上时也容易产生锈斑，故在乳液涂料中需加入防锈剂。常用亚硝酸钠和苯甲酸钠作防锈剂。可以单独使用，也有人认为混合使用效果更好。

### 12.3.3 各种聚合物乳液涂料简介

(1) 聚乙酸乙烯酯乳液涂料　这种涂料一般利用水解度为80%左右的聚乙烯醇作保护胶体，固含量为50%左右，一般加入5%～20%的增塑剂。常用的增塑剂为邻苯二甲酸二丁酯和磷酸三甲苯酯等。乳液的黏度一般为3～20Pa·s。该种涂料涂膜柔软，与颜、填料结合力大，颜料分散性好，保色性好，涂料黏度易于调整。但这种涂料耐水性及耐碱性差，不宜外用。聚乙酸乙烯酯乳液涂料适合作内墙涂料、水溶性腻子和底层涂料。

(2) EVA乳液涂料　EVA乳液涂料系乙酸乙烯酯和乙烯共聚物涂料。牌号不同，乙烯含量不同，一般在聚合物中乙烯含量为10%～40%。引入共聚单体乙烯可以显著改善聚乙酸乙烯酯的性能。乙烯有很高的内增塑性能，例如含10%的乙烯就可以使共聚物的玻璃化转变温度由均聚物的27℃降低到−25℃，因而EVA涂料成膜性好、成膜温度低。其涂膜质软、强度高、耐磨。由于引入了乙烯链段，故显著提高了涂膜的耐水性、耐碱性、耐候性和抗污性。这种乳液涂料可作内外墙涂料。

(3) 纯丙乳液涂料　丙烯酸酯系聚合物乳液涂料也称纯丙乳液涂料。其基料是由丙烯酸酯、甲基丙烯酸酯、丙烯酸或甲基丙烯酸经乳液聚合而制成的。通过改变单体的比例，可以很方便地调节乳液聚合物的成膜温度和软硬程度。这种乳液涂料对颜填料结合力大，成膜性好。涂膜耐水性、耐碱性、耐光性、耐老化性及保色性能好，并且具有很好的弹性。由于采用内增塑，不用外加增塑剂，故涂膜性能不随时间而发生变化。同时，这种乳液涂料有很好的施工性能。丙烯酸酯系聚合物乳液涂料是应用最广泛的一类乳液涂料，既可以应用在建筑工业中作内外墙涂料和屋面防水材料，又可以应用在纺织工业中作织物涂层剂，在皮革工业中作皮革涂饰剂，同时也可以用作金属、木材涂料等。

(4) 乙丙乳液涂料　乙酸乙烯酯和丙烯酸酯共聚物乳液涂料又称乙丙乳液涂料。由于在共聚物链中引入了20%～30%的丙烯酸酯，从而显著提高了耐水、耐碱、耐候、耐光、耐老化及和颜填料的结合力等性能。这类乳液涂料，不用外加增塑剂，而是采用丙烯酸高级脂肪醇酯进行内增塑，故其在使用过程中不会发生由于增塑剂的挥发而导致的涂膜性质的变化。这类乳液可以通过引入多官能度单体，如双丙烯酸乙二醇酯、三羟甲基丙烷三丙烯酸酯等，或引入某些含氮的化合物（如甲基丙烯酸氨基乙酯、乙烯基吡啶等），可以显著提高涂膜的力学性能和对基材的附着力。并且可以通过改变聚合物乳液合成工艺，制成具有不同结构形态的乳胶粒，可显著提高涂膜的柔韧性、耐擦洗性、耐候性及附着力等性能，可使这种乳液涂料接近纯丙乳液涂料的性能。这类聚合物乳液主要用来配制内墙乳液涂料，也可以用来配制外墙涂料及门窗涂料等。

(5) 苯丙乳液涂料　苯乙烯和丙烯酸酯共聚物乳液涂料又称苯丙乳液涂料，是一种用苯乙烯改性的丙烯酸系共聚物乳液涂料。它用苯乙烯部分或全部代替纯丙乳液中的甲基丙烯酸甲酯。由于在共聚物中引入了苯乙烯链段，可提高涂膜的耐水性、耐碱性、硬度、抗污性和抗粉化性。这类涂料保光性、保色性、户外耐久性、抗污性好，和颜料、填料结合力高，可配制高光泽乳液涂料。其成本要比纯丙乳液涂料低。这种涂料可供水泥砂浆、灰泥砂浆、木材、混凝土底材的涂装，也可以配制砂浆喷涂漆和水泥系涂料，大量用作外墙涂料。这类涂料用途多样，在乳液涂料总产量中占有很大的比例，是一类很有发展前途的乳液涂料。

（6）硅丙乳液涂料　有机硅单体和丙烯酸系单体共聚物乳液涂料又称作硅丙涂料。有机硅树脂具有优良的耐低温性能和耐高温性能，用其对丙烯酸系聚合物乳液进行改性可以克服丙烯酸系乳液聚合物"热黏冷脆"这一致命的缺陷，可以赋予乳液涂料以非常优异的耐候性、耐水性、抗污性、透气性、保光性、保色性、光泽性、抗粉化性、耐洗刷性、耐久性、耐化学药品性等性能；可以使乳液涂料具有良好的成膜性、附着力和施工性能；同时，可以显著地延长乳液涂料的使用寿命。因此硅丙乳液涂料是一种高档的内、外墙建筑涂料，并可以用于织物涂层、皮革涂饰、金属材料的底涂及木器、塑料制品、机器设备的涂装等[63,64]。

（7）叔醋乳液涂料　叔碳酸乙烯酯和乙酸乙烯酯共聚物乳液涂料称作叔醋乳液涂料。在叔碳酸乙烯酯（VeoVa）链节上高度枝化的庞大烷基具有非极性和疏水性，在叔醋乳液涂料成膜时，这些烷基倾向于定位在涂膜的表面，朝向空气，形成一个空间位阻很大的屏蔽层，覆盖在涂膜的表面上。它不仅把自身的酯基保护起来，还对乙酸乙烯酯链节上的酯基起保护作用，以防水解，大大改善了乳液涂料的耐水性、耐碱性及耐候性。因此，叔醋乳液涂料可以作为高性能的外墙涂料及高颜基比的无光内墙涂料，并可用于涂饰水泥、石棉、石膏等碱性壁面[65]。

（8）顺醋乳液涂料　乙酸乙烯酯和顺丁烯二酸二丁酯共聚物乳液涂料称作顺醋乳液涂料。单体顺丁烯二酸二丁酯起内增塑作用，其用量越少，硬度则越高、漆膜越脆；若其用量越大，则其漆膜越软，耐洗刷性和附着力降低。要根据对涂膜的质量要求及颜料和基料的比等通过实验来确定其用量。在一般情况下，顺丁烯二酸二丁酯用量约占单体总量的15%～25%。这种涂料主要作内墙和外墙涂料。

（9）丁苯及羧基丁苯乳液涂料　丁苯乳液是丁二烯和苯乙烯两种单体的共聚物乳液，丁二烯和苯乙烯的比例在（75∶25）～（15∶85）之间波动，配比不同，其漆膜的软硬程度不同。用其配制的丁苯乳液涂料价格比较便宜，施工性能良好，附着力大，保色性好，其涂膜耐水、耐酸碱等化学药品、耐磨性好。但是因丁苯共聚物分子链上有双键，故涂膜易泛黄，耐候性不好，故这种涂料不适合作装饰性外墙涂料，可用于制造室内平光漆、底漆、腻子、屋面涂料和水泥地坪涂料。若用环氧树脂对丁苯乳液涂料进行改性，可以作贮罐衬里涂料。这种涂料具有优异的耐碱性，在涂5～7道这种涂料后，涂膜厚度250～300μm，在50%～73%的热氢氧化钠溶液作用下，经30个月漆膜仍完好无损。若将丁二烯、苯乙烯和丙烯酸进行乳液共聚，可制得羧基丁苯胶乳。用这种乳液配制成的乳液涂料用作板纸涂料，可制得高质量的铜版纸、白板纸和箱板纸。

（10）聚偏二氯乙烯乳液涂料　聚偏二氯乙烯乳液涂料具有优良的耐水、耐油、耐溶剂和耐化学药品性能，且涂膜光泽性好，加入颜料后仍然保持较高的光泽，故可作有光涂料。其主要缺点是漆膜易泛黄，但若将偏二氯乙烯和其他单体进行共聚，所得共聚乳液泛黄性可以降低。若这一问题可以解决，聚偏二氯乙烯涂料能成为一类重要的有光涂料。

（11）聚硫-偏丙乳液涂料　聚硫-偏丙乳液涂料[3]是将聚硫乳液和偏丙乳液并用而制得的一种乳液涂料，这种涂料具有突出的耐油性，同时具有耐水性好、透气性低及对非金属材料附着力大等特点，用作混凝土内表面涂层具有很大的发展前途。聚硫乳液是二氯乙烷或二氯丙烷和多硫化钠的缩聚物乳液。偏丙乳液由偏二氯乙烯和丙烯腈等单体进行乳液共聚合而制得，它的主要品种有由偏氯乙烯和丙烯腈制成的二元偏丙乳液涂料。由偏二氯乙烯、丙烯腈和丙烯酸丁酯制成的三元偏丙乳液涂料及由偏二氯乙烯、丙烯腈、丙烯酸丁酯和丙烯酸制成的四元偏丙乳液涂料。

（12）聚合物-沥青乳液涂料　聚合物-沥青乳液涂料是将阴离子型聚合物乳液和乳化沥青的混合物作为基料的乳液涂料。常用的聚合物乳液有丙烯酸系聚合物乳液和氯丁胶乳。这类涂料综合了乳液聚合物和沥青两者的特点，成膜快，附着力强，耐老化，防水性能好，抗基材形变能力强，且该涂料冷法操作，安全简便，节能。适用于屋面防水，取代传统的"二油三毡"施工工艺，也可应用于地下建筑防渗、防漏。氯丁-沥青乳液涂料还可用作温度在80℃以下化工设备防腐涂料。

（13）有机-无机复合乳液涂料　如前所述，聚合物乳液涂料有许多优点，但涂膜硬度低、耐擦洗性差、耐溶剂性差、耐热性差、与水泥等碱性材料附着力较差等缺点，且价格较高。但无机涂料，如硅溶胶，无毒、无味、耐久性好、与无机材料包括水泥等碱性基材附着力大、硬度高、耐热、耐溶剂、耐擦洗，且价格便宜。若将其复合使用，通过有机吸附层，在有机和无机组分之间形成化学键或靠静电作用而结合起来，这样制成的乳液涂料可使两者性能互补[60]。市场上的有机-无机复合乳液涂料，无机成分主要是硅溶胶，而有机成分主要是聚丙烯酸酯。有机-无机复合乳液涂料综合性能良好，如对各种基材附着力大。其涂膜力学性能好，耐碱、耐热、抗污、耐溶剂、有一定透气性，并有一定阻燃性，且其涂膜平整光滑、外观丰满。主要在土木建筑中作内外墙涂料。

（14）聚氨酯乳液涂料　聚氨酯乳液涂料是由外乳化法或自乳化法制成的。外乳化法靠外加乳化剂和剪切作用而使聚氨酯乳胶粒悬浮到介质中，而自乳化法靠在聚氨酯分子链上的亲水基团形成稳定的乳液。聚氨酯乳液和聚丙烯酸酯乳液都可以作皮革涂饰剂和织物涂层剂。聚丙烯酸酯涂膜虽然具有许多优良性能，但其耐寒性、耐溶剂性及耐磨性尚嫌不足。而聚氨酯涂料，或聚氨酯和聚丙烯酸酯共聚物涂料则可以克服这些缺点，可赋予皮革或织物以优良的粘接力、弹性、耐磨性、耐挠曲性、耐折性、耐干擦及湿擦性、防皱性、耐划伤性、耐热性、耐寒性、耐化学药品性、耐水性、防水性等，并可赋予皮革和织物丰满柔软的手感及光亮、粒面平细、毛孔或布纹清晰的外观。但若采用芳香族二异氰酸酯制造的聚氨酯，日久易泛黄，而采用脂肪族异氰酸酯就可以解决泛黄问题。

（15）环氧树脂乳液涂料　环氧树脂涂料是一种性能优良、用途广泛的涂料，过去大多为溶剂型产品，但因其含有有机溶剂，会造成环境污染。水基环氧树脂涂料正是为了解决这一问题而发展起来的。水基环氧树脂涂料可分为水溶型和水乳型两类。水溶型环氧树脂涂料，不能制备高固含量的产品，固含量一般在20%以下，因水分挥发困难，能耗大，故应用受到了限制。而环氧树脂乳液涂料可以制得高固含量（可达70%以上）、低黏度的产品，水分挥发快，易施工，还秉承了溶剂型环氧树脂涂料的诸多优点，同时还具有无毒、无味、无刺激性、无污染、成本低等特点，所以发展很快，已大量地应用于高档建筑涂料、设备底漆、地坪涂料、防水涂料、水泥制品的修补等。由于环氧树脂乳液涂料在潮湿环境中仍然具有很高的附着力，所以特别适用于地下工程、隧道、密封船舱、厨房、浴室、冷库、高温高湿车间等特殊应用场合[66,67]。

（16）醇酸树脂乳液涂料　在涂料用合成树脂中，醇酸树脂是产量最大、应用最广的树脂品种。但醇酸树脂涂料含有大量有机溶剂，是涂料工业中 VOC 的主要来源，所以对醇酸树脂涂料进行水性化势在必行。为了减轻环境污染，人们一直致力于水性醇酸树脂涂料的开发，并取得了许多研究成果，且已将其应用于木器涂料、铁道车辆涂料、防锈涂料、金属底漆等[68,69]。

（17）含氟乳液涂料　含氟乳液涂料系指以含氟聚合物乳液为基料所制成的涂料。含氟乳液是以有机氟单体进行乳液聚合，或以有机氟单体和其他单体进行共聚合而制成的聚合物乳液。含氟乳液涂料具有优异耐候性、憎水性、憎油性和抗污性，并且具有优异的力学性能、防腐性、耐热性、耐磨性、抗盐雾性、电性能、自润滑性等性能，可应用于汽车、航空、船舶、建筑、电子、皮革、纺织等领域[70,71]。

# 12.4　聚合物乳液在土木建筑中的应用

在土木建筑中，聚合物乳液大量用来制造建筑涂料，其中包括内墙涂料、外墙涂料、地坪涂料、屋面涂料、底漆、腻子及许多具有各种功能的特种涂料。除此之外，聚合物乳液还广泛地用来制作建材和建筑胶黏剂。应用最多的聚合物乳液品种有乙酸乙烯酯均聚及共聚物乳液、丙烯酸酯均聚物及共聚物乳液、氯-偏乳液、丁苯乳液、氯丁乳液等。

## 12.4.1　乳液建筑涂料

### 12.4.1.1　内墙涂料

内墙涂料的主要功能是装饰和保护室内壁面，使其美观、整洁，让人们置身于舒适的环境之中。内墙涂料涂层应有质地平滑、细腻、色彩柔和，耐碱性、耐水性、耐粉化性、透气性良好，涂刷方便、易于重涂，价格合理等特点。内墙涂料一般不要求像外墙涂料那样好的耐久性。

（1）无光平壁乳液内墙涂料　作为乳液内墙涂料的基料主要有聚乙酸乙烯酯乳液和乙丙乳液，在要求档次较高的场合也有用纯丙乳液和苯丙乳液的。除了基料以外，制备内墙涂料还要加入颜填料、分散剂、润湿剂、增稠剂、防冻剂、消泡剂、防霉剂、防锈剂等。表 12-8 中列出了无光平壁乳液内墙涂料的典型配方[72,73]。

**表 12-8**　无光平壁乳液内墙涂料配方

| 组　　分 | 不同种类涂料各组分用量/质量份 | | |
| --- | --- | --- | --- |
| | PVAc 乳液内墙涂料 | 乙丙内墙涂料 | 苯丙内墙涂料 |
| 聚乙酸乙烯酯乳液（50%） | 360 | — | — |
| 乙丙乳液（52%） | — | 226 | — |
| 苯丙乳液（50%） | — | — | 44 |

| 组　分 | 不同种类涂料各组分用量/质量份 | | |
| --- | --- | --- | --- |
| | PVAc 乳液内墙涂料 | 乙丙内墙涂料 | 苯丙内墙涂料 |
| 钛白粉 | 100 | 100 | 70 |
| 立德粉 | 180 | — | — |
| 滑石粉 | 80 | — | — |
| 碳酸钙 | 100 | — | 358 |
| 硅酸钙 | — | 332 | 20 |
| 聚甲基丙烯酸钠 | 0.8 | 29(5%溶液) | — |
| 羟乙基纤维素 | — | 120(4%溶液) | — |
| 羟丙基纤维素 | 1 | — | 315(2%溶液) |
| 六偏磷酸钠 | 1.5 | — | 15 |
| 防霉剂 | — | 3 | 1 |
| 甲醛 | — | — | 2 |
| 五氯酚钠 | 1 | — | — |
| 亚硝酸钠 | 3 | — | — |
| 丙二醇 | — | 20 | — |
| 乙二醇 | — | 15 | — |
| 二甘醇丁醚 | — | — | 15 |
| 氨水 | — | 2 | — |
| 水 | 272.7 | 153 | 160 |

颜料和填料可使内墙涂料涂膜具有一定遮盖力和各种不同色彩，同时对涂膜的流平性、耐洗刷性也有一定影响，常用钛白粉、立德粉或轻钙作为白色颜料，用铁红、铁黄、铁黑和铁棕等作为彩色颜料。为了使涂膜色彩鲜艳，也可以选用有机颜料。常用的填料有碳酸钙、瓷土、滑石粉等。颜填料用量与聚合物乳液用量之比为 (3∶1)～(1.5∶1)，颜料用量与填料用量之比为 (3.5∶1)～(1∶1)。为了使颜料和填料能均匀地分散到乳液中，需加入少量分散剂（如三聚磷酸钠、六偏磷酸钠、OP-10 等）和润湿剂，也可将其配成色浆，然后再使用。分散剂和润湿剂用量一般为颜填料总质量的 0.2%～0.5%。所用的增稠剂常为纤维素类及聚（甲基）丙烯酸钠等，一般增稠剂的加入量是乳液质量的 0.4%～1%。最常用的防冻剂是乙二醇，也可用丙二醇、己二醇、乙二醇丁醚等，其用量一般为乳液质量的 3%～10%。在用纤维素作增稠剂时，涂层在潮湿环境中易发霉，需要加入防霉剂，常用的防霉剂有乙酸苯汞、三丁基锡及五氯酚钠等，其用量为涂料质量的 0.05%～0.2%。为了防止涂刷时遇到钢铁表面而生锈，需加入防锈剂，常用的防锈剂有亚硝酸钠和苯甲酸钠，其用量一般为涂料质量的 0.2%～0.5%。

（2）半光和有光平壁乳液涂料　对于平壁涂料来说，若 60°镜面反射率在 10% 以下，为无光平壁涂料；若在 30%～60% 之间，为半光平壁涂料；若在 60%～90% 之间，则为有光平壁涂料。

要想制得半光或有光涂料首先必须使所采用的聚合物乳液乳胶粒直径足够小，乳胶粒直径越小，涂膜的光泽度越高。例如粒度为 $0.1\sim0.2\mu m$ 时，光泽度可达 $80\%$；粒度为 $0.2\sim0.6\mu m$ 时，光泽度为 $74\%$；粒度为 $0.6\sim2\mu m$ 时，光泽度仅为 $30\%$。同时，聚合物乳液粒度分布越窄，则其光泽度越好。

颜填料的用量对涂膜光泽度影响很大，涂膜光泽度随颜填料用量的增大而急剧下降，例如当颜填料体积分数分别为 $8\%$、$12\%$、$16\%$ 及 $26\%$ 时，其光泽度分别为 $80\%$、$75\%$、$65\%$ 及 $25\%$。同种颜填料研磨得越细，在体系中分散得越均匀，所得涂膜光泽度越高。

加入增塑剂和成膜助剂可以改善聚合物的流动性，降低成膜温度，有利于乳胶粒相互渗透和相互融结，而形成完整均匀的涂膜，故可以提高光泽度。

目前大量采用的主要有纯丙、苯丙、乙丙、硅丙和氯偏等半光或有光平壁涂料，表12-9列出了丙烯酸酯系聚合物有光及半光乳液涂料的配方[73]。

**表 12-9** 有光及半光纯丙乳液涂料配方

| 组　　分 | 用量/质量份 | |
| --- | --- | --- |
| | 有　光 | 半　光 |
| 聚丙烯酸酯乳液(46.5%) | 590.5 | 492.7 |
| 二氧化钛 | 275.0 | 257.6 |
| 二聚异丙烯-马来酸钠共聚物(25%溶液) | 11.0 | 10.3 |
| 消泡剂 | 6.0 | 3.74 |
| 丙二醇 | 152.5 | 168.55 |
| 重晶石 | — | 46.8 |
| 防腐剂 | 4 | 0.93 |
| 己二醇丁醚 | 27.5 | 22.8 |
| 琥珀酸二异辛酯磺酸钠 | 2 | 1.87 |
| 羟乙基纤维素(2.5%溶液) | 42.4 | 43.6 |
| 水 | 20 | 57 |

（3）多彩乳液内墙涂料　多彩乳液涂料为二相分散体系，由连续相和分散相组成。按连续相和分散相的性质可把二相分散体系分成 O/W、W/O、O/O 和 W/W 四种。多彩涂料可以为其中的 O/W 和 W/W 两种形式，但目前使用最多的是 O/W 型多彩乳液涂料，其连续相为聚合物水乳液，而分散相则为分散在聚合物乳液中的磁漆液滴。若把该种涂料喷涂到壁面上，干燥后，聚合物乳液形成连续的涂膜，而磁漆液滴则形成许许多多形状不同、大小不一、色彩各异、边缘清晰的色斑，镶嵌在涂膜中，赋予涂膜以色彩鲜艳、雅致的装饰效果。因此，多彩涂料是一种较新颖的高档内墙涂料。

### 12.4.1.2　外墙涂料

外墙涂料的主要功能是装饰和保护建筑物的外壁面，使建筑物外貌整洁美观，从而达到美化城乡环境的目的。外墙涂料的另一作用是保护建筑物，以延长其使用寿命。

作为外墙涂料应当色彩丰富多样、保色性好，应当具有优良的耐水性、抗污性和耐候性，在日晒、雨淋、风吹、变温的长期天候老化作用下，涂层不应发生龟裂、剥落、脱粉、变色等现象，使其不失去对建筑物的装饰和保护功能。同时，外墙涂料应当施工方便、容易维修，且价格合理。

（1）平壁乳液外墙涂料 平壁乳液外墙涂料应用最多的成膜物质是苯丙乳液和纯丙乳液，也有采用乙丙乳液、乙顺乳液、氯-偏乳液和氯-乙-丙乳液的；外墙涂料常用的颜料是钛白粉，填料为滑石粉和硫酸钡，其用量应当比内墙涂料低一些，基料和颜料比以（1:1）~（1:1.5）为宜。一般涂两道，第一道颜料可适当多一些，以提高遮盖力，而第二道颜料应少用一些，以使涂膜具有良好的耐光性、耐候性和抗粉化性。常用乙二醇或乙二醇丁醚为防冻剂，用量一般为3%~10%；常用的消泡剂为磷酸三丁酯和松油醇等，用量一般为0.1%~0.3%；常用的颜料分散剂为六偏磷酸钠，用量一般为0.2%~0.5%。另外，还要加入少量的增稠剂、防霉剂和稳定剂。表12-10中列出了几个平壁乳液外墙涂料有代表性的配方[1,73]。

**表 12-10** 平壁乳液外墙涂料配方

| 组　　分 | 不同种类涂料各组分用量/质量份 | | |
| --- | --- | --- | --- |
| | 纯丙外墙涂料 | 苯丙外墙涂料 | 顺醋外墙涂料 |
| 纯丙乳液(50%) | 420 | — | — |
| 苯丙乳液(50%) | — | 486 | — |
| 顺醋乳液(50%) | — | — | 400 |
| 钛白粉 | 220 | 162 | 115 |
| 碳酸钙 | 31 | 72 | — |
| 滑石粉 | 82 | — | 42 |
| 瓷土 | — | 73 | — |
| 硫酸钡 | — | — | 128 |
| 亚甲基双萘磺酸钠 | 10 | — | — |
| 聚甲基丙烯酸钠(5%水溶液) | — | 6 | — |
| 羟乙基纤维素(2.5%水溶液) | 100 | — | — |
| 羟甲基纤维素 | — | 61 (5%水溶液) | 1.4 |
| 磷酸三丁酯 | — | 2 | 4 |
| 六偏磷酸钠 | 10 (5%水溶液) | 6 (5%水溶液) | 1.4 |
| 硼砂 | — | 5 | — |
| 防霉剂 | — | — | 2 |
| 防腐剂 | — | 0.4 | — |
| 乙二醇 | — | — | 2.9 |
| 乙二醇丁醚 | — | 20 | — |
| 己二醇 | 20 | — | — |
| 氨水 | 2 | — | — |
| 水 | 95 | 106.6 | 277.2 |

（2）砂壁乳液外墙涂料[74]　彩砂外墙涂料又称彩色砂壁状外墙涂料，是以聚合物乳液为基料，加入着色骨料、增稠剂及各种助剂配制而成的。骨料可采用天然带色砂粒，如寒水石碎粒、硅砂、黄砂、河砂、发泡火山砂及珍珠岩等，也可以采用人工烧结彩色砂粒和彩色陶瓷等。彩砂外墙涂料所涂的建筑壁面具有丰富的色彩和质感，装饰性能优良，涂层耐候性、保色性、耐久性好，且易于施工。彩砂外墙涂料所用的基料为苯丙乳液、纯丙乳液或乙丙乳液。在彩砂外墙涂料中几种重要组分的大体配比列入表12-11中。

**表 12-11**　彩砂涂料原料配比

| 组　分 | 用量/质量份 | 组　分 | 用量/质量份 |
|---|---|---|---|
| 聚合物乳液 | 100 | 成膜助剂 | 4～6 |
| 骨料 | 400～500 | 水 | 适量 |
| 增稠剂 | 20 | | |

### 12.4.1.3　地坪乳液涂料[75]

地坪涂料的功能是装饰和保护室内地面，使之清洁美观，与其他设施协调，让居住者处于优雅舒适的环境之中。作为地坪涂料应当具有优良的附着力、耐水性、耐磨性、耐碱性和抗冲击性。常用的水乳型地坪涂料有氯-偏乳液地坪涂料、聚丙烯酸酯乳液地坪涂料、聚乙酸乙烯酯乳液地坪涂料、环氧树脂乳液地坪涂料等。表12-12中列出了聚乙酸乙烯酯乳液-水泥地面涂料的配方[1]。

**表 12-12**　聚乙酸乙烯酯乳液-水泥地坪涂料配方

| 组　分 | 各组分用量/质量份 | | |
|---|---|---|---|
| | 人流量大的房间 | 办公室 | 居室 |
| 硅酸盐水泥 | 100 | 100 | 100 |
| 砂子 | 100 | 150 | 200 |
| 花岗岩碎石 | 150 | 100 | — |
| 石棉纤维 | — | 25 | — |
| 软木碎粒 | — | — | 100 |
| 颜料 | 5 | 5 | 5 |
| 聚乙酸乙烯酯乳液(55%) | 13～14 | 13～14 | 20～22 |
| 水 | 26～30 | 26～30 | 20～22 |

为了使地坪涂层更加美观光洁、色泽均匀、提高涂层表面的耐磨性和耐久性，需对聚合物水泥地面涂层进行罩面处理，应用最多的水乳型罩面材料是氯偏乳液涂料和苯丙乳液涂料。

环氧树脂乳液地坪涂料是一种高档的地坪涂料，它是以环氧树脂为主要成膜物质的双组分室温固化型涂料。其涂层固化后硬度大且有韧性，具有优异的附着力、冲击强度、耐磨性、耐久性、耐水性、耐化学腐蚀性，并且具有良好的施工性能，可在潮湿的基材表面上，或在高湿度的环境中进行施工，且其装饰性良好，可以涂装出各种各样的图案。此外，其涂层还具有一定的透气性，可将基材因含水分而产生的水蒸气缓慢地释放出来，故其涂层不易剥离或起泡。表 12-13 中列出了一个典型的环氧树脂乳液地坪涂料配方实例[76]。

**表 12-13** 环氧树脂乳液地坪涂料配方实例

| 组　分 | 用量/质量份 | 组　分 | 用量/质量份 |
|---|---|---|---|
| 甲组分 | | 甲组分 | |
| 环氧树脂乳液 GEM | 52 | 重晶石粉(600 目) | 8 |
| 分散剂 Hy100 | 0.4 | 云母粉(600 目) | 5 |
| 润湿分散剂 AD182 | 0.1 | 滑石粉(400 目) | 7 |
| 消泡剂 7015 | 0.15 | 有机膨润土 | 0.3 |
| 流平剂 1985 | 0.15 | 水 | 9.6 |
| 氧化铁蓝 | 1.3 | 乙组分 | |
| 石英砂(600 目) | 16 | 水性环氧固化剂 | 52 |

### 12.4.1.4　木材乳液涂料

木材广泛用于家具制造、土木建筑等，或作为结构材料用在其他各行业中。为了延长其使用寿命和使其美观，需对其上漆。有许多种类的木材用涂料，乳胶漆是其中的一个门类。

木材的组成及性质和聚合物及无机材料有很大差别。木材膨胀系数很大，易吸水，湿度大或遇水时将被泡胀，干燥时又会收缩，因此，涂膜必须具有足够大的柔韧性。同时要求涂膜有一定的透气性，以免内部水分挥发时涂膜起泡。

木材乳液涂料包括底漆和面漆。底漆应对木材有很高的附着力，而面漆应当具有高的光泽。乳液型底漆几乎全部以聚丙烯酸酯乳液作为基料，因其涂膜柔性好，透气性大，且具有高的抗氧化性和紫外光稳定性，可使木材在室外应用过程中能长期保持其柔韧性。木材底漆常用钛白粉、碳酸钙和重晶石等作颜料，颜基比一般为 30%～45%。表 12-14 中列出了聚丙烯酸酯乳液木材底漆配方。

**表 12-14** 聚丙烯酸酯乳液底漆配方

| 组　分 | 用量/质量份 | 组　分 | 用量/质量份 |
|---|---|---|---|
| 聚丙烯酸酯乳液(48%) | 435 | 六偏磷酸钠(10%) | 4 |
| 钛白粉 | 175 | 防霉剂 | 2 |
| 重晶石 | 109 | 消泡剂 | 1 |
| 碳酸钙 | 72 | 高沸点醚 | 10 |
| 云母 | 39 | 水 | 151 |
| 纤维素增稠剂 | 2 | | |

为了获得好的装饰效果，在底漆上先涂一道面漆，使木材着色；然后在面漆上再涂一道清漆，以使其光亮、美观。常用的面漆是以聚丙烯酸酯乳液[77]、长油度（油分含量＞60%）干性油醇酸树脂乳液[78]、聚丙烯酸酯与醇酸树脂共混乳液[79]、聚氨酯乳液[80]、丙烯酸酯-聚氨酯共聚物乳液[81] 等作为成膜物质，辅以各种添加剂组成的混合木材涂料。

以下将醇酸-聚丙烯酸酯乳液木材面漆的配方实例列入表12-15中[79]。长油度干性油醇酸树脂乳液配方示于表12-16中。

**表 12-15** 醇酸-聚丙烯酸酯乳液木材面漆的配方实例

| 组　　成 | 用量/质量份 | 组　　成 | 用量/质量份 |
|---|---|---|---|
| 聚丙烯酸酯乳液(50%) | 300 | 聚丙烯酸系增稠剂(10%,pH=9) | 100 |
| 醇酸乳液(见表12-12) | 405 | 高沸点醚溶剂 | 10 |
| 氧化铁红 | 15 | 水 | 170 |

**表 12-16** 醇酸树脂乳液配方

| 组　　成 | 用量/质量份 | 组　　成 | 用量/质量份 |
|---|---|---|---|
| 长油度干性油醇酸树脂(75%溶剂油溶液) | 493 | 非离子型乳化剂 | 17 |
|  |  | 氨水 | 5 |
| 环烷酸钴(6%) | 1.8 | 水 | 479 |
| 环烷酸铅(24%) | 4.2 |  |  |

### 12.4.1.5　乳液建筑底漆

　　水泥、砖、灰泥及木结构壁面等底材表面上常常会出现孔隙或裂纹。当孔隙率高、孔径大或裂纹深时，需用建筑腻子来填补，再涂底漆。当孔隙率低、孔径小或仅有微细裂纹时，可以直接涂底漆，将底材表面填平补齐。这样在涂上面漆以后才可以获得光亮平滑的涂饰效果。底漆常常是在室温下干燥的着色涂料，亦称作底层封闭涂料。为了达到好的涂饰效果，要求底漆有较大的流平性，若底层不平整，面层也不会平滑。对乳液底漆来说，要求尽量少用表面活性剂且乳液的黏度不宜太小。乳胶粒平均直径在$1\mu m$左右最为理想，否则，基料会大量渗入底材内部，使壁面上的成膜物质减少而降低涂饰质量。常用的基料是聚乙酸乙烯酯及其共聚物乳液，其成膜物质对各种底材附着力大，干燥速率快。由于它的乳胶粒直径大，故涂料的封闭性好。另外，向底漆介质中加入大约10%的碱溶性聚丙烯酸酯乳液，也可以制得满意的底漆。表12-17列出了在美国推荐采用的商品建筑底漆的配方[73]。

**表 12-17** 建筑底漆配方

| 组　分 | 用量/质量份 | | 组　分 | 用量/质量份 | |
|---|---|---|---|---|---|
|  | 配方 1 | 配方 2 |  | 配方 1 | 配方 2 |
| 顺醋乳液(56%) | 600 | — | 非离子分散剂 | 4 | 3 |
| 乙酸乙烯酯共聚物乳液(55%) | — | 360 | 乙二醇 | — | 20 |
| 钛白粉 | 200 | 75 | 二乙二醇单乙醚 | 50 | — |
| 碳酸钙 | 100 | 100 | 二乙二醇单乙醚乙酸酯 | — | 8 |
| 滑石粉 | — | 100 | 消泡剂 | 4 | 2 |
| 瓷土 | 100 | — | 邻苯基酚钠(20%) | 10 | — |
| 甲基纤维素(2%) | 200 | 150 | 乙酸苯汞 | — | 0.3 |
| 二聚异丁烯-马来酸钠共聚物(25%) | 8 | 20 | 水 | 262 | 210 |

### 12.4.1.6 特殊功能乳液建筑涂料

除了用于建筑物装饰和保护目的的内墙涂料、外墙涂料、地面涂料和木材涂料外，还有许多特殊用途的乳液建筑涂料。这些涂料不仅对建筑物有装饰和保护功能，而且具有某些特殊功能，如防水、防火、耐油、防霉、防锈、杀（驱）虫、防辐射、防结露、隔热、减振、隔声等功能，这一类涂料一般称为特种乳液建筑涂料。现仅就防水、防火、防霉、防锈、减振、弹性乳液建筑涂料加以简单介绍。

（1）防水乳液涂料[47,48,82,83]　　防水涂料是指所形成的漆膜能防止雨水或地下水渗漏的一类涂料，主要用于屋面、地下建筑、浴室、厕所、卫生间、厨房、粮仓、水库等多水、潮湿场合的防雨、防水和防潮。我国传统屋面防水多采用三油两毡一砂的方法，沥青消耗量大，夏天高温易淌流，冬天易脆裂，使用寿命短，且需热施工，施工条件恶劣。为了克服这些缺点，人们开发出了聚合物乳液改性沥青柔性防水涂料。配制这种涂料所用的聚合物乳液有纯丙乳液、氯丁胶乳、丁苯胶乳及天然胶乳等。其制造方法是先将沥青在一定温度下，在乳化剂和高速机械搅拌作用下制成乳化沥青，然后将乳化沥青、聚合物乳液、填料和骨料等进行混配，即得聚合物乳液改性沥青柔性防水涂料。这种涂料弹性高，低温柔韧性好，耐裂性及耐久性好，黏结强度高，耐热、耐碱、不透水，并可以冷施工，大大改善了施工环境，且可节约沥青。此外，可选用带色填料和骨料，制成彩色防水涂料，美化环境。

此外，人们还开发出了丙烯酸系聚合物乳液防水涂料、EVA乳液弹性防水涂料、硅橡胶乳液防水涂料以及聚合物乳液-水泥复合防水涂料等，这些涂料都有其优异的防水功能。

（2）防火乳液涂料[47,48,84]　　将涂料涂于易燃建筑物壁面上，若能提高其耐火能力或降低火焰蔓延速度，这类涂料即为防火涂料，或称阻燃涂料。除了少数乳液聚合物（如氯偏乳液聚合物、氯丁橡胶等）本身就难以燃烧外，一般乳液聚合物都是可燃的。但是若采用具有阻燃作用的助剂则可赋予涂膜以难燃和防火性。无机颜料的加入具有一定的减慢燃烧速率的效果。若选用具有阻燃作用的增塑剂如磷酸三苯酯、磷酸$\beta$-三氯乙酯等可使乳液涂料具有阻燃性。最有效的阻燃方法是在乳液中加入阻燃剂，如五溴甲苯、硼酸钠、三氯化锑和氯化石蜡等。

另一种类型的防火乳液涂料是发泡型防火涂料。它由基料、成碳剂、脱水成碳催化剂、发泡剂及颜填料组成。常用的基料为聚丙烯酸酯乳液、氯偏乳液、氯丁胶乳和聚乙酸乙烯酯乳液等；成碳剂为淀粉、糊精、季戊四醇等；脱水成碳催化剂为聚磷酸铵、磷酸二氢铵及有机磷酸酯等；发泡剂为三聚氰胺、氯化石蜡、多磷酸铵、硼酸铵等。这类涂料的涂膜在火焰或高温作用下迅速膨胀，生成厚度比原涂层大几十倍的泡沫碳化层，能有效隔绝热源对基材的作用，因而可控制燃烧进一步扩展。

（3）防霉乳液涂料[79,85]　　一些有机建筑涂料的涂膜日久会受到霉菌的侵蚀，霉变后的涂层会发生褪色、沾污甚至脱落，使涂层遭到破坏。防霉涂料具有抑制涂膜上霉菌生长的功能。通常是通过在乳液涂料中添加防霉剂来达到防止涂膜霉变的目的。常用的防霉剂有多菌灵、百菌清、防霉剂D、敌草隆、辛噻酮、4-甲苯基-二碘甲基砜、五氯酚钠等。常见的防霉乳液涂料有聚丙烯酸酯乳液防霉涂料、聚乙酸乙烯酯乳液防霉涂料及氯偏乳液防霉涂料。

（4）防锈乳液涂料　金属建筑构件长期暴露在空气中，尤其是在潮湿多水的环境中时，容易因生锈而破坏。此时应采用防锈涂料。为使乳液涂料具有防锈功能，可通过选择具有防锈功能的聚合物乳液、采用防锈颜填料及加入防锈剂等方法来实现。

一般来讲，纯丙乳液和苯丙乳液因其不易水解，且其乳液聚合物具有较大的憎水性，故具有较好的防锈性能。也有采用聚乙酸乙烯酯及其共聚物乳液的，但因耐水性较差，故其防水性不如前两者。在制造聚合物乳液时所采用的引发剂和乳化剂对其防锈性也有影响。若过硫酸盐引发剂残留在涂膜中，分解时会生成酸性物质而产生锈蚀，故不宜采用，应采用有机过氧化物引发剂。硫酸盐型乳化剂防锈性不如乙酸盐型乳化剂，采用磷酸盐型乳化剂防锈效果更好。

防锈乳液涂料所用的防锈颜填料可为铬酸锌、铬酸铅、硅铬酸铅、三聚磷酸铝、铅酸钙、亚铁氰化联苯胺等。常用的防锈剂有亚硝酸钠-安息香酸钠（1：10）的混合物、巯基乙酸、巯基乙酸丁酯的铵盐、硼酸钡、胺类、弱酸的胍盐等。

（5）减振阻尼乳液涂料[86-89]　世界各国都存在噪声污染问题，给人们的工作和身体健康均带来危害。国际标准化组织和许多国家相继制定了噪声作业环境卫生标准，严格控制企业噪声。我国于1989年12月1日正式实施了《中华人民共和国环境噪声污染防治条例》。

阻尼涂料是一种能消除振动和降低噪声的涂料。当聚合物处于玻璃化转变温度区时，其链段运动速率接近产生噪声的机械振动速率，聚合物的内摩擦很大。若将这种聚合物涂覆在处于振动场的壁面上，大量的机械振动能量将转化成热能而消耗掉。因此，玻璃化转变温度的高低和宽窄是选择阻尼涂料的技术指标。一般来讲，若能制得具有较宽玻璃化转变温度区间的聚合物，可获得好的阻尼效果。在诸多加宽玻璃化转变温度区间的技术中，最有效的是采用互穿聚合物网络技术路线。其中通过乳液聚合法制成的乳液互穿聚合物网络（LIPN）在噪声和振动阻尼上有很好的效果。同时，由于LIPN独特的结构形态，赋予具有高交联度的乳胶粒间以一定的滑动性，致使LIPN兼有热塑、热固性树脂的双重性能，这可以使得利用LIPN配制的涂料的涂膜不仅具有很好的阻尼作用，而且具有很好的力学性能和施工性能。

（6）弹性乳液涂料[48,90-93]　建筑物多用水泥砂浆抹面，而水泥砂浆属脆性材料，其抗张强度低。因为在水泥硬化过程中会发生体积收缩，同时在硬化后的使用过程中，将长期经受日晒雨淋、干湿变化、热胀冷缩及外力的作用。当由此而引起的体积收缩而产生的内应力超过材料本身的抗张强度时，就会产生裂缝。在使用通常的硬性外墙涂料进行涂装时，涂膜也会随着水泥裂缝的产生而被拉断形成共裂缝。雨雪及大气中的二氧化碳、二氧化硫等酸性气体会透过这些裂缝进入建筑物内部，导致钢筋锈蚀，水泥碳化，危害建筑物内部结构。同时，也会使基层内的盐、碱等可溶物质通过这些裂缝向外扩散，造成涂层泛白，产生色斑，造成涂层起皮、脱落，直接影响装饰效果。

为了解决硬性外墙涂料所存在的以上问题，人们开发出了弹性乳液涂料。配制这种涂料需要采用软性聚合物乳液，其乳液聚合物的玻璃化转变温度 $T_g$ 要低，且 $T_g$ 平台要宽，以使涂膜在很宽的使用温度范围内处于高弹态，具有很高的弹性、韧性和伸长率。弹性涂膜会随着水泥裂缝的产生及胀缩而进行伸缩，不会产生共裂缝，从而对建筑物外墙壁面具有优异的遮盖裂缝的作用，可有效阻止水及酸性气体进入墙体，减少对内部结构造成的破坏及对涂层的装饰效果所带来的危害。

配制弹性乳液涂料多用紫外线交联的低 $T_g$ 丙烯酸系聚合物乳液，也有用硅丙乳液的。一般为了赋予涂膜更好的遮盖效果，弹性乳液涂料的颜基比通常较小，一般在20％～35％之间，且涂层较厚。

另外，由于弹性乳液涂料中的乳液聚合物 $T_g$ 低，涂层具有较大的黏性，致使其抗沾污性较差。针对这一问题的研究已有了一定成效。

（7）防结露乳液涂料[47,48,94,95]　当建筑物的温度低于室内空气的露点时，水蒸气就会凝结成小水滴，附着在室内表面，即发生结露。若结露发生在室内壁面、天花板、地面等表面，称作表面结露；若发生在建筑物结构内部则称为内部结露。发生内部结露会导致建筑材料的锈蚀、霉变、胀裂，将对建筑物造成破坏。特别是在地下室、隧道、浴室、厨房及高湿度的厂房、车间等场合，尤其是在秋冬季和雷雨季节，情况就更加严重。

在建筑物室内表面和内部构件上涂覆防结露涂料，可以有效防止结露。其防结露机理为：防露涂料中的聚合物乳液所形成的涂膜具有吸湿性，可以将凝结在壁面上的水暂时吸收并贮存在内部，而不在表面上形成水滴，从而就不结露。当周围环境变得干燥时，所吸收的水分又会蒸发到空气中去，涂层又恢复到干燥状态。乳液防结露涂料所用基料常常为引入较多亲水基团的丙烯酸系聚合物乳液，其乳液聚合物具有较大的亲水性和吸水性。还常采用丙烯酸系聚合物乳液和硅溶胶进行复配来作为基料。配制防结露涂料常常选用轻质多孔填料，如膨胀珍珠岩、膨胀蛭石、沸石、硅藻土、海泡石粉、粉状硅酸盐类纤维等，且其填料用量较大，涂层较厚，这样可以增大吸湿量、吸湿率和吸湿速率，可获得更好的防结露效果。

## 12.4.2　乳液建筑材料

### 12.4.2.1　聚合物水泥砂浆

聚合物水泥砂浆系将聚合物乳液加入水泥砂浆中而配制成的一种高性能水泥材料。与普通水泥砂浆相比，聚合物水泥砂浆弹性好，弯曲强度和拉伸强度高，冲击强度增加10～15倍，耐磨性提高10～50倍；耐水性和防水性好，其透水性仅为普通水泥砂浆的12％；耐化学药品性能有所提高，可耐弱酸、碱、中性盐和油类的侵蚀；对混凝土、水泥砂浆具有很高的黏结性，对瓷砖、石料、金属、玻璃及木材等材料有很高的粘接强度；电绝缘性提高，热导率仅为普通水泥砂浆的30％，隔热性和抗冻融性均有所改善。同时，可以减少水泥砂浆干燥时的收缩。

配制聚合物水泥砂浆常用的聚合物乳液有聚乙酸乙烯酯乳液[96]、EVA 乳液[97]、丙烯酸系聚合物乳液[98]、氯丁胶乳[99]、丁苯胶乳[100]、叔醋乳液[101]、氯偏乳液[102]等。水泥中的大量钙镁离子、水泥会从乳液中吸收水分及混合操作的机械剪切作用，都会引起聚合物乳液破乳，为了提高乳液的稳定性，在与水泥和砂混合前，必须加入适量的稳定剂，对阴离子型乳液来说，常用的稳定剂有平平加、OP 类、酪素、水玻璃等；对于阳离子型乳液来说可以使用非离子稳定剂和阳离子稳定剂，如三甲基十六烷基溴化铵等。另外还应加入消泡剂、防老剂、硬化促进剂及填料等。

在聚合物水泥砂浆中，根据不同用途可以灵活调节组分的比例，一般来说，水泥：砂＝(1：2)～(1：3)；水：水泥＝0.3～0.6；聚合物：水泥＝0.05～0.2。

聚合物水泥砂浆在土木建筑中有如下重要用途。

① 由于聚合物水泥砂浆粘接力强、耐磨性好、弹性大、抗冲击、不易干燥收缩产生龟裂，同时具有防滑性、防尘性、耐候性及抗冻融性等优良性能，故可广泛地用作住房、仓库、店铺、学校、体育馆、车站月台等建筑物的地面铺设和修饰加工材料；也可用于机场跑道、高速公路、人行桥面及船舶甲板被覆层等的铺设。

② 由于聚合物水泥砂浆几乎对所有的材料都有很高的粘接强度，并可室温固化，且对干湿表面均可粘接，故可作混凝土、砂浆的优良黏结剂，作玻璃、砖、瓷砖、石料、木材、金属、隔热材料等各种建筑材料的优良胶黏剂。并可用于高速公路的接缝密封和建筑物及路面的裂缝修补等。

③ 聚合物水泥砂浆内部的毛细管道几乎完全被聚合物所填塞，且其干燥收缩小、有弹性、伸长率较大，所以较难产生裂纹，防水性能良好，可用来构筑贮水池、游泳池、地下工程、屋面等防水设施。

④ 由于聚合物水泥具有一定的耐化学药品性，故可以用来修建废液槽、化工厂地面、管道衬里，以及用于耐酸瓷砖衬里的粘接和勾缝等。

⑤ 由于聚合物水泥具有高的强度和弹性，故可以用来构建机器安装基础，铺设铁路枕木，制造屋顶混凝土板以及外墙饰面材料等。

表 12-18 列出了不同用途的聚合物水泥砂浆的标准配方[103]。

**表 12-18** 不同用途的聚合物水泥砂浆的标准配方

| 用　　途 | | 用量/质量份 | | | 涂层厚度/mm |
|---|---|---|---|---|---|
| | | 水泥 | 砂 | 乳液 | |
| 铺路 | | 1 | 3 | 0.2～0.3 | 5～10 |
| 地板 | | 1 | 3 | 0.3～0.5 | 10～15 |
| 防水 | | 1 | 2～3 | 0.3～0.5 | 5～20 |
| 粘接 | | 1 | 0～3 | 0.2～0.5 | — |
| | | 1 | 0～1 | ＞0.2 | — |
| | | 1 | 0～3 | ＞0.2 | — |
| 防腐 | | 1 | 2～3 | 0.4～0.6 | 10～15 |
| 船舶甲板被覆涂层 | 底层 | 1 | 2～3 | 0.9～1.0 | 1～2 |
| | 中层 | 1 | 3 | 0.4～0.6 | 5～6 |
| | 面层 | 1 | 3 | 0.5～0.6 | 3～4 |

### 12.4.2.2 乳液改性沥青[3, 104]

沥青是应用最广泛的防水材料，是建筑防水材料的主体。沥青是由分子量大小和化学结构不同的有机化合物组成的复杂的混合物，含有从低分子油到聚合物的各种成分。大多数沥青常温下弹性小，脆性大，耐冲击性差。聚合物乳液是沥青的有效改性剂。经过改性的沥青降低了脆性，增大了弹性，改善了低温弯曲性，提高了延伸率，增大了强度、韧性、抗冲击性及对各种材料的粘接性。同时经改性的沥青还具有耐水、耐酸碱、耐寒及防滑等性能。因此乳液改性沥青广泛用于密封防护、高速公路及机场的铺设、屋面防水、地下工程、隧道嵌缝、管道衬里、裂缝封堵及汽车底盘的防护层等。

制备乳液改性沥青有两种方法：一种是先将沥青乳化，制成乳化沥青，然后再把乳化沥青与聚合物乳液按一定比例进行混合；另一种是先将沥青加热至300～325℃，并加入少量消泡剂，然后在搅拌下慢慢将乳液加入，使沥青干胶含量达3%以上，搅拌20min，待其中的水分挥发出去，即得均匀的分散体系。对于建筑沥青来说，还要加入填料，如砂、石等，其质量比为：聚合物改性沥青：细砂：粗石料=6.9：60.6：32.5。

制备乳液改性沥青应用最多的聚合物乳液是氯丁胶乳、丁苯胶乳、聚丙烯酸酯乳液及氯丁二烯-丙烯酸酯共聚物乳液等。

氯丁胶乳改性沥青成膜性好、强度高、耐热及耐低温性能好、弹性大、能适应底材的变化，耐臭氧、耐老化、抗腐蚀、不透水，且低毒、安全，适用于屋面防水、地下防水、补漏及防腐蚀，还可用于提高沼气池的抗渗漏性和气密性。

丁苯胶乳改性沥青抗裂性和低温柔性好，成本低，主要用于屋面防水。

聚丙烯酸酯乳液改性沥青耐候性好，在-30～80℃温度范围内性能变化不大，适用于各类建筑防水工程，如钢筋混凝土、轻质混凝土、卫生间、地下室、冷库等，以及防水层的维修。

氯丁二烯-丙烯酸酯共聚物乳液改性沥青具有良好的粘接性、耐热性、耐寒性及不透水性，可用作屋面防水层，并适用于屋面维修。

### 12.4.2.3 水乳型建筑密封材料

在需要涂饰的建筑物的内外墙壁面上，常常会有很多缺陷，如裂缝、麻点、气孔等，为了得到好的装饰效果，必须首先填缝堵孔，进行修补；此外在高层建筑中常采用预制板、预制件和各种砌块等新型建筑材料，其接合处必有接缝；同时为了防止由于热胀冷缩、地震及沉降对建筑物的破坏，在建筑设计时还要设置形变缝，还有玻璃门窗的缝隙，这些缝隙必须予以堵塞。用于修补和堵塞缝隙的材料通称建筑密封材料。用于壁面修补和玻璃门窗的密封材料又称作腻子；用于堵塞缝隙的无弹性或弹性不大的密封材料常称为嵌缝膏；而用于形变缝或其他场合，需要具有高弹性和较大粘接性能的密封材料常称为密封膏。密封材料可使建筑物具有气密性和水密性，起着防止气体渗漏、防水、防尘、隔声等作用。水乳型密封材料具有优良的密封性能，且无毒、无公害、无污染，深受用户欢迎。

制造乳液建筑密封材料所使用的基料常为聚乙酸乙烯酯均聚物乳液[105]、EVA乳液[106]、纯丙乳液[107,108]、乙丙乳液[109]、苯丙乳液[110]等。所用的填料可为碳酸钙、重晶石、高岭土、硅灰石、石英粉、滑石粉等，根据需要也可加入无机颜料。可用纤维素类增稠剂，也可用聚丙烯酸钠、聚丙烯酰胺、聚乙烯醇等，除了起增稠作用外，还可以增大填料和乳胶粒间的滑动性，可赋予腻子更好的施工性能。必要时可加入颜料分散剂、防霉剂和防冻剂。用热塑性聚合物乳液调制的密封材料在干燥过程中会因体积收缩而龟裂。为了解决这一问题，常加入2%～3%的短纤维，如石棉纤维、聚酯纤维、玻璃纤维及丙烯酸纤维等。为了提高腻子的耐水性、粘接强度和力学性能，可加入交联剂制成交联型腻子。为了减少收缩，可加入部分珠状填料，减少填料的比表面积，增大腻子的流动性，以减少水的用量。表 12-19 中列出了普通的热塑性聚合物乳液腻子有代表性的配方[109]。表 12-20 中列出了纯丙乳液建筑密封膏的配方[108]。

**表 12-19** 建筑热塑性聚合物乳液腻子配方

| 组　　成 | 用量/质量份 | 组　　成 | 用量/质量份 |
|---|---|---|---|
| 乙丙乳液(50%) | 100 | 羟乙基纤维素(2%) | 200 |
| 重质碳酸钙 | 400 | 水 | 60 |
| 轻质高岭土 | 300 | | |

**表 12-20** 纯丙乳液建筑密封膏配方

| 组　　分 | 用量/质量份 | 组　　分 | 用量/质量份 |
|---|---|---|---|
| 纯丙乳液(55%) | 48.2 | 石油溶剂 | 4.1 |
| 非离子表面活性剂 | 1.0 | 聚丙烯酸型分散剂 | 0.1 |
| 聚偏磷酸钠 | 0.8 | 碳酸钙 | 30.7 |
| 增塑剂 | 14.9 | 钛白粉 | 0.5 |

#### 12.4.2.4　乳液型土木建筑胶黏剂

胶黏剂在土木建筑上应用极为广泛，已发展成为当代建筑不可缺少的配套材料。它不但可用于生产各种新型建筑材料，而且广泛地应用于建筑施工中。其中乳液型胶黏剂已成为建筑黏合剂的一个重要门类，主要用于木材、水泥、陶瓷、金属、砖瓦、塑料、壁纸等材料本身或相互之间的粘接。

聚乙酸乙烯酯乳液是良好的木材胶黏剂，其粘接强度在 13.73MPa 以上，高于木材本身的强度。实践证明，聚合物乳液的粒度会影响粘接效果，当乳胶粒平均直径约为 $1\mu m$ 时，可达到最大的粘接强度。和其他材料相比，木材比较松散，内部孔隙较大，若乳胶粒直径太小，乳胶粒会过多地渗透到木材的孔隙中去，致使粘接强度下降。为了降低聚乙酸乙烯酯的最低成膜温度，常常要加入一定量的增塑剂，但其用量不宜过大，以聚合物量的 3%～5% 为最佳用量。若用量太大会使聚合物的蠕变性增大，也会降低粘接强度。

聚乙酸乙烯酯乳液除了可用于木材与木材的粘接外，还可用于木材与水泥、木材与聚氯乙烯、水泥与水泥、水泥与砖瓦、水泥与陶瓷及软木和铝的粘接。若把聚乙酸乙烯酯乳液直接加入到水泥砂浆中，可用于新旧水泥的粘接。聚乙酸乙烯酯乳液胶黏剂还可用于构筑隔热、吸声墙壁：先用该乳液把聚氨酯泡沫塑料和煤渣砖粘接起来，然后再粘到石膏壁板上。这种胶黏剂的配方示于表 12-21 中[111]。

**表 12-21** 建筑材料胶黏剂配方

| 组　　分 | 用量/质量份 | 组　　分 | 用量/质量份 |
|---|---|---|---|
| 聚乙酸乙烯酯乳液(55%) | 413.2 | 大豆卵磷脂衍生物 | 2.3 |
| 邻苯二甲酸酯增塑剂 | 46.2 | 瓷土(4.8μm) | 347.2 |
| 防腐剂 | 2.5 | 聚丙烯酸钠(10%) | 77.1 |
| 焦磷酸钠 | 3.5 | 水 | 108 |

由于聚乙酸乙烯酯耐水性较差，故不宜在高湿度的场合应用。若将乙酸乙烯酯和丙烯酸酯或马来酸二丁酯共聚，将所得到的共聚物乳液配成胶黏剂可以改善其耐水性，可以应用于粘接聚氯乙烯地板、涂塑纸、红木工艺品、聚苯乙烯泡沫塑料与金属等。

纯丙乳液黏合剂可以应用于某些新型材料的特殊粘接，具有很好的耐水性。用氯丁胶乳配制成的建筑胶黏剂也是优良的地板胶黏剂。

# 12.5  聚合物乳液在纺织工业及织物加工中的应用

聚合物乳液广泛而大量地应用于纺织工业和织物加工中，用于改善织物的性能和外观，赋予织物更大的实用价值和观赏性，以适应各种各样的要求。聚合物乳液可以作为纱线上浆剂、织物涂层剂、胶黏剂及整理剂，也可作无纺布浸渍剂及地毯背衬等。目前在纺织工业和织物加工中，聚合物乳液已成为不可缺少的材料。

## 12.5.1  经纱上浆剂

在进行纺织时，经纱要经受织机运动产生的反复摩擦、拉伸、卷绕和冲击，这会引起部分纤维离解，使纱条变得毛糙，造成断头，不但会降低生产效率和产品质量，而且影响生产的正常进行。为了降低断头率，提高织造效率及提高产品质量，在织造以前必须对经纱进行上浆。通过上浆处理后，浆料在经纱表面形成一层薄膜，把各单丝纤维互相黏结起来，防止纤维相对滑移，并使纱条上面伸向各个方向的毛羽贴附在其表面，使其表面光滑，增强了纱线的力学性能，故能起到保护纱线、减少磨损及降低断头率的作用[112]。

要求经纱上浆剂具有以下几方面的性能[113]：

① 有较大的黏结强度和柔性，以承受张力和摩擦；

② 有很好的水溶性，便于使用及退浆处理；

③ 有很好的渗透性，以使浆料渗入经纱内部进行黏结；

④ 不落浆，不搭黏，对温度和湿度适应范围宽等。

过去多用改性淀粉和聚乙烯醇溶液作为浆料，但它们不能完全满足以上各项要求，故被性能更好的聚合物乳液所替代。

乙酸乙烯酯和不饱和酸的共聚物乳液与改性淀粉的混合物，可以作为聚酯纤维含量在50%以上的混纺纱线的优质浆料。而乙酸乙烯酯和不饱和酸的碱金属盐与聚乙烯醇相混合所得到的浆料，用于聚酯纤维的上浆可以得到满意的结果，会给经纱带来高的强度，同时还会使其具有很大的抗增溶性[114]。

将乙酸乙烯酯和丙烯酸的共聚物乳液用过量的氨水进行水解，可以制得适用于尼龙纱线的有效的上浆剂。即使在没有用硼酸处理的情况下，这种上浆剂也对尼龙纱线有很好的黏结强度[115]。采用阳离子型或非离子型乳化剂制成的聚乙酸乙烯酯乳液可以直接用作人造丝的上浆剂，其用量少，效果好。

由丙烯腈和丙烯酸盐的共聚物乳液制造的上浆剂，既可以用于长丝，也可以用于短纤维纱纱线的上浆，配方中氰基和羧基的比例应为 2 ∶ 1。若用氨水把这种共聚物乳液的 pH 值调到 7.7，并在上浆池中将其冲稀至 5%，然后对维纶、黏胶纤维或尼龙纱线进行处理，其共聚物在纤维上的吸收指数可达 100%[116]。在某些特殊用途中，尤其是对憎水性合成纤维来说，可以用碱溶性丙烯酸系共聚物作织物上浆浆料[117]。

在我国采用较多的合成经纱上浆剂为丙烯酸甲酯（87 份）-丙烯酸（8 份）-丙烯腈（5份）无皂共聚物乳液，又叫三 A（acrylate-acrylic acid-acrylonitrile）胶或三 A 浆料[118]。这种上浆剂对纤维有较好的亲和力，成膜性好，薄膜光滑柔软，易溶于水，易退浆。三 A 胶也可以与聚乙烯醇、羧甲基纤维素、海藻胶、淀粉等混合使用，可提高黏结力，使浆纱、柔软、容易分纱而不损伤浆膜，并可适当减少油剂用量。这种上浆剂适用于涤/棉、涤/腈、涤/黏等化纤经纱的上浆[112]。

在某些特殊的情况下，像聚苯乙烯或聚氯乙烯之类的硬聚合物乳液，也可以作黏胶纤维、棉纤维或毛线的上浆剂。采用这类上浆剂可以提高纱线强度、减少断头率、增大单丝或纤维之间的摩擦力[119]。

## 12.5.2 织物涂层剂

很久以前，人们曾用生漆涂于麻布上，形成一层防潮膜，这是防水涂层织物的雏形。后来人们利用桐油、蓖麻仁油及天然橡胶作织物涂层剂。涂层整理可赋予织物以不同的功能，如防水、阻燃、透湿、抗静电、防风、防绒、防油、防酸、防碱、防污、保暖、隔热、遮光、防腐蚀、防霉以及丰满柔软的手感和特殊的光泽等，所制得的涂层织物可以应用到各行各业及日常生活中，例如可以用来制作雨衣、雨披、防寒服、夹克衫、工作服、帐篷、苫布、车衣、煤矿导风筒、子弹袋、行军背包、枪套、炮衣等。

常用的织物涂层剂有两种类型：一种是溶剂型涂层剂；另一种是水乳型涂层剂。溶剂型涂层剂容易干燥，所生成的皮膜坚韧而有光泽；但有机溶剂易挥发、易燃、易爆、有毒、有味，会恶化劳动条件和造成环境污染，使用时必须采用严格的防护措施，同时有机溶剂通常价格昂贵，使成本提高。随着高分子科学的飞跃发展，人们开始用合成高分子材料来作织物涂层剂，为织物涂层技术带来了新的生机。应用最多的织物涂层剂是天然橡胶、合成橡胶、聚氯乙烯、聚硅氧烷弹性体、聚氨酯及丙烯酸酯聚合物等。其中橡胶类和聚氯乙烯织物涂层剂价廉，但易老化，且皮膜强度低；聚氨酯涂层剂所得涂层织物皮膜强度大、耐水压、耐洗性、耐寒性及粘接强度均好，但日久易变黄，且成本高；聚丙烯酸酯涂层剂所得织物柔软，皮膜透明，耐候性好，且附着力高，但若配方设计不得当会出现热黏冷脆现象。因此，水乳型织物涂层剂获得了大力发展。但乳液中乳化剂含量大时会影响皮膜的耐水性和耐洗性。如何克服其缺点，以使得水乳型织物涂层剂逐步代替溶剂型织物涂层剂，成为主要研究方向。

发展最快的聚合物乳液织物涂层剂是聚氨酯乳液和聚丙烯酸酯织物涂层剂。20 世纪70 年代以来，国内外相继开发出来了水乳型聚氨酯织物涂层剂及其涂层织物，德国、日本、瑞士、美国等许多国家都有系列产品生产[120,121]。生产这种涂层剂应用最多的二异氰酸酯为二苯甲烷二异氰酸酯（MDI）、甲苯二异氰酸酯（TDI）和六亚甲基二异氰酸酯（HDI）；所用的聚酯多元醇有聚乙二醇己二酸酯和聚丙二醇己二酸酯；所用的聚醚多元醇有环氧乙烷与环氧丙烷共聚物、四氢呋喃聚醚等；所用的扩链剂一般带有离子基团或亲水基团。不同原料可赋予聚氨酯不同的硬度、弹性及其他性能。硬度高的涂层剂适用于制作箱包等产品，中等硬度的适用作各种仿革用品，柔软的适用于制作雨衣、服装等。

我国于 20 世纪 80 年代开始已对水乳型聚氨酯涂层剂进行了开发[122-124]，制成了防水性能好、手感柔软丰满、富有弹性、滑爽而不粘连的涂层织物。

国内外研究最多的水乳型织物涂层剂是聚丙烯酸酯乳液[125-128]。目前已有较大量的商品生产。所用的单体需根据性能要求进行选择。①主单体为丙烯酸酯单体，常用的有丙烯酸丁酯和丙烯酸 2-乙基己酯，其均聚物对织物有良好的黏附性能，其皮膜柔软、耐光、耐热、耐老化，但强度低，在室温下发黏，故需加入其他单体进行共聚改性。②其他不饱和单体，常用的有甲基丙烯酸甲酯、丙烯腈和苯乙烯等，可赋予涂膜以优良的力学性能，并可以减少发黏。③交联单体，常用的有 N-羟甲基丙烯酸胺、（甲基）丙烯酸羟丙酯和（甲基）丙烯酸羟乙酯等，可使大分子链交联，形成网状结构，以提高涂膜的力学性能、耐水性和对织物的黏附性。④带羧基的单体，常用的有丙烯酸、甲基丙烯酸、衣康酸和马来酸等。这种共聚单体可使大分子链上带上羧基，一方面使乳液稳定，另一方面赋予乳液以碱增稠性，同时可用于和外加交联剂或大分子链上的交联基团发生交联反应。表 12-22 中列出了改性聚丙烯酸酯乳液织物涂层剂的典型配方[127]。

**表 12-22** 改性聚丙烯酸酯乳液织物涂层剂典型配方

| 组　　分 | 用量/质量份 | 组　　分 | 用量/质量份 |
|---|---|---|---|
| 丙烯酸丁酯 | 50～78 | 丙烯酸 | 2～4 |
| 甲基丙烯酸甲酯 | 5～10 | 混合乳化剂 | 2 |
| 苯乙烯 | 5～10 | 过硫酸钾(2%) | 20 |
| 丙烯腈 | 10～20 | 去离子水 | 100 |
| N-羟甲基丙烯酰胺 | 0～3 | | |

尽管丙烯酸系聚合物乳液织物涂层剂具有皮膜透明、手感柔软丰满、耐候性好等优异性能，但是高温时发黏、低温时变硬是其致命的缺陷，使该种涂层织物的服用功能受到了限制。为了解决这一问题，人们用有机硅对其进行了改性，制成了有机硅改性丙烯酸系聚合物乳液织物涂层剂[129,130]。有机硅树脂具有优异的耐高温、耐低温、憎水等性能，用有机硅对聚丙烯酸酯涂层剂进行改性，综合了二者的优良性能，不仅彻底克服了纯丙织物涂层剂"热黏冷脆"的缺点，还赋予了涂层织物更优异的憎水性、抗污性、透气性等性能，可以制得更受用户欢迎的高档涂层织物产品。

织物涂层技术获得了快速发展，为了满足人们越来越高的要求，又相继开发出了兼具防水、透湿[131,132] 及防水、透湿、阻燃[133] 等多功能织物涂层剂。同时也开发出了许多具有特殊功能，如保暖增温、抗菌、隔声、磁性、导电、闪光、夜光、反光及具有医疗保健功能等的涂层织物[134]，且已应用到了各个技术领域。

## 12.5.3　织物染色及印花黏料

涂料染色和涂料印花是通过高分子化合物将各种色泽的颜料附着在各种织物上，经过焙烘使颜料牢固地固定在织物表面上，赋予织物各种颜色或图案，从而达到美化织物的目的。同传统染料染色和印花相比，涂料染色和印花具有色泽鲜艳、洗刷色牢度高、色谱齐全、轮廓清晰等优点，并可节能、省时和减少污染，故获得了引人注目的发展[135]。

应用最多的涂料染色和涂料印花黏料是聚丙烯酸酯乳液，或用丙烯腈、丁二烯、苯乙烯、甲基丙烯酸甲酯等改性的聚丙烯酸酯乳液。常常引入自交联单体 N-羟甲基丙烯酰胺，也常常制成羧基聚丙烯酸酯乳液，通过加入脲醛树脂或蜜胺树脂进行交联。为了调节印花浆的稠度，对羧基乳液可用氨水增稠，而对于非羧基乳液则需加入增稠剂。所用的增稠剂必须能减轻颜料的泳移。甲基纤维素和黄芪胶是较理想的增稠剂。在染色浆和印花浆中，常常采用很高的乳液聚合物和颜料比，对交联型乳液，聚合物：颜料约为 2∶1，而对于非交联型聚合物乳液来说，则高达 4∶1，甚至 8∶1。

表 12-23 中列出了有代表性的浸轧染色浆配方[136]。表 12-24 中列出了有代表性的聚合物乳液黏料、增稠剂及不同用途的印花浆的配方[137]。

**表 12-23**　浸轧染色浆配方

| 组　　分 | 用量/质量份 | 组　　分 | 用量/质量份 |
|---|---|---|---|
| 自交联聚丙烯酸酯乳液 | 17 | 硝酸铵（催化剂） | 1 |
| 酞菁绿（颜料） | 15 | 干洗溶剂汽油 | 41 |
| 甲基纤维素 | 1 | 水 | 25 |

**表 12-24**　聚合物乳液黏料、增稠剂及印花浆典型配方

| 产品 | 组　　分 | 用量/质量份 | | |
|---|---|---|---|---|
| | | 乳液Ⅰ | 乳液Ⅱ | 乳液Ⅲ |
| 黏料乳液（40%） | 丙烯酸丁酯 | 50 | 66 | 44 |
| | 丙烯酸甲酯 | — | 10 | — |
| | 丙烯腈 | — | 20 | 20 |
| | N-羟甲基丙烯酰胺 | 4 | 4 | 6 |
| | 苯乙烯 | 46 | — | — |
| | 丁二烯 | — | — | 30 |
| 增稠剂乳液 | 高沸点汽油 | 65 | | |
| | 环氧乙烷-鲸油醇加成物 | 0.4 | | |
| | 黄芪胶溶液（6%） | 4 | | |
| | 硝酸铵溶液（50%） | 16.7 | | |
| | 水 | 13.9 | | |

| 产 品 | 组 分 | 用量/质量份 | | |
| --- | --- | --- | --- | --- |
| | | 乳液Ⅰ | 乳液Ⅱ | 乳液Ⅲ |
| 棉布辊涂印花浆 | 乳液Ⅰ（pH＝5～6） | 150 | | |
| | 酞菁铜颜料糊（30%） | 50 | | |
| | 增稠剂乳液 | 780 | | |
| | 酒石酸 | 20 | | |
| 丝网印花浆（适用于棉布、人造纤维及合成纤维） | 乳液Ⅱ | 150 | | |
| | 黄芪胶溶液（6%） | 10 | | |
| | 羟甲基纤维素（5%） | 50 | | |
| | 高沸点汽油 | 650 | | |
| | 增稠剂乳液 | 940 | | |
| | 溴化二异丙苯蒽酮（30%） | 30 | | |
| | 脲醛树脂 | 10 | | |
| | 硫氰酸铵 | 20 | | |
| 植绒布印花浆 | 乳液Ⅲ | 600 | | |
| | TiO$_2$颜料浆（30%） | 150 | | |
| | 甲基纤维素（10%） | 145 | | |
| | 磷酸铅 | 5 | | |
| | 脲醛树脂 | 100 | | |

　　为了克服聚丙烯酸酯乳液织物印花黏料"热黏冷脆"的缺点，相继开发出了聚氨酯乳液织物印花黏料[138]、有机硅改性聚丙烯酸酯乳液织物印花黏料[139-141]及聚氨酯改性聚丙烯酸酯（PVA）乳液涂料印花黏料[142]等。和纯丙乳液织物印花黏料相比，这些织物印花黏料在低温与高温下均具有柔软滑爽的手感，在高温下不发黏，且力学性能优异，耐干湿擦色牢度高，耐刷洗色牢度高，给色量大。

　　又出现了可赋予织物立体效果的起绒印花和发泡印花技术。它们的制浆和印制过程和普通涂料印花并无区别，只是在印制后焙烘过程中涂层发生物理或化学变化，产生大量气体，发生膨胀而产生立体效果。两种产品涂层横断面不同：起绒印花呈"肥皂泡"状，酷似绒绣；而发泡印花呈"蜂糕"式，貌似浮雕。

　　起绒印花的发泡组分是包覆有低沸点有机溶剂的微胶囊，囊壁为偏二氯乙烯和丙烯腈的共聚物。在高温下，有机溶剂气化膨胀，使各微胶囊像吹气球一样胀大，各微胶囊相互挤压，致使呈重叠分布。起绒印花浆由微胶囊、黏料、交联剂、增稠剂及颜料组成。其黏料多用聚合物乳液，常用的有丙烯酸甲酯-丙烯酸丁酯共聚物乳液、丙烯酸甲酯-丙烯酸乙酯-N-羟甲基丙烯酰胺共聚物乳液、甲基丙烯酸甲酯-丙烯酸丁酯-丙烯酰胺共聚物乳液等。起绒印花浆的配方[143]示于表12-25中。

　　发泡印花浆主要由黏料、有机发泡剂和乳液聚合物组成。所用的黏料多为聚丙烯酸酯系乳液；乳液聚合物多为由乳液法制成的聚苯乙烯和聚氯乙烯粉末，俗称糊树脂；所用的发泡剂通常为偶氮二甲酰胺或偶氮二异丁腈，在遇热分解时产生大量气体，导致涂层发泡。表 12-26 列出了发泡印花浆的典型配方[143]。

**表 12-25** 起绒印花浆配方

| 组 分 | 用量/质量份 | 组 分 | 用量/质量份 |
|---|---|---|---|
| 微胶囊制剂 | 40～60 | 颜料膏 | 5～10 |
| 聚合物乳液 | 10～15 | 增稠剂 | 适量 |
| 交联剂 | 0～5 | 水 | 适量 |
| 尿素 | 5～10 | | |

**表 12-26** 发泡印花浆的典型配方

| 组 分 | 用量/质量份 | 组 分 | 用量/质量份 |
|---|---|---|---|
| 乳液聚合物 | 50 | 着色剂 | 适量 |
| 聚丙烯酸酯乳液 | 35 | 表面活性剂 | 1 |
| 偶氮二甲酰胺 | 6～8 | 增稠剂 | 适量 |
| 尿素 | 5 | 水 | 适量 |

## 12.5.4 静电植绒胶黏剂 [144-149]

静电植绒是首先把胶黏剂涂于要植绒的基材上，然后在静电场的作用下垂直黏附上各种短纤维，再进行烘干和焙烘，即得植绒产品。早期植绒的基材多半是纸，用于制造植绒卡片和室内装饰壁纸。新型合成树脂植绒胶黏剂的出现，为静电植绒技术带来生机，使植绒的基材转向织物。不同的基布和绒毛的材质及不同的静电植绒工艺，给织物带来不同的毛茸效果。静电植绒织物可制成不同风格的产品，如富丽多彩的舒美绒、金丝绒、华丽绒、天鹅绒、仿麂皮织物、仿毛皮织物及局部植绒织物等，可用于制造植绒地毯、工艺品、高档服装等。其产品色彩鲜艳、手感柔软丰满、高雅华贵。

静电植绒胶黏剂应当具有柔软、耐磨、耐水洗、耐老化、使用方便、毒性小等性能，常用的有乳液型和溶剂型两种。其中乳液型植绒胶黏剂约占总量的 80%～90%，所用的乳液有聚丙烯酸酯乳液、聚乙酸乙烯酯及其共聚物乳液、聚氨酯乳液及天然胶乳等。其中应用最多且性能最好的是聚丙烯酸酯乳液，尤其是自交联型聚丙烯酸酯乳液。为了保证上胶时胶黏剂不渗入基布毛细孔道内和流出机外，并能涂布均匀，且保证涂敷一定厚度，要求胶黏剂有足够的黏度，一般应在 20～30Pa·s 之间。对羧基乳液，直接用氨水增稠；对非羧基乳液则需加入增稠剂。常用的增稠剂有甲基纤维素及碱溶性丙烯酸和丙烯酸酯的共聚物乳液等。在用甲基纤维素作增稠剂时，可采用其黏稠水溶液，也可以采用其在甲苯或二甲苯中的分散体。为了保证胶黏剂有足够的耐干、湿洗涤性能和粘接强度，对非自交联型乳液来说，需要加入外交联剂，常用的外交联剂有脲醛和蜜胺树脂。另外，在静电植绒胶黏剂中有时还要加入消泡剂、增塑剂及交联催化剂等。表 12-27 中列出了有代表性的静电植绒胶黏剂配方[146]。

表 12-27　静电植绒胶黏剂配方

| 组　分 | 用量/质量份 | | |
|---|---|---|---|
| | 配方 I | 配方 II | 配方 III |
| 自交联聚丙烯酸酯乳液(46%) | 79.0 | 95.0 | 91.0 |
| 草酸 | 1.0 | 1.0 | — |
| 磷酸氢二铵(25%) | — | — | 4.0 |
| 甲基纤维素(4%) | 20 | — | — |
| 甲基纤维素(粉末) | — | 1.0 | — |
| 碱溶性聚丙烯酸酯乳液　　预混合 | — | — | 2.5 |
| 水 | — | — | 2.5 |
| 二甲苯 | — | 5.0 | — |

## 12.5.5　织物层合胶黏剂

　　把两种或多种质地不同的织物利用胶黏剂层合起来，可制成具有不同风格、不同功能和用途的层合织物。例如羊毛衫-华达呢层合衣料，兼具柔软和挺括两种效果。若将聚氨酯泡沫塑料层合在两种织物之间所制成的层合织物衣料具有很好的弹性，既保暖，又舒适、美观。若选用较硬的聚合物乳液黏合剂，可制成具有一定硬挺度的层合织物。这种产品广泛地用来制作背带、腰围、胸罩、饰带、服装内部衬料等产品。

　　常用的织物层合胶黏剂有聚丙烯酸酯乳液[150]、丁腈胶乳[151]、丙烯酸酯-氯乙烯共聚物乳液[152]及聚氨酯乳液[153]。由于聚丙烯酸酯乳液更容易加工和作业，故其用量占到织物层合胶黏剂总量的70%以上。在实际应用中更多的是自交联型聚丙烯酸酯羧基乳液：它一方面不用加入外交联剂，另一方面可以直接用氨水增稠。为了提高层合织物的耐洗性，可引入共聚单体丙烯腈，制成改性聚丙烯酸酯乳液，这样能得到更好的效果。表 12-28 中列出了聚丙烯酸酯乳液织物层合胶黏剂配方。

表 12-28　织物层合胶黏剂典型配方

| 组　分 | 用量/质量份 | | 组　分 | 用量/质量份 | |
|---|---|---|---|---|---|
| | 配方 I | 配方 II | | 配方 I | 配方 II |
| 聚丙烯酸酯羧基乳液(46%) | 89 | — | 烷基氯化铵 | 2 | — |
| 自交联聚丙烯酸酯乳液 | — | 94.8 | 甲基纤维素 | — | 0.6 |
| 氨基树脂 | 8 | — | 混合二甲苯 | — | 3.6 |
| 草酸(10%) | — | 1.0 | 氨水 | 调至pH=8.5 | — |

## 12.5.6　无纺布黏结剂 [154-158]

　　无纺布顾名思义是不用加拈、交织，而用其他方法使棉花、麻、毛、合成纤维、人造纤维、玻璃纤维、石棉纤维等的松散纤维网固定而成的布状材料。固定的方法有机械固定法、纤维局部熔融黏结法及黏结剂固定法。其中黏结剂固定法应用最为普遍。聚合物乳液是应用最多的纺布黏结剂。

同纺织过程相比，制造无纺布生产工艺简单、投资少、成本低，可利用纺织物废料或其他不宜纺织的合成纤维，且无纺布具有质量轻、有弹性、手感柔软、绝缘、隔声、隔热、耐酸碱等优点，故广泛地应用于医疗卫生、日常生活、工农业生产、土木建筑、军事、宇航等领域。在日常生活中无纺布可用于制作卫生巾、尿布、服装衬布、被单、枕巾、毛巾、餐巾、沙发靠巾、桌布、家庭装饰材料等；在医疗卫生部门无纺布可用于制作手术衣、病号衣、口罩、揩手巾、手术用袋等；在工业生产中无纺布用来制作包装袋、人造革基布、电缆包布、鞋料、空气过滤袋、地毯、汽车内装饰材料、管道保温材料等；在土木建筑中可以作油毡底布、土工布、屋面材料等。

无纺布黏结剂所用聚合物乳液有丁苯胶乳、羧基丁苯胶乳、苯丙乳液、纯丙乳液、丁腈胶乳、羧基丁腈胶乳、氯丁胶乳、聚乙酸乙烯酯及其共聚物乳液、EVA乳液、天然胶乳等。一般来说，廉价制品多用丁苯胶乳或羧基丁苯胶乳；中档到高档制品及卫生制品多用聚丙烯酸酯乳液；特殊用途制品，如工业滤布等，则常用丁腈胶乳或羧基丁腈胶乳。

表12-29中列出了一无纺布用聚合物乳液制备配方实例[158]。

**表 12-29** 无纺布用聚合物乳液配方实例

| 组　　分 | 用量/质量份 | 组　　分 | 用量/质量份 |
|---|---|---|---|
| 甲基丙烯酸甲酯 | 56 | 十二烷基硫酸钠 | 2 |
| 丙烯酸丁酯 | 35 | 过硫酸铵 | 0.3 |
| 甲基丙烯酸 | 5 | 邻苯二甲酸二烯丙酯 | 0.2 |
| N-羟甲基丙烯酰胺 | 4 | 去离子水 | 200 |
| OP-10 | 3 | | |

无纺布是通过纤维的梳理、成网、固定、热处理和加工整理五道工序而制成的。首先将经过梳理的纤维按平行、交错等一定的方式排列成片状的纤维网，然后将聚合物乳液黏结剂施加在纤维网上，并进行焙烘。所用的施胶方法有五种，包括浸渍法、喷涂法、辊涂法、泡沫刮涂法及印涂法。其中浸渍法和喷涂法应用最多。焙烘的目的是将水分蒸发，使乳液成膜并进行交联反应，以把纤维黏结起来，并赋予无纺布以强度、耐水性等性能。最后一道工序是对已成型的无纺布进行加工整理，如通过水洗除去杂质和异味。如通过硅油或表面活性剂处理赋予无纺布柔软性和防水性；也可以进行阻燃、防霉等化学处理；还可以对无纺布进行抛光、压花、印花、染色、起毛、植绒、涂层等进一步加工处理，以美化其外观并改善其性能。

## 12.5.7　地毯背衬胶 [1, 159-164]

随着人们生活水平的提高，地毯的需求量逐年增大。在地毯工业中，聚合物乳液大量地用作背衬胶。它的主要作用是：①提高绒毛束与基布及纤维间的粘接强度，防止绒毛脱落，使地毯经久耐用；②可提高地毯尺寸稳定性，防止滚边、滑动，防止切边擦散开绽；③赋予地毯以硬挺性、弹性、厚实感和舒适感；④可使地毯具有耐水、耐洗、防潮、耐老化、耐磨、耐折皱等特性。

聚合物乳液可用于机织地毯和簇绒地毯的背衬胶。可在地毯的背面用辊筒浸涂、刮涂或喷涂等方法进行施胶，其中辊筒浸涂法应用最为普遍。近年来又出现了地毯海绵背衬，即把加有发泡剂的聚合物乳液直接涂到地毯背面，在高温焙烘过程中形成海绵背衬胶层；或者把加有发泡剂的乳液首先涂到麻布上，然后再把麻布贴到地毯背面，焙烘后形成地毯海绵底垫。地毯海绵背衬具有耐磨性高、不打滑、尺寸稳定、吸声、隔热、舒适、易铺设等优点，故备受青睐。

用于地毯背衬胶的聚合物乳液有丁苯胶乳、羧基丁苯胶乳、纯丙乳液、乙丙乳液、丁腈胶乳、聚乙酸乙烯酯乳液、EVA乳液及天然胶乳等。其中应用最多的是羧基丁苯胶乳及纯丙乳液。所用的羧基丁苯胶乳中丁二烯和苯乙烯的配比为（60：40）～（40：60）。增大丁二烯比例，地毯柔软性增大，但却使粘接强度降低。羧基丁苯胶乳中的第三单体为不饱和酸，常用的有丙烯酸、甲基丙烯酸、衣康酸、衣康酸单烷基酯、马来酸、马来酸单烷基酸等，其用量为1%～2%。羧基乳液可以自身交联，不必加入硫化剂和促进剂，形成的皮膜拉伸强度大且粘接强度高。纯丙乳液也是优良的地毯背衬材料，具有耐热、耐光、耐老化、不变色等特点，且其粘接强度高，乳液的机械稳定性、放置稳定性、化学稳定性及冻融稳定性优于丁苯胶乳和羧基丁苯胶乳，但其成本高于丁苯胶乳。

为了降低地毯背衬胶的成本，增大总固含量及改善地毯性能，需加入大量的填料。常用的填料有甲壳素、碳酸钙、重晶石粉、陶土等，其用量可高达聚合物乳液质量的300%～500%，另外，还要加入分散剂、pH值调节剂、增稠剂、消泡剂及颜料等。表12-30中举例说明了簇绒地毯背衬胶的典型配方[1]。

**表 12-30 簇绒地毯背衬胶典型配方**

| 组　　分 | 用量/质量份 | 组　　分 | 用量/质量份 |
| --- | --- | --- | --- |
| 羧基丁苯胶乳 | 100 | 颜料 | 10 |
| 消泡剂 | 微量 | 增稠剂 | 0～10 |
| 填料 | 300 | | |

## 12.5.8　织物整理剂

（1）抗静电整理剂　一般来说，织物的电导率很小，在织物表面容易聚积静电荷，会对人们的生活、生产及生命财产造成危害。织物累积静电荷并通过人体放电时，轻则使人感到不适，重则对人体造成不同程度的伤害。若工作服或织物制品带静电，放电时会产生火花，在化工厂、煤矿、油田、面粉厂及其他有可燃气体和粉尘的环境中，会导致燃烧、爆炸而酿成灾害。服装带静电，会使之易吸尘，抗污性变差。若军服无抗静电性，行军时会沙沙作响，易暴露军事目标。因此织物的抗静电整理是至关重要的。

对聚酯、聚酰胺和聚丙烯腈织物来说，可先用羧基胶乳或带有磺酸基团的聚合物乳液进行处理，然后用阳离子型表面活性剂，如十八烷基三甲基氯化铵、烷基吡啶季铵盐等进行处理，并在高于100℃的温度下焙烘，这样就使织物获得了抗静电性[165,166]。

用亚硫酸氢钠处理过的苯乙烯和 N-羟甲基丙烯酰胺的共聚物乳液理[167]，以及烯类单体和含羟甲基或/和环氧基团单体的共聚物乳液[168]，都可以作涤纶和尼龙的抗静电整理剂。

若在丙烯酸酯和丙烯酰胺或甲基丙烯酸的共聚物乳液中加入带有羟基的聚氧乙烯型表面活性剂，并加入二官能度或多官能度的醇、羟胺或胺，同时还要加入过氧化物催化剂，用所制成的浆液对织物进行处理，并进行熟化，即可赋予织物以抗静电性[169]。

（2）阻燃整理剂　聚合物乳液也可以用于织物的阻燃整理，其中的乳液聚合物分子链上带有卤素或含磷的阻燃基团。有时乳液聚合物本身无阻燃性，而是采用外加阻燃剂的方法。用于对织物进行阻燃整理的阻燃剂一般含有磷、氯、溴、锑、硼、铅、镁等元素。可将其分成磷系阻燃剂、卤系阻燃剂、硼系阻燃剂和无机阻燃剂四大类。一般采用有机阻燃剂，比无机阻燃剂所制成的阻燃织物手感好。在卤系阻燃剂中，溴的阻燃效果比氯好。

据报道[170]，加有阻燃增塑剂磷酸三甲苯酯和三氧化二锑的聚乙酸乙烯酯乳液可做纤维素织物的阻燃整理剂，除了赋予织物阻燃性以外，经整理的织物还具有柔软、耐候和高强力等特点。又如在用邻苯二甲酸二辛酯和氯化石蜡增塑的聚氯乙烯乳液中加入 $Sb_2O_3$，也可作纤维素织物的阻燃整理剂[171]。向聚氯乙烯乳液中添加磷酸三甲苯酯、磷酸铵和 $Sb_2O_3$ 制成的织物阻燃整理剂，也有很好的阻燃效果[172]。在氯乙烯共聚物乳液中添加磷酸锑后可作黄麻织物的阻燃整理剂。把纤维素织物在由膦酰氯和聚乙烯乳液配制成的浴液中浸渍，烘干，即可使其具有良好的阻燃性[173]。丙烯酸酯、磷酸乙烯酯和二氯丙基磷酸丙烯酯的共聚物乳液，可作棉布、人造棉布和尼龙织物的阻燃整理剂[174]。将棉布用磷酸、双氰胺和尿素混合物水溶液进行浸渍，在60℃下干燥3min，再用含2%氯化锡和3%盐酸的溶液在室温下处理20min，用水漂洗干净，再用2%的硅酸钠溶液在80℃下处理15min，然后用皂液漂洗，并将其干燥，最后用2%的非离子型聚乙烯乳液处理，干燥后即得阻燃、耐油、耐水洗、致密，且具有像羊毛一样手感的多功能织物[175]。

（3）防水、憎水、憎油整理剂　若把织物用某种物料处理以后，可赋予织物以防水性、憎水性和憎油性，则把这些物料分别叫作防水剂、憎水剂和憎油剂。防水和憎水是两个概念。防水指使用有机物填充织物纤维的空隙，使其形成致密层，使水分子不能透过；憎水是指通过某些处理过程改变织物表面的表面张力，使织物不被水浸润，而使水滴不能透过。

含氟有机化合物常常是有效的憎水、憎油剂。例如把棉布先经 2,3-二氯丁二烯处理，并在175℃下烘3min，再用聚丙烯酸十五氟代辛基酯乳液处理，可得性能优良的憎水和憎油织物[176]。又如用以硬脂酰氨基甲基吡啶的氯化物为季铵盐型阳离子乳化剂而制得的聚丙烯酸全氟丁酯乳液对棉布进行处理，在115℃下烘干，再于178℃下焙烘1.5min，可赋予织物良好的憎水、憎油性[177]。在通常情况下，采用含氟的和不含氟的丙烯酸酯共聚物乳液，其质量比大约1：10；若100g织物上能吸收1.8g这样的聚合物，就可达到憎水和憎油的目的[178]。

有机硅聚合物乳液是另一类重要的防水剂，这类防水剂常需加入有机钛、有机锡和乙酸锌等化合物作催化剂，在室温下对毛织品、毛涤、混纺、毛-丙烯酸纤维混纺、毛-黏胶纤维混纺等织物进行整理后，可赋予很好的防水性[179]。对尼龙织物来说可以采用两阶段处理，第一段用加入 5%固化剂的羧基聚丙烯酸酯处理，第二阶段再用防水剂处理。防水剂中含有 80%~98%硅树脂，2%~20%的催化剂，0%~3%的丙烯酸的铵盐及 0%~5%的固化剂[180]。

若在聚丙烯酸酯乳液中加入全氟辛酸铬的络合物，用所配制成的混合物对棉布进行处理，可以得到既可憎矿物油又可憎植物油的憎油织物[181]。

（4）防霉整理剂  帆布或其他的天然纤维织物可以用聚乙酸乙烯酯乳液进行防霉整理。聚合物可在织物表面上形成一层保护膜，故可起到防霉作用[182,183]。

选用阳离子型乳化剂进行乳液聚合所制得的聚合物乳液可以作渔网、缆绳及棉布、亚麻布或蛋白纤维等各种织物的防霉整理剂。因为阳离子型乳化剂对微生物有强烈的毒性，所以用这种整理剂可以抑制微生物的生长和抵御真菌的侵蚀。织物防霉整理剂中常用的聚合物乳液为丙烯酸酯、乙烯基酯、偏二氯乙烯、苯乙烯、氯乙烯、甲基丙烯酸酯及丙烯腈等的共聚物乳液，可用十八烷基己基二甲基硫酸铵作乳化剂，其用量约为聚合物量的7.5%。将渔网在这样的乳液中处理 30min 以后，阳离子型乳化剂被吸收到纤维内部，可起到有效的防霉作用[184]。

（5）其他聚合物乳液织物整理剂  除了上述织物整理剂以外，还有各种各样的聚合物乳液织物整理剂，不同的整理剂可赋予织物和制品以不同的功能：

① 含有两性乳化剂（如甜菜碱等）的聚苯乙烯乳液可作织物的抗污整理剂[185]。

② 如果纺织绽带用乙酸乙烯酯与顺丁烯二酸二正丁酯的共聚物乳液（80∶20）浸渍，可延长其使用寿命[186]。

③ 若把 3 份固含量为 50%的聚乙酸乙烯酯乳液和 0.15 份有机硅聚合物及 90 份水相混合，配制成织物整理剂，用其处理过的织物具有高温抗粘连性[187]。

④ 若把尼龙 66 单丝先用氧化微晶乳化石蜡处理，再用 2.5%的聚丙烯酸酯乳液处理可大大提高其强度[188]。

⑤ 纺织工艺中若让经纱通过固含量为 3%~25%的聚合物乳液，可将经纬纱线黏结起来，这样就赋予了织物以尺寸稳定性[189]。

⑥ 用 20 份 40%的丙烯酸丁酯、苯乙烯和丙烯酰胺的共聚物乳液，30 份多异氰酸酯和0.3g/L 催化剂乙酸锌配制成织物整理剂浴液。若用其对腈纶和毛涤混纺织物进行整理，轧液率控制在 90%，并在 100℃下烘干，可赋予织物良好的抗皱性、抗缩性和耐磨性[190]。

⑦ 丙烯酸高级酯和甲基丙烯酸缩水甘油酯及苯乙烯磺酸钠的共聚物乳液，可用于针织腈纶布的整理，可赋予织物类似于羊绒的柔软手感[191]。

⑧ 增塑聚氯乙烯乳液[192] 及乙酸乙烯酯共聚物乳液[193] 可以作为织物的硬挺整理剂，经过整理的织物可以用来制作衣领和帽檐。


## 12.5.9  用聚合物乳液直接纺丝

人们生产合成纤维或人造纤维，如尼龙、涤纶、腈纶、黏胶纤维、丙纶、氯纶、氨纶

　聚合物乳液合成原理性能及应用
（第三版）

等，一般用熔融纺丝或溶液纺丝法。即把聚合物加热形成熔体或溶于溶剂中配制成聚合物溶液，然后在压力下使其通过喷丝头（或喷丝板）的细孔压入冷空气中或凝固浴中，使其急速凝固而形成纤维。聚合物乳液出现后，人们研究了利用其直接进行纺丝的方法，即把聚合物乳液通过喷丝头压入凝固浴中，迅速凝固成丝，然后经过牵伸、卷绕等工艺过程制成纤维。这种纺丝方法可以不用或少用有机溶剂，也不需要加热熔化，因此生产更安全，可节约能量，并可降低成本，逐渐引起了人们的关注。

以下举出几个利用聚合物乳液直接进行纺丝的实例。

① 以氯乙烯和偏二氯乙烯（3∶1）为单体，以十二烷基苯磺酸钠为乳化剂，进行乳液共聚合，制成共聚物乳液。然后将这种乳液和聚乙烯醇溶液相混合（固体比为3∶7），配制成固含量为25％的水性纺丝浆液，通过喷丝头将其压入 $Na_2SO_4$ 凝固浴液中。凝固后，经过干燥、牵伸操作，即得具有自熄性的纤维[194]。也可以采用邻氯苯甲醛[195] 或聚磷酸钠和1％（相对于聚乙烯醇）的偏锡酸[196] 作凝固浴。

② 将偏二氯乙烯、丙烯腈和对乙烯基苯磺酸钠，以过硫酸钠为引发剂，以二甲基甲酰胺水溶液为分散介质，进行乳液共聚合。把所制得的共聚物乳液经二甲基甲酰胺稀释后，可进行直接纺丝制成纤维[197]。

③ 向 EVA 乳液中加入浓碱液，配制成浆料，以1％的硫酸为凝固浴，进行直接纺丝，把所纺制的纤维和丙烯酸纤维相混合，可用来制造无纺布[198]。

④ 由乳胶粒直径为30～60nm 的聚氯乙烯乳液和聚乙烯醇（聚合物比为7∶3）、$SnO_2$（占聚合物的16％）及硼酸（2.5％）制成的纺丝浆料，可以纺制成阻燃纤维[199]。

⑤ 向聚偏二氯乙烯乳液中加入聚乙烯醇溶液（固含量比4∶17），同时加入 $Sb_2O_3$ 在聚乙烯醇溶液中的分散液（$Sb_2O_3$ 约占3％），配制成纺丝浆料，将其通过喷丝头压入 $Na_2SO_4$ 凝固浴中，可以纺制成阻燃纤维[200]。

# 12.6　聚合物乳液在造纸工业及纸品加工中的应用

聚合物乳液在造纸工业和纸品加工中已成为不可缺少的化学品，被大量用作纸浆添加剂、纸张浸渍剂及纸张涂层剂，以提高纸的干/湿拉伸强度、撕裂强度、耐折强度及耐水性等性能，用以克服纸的渗水、渗油及透气等固有的缺点，同时用以改善纸的外观及可印刷性能等。并可用作纸张胶黏剂，以对纸张进行各种各样的加工和应用。

## 12.6.1　纸浆添加剂

聚合物乳液广泛用作纸浆添加剂。造纸过程中，在打浆工序，纤维被均匀分散在水中，形成纸浆。可将聚合物乳液直接加入打浆机中，或加入打浆机下游的贮浆池内，让乳液和纸浆充分混合，并设法使乳液聚合物均匀固定在纤维上，然后经过抄纸和干燥，即可制得用乳液改性的纸张。只要加入少量乳液就可以显著改善纸的性能。例如只添加干纸重2％～5％的聚合物乳液就可以显著提高纸的干/湿拉伸强度、伸长率、耐化学药品性、戳穿强度、耐擦性、施胶性、耐破度、柔韧性及耐折性等性能，并能显著减少残留纸浆的流失[201]。若加入乳液量较大，例如加入干纸重 50%～100% 的乳液[202]，可赋予纸张很高的柔性、撕裂强度、压花性和压型性。

作为纸浆添加剂常用的乳液有氯丁胶乳[203,204]、丁腈胶乳[205,206]、丁苯胶乳[207,208]、羧基丁苯胶乳[209,210]、聚丙烯酸酯乳液[211-213]、苯丙乳液[214-216]、聚乙酸乙烯酯乳液[217,218]、乙丙乳液[219,220]、EVA 乳液[221]、顺醋乳液[1]、氯醋乳液[222]、氯偏乳液[223]、聚氨酯乳液[224] 等。

添加氯丁胶乳可大幅度提高纸的湿强度[203]。在氯丁胶乳用量仅为干纸重的 2% 时，纸的湿抗撕裂强度就比纯态时高 200%，湿耐折强度为纯态时的 250%；当氯丁胶乳用量为 5% 时，漂白牛皮纸的湿拉伸强度可提高 50%，耐破度可提高 80%。

若采用"湿部加料"的方法（在纸张即将成型的时候加入），向纸浆中加入 1 份丁腈胶乳和 5 份白土，可显著提高纸的光泽度、可切性及黏土的黏附牢度，并可以减少由于白土的加入而引起的纸张耐破度及其他物理性质的下降；添加丁腈胶乳可以提高纸张的耐油性和耐溶剂性；羧基丁腈胶乳可赋予纸张以优异的干强度和湿强度；若将水溶性酚醛树脂和丁腈胶乳联合使用，焙烘后可赋予织物极好的力学性能[205,206]。

丙烯酸系聚合物乳液是最常用的纸张添加剂。可以通过采用不同比例的丙烯酸酯、甲基丙烯酸酯和丙烯酸进行乳液共聚。若向以上乳液中加入不同量的脲醛树脂交联剂，则可在很大范围内调节乳液聚合物的软硬程度，进而得到不同性质的纸张。聚合物的软硬程度可用聚合物脆折点 $T_i$ 来表征。$T_i$ 的意义是当聚合物的扭变硬度为 29.42MPa 时的温度。$T_i$ 越高，聚合物的硬度就越大，图 12-2 标绘出了具有不同 $T_i$ 值的丙烯酸系乳液聚合物对纸张抗折、拉伸及撕裂强度的影响。由图可以看出，若采用 $T_i$ 为 0℃ 的丙烯酸系聚合物乳液将使纸张具有最好的综合性能[213]。

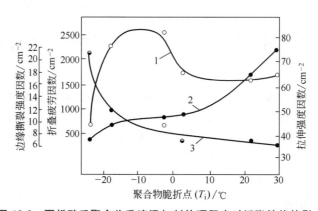

**图 12-2 丙烯酸系聚合物乳液添加剂软硬程度对纸张性能的影响**
1—耐折强度因数；2—拉伸强度因数；3—边缘撕裂强度因数，强度因数=强度/基础质量

聚乙酸乙烯酯乳液也可以用作纸浆添加剂[217,218]。如在 100 份干纸浆中加入 40 份聚乙酸乙烯酯乳液，其干强度将由 0.88MPa 增加至 1.18MPa，而其湿强度则由 0.039MPa 增至 0.196MPa。在用乙酸乙烯酯和氯乙烯共聚物乳液作纸张添加剂时，其最佳共聚组成是 80% 乙酸乙烯酯和 20% 的氯乙烯[222]。若将乙酸乙烯酯与马来酸二丁酯共聚物乳液和聚

丙烯酰胺混合使用，可赋予纸张最高的强度[1]。

研究发现，乳胶粒的尺寸对纸的性质有明显的影响：乳胶粒平均直径越小，纸的干/湿强度均越大。

人们研究了阳离子型聚合物乳液用作纸浆添加剂，发现和阴离子型乳液相比，阳离子型乳液纸张添加剂可使纸张具有更大的干、湿断裂强度和耐折性[214]。图 12-3 中分别标绘出了阴离子型和阳离子型苯乙烯-丙烯酸乙酯（1∶1）共聚物乳液在作为未漂白针叶树牛皮纸浆添加剂时，乳液添加量对纸张耐折性的影响。可以看出，采用阳离子乳液时纸的耐折性显著优于添加阴离子型乳液的情况。

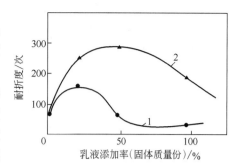

图 12-3　乳液的离子性对纸张耐折性的影响
1—阴离子型乳液；2—阳离子型乳液

在纸浆中纤维浓度仅为 0.3%～0.5%，绝大部分是水，怎样才能使乳液聚合物完全而均匀地固定在纤维上，而使纸的表面不起毛，同时不出现聚合物凝胶颗粒，一直是研究的重点。在生产实际中常采取如下几种技术措施[3]：

① 在搅拌下，首先向纸浆中加入 NF 分散剂，再把稀释至 1% 的聚合物乳液缓慢地加入，充分混合均匀后，加入过量的硫酸铝溶液，使聚合物乳液破乳，聚合物就凝聚在纸纤维表面。随着乳胶粒的解体，纸浆的连续相逐渐由乳状液变为透明清液，再经抄纸干燥，即得纸张。

② 纸浆中的纤维带有负电荷。先向纸浆中加入阳离子蜜胺树脂或阳离子聚丙烯酰胺，这些带正电的聚合物会牢固地吸附在纤维上，使纤维表面带上正电荷。然后加入阴离子型聚合物乳液。在静电力作用下，聚合物乳胶粒就被牢固地凝聚并吸附在纤维上，最后再加入硫酸铝，以使乳液完全凝聚。

③ 选用阳离子型乳液，把它加入到阴离子性纸浆中以后，带阳离子的乳胶粒就牢固而均匀地凝聚在纸纤维表面上。

④ 首先在聚合物乳液中加入热敏剂。把这种乳液混入纸浆中以后，在通常条件下体系足够稳定，但是当温度升高时，乳液便会凝聚。这种方法有助于聚合物在纸纤维表面的均匀分布。

## 12.6.2　纸张浸渍剂

聚合物乳液可较大量地用作纸张浸渍剂。纸张浸渍过程系让纸通过一个聚合物乳液浴，向纸内吸入并在纸表面上挂附上乳液，然后通过挤压滚筒使其均化，再用刮刀或气刀把多余的乳液去掉，最后进行高温干燥，即得乳液浸渍纸张。通过浸渍加工，可显著改善纸的性质。

用作纸张浸渍剂的聚合物乳液有丁苯胶乳[225]、氯丁胶乳[201]、丁腈胶乳[226]、天然胶乳[3]、纯丙乳液[227,228]、苯丙乳液[229]、聚乙酸乙烯酯乳液[230]、乙丙乳液[231]、EVA乳液[232] 等。

在浸渍液中，乳液聚合物含量一般在10%～25%之间。为提高浸渍效果，常常需要加入约0.1%的渗透剂。另外，根据产品用途可加入某些改性树脂、蜡、软化剂、填充剂和着色剂等。表12-31中列出了纸张浸渍液的配方实例[3]。

**表 12-31** 纸张浸渍液配方实例

| 原料名称 | 用量(干)/质量份 | | | |
| --- | --- | --- | --- | --- |
| | 配方 1 | 配方 2 | 配方 3 | 配方 4 |
| 天然胶乳 | 100 | — | — | — |
| 丁苯胶乳 | — | 100 | — | — |
| 氯丁胶乳 | — | — | 100 | — |
| 丁腈胶乳 | — | — | — | 100 |
| 稳定剂 | 0.5 | 0.25～0.5 | 1～2 | — |
| 促进剂 | 0.5～1.0 | 0.75～1.25 | — | 1.0 |
| 氨基乙酸 | — | — | 0.5 | — |
| 铵盐 | — | — | 1～3 | — |
| 硫黄 | 1 | 1 | — | 3.0 |
| 氧化锌 | 1 | 2 | 7～7.5 | 2.5 |
| 防老剂 | 1 | 1 | 2～2.5 | — |

不同的纸张浸渍剂具有不同的 $T_i$ 值，用其制成的浸渍纸张性能差别很大，表12-32中列出了用不同浸渍剂处理过的纸张的力学性能的比较[233]。

**表 12-32** 用不同聚合物乳液浸渍的纸的力学性能

| 聚合物乳液 | $T_i$ /℃ | 扭变刚度 (20℃)/MPa | 初始模量 /($\times 10^{-3}$MPa) | 后屈服模量 /($\times 10^{-3}$MPa) | 拉伸因数 /cm$^{-2}$ | 伸长率 /% | 韧度 /MPa |
| --- | --- | --- | --- | --- | --- | --- | --- |
| 聚异戊二烯 | −64 | 0.48 | 0.38 | 0.086 | 18 | 10.3 | 0.143 |
| 丁二烯(66)-丙烯腈(34)共聚物 | −25 | 0.57 | 0.36 | 0.067 | 14 | 9.6 | 0.110 |
| 丁二烯(66)-丙烯腈(34)共聚物 | −23 | 1.18 | 0.32 | 0.074 | 14 | 9.4 | 0.109 |
| 丁二烯(54)-苯乙烯(46)共聚物 | −19 | 0.31 | 0.48 | 0.120 | 27 | 10.7 | 0.229 |
| 聚丙烯酸乙酯 | −16 | 0.14 | 0.36 | 0.053 | 10 | 7.7 | 0.080 |
| 丙烯酸乙酯(89)-甲基丙烯酸甲酯(11)共聚物 | −7 | 0.39 | 0.45 | 0.114 | 26 | 13.4 | 0.270 |
| 聚丙酸乙烯酯 | 3 | 3.2 | 0.56 | 0.093 | 22 | 9.0 | 0.153 |
| 聚丙烯酸甲酯 | 13 | 2.3 | 0.58 | 0.147 | 34 | 12.5 | 0.305 |
| 丙烯酸甲酯(90)-丙烯酸乙酯(10)共聚物 | 17 | 9.80 | 0.46 | 0.120 | 28 | 13.2 | 0.274 |
| 聚丙烯酸甲酯 | 25 | 112.8 | 0.51 | 0.133 | 31 | 13.3 | 0.304 |
| 聚乙酸乙烯酯 | 26 | 235.3 | 1.0 | 0.167 | 39 | 7.7 | 0.288 |

| 聚合物乳液 | $T_i$ /℃ | 扭变刚度 (20℃)/MPa | 初始模量 /($\times 10^{-3}$MPa) | 后屈服模量 /($\times 10^{-3}$MPa) | 拉伸因数 /cm$^{-2}$ | 伸长率 /% | 韧度 /MPa |
|---|---|---|---|---|---|---|---|
| 丙烯酸乙酯(45)-甲基丙烯酸甲酯(55)共聚物 | 39 | 259.9 | 0.93 | 0.140 | 39 | 9.9 | 0.314 |
| 丙烯酸乙酯(45)-甲基丙烯酸甲酯(55)共聚物 | 43 | 823.8 | 1.36 | 0.153 | 39 | 8.3 | 0.273 |
| 甲基丙烯酸甲酯(90)-丙烯酸乙酯(10)共聚物 | — | 823.8 | 0.43 | 0.060 | 9 | 4.4 | 0.037 |
| 未经浸渍的纸 | — | — | 0.79 | 0.080 | 21 | 5.7 | 0.066 |

注：1. 除了聚丙酸乙烯酯吸收量为 39 质量份以外，其他各种聚合物的吸收量均为 46～47 质量份。

2. 所有试样都在 82℃下干燥 5min。

3. 拉伸因数＝$\dfrac{拉伸强度}{基础质量}\times 100$。

对非反应性聚合物乳液浸渍剂来说，热处理对纸的性能影响不大；但在含有反应性基团（如羟基、羧基、酰氨基等）时，热处理会使其模量稍微降低，而使后屈服模量增大，但其拉伸强度受热处理的影响不大，如表 12-33 所示[234]。表中"干燥"栏是指被浸渍的纸张在 82℃下干燥 5min 以后所测得的数据；而"热处理"栏则是指把按上述方法浸渍并干燥过的纸张再于 149℃下焙烘 10min 所测得的数据。

**表 12-33** 热处理对浸渍纸性质的影响

| 聚合物乳液 | $T_i$/℃ | 初始模量 /($\times 10^{-3}$MPa) | | 后屈服模量 /($\times 10^{-3}$MPa) | | 拉伸强度因数 /cm$^{-2}$ | |
|---|---|---|---|---|---|---|---|
| | | 干燥 | 热处理 | 干燥 | 热处理 | 干燥 | 热处理 |
| 丁二烯(66)-丙烯腈(34)共聚物 | −25 | 0.36 | 0.43 | 0.067 | 0.074 | 14 | 13 |
| 丁二烯(54)-苯乙烯(46)共聚物 | −19 | 0.48 | 0.78 | 0.120 | 0.140 | 27 | 35 |
| 聚丙烯酸乙酯 | −16 | 0.36 | 0.38 | 0.053 | 0.060 | 10 | 12 |
| 丙烯酸乙酯(89)-甲基丙烯酸甲酯(11)共聚物部分水解产物 | −7 | 0.45 | 0.38 | 0.114 | 0.127 | 26 | 27 |
| 丙烯酸乙酯(45)-甲基丙烯酸甲酯(55)共聚物 | 39 | 0.93 | 1.00 | 0.140 | 0.140 | 39 | 38 |
| 丙烯酸乙酯(45)-甲基丙烯酸甲酯(55)共聚物的部分水解产物 | 48 | 1.15 | 1.15 | 0.153 | 0.160 | 39 | 39 |

用聚合物乳液对纸张进行浸渍处理可赋予纸张许多优良的性能，例如可大幅度提高纸的拉伸强度、抗撕裂强度、耐折强度、耐磨性、断裂伸长、柔韧性、耐水性、耐油性、干/湿强度、尺寸稳定性、防卷曲性、防伸缩性及良好的耐热性等性能。浸渍纸张有许多重要用途：可以用作胶纸带、壁纸及人造革等的基材；用作耐水滤纸、耐药物滤纸、油脂性产品包装纸、瓷砖背纸、印刷硬板纸、汽车内装饰用仿革原纸、广告宣传画用纸、地图

及挂图印刷用纸等；同时还可以用来制作垫圈、衬垫、书籍、账本及文件封面、油毯、货签、高档箱盒、皮包衬里、鞋后跟芯材、鞋中底和包头等。

### 12.6.3 纸张涂层剂

把聚合物乳液与颜料、无机填料及其他添加剂相混合就制成了乳液型纸张涂层剂。用辊涂、刮涂或气刀涂布等方法将其涂覆于纸张表面，经过烘干，就制成了涂布纸。聚合物乳液对颜填料起黏结剂的作用。通过涂层加工可以改善纸的外观和性能。过去多用淀粉或酪素作黏结剂，其优点是成本低廉。但是用淀粉时，涂层耐湿擦性差；而用酪素时，涂膜易发生霉变。因此，目前已大量地利用聚合物乳液来作纸张涂层黏合剂。根据颜填料用量的不同，可把纸张涂层剂分成高颜填料用量涂层剂、低颜填料用量涂层剂及壁纸涂层剂。高颜填料用量涂层剂主要用于板纸涂布，低颜填料用量涂层剂主要用于包装纸及防油纸的涂布。另外还有无碳复写纸涂层剂。

(1) 高颜填料用量纸张涂层剂　这类涂层剂中颜填料用量很高，颜填料和黏结剂的质量比可高达 (5∶1)～(10∶1)。在实际中，常常是将聚合物乳液和淀粉、酪素或聚乙烯醇并用，即使用量较少，也可以达到相当高的黏结强度。把这种涂层剂涂覆于纸张或板纸上，可制成涂布箱板纸、白板纸、铜版纸等涂层纸张，可使其具有良好的印刷性能、着墨性、白度、不透明度、光泽度、平滑度、耐水性、拉毛强度、耐折性、耐擦性等性能。这些涂层纸具有广泛的用途：例如涂布箱板纸用来制作高档纸箱，可用来包装水果、电器、玩具、自行车、鞋类、玻璃器皿等；涂布白板纸和呈镜面光泽的玻璃卡纸可用来制作高档的纸盒，用以包装化妆品、药品、食品、衣服、各种礼品等，并可以用来制作化妆品、酒类、食品等非常漂亮的标签；铜版纸可以用来制作书皮、画报、挂历、商品广告等。

用于配制这种纸张涂层剂的填料有瓷土、碳酸钙、硫酸钡、立德粉、氧化锌、高岭土、滑石粉、膨润土、钛白粉等。若用钛白粉和氧化锌作填料可提高涂层的遮盖力、光亮度和白度；若采用 $2\mu m$ 以下瓷土可得平滑度和光泽度很高的涂布纸。

用作涂布纸黏结剂的聚合物乳液有丁苯胶乳[235,236]、羟基丁苯胶乳[237,238]、纯丙乳液[239,240]、苯丙乳液[241,242]、聚乙酸乙烯酯乳液[243]、乙丙乳液[244,245]、EVA 乳液[246]、丁腈胶乳[247] 等。其中应用最多的是羧基丁苯胶乳、纯丙乳液和苯丙乳液。羧基丁苯胶乳黏结强度高、耐水性好且价格便宜，但日久涂膜易泛黄，乳液稳定性稍差；而后两者乳液稳定、耐老化、不变色，所得涂布纸光泽度、平滑度高，但其成本稍高。表 12-34 中列出了用作纸张涂层的聚丙烯酸酯乳液的生产配方，而表 12-35 中则列出了聚丙烯酸酯乳液纸张涂层剂配方[240]。

**表 12-34　纸张涂层用聚丙烯酸酯乳液配方**

| 组　分 | 用量/质量份 | | | |
| --- | --- | --- | --- | --- |
| | 配方 1 | 配方 2 | 配方 3 | 配方 4 |
| 丙烯酸乙酯 | 87 | 87 | 87 | 87 |
| 甲基丙烯酸甲酯 | 10.5 | 10.5 | 8 | 8 |

| 组　分 | 用量/质量份 | | | |
|---|---|---|---|---|
| | 配方1 | 配方2 | 配方3 | 配方4 |
| 衣康酸 | 2.5 | — | — | — |
| 富马酸 | — | 2.5 | — | — |
| 丙烯酰胺 | — | — | — | 5 |
| 甲基丙烯酰胺 | — | — | 5 | — |
| 非离子乳化剂 | 6 | 6 | 6 | 6 |
| 水 | 100 | 100 | 100 | 100 |

**表 12-35** 聚丙烯酸酯乳液纸张涂层剂配方

| 组　分 | 涂 布 方 式 | | | |
|---|---|---|---|---|
| | 计量棒式涂布 | 气刀涂布 | 刮刀涂布 | 辊涂 |
| 瓷土 | 90 | 100 | 90 | 100 |
| 二氧化钛 | 10 | — | 10 | — |
| 聚磷酸钠 | 0.3 | 0.3 | 0.13 | 0.3 |
| 氢氧化铵 | 0.15 | 0.15 | 0.15 | 0.15 |
| 淀粉或酪素 | 3.5 | 8.0 | 2 | 10.0 |
| 聚丙烯酸酯乳液(46%) | 22.8 | 17.4 | 19.6 | 21.7 |
| 水 | 77.6 | 107.1 | 63.7 | 269.4 |

（2）低颜填料用量纸张涂层剂　纸张是应用最广泛的包装材料，但是其缺点为不防潮、不防油，这就限制了其应用范围。具有防油、防潮、无毒、无粘连性和良好印刷性能的涂布纸在食品和药物的包装方面有着广阔的应用前景。

为了获得防油、防潮涂层纸张，可采取以下几点措施：①所用的基纸应当均匀、平滑、表面无空洞和缺陷，最好经过研光处理；②颜填料与乳液聚合物的比例不宜过大，可控制在 0～2 之间；③所选用的乳液聚合物应具有一定的柔性，以免在反复曲挠、折叠时产生裂纹；④为了更好地堵塞纸张的微孔，应采用两道或多道涂层；⑤在聚合物乳液中加入石蜡，在高温干燥时石蜡熔化而将微孔堵塞；⑥采用具有热封接性的乳液聚合物，这类聚合物在室温下具有晶体结构，在烘干温度达 120℃时，晶体熔化，变成无定形状态，而成为连续的涂膜。

用作防油、防潮包装纸涂层剂的聚合物乳液有聚偏二氯乙烯乳液[248,249]、氯偏乳液[250,251]、偏二氯乙烯-丙烯系单体共聚物乳液[252,253]、纯丙乳液[254,255]、聚乙酸乙烯酯乳液[256]、羧基丁苯乳液[257] 等。

表 12-36 中列出了涂布透明包装纸用纯丙乳液生产配方实例[255]。其工艺过程大体为先将乳化剂、链转移剂和 103 份水投入反应器中，升温至 80～85℃，然后在此温度下滴加单体，在 90min 内加完。升温至 70℃，加入其余的 108 份水和氨水，即得固含量为 30%、粒度很小（约 0.05μm）的聚合物乳液。若用该乳液对纸张进行涂布，使其吸液量为

45％，涂层纸的透明度将由 32.5％提高到 68％。

**表 12-36** 涂布透明包装纸用纯丙乳液生产配方实例

| 组　分 | 用量/质量份 | 组　分 | 用量/质量份 |
|---|---|---|---|
| 甲基丙烯酸甲酯 | 65 | 过硫酸铵(10％水溶液) | 5.4 |
| 丙烯酸丁酯 | 20 | CBrCl₃(链转移剂) | 1.5 |
| 丙烯腈 | 5 | 去离子水 | 211 |
| 甲基丙烯酸 | 10 | 氨水 | 适量 |
| 十二烷基硫酸钠 | 1.2 | | |

（3）壁纸涂层剂　长期以来，人们都用聚氯乙烯糊来作壁纸涂层剂。一方面，由于聚氯乙烯糊以有机增塑剂为分散介质，形成壁纸的涂膜以后，增塑剂会向周围空气中慢慢地挥发；另一方面，由于聚氯乙烯会缓慢地脱除氯化氢，这都会对人体造成慢性伤害。同时聚氯乙烯很易老化，涂膜日久会慢慢变硬、变脆。因此人们正在控制采用聚氯乙烯糊，而用聚合物乳液取而代之来作壁纸涂层剂。

壁纸涂层剂是一特殊类型的纸张涂层剂。有底层涂料、印花糊和面层涂料之分。常常用羧基乳液和水溶性黏结剂（如酪素、阿拉伯胶及淀粉等）联合使用来配制底层涂料和印花糊。例如 95 份乙酸乙烯酯和 5 份巴豆酸的共聚物乳液就是一种较理想的用于上述目的的羧基乳液。这种共聚物乳液为碱溶性的，可用氨水调节其稠度。表 12-37 中列出了壁纸底层涂料和印花糊的配方实例。

**表 12-37** 壁纸底层涂料和印花糊配方实例

| 组　分 | 用量/质量份 | | 组　分 | 用量/质量份 | |
|---|---|---|---|---|---|
| | 底层涂料 | 印花糊 | | 底层涂料 | 印花糊 |
| 羧基乳液(55％) | 9.1 | 22.5 | 颜料膏 | — | 55 |
| 瓷土 | 50 | — | 稀氨水 | 0.8 | 2.0 |
| 六偏磷酸钠(20％) | 0.5 | — | 水 | 39.6 | 20.5 |

面层涂料是为了赋予涂层以良好的光泽度和耐洗性。可以用来配制壁纸面层涂料的聚合物乳液有：含 5％～7％邻苯二甲酸二丁酯的聚乙酸乙烯酯乳液[258,259]、偏二氯乙烯共聚物乳液[258,260]、纯丙乳液[261,262]、苯乙烯含量达 70％的丁苯胶乳[263,264]等。表 12-38 中列出了两个壁纸面层涂料配方实例。

**表 12-38** 壁纸面层涂料配方实例

| 组　分 | 用量/质量份 | | 组　分 | 用量/质量份 | |
|---|---|---|---|---|---|
| | 配方 I | 配方 II | | 配方 I | 配方 II |
| 聚乙酸乙烯酯乳液 | — | 120 | 面粉 | 15 | — |
| 偏二氯乙烯共聚物乳液 | 120 | — | 改性马铃薯淀粉 | — | 15 |
| 硅藻土(<6μm) | 10 | 10 | 水 | 75 | 75 |
| 二氧化硅(<7μm) | — | 10 | | | |

（4）无碳复写纸涂层剂　无碳复写纸又叫压敏纸，分成上、中、下三层，其结构如图 12-4 所示[265]。

涂布无碳复写纸需用两种涂层剂，一种是加有成色剂的微胶囊涂层剂，另一种是加有显色剂的显色涂层剂。在无碳复写纸的上纸下表面和中纸下表面涂布微胶囊涂层剂，在中纸上表面和下纸上表面涂布显色涂层剂。

所用的成色剂为无色染料，如结晶紫内酯（CVL）、孔雀绿内酯（MGL）、苯甲酰甲基蓝（BLMB）、荧光黑、荧光橙等。在制备微胶囊时，先把成色剂溶于有机溶剂中，再将其进行胶囊化，囊芯为成色剂溶液，囊壁为聚合物。

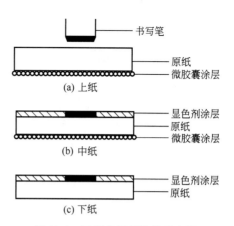

图 12-4　无碳复写纸结构示意图

制备无碳复写纸常用的显色剂有活性白土、烷基酚醛-锌螯合树脂、水杨酸烷基酯锌盐等。显色剂作为颜填料加入涂层剂中[266]。

这两种涂层剂都可以采用聚合物乳液作基料，常用的有丁苯胶乳[267,268]、纯丙乳液[269,270]、羧基丁苯胶乳[271,272]、乙丙乳液[273] 等。

表 12-39 中列出了无碳复写纸纯丙乳液微胶囊涂层剂的一个配方实例[267]。表 12-40 中列出了一个羧基丁苯胶乳无碳复写纸显色涂层剂配方实例[269]。

**表 12-39**　无碳复写纸纯丙乳液微胶囊涂层剂配方实例

| 组　分 | 用量/质量份 | 组　分 | 用量/质量份 |
| --- | --- | --- | --- |
| 分散液Ⅰ | | 分散液Ⅱ | |
| 　结晶紫内酯 | 26 | 　双酚 A | 16 |
| 　水 | 22 | 　碳酸钙 | 3 |
| 纯丙乳液（10%） | 20 | 　水 | 11 |

**表 12-40**　无碳复写纸羧基丁苯胶乳显色涂层剂配方实例

| 组　分 | 用量/质量份 | 组　分 | 用量/质量份 |
| --- | --- | --- | --- |
| 丁苯胶乳 | 150 | 活性瓷土 | 20 |
| 氧化淀粉 | 40 | 氧化锌 | 20 |
| 3,5-二（α-甲苄基）水杨酸锌 | 15 | 聚丙烯酸钠 | 0.08 |
| 碳酸钙 | 300 | 琥珀酸二丁酯 | 1 |

因为无碳复写纸用的是无色染料，故不显颜色，但是在用笔在其上书写时，笔尖的压力把微胶囊划破，无色染料溶液从微胶囊中释放出来，和显色剂接触后，发生化学反应，生成有色物质，于是就显现出字迹。无碳复写纸具有适印性好、书写流畅、使用方便、清晰美观、保存期长、可防止涂改作弊等优点，已广泛地应用于电脑多联打印、商业发票、企业报表、现金收据、交通票据以及在光学字母阅读机与条形码识别机上应用等领域，得

到了快速发展[274]。

### 12.6.4 纸品胶黏剂

（1）卷烟胶[275-281]　　在制造纸烟的工艺中，搭口、接嘴、成型、包装等过程都要利用胶黏剂进行粘接。这些胶黏剂俗称卷烟胶。早期多用淀粉、糊精、羧甲基纤维素等作卷烟胶。但其粘接强度低，且粘接速率慢，每分钟只能卷制不到 2000 支纸烟，不能满足现代化大生产的需要。后来开发的卷烟机卷制速率为 7000～8000 支/min，有的甚至可达10000～16000 支/min，这就要求卷烟胶粘接强度高、初粘性大、流动性好、稳定性高，传统的卷烟胶不具备这些性能。为了适应卷烟工业高速、优质、低耗、环保的发展潮流，人们开发出了多种聚合物乳液卷烟胶，如聚乙酸乙烯酯乳液卷烟胶、改性 EVA 乳液卷烟胶、乙丙乳液卷烟胶、顺醋乳液卷烟胶等。这些卷烟胶具有粘接强度高、初粘性大、干燥速率快、黏度低、流动性好、稳定性大、无毒、无味、无污染、胶膜无色等优异性能，完全可以适应现代化大生产的需要，已得到了广泛的应用。

（2）无线装订胶黏剂[282-286]　　早期装订图书主要使用动物胶，一般是先用铁丝或线把书本订起来，然后在其书脊处涂胶，再贴封皮，即装订成册。后来人们开发出聚乙酸乙烯酯乳液及 EVA 乳液无线装订胶黏剂，不须预先用铁丝或线将纸页固定，而是直接在书脊处涂上胶黏剂就可将书装订起来。某些像钱夹一样大小的记事本和便笺本，携带和记事方便，也是采用无线装订。也有的印刷厂家采用热熔胶进行无线装订，其特点是粘接速率快。但用热熔胶时，废纸就不能再回收，因为在打浆时，热熔胶不能溶解在打浆机中。而乳液聚合物则可以重新分散到碱性纸浆中。从这个意义上讲，采用聚合物乳液作图书无线装订胶黏剂具有更大的经济效益和环境效益。

为了制备更适合无线装订的胶黏剂，需要用硼砂、偏硼酸钠、多缩乙二醇苯酚醚或聚氨酯乳液等对聚乙酸乙烯酯乳液或 EVA 乳液进行改性。为了提高干燥速率，有时还需加入低沸点醇，如乙醇、异丙醇等。表 12-41 列出了一个快干型 EVA 无线装订胶黏剂配方实例[283]。

**表 12-41**　快干型 EVA 无线装订胶黏剂配方实例

| 组　分 | 用量/质量份 | 组　分 | 用量/质量份 |
| --- | --- | --- | --- |
| EVA 乳液 | 60 | 羟乙基纤维素 | 0.4 |
| 乙醇 | 13 | 水 | 20.6 |
| 山梨糖醇 | 6 | | |

（3）纸管胶黏剂[287-292]　　纸管胶黏剂俗称纸管胶。随着合成纤维工业的发展，涤纶尼龙、丙纶等纺丝用纸管用量急剧增加。涤纶厂用于高速纺丝的 POY 型纸管和低速加弹纺丝的 DTY 型纸管均是有特殊要求的纸制品，应具有足够高的抗压强度、硬度、韧性、耐水性、耐热性及抗蠕变性。通常的聚乙酸乙烯酯乳液不能满足这些要求。人们通过对聚乙酸乙烯酯乳液进行改性，开发出了许多种类的纸管胶。例如利用乙酸乙烯酯、丙烯酸酯与其他单体进行共聚，所制成的共聚物乳液的最低成膜温度在 12～18℃之间，用其制成的纸

管具有良好的综合性能。又如为了增进纸管胶黏剂的抗蠕变性、耐水性和耐热性，制成反应性乳液，通过引入带有不同官能团的共聚单体、加入醛类、脲醛树脂或多价金属盐，使其发生交联反应，可大幅度改善产品的性能。

（4）纸塑复合胶黏剂[293-298]　用成膜剂在彩印板纸上贴覆一层聚合物薄膜，叫作覆膜。经覆膜的纸叫覆膜纸。制作覆膜纸所用的聚合物可为聚丙烯（PP）、聚乙烯（PE）、聚氯乙烯（PVC）、聚酯（PET）、尼龙（Nylon）等。最常用的是一面经电晕处理的双向拉伸聚丙烯（BOPP）薄膜，其电晕处理面为粘接面。要覆膜的纸按档次高低顺序为经过涂层和彩印的铜版纸、玻璃卡纸、白板纸、箱板纸、灰板纸、草板纸等。覆膜可以赋予彩印板纸以光亮、平滑、色泽鲜艳、富立体感的精美外观，并可以赋予纸张以防潮、防污、防伪、耐折、耐磨等优异性能，因此使彩印纸具有了更重要的使用价值。覆膜铜版纸是一种精美、高档的印刷用纸，可以广泛用于制作日历、画报、书皮、商业广告、招贴等。覆膜玻璃卡纸和覆膜白板纸可以用于药品、食品、化妆品等精细商品的包装。其他覆膜纸可以用来制作包装各种商品的纸盒、纸箱等。

用以覆膜的成膜剂叫作纸塑复合成膜剂，俗称覆膜胶。长期以来，人们一直采用溶剂型覆膜胶，例如以乙酸乙酯为溶剂的双组分聚氨酯覆膜胶、以汽油为溶剂的聚烯烃覆膜胶、以甲苯为溶剂的橡胶类覆膜胶或过氯乙烯覆膜胶等。这类覆膜胶大量使用有机溶剂，覆膜车间生产条件差，不安全，会造成环境污染，且成本高。为此，人们开发出了水乳型覆膜胶。

水乳型覆膜胶常由聚合物乳液和增黏剂组成，所用的聚合物乳液大多为乙丙乳液、EVA 乳液、纯丙乳液及苯丙乳液。在制备这些乳液时常常引入 N-羟甲基丙烯酰胺、N-丁氧基丙烯酰胺、（甲基）丙烯酸羟乙酯、（甲基）丙烯酸羟丙酯及不饱和酸等功能单体。所用的增黏剂常为松香、改性松香、萜烯树脂、石油树脂等。这些增黏剂常以溶液或乳液的形式使用。表 12-42 中列出了一个覆膜胶用乙丙乳液配方实例[294]。利用该配方所制成的聚合物乳液配制而成的覆膜胶，其剥离强度可达 28N/25mm。

**表 12-42**　覆膜胶用乙丙乳液配方实例

| 组　　分 | 用量/质量份 | 组　　分 | 用量/质量份 |
|---|---|---|---|
| 丙烯酸丁酯 | 25～45 | 过硫酸铵 | 0.1～0.8 |
| 乙酸乙烯酯 | 5～30 | 分子量调节剂 | 0～0.3 |
| 改性单体 | 0.5～6 | 氨水 | 调 pH 至 7～8 |
| 非离子型乳化剂 | 0.5～3 | 蒸馏水 | 50 |
| 阳离子型乳化剂 | 0.1～1 | | |

经过多年的研究、开发、生产和应用的实践，水乳型覆膜胶生产技术日趋完善、成熟，产品质量有了很大的提高。目前用其所生产的覆膜纸粘接强度大，脱墨率高，可保持彩印图案原貌。这种覆膜胶流平性好，渗透性大，遮盖力好、盖粉能力强，可填平基纸表面的微观凹陷部分，不产生"雪花"和"白雾"。同时这种覆膜胶具有很好的施工性能，既适用于高温覆膜机，又适用于室温覆膜机进行生产。因不含有机溶剂，不会对橡胶进行溶胀，所以它既适用于金属辊覆膜机，也适用于橡胶辊覆膜机。这种覆膜胶克服了溶剂型

覆膜胶不易清洗涂辊的毛病，可以很容易地用水清洗干净。水乳型覆膜胶有着诸多的优异性能，逐渐取代了溶剂型复膜胶，占领了大部分覆膜胶市场。

（5）覆膜纸封口胶黏剂[299,300]　　覆膜纸封口胶黏剂又称封口胶，或纸/塑封口胶。用覆膜纸制作成的包装盒、包装箱及包装袋等，在包装商品时需要封口，这就要用封口胶。如上所述，制造覆膜纸最常用的膜是双向拉伸聚丙烯（BOPP）薄膜。因为聚丙烯（PP）是非极性材料，具有化学惰性，很难与其他材料进行牢固的粘接，因此需对 PP 膜的粘接面进行电晕处理，使被处理面带上一定量的极性基团，如羰基、羟基等，因而增大了 PP 薄膜与纸基的亲和力，从而增大了粘接强度。但是对于覆膜纸盒和纸箱来说，所要粘接的是纸和未经电晕处理的膜面，这就显著增大了粘接的难度。为了解决这一难题，人们开发出了乳液型覆膜纸专用封口胶，实现了非电晕处理膜/纸的高强力粘接。

制备这种封口胶需用聚合物乳液、增黏剂及增塑剂进行复配。可用于这一目的的聚合物乳液有 EVA 乳液和乙丙乳液。其乳液聚合物的 $T_g$ 以 $-20℃$ 为宜，若能在聚合物分子链上引入羟基、羧基等功能基团，可获得更好的粘接效果。所用的增黏剂为松香、改性松香、萜烯树脂、石油树脂、烷基酚醛树脂等。这些产品不溶于水，需以其乳液或溶液的形式加入；但其用量不宜过大，否则会使胶膜变脆。所用的增塑剂可以为邻苯二甲酸二丁酯（DBP）、邻苯二甲酯二辛酯（DOP）或磷酸三丁酯等。若配方和生产工艺设计得合理，这种胶黏剂可以具有涂刷性能良好、初粘性大、粘接强度高、胶膜柔韧、抗冻、耐热等优异性能。这种胶黏剂既可以实现 BOPP 膜/纸的快速、强力粘接封口，也可以用来进行纸/纸、PET 膜/纸、上光纸/膜、UV 上光纸/纸及油墨/纸的强力粘接。这种封口胶已大量应用于包装纸箱、纸盒的工业生产中。

（6）纸与金属箔胶黏剂　　用胶黏剂把金属箔和纸贴合起来所制成的金属箔纸是一种特殊类型的包装材料，它可用于高级香烟、巧克力糖和某些医药的包装。常用的纸与金属箔胶黏剂有氯丁胶乳、丁苯胶乳、丁腈胶乳、聚乙酸乙烯酯乳液及苯丙乳液等。若制成羧基胶乳则粘接效果更好，常用的有羧基丁苯胶乳、羧基聚丙烯酸酯乳液及羧基聚乙酸乙烯酯乳液等。若向羧基胶乳中加入交联剂氨基树脂、萜烯树脂、酚醛树脂、酪蛋白酸铵及环氧树脂等，则可显著地改善粘接层的性能[301]。表 12-43 中列出了纸与铝箔贴合用胶黏剂配方。

**表 12-43**　纸与铝箔贴合用胶黏剂配方

| 组　　分 | 用量/质量份 | | | | |
| --- | --- | --- | --- | --- | --- |
| | 配方 I | 配方 II | 配方 III | 配方 IV | 配方 V |
| 聚丙烯酸酯乳液 | 100 | 100 | 50 | 75 | 75 |
| 羧基聚乙酸乙烯酯乳液 | — | — | 50 | 25 | 25 |
| 酪蛋白硼酸盐 | 10 | — | — | — | — |
| 邻苯二甲酸二丁酯 | — | — | 1.0 | — | — |
| 交联剂 | — | — | 1.5 | 1.5 | 2 |
| 用氨水调 pH 值至 | 9.0 | 9.0 | 9.5 | 9.0 | 9.0 |

# 12.7 聚合物乳液在皮革工业中的应用

## 12.7.1 简介

皮革种类繁多，用途非常广泛，不仅可以用于制作皮鞋、服装、手套、箱包，而且可以用来制作装具、球类等。中国具有丰富的动物皮资源，制革工业有着巨大的发展潜力。改革开放以来，中国制革工业发展很快，产量已颇具规模，质量逐年提高，花色品种、高档化产品日渐增多，资源利用率也不断上升。制革工业已成为中国重要的轻工行业之一，国内市场供需两旺，并且已经成为出口创汇、对外开放的一个重要窗口[302,303]。随着皮革业的发展，皮革化工材料（包括用于皮革加工的聚合物乳液）也在快速发展[304]。

皮革的种类很多。皮革的性质和用途不仅决定于原料皮的种类，而且还决定于皮革加工工艺。一般来讲，原料皮需要经过初鞣、复鞣、染色、加脂、干燥、整理、填充及涂饰等多道工序才能制成各式各样的成品皮革。在制革工艺中，涂饰和填充过程需要大量的聚合物乳液，其中应用最多的是聚丙烯酸酯乳液、聚氨酯乳液及其他合成乳液[110]。

## 12.7.2 皮革涂饰剂的作用

皮革涂饰即把涂饰剂采用揩、刷、淋或喷等方式均匀涂布在皮革表面上，形成一层薄膜。在皮革制造过程中，皮革涂饰是一个非常重要的工序，可以起到多种作用。

① 涂饰可以赋予皮革优良的性能和漂亮的外观。未经涂饰的皮革，粒面粗糙，无光泽，颜色不鲜艳。经过涂饰后，在皮革表面形成了保护性涂层，使皮革具有耐热、耐寒、耐水、耐溶剂、耐干/湿擦、耐划伤、耐曲挠、耐污、有弹性及丰满柔软的手感等各种优良性能。同时，经过涂饰后的皮革具有色彩鲜艳、饱满、色泽光亮、自然柔和，粒面细致、平展光滑，毛孔清晰及真皮感强等特点[110,305]。

② 在动物皮上常常会带有一些伤残，可通过磨面和涂饰等加工过程来修整表层皮面上的缺陷，将次皮加工成平整细致的好革，提高了成品革的等级和出裁率，扩大了皮革的使用范围。

③ 采用不同的涂饰剂和通过不同的涂饰方法，可以制成花色品种各异的高档皮革，如苯胺革、套色革、压花革、龟裂纹革、珠光革、抛光变色革等[306,307]。

## 12.7.3 水乳型皮革涂饰剂的组成 [110,305]

皮革涂饰剂有溶剂型和水乳型两种，是由成膜剂、着色剂及其他添加剂按一定比例配制而成的。根据对涂层性质的要求，所需要加入的添加剂常有渗透剂、增塑剂、光亮剂和固定剂等。

（1）成膜剂 在水乳型皮革涂饰剂中成膜剂是聚合物乳液，也称基料。涂饰后，它可以在皮革表面上形成一层黏附牢固、均匀而连续的薄膜，起着容纳颜料和其他添加剂的作用，并可以改善皮革的性能和外观。

作为水乳型皮革涂饰剂的聚合物乳液应当有良好的成膜性、机械稳定剂、冻融稳定性、化学稳定性以及和颜料及其他添加剂的相容性，以保证在加工过程中和其后的成品革应用过程中不出现质量问题。所生成的涂膜和皮革间应有足够大的粘接强度，以保证在使用期间涂膜不脱落、不损坏。涂膜应具有能和皮革相适应的柔韧性、弹性及延伸率，以保证皮革具有丰满柔软的手感和良好的抗曲挠性。涂膜应当光泽性好，应具有高的耐干湿摩擦性、耐磨性、耐水性、耐酸、耐碱、耐有机溶剂性，并应在经折叠、曲挠和拉伸时不产生折皱、裂纹和白色痕迹，以及在较高气温下不发黏，而在寒冷环境中又不会变得硬挺。涂膜应透明度高、耐热、耐老化。涂层应具有良好的耐污性。另外，涂膜应具有一定的透气性，这种性质对于鞋面革与服装革尤为重要。在实际中为了提高皮革的质量，常常需进行三道涂饰，即底涂、中涂和面涂。底层和中层涂膜应当柔软，以保证皮革具有良好的手感和曲挠性，而面层则应采用较硬的涂饰剂，以使皮革具有耐干/湿擦性、耐磨性和抗粘连性。

在制革工业中，常用的成膜物质聚合物乳液有聚丙烯酸酯乳液、聚氨酯乳液、硝化棉乳液、聚氯乙烯乳液、丁二烯共聚物乳液及有机硅聚合物乳液等。

（2）着色剂　着色剂是使皮革表面涂膜显示各种颜色的一类材料。在聚合物乳液皮革涂饰剂中多用颜料膏和染料水溶液来作着色剂。颜料膏是把颜料、酪素溶液、氨水、苯酚和硫酸化蓖麻油或聚氧化乙烯蓖麻油进行混合，并经研磨后而制得的一种膏状物质。其中所用的酪素为增稠剂和颜料黏合剂。氨水为 pH 值调节剂，在碱性条件下可以增进酪素在水中的溶解。苯酚为防腐剂。硫酸化蓖麻油和聚氧化乙烯蓖麻油为分散剂。所用的研磨设备可为三滚磨、砂磨等，也可用超声波进行粉碎。通过研磨使物料充分混合，把颜料粉碎成粒径很小的颗粒，以提高其着色力和遮盖力，并可以改善皮革涂层的平滑性、细腻感和光亮度等性能。表 12-44 中列出了不同颜色的颜料膏配方实例。

**表 12-44** 不同颜色颜料膏配方

| 组　　分 | 黑色 | 白色 | 大红 | 红棕 | 深棕 | 紫红 | 金黄 | 草黄 | 蓝色 | 绿色 |
|---|---|---|---|---|---|---|---|---|---|---|
| 硫酸化蓖麻油(70%) | 8 | 8 | 5 | 8 | 8 | 5 | 8 | 5 | 5.4 | 5.4 |
| 氨水(25%～27%) | 1 | 1 | 1.2 | 1 | 1 | 1.2 | 1.2 | 1 | 1.1 | 1.1 |
| 酪素 | 8 | 8 | 9 | 8 | 8 | 9.7 | 9 | 8 | 8.6 | 8.6 |
| 苯酚 | 1 | 1 | 1.1 | 1 | 1 | 1 | 1.1 | 1 | 1.1 | 1.1 |
| 炭黑 | 10 | — | — | — | 1.2 | — | — | — | — | — |
| 粒子元青 | 2.5 | — | — | — | — | — | — | — | — | — |
| 钛白粉 | — | 40 | — | — | — | — | — | — | — | — |
| 808 大红 | — | — | 13 | — | — | — | — | — | — | — |
| 氧化铁红 | — | — | — | 14 | 35 | — | — | — | — | — |
| 1302 甲苯胺红 | — | — | — | — | — | 12 | — | — | — | — |
| 铬黄 | — | — | — | — | — | — | 27 | — | — | — |
| 1001 汉沙黄 | — | — | — | — | — | — | 4 | 13 | — | — |
| 4402 酞菁蓝 | — | — | — | — | — | — | — | — | 13 | — |
| 酞菁绿 | — | — | — | — | — | — | — | — | — | 12 |

常用的染料水溶液有 10％酸性粒子元青液和金属络合染液[110]。

（3）其他添加剂　除了成膜剂和着色剂之外，组成皮革涂饰剂的还有光亮剂、固定剂、增塑剂、渗透剂、防黏剂、增稠剂、手感剂、消光剂及涂层填充剂[110]。

皮革涂饰光亮剂的作用是提高涂层的光泽性、耐水性及耐磨性，常用的光亮剂有酪素、蛋白干、虫胶、蜡及硝酸纤维素等。

在采用酪素或蛋白干作光亮剂或涂饰剂时，为了提高其耐水性，通常使用甲醛进行固定。但甲醛易挥发，刺激性大，对人身健康有害，故可用乙二醛来代替甲醛。乙二醛挥发慢，刺激性小，且可使涂膜具有较好的柔韧性。

在采用酪素或蛋白干作光亮剂时，通常要加入一些硫酸化蓖麻油、甘油及乳化蜡作增塑剂，以提高涂膜的柔韧性，克服了硬而脆的缺点。

酪素、虫胶及高熔点的蜡等可作熨平防黏剂，它们可使在熨烫时不粘板。

## 12.7.4　聚丙烯酸酯乳液皮革涂饰剂

### 12.7.4.1　优点

聚丙烯酸酯乳液作为皮革涂饰剂已获得了广泛的应用，因它具有如下优点。

① 聚丙烯酸酯乳液稳定性高，流平性好，易成膜，所生成的涂膜光泽度高。

② 聚丙烯酸酯乳液涂饰剂对皮革表面、颜料、其他添加剂及对硝酸纤维素等材料均有很强的粘接力，因此涂层不会脱落、掉色和变质。

③ 该种涂饰剂所形成的涂膜柔软、富有弹性、延伸率大，其涂层富有真皮感。

④ 所形成的涂膜透明度高，具有很好的耐光、耐热、耐候和耐老化性能。

⑤ 所形成的涂层无毒、透气性好，适合用来制作皮鞋、皮装和手套。

⑥ 聚丙烯酸酯乳液生产设备及工艺简单，操作方便，单体丙烯酸酯价格适中，因此这种涂饰剂成本较低。

除以上优点之外，纯粹的聚丙烯酸酯乳液还存在着如下缺点。

① 高温下变软、发黏，而在低温下又变硬、发脆，低温曲挠性差，热熨性不好。

② 耐有机溶剂性不好。

③ 耐湿擦性及耐磨性较差。

④ 弹性温度范围较窄，如在 20℃时其涂膜的延伸率可达 1200％；而在 0℃时，仅为 50％。

例如上海产软性 1 号、软性 2 号及天津产 5 号聚丙烯酸酯乳液就属于这一类皮革涂饰剂，它们的共聚组成均为 50％丙烯酸丁酯和 50％丙烯酸甲酯。软性 1 号和软性 2 号的区别在于后者加入了一定量渗透剂 JEC[305]，主要用作底层涂饰剂。

### 12.7.4.2　改性

多年来，人们对聚丙烯酸酯乳液皮革涂饰剂做了大量研究工作，从不同角度，通过各种途径来对其进行改性，发挥其优点，克服其缺点，已取得了很大的进展。现对这方面的工作列举如下。

① 把软性的聚丙烯酸酯乳液用作底层和中层涂饰剂，而面层则用硬性的硝基纤维素

涂饰剂[308]，这样既不会大幅度损害成品革的手感及涂层的粘接强度，又可以显著改善涂层的耐干/湿擦性、耐磨性及抗粘连性。

② 引入乙烯基或二烯烃单体，如丙烯腈、丙烯酸、苯乙烯、氯乙烯、偏二氯乙烯、乙酸乙烯酯及丁二烯等，对丙烯酸酯系乳液聚合物进行共聚改性。不同的共聚单体可赋予聚丙烯酸酯以不同的性能，例如丙烯腈、氯乙烯和偏二氯乙烯等单体，可改善聚丙烯酸酯的耐溶剂性、抗粘连性、热熨性及耐干/湿擦性，并可显著提高涂膜的拉伸强度和撕裂强度；苯乙烯可提高涂膜的耐水性、坚韧性和光泽度；丁二烯可改善涂层的耐寒性和低温曲挠性，并可以扩大其弹性范围；若引入丙烯酸或甲基丙烯酸，则可以提高耐溶剂性，可赋予乳液更大的稳定性和碱增稠性，并可以增强乳液对颜料的润湿作用。实践证明，丙烯酸酯和丙烯腈、苯乙烯及丙烯酸的共聚物乳液具有良好的粘接强度、拉伸强度、延伸率、弹性、耐候性、热熨性、透湿性、耐干湿擦性及光泽性，既可作底层和中层皮革涂饰剂，又可进行面层涂饰[309]。表 12-45 中列出的两个国产聚丙烯酸酯乳液就属于此类共聚改性乳液[305]。

**表 12-45** 共聚改性聚丙烯酸酯乳液配方举例

| 单 体 | 用量/质量份 | |
| --- | --- | --- |
| | 上海产中性 1 号 | 天津产 20 号 |
| 丙烯酸丁酯 | 30 | 78 |
| 丙烯腈 | 8 | 17 |
| 丙烯酸甲酯 | 60 | — |
| 丙烯酸 | 2 | — |
| 丙烯酰胺 | — | 5 |

③ 为了克服聚丙烯酸酯乳液皮革涂饰剂"热黏冷脆"的弊端，引入交联单体，变线性分子为网状结构是最有效的方法。常用的交联单体有 N-羟甲基丙烯酰胺、（甲基）丙烯酸羟乙酯、（甲基）丙烯酸羟丙酯、（甲基）丙烯酸、丙烯醛、衣康酸、丙烯酰胺-甲醛、丙烯酸缩水甘油酯、N-羟甲基丙烯酰胺衍生物、乙二醇双丙烯酸酯、双丙酮丙烯酰胺等[310,311]。交联剂使大分子链间发生交联反应，形成空间网状结构，使涂膜的机械强度、耐水性、耐有机溶剂性、耐干/湿擦性、耐热性及热熨性大大提高，并可降低涂层对温度的敏感性，解决聚丙烯酸酯乳液涂层剂"热黏冷脆"问题。在共聚单体中，交联单体的用量一般控制在 1%～5% 之间，使聚合物链进行适度交联，可使成品革具有优异的综合性能。但是若交联剂用量太大，将导致深度交联，这样会使涂层变硬，弹性下降，手感变差。同时，交联剂用量太大时，会导致乳胶粒平均直径增大，进而造成涂层表面粗糙，且不易熨平，导致皮革质量下降。北京产 J1 型、BN 型及 SB 型树脂乳液就是以丙烯酰胺-甲醛作交联剂制成的交联改性聚丙烯酸酯乳液皮革涂饰剂。

④ 众所周知，聚氨酯具有良好的耐溶剂性，因而可以用聚氨酯对聚丙烯酸酯进行改性的方法来提高聚丙烯酸酯涂层耐有机溶剂的性能[312]。若把聚氨酯分子链接枝到聚丙烯酸酯分子链上，使氨基甲酸酯基和丙烯酸酯链节的摩尔比在 0.3 以上，就可以使耐溶剂性大幅度提高，并可显著地改善涂层的弹性和伸长率。丹东产 DUA 型聚氨酯改性丙烯酸树

脂皮革涂饰剂就是这类皮革涂饰剂的一个典型例子[313]。

⑤ 很久以来，人们就用酪素来制作皮革涂饰剂。酪素涂膜具有良好的耐溶剂性、光泽性、耐热性和耐熨性等性能，但其耐湿擦性差，硬而脆，不耐曲挠，且易泛黄和发生霉变。若把酪素和聚丙烯酸酯进行接枝，制成乳液型皮革涂饰剂，涂饰后所得到的涂膜，既可以克服酪素涂饰剂的缺点，又可以明显地改善聚丙烯酸酯涂饰剂的耐溶剂性、光泽性、耐湿擦性等性能，并在90℃下熨烫不粘板[314]。

⑥ 利用粒子设计方法，制成具有核壳结构乳胶粒的聚合物乳液，使乳胶粒中由核到壳聚合物的共聚组成呈梯度变化，这样就使共聚物的软硬程度由核到壳逐渐变化，可以提高涂层的黏流温度，降低其玻璃化转变温度，拓宽了使用温度范围，可以解决聚丙烯酸酯乳液皮革涂饰剂固有的缺点。丹东产 CSF 系列皮革涂饰剂就是这类产品[315]。制成的环氧树脂-聚丙烯酸酯核壳型复合乳液皮革涂饰材料，其耐热及耐寒性明显提高，可使涂膜在150℃高温下不断，而在−40℃低温下不裂[316,317]。

⑦ 可以通过以下三种方法用有机硅对聚丙烯酸酯乳液进行改性：a. 将带有双键的有机硅单体和丙烯酸酯进行无规乳液共聚合，形成以聚硅氧烷链为"梳齿"的梳形结构大分子[318,319]；b. 将有机硅单体（如 $D_4$）和丙烯酸酯共聚，生成嵌羟结构聚合物[320]；c. 把聚硅氧烷分子链在带有羟基的聚丙烯酸酯分子链上进行接枝[321]。由于聚硅氧烷具有优良的耐低温和耐高温性能，可以克服聚丙烯酸酯"热黏冷脆"这一致命的缺点，可使成品革在+40℃下不发黏，在−40℃下不发脆，同时可以赋予乳液皮革涂饰剂的涂膜以非常优异的力学性能、耐水性、耐溶剂性、耐候性、抗污性、光泽性、透气性、保色性、耐熨性等性能。这种皮革涂饰剂属高档产品，用其涂饰的皮革制品革面清晰丰满，柔软滑爽，富有弹性，真皮感强，可以满足人们对皮革制品时尚性、华美性和艺术性的需求。

⑧ 人们把乳液互穿聚合物网络技术也已应用于对聚丙烯酸酯皮革涂饰剂的改性。研究最多的是聚氨酯-聚丙烯酸酯互穿网络皮革涂饰剂体系。聚氨酯和聚丙烯酸酯两个交联体系相互贯穿，形成互穿聚合物网络。"强迫互容"的结果增大了两种聚合物之间的相容性，拓宽了聚合物的玻璃化转变温度范围，使得聚合物在很宽的温度范围内保持高的弹性，可有效克服聚丙烯酸酯"热黏冷脆"的缺点，同时也解决了聚氨酯不耐老化、长期使用易变黄的问题。这两种聚合物相互改性，性能互补，可以制得综合性能更加优异的皮革涂饰剂[322,323]。

⑨ 因纳米微粒具有很小的尺寸和巨大的比表面积而产生的尺寸效应、表面效应、界面效应及量子效应，使纳米材料具有许多特异的性能，在许多领域里有着重要的使用价值，因而成为材料科学研究的热门课题。人们也把纳米技术引入皮革涂饰剂中。利用纳米微粒既可以对聚丙烯酸酯乳液皮革涂饰剂进行改性，也可以对聚氨酯乳液皮革涂饰剂进行改性。通过纳米改性可以提高涂膜的强度、韧性、耐刮性、耐磨性、耐水性、耐油性、阻燃性、耐热性、耐寒性、遮盖力、滑爽性、丰满性等性能。同时，也可以赋予皮革以耐老化性、耐色变性、自洁性、杀菌性等特性。因此，纳米改性皮革涂饰剂具有广阔的研究开发与推广应用前景[324,325]。

## 12.7.5 聚氨酯乳液皮革涂饰剂

早在20世纪60年代聚氨酯就已经开始应用在皮革涂饰上，早期的聚氨酯皮革涂饰剂为溶剂型的。20世纪70年代初人们开发了用于皮革涂饰的聚氨酯乳液。

聚氨酯乳液皮革涂饰剂的优点是：①成膜性好，粘接力强，涂层光亮平滑；②耐热、耐寒及低温曲挠性好，冷不脆，热不黏；③耐有机溶剂及耐酸碱性好；④耐磨、耐折、富有弹性；⑤手感丰满柔软，真皮感强。

但也有其缺点：①为形成稳定的乳液需在大分子链上引入亲水基团，使涂膜具有一定的亲水性，因而会被水溶胀，故使其耐湿擦性下降；②耐光性差、日久变黄，不宜在白色皮革上使用；③乳液稳定性较差，放置时间一般不能超过半年；④透湿性和透气性较差；⑤生产工艺较复杂，成本较高。

尽管聚氨酯乳液皮革涂饰剂有些缺点，但经适度交联和改性后，其性能可以大大改善，这种涂饰剂的综合性能指标优于聚丙烯酸酯皮革涂饰剂同类产品。

合成聚氨酯乳液所用原料有聚醚多元醇、多异氰酸酯和扩链剂。聚醚多元醇常用聚环氧丙烷多元醇或四氢呋喃聚醚多元醇；多异氰酸酯常用TDI、MDI和HDI；扩链剂一般用乙二醇、丁二醇、二甘醇、乙二胺等。合成聚氨酯乳液所用的方法有两种，即外乳化法和自乳化法。

外乳化法即利用乳化剂把聚氨酯预聚体或其溶液通过强烈剪切作用分散到水中，然后进行扩链而制成高分子量聚合物乳液。由这种方法所制得的聚氨酯乳液稳定性差，粒度大，成膜性不好，由于使用大量乳化剂会影响涂层的耐水性和力学性能[326]。

自乳化法即在聚合物分子链上引入亲水基团，如$—N^+R_3$、$—COO^-$、$—SO_3^-$及聚环氧乙烷链等，这些亲水基团起自乳化稳定剂的作用。常常通过采用亲水基团的扩链剂或带有亲水基团的聚醚把亲水基团引入到大分子链上。常用的带亲水基团的扩链剂列入表12-46中。

**表 12-46** 常用带亲水基团的扩链剂

| 离子类型 | 扩链剂结构式 | 中和剂 | 参考文献 |
|---|---|---|---|
| 阳离子型 | HO—CH₂—CH₂—N—CH₂—CH₂—OH<br>                      \|<br>                      CH₃ | 盐酸<br>硫酸二甲酯 | [130,131] |
| 阴离子型 | COOH<br>    \|<br>HO—CH₂—C—CH₂—OH<br>    \|<br>   CH₃ | 三乙胺 | [132,133] |
| | HO—CH₂—CH₂—CH—CH₂—OH<br>               \|<br>             SO₃Na | | [134] |
| | H₂N—CH₂—CH₂—NH—CH₂—CH₂—SO₃Na | | [135] |
| | HOOC—CH—CH—COOH<br>        \|   \|<br>       OH  OH | | [129] |

常用的自乳化工艺有两种。一种为溶剂法，即首先合成无残留异氰酸根的高分子量的聚氨酯溶液，所使用的溶剂应沸点低且溶于水，如丙酮、丁酮等；在高速剪切作用下，使聚氨酯溶液分散于水中，然后蒸除溶剂即形成乳液。采用此方法其产品性能好，但生产效率低、成本高、工艺复杂。另一种方法是先将低分子量含端异氰酸基的预聚体在高速剪切作用下分散于水中，再用反应活性较高的二胺进行扩链，生成高分子量的聚脲聚氨酯乳液。用此法时，最好用脂肪族多异氰酸酯，因其反应活性较低，和水反应较慢，在分散于水中的过程中受水影响小。此方法生产工艺简单，反应易于控制，是大工业生产较多采用的方法[327,328]。

为了提高聚氨酯乳液皮革涂饰剂所成涂膜的耐湿擦性，可制成交联型聚氨酯乳液。为了使聚氨酯进行交联，可采用以下几种方法[329-334]：①加入适量三官能度或多官能度的聚醚多元醇或扩链剂，使所制成的聚氨酯乳液有一定的交联结构。②在线型聚氨酯乳液中加入交联剂，如多异氰酸酯、烷基化试剂、甲醛等，使之形成交联结构；③采用带有可反应性的基团（如环氧基、亚氨基、醛基、羧基等）的扩链剂，这些基团在制备乳液时不发生反应，在涂饰后，通过加入交联剂或在某些特殊条件下对皮革进行处理，即可形成交联结构；④在带有羧基或磺酸基团的聚氨酯中，加入中和剂三乙胺，成膜后羧基或磺酸基和叔胺形成离子交联键；⑤采用高能射线对聚氨酯乳液进行辐照而生成交联结构。另外，为了提高皮革涂膜的耐水性，可在涂饰剂中添加含氟或含硅的拒水剂。或者设法把氟原子引入到聚氨酯分子链上，以赋予涂层憎水性。这样可以有效地改善皮革涂层的耐湿擦性。

## 12.7.6 皮革涂饰剂配方实例

皮革涂层一般分为三层，即底层、中层和光亮层。①底层应软，与皮革结合力强，其颜色应与成品革一致，为了赋予底色，底层涂饰剂中除了应加入颜料膏外，还可加入改性粒子元溶液。可用刷涂、淋浆或喷涂法进行底涂。②中层涂饰剂应耐熨烫，光亮及手感好。应多用中硬性，而少用软性聚丙烯酸酯乳液或聚氨酯乳液。常常需加入干酪素，以改善手感，增大硬度、光亮度及耐熨性。中层涂饰通常用喷涂方法，要求涂层薄而均匀。③光亮层又称面层或顶层，其涂膜应具有高的光亮度、滑爽性、耐水性、耐有机溶剂性及耐干湿擦性，多采用中硬性或改性聚丙烯酸酯乳液或聚氨酯乳液、酪素蛋白、虫胶等材料配制，也可采用硝化纤维素乳液或改性聚氨酯乳液等作面层涂饰剂。若采用蛋白质类光亮剂，必须加入固定剂如甲醛等。

以黑色猪正面革的涂饰剂为例，其底层、中层和面层配方分别列入表12-47中[305]。

**表12-47** 黑色猪正面革涂饰剂配方 单位：质量份

| 组　分 | 底　层 | 中　层 | | | 面　层 |
| --- | --- | --- | --- | --- | --- |
| | | 春秋季 | 夏季 | 冬季 | |
| 黑色颜料膏 | 1 | 1 | 1 | 1 | — |
| 10%酪素溶液 | 0.5 | 0.8 | 0.8 | 0.8 | 2 |
| 软性1号树脂乳液 | — | 1.1 | 0.8 | 1.4 | — |

| 组　分 | 底　层 | 中　层 | | | 面　层 |
| --- | --- | --- | --- | --- | --- |
| | | 春秋季 | 夏季 | 冬季 | |
| 软性 2 号树脂乳液 | 1.5 | — | — | — | — |
| 中性 1 号树脂乳液 | — | 1.1 | 1.4 | 0.8 | — |
| 25％中性 1 号树脂乳液 | — | — | — | — | 1 |
| 甲醛 | — | — | — | — | 1 |
| 水 | 1 | — | — | — | 1 |

### 12.7.7　聚合物乳液皮革填充剂

皮革填充又称皮革浸渍，即用聚合物乳液对皮革进行处理，使聚合物渗透过皮革的粒面层而进入网状层，把编织较松散的革纤维牢固地黏结起来，以增进皮革的坚韧性和致密性，改善皮革面粒纹和解决皮革的松面问题。最常用作皮革填充剂的聚合物乳液有聚丙烯酸酯乳液[335,336]、聚氯乙烯乳液[337]、偏二氯乙烯共聚物乳液[338] 等。常用的填充方法有刷涂填充、淋浆填充和转鼓填充三种。

填充效果与聚合物乳液的渗透能力密切相关。为增进乳液的渗透性可采取以下几种措施。

① 应采取特种乳液聚合工艺和配方，制备出粒度小的聚合物乳液，若乳胶粒平均直径小于 $0.1\mu m$，对皮革就会有比较好的渗透性。

② 设法降低聚合物乳液的黏度，黏度越低渗透能力则越大。

③ 加入渗透剂，降低乳液和皮革纤维之间的界面张力，可加速乳液向皮革深层渗透，常用的渗透剂有渗透剂 JFC、渗透剂 T 及 OP-10 等。

④ 加入乙醇、丙酮等水溶性的有机溶剂也可以降低其界面张力，有利于乳液向皮革内渗透。

为了改善成品革的柔软性和丰满性，使成品革不至于因填充而板硬，一方面在进行乳液聚合配方设计时应当考虑采用较柔软的乳液聚合物；另一方面可向填充液中添加适量的增塑剂，如甘油、硫酸化油、磺化油、皮革加脂剂等，增塑剂用量一般为 10％～20％。

表 12-48 中列出了皮革填充液的一个典型配方实例。

**表 12-48**　皮革填充液配方举例

| 组　分 | 用量/质量份 | 组　分 | 用量/质量份 |
| --- | --- | --- | --- |
| 聚丙烯酸酯乳液 | 100 | 酒精 | 10 |
| 增塑剂 | 6 | 水 | 200 |
| 渗透剂 | 10 | | |

### 12.7.8　聚合物乳液再生皮革黏结剂 [103, 110]

再生皮革（reconstituted leather）是由天然皮革的碎屑用聚合物乳液黏结而成的。具体制造工艺过程一般为：首先把皮革切成约 3mm 的碎块，在搅拌槽中加入水和皮革碎块，配制成皮革含量为 4%～5% 的悬浮液。然后加入规定量的聚合物乳液，控制固体聚合物用量占皮革量的 30%～40%，混合均匀。然后再向搅拌槽内滴加硫酸铝溶液，约在 30min 内滴完，使乳液凝聚并黏附在皮革碎块上。其后把皮革浆液均匀散布在很细的滤网上，通过真空抽滤除去大部分水分。再将滤饼在约 2MPa 压力的压辊上进行冷压，再挤出部分水。然后再于 60℃ 的温度下干燥至水分含量约为 16%。再将其置于压机上在 80℃ 的温度及 4.2MPa 的压力下热压 12h，即得再生革片（leather board）。最后类同天然皮革对再生革片进行底涂、中涂和面涂的涂饰加工，即得再生革。这种产品具有类似天然皮革的性能和外观，具有足够大的强度和弹性，并具有一定的透气性，可以用于代替天然皮革来制造皮鞋、箱包等皮革制品。

制造再生皮革常用的聚合物乳液有聚丙烯酸酯乳液和聚乙酸乙烯酯乳液。处理常规皮革碎片多用聚丙烯酸酯乳液，而处理铬鞣皮革碎片则多用聚乙酸乙烯酯乳液。为了增进再生皮革的柔韧性，常常需要加入较大量的增塑剂。

# 12.8　聚合物乳液在其他技术领域中的应用

聚合物乳液除了上述用途之外，还有在各行各业中的一些用途，现简要介绍如下。

## 12.8.1　地板上光剂

地板上光剂是一种临时性的涂料，将其涂饰在地板上可使地面平滑、光亮，以达到保护地板和美化环境的目的。目前几乎所有的高档建筑、高级别墅、居室、商店及办公室等都要用上光剂进行上光处理。过去多用巴西棕榈蜡等天然材料来制造地板上光剂。由于蜡型上光剂耐久性差，且涂布后需经打磨抛光，耗时费力，所以出现了聚合物乳液型地板上光剂。聚合物乳液型上光剂涂布后，只须晾置干燥，不必进行打磨就可以形成漂亮的薄膜。

开始用于这一目的的聚合物乳液是聚苯乙烯乳液。但由于聚苯乙烯玻璃化转变温度高，涂膜硬而脆、易粉化，故需要添加增塑剂。为克服这些缺点，后来出现了许多类型的用作地板上光剂的乳液，如聚丙烯酸酯乳液[339,340]、苯丙乳液[341]、聚乙烯乳液[342]、羧基 EVA 乳液[343]、苯乙烯-丙烯腈-二乙烯基苯共聚物乳液[344]、马来酸酐-苯乙烯共聚物与 N-乙烯基吡咯烷酮的接枝共聚物乳液[345] 等。

配制地板上光剂除了聚合物乳液这一主要组分外，常常还要加入其他组分，包括专用增塑剂（如磷酸三丁氧基乙酯、苯二甲酸聚氧乙烯基酯等）、流平剂（如氨基三羟甲基甲烷、2-氨基-2-乙基-1,3-丙二醇、间苯二甲酸铵等）、蜡乳液、成膜助剂、碱性树脂（如松香-马来酸酐加成物、苯乙烯-马来酸酐加成物等）等组分。

作为地板上光剂应当具有耐水性和耐洗涤性，以便于地板被沾污后可用水和洗涤剂来进行清洗。但是地板上光剂是一种临时性的涂料，在经长时间使用以后，在地板上会出现划痕和创伤，以及用水洗不掉的脏污，这时就需要把涂膜全部剥离下来，然后再涂上一层新膜，因此地板上光剂应具有很好的剥离性。为了赋予地板上光剂以剥离性，可采用以下方法。

① 在聚合物分子链上引入适量的羧基，使聚合物不溶于水，但可以溶解在碱溶液中。这样既可使上光剂具有一定的耐水性，又可以用碱溶液很容易地除去。

② 在聚合物分子链上引入氨基（—$NR_2$），使聚合物不溶于水和碱溶液中，而可以溶于弱酸溶液中。通过精心设计可使这种抛光剂具有优良的耐水性和耐碱性，同时可用酸溶液将其剥离掉。

③ 在聚合物分子链上引入羧基，并加入多价金属盐，涂膜干燥后，多价金属离子与羧基形成离子键而得到交联型聚合物，使地板抛光剂具有良好的耐水性、强度、耐久性和重涂性。这种地板抛光剂可用碱溶液很方便地将其剥离。

## 12.8.2　在汽车工业中的应用

（1）乳液电泳汽车涂料[46,346,347]　汽车涂料可分底漆、中间涂料、面漆和罩光清漆。早期多用溶液型涂料。后来在国内外在汽车涂料水性化方面做了大量工作，且已有成效，但是目前真正在汽车涂装生产线上正常应用的还仅限于水性电泳漆。至于水性中间涂料、水性面漆和水性罩光漆，仍处于大力研发之中。

用来配制电泳涂料的聚合物乳液有丁苯胶乳和丙烯酸系共聚物乳液。丁苯胶乳聚合物分子链上有残留双键，在聚合物沉积于金属表面并经烘烤后可发生交联，故可获得力学性能和耐溶剂性较好的涂膜。但后来人们发现，丁苯胶乳涂膜的力学性能和防腐性能均不如丙烯酸系聚合物乳液膜，且后者有更多的单体可供选择，如果在共聚组成中引入丙烯腈、苯乙烯、甲基丙烯酸、衣康酸、（甲基）丙烯酸羟乙酯、（甲基）丙烯酸羟丙酯、三羟甲基丙烷三丙烯酸酯等功能单体，可以自由调节和大幅改善涂膜的性能，所以目前人们研究更多的是丙烯酸系单体与其他单体的共聚物乳液。用于电泳漆的聚合物乳液的乳胶粒直径以约 $0.15\mu m$，固含量在 $40\%\sim60\%$，表面张力 $>4.5\times10^{-4}N/cm$，以 $Fe^{3+}$ 表示的聚沉值 $\geqslant0.025g/L$，其乳液聚合物的玻璃化转变温度在 $8\sim30℃$ 之间为宜。

乳液型电泳汽车涂料在施工前应当把聚合物乳液、炭黑、颜料分散剂、氢氟酸、过氧化氢、三氟化铁等物料，按照一定工艺配制成色漆，然后再进行电泳沉积。

（2）乳液型汽车腻子[348,349]　在进行汽车外涂装时，需要腻子。乳液汽车腻子是在传统腻子基础上发展起来的。浮液汽车腻子除了不含有机溶剂，不污染环境外，它还具有乳液成膜的不封闭性，其耐厚涂性超过传统汽车腻子的 $10\sim20$ 倍，因而涂装效率可以大幅提高。国内工作者们利用苯丙乳液和羧基乳液分别制成了烘烤型水打磨乳液汽车腻子和常温固化汽车涂装用汽车腻子，取得了很好的使用效果。

（3）汽车内饰乳液胶黏剂　对于轿车及客车来说，需要进行内装饰。在由金属、层压板等刚性材料构成的汽车顶棚、四壁及门板上需要贴附 PVC 微孔泡沫人造革、合成纤维无纺布、印花或提花装饰布、针织或簇绒车毯等多孔软质材料，以使其车内环境美观豪华、和谐舒适、降低噪声；同时，在汽车外壳和内壁之间还需装设聚苯乙烯或聚氨酯泡沫塑料夹层，以赋予车身以隔热、保温、减振等功能。进行这些内装饰都需要胶黏剂来进行粘接。过去多用溶剂型胶黏剂，因存在环境污染和对人体毒害问题，故目前倾向于采用乳液型产品取而代之。可以用于这一用途的聚合物乳液有加入增黏树脂的 EVA 乳液、丙烯酸酯共聚物乳液、乙丙乳液及氯丁胶乳等。湖北大学开发出了一种商品名为 WH-906 的乳液型汽车内饰胶黏剂，经大量试验证明其效果良好[350]。

（4）汽车门板增韧剂　汽车门板的内壁面的骨架是以无纺布为增强材料的酚醛树脂层压板，因为热固性酚醛树脂质脆，冲击性能差，所以需要在酚醛树脂浸渍液中添加增韧剂，目前所采用的增韧剂常常是聚合物乳液，如最低成膜温度较低的纯丙乳液、苯丙乳液、低苯乙烯含量的丁苯胶乳等，都可以应用于这一目的。

## 12.8.3　在生物医学中的应用

用常规乳液聚合法、无皂乳液聚合法和分散聚合法可以制得直径为 $0.1\sim10\mu m$ 的聚合物乳胶粒。若把这些乳胶粒进一步用不同的溶胀法进行溶胀和聚合，可以制得其直径达 $10\sim100\mu m$ 的聚合物颗粒（见 9.8 节）。这些乳胶粒和聚合物颗粒叫作高分子微球，它们可以广泛地应用于生物医学领域中[351,352]。

（1）在治疗诊断中的应用　高分子微球在医学上既可以应用于临床治疗，又可以用于疾病诊断。

把高分子微球作为载体，将药物固载于或包埋于其内部，再将这些载药微球投送到病灶部位，可实现药物缓释、控释和靶向送药，可延长药物的有效期，提高疗效，并可以抑制药物的不良反应，减少患者痛苦[353,354]。

某些特制的高分子微球可以对血液中的病因成分选择性吸附。若把这样的微球装填到一根类似于离子交换柱的管子中，当血液从一端进入了管子后，在管内即把有害物质吸附到微球上，干净的血液则从另一端流出，可以达到净化血液的目的[110,355]。

在人体血液中的白细胞之所以具有防御功能是因为它们可以吞噬异物（病菌等），使其无法接触正常人体细胞。异物越多，则聚集的白细胞越多。聚合物微球可以用作测定白细胞的数量。在聚合物微球中引入一种物质，它本身不发荧光，但是在被白细胞吞噬以后，在白细胞的作用下可以发出荧光。把这种微球作为异物输入血液标本中，通过检测微球的发光强度，即可检测出参与吞噬的白细胞的数量，这样就可以得到其防御功能是否正常的信息，为诊断和治疗疾病提供了依据[356]。

若把抗原或抗体固载于高分子微球上，就制成了免疫微球。在临床诊断中，通过检测免疫微球是否和待测标本发生了凝集反应，或者在电镜上观察是否有病变细胞和聚合物微球发生了结合，即可诊断出人体是否受到感染[357,358]。

若把磁性聚合物免疫微球置于病灶处，它们可以和病变细胞发生结合，然后利用外加磁场把磁性微球连同它们捕捉到的病变细胞分离出来，起到治疗的作用[359]。

（2）在生物化学中的应用　酶是生物化学反应的高效催化剂，在生物化学工业（如制药工业、食品加工、酒类酿造、皮革鞣制等）中，酶是不可缺少、关键的工作物质。若将酶固定在磁性聚合物微球上，可以使酶的立体形态固定化，这样可以提高酶的稳定性、持久性和对化学反应的选择性。并可以在外加磁场的作用下，把负载有酶的磁性高分子微球从反应体系中分离出来，使价格昂贵的酶得以回收，并再利用[360,361]。

亲和色谱是用于生物体成分分离的液相色谱。直径在 3mm 左右的单分散高分子微球可以用作亲和色谱的高效载体，可以把生物体的各种成分在高压下进行快速、精密的分离[362]。

在生物化学中，进行细胞培养必须把细胞固载于载体（如培养皿）表面上，以利于细胞繁殖。由于聚合物微球具有巨大的比表面积，故特别适合于作细胞培养载体，和其他载体相比，聚合物微球可以大幅度提高细胞培养效率[110]。

（3）医用乳液聚合物分离膜[12,110]  聚合物乳液经涂覆并干燥后，可形成乳液聚合物薄膜。聚合物乳液生产配方和工艺不同，或对涂膜后处理的手段不同，所得乳液聚合物薄膜可以具有不同的性能和功能。例如利用聚合物乳液可以制成分离膜，即半透膜。这种薄膜可望用作人工肾脏透析膜、过滤膜、吸附膜、固定酶或固定细胞用膜等。通过动物试验证明，这种分离膜对动物的适应性不亚于医用硅橡胶和 PHEMA 凝胶，其抗凝血性好，无毒，可望成为优异的医用材料。

制备乳液聚合物分离膜可采用如下方法。

① 以硝酸铈为催化剂，进行乳液接枝共聚合，把丙烯腈（AN）接枝在聚乙烯醇（PVA）分子链上（PVA-$g$-PAN），或把丙烯腈和甲基丙烯酸羟乙酯（HEMA）的共聚物接枝在聚乙烯醇分子链上［PVA-$g$-P（AN-HEMA）］，用这种乳液所制成的涂膜具有透水而不透溶质的性能。

② 若采用带功能基团的单体（如 $N$-羟乙基丙烯酰胺等）和疏水性单体进行乳液接枝共聚合，利用所得乳液制成涂膜，然后在二甲基亚砜或二甲基甲酰胺这样的极性溶剂中进行处理，把部分可溶物萃取出来，则可制成孔隙率大的半透膜。

③ 在 PVA 存在下进行乳液聚合时，让单体乙酸乙烯酯处于回流状态，采用过氧化氢-酒石酸氧化还原引发剂。把所得到的聚合物乳液在 30℃ 下成膜，然后用丙酮萃取，可以把95% 以上的聚乙酸乙烯酯萃取出来，制成孔隙率达 87% 的 PVC 多孔膜。这种分离膜易透过有机溶剂而不透水。

④ 在进行疏水性单体的乳液聚合时，若引入 $N$-羟乙基丙烯酰胺、$N$-乙烯基吡啶、（甲基）丙烯酸等功能性单体，所制成的分离膜会在不同的 pH 值下处于不同电性的离子状态。这样的半透膜在不同 pH 下对离子性的溶质有选择性的渗透作用。

## 12.8.4  轮胎帘子线胶乳浸渍液 [3, 24, 363]

轮胎帘子线是轮胎的骨架材料，它直接影响着产品的质量和使用寿命。在使用过程中，轮胎反复受力，会产生热量，提高轮胎温度。橡胶和帘子线之间应有很高的粘接强度，且应在高温和受力条件下仍保持良好的粘接。同时由于帘子线纤维和橡胶的弹性与分子极性有很大的差异，故要求胶黏剂的弹性和分子极性介于帘子线和橡胶之间，且与两者均能发生化学结合。另外橡胶和帘子线之间的胶黏剂在硫化前应具有易流动、易渗透、易迁移等性质。

帘子线和橡胶之间的粘接是通过浸胶和成型硫化工艺实现的。首先让帘子线通过胶乳浸渍液，烘干后在其纤维表面上附着上一层胶黏剂膜。然后再和橡胶一起进行成型和硫化，在高温和高压下橡胶和帘子线之间就牢固地结合起来。

可用于配制轮胎帘子线浸渍液的聚合物乳液有天然胶乳、丁苯胶乳、羧基丁苯胶乳、丁苯吡胶乳等，其中性能最好的为丁苯吡胶乳。由于丁苯吡共聚物分链上带强极性的吡啶基团，它的氮原子可以与纤维分子链上的羧基、羟基、酰氨基等基团之间形成氢键，这就赋予了橡胶和纤维之间很大的粘接强度，因此就使得丁苯吡胶乳成为一种比其他聚合物乳液更优异的轮胎帘子线浸渍剂。例如当用丁苯吡胶乳浸渍尼龙纤维和聚酯纤维时，其粘接强度要比采用天然胶乳时提高 1～2 倍。因此，丁苯吡胶乳已广泛地应用于高质量的轮胎、胶袋、胶管、胶布等橡胶-纤维复合制品的制造中。

在利用聚合物乳液作帘子线浸渍剂时，乳液的性质如粒子的大小、胶乳的黏度、pH值、表面张力及稳定性等都会影响产品质量。乳胶粒平均直径越小，渗透性和润湿性越高，其浸渍效果就越好。

合成纤维端头少、表面光滑及化学活性低，很难在其界面上形成化学键合。为了增进橡胶和纤维间的粘接，在胶乳浸渍液中可以加入能和纤维上的基团起反应的化学物质，它们一般含有氨基、羟基、羧基等极性基团，最常用的是间苯二酚-甲醛树脂。

## 12.8.5　在防止土壤侵蚀工程中的应用

作为土壤固结剂防止土壤侵蚀和流失是聚合物乳液的最新用途之一。在干旱少雨地区有大片的沙漠和荒地；伴随着铁路、公路、住宅、工厂和水利工程等项目的建设，也会人为地造成荒地。这样的土地在长期的天候作用下会产生"浮土"，在刮风时这些"浮土"被吹得飞扬起来，形成浮尘，严重时会酿成沙尘暴，而造成严重的环境污染，给人体、农作物及人们的正常的生活带来危害。这个问题除了可以通过绿化工程来解决之外，也可以利用某些固结剂来防止土壤的侵蚀，减少浮尘。不管是绿化工程还是固结土壤，都可用到聚合物乳液。

（1）固结土壤　可以向易产生浮土的地面上喷洒聚合物乳液，使土壤固结。其具体做法是先用水把聚合物乳液稀释至固含量为 2%～10%，然后用喷雾机将其均匀喷洒到地面，喷洒量一般为 20～100g/m² （以纯乳液聚合物计）。干燥成膜后，乳液聚合物就把土地表面的浮土固结起来，固结厚度一般为 25mm，这样就可以防止浮尘和扬沙的产生。

采用这种方法的防尘效果决定于乳液聚合物对土壤粒子的固结力和聚合物乳液的用量。同时也与所形成的聚合物膜的耐候性、耐水性、耐久性、透气性等性能有关。

作为土壤固结剂最常用的聚合物乳液是聚乙酸乙烯酯乳液。为了降低其成膜温度，加强在低温下的固结力，通常需要加入增塑剂。但是在大气条件下，增塑剂会逐渐挥发而流失，致使固结力下降，若引入共聚单体进行内增塑，这个问题就可以解决。常用的共聚单体有乙烯、顺丁烯二酸二丁酯、丙烯酸丁酯、丙烯酸 2-乙基己酯等[364]。

（2）绿化工程　所谓绿化工程是指将土地表面用植物保护层来覆盖，利用其根部来固结土壤的方法。这种方法特别适合于防止铁路及高速公路两旁坡地的土壤侵蚀。其具体施工方法为：将草籽、肥料、固土剂及水等物料相混合，配制成绿化喷附剂，然后将其喷洒在要绿化保护的地面上。从播种、发芽直至生长成植株充分覆盖地面，需要一段较长的时间。施加固土剂就是为了在此期间能暂时性地防止土壤侵蚀以及避免种子流失，确保幼苗成活、生长。在表 12-49 中列出了一个绿化喷附剂配方实例[103]，表中纸浆和聚合物乳液是复合养生剂。

**表 12-49** 绿化喷附剂配方实例

| 组　分 | 用量/(g/m$^2$) | 组　分 | 用量/(g/m$^2$) |
|---|---|---|---|
| 肯塔基州31号羊茅草籽 | 6 | 高效化肥 | 120 |
| 红穗草籽 | 8 | 纸浆 | 150 |
| 爬蔓红色羊茅草籽 | 4 | 聚合物乳液 | 50 |
| 白色三叶草籽 | 2 | 水 | 3600 |

聚合物乳液是综合性能优良的固土剂，在日本已较大量地应用于高速公路两侧的斜坡及临海填平土地等处的绿化工程。在中东地区阿拉伯湾沿岸的沙漠绿化上也进行了试验，取得了良好的效果。此外，聚合物乳液也可以应用于大田作物和花草的栽培护根。据说，在荷兰郁金香田地的栽培护根作业就是采用聚合物乳液来完成的[110]。

### 12.8.6　油井堵水调剖剂[365,366]

长期以来，石油开采多利用注水驱油法。在油田开发的初期，采出的料液含水少，含原油多。但注水开发多年以后，所采出的油量越来越少，而水量则越来越多。到了油田开发后期，含水量可达 70%～80%，甚至更高，致使采油成本逐年增加。因此对高含水层进行有效封堵，解放高含油层，以及对注水油井进行合理调剖，以提高原油采出率是摆在研究者面前的重要课题。

所谓堵水是指将一种叫堵水剂的化学物质注入地下，对流出高含水料液的孔、洞、缝进行封堵，留下出油率高的结构；所谓调剖是指向地下注入调剖剂，改变料液由地下向上流出时的流型。水的黏度低，属于牛顿型流体；而原油却黏度高，为宾汉型流体。水在管中流动时，其速度分布呈抛物面形，管中心流速最大，由管中心到管壁流速逐渐减小。当原油在管中流动时，速度分布呈圆台形，在靠管心周围一个很大的范围内呈平推流（柱塞流）流动。当油和水混合物在管中同时流动时，黏度低的水趋向于走管子的中心，快速向前流动，而黏度大的原油则靠壁缓行。加入调剖剂后，增大了水的黏度，将水由牛顿型流体转变成宾汉型流体，将水的流型剖面图调节到和原油接近，这样就使原油和水一起，以接近平推流的流型在管中向前流动，故可以大大提高原油的采出率。

常用的堵水调剖剂有无机和有机两类。无机堵水调剖剂有效期短，会污染地层，施工工艺复杂，且作业时间长，故趋于被淘汰。有机堵水调剖剂应用最多的是聚丙烯酰胺（PAM）。这种堵水剂对水有明显的选择性，它遇油发生体积收缩，遇水则体积胀大几十倍，故有良好的堵水效果。同时聚丙烯酰胺，尤其是高分子量的聚丙烯酰胺，即使在很低的浓度下，也会具有很大的黏度，所以调剖效果良好。此外，聚丙烯酰胺堵水调剖剂具有有效期长、不污染地层、施工工艺简单、作业时间短等特点，故已被广泛采用。

常用的聚丙烯酰胺堵水调剖剂有溶液型、固体粉剂和 W/O 乳液型三种：溶液型聚合物含量低，一般仅为 8%～10%，包装、运输、贮存和施工很不方便，且产品中凝胶含量较高，溶解性差，尤其冬季施工非常困难；粉剂产品分子量分布宽，残余单体含量高，溶解时间长，且溶解不完全，常有不溶物存在，会堵塞地层，降低原油渗透率；W/O 乳液型分子量分布窄，分子量高（可达 1000 万），易控制水解度，无凝胶物质存在，可速溶，抗剪切，残余单体含量少，现场施工方便，不受气温影响，堵水调剖效率高，且成本较低。故聚丙烯酰胺反相乳液是优异的油田堵水调剖剂。具有广阔的应用前景。

## 12.8.7　水性油墨

过去印刷行业多用传统的溶剂型油墨。有机溶剂的污染和公害问题，尤其是在食品、药品、化妆品、烟、酒、儿童玩具等产品的印刷包装材料中，油墨残留有机溶剂对人体的毒害问题，已引起世界各国的高度重视，制定了相关法律法规来严格限制溶剂型油墨的使用。所以，多年来人们一直在大力开发无公害的"绿色"水性印刷油墨。水性油墨在世界范围内，尤其是在美、欧、日等发达国家和地区得到了快速发展和广泛应用，已开发出了印刷质量能与传统溶剂型油墨相媲美的水性油墨，不仅可以用于柔版印刷，而且可以用于凹版印刷和丝网印刷。在美国新闻报业及包装、装潢等行业的印刷作业，已大量的使用水性油墨，其中在柔版印刷用油墨中，水性油墨已占到 70% 以上的份额。

配制水性油墨的主要组分是颜料、基料、水和助剂（助剂包括润湿剂、消泡剂、增稠剂、催干剂、稀释剂、杀菌剂、增滑剂、pH 调节剂、抗擦剂等），需要经过配料，搅拌混合及在三滚磨、球磨或砂磨上进行轧研等工艺过程进行配制。

常用的基料是聚合物水溶液和聚合物乳液。可用的聚合物溶液有淀粉、改性淀粉、糊精、纤维素类、聚乙烯醇等物料的水溶液。由于水溶性聚合物有着分子量较低，黏度大，固含量小，涂膜耐水性差，力学性能及耐久性不尽如人意等缺陷，所以目前档次较高的水性油墨所用的连接料多为聚合物乳液，如纯丙乳液[367,368]、苯丙乳液[369]、乙丙乳液[370]、羧基丁苯胶乳[371]、聚氨酯乳液[372]、EVA 乳液、环氧树脂微乳液、醇酸树脂微乳液[373]等。其中应用最多的是纯丙乳液。其涂膜具有附着力大、光泽度高、色浅、透明度高、耐候性好等优异性能，已被广泛用于配制高质量的水性油墨。聚氨酯乳液也用于配制水性油墨，用于印刷聚丙烯、聚酯、聚氯乙烯等塑料薄膜。聚氨酯乳液涂膜光泽度高，有韧性，可获得高质量的印刷效果。

## 12.8.8　喷棉胶

目前，大量的聚合物乳液被用于制作喷胶棉。喷胶棉又叫做太空棉或真空棉，是一种新型的被服用保暖材料。它是由天然棉纤维、黏胶纤维或合成纤维经过纤维开松→混合→梳理→成网→喷胶→干燥焙烘→卷取等工艺过程而制成的。喷胶棉具有蓬松度高、手感柔软、回弹性大、质轻、保暖、防潮、耐水洗、防腐蚀、防虫蛀等优良性能，且价格低廉，所以它用于制作棉衣、被褥、防寒服、太空服、滑雪衫、睡袋、裘皮大衣衬料、床罩、枕芯、玩具填充材料等产品[374]。人们把具有远红外放射功能的陶瓷粉末作为填料加入到喷棉胶中，用其制成的喷胶棉可用来制作具有保暖、保健功能的衣物，具有加速人体血液循环、改善供氧状态等功能[375]。我国的喷棉胶工业发展很快，产量逐年增加。

常用作喷棉胶的聚合物乳液有乙丙乳液[376,377]、苯丙乳液[378,379] 及纯丙乳液[380]。用乙丙乳液生产的喷胶棉粘接力大，价格较低，但其耐潮性、耐水性、回弹性及力学性能稍差。用苯丙乳液和纯丙乳液生产的喷胶棉耐光、耐老化、不泛黄、耐水洗、手感好、回弹性大，是理想的喷棉胶。由于和纯丙乳液相比，苯丙乳液稍有价格优势，故各生产厂家更多地采用苯丙乳液。

## 12.8.9　拼板胶[381-384]

拼板胶又称集成木材用胶黏剂，就是用于把窄小木条拼接成大块木板的胶黏剂。随着森林资源的急剧减少，速生林、小直径木材将成为今后木材加工的主要原料，这就对木材胶黏剂提出了更高的要求。普通的"三醛胶"和聚乙酸乙烯酯乳液木材胶黏剂的性能远远不能达到拼接木材所要求的技术指标，所以必须开发出新型、高性能的黏合剂。这类专用胶黏剂在日本、欧美已有了较成熟的技术，并已有较大批量的生产。我国也在开发这类胶黏剂。

市场上出售的拼板胶多为由主剂聚合物乳液和交联剂异氰酸酯配制而成的，主剂和交联剂的质量比一般为100:(10～15)。其主剂为乙酸乙烯酯与其他单体，如（甲基）丙烯酸羟乙酯、（甲基）丙烯酸 2-羟丙酯、丙烯酸丁酯、（甲基）丙烯酸、乙烯、丙烯酰胺、N-羟甲基丙烯酰胺等，以聚乙烯醇为保护胶体，采用水溶性引发剂，进行乳液共聚合而制备的共聚物乳液。所用交联剂有甲苯二异氰酸酯（TDI）、1,4-六亚甲基二异氰酸酯（HDI）、多异氰酸酯（PAPI）、苯二亚甲基二异氰酸酯（XDI）及甲苯二异氰酸酯（MDI）和三羟甲基丙烷的加成物等。

在乳液聚合物分子链上引入了带活泼氢的基团，如羟基、羧基、氨基、亚氨基等，在木材上也带有羟基等活泼基团，这些基团都可以和异氰酸酯发生反应，产生交联结构，这不仅赋予了胶黏剂本身优异的力学性能，同时也在胶黏剂和木材之间产生了很高的粘接强度，使粘接层具有良好的耐冷水性、耐热水性、耐溶剂性及耐久性，其粘接强度远远超过了木材本身的强度。这种胶黏剂的性能可以达到或超过欧盟 DIN EN204D3 木材胶黏剂标准所规定的技术指标，即粘接后在 0.7～1.5MPa 的压力下加压 40min，然后在室温下放置 7 天，其干强度≥11MPa；浸水 24h，在 60℃烘干 8h，再于室温下放置 7 天，其强度≥4.4MPa。

## 12.8.10　其他应用

（1）生产泡沫塑料[385,386]　聚合物乳液也可以用来制造泡沫塑料。在施工时，需要向聚合物乳液中吹入空气，或加入过氧化氢、过硫酸盐、偶氮化合物等在加热时可以产生气体的物质。或者用机械法，使聚合物液在一定条件下形成泡沫，然后再通过所加入的交联剂，或加入凝聚剂，将泡沫固化定型。

下面以制造氯乙烯-偏二氯乙烯共聚物泡沫塑料作为实例，说明用乳液法制造泡沫塑料的生产工艺：先向氯偏共聚物乳液中加入一定量的稳定剂 OP-10，再用冰乙酸调 pH 值至 3，然后加入增塑剂、催化剂及固化剂三聚氰胺甲醛树脂，混合均匀后，置于行星式搅拌机中。在强烈的机械搅拌作用下，聚合物乳液形成泡沫。然后将其灌入预热至 79℃ 的模具中，再于 93℃ 下加热 10min。此时泡沫因交联作用而凝胶化。脱模后，在 120℃ 下熟化 30min，即得具有许多微胞结构、柔软而有弹性的泡沫塑料。

乳液泡沫塑料主要用作管路、化工设备等场合的保温材料，还可以用作地毯的泡沫塑料弹性背衬等。

（2）生产纤维板　有人向聚氯乙烯乳液或氯乙烯-乙酸乙烯酯共聚物乳液中加入碳酸钠、月桂酸和硬脂酸铝等，混合均匀后，进行喷雾干燥，制成粉状物料。若将其添加到用于制备纤维板的纤维素分散液中，成型后，可以大幅度提高产品的力学性能，并可以减少纤维素随介质水的流失[387]。

也有人把聚乙烯乳液或聚丙烯乳液直接加入纤维素悬浮液中，使聚合物沉积在纤维素上，然后滤出水进行成型，再于低温下干燥至水含量为 10%，然后在高压下焙烘，使聚合物熔化，冷却后，就制成了高质量的纤维素板[388]。

（3）作银盐感光材料乳剂层载体[389,390]　银盐感光材料是一种应用很广泛的信息记录材料，可以记录红外线、可见光、紫外线、X 射线、电磁辐射等信息，具有分辨率高、记录速度快、容量大、范围广、图像直观、色彩鲜艳等特点，所以它广泛地用于工农业生产、科学研究、教育事业、医疗卫生、文化艺术、军事工程及人们的日常生活等各个领域，成为不可缺少的材料。

银盐感光胶片由背层、基片、底涂层、乳剂层和护膜构成。其中乳剂层是银盐感光材料的主体，它含有卤化银微晶、成色剂、增黑剂、增感剂、增黏剂、沉降剂、成膜剂等组分。在乳剂层中产生彩色效果的是成色剂。彩色感光材料依靠黄、品、青三种染料中间体与彩色显影剂发生偶合反应而生成黄、品、青三种染料，经叠加而产生彩色。为了获得好的彩色效果和提高清晰度，必须防止染料扩散。为达此目的，人们设法制成了带有双键的黄、品、青三种单色单体，将其和丙烯酸酯进行乳液共聚合，分别得到 L 黄、L 品、和 L 青三种成色剂乳液，其乳胶粒直径为 $0.05\mu m$。把这些乳液成色剂直接分散于乳剂中，省去了原工艺需要用高沸点溶剂溶解后，再分散到乳剂中去的过程。由于成色基团固定在聚丙烯酸酯大分子链上，且被包藏在乳胶粒内部，所以这就防止了染料的扩散，可使涂层减薄，清晰度提高。同时聚合物分子链上的丙烯酸酯链节可以改善乳剂层的黏结强度、成膜性、力学性能和耐水性。

（4）在农林园艺中的应用

① 作种子包衣剂　聚合物乳液也可以用作保护和贮藏种子的包衣剂。这种包衣剂以乙丙乳液为基料，加入少量黏土、杀菌剂、消泡剂以及与聚合物乳液等量的乙二醇，然后用水稀释而制得。被包衣的种子可以在恶劣环境中贮存[391]。

② 增强农用薄膜　在农用薄膜上涂覆一层约 5nm 厚的交联型聚合物乳液膜，可以增大薄膜的强度，并能使涂层 PVC 薄膜使用 2 个月以上仍保持透明。所用的乳液由甲基丙烯酸甲酯、甲基丙烯酸丁酯、丙烯酸羟乙酯及甲基丙烯酸（59∶33∶6∶2）进行乳液共聚

合而制，使用前还需要加入 1% 的三羟甲基丙烷[392]。

③ 制作花盆等　若把植物纤维非织造布用沥青浸渍，然后再涂上一层聚合物乳液，所制成的材料可以用来制作花盆、花池等，花草可以通过这种材料扎根。这材料具有很好的抗腐蚀作用。用作这一用途的乳液可以是合成橡胶乳液、乙酸乙烯酯均聚物与共聚物乳液，以及纯丙乳液[1]。

④ 减少花草树木等水分蒸发　在移植花草树木或者进行嫁接时，若在叶子上或在切口处喷上一层聚合物乳液，可以阻止水分过多散失，以提高成活率。用于这一目的的聚合物乳液有纯丙乳液、聚氯乙烯乳液、聚偏二氯乙烯乳液及乙酸乙烯酯和 N-乙烯基吡啶共聚物乳液等。

（5）制作模塑品[4]　向增塑聚乙酸乙烯酯乳液中加入填料并混合均匀，再用增稠剂将其增稠形成稠厚的膏状物，然后将其置于石膏模具中，压制 2~3min，脱模后即形成模腔的形状，最后在室温下干燥，或者在 80~90℃ 的烘箱中干燥，即得制品。这种制品具有较大的压缩强度、拉伸强度和韧性。常用的填料有黏土、高岭土、硅藻土、滑石粉、木粉、纤维素、纸浆、有机纤维等。另外，常常还要加入颜料，以赋予产品鲜艳漂亮的外观。用上述方法可以制造玩具、洋娃娃、塑像、装饰品及工艺美术品等。

（6）制作毛棕垫[3,393]　毛棕垫又称毛棕海绵，它是由动物毛、植物纤维及合成纤维，用聚合物乳液黏结而成、厚度较大的弹性制品。其制备工艺大体是：纤维梳理→成网→上胶→干燥→交联（硫化）。常用的聚合物乳液黏合剂是天然胶乳、（羧基）丁苯胶乳、（羧基）丁腈胶乳、氯丁胶乳等。这种产品回弹性大，回弹无声，尺寸稳定性好，经久耐用，还具有绝热、隔声、防震、透气等优异性能，且价格较低。可以代替弹簧和海绵，制作车船座椅及家用沙发的坐垫和靠背垫；可以用于制作床垫、地毯衬垫、门口摆放的脚踏垫、体育用垫子等；在工业上用作过滤材料，在建筑业中可用作绝热、隔声、吸收振动的墙体材料；在运输业中可以用作精密仪器和贵重物品的包装衬垫材料等。

（7）作黑色金属冷牵伸润滑剂[394]　在汽车工业、机械工业等许多工业部门需对所使用的黑色金属进行冷牵伸，作业时，工件表面润滑效果的好坏，直接影响到零件的质量和模具的寿命。对黑色金属进行冷牵伸过去多采用磷化-皂化工艺。这种工艺有工序繁多、流程复杂、设备费高、占地面积大、劳动条件差等缺点，因此开发新型冷牵伸润滑剂及润滑工艺是多年来人们所关注的问题。人们发现，高分子润滑剂，尤其是高分子乳液可以成为行之有效的黑色金属冷牵伸润滑剂。大量实验证明，乙酸乙烯酯和丙烯酸丁酯共聚物乳液完全可以胜任这一用途，它在黑色金属上涂膜的润滑性能优于常规润滑法，膜的韧性大，冲击强度高，和金属粘接力大，且具有施工工艺简单、操作方便、设备费低、无环境污染问题、劳动条件优越、价格便宜、成本低等优点。

（8）聚合物水溶胶及其应用　聚合物水溶胶（polymer hydrosol）为透明或半透明的聚合物分散体，其乳胶粒直径落在 0.01~0.10μm 之间，比常规乳液乳胶粒直径（0.1~1.0μm）要小得多，应属微乳液范畴。聚合物水溶胶通常用溶液聚合法[395,396]或乳液聚合法[397,398]制备。用乳液聚合法制备聚合物水溶胶的工艺过程如下。

① 乳液聚合　将疏水性单体（如 MMA、BA、EA、St、AN、VAc 等）和功能单体（如 AA、MAA、马来酸、衣康酸、N-羟甲基丙烯酰胺等）进行常规乳液聚合，制成共聚

聚合物乳液合成原理性能及应用
（第三版）

物乳液。功能单体用量应为 4～8 质量份，乳液聚合物的玻璃温度应在 25～50℃范围内。

② 破碎    加入破碎剂（comminution agent）使乳胶粒溶胀，在 70℃温度下，通过剧烈的机械搅拌将被溶胀的乳胶粒打碎，分散成更小的乳胶粒。所用的破碎剂应当易溶于水并可以溶胀乳胶粒。常用的破碎剂有乙醇、异丙醇、乙二醇单乙醚、乙二醇单丁醚等，其用量应为聚合物质量的 12％～100％。

③ 细化    加入碱（如氨水、三乙胺、NaOH 等），把聚合物链上的—COOH 转化成—COO⁻离子，使聚合物亲水性增大，在搅拌作用下，可将乳胶粒进一步细化到微乳液尺寸范围内，使体系转化成透明或半透明的水溶胶。

水溶胶乳胶粒直径小，黏度低，流平性好，可形成均匀、致密、高光泽度的涂膜。由于水溶胶涂膜耐水性和耐碱性差，故在实际应用中需要加入聚合物质量 20％～30％的三聚氰胺六羟甲基乙醚作交联剂，或者加入锌盐或锆盐离子交联剂进行深度交联。水溶胶对金属、木材、水泥、石材等基材有很大的附着力，经干燥、焙烘后的交联涂膜的耐水性、耐碱性及光泽度均优，可用作钢铁、铜、铝等金属的高光泽涂料。其涂膜 60°光泽度可达 87％～90％。除了用作涂料外，用水溶胶也可以用作纸浆助留剂、纸张增强剂、皮革填充剂及复鞣剂等。

（9）UV 光固化乳液涂料及其应用[399～401]    UV 光固化涂料固化速度快、节能、生产效率高，且涂层性能好，故获得了快速发展，但传统 UV 光固化涂料中的反应性稀释单体会污染环境和对人体造成伤害。人们开发出的水性 UV 光固化涂料综合了传统光固化涂料和水性涂料的优点，消除了传统 UV 光固化涂料的弊端。因水性 UV 光固化涂料具有不排放毒性和刺激性气体、不燃、不爆、黏度低、易施工、设备易清洗且涂膜性能优良等优点，故很有发展前景。

UV 光固化涂料一般是由基料树脂、光引发剂、添加剂和水制成的聚合物乳液。基料树脂一般是带有可进行自由基聚合不饱和官能团的不饱和聚酯、聚氨酯改性聚丙烯酯、聚丙烯酸酯等聚合物，为 UV 光固化涂料的主要组分。在这些聚合物分子链上所带不饱和官能团一般为乙烯基（—CH＝CH₂）、丙烯酰氧基（—OCOCH＝CH₂）、甲基丙烯酰氧基 [—OCOC(CH₃)＝CH₂]、烯丙氧基（—OCH₂CH＝CH₂）等基团。所用的光引发剂一般为引入亲水基团的硫杂蒽酮衍生物、二苯甲酮衍生物、二苯乙二酮衍生物、羟烷基苯基酮衍生物等化合物。引入亲水基团是为了增大光引发剂的水溶性，以提高引发效率，所引入的亲水基团常为磺酸基和季铵盐基等。

制造 UV 光固化乳液可以用强制乳化法，也可以用自乳化法。前者需要加入乳化剂，涂膜中残留乳化剂会影响涂膜的耐水性。自乳化法需向聚合物分子链上引入亲水性基团，如聚环氧乙烷链、羧基、磺酸基、季铵盐基等，通过中等强度的机械搅拌即可乳化。在这两种方法中应用较多的是自乳化法。

UV 光固化涂料可用喷涂、辊涂、手工涂布、丝网涂布等方法进行施工，涂布后在 60～80℃下预烘干。最后在中压汞灯下照射几秒到几十秒，即可得到光亮、耐水、力学性能优异的涂膜。UV 光固化涂料已应用于许多技术领域，例如可以用作木器清漆、塑料清漆、皮革套印罩光漆、纸张 UV 上光油以及凹版、平版、网印、打印印刷油墨等，取得了良好的效果。

# 参考文献

[1] Warson H. The Applications of Synthetic Resin Emulsion. London：Ernest Bennltd，1972：284.

[2] Warson H，Finch C A. Applications of Sythetic Resin Latices. V3. New York：John Wiley Sons Inc，2001：481.

[3] 胡又牧，魏邦柱．胶乳应用技术．北京：化学工业出版社，1990：201.

[4] 魏邦柱．胶乳•乳液应用技术．北京：化学工业出版社，2003：504.

[5] GB 913476.

[6] Gussman S. Paint Technol，1963，27（1）：17.

[7] 胡一麟，张国强．胶乳制品加工基础．北京：化学工业出版社，1986：336.

[8] USP 3341392.

[9] 刘大华．合成橡胶工业手册．北京：化学工业出版社，1991.

[10] 陆书来，张溯燕，薛秀．橡胶工业，2002，49（11）：698-703.

[11] USP 2994992.

[12] 徐德恒，管云林，译．功能性乳液•胶乳．上海：上海科学技术文献出版社，1989：230.

[13] US 6598355.

[14] US 4419841.

[15] US 5700623.

[16] JP 58204078.

[17] US 3922464.

[18] US 6545086.

[19] 福ス敬司．压敏胶技术．吕风亭，译．北京：新时代出版社，1985：14.

[20] 大森英三．丙烯酸酯及其聚合物-Ⅱ．朱传染，译．北京：化学工业出版社，1996：405.

[21] JP 5239425.

[22] US 4322516.

[23] FP 2467872.

[24] 袁才登．乳液黏合剂，北京：化学工业出版社，2004：237.

[25] GP 2420684.

[26] US 5733958.

[27] EP 0184913.

[28] GP 2190459.

[29] US 4975481.

[30] US 6436499.

[31] WO 9320161.

[32] JP Applic. 33310，1984.

[33] JP Applic. 222169，1983.

[34] 陈康荣，黄丽容．中国胶黏剂，2004，13（1）：36-37.

[35] Shield J. Adhesive Handbook. London：Newnes-Butterworths，1970.

[36] 刘玉芝．化学与黏合，1993，4：226-231.

[37] 杜梦林．聚合物乳液通讯，1993，（2）：1-11.

[38] Foreman P，Mudge P. Advanced in Pressure Sensitive Tape Technology. Illnois，1989：203.

[39] JP 61284.

[40] JP Applic. 187335.

[41] GB 624620.

[42] GB 1092499.

[43] US 2613156.

[44] US 2613191.

[45] 朱一玉．建筑用丙烯酸酯乳胶漆．丙烯酸树脂及涂料文集．北京：化工部涂料工业科技情报中心站，1984.

[46] 刘国杰，耿耀宗．涂料应用科学与工艺学．北京：中国轻工业出版社，1994：479.

[47] 耿耀宗．现代水性涂料．北京：中国石化出版社，2003：363.

[48] 林宣益. 乳胶漆. 北京：化学工业出版社，2004：172.

[49] Capek L, Polisk P. J Polym Sci, Part A, Polym Chem, 1995, 33 (10)：1675-1683.

[50] de Buruaga A S, Delacal J C, Asua J M. J Polym Sci, Polym Chem, 1999, 37 (13)：2167-2178.

[51] CN 00116219, 2000.

[52] 唐广粮，郝广杰，宋谋道，等. 高分子学报，2000，3：267-270.

[53] 许湧深，曹同玉，龙复，等. 合成橡胶工业，1992，15 (2)：98-101.

[54] JP 82200412.

[55] Cao Tongyu, Xu Yong shen, Wang Yanjun, et al, Polym Int, 1993, 32：153-158.

[56] 肖继君，赵俊芳，李彦涛，等. 现代涂料与涂装，2002，1：3-6.

[57] 陈义芳. 聚氨酯工业，1999，14 (3)：10-11.

[58] Jones F N, chu G, Samaraweera U. Prog Org Caot, 1994, 24：189.

[59] 徐祖顺，李建宗，李晓琴，等. 高分子材料科学与工程，1994，6：42.

[60] 曹伯兴，吴熔，许玉风，等. 涂料工业. 1989 (5)：11.

[61] 龙复，王玮等. 化工学报，1992，43 (5)：577-582.

[62] 涂料工艺编写委员会. 涂料工艺：下册. 北京：化学工业出版社，2001：197.

[63] 汪长春，包启宇. 丙烯酸酯涂料. 北京：化学工业出版社，2005.

[64] 桑秀刚，王大喜. 有机硅材料，2005，19 (1)：32-35.

[65] 周新华，涂伟萍，夏正斌. 粘接，2003，24 (6)：25-27.

[66] 徐龙贵，刘娅莉，于占峰，等. 现代涂料与涂装，2003，6：11-13.

[67] 刘国杰. 水分散体涂料. 北京：中国轻工业出版社，2004：278.

[68] 胡涛，陈美玲，高宏，等. 中国涂料，2004，5：41-42.

[69] 曹立安，王吉胜. 现代涂料与涂装，2002，3：8-9.

[70] 秦总根，涂伟萍，夏正斌. 热固性树脂，2004，19 (6)：42-46.

[71] 周晓东，孙道兴，王凤英，等. 有机氟工业，2003，2：24-29.

[72] 石玉梅. 交联型乳胶漆，丙烯酸树脂及涂料论文集. 北京：化工部涂料工业科技情报中心站，1984.

[73] 化工部涂料工业科技情报中心站. 乳胶漆译文集. 上海：上海科学技术文献出版社，1981：218.

[74] 耿耀宗. 新型建筑涂料的生产与施工. 石家庄：河北科学技术出版社，1996：325.

[75] 陆享荣. 建筑涂料生产与施工. 北京：中国建筑工业出版社，1988：151.

[76] 时虎. 化工科技市场，2004，3：8-14.

[77] 吴跃焕，张翠梅，杨卓如. 化工建材，2004，5：22-25.

[78] Danrud G R, Satcliffe J E. J of the oil & color chemists, 1994, 77：16-17.

[79] 童身毅，吴壁耀. 涂料树脂合成与配方原理. 武汉：华中理工大学出版社，1988：273.

[80] Melchiors M, Sonntag M, Kobusch C, et al. Prog in Org Coat, 2000, 40：99-109.

[81] 文秀芳，吴昌荣，皮丕辉，等. 林产化学工业，2004，24 (1)：77-81.

[82] 刘国杰. 特种功能涂料. 北京：化学工业出版社，2002：426.

[83] JP 54 118456.

[84] 张赟. 现代涂料与涂装，2000，5：12-13.

[85] 卢君，李玉平，郑建秀，等. 涂料工业，2004，34 (6)：28-31.

[86] 陆军. 防锈乳液涂料. 江苏化工. 1994 (2)：60.

[87] 张丽，牛明军，刘雪莹，等. 高分子材料科学与工程，2005，21 (1)：261-263.

[88] 田泽民等. 新型建筑材料实用手册. 北京：中国建筑工业出版社，1992.

[89] 孙广平，贾树盛，朱先勇，等. 中国腐蚀与防腐学报，2004，24 (1)：41-44.

[90] 娄建民，王素玲，李天茂. 房产与应用，2003，31 (6)：9-10.

[91] 张贻鑫. 新型建筑材料，2002，2：26-29.

[92] 陈素平，蔡绪金，胡志滨. 建筑涂料与涂装，2004，4：21-25.

[93] 徐峰. 房材与应用，2001，29 (4)：46.

[94] 汪正兰，徐峰. 新型建筑材料，1999，7：11-14.

[95] 闫辉，王久芬，张丽华，等. 涂料工业，2001，31 (12)：4-7.

[96] 钱饶倩，詹树林. 材料科学与工程，2000，18 (4)：35-38.

[97] 贺国伟，贺成立. 混凝土，2002，8：48-50.

[98] 姚国芳，张丕华，刘聆东. 工业建筑，2000，39 (9)：12-14.

[99] 詹镇峰，李从波，张梅．施工技术，2004，33（4）：43-45.

[100] 詹镇峰，刘志勇．化学建材，2003，19（6）：55-58.

[101] BP 1127006.

[102] JP Application 73838.

[103] 奥田平，稻垣宽．合成树脂乳液．黄志啟，等译．北京：化学工业出版社，1989：351.

[104] 田泽民．新型建筑涂料实用手册．北京：中国建筑工业出版社，1992.

[105] US 4671040.

[106] 徐跃友．粘接，1993，14（3）：25.

[107] 杨淑丽，伊建会．密封胶黏剂．北京：中国石化出版社，2004：101.

[108] 耿耀宗，曲敦煌．涂料工业，1991（2）：41.

[109] JP 昭 5774378.

[110] 耿耀宗，曹同玉．聚合物乳液制造与应用技术．北京：化学工业出版社，1999：193.

[111] US 3309328.

[112] 徐祖顺，易凤昌，肖卫东．织物用胶黏剂及粘接技术．北京：化学工业出版社，2004：131.

[113] 杨诶，张岩，林子云．聚合物乳液通讯，1990（1）：15.

[114] GB 880980.

[115] GB 735358.

[116] US 2845689.

[117] GB 804952.

[118] 袁学军，耿书霞，肖卫东．山东纺织科技，2000（5）：34-35.

[119] US 2730796.

[120] Tirpak R E，Markusch P H．J Coat Tech，1986，58（738）：51-55.

[121] Heap H．Textile Asia，1987，12（3）：98.

[122] 马访中，华载文．染整技术，2002，24（6）：31-33.

[123] 潘书贞．丝绸，2002，11：12-13.

[124] 李北海，张大伦，罗运军．印染助剂，2004，21（1）：45-47.

[125] US 3268469.

[126] 赵雅琴，闫九龄．印染，1987，3：5.

[127] 李金锁，刘方．印染，1988（2）：18.

[128] 刘德峥．化学与黏合，2001，4：176-178.

[129] 王香梅，张丽华，张建顿．高分子材料科学与工程，2002，18（3）：77-80.

[130] 赵海峰，孙道兴，周晓东，等．印染助剂，2004，21（1）：30-32.

[131] Holme I．Textile Month，1989，4：59.

[132] 王炜，华载文．印染，1998，24（10）：49.

[133] 张键飞，洪永华．印染，2000，26（7）：9.

[134] 李正雄．印染助剂，2003，20（1）：7-10.

[135] 孙庆麟，王景武，刘莉，等．吉林石油化工，1995（1）：10.

[136] Nuessle A C，Kine B B．Am Dye Rep，1961，50（26）：13.

[137] GB 1011041.

[138] 孙文章，江亦李，蔡再生，等．印染助剂，2001，18（6）：20-22.

[139] 贺火明，雷芳明．印染，1999，10：16-17.

[140] 丁正学，杨世芳，鲁德平，等．粘接，2001，22（6）：25-26.

[141] 仇浙长．宁波化工，2002，3：24-28.

[142] 徐东平．聚氨酯工业，2003，18（1）：38-41.

[143] 薛迪庚．印染，1992，18（2）：52.

[144] 杨诰，李宗禹，黄家琪．粘接，1989，（5）：1.

[145] 左建军，刘盛权，王琳．黏剂，1990，（4）：28.

[146] Smith，G．P．Textile World，1965，15（1）：14.

[147] 周如宝．企业技术开发，1997，6：9-10.

[148] 林先核．维纶通讯，2001，21（3）：24-26.

[149] 王春梅．印染助剂，2002，19（6）：33-35.

[150] US 3804700.

[151] BP 1314083.

[152] JP Application 105725.

[153] GP 2160668.

[154] 刘绅兰. 聚合物乳液通讯, 1990 (1): 51.

[155] 刘法荣, 刘嘉文, 柯福震. 化工技术, 1985 (4): 49.

[156] 董永春. 黏合剂, 1989 (1): 33.

[157] 冼萍, 邱康华, 董毅宏, 等. 广西化工, 1994, 23 (2): 9-12.

[158] 张孟民, 高栓平. 中国胶黏剂, 2000, 9 (4): 18-20.

[159] 郭强. 聚合物乳液通讯, 1992 (1): 26.

[160] 陈文昌, 付守信, 徐锡荣, 等. 黏合剂, 1988 (3): 13.

[161] Fitzgerald P M. Can Text J, 1977, 94 (1): 30-36.

[162] US 4172067.

[163] 李胜, 刘光伟, 张明智, 等. 辽宁化工, 2003, 32 (8): 337-338.

[164] 王雪良, 龚丽琴. 聚氨酯, 2004, 9: 83-88.

[165] GB 791476.

[166] GB 803174.

[167] US 2761856.

[168] US 3213053.

[169] GB 939399.

[170] GB 630425.

[171] GB 791802.

[172] USP 852414.

[173] GB 1036154.

[174] GB 706577.

[175] GB 899384.

[176] US 3256230.

[177] GB 901557.

[178] GB 1147969.

[179] Madaras G W. J Soc Dyers Color, 1958, 74: 835.

[180] FR 1456452.

[181] Segal L Text Res J, 1958, 28: 233.

[182] Ulrich H M. Textile Draxis, 1955, 10: 189.

[183] Aldesiv S T, I ser B Ser B ind Text, 1967, 18 (1): 41.

[184] GB 789998.

[185] GB 1033908.

[186] GB 808254.

[187] FR 1142687.

[188] US 3368938.

[189] US 3310856.

[190] BG 1149289.

[191] GB 1149289.

[192] US 3337199.

[193] CA 548254.

[194] JP Application 126925, 1974.

[195] JP 8839.

[196] JP Application 48226, 1975.

[197] JP 14546.

[198] JP 4018.

[199] JP Application 88726, 1976.

[200] JP 6485.

[201] 瓦尔森 H，芬奇 CA. 聚合物乳液的其他应用//合成聚合物乳液的应用：第 3 卷. 曹同玉，等译. 北京：化学工业出版社，2004.

[202] Blank M G，Nyuksha Yu P. Am Chem Abs，1967（67）.

[203] Walsh R H. TAPPI，1950，33（5）：323.

[204] 袁世炬，黄再兵，张光彦. 湖北造纸，2004，（4）：6-9.

[205] Yost D M，Aiken W H. TAPPI，1951，34（1）：30.

[206] Krajewski R，Stannett V. TAPPI，1954，37（10）：455.

[207] EP Application 96103，1983.

[208] Alince B. TAPPI J，1977，60（12）：133.

[209] JP Application 289198，1986.

[210] 沈一丁. 造纸化学品. 北京：化学工业出版社，2004：337.

[211] 沈一丁. 李刚辉. 高分子材料科学与工程，2004，20（5）：203-207.

[212] US 6426381.

[213] Leavitl F G，Andrews W J. Stannetl，V TAPPI，1955，38（1）：664.

[214] 松本. 日本接着协会誌，1976（12）：453.

[215] US 5138004.

[216] 杨秀芳. 造纸科学与技术，2004，23（2）：22-24.

[217] Drake R S. TAPPI，1961，44（4）：289.

[218] Stannetl V. TAPPI，1957，40（5）：338；1957，40（6）：457；1957，40（9）：744.

[219] JP Application 33250，1975.

[220] JP 14823.

[221] 景立明，李建志，谭凯. 纸与造纸，2001，2：40-41.

[222] Blank M G. Nyuksha Y P. Am Chem Abs，1967，67：91839.

[223] GP 1546362.

[224] US 6488813.

[225] Moravova J. Pap Celul，1976，31（10）：243.

[226] BP 1314364.

[227] 陈建平. 造纸化学品，2002，4：25-27.

[228] JP 4123，1978.

[229] 李华，胡健，周雪松，等. 造纸科学与技术，22（6）：68-70.

[230] GP 2649919.

[231] GP 2510296.

[232] CA 1104026.

[233] US 3235443.

[234] Mclaughlin，P. J. TAPPI，1959，42（2）：994.

[235] 李志谦，管莒，何兆秋. 西南造纸，2004，33（1）：51.

[236] 杨仁党，陈克复，赵艳. 中国胶黏剂，2002，11（5）：16-19.

[237] 张杰. 造纸化学品，2004，2：34-37.

[238] 范永将，李彤霞. 石化技术与应用，2004，22（3）：183-185.

[239] Brown J T，Greulich J D，Latimer J J. TAPPI J，1978，61（1）：55.

[240] GB 1056824.

[241] 王秀魁. 中国胶黏剂，2002，11（3）：36-37.

[242] 崔月芝. 段洪东，赵传山，等. 涂料工业，2002，2：9-11.

[243] JP 86427，1977.

[244] 张爱玲. 胶体与聚合物，2004，22（3）：38-39.

[245] 但永东，龚世远，杨代华，等. 粘接，2005，26（1）：16-17.

[246] EP Application 316090，1989.

[247] JP Application 199495，1991.

[248] GB 1226461.

[249] GP 2614896.

[250] US 3671479.

[251] JP Application 208493，1983.

[252] GB 1244070.

[253] JP 63021.

[254] JP Application 92361，1985.

[255] JP Application 120713，1979.

[256] FP 2119831.

[257] US 3664912.

[258] GB 1157040.

[259] CAN 1103009.

[260] JP 142666.

[261] USSRP 1733734.

[262] GP 2156603.

[263] GB 794837.

[264] USSRP 1333733.

[265] 刘仁庆．湖北造纸，2004，2：23-24.

[266] 王际德．广东造纸，1998，6：45-48.

[267] JP Application 56596，1982.

[268] GB 2856331.

[269] GP 2822961.

[270] JP Application 77391，1982.

[271] US 4125675.

[272] GP 2822961.

[273] GP 2116679.

[274] 祝妙楠，陈港，刘映尧，等．造纸科学与技术，2004，23（4）：28-31.

[275] 杨宝武．烟草科技，1999，5：4-8.

[276] 陈元武．粘接，1998，19（6）：21-22.

[277] 赵瑞．粘接，1997，18（1）：21-24.

[278] 叶楚平．中国胶黏剂，2002，11（4）：33-35.

[279] 刘呈焰，李箐，符明泉．中国胶黏剂，2001，10（2）：20-21.

[280] 王海荣．贵州化工，2002，27（6）：21-23.

[281] JP 特许 215810.

[282] US 5179141.

[283] US 6110551.

[284] EP 0656926.

[285] US 5519072.

[286] 郦兴媛．聚合物乳液通讯，1990，2：54-57.

[287] 谢金万．宁波化工，1991，2：14-16.

[288] 谢金万，杨定鹤．粘接，1991，12（3）：21-23.

[289] 徐宝学，倪寒秋，胡慧珠，等．中国胶黏剂，1997，6（2）：35-37.

[290] 赵瑞．化学与粘合，1997，2：85-87.

[291] 徐祖顺，程时远，路国红等．粘接，1998，19（6）：8-11.

[292] 陈文森，姚贵锐．华南师范大学学报，2000，4：47-50.

[293] 钟明强，应建波．中国胶黏剂，2004，13（1）：23-25.

[294] 刘文芳，李树材．中国胶黏剂，2001，10（5）：8-10.

[295] 郑永军．中国胶黏剂，2005，14（2）：25-27.

[296] 张西怀，乔永洛，詹锐锋．中国胶黏剂，14（2）：18-21.

[297] 焦剑，张爱波，齐暑华．粘接，2001，22（5）：14-16.

[298] 重庆科亚合成化工有限公司．中国包装，2004，4：82-83.

[299] BE 697899.

[300] 汪建根．中国皮革，1993（3）：15.

[301] 杨建国．皮革化工，2004，21（6）：40-42.

[302] 魏德卿. 中国皮革, 1993 (10): 24.

[303] 成都科技大学, 西北轻工业学院. 制革化学及工业学. 北京: 轻工业出版社, 1982.

[304] 马建中. 中国皮革, 1995 (4): 17.

[305] 魏天全. 中国皮革, 1994 (4): 17.

[306] Landmann A W. Soc. Leather Trades' Chemists, 1967, 51: 326.

[307] 武文浩, 张学安, 郭海涛, 等. 皮革科学与工程, 1999, 9 (4): 18-21.

[308] 郭学阳. 广东化工, 1997, 2: 34-35.

[309] 马祥梅, 王斌, 王武生. 皮革化工, 2004, 21 (4): 18-21.

[310] 金勇. 四川皮革, 1999, 22 (4): 36-38.

[311] 杨文堂. 中国皮革, 1994, (4): 19.

[312] 赵茂祥. 马世亮, 张妮娜. 中国皮革, 1993 (3): 45.

[313] 梁晋, 肖龙, 刘存东, 等. 中国皮革, 1993 (4): 14.

[314] 裘冰艳, 沈巧英, 张珊, 等. 精细化工, 1988, 5 (2): 44.

[315] 侯晓珏, 王林泽. 内蒙古石油化工, 2003, 29 (3): 22-23.

[316] 张晓镭, 戴晔, 周建华, 等. 中国皮革, 2003, 32 (11): 8-12.

[317] 周新华, 涂伟萍, 夏正斌. 皮革化工, 2003, 20 (2): 22-25.

[318] 鄢文彪, 廖爱平. 江西化工, 2000, 4: 32-33.

[319] 张福莲, 冷春丽, 尹艳琴, 等. 皮革化工, 2004, 21 (4): 20-23.

[320] 肖继君, 赵俊芳, 李彦涛, 等. 河北科技大学学报, 2002, 23 (1): 14-19.

[321] 陈家华, 杨昌跃, 陈敏, 等. 中国皮革, 1999, 28 (5): 11-13.

[322] 赵燕、付丽红. 陕西科技大学学报, 2004, 22 (3): 118-131.

[323] 陈家华, 陈敏, 许志刚. 中国皮革, 2002, 31 (1): 11-13.

[324] 王武生, 阮德礼. 精细化工, 1991, 8 (6): 40.

[325] 卿宁, 张晓镭, 俞从正, 等. 西北轻工业学院学报, 2001, 19 (3): 1-6.

[326] 吕维忠, 涂伟萍, 陈焕钦. 合成材料老化与应用, 2004, 33 (1): 8-11.

[327] JP 60197720.

[328] JP 60212455.

[329] US 4501852.

[330] DE 3238169.

[331] DE 2721985.

[332] US 4156675.

[333] 王漓江, 张存信. 皮革化工, 1997, (1): 13-15.

[334] 张静, 涂伟萍, 夏正斌. 中国皮革, 2004, 33 (1): 10-14.

[335] FP 1086651.

[336] GB 585118.

[337] JP Application 269089, 1997.

[338] EP Application 761778, 1997.

[339] US 3741914.

[340] US 3406133.

[341] GP 2233360.

[342] Ginn M E, Wicklund K B. Soap, Cosmet Chem Spec, 1973, 49 (5): 45-48.

[343] GP 2231280.

[344] US 4191676.

[345] EP 0037750.

[346] 张才松, 杨宁. 涂装技术, 1986, 3: 13.

[347] 耿耀宗, 汪煜卿. 粘接, 1985, 6 (4): 5-8.

[348] 艾照全, 管蓉, 张郧生, 等. 粘接, 1996, 17 (4): 19-21; 1996, 17 (5): 18-21; 1997, 18 (5): 21-23.

[349] 孙宗华. 生物医学工程学杂志, 1992, 9 (3): 311-315.

[350] 艾照全, 管蓉, 程时远, 等. 汽车工艺与材料, 2001 (11): 27, 28.

[351] 孙礼林, 孙玉, 汪凌云, 等. 功能高分子学报, 2004, 17 (1): 97-102.

[352] 沈海霞, 陈晓耕, 刘振华, 等. 中国新医药, 2004, 3 (4): 15-16.

［353］川口春马. ポリマ-ダイジエスト，1987，39（4）：2.

［354］川口春马. ポリマ-ダイジエスト，1995，47（4）：17.

［355］孙宗华. 生物医学工程学杂志，1992，9（1）：101-104.

［356］郑彤，刘洪斌，戴友良，等. 上海医学检验杂志，2001，16（4）：231-232.

［357］Bjerke T，Nielsen S，Uglestad J，et al. J Immunol Meth，1993，157：49.

［358］Li Xiaohong，Sun Zonghua. J Appl Polym Sci，1995，58（7）：1991.

［359］Ocubo M，Fukuda H. Colloid and Surface A，1999，153：435-438.

［360］邱广明，孙宗华. 生物医学工程学杂志，1995，12（3）：209-213.

［361］薛秀，陆书来. 橡胶工业，2002，49（11）：698-703.

［362］JP 46 5749.

［363］刘庆普，王燕军，哈润华，等. 油田化学品，1990（1）：88.

［364］刘庆普，哈润华. 现代化工，1990，3：25.

［365］JP Application 7367，1992.

［366］胡乐辉. 现代涂料与涂装，2003，6：4-6.

［367］王小妹，欧亮东. 涂料工业，2002，12：11-12.

［368］Belg. P 739284.

［369］US 4264678.

［370］JP 171091.

［371］辛秀兰. 水性油墨. 北京：化学工业出版社，2005，37-47.

［372］高伟，高波. 非织造布，1998，2：16-17.

［373］王卫，薛少林，雷杰. 非织造布，2001，9（3）：23-26.

［374］刘金树. 印染助剂，2004，21（4）：5-7.

［375］卫冬燕，周彩荣，高晓蕾. 郑州工业大学学报，2000，21（2）：88-91.

［376］张洪涛，尹朝晖，林柳兰，等. 粘接，1999，4：18-21.

［377］周博文，丁长坤，姚冬香，等. 非织造布，2004，12（1）：33-34.

［378］彭绍斌. 广州化工，1999，27（1）：31-33.

［379］陈元武. 中国胶黏剂，2003，12（5）：5-8.

［380］顾继友，周广荣. 中国胶黏剂，2005，14（6）：29-30.

［381］刘红，胡宏玖. 粘接，2001，22（6）：10-12.

［382］吴明元，张建安，吴庆云，等. 粘接，2000，21（5）：16-18.

［383］GB 1023202.

［384］GB 996563.

［385］US 3321425.

［386］US 3271239.

［387］金养智. 丙烯酸化工，1994，7（2）：29-34.

［388］US 4132552.

［389］US 4272417.

［390］JP Application 138664，1983.

［391］魏邦柱. 胶乳·乳液应用技术. 北京：化学工业出版社，2003：938.

［392］沈梦英，陈大燮. 聚合物乳液通讯，1983，4：2-13.

［393］袁才登，王艳君，许湧深，等. 天津大学学报，1999，32（4）：491-494.

［394］蔡慧珍，张洪涛，罗川. 化学与粘合，2003，6：284-287.

［395］侯有军，罗正汤，曾繁森. 高分子材料科学与工程，2002，18（1）：111-114.

［396］贾锂，郑永丽，刘宗惠，等. 合成化学，2002，10（6）：557-560.

［397］杨建文，曾兆华，陈用烈. 光固化涂料及应用. 北京：化学工业出版社，2005：266.

［398］林剑雄，王小妹，麦堪成. 涂料工业，2002，（10）：32-35.

［399］唐薰，李喜见，陈洪，等. 湖南大学学报，2003，30（4）：36-39.

［400］EP 267554.

［401］Schlarb B，Rau M G，Haremza S. Prog Org Coat，1995，26：207.